できる®
Access 2016

Windows 10/8.1/7 対応

広野忠敏＆できるシリーズ編集部

インプレス

4大特典のご案内

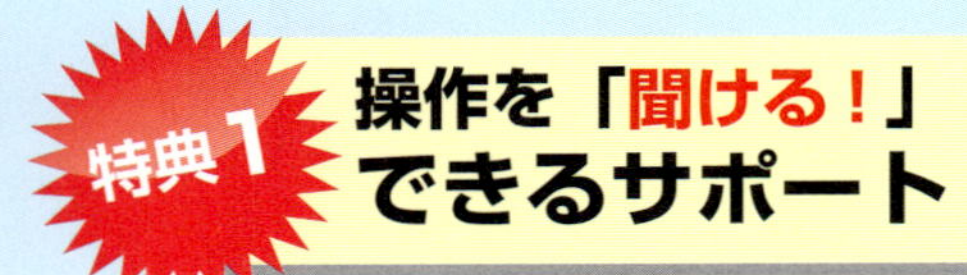

特典1 操作を「聞ける！」できるサポート

「できるサポート」では書籍で解説している内容について、電話などで質問を受け付けています。たとえ分からないことがあっても安心です。

詳しくは……
428ページをチェック！

特典2 すぐに「試せる！」練習用ファイル

レッスンで解説している操作をすぐに試せる練習用ファイルを用意しています。好きなレッスンから繰り返し学べ、学習効果がアップします。

詳しくは……
20ページをチェック！

特典3 内容を「検索できる！」無料電子版付き

本書の購入特典として、気軽に持ち歩ける電子書籍版（PDF）を提供しています。PDF閲覧ソフトを使えば、キーワードから知りたい情報をすぐに探せます。

詳しくは下記のページをチェック！
http://book.impress.co.jp/books/1115101161

特典4 操作が「見える！」できるネット1分動画

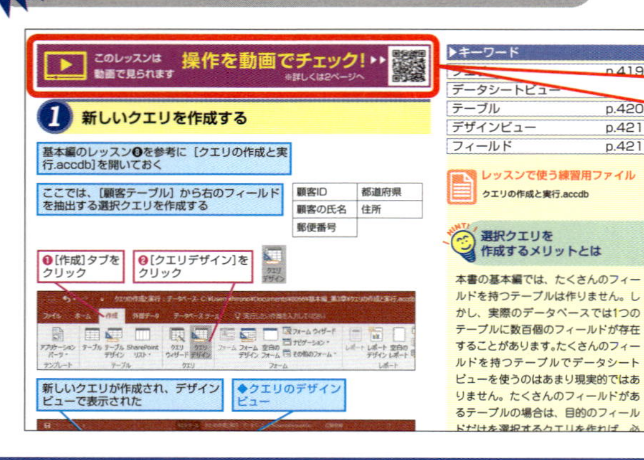

動画だから分かりやすい！

一部のレッスンは、動画で操作を確認できます。操作の流れや画面の動きがよく分かるので、理解がより深まります。動画を見るにはスマートフォンでQRコードを読み取るか、以下のURLにアクセスしてください。

動画一覧ページをチェック！

https://dekiru.net/access2016

まえがき

Access 2016はリレーショナルデータベースと呼ばれるソフトです。データベースソフトは万能なソフトウェアで、データベースソフトの使い方を覚えれば、ほかのデータ管理ソフトを購入する必要はありません。Access 2016とデータベースの知識があれば、ハガキや封筒のあて名書きといった単純作業のほか、請求管理や在庫管理、財務会計といった複雑な業務に利用できるようになります。

しかし、データベースというと「何となく難しそう」という理由で敬遠している人も多いのではないでしょうか。そこで、本書では基本編と活用編の2部構成で、データベースを知らない人や、Access 2016をまったく触ったことのない人を対象に、データベースの基礎から応用まで丁寧に解説しました。

基本編では簡単な名簿のデータベースを作りながら、データベースの基礎的な考え方やAccess 2016の基本操作を解説します。基本編を読めば、初めてAccess 2016を使う人やデータベースにまったく触れたことがない人でも、簡単なデータベースを作れるようになることでしょう。

活用編では請求管理のデータベースを作りながら、リレーショナルデータベースの基礎、クエリを使った複雑なデータの抽出方法、実際に業務に使えるレポートを作成する方法、マクロの使い方など、実践的なAccess 2016の使い方を解説します。

データベースを使えば、およそ考えられるすべてのデータを管理して活用できるようになります。本書とAccess 2016をきっかけにデータベースの世界に触れていただければ幸いです。データベースを使ったことがない人、これからデータベースを使いたいと思っている人、Accessを使うように言われて途方に暮れている人、データベースで挫折してしまった経験がある人はぜひ本書を手に取ってみてください。きっと今までできなかったことができるようになるはずです。

最後に、本書の編集に携わっていただいた小野孝行さん、できるシリーズ編集部の皆さん、本書の制作にご協力いただいたすべての方々に、心より感謝いたします。

2016年5月

広野忠敏

できるシリーズの読み方

レッスン

見開き完結を基本に、やりたいことを簡潔に解説

やりたいことが見つけやすいレッスンタイトル

各レッスンには、「○○をするには」や「○○って何?」など、"やりたいこと"や"知りたいこと"がすぐに見つけられるタイトルが付いています。

機能名で引けるサブタイトル

「あの機能を使うにはどうするんだっけ?」そんなときに便利。機能名やサービス名などで調べやすくなっています。

キーワード

そのレッスンで覚えておきたい用語の一覧です。巻末の用語集の該当ページも掲載しているので、意味もすぐに調べられます。

基本編 レッスン 22

クエリを保存するには

クエリの保存

デザインビューで作ったクエリを保存しておけば、もう一度クエリを作成しなくても、後で何度でもデータを表示できます。[上書き保存]でクエリを保存しましょう。

1 クエリを保存する

基本編のレッスン㉑で作成したクエリを保存する

❶[上書き保存]をクリック

[名前を付けて保存]ダイアログボックスが表示された

クエリの名前を変更する

❷「顧客住所クエリ」と入力

❸[OK]をクリック

注意 すでに保存されているクエリを上書き保存するときは、[名前を付けて保存]ダイアログボックスは表示されません

2 [顧客住所クエリ]を閉じる

クエリが保存された

[顧客住所クエリ]と表示された

ナビゲーションウィンドウにも保存されたクエリが表示される

['顧客住所クエリ'を閉じる]をクリック

86 できる

▶キーワード

印刷プレビュー	p.418
クエリ	p.419
テーブル	p.420

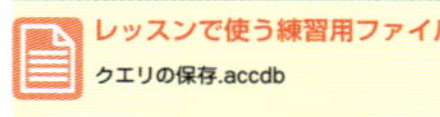

レッスンで使う練習用ファイル

クエリの保存.accdb

ショートカットキー

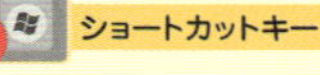

Ctrl + S ………… 上書き保存

HINT! クエリ名の付け方

クエリやテーブルなどに名前を付けるときは、どういう種類で、何に使われるのかを考えて名前を付けます。例えば、顧客の住所を表示するクエリに名前を付けるとき、単に「顧客住所」という名前にしてしまうと、名前からでは、それがクエリなのかテーブルなのかが分かりません。「顧客住所クエリ」や「Q_顧客情報」、「qry_顧客住所」のようにオブジェクトの種類を含む(「qry」はクエリの意)名前を付けるようにしましょう。

HINT! 後からクエリの名前を変更するには

クエリの名前はナビゲーションウィンドウで変更できます。手順2を参考にクエリを閉じてから、名前を変更したいクエリを右クリックし、表示されたメニューから[名前の変更]をクリックして、新しい名前を入力しましょう。

間違った場合は?

手順1でクエリの名前を付け間違えたときは、上のHINT!を参考に正しい名前を入力し直します。

基本編 第3章 クエリで情報を抽出する

左ページのつめでは、章タイトルでページを探せます。

手順

必要な手順を、すべての画面とすべての操作を掲載して解説

手順見出し

「○○を表示する」など、1つの手順ごとに内容の見出しを付けています。番号順に読み進めてください。

解説

操作の前提や意味、操作結果に関して解説しています。

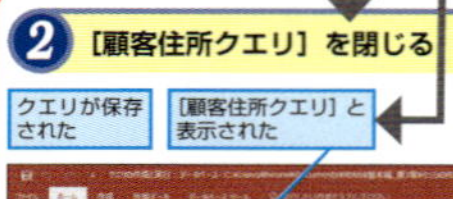

操作説明

「○○をクリック」など、それぞれの手順での実際の操作です。番号順に操作してください。

ショートカットキー

知っておくと何かと便利。キーボードを組み合わせて押すだけで、簡単に操作できます。

レッスンで使う練習用ファイル

手順をすぐに試せる練習用ファイルを用意しています。章の途中からレッスンを読み進めるときに便利です。

テクニック／活用例

レッスンの内容を応用した、ワンランク上の使いこなしワザを解説しています。身に付ければパソコンがより便利になります。

右ページのつめでは、知りたい機能でページを探せます。

HINT!

レッスンに関連したさまざまな機能や、一歩進んだ使いこなしのテクニックなどを解説しています。

Point

各レッスンの末尾で、レッスン内容や操作の要点を丁寧に解説。レッスンで解説している内容をより深く理解することで、確実に使いこなせるようになります。

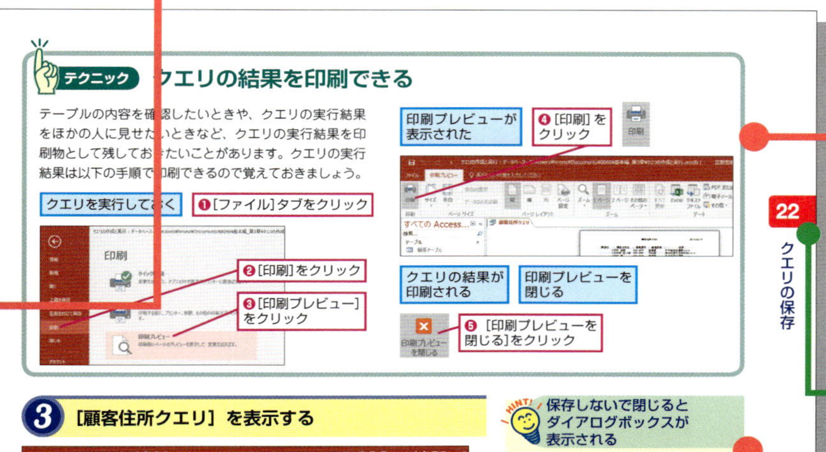

テクニック　クエリの結果を印刷できる

テーブルの内容を確認したいときや、クエリの実行結果をほかの人に見せたいときなど、クエリの実行結果を印刷物として残しておきたいことがあります。クエリの実行結果は以下の手順で印刷できるので覚えておきましょう。

22　クエリの保存

3 [顧客住所クエリ] を表示する

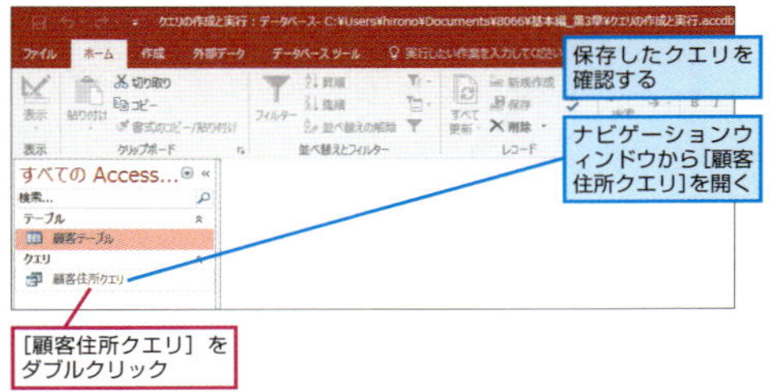

4 [顧客住所クエリ] が表示された

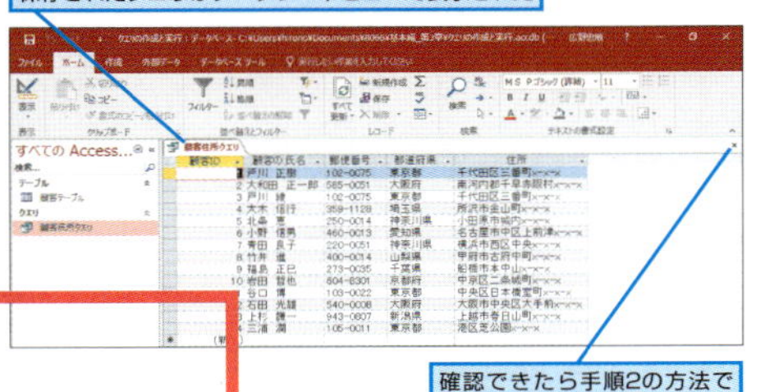

HINT! 保存しないで閉じるとダイアログボックスが表示される

クエリの編集中に、デザインビューを閉じたり、Accessを終了したりしようとすると「'○○' クエリの変更を保存しますか?」というメッセージがダイアログボックスで表示されます。[はい] ボタンをクリックすれば、編集中のクエリを保存できます。

[はい] をクリック

Point

保存したクエリは何回でも使える

作成したクエリは、保存しておくことで何度でも利用できます。保存したクエリを開けば、もう一度クエリを作らなくても、クエリの実行結果をデータシートビューで確認できます。詳しくは、基本編のレッスン㊹で解説しますが、保存したクエリからレポートを作成すれば、特定の条件で抽出したレコードだけを印刷できます。後でクエリを使うときのことを考えて、分かりやすい名前で保存しましょう。

間違った場合は？

手順の画面と違うときには、まずここを見てください。操作を間違った場合の対処法を解説してあるので安心です。

※ここに掲載している紙面はイメージです。実際のレッスンページとは異なります。

データベースが持つ3大メリットを知ろう！

その1

1つのデータをさまざまな形で活用できる

データベースの一番のメリットは、**さまざまな形式のデータを蓄えられる**ことです。もちろん、データを蓄えるだけではなく、**蓄えたデータをさまざまな形で活用できる**のも大きな特長といえるでしょう。例えば、取引先や住所録といったデータから、日付や文字列などの条件で**必要なデータだけを瞬時に集計・抽出**できます。抽出したデータを**書類に印刷**したり、**あて名ラベルなどに出力**したりすることも可能です。

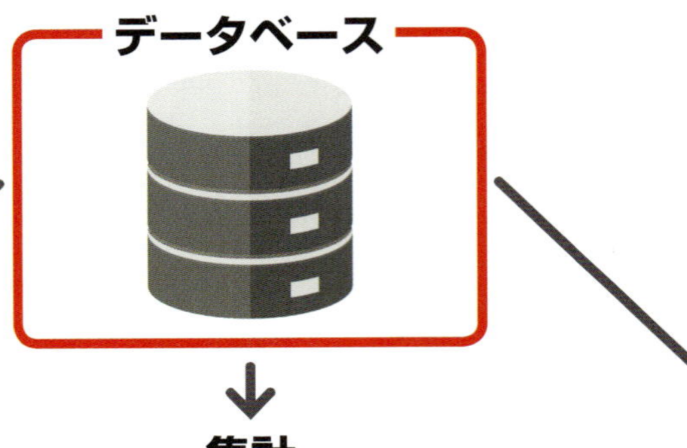

抽出

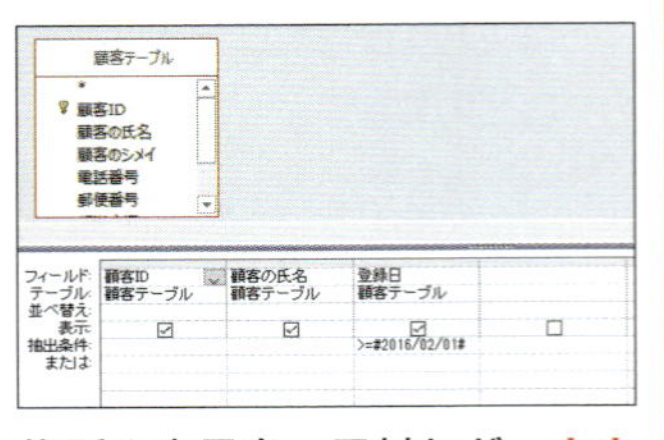

住所や商品名、日付など、**さまざまな条件でデータを抽出**できます。**抽出条件の保存や再利用**も簡単に実行できます。

集計

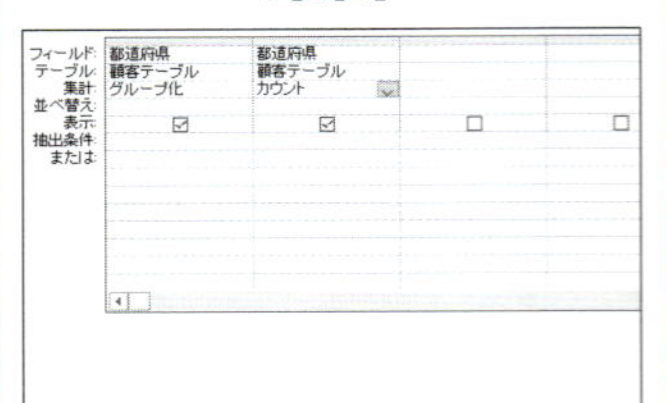

顧客別の請求金額を月別で集計する、ある日付以降の請求を翌月分に含めるなど、**条件に応じた柔軟な集計**が可能です。

印刷

取り出したデータや集計結果を**一覧表や請求書、あて名ラベル**など、業務に役立つ**さまざまな形式で印刷**できます。

Excelと比べると…

Excelでも抽出や集計はできますが、元の表を加工しないと思い通りの集計ができないことがあります。データベースは元の**データを加工せずにさまざまな集計**ができます。また**膨大なデータ**を扱えます。

Excelと比べると…

Excelで整った帳票を印刷するためには、マクロやVBAなどの高度な知識が必要になります。

その2

データ入力の効率がアップ！

表形式の入力方法では、入力する項目が多くなると、入力がしにくいだけではなく、入力ミスも発生しやすくなります。Accessには**フォーム**と呼ばれる、**入力画面をデザインできる機能**があります。フォームで実際の帳票に似た入力画面を作成すれば、誰もが効率よくデータを入力できるようになります。

●Accessの場合

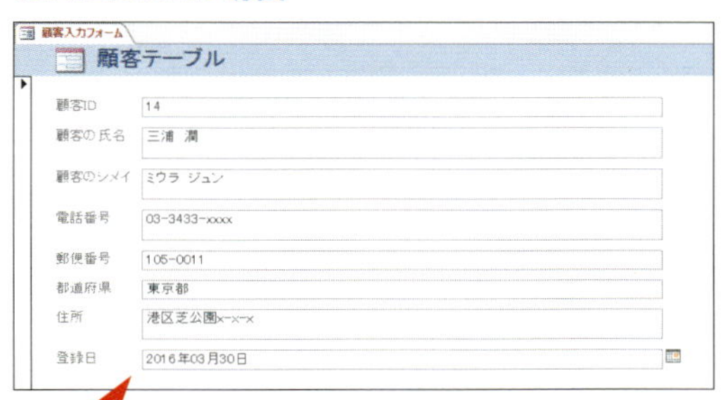

入力用の画面を用意でき、効率よくデータを入力できる

●Excelの場合

	A	B	C	D	E	F	G
1	顧客ID	顧客の氏名	顧客のシメイ	電話番号	郵便番号	都道府県	住所
2	1	戸川　正樹	トガワ　マサキ	03-5275-xxxx	102-0075	東京都	千代田区三
3	2	大和田　正一郎	オオワダ　ショウイチロウ	0721-72-xxxx	585-0051	大阪府	南河内郡千
4	3	戸川　綾	トガワ　アヤ	03-5275-xxxx	102-0075	東京都	千代田区三
5	4	大木　信行	オオキ　ノブユキ	042-922-xxxx	359-1128	埼玉県	所沢市金山
6	5	北条　恵	ホウジョウ　メグミ	0465-23-xxxx	250-0014	神奈川県	小田原市城
7	6	小野　信男	オノ　ノブオ	052-231-xxxx	460-0013	愛知県	名古屋市中
8	7	青田　良子	アオタ　ヨシコ	045-320-xxxx	220-0051	神奈川県	横浜市西区
9	8	竹井　進	タケイ　ススム	055-230-xxxx	400-0014	山梨県	甲府市古府
10	9	福島　正巳	フクシマ　マサミ	047-302-xxxx	273-0035	千葉県	船橋市本中
11	10	岩田　哲也	イワタ　テツヤ	075-212-xxxx	604-8301	京都府	中京区二条
12	11	谷口　博	タニグチ　ヒロシ	03-3241-xxxx	103-0022	東京都	中央区日本
13	12	石田　光雄	イシダ　ミツオ	06-4791-xxxx	540-0008	大阪府	大阪市中央
14	13	上杉　謙一	ウエスギ　ケンイチ	0255-24-xxxx	943-0807	新潟県	上越市春日
15	14	三浦　潤	ミウラ　ジュン	03-3433-xxxx	105-0011	東京都	港区芝公園

項目が多くなると、画面のスクロールなど、入力操作が煩雑になる

その3

管理や拡張が容易

Excelで表にまったく新しい情報を追加するときは、たいていの場合、表を作り直す必要があります。Accessには、**リレーションシップ**と呼ばれるデータ同士を関連付けする機能があります。この機能を使えば、もともとのデータにまったく**手を加えることなく、データそのものを拡張**できます。

●顧客管理のデータに売り上げのデータを加える場合

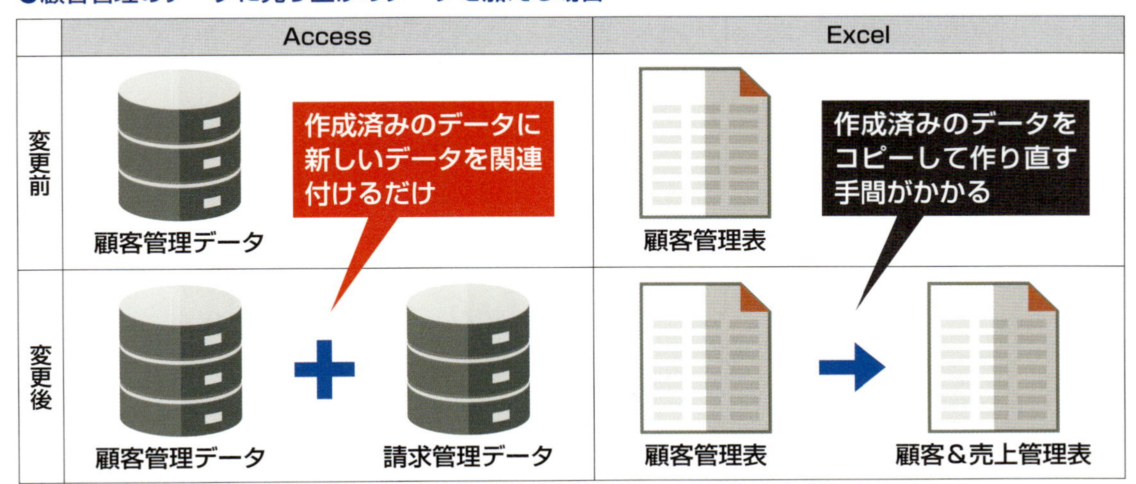

本書で作成するデータベース

本書は基本編と活用編の2つに分かれており、基本編では初歩的なデータベースを作成し、活用編では基本編で作成したデータベースを利用する方法を解説しています。ここでは本書を通じて、作成するデータベースでどんなことができるのかを紹介します。本書には必要なデータが入力済みの練習用ファイルが用意されているので、途中のレッスンからでもすぐにAccessの操作や使い方を学べます。

基本編

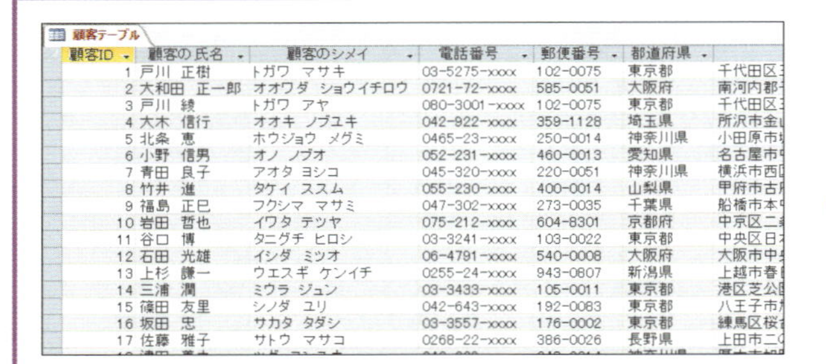

顧客テーブル

顧客ID	顧客の氏名	顧客のシメイ	電話番号	郵便番号	都道府県	
1	戸川 正樹	トガワ マサキ	03-5275-xxxx	102-0075	東京都	千代田区
2	大和田 正一郎	オオワダ ショウイチロウ	0721-72-xxxx	585-0051	大阪府	南河内郡
3	戸川 綾	トガワ アヤ	080-3001-xxxx	102-0075	東京都	千代田区
4	大木 信行	オオキ ノブユキ	042-922-xxxx	359-1128	埼玉県	所沢市金
5	北条 恵	ホウジョウ メグミ	0465-23-xxxx	250-0014	神奈川県	小田原市
6	小野 信男	オノ ノブオ	052-231-xxxx	460-0013	愛知県	名古屋市
7	青田 良子	アオタ ヨシコ	045-320-xxxx	220-0051	神奈川県	横浜市西
8	竹井 進	タケイ ススム	055-230-xxxx	400-0014	山梨県	甲府市古
9	福島 正巳	フクシマ マサミ	047-302-xxxx	273-0035	千葉県	船橋市本
10	岩田 哲也	イワタ テツヤ	075-212-xxxx	604-8301	京都府	中京区二
11	谷口 博	タニグチ ヒロシ	03-3241-xxxx	103-0022	東京都	中央区日
12	石田 光雄	イシダ ミツオ	06-4791-xxxx	540-0008	大阪府	大阪市中
13	上杉 謙一	ウエスギ ケンイチ	0255-24-xxxx	943-0807	新潟県	上越市春
14	三浦 潤	ミウラ ジュン	03-3433-xxxx	105-0011	東京都	港区芝公
15	篠田 友里	シノダ ユリ	042-643-xxxx	192-0083	東京都	八王子市
16	坂田 忠	サカタ タダシ	03-3557-xxxx	176-0002	東京都	練馬区桜
17	佐藤 雅子	サトウ マサコ	0268-22-xxxx	386-0026	長野県	上田市二

すべての基礎になる情報をテーブルに入力

できること

氏名や住所、電話番号などの顧客情報を管理する

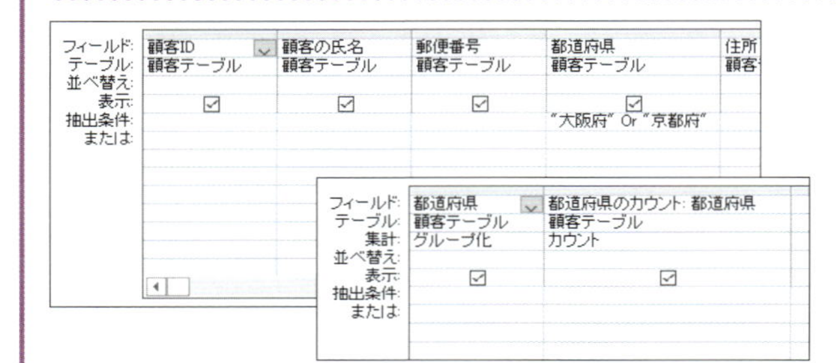

入力した情報の抽出や集計をクエリで実行

できること

住所別に顧客を抽出したり、顧客数を集計する

顧客入力フォーム

顧客ID 24
顧客の氏名 広野 忠敏
フリガナ
電話番号 電話番号は半角で入力してください
郵便番号
都道府県
住所
登録日 2016年5月27日

効率よく情報を追加できるフォームを作成

できること

住所や電話番号を追加しやすい入力画面を作る

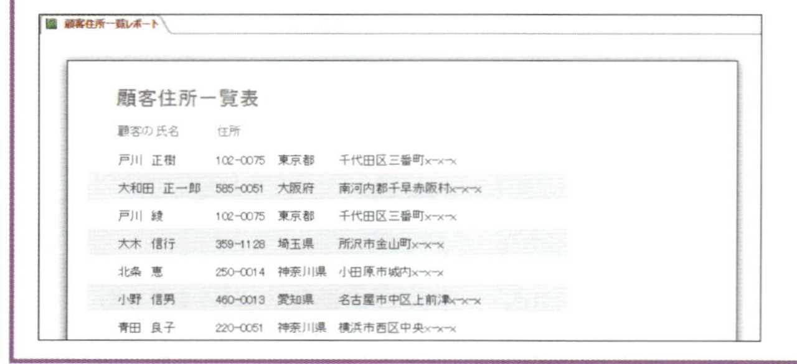

入力されたデータをレポートで印刷

できること

顧客情報の一覧やあて名ラベルを印刷する

活用編

顧客情報

顧客テーブル

顧客ID	顧客の氏名	顧客のシメイ	電話番号	郵便番号	都道府県	
1	戸川 正樹	トガワ マサキ	03-5275-xxxx	102-0075	東京都	千
2	大和田 正一郎	オオワダ ショウイチロウ	0721-72-xxxx	585-0051	大阪府	南
3	戸川 綾	トガワ アヤ	080-3001-xxxx	102-0075	東京都	千
4	大木 信行	オオキ ノブユキ	042-922-xxxx	359-1128	埼玉県	所
5	北条 恵	ホウジョウ メグミ	0465-23-xxxx	250-0014	神奈川県	小
6	小野 信男	オノ ノブオ	052-231-xxxx	460-0013	愛知県	名
7	青田 良子	アオタ ヨシコ	045-320-xxxx	220-0051	神奈川県	横
8	竹井 進	タケイ ススム	055-230-xxxx	400-0014	山梨県	甲
9	福島 正巳	フクシマ マサミ	047-302-xxxx	273-0035	千葉県	船
10	岩田 哲也	イワタ テツヤ	075-212-xxxx	604-8301	京都府	中
11	谷口 博	タニグチ ヒロシ	03-3241-xxxx	103-0022	東京都	中
12	石田 光雄	イシダ ミツオ	06-4791-xxxx	540-0008	大阪府	大
13	上杉 謙一	ウエスギ ケンイチ	0255-24-xxxx	943-0807	新潟県	上
14	三浦 潤	ミウラ ジュン	03-3433-xxxx	105-0011	東京都	港
15	篠田 友里	シノダ ユリ	042-643-xxxx	192-0083	東京都	八
16	坂田 忠	サカタ タダシ	03-3557-xxxx	176-0002	東京都	練

請求情報

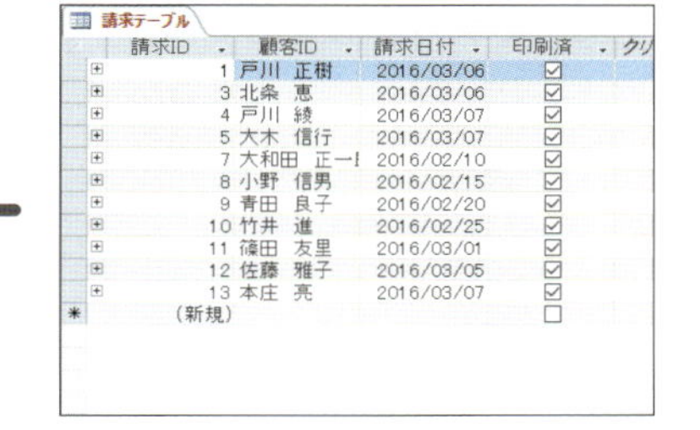

請求テーブル

請求ID	顧客ID	請求日付	印刷済	クリ
1	戸川 正樹	2016/03/06	☑	
3	北条 恵	2016/03/06	☑	
4	戸川 綾	2016/03/07	☑	
5	大木 信行	2016/03/07	☑	
7	大和田 正一!	2016/02/10	☑	
8	小野 信男	2016/02/15	☑	
9	青田 良子	2016/02/20	☑	
10	竹井 進	2016/02/25	☑	
11	篠田 友里	2016/03/01	☑	
12	佐藤 雅子	2016/03/05	☑	
13	本庄 亮	2016/03/07	☑	
(新規)			☐	

明細情報

請求明細テーブル

明細ID	請求ID	商品名	数量	単位	単価	クリックして追加
1	1	万年筆	1	本	¥13,500	
2	1	クリップ	50	個	¥30	
4	3	万年筆	2	本	¥13,500	
5	4	コピー用トナー	3	箱	¥14,400	
6	4	カラーボックス	2	台	¥4,500	
7	4	ボールペン	1	ダース	¥900	
8	5	ボールペン	3	ダース	¥900	
10	7	コピー用トナー	1	箱	¥16,000	
11	7	大学ノート	30	冊	¥150	
12	8	カラーボックス	2	台	¥5,000	
13	9	万年筆	3	本	¥15,000	
14	9	ボールペン	2	ダース	¥1,000	

顧客情報に発注情報を関連付けて一緒に管理

できること

既存の顧客情報に発注情報を組み合わせて管理する

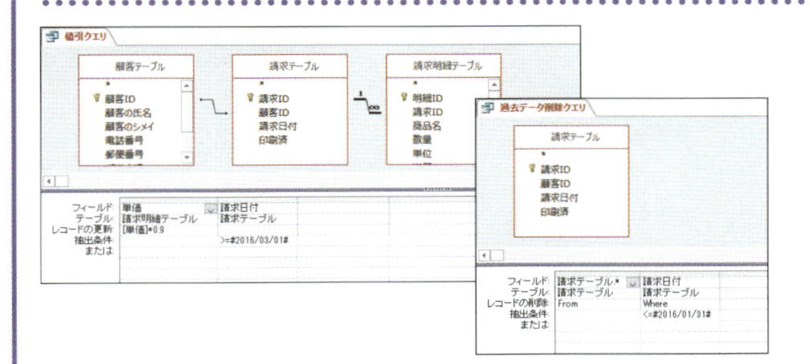

データの変更や複雑な計算をクエリで実行

できること

顧客別の請求計算や価格の一括変更、過去データの削除ができる

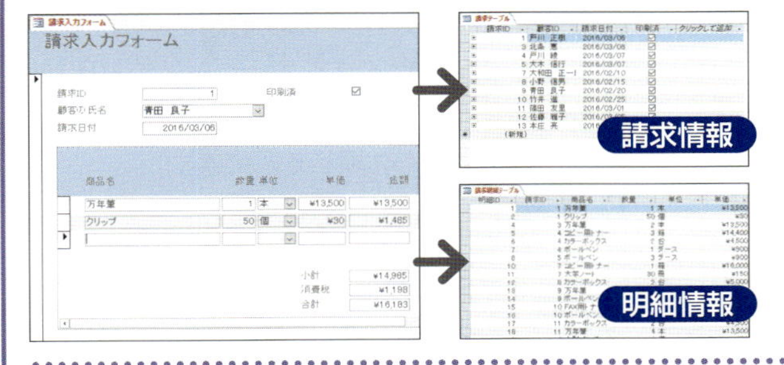

1つのフォームから複数の情報を同時入力

できること

紙の帳票に入力する感覚で請求明細や日付を入力できる

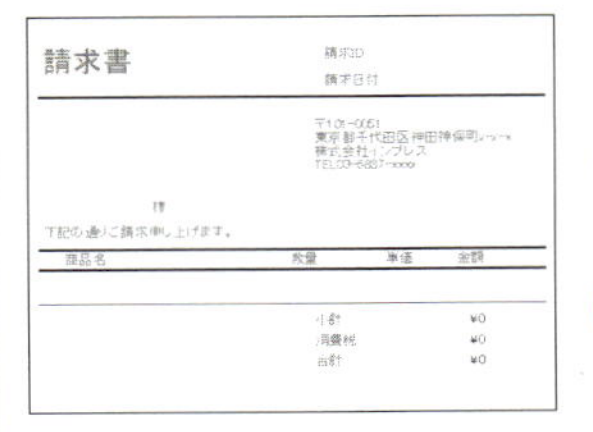

レポートで請求書発行

できること

複雑な帳票を作成する

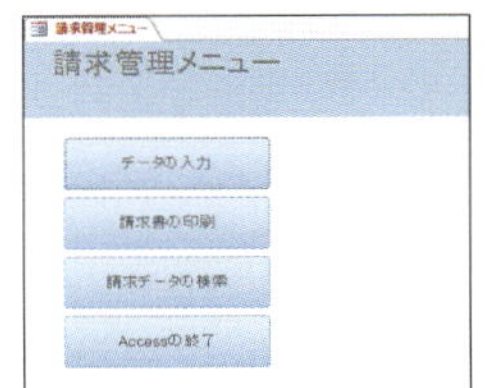

請求管理の専用画面作成

できること

入力用のメニューを作る

Officeの種類を知ろう

Office 2016は、さまざまな形態で提供されています。Accessが含まれるOfficeのエディションには、大きく分けて個人ユーザー向けに提供されているタイプと、法人ユーザー向けに提供されているタイプの2種類があります。それぞれ入手する方法や料金、利用できるアプリの数、付随しているサービスなど、細かい違いがあります。

パソコンにプリインストールされている Office Premium

さまざまなメーカー製パソコンなどにあらかじめインストールされる形態で提供されます。主なエディションは3つで、Office ProfessionalにAccessが含まれます。

常に最新版が使える

パソコンが故障などで使えなくならない限り、永続してOfficeを利用できます。パソコンが利用できる間は無料で最新版にアップグレードできます。

スマホなどでも使える

スマートフォンやiPad、Androidタブレット向けのモバイルアプリを利用できます。スマートフォンとタブレットで、それぞれ2台まで使えます。

1TBのOneDriveが利用可能

1年間無料で1TBのオンラインストレージ（OneDrive）が利用できます。また、毎月60分間通話できるSkype通話プランも付属しています。

●Office Premiumの製品一覧

	Office Professional	Office Home & Business	Office Personal
Word	●	●	●
Excel	●	●	●
Outlook	●	●	●
PowerPoint	●	●	−
OneNote	●	●	−
Publisher	●	−	−
Access	●	−	−

※上記のほかにOffice Home and Bussiness 2016というエディションが選べる場合があります。

個人ユーザー向け

Office 365 Solo

家電量販店やオンラインストアなどで購入できます。一定の契約期間に応じて、利用料を支払って使うことができます。

1,274円から利用できる

月額1,274円か年額12,744円の利用料金を支払って利用します。自分が必要な期間だけ最新のOfficeを利用できるのが特長です。

最新アプリのすべてが利用可能

契約期間中は常に最新版のアプリを利用できるほか、新しいバージョンが提供されたときはすぐにアップグレードできます。

複数の機器で使える

WindowsやMacなど、2台までのパソコンにインストールして利用できます。スマートフォンやタブレット向けアプリも利用可能です。

1TBのOneDrive利用権が付属

契約期間中は1TBのオンラインストレージ(OneDrive)を利用できます。毎月60分のSkype通話プランも付属しています。

法人ユーザー向け

Office 365 ProPlus/Enterprise E3/Enterprise E5

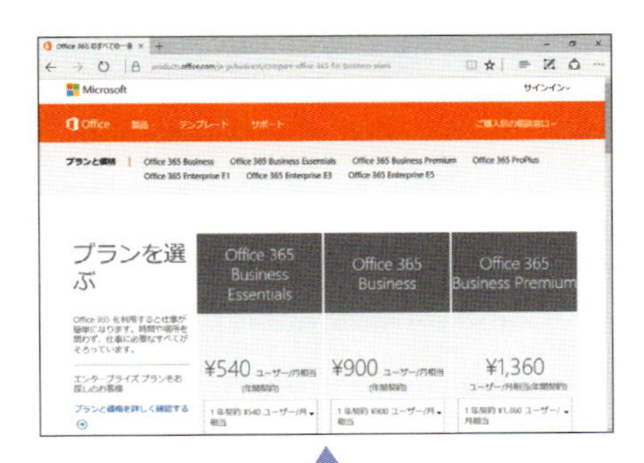

マイクロソフトのWebサイトや一般法人向け販売店で購入できます。

1,310円から利用できる

1ユーザーにつき、月額1,310円(ProPlus)から2,180円(Enterprise E3)、3,810円(Enterprise E5)の3つのプランを選べます。

複数の機器で使える

各ユーザーは最大5台までのパソコンにOfficeをインストールして利用できます。また、最大5台のタブレットと5台のスマートフォンでもOfficeを利用可能です。

1TBのOneDriveが利用可能

各ユーザーは1TBのOneDriveを利用できます。

目　次

基本編　第１章　Accessを使い始める　21

基本編　第２章　データを入力するテーブルを作成する　37

基本編 第4章 フォームからデータを入力する 115

基本編 第5章 レポートで情報をまとめる 147

活用編　第１章　リレーショナルデータベースを作成する　197

活用編 第2章 入力効率がいいフォームを作成する 233

活用編 第3章 クエリで複雑な条件を指定する 281

活用編　第4章　レポートを自由にレイアウトする　319

ご利用の前に必ずお読みください

本書は、2016年5月現在の情報をもとに「Microsoft Access 2016」の操作方法について解説しています。本書の発行後に「Microsoft Access 2016」の機能や操作方法、画面などが変更された場合、本書の掲載内容通りに操作できなくなる可能性があります。本書発行後の情報については、弊社のWebページ（http://book.impress.co.jp/）などで可能な限りお知らせいたしますが、すべての情報の即時掲載ならびに、確実な解決をお約束することはできかねます。また本書の運用により生じる、直接的、または間接的な損害について、著者ならびに弊社では一切の責任を負いかねます。あらかじめご理解、ご了承ください。

本書で紹介している内容のご質問につきましては、できるシリーズの無償電話サポート「できるサポート」にて受け付けております。ただし、本書の発行後に発生した利用手順やサービスの変更に関しては、お答えしかねる場合があります。また、本書の奥付に記載されている最新発行年月日から5年を経過した場合、もしくは解説する製品の提供会社が製品サポートを終了した場合にも、ご質問にお答えしかねる場合があります。できるサポートのサービス内容については428ページの「できるサポートのご案内」をご覧ください。

練習用ファイルについて

本書で使用する練習用ファイルは、弊社Webサイトからダウンロードできます。
練習用ファイルと書籍を併用することで、より理解が深まります。

▼練習用ファイルのダウンロードページ
http://book.impress.co.jp/books/1115101161

●本書の前提

本書では、「Windows 10」と「Office 2016」がインストールされているパソコンで、インターネットに常時接続されている環境を前提に画面を再現しています。

練習用ファイルの使い方

本書では、レッスンの操作をすぐに試せる無料の練習用ファイルを用意しています。Access 2016の標準設定では、データベースファイルを開くと、［セキュリティの警告］が表示される仕様になっています。本書の練習用ファイルは安全ですが、練習用ファイルを開くときは以下の手順で操作してください。

▼ **練習用ファイルのダウンロードページ**
http://book.impress.co.jp/books/1115101161

練習用ファイルを利用するレッスンには、練習用ファイルの名前が記載してあります。

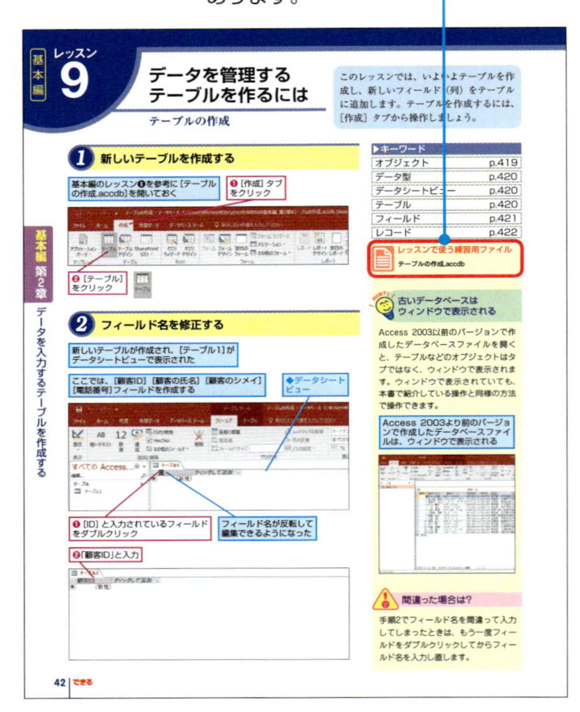
基本編 レッスン 9
データを管理するテーブルを作るには
テーブルの作成

このレッスンでは、いよいよテーブルを作成し、新しいフィールド（列）をテーブルに追加します。テーブルを作成するには、［作成］タブから操作しましょう。

1 新しいテーブルを作成する

基本編のレッスン❽を参考に［テーブルの作成.accdb］を開いておく
❶［作成］タブをクリック
❷［テーブル］をクリック

▶キーワード

オブジェクト	p.419
データ型	p.420
データシートビュー	p.420
テーブル	p.420
フィールド	p.421
レコード	p.422

レッスンで使う練習用ファイル
テーブルの作成.accdb

HINT! 古いデータベースはウィンドウで表示される
Access 2003以前のバージョンで作成したデータベースファイルを開くと、テーブルなどのオブジェクトはタブではなく、ウィンドウで表示されます。ウィンドウで表示されていても、本書で紹介している操作と同様の方法で操作できます。

Access 2003より前のバージョンで作成したデータベースファイルは、ウィンドウで表示される

2 フィールド名を修正する

新しいテーブルが作成され、［テーブル1］がデータシートビューで表示された
ここでは、［顧客ID］［顧客の氏名］［顧客のシメイ］［電話番号］フィールドを作成する
◆データシートビュー
❶［ID］と入力されているフィールドをダブルクリック
フィールド名が反転して編集できるようになった
❷「顧客ID」と入力

間違った場合は？
手順2でフィールド名を間違って入力してしまったときは、もう一度フィールドをダブルクリックしてからフィールド名を入力し直します。

基本編 第2章 データを入力するテーブルを作成する

42 できる

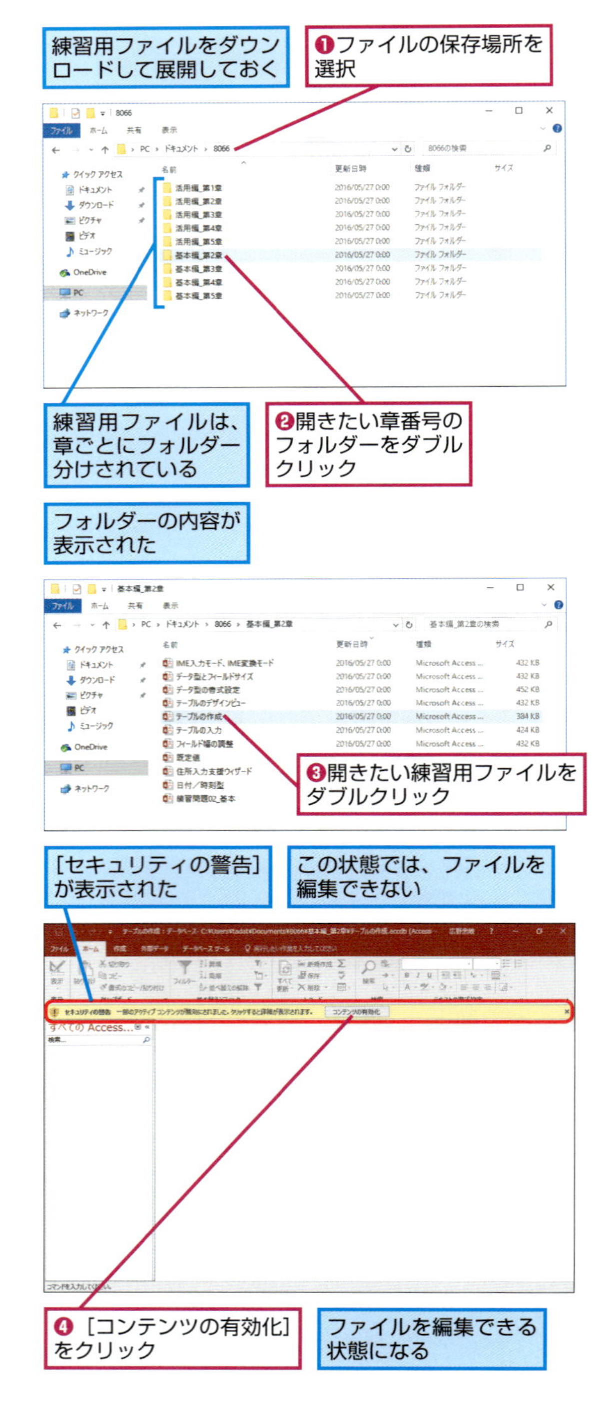

HINT!
何で警告が表示されるの？

Accessの標準設定では、データベースファイルに含まれているマクロが実行されないようになっています。そのため、データベースファイルを開くたびに［セキュリティの警告］が表示されます。データベースファイルにマクロが含まれていなくても必ず表示されるので、データベースファイルを有効にしましょう。なお、コンテンツを有効化してマクロの実行が許可されたデータベースファイルを同じパソコンでもう一度開いたときは［セキュリティの警告］が表示されません。

基本編

第1章

Accessを使い始める

基本編では、Accessの基本となる操作について紹介していきます。この章では、Accessを使ってできることや、データベースの仕組みなどについて説明します。

●この章の内容

Accessとは

Accessを使ってできること

Accessは「データベースソフト」と呼ばれるジャンルのソフトウェアです。このレッスンでは、Accessを使うとどういうことができるのかを紹介します。

▶キーワード

データベース p.420

Accessならさまざまな業務に対応できる

パソコンを業務で使うことを考えてみましょう。パソコンを使ってあて名書きや財務会計処理、販売管理などの処理をしたいときは、専用のソフトウェアを使うのが一般的です。Accessには、さまざまなデータを扱う機能があるため、専用のソフトウェアを購入しなくても、いろいろな業務に対応できます。

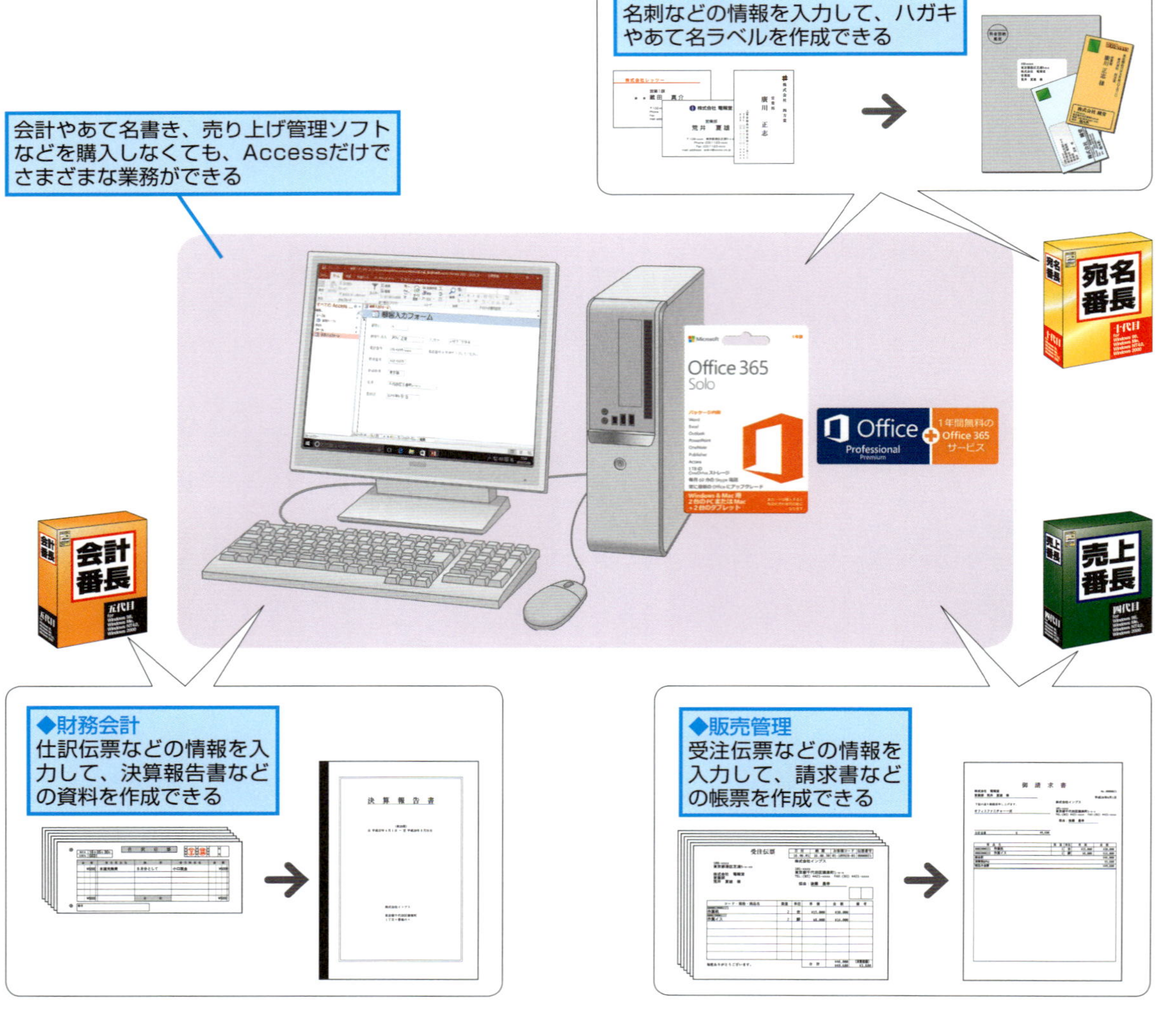

Accessはデータベースソフト

「データベースソフト」とは、さまざまなジャンルのデータを蓄えて、データの抽出、集計、印刷を行うためのソフトウェアです。以下の例を見てください。Accessでは、名前や電話番号、住所、売り上げなどの膨大なデータを蓄積し、目的に応じて特定の住所や顧客情報、条件に基づいた売上金額などを瞬時に取り出せます。抽出・集計したデータから請求書や売上伝票、あて名ラベルを作成することもできます。このように、1つのソフトウェアでさまざまな業務や目的に対応できるのがデータベースソフトの最も大きな特長です。

●データの蓄積と管理

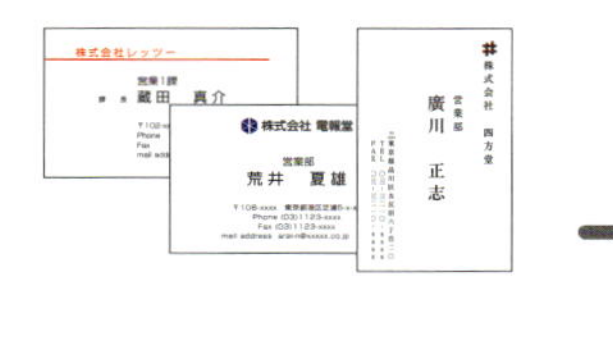

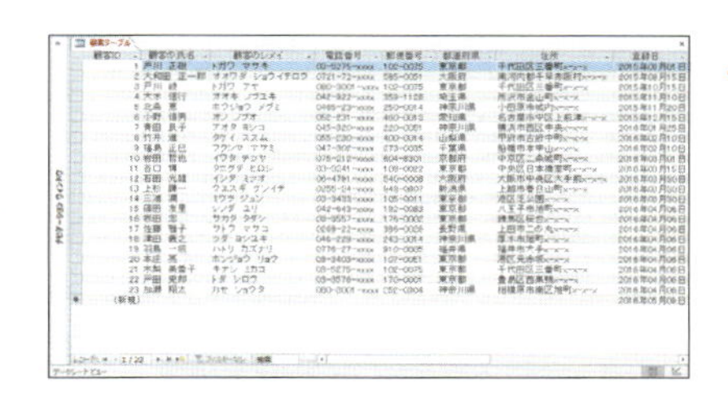

●データの抽出・集計

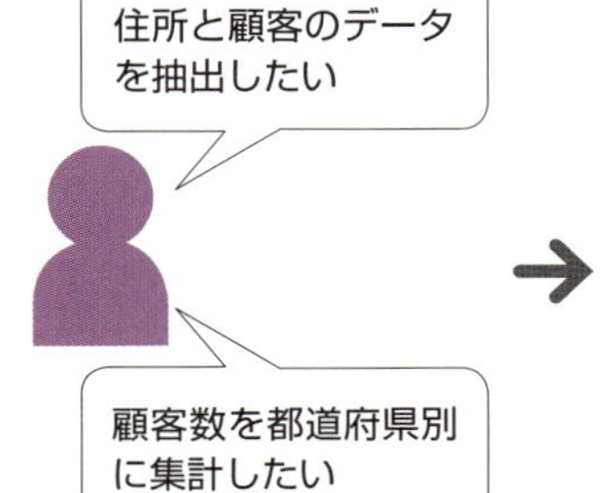

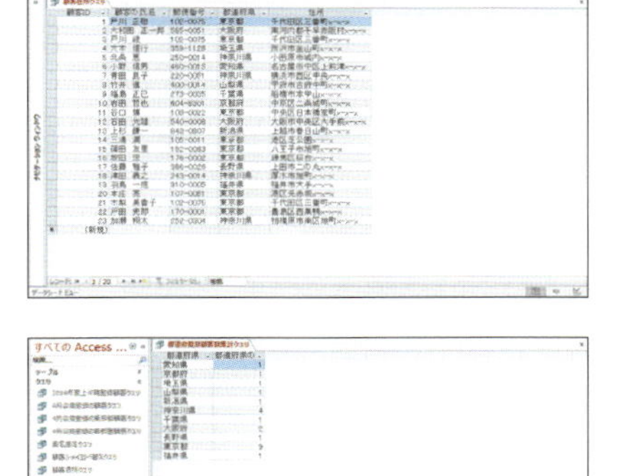

●データの印刷

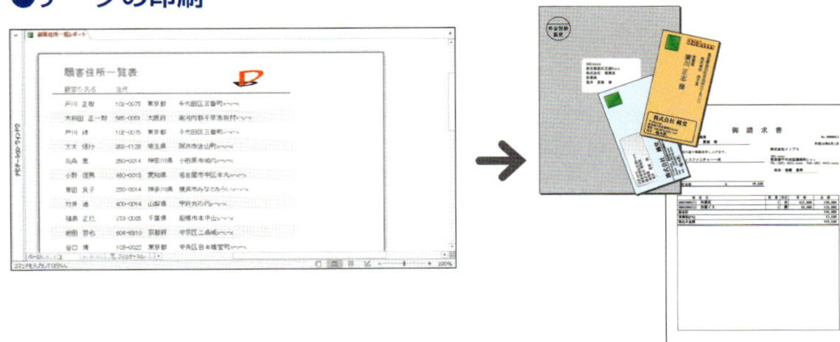

作業を効率化できる

会計ソフトや販売管理などの専用ソフトの場合は通常、入力項目を自分で増やすといったことはできません。Accessで作るデータベースは、必要に応じて新しく入力したい項目を増やしたり、入力画面を自分で自由に作成したりすることができるので、情報を効率よく管理できるようになります。

複雑な業務にも対応できる

Accessは、住所録からあて名を印刷するといった簡単な使い方から、得意先の名簿や売上伝票、請求伝票などを使った売り上げ管理や請求管理まで、一度にたくさんの情報を取り扱う複雑な業務に利用できます。より高度なAccessの使い方は、活用編で解説します。

請求書のほか、さまざまな業務で利用できる書類を作成できる

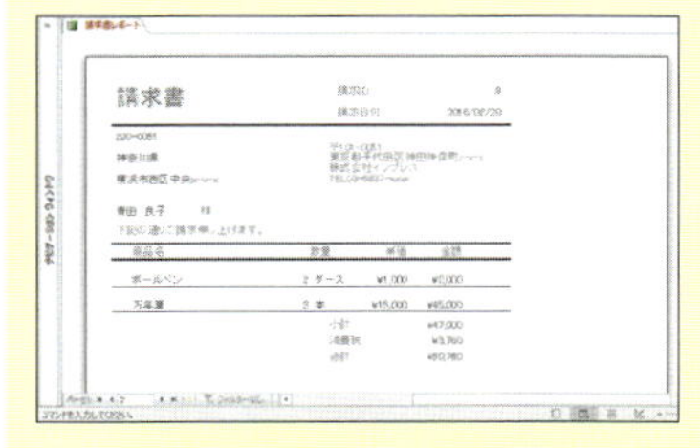

データベースとは

データベースの特長

データベースの役割は、データを蓄えて活用することです。手作業でのデータの管理方法とパソコンを使ったデータの管理方法の違いを見てみましょう。

パソコンを使わないデータベース

パソコンのデータベースがどのようなものなのかを知る前に、パソコンを使わないでデータを管理する方法を見てみましょう。例えば、パソコンを使わずに名刺を管理するには、「名刺を集める」「集めた名刺を保管する」「必要な名刺を探す」「名刺からあて名や帳票を作成する」といったことを手作業で行う必要があります。手作業はミスが起きやすく、作業に非常に時間がかかるといったデメリットがあります。

名刺を集めたり、抜き出した名刺から手書きで住所を書いたりする作業は、時間がかかるばかりでなく、ミスも起こりやすい

▶キーワード

データベース p.420

データベースの仕組みを理解しよう

データベースは、データを蓄える箱のようなものです。例えば、名刺を管理するツールとして名刺入れがあります。名刺入れは名刺（データ）を蓄えることができ、五十音順で並べて整理もできます。必要な名刺を抜き出して、あて名を書くなど別の用途でも使えます。これも立派なデータベースといえます。名刺入れのような役割を果たすのが、パソコンのデータベースです。データベースソフトでは、さまざまなデータを取り扱えるほか、素早くデータを抽出して、抽出したデータをいろいろな形式で印刷できます。

Accessのデータベース

データの管理にAccessを使うと、今まで手作業で行っていたことをすべてパソコンで実行できます。名刺などのデータを入力した後で、入力したデータを抽出したり、いろいろな形式で印刷したりすることができます。そのため、手作業で行うよりも効率よく、さまざまなデータを管理できるようになります。

Accessなら、効率よくデータを管理して活用できる

HINT! 世の中にあるいろいろなデータベース

「データベース」とは、あまり聞き慣れない言葉かもしれません。しかし、世の中ではさまざまなことがデータベースで実現されています。例えば、列車やホテルの予約システム、銀行のATM、インターネットのソーシャルネットワーキングサービスやブログなどのサービスもデータベースが使われています。さらに、ビッグデータの蓄積や分析など、膨大なデータを取り扱いたいときもデータベースが利用されます。

HINT! データベースにするとミスがなくなる

さまざまなデータを使った業務を手作業で管理すると間違いが起きやすいものです。例えば、手作業で発注や請求などの業務を行うと、請求書の記入漏れや間違いなどが起きやすくなります。ところが、データベースを使えば、必要なデータをすべてパソコンで管理できるようになるので、効率よく業務を実行できるようになります。

レッスン 3 データベースファイルとは

データベースの概要と作成の流れ

ここでは、データベースファイルの機能と役割、基本編で作成するデータベースの内容を紹介します。それぞれの機能とデータベース作成の流れを確認してください。

▶キーワード

オブジェクト	p.419
クエリ	p.419
データベース	p.420
テーブル	p.420
フォーム	p.421
レポート	p.422

データベースファイルの機能

データベースファイルには、データの蓄積だけでなく、検索や抽出などの機能も含まれています。データを蓄える「テーブル」、データを入力するための「フォーム」、データを抽出するための「クエリ」、データを印刷するための「レポート」の4つがデータベースファイルの最も基本的な機能です。なお、Accessでは、データベースファイルに含まれている機能を「データベースオブジェクト」または、「オブジェクト」と呼びます。詳しくは、この後のレッスンで解説していくので、まずは基本的な4つの役割を覚えておきましょう。

データベースファイル

データの蓄積…**テーブル**

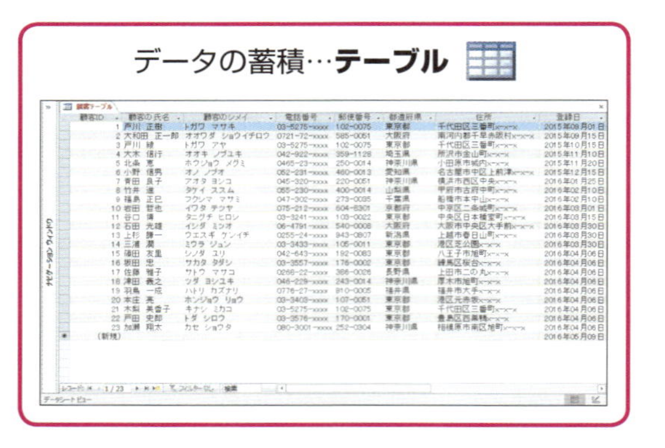

データの抽出…**クエリ**

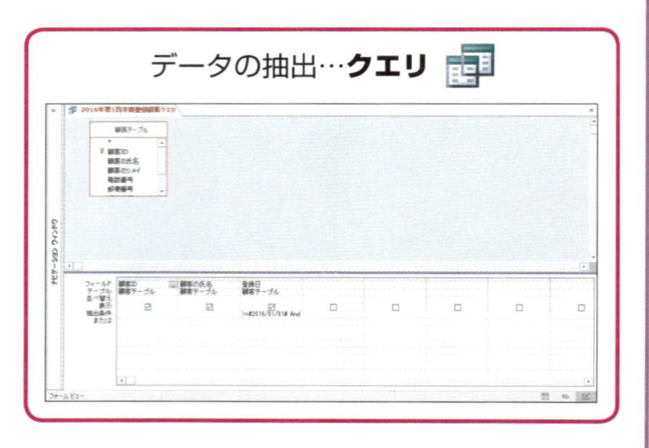

データの印刷…**レポート**

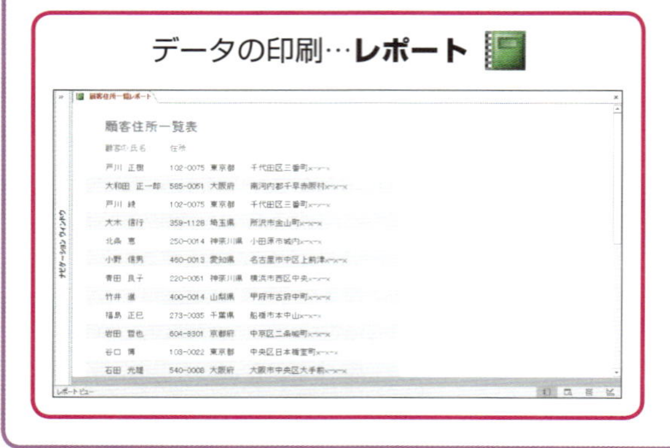

データの入力…**フォーム**

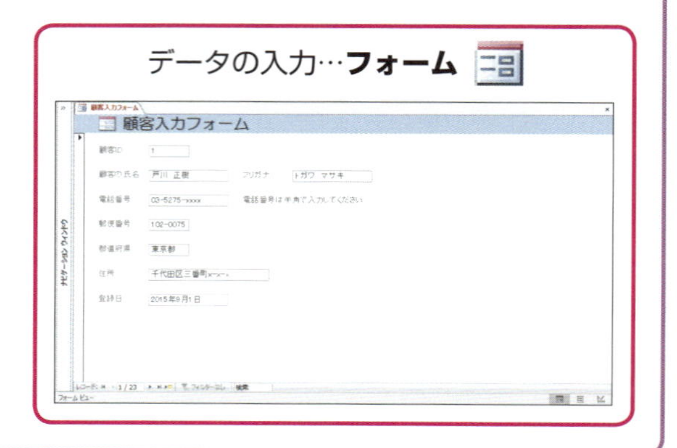

まずはテーブルから作成する

Accessでデータベースを利用するときは、データベースファイルを作成した後で､｢テーブル｣を作成します。テーブルとは、いろいろなデータを保存するための入れ物のことで、データを入力したり、データを抽出したりする操作は、すべてテーブルに入力したデータが対象になります。

基本編のデータベース作成の流れ

基本編の第2章から第5章では、氏名や住所といった顧客情報を管理するシンプルなデータベースを作成します。まず、「テーブル」を作成してデータの入力や編集がしやすいようにテーブルの設定を行います。次にデータを抽出するための「クエリ」を作成します。クエリとは、特定の条件でデータを取り出したり、編集や並べ替えをしたりするための機能のことです。さらにテーブルにデータを入力しやすくなるように、フォームを作成し、レポートの機能を利用して顧客の住所一覧表を印刷します。実際にデータベースを作り始める前に、データベース作成の流れを確認しておきましょう。

データを保管するためのテーブルを作成
データの入力や編集がしやすいようにテーブルの設定を行う　→基本編 第2章

データを抽出するためのクエリを作成
指定した抽出条件での操作や並べ替え、集計などを行う　→基本編 第3章

データを入力するためのフォームを作成
テーブルにデータを効率よく入力するために、専用の入力画面を作成する　→基本編 第4章

一覧表を印刷するためのレポートを作成
抽出・集計したデータをさまざまな形式で印刷する　→基本編 第5章

Accessを使うには

起動、終了

Accessを使って実際にデータベースを作る前に、Accessの起動方法と終了方法を覚えておきましょう。Accessが起動し、手順4の画面が表示されたら準備が完了します。

Windows 10でAccessを起動

1 [すべてのアプリ]を表示する

❶[スタート]をクリック

❷[すべてのアプリ]をクリック

注意 Windows 10の[スタート]メニューおよび[スタート]メニューに表示される内容はバージョンアップによって変更される場合があります

2 Accessを起動する

[すべてのアプリ]が表示された

[Access 2016]をクリック

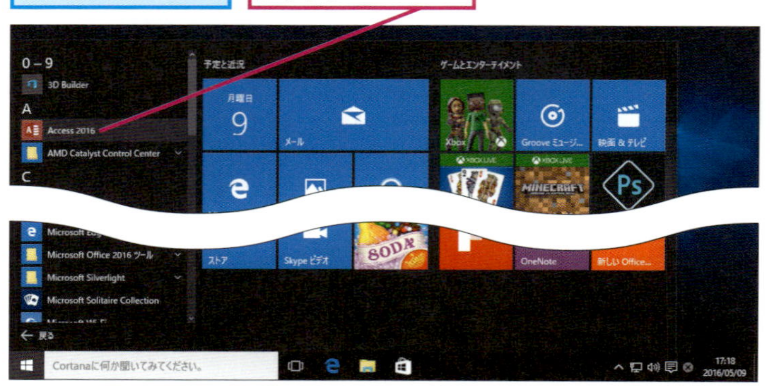

▶キーワード

Microsoftアカウント	p.418
OneDrive	p.418
データベース	p.420

ショートカットキー

⊞ / Ctrl + Esc ……………スタート画面の表示

Alt + F4 ……アプリの終了

HINT! Windows 7でAccessを起動するには

Windows 7では、以下の手順でAccessを起動できます。[スタート]メニューにAccessがないときは、パソコンにインストールされていません。付録2を参考にAccessをインストールしましょう。

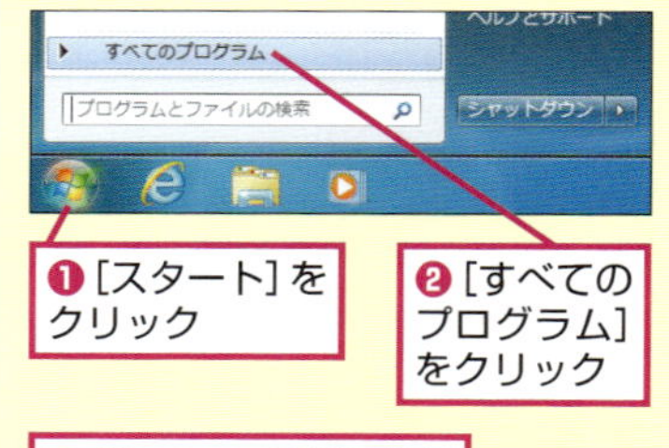

❶[スタート]をクリック

❷[すべてのプログラム]をクリック

❸[Access 2016]をクリック

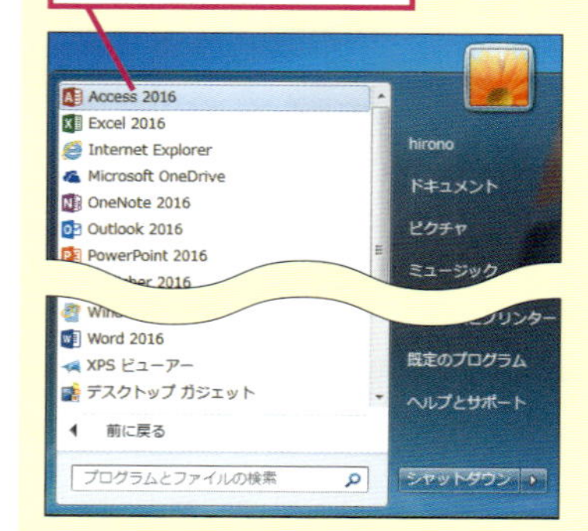

3 Accessの起動画面が表示された

Access 2016の起動画面が表示された

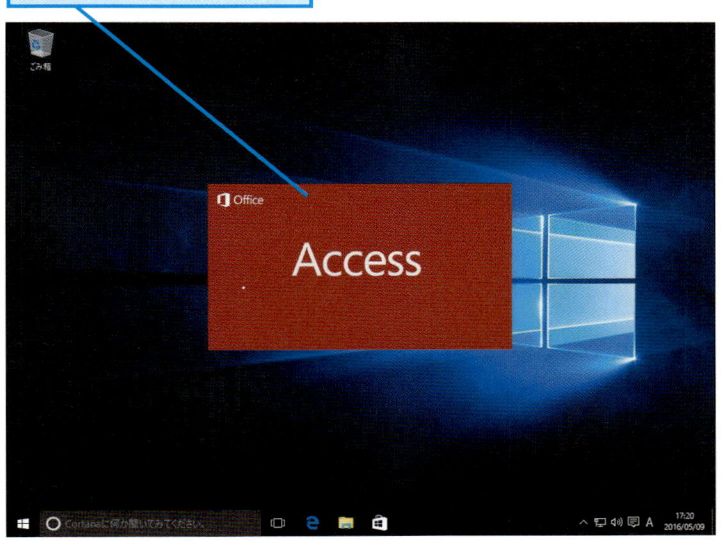

Accessが起動した

Accessが起動し、Accessのスタート画面が表示された

スタート画面に表示される背景画像は、環境によって異なる

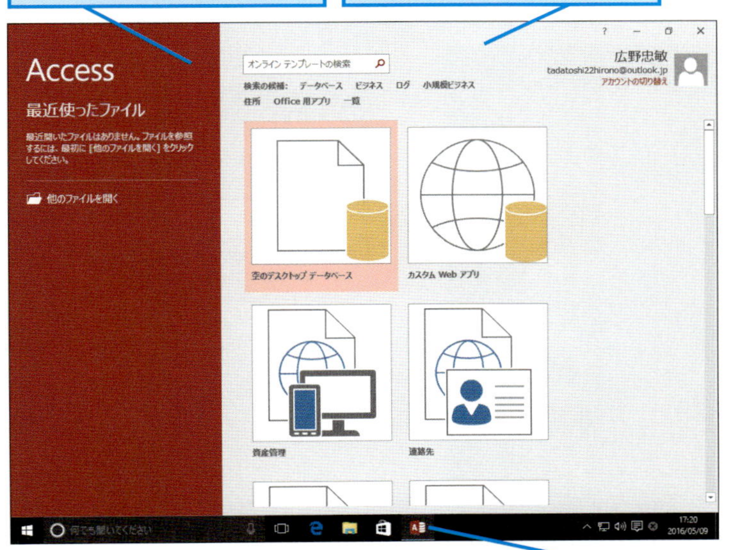

タスクバーにAccessのボタンが表示された

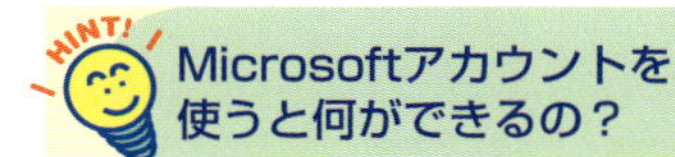

Microsoftアカウントを使うと何ができるの？

Microsoftアカウントとは、マイクロソフトがインターネットで提供するさまざまなサービスを使うためのアカウントのことです。それらのサービスの中にはOneDriveと呼ばれるクラウドストレージサービスがあります。AccessではOneDriveにデータベースファイルを保存したり、OneDriveに保存したデータベースファイルを読み込んで作業したりすることができます。本書では、MicrosoftアカウントでOfficeにサインインした環境での操作を紹介します。

Microsoftアカウントでサインインするには

MicrosoftアカウントでサインインしていないWindows 8.1やWindows 7でも、いつでもAccessからMicrosoftアカウントでサインインできます。詳しくは付録2を参照してください。

間違った場合は?

手順2で違うソフトウェアを起動してしまったときは、手順5を参考に［閉じる］ボタンをクリックしてソフトウェアを終了してから、もう一度Accessを起動し直します。

次のページに続く

Accessの終了

Accessを終了する

Accessを終了する

[閉じる] をクリック

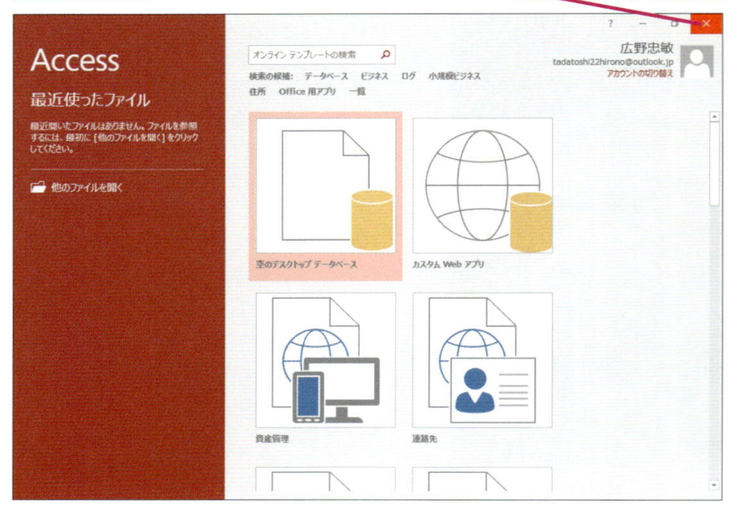

6 Accessが終了した

Accessが終了し、デスクトップが表示された

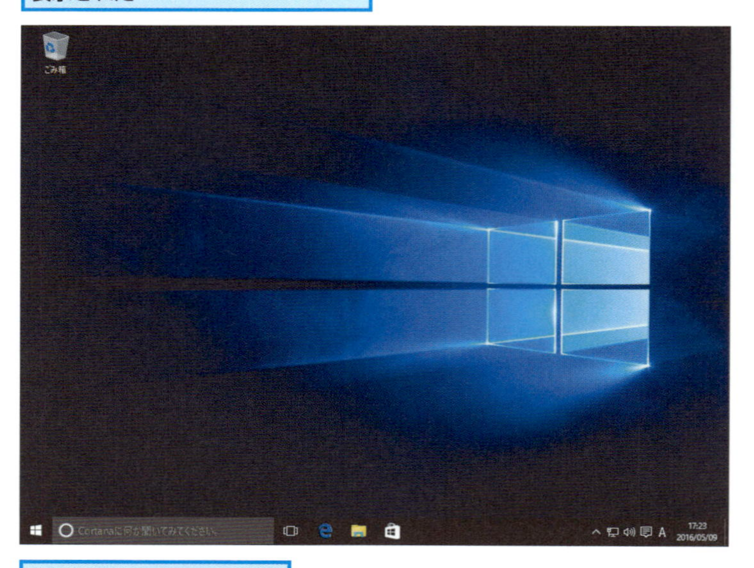

タスクバーからAccessのボタンが消えた

Accessをデスクトップから起動できるようにするには

タスクバーにAccessのボタンを表示しておくと、デスクトップから素早くAccessを起動できます。頻繁にAccessを使いたいときに便利なので覚えておきましょう。

[すべてのアプリ]を表示しておく

❶ [Access 2016] を右クリック

❷ [その他] にマウスポインターを合わせる

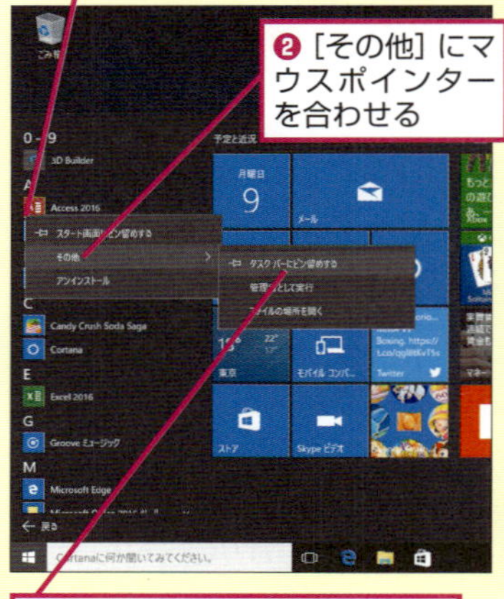

❸ [タスクバーにピン留めする] をクリック

タスクバーにAccessのボタンが表示された

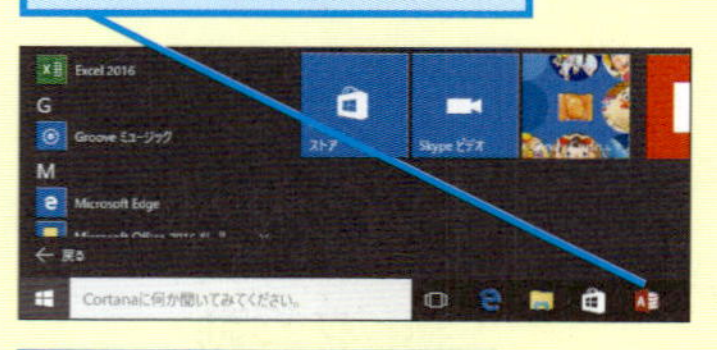

ボタンをクリックしてAccessを起動できる

Windows 8.1でAccessを起動

7 スタート画面を表示する

パソコンの起動直後にスタート画面が表示されたときは、手順8へ進む

[スタート] をクリック

8 アプリビューを表示する

スタート画面が表示された

ここをクリック

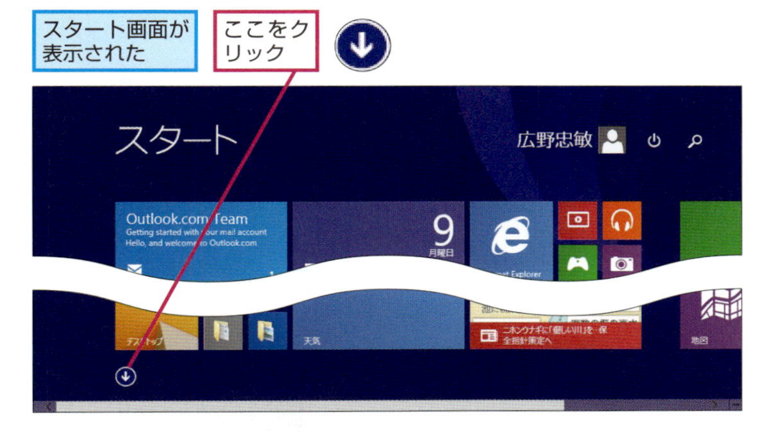

9 Accessを起動する

アプリビューが表示された

[Access 2016] をクリック

Accessを検索して起動するには

[スタート] メニューやスタート画面にAccessが見つからないときは、検索を実行しましょう。Windows 10ではCortana (コルタナ) の検索ボックスに「Access」と入力すると、Accessの検索と起動ができます。検索ボックスを表示するには[Windows]+[Q]キーを押しましょう。Windows 8.1では[Windows]+[Q]キーを押すと検索チャームが表示されるので、「Access」と入力して検索しましょう。

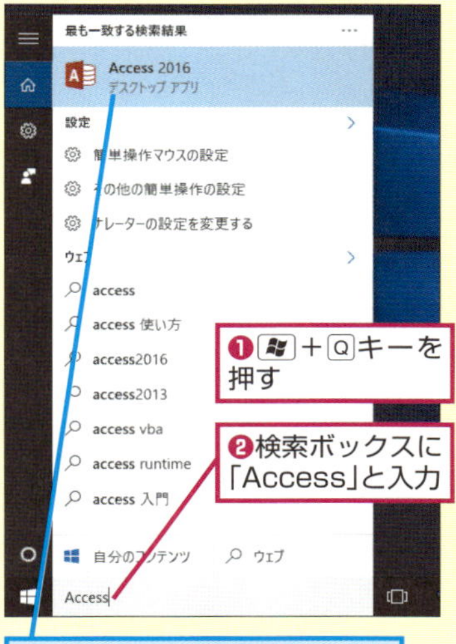

❶[Windows]+[Q]キーを押す

❷検索ボックスに「Access」と入力

[Access 2016] をクリックすると、Accessを起動できる

Point

Accessの起動と終了を覚えよう

Accessなどパソコンのソフトウェアは使う前に起動する必要があります。また、使い終わったら終了しなければなりません。Windows 10やWindows 7では [スタート] メニュー、Windows 8.1ではアプリビューからソフトウェアを起動するのが一般的です。ここでは、起動と同様にソフトウェアを終了する方法も覚えておきましょう。

基本編

レッスン 5 データベースファイルを作るには

空のデスクトップデータベース

これまでのレッスンで、データベースファイルの役割や仕組みを説明しました。初めてデータベースを作るときは、必ずこのレッスンの手順で操作しましょう。

1 空のデータベースファイルを作成する

基本編のレッスン❹を参考にAccessを起動しておく

ここでは、顧客情報を管理するためのデータベースファイルを作成する

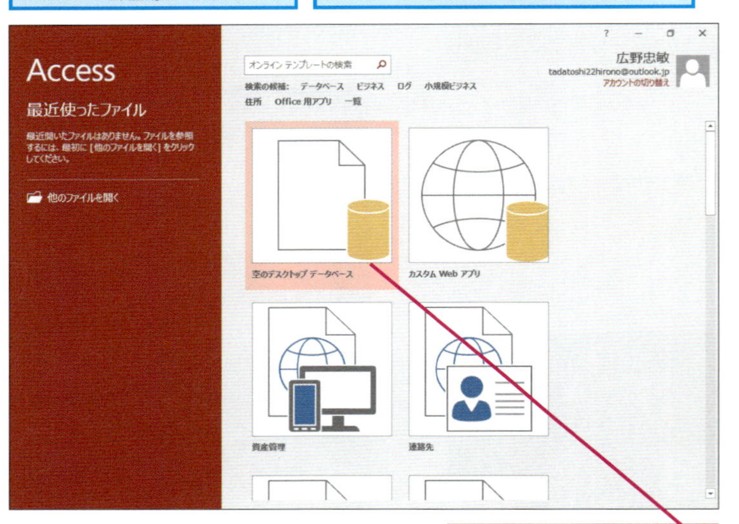

[空のデスクトップデータベース]をクリック

▶キーワード

データベース	p.420
テーブル	p.420
レポート	p.422

HINT! 「空のデスクトップデータベース」って何？

Accessのスタート画面に表示される「空のデスクトップデータベース」とは、文字通り何も情報が入っていないデータベースファイルのことです。Accessを使ってデータベースを作るときは、まず空のデータベースファイルを作り、そこにいろいろな情報を蓄積していきます。

間違った場合は？

手順2で間違ったファイル名でデータベースを作ってしまったときは、［閉じる］ボタンをクリックしてAccessを終了し、もう一度手順1から操作をやり直します。

テクニック 2003以前の形式でデータベースファイルを作成する

このレッスンで作成したデータベースファイルは、Access 2003以前のバージョンでは開けません。Access 2003以前のバージョンで扱えるデータベースファイルをAccess 2016で作成するには、以下の手順で操作して［新しいデータベース］ダイアログボックスの［ファイルの種類］で［Microsoft Accessデータベース（2002-2003形式）］を選択します。

上の手順1を参考に空のデスクトップデータベースを作成しておく

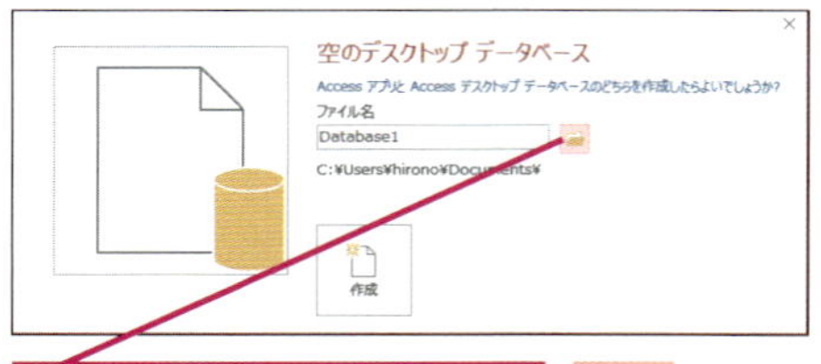

❶［データベースの保存場所を指定します］をクリック

❷ファイル名を入力

❸［ファイルの種類］をクリックして［Microsoft Accessデータベース（2002-2003形式）］を選択

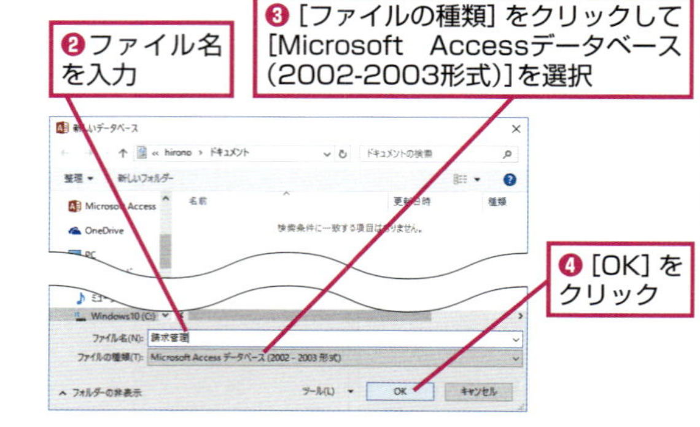

❹［OK］をクリック

2 データベースファイルに名前を付ける

標準の設定では、[ドキュメント] フォルダーがデータベースファイルの保存先となる

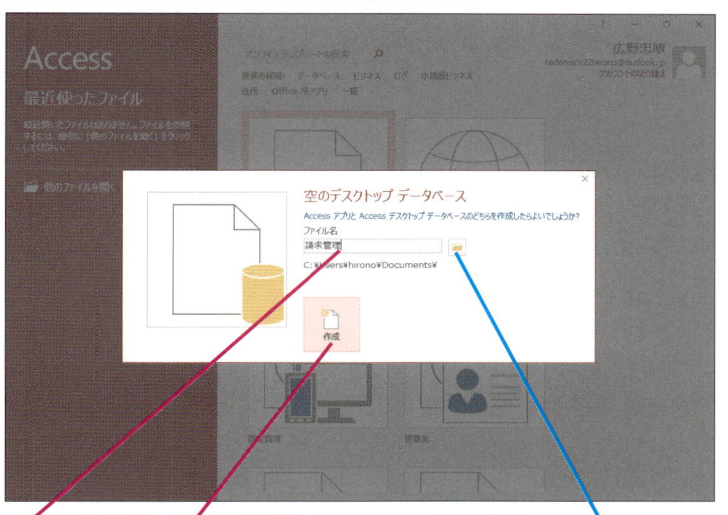

❶「請求管理」と入力

❷ [作成] をクリック

[データベースの保存場所を指定します] をクリックすると、保存先を変更できる

3 データベースファイルが作成された

新しいデータベースファイルが作成された

手順2で入力したデータベースのファイル名と保存場所のフォルダーなどが表示された

請求管理 : データベース- C:¥Users¥hirono…

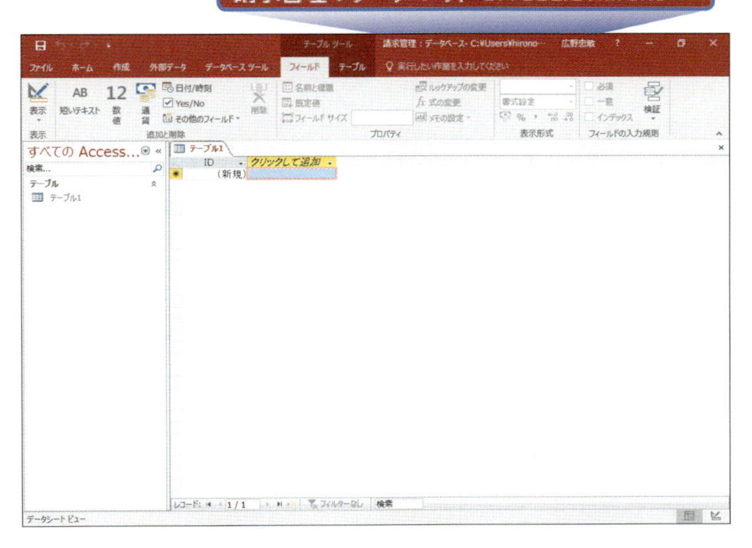

オンラインテンプレートって何?

テンプレートとは「ひな型」のことです。Accessでは、「オンラインテンプレート」と呼ばれるインターネットに公開されているさまざまなひな型からデータベースファイルを作成できます。

❶ここをクリックして文字を入力

❷ [検索の開始] をクリック

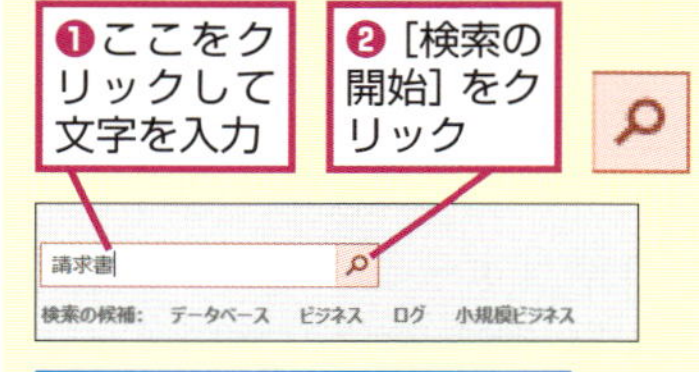

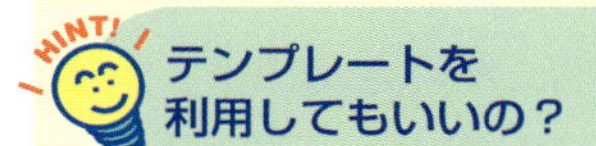

テンプレートを検索できる

テンプレートを利用してもいいの?

Accessにはさまざまなデータベーステンプレートがあり、テンプレートからでもデータベースを作れます。ただし、テンプレートを使ってデータベースを作っても、すぐに業務で使えるデータベースが作れるわけではありません。実際の業務内容に合わせてテンプレートを修正する必要があるためです。テンプレートで作ったデータベースの修正はAccessの高度な知識が必要です。初めてデータベースを作るときは、テンプレートを使わずにはじめから作りましょう。

Point

データベースファイルは情報の入れ物

Accessが扱うファイルは「データベースファイル」と呼ばれるもので、ほかのアプリとは扱いが違います。ワープロソフトでは文書、表計算ソフトではワークシートといったように、1つのファイルに1つの情報が入るというのが一般的ですが、Accessの「データベースファイル」は1つのファイルに、テーブルやクエリ、レポートといったファイルがまとめて入ることを覚えておきましょう。

Access 2016の画面を確認しよう

各部の名称、役割

実際にAccessの操作を行う前に、画面を見ておきましょう。Access 2016の画面には、リボンやタブなどのほかに「ナビゲーションウィンドウ」が表示されます。

Access 2016の画面構成

Accessの画面は、大きく3つの要素で構成されています。1つ目はファイル操作のボタンや項目がある「リボン」です。リボンには、[ファイル] や [ホーム] など、機能ごとにいくつかのタブがあります。2つ目は、データベースファイルのオブジェクトが表示される「ナビゲーションウィンドウ」です。テーブルやフォームなどのオブジェクトの内容は、ナビゲーションウィンドウの右側に表示されます。リボンには、たくさんのボタンや項目がありますが、はじめからすべての機能を覚える必要はありません。本書のレッスンを進めて、使う頻度の高い機能を順番に覚えていきましょう。

▶キーワード

Microsoftアカウント	p.418
移動ボタン	p.418
オブジェクト	p.419
クイックアクセスツールバー	p.419
クエリ	p.419
タッチモード	p.420
テーブル	p.420
ナビゲーションウィンドウ	p.421
フォーム	p.421
リボン	p.422
レポート	p.422

注意 本書に掲載している画面解像度は1024×768ピクセルです。ワイド画面のディスプレイを使っている場合などは、リボンの表示やウィンドウの大きさが異なります

❶クイックアクセスツールバー

常に表示されているので、目的のタブが表示されていない状態でもすぐにクリックして機能を実行できる。よく使う機能のボタンも追加できる。

❷タイトルバー

データベースファイルのある場所とファイル名、ファイル形式が表示される。Access 2016のデータベースファイルは、「(Access 2007-2016ファイル形式)」と表示される。

作業中のファイル名が表示される

テーブル ツール　請求管理：データベース- C:¥Users¥hirono…　広野忠敏　?

❸リボン

さまざまな機能のボタンがタブごとに分類されている。

タブを切り替えて、目的の作業を行う

操作対象や選択状態に応じて、特別なタブが表示される

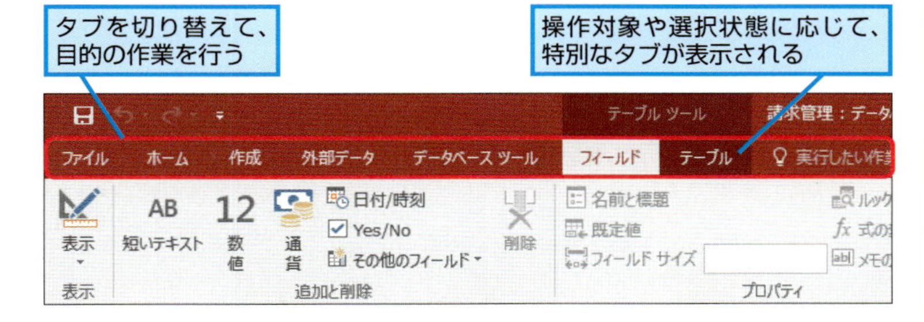

❹ユーザー名

Microsoftアカウントでサインインしているユーザー名が表示される。Officeにサインインしていないときは、ユーザー名ではなく「サインイン」と表示される。

❺ナビゲーションウィンドウ

テーブル、フォーム、クエリ、レポートなどデータベースファイルのオブジェクトの一覧が表示される。

❻移動ボタン

[先頭レコード] ボタン（⏮）や [前のレコード] ボタン（◀）、[次のレコード] ボタン（▶）、[最終レコード] ボタン（⏭）をクリックして、表示しているレコードを切り替えられる。中央に編集中のレコード番号と合計のレコード数が表示される。

ボタンをクリックするとレコードが切り替わる

❼ステータスバー

編集している表示画面など、作業状態が表示される領域。作業によって表示内容が変わる。

作業状態や表示画面の名前が表示される

データシート ビュー

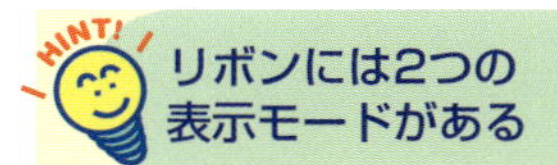

リボンには2つの表示モードがある

リボンはマウスの操作に適した「マウスモード」とタブレットなどでタッチ操作をするのに適した「タッチモード」の2つの表示方法で切り替えができます。マウスモードでは標準のリボンやボタンが表示されますが、タッチモードに切り替えるとボタンの間隔が広がるので、タブレットで操作をしているときにボタンをタッチしやすくなります。クイックアクセスツールバーに[タッチ/マウスモードの切り替え] ボタンが表示されていないときは、[クイックアクセスツールバーのユーザー設定] - [タッチ/マウスモードの切り替え] をタッチしてボタンを表示しましょう。

●タッチモードの表示

タッチ操作がしやすいようにボタンが大きく表示される

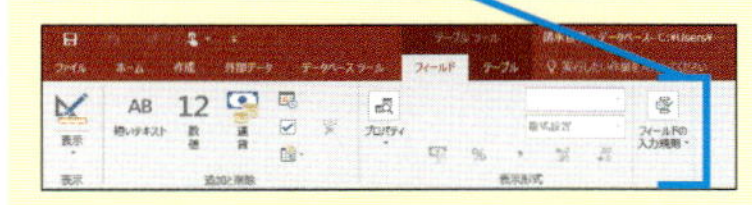

●マウスモードの表示

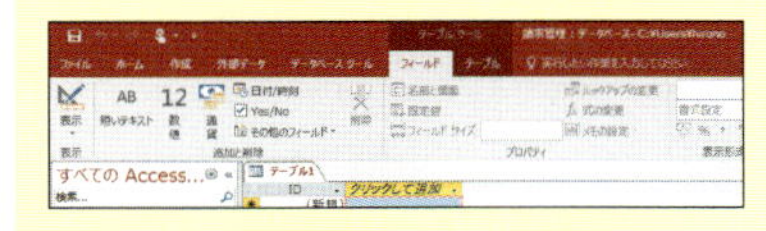

Point

ナビゲーションウィンドウの役割を覚えよう

Accessを使い始める前に、Accessの画面を覚えておきましょう。Accessの画面は、リボンやナビゲーションウィンドウなどで構成されています。その中でもナビゲーションウィンドウはAccessを使う上で重要なウィンドウです。テーブルやフォーム、クエリ、レポートなどのオブジェクトはナビゲーションウィンドウに表示され、そこからオブジェクトを開けます。

この章のまとめ

●データベースファイルの役割を理解しよう

Accessでデータベースを扱うときは、データを蓄える機能（テーブル）や、データを入力するための機能（フォーム）、データを抽出するための機能（クエリ）、データを印刷するための機能（レポート）を利用します。これらの機能を1つにまとめる役割を果たすのが、「データベースファイル」です。データの保存先や、入力フォーム、抽出などがバラバラのファイルで管理されるよりも、「データベースファイル」という1つのファイルになっている方がデータベース全体を分かりやすく管理できるのです。

Accessでデータベースを扱うときは、まず空のデータベースファイルを作ることから始めます。データベースファイルを作成すると、Accessの画面にはナビゲーションウィンドウが表示されます。ナビゲーションウィンドウは、データベースファイルに含まれている「オブジェクト」が表示されるAccessの最も基本となるウィンドウです。以降の章では、ナビゲーションウィンドウを使ったデータベースのさまざまな操作と役割を紹介します。少しずつ覚えていきましょう。

データベースファイルの作成

まず、情報の入れ物として空のデータベースファイルを作成する

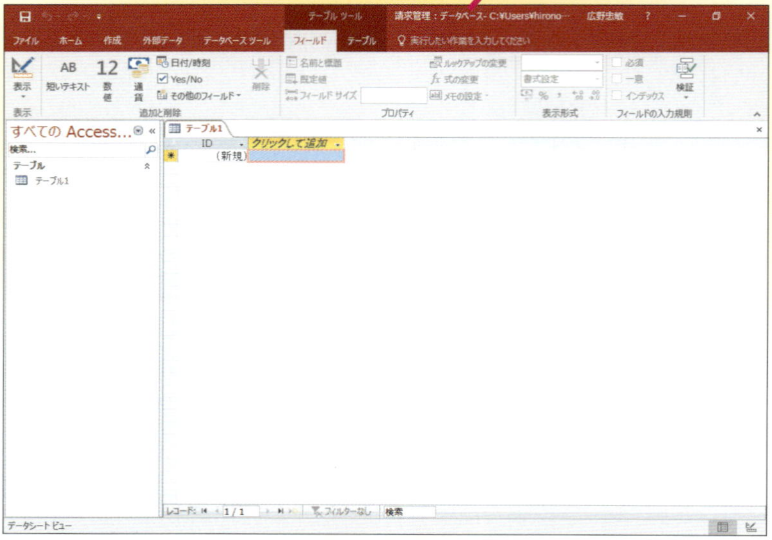

基本編
第2章

データを入力するテーブルを作成する

テーブルはいろいろなデータを入れるための入れ物のことです。この章では、氏名や住所など、顧客のデータを保存するためのテーブルを作ります。[作成] タブから簡単にテーブルを作成する方法やテーブルを自由に編集する方法をマスターしましょう。

●この章の内容

基本編 レッスン 7

テーブルの基本を知ろう

テーブルの仕組み

テーブルを編集する前に、テーブルの仕組みを理解しておきましょう。テーブルの仕組みを理解すれば、テーブルの作成や編集を行うのも簡単です。

テーブルとは

Accessでデータを蓄えておく場所を「テーブル」といいます。パソコンを使わずにデータを管理するときは、名刺入れやバインダーなどを使います。テーブルは、名刺を管理するための「名刺入れ」や、「書類を管理するためのバインダー」などに相当します。この後のレッスンでは、テーブルを作成する方法や、テーブルにデータを入力する方法、一度作成したテーブルを自由に編集する方法などを紹介します。ここでは、テーブルが「いろいろなデータを蓄積するための入れ物」だということを覚えておきましょう。

▶キーワード

データシートビュー	p.420
データベース	p.420
テーブル	p.420
デザインビュー	p.421
フィールド	p.421
フォーム	p.421
リレーションシップ	p.422
レコード	p.422
レポート	p.422

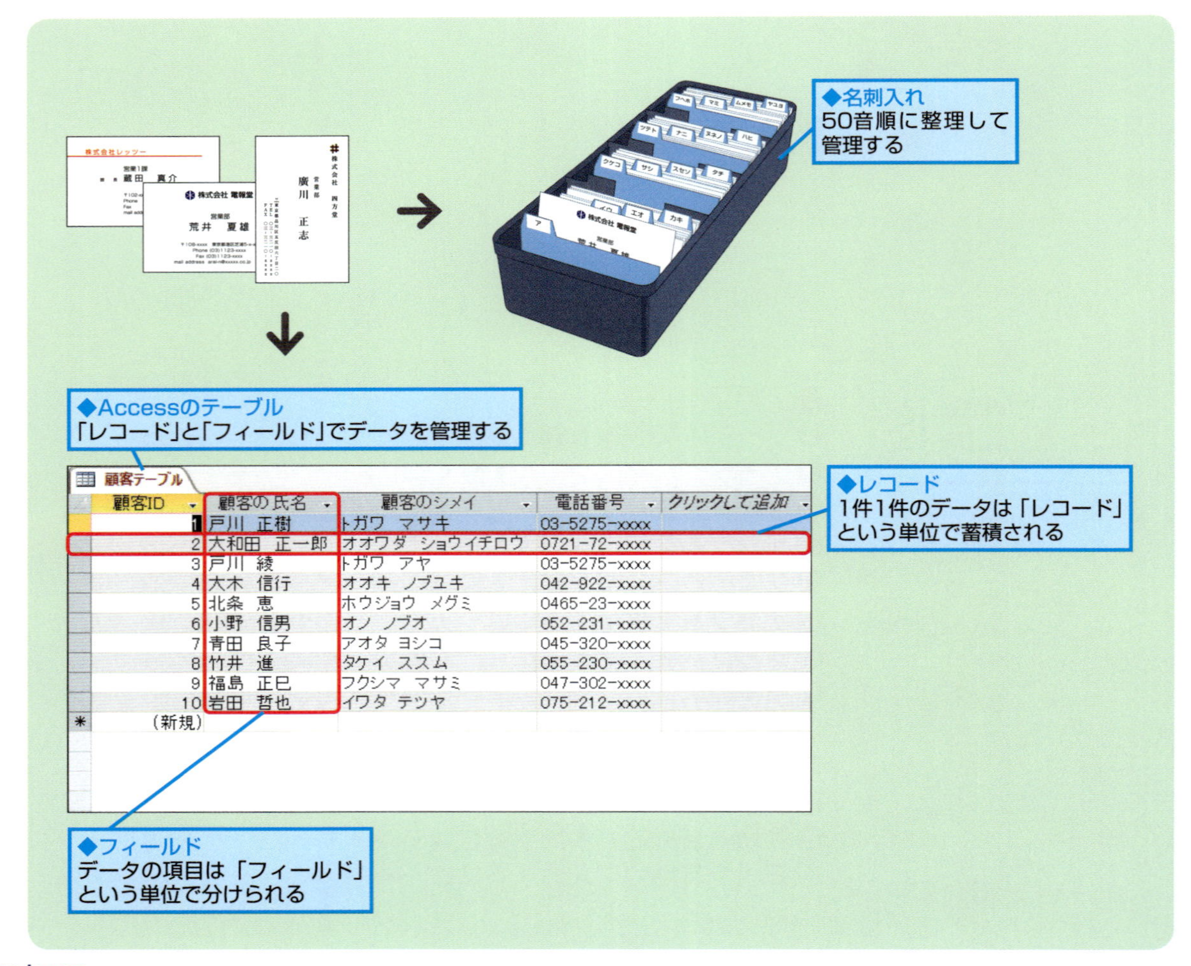

テーブルには複数のビューがある

テーブルには「データシートビュー」や「デザインビュー」などのビューがあります。データシートビューはテーブルにデータを入力するためのビューです。一方、デザインビューは文字通りテーブルをデザインするためのビューで、テーブルにどのようなデータを入力するのか、データの内容は数値なのか、文字なのかといったことを設定します。例えば、[郵便番号] というフィールドがあったとき、「入力するのは文字（テキスト）で、10文字まで」という内容を設定できます。

●データシートビュー

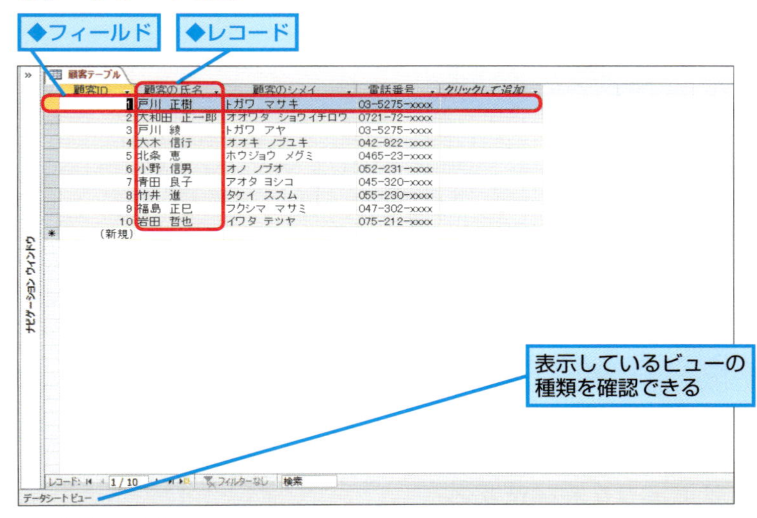

●デザインビュー

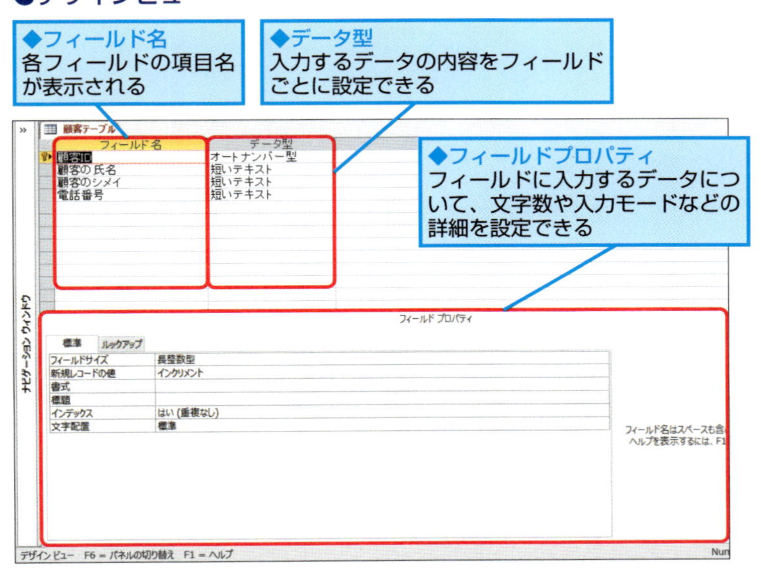

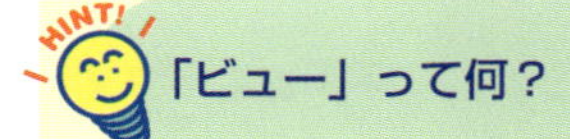

HINT! 「ビュー」って何？

「ビュー」とは、テーブルなどのAccessのオブジェクトをどのように表示して作業するのかを決める機能です。テーブルだけではなく、フォームやレポートなど複数のビューに切り替えて作業ができます。

HINT! 複数のテーブルを作成できる

1つのデータベースファイルには複数のテーブルを作成できます。複数のテーブル同士を関連付けるリレーションシップの機能を使うと、複雑なデータベースも作れます。テーブル同士を関連付ける方法については、活用編で詳しく紹介します。

HINT! 大量のデータを管理できる

Accessなどのデータベースの最大の特長は、大量のデータを管理できるということです。大量のデータと聞くと、「データを探すのに時間がかかる」というイメージを持つかもしれません。しかし、どんなに大量のデータが入力されていても目的のデータを瞬時に探し出せるほか、特定の条件に一致するデータだけを素早く抽出できます。これらもデータベースの特長です。

HINT! AccessとExcelの違いって何？

Accessのデータベースが管理できるデータ件数に制限はなく、1つのデータベースファイルにつき最大2GBまでのデータを入力できます。対して、Excelでは、入力できる行が約100万行という制限があり、大量のデータを入力すると検索が遅くなるという違いがあります。テーブルは見ためが表なので、Excelなどの表計算ソフトと役割や機能を混同しがちですが、データベースと表計算ソフトは全く違うものなのです。

データベースファイルを開くには

ファイルを開く

Accessで既存のデータベースを利用するには、データベースファイルを開きます。ここでは、基本編のレッスン❺で作成したデータベースファイルを開いてみましょう。

1 [開く] の画面を表示する

基本編のレッスン❹を参考にAccessを起動しておく

[他のファイルを開く]をクリック

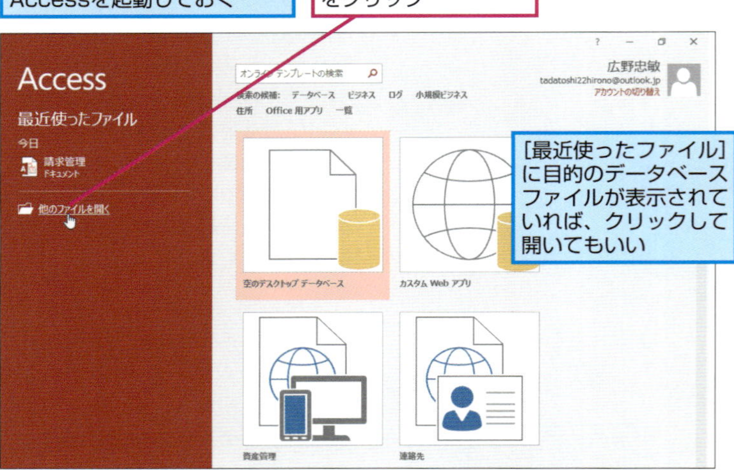

[最近使ったファイル]に目的のデータベースファイルが表示されていれば、クリックして開いてもいい

2 [ファイルを開く] ダイアログボックスを表示する

[開く] の画面が表示された

ここでは、パソコンに保存されているデータベースを開く

フォルダーの一覧を表示する

[参照] をクリック

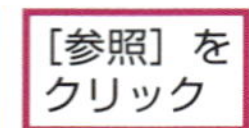

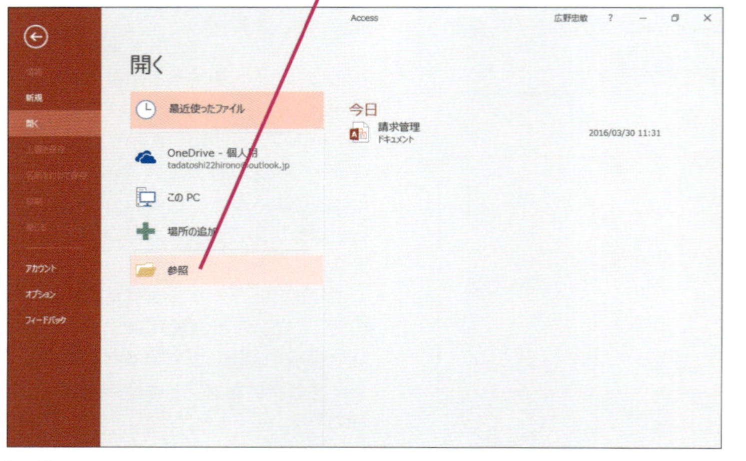

▶キーワード

OneDrive	p.418
データベース	p.420

OneDrive p.418 / データベース p.420

ショートカットキー

Ctrl + O …………ファイルを開く

HINT! 以前使ったファイルを素早く開ける

Access 2016を起動すると、[最近使ったファイル] の一覧が表示されます。[最近使ったファイル] には、Accessで作成したり開いたりしたことがあるデータベースファイルの名前が表示され、ここから簡単にデータベースファイルを開けます。[最近使ったファイル] に開きたいデータベースファイルが表示されていて、ファイルを移動したり、削除していなければクリックで素早く開けるので試してみましょう。

HINT! なぜ [セキュリティの警告] が表示されるの？

Accessの標準設定では、データベースファイルに含まれているマクロが実行されないようになっています。そのため、データベースファイルを開くたびに [セキュリティの警告] が表示されます。データベースファイルにマクロが含まれていなくても必ず表示されるので、手順4の方法でデータベースファイルを有効にしましょう。なお、コンテンツを有効化してマクロの実行が許可されたデータベースファイルを同じパソコンでもう一度開いたときは [セキュリティの警告] が表示されません。

3 データベースファイルを選択する

[ファイルを開く] ダイアログボックスが表示された

ここでは、基本編のレッスン❺で作成した［請求管理］というデータベースファイルを開く

❶［ドキュメント］をクリック

❷［請求管理］をクリック

❸［開く］をクリック

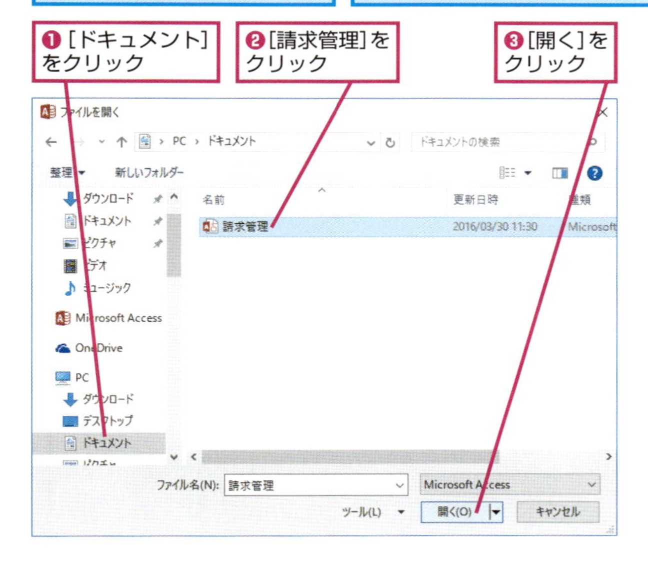

4 コンテンツを有効にする

[セキュリティの警告] が表示された

[請求管理] データベースファイルを有効にする

[コンテンツの有効化] をクリック

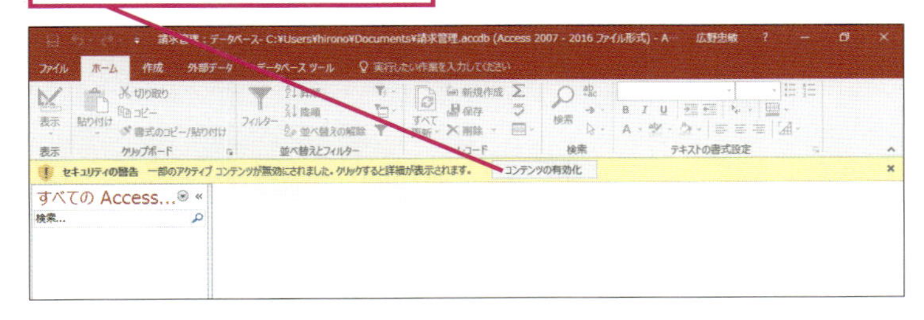

5 データベースファイルが表示された

[請求管理] データベースファイルが有効になり、表示された

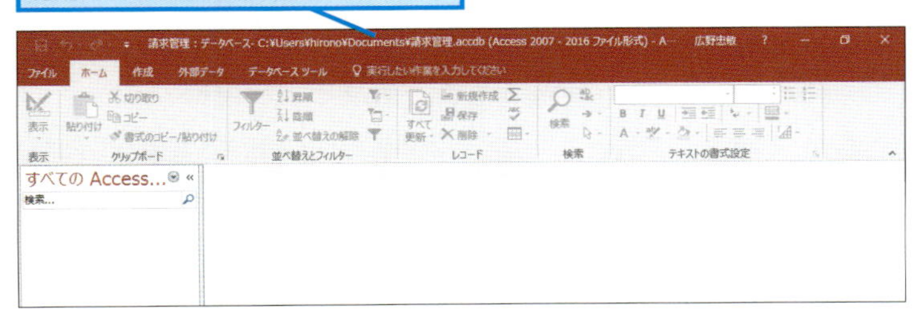

HINT! 古いバージョンで作成したデータベースファイルも開ける

Access 2016では、Access 2013以前のバージョンで作成したすべてのデータベースファイルを開けます。バージョンの違いはアイコンの形で判別できます。ただし、Access 2003/2002とAccess 2000のファイル形式の場合、アイコンでは区別ができません。ファイルを開くとタイトルバーに「(Access 2002 - 2003ファイル形式)」のようにファイル形式が表示されるので、タイトルバーをよく確認してください。

間違った場合は?

手順4で違うデータベースファイルを選択したときは、[閉じる] ボタンをクリックしてAccessを終了してから、もう一度Accessを起動して、正しいデータベースファイルを開き直します。

Point 最初にデータベースファイルを開く

作成済みのデータベースファイルを使って作業をしたいときは、Accessを起動した後でデータベースファイルを開きましょう。確実なのは［ファイルを開く］ダイアログボックスでデータベースファイルを開く方法です。なお、Accessのデータベースファイルは、複数のバージョンで同じファイル名を付けられます。場合によって、「名前は同じで作成したAccessのバージョンが違う」ということもあります。上のHINT!を参考にデータベースファイルのファイル形式をよく確認しましょう。

基本編

レッスン 9 データを管理するテーブルを作るには

テーブルの作成

このレッスンでは、いよいよテーブルを作成し、新しいフィールド（列）をテーブルに追加します。テーブルを作成するには、［作成］タブから操作しましょう。

1 新しいテーブルを作成する

基本編のレッスン❽を参考に［テーブルの作成.accdb］を開いておく

❶［作成］タブをクリック

❷［テーブル］をクリック

2 フィールド名を修正する

新しいテーブルが作成され、［テーブル1］がデータシートビューで表示された

ここでは、［顧客ID］［顧客の氏名］［顧客のシメイ］［電話番号］フィールドを作成する

◆データシートビュー

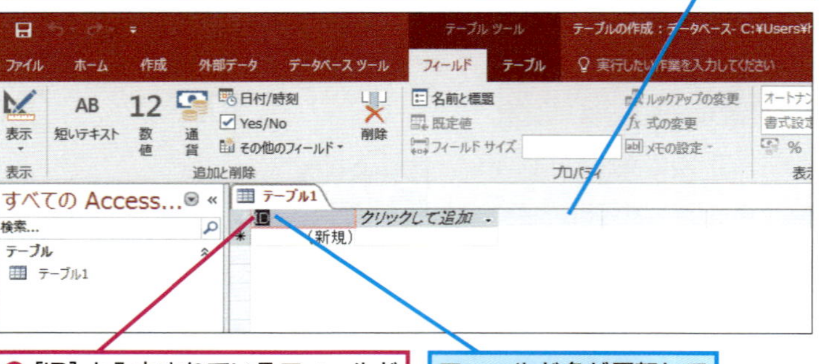

❶［ID］と入力されているフィールドをダブルクリック

フィールド名が反転して編集できるようになった

❷「顧客ID」と入力

▶キーワード

レッスンで使う練習用ファイル

テーブルの作成.accdb

HINT! 古いデータベースはウィンドウで表示される

Access 2003以前のバージョンで作成したデータベースファイルを開くと、テーブルなどのオブジェクトはタブではなく、ウィンドウで表示されます。ウィンドウで表示されていても、本書で紹介している操作と同様の方法で操作できます。

Access 2003より前のバージョンで作成したデータベースファイルは、ウィンドウで表示される

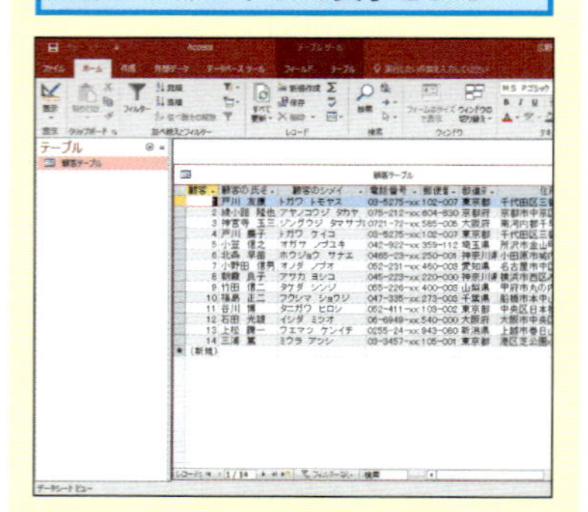

間違った場合は?

手順2でフィールド名を間違って入力してしまったときは、もう一度フィールドをダブルクリックしてからフィールド名を入力し直します。

3 [顧客の氏名] フィールドを追加する

フィールド名が［顧客ID］に変更された

新しいフィールドを追加する

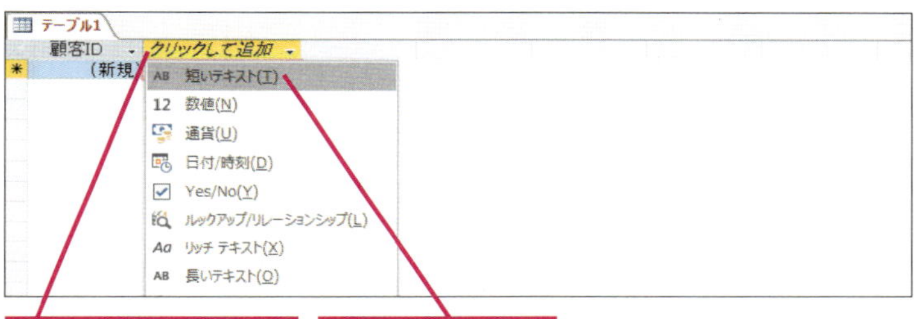

❶［クリックして追加］をクリック

❷［短いテキスト］をクリック

フィールド名が反転して編集できるようになった

❸「顧客の氏名」と入力

4 [顧客のシメイ] フィールドを追加する

［顧客の氏名］フィールドが追加された

続けて［顧客のシメイ］フィールドを追加する

❶ Tab キーを押す

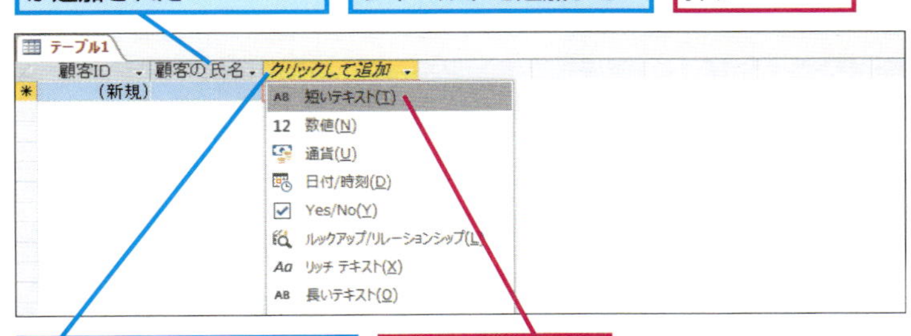

自動的にフィールドが編集できるようになった

❷［短いテキスト］をクリック

❸「顧客のシメイ」と入力

HINT! ［顧客ID］のフィールドに「(新規)」と入力されているのはなぜ？

テーブルを作成すると、一番左のフィールドに「(新規)」と表示されます。これは、「オートナンバー」と呼ばれる属性が一番左のフィールドに自動的に設定されるためです。オートナンバーのフィールドは、データを入力すると自動的に数値が入力され、レコードの重複を識別するために使われます。このレッスンで作成している［顧客ID］フィールドは、オートナンバー型のフィールドになり、データを入力すると、自動で連番が入力されます。

HINT! ［クリックして追加］で選択しているものは何？

［クリックして追加］をクリックすると表示される［短いテキスト］［数値］［通貨］などを「データ型」といいます。手順3～手順5ではデータ型を選択してフィールドを追加します。データ型とは、フィールドにどのような値を入力するのかを決めるものです。名前や住所などの文字を入力するフィールドは［短いテキスト］、金額や数量などの数値を入力するフィールドは［数値］に設定しましょう。数値を扱うフィールドは、データ型を［数値］に設定しておかないと、後で合計や平均などの集計ができなくなってしまうので注意してください。

HINT! 短いテキストと長いテキストって何？

文字列を入力するためのデータ型には［短いテキスト］と［長いテキスト］の2つがあります。［短いテキスト］は従来の［テキスト型］と呼ばれるデータ型で、255文字までの文字列を扱えます。また［長いテキスト］は従来の［メモ型］と呼ばれるデータ型で、文字数に制限はありません。［長いテキスト］は検索や抽出時にとても時間がかかるので、特に理由がない限りは［短いテキスト］にしましょう。

次のページに続く

5 [電話番号] フィールドを追加する

[顧客のシメイ]フィールドが追加された

続けて[電話番号]フィールドを追加する

❶ Tab キーを押す

❷ [短いテキスト]をクリック

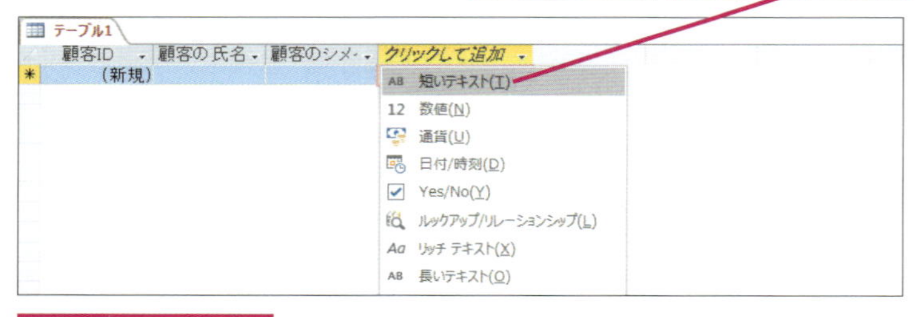

❸「電話番号」と入力

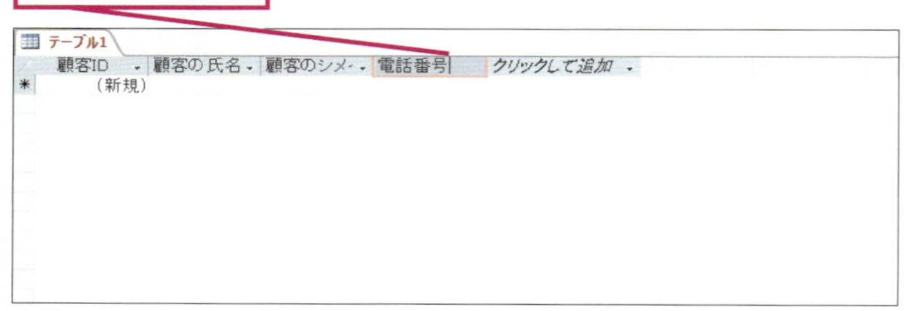

6 テーブルを保存する

必要なフィールドを追加できた

作成したテーブルを保存する

❶ [上書き保存]をクリック

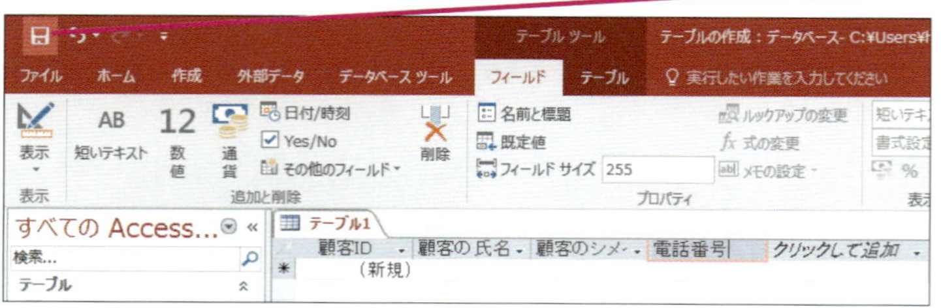

[名前を付けて保存] ダイアログボックスが表示された

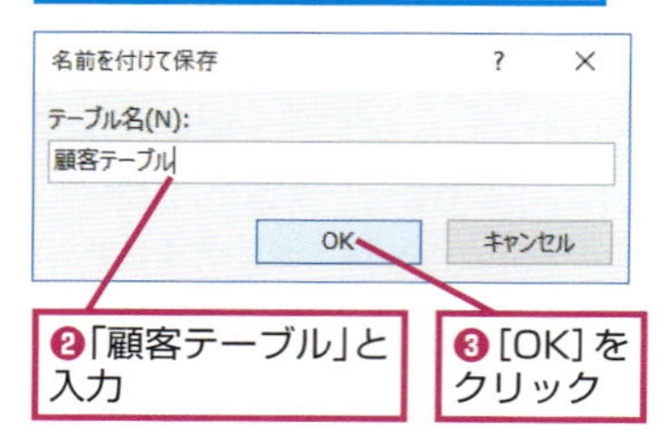

❷「顧客テーブル」と入力

❸ [OK]をクリック

HINT! オブジェクトをウィンドウ形式で表示するには

Access 2016では、テーブルなどのオブジェクトはウィンドウではなくタブで表示されます。複数のオブジェクトが開かれているときにタブをクリックすると、そのオブジェクトを表示できます。以下の手順で操作すれば、Access 2003やAccess 2002で作成したデータベースのように、テーブルなどのオブジェクトをウィンドウで表示できます。

❶ [ファイル]タブをクリック

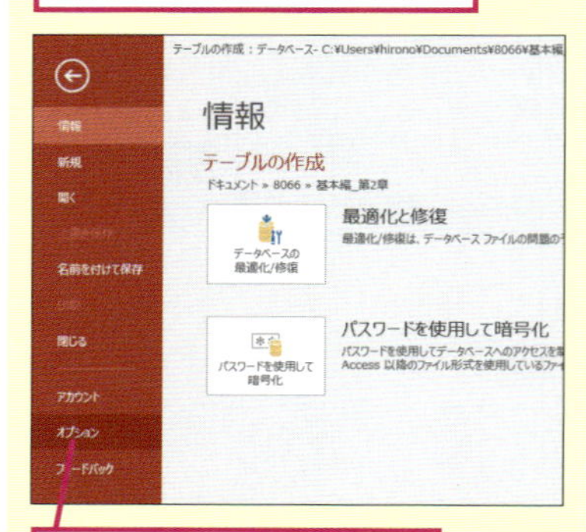

❷ [オプション]をクリック

[Accessのオプション] ダイアログボックスが表示された

❸ [現在のデータベース]をクリック

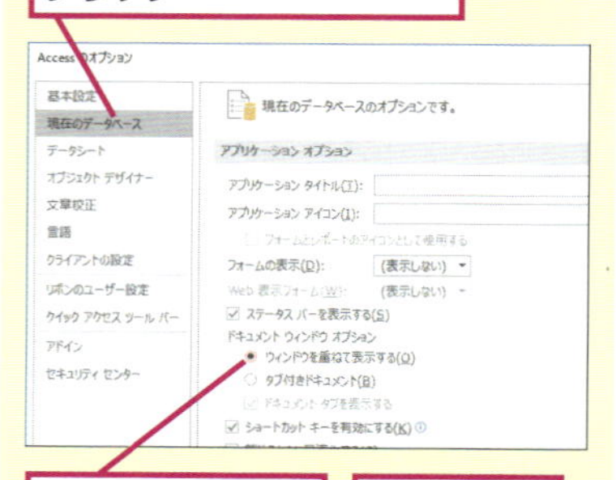

❹ [ウィンドウを重ねて表示する]をクリック

❺ [OK] をクリック

データベースファイルを一度閉じてから開き直すと、テーブルがウィンドウで表示される

7 テーブル名を確認する

テーブルを保存できた

[顧客テーブル] と表示された

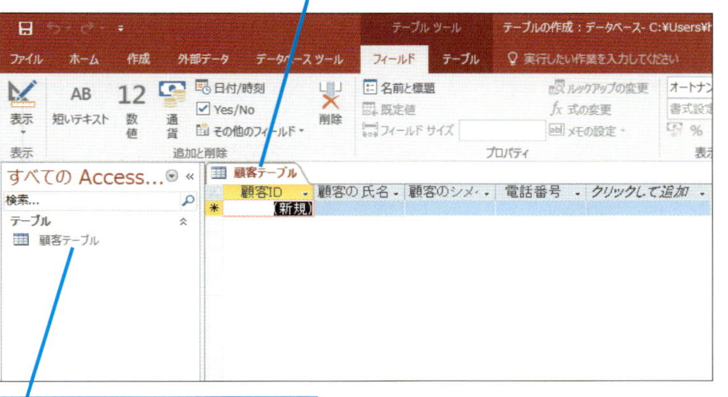

ナビゲーションウィンドウにもテーブル名が表示される

8 [顧客テーブル] を閉じる

テーブルを確認できたら[顧客テーブル]を閉じる

['顧客テーブル'を閉じる] をクリック

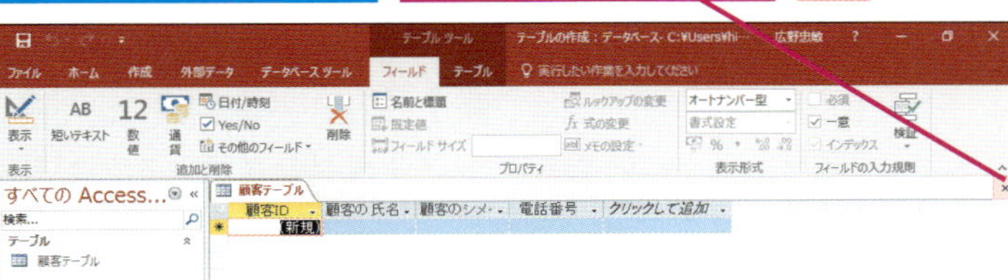

[顧客テーブル] が閉じた

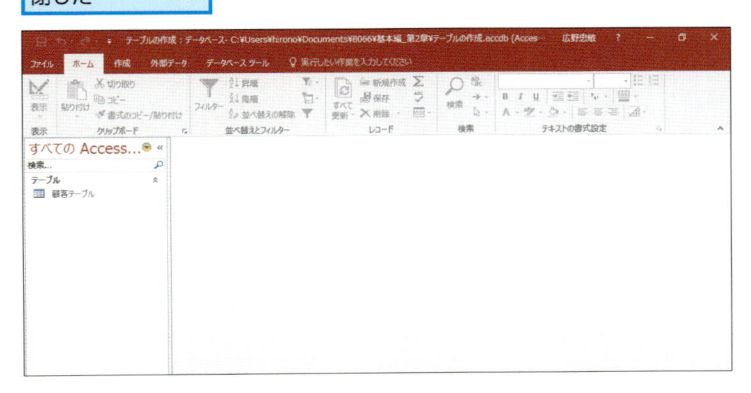

オブジェクトが分かるようにテーブル名を付けよう

テーブルなどのAccessのオブジェクトに名前を付けるときは、そのオブジェクトがどういう種類なのか、オブジェクトが何に使われるのかを考えて名前を付けましょう。例えば、顧客の情報を入力するテーブルに、単純に「顧客」という名前を付けてしまうと、名前を見たときに、それがテーブルなのかフォームなのか分かりません。「顧客テーブル」や「tbl_顧客」「T_顧客」のように、オブジェクトの種類（「tbl」はテーブルの意）も含めて名前を付けると分かりやすくなるので覚えておきましょう。

フィールドを削除するには

間違ってフィールドを追加してしまったときなど、フィールドを削除したいことがあります。フィールドを削除するには、削除したいフィールドをクリックして選択してから［テーブルツール］の［フィールド］タブにある［削除］ボタンをクリックします。なお、フィールドを削除すると、フィールドだけではなく、フィールドに入力されているデータも削除されます。

Point

テーブルはデータを蓄えるための表形式の入れ物

Accessでデータを蓄える場所はフィールド（列）とレコード（行）とで構成された表のようなものであることから、「テーブル」（表）と呼ばれています。テーブルは、「どのフィールドにどんなデータを入力するのか」をあらかじめ決めてから作成していきましょう。この章では顧客名簿のデータベースを作るので、「顧客ID」（通し番号）、「顧客の氏名」、「顧客のシメイ」（ふりがな）、「電話番号」といったフィールドをテーブルに追加します。

基本編 レッスン 10

テーブルにデータを入力するには

テーブルの入力

テーブルを開くと、「データシートビュー」で表示されます。データシートビューを使ってテーブルに顧客の氏名やふりがな、電話番号を入力しましょう。

1 ［顧客テーブル］を開く

ナビゲーションウィンドウから［顧客テーブル］を開く

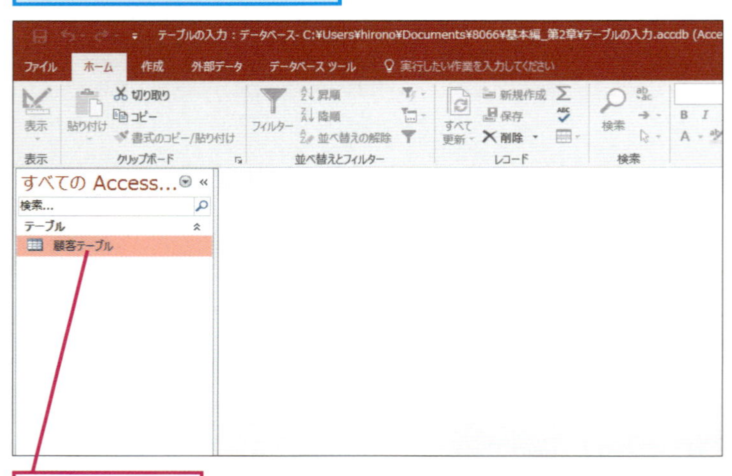

［顧客テーブル］をダブルクリック

2 ［顧客テーブル］が表示された

［顧客テーブル］がデータシートビューで表示された

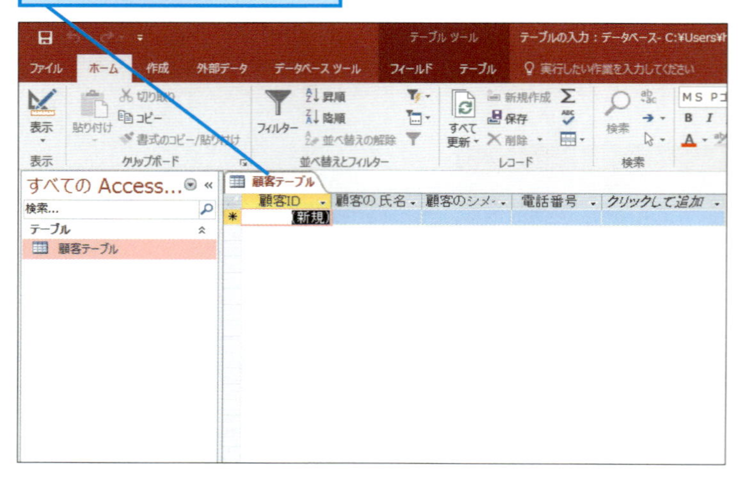

▶キーワード

レッスンで使う練習用ファイル

テーブルの入力.accdb

ショートカットキー

Tab ……………… 次のフィールドに移動

HINT! データを入力するときはデータシートビュー

テーブルなどのオブジェクトは、「ビュー」と呼ばれるいくつかの表示方法が用意されています。データシートビューは、テーブルの表示方法の1つで、テーブルにデータを入力したり、テーブルにどのようなデータが入力されているのかを確認するために使います。テーブルにはデータシートビューだけではなく、テーブルの構造やデータ型を編集するための「デザインビュー」と呼ばれる表示方法もあります。デザインビューについては、基本編のレッスン⑬を参照してください。

3 ［顧客の氏名］フィールドにデータを入力する

まず、1件目のデータを入力する

顧客ID	1	顧客の氏名	戸川　正樹	顧客のシメイ	トガワ　マサキ
		電 話 番 号	03-5275-xxxx		

カーソルを［顧客の氏名］フィールドに移動する

❶［顧客の氏名］フィールドをクリック

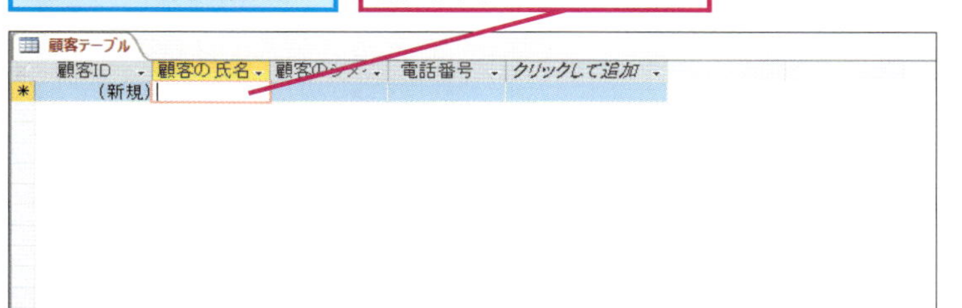

❷「戸川　正樹」と入力

空白は全角文字で入力する

❸ Tab キーを押す

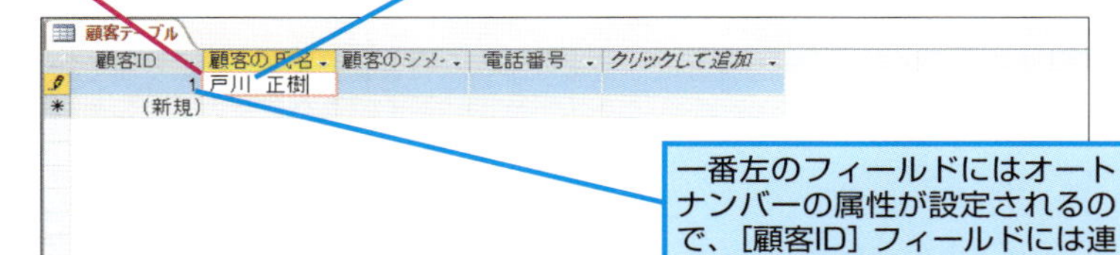

一番左のフィールドにはオートナンバーの属性が設定されるので、［顧客ID］フィールドには連番の数字が自動的に入力される

4 ［顧客のシメイ］フィールドにデータを入力する

［顧客の氏名］フィールドにデータを入力できた

［顧客のシメイ］フィールドにカーソルが移動した

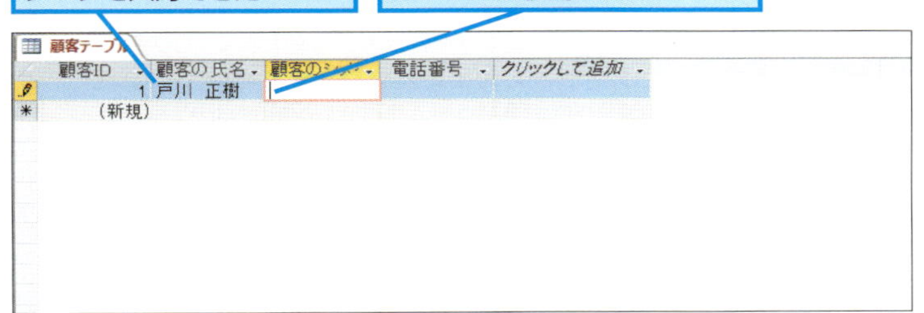

❶「トガワ　マサキ」と入力

全角カナで入力する

❷ Tab キーを押す

入力したデータを素早く修正するには

入力したデータを修正するときはフィールドをクリックします。フィールドの中にカーソル（|）が表示され、すぐにデータを修正できるようになります。なお、フィールドの中でダブルクリックしたときは、連続するデータが選択され、黒く反転します。マウスカーソルが✚の形のときにクリックすると、空色に反転し、フィールド全体が選択されてしまいます。その場合は、F2 キーを押すといいでしょう。

修正するフィールドをクリック

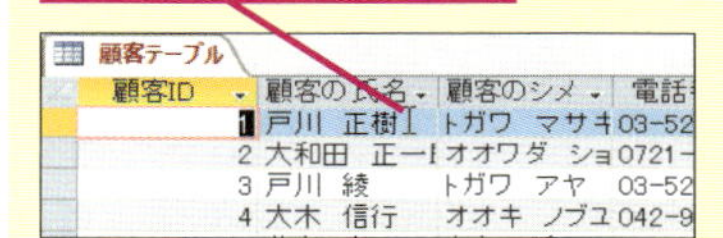

カーソルが表示されて、データを修正できる状態になった

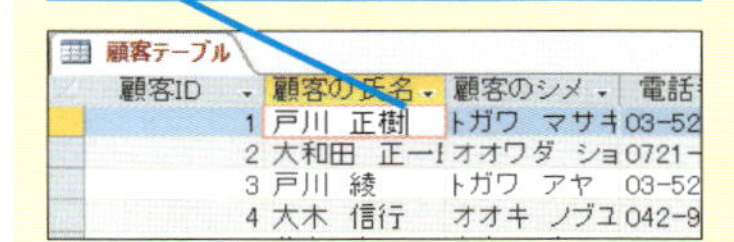

間違った場合は？

手順3で間違ったデータを入力したときは、Back space キーを押して文字を削除してから、もう一度入力し直します。

フィールドの幅を変更するには

このレッスンで利用する［顧客テーブル］の［顧客のシメイ］フィールドは、フィールドの幅が狭いため入力した文字がすべて表示されません。フィールドの幅は、ドラッグ操作で簡単に変更できます。詳しくは、基本編のレッスン⓫で解説します。

次のページに続く

5 入力モードを［半角英数］に変更する

［顧客のシメイ］フィールドにデータを入力できた

［電話番号］フィールドにカーソルが移動した

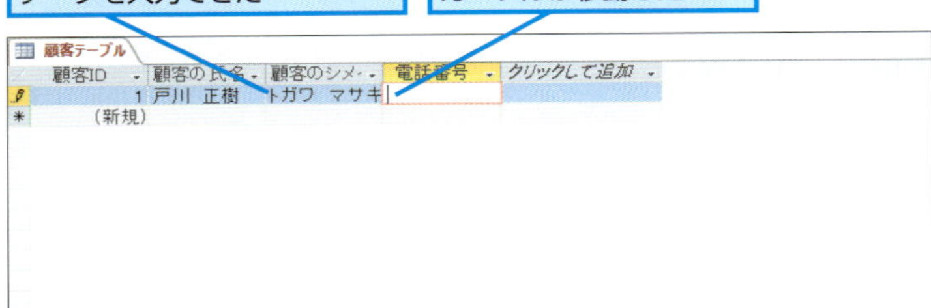

［電話番号］フィールドに半角の数字を入力するので、入力モードを［半角英数］に変更する

キーを押す

6 ［電話番号］フィールドにデータを入力する

入力モードが［半角英数］に切り替わった

［入力モード］の表示が［A］に変わった

❶「03-5275-xxxx」と入力

❷ Tab キーを押す

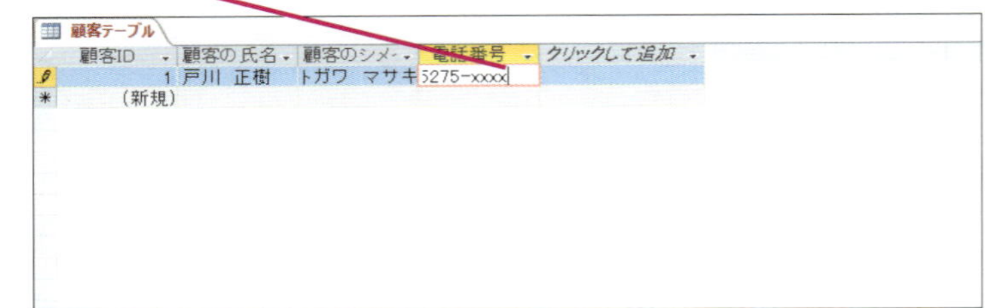

レコードを削除するには

レコードを削除するには、以下の操作を実行します。ただし、レコードの削除は取り消しができません。削除する前によく確認しておきましょう。なお、レコードの削除を行うと［顧客ID］フィールドの番号がとびとびになります。このフィールドはレコードを識別するためのフィールドなので、番号が連続していなくても問題はありません。

❶［ホーム］タブをクリック

❷削除するレコードのここをクリック

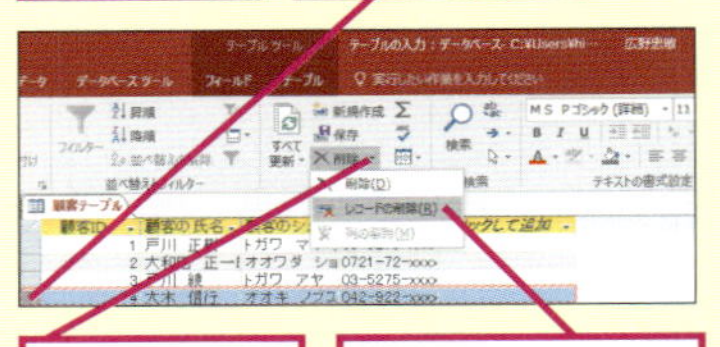

❸［削除］のここをクリック

❹［レコードの削除］をクリック

レコードの削除について確認のメッセージが表示された

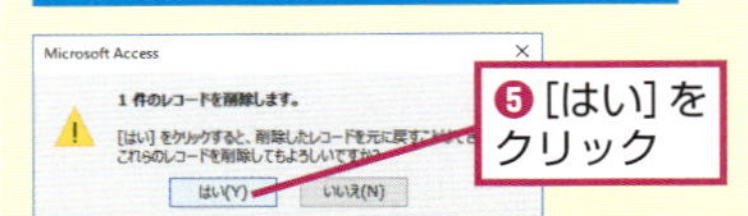

❺［はい］をクリック

保存するかどうかのメッセージが表示されたときは

テーブルを閉じるときに、以下のようなダイアログボックスが表示されることがあります。このダイアログボックスは、データシートビューでフィールドの幅を変更したときなど、テーブルの形式を変更したときに表示されますが、「テーブルに入力したデータを保存する」という意味ではありません。ここでは、［はい］ボタンと［いいえ］ボタンのどちらをクリックしても構いません。詳しくは、基本編のレッスン⓬を参考にしてください。

［はい］をクリックすると、テーブルのレイアウトが保存される

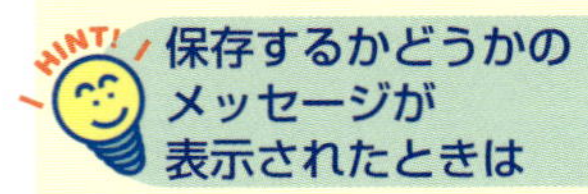

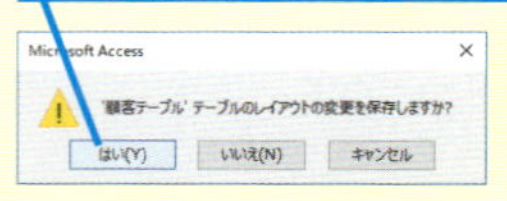

7 続けて残りのデータを入力する

1件目のデータの入力が完了して、カーソルが新しいレコードに移動した

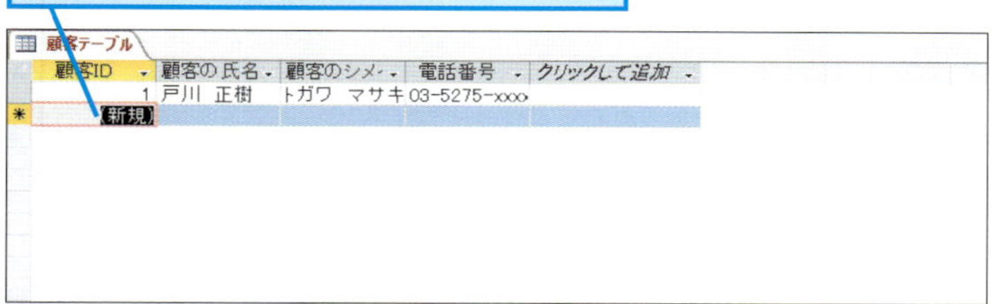

手順2～手順6と同様に、以下のデータを入力

[顧客ID]フィールドには何も入力しなくていい

顧客ID	顧客の氏名	顧客のシメイ	電話番号
2	大和田　正一郎	オオワダ　ショウイチロウ	0721-72-xxxx
3	戸川　綾	トガワ　アヤ	03-5275-xxxx
4	大木　信行	オオキ　ノブユキ	042-922-xxxx
5	北条　恵	ホウジョウ　メグミ	0465-23-xxxx
6	小野　信男	オノ　ノブオ	052-231-xxxx
7	青田　良子	アオタ　ヨシコ	045-320-xxxx
8	竹井　進	タケイ　ススム	055-230-xxxx
9	福島　正巳	フクシマ　マサミ	047-302-xxxx
10	岩田　哲也	イワタ　テツヤ	075-212-xxxx

8 入力したデータを確認する

すべてのデータを入力できた

❶入力したデータの内容を確認

❷['顧客テーブル'を閉じる]をクリック

×

顧客テーブル

顧客ID	顧客の氏名	顧客のシメイ	電話番号	クリックして追加
1	戸川 正樹	トガワ マサキ	03-5275-xxxx	
2	大和田 正一!	オオワダ ショ	0721-72-xxxx	
3	戸川 綾	トガワ アヤ	03-5275-xxxx	
4	大木 信行	オオキ ノブユ	042-922-xxxx	
5	北条 恵	ホウジョウ メ	0465-23-xxxx	
6	小野 信男	オノ ノブオ	052-231-xxxx	
7	青田 良子	アオタ ヨシコ	045-320-xxxx	
8	竹井 進	タケイ ススム	055-230-xxxx	
9	福島 正巳	フクシマ マサ	047-302-xxxx	
10	岩田 哲也	イワタ テツヤ	075-212-xxxx	
(新規)				

['顧客テーブル']が閉じる

入力するデータの形式を統一しておこう

テーブルにデータを入力するときは、入力するデータ形式を統一しましょう。例えば、[顧客のシメイ]フィールドにはカタカナで読みがなを入力していますが、全角カナと半角カナのデータが混在していると、[顧客のシメイ]フィールドのデータが検索しにくくなってしまいます。データを入力するときは入力する内容に気を配るだけではなく、文字の種類や空白の有無、全角や半角のどちらで入力するのかといったルールを決め、同じ形式で入力するようにしましょう。そうすれば後で検索したときでも、データの検索漏れを防げます。

間違った場合は？

手順7で入力したデータが間違っていた場合は、フィールドをもう一度クリックして、データを入力し直しましょう。

Point

テーブルを作ったらデータを入力しよう

テーブルを作ったら、データシートビューでテーブルにデータを入力しましょう。このレッスンで操作したように、はじめはテーブルに行（レコード）がありません。ところがデータを入力していくと、レコードが自動的に増えていきます。つまり、テーブルにレコードが追加されてデータが蓄えられていくのです。なお、1つのテーブルに蓄えられるレコード数に制限はありません。大量のデータを蓄えることができるのも、データベースの大きな特長の1つなのです。

基本編

レッスン 11

フィールドの幅を変えるには

フィールド幅の調整

テーブルのデータシートビューでは、それぞれのフィールドがすべて同じ幅で表示されています。見やすくするために、フィールドの幅を調整しましょう。

1 [顧客テーブル]を開く

ナビゲーションウィンドウから[顧客テーブル]を開く

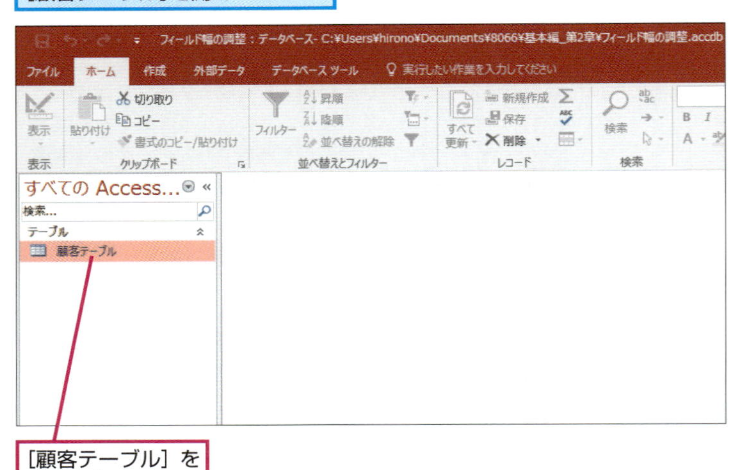

[顧客テーブル]をダブルクリック

[顧客テーブル]がデータシートビューで表示された

フィールドの幅が狭いので、文字の一部が表示されていない

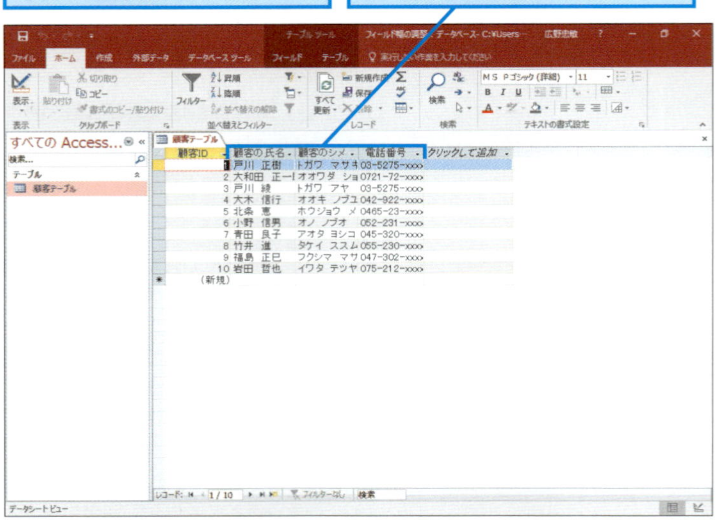

▶キーワード

データシートビュー	p.420
テーブル	p.420
フィールド	p.421
レコード	p.422

レッスンで使う練習用ファイル

フィールド幅の調整.accdb

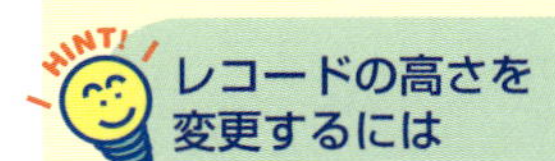

HINT! レコードの高さを変更するには

以下のように操作すれば、データシートビューでレコードの高さを変更できます。レコードの高さを変えると、フィールド内に表示しきれないデータを2行以上で折り返して表示できます。なお、高さの変更はすべてのレコードに適用されます。

❶ここ（行の下端）にマウスポインターを合わせる

マウスポインターの形が変わった

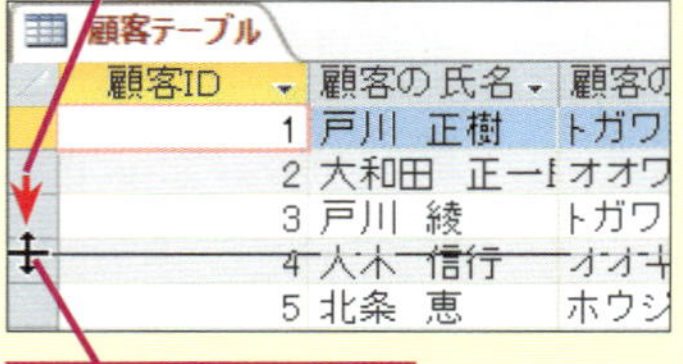

❷ここまでドラッグ

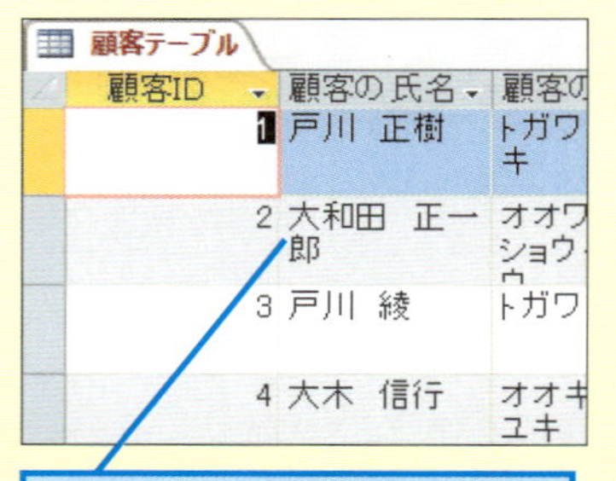

フィールドの横幅に収まらないデータが折り返された

基本編 第2章 データを入力するテーブルを作成する

[顧客の氏名]フィールドの幅を調整する

フィールドの幅を調整する

❶ここにマウスポインターを合わせる

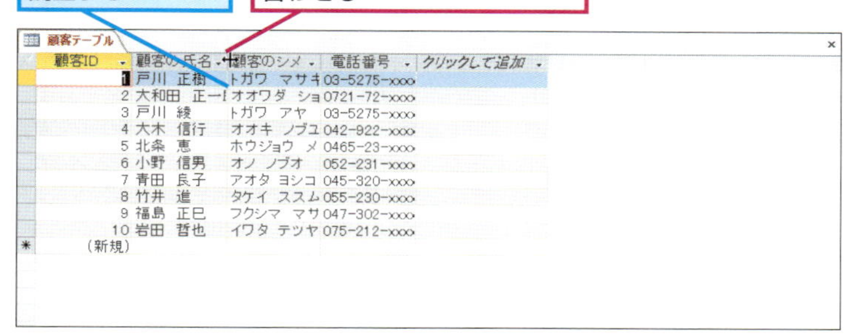

マウスポインターの形が変わった

❷そのままダブルクリック

3 フィールドの幅が広がった

入力されている文字数に合わせて[顧客の氏名]フィールドの幅が広がった

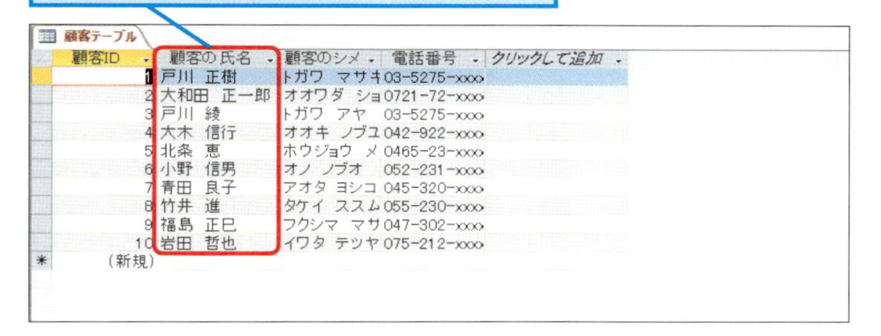

残りのフィールドの幅を調整する

手順3を参考に残りのフィールドの幅を調整

フィールドの幅が変更された

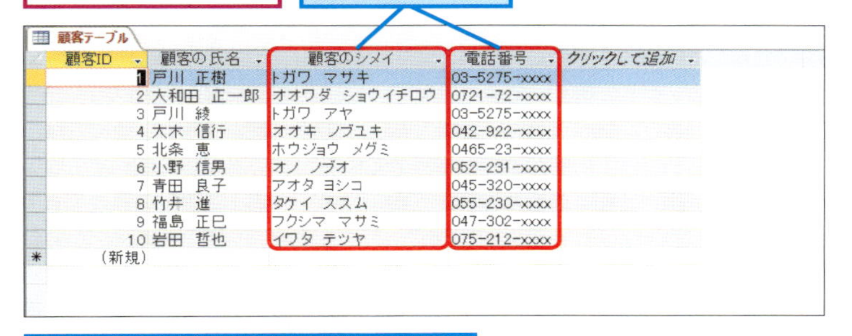

次のレッスン⓬で続けて操作するので、このまま[顧客テーブル]を表示しておく

ドラッグ操作でも幅を変更できる

フィールド名の境界線をマウスでドラッグすると、フィールドの幅を自由に変更できます。

❶ここにマウスポインターを合わせる

マウスポインターの形が変わった

❷ここまでドラッグ

ドラッグした位置までフィールドの幅が広がった

間違った場合は?

手順2で間違ってフィールド名の▼をクリックしてしまったときは、フィルターのメニューが表示されます。[キャンセル]ボタンをクリックして、再度操作をやり直しましょう。

Point
フィールド幅を調整してデータシートを見やすくしよう

テーブルを作った直後は、データシートビューのフィールドはすべて同じ幅になっています。フィールドの幅が狭すぎてデータがすべて表示されないときは、このレッスンの手順で操作すると、フィールドに入力されている最大文字数に合わせて、幅が自動的に広がります。逆に、フィールドの数が多く、1つの画面にたくさんのフィールドを表示したいときは、フィールドの幅を狭くします。入力するデータやテーブルの内容に応じて、フィールドの幅を適切に調整しておきましょう。

テーブルを保存するには

上書き保存

テーブルの形式を変えたときは、必ずテーブルを保存しておきましょう。テーブルの変更内容を保存するには、[上書き保存]ボタンを使います。

▶キーワード

テーブル	p.420
ナビゲーションウィンドウ	p.421
フィールド	p.421

1 テーブルの上書き保存を実行する

ここでは、基本編のレッスン⓫でフィールドの幅を変更したテーブルを保存する

[上書き保存]をクリック

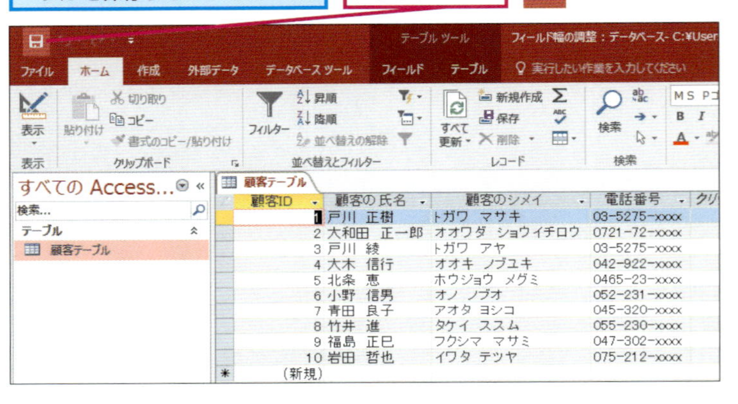

2 [顧客テーブル]を閉じる

テーブルが上書き保存された

上書き保存されたことを確認するため、一度テーブルを閉じる

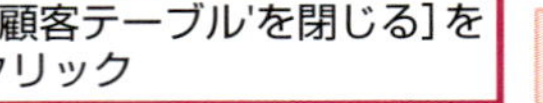

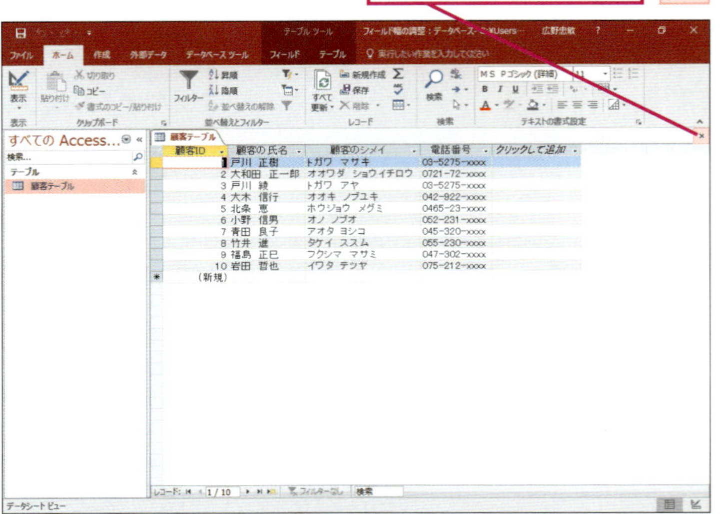

ショートカットキー

Ctrl + S ············ 上書き保存

テーブルを保存せずに閉じようとしたときは

テーブルを保存せずに閉じようとすると「テーブルのレイアウトの変更を保存しますか?」という内容のダイアログボックスが表示されます。ここで、[はい]ボタンをクリックするとテーブルを保存できます。テーブルを保存したら次ページのHINT!を参考にテーブルを適切な名前に変更しておきます。[いいえ]ボタンをクリックすると、テーブルに加えた修正がすべて無効になってしまうので注意しましょう。

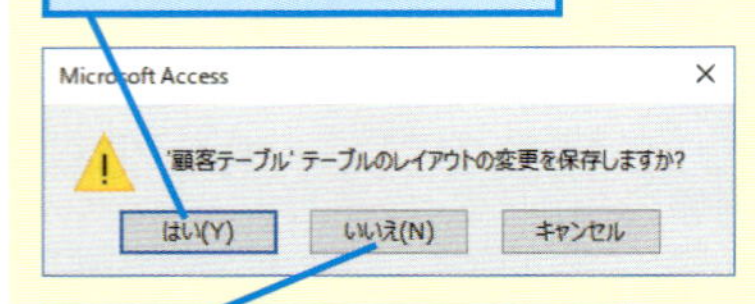

[いいえ]をクリックすると、修正が反映されない

3 ［顧客テーブル］を開く

ナビゲーションウィンドウから［顧客テーブル］を開く

［顧客テーブル］をダブルクリック

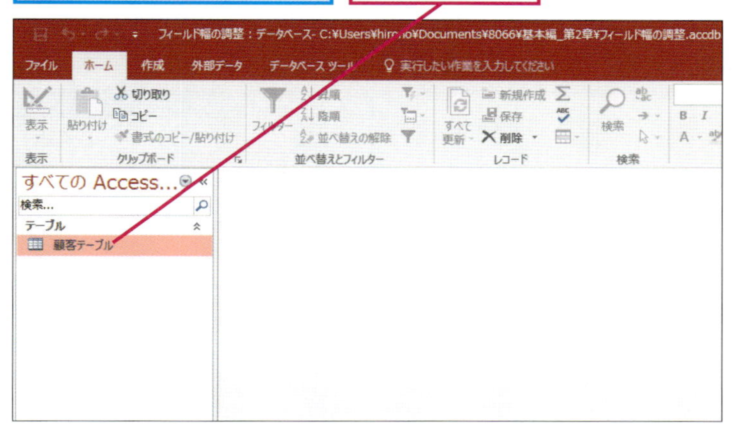

フィールド幅の変更結果を確認する

［顧客テーブル］がデータシートビューで表示された

基本編のレッスン⓫で変更したフィールドの幅が正しく保存されていることを確認する

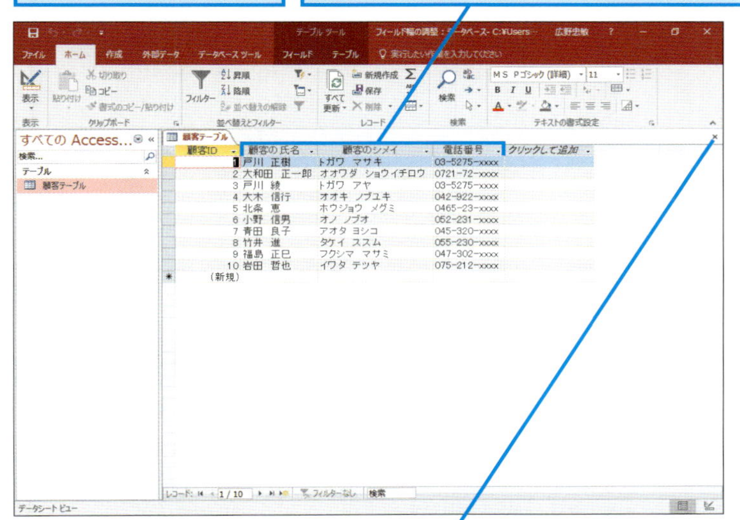

確認できたら手順2の方法で［顧客テーブル］を閉じておく

HINT! テーブルの名前を変更するには

テーブルの名前は簡単に変更できます。例えば、間違った名前でテーブルを保存してしまったときなどは、以下のように操作しましょう。ただし、テーブルを開いている状態では名前を変更できません。テーブル名を変更するときは、手順2を参考にテーブルを閉じてから、操作を実行してください。

❶ナビゲーションウィンドウでテーブルを右クリック

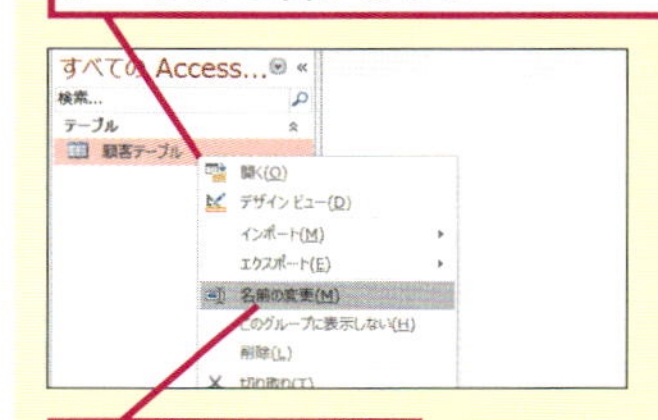

❷［名前の変更］をクリック

テーブルの名前が編集できる状態になった

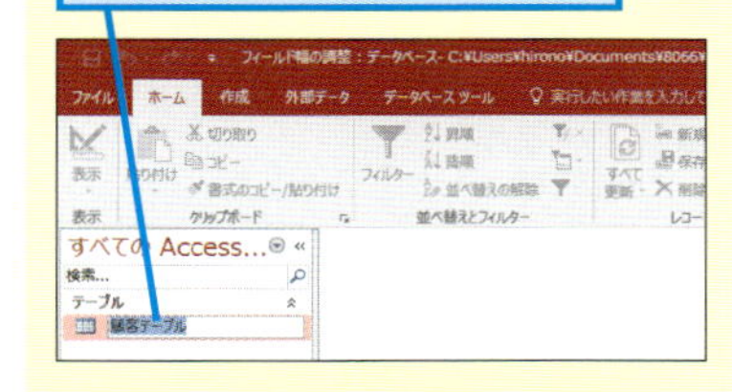

Point テーブルの形式を変えたら必ず保存を実行する

Accessの保存とワープロや表計算ソフトの保存では、意味が違うので気を付けましょう。テーブルを保存しなければいけないのは、テーブルの形式（レイアウト）を変えたときです。基本編のレッスン⓫ではフィールドの幅を変更しました。この場合、テーブルが変更されたと見なされ、保存の対象となります。一方、テーブルへのデータの追加や修正といった操作は、操作の実行時にデータベースファイルが自動的に更新されるので保存の必要がありません。テーブルの保存が必要となる操作内容をしっかり覚えておきましょう。

基本編 レッスン 13

テーブルをデザインビューで表示するには

テーブルのデザインビュー

ここでは、テーブルのビューを切り替える方法を解説します。テーブルをデータシートビューからデザインビューに切り替えるには［表示］ボタンを使います。

▶キーワード

データ型	p.420
テーブル	p.420
デザインビュー	p.421
フィールド	p.421

レッスンで使う練習用ファイル

テーブルのデザインビュー.accdb

1 ［顧客テーブル］を開く

ナビゲーションウィンドウから［顧客テーブル］を開く

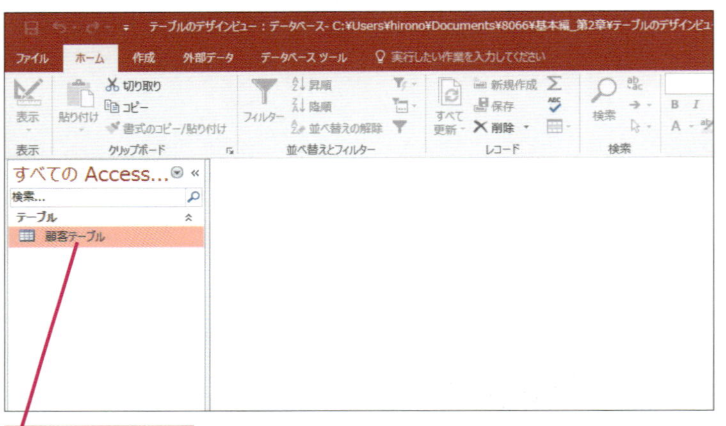

［顧客テーブル］をダブルクリック

2 デザインビューを表示する

［顧客テーブル］がデータシートビューで表示された

データシートビューからデザインビューに切り替える

❶［表示］をクリック

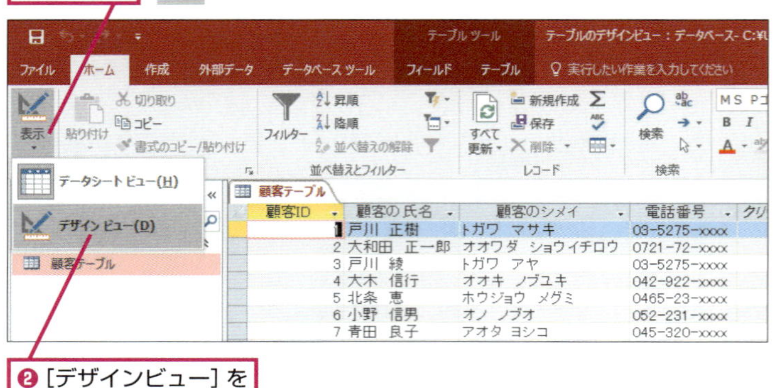

❷［デザインビュー］をクリック

ショートカットキー

Ctrl + . ……… デザインビューからデータシートビューへの切り替え

Ctrl + , ……… データシートビューからデザインビューへの切り替え

HINT! データシートビューでもテーブルの編集ができる

テーブルは、データシートビューでも編集できます。ただし、データシートビューでできることは、フィールド名の変更や新しいフィールドの追加、フィールドのデータ型の設定などに限られています。

HINT! デザインビューで新しいテーブルを作るには

この章ではデータシートビューでテーブルを作成しましたが、デザインビューでも新しいテーブルを作成できます。デザインビューで新しいテーブルを作成するときは、以下の手順を実行しましょう。

❶［作成］タブをクリック

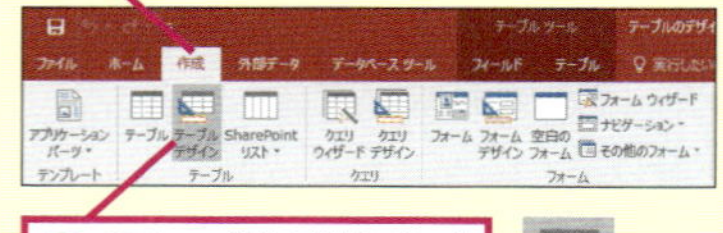

❷［テーブルデザイン］をクリック

テクニック ワンクリックでビューを切り替えられる

手順2では、[表示] ボタンの一覧からテーブルのビューを切り替えています。Accessの操作に慣れないうちは、一覧からビューを選択するといいでしょう。操作に慣れたら [表示] ボタンでビューを簡単に切り替えましょう。テーブルの場合は、データシートビューが表示されているときに [表示] ボタンをクリックするとデザインビューが表示されます。再度 [表示] ボタンをクリックすると、データシートビューに表示が切り替わります。テーブルの編集作業を繰り返し行うときは、[表示] ボタンのクリックでビューを切り替えるといいでしょう。

●データシートビューからデザインビューに切り替える

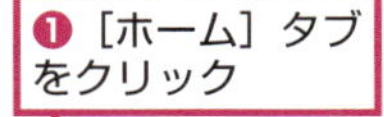

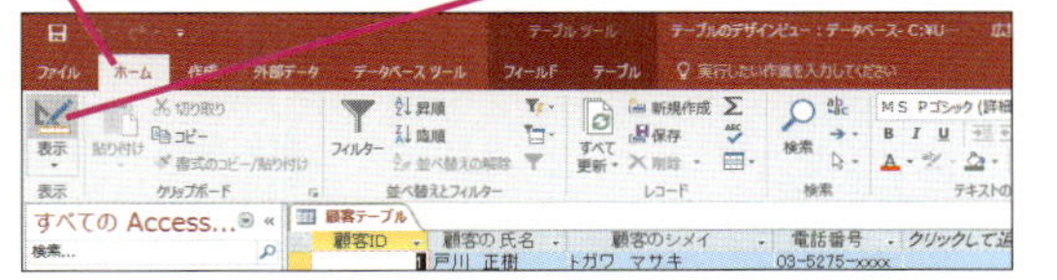

❶ [ホーム] タブをクリック

❷ [表示] をクリック

デザインビューに切り替わる

●デザインビューからデータシートビューに切り替える

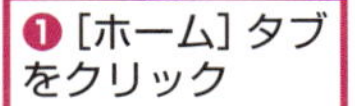

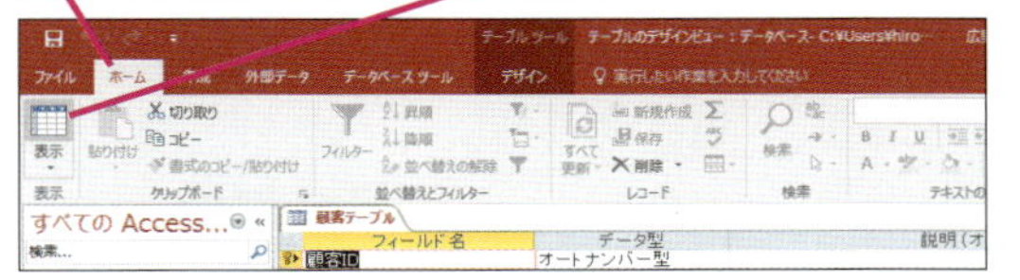

❶ [ホーム] タブをクリック

❷ [表示] をクリック

データシートビューに切り替わる

3 デザインビューが表示された

[顧客テーブル] がデザインビューで表示された

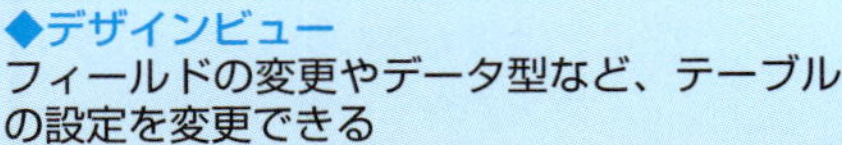

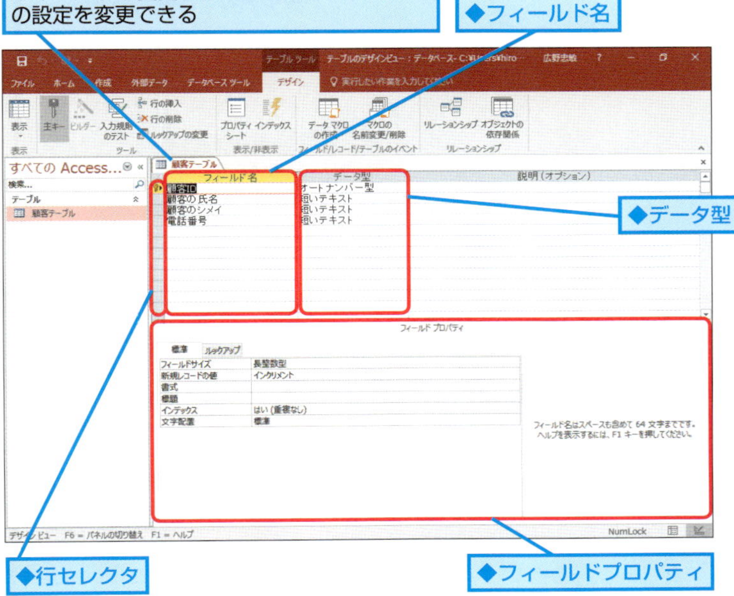

◆デザインビュー
フィールドの変更やデータ型など、テーブルの設定を変更できる

◆フィールド名

◆データ型

◆行セレクタ

◆フィールドプロパティ

間違った場合は?

手順2で [データシートビュー] をクリックしてしまったときは、再度 [表示] ボタンの▼をクリックして、[デザインビュー] を選び直します。

Point デザインビューでフィールドの属性を細かく設定できる

テーブルにはデータシートビューとデザインビューの2つの表示方法があります。データシートビューはレコードの入力や修正のほか、簡単なフィールドの編集を実行できます。デザインビューは、テーブルの構造を編集するための画面です。デザインビューではデータシートビューではできないフィールドの編集や、フィールド属性の細かい設定ができます。この2つのビューの違いと役割を覚えておきましょう。次のレッスンからはテーブルのデザインビューを使って、テーブルの形式を編集していきます。

基本編

レッスン 14 日本語入力の状態を自動的に切り替えるには

IME入力モード、IME変換モード

データを入力するときの入力モードはフィールドごとに設定できます。電話番号や氏名の入力を楽にするために、入力モードと変換モードの設定を変更してみましょう。

1 入力モードを変更する

基本編のレッスン⑬を参考に[顧客テーブル]をデザインビューで表示しておく

[電話番号]フィールドを選択する

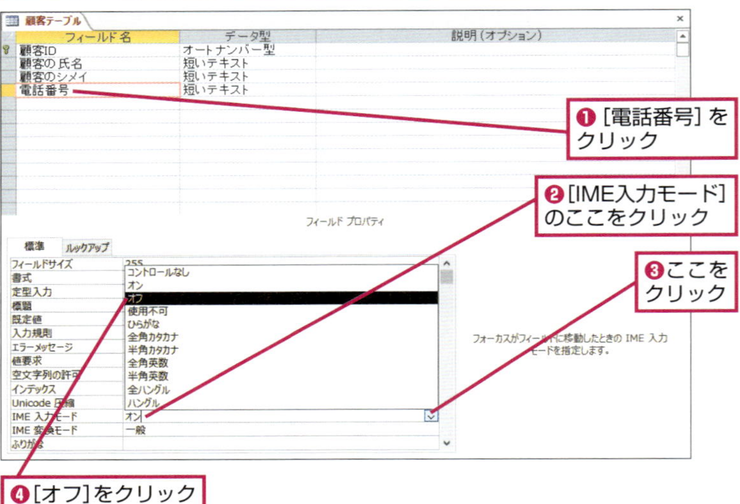

❶[電話番号]をクリック

❷[IME入力モード]のここをクリック

❸ここをクリック

❹[オフ]をクリック

2 変換モードを変更する

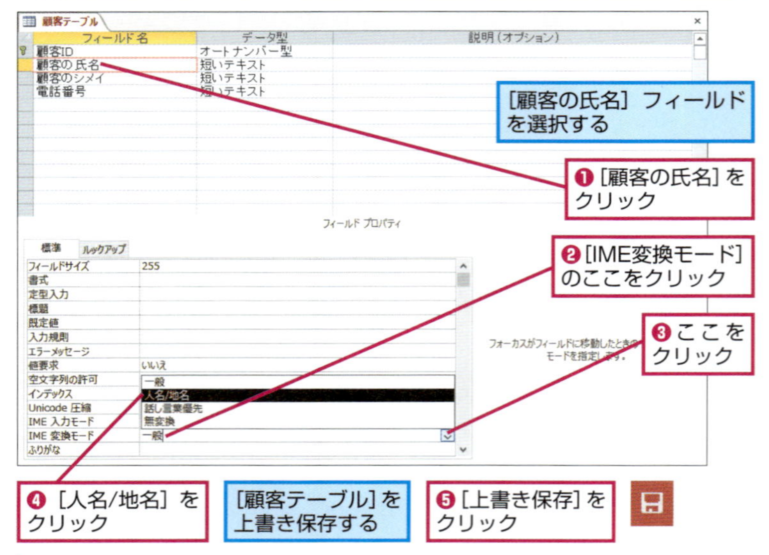

[顧客の氏名]フィールドを選択する

❶[顧客の氏名]をクリック

❷[IME変換モード]のここをクリック

❸ここをクリック

❹[人名/地名]をクリック

[顧客テーブル]を上書き保存する

❺[上書き保存]をクリック

▶キーワード

フィールド p.421

レッスンで使う練習用ファイル

IME入力モード、IME変換モード.accdb

ショートカットキー

Ctrl + S ……… 上書き保存

Ctrl + . ……… デザインビューからデータシートビューへの切り替え

Ctrl + , ……… データシートビューからデザインビューへの切り替え

HINT! フィールドの入力モードを変更しよう

このレッスンでは、フィールドプロパティの［IME入力モード］の設定を変更してフィールドの入力モードを変更します。［顧客のシメイ］フィールドのように、はじめからフリガナを入力することが分かっているときは、フィールドの入力モードを［全角カタカナ］に変更してもいいでしょう。

HINT! 変換モードって何？

日本語入力時の漢字変換の設定には、［一般］［人名/地名］［話し言葉優先］［無変換］の変換モードがあります。住所や氏名を入力するフィールドに［人名/地名］を選ぶと、Microsoft IMEの辞書が切り替わり、人名や地名が変換候補の上位に表示されます。

❶[IME変換モード]をクリック

❷ここをクリック

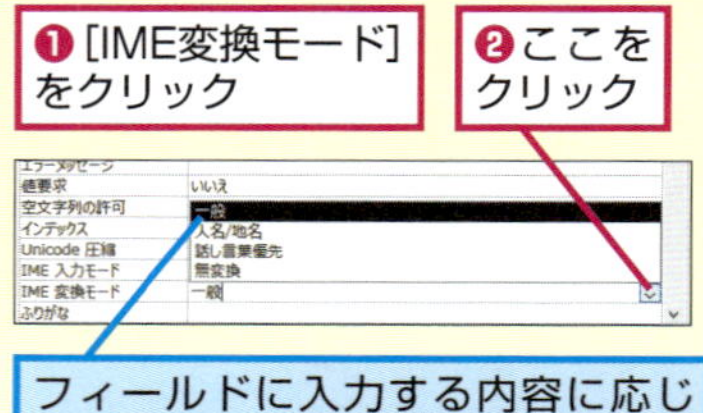

フィールドに入力する内容に応じて、変換モードの種類を設定できる

3 データシートビューを表示する

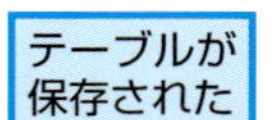

テーブルが保存された

❶［表示］をクリック

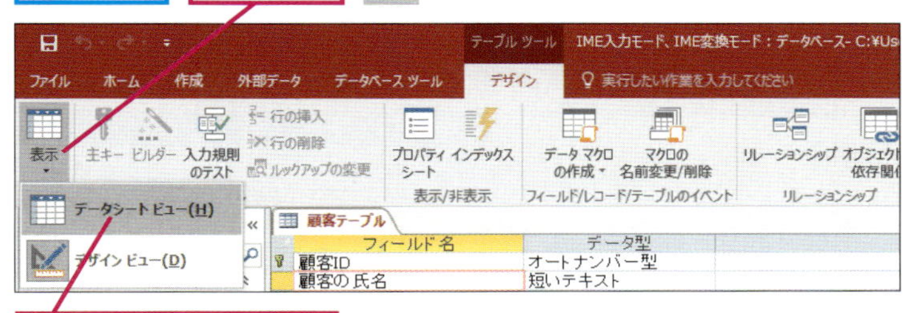

❷［データシートビュー］をクリック

4 入力モードが切り替わることを確認する

フィールドの変換モードと入力モードの設定を確認する

❶［顧客の氏名］フィールドの一番下のレコードをクリック

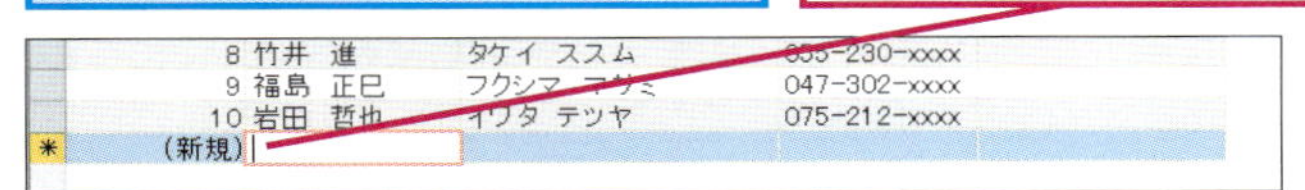

あ 12:50 2016/03/30

入力モードが［ひらがな］になっている

❷ Tab キーを2回押す

［電話番号］フィールドにカーソルが移動した

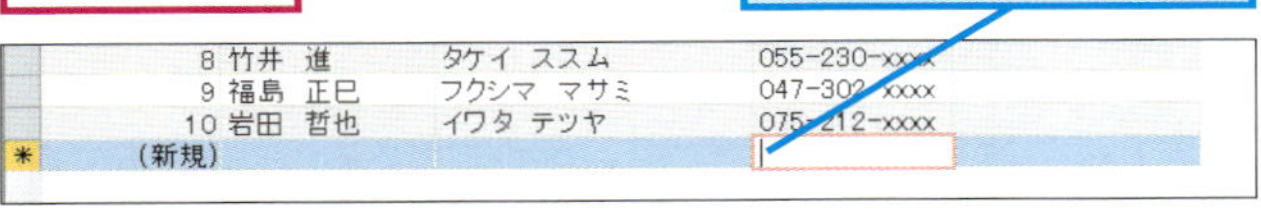

A 12:50 2016/03/30

入力モードが［半角英数］に切り替わった

5 フィールドにデータを入力する

ここでは、以下のデータをフィールドに入力する

［顧客ID］フィールドには何も入力しなくていい

顧客ID	11	顧客の氏名	谷口　博	顧客のシメイ	タニグチ　ヒロシ
		電 話 番 号	03-3241-xxxx		

❶［顧客の氏名］フィールドの一番下のレコードをクリック

❷「谷口　博」と入力

続けてほかのフィールドにデータを入力しておく

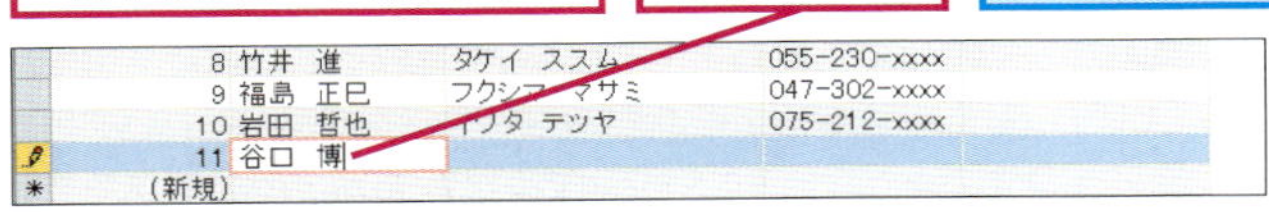

HINT! データベース全体のフィールドプロパティを一括で変更できる

同じフィールドが、すでにフォームやレポートなどで使われているときに、テーブルのフィールドプロパティの内容を変更すると、テーブルのフィールドプロパティと、レポートやフォームのフィールドプロパティに矛盾が起きます。矛盾があると、データベースが正しく機能しません。手順1や手順2の操作後に［プロパティの更新オプション］ボタン（ ）が表示されたときは、テーブルとフォームやレポートのフィールドプロパティの値が異なります。［プロパティの更新オプション］ボタンをクリックすると、矛盾が起きているフィールドプロパティを一括で修正できることを覚えておきましょう。

フィールドプロパティの矛盾を一括で修正できる

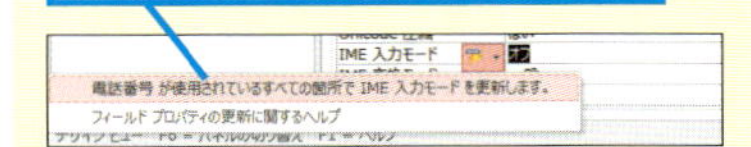

間違った場合は？

手順4で変換モードや入力モードが正しく切り替わらないときは、［表示］ボタンの▼をクリックしてデザインビューを表示し、手順1から設定をやり直します。

Point 入力したいデータに合わせて適切に設定しよう

入力モードを［オフ］に設定すると、データを入力するときに日本語入力が自動的に［オフ］になります。電話番号や郵便番号を入力するフィールドに設定するといいでしょう。氏名など、日本語を入力することが分かっているフィールドには、日本語が入力できるように設定します。データを入力するとき自動的にひらがなや漢字、カタカナが入力される状態になるので、入力モードを切り替える手間を省けます。

基本編 レッスン 15

新しいフィールドを追加するには

データ型とフィールドサイズ

このレッスンでは、デザインビューを利用して［顧客テーブル］に都道府県や郵便番号を入力するフィールドを追加し、それぞれ入力できる文字数を設定します。

1 ［郵便番号］フィールドを追加する

基本編のレッスン⑬を参考に［顧客テーブル］をデザインビューで表示しておく

新しいフィールドを追加する

❶［電話番号］の下の空白行をクリック

❷「郵便番号」と入力

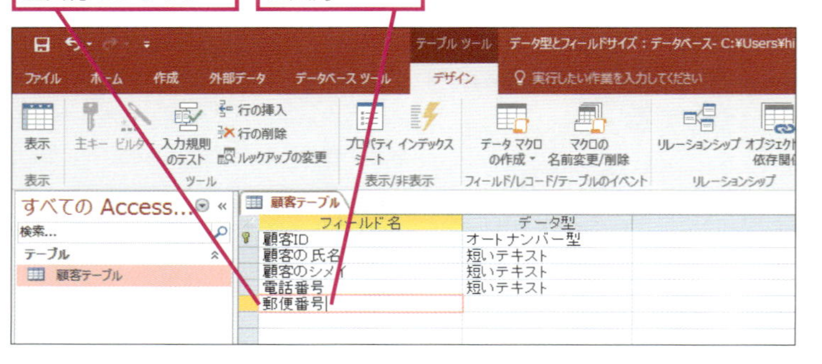

2 ［郵便番号］フィールドのフィールドサイズを変更する

❶ Tab キーを押す

フィールドのデータ型が自動的に［短いテキスト］に設定された

［郵便番号］フィールドに入力できる最大文字数を設定する

❷［フィールドサイズ］のここをクリックして「10」と入力

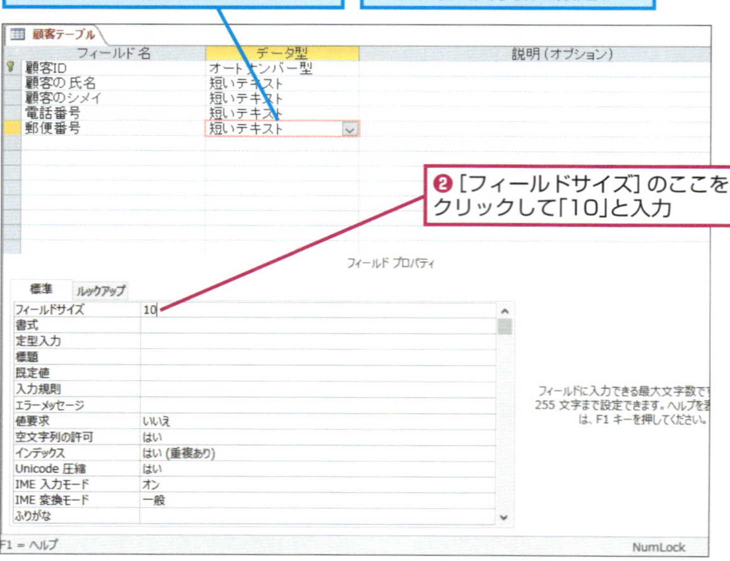

▶キーワード

データ型	p.420
フィールド	p.421

レッスンで使う練習用ファイル

データ型とフィールドサイズ.accdb

ショートカットキー

Ctrl + S ……… 上書き保存

Ctrl + . ……… デザインビューからデータシートビューへの切り替え

HINT! 文字を入力するフィールドのデータ型とは

文字を入力するフィールドは、［短いテキスト］か［長いテキスト］のデータ型を設定します。［短いテキスト］には最大で255文字までを入力でき、入力可能な最大文字数の指定も可能です。［長いテキスト］の場合は約6万字までの文字を入力できます。しかし、データの検索に時間がかかるので、文字を入力するフィールドはなるべく［短いテキスト］を使用しましょう。

HINT! ［郵便番号］フィールドは［短いテキスト］のデータ型でいいの？

［郵便番号］フィールドは一見数値型のようですが、「0075」と入力しても、数値型では「75」という数値で扱われます。また、「102-0075」のように郵便番号には「-」（ハイフン）が入るので、［郵便番号］フィールドは［短いテキスト］が適しています。

間違った場合は？

手順2で郵便番号のデータ型を［短いテキスト］以外にしてしまったときは、［データ型］の⌄をクリックして［短いテキスト］に設定し直します。

3 [都道府県] フィールドを追加する

[郵便番号] フィールドが追加された

続けて[都道府県]フィールドを追加し、[都道府県]フィールドに入力できる最大文字数を設定する

❶[郵便番号]の下の空白行をクリック

❷「都道府県」と入力

❸ Tab キーを押す

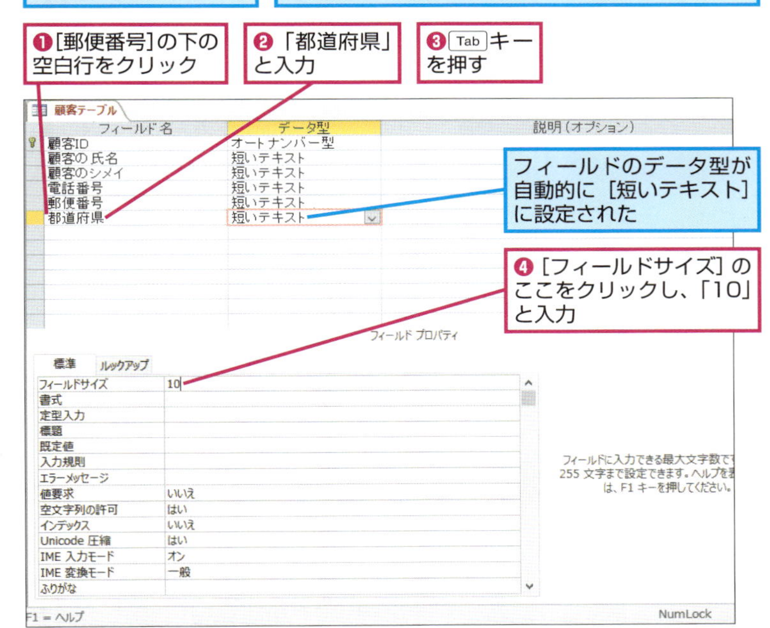

4 [住所] フィールドを追加する

[都道府県] フィールドが追加された

続けて [住所] フィールドを追加する

❶[都道府県]の下の空白行をクリック

❷「住所」と入力

❸ Tab キーを押す

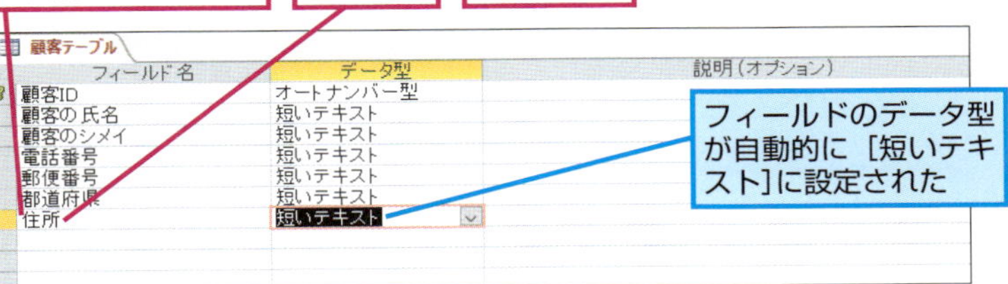

5 テーブルの上書き保存を実行する

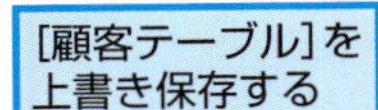

[顧客テーブル]を上書き保存する

[上書き保存] をクリック

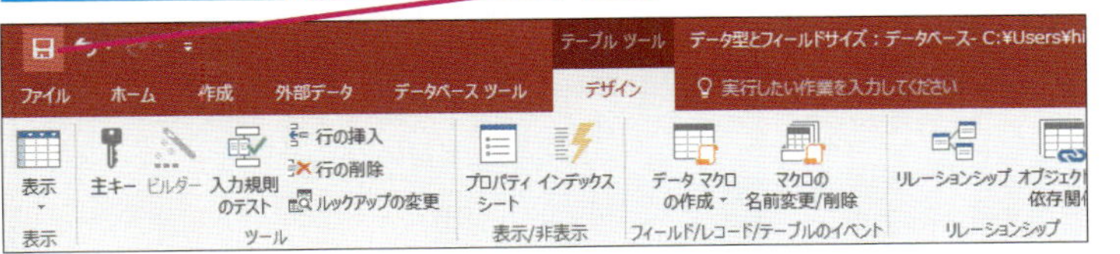

数値を入力するフィールドにはどのデータ型を設定するの?

数値を入力するフィールドには、[数値型] [通貨型] [オートナンバー型] などのデータ型を使用します。金額以外の数値入力なら [数値型]、金額の入力なら [通貨型] を設定しましょう。[オートナンバー型] は、43ページのHINT!でも紹介していますが、レコードの入力時に自動で連番の数値が入力されるデータ型です。通常はレコードが重複しないように識別するために使用します。

データ型の種類によって指定できるフィールドサイズが異なる

手順2～手順3で設定するフィールドサイズとは、フィールドに入力できるデータの大きさを表します。例えば、[短いテキスト]のフィールドサイズは、入力できる文字数です。[数値型] のフィールドサイズには、[整数型] [長整数型] [倍精度浮動小数点型] などがあります。これらは、扱える数値の上限や下限が違うのが特長です。金額以外で小数点以下の数値を入力するときは [倍精度浮動小数点型]、整数だけを入力するときは [長整数型] を使用しましょう。

次のページに続く

6 データシートビューを表示する

[郵便番号] と [都道府県] [住所] のフィールドが [顧客テーブル] に追加された

追加されたフィールドを確認するため、データシートビューを表示する

❶ [表示] をクリック

❷ [データシートビュー] をクリック

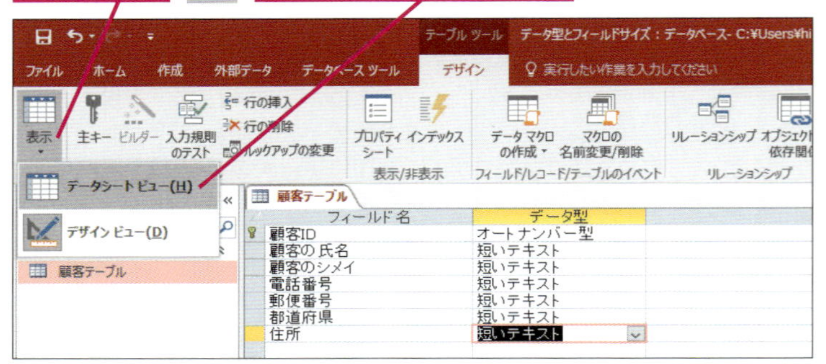

7 追加したフィールドを確認する

[顧客テーブル] がデータシートビューで表示された

追加したフィールドが表示された

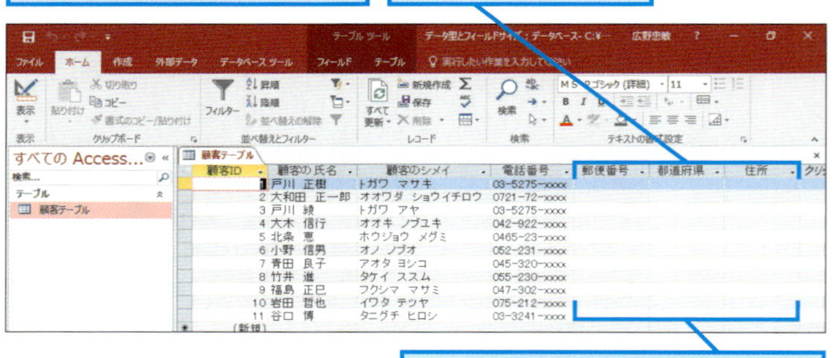

新たに追加したフィールドなので、データは何も入力されていない

8 追加したフィールドにデータを入力する

1件目のレコードに以下のデータを入力する

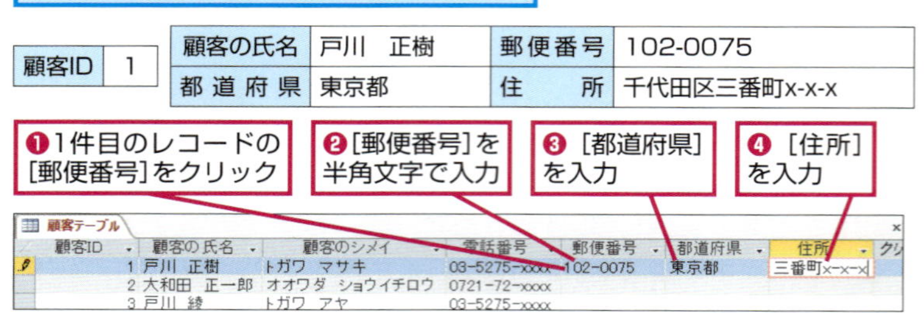

顧客ID	1	顧客の氏名	戸川　正樹	郵便番号	102-0075
		都道府県	東京都	住　所	千代田区三番町x-x-x

❶1件目のレコードの [郵便番号] をクリック

❷[郵便番号] を半角文字で入力

❸ [都道府県] を入力

❹ [住所] を入力

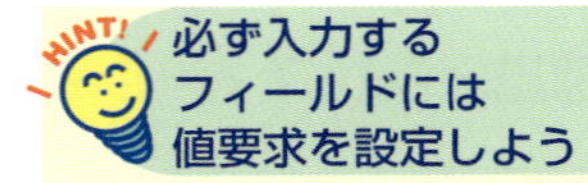

必ず入力するフィールドには値要求を設定しよう

この章で作成している [顧客テーブル] は、[顧客の氏名] フィールドに何もデータが入力されていないとデータベースとして意味がありません。[顧客の氏名] フィールドのように必ずデータを入力するフィールドには [値要求] を設定しましょう。以下の手順で [値要求] を [はい] に設定すると、特定のフィールドにデータが入力されていないときにエラーメッセージが表示されるので、データの入力漏れを防げます。

基本編のレッスン⓭を参考に [顧客テーブル] をデザインビューで表示しておく

❶ [顧客の氏名] をクリック

❷ [値要求] をクリック

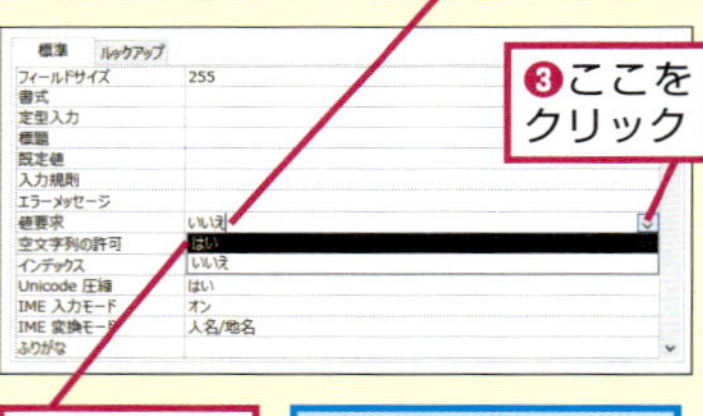

❸ここをクリック

❹ [はい] をクリック

[顧客テーブル] を上書き保存する

❺ [上書き保存] をクリック

データが入力されていないフィールドがないか、既存のフィールドを検査するメッセージが表示される

❻[はい]をクリック

間違った場合は?

手順8や手順9で間違えてデータを入力したときは、Back space キーを押して文字を削除してからもう一度データを入力し直しましょう。

9 続けて残りのデータを入力する

同様にして2件目以降の
データを入力

顧客ID	2	顧客の氏名	大和田　正一郎	郵便番号	585-0051
		都道府県	大阪府	住　所	南河内郡千早赤阪村x-x-x

顧客ID	3	顧客の氏名	戸川　綾	郵便番号	102-0075
		都道府県	東京都	住　所	千代田区三番町x-x-x

顧客ID	4	顧客の氏名	大木　信行	郵便番号	359-1128
		都道府県	埼玉県	住　所	所沢市金山町x-x-x

顧客ID	5	顧客の氏名	北条　恵	郵便番号	250-0014
		都道府県	神奈川県	住　所	小田原市城内x-x-x

顧客ID	6	顧客の氏名	小野　信男	郵便番号	460-0013
		都道府県	愛知県	住　所	名古屋市中区上前津x-x-x

顧客ID	7	顧客の氏名	青田　良子	郵便番号	220-0051
		都道府県	神奈川県	住　所	横浜市西区中央x-x-x

顧客ID	8	顧客の氏名	竹井　進	郵便番号	400-0014
		都道府県	山梨県	住　所	甲府市古府中町x-x-x

顧客ID	9	顧客の氏名	福島　正巳	郵便番号	273-0035
		都道府県	千葉県	住　所	船橋市本中山x-x-x

顧客ID	10	顧客の氏名	岩田　哲也	郵便番号	604-8301
		都道府県	京都府	住　所	中京区二条城町x-x-x

顧客ID	11	顧客の氏名	谷口　博	郵便番号	103-0022
		都道府県	東京都	住　所	中央区日本橋室町x-x-x

10 入力したデータを確認する

追加したフィールドに
データを入力できた

基本編のレッスン⓫を参考に、各フィールドの
幅を調整しておく

顧客テーブル

顧客ID	顧客の氏名	顧客のシメイ	電話番号	郵便番号	都道府県	住所
1	戸川　正樹	トガワ　マサキ	03-5275-xxxx	102-0075	東京都	千代田区三番
2	大和田　正一郎	オオワダ　ショウイチロウ	0721-72-xxxx	585-0051	大阪府	南河内郡千早
3	戸川　綾	トガワ　アヤ	03-5275-xxxx	102-0075	東京都	千代田区三番
4	大木　信行	オオキ　ノブユキ	042-922-xxxx	359-1128	埼玉県	所沢市金山町
5	北条　恵	ホウジョウ　メグミ	0465-23-xxxx	250-0014	神奈川県	小田原市城内
6	小野　信男	オノ　ノブオ	052-231-xxxx	460-0013	愛知県	名古屋市中区
7	青田　良子	アオタ　ヨシコ	045-320-xxxx	220-0051	神奈川県	横浜市西区中
8	竹井　進	タケイ　ススム	055-230-xxxx	400-0014	山梨県	甲府市古府中
9	福島　正巳	フクシマ　マサミ	047-302-xxxx	273-0035	千葉県	船橋市本中山
10	岩田　哲也	イワタ　テツヤ	075-212-xxxx	604-8301	京都府	中京区二条城
11	谷口　博	タニグチ　ヒロシ	03-3241-xxxx	103-0022	東京都	中央区日本橋
(新規)						

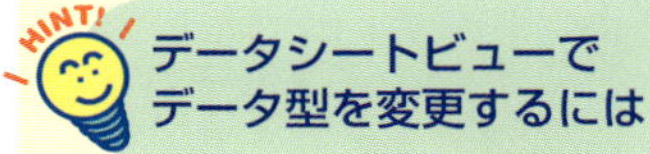

HINT! データシートビューでデータ型を変更するには

データシートビューでもデータ型やフィールドサイズなどを変更できます。テーブルをデータシートビューで表示してから、変更したいフィールドをクリックして選択しましょう。次に［テーブルツール］の［フィールド］タブをクリックするとデータ型を変更できます。ただし、データ型やフィールドサイズを変更すると、入力したデータが失われてしまうことがあるので気を付けましょう。

テーブルをデータシートビューで表示し、データ型を変更するフィールドをクリックしておく

❶［テーブルツール］の［フィールド］タブをクリック

❷［データ型］のここをクリック

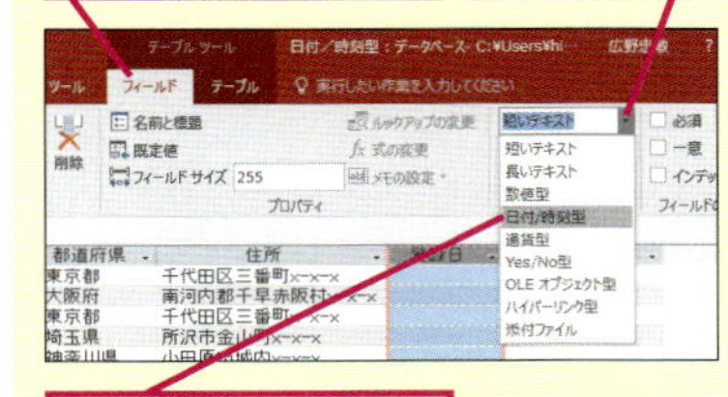

❸変更するデータ型を選択

Point データ型とフィールドサイズを適切に設定しよう

フィールドはテーブルの基本です。フィールドには適切なデータ型とフィールドサイズを設定しましょう。例えば、4万以上の数値を入力する可能性があるフィールドなのに、32767までの数値しか入力できない整数型にしてしまったり、郵便番号のフィールドに入力できる文字数を5文字にしてしまうと、後で正しく入力できないことが分かり、フィールドを設定し直さなければいけなくなります。このようなことが起きないように、テーブルにはどのようなフィールドが必要で、それがどのようなデータ型で、どのくらいの長さにしなければいけないのかを前もって考えておきましょう。

日付のフィールドを追加するには

日付/時刻型

これまで作ったテーブルに、登録日を入力するためのフィールドを追加してみましょう。追加した日付のフィールドに［日付/時刻型］のデータ型を設定します。

1 ［登録日］フィールドを追加する

基本編のレッスン⑬を参考に［顧客テーブル］をデザインビューで表示しておく

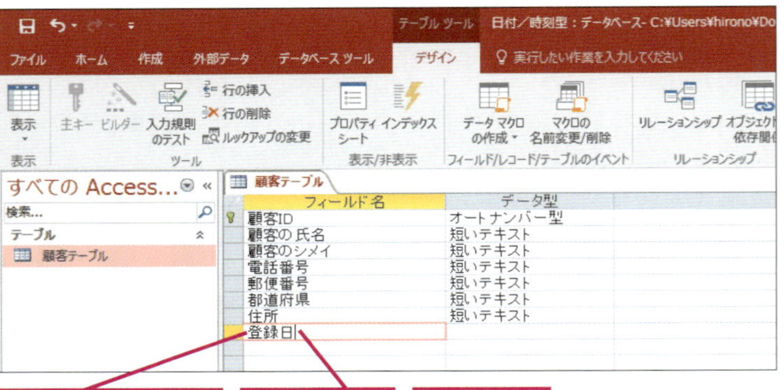

❶［住所］の下の空白行をクリック

❷「登録日」と入力

❸ Tab キーを押す

2 ［登録日］フィールドのデータ型を変更する

［登録日］フィールドが追加された

日付を入力するフィールドなので［日付/時刻型］を指定する

❶ここをクリック

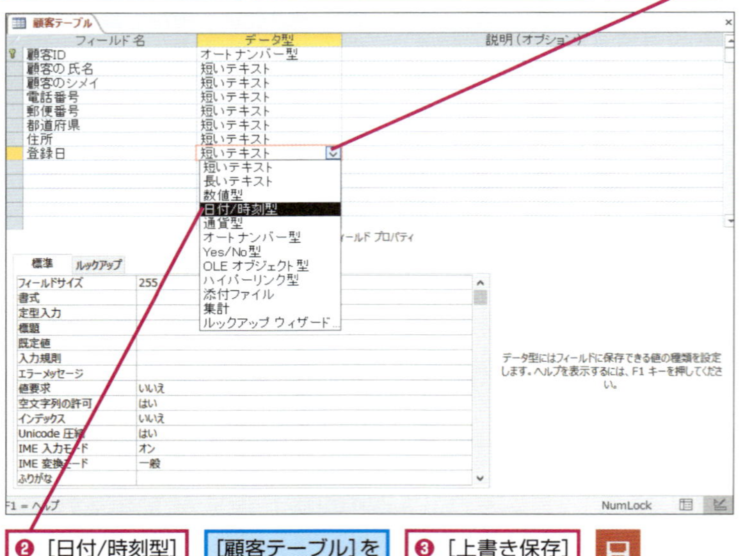

❷［日付/時刻型］をクリック

［顧客テーブル］を上書き保存する

❸［上書き保存］をクリック

▶キーワード

Yes/No型	p.418
データ型	p.420
テーブル	p.420
ナビゲーションウィンドウ	p.421
日付/時刻型	p.421
フィールド	p.421

レッスンで使う練習用ファイル

日付／時刻型.accdb

ショートカットキー

Ctrl + . ……… デザインビューからデータシートビューへの切り替え

HINT! 文字列や数値以外のデータ型もある

数値を扱うデータ型、文字を扱うデータ型のほかにも、テーブルのフィールドにはいろいろなデータ型を設定できます。代表的なデータ型には、このレッスンで紹介している［日付/時刻型］のほかに［Yes/No型］や［オートナンバー型］などがあります。［日付/時刻型］は日付や時刻を入力するときに利用します。［Yes/No型］は、請求書の有無や書類の未提出・送付済みなど、YesかNoの2つの値のいずれかを選択するときに利用します。［オートナンバー型］はデータを入力するときに自動的に連番が入力されるデータ型で、レコードを一意に識別するために使われます。

間違った場合は?

手順2で［日付/時刻型］以外のデータ型を選択してしまったときは、もう一度［日付/時刻型］を選択し直します。

3 データシートビューを表示する

追加したフィールドを確認するため、データシートビューを表示する

❶［表示］をクリック

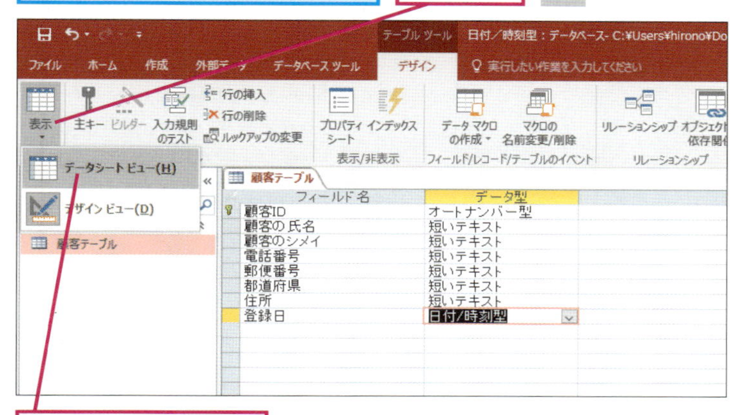

❷［データシートビュー］をクリック

4 ナビゲーションウィンドウを閉じる

［顧客テーブル］がデータシートビューで表示された

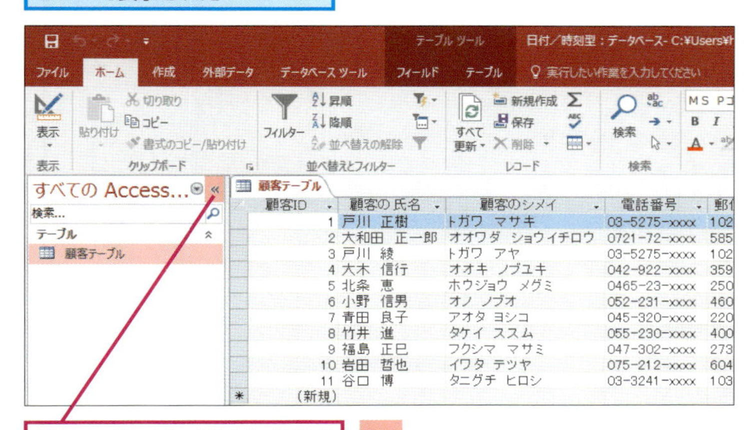

［シャッターバーを開く/閉じるボタン］をクリック

«

フィールドを削除するには

必要のないフィールドや間違って追加したフィールドは、以下の手順で削除できます。ただし、フィールドを削除すると、フィールドに入力されているデータもすべて失われてしまい、元に戻せません。フィールドを削除するときは、本当に削除しても問題がないか、よく考えてからにしましょう。

❶削除するフィールドのここをクリック

❷［テーブルツール］の［デザイン］タブをクリック

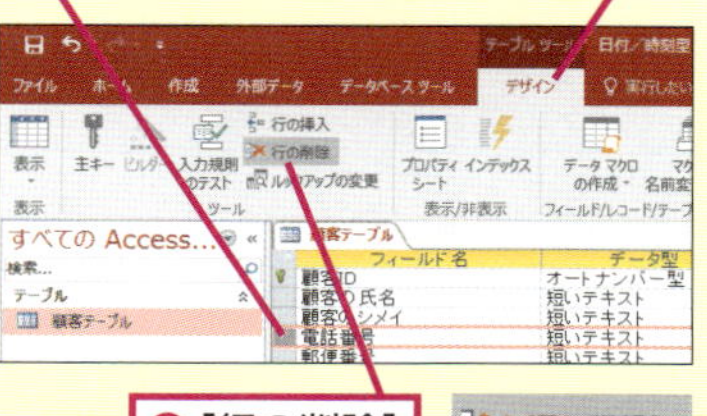

❸［行の削除］をクリック

フィールドが削除される

必要に応じてナビゲーションウィンドウは閉じておこう

手順4で操作しているようにナビゲーションウィンドウを閉じれば、作業領域を広く表示できます。データシートビューでテーブルを表示するときなど、作業領域が広い方が多くのフィールドを一度に確認できて便利です。

次のページに続く

[登録日] フィールドを確認する

ナビゲーションウィンドウが閉じた

追加した[登録日]フィールドが表示された

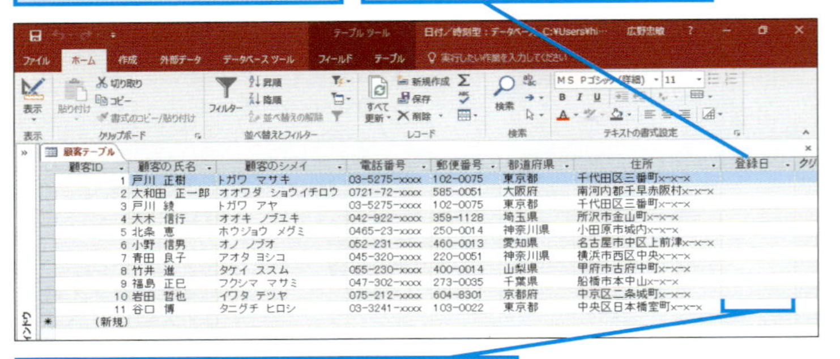

新たに追加したフィールドなので、データは何も入力されていない

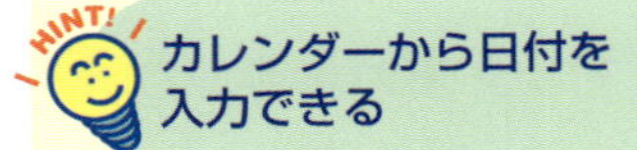

カレンダーから日付を入力できる

[日付/時刻型] に設定したフィールドは、カレンダーを表示して、カレンダーから日付を選んでも入力できます。[日付/時刻型] のフィールドをクリックするとフィールドの右側にカレンダーのアイコンが表示されます。表示されたアイコンをクリックしましょう。

ここをクリック

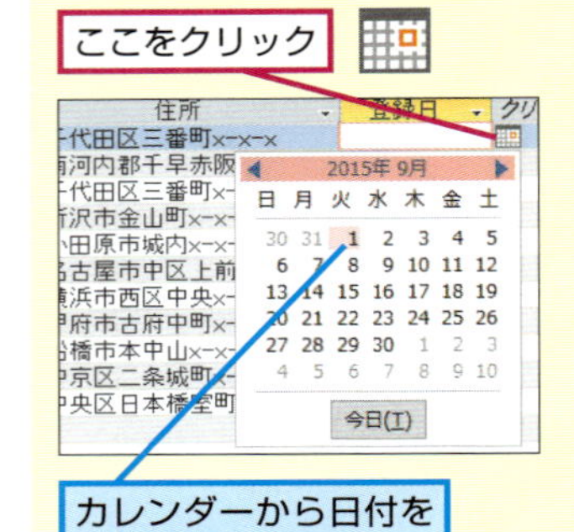

カレンダーから日付を選択できる

テクニック 日付の表示はコントロールパネルの設定によって異なる

日付型のフィールドに入力できる日付の表示形式は、コントロールパネルの設定によって変わります。例えば、[形式のカスタマイズ] ダイアログボックスの [カレンダーの種類] が西暦になっていると、表示される日付も西暦表記になります。また、[カレンダーの種類] が和暦に設定されているときは、表示される日付が和暦になります。意図した形式で日付が表示されないときは、コントロールパネルの設定を確認してみましょう。

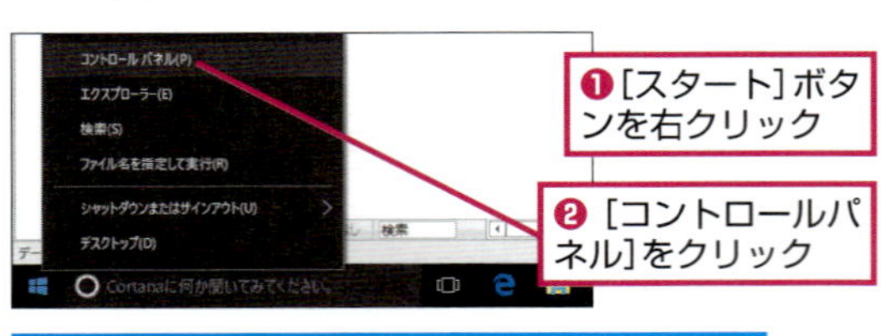

❶[スタート]ボタンを右クリック

❷ [コントロールパネル]をクリック

Windows 7では [スタート] - [コントロールパネル]をクリックする

❸[日付、時刻、または数値の形式の変更]をクリック

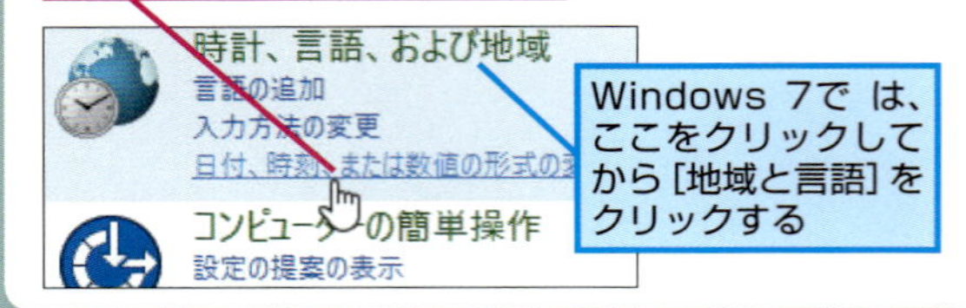

Windows 7では、ここをクリックしてから[地域と言語] をクリックする

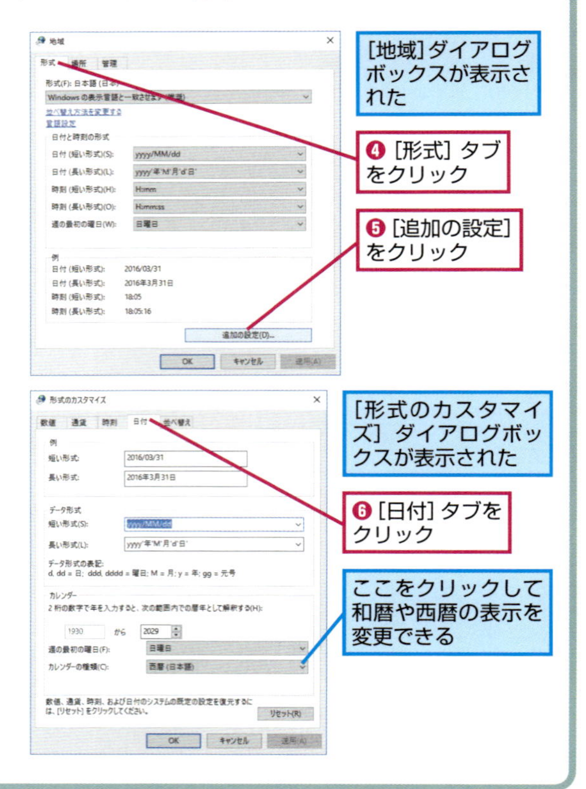

[地域]ダイアログボックスが表示された

❹[形式] タブをクリック

❺[追加の設定]をクリック

[形式のカスタマイズ] ダイアログボックスが表示された

❻[日付] タブをクリック

ここをクリックして和暦や西暦の表示を変更できる

6 登録日を入力する

1件目のレコードに以下のデータを入力する

顧客ID	顧客の氏名	登録日
1	戸川　正樹	2015/09/01

❶1件目のレコードの[登録日]をクリック

❷「2015/09/01」と入力

「xxxx/xx/xx」の形式で入力する

顧客ID	顧客の氏名	顧客のシメイ	電話番号	郵便番号	都道府県	住所	登録日
1	戸川　正樹	トガワ　マサキ	03-5275-xxxx	102-0075	東京都	千代田区三番町x-x-x	2015/09/01
2	大和田　正一郎	オオワダ　ショウイチロウ	0721-72-xxxx	585-0051	大阪府	南河内郡千早赤阪村x-x-x	
3	戸川　綾	トガワ　アヤ	03-5275-xxxx	102-0075	東京都	千代田区三番町x-x-x	
4	大木　信行	オオキ　ノブユキ	042-922-xxxx	359-1128	埼玉県	所沢市金山町x-x-x	
5	北条　恵	ホウジョウ　メグミ	0465-23-xxxx	250-0014	神奈川県	小田原市城内x-x-x	
6	小野　信男	オノ　ノブオ	052-231-xxxx	460-0013	愛知県	名古屋市中区上前津x-x-x	
7	青田　良子	アオタ　ヨシコ	045-320-xxxx	220-0051	神奈川県	横浜市西区中央x-x-x	
8	竹井　進	タケイ　ススム	055-230-xxxx	400-0014	山梨県	甲府市古府中町x-x-x	
9	福島　正巳	フクシマ　マサミ	047-302-xxxx	273-0035	千葉県	船橋市本中山x-x-x	
10	岩田　哲也	イワタ　テツヤ	075-212-xxxx	604-8301	京都府	中京区二条城町x-x-x	
11	谷口　博	タニグチ　ヒロシ	03-3241-xxxx	103-0022	東京都	中央区日本橋室町x-x-x	
（新規）							

1件目のデータを入力できた

❸同様にして2件目以降のデータを入力

顧客ID	顧客の氏名	登録日
2	大和田　正一郎	2015/09/15
3	戸川　綾	2015/10/15
4	大木　信行	2015/11/10
5	北条　恵	2015/11/20
6	小野　信男	2015/12/15
7	青田　良子	2016/01/25
8	竹井　進	2016/02/10
9	福島　正巳	2016/02/10
10	岩田　哲也	2016/03/01
11	谷口　博	2016/03/15

7 入力したデータを確認する

追加したフィールドにデータを入力できた

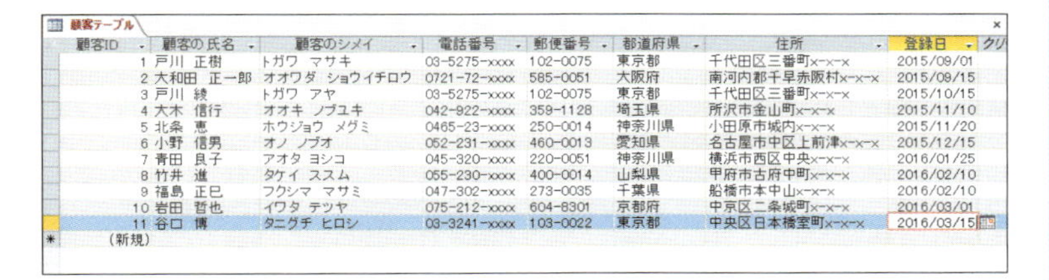

顧客ID	顧客の氏名	顧客のシメイ	電話番号	郵便番号	都道府県	住所	登録日
1	戸川　正樹	トガワ　マサキ	03-5275-xxxx	102-0075	東京都	千代田区三番町x-x-x	2015/09/01
2	大和田　正一郎	オオワダ　ショウイチロウ	0721-72-xxxx	585-0051	大阪府	南河内郡千早赤阪村x-x-x	2015/09/15
3	戸川　綾	トガワ　アヤ	03-5275-xxxx	102-0075	東京都	千代田区三番町x-x-x	2015/10/15
4	大木　信行	オオキ　ノブユキ	042-922-xxxx	359-1128	埼玉県	所沢市金山町x-x-x	2015/11/10
5	北条　恵	ホウジョウ　メグミ	0465-23-xxxx	250-0014	神奈川県	小田原市城内x-x-x	2015/11/20
6	小野　信男	オノ　ノブオ	052-231-xxxx	460-0013	愛知県	名古屋市中区上前津x-x-x	2015/12/15
7	青田　良子	アオタ　ヨシコ	045-320-xxxx	220-0051	神奈川県	横浜市西区中央x-x-x	2016/01/25
8	竹井　進	タケイ　ススム	055-230-xxxx	400-0014	山梨県	甲府市古府中町x-x-x	2016/02/10
9	福島　正巳	フクシマ　マサミ	047-302-xxxx	273-0035	千葉県	船橋市本中山x-x-x	2016/02/10
10	岩田　哲也	イワタ　テツヤ	075-212-xxxx	604-8301	京都府	中京区二条城町x-x-x	2016/03/01
11	谷口　博	タニグチ　ヒロシ	03-3241-xxxx	103-0022	東京都	中央区日本橋室町x-x-x	2016/03/15
（新規）							

HINT! 日付の入力方法はいろいろある

日付を入力するには、さまざまな方法があります。西暦で入力するには年月日を「/」（スラッシュ）または、「-」（ハイフン）で区切って入力しましょう。年は4けたと2けたのどちらで入力しても構いませんが、2けたで入力する年数が00から29までは2000年代、30から99までは1900年代として入力されます。意に沿わない年数になってしまう場合は、年数を2けたではなく4けたで入力しましょう。なお、日付は半角文字でも全角文字でも正しく入力できます。

2けたの数字で年数を入力すると、年数が2000年代になってしまうことがある

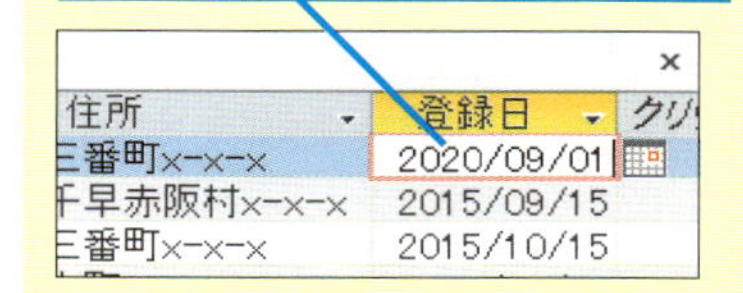

Point [日付/時刻型] に設定したフィールドに日付を入力する

[日付/時刻型] のデータ型を設定したフィールドには日付や時刻を入力できます。このレッスンでは、登録日を入力するために [日付/時刻型] のデータ型を設定してフィールドを追加しました。ここでは日付だけを入力していますが、[日付/時刻型] のデータ型を持つフィールドには、日付だけではなく、日付と時刻、時刻のみといった、日付や時刻に関するさまざまなデータを入力できるようになります。

基本編 レッスン 17

日付の表示形式を変えるには

データ型の書式設定

データベースに入力した日付はパソコンの設定によって和暦で表示されることがあります。フィールドの書式を設定して、必ず西暦で表示されるようにしましょう。

1 [登録日] フィールドの [書式] を設定する

基本編のレッスン⑬を参考に [顧客テーブル] をデザインビューで表示しておく

基本編のレッスン⑯の手順4を参考に、ナビゲーションウィンドウを閉じておく

❶ [登録日] をクリック

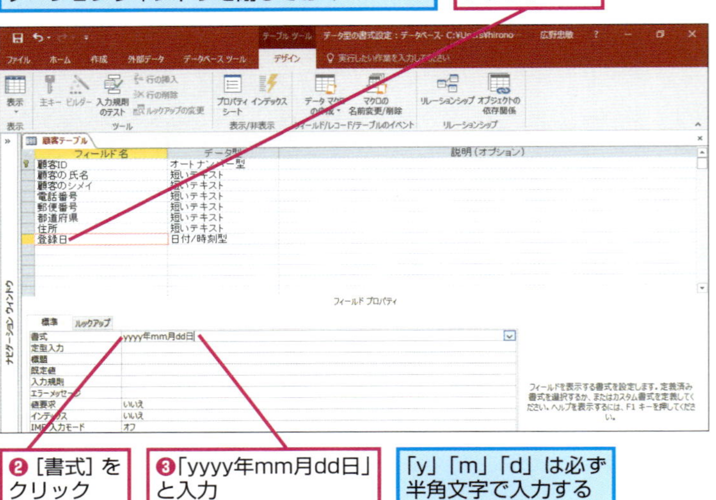

❷ [書式] をクリック

❸「yyyy年mm月dd日」と入力

「y」「m」「d」は必ず半角文字で入力する

[顧客テーブル] を上書き保存する

❹ [上書き保存] をクリック

2 データシートビューを表示する

書式が設定されたことを確認するため、データシートビューを表示する

❶ [表示] をクリック

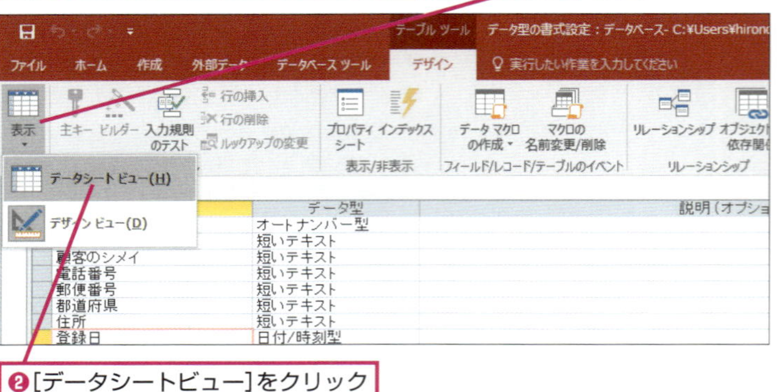

❷ [データシートビュー] をクリック

▶キーワード

データシートビュー	p.420
デザインビュー	p.421
日付/時刻型	p.421
フィールド	p.421

レッスンで使う練習用ファイル

データ型の書式設定.accdb

ショートカットキー

Ctrl + S ……… 上書き保存

Ctrl + . ……… デザインビューからデータシートビューへの切り替え

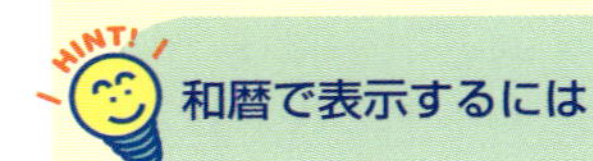

HINT! 和暦で表示するには

日付を西暦ではなく、和暦で表示した方が便利なこともあります。日付を和暦で表示するには、次のような書式を指定しましょう。

● 「2016年3月5日」を「H28-03-05」と表示する

gee-mm-dd

「g」は元号を英字1文字で表したもので、「M」(明治)、「T」(大正)、「S」(昭和)、「H」(平成)に置き換えられます。「ee」は和暦の年に置き換えられますが、「e」が2文字のときは年は必ず2けたになります。「mm」と「dd」はそれぞれ月と日に置き換えられます。「mm」と「dd」も必ず2けたになります。

● 「2016年3月5日」を「平成28年3月5日」と表示する

ggge年m月d日

「ggg」は元号を漢字で表したもので、「平成」などに置き換えられます。「e」は和暦の年に置き換えられますが、10以下のときは先頭に0を伴わずに1けたになります。「m」と「d」は月と日に置き換えられ、この場合も10以下のときは、0を伴わずに必ず1けたになります。

3 [登録日] フィールドを表示する

[顧客テーブル] がデータシートビューで表示された

[登録日] フィールドの幅が狭くて収まらないため、日付が[####]と表示されている

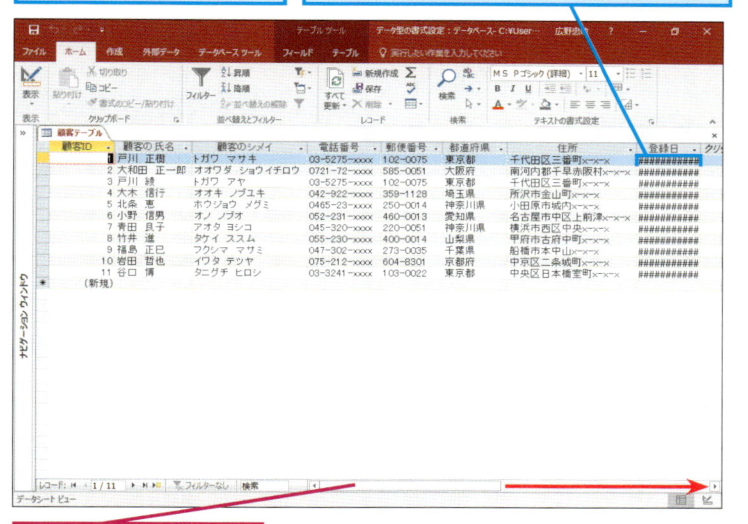

ここを右にドラッグしてスクロール

4 [登録日] フィールドの幅を調整する

[登録日] フィールドの幅を調整する

❶ここにマウスポインターを合わせる

顧客のシメイ	電話番号	郵便番号	都道府県	住所	登録日	クリックして追加
トガワ マサキ	03-5275-xxxx	102-0075	東京都	千代田区三番町x-x-x	###########	
オオワダ ショウイチロウ	0721-72-xxxx	585-0051	大阪府	南河内郡千早赤阪村x-x-x	###########	
トガワ アヤ	03-5275-xxxx	102-0075	東京都	千代田区三番町x-x-x	###########	
オオキ ノブユキ	042-922-xxxx	359-1128	埼玉県	所沢市金山町x-x-x	###########	
ホウジョウ メグミ	0465-23-xxxx	250-0014	神奈川県	小田原市城内x-x-x	###########	
オノ ノブオ	052-231-xxxx	460-0013	愛知県	名古屋市中区上前津x-x-x	###########	
アオタ ヨシコ	045-320-xxxx	220-0051	神奈川県	横浜市西区中央x-x-x	###########	
タケイ ススム	055-230-xxxx	400-0014	山梨県	甲府市古府中町x-x-x	###########	
フクシマ マサミ	047-302-xxxx	273-0035	千葉県	船橋市本中山x-x-x	###########	
イワタ テツヤ	075-212-xxxx	604-8301	京都府	中京区二条城町x-x-x	###########	
タニグチ ヒロシ	03-3241-xxxx	103-0022	東京都	中央区日本橋室町x-x-x	###########	

マウスポインターの形が変わった

❷そのままダブルクリック

5 入力されたデータが表示された

[登録日]フィールドの幅が変更された

日付が「xxxx年xx月xx日」の形式で表示された

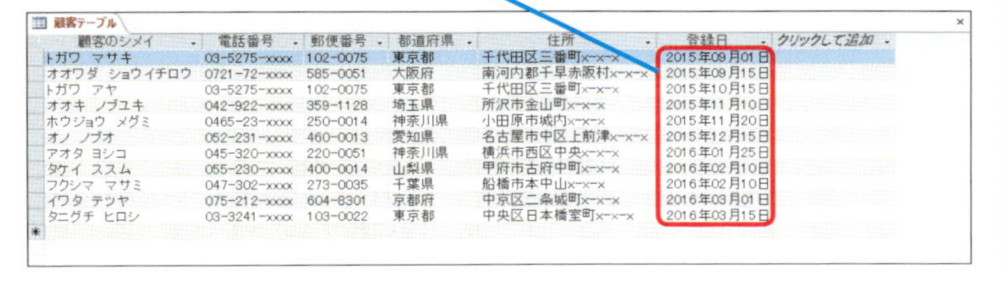

書式を変えても入力方法は変わらない

書式は、あくまでも表示する方法を決めるためのもので、日付データの入力方法は変わりません。このレッスンの書式であれば、「16/03/01」のように西暦で入力したり、「H28/03/01」のように和暦で入力しても、すべて「2016年03月01日」と表示されます。

間違った場合は？

手順1の操作3で[登録日]の書式フィールドプロパティに入力する内容を間違えると、データシートビューに切り替えたときに [登録日] フィールドの内容が正しく表示されません。手順5で日付が正しく表示されないときは、手順1で書式に入力した「y」「m」「d」が全角文字で入力されていることがあります。その場合は、もう一度書式を設定し直しましょう。

Point

書式は入力されたデータの表示形式を変えるもの

書式とは、入力されたデータの内容を変えずに見ためだけを変えるためのものです。このレッスンのように日付の表示形式を統一したり、金額の先頭に「¥」を付けたりするときなどに使うのが一般的です。書式を指定するには「yyyy」「m」「d」などの決められた文字を使います。これらの文字は「書式文字列」と呼ばれ、データの内容は書式文字列によって整形され、表示されます。用途に合った書式を日付に設定してみましょう。

住所を自動的に入力するには

住所入力支援ウィザード

郵便番号から該当する住所を自動的に入力できるようにすると、入力がはかどり便利です。このレッスンでは、住所入力支援機能を追加する方法を説明します。

1 ［住所入力支援ウィザード］を起動する

基本編のレッスン⓭を参考に［顧客テーブル］をデザインビューで表示しておく

基本編のレッスン⓰の手順4を参考に、ナビゲーションウィンドウを閉じておく

❶［郵便番号］をクリック

❷ここを下にドラッグしてスクロール

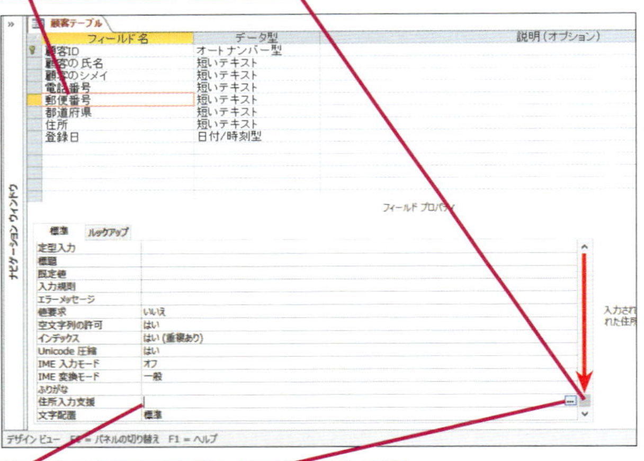

❸［住所入力支援］のここをクリック

❹ここをクリック

2 郵便番号を入力するフィールドを指定する

［住所入力支援ウィザード］が起動した

郵便番号を入力するフィールドを指定する

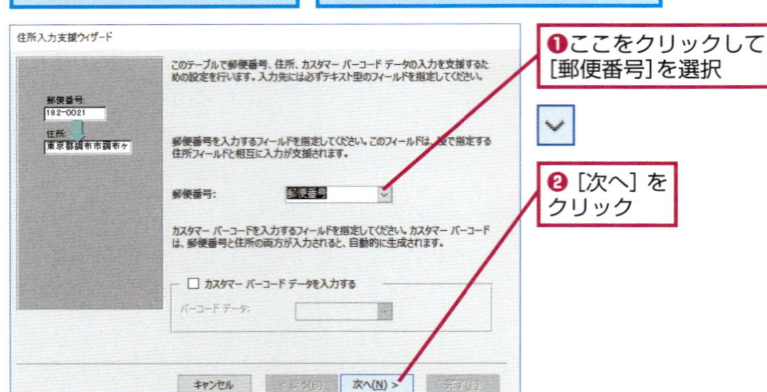

❶ここをクリックして［郵便番号］を選択

❷［次へ］をクリック

▶キーワード

ウィザード	p.418
データシートビュー	p.420
テーブル	p.420
定型入力	p.421
デザインビュー	p.421
フィールド	p.421
レポート	p.422

レッスンで使う練習用ファイル

住所入力支援ウィザード.accdb

ショートカットキー

Ctrl + S ……… 上書き保存

Ctrl + . ……… デザインビューからデータシートビューへの切り替え

HINT! ［住所入力支援ウィザード］って何？

郵便番号を入力したときに自動的に住所が入力されると便利です。逆に郵便番号が分からないときに、入力した住所から該当する郵便番号を入力できれば郵便番号を調べる手間を省けます。このレッスンで紹介する［住所入力支援ウィザード］を利用すれば、郵便番号から住所もしくは、住所から郵便番号をフィールドに自動入力できるようになります。

間違った場合は？

手順2～手順5で［住所入力支援ウィザード］の入力内容や設定を間違えたときは、［戻る］ボタンをクリックしてからもう一度やり直します。

3 住所の入力方法と入力先のフィールドを指定する

郵便番号を入力するフィールドを指定できた

住所の入力方法と住所が自動入力されるフィールドを設定する

❶［都道府県と住所の2分割］をクリック

ここでは、[都道府県]と[住所]フィールドに住所が自動入力されるように設定する

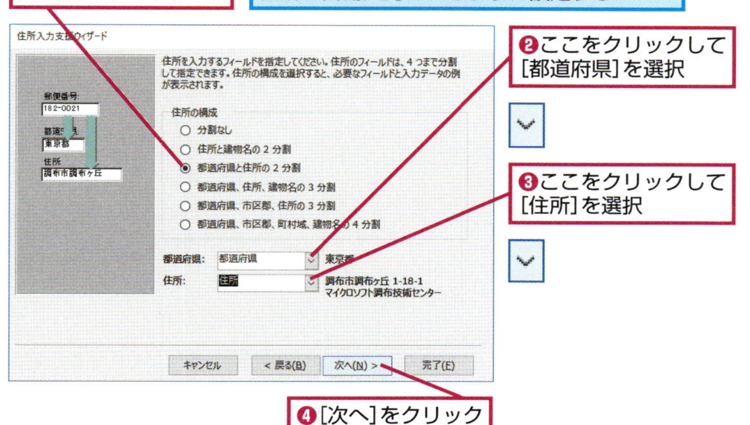

❹[次へ]をクリック

4 入力のテストを行う

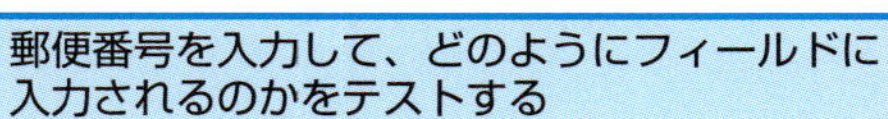

❶「540-0008」と入力

住所入力支援ウィザード

これで、このテーブルへの住所入力支援機能の設定は完了しました。

以下のテキスト ボックスで入力動作の確認ができます。郵便番号や住所のテキスト ボックスに入力すると、対応するデータが自動入力されます。

郵便番号 540-0008

都道府県 大阪府

住所 大阪市中央区大手前

キャンセル　< 戻る(B)　次へ(N) >　完了(E)

[都道府県]に[大阪府]と表示された

[住所]に[大阪市中央区大手前]と表示された

❷［完了］をクリック

HINT! フィールドに応じて住所の分割方法を選べる

手順3の［住所の構成］では、「郵便番号に対応した住所をどのように分割して、どのフィールドに入力するか」を指定できます。このレッスンでは、都道府県とそれ以外の部分を2つのフィールドに入力するように設定していますが、ほかにもさまざまな分割方法を選べます。例えば、［分割なし］を選ぶと住所を1つのフィールドに入力できます。また、[都道府県、市区郡、住所の3分割］を選ぶと、都道府県、市町村とそれ以外の部分で3つのフィールドに住所を分割して入力できます。フィールドに合わせて目的の分割方法を選びましょう。

● ［分割なし］の設定例

都道府県と住所が1つのフィールドに入力される

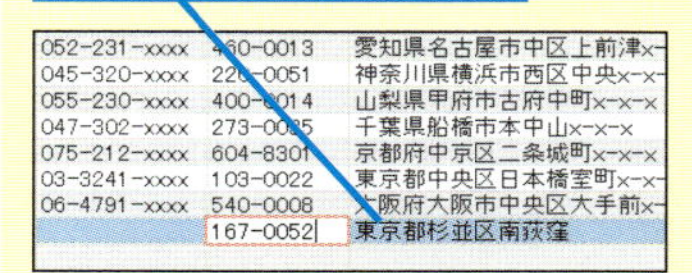

052-231-xxxx	460-0013	愛知県名古屋市中区上前津x-
045-320-xxxx	220-0051	神奈川県横浜市西区中央x-x-
055-230-xxxx	400-0014	山梨県甲府市古府中町x-x-x
047-302-xxxx	273-0035	千葉県船橋市本中山x-x-x
075-212-xxxx	604-8301	京都府中京区二条城町x-x-x
03-3241-xxxx	103-0022	東京都中央区日本橋室町x-x-
06-4791-xxxx	540-0008	大阪府大阪市中央区大手前x-
	167-0052	東京都杉並区南荻窪

● ［都道府県、市区郡、住所の3分割］の設定例

3つのフィールドに住所を分割して入力できる

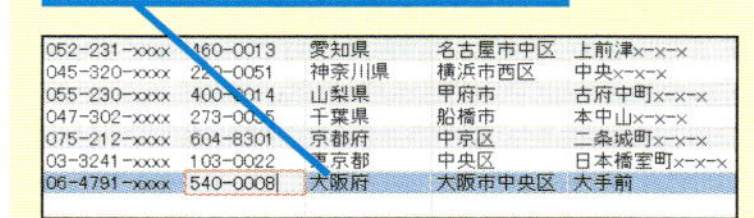

052-231-xxxx	460-0013	愛知県	名古屋市中区	上前津x-x-x
045-320-xxxx	220-0051	神奈川県	横浜市西区	中央x-x-x
055-230-xxxx	400-0014	山梨県	甲府市	古府中町x-x-x
047-302-xxxx	273-0035	千葉県	船橋市	本中山x-x-x
075-212-xxxx	604-8301	京都府	中京区	二条城町x-x-x
03-3241-xxxx	103-0022	東京都	中央区	日本橋室町x-x-x
06-4791-xxxx	540-0008	大阪府	大阪市中央区	大手前

次のページに続く

5 変更を保存する

フィールドに設定した内容を保存するかどうかを確認するメッセージが表示された

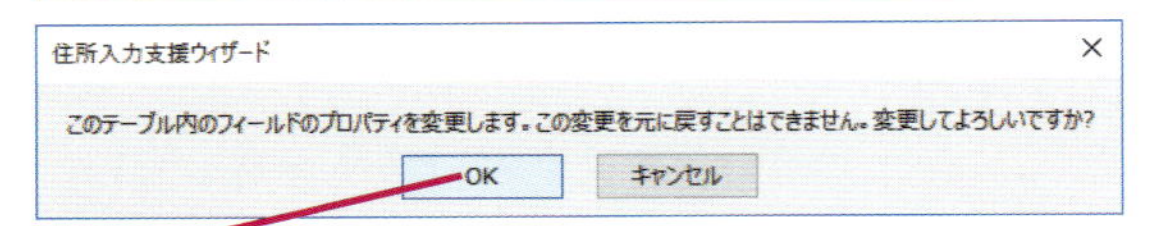

[OK]をクリック

6 [郵便番号] フィールドの設定を変更する

郵便番号を「-」(ハイフン) 付きで登録できるようにする

[郵便番号]をクリック

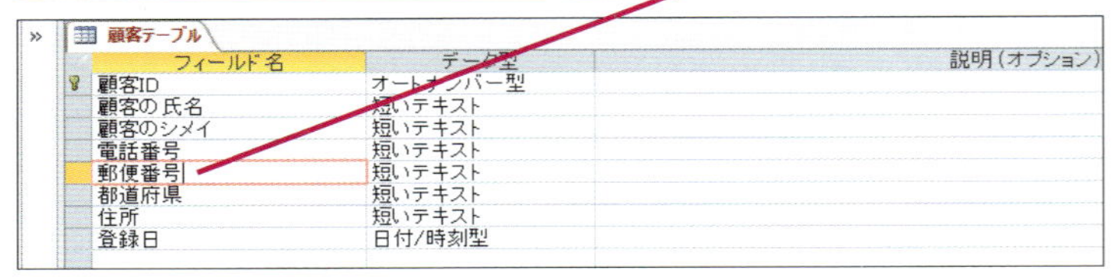

7 [定型入力] の書式を変更する

❶[定型入力]のここをクリック

❷←キーを2回押して「;」と「;」の間にカーソルを移動

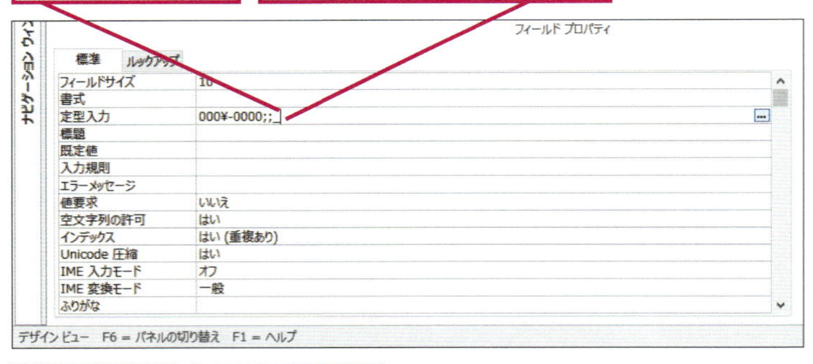

❸半角数字で「0」と入力

必ず半角文字で入力する

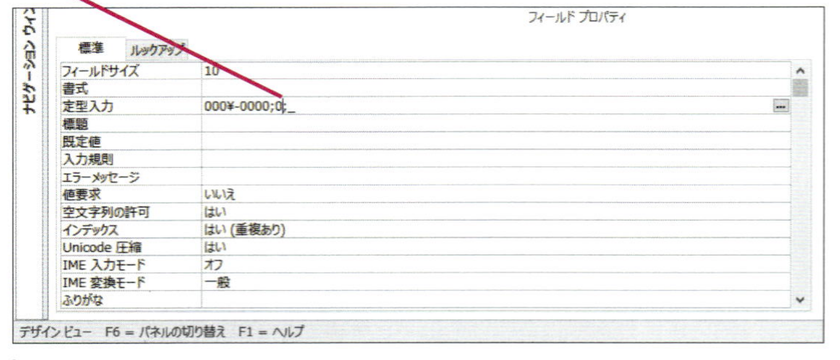

HINT! 「定型入力」とは

「定型入力」とは、あらかじめ設定した規則に従って入力を支援するための機能です。定型入力を設定すると、あらかじめ設定した規則と異なるデータがフィールドに入力できなくなります。このレッスンでは、[住所入力支援ウィザード] によって [郵便番号] フィールドに「000 ¥-0000;;_」という定型入力が設定されます。これは、「『-』(ハイフン) でつながれた3けた+4けたの数字を入力しなければいけない」という規則を表しています。

間違った場合は?

手順7で [定型入力] に入力する内容を間違ってしまったときは、再度 [郵便番号] をクリックして [定型入力] への入力をやり直します。

HINT! なぜ、[郵便番号] フィールドの定型入力を変更するの?

[住所入力支援ウィザード] で [郵便番号] フィールドに設定された定型入力では、入力したデータが「102-0075」と表示されます。しかし、[郵便番号] フィールドへ実際に入力されるデータは「1020075」という内容の数字になります。そのため、基本編のレッスン㊾で作成するあて名ラベルのレポートを表示するときに、郵便番号が「1020075」となってしまいます。手順6では、フィールドに格納されるデータと定型入力で表示される内容が同じになるように、定型入力の書式を設定し直します。

8 ［都道府県］フィールドの設定を変更する

［郵便番号］フィールドの［定型入力］の設定を変更できた

［都道府県］をクリック

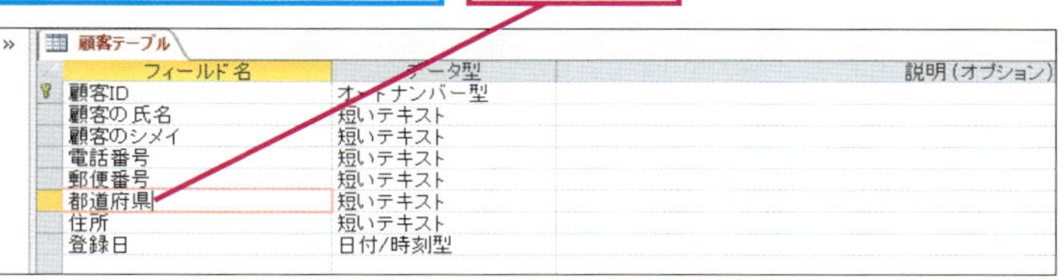

9 ［住所入力支援］の設定を変更する

ここでは、［都道府県］フィールドで住所から郵便番号が入力されないように設定する

❶ここを下にドラッグしてスクロール

❷［住所入力支援］のここをクリック

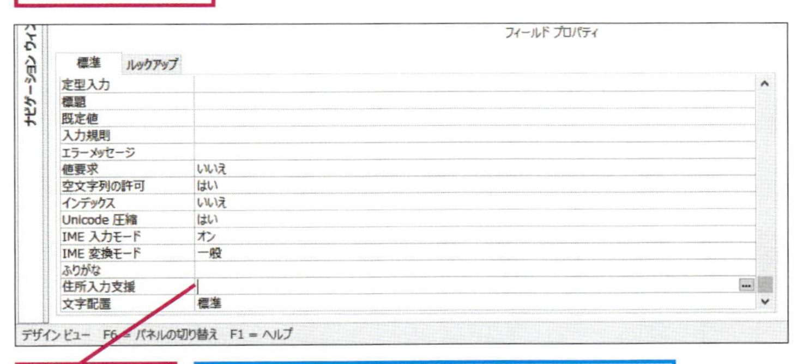

❸ Back space キーを押して削除

住所から郵便番号が自動で入力されるようにするときは、削除しないでおく

郵便番号の定型入力の意味

定型入力には「;」（セミコロン）で区切った3つのセクションを指定します。最初のセクションには「どういった入力規則を設定するのか」、2番目のセクションには「フィールドへどのような値が保存されるのか」、3番目のセクションには「入力中の空白の表示方法」をそれぞれ指定します。

このレッスンの郵便番号の場合は、最初のセクションには「000￥-0000」を指定していますが、それぞれ「0」は数字1けたを表す書式文字列、「￥-」は「-」（ハイフン）そのものを示すものなので、3けたと4けたの数字が「-」でつながれた文字列であることを意味します。2番目のセクションに何も指定しないと、定型文字列中の文字を含めずにデータをフィールドに保存します。例えば、「120-7773」と入力すると、実際には「1207773」がフィールドに入力されます。「0」を指定すると、「120-7773」などとハイフンを含む形で、定型入力中の文字を含めてフィールドに保存されます。3番目のセクションには入力中の空白文字をどの文字で代替するのかを指定します。一般に、文字を入力する必要のあるフィールドが空白になっていると、そこに文字を入力しなければならないのかが分からないため、空白以外の文字列を指定します。

●データシートビューでの表示

1番目のセクションの設定により、3けたと4けたの数字をハイフンでつないで入力できる

3番目のセクションの設定により、空白個所に「_」（アンダーバー）が表示される

2番目のセクションの設定により、表示された内容がそのままフィールドに格納される

次のページに続く

10 [住所] フィールドの[住所入力支援] の設定を変更する

[都道府県] フィールドの [住所入力支援] の設定を変更できた

ここでは、[住所] フィールドで住所から郵便番号が入力されないように設定する

❶ [住所] をクリック

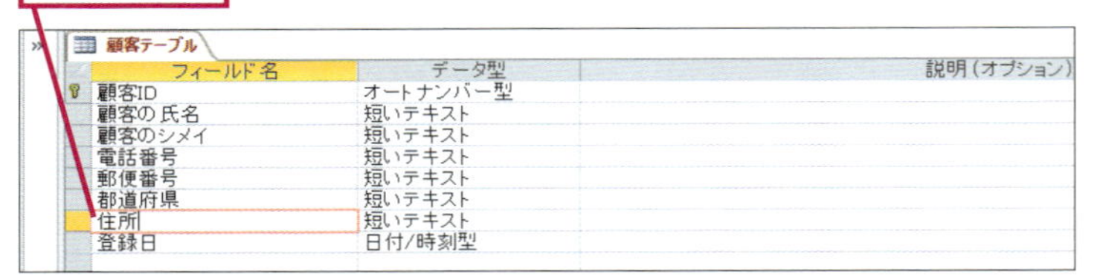

❷ここを下にドラッグしてスクロール

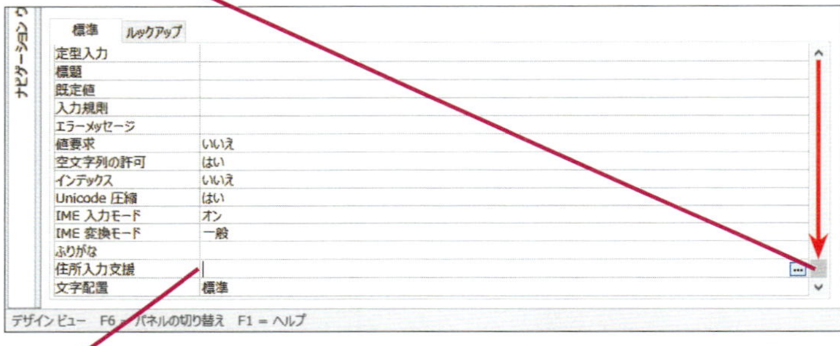

❸ [住所入力支援] の内容を削除

[顧客テーブル] を上書き保存する

❹ [上書き保存] をクリック

11 データシートビューを表示する

[住所入力支援] の設定を変更できた

住所が自動的に入力されることを確認するため、データシートビューを表示する

❶ [表示] をクリック

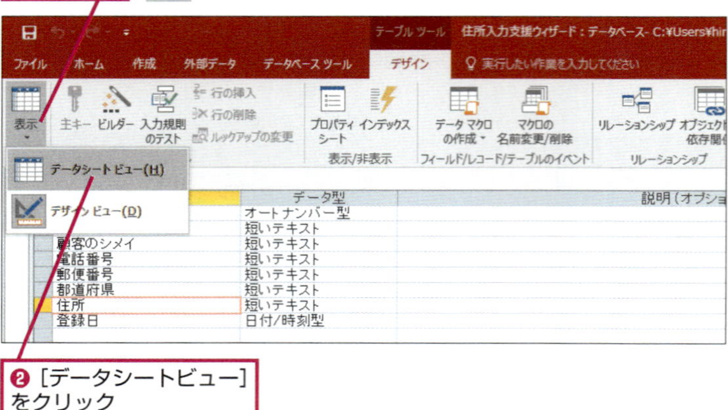

❷ [データシートビュー] をクリック

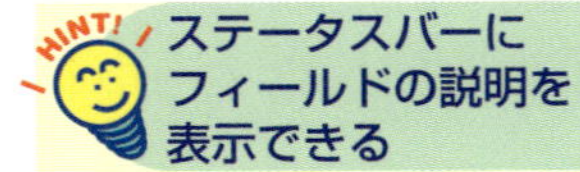

HINT! ステータスバーにフィールドの説明を表示できる

デザインビューで各フィールドの [説明 (オプション)] に文字列を入力しておくと、データシートビューでそのフィールドに値を入力しようとするときに、ステータスバーにその内容が表示されます。例えば、フィールド名が分かりにくいときに、[説明 (オプション)] に詳しい説明を入力しておけば、データを入力する人への手助けとなります。

❶ [顧客テーブル] のデザインビューを表示

❷ [住所] フィールドの [説明(オプション)] に入力

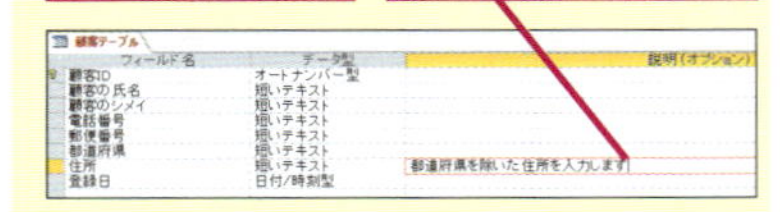

❸データシートビューを表示

❹ [住所] フィールドにカーソルを移動

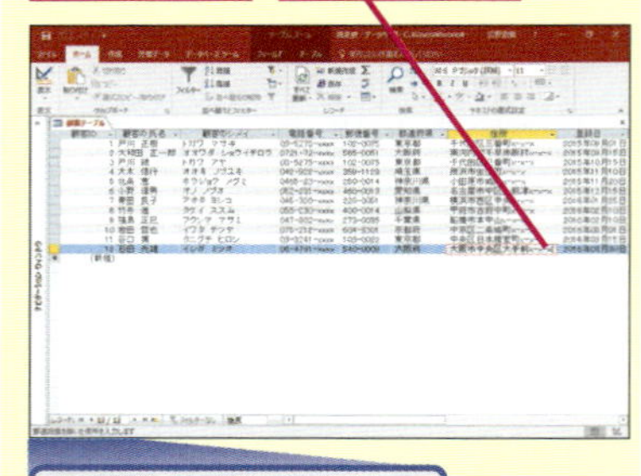

都道府県を除いた住所を入力します

フィールドの [説明] に入力した文字列が表示された

12 データを入力する

[顧客テーブル] がデータシートビューで表示された

正しく設定されたことを確認するために以下のデータを入力する

顧客ID	12	顧客の氏名	石田　光雄	顧客のシメイ	イシダ　ミツオ
		電話番号	06-4791-xxxx	郵便番号	540-0008
		住所	大阪市中央区大手前x-x-x	登録日	2016年03月30日

❶[顧客の氏名] と [顧客のシメイ] [電話番号]を入力

❷ Tab キーを押す

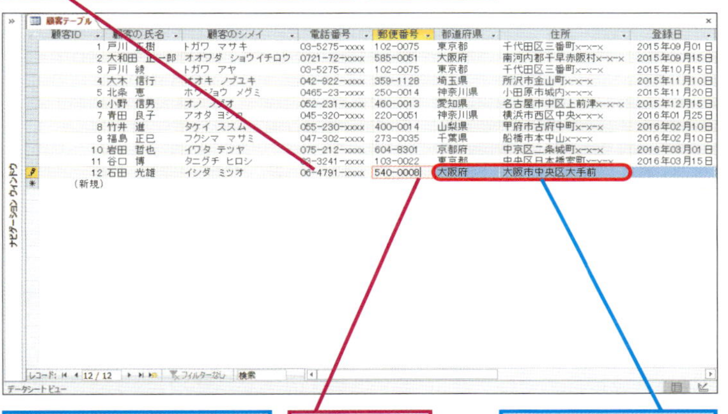

郵便番号を入力して住所が表示されることを確認する

❸[郵便番号]を入力

[都道府県] と [住所] フィールドに自動的に住所が入力された

13 住所の続きを入力する

[住所] フィールドに残りの住所を入力する

❶ Tab キーを2回押す

❷ F2 キーを押して残りの住所を入力

❸ [登録日] のデータを入力

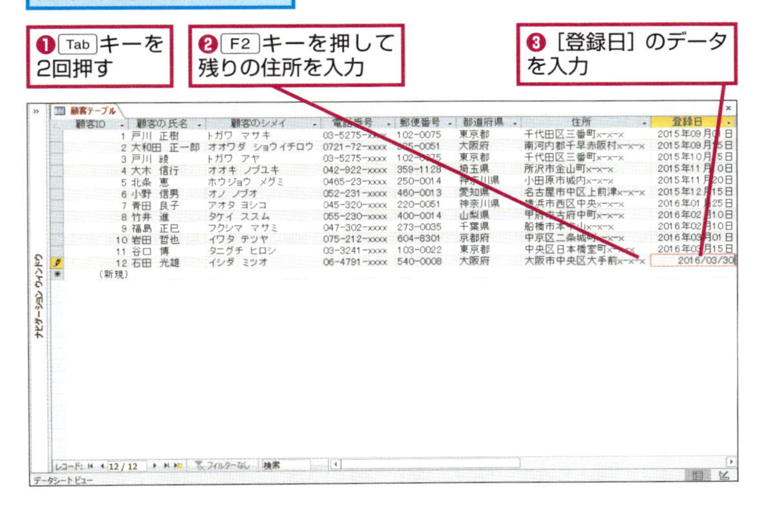

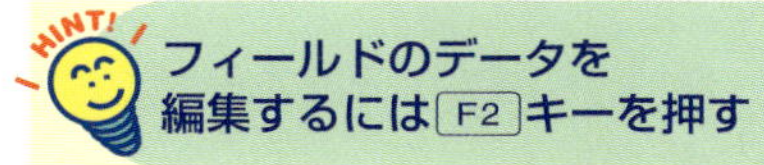

フィールドのデータを編集するには F2 キーを押す

Tab キーを使ってフィールドを移動すると、フィールドの内容が選択された状態になります。この状態のまま文字を入力すると、フィールドに入力されているデータが削除されてしまいます。フィールドのデータを編集するときは、F2 キーを押してフィールド内でカーソルが点滅している状態にしてから文字を入力しましょう。

間違った場合は?

手順12で郵便番号を入力しても、都道府県と住所が自動で入力されないときは、[住所入力支援ウィザード] の設定が間違っています。手順1から操作をやり直しましょう。

Point

[住所入力支援ウィザード] で住所の入力を楽にしよう

何も設定していないテーブルでは、郵便番号と住所をそれぞれ入力しないといけないので、入力するデータが多ければ多いほど、住所の入力は非常に手間がかかります。ところが、[住所入力支援ウィザード] を使って、郵便番号から住所を自動的に入力する機能をテーブルに追加すると、フィールドに郵便番号を入力するだけで住所が自動的に入力できます。住所を入力するテーブルを作るときは、[住所入力支援ウィザード] を活用しましょう。

基本編 レッスン 19

日付を自動的に入力するには

既定値

フィールドの数が多いテーブルでは、日付などが自動で入力されるようにするとデータ入力の手間を省けます。日付が自動的に入力されるようにしてみましょう。

1 ［登録日］フィールドに［既定値］を設定する

基本編のレッスン⓭を参考に［顧客テーブル］をデザインビューで表示しておく

基本編のレッスン⓰の手順4を参考に、ナビゲーションウィンドウを閉じておく

❶［登録日］をクリック

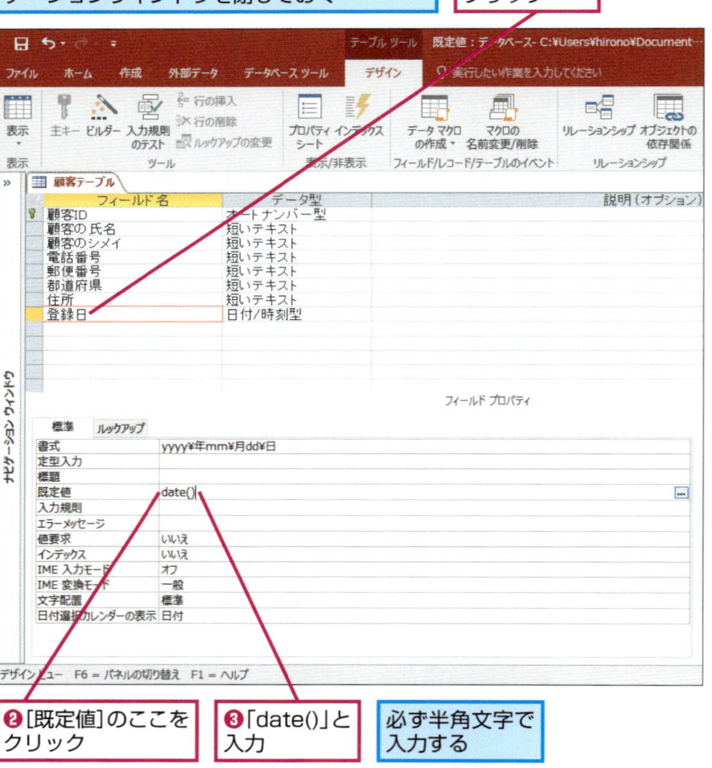

❷［既定値］のここをクリック

❸「date()」と入力

必ず半角文字で入力する

［顧客テーブル］を上書き保存する

❹［上書き保存］をクリック

▶キーワード

関数	p.419
データシートビュー	p.420
デザインビュー	p.421
フィールド	p.421
レコード	p.422

レッスンで使う練習用ファイル
既定値.accdb

ショートカットキー

Ctrl + S ……… 上書き保存
Ctrl + . ……… デザインビューからデータシートビューへの切り替え

HINT! 「date()」って何？

手順1の操作3で入力する「date()」は、「組み込み関数」または「関数」と呼ばれるものです。「関数」は状況によって違う値を求めるときや、さまざまな計算をするときに使います。Date関数を使えば、現在の日付を表示できます。関数といっても数学のように難しく考える必要はありません。ここでは、「date()」と記述すると現在の日付がフィールドに表示されるということを覚えておいてください。

間違った場合は?

手順1の操作4で［上書き保存］ボタンをクリックしてエラーが表示されたときは、［既定値］に入力した内容が間違っています。手順1を参考にして、もう一度既定値の設定をやり直してください。

基本編 第2章 データを入力するテーブルを作成する

2 データシートビューを表示する

[登録日]フィールドに今日の日付が自動的に入力されることを確認するため、データシートビューを表示する

❶[表示]をクリック

❷[データシートビュー]をクリック

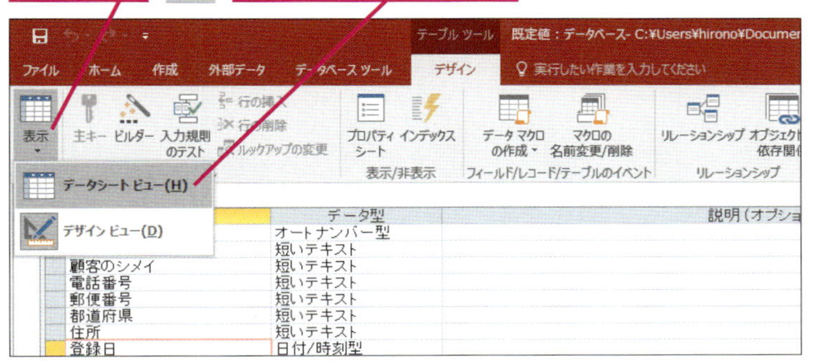

3 日付が入力されることを確認する

[顧客テーブル]がデータシートビューで表示された

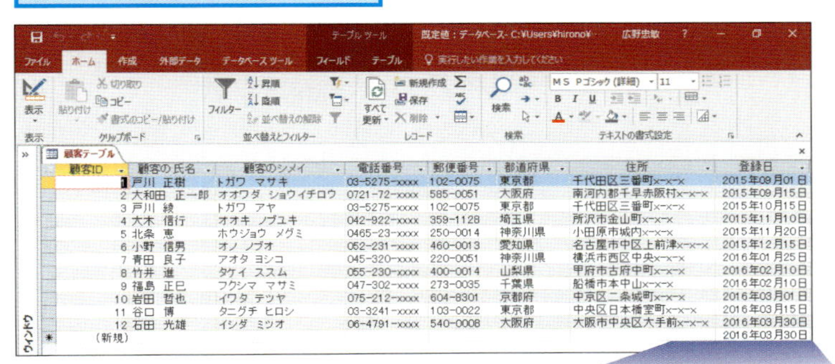

❶[登録日]が自動的に入力されていることを確認

x-x-x 2016年03月30日
2016年03月30日

以下のデータを入力する

顧客ID	13

顧客の氏名	上杉　謙一	顧客のシメイ	ウエスギ　ケンイチ
電話番号	0255-24-xxxx	郵便番号	943-0807
都道府県	新潟県	住所	上越市春日山町x-x-x

❷データを入力

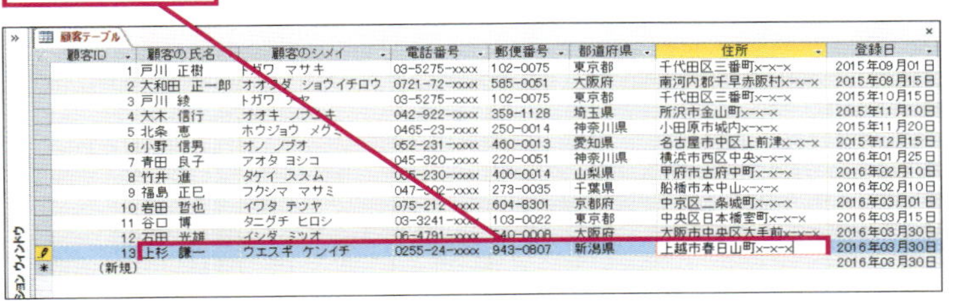

HINT! 自動入力された日付を編集するには

自動入力された日付を変更したいときは、日付の部分をマウスでドラッグして、日付をすべて選択してから、新しい日付を入力します。

❶ここにマウスポインターを合わせる

❷ここまでドラッグ

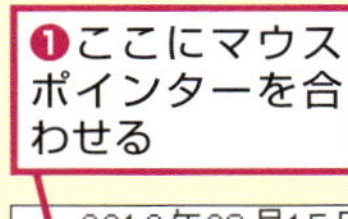

❸新しい日付を入力

2016年03月15日
2016年03月30日
2016/03/01
2016年03月30日

Point 既定値を使えばデータの入力を省力化できる

テーブルのフィールドに既定値を設定しておくと、そのフィールドにデータを入力するときに、設定された既定値の内容が自動的に入力されるようになります。このレッスンではDate関数を使って[登録日]フィールドに現在の日付が自動的に入力されるようにしました。このように既定値は、あらかじめ入力されるデータが想定できるときに使うと便利です。例えば、性別のフィールドがあり、入力しなければいけない大多数のレコードが男性の場合、既定値として「男性」を設定しておけば、データ入力の手間を省けます。

この章のまとめ

●テーブルの使い方をマスターしよう

テーブルはデータベースの最も重要な機能です。データの検索や抽出、印刷といったデータベースの操作は、すべてテーブルに入力されたデータを基に実行されます。テーブルをデザインするときは、テーブルにどのような情報を蓄積すればいいのか、そのためにはどんな名前のフィールドをどのようなデータ型で作ればいいのかを考えましょう。何も考えずにフィールドをどんどん追加していくと、不要な情報がテーブルに含まれてしまうことになります。テーブルを作るときやフィールドを追加するときは、「そのフィールドが本当に必要な情報なのか、それはどういった目的で使うのか」を考えながら作りましょう。なお、テーブルにどういったフィールドを追加するのかを考えることを「テーブルを設計する」といいます。この章で解説しているレッスンやHINT!の内容を参考にして、自分が作りたいデータベースのテーブルを設計してみましょう。

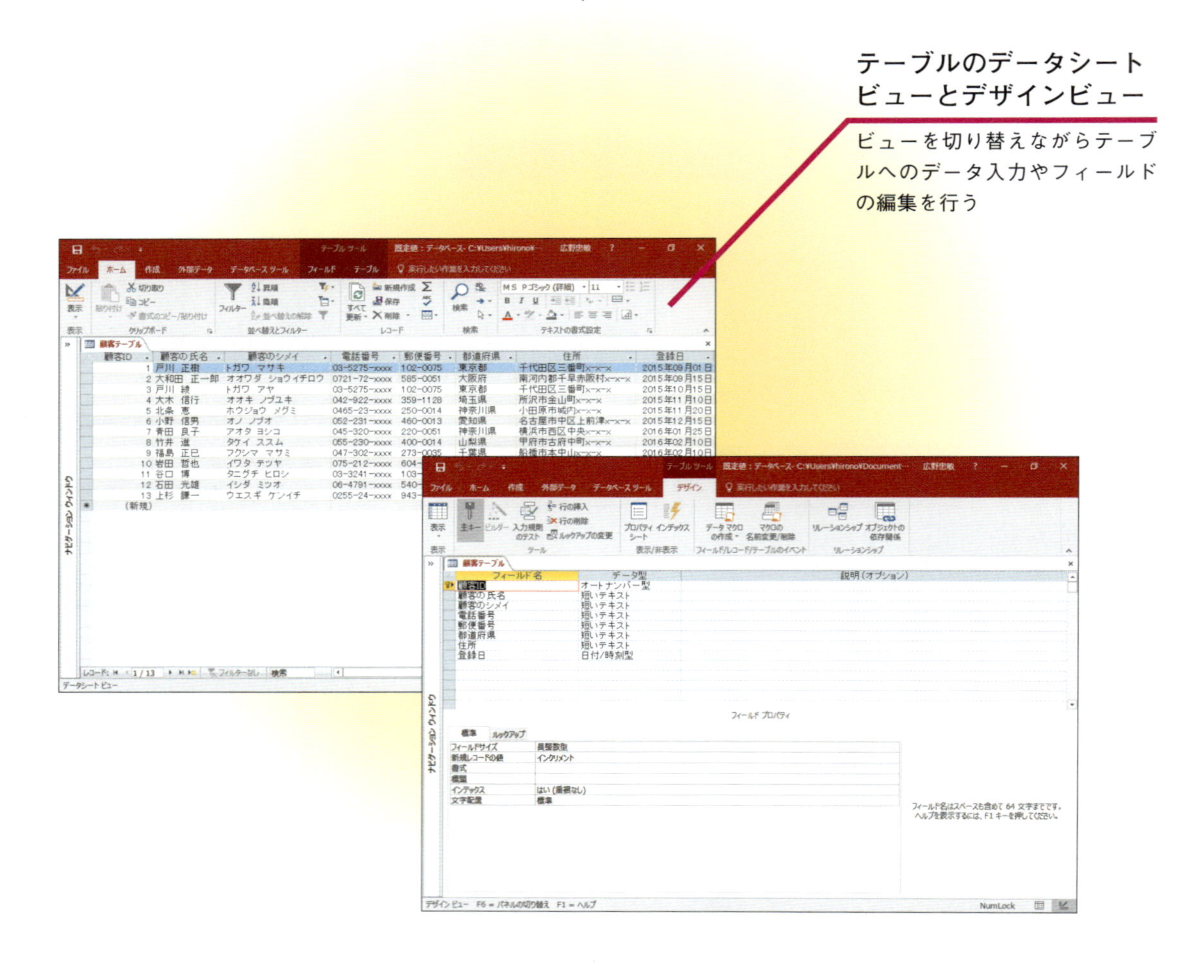

テーブルのデータシートビューとデザインビュー

ビューを切り替えながらテーブルへのデータ入力やフィールドの編集を行う

練習問題

1

練習用ファイルの［練習問題02_基本.accdb］を開いてください。［顧客テーブル］の［登録日］フィールドの右に、備考を入力するためのフィールドを作成してみましょう。

●ヒント　フィールド名は「備考」とし、データ型には［長いテキスト］を設定します。

［顧客テーブル］に［備考］フィールドを追加する

番号	郵便番号	都道府県	住所	登録日	備考
75-xxxx	102-0075	東京都	千代田区三番町x-x-x	2015年09月01日	
72-xxxx	585-0051	大阪府	南河内郡千早赤阪村x-x-x	2015年09月15日	
75-xxxx	102-0075	東京都	千代田区三番町x-x-x	2015年10月15日	
22-xxxx	359-1128	埼玉県	所沢市金山町x-x-x	2015年11月10日	
23-xxxx	250-0014	神奈川県	小田原市城内x-x-x	2015年11月20日	
31-xxxx	460-0013	愛知県	名古屋市中区上前津x-x-x	2015年12月15日	
20-xxxx	220-0051	神奈川県	横浜市西区中央x-x-x	2016年01月25日	
30-xxxx	400-0014	山梨県	甲府市古府中町x-x-x	2016年02月10日	
02-xxxx	273-0035	千葉県	船橋市本中山x-x-x	2016年02月10日	
12-xxxx	604-8301	京都府	中京区二条城町x-x-x	2016年03月01日	
41-xxxx	103-0022	東京都	中央区日本橋室町x-x-x	2016年03月15日	
91-xxxx	540-0008	大阪府	大阪市中央区大手前x-x-x	2016年03月30日	
24-xxxx	943-0807	新潟県	上越市春日山町x-x-x	2016年03月30日	

練習問題1で利用した［顧客テーブル］で［顧客の氏名］フィールドに入力できる文字数を10文字以内に設定して、テーブルを保存しましょう。

●ヒント　テーブルをデザインビューで表示して、［フィールドサイズ］を設定します。

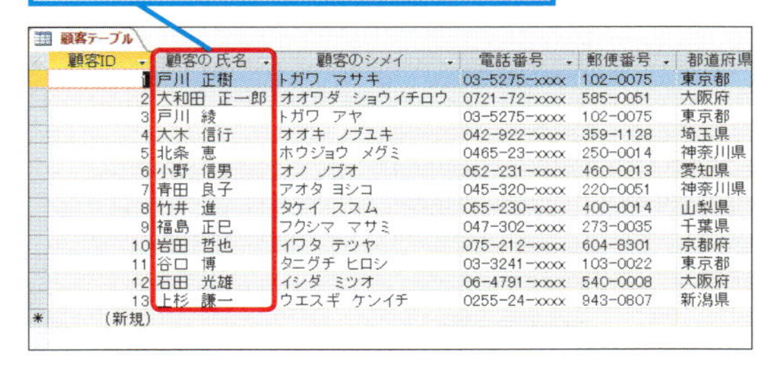

顧客ID	顧客の氏名	顧客のシメイ	電話番号	郵便番号	都道府県
1	戸川　正樹	トガワ　マサキ	03-5275-xxxx	102-0075	東京都
2	大和田　正一郎	オオワダ　ショウイチロウ	0721-72-xxxx	585-0051	大阪府
3	戸川　綾	トガワ　アヤ	03-5275-xxxx	102-0075	東京都
4	大木　信行	オオキ　ノブユキ	042-922-xxxx	359-1128	埼玉県
5	北条　恵	ホウジョウ　メグミ	0465-23-xxxx	250-0014	神奈川県
6	小野　信男	オノ　ノブオ	052-231-xxxx	460-0013	愛知県
7	青田　良子	アオタ　ヨシコ	045-320-xxxx	220-0051	神奈川県
8	竹井　進	タケイ　ススム	055-230-xxxx	400-0014	山梨県
9	福島　正巳	フクシマ　マサミ	047-302-xxxx	273-0035	千葉県
10	岩田　哲也	イワタ　テツヤ	075-212-xxxx	604-8301	京都府
11	谷口　博	タニグチ　ヒロシ	03-3241-xxxx	103-0022	東京都
12	石田　光雄	イシダ　ミツオ	06-4791-xxxx	540-0008	大阪府
13	上杉　謙一	ウエスギ　ケンイチ	0255-24-xxxx	943-0807	新潟県
(新規)					

答えは次のページ

解　答

基本編のレッスン⓭を参考に［顧客テーブル］をデザインビューで表示しておく

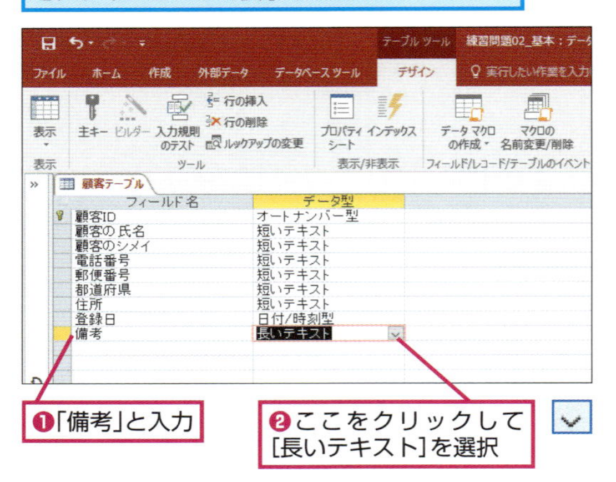

フィールドを作成するには、まず［顧客テーブル］をデザインビューで表示します。［登録日］フィールドの下の［フィールド名］に「備考」と入力し、［データ型］のをクリックして［長いテキスト］を選択します。フィールドの追加が完了したら、［上書き保存］ボタン（）をクリックしてテーブルの変更を保存しておきましょう。

基本編のレッスン⓭を参考に［顧客テーブル］をデザインビューで表示しておく

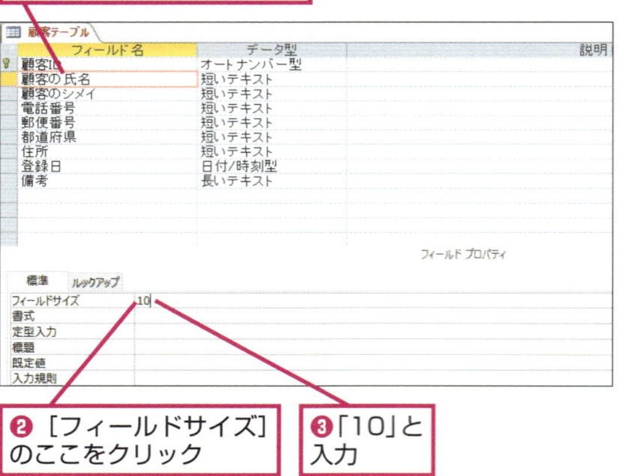

［顧客の氏名］フィールドに［フィールドサイズ］を設定するには、まず［顧客テーブル］をデザインビューで表示します。［顧客の氏名］フィールドをクリックして選択し、［フィールドサイズ］に「10」と入力します。変更し終わったら、［上書き保存］ボタン（）をクリックしてテーブルを保存しておきましょう。

基本編
第3章 クエリで情報を抽出する

テーブルからデータを抽出する操作や命令のことを「クエリ」と呼びます。クエリを使えば、データが蓄積されているテーブルからさまざまな条件のレコードを探し出せます。この章では基本的なクエリの作り方や、より複雑な抽出条件の指定方法、並べ替えの方法、集計方法など、クエリの基本について説明しましょう。

●この章の内容

基本編 レッスン 20

クエリの基本を知ろう

クエリの仕組み

クエリを使うと、さまざまな条件でレコードをテーブルから抽出したり、いろいろな集計を実行したりできます。まずはクエリの仕組みを覚えましょう。

名刺入れを使った名刺の抽出

名刺入れから手作業で目的の名刺を探すのは非常に手間がかかります。通常は、名刺を探しやすくするために仕切りを使ったり、あらかじめ50音順などに並べ替えておいたりするのが一般的です。手間はかかりますが特定の取引先の名刺の枚数を数えたり、抜き出した名刺を並べ替えたりして、名刺から名前などの必要な情報だけをメモに抜き出すこともできます。

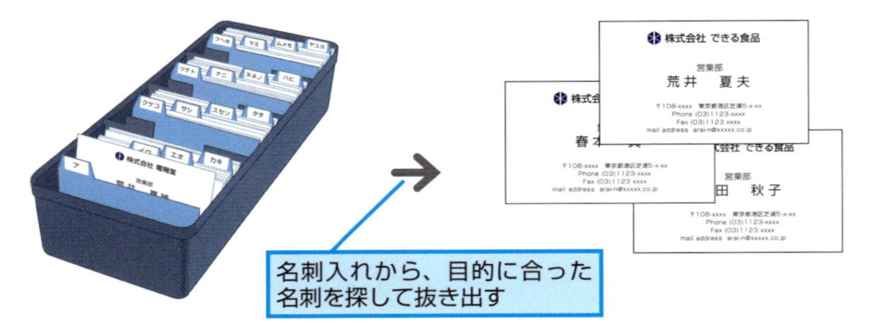

▶キーワード

クエリ	p.419
データベース	p.420
テーブル	p.420
フィールド	p.421
レコード	p.422

HINT! クエリにはさまざまな種類がある

クエリには、この章で紹介する「選択クエリ」以外にも、条件に合ったレコードを修正する「更新クエリ」、レコードを追加する「追加クエリ」、条件に合ったレコードを削除する「削除クエリ」、新しくテーブルを作成する「テーブル作成クエリ」などがあります。基本編では最も基本的なクエリである「選択クエリ」を解説します。

Accessでのデータ抽出

データベースでテーブルからデータを抽出する操作や命令のことを「クエリ」と呼びます。以下の例のようにクエリを作成して実行すると、一瞬でテーブルから目的のレコードだけを抜き出せます。また、特定の条件を指定して集計を実行したり、テーブルから必要なフィールドだけを簡単に取り出したりすることもできます。

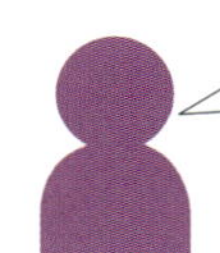

顧客の一覧から「できる食品」という会社と顧客名、メールアドレスを表示したい

顧客テーブル

ID	氏名	会社名	住所	電話	メール
	■■■	■■■	■■■	xx-xxx	xxx@xx
	■■■	■■■	■■■	xx-xxx	xxx@xx
	■■■	■■■	■■■	xx-xxx	xxx@xx
	■■■	■■■	■■■	xx-xxx	xxx@xx

◆テーブル

テーブルから目的に応じた「クエリ」を使ってデータを抽出する

◆クエリ

できる食品クエリ

ID	氏名	会社名	メール
	荒井夏夫	できる食品	xxx@xx
	小山田秋子	できる食品	xxx@xx
	春本真	できる食品	xxx@xx

◆クエリの実行結果

目的に合わせてクエリを作成する

「クエリ」(Query)とは、「質問」や「問い合わせ」という意味を持ち、データベースの中核の機能といっても過言ではありません。クエリを使うと、テーブルから特定条件のレコードを抜き出せるほか、テーブルに変更を加えずにレコードを名前順に並べ替えたり、特定の条件でデータを集計したりすることができます。この章では、これまでのレッスンでテーブルに入力してきたデータを使い、まずはクエリの基本となる「選択クエリ」を作っていきます。

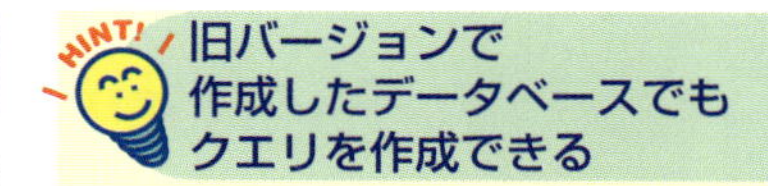

旧バージョンで作成したデータベースでもクエリを作成できる

Access 2003/2002/2000で作成したデータベースファイルでも、この章で説明する操作でクエリを作成できます。旧バージョンのデータベースファイル([Access 2002-2003データベース][Access 2000データベース])を修正するときは、データベースを変換しない限り、旧バージョンのファイル形式で保存されます。なお、Access 2016のファイル形式はAccess 2007以降と同じなので、特にバージョンを意識する必要はありません。

◆テーブル

顧客テーブル

顧客ID	顧客の氏名	顧客のシメイ	電話番号	郵便番号	都道府県	住所	登録日
1	戸川 正樹	トガワ マサキ	03-5275-xxxx	102-0075	東京都	千代田区三番町x-x-x	2015年09月01日
2	大和田 正一郎	オオワダ ショウイチロウ	0721-72-xxxx	585-0051	大阪府	南河内郡千早赤阪村x-x-x	2015年09月15日
3	戸川 綾	トガワ アヤ	03-5275-xxxx	102-0075	東京都	千代田区三番町x-x-x	2015年10月15日
4	大木 信行	オオキ ノブユキ	042-922-xxxx	359-1128	埼玉県	所沢市金山町x-x-x	2015年11月10日
5	北条 恵	ホウジョウ メグミ	0465-23-xxxx	250-0014	神奈川県	小田原市城内x-x-x	2015年11月20日
6	小野 信男	オノ ノブオ	052-231-xxxx	460-0013	愛知県	名古屋市中区上前津x-x-x	2015年12月15日
7	青田 良子	アオタ ヨシコ	045-320-xxxx	220-0051	神奈川県	横浜市西区中央x-x-x	2016年01月25日
8	竹井 進	タケイ ススム	055-230-xxxx	400-0014	山梨県	甲府市古府中町x-x-x	2016年02月10日
9	福島 正巳	フクシマ マサミ	047-302-xxxx	273-0035	千葉県	船橋市本中山x-x-x	2016年02月10日
10	岩田 哲也	イワタ テツヤ	075-212-xxxx	604-8301	京都府	中京区二条城町x-x-x	2016年03月01日
11	谷口 博	タニグチ ヒロシ	03-3241-xxxx	103-0022	東京都	中央区日本橋室町x-x-x	2016年03月15日
12	石田 光雄	イシダ ミツオ	06-4791-xxxx	540-0008	大阪府	大阪市中央区大手前x-x-x	2016年03月30日
13	上杉 謙一	ウエスギ ケンイチ	0255-24-xxxx	943-0807	新潟県	上越市春日山町x-x-x	2016年03月30日
14	三浦 潤	ミウラ ジュン	03-3433-xxxx	105-0011	東京都	港区芝公園x-x-x	2016年03月30日
(新規)							2016年04月01日

●クエリで抽出

フィールド:	顧客の氏名	郵便番号
テーブル:	顧客テーブル	顧客テーブル
並べ替え:		
表示:	☑	☑
抽出条件:		
または:		

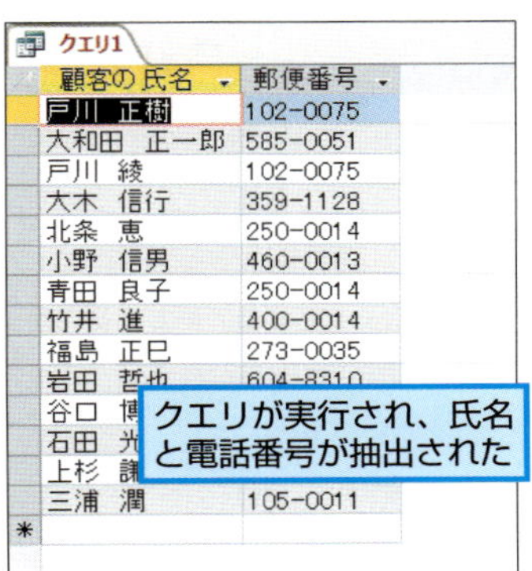

クエリ1

顧客の氏名	郵便番号
戸川 正樹	102-0075
大和田 正一郎	585-0051
戸川 綾	102-0075
大木 信行	359-1128
北条 恵	250-0014
小野 信男	460-0013
青田 良子	250-0014
竹井 進	400-0014
福島 正巳	273-0035
岩田 哲也	604-8310
谷口 博	
石田 光	
上杉 謙	
三浦 潤	105-0011

●クエリで抽出/並べ替え

フィールド:	住所	登録日	顧客のシメイ
テーブル:	顧客テーブル	顧客テーブル	顧客テーブル
並べ替え:			昇順
表示:	☑	☑	☐
抽出条件:			
または:			

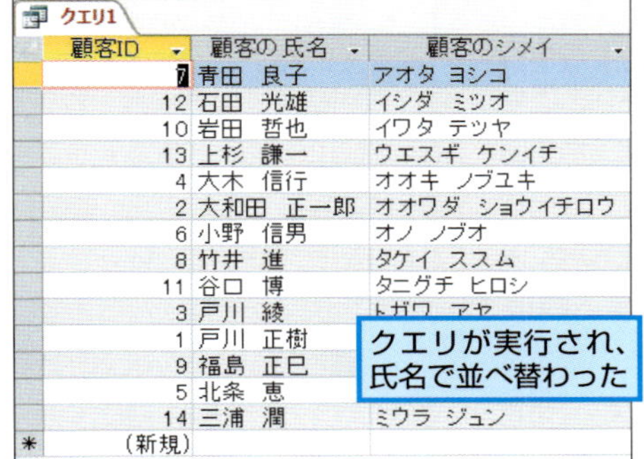

クエリ1

顧客ID	顧客の氏名	顧客のシメイ
7	青田 良子	アオタ ヨシコ
12	石田 光雄	イシダ ミツオ
10	岩田 哲也	イワタ テツヤ
13	上杉 謙一	ウエスギ ケンイチ
4	大木 信行	オオキ ノブユキ
2	大和田 正一郎	オオワダ ショウイチロウ
6	小野 信男	オノ ノブオ
8	竹井 進	タケイ ススム
11	谷口 博	タニグチ ヒロシ
3	戸川 綾	トガワ アヤ
1	戸川 正樹	
9	福島 正巳	
5	北条 恵	
14	三浦 潤	ミウラ ジュン
(新規)		

●クエリで抽出/集計

フィールド:	都道府県	都道府県
テーブル:	顧客テーブル	顧客テーブル
集計:	グループ化	カウント
並べ替え:		
表示:	☑	☑
抽出条件:		
または:		

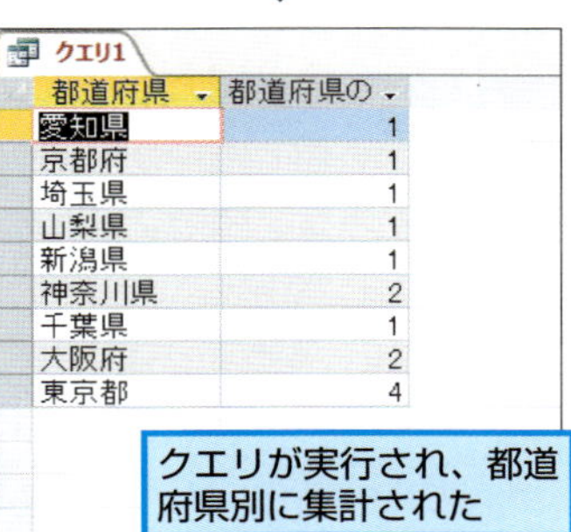

クエリ1

都道府県	都道府県の
愛知県	1
京都府	1
埼玉県	1
山梨県	1
新潟県	1
神奈川県	2
千葉県	1
大阪府	2
東京都	4

テーブルから特定のフィールドを選択するには

クエリの作成と実行

クエリを使えば、テーブルから特定のフィールドを抽出できます。このレッスンで解説する、見たいフィールドだけを抽出するクエリを「選択クエリ」といいます。

このレッスンは動画で見られます　操作を動画でチェック!▸▸
※詳しくは2ページへ

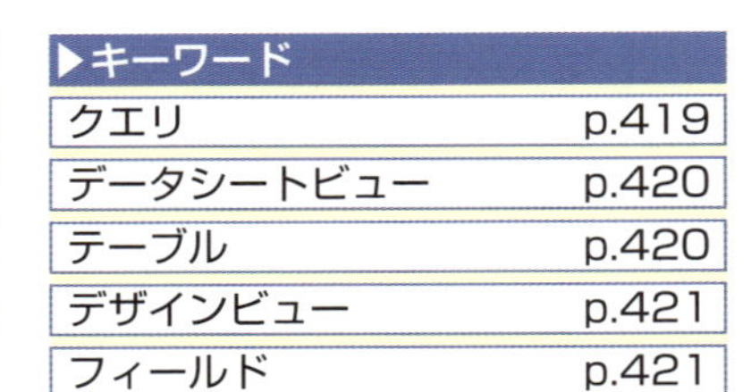
▶キーワード

新しいクエリを作成する

基本編のレッスン❽を参考に［クエリの作成と実行.accdb］を開いておく

ここでは、［顧客テーブル］から右のフィールドを抽出する選択クエリを作成する

顧客ID	都道府県
顧客の氏名	住所
郵便番号	

❶［作成］タブをクリック

❷［クエリデザイン］をクリック

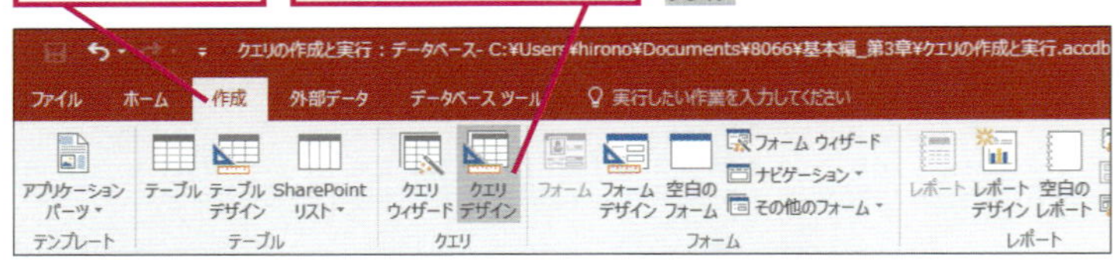

新しいクエリが作成され、デザインビューで表示された

◆クエリのデザインビュー

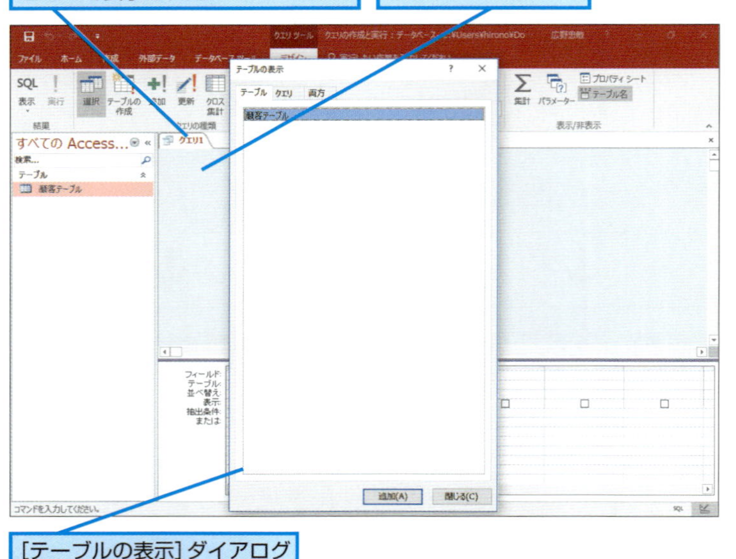

［テーブルの表示］ダイアログボックスが表示された

レッスンで使う練習用ファイル

クエリの作成と実行.accdb

選択クエリを作成するメリットとは

本書の基本編では、たくさんのフィールドを持つテーブルは作りません。しかし、実際のデータベースでは1つのテーブルに数百個のフィールドが存在することがあります。たくさんのフィールドを持つテーブルでデータシートビューを使うのはあまり現実的ではありません。たくさんのフィールドがあるテーブルの場合は、目的のフィールドだけを選択するクエリを作れば、必要なデータの内容を効率よく確認できるのです。

間違った場合は?

手順3でクエリのデザインビューに［顧客テーブル］が追加されないときは、次ページ右上のHINT!を参考に［テーブルの表示］ダイアログボックスを表示して、もう一度手順2から操作をやり直します。

2 フィールドがあるテーブルを追加する

[テーブルの表示] ダイアログボックスからフィールドを追加するテーブルを選択する

❶[テーブル]タブをクリック

❷[顧客テーブル]をクリック

❸[追加] をクリック

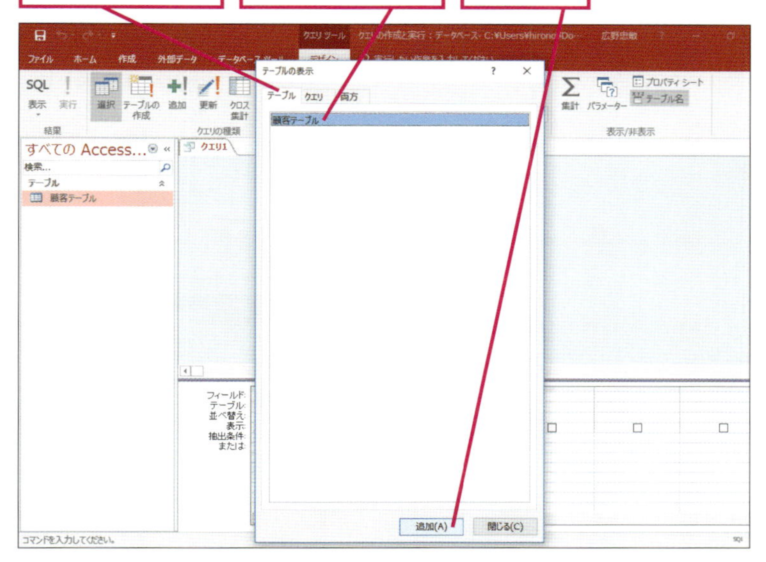

3 [テーブルの表示] ダイアログボックスを閉じる

[顧客テーブル]が追加された

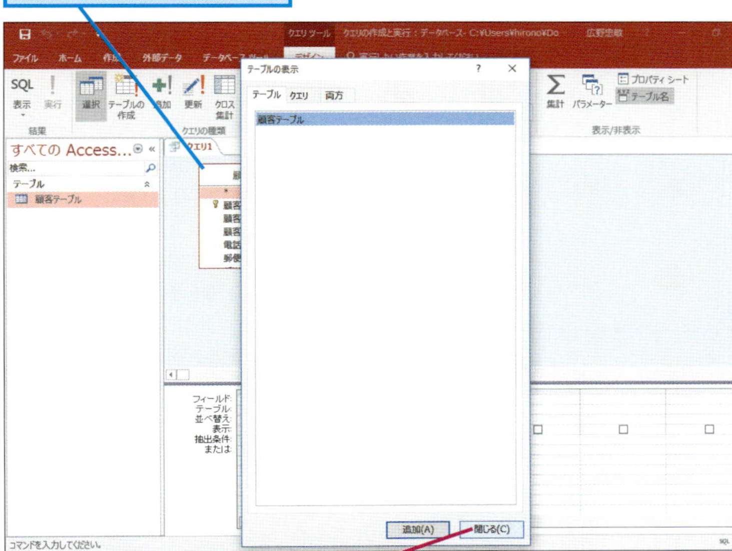

[テーブルの表示] ダイアログボックスを閉じる

[閉じる] をクリック

HINT! [テーブルの表示] ダイアログボックスを閉じてしまったときは

クエリのデザインビューで [テーブルの表示] ダイアログボックスを閉じてしまったときは、以下の手順で [テーブルの表示] ダイアログボックスを表示して、クエリにテーブルを追加しましょう。

❶[クエリツール] の [デザイン] タブをクリック

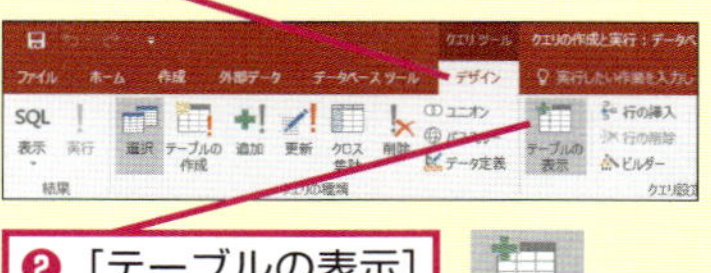

❷ [テーブルの表示] をクリック

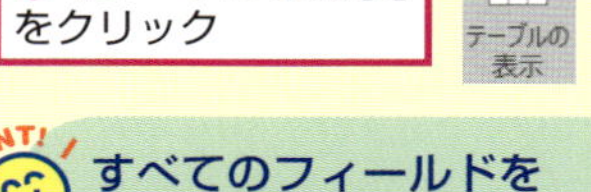

HINT! すべてのフィールドを簡単に追加するには

このレッスンでは、一部のフィールドをクエリに追加しますが、以下の手順ですべてのフィールドを追加できます。

❶ここをダブルクリック

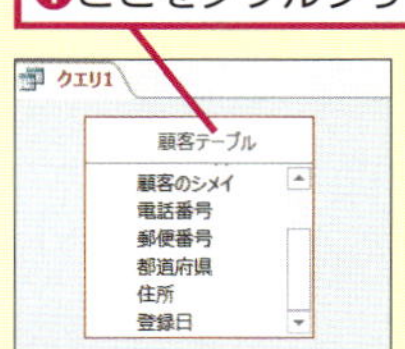

すべてのフィールドが選択された

❷ここにマウスポインターを合わせる

❸ここまでドラッグ

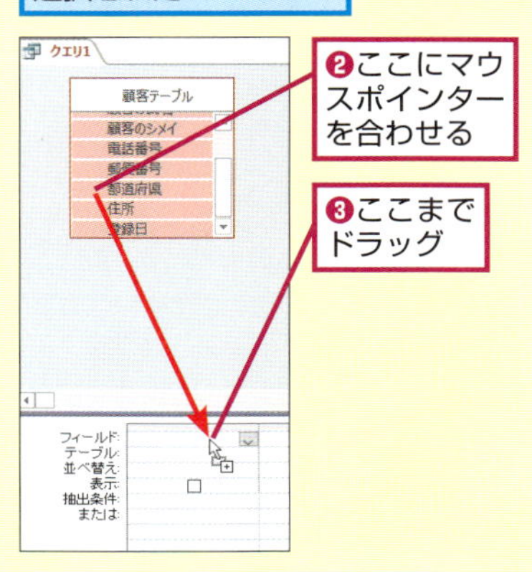

テーブルにあるすべてのフィールドがクエリに追加される

次のページに続く

4 クエリに［顧客ID］フィールドを追加する

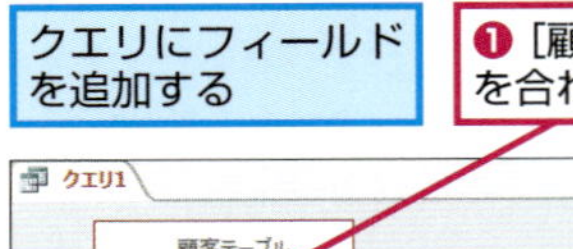

クエリにフィールドを追加する

❶［顧客ID］にマウスポインターを合わせる

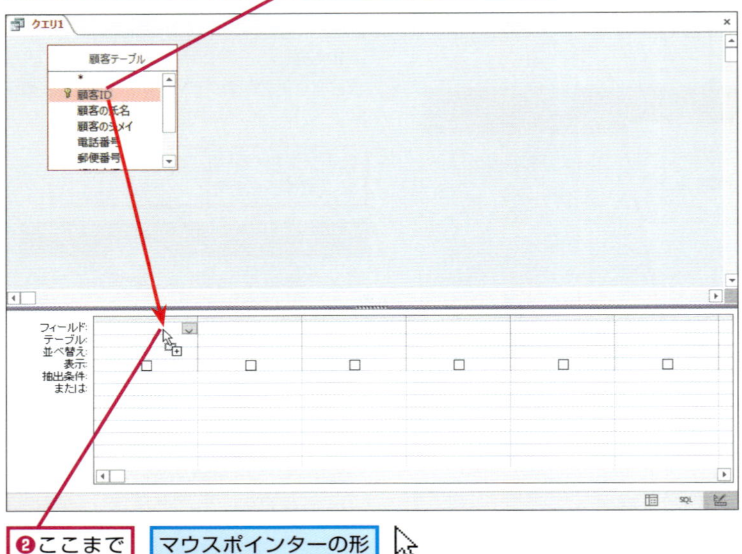

❷ここまでドラッグ

マウスポインターの形が変わった

5 クエリに［顧客の氏名］フィールドを追加する

［顧客ID］フィールドがクエリに追加された

［顧客の氏名］をダブルクリック

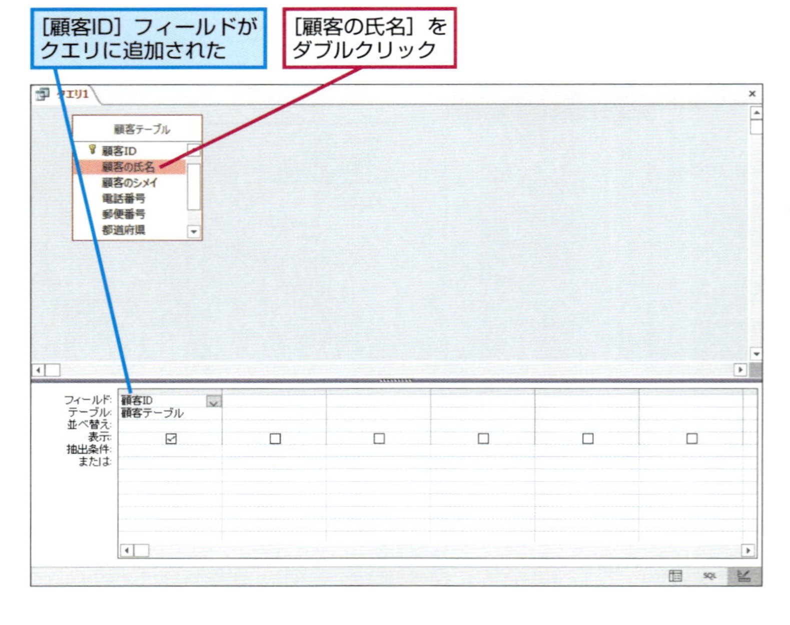

追加したフィールドを削除するには

クエリに追加したフィールドを削除するには、削除したいフィールドをクリックしてから［クエリツール］の［デザイン］タブにある［列の削除］ボタンをクリックしましょう。また、フィールドの上部をクリックして選択してから Delete キーを押してもフィールドを削除できます。

削除するフィールドをクリックしておく

❶［クエリツール］の［デザイン］タブをクリック

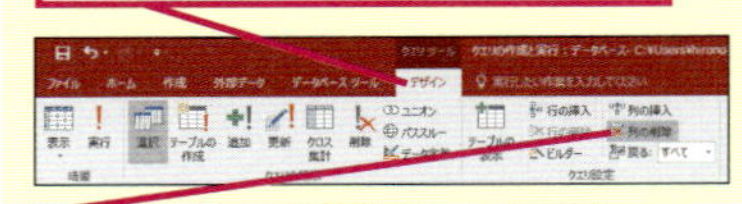

❷［列の削除］をクリック

フィールドが削除される

間違った場合は？

手順6で間違ったフィールドを追加したときは、上のHINT!を参考にフィールドを削除してから、もう一度正しいフィールドを追加し直します。

クエリを修正するには

クエリを修正したいときは、上のHINT!を参考にして修正したいフィールドを削除してから新しいフィールドを追加するのがオススメです。また、クエリのフィールド名やテーブル名は自分で入力や修正もできますが、間違った内容を入力するとクエリの実行結果がおかしくなってしまうのでやめましょう。

6 続けて残りのフィールドを追加する

[顧客の氏名] フィールドがクエリに追加された

同様の手順で[郵便番号][都道府県][住所]フィールドを追加

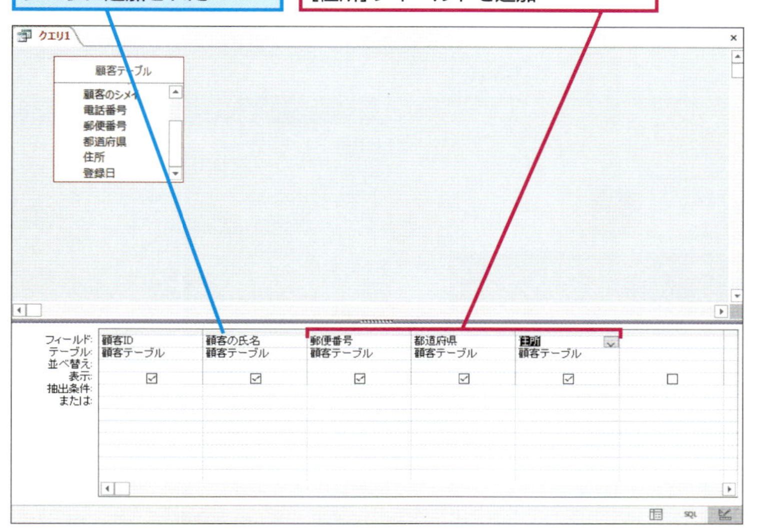

7 クエリを実行する

必要なフィールドがクエリにすべて追加された

追加したフィールドが正しく表示されるかどうかを確認する

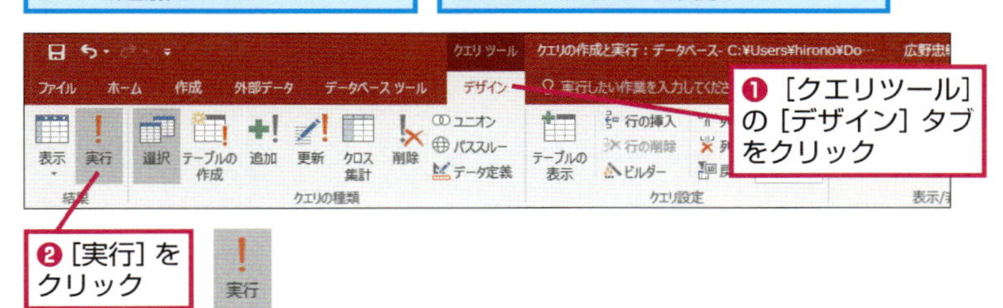

❶［クエリツール］の［デザイン］タブをクリック

❷［実行］をクリック

8 クエリの実行結果が表示された

クエリに追加した順番でフィールドがデータシートビューに表示された

◆クエリのデータシートビュー

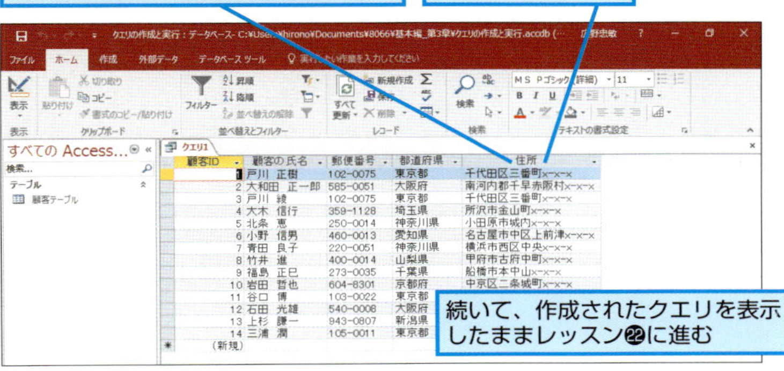

続いて、作成されたクエリを表示したままレッスン㉒に進む

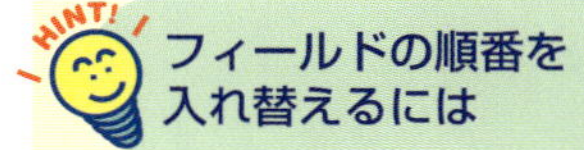

フィールドの順番を入れ替えるには

クエリに追加したフィールドの順番を入れ替えるには、以下の手順で操作します。クエリをデザインビューで表示してからフィールドの上部をクリックしてフィールドを選択し、フィールドを右や左にドラッグしましょう。

❶ここにマウスポインターを合わせる

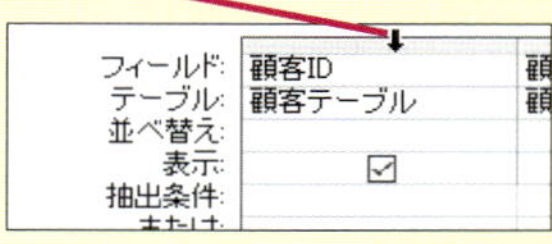

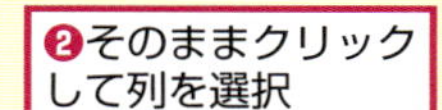

マウスポインターの形が変わった

❷そのままクリックして列を選択

❸ここまでドラッグ

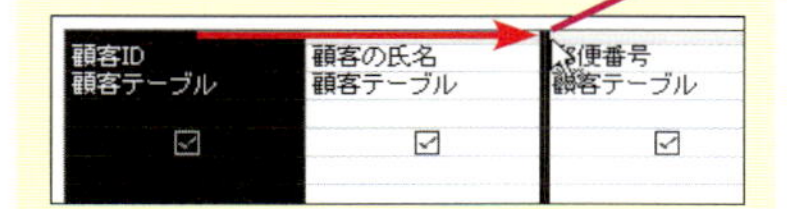

フィールドの順番が入れ替わる

Point

選択クエリはクエリの基本

このレッスンではテーブルの氏名や住所だけを見るため、選択クエリを作りました。選択クエリはクエリの基本ともいえるものです。選択クエリは、文字通り「見たいフィールドだけを選択するためのクエリ」です。テーブルにあるフィールドの順番とは関係なく、特定のフィールドを好きな順番にして選択クエリを作れます。以降のレッスンでもこのレッスンで紹介した方法でクエリを作成します。クエリへのテーブルの追加方法やフィールドの追加方法をしっかり覚えておきましょう。

基本編 レッスン 22

クエリを保存するには

クエリの保存

デザインビューで作ったクエリを保存しておけば、もう一度クエリを作成しなくても、後で何度でもデータを表示できます。[上書き保存] でクエリを保存しましょう。

1 クエリを保存する

基本編のレッスン㉑で作成したクエリを保存する

❶ [上書き保存] をクリック

[名前を付けて保存] ダイアログボックスが表示された

クエリの名前を変更する

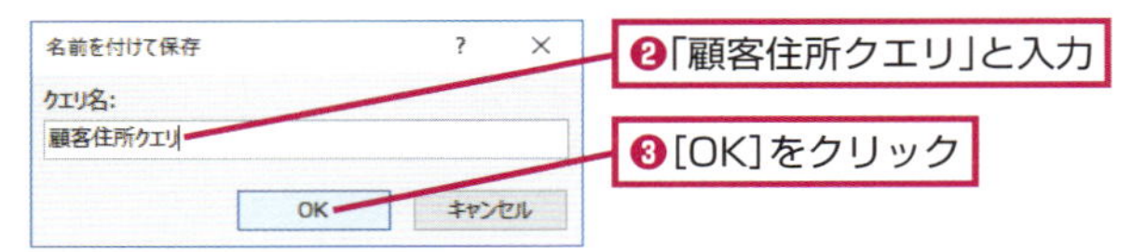

❷「顧客住所クエリ」と入力

❸[OK]をクリック

注意 すでに保存されているクエリを上書き保存するときは、[名前を付けて保存] ダイアログボックスは表示されません

2 [顧客住所クエリ] を閉じる

クエリが保存された

[顧客住所クエリ] と表示された

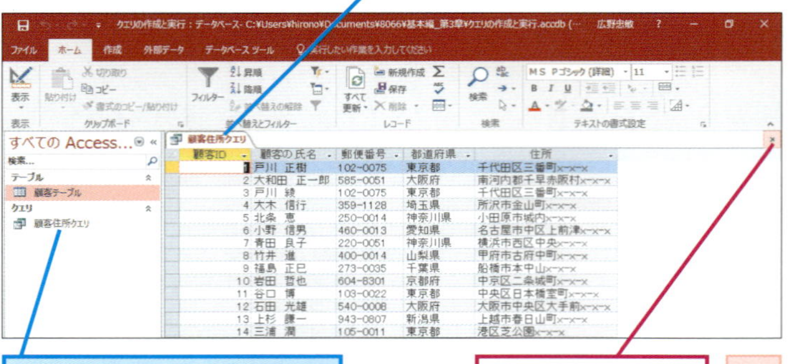

ナビゲーションウィンドウにも保存されたクエリが表示される

['顧客住所クエリ'を閉じる] をクリック

▶キーワード

印刷プレビュー	p.418
クエリ	p.419
テーブル	p.420

ショートカットキー

Ctrl + S .... 上書き保存

HINT! クエリ名の付け方

クエリやテーブルなどに名前を付けるときは、どういう種類で、何に使われるのかを考えて名前を付けます。例えば、顧客の住所を表示するクエリに名前を付けるとき、単に「顧客住所」という名前にしてしまうと、名前からでは、それがクエリなのかテーブルなのかが分かりません。「顧客住所クエリ」や「Q_顧客情報」、「qry_顧客住所」のようにオブジェクトの種類を含む(「qry」はクエリの意) 名前を付けるようにしましょう。

HINT! 後からクエリの名前を変更するには

クエリの名前はナビゲーションウィンドウで変更できます。手順2を参考にクエリを閉じてから、名前を変更したいクエリを右クリックし、表示されたメニューから [名前の変更] をクリックして、新しい名前を入力しましょう。

間違った場合は?

手順1でクエリの名前を付け間違えたときは、上のHINT!を参考に正しい名前を入力し直します。

テクニック クエリの結果を印刷できる

テーブルの内容を確認したいときや、クエリの実行結果をほかの人に見せたいときなど、クエリの実行結果を印刷物として残しておきたいことがあります。クエリの実行結果は以下の手順で印刷できるので覚えておきましょう。

クエリを実行しておく

❶[ファイル]タブをクリック

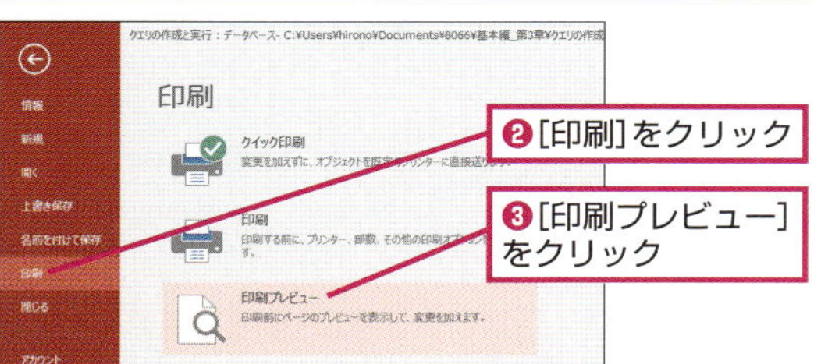

❷[印刷]をクリック

❸[印刷プレビュー]をクリック

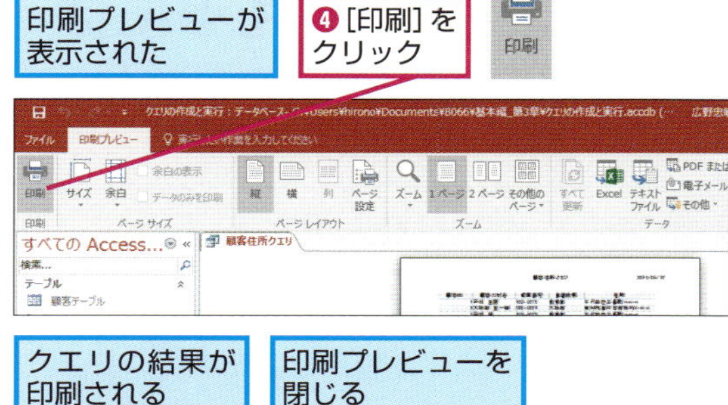

印刷プレビューが表示された

❹[印刷]をクリック

クエリの結果が印刷される

印刷プレビューを閉じる

❺[印刷プレビューを閉じる]をクリック

3 [顧客住所クエリ]を表示する

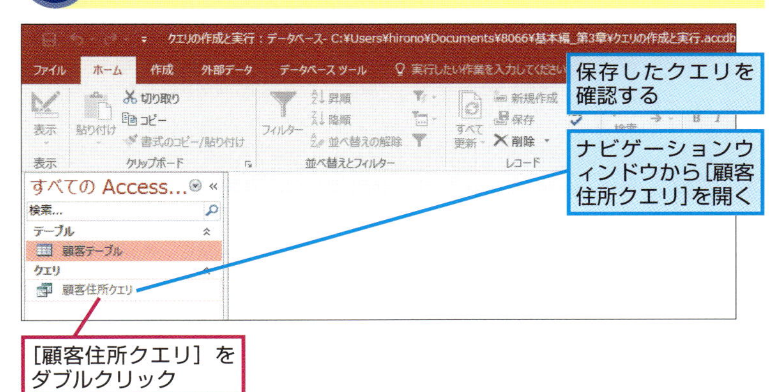

保存したクエリを確認する

ナビゲーションウィンドウから[顧客住所クエリ]を開く

[顧客住所クエリ]をダブルクリック

4 [顧客住所クエリ]が表示された

保存されたクエリがデータシートビューで表示された

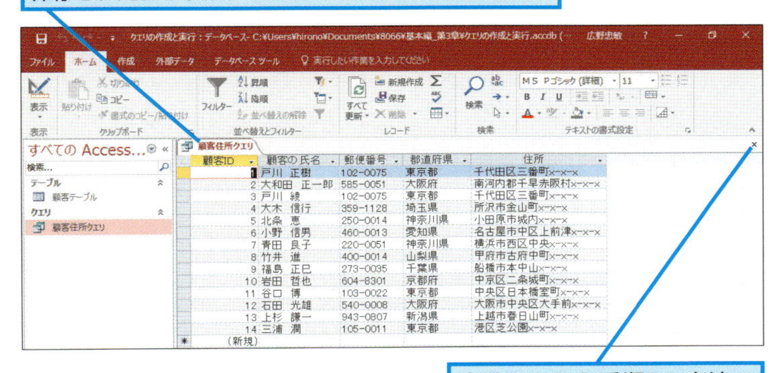

確認できたら手順2の方法でクエリを閉じておく

HINT! 保存しないで閉じるとダイアログボックスが表示される

クエリの編集中に、デザインビューを閉じたり、Accessを終了したりしようとすると「'○○' クエリの変更を保存しますか?」というメッセージがダイアログボックスで表示されます。[はい]ボタンをクリックすれば、編集中のクエリを保存できます。

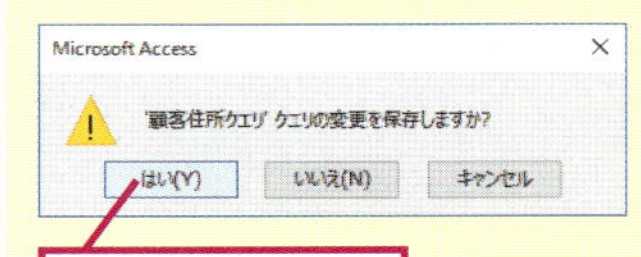

[はい]をクリック

Point 保存したクエリは何回でも使える

作成したクエリは、保存しておくことで何度でも利用できます。保存したクエリを開けば、もう一度クエリを作らなくても、クエリの実行結果をデータシートビューで確認できます。詳しくは、基本編のレッスン㊹で解説しますが、保存したクエリからレポートを作成すれば、特定の条件で抽出したレコードだけを印刷できます。後でクエリを使うときのことを考えて、分かりやすい名前で保存しましょう。

基本編 レッスン 23

データの順番を並べ替えるには

並べ替え

クエリを使うと、特定のフィールドを基準にしてレコードの並べ替えができます。[顧客のシメイ] フィールドを利用して、氏名の五十音順に並べ替えてみましょう。

1 新しいクエリを作成する

ここでは、[顧客のシメイ]フィールドで昇順に並べ替える

❶ [作成] タブをクリック

❷ [クエリデザイン]をクリック

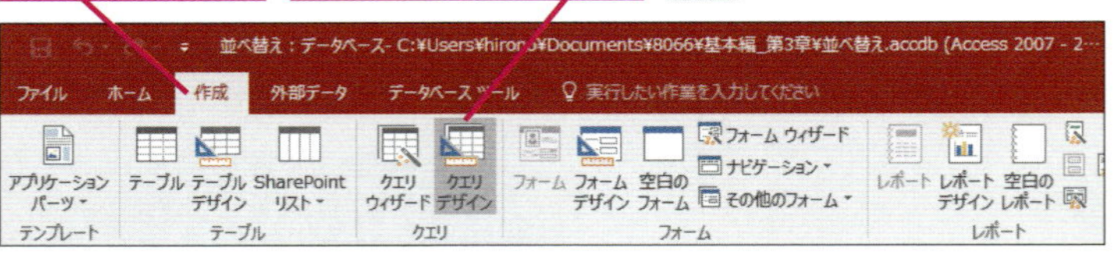

[テーブルの表示] ダイアログボックスが表示された

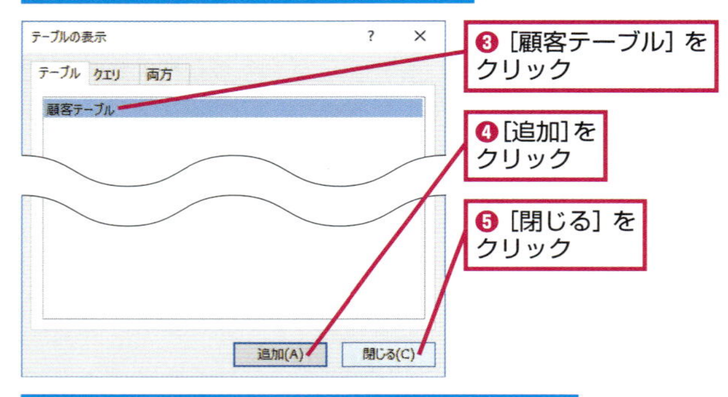

❸ [顧客テーブル] をクリック

❹ [追加] をクリック

❺ [閉じる] をクリック

基本編のレッスン㉑を参考に、[顧客テーブル]にあるすべてのフィールドを追加しておく

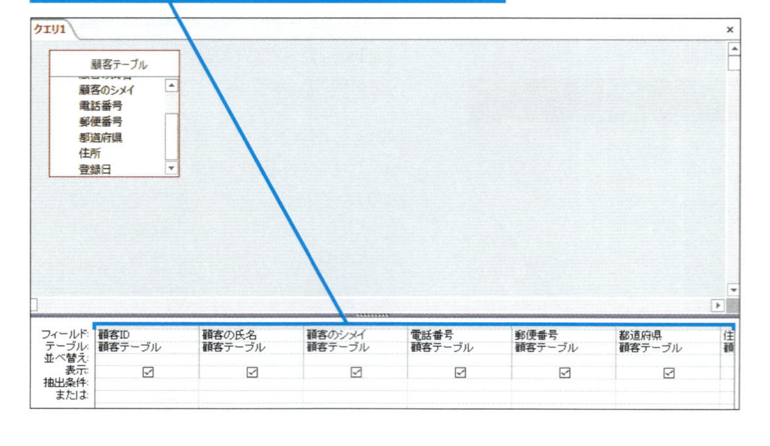

▶キーワード

クエリ	p.419
データシートビュー	p.420
テーブル	p.420
並べ替え	p.421
フィールド	p.421

レッスンで使う練習用ファイル
並べ替え.accdb

フィルターを利用した並べ替えとの違いとは

クエリとフィルターの並べ替えでは機能にそれほど違いはありません。ただし、並べ替えを設定したクエリの同じフィールドに対してフィルターで並べ替えをしてしまうと、クエリの並べ替えではなく、フィルターで設定した並べ替えが有効になってしまいます。そのため、クエリで設定した内容とクエリの実行結果が食い違い、非常に分かりにくくなってしまいます。フィルターの並べ替えは並べ替えを設定していないクエリに対して設定したり、一時的に並べ替えたいときに使ったりするなど、用途に合わせて使い分けましょう。

必要なフィールドだけを表示して並べ替えができる

テーブルのデータシートビューでもレコードの並べ替えができます。ところが、データシートビューではクエリのように必要なフィールドだけを抜き出して並べ替えを実行できません。選択クエリを使うメリットは、必要なフィールドだけを抜き出してからデータの並べ替えができることです。

2 並べ替えのためのフィールドを追加する

レコードを氏名の五十音順に並べ替えるために、もう一度[顧客のシメイ]フィールドをクエリに追加する

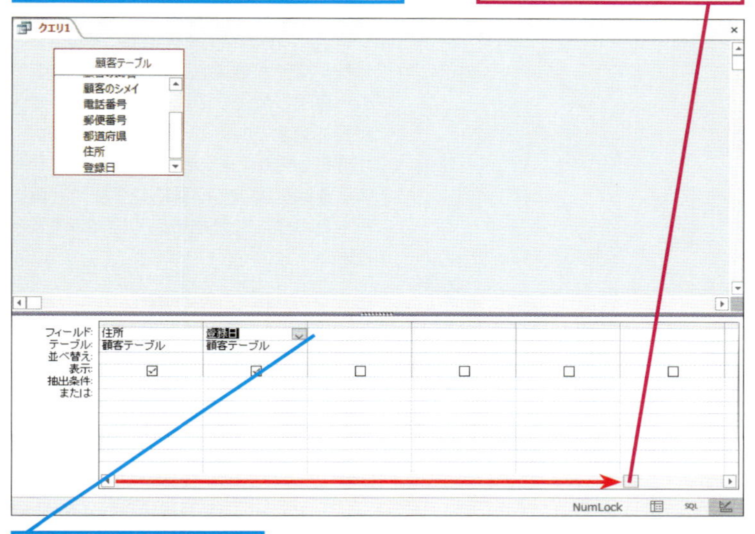

[登録日] の右の列が表示されるまでドラッグする

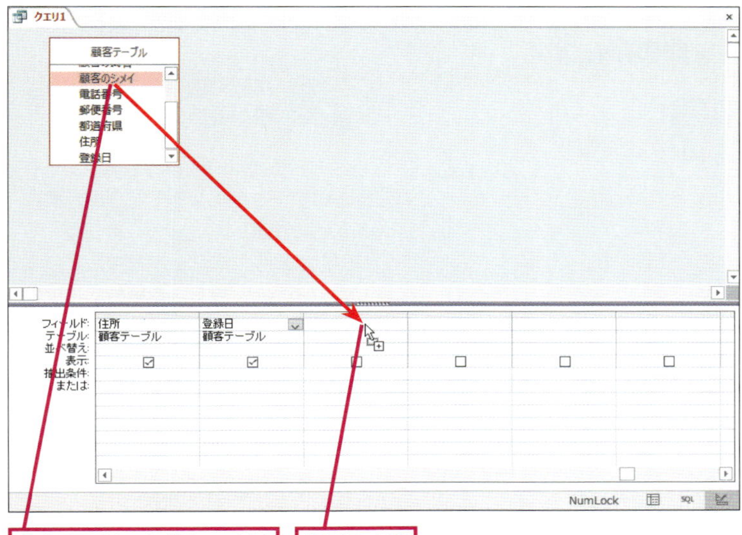

フィールドを追加せずに並べ替えを行うには

手順2では並べ替え用のフィールドを追加していますが、フィールドを追加せずに、クエリに追加したフィールドで並べ替えもできます。手順1ですべてのフィールドを追加してから以下のように操作しましょう。

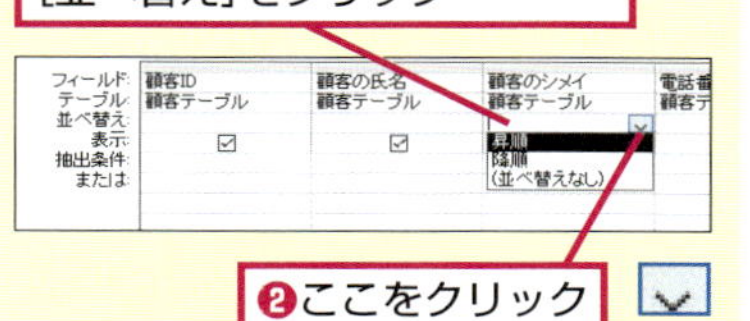

五十音順で並べ替えるには、[昇順]をクリックする

複数のフィールドで並べ替えたいときは

複数のフィールドで並べ替えるには、並べ替えをしたいフィールドを追加して、[並べ替え] で [昇順] か [降順] を設定してから [表示] のチェックマークをはずします。複数のフィールドで並べ替えるときは、左側のフィールドの優先順位が高く、右側のフィールドの優先順位が低くなります。

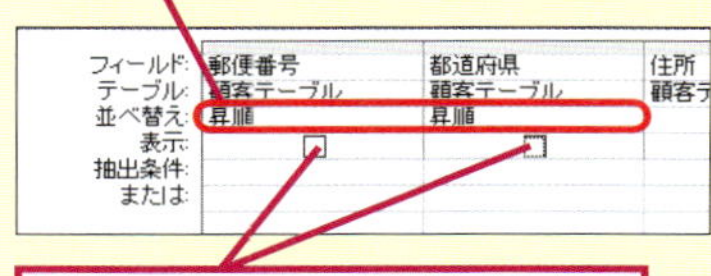

間違った場合は?

手順1でテーブルにあるすべてのフィールドが追加されていないときは、基本編のレッスン㉒を参考にいったんクエリを閉じてから、もう一度フィールドを追加し直しましょう。

次のページに続く

並び順を設定する

並べ替えに使う［顧客のシメイ］フィールドが追加された

❶［顧客のシメイ］フィールドの［並べ替え］をクリック

❷ここをクリック

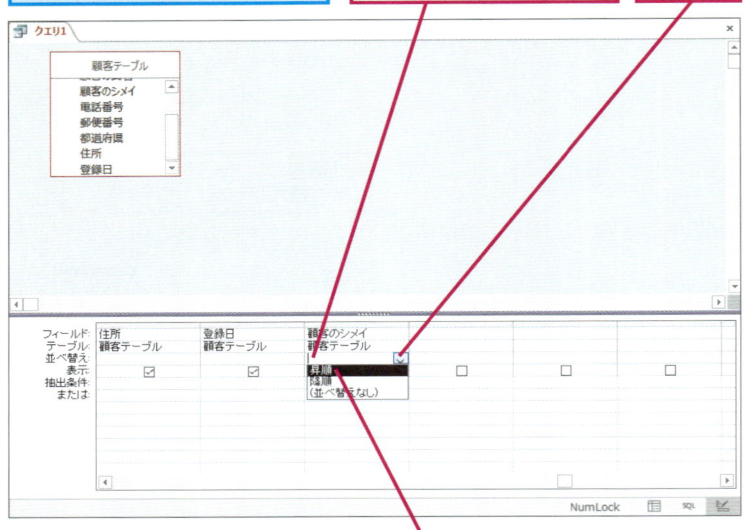

ここでは氏名の五十音順に並べ替えるので、［昇順］を選択する

❸［昇順］をクリック

［顧客のシメイ］フィールドを非表示にする

並べ替えに利用した［顧客のシメイ］フィールドがクエリの実行結果に表示されないようにする

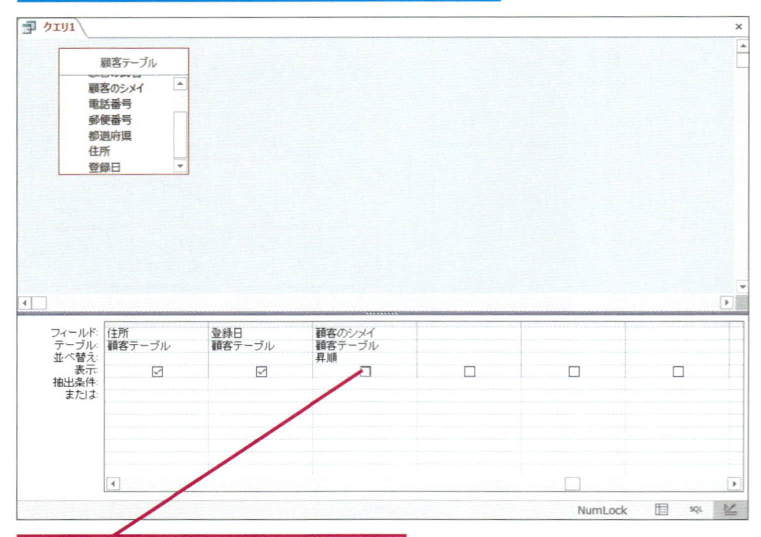

［顧客のシメイ］フィールドの［表示］をクリックしてチェックマークをはずす

文字の種類によって並べ替えの結果が異なる

文字を入力したフィールドで並べ替えを設定すると、並び順は漢字の読みではなく日本語の文字コードの順番になります。カタカナやひらがな、アルファベットだけが含まれているフィールドなら意図した通りの順番に並び替えが実行されますが、ひらがなとカタカナが混在していたり、漢字が含まれているときは意図した順番に並べ替えが実行されないことがあるので注意してください。

●文字の種類と並び順

文字の種類	昇順の場合の並べ替えの順序
数字	小さい順（半角／全角は区別されない）
英字	アルファベット順（半角／全角、大文字／小文字は区別されない）
かな	五十音順（ひらがな／半角カタカナ／全角カタカナは区別されない）
漢字	漢字コード順

データ型によって並び順が違う

レコードを並べ替えるときは、フィールドのデータ型によって並び順が異なることに注意しましょう。［数値型］や［日付/時刻型］のデータ型を設定しているフィールドなら、数値や日付そのものの値で並べ替えられます。ところが、［短いテキスト］や［長いテキスト］のデータ型が設定されているフィールドでは、数値が以下のように並んでしまうので注意しましょう。

	顧客の氏名	社員番号
1	戸川　正樹	010
2	大和田　正一郎	1
3	戸川　綾	100
4	大木　信行	222
5	北条　恵	333
6	小野　信男	444

［短いテキスト］のデータ型が設定されたフィールドで、データを昇順で並べ替えると「010」「1」「100」の順になる

5 クエリを実行する

設定した順番に正しく並べ替わっているかどうかを確認する

❶［クエリツール］の［デザイン］タブをクリック

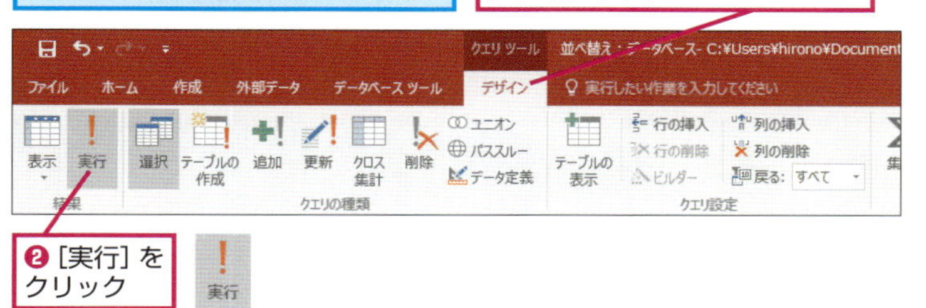

❷［実行］をクリック

6 クエリの実行結果が表示された

［顧客のシメイ］フィールドを基準にして、すべてのレコードが五十音順に並べ替えられた

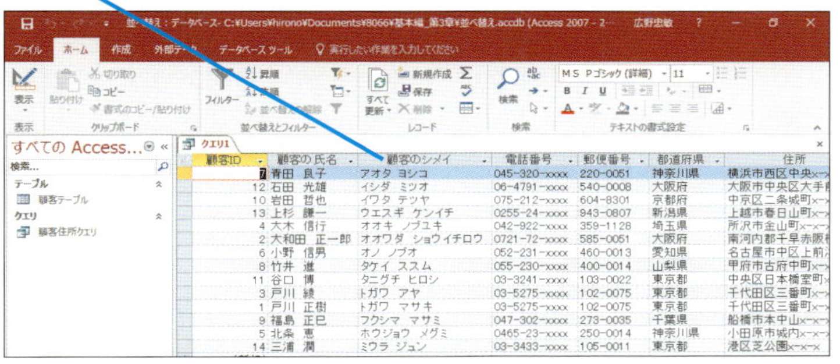

顧客ID	顧客の氏名	顧客のシメイ	電話番号	郵便番号	都道府県	住所
7	青田 良子	アオタ ヨシコ	045-320-xxxx	220-0051	神奈川県	横浜市西区中央x−x
12	石田 光雄	イシダ ミツオ	06-4791-xxxx	540-0008	大阪府	大阪市中央区大手
10	岩田 哲也	イワタ テツヤ	075-212-xxxx	604-8301	京都府	中京区二条城町x−x
13	上杉 謙一	ウエスギ ケンイチ	0255-24-xxxx	943-0807	新潟県	上越市春日山町x−x
4	大木 信行	オオキ ノブユキ	042-922-xxxx	359-1128	埼玉県	所沢市金山町x−x−x
2	大和田 正一郎	オオワダ ショウイチロウ	0721-72-xxxx	585-0051	大阪府	南河内郡千早赤阪
6	小野 信男	オノ ノブオ	052-231-xxxx	460-0013	愛知県	名古屋市中区上前
8	竹井 進	タケイ ススム	055-230-xxxx	400-0014	山梨県	甲府市古府中町x−x
11	谷口 博	タニグチ ヒロシ	03-3241-xxxx	103-0022	東京都	中央区日本橋室町x
3	戸川 綾	トガワ アヤ	03-5275-xxxx	102-0075	東京都	千代田区三番町x−x
1	戸川 正樹	トガワ マサキ	03-5275-xxxx	102-0075	東京都	千代田区三番町x−x
9	福島 正巳	フクシマ マサミ	047-302-xxxx	273-0035	千葉県	船橋市本中山x−x−x
5	北条 恵	ホウジョウ メグミ	0465-23-xxxx	250-0014	神奈川県	小田原市城内x−x−x
14	三浦 潤	ミウラ ジュン	03-3433-xxxx	105-0011	東京都	港区芝公園x−x−x

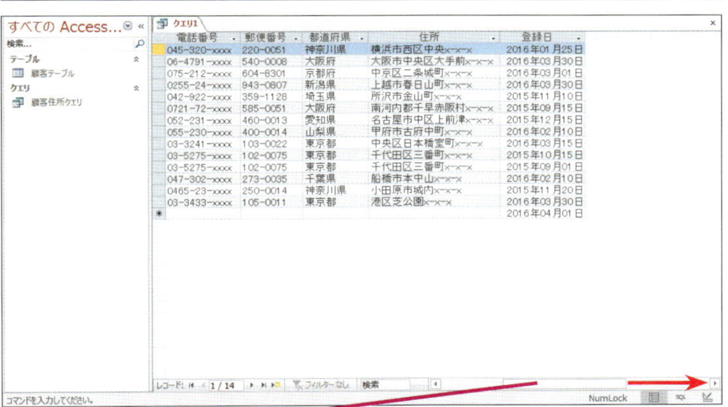

電話番号	郵便番号	都道府県	住所	登録日
045-320-xxxx	220-0051	神奈川県	横浜市西区中央x−x−x	2016年01月25日
06-4791-xxxx	540-0008	大阪府	大阪市中央区大手前x−x−x	2016年03月30日
075-212-xxxx	604-8301	京都府	中京区二条城町x−x−x	2016年03月01日
0255-24-xxxx	943-0807	新潟県	上越市春日山町x−x−x	2016年03月30日
042-922-xxxx	359-1128	埼玉県	所沢市金山町x−x−x	2015年11月10日
0721-72-xxxx	585-0051	大阪府	南河内郡千早赤阪村x−x−x	2015年09月15日
052-231-xxxx	460-0013	愛知県	名古屋市中区上前津x−x−x	2015年12月15日
055-230-xxxx	400-0014	山梨県	甲府市古府中町x−x−x	2016年02月10日
03-3241-xxxx	103-0022	東京都	中央区日本橋室町x−x−x	2016年03月15日
03-5275-xxxx	102-0075	東京都	千代田区三番町x−x−x	2015年10月15日
03-5275-xxxx	102-0075	東京都	千代田区三番町x−x−x	2015年09月01日
047-302-xxxx	273-0035	千葉県	船橋市本中山x−x−x	2016年02月10日
0465-23-xxxx	250-0014	神奈川県	小田原市城内x−x−x	2015年11月20日
03-3433-xxxx	105-0011	東京都	港区芝公園x−x−x	2016年03月30日
*				2016年04月01日

❶ここを右にドラッグしてスクロール

並べ替え用に追加した［顧客のシメイ］フィールドは表示されていない

❷「顧客シメイ並べ替えクエリ」という名前でクエリを保存

基本編のレッスン㉒を参考にクエリを閉じておく

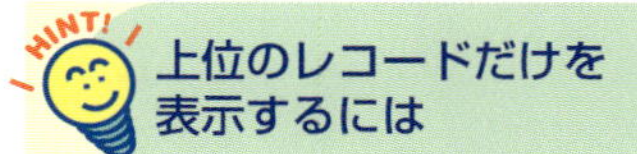

HINT! 上位のレコードだけを表示するには

作成したクエリで、上位のレコードのみを表示するには手順4で以下のように操作しましょう。［デザイン］タブのトップ値に「100」と入力すると先頭から上位100件のレコードが表示されます。「10%」と入力すると先頭から全体の10%に該当するレコードが表示されます。

❶［クエリツール］の［デザイン］タブをクリック

❷数値を入力

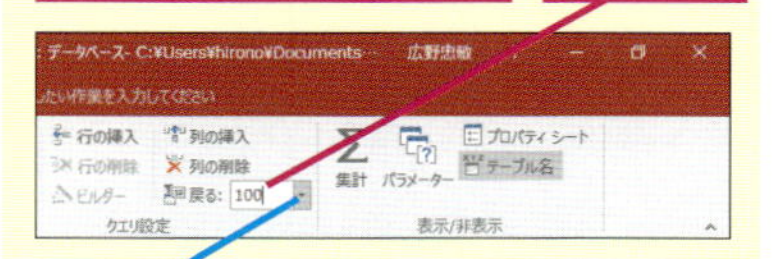

［トップ値］のここをクリックすれば、一覧からも数値を選択できる

間違った場合は？

手順6で並べ替え用に追加した［顧客のシメイ］フィールドが表示されているときは、［表示］ボタンをクリックして［デザインビュー］を選び、クエリをデザインビューで表示します。次に、［顧客のシメイ］フィールドの［表示］をクリックしてチェックマークをはずし、手順5から操作しましょう。

Point レコードを昇順や降順で並べ替えできる

クエリを使ってレコードを並べ替えるときは、対象のフィールドと並べ替えの方向を指定します。「昇順」はフィールドに含まれている値の小さい順番に、「降順」はフィールドに含まれている値の大きい順番でレコードが並びます。並べ替えの対象にするフィールドはどんなデータ型に設定していても構いません。しかし、データ型によっては、意図した順番にレコードが並ばないこともあるので注意しましょう。データ型と並び順については、前ページのHINT!を参照してください。

基本編

レッスン 24 条件に一致するデータを抽出するには

抽出条件

クエリを使って、条件に一致したレコードを表示してみましょう。ここでは[顧客テーブル]から「東京都」に一致したレコードを表示するクエリを作成します。

1 新しいクエリを作成する

ここでは[都道府県]フィールドに「東京都」と入力されているレコードを抽出する

基本編のレッスン㉑を参考にクエリを作成して、[顧客テーブル]から右のフィールドを追加しておく

顧客ID	都道府県
顧客の氏名	住所
郵便番号	

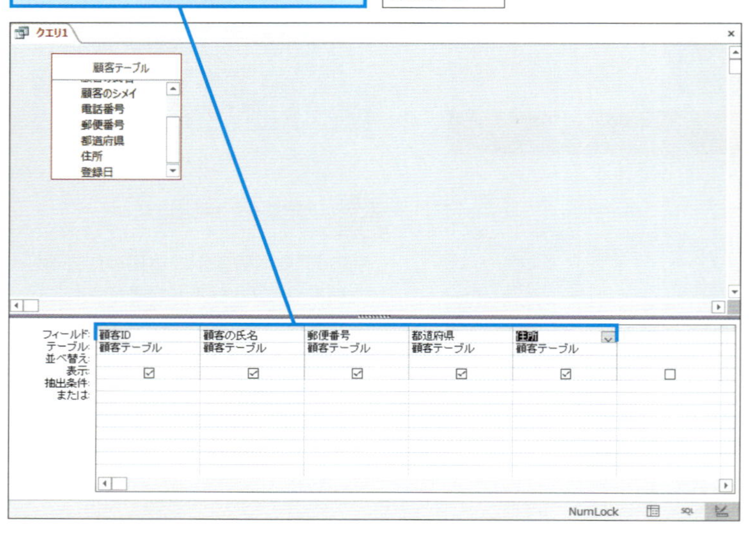

2 抽出条件を設定する

ここでは「東京都」を抽出条件に設定する

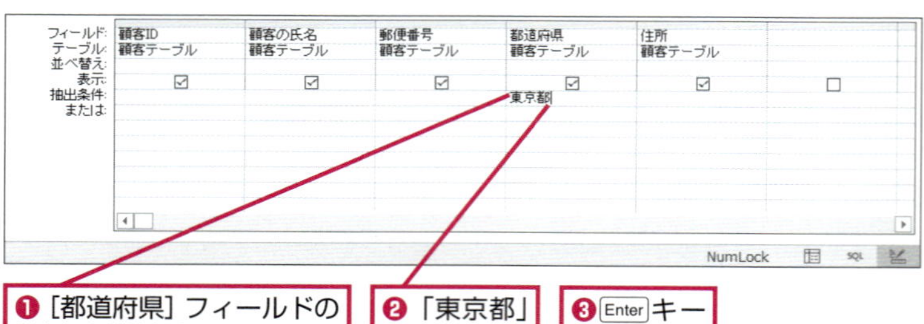

❶[都道府県]フィールドの[抽出条件]をクリック

❷「東京都」と入力

❸ Enter キーを押す

▶キーワード

クエリ	p.419
デザインビュー	p.421
フィールド	p.421
レコード	p.422

レッスンで使う練習用ファイル

抽出条件.accdb

HINT!

「一致しないデータ」を抽出するには

抽出条件の先頭に「Not」を付けると、条件に一致しないレコードを抽出できます。

[抽出条件]に「Not 東京都」と入力

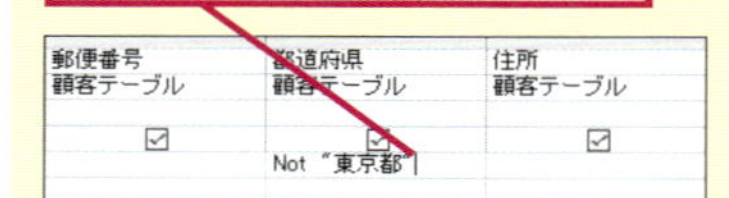

「Not」と「東京都」の間には半角の空白を入力する

HINT!

フィールドにデータが入力されていないレコードを抽出するには

フィールドにデータが入力されていないレコードを抽出するには、調べたいフィールドの[抽出条件]に「Is Null」と入力して、クエリを実行します。

[抽出条件]に「Is Null」と入力

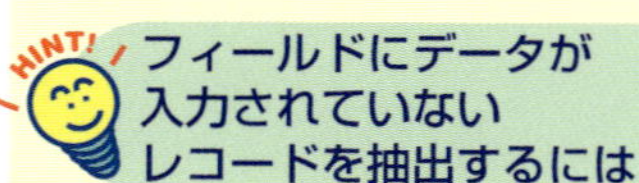

「Is」と「Null」の間には半角の空白を入力する

3 抽出条件が設定された

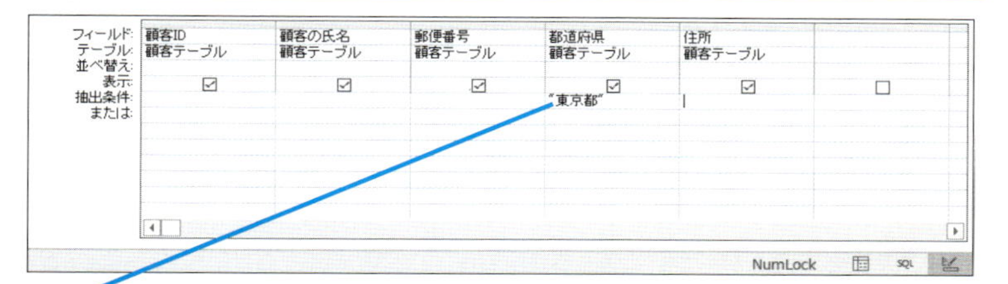

自動的に書式が補われて「"東京都"」と表示された

4 クエリを実行する

設定した条件で正しくレコードが抽出されるかどうかを確認する

❶[クエリツール]の[デザイン]タブをクリック

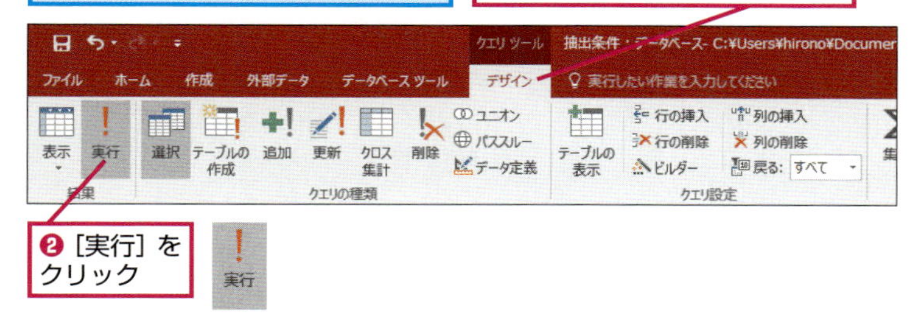

❷[実行]をクリック

5 クエリの実行結果が表示された

[都道府県]フィールドに「東京都」と入力されているレコードが表示された

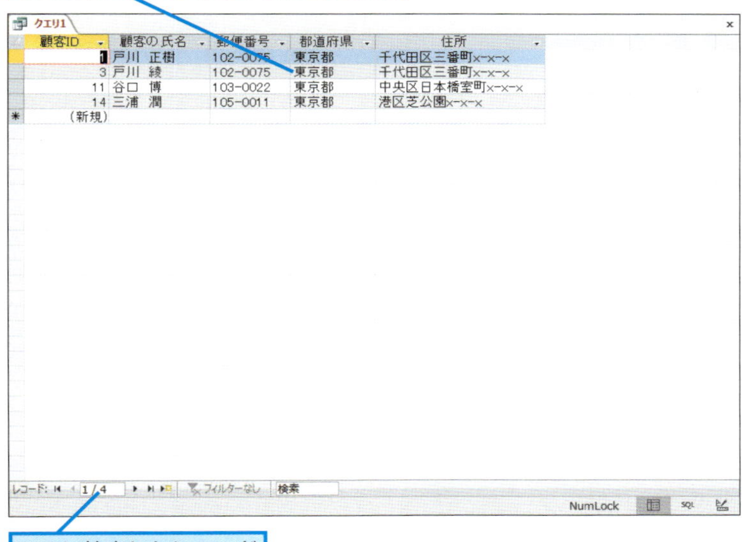

ここに抽出したレコードの件数が表示される

「東京都顧客クエリ」という名前でクエリを保存

基本編のレッスン㉒を参考にクエリを閉じておく

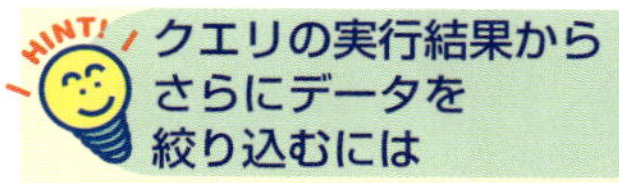

HINT! クエリの実行結果からさらにデータを絞り込むには

このレッスンでは、クエリを利用して[都道府県]フィールドに「東京都」と入力されているレコードを抽出しました。クエリの実行後に以下のように操作すれば、フィルターを利用して、さらに必要なレコードを抽出できます。

❶[住所]フィールドのここをクリック

❷[テキストフィルター]にマウスポインターを合わせる

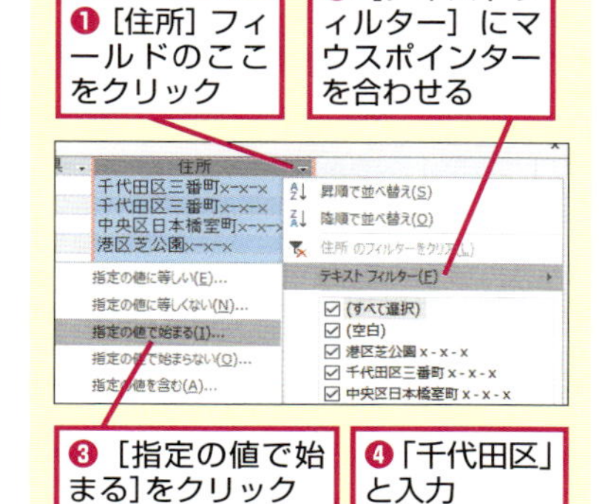

❸[指定の値で始まる]をクリック

❹「千代田区」と入力

❺[OK]をクリック

[住所]フィールドで「千代田区」から始まるレコードが抽出される

間違った場合は?

手順5で何もレコードが表示されていないときは、抽出条件の指定が間違っている可能性があります。クエリをデザインビューで表示してから、抽出条件を入力し直しましょう。

Point 抽出条件と完全に一致するレコードが表示される

このレッスンで紹介したように[抽出条件]に文字列を入力すると、フィールドの内容が文字列と完全に一致するレコードが抽出されます。ただし、[都道府県]フィールドのデータに「 東京都」「東京都 」などと空白が含まれているときや「東京都千代田区」のように「東京都」以外の文字が入力されているときは、抽出条件の「東京都」と完全に一致しないため、レコードが正しく抽出されません。

あいまいな条件でデータを抽出するには

ワイルドカード

[住所] フィールドのデータが「千代田区」で始まるレコードを抽出してみましょう。抽出条件に「*」を使うと、あいまいな条件でレコードを抽出できます。

▶キーワード

クエリ	p.419
デザインビュー	p.421
フィールド	p.421
レコード	p.422
ワイルドカード	p.422

レッスンで使う練習用ファイル
ワイルドカード.accdb

1 新しいクエリを作成する

ここでは、[住所] フィールドに「千代田区」で始まるデータが入力されているレコードを抽出する

基本編のレッスン㉑を参考にクエリを作成して、[顧客テーブル] から右のフィールドを追加しておく

顧客ID	都道府県
顧客の氏名	住所
郵便番号	

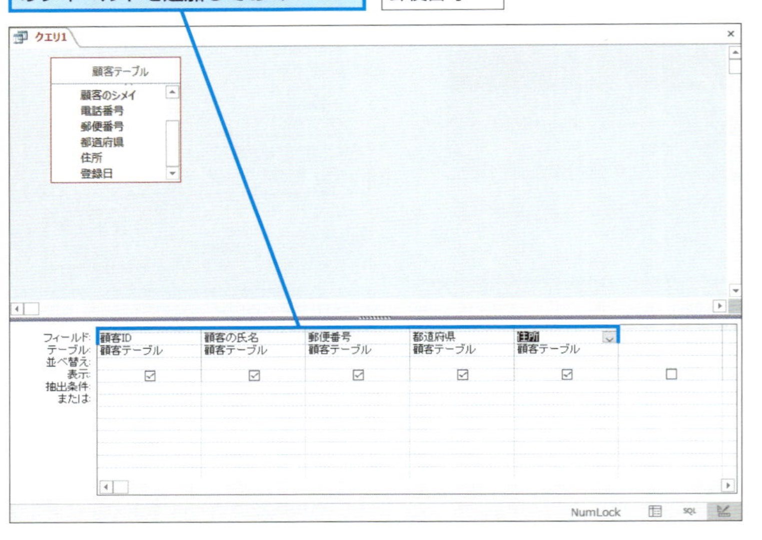

2 ワイルドカードを使った抽出条件を設定する

ここでは「『千代田区』から始まる」という抽出条件を設定する

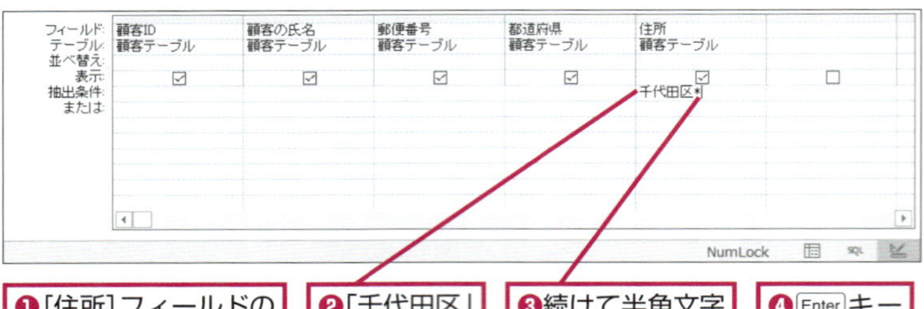

❶[住所] フィールドの [抽出条件] をクリック

❷「千代田区」と入力

❸続けて半角文字の「*」を入力

❹Enterキーを押す

HINT! 「～で始まるもの以外」を抽出するには

手順2では「千代田区*」と入力して、「住所が『千代田区』で始まる」という抽出条件を設定します。抽出条件に「Not 千代田区*」のように「Not」を伴って入力すると「住所が『千代田区』で始まるもの以外」のレコードを抽出できます。

HINT! ワイルドカードの種類を覚えておこう

手順2で入力する「*」を「ワイルドカード」といいます。ほかにも「?」や「#」のワイルドカードを使うと抽出の幅が広がるので意味や使い方を覚えておきましょう。例えば、「??県」なら「3文字で最後が『県』で終わる」という条件を指定できます。また、数値を対象とするときは、「###3」と記述して「4けたの数字で最後が『3』」という条件も指定できます。

入力例	抽出結果の例
01*	011、01ab、01-001
???県	和歌山県、鹿児島県
#1	11、21、31、41、51

3 抽出条件が設定された

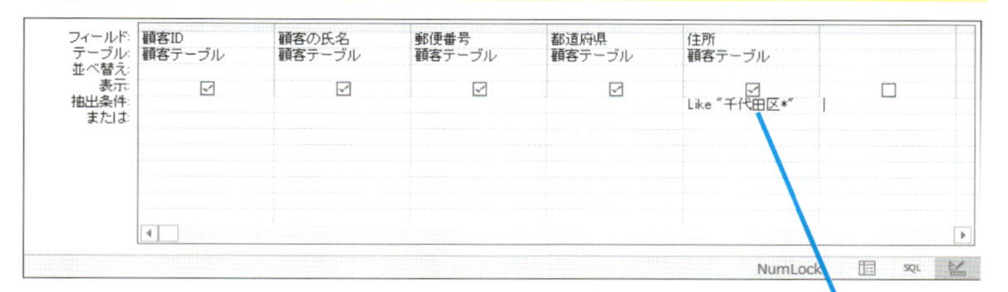

自動的に書式が補われて「Like "千代田区*"」と表示された

4 クエリを実行する

設定した条件で正しくレコードが抽出されるかどうかを確認する

❶［クエリツール］の［デザイン］タブをクリック

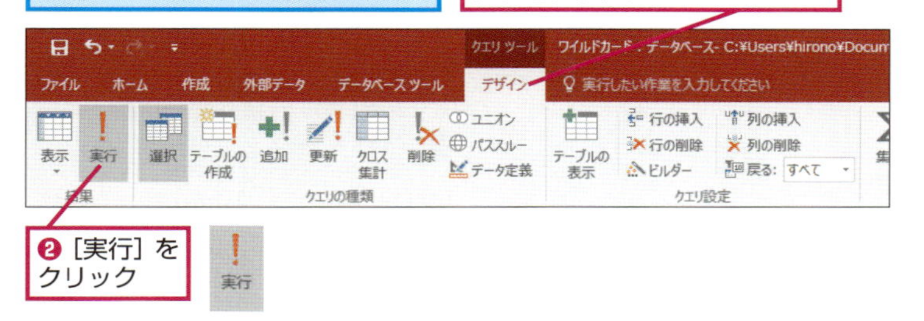

❷［実行］をクリック

5 クエリの実行結果が表示された

［住所］フィールドに「千代田区」で始まるデータが入力されているレコードが表示された

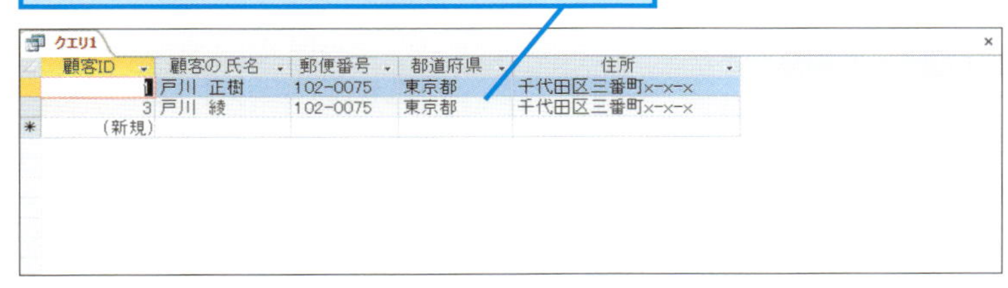

顧客ID	顧客の氏名	郵便番号	都道府県	住所
1	戸川 正樹	102-0075	東京都	千代田区三番町x-x-x
3	戸川 綾	102-0075	東京都	千代田区三番町x-x-x
(新規)				

「千代田区顧客クエリ」という名前でクエリを保存

基本編のレッスン㉒を参考にクエリを閉じておく

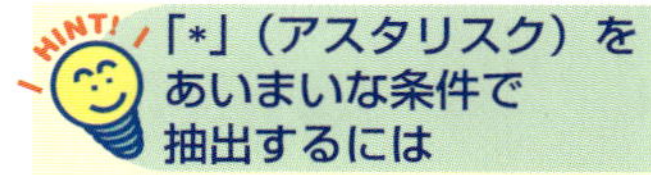

「*」（アスタリスク）をあいまいな条件で抽出するには

フィールドのデータに「*」の文字が含まれているときに、「*」そのものをあいまい検索したいことがあります。このようなときは、「[*]」と入力しましょう。

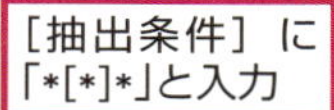

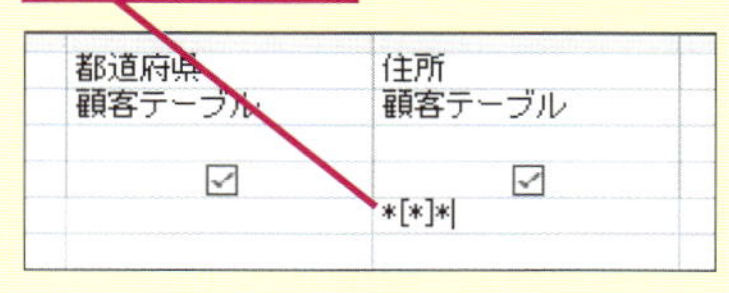

すべて半角文字で入力する

「*」が含まれるレコードが抽出される

間違った場合は？

手順4でクエリを実行しても手順5で何もレコードが表示されないときは、抽出条件の指定が間違っています。クエリをデザインビューで表示してから、手順2を参考にして正しい抽出条件を入力し直しましょう。

Point
ワイルドカードを使いこなそう

手順2で入力した「*」は「ワイルドカード」といって、「0文字以上の文字列と一致する」という意味を持ちます。このレッスンでは「千代田区*」と入力することで、［住所］フィールドの中で「千代田区」で始まるレコードを抽出しています。「*」を使うと、そのほかにも「～で終わる」という条件や「～を含む」という条件でレコードを抽出できます。例えば「*神保町」と指定すると「神保町」で終わるレコードを、「*千代田*」と指定すると「千代田」が含まれるレコードを抽出できます。

特定の日付以降のデータを抽出するには

比較演算子

［登録日］フィールドのデータが「2016年2月1日以降」のレコードを抽出してみましょう。「以降」や「以前」といった条件で抽出するには、比較演算子を使います。

1 新しいクエリを作成する

ここでは、［登録日］フィールドに入力されている日付が、「2016/02/01」以降のレコードを抽出する

基本編のレッスン㉑を参考にクエリを作成して、［顧客テーブル］から右のフィールドを追加しておく

顧客ID	登録日
顧客の氏名	

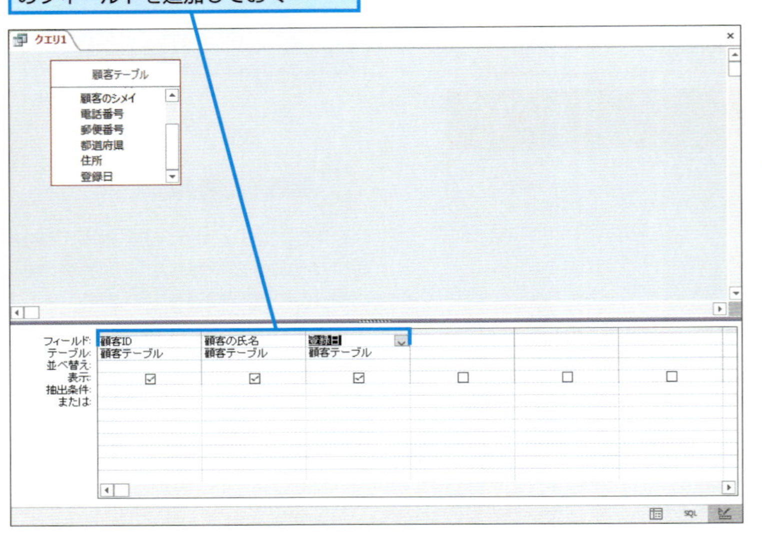

2 日付を指定した抽出条件を設定する

ここでは「2016年2月1日以降」という抽出条件を設定する

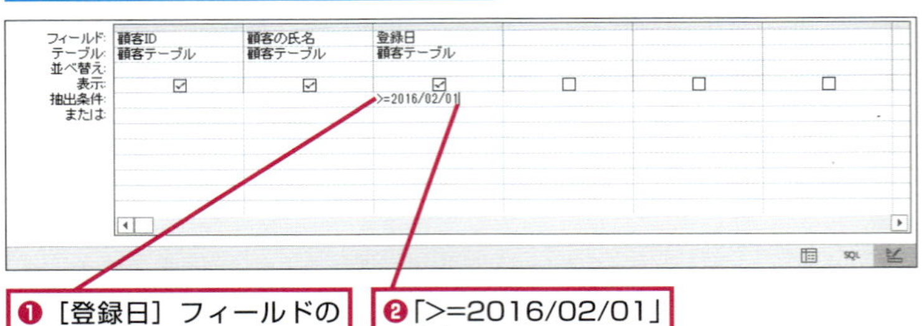

❶［登録日］フィールドの［抽出条件］をクリック

❷「>=2016/02/01」と入力

すべて半角文字で入力する

❸ Enter キーを押す

▶キーワード

レッスンで使う練習用ファイル
比較演算子.accdb

HINT! 比較演算子で数値の大小も比較できる

このレッスンでは、［日付/時刻型］のデータ型を設定した［登録日］フィールドで比較演算子の「=」や「>」を使う例を紹介します。［数値型］のデータ型が設定されたフィールドでは、比較演算子で「～より大きい」「～以上」という数値の大小を比較できます。

HINT! データ型ごとに値の表記は異なる

手順2で日付を入力すると、文字列の前後に「#」が自動的に付きます。「#」で囲まれた文字列は「日付型の値」という意味になります。同様に「"」で囲まれた文字列は「文字型の値」という意味に、何も伴わない数値は「数値型の値」という意味になります。例えば、［"100"］は「100という数値」ではなく、「100という文字列」を表します。

3 抽出条件が設定された

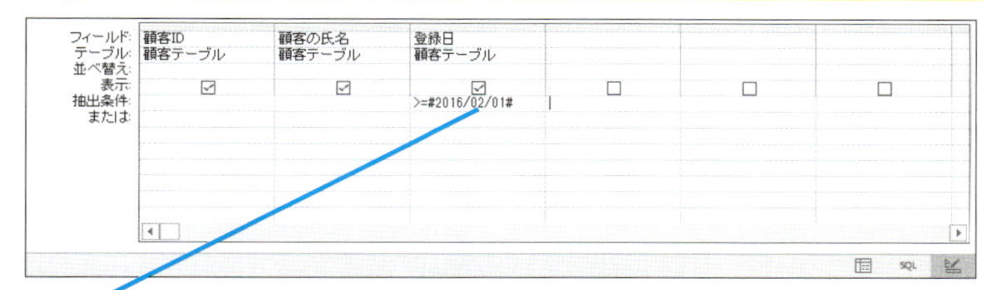

自動的に書式が補われて「>=#2016/06/01#」と表示された

4 クエリを実行する

設定した条件で正しくレコードが抽出されるかどうかを確認する

❶[クエリツール]の[デザイン]タブをクリック

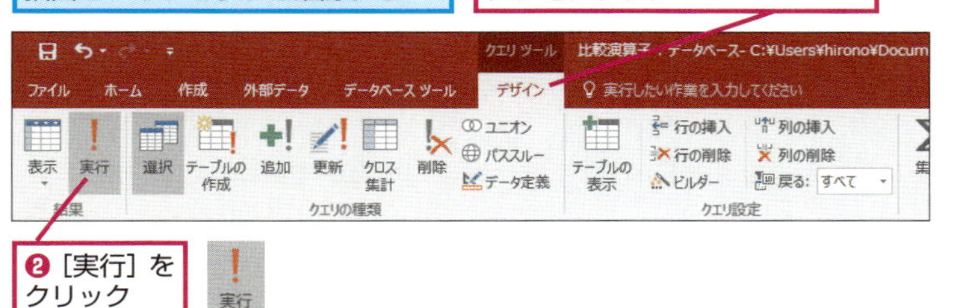

❷[実行]をクリック

5 クエリの実行結果が表示された

[登録日] フィールドに入力されている日付が、「2016/02/01」以降のレコードが表示された

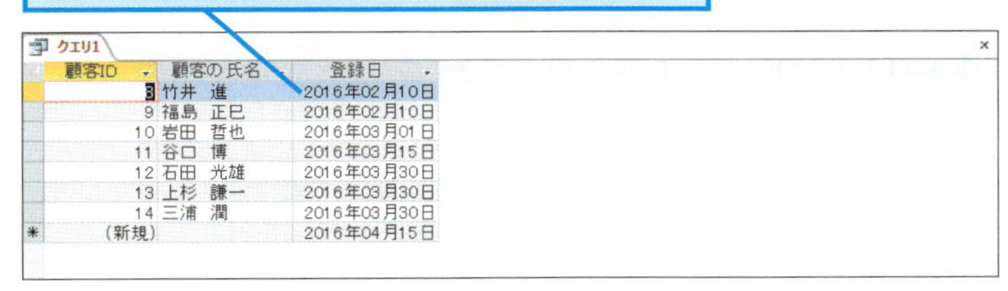

「2月以降登録の顧客クエリ」という名前でクエリを保存

基本編のレッスン㉒を参考にクエリを閉じておく

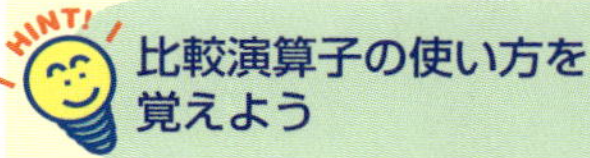

比較演算子の使い方を覚えよう

比較演算子には、以下の表のような種類があります。意味や使い方を覚えておきましょう。

演算子／意味	入力例	例の意味
= 同じ	="abc"	「abc」と同じ文字列
< より小さい	<500	「500」より小さい数値
> より大きい	>500	「500」より大きい数値
<= 以下	<=300	「300」以下の数値
>= 以上	>=#2016/01/01#	「2016年1月1日」以降
<> 異なる	<>"abc"	「abc」ではない文字列

間違った場合は？

手順4でクエリを実行しても手順5で何もレコードが表示されないときや、条件に合わないレコードが抽出されたときは、クエリをデザインビューで表示してから、手順2を参考にして正しい抽出条件を入力し直しましょう。

Point

比較演算子で抽出の幅が広がる

クエリを使うと数値や日付を比較してデータを抽出できます。データを比較して抽出するには、比較演算子と呼ばれる演算子を使います。比較演算子を使うと、このレッスンで紹介しているように特定の日付以降のデータを抽出するだけではなく、「売上金額が100万円以下の商品」や「指定された顧客名以外の」といった条件でもデータを抽出できます。比較演算子を使った抽出はクエリで非常によく利用する抽出方法なので、使い方をしっかりと覚えておきましょう。

抽出条件を直接指定するには

パラメータークエリ

あらかじめ指定した値で抽出するのではなく、クエリの実行時に抽出条件の値を入力することもできます。都道府県を入力してレコードを抽出してみましょう。

1 新しいクエリを作成する

クエリの実行時に抽出条件を指定できる、パラメータークエリを作成する

基本編のレッスン㉑を参考にクエリを作成して、[顧客テーブル]から右のフィールドを追加しておく

顧客ID	都道府県
顧客の氏名	住所
郵便番号	

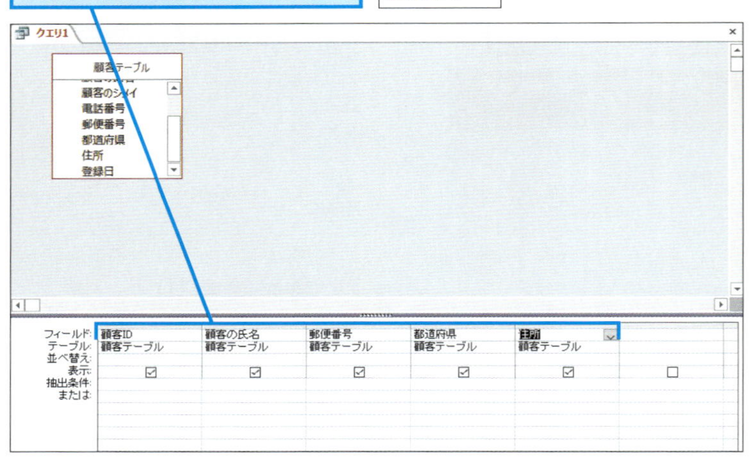

2 パラメータークエリを設定する

[都道府県]フィールドの抽出条件をクエリの実行時に入力できるようにする

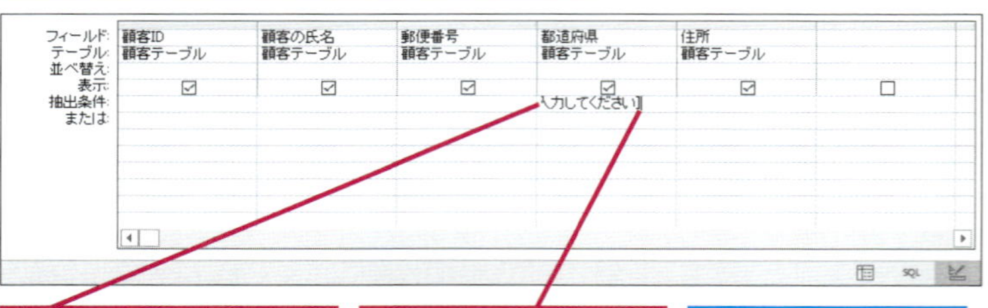

❶[都道府県]フィールドの[抽出条件]をクリック

❷「[都道府県を入力してください]」と入力

「[」と「]」は必ず半角文字で入力する

❸ Enter キーを押す

▶キーワード

クエリ	p.419
パラメータークエリ	p.421
フィールド	p.421
マクロ	p.421
ワイルドカード	p.422

レッスンで使う練習用ファイル
パラメータークエリ.accdb

「パラメーター」って何？

クエリの設定時ではなく、実行時に抽出条件の値を指定できます。この値のことを「パラメーター」と呼びます。パラメーターは、クエリだけではなく、マクロでも利用できますが、指定した値（パラメーター）によって違った結果や動作になることが一番の特長です。なお、[抽出条件]にパラメーターを入力するときは、必ず半角文字の「[」「]」でくくるようにしましょう。「[」「]」でくくられた文字列がクエリ実行後のダイアログボックスに表示されます。

フィールドの幅を変更するには

抽出条件などを設定するときに、フィールドの幅が長い方が入力しやすいことがあります。フィールドの幅は自由に変更できます。フィールドの幅を変更するにはフィールドの境界線でマウスをドラッグしましょう。

フィールドの境界線をドラッグすると、幅を変更できる

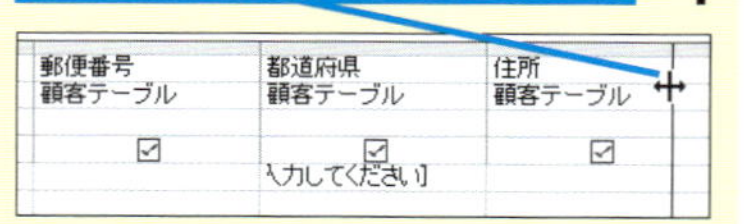

3 クエリを実行する

作成したパラメータークエリを実行する

❶[クエリツール]の[デザイン]タブをクリック

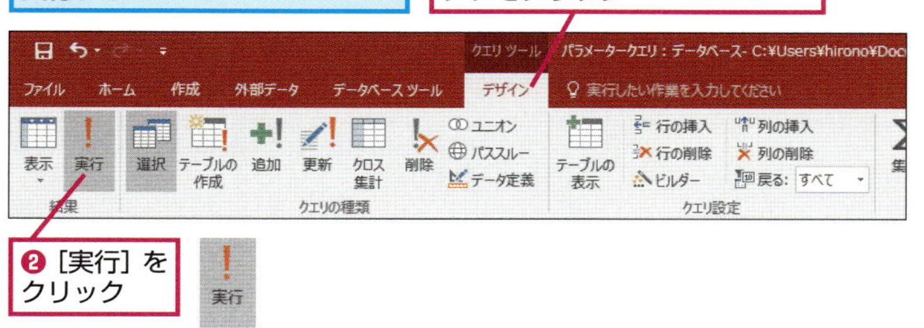

❷[実行]をクリック

4 抽出条件を入力する

[パラメーターの入力]ダイアログボックスが表示された

手順2で入力したメッセージが表示される

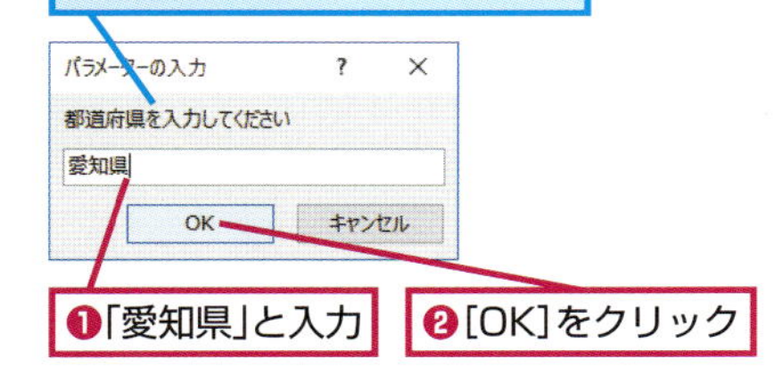

❶「愛知県」と入力　❷[OK]をクリック

5 クエリの実行結果が表示された

[都道府県]フィールドに「愛知県」と入力されているレコードが表示された

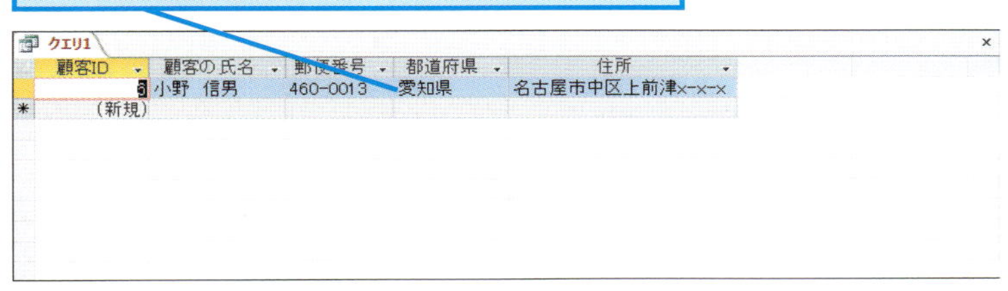

顧客ID	顧客の氏名	郵便番号	都道府県	住所
5	小野 信男	460-0013	愛知県	名古屋市中区上前津x-x-x
(新規)				

「県名指定クエリ」という名前でクエリを保存

基本編のレッスン㉒を参考にクエリを閉じておく

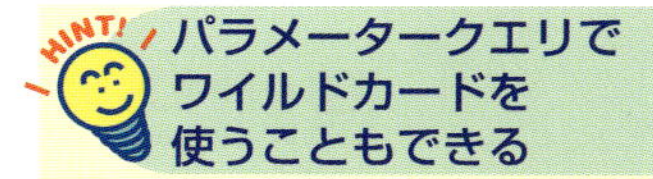

パラメータークエリでワイルドカードを使うこともできる

以下のように抽出条件を設定すれば、「千代田区」や「金山」など、フィールドに含まれる一部のデータから該当するレコードを表示できます。

半角文字の「[」「]」でくくられた文字列がメッセージとして表示される

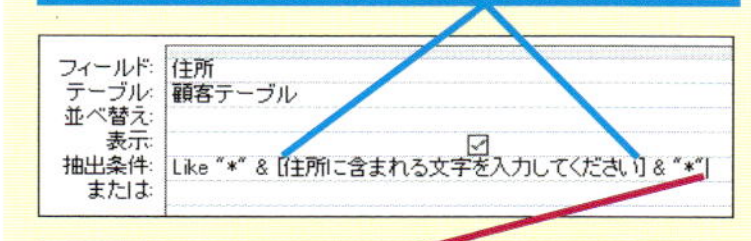

[抽出条件]に「Like "*" & [住所に含まれる文字を入力してください] & "*"」と入力

記号はすべて半角文字で入力する

間違った場合は？

手順4で[パラメーターの入力]ダイアログボックスが表示されなかったり、手順5でエラーが表示されたりしたときは、抽出条件の指定が間違っています。クエリをデザインビューで表示して、「[」や「]」などの記号が半角で入力されているかどうかなどを確認して、再度手順2から操作をやり直しましょう。

Point
クエリを便利にするパラメータークエリ

「[都道府県]フィールドに『東京都』と入力されたレコードを抽出する」というように、クエリには抽出条件と値を記述するのが一般的です。しかし、「[都道府県]フィールドに『大阪府』と入力されたレコードを抽出する」というときに新しいクエリを作るのは面倒です。このように、抽出条件の値だけが違うレコードを抽出するときは、パラメータークエリを作っておきましょう。パラメータークエリを使えば、クエリの実行時に表示される[パラメーターの入力]ダイアログボックスに値を入力するだけで、目的のレコードを抽出できます。

基本編 レッスン 28

登録日と都道府県でデータを抽出するには

クエリのデザインビュー、And条件

「2016年2月1日以降に登録され、かつ、東京都に住んでいる顧客」のレコードを抽出してみましょう。「AかつB」という抽出をしたいときは、And条件を使います。

▶キーワード

レッスンで使う練習用ファイル
クエリのデザインビュー、And条件.accdb

1 新しいクエリを作成する

ここでは、[登録日]フィールドが「2016/02/01」以降で、[都道府県] フィールドに [東京都] と入力されているレコードを抽出する

基本編のレッスン㉑を参考にクエリを作成して、[顧客テーブル]から右のフィールドを追加しておく

顧客ID	都道府県
顧客の氏名	住所
郵便番号	登録日

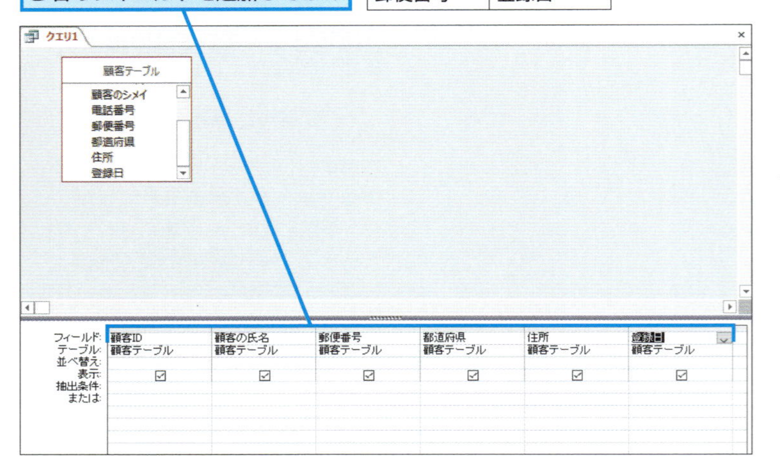

2 1つ目の抽出条件を設定する

[登録日] フィールドに「2016年2月1日以降」という抽出条件を設定する

フィールド: 顧客ID 顧客の氏名 郵便番号 都道府県 住所 登録日
テーブル: 顧客テーブル 顧客テーブル 顧客テーブル 顧客テーブル 顧客テーブル 顧客テーブル
並べ替え:
表示:
抽出条件: >=2016/02/01
または:

❶ [登録日] フィールドの[抽出条件]をクリック

❷「>=2016/02/01」と入力

すべて半角文字で入力する

❸ Enter キーを押す

HINT! 複数のフィールドに[抽出条件] を入力するとAnd条件になる

複数のフィールドの[抽出条件]に値や比較演算子を使った抽出条件を入力すると、それらはAnd条件になります。以下のように設定すると、[都道府県] フィールドが「東京都」で、[住所] フィールドが「千代田区」で始まるレコードを抽出できます。

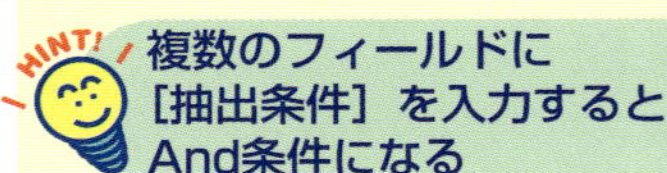

❶[都道府県]フィールドの[抽出条件]に["東京都"」と入力

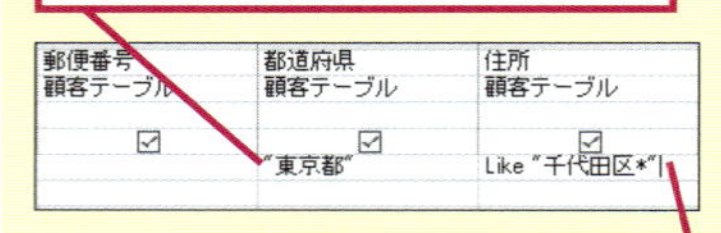

郵便番号 都道府県 住所
顧客テーブル 顧客テーブル 顧客テーブル
"東京都" Like "千代田区*"

❷ [住所] フィールドの [抽出条件]に「Like "千代田区*"」と入力

3 クエリを実行する

フィールドに入力されている日付が「2016/02/01以降」のレコードが抽出されるかどうかを確認する

❶［クエリツール］の［デザイン］タブをクリック

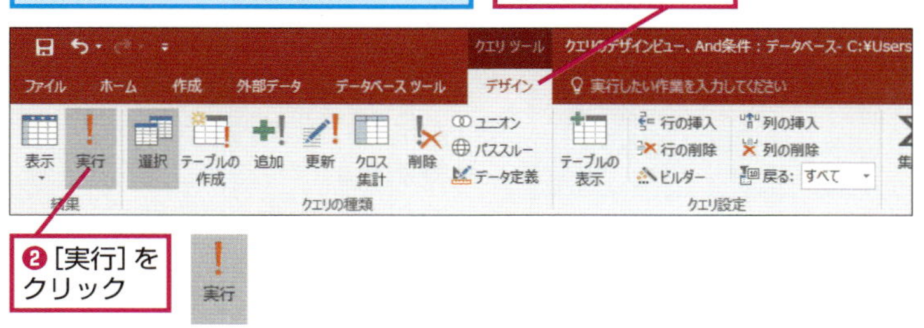

❷［実行］をクリック

4 クエリの実行結果が表示された

［登録日］フィールドに入力されている日付が「2016年2月1日以降」のレコードが表示された

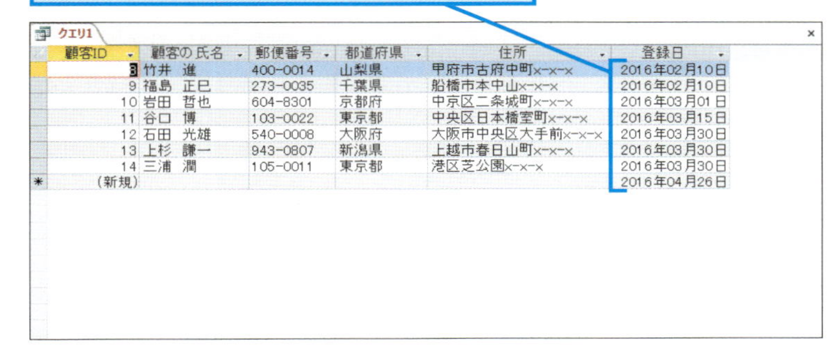

顧客ID	顧客の氏名	郵便番号	都道府県	住所	登録日
8	竹井 進	400-0014	山梨県	甲府市古府中町x-x-x	2016年02月10日
9	福島 正巳	273-0035	千葉県	船橋市本中山x-x-x	2016年02月10日
10	岩田 哲也	604-8301	京都府	中京区二条城町x-x-x	2016年03月01日
11	谷口 博	103-0022	東京都	中央区日本橋室町x-x-x	2016年03月15日
12	石田 光雄	540-0008	大阪府	大阪市中央区大手前x-x-x	2016年03月30日
13	上杉 謙一	943-0807	新潟県	上越市春日山町x-x-x	2016年03月30日
14	三浦 潤	105-0011	東京都	港区芝公園x-x-x	2016年03月30日
(新規)					2016年04月26日

5 クエリのデザインビューを表示する

抽出条件を追加するので、デザインビューを表示する

❶［ホーム］タブをクリック

❷［表示］をクリック

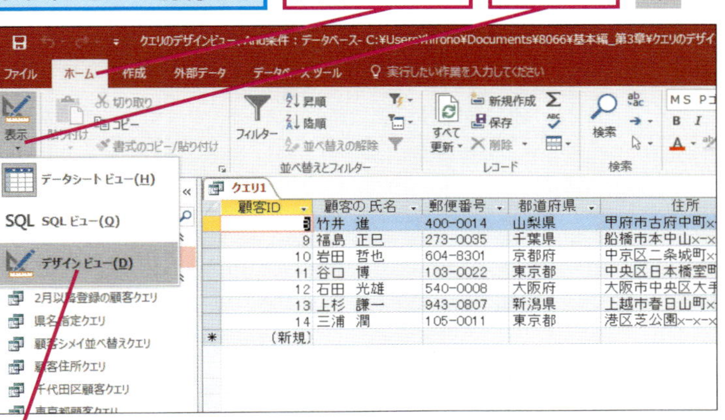

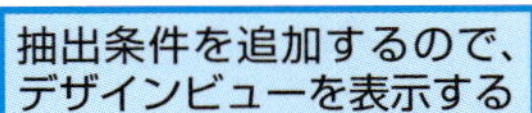

❸［デザインビュー］をクリック

HINT! まずは日本語で考える

複雑な条件で抽出をしたいときは、いったん日本語で条件を考えてみるといいでしょう。例えば、「［都道府県］フィールドが『東京都』で、かつ、［住所］フィールドに『千代田区』で始まるレコード」、というように「～かつ～」という言葉で表現できる場合は、And条件を使います。「～または～」という条件を設定したいときは、次のレッスン㉙を参考にしてください。

間違った場合は?

手順3でクエリを実行しても手順4で何もレコードが表示されないときや、条件に合わないレコードが抽出されたときは抽出条件が間違っています。手順5を参考に、クエリをデザインビューで表示し、手順2を参考にして抽出条件を入力し直しましょう。

次のページに続く

6 2つ目の抽出条件を追加する

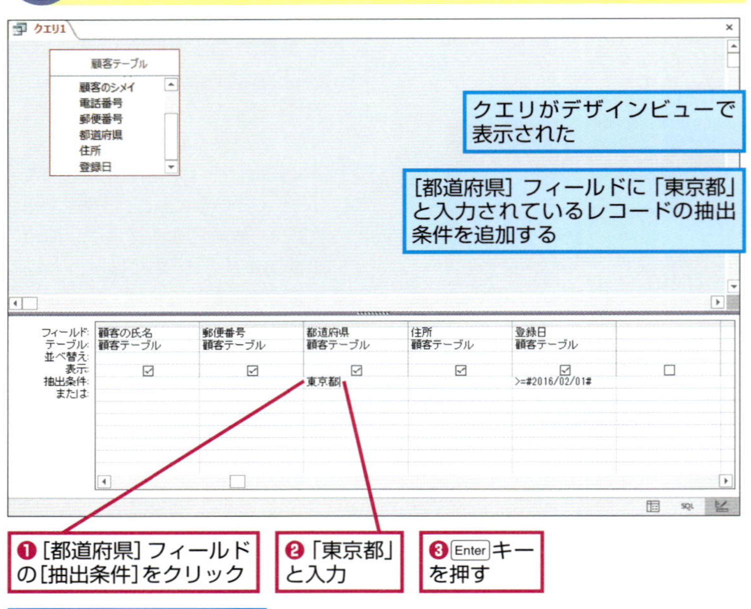

クエリがデザインビューで表示された

[都道府県] フィールドに「東京都」と入力されているレコードの抽出条件を追加する

❶ [都道府県] フィールドの [抽出条件] をクリック

❷「東京都」と入力

❸ Enter キーを押す

[都道府県] フィールドに抽出条件が追加された

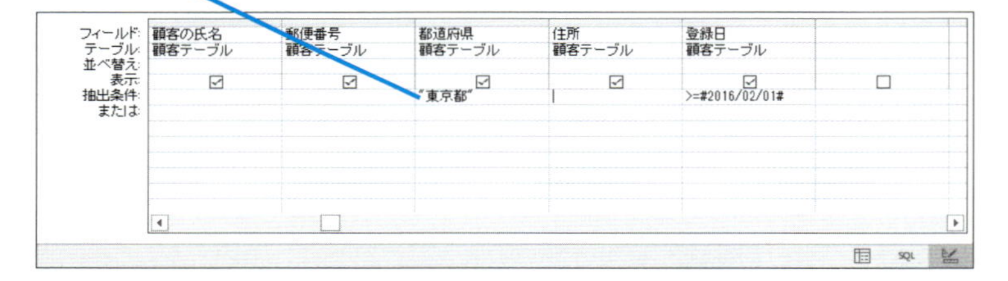

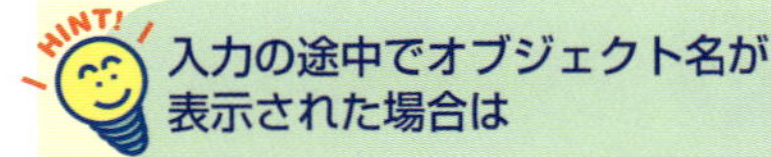

入力の途中でオブジェクト名が表示された場合は

抽出条件の入力途中でテーブルやクエリなどのオブジェクト名が自動的に表示されることがあります。これは「インテリセンス」と呼ばれる入力支援機能で、入力した文字列に似たオブジェクトが表示される仕組みです。ただし、本書では、オブジェクト名を直接入力するという使い方はしないので、インテリセンスで表示されるオブジェクト名は無視して構いません。

条件の入力中に似たオブジェクトが入力候補に表示された

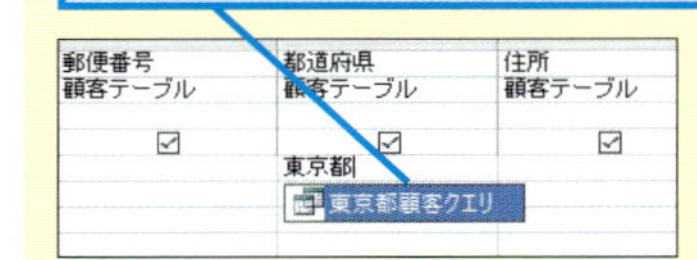

文字列の入力を確定してから Esc キーを押すと、入力候補を非表示にできる

テクニック いろいろな抽出条件とAnd条件を組み合わせてみよう

And条件を使った抽出でも、抽出条件に比較演算子やワイルドカード、Notを使えます。And条件とほかの抽出条件を組み合わせて、目的のデータを効率よく抽出できるようにしましょう。

●顧客のシメイが「オ」から始まり、都道府県が「東京都」以外のレコード

❶ [顧客のシメイ] フィールドの [抽出条件] に「Like "オ*"」と入力

❷ [都道府県] フィールドの [抽出条件] に「Not "東京都"」と入力

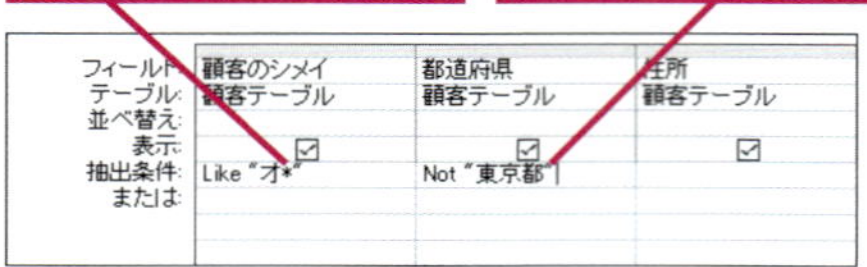

「[都道府県] フィールドが『東京都』ではなく、かつ、[顧客のシメイ] フィールドが『オ』で始まる」レコードが抽出される

●都道府県に「県」が含まれていて2016年2月1日以前のレコード

❶ [都道府県] フィールドの [抽出条件] に「Like "*県"」と入力

❷ [登録日] フィールドの [抽出条件] に「<=2016/02/01」と入力

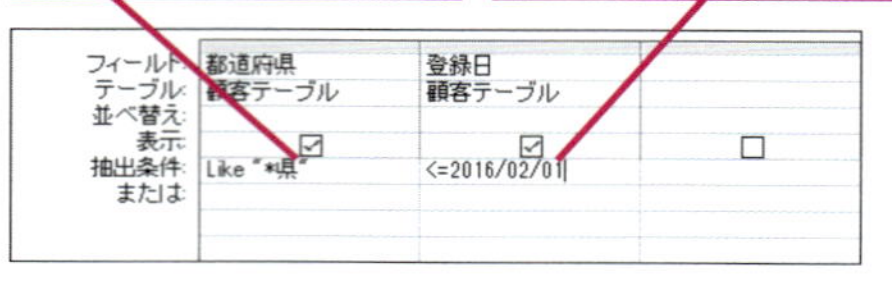

「[都道府県] フィールドに『県』が含まれていて、かつ、[登録日] フィールドが『2016年2月1日より前』のレコードが抽出される

基本編 第3章 クエリで情報を抽出する

7 再びクエリを実行する

And条件を設定したクエリでレコードが抽出されるかどうかを確認する

❶[クエリツール]の[デザイン]タブをクリック

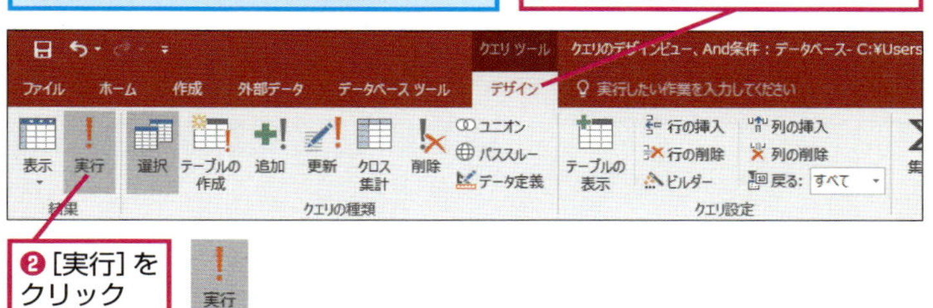

❷[実行]をクリック

実行

8 And条件を設定したクエリの実行結果が表示された

[登録日]フィールドが「2016/02/01以降」で、[都道府県]フィールドに「東京都」と入力されているレコードが表示された

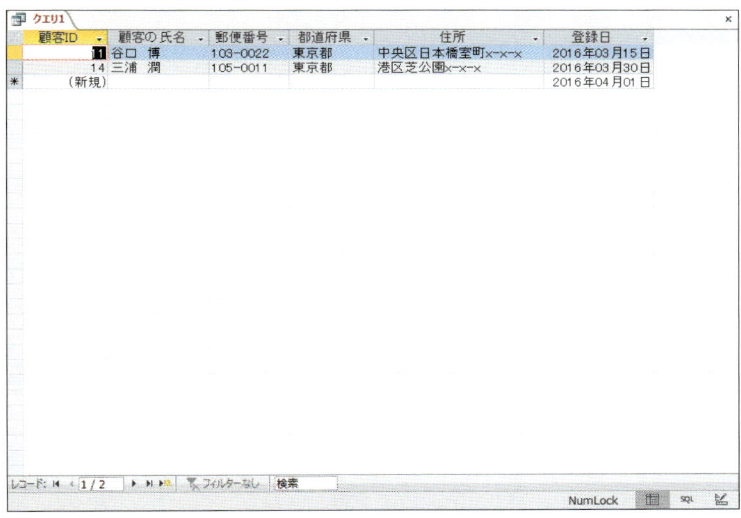

クエリ1

顧客ID	顧客の氏名	郵便番号	都道府県	住所	登録日
11	谷口 博	103-0022	東京都	中央区日本橋室町x-x-x	2016年03月15日
14	三浦 潤	105-0011	東京都	港区芝公園x-x-x	2016年03月30日
(新規)					2016年04月01日

「2月以降登録の東京都顧客クエリ」という名前でクエリを保存

基本編のレッスン㉒を参考にクエリを閉じておく

And条件はいくつでも書ける

このレッスンでは「2016年2月1日以降に登録され、東京都に住んでいる顧客」のレコードを抽出しました。And条件を使って抽出するときは、2つ以上の条件も設定できます。抽出条件を増やすと、「2016年2月1日以降に登録され、東京都に住んでいて、なおかつ氏名に谷口が含まれている顧客」というような複雑な条件でレコードを抽出できます。

間違った場合は?

手順8のクエリの実行結果が違うときは、抽出条件の指定が間違っています。クエリをデザインビューで表示し、手順2と手順6を参考にして条件を指定し直しましょう。

Point 条件を1つずつ絞り込んで抽出しよう

And条件を使うときは、一度に条件を記述するのではなく、このレッスンのように条件を1つずつ指定して、抽出されるレコードを絞り込むようにしましょう。複数のフィールドでAndを使った抽出条件を設定するときには、「抽出条件が間違ってクエリの実行結果が正しく表示されない」という間違いが起きることがあります。抽出がうまくいかないときは、1つずつ抽出条件を設定し、クエリの実行結果を確認します。そうすれば抽出条件を間違わずに確実に設定できます。

複数の都道府県でデータを抽出するには

Or条件

[都道府県]フィールドに入力されているデータが「大阪府」または「京都府」のレコードを抽出します。「AまたはB」で抽出するには、Or条件を使いましょう。

1 新しいクエリを作成する

ここでは、[都道府県]フィールドに「大阪府」または「京都府」と入力されているレコードを抽出する

基本編のレッスン㉑を参考にクエリを作成して、[顧客テーブル]から右のフィールドを追加しておく

顧客ID	都道府県
顧客の氏名	住所
郵便番号	

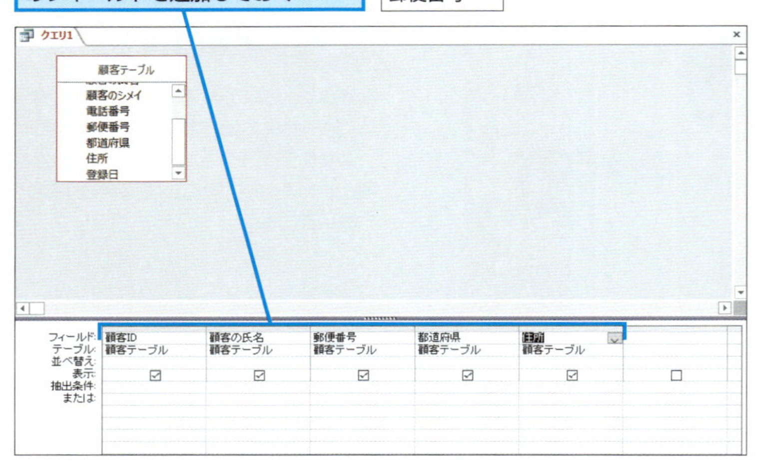

2 1つ目の抽出条件を設定する

ここでは「大阪府」を抽出条件に設定する

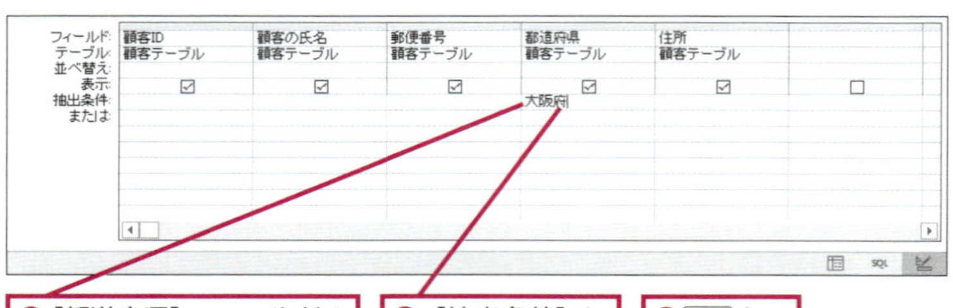

❶[都道府県]フィールドの[抽出条件]をクリック

❷[抽出条件]に「大阪府」と入力

❸ Enter キーを押す

▶キーワード

クエリ	p.419
フィールド	p.421
レコード	p.422

レッスンで使う練習用ファイル

Or条件.accdb

HINT! [または]行に入力してもOr条件になる

クエリの[または]行に抽出したいデータを入力してもOr条件を指定できます。例えば、[抽出条件]に「"京都府"」、[または]行に「"大阪府"」とそれぞれ入力する方法と、抽出条件に「"京都府" or "大阪府"」と入力する方法では、入力の方法は異なりますが、同じ結果が表示されます。

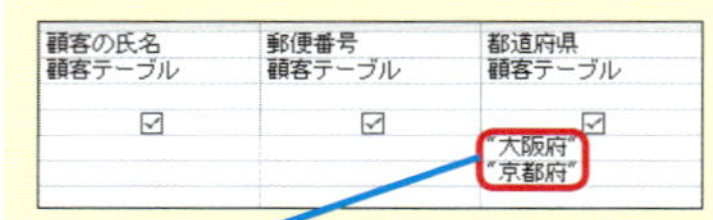

このように入力してもOr条件を設定できる

HINT! まずは日本語で考える

複雑な抽出をしたいときは、まず日本語で条件を考えてみましょう。「[都道府県]フィールドが『京都府』または『大阪府』」というように「～または～」という言葉で表現できる場合は、Or条件を使います。

間違った場合は?

手順5のクエリの実行結果が違うときは、抽出条件の指定が間違っています。クエリをデザインビューで表示し、手順2と手順3を参考にして条件を指定し直しましょう。

3 Or条件を使った抽出条件を追加する

「京都府」を抽出条件に追加する

["大阪府"] と入力されている抽出条件はそのまま残しておく

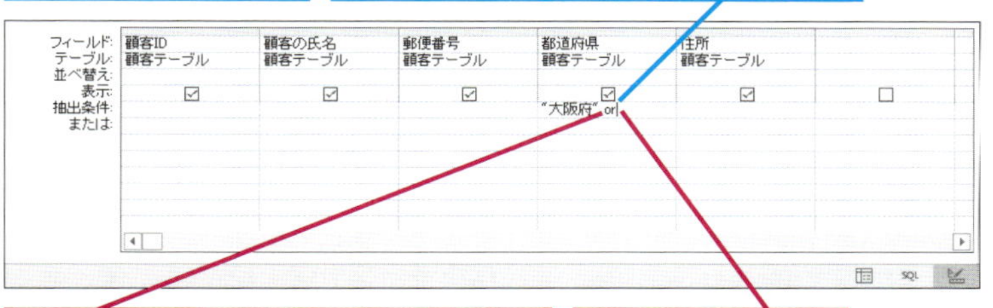

❶［都道府県］フィールドの［抽出条件］に入力されている「"大阪府"」の右をクリック

❷半角の空白文字と「or」を入力

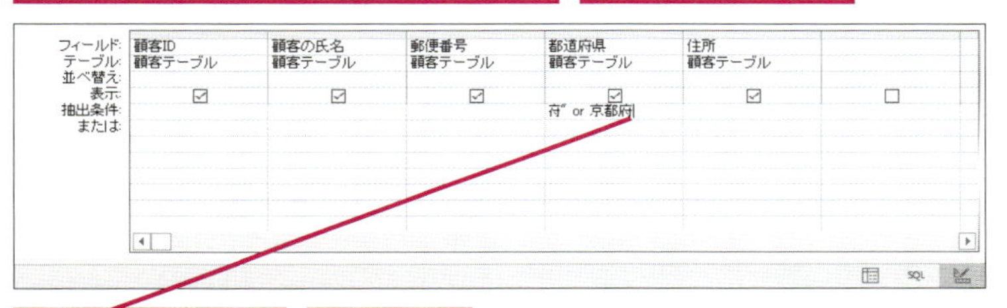

❸半角の空白文字と「京都府」を入力

❹Enterキーを押す

4 クエリを実行する

Or条件を設定したクエリでレコードが抽出されるかどうか確認する

❶［クエリツール］の［デザイン］タブをクリック

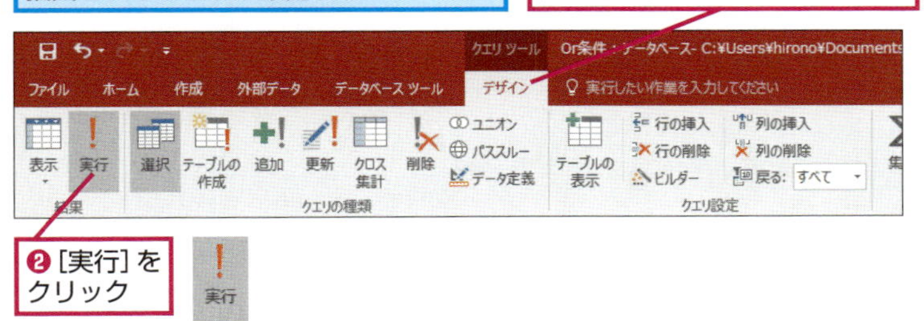

❷［実行］をクリック

実行

5 Or条件を設定したクエリの実行結果が表示された

［都道府県］フィールドに「大阪府」または、「京都府」と入力されているレコードが表示された

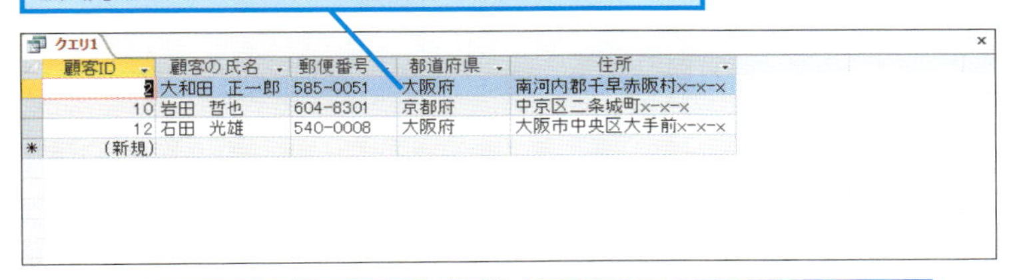

顧客ID	顧客の氏名	郵便番号	都道府県	住所
2	大和田 正一郎	585-0051	大阪府	南河内郡千早赤阪村x-x-x
10	岩田 哲也	604-8301	京都府	中京区二条城町x-x-x
12	石田 光雄	540-0008	大阪府	大阪市中央区大手前x-x-x
(新規)				

「大阪府・京都府顧客クエリ」という名前でクエリを保存

基本編のレッスン㉒を参考にクエリを閉じておく

HINT! 長い条件を書くときや内容を確認したいときは［ズーム］を使おう

［抽出条件］行に書ける文字数に制限はありませんが、一度に表示できる文字数が限られています。クエリのデザインウィンドウには入力した条件の一部の文字列しか表示されないので、長い条件を入力するときや設定を確認するときは、［ズーム］の機能を使いましょう。［抽出条件］行にカーソルがあるときに、Shift＋F2キーを押すと［ズーム］ダイアログボックスが表示されます。

◆［ズーム］ダイアログボックス

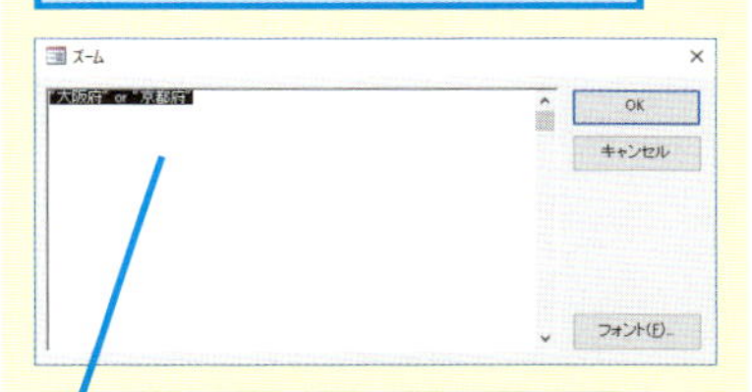

大きい画面で抽出条件の入力や編集ができる

Point Or条件は「加える」と考えると分かりやすい

Or条件のクエリを実行するときも、基本編のレッスン㉘で紹介したように、条件を1つずつ指定すると混乱しません。And条件はレコードが絞り込まれていくのに対して、Or条件のクエリの実行結果は、始めに絞り込んだ条件のレコードに、新たな条件のレコードが加えられるという働きをします。例えば、「［都道府県］フィールドが『東京都』または『大阪府』」のレコードを抽出するときは、「まず『東京都』のレコードを抽出してから、それに『大阪府』で抽出したレコードを加える」と考えると分かりやすくなるでしょう。

登録日と複数の都道府県でデータを抽出するには

And条件とOr条件の組み合わせ

And条件とOr条件を組み合わせて使うと、より複雑な条件でレコードを抽出できます。［登録日］と［都道府県］フィールドの条件を組み合わせて抽出しましょう。

1 新しいクエリを作成する

ここでは、［都道府県］フィールドに「東京都」または「神奈川県」と入力されていて、かつ［登録日］フィールドに入力されている日付が「2016/01/31以前」のレコードを抽出する

基本編のレッスン㉑を参考にクエリを作成して、［顧客テーブル］から右のフィールドを追加しておく

顧客ID	都道府県
顧客の氏名	住所
郵便番号	登録日

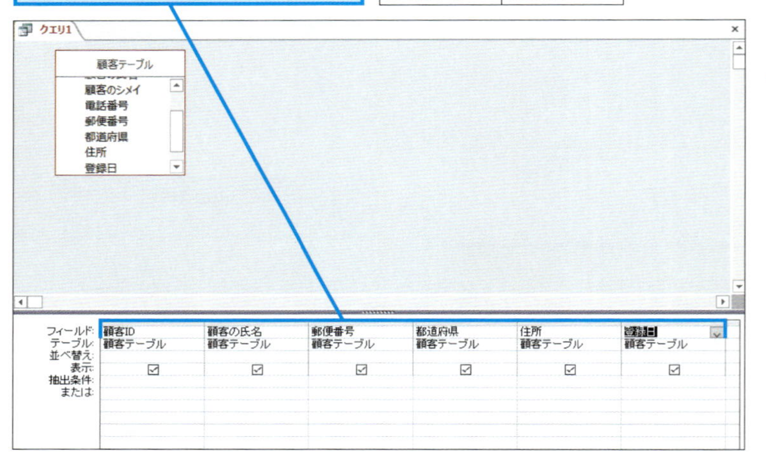

2 ［都道府県］フィールドの抽出条件を設定する

［都道府県］フィールドに「東京都」または「神奈川県」という抽出条件を設定する

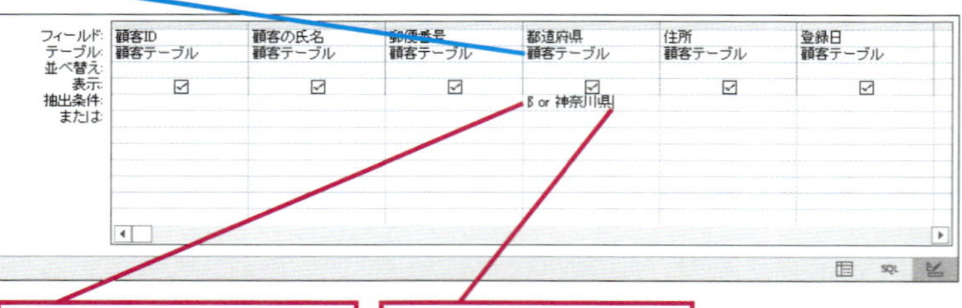

❶［都道府県］フィールドの［抽出条件］をクリック

❷「東京都 or 神奈川県」と入力

「or」の前後には、必ず半角文字の空白を入力する

❸  キーを2回押す

▶キーワード

クエリ	p.419
デザインビュー	p.421
パラメータークエリ	p.421
フィールド	p.421
レコード	p.422

レッスンで使う練習用ファイル
And条件とOr条件の組み合わせ.accdb

HINT! 条件によって書き方を工夫しよう

例えば、「東京都の男性顧客」と「神奈川県の女性顧客」にダイレクトメールを送ることを考えてみましょう。この条件をクエリで考えると「東京都かつ男性顧客」または「神奈川県かつ女性顧客」となります。このような条件のときは、［抽出条件］と［または］行に分けて条件を設定するといいでしょう。行を分けて書いたときは、Or条件になるので、それぞれの行に書かれた抽出条件の結果が足されて、正しく抽出できます。

東京都の男性顧客と神奈川県の女性顧客を抽出する

フィールド:	性別	都道府県
テーブル:	顧客テーブル	顧客テーブル
並べ替え:		
表示:	☑	☑
抽出条件:	"男"	"東京都"
または:	"女"	"神奈川県"

［抽出条件］行に書かれた条件と［または］行に書かれた条件がOr条件で抽出される

間違った場合は?

手順5のクエリの実行結果が違うときは、抽出条件の指定が間違っています。クエリをデザインビューで表示し、手順2や手順3を参考にして条件を指定し直しましょう。

3 [登録日] フィールドの抽出条件を設定する

「"東京都" Or "神奈川県"」と入力されている抽出条件はそのまま残しておく

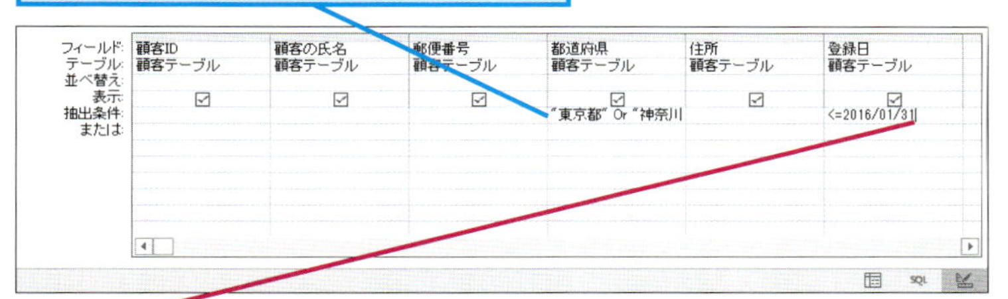

❶「<=2016/01/31」と入力

すべて半角文字で入力する

❷ Enter キーを押す

4 クエリを実行する

And条件とOr条件を設定したクエリでレコードが抽出されるかどうかを確認する

❶ [クエリツール] の [デザイン] タブをクリック

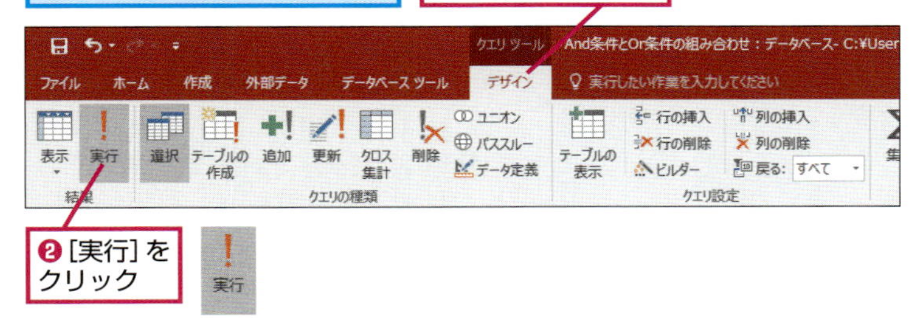

❷ [実行] をクリック

5 And条件とOr条件を設定したクエリの実行結果が表示された

[都道府県] フィールドに「東京都」または「神奈川県」と入力されていて、[登録日] フィールドに入力されている日付が「2016/01/31以前」のレコードが表示された

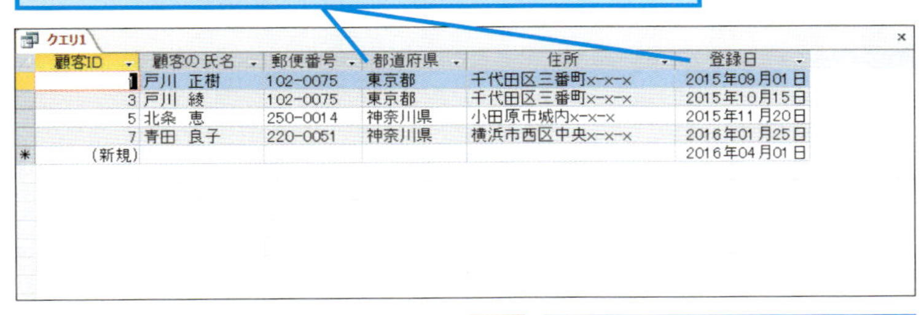

顧客ID	顧客の氏名	郵便番号	都道府県	住所	登録日
1	戸川 正樹	102-0075	東京都	千代田区三番町x-x-x	2015年09月01日
3	戸川 綾	102-0075	東京都	千代田区三番町x-x-x	2015年10月15日
5	北条 恵	250-0014	神奈川県	小田原市城内x-x-x	2015年11月20日
7	青田 良子	220-0051	神奈川県	横浜市西区中央x-x-x	2016年01月25日
(新規)					2016年04月01日

「2月以前登録の首都圏顧客クエリ」という名前でクエリを保存

基本編のレッスン㉒を参考にクエリを閉じておく

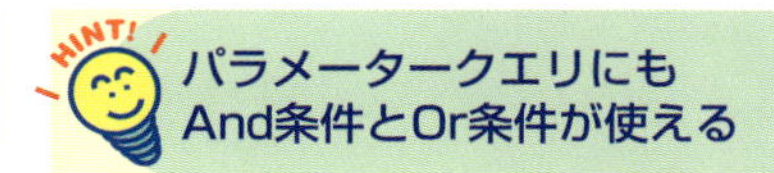

パラメータークエリにもAnd条件とOr条件が使える

以下の例のように [都道府県] フィールドと [登録日] フィールドの抽出条件にパラメータークエリを設定すると、クエリの実行時に [パラメーターの入力] ダイアログボックスが2回表示されます。[パラメーターの入力] ダイアログボックスに値を入力すれば「入力した都道府県」で、かつ「入力した日付以降」のレコードを抽出できます。

❶ [都道府県] フィールドの [抽出条件] に「[都道府県を入力してください]」と入力

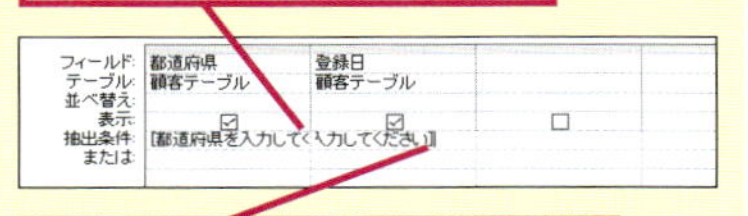

❷ [登録日] フィールドの [抽出条件] に「>=[登録日を入力してください]」と入力

[パラメーターの入力] ダイアログボックスで都道府県と登録日を入力する

Point

OrとAndを組み合わせて条件を指定できる

「[都道府県] が『東京都』または『神奈川県』」かつ、「[登録日] が『昨年度以前』」の顧客といった条件には、「または」と「かつ」の両方の条件があるため、Or条件とAnd条件を組み合わせて使います。まず始めに「Or」で「東京都」の抽出結果に「神奈川県」の抽出結果を加えましょう。その結果を確認してから「登録日が昨年度以前」のレコードを「And」で絞り込むようにします。このように、Or条件を使った大きなまとまりから、And条件を使って小さなまとまりへと絞り込むと、抽出条件を分かりやすく設定できます。

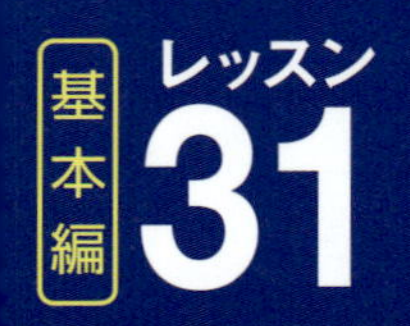

一定期間内のデータを抽出するには

期間指定

「ある日付から別の日付までの期間に登録した顧客」のレコードを抽出してみましょう。期間でレコードを抽出するには、比較演算子とAnd条件を使います。

新しいクエリを作成する

ここでは、[登録日] フィールドに入力されている日付が「2016/01/01」から「2016/03/31」までのレコードを抽出する

基本編のレッスン㉑を参考にクエリを作成して、[顧客テーブル]から右のフィールドを追加しておく

顧客ID	登録日
顧客の氏名	

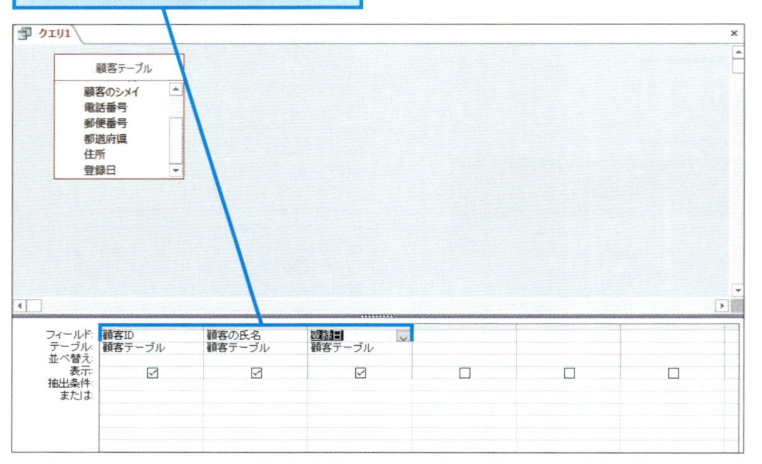

2 抽出の開始日付を設定する

[登録日] フィールドに「2016年1月1日以降」という抽出条件を設定する

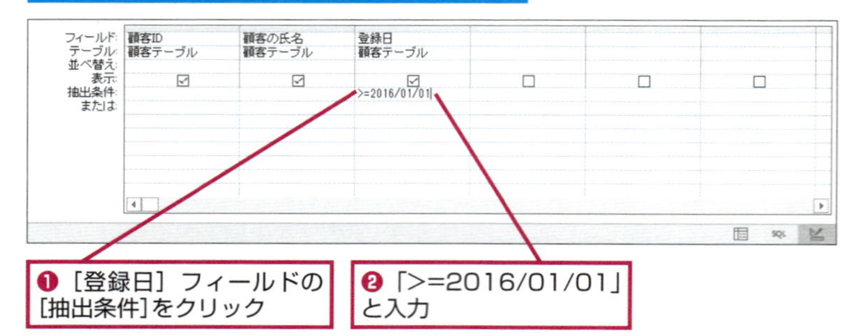

❶ [登録日] フィールドの[抽出条件]をクリック

❷「>=2016/01/01」と入力

すべて半角文字で入力する

❸ Enter キーを押す

▶キーワード

演算子	p.418
クエリ	p.419
データ型	p.420
パラメータークエリ	p.421
レコード	p.422

レッスンで使う練習用ファイル
期間指定.accdb

HINT! 数値や日付を比較する演算子

基本編のレッスン㉖で解説したように、数値や日付の比較は、「比較演算」と呼ばれ、比較するために比較演算子という記号を使います。比較演算子には「=」(同じ)、「<」(～より小さい)、「>」(～より大きい)、「<=」(～以下)、「>=」(～以上)、「<>」(～と異なる)の6種類があります。比較演算子で数値や日付の比較ができることを覚えておきましょう。

HINT! [日付/時刻型] 以外のデータ型も比較できる

「2016年1月1日 から2016年4月30日まで」や「10から100まで」など、連続した範囲は比較演算子とAnd条件を使わずに、[Between ～ And ～] を使って表現することもできます。どちらも同じ意味なので、分かりやすい方を使いましょう。

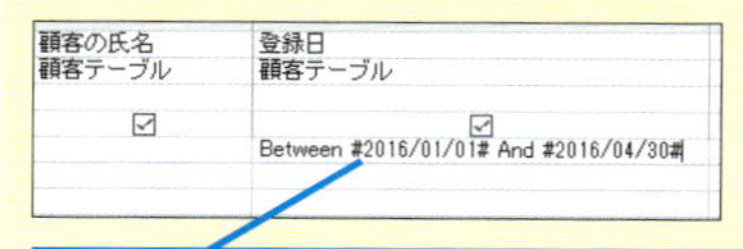

このレッスンの抽出条件はこのように入力しても同じ抽出結果になる

抽出の終了日付を追加する

[登録日] フィールドに「2016年3月31日まで」という抽出条件を追加する

「>=#2016/01/01#」と入力されている抽出条件はそのまま残しておく

[登録日] フィールドの幅を広げておく

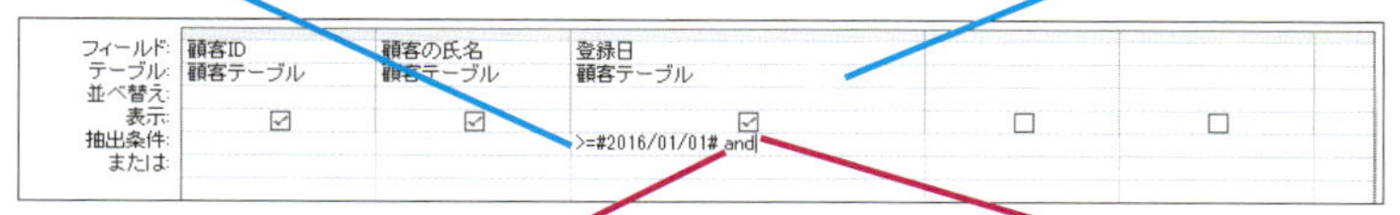

❶[登録日]フィールドの[抽出条件]に入力されている「>=#2016/01/01#」の右をクリック

❷半角の空白文字と「and」を入力

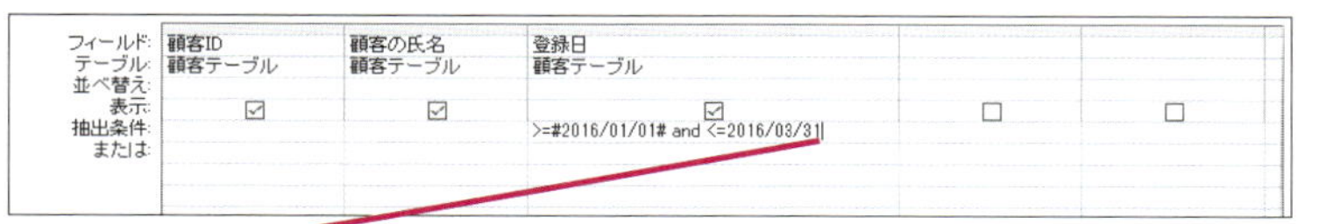

❸続けて半角の空白文字を入力してから「<=2016/03/31」と入力

❹Enterキーを押す

クエリを実行する

設定した条件で正しくレコードが抽出されるかどうかを確認する

❶[クエリツール]の[デザイン]タブをクリック

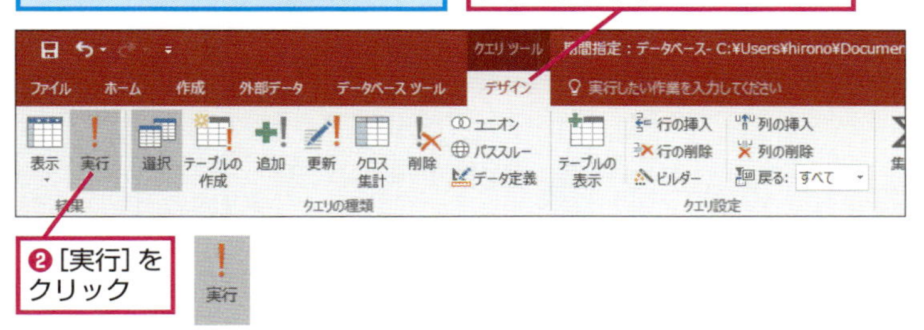

❷[実行]をクリック

実行

クエリの実行結果が表示された

[登録日] フィールドに入力されている日付が「2016/01/01」から「2016/03/31」までのレコードが表示された

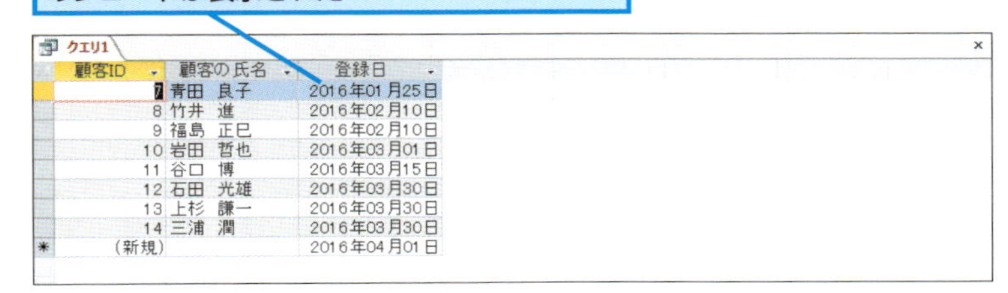

クエリ1

顧客ID	顧客の氏名	登録日
7	青田 良子	2016年01月25日
8	竹井 進	2016年02月10日
9	福島 正巳	2016年02月10日
10	岩田 哲也	2016年03月01日
11	谷口 博	2016年03月15日
12	石田 光雄	2016年03月30日
13	上杉 謙一	2016年03月30日
14	三浦 潤	2016年03月30日
(新規)		2016年04月01日

「2016年第1四半期登録顧客クエリ」という名前でクエリを保存

基本編のレッスン㉒を参考にクエリを閉じておく

パラメータークエリと組み合わせるには

日付を使った条件を指定するときもパラメータークエリと組み合わせられます。例えば、[登録日] フィールドの [抽出条件] 行に「>= [期間の始め] And <= [期間の終わり]」と設定すると、[パラメーターの入力] ダイアログボックスで日付を入力してレコードを抽出できます。なお、フィールドのデータ型が [日付/時刻型] に設定されているときは、[パラメーターの入力] ダイアログボックスで「2016/01/01」のように日付と認識される文字列を入力しましょう。

「～以上または～以下」で比較するには

数値や期間を比較したものをOr条件で接続すると、「～以上または～以下」という抽出ができます。例えば、「100以上または10以下」という条件は「>=100 or <=10」と記述します。

間違った場合は？

手順5のクエリの実行結果が違うときは、抽出条件の指定が間違っています。クエリをデザインビューで表示し、手順2と手順3を参考にして条件を指定し直しましょう。

Point

期間や数値の範囲の考え方

このレッスンのように「2016年1月1日から2016年3月31日まで」というような期間や、「10から100まで」というような範囲の抽出は「2016年1月1日以降で、かつ、2016年3月31日以前」や「10以上で、かつ、100以下」というように「AかつB」といい換えることができます。つまり、以上 (>=)、以下 (<=) といった比較演算子とAnd条件を使えば「2016年1月1日から2016年3月31日まで」は「>=#2016/01/01# And <=#2016/03/31#」と表現できるのです。

都道府県別にデータの数を集計するには

集計

クエリでは、集計などの計算も簡単に実行できます。このレッスンでは、[顧客テーブル] にあるレコードを都道府県別に集計し、個数を確認しましょう。

1 新しいクエリを作成する

ここでは、各都道府県のレコード数を集計する

基本編のレッスン㉑を参考にクエリを作成して、[顧客テーブル] から [都道府県] フィールドを2つ追加しておく

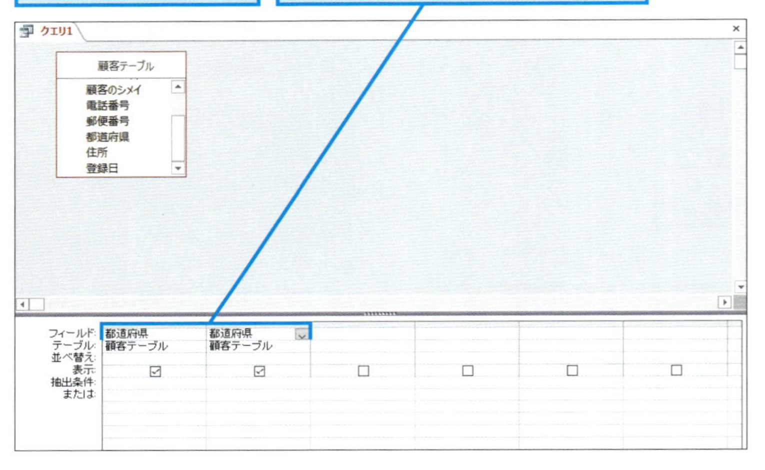

2 集計行を表示する

クエリに[集計]行を表示する

❶ [クエリツール] の [デザイン] タブをクリック

❷ [集計] をクリック

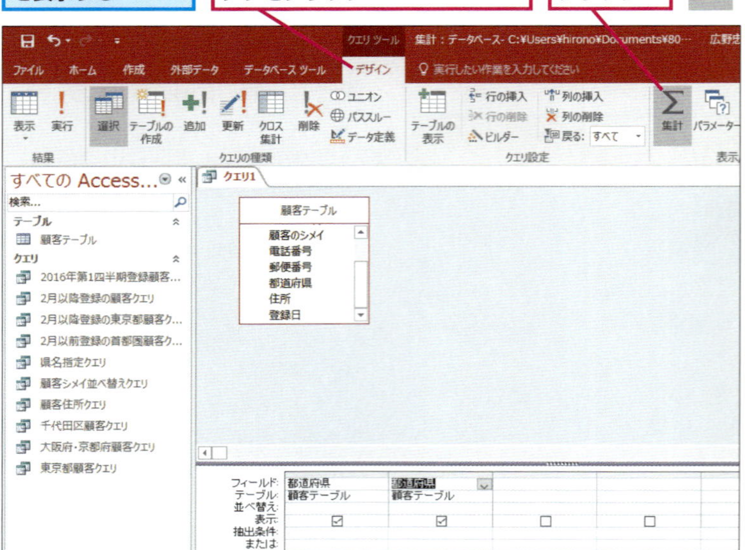

▶キーワード

レッスンで使う練習用ファイル

集計.accdb

HINT!

数値型フィールドを集計してみよう

このレッスンでは、[短いテキスト] に設定されているフィールドを利用して、都道府県ごとのレコード数を調べるクエリを作成していますが、集計の対象となるフィールドのデータ型が [数値型] のときは、「合計」や「平均」「最大」「最小」などの集計もできることを覚えておきましょう。例えば、「商品名」という名前の文字型フィールドと「金額」という名前の数値型フィールドのテーブルで集計することを考えてみましょう。このテーブルを「商品名」でグループ化したクエリを作れば、商品ごとの合計金額や最大金額(最も売れている商品)、最小金額(最も売れていない商品)を集計できます。

HINT!

ステータスバーでもビューの切り替えができる

クエリは、デザインビューとデータシートビューを使いクエリが正しく実行されているかどうかを確認しながら作成します。そのため、素早くビューの切り替えができれば、スムーズにクエリを作成できます。ビューはリボンだけではなく、右下にあるステータスバーのアイコンで切り替えられます。使いやすい方法で切り替えましょう。

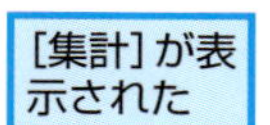

集計方法を選択する

[集計] が表示された

[都道府県] フィールドにある都道府県の個数を数える

❶左側の[都道府県] フィールドの[集計]に[グループ化]が選択されていることを確認

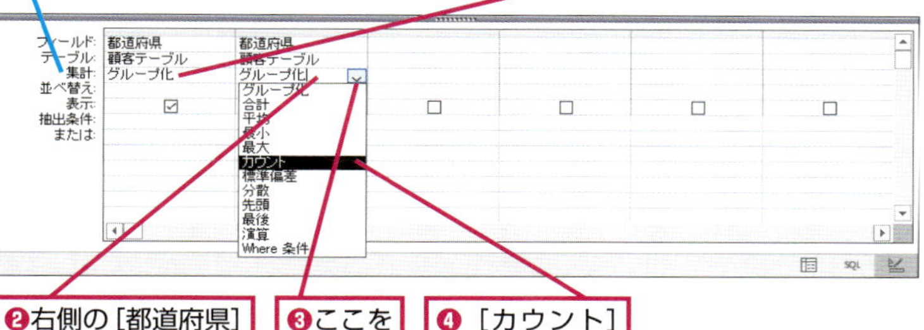

❷右側の[都道府県] フィールドの[集計] をクリックして選択

❸ここをクリック

❹ [カウント] をクリック

4 クエリを実行する

都道府県ごとのレコード数を集計する

❶[クエリツール]の[デザイン] タブをクリック

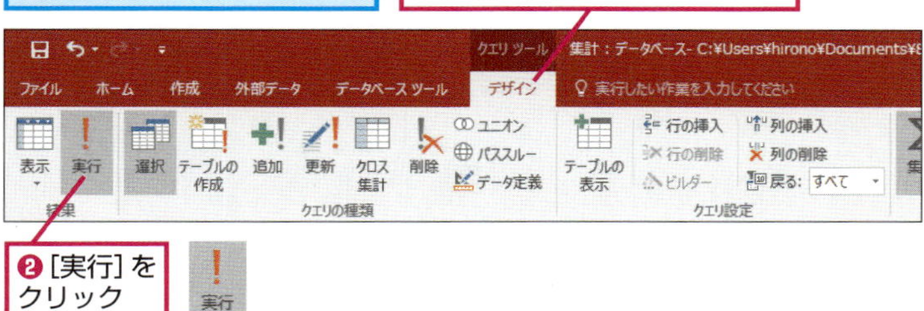

❷[実行] をクリック

5 クエリの実行結果が表示された

都道府県別のレコード数が表示された

都道府県	都道府県の
愛知県	1
京都府	1
埼玉県	1
山梨県	1
新潟県	1
神奈川県	2
千葉県	1
大阪府	2
東京都	4

「都道府県別顧客数集計クエリ」という名前でクエリを保存

基本編のレッスン㉒を参考にクエリを閉じておく

集計結果を並べ替えるには

集計の結果を並べ替えるには、手順3で［並べ替え］を［昇順］または［降順］に設定します。

集計した結果の都道府県の個数（＝都道府県別の顧客数）が多い順に、上から表示するように設定する

❶右側の[都道府県] フィールドの[並べ替え] をクリック

❷ここをクリック

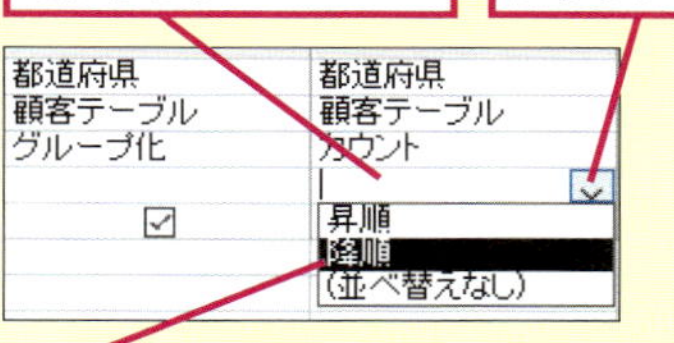

❸ [降順] をクリック

間違った場合は?

手順5で正しい集計結果が表示されないときは、集計方法の設定が間違っています。クエリをデザインビューで表示してから手順3を参考に集計方法を設定し直しましょう。

Point

どのまとまりで集計するのかを決める

フィールドを集計するときは、どのようなまとまりで、何を集計するのかを決めておきましょう。まとまりを作ることを「グループ化」といい、［都道府県］をグループ化すると、［都道府県］に同じ値を持つものがグループとして集計の単位になります。［カウント］とは、グループにレコードがいくつあるのかを集計するもので、このレッスンの例では都道府県ごとのレコード数が表示されます。そのほかの集計方法には、［平均］［合計］［最大］［最小］などがありますが、対象のフィールドが［数値型］のデータ型に設定されていないと正しく集計ができません。

この章のまとめ

●クエリを使ってデータベースを活用しよう

テーブルに入力されたすべてのデータを対象に作業することは、データベースでは非常にまれです。テーブルのデータから特定条件のデータを抽出したり、特定の条件でデータを集計したりする作業には、この章で紹介した「クエリ」を利用します。例えば、3万件のデータが入力された顧客台帳のテーブルがあるとします。このテーブルに含まれているすべての顧客にダイレクトメールを送るといったことは現実的ではありません。通常は、「前回の商品を購入してから1年が経過した顧客にだけダイレクトメールを送りたい」とか「顧客の住所が東京都の人だけにダイレクトメールを送る」というように、テーブルから特定の条件で抽出したデータに対して、アクションを起こすことが一般的です。そのようなときこそクエリの出番です。クエリを使えば、考えられるさまざまな条件を指定して、膨大な情報が含まれたテーブルから瞬時にデータの一部を取り出せます。

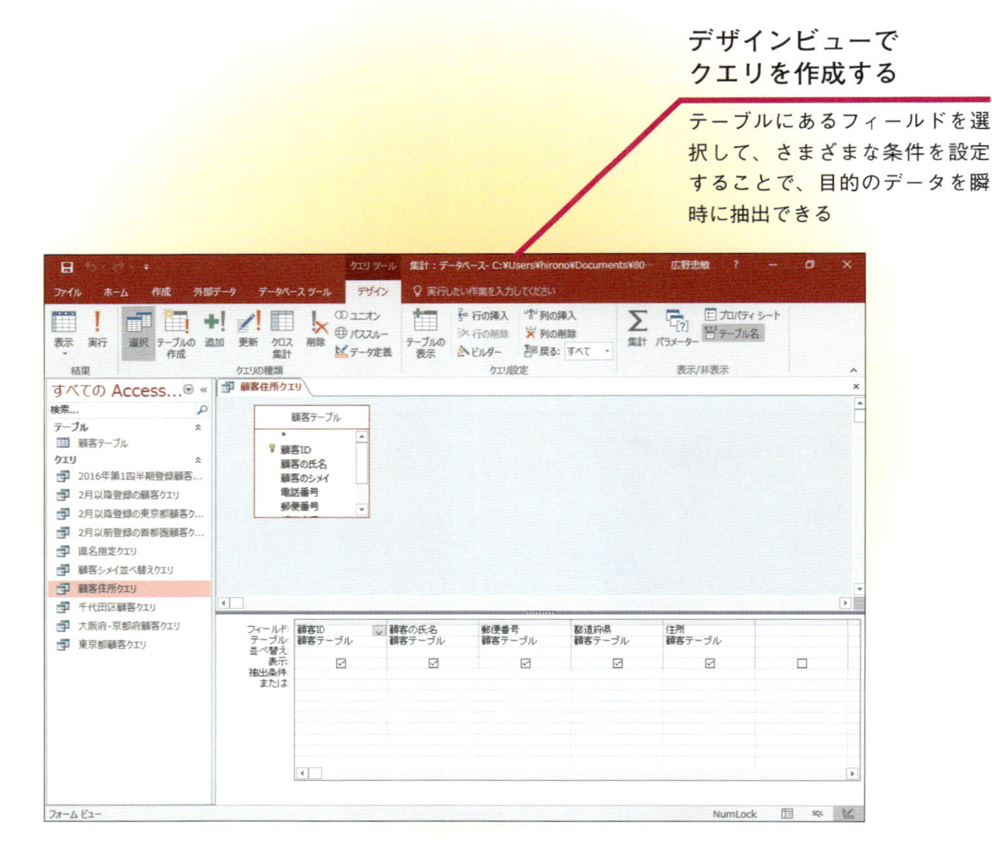

練習問題

1

練習用ファイルの［練習問題03_基本.accdb］にある［顧客テーブル］から、2016年第1四半期に登録した顧客の氏名を五十音順に並べ替えてみましょう。

●ヒント　［2016年第1四半期登録顧客クエリ］をデザインビューで表示してから編集します。並べ替えには、氏名のフリガナが入力されているフィールドを利用してください。

Before

2016年第1四半期登録顧客クエリ

顧客ID	顧客の氏名	登録日
7	青田　良子	2016年01月25日
8	竹井　進	2016年02月10日
9	福島　正巳	2016年02月10日
10	岩田　哲也	2016年03月01日
11	谷口　博	2016年03月15日
12	石田　光雄	2016年03月30日
13	上杉　謙一	2016年03月30日
14	三浦　潤	2016年03月30日
(新規)		2016年04月06日

After

氏名の五十音順に並び替える

2016年第1四半期登録顧客クエリ

顧客ID	顧客の氏名	登録日
7	青田　良子	2016年01月25日
12	石田　光雄	2016年03月30日
10	岩田　哲也	2016年03月01日
13	上杉　謙一	2016年03月30日
8	竹井　進	2016年02月10日
11	谷口　博	2016年03月15日
9	福島　正巳	2016年02月10日
14	三浦　潤	2016年03月30日
(新規)		2016年04月06日

答えは次のページ

解　答

1

基本編のレッスン㉘を参考に［2016年第1四半期登録顧客クエリ］をデザインビューで表示しておく

❶［顧客のシメイ］にマウスポインターを合わせる

❷ここまでドラッグ

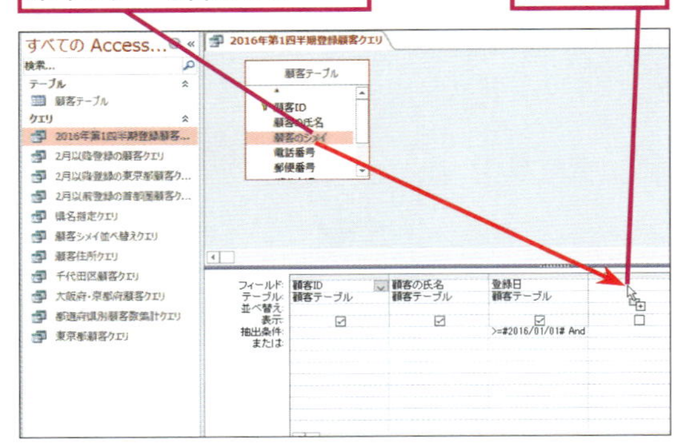

［顧客のシメイ］フィールドが追加された

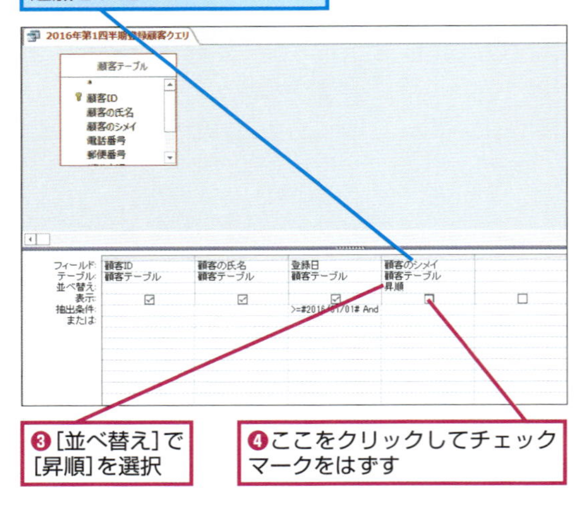

❸［並べ替え］で［昇順］を選択

❹ここをクリックしてチェックマークをはずす

ナビゲーションウィンドウにある［2016年第1四半期登録顧客クエリ］をダブルクリックして開きます。次に［ホーム］タブの［表示］ボタンをクリックしてクエリをデザインビューで表示しましょう。テーブルから［顧客のシメイ］フィールドをドラッグしてクエリに追加し、［並べ替え］に［昇順］を選択してから、［表示］のチェックマークをクリックしてはずしておきます。クエリを実行したら、［上書き保存］ボタン（🖫）をクリックしてクエリの変更を保存しておきましょう。

❺［クエリツール］の［デザイン］タブをクリック

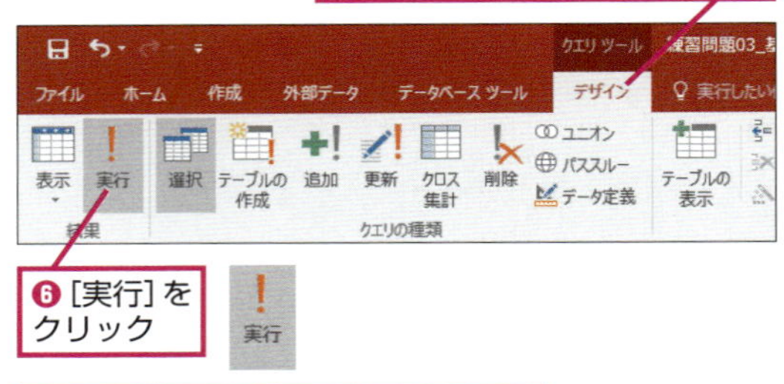

❻［実行］をクリック

2016年第1四半期に登録した顧客の名前が五十音順で並べ替えられた

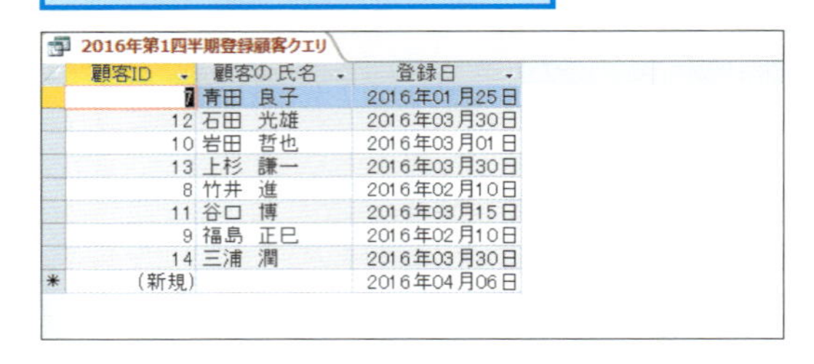

顧客ID	顧客の氏名	登録日
7	青田　良子	2016年01月25日
12	石田　光雄	2016年03月30日
10	岩田　哲也	2016年03月01日
13	上杉　謙一	2016年03月30日
8	竹井　進	2016年02月10日
11	谷口　博	2016年03月15日
9	福島　正巳	2016年02月10日
14	三浦　潤	2016年03月30日
(新規)		2016年04月06日

基本編
第4章 フォームからデータを入力する

フォームを使うとテーブルへのデータ入力が楽になります。この章では［作成］タブの［フォーム］ボタンを使って簡単にフォームを作る方法や、より使いやすいフォームにするために、フォームを編集する方法を紹介します。

●この章の内容

フォームの基本を知ろう

フォームの仕組み

フォームを作っておけば、データシートビューで入力するよりも楽にデータを入力できるようになります。このレッスンでは、フォームの仕組みを紹介します。

フォームとは

フォームとは、テーブルにデータを入力するための専用の画面のことです。基本編の第2章で紹介したように、テーブルのデータシートビューでもデータの入力はできます。しかし、右下の画面のようにフィールドの数が多くなると、レコードが長くなって画面に収まらなくなり、効率よくデータを入力できません。しかし、入力専用のフォームを利用すれば、どこに何のデータを入力すればいいのかがよく分かり、データの入力がぐっと楽になります。

▶キーワード

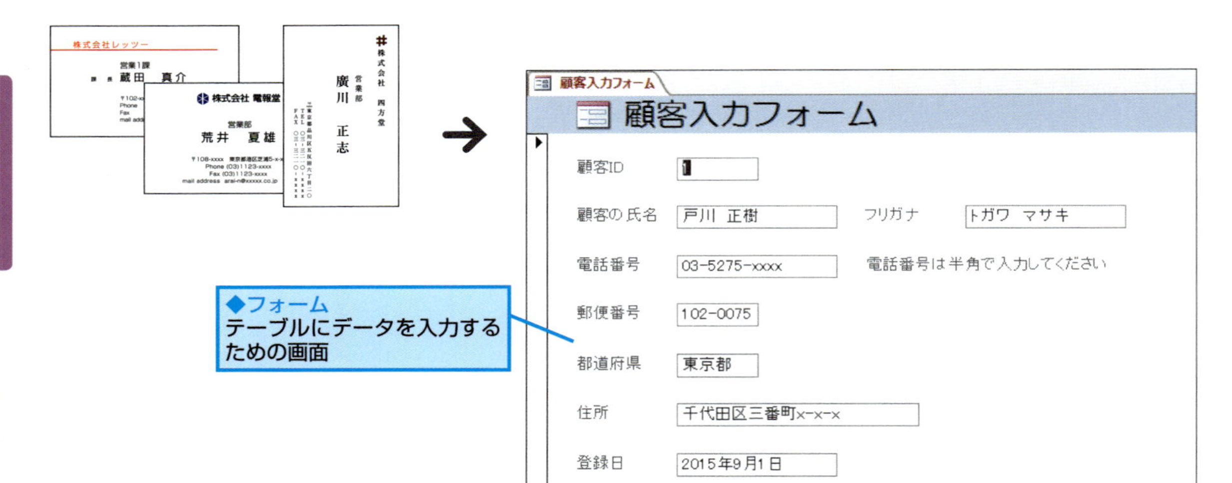

◆テーブル
フォームに入力したデータがテーブルに保存される

顧客テーブル

顧客ID	顧客の氏名	顧客のシメイ	電話番号	郵便番号	都道府県	住所
1	戸川 正樹	トガワ マサキ	03-5275-xxxx	102-0075	東京都	千代田区三番町x
2	大和田 正一郎	オオワダ ショウイチロウ	0721-72-xxxx	585-0051	大阪府	南河内郡千早赤阪
3	戸川 綾	トガワ アヤ	03-5275-xxxx	102-0075	東京都	千代田区三番町x
4	大木 信行	オオキ ノブユキ	042-922-xxxx	359-1128	埼玉県	所沢市金山町x-x
5	北条 恵	ホウジョウ メグミ	0465-23-xxxx	250-0014	神奈川県	小田原市城内x-x
6	小野 信男	オノ ノブオ	052-231-xxxx	460-0013	愛知県	名古屋市中区上前
7	青田 良子	アオタ ヨシコ	045-320-xxxx	220-0051	神奈川県	横浜市西区中央x
8	竹井 進	タケイ ススム	055-230-xxxx	400-0014	山梨県	甲府市古府中町x
9	福島 正巳	フクシマ マサミ	047-302-xxxx	273-0035	千葉県	船橋市本中山x-x
10	岩田 哲也	イワタ テツヤ	075-212-xxxx	604-8301	京都府	中京区二条城町x
11	谷口 博	タニグチ ヒロシ	03-3241-xxxx	103-0022	東京都	中央区日本橋室町
12	石田 光雄	イシダ ミツオ	06-4791-xxxx	540-0008	大阪府	大阪市中央区大手
13	上杉 謙一	ウエスギ ケンイチ	0255-24-xxxx	943-0807	新潟県	上越市春日山町x
14	三浦 潤	ミウラ ジュン	03-3433-xxxx	105-0011	東京都	港区芝公園x-x-x
15	篠田 友里	シノダ ユリ	0426-22-xxxx	192-0083	東京都	八王子市旭町x-x
16	坂田 忠	サカタ タダシ	03-3557-xxxx	176-0002	東京都	練馬区桜台x-x-x
17	佐藤 雅子	サトウ マサコ	0268-22-xxxx	386-0026	長野県	上田市二の丸x-x
18	津田 義之	ツダ ヨシユキ	046-229-xxxx	243-0014	神奈川県	厚木市旭町x-x-x
19	羽鳥 一成	ハトリ カズナリ	0776-27-xxxx	910-0005	福井県	福井市大手x-x-x
20	本庄 亮	ホンジョウ リョウ	03-3403-xxxx	107-0051	東京都	港区元赤坂x-x-x
21	木梨 美香子	キナシ ミカコ	03-5275-xxxx	102-0075	東京都	千代田区三番町x
22	戸田 史郎	トダ シロウ	03-3576-xxxx	170-0001	東京都	豊島区西巣鴨x-x
23	加瀬 翔太	カセ ショウタ	080-3001-xxxx	252-0304	神奈川県	相模原市南区旭町
(新規)						

フォームの作成とデータの入力

この章では、顧客の氏名やフリガナ、連絡先や登録日などを入力するための［顧客入力フォーム］を作成します。まず、2つのビューを切り替えてフォームを利用することを覚えておきましょう。フォームビューは「データを入力する画面」で、デザインビューは「フォームの作成や編集を行う画面」です。誰もが入力しやすいフォームを作るには、フォームのデザインビューで、テキストボックスやラベルの配置や幅を調整したり、データ入力時の注意事項を表示したりする「工夫」が何よりも大切です。この章で紹介する機能を活用して、データを入力しやすいフォームを作成しましょう。

●フォームビュー

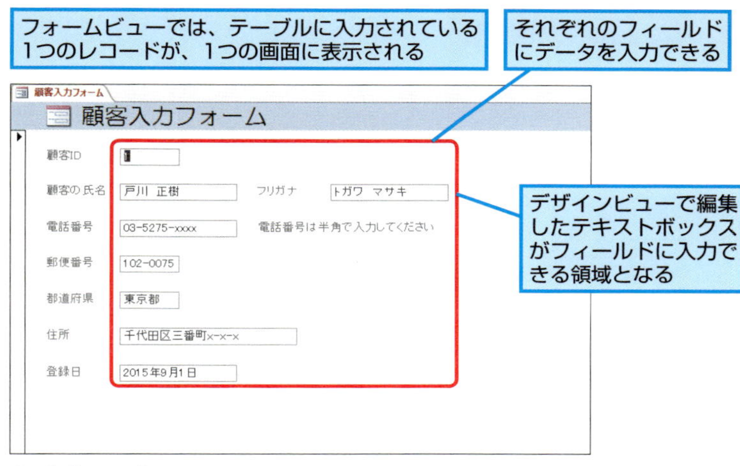

●デザインビュー

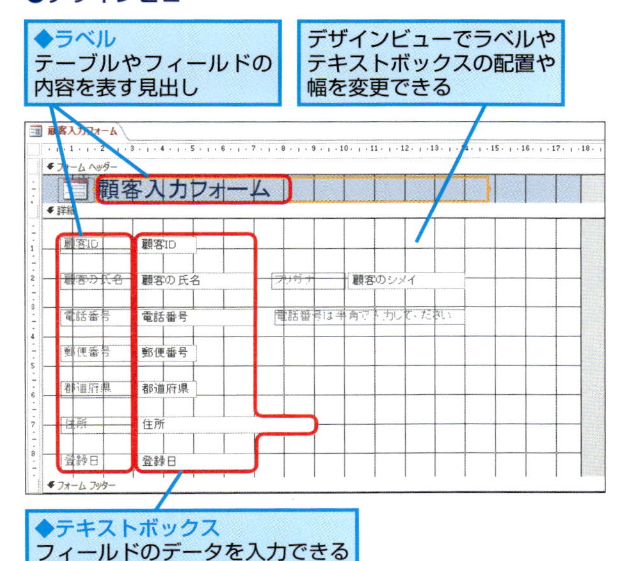

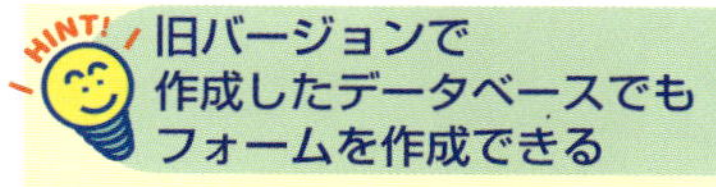

旧バージョンで作成したデータベースでもフォームを作成できる

Access 2003/2002/2000で作成したデータベースファイルでも、この章で説明する操作でフォームを作成できます。旧バージョンの形式（［Access 2002-2003データベース］［Access 2000データベース］）のデータベースファイルを修正するときは、データベースを変換しない限り、旧バージョンのファイル形式で保存されます。なお、Access 2016のファイル形式はAccess 2007以降と同じなので、特にバージョンを意識する必要はありません。

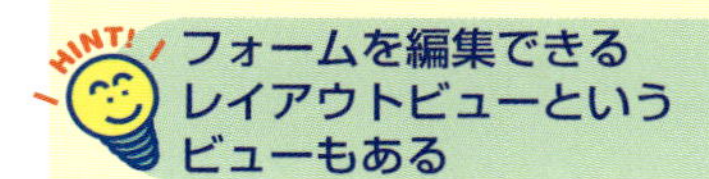

フォームを編集できるレイアウトビューというビューもある

このレッスンで紹介したフォームビューとデザインビュー以外に、レイアウトビューというビューもあります。レイアウトビューは、テーブルのレイアウトを調整するための表示方法です。レイアウトビューを使うと［作成］タブの［フォーム］で作成したフォームのレイアウトを崩さずに、フィールドの位置を入れ替えたり、書式を整えたりすることができます。ただし、レイアウトビューでは個々のフィールドの幅を別々に調整したり、あらかじめ作成したレイアウトを大幅に変更したりすることはできません。そのため、この章ではより細かい編集が可能なデザインビューを使ってフォームを編集します。

データを入力するフォームを作るには

フォームの作成

［顧客テーブル］へデータを入力するためのフォームを作りましょう。［作成］タブの［フォーム］ボタンを使うと、簡単にフォームを作ることができます。

1 新しいフォームを作成する

基本編のレッスン❽を参考に［フォームの作成.accdb］を開いておく

［顧客テーブル］からフォームを作成する

❶［作成］タブをクリック

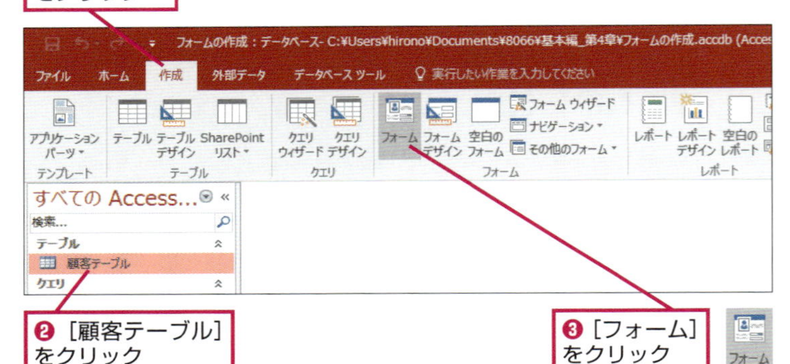

❷［顧客テーブル］をクリック

❸［フォーム］をクリック

新しいフォームが作成され、フォームビューで表示された

◆フォームビュー

［顧客テーブル］に入力されている1件目のレコードが表示された

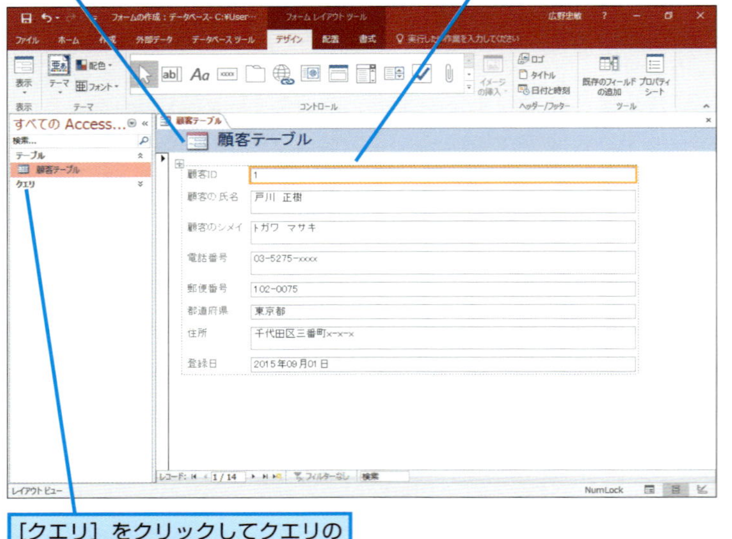

［クエリ］をクリックしてクエリの一覧を非表示にしておく

▶キーワード

オブジェクト	p.419
データシートビュー	p.420
テーブル	p.420
ナビゲーションウィンドウ	p.421
フォーム	p.421
レコード	p.422

レッスンで使う練習用ファイル

フォームの作成.accdb

HINT! ナビゲーションウィンドウが表示されていないときは

ナビゲーションウィンドウが表示されていないと、テーブルから新しいフォームを作成できません。ナビゲーションウィンドウが表示されていないときは、ナビゲーションウィンドウの［シャッターバーを開く/閉じる］ボタンをクリックして、ナビゲーションウィンドウを表示してから作業しましょう。

❶［シャッターバーを開く/閉じる］をクリック

ナビゲーションウィンドウが表示された

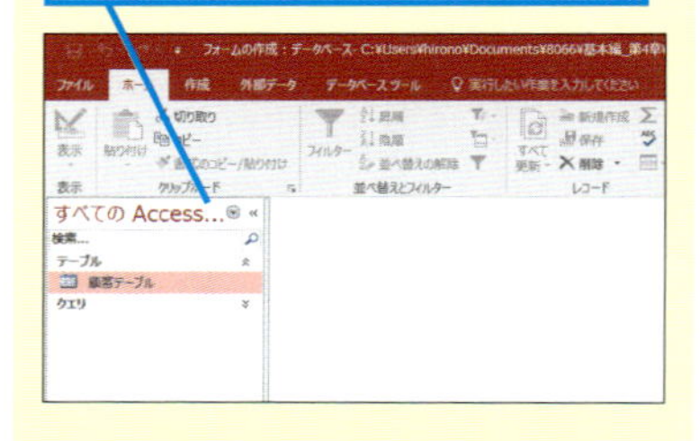

2 フォームを保存する

クエリの一覧が非表示になった

作成したフォームに名前を付けて保存する

❶［上書き保存］をクリック

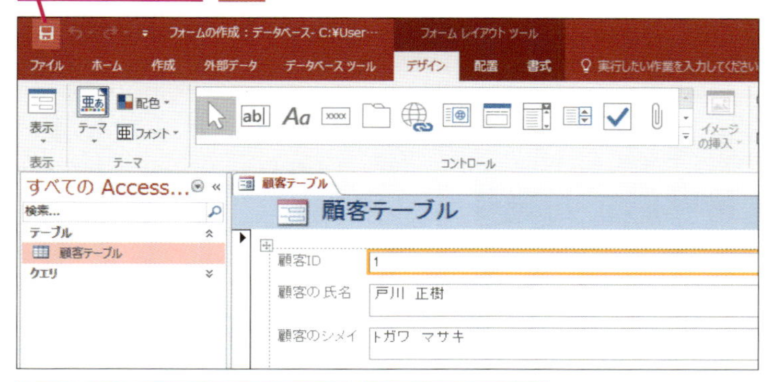

［名前を付けて保存］ダイアログボックスが表示された

フォームの名前を変更する

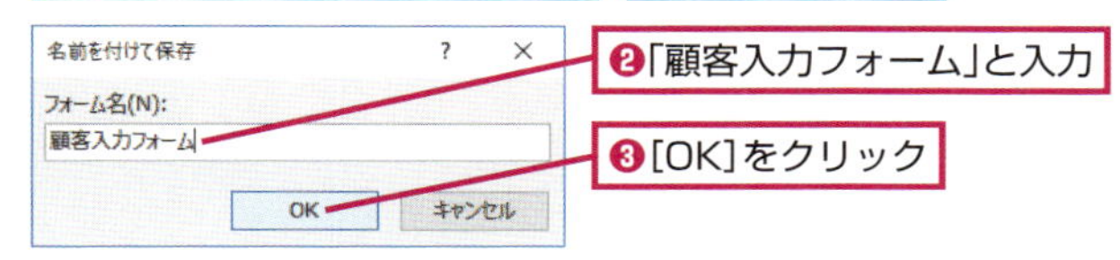

❷「顧客入力フォーム」と入力

❸［OK］をクリック

3 ［顧客入力フォーム］を閉じる

フォームを保存できた

［顧客入力フォーム］と表示された

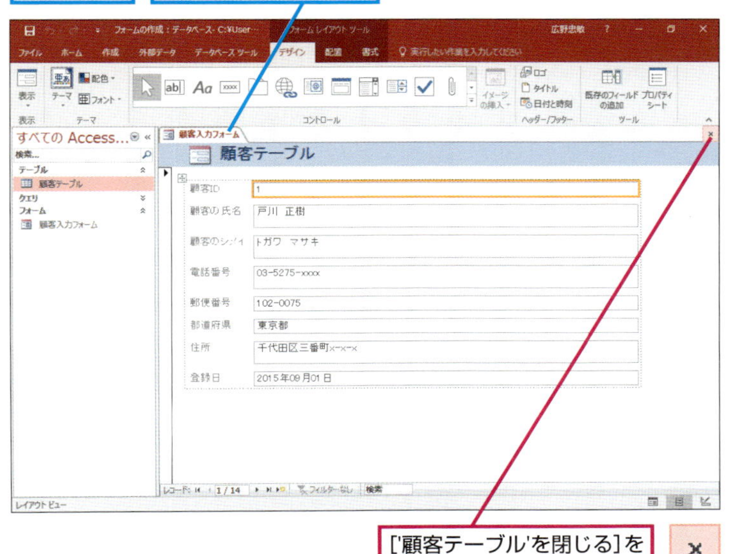

［'顧客テーブル'を閉じる］をクリック

HINT! フォーム名の付け方

テーブルやフォームに名前を付けるときは、どういう種類で、何に使うのかを考えて名前を付けましょう。例えば、「顧客テーブル」に入力するフォームに名前を付けるとき、「顧客」という名前にしてしまうと、それがテーブルなのかフォームなのかが分かりません。「顧客入力フォーム」や「F_顧客入力」「frm_顧客入力」などのように、種類（「frm」はフォームの意）も含めた名前を付けるとオブジェクトの種類が分かりやすくなります。

間違った場合は?

手順1で違うフォームが表示されてしまったときは、違うテーブルやクエリが選択されています。手順3を参考にいったんフォームを閉じてから、正しいテーブルを選択し直しましょう。なお、［閉じる］ボタンをクリックすると、「フォームの変更を保存しますか?」と確認のメッセージが表示されますが、［いいえ］ボタンをクリックして、手順1から操作をやり直します。

Point フォームはデータ入力のための機能

このレッスンでは、［顧客テーブル］を利用して新しいフォームを作成しました。テーブルを選んでフォームを作成すると、1つのレコードが1画面に表示されます。基本編の第2章では、テーブルをデータシートビューで表示して顧客データを入力する方法を紹介しました。フォームを利用すれば、データシートビューを使うよりもデータを入力しやすくなります。フォームを作成するためには、該当するテーブルを開いてから［作成］タブにある［フォーム］ボタンをクリックすることを覚えておきましょう。

フォームからデータを入力するには

フォームを使った入力

このレッスンでは、フォームを利用して新しい顧客データを入力する方法を紹介します。すでに必要なフィールドが用意されているので、簡単に入力できます。

▶キーワード

移動ボタン	p.418
ウィザード	p.418
デザインビュー	p.421
フィールド	p.421
フォーム	p.421
レコード	p.422

1 [顧客入力フォーム]を開く

ナビゲーションウィンドウから[顧客入力フォーム]を開く

[顧客入力フォーム]をダブルクリック

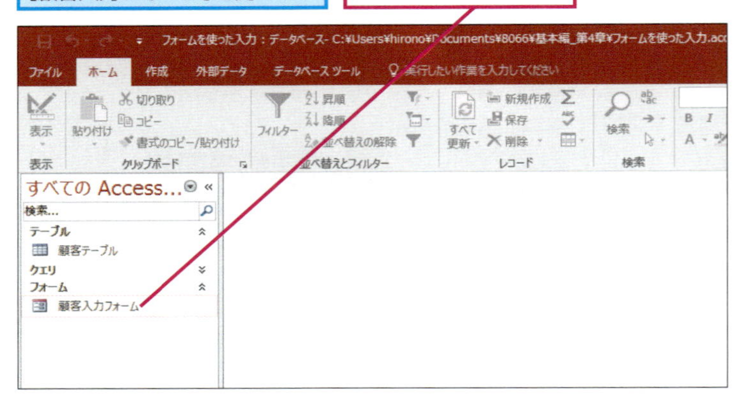

レッスンで使う練習用ファイル

フォームを使った入力.accdb

ショートカットキー

Ctrl + + ………… レコードの新規作成

2 新しいレコードを作成する

[顧客入力フォーム]がフォームビューで表示され、[顧客テーブル]に入力されている1件目のレコードが表示された

フォームビューで新しいレコードを作成する

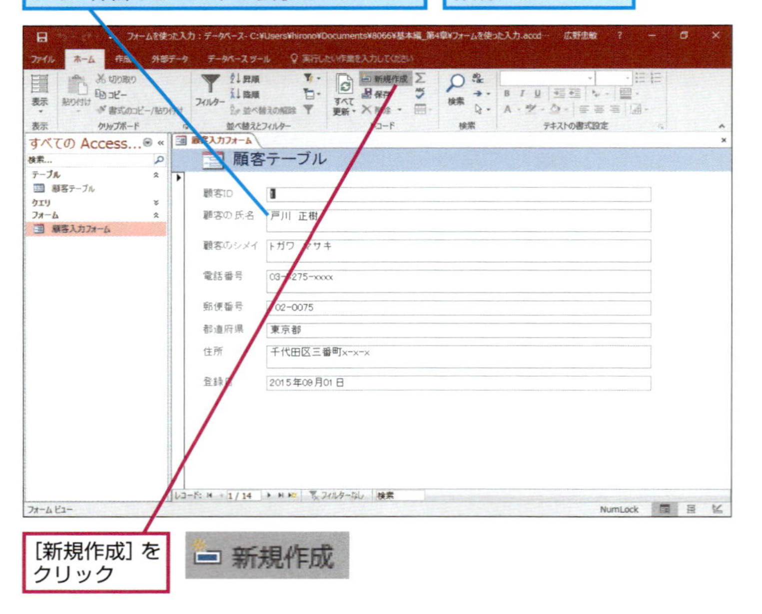

[新規作成]をクリック

HINT! キーボードを使うと効率よくフィールド間を移動できる

入力中にTabキーを押すと、カーソルを次のフィールドに移動できます。また、Shift+Tabキーを押すと、カーソルを前のフィールドに移動できます。フィールドにデータを入力するときは、Tabキーをうまく活用して効率よくカーソルを移動しましょう。なお、フォームの最後のフィールドでTabキーを押すと次のレコードへ、先頭のフィールドでShift+Tabキーを押すと前のレコードへ移動できます。

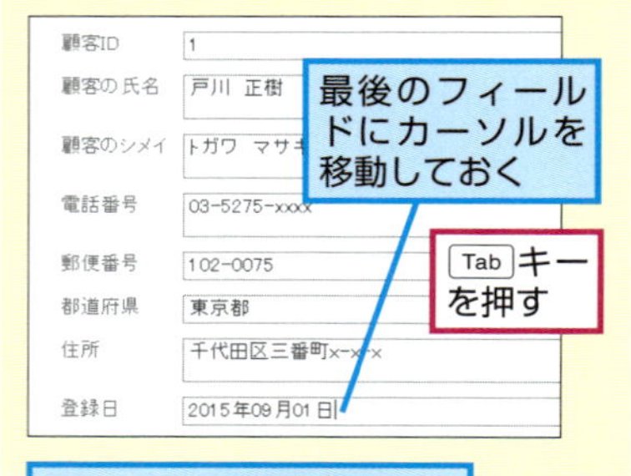

次のレコードが表示される

Shift+Tabキーを押すと1つ前のレコードが表示される

3 新しいレコードが作成された

新しいレコードが作成された

顧客IDは自動連番のため、入力できない

顧客入力フォーム

顧客テーブル

顧客ID (新規)
顧客の氏名
顧客のシメイ
電話番号
郵便番号
都道府県
住所
登録日 2016年04月06日

4 ［顧客の氏名］［顧客のシメイ］［電話番号］のフィールドにデータを入力する

1件目のレコードを入力する

顧客の氏名	篠田　友里	顧客のシメイ	シノダ　ユリ
電話番号	042-643-xxxx	郵便番号	192-0083
都道府県	東京都	住所	八王子市旭町x-x-x
登録日	（自動入力）		

❶ Tab キーを押す

カーソルが［顧客の氏名］フィールドに移動した

❷「篠田　友里」と入力

❸ Tab キーを押す

カーソルが［顧客のシメイ］フィールドに移動した

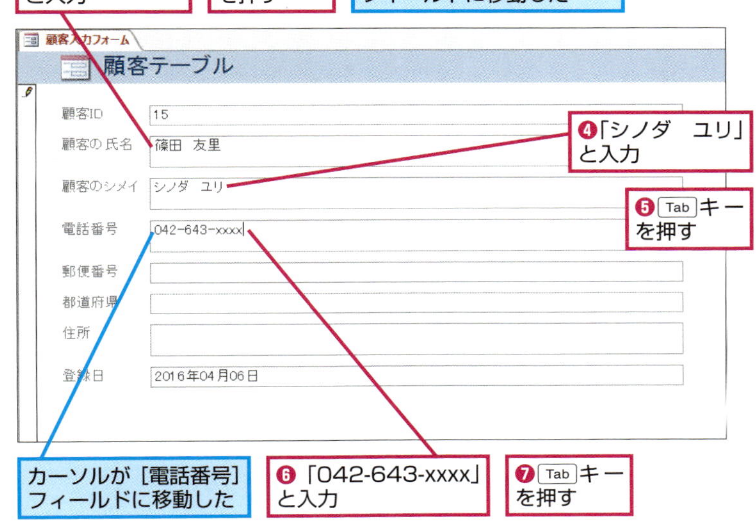

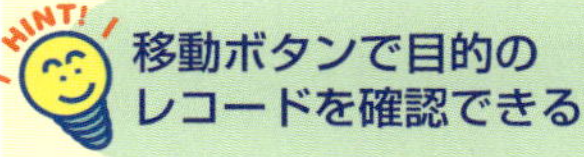

HINT! 移動ボタンで目的のレコードを確認できる

フォームビューの一番下に表示されている移動ボタンを使うと、すでに入力してある目的のレコードをフォームに表示できます。

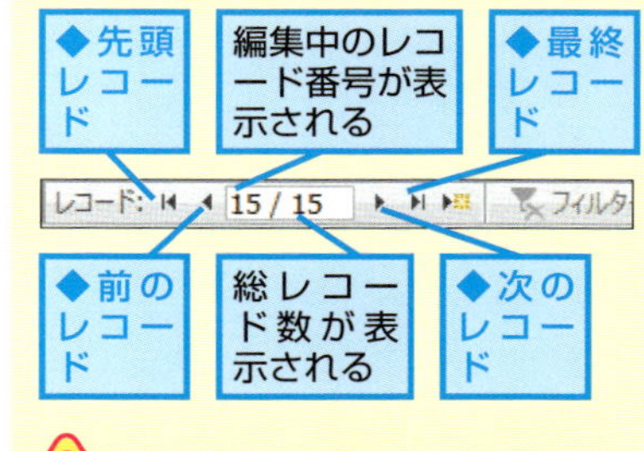

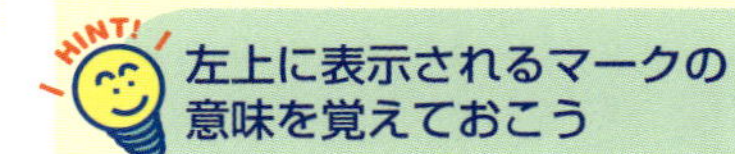

間違った場合は？

手順4で入力するデータを間違えたときは、Back space キーを押して文字を削除してから正しい内容を入力し直します。

HINT! 左上に表示されるマークの意味を覚えておこう

フォームの左上には「三角のマーク」（▶）と「鉛筆のマーク」（✎）が表示されます。▶が表示されているときは、レコードに修正が加えられていないことを表します。また✎は、フィールドにデータを入力するときやデータを変更するときに表示されます。この2つのマークの違いを覚えておきましょう。

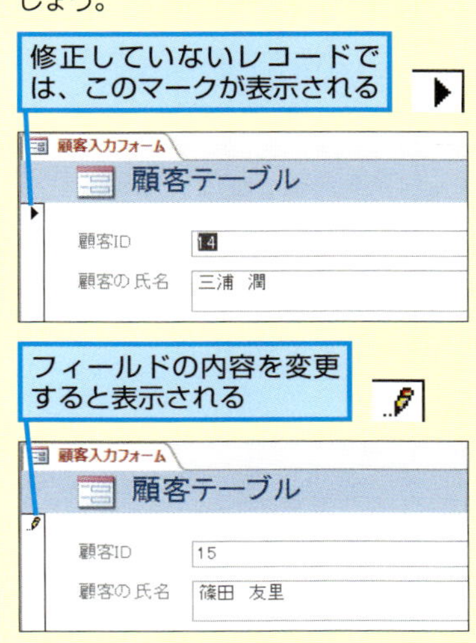

次のページに続く

5 [郵便番号] フィールドにデータを入力する

カーソルが [郵便番号] フィールドに移動した

「-」(ハイフン) なしで郵便番号を入力する

「1920083」と入力

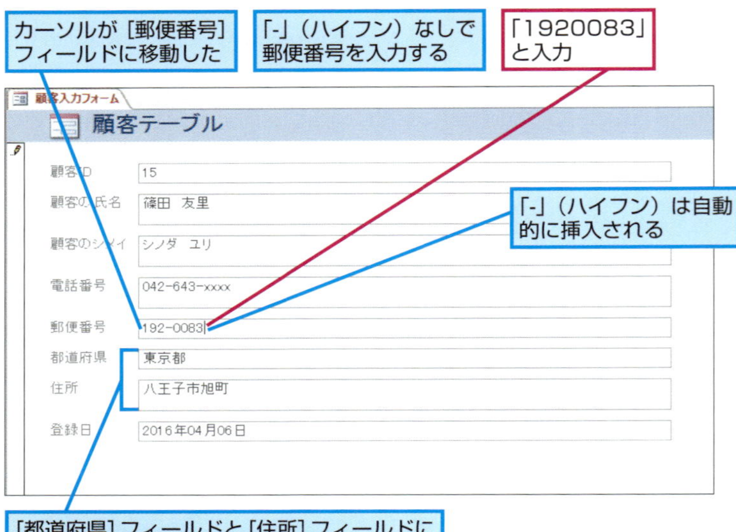

「-」(ハイフン) は自動的に挿入される

[都道府県] フィールドと [住所] フィールドに住所が自動的に入力された

6 [住所] フィールドに残りの住所を入力する

残りの住所を入力する

❶[住所]フィールドのここをクリック

❷残りの住所として「x-x-x」を入力

❸ Tab キーを押す

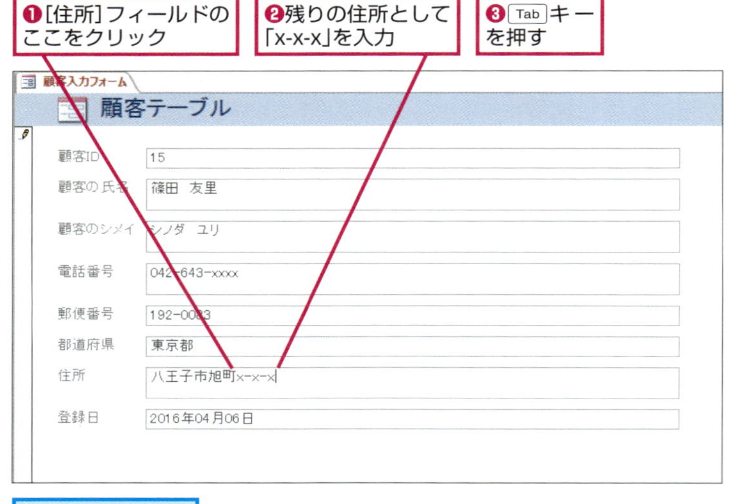

新しいレコードが作成される

住所が自動的に入力されるのはなぜ？

テーブルのデザインビューで設定したフィールドの属性は、フォームのフィールドにそのまま引き継がれます。このレッスンで利用する練習用ファイルは、基本編のレッスン⓲で紹介したように郵便番号を入力すると [都道府県] フィールドと [住所] フィールドに住所が入力されるように設定しています。そのため、手順5で郵便番号を入力すると [都道府県] フィールドと [住所] フィールドに住所が自動入力されるのです。

[登録日] フィールドには日付を入力しない

基本編のレッスン⓳で紹介したように、[登録日] フィールドにはデータの入力日が自動的に入力されるように設定されています。そのため、特に必要がなければ、入力された日付を変更する必要はありません。

フィールドに入力された内容を修正するには

Tab キーを使ってフィールドを移動すると、フィールドの内容がすべて選択された状態になります。このときに文字を入力するとフィールドの内容が入力された文字に置き換わるので注意しましょう。フィールドの内容を修正するには F2 キーを使う方法が便利です。F2 キーを押すとフィールドの内容が選択された状態ではなく、フィールド内容を編集できる状態になります。

❶ Tab キーを押す

フィールド全体が選択された

郵便番号 192-0083
都道府県 東京都
住所 八王子市旭町

❷ F2 キーを押す

カーソルが表示された

郵便番号 192-0083
都道府県 東京都
住所 八王子市旭町

続けて残りのデータを入力する

手順2 ～ 6を参考に残りの
8名分のデータを入力

顧客ID 16

顧客の氏名	坂田　忠	顧客のシメイ	サカタ　タダシ
電話番号	03-3557-xxxx	郵便番号	176-0002
都道府県	東京都	住所	練馬区桜台x-x-x
登録日	(自動入力)		

顧客ID 17

顧客の氏名	佐藤　雅子	顧客のシメイ	サトウ　マサコ
電話番号	0268-22-xxxx	郵便番号	386-0026
都道府県	長野県	住所	上田市二の丸x-x-x
登録日	(自動入力)		

顧客ID 18

顧客の氏名	津田　義之	顧客のシメイ	ツダ　ヨシユキ
電話番号	046-229-xxxx	郵便番号	243-0014
都道府県	神奈川県	住所	厚木市旭町x-x-x
登録日	(自動入力)		

顧客ID 19

顧客の氏名	羽鳥　一成	顧客のシメイ	ハトリ　カズナリ
電話番号	0776-27-xxxx	郵便番号	910-0005
都道府県	福井県	住所	福井市大手x-x-x
登録日	(自動入力)		

顧客ID 20

顧客の氏名	本庄　亮	顧客のシメイ	ホンジョウ　リョウ
電話番号	03-3403-xxxx	郵便番号	107-0051
都道府県	東京都	住所	港区元赤坂x-x-x
登録日	(自動入力)		

顧客ID 21

顧客の氏名	木梨　美香子	顧客のシメイ	キナシ　ミカコ
電話番号	03-5275-xxxx	郵便番号	102-0075
都道府県	東京都	住所	千代田区三番町x-x-x
登録日	(自動入力)		

顧客ID 22

顧客の氏名	戸田　史郎	顧客のシメイ	トダ　シロウ
電話番号	03-3576-xxxx	郵便番号	170-0001
都道府県	東京都	住所	豊島区西巣鴨x-x-x
登録日	(自動入力)		

顧客ID 23

顧客の氏名	加瀬　翔太	顧客のシメイ	カセ　ショウタ
電話番号	080-3001-xxxx	郵便番号	252-0304
都道府県	神奈川県	住所	相模原市南区旭町x-x-x
登録日	(自動入力)		

基本編のレッスン㉞を参考に
フォームを閉じておく

住所から郵便番号を入力できるようにするには

基本編のレッスン⑱で解説した［住所入力支援ウィザード］を利用すれば、住所から該当する郵便番号を入力できるように設定できます。「住所は分かるが、郵便番号が分からない」というときは、基本編のレッスン⑱の手順7～手順8を参考に、［都道府県］フィールドや［住所］フィールドで［住所入力支援］の設定を変更しましょう。

すべてのデータを入力しなくてもいい

手順7では、フォームビューで8名分のデータを入力します。次の基本編のレッスン㊱からはフォームの編集を行いますが、次のレッスンで利用する［フォームのデザインビュー.accdb］の練習用ファイルには左のデータが入力されています。時間がないときは、手順7ですべてのデータを入力しなくても構いません。

間違った場合は?

手順7で新規のレコードが表示されないときは、新しいレコードが表示されるまで Tab キーを押してください。

Point

フォームでデータが入力しやすくなる

このレッスンで紹介したように、フォームを利用すれば、効率よくレコードにデータを入力できます。フォームでデータを入力するときに役立つのが Tab キーです。 Tab キーを利用して入力するフィールドにカーソルを移動させましょう。なお、1つの画面に1つのレコードが収まっているフォームのことを「単票形式」と呼ぶこともあります。テーブルにデータを入力するときに、データシートビューを利用してもいいのですが、フィールドの数が多いデータを数多く入力するときは、単票形式の方が入力が楽です。

フォームの編集画面を表示するには

フォームのデザインビュー

このレッスンからは、基本編のレッスン㉟で作成したフォームを編集していきます。フォームを編集するにはデザインビューを使います。

1 [顧客入力フォーム] を開く

ナビゲーションウィンドウから[顧客フォーム]を開く

[顧客入力フォーム]をダブルクリック

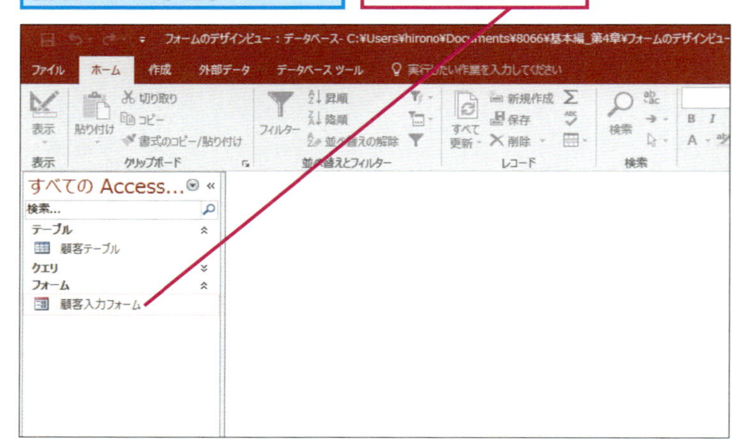

2 フォームの状態を確認する

[顧客入力フォーム] がフォームビューで表示された

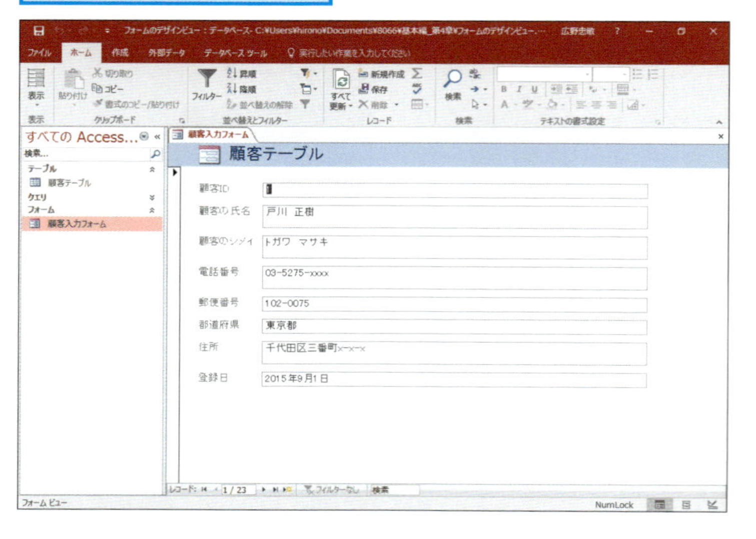

▶キーワード

書式	p.420
テーブル	p.420
デザインビュー	p.421
フィールド	p.421
フォーム	p.421
レイアウトビュー	p.422

レッスンで使う練習用ファイル

フォームのデザインビュー .accdb

ショートカットキー

Ctrl + S ………… 上書き保存

HINT! ビューによってリボンのタブが変化する

リボンに表示されるタブは、ビューごとに切り替わります。デザインビューに切り替えると、[フォームデザインツール] が表示され、[デザイン] [配置] [書式] の3つのタブが表示されます。[デザイン] タブにはフィールドやコントロールの追加、[配置] タブにはフォーム内の配置を調整する機能があり、[書式] タブにはフォントやフォントサイズ、色などを設定する機能が用意されています。

[フォームデザインツール] では3つのタブが表示される

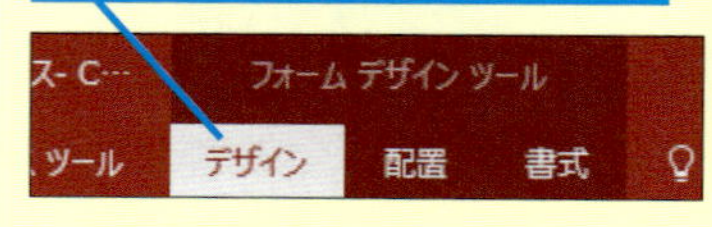

間違った場合は?

手順1で [顧客入力フォーム] 以外のオブジェクトを開いたときは、手順5を参考にオブジェクトを閉じて、手順1から操作をやり直します。

3 デザインビューを表示する

フォームのレイアウトを変更するため、フォームをデザインビューで表示する

❶[ホーム]タブをクリック

❷[表示]をクリック

表示

❸[デザインビュー]をクリック

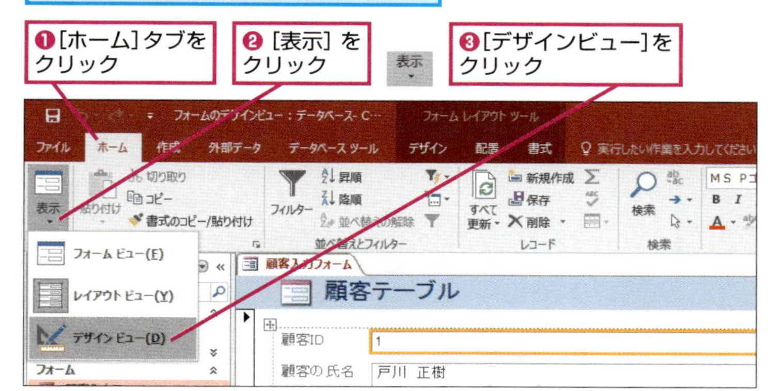

4 デザインビューが表示された

[顧客入力フォーム] がデザインビューで表示された

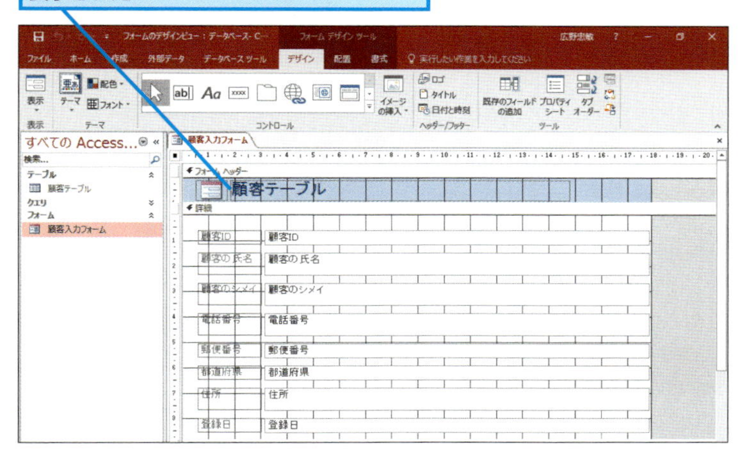

5 [顧客入力フォーム] を閉じる

[顧客入力フォーム]を閉じる

['顧客入力フォーム'を閉じる]をクリック

×

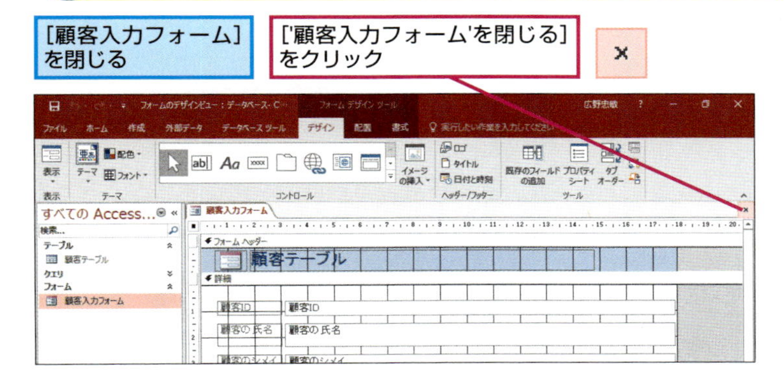

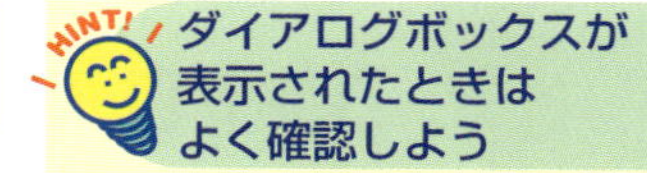

ダイアログボックスが表示されたときはよく確認しよう

フォームの編集中に、フォームを閉じたり、Accessを終了したりしようとすると「'○○'フォームの変更を保存しますか？」というメッセージのダイアログボックスが表示されます。このダイアログボックスが表示されたときは、フォームはまだ保存されていません。[はい] ボタンをクリックすると、編集中のフォームを保存できます。[キャンセル] ボタンをクリックすると、フォームの編集を継続できます。また、[いいえ] ボタンをクリックすると変更が保存されずにウィンドウが閉じられるので、[はい] ボタンか [キャンセル] ボタンをクリックするようにしましょう。

フォームの変更内容を保存してから閉じる

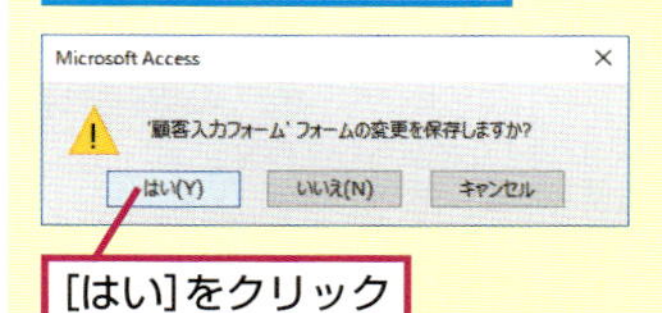

[はい]をクリック

Point

デザインビューでフォームを編集する

これまでのレッスンでは、フォームをフォームビューで表示してテーブルにデータを入力する方法を紹介しました。このレッスンでは、フォームを編集するための「デザインビュー」を表示する方法を解説しています。フォームをデザインビューで表示すると、画面にマス目が表示されます。デザインビューでは、このマス目を目安にフィールドの入力欄やラベルを自由に動かし、配置を変更できます。なお、フォームには「レイアウトビュー」というビューもあります。レイアウトビューでは、フォームのレイアウトは調整できますが、デザインビューのような自由度の高い修正はできません。

基本編 レッスン 37

コントロールのグループ化を解除するには

レイアウトの削除

フォームの内容を表すテキストボックスやラベルを自由に移動できるようにしましょう。このレッスンではコントロールのグループ化を解除します。

1 コントロールを選択する

基本編のレッスン㊱を参考に［顧客入力フォーム］をデザインビューで表示しておく

グループ化を解除するコントロールを選択する

❶［顧客ID］のラベルをクリック

［顧客ID］のラベルにオレンジ色の枠線が表示された

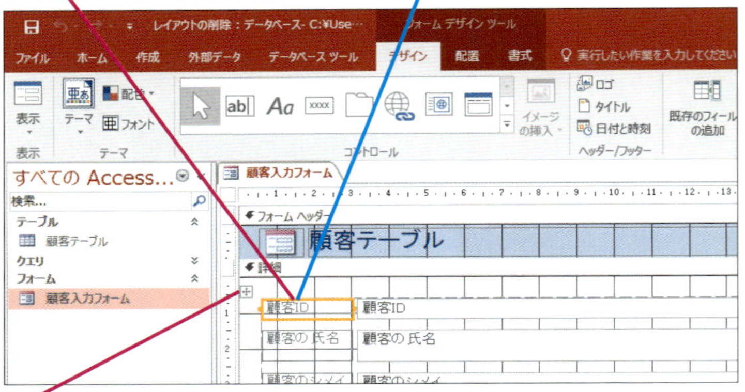

❷ここにマウスポインターを合わせる

マウスポインターの形が変わった

❸そのままクリック

グループ化されているコントロールが選択された

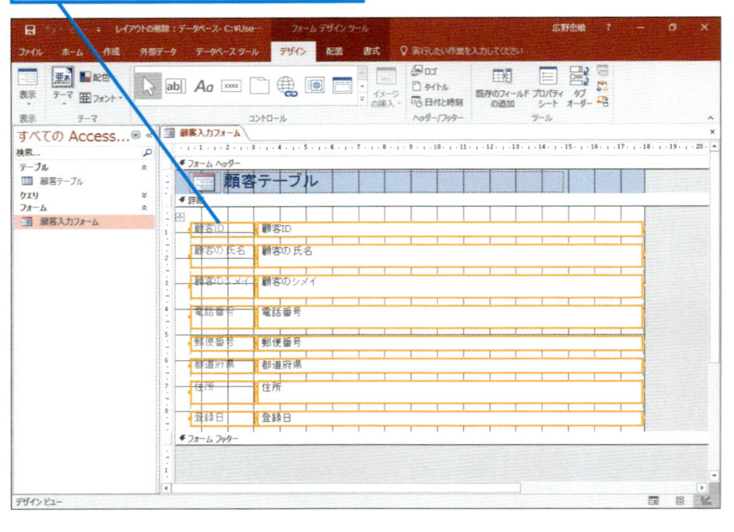

▶キーワード

コントロール	p.419
テキストボックス	p.421
フォーム	p.421
ラベル	p.422

レッスンで使う練習用ファイル

レイアウトの削除.accdb

HINT! フォームを直接デザインビューで表示するには

以下の方法で操作すれば、ビューを指定してフォームを表示できます。ナビゲーションウィンドウに表示されるフォームを右クリックし、表示されたメニューから［デザインビュー］を選びましょう。

❶デザインビューで表示するフォームを右クリック

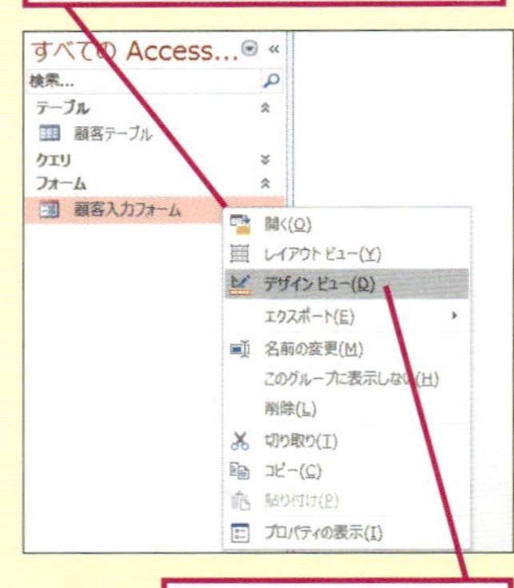

❷［デザインビュー］をクリック

フォームがデザインビューで表示される

間違った場合は?

手順1で［顧客ID］のラベルをダブルクリックしてしまったときは、手順3を参考にして選択を解除しましょう。再度、手順1の操作をやり直します。

基本編 第4章 フォームからデータを入力する

2 コントロールのグループ化を解除する

❶[フォームデザインツール]の[配置]タブをクリック

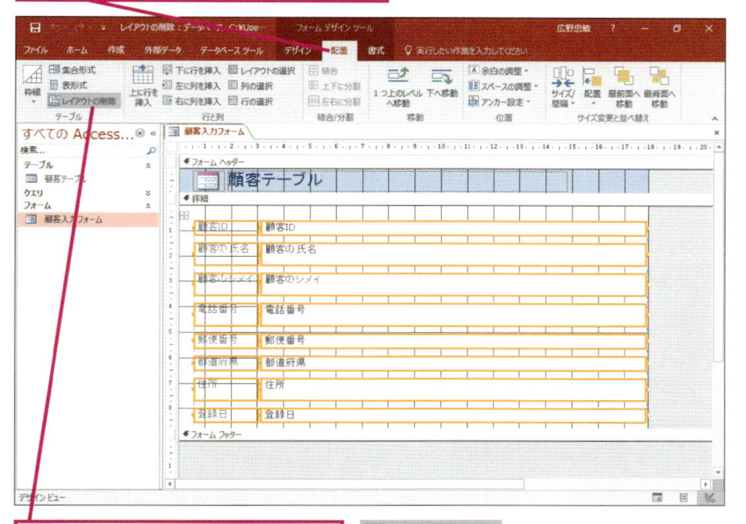

❷[レイアウトの削除]をクリック

3 コントロールの選択を解除する

コントロールのグループ化が解除された

グループ化が解除されたそれぞれのコントロールには、ハンドルが表示される

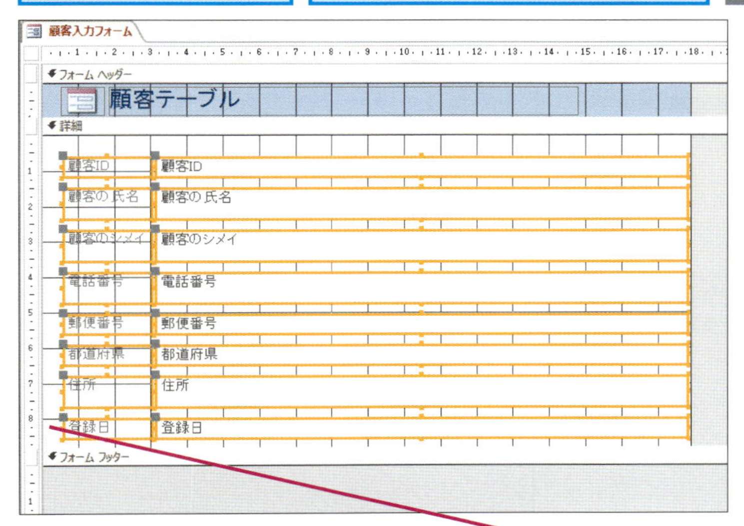

フォームの何もないところをクリックして、コントロールの選択を解除する

ここをクリック

基本編のレッスン㉞を参考にフォームを閉じておく

HINT! テキストボックスとラベルの違いを知ろう

フォームには、「テキストボックス」と「ラベル」があり、これらは「コントロール」と呼ばれます。テキストボックスは、テーブルのフィールドに入力するための枠です。ラベルはフィールドにどのような値を入力すればいいのかといったことや、テーブルの内容を説明するための文字列です。[フォーム] で作成したフォームはラベルが灰色、テキストボックスは黒で表示されます。

HINT! 「レイアウト」って何？

レイアウトは、フォームをデザインビューで表示したときに「オレンジ色の枠線」で表示されます。このオレンジ色の枠線は複数のコントロールに表示されます。

HINT! 「レイアウトの削除」って何？

[フォーム] ボタンでフォームを作成すると、テキストボックスやラベルのコントロールは最初からグループ化されます。コントロールがグループ化されていると、テキストボックスの幅を個別に変更できません。そこで、レイアウトを削除し、テキストボックスとラベルのグループ化を解除します。

Point グループ化を解除することで細かい編集ができる

[フォーム] ボタンで作成したフォームのラベルやテキストボックスは、あらかじめグループ化されています。このままの状態では、レイアウトビューでレイアウトの変更はできますが、ラベルやテキストボックスを自由な位置に移動したり、大きさを個々に変更したりすることはできません。フォームを自由に編集するには、まず、グループ化を解除しましょう。

テキストボックスの幅を変えるには

テキストボックスの変更

入力しやすいフォームにするために、テキストボックスの幅と位置を変更しましょう。デザインビューを利用すれば、フォームを自由に編集できます。

テキストボックスの幅の変更

1 テキストボックスを選択する

基本編のレッスン㊱を参考に［顧客入力フォーム］をデザインビューで表示しておく

［顧客ID］のテキストボックスの幅を縮める

❶［顧客ID］のテキストボックスをクリック

❷サイズ変更ハンドルにマウスポインターを合わせる

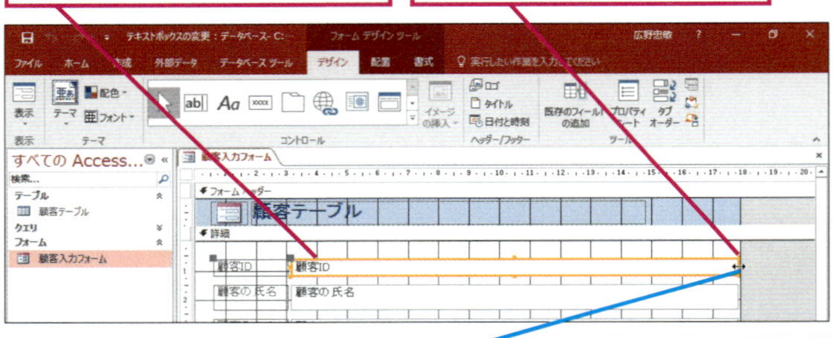

マウスポインターの形が変わった

◆サイズ変更ハンドル
ラベルやテキストボックスの選択時に表示され、ドラッグしてサイズを変更できる

2 テキストボックスの幅を変更する

ここまでドラッグ

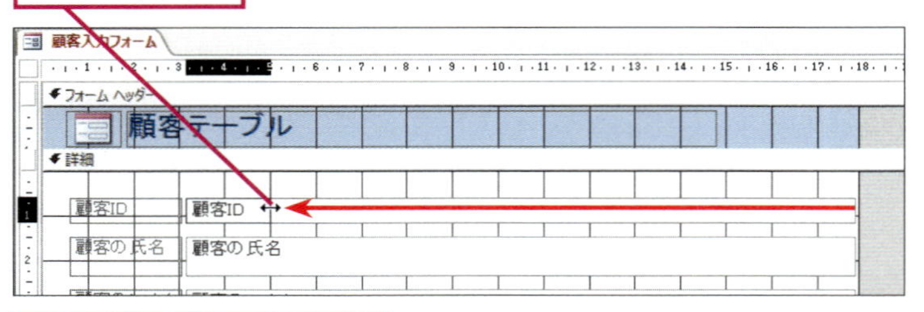

［顧客ID］のテキストボックスの幅が縮まった

▶キーワード

レッスンで使う練習用ファイル
テキストボックスの変更.accdb

HINT! フォームの幅を広げるには

フォームの幅を広げるには、以下のように操作します。フォームの右端にマウスポインターを合わせて、ドラッグするとフォームの幅が広がります。

❶ここにマウスポインターを合わせる

マウスポインターの形が変わった

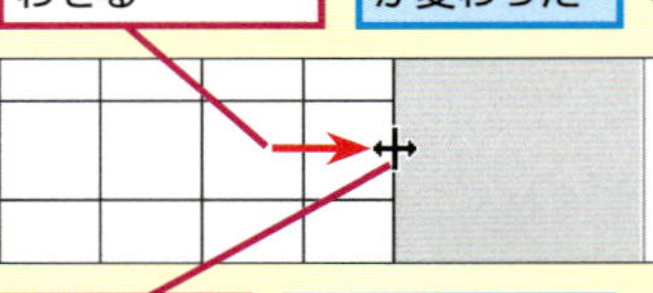

❷ここまでドラッグ

フォームの幅が広がる

HINT! ショートカットキーでも大きさを変更できる

ショートカットキーでテキストボックスの幅を変更するには、テキストボックスをクリックしてオレンジ色の枠を表示した後、Shift＋←キーやShift＋→キーを押しましょう。Shift＋←キーで幅の縮小、Shift＋→キーで幅の拡大ができます。同様にShift＋↑キーで高さの縮小、Shift＋↓キーで高さの拡大が可能です。

3 残りのテキストボックスの幅を変更する

残りのテキストボックスの幅を変更する

手順1～手順2を参考にほかのテキストボックスの幅を変更

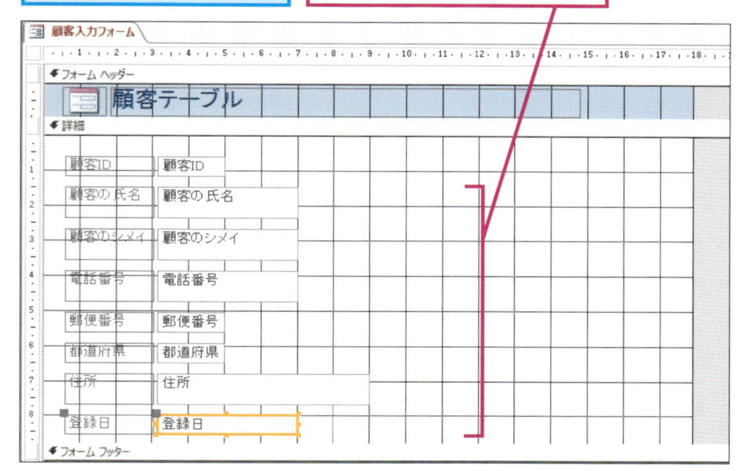

ラベルとテキストボックスの移動

4 ［顧客のシメイ］のラベルとテキストボックスを選択する

［顧客の氏名］のテキストボックスの横に［顧客のシメイ］のラベルとテキストボックスを移動する

［顧客のシメイ］のラベルをクリック

HINT! マウスポインターの形と意味を覚えておこう

テキストボックスやラベルの大きさを変えるときは、手順1のようにサイズ変更ハンドル（■）をドラッグします。このとき、どの位置のハンドルをドラッグするかで大きさを変更する方向とマウスポインターの形が変わります。さらに、テキストボックスやラベルを移動するときもマウスポインターの形が変わります。以下の表を参考にしてください。

●マウスポインターの形と意味

形	意味
	高さを変更できる
	高さと幅を変更できる
	高さと幅を変更できる
	左右の幅を変更できる
	位置を移動できる

HINT! テキストボックスとラベルの関係

フォームに配置されたフィールドのテキストボックスとラベルは、連結されています。そのため、ラベルを移動するとテキストボックスが、テキストボックスを移動するとラベルが一緒に移動します。テキストボックスとラベルを個別に移動したいときは、次ページのHINT!を参考にラベルやテキストボックスの左上のハンドルをクリックして移動させましょう。

間違った場合は？

手順2や手順3で間違ってほかのテキストボックスの幅を変更してしまったときは、クイックアクセスツールバーの［元に戻す］ボタン（ ）をクリックします。テキストボックスを選択し、オレンジ色の枠線が表示されていることを確認してからサイズ変更ハンドルをドラッグし直しましょう。

次のページに続く

5 [顧客のシメイ] のラベルとテキストボックスを移動する

[顧客のシメイ] のラベルとテキストボックスが選択された

❶ここにマウスポインターを合わせる

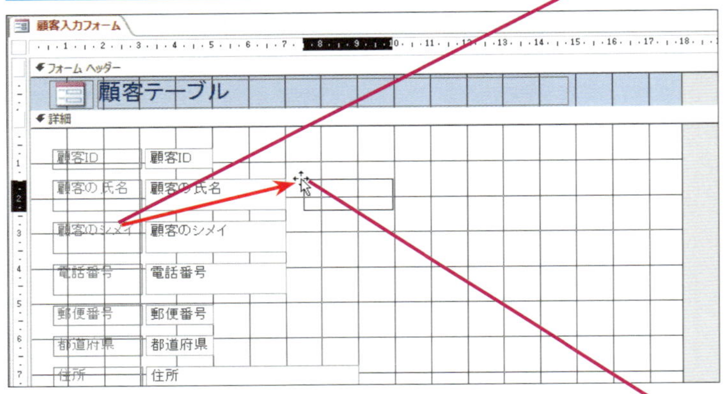

マウスポインターの形が変わった

❷ここまでドラッグ

6 [顧客のシメイ] のラベルとテキストボックスが移動した

ドラッグした位置に[顧客のシメイ]のラベルとテキストボックスが移動した

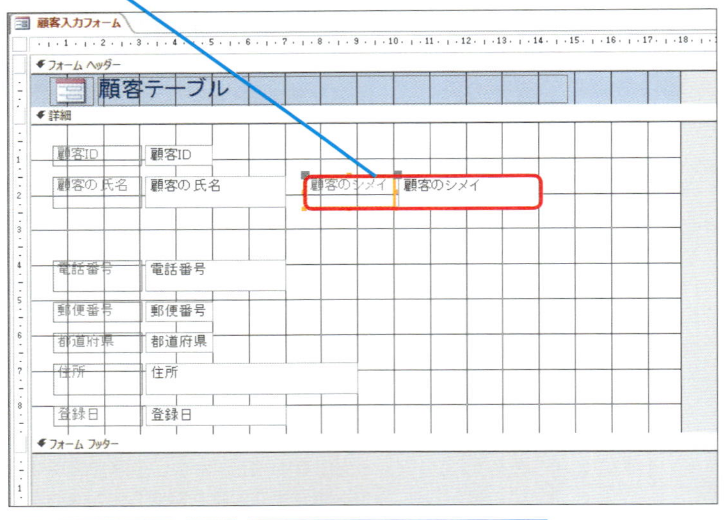

[上書き保存]をクリック

基本編のレッスン㉞を参考にフォームを閉じておく

HINT! テキストボックスやラベルを個別に移動できる

Accessでは、左上のハンドル（■）に特別な機能があります。テキストボックスを選択してオレンジ色の枠をドラッグすると、テキストボックスとラベルが一緒に移動します。しかし、テキストボックスの左上のハンドル（■）をドラッグすると、テキストボックスだけが移動します。

●テキストボックスとラベルを移動する

❶テキストボックスをクリック

❷オレンジ色の枠をドラッグ

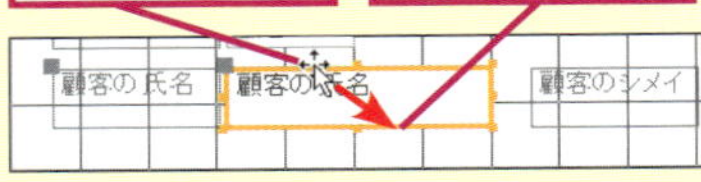

テキストボックスとラベルが移動した

●テキストボックスを個別に移動する

❶テキストボックスをクリック

❷左上のハンドルをドラッグ

テキストボックスのみが移動した

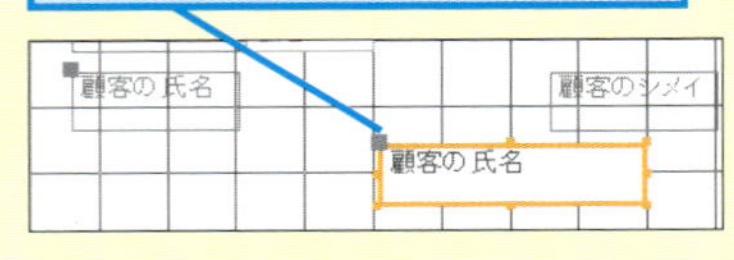

Point テキストボックスを調整して使いやすいフォームにしよう

[作成] タブの [フォーム] ボタンで作成したフォームは、すべてのラベルとテキストボックスが同じ大きさです。このままでは、氏名を入力するテキストボックスが大きすぎたり、逆に住所を入力するテキストボックスが小さすぎたりして、見ためや使い勝手が悪くなってしまいます。データを入力しやすくなるようにテキストボックスを調整しましょう。

テクニック フォームに後からフィールドを追加する

フォームを作成した後でテーブルにフィールドを追加しても、新しくテーブルに追加したフィールドはフォームには追加されません。フィールドを追加したテーブルから新しいフォームを作成する方法もありますが、ここでは後からテーブルにフィールドを増やしたときに、フォームにテキストボックスを追加する方法を紹介しましょう。下の例では、［顧客テーブル］に追加した［備考］フィールドを［顧客入力フォーム］にも追加しています。ポイントは、フォームをデザインビューで表示した後、［既存のフィールドの追加］ボタンをクリックして［フィールドリスト］から追加したフィールドを選ぶことです。追加したフィールドのラベルとテキストボックスは、このレッスンで紹介した方法で幅や配置を変更しておきましょう。

1 テーブルをデザインビューで表示する

基本編のレッスン⑩を参考に、フィールドを追加する［顧客テーブル］を開いておく

❶［ホーム］タブをクリック

❷［表示］をクリック

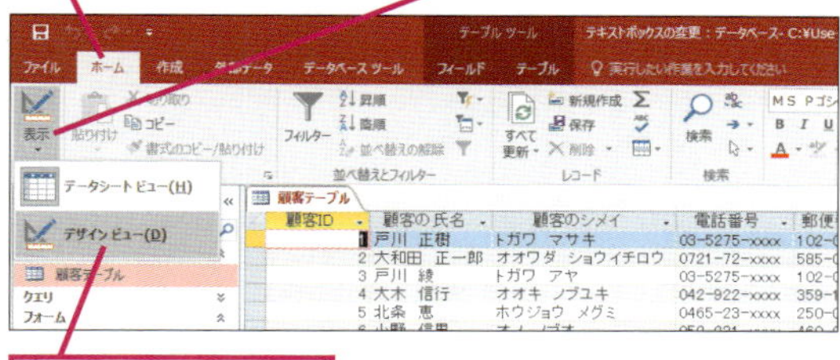

❸［デザインビュー］をクリック

2 テーブルにフィールドを追加して保存する

［顧客テーブル］がデザインビューで表示された

❶ここに「備考」と入力

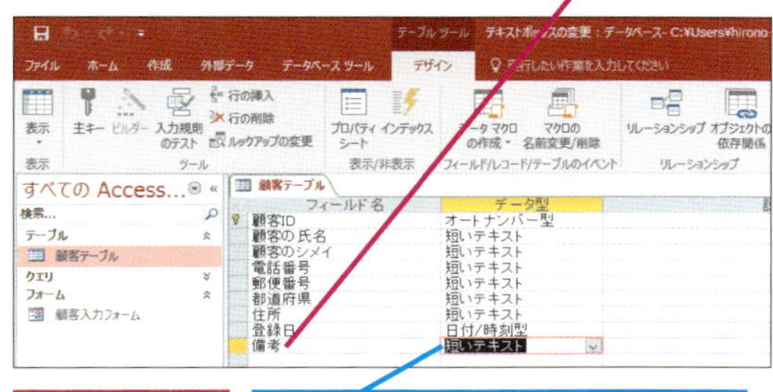

❷ Tab キーを押す

フィールドのデータ型が自動的に［短いテキスト］に設定された

❸［上書き保存］をクリック

基本編のレッスン⑫を参考に［顧客テーブル］を閉じておく

3 ［フィールドリスト］を表示する

基本編のレッスン㊱を参考に［顧客入力フォーム］をデザインビューで表示しておく

❶［フォームデザインツール］の［デザイン］タブをクリック

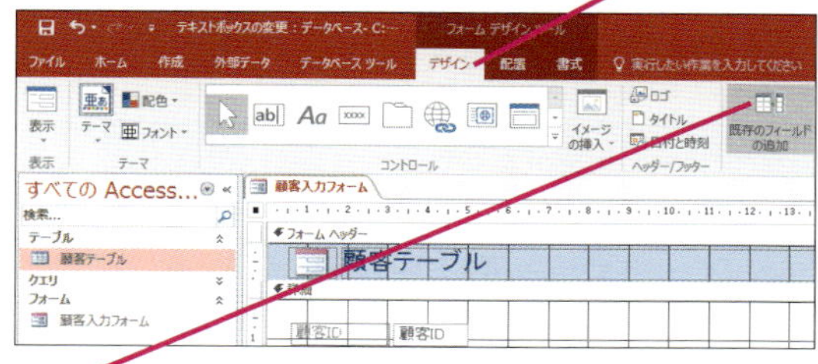

❷［既存のフィールドの追加］をクリック

4 フォームに追加するフィールドを選択する

［フィールドリスト］が表示された

［備考］フィールドをダブルクリック

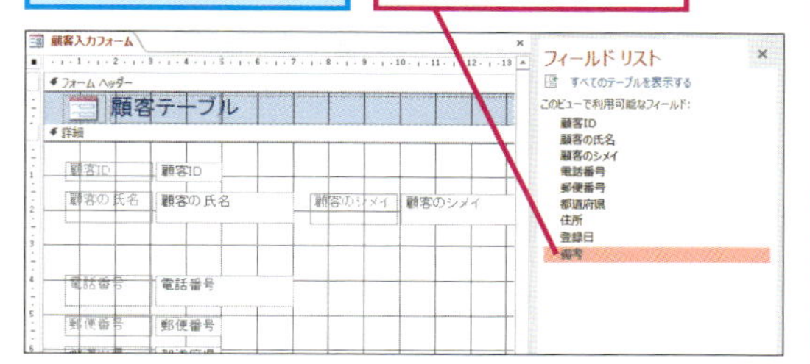

5 ラベルやテキストボックスの大きさや位置を変更する

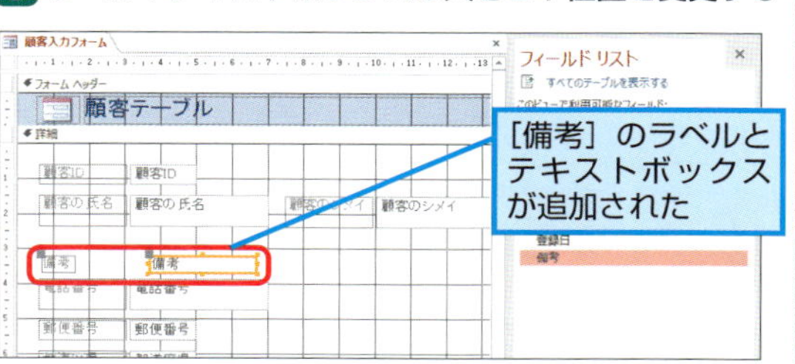

［備考］のラベルとテキストボックスが追加された

ラベルやテキストボックスの大きさや位置を変更しておく

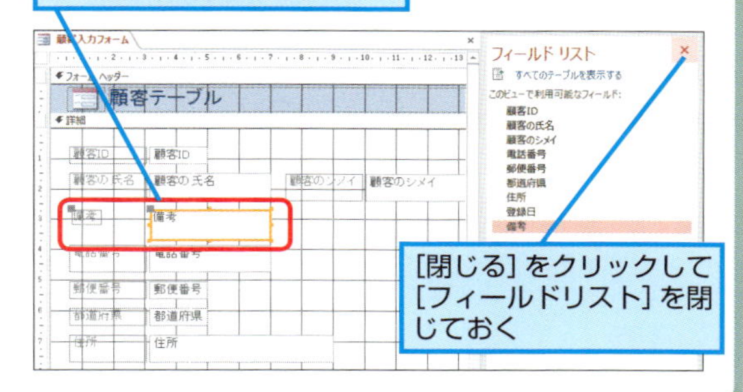

［閉じる］をクリックして［フィールドリスト］を閉じておく

ラベルやテキストボックスの高さを調整するには

サイズ/間隔

［配置］タブの機能を使うと、テキストボックスやラベルの大きさや間隔を簡単にそろえられます。［サイズ/間隔］ボタンを使ってフォームの体裁を整えましょう。

1 ラベルとテキストボックスを選択する

基本編のレッスン㊱を参考に［顧客入力フォーム］をデザインビューで表示しておく

すべてのラベルとテキストボックスをドラッグ操作で選択する

ラベルとテキストボックスの一部が含まれるようにドラッグする

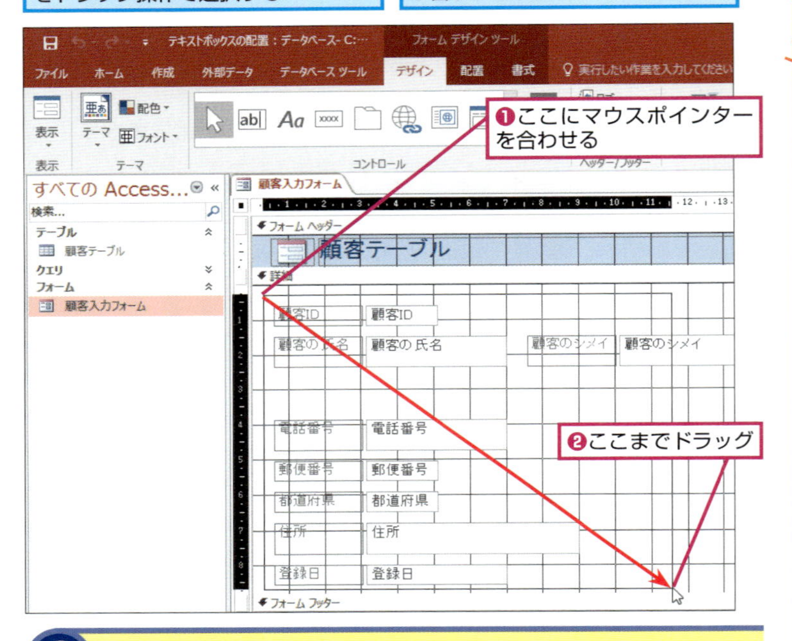

2 ラベルとテキストボックスの高さをそろえる

ラベルとテキストボックスの高さをそろえる

ここではすべて1行分の高さにそろえる

❶［フォームデザインツール］の［配置］タブをクリック

❷［サイズ/間隔］をクリック

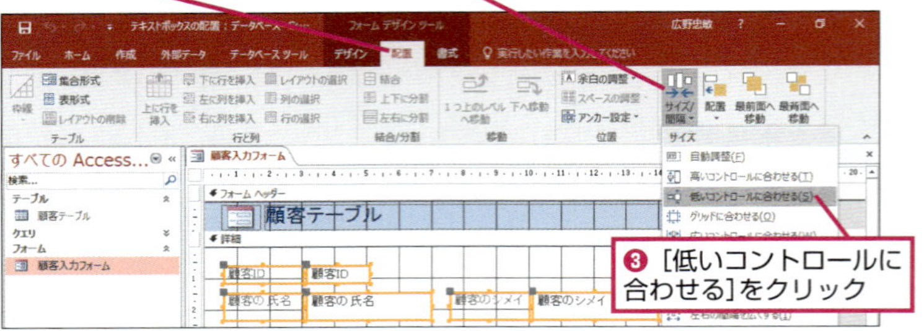

▶キーワード

レッスンで使う練習用ファイル

サイズ／間隔.accdb

HINT!

ボタンで配置や間隔を簡単に変更できる

［サイズ/間隔］や［配置］ボタンの一覧にある項目を選べば、ラベルやテキストボックスなどのコントロールの配置や間隔を簡単に変更できます。

● ［サイズ/間隔］ボタンの［間隔］にある項目

アイコン	意味
	選択したコントロールの左右の間隔を均等にする
	選択したコントロールの左右の間隔を広げる
	選択したコントロールの左右の間隔を狭める
	選択したコントロールの上下の間隔を均等にする
	選択したコントロールの上下の間隔を広げる
	選択したコントロールの上下の間隔を狭める

● ［配置］ボタンの項目

アイコン	意味
	フォームに表示されているマス目（グリッド）にコントロールを合わせる
	選択したコントロールの左端をそろえる
	選択したコントロールの右端をそろえる
	選択したコントロールの上端をそろえる
	選択したコントロールの下端をそろえる

3 ラベルとテキストボックスの上下の間隔を均等にする

ラベルとテキストボックスがすべて1行分の高さにそろった

ラベルとテキストボックスの上下の間隔を均等にする

❶ラベルとテキストボックスが選択されていることを確認

❷［サイズ/間隔］をクリック

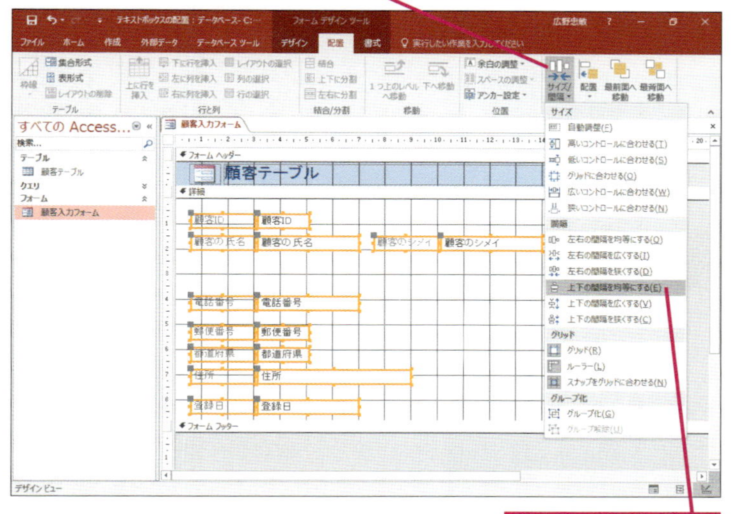

❸［上下の間隔を均等にする］をクリック

4 ラベルとテキストボックスの選択を解除する

ラベルとテキストボックスの間隔が広がった

❶フォームの何もない部分をクリック

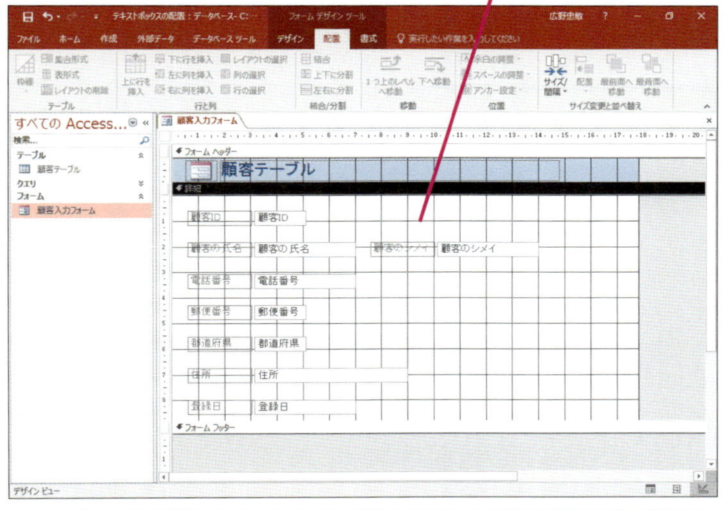

選択が解除された

❷［上書き保存］をクリック

基本編のレッスン㉞を参考にフォームを閉じておく

HINT! 左上のハンドルをドラッグしないようにしよう

130ページのHINT!で紹介したように、ラベルやテキストボックスの左上に表示されているハンドル（■）をドラッグするとラベルやテキストボックスを個別に移動できます。しかし、ラベルとテキストボックスの高さがそろっているときや、手順3のようにラベルとテキストボックスの上下間隔をまとめてそろえるときは、左上のハンドルをドラッグしないようにしましょう。せっかくそろっていたラベルとテキストボックスの位置がバラバラになり、配置を設定し直すのが面倒です。

間違った場合は？

手順4で間隔が均等にならないときは、クイックアクセスツールバーの［元に戻す］ボタン（↶）をクリックしてラベルとテキストボックスの配置を元に戻してから、もう一度手順1から操作をやり直します。

Point 配置や間隔を調整すればデータが入力しやすくなる

ラベルやテキストボックスなど、フォームに配置されるコントロールは、位置がそろっていると見ためがいいだけでなく、データを入力しやすくなります。注意しなければいけないのは、ラベルやテキストボックスの左上に表示されるハンドルです。手順3のようにラベルとテキストボックスの間隔をまとめて変更するときは、左上のハンドルをドラッグしないようにします。なお、初めからラベルとテキストボックスの高さがそろっていないようなときは、左上のハンドルをクリックして選択し、［配置］ボタンの項目でラベルとテキストボックスの高さを個別にそろえておきましょう。

基本編 レッスン 40

ラベルの内容を変えるには

ラベルの編集

フォームにはテーブルやフィールドの表題となるラベルが作成されています。「そのままでは内容が分かりにくい」というときはラベルの内容を修正しましょう。

1 ラベルの文字を削除する

基本編のレッスン㊱を参考に[顧客入力フォーム]をデザインビューで表示しておく

最初から入力されているラベルの文字を削除する

❶[顧客テーブル]のラベルをクリック

❷ここをクリック

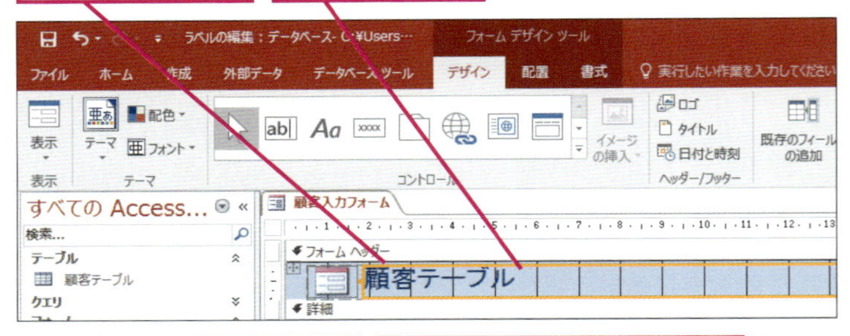

ラベルが選択され、カーソルが表示された

❸ Back space キーを押して「テーブル」の文字を削除

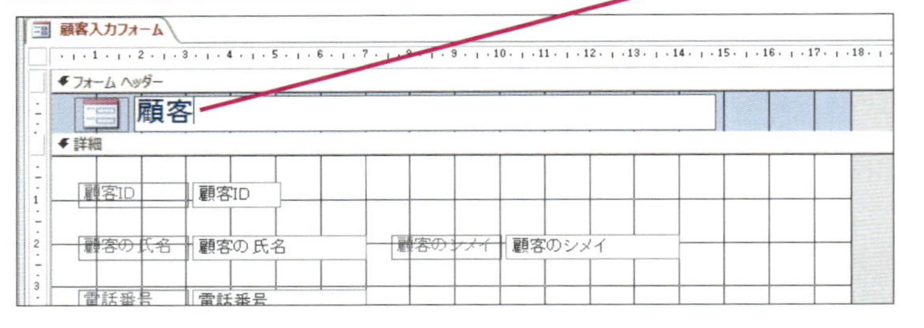

2 ラベルの文字を修正する

ラベルの文字が削除された

「顧客入力フォーム」と修正する

❶「入力フォーム」と入力

❷ Enter キーを押す

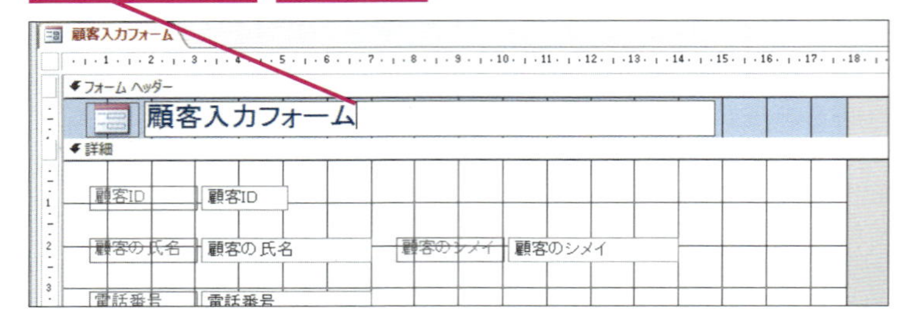

▶キーワード

レッスンで使う練習用ファイル

ラベルの編集.accdb

HINT!

フッターを付けるには

フォームにはフッターを付けることもできます。フォームにフッターを付けるときは、[フォームフッター]セクションの領域を広げましょう。例えば、フッターにラベルを追加してフォームの説明を書いておけば、より分かりやすく使いやすいフォームにできます。

❶ここにマウスポインターを合わせる

マウスポインターの形が変わった

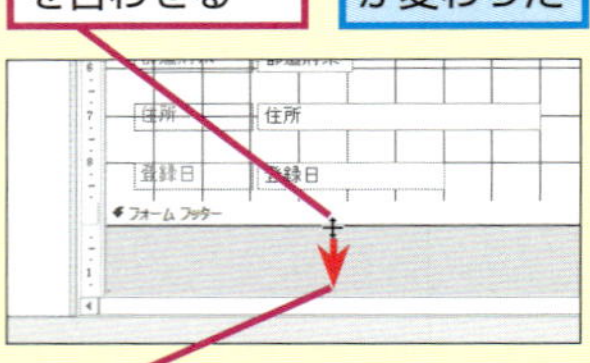

❷ここまでドラッグ

[フォームフッター]セクションの領域が広がった

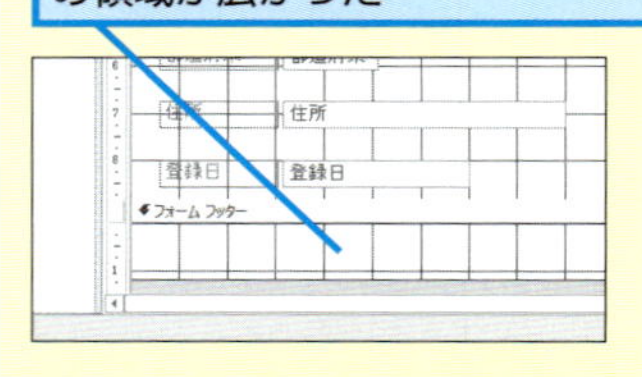

基本編 第4章 フォームからデータを入力する

3 ラベルを選択する

[顧客のシメイ] のラベルを編集する

[顧客のシメイ] のラベルをクリック

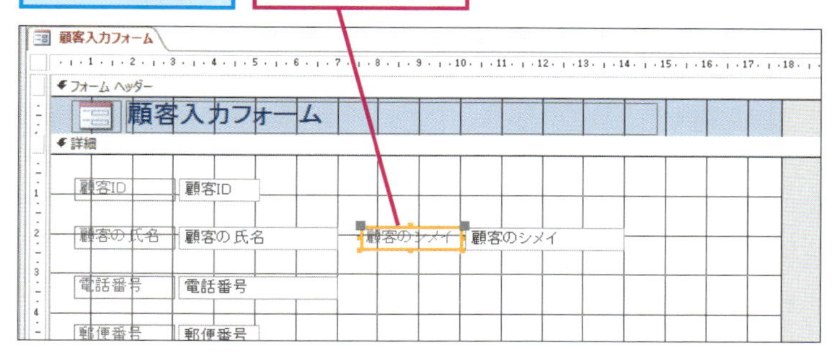

4 ラベルの文字を削除する

[顧客のシメイ] のラベルが選択された

❶ここをクリック

カーソルが表示され、ラベルを編集できるようになった

❷ Back space キーを押して [顧客のシメイ] の文字を削除

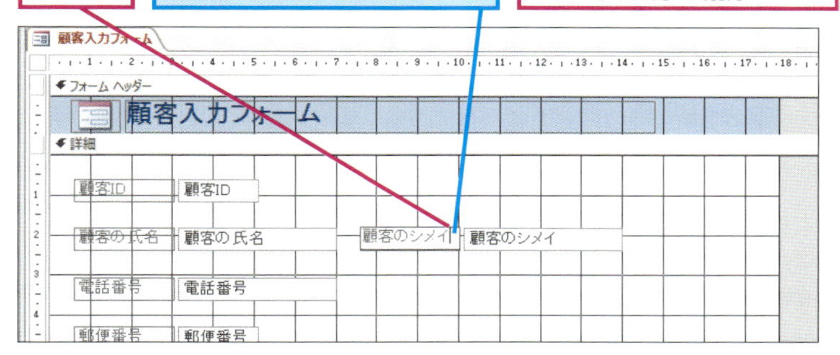

5 文字を入力する

ラベルの文字が削除された

❶「フリガナ」と入力

❷ Enter キーを押す

[顧客のシメイ] のラベルの内容を [フリガナ] に変更できた

❸ [上書き保存] をクリック

基本編のレッスン㉞を参考にフォームを閉じておく

ラベルに改行を入れるには

ラベルで改行すると、2行以上で表示できます。以下のように、入力したい位置で Shift キーを押しながら Enter キーを押します。

ここで改行する

カーソルを表示しておく

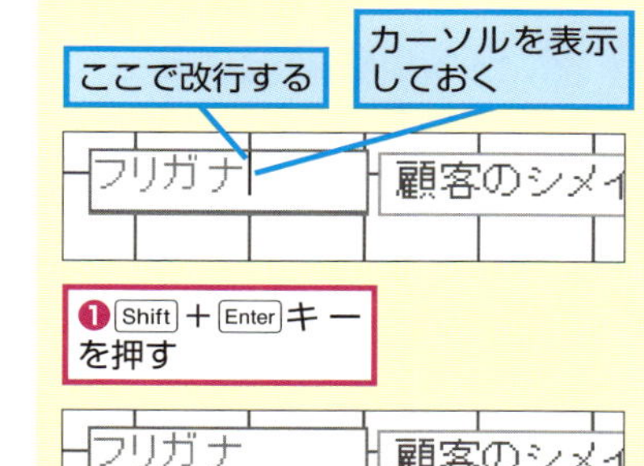

❶ Shift ＋ Enter キーを押す

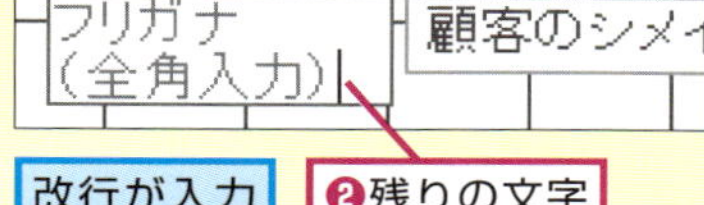

改行が入力された

❷残りの文字を入力

間違った場合は?

手順2や手順5で文字の入力を間違えたときは、Back space キーを押して文字を削除してから、もう一度入力し直します。

Point
分かりやすいラベル名に変更しよう

必ずしもテーブルやフォームを作成した本人がデータを入力するとは限りません。どのフィールドに何を入力すればいいのかが分かるようにラベルの内容を変更すれば、実際にデータを入力する人がフォームに入力しやすくなります。フィールドのラベルには、テーブルを作成したときのフィールド名が設定されています。そのままではフィールドに何を入力すればいいのかが分かりにくいときは、ラベルの内容を変更して、フィールドに入力する内容が分かるようにしましょう。

ラベルを追加するには

ラベルの追加

データを入力するときの注意事項を明記して、フォームの内容を分かりやすくしてみましょう。ラベルを追加して、テキストを入力してみます。

1 ラベルを追加する

基本編のレッスン㊱を参考に［顧客フォーム］をデザインビューで表示しておく

ここでは、ラベルを追加して、入力時の注意事項を明記する

❶［フォームデザインツール］の［デザイン］タブをクリック

❷［ラベル］をクリック

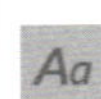

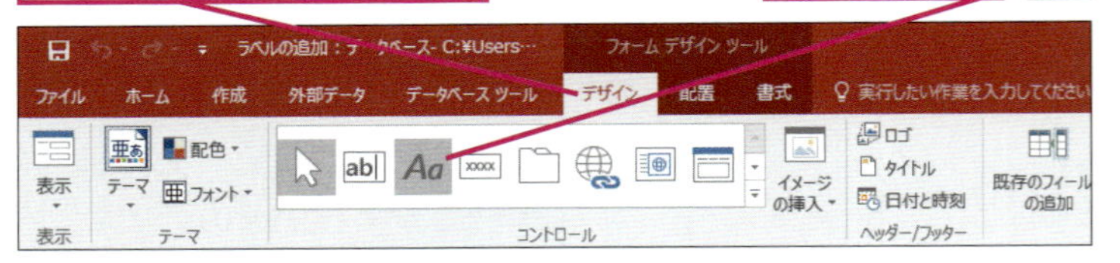

2 ラベルを作成する

マウスポインターの形が変わった

❶ここにマウスポインターを合わせる

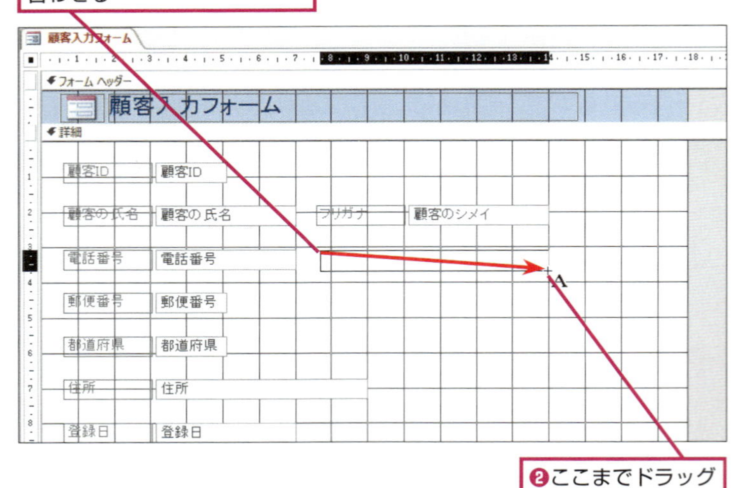

❷ここまでドラッグ

▶キーワード

レッスンで使う練習用ファイル
ラベルの追加.accdb

HINT! ラベルを削除するには

ラベルを削除するには、ラベルをクリックして選択し、Deleteキーを押しましょう。129ページのHINT!でも解説していますが、テキストボックスとラベルは連結しているので、ラベルを移動するとテキストボックスも移動します。ただし、ラベルを削除したときにテキストボックスが一緒に削除されることはありません。

❶削除するラベルをクリック

❷Deleteキーを押す

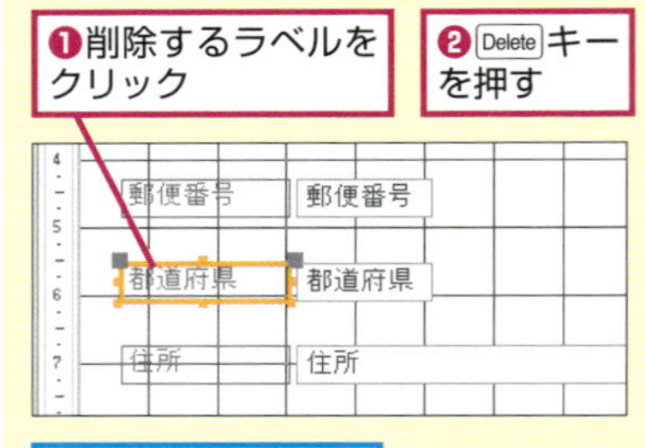

ラベルが削除される

間違った場合は？

手順1で［ラベル］ボタンではなく、［テキストボックス］ボタンをクリックして、フォーム上でドラッグすると、［テキストボックスウィザード］が表示されます。［キャンセル］ボタンをクリックし、フォーム上に配置された［非連結］のテキストボックスを削除して、操作をやり直しましょう。

基本編 第4章 フォームからデータを入力する

3 ラベルが追加された

ラベルが追加された

追加したラベルにテキストを入力する

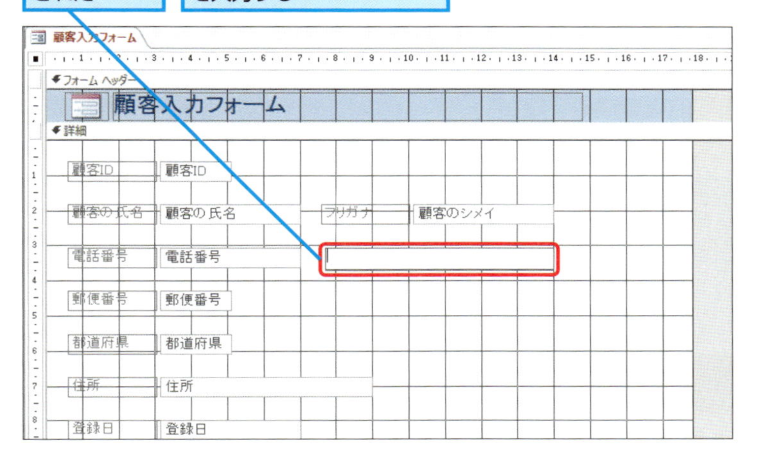

4 ラベルにテキストを入力する

❶「電話番号は半角文字で入力してください」と入力

❷ Enter キーを押す

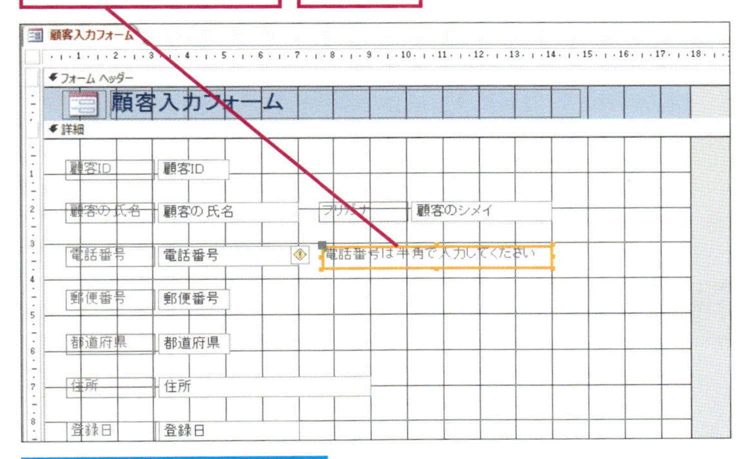

必要に応じて、ラベルの位置を調整しておく

❸［上書き保存］をクリック

基本編のレッスン㉞を参考にフォームを閉じておく

HINT! ラベルを追加するとエラーインジケーターが表示される

新しいラベルを追加すると、ラベルの左上に緑色のマーク（◤）が表示されます。これはエラーインジケーターと呼ばれ、「エラーの可能性」があるときに表示されます。新しく追加されたラベルは、ほかのテキストボックスと連結されていないので、エラーインジケーターが表示されますが、エラーではないので、無視して構いません。

◆エラーインジケーター

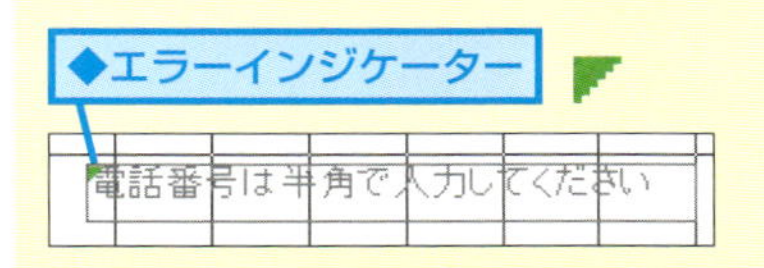

Point ちょっとの工夫でデータが入力しやすくなる

このレッスンでは、フォームに新しいラベルを追加して、フィールドにデータを入力するときの注意事項を明記しました。注意事項やメモなどがあれば、データを入力する人の助けになるほか、結果的に間違ったデータが入力されることを減らせます。なお、ラベルを追加するとエラーインジケーターのマークが表示されます。このレッスンで作成したラベルは、ほかのテキストボックスと関連付けを行う必要がないので、特に何も操作をしなくて構いません。エラーインジケーターについては上のHINT!も参考にしてください。

基本編 レッスン 42

タイトルのサイズや色を変えるには

フォントの変更

［フォームヘッダー］セクションにあるラベルの文字を目立たせてみましょう。表題となるラベルを目立たせるには、フォントの大きさや色を変更します。

▶キーワード

レッスンで使う練習用ファイル
フォントの変更.accdb

1 ラベルを選択する

基本編のレッスン㊱を参考に［顧客入力フォーム］をデザインビューで表示しておく

［フォームヘッダー］セクションにあるラベルのフォントを変更する

［顧客入力フォーム］のラベルをクリック

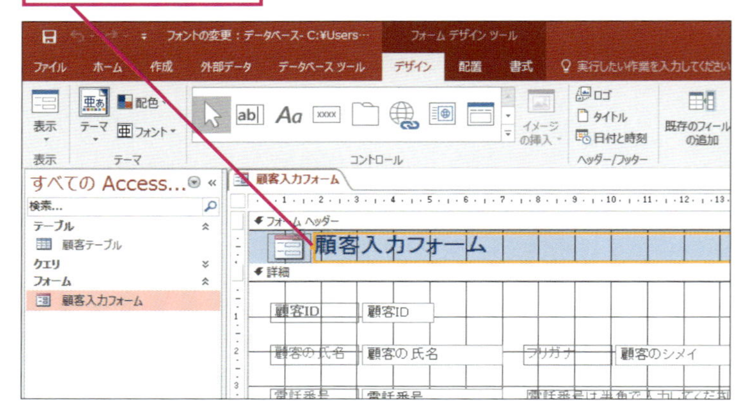

2 文字のサイズを大きくする

ラベルが選択された

ラベルのフォントサイズを変更する

❶［フォームデザインツール］の［書式］タブをクリック

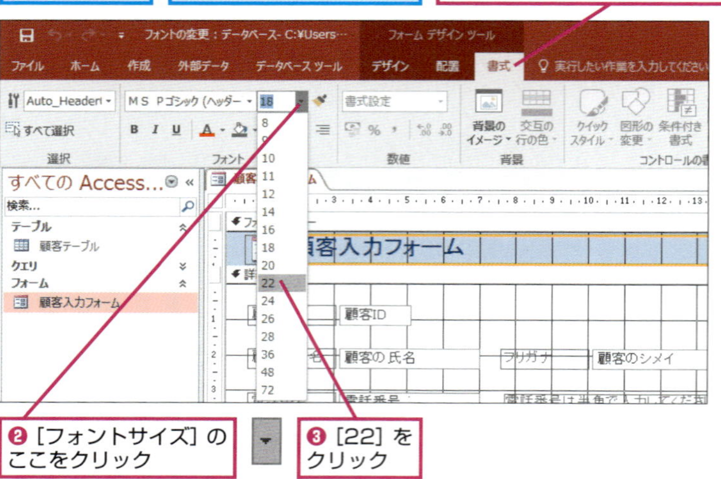

❷［フォントサイズ］のここをクリック

❸［22］をクリック

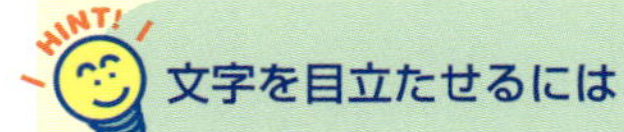

HINT! 文字を目立たせるには

レッスンで紹介している以外にも文字を目立たせる方法があります。変更したいテキストボックスやラベルを選択してから、［フォームデザインツール］の［書式］タブをクリックして、［フォント］グループの［太字］［斜体］［下線］ボタンをクリックすると、以下のように文字の書式を変更できます。

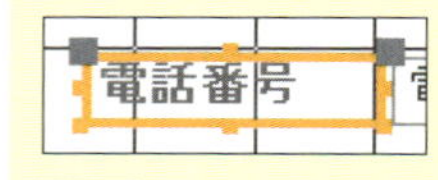

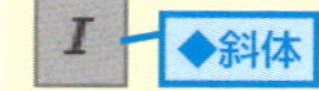

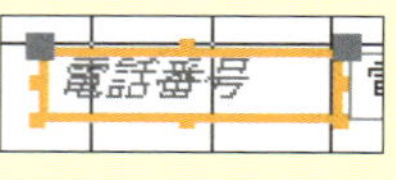

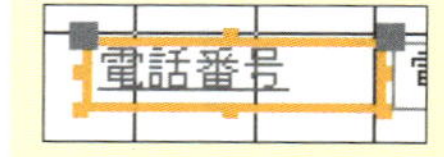

3 フォントを変更する

ラベルの文字が大きくなった

❶［フォント］のここをクリック

❷ここを下にドラッグしてスクロール

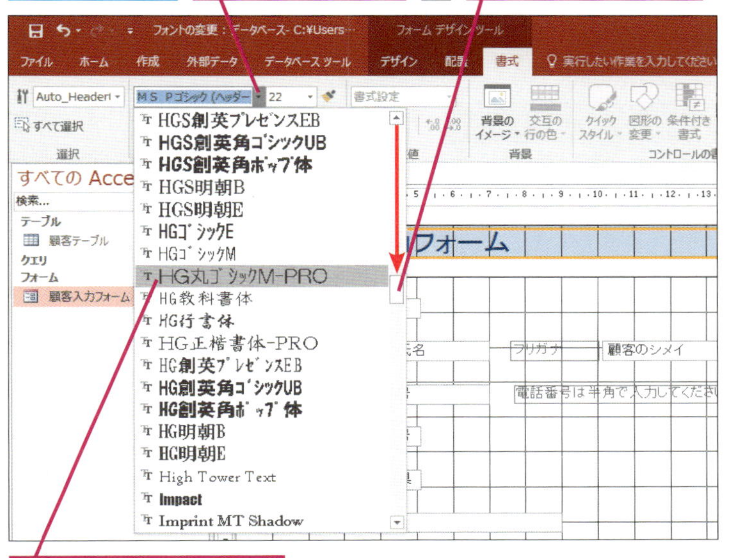

❸［HG丸ゴシックM-PRO］をクリック

4 文字の色を変更する

ラベルのフォントが変更された

タイトルの文字の色を変更する

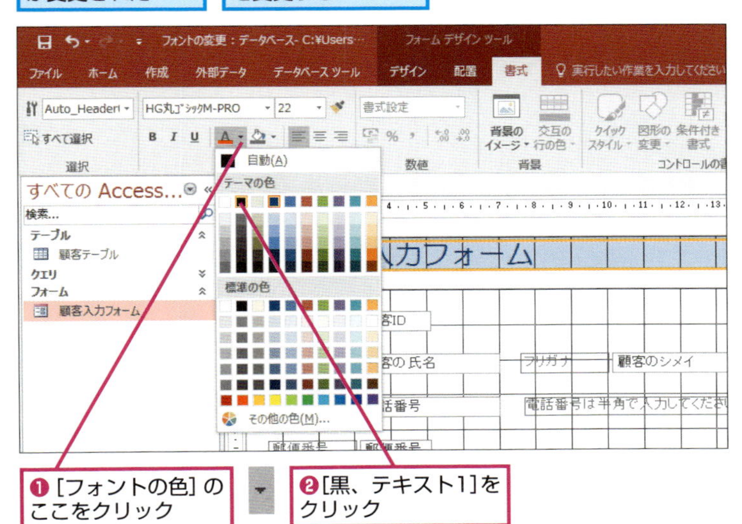

❶［フォントの色］のここをクリック

❷［黒、テキスト1］をクリック

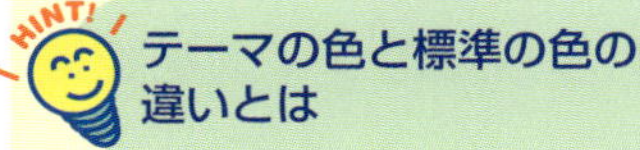

テーマの色と標準の色の違いとは

手順4の色の変更では、［テーマの色］と［標準の色］の2つのうち、どちらかの色を設定できます。［テーマの色］はテーマに設定されている色から選択するもので、テーマを変更するとそのテーマに設定されている色に自動的に変更されます。もう一方の［標準の色］はテーマとは連動しません。そのため、［標準の色］は、テーマを変更しても色が変わりません。

ラベル内で文字の配置を変更するには

ラベル内の文字は、はじめは［左揃え］で配置されていますが、ラベルを選択してから、［フォームデザインツール］の［書式］タブにあるボタンをクリックすると、［右揃え］や［中央揃え］にも配置できます。

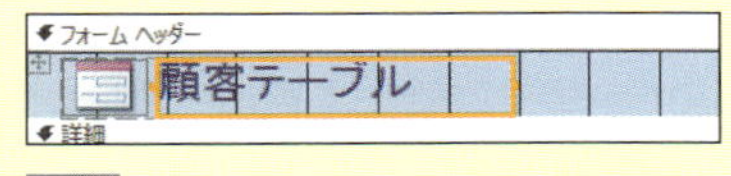

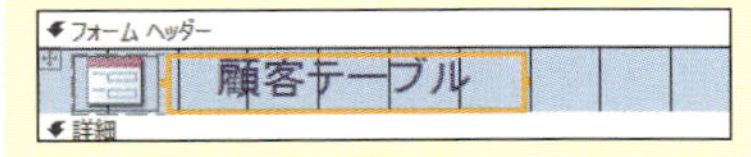

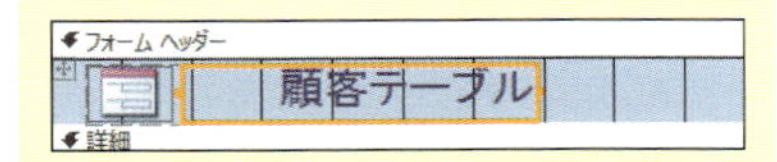

間違った場合は？

手順4で文字の色を間違えてクリックしたときは、もう一度正しい色を選択し直します。

次のページに続く

5 ラベルのサイズを調整する

ラベルの文字の色が変更された

ラベルに入力されている文字に合わせて枠の大きさを縮小する

❶[フォームデザインツール]の[配置]タブをクリック

❷[サイズ/間隔]をクリック

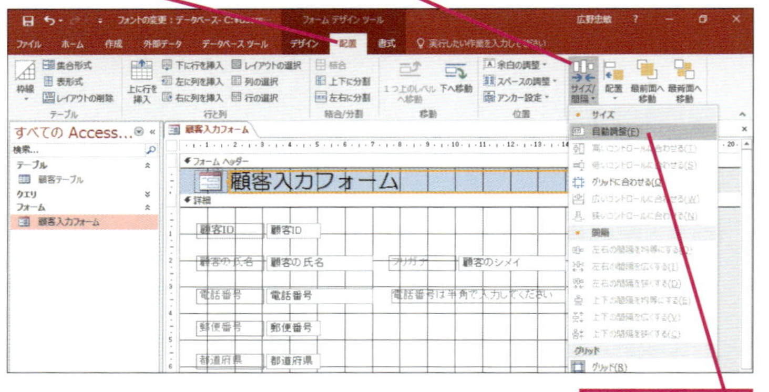

❸[自動調整]をクリック

HINT! ほかのラベルの書式をコピーするには

書式をコピーして貼り付けを実行すると、複数のラベルやテキストボックスに同じ書式を設定できて便利です。以下の手順を参考にしましょう。

❶書式をコピーするラベルをクリック

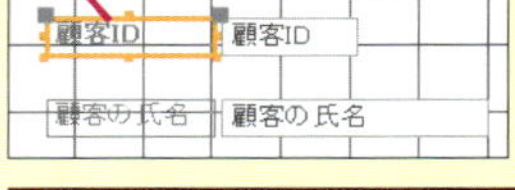

❷[ホーム]タブをクリック

❸[書式のコピー/貼り付け]をクリック

❹書式を貼り付けるラベルをクリック

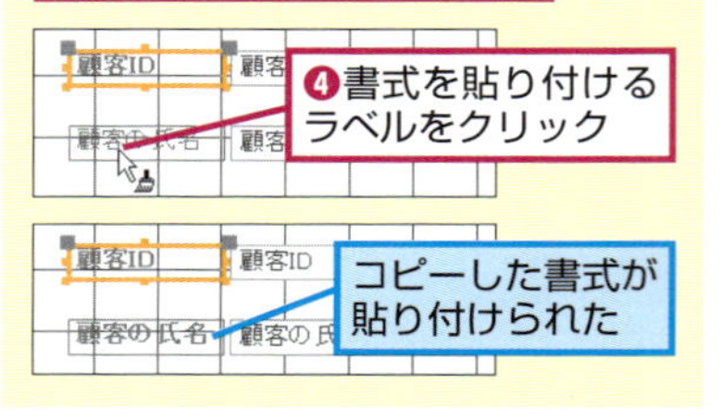

コピーした書式が貼り付けられた

テクニック フォームヘッダーの画像を変更する

[フォームヘッダー]セクションに表示されている画像を変更するには、[プロパティシート]を表示して[図の挿入]ダイアログボックスで画像を選択します。利用できる画像は、GIF形式やJPEG形式、BMP形式、PNG形式の画像ファイルですが、あらかじめサイズを小さくしておかないと正しく表示されません。オリジナルの画像を利用するときは、幅40ピクセル×高さ30ピクセル程度に画像をリサイズしておきましょう。

❶[フォームヘッダー]セクションの画像をクリック

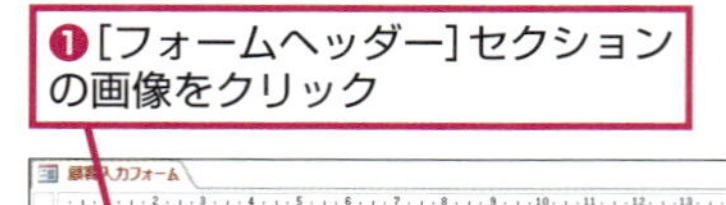

❷[フォームデザインツール]の[デザイン]タブをクリック

❸[プロパティシート]をクリック

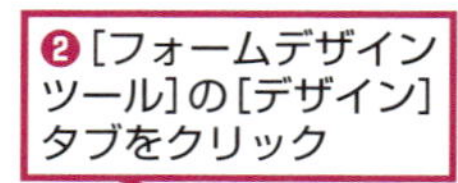

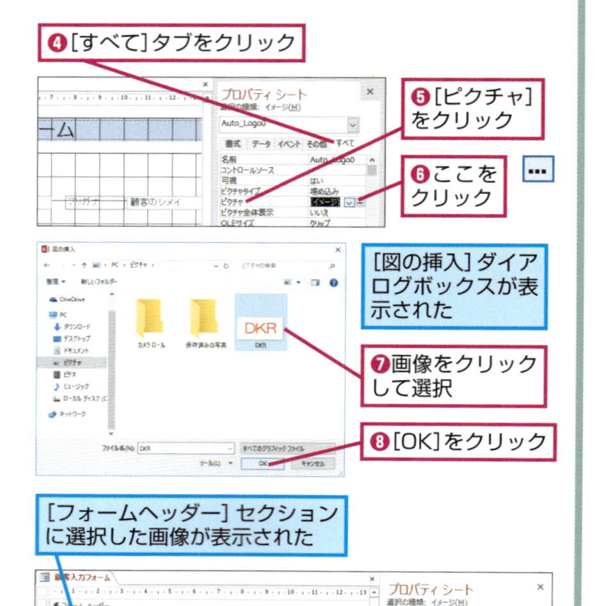

❹[すべて]タブをクリック

❺[ピクチャ]をクリック

❻ここをクリック

[図の挿入]ダイアログボックスが表示された

❼画像をクリックして選択

❽[OK]をクリック

[フォームヘッダー]セクションに選択した画像が表示された

基本編 第4章 フォームからデータを入力する

6 フォームビューを表示する

ラベルに入力されている文字に合わせて枠が縮小された

フォーム全体のデザインを確認するためフォームビューを表示する

❶[フォームデザインツール]の[デザイン]タブをクリック

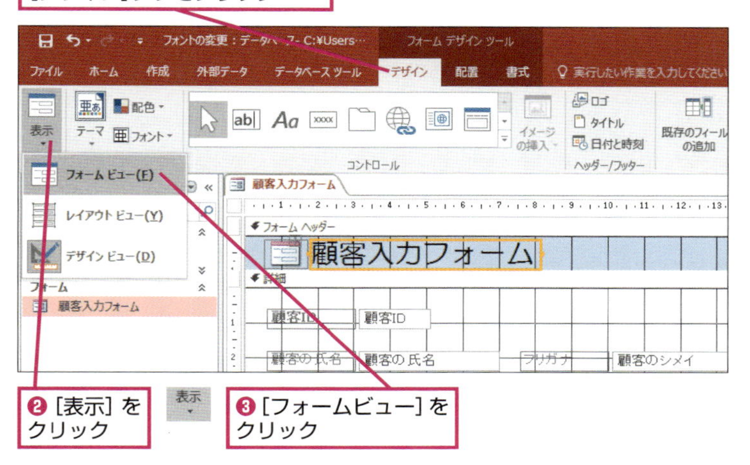

❷[表示]をクリック

表示

❸[フォームビュー]をクリック

7 ラベルのサイズやフォントが変更された

[顧客入力フォーム]がフォームビューで表示された

ラベルのサイズやフォントが変更された

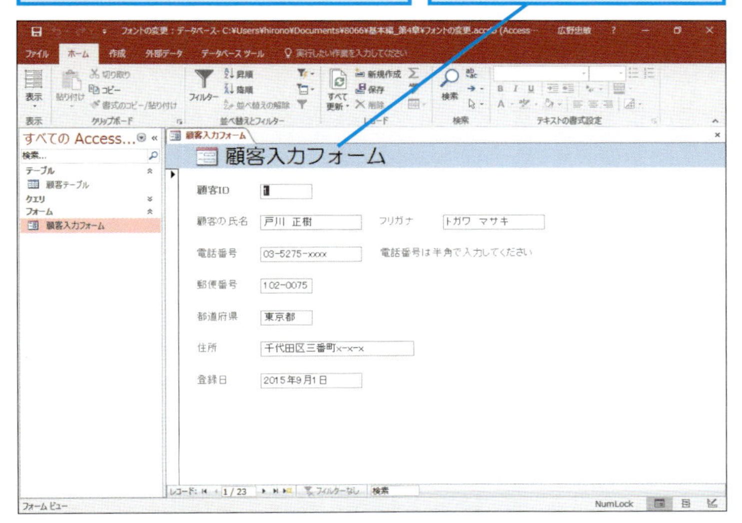

[上書き保存]をクリック

基本編のレッスン㉞を参考にフォームを閉じておく

フォームの背景色を変えるには

フォームの背景色を変更したいときは、まず[フォームヘッダー]セクションまたは[詳細]セクションをクリックして選択します。さらに[フォームデザインツール]の[書式]タブにある[背景色]ボタンをクリックしてから、設定したい背景色を選択しましょう。標準では、[フォームヘッダー]セクションには薄い水色（テーマの色）が設定されていますが、背景色を[詳細]セクションと同様に白色に設定できます。

❶[フォームヘッダー]セクションをクリック

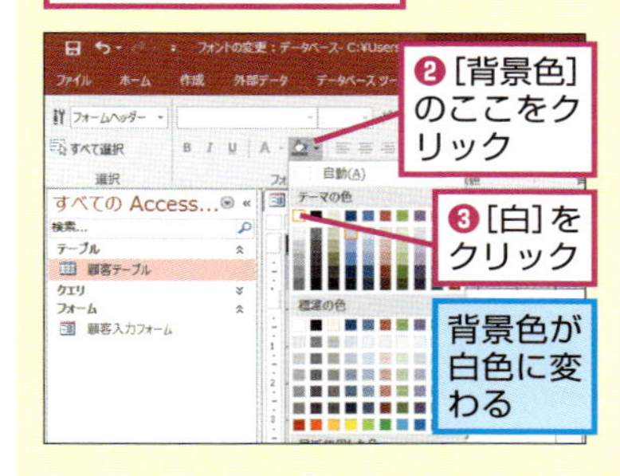

間違った場合は？

手順7でフォームビューが表示されなかったときは、もう一度手順6の操作を実行して、フォームビューを表示します。

Point
大きさや色を変えてラベルを装飾しよう

[フォームヘッダー]セクションに入力したタイトルは、目立たせた方が見やすくなります。タイトルのラベルを目立たせるには、文字を大きくしたり、色を付けたりするのが一般的です。ただし、すべてのラベルに色を付けたり、文字を大きくしたりしてしまうと、フォームの見ためが煩雑になり、使いにくいフォームになってしまいます。本当に目立たせたい部分だけを装飾するのが最も効果的です。

特定のデータを探すには

検索

これまでに作成した［顧客入力フォーム］でレコードを検索し、データを修正する方法を紹介します。［検索］ボタンをクリックして条件を指定しましょう。

▶キーワード
移動ボタン p.418
データシートビュー p.420
フィールド p.421
レコード p.422

レッスンで使う練習用ファイル
検索.accdb

1 ［検索と置換］ダイアログボックスを表示する

基本編のレッスン㉟を参考に［顧客入力フォーム］をフォームビューで表示しておく

ここでは「戸川　綾」を検索する

❶［ホーム］タブをクリック

❷［検索］をクリック

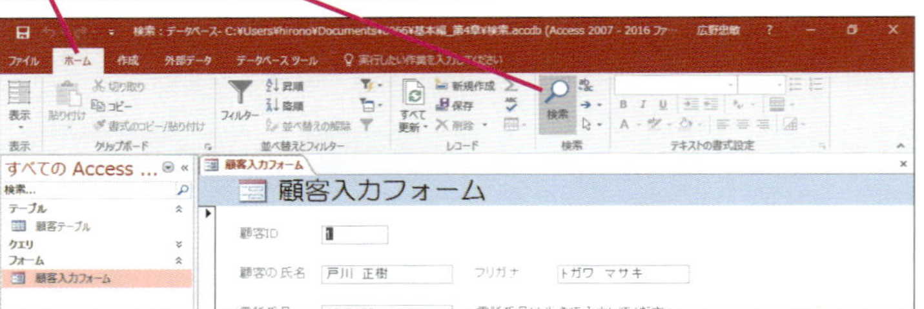

2 検索する文字列を入力する

［検索と置換］ダイアログボックスが表示された

ここでは「トガワ　アヤ」のレコードを検索する

検索条件として、「トガワ」と入力する

❶「トガワ」と入力

❷ここをクリックして［現在のドキュメント］を選択

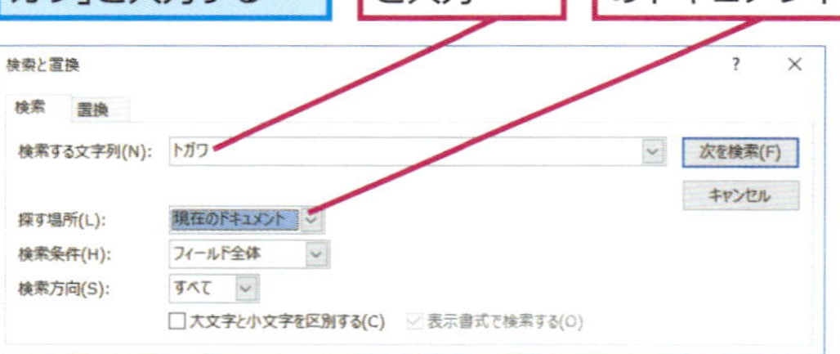

❸ここをクリックして［フィールドの一部分］を選択

❹ここをクリックして［すべて］を選択

❺［次を検索］をクリック

HINT! フィールドを指定して検索もできる

［検索と置換］ダイアログボックスの［探す場所］は［現在のドキュメント］と［現在のフィールド］の2種類があります。［現在のフィールド］を選択すると、現在カーソルがあるフィールドに含まれているデータから、条件に一致するレコードが検索されます。検索内容によって、［探す場所］を指定しましょう。

HINT! 検索したデータを置換するには

［検索と置換］ダイアログボックスの［置換］タブを使えば、以下のように特定のデータを置換できます。

❶［置換］タブをクリック

❷検索する文字列を入力

❸置換する文字列を入力

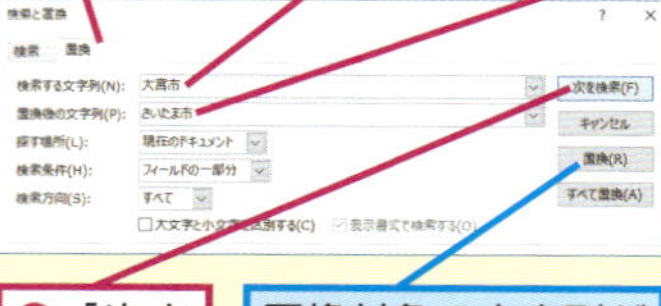

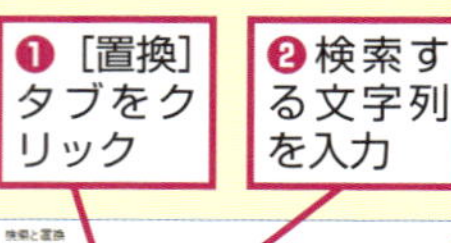

❹［次を検索］をクリック

置換対象の文字列が表示されたら［置換］をクリックする

3 検索条件に一致するレコードが表示された

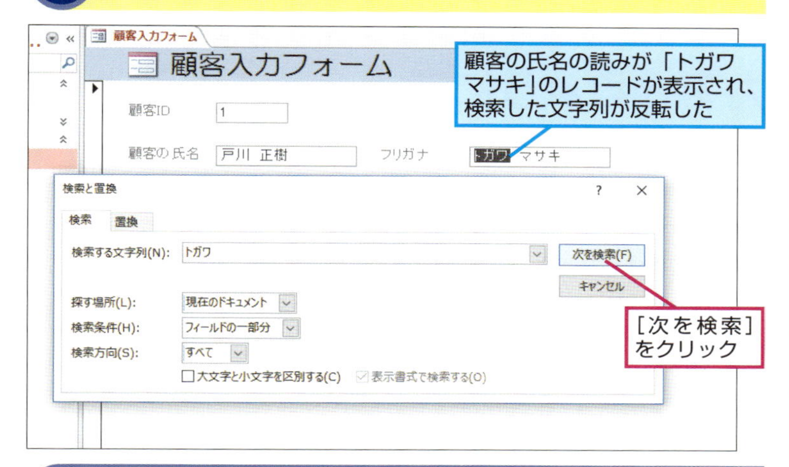

4 ［検索と置換］ダイアログボックスを閉じる

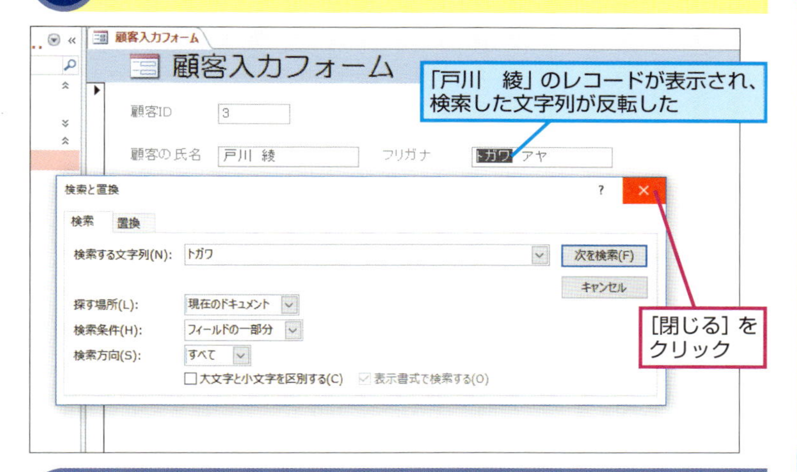

5 電話番号を修正する

［検索と置換］ダイアログボックスが閉じた

「戸川　綾」の電話番号を修正する

電話番号	080-3001-xxxx

❶電話番号を修正　❷Enterキーを押す

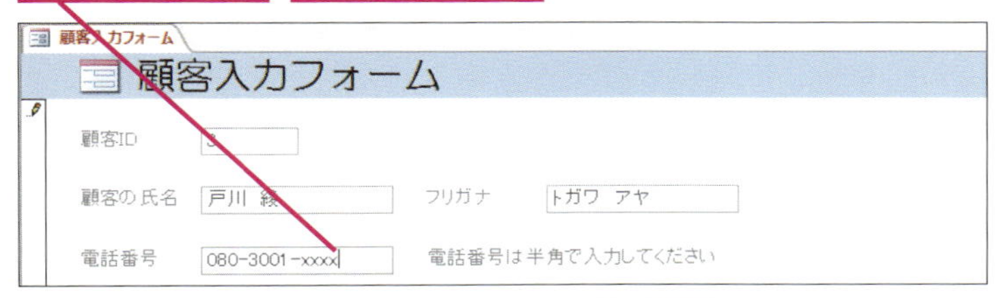

❸［上書き保存］をクリック

基本編のレッスン㉞を参考にフォームを閉じておく

検索する文字列に応じて［検索条件］を指定する

検索する文字列があいまいな場合は［検索条件］の指定が重要です。［検索条件］は［フィールドの一部分］［フィールド全体］［フィールドの先頭］を指定できます。［フィールドの一部分］は検索する文字列がフィールド内のデータに含まれているとき、［フィールド全体］は検索する文字列がフィールド内のデータと完全に一致するとき、［フィールドの先頭］はフィールドのデータが検索する文字列で始まっているときに、該当するレコードが表示されます。

間違った場合は？

手順3で［検索項目は見つかりませんでした］という内容のダイアログボックスが表示されたときは、検索する文字列や検索条件が間違っている可能性があります。もう一度手順2から操作し直してください。

Point
フォームの検索機能を活用しよう

検索はデータベースを使う上で最も重要な機能です。入力されたデータがそれほど多くなければ、テーブルのデータシートビューやフォームの移動ボタンを使ってデータを見つけられます。ところが、大量のデータが入力されているときは、目的のデータを見つけるのは困難です。このレッスンで紹介しているように、特定の人物の電話番号を修正したいときは、目視でレコードを探すのではなく検索機能を使ってレコードを探しましょう。修正するレコードを素早く表示できます。

この章のまとめ

●誰でもデータが入力できるようにフォームを整えよう

テーブルを作った人が自分でデータを入力するときは、テーブルにはどのようなフィールドがあって、何を入力するのかが分かっているため、スムーズに入力できます。しかし、テーブルを作った人が常にデータを入力するとは限りません。名刺管理のテーブルは秘書が入力して、請求管理のテーブルは経理部門の人が入力するかもしれません。テーブルの構造を知らなくても簡単にデータが入力できるように「フォーム」を使いやすくしましょう。自分以外の第三者が入力しやすいように、フォームにタイトルを付けたり、それぞれのフィールドに何を入力すればいいのかをコメントとして付けます。フォームを編集するときは、誰でもデータが入力できるように、分かりやすいフォームを作りましょう。

フォームのデザインビュー

タイトルやフィールドを追加したり、レイアウトを調整するなどして、より入力しやすいフォームに仕上げられる

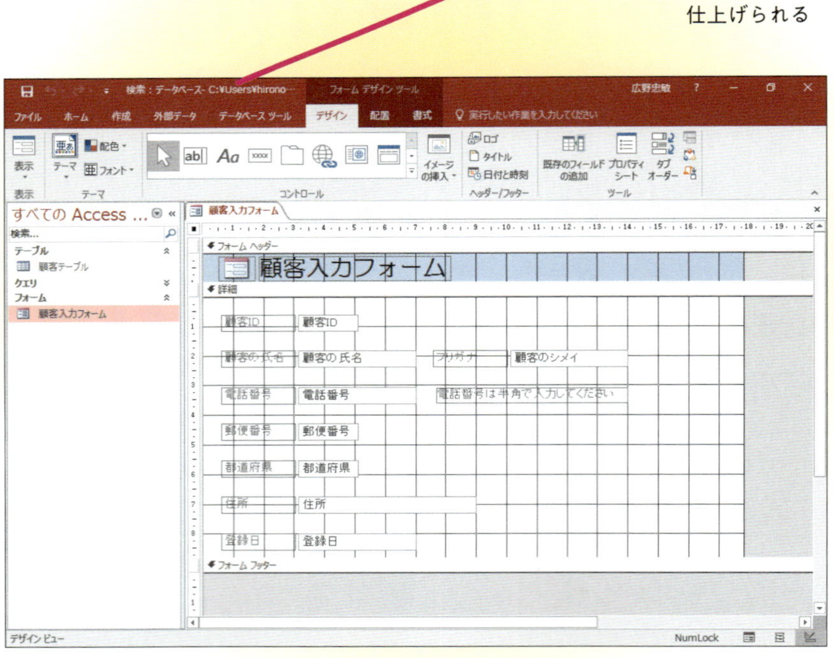

練習問題

1

練習用ファイルの［練習問題04_基本.accdb］にある［顧客入力フォーム］のラベルのフォントを、［MS P明朝］にしてみましょう。

●ヒント　フォントの種類は、［フォームデザインツール］の［書式］タブにある［フォント］で変更します。

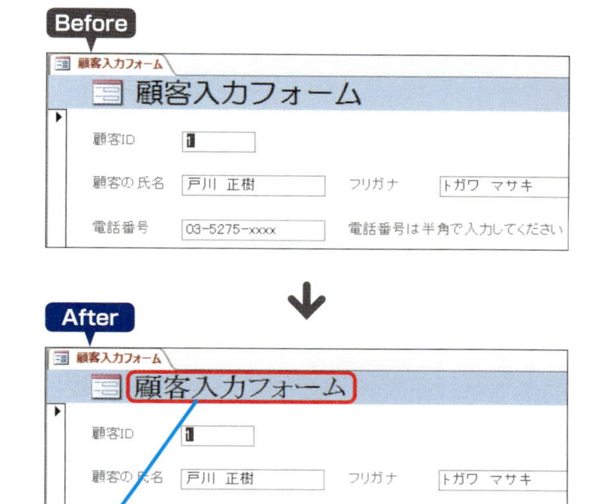

2

練習問題1で利用した［顧客入力フォーム］にあるすべての項目間の上下の幅を狭くしてみましょう。

●ヒント　フィールド同士の上下間隔は、［フォームデザインツール］の［配置］タブにある［サイズ/間隔］ボタンにある項目で調整します。

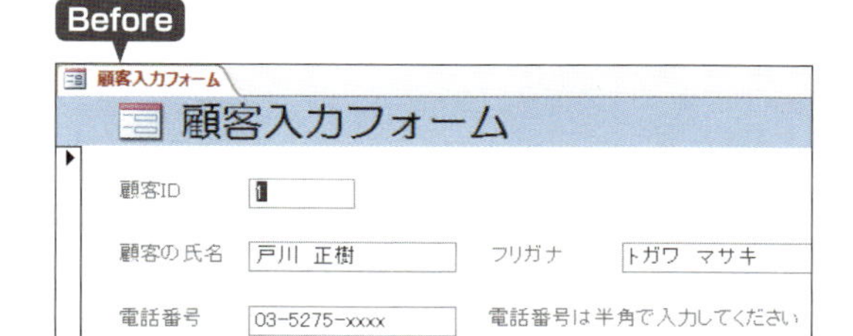

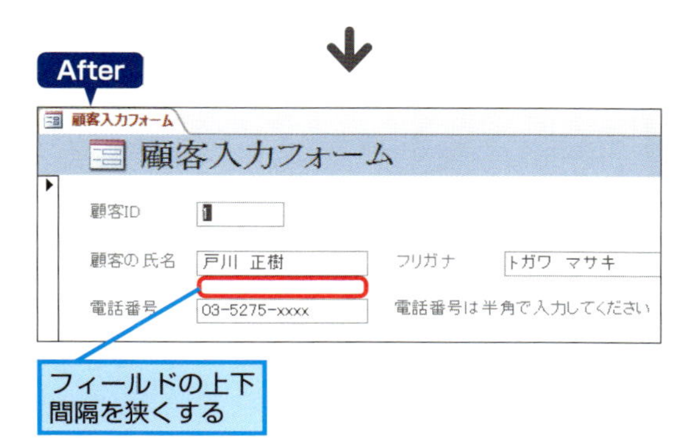

答えは次のページ

解　答

基本編のレッスン㊱を参考に［顧客入力フォーム］をデザインビューで表示しておく

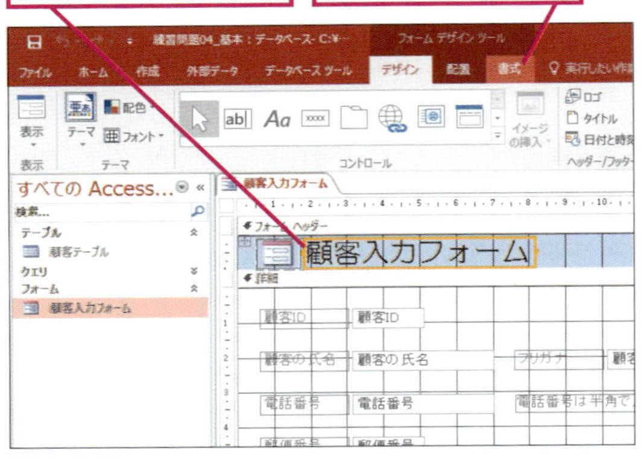

ラベルのフォントを変更するには、まず［顧客入力フォーム］をデザインビューで表示します。表題のラベルをクリックして選択し、［フォームデザインツール］の［書式］タブにある［フォント］から［MS P明朝］を選択します。

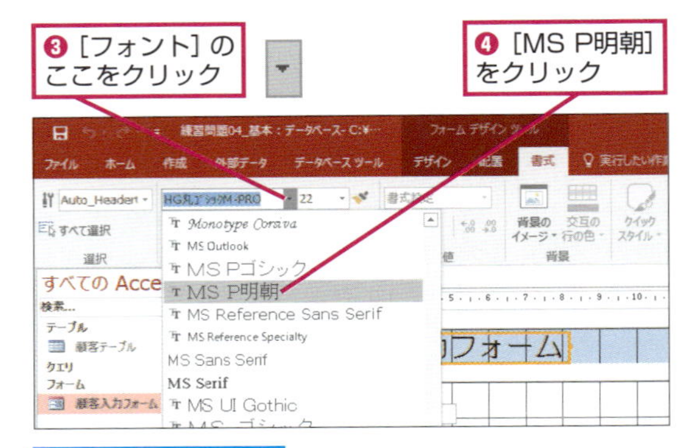

ラベルのフォントが変更される

基本編のレッスン㊱を参考に［顧客入力フォーム］をデザインビューで表示しておく

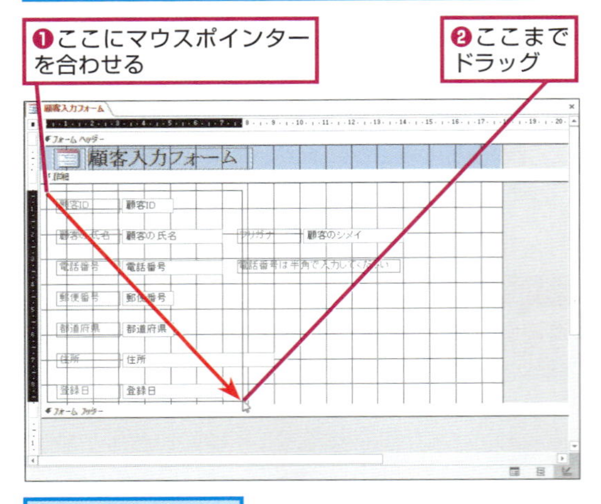

複数のフィールドが選択される

フィールド同士の上下間隔を調整するには、まず［顧客入力フォーム］をデザインビューで表示します。すべてのラベルとテキストボックスをドラッグして選択してから、［フォームデザインツール］の［配置］タブをクリックして、［サイズ/間隔］ボタンから［上下の間隔を狭くする］をクリックしましょう。

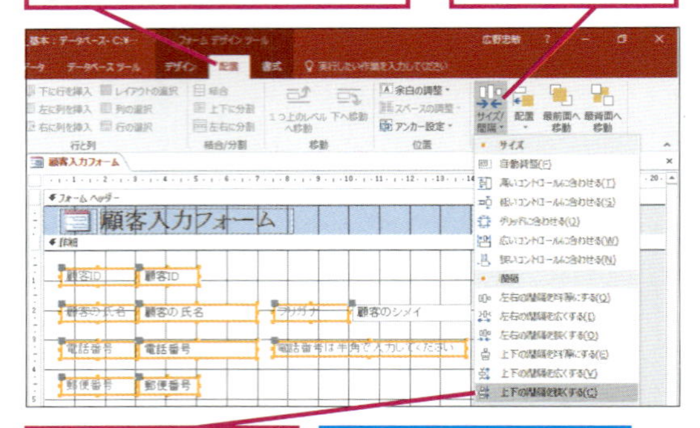

残りのフィールド同士の上下間隔も調整しておく

基本編
第5章

レポートで情報をまとめる

レポートとは、クエリの結果やテーブルをさまざまな形式で表示や印刷ができる機能です。この章では、レポートを使って住所の一覧やあて名ラベルを作る方法を解説しましょう。

●この章の内容

レポートの基本を知ろう

レポートの仕組み

レポートを作り始める前に、レポートの仕組みを見てみましょう。レポートを使えば、テーブルの内容やクエリの実行結果をきれいに印刷できます。

レポートとは

顧客の住所一覧が欲しいときや、あて名ラベルを印刷したいときなど、テーブルの内容やクエリの実行結果を印刷できれば、より一層データベースを実用的に使えます。テーブルの内容やクエリの結果を印刷するための機能は、「レポート」と呼ばれています。

▶キーワード

ウィザード	p.418
クエリ	p.419
テーブル	p.420
デザインビュー	p.421
レポート	p.422

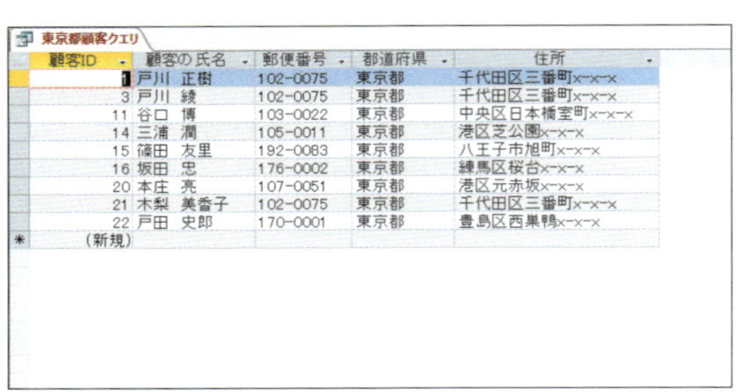
東京都顧客クエリ

顧客ID	顧客の氏名	郵便番号	都道府県	住所
1	戸川 正樹	102-0075	東京都	千代田区三番町x-x-x
3	戸川 綾	102-0075	東京都	千代田区三番町x-x-x
11	谷口 博	103-0022	東京都	中央区日本橋室町x-x-x
14	三浦 潤	105-0011	東京都	港区芝公園x-x-x
15	篠田 友里	192-0083	東京都	八王子市旭町x-x-x
16	坂田 忠	176-0002	東京都	練馬区桜台x-x-x
20	本庄 亮	107-0051	東京都	港区元赤坂x-x-x
21	木梨 美香子	102-0075	東京都	千代田区三番町x-x-x
22	戸田 史郎	170-0001	東京都	豊島区西巣鴨x-x-x
(新規)				

［東京都顧客クエリ］を実行して東京都の顧客一覧を印刷する

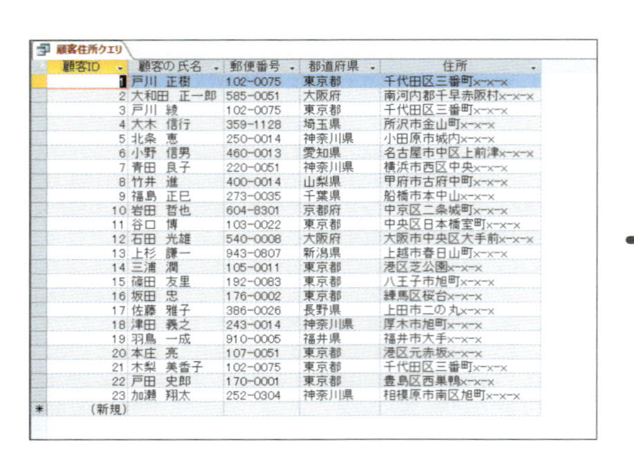
顧客住所クエリ

顧客ID	顧客の氏名	郵便番号	都道府県	住所
1	戸川 正樹	102-0075	東京都	千代田区三番町x-x-x
2	大和田 正一郎	585-0051	大阪府	南河内郡千早赤阪村x-x-x
3	戸川 綾	102-0075	東京都	千代田区三番町x-x-x
4	大木 信行	359-1128	埼玉県	所沢市金山町x-x-x
5	北条 恵	250-0014	神奈川県	小田原市城内x-x-x
6	小野 信男	460-0013	愛知県	名古屋市中区上前津x-x-x
7	青田 良子	220-0051	神奈川県	横浜市西区中央x-x-x
8	竹井 進	400-0014	山梨県	甲府市古府中町x-x-x
9	福島 正巳	273-0035	千葉県	船橋市本中山x-x-x
10	岩田 哲也	604-8301	京都府	中京区二条城町x-x-x
11	谷口 博	103-0022	東京都	中央区日本橋室町x-x-x
12	石田 光雄	540-0008	大阪府	大阪市中央区大手前x-x-x
13	上杉 謙一	943-0807	新潟県	上越市春日山町x-x-x
14	三浦 潤	105-0011	東京都	港区芝公園x-x-x
15	篠田 友里	192-0083	東京都	八王子市旭町x-x-x
16	坂田 忠	176-0002	東京都	練馬区桜台x-x-x
17	佐藤 雅子	386-0026	長野県	上田市二の丸x-x-x
18	津田 義之	243-0014	神奈川県	厚木市旭町x-x-x
19	羽鳥 一成	910-0005	福井県	福井市大手x-x-x
20	本庄 亮	107-0051	東京都	港区元赤坂x-x-x
21	木梨 美香子	102-0075	東京都	千代田区三番町x-x-x
22	戸田 史郎	170-0001	東京都	豊島区西巣鴨x-x-x
23	加瀬 翔太	252-0304	神奈川県	相模原市南区旭町x-x-x
(新規)				

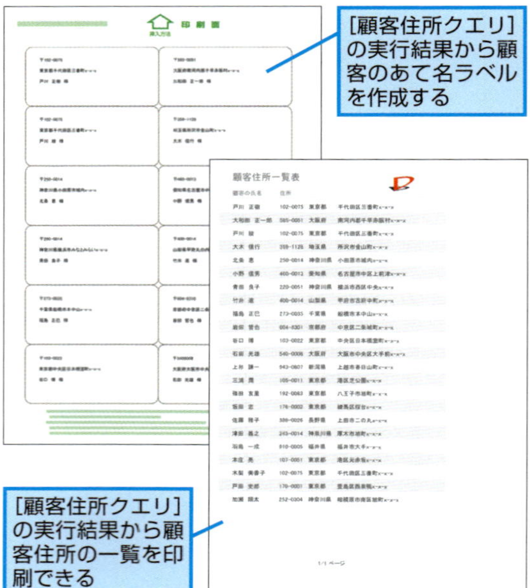

［顧客住所クエリ］の実行結果から顧客のあて名ラベルを作成する

［顧客住所クエリ］の実行結果から顧客住所の一覧を印刷できる

目的に合わせてレポートを作成する

レポートの作成方法は大きく2つあります。1つは［レポート］ボタンやウィザードを利用する方法です。もう1つは、デザインビューを利用して最初からレイアウトする方法です。この章では、基本編の第3章で作成した［顧客住所クエリ］と［東京都顧客クエリ］で抽出したデータを一覧表やあて名ラベルとして印刷する方法を紹介します。

●［作成］タブやウィザードを使ったレポート作成

すぐにデータを印刷したい場合は、［作成］タブの［レポート］ボタンを利用してレポートを作成します。あて名ラベルにあて名を印刷するには、［宛名ラベルウィザード］を使いましょう。

レポートを自動作成する

あて名ラベルにあて名を印刷する

●デザインビューを使ったレポート作成

用紙のサイズやフィールドの位置を細かく調整したり、罫線や画像を挿入したりするときは、デザインビューでレポートを作成します。

デザインビューでレポートを編集する

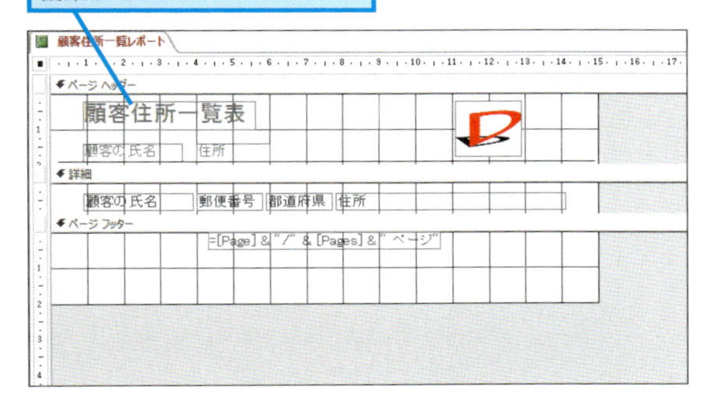

ラベルを自由に配置して、レポートのタイトルを付けられる

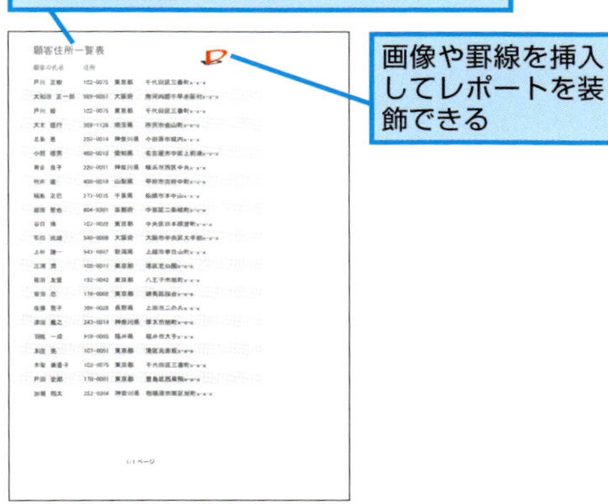

画像や罫線を挿入してレポートを装飾できる

HINT! 旧バージョンで作成したデータベースでもレポートを作成できる

Access 2003/2002/2000で作成したデータベースファイルでも、この章で説明する操作でレポートを作成できます。旧バージョンの形式（Access 2002-2003データベース、Access 2000データベース）のデータベースファイルを修正するときは、データベースを変換しない限り、旧バージョンのファイル形式で保存されます。なお、Access 2016のファイル形式はAccess 2007以降のファイル形式と同じなので、バージョンの違いを意識する必要はありません。

HINT! レポートの作り方はフォームの作り方と似ている

次のレッスンからは、実際にレポートを作っていきます。レポートの作り方はフォームの作り方と似ているので、フォームの作り方が分かれば、簡単にレポートを作れます。

基本編

レッスン 45 一覧表を印刷するレポートを作るには

レポートの作成と保存

このレッスンでは、［レポート］ボタンを利用して、基本編の第3章で作成した［東京都顧客クエリ］から顧客の氏名や住所の一覧表を作ってみましょう。

1 新しいレポートを作成する

基本編のレッスン❽を参考に［レポートの作成と保存.accdb］を開いておく

［東京都顧客クエリ］を元にレポートを作成する

❶［作成］タブをクリック

❷［東京都顧客クエリ］をクリック

❸［レポート］をクリック

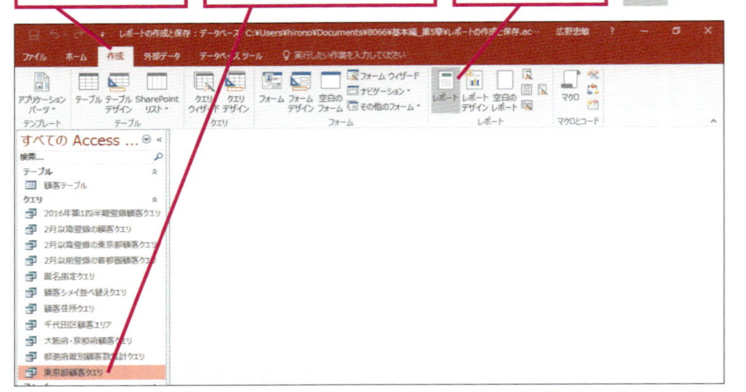

新しいレポートが作成され、［東京都顧客クエリ］がレイアウトビューで表示された

◆レポートのレイアウトビュー

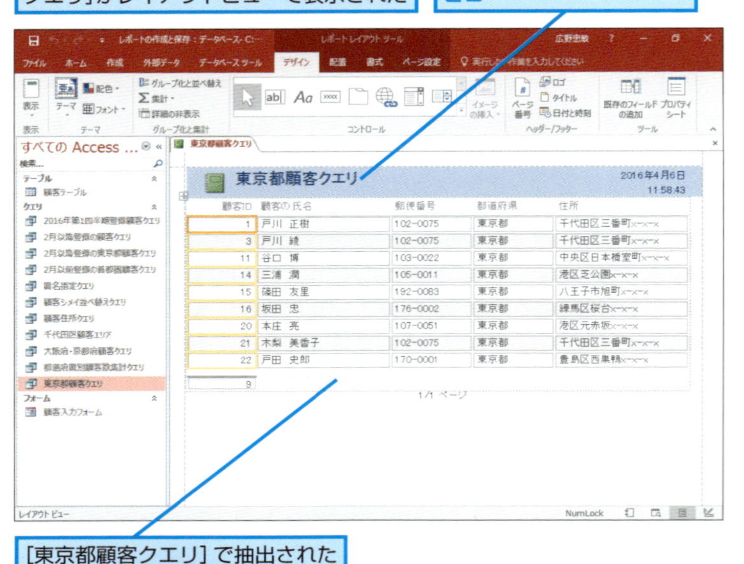

［東京都顧客クエリ］で抽出されたレコードが一覧で表示された

▶キーワード

オブジェクト	p.419
クエリ	p.419
ナビゲーションウィンドウ	p.421
レイアウトビュー	p.422
レコード	p.422
レポート	p.422

レッスンで使う練習用ファイル

レポートの作成と保存.accdb

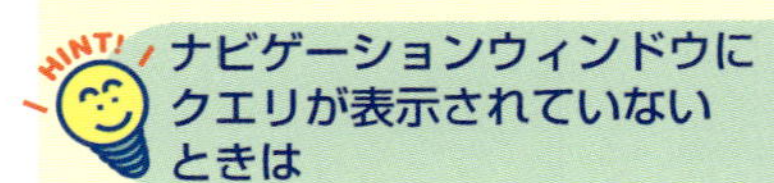

HINT! ナビゲーションウィンドウにクエリが表示されていないときは

ナビゲーションウィンドウに［東京都顧客クエリ］が表示されていないときは、これまでのレッスンで作成したクエリが隠れています。ナビゲーションウィンドウの［クエリ］をクリックして一覧を表示しましょう。

［クエリ］をクリック

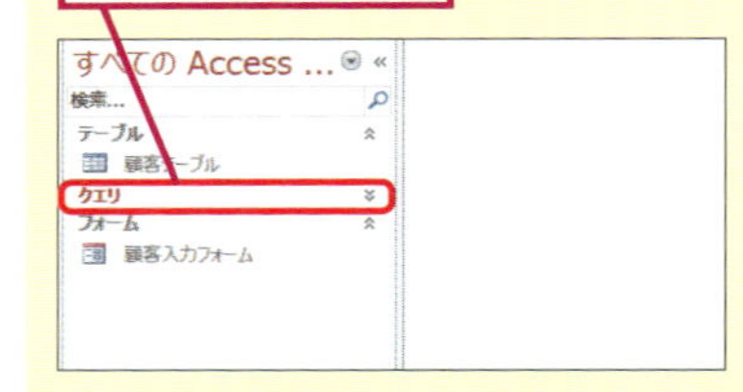

間違った場合は？

手順1で違うレポートが表示されてしまったときは、選択したクエリが間違っています。［閉じる］ボタンをクリックすると、「レポートの変更を保存しますか?」という確認のメッセージが表示されます。［いいえ］ボタンをクリックして作成したレポートを破棄し、手順1から操作をやり直しましょう。

2 レポートを保存する

作成したレポートを保存する

❶［上書き保存］をクリック

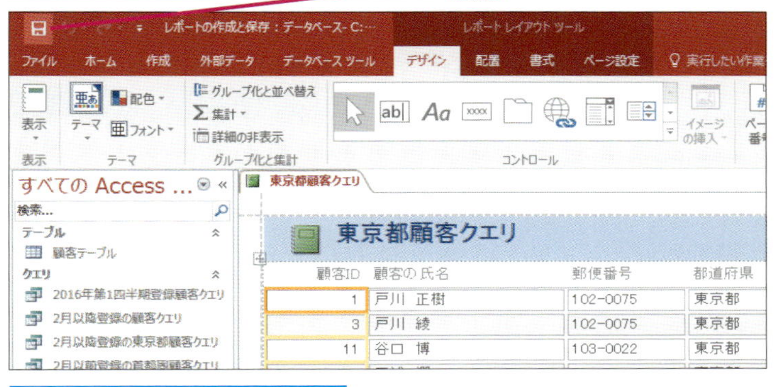

［名前を付けて保存］ダイアログボックスが表示された

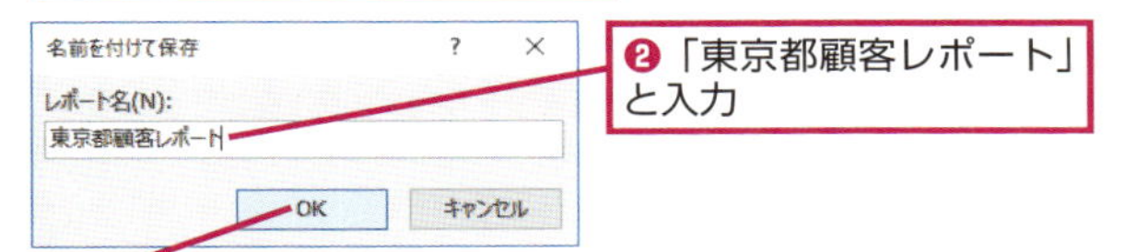

❷「東京都顧客レポート」と入力

❸［OK］をクリック

3 レポートを閉じる

レポートを保存できた

「東京都顧客レポート」と表示された

［'東京都顧客レポート'を閉じる］をクリック

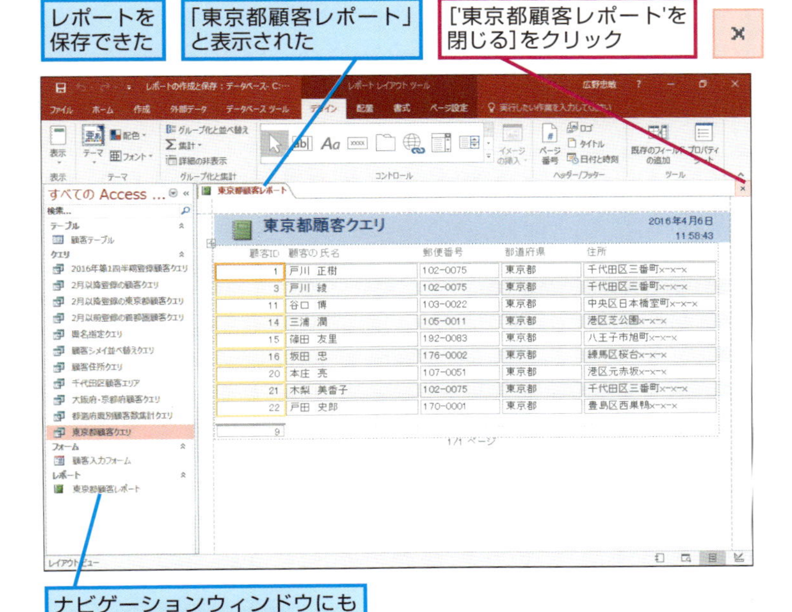

ナビゲーションウィンドウにもレポート名が表示される

HINT! レポート名の付け方

手順2のように、レポートに名前を付けるときは、どのような種類で何に使うのかを考えて名前を付けます。例えば、クエリを使ったレポートに名前を付けるときは、クエリと同じ名前にしてしまうと、レポートなのかクエリなのかが分かりません。「東京都顧客レポート」や「R_東京都顧客」「rpt_東京都顧客」のように種類も含めて（「rpt」はレポートの意）名前を付けると、オブジェクトの内容が分かりやすくなります。

Point さまざまなレポートを簡単に作れる

このレッスンでは、基本編のレッスン㉔で作成した［東京都顧客クエリ］を元にして、都道府県が東京都の氏名と住所のレポートを作成しました。レポートの元になるクエリをあらかじめ作成しておけば、このレッスンで操作したようにクエリを選択して［レポート］ボタンをクリックするだけで、氏名とメールアドレスだけの一覧表など、体裁の整ったさまざまなレポートを簡単に作れます。

基本編

レッスン 46

テキストボックスの幅を調整するには

レポートのレイアウトビュー、デザインビュー

何も設定をしないと、レポートが用紙1枚に収まらないことがあります。ここでは、テキストボックスの幅の調整やテキストボックスの削除方法を紹介します。

テキストボックスの幅を調整する

1 ［東京都顧客レポート］を開く

［テーブル］［クエリ］［フォーム］をクリックして一覧を非表示にしておく

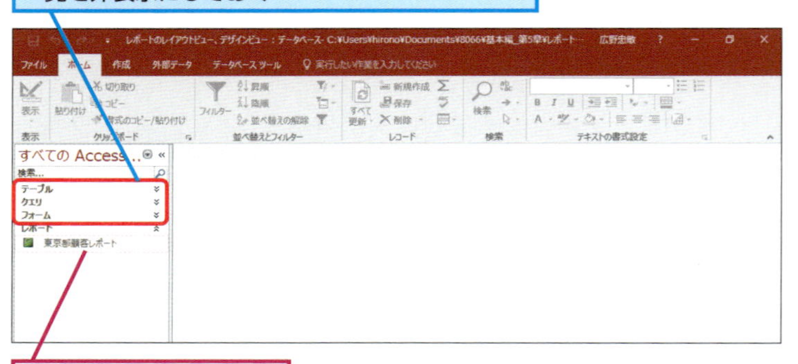

［東京都顧客レポート］をダブルクリック

2 レイアウトビューを表示する

［東京都顧客レポート］がレポートビューで表示された

ここではレポートのイメージを確認しながらレイアウトを調整するため、レイアウトビューに切り替える

❶［ホーム］タブをクリック

❷［表示］をクリック

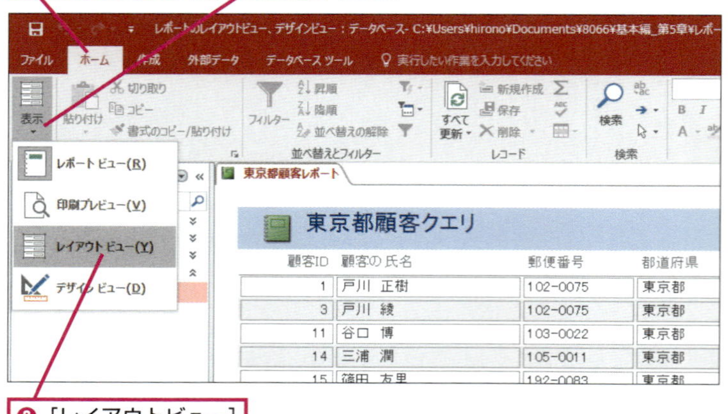

❸［レイアウトビュー］をクリック

▶キーワード

レッスンで使う練習用ファイル
レポートのレイアウトビュー、デザインビュー.accdb

HINT! 印刷範囲が点線で表示される

レポートをレイアウトビューで表示すると、選択されている用紙サイズが灰色の点線で表示されます。灰色の点線からテキストボックスがはみ出ているときは、用紙からはみ出した状態で印刷されてしまいます。右側にある灰色の点線を目安にして、テキストボックスの幅を調整するといいでしょう。

HINT! 用紙のサイズを変更するには

レポートに印刷する用紙のサイズを変更するには、［レポートレイアウトツール］の［ページ設定］タブにある［サイズ］ボタンをクリックして一覧から用紙サイズを選択しましょう。また［横］ボタンをクリックすれば、用紙を横向きにしてレポートを印刷できます。なお、［サイズ］ボタンの一覧に表示される用紙サイズは、プリンターによって内容が異なります。

3 ［顧客ID］のテキストボックスの幅を調整する

［東京都顧客レポート］がレイアウトビューで表示された

❶［顧客ID］の列にあるテキストボックスをクリック

❷ここにマウスポインターを合わせる

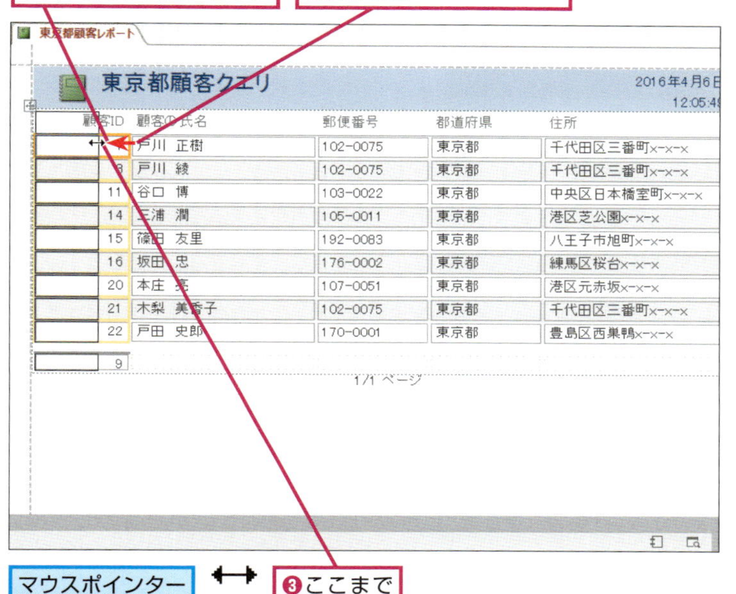

マウスポインターの形が変わった

❸ここまでドラッグ

4 ほかのテキストボックスの幅を調整する

［顧客ID］のテキストボックスの幅が狭くなった

手順3を参考にほかのテキストボックスの幅を調整

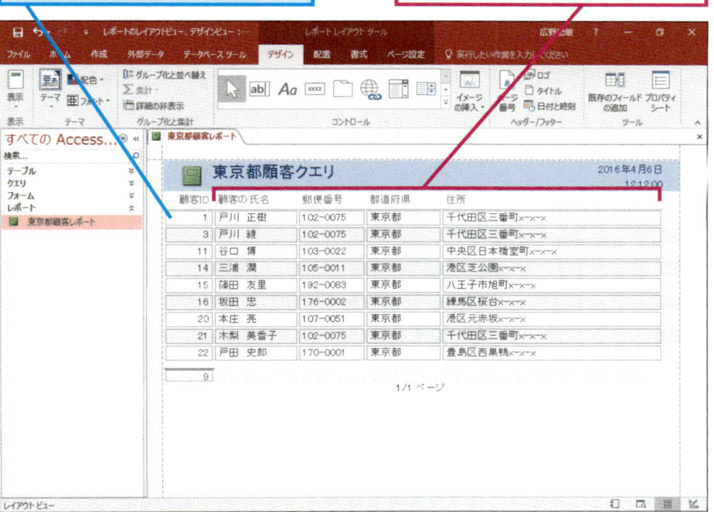

HINT! テキストボックスの余白を変更するには

レポートに表示されているテキストボックス全体の余白は自由に調整できます。レイアウトビューで表示しているときに、以下の操作でテキストボックス全体の余白を広めや狭めに調整しましょう。テキストボックス間の余白を広げたり、狭めたりすることで見やすいレポートを作成できます。

❶サイズを調整するテキストボックスをクリック

❷［レポートレイアウトツール］の［配置］タブをクリック

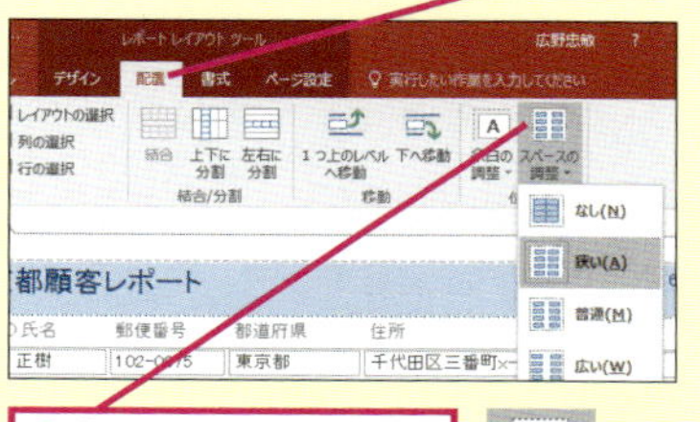

❸［スペースの調整］をクリック

HINT! テーマを変更するには

レポートの作成時には［Office］というテーマが自動的に設定されます。テーマとは、背景色やフォントなどの書式がまとめて設定されているテンプレートのことです。レポートの書式や雰囲気を一度にまとめて変えたいときは、テーマを変更するといいでしょう。レポートをレイアウトビューで表示している状態で、［レポートレイアウトツール］の［デザイン］タブにある［テーマ］ボタンをクリックし、一覧から変更したいテーマを選びます。

間違った場合は？

手順3で［顧客ID］のテキストボックスの幅を狭くしすぎてしまったときは、クイックアクセスツールバーの［元に戻す］ボタン（）をクリックして、再度操作をやり直しましょう。

次のページに続く

ヘッダーとフッターを調整する

5 デザインビューを表示する

[レポートフッター] と [レポートヘッダー] セクションを編集するので、[東京都顧客クエリ]をデザインビューで表示する

❶[レポートレイアウトツール]の[デザイン]タブをクリック

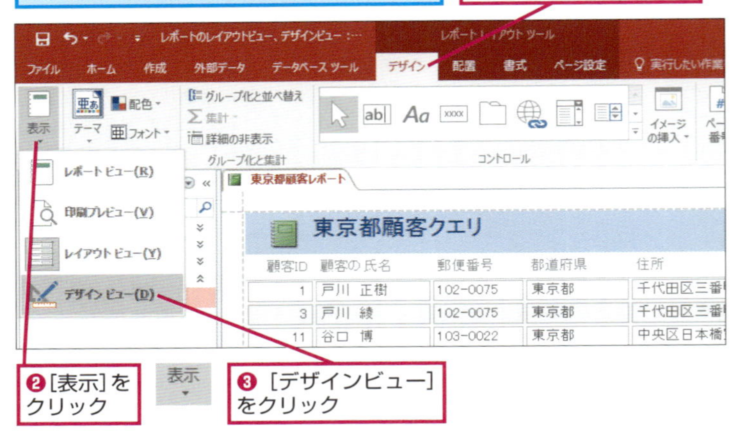

❷[表示]をクリック

❸[デザインビュー]をクリック

6 テキストボックスを削除する

[レポートフッター]と[レポートヘッダー]セクションにあるテキストボックスを削除する

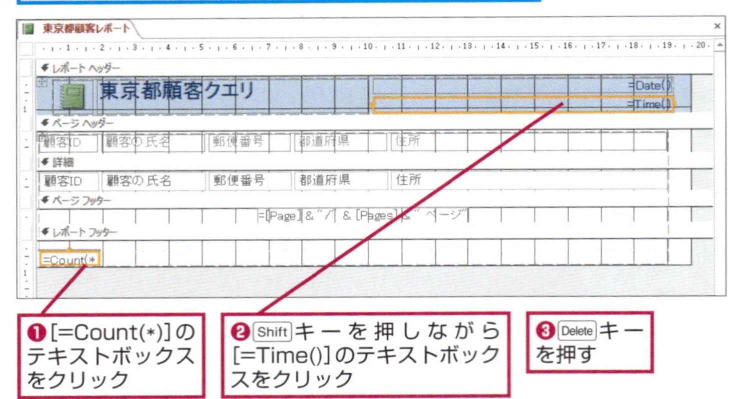

❶[=Count(*)]のテキストボックスをクリック

❷Shiftキーを押しながら[=Time()]のテキストボックスをクリック

❸Deleteキーを押す

「=Count(*)」って何？

基本編のレッスン㊺で［作成］タブの［レポート］ボタンをクリックして作成したレポートには、「=Count(*)」というテキストボックスが[レポートフッター] セクションに自動的に挿入されます。「=Count(*)」とは、レコードの件数を表示する関数です。このレッスンで利用する［東京都顧客クエリ］には、9件のレコードがあるため、［レポートフッター］セクションには「9」と表示されます。手順6では、件数を非表示にするので「=Count(*)」のテキストボックスを削除しますが、場合によっては、そのままにしておいても構いません。

日付や時刻を表すテキストボックスもある

上のHINT!で紹介した「=Count(*)」と同じように、［作成］タブの［レポート］ボタンをクリックして作成したレポートには、「=Date()」と「=Time()」というテキストボックスが［レポートヘッダー］セクションに自動的に挿入されます。「=Date()」は現在の日付、「=Time()」は現在の時刻を表示する関数です。操作時の日付と時間がフォームに表示されますが、日付や時刻を表示したくないときは、手順6の方法でテキストボックスを削除するといいでしょう。

間違った場合は？

手順6で間違って「=Date()」のテキストボックスを削除してしまったときは、クイックアクセスツールバーの［元に戻す］ボタン（ ）をクリックして操作を取り消し、あらためて「=Time()」のテキストボックスを削除しましょう。

7 表題のラベルを選択する

テキストボックスが削除された

❶レポートのタイトルをクリック

❷ここをクリック

カーソルが表示され、タイトルを編集できるようになった

8 表題のラベルを修正する

❶「東京都顧客レポート」と入力

❷Enterキーを押す

❸［上書き保存］をクリック

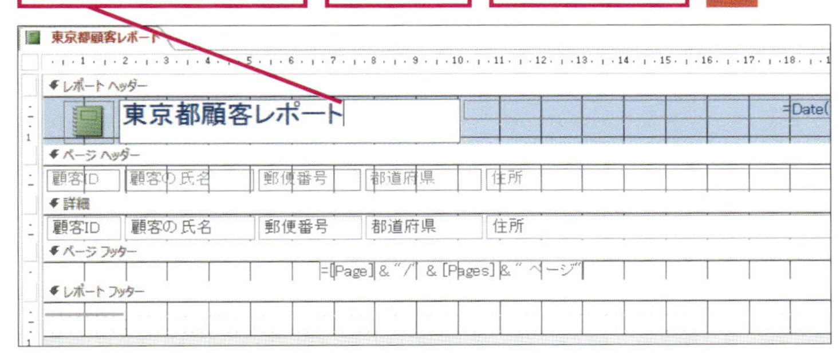

9 レポートを閉じる

表題のラベルが修正された

['東京都顧客レポート'を閉じる]をクリック

HINT! テキストボックスの枠線を非表示にするには

以下の操作を実行すると、テキストボックスの灰色の枠線を非表示に設定できます。［作成］タブの［レポート］ボタンをクリックして作成したレポートでは、必ずテキストボックスに灰色の枠線が表示されます。好みに応じて枠線を非表示にしたり、枠線の色を変更したりするといいでしょう。なお、以下の操作はデザインビューで行っていますが、レポートビューでも同様に操作できます。

フォームをデザインビューで表示しておく

❶枠線を非表示にするテキストボックスをクリック

❷［レポートデザインツール］の［書式］タブをクリック

❸［図形の枠線］をクリック

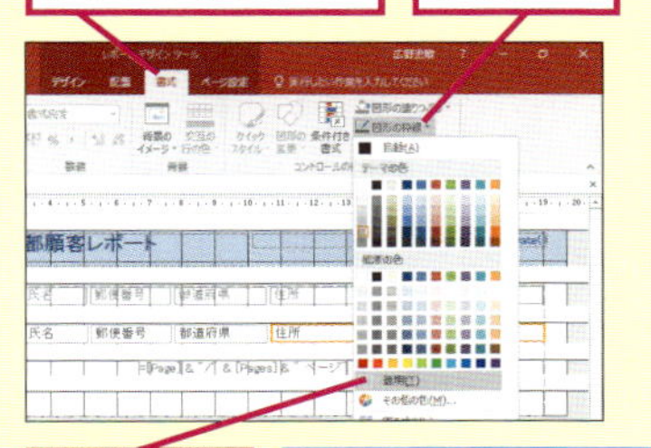

❹［透明］をクリック

テキストボックスの枠線が非表示になる

Point ビューを切り替えてフォームをカスタマイズしよう

このレッスンでは、テキストボックスの幅を変更したほか、件数や時刻のテキストボックスを削除して表題のラベル名を変更しました。基本編のレッスン㊺で紹介したように、クエリを選んで［作成］タブの［レポート］ボタンをクリックして作成したレポートは、このレッスンの方法でカスタマイズを行います。レポートは複数のビューを切り替えて編集を行いますが、どのビューで何をするのかを確認しながら操作するといいでしょう。

一覧表のレポートを印刷するには

印刷

ここまでのレッスンで作成したレポートを用紙に印刷してみましょう。レポートを作っておけば、いつでも最新のデータを用紙に印刷できます。

1 印刷プレビューを表示する

基本編のレッスン㊻を参考に［東京都顧客レポート］をレポートビューで表示しておく

❶［ホーム］タブをクリック

印刷プレビューを表示してフォーム全体を確認する

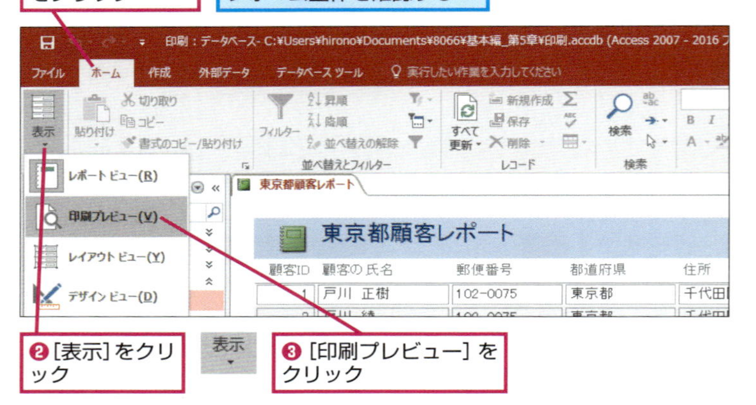

❷［表示］をクリック

❸［印刷プレビュー］をクリック

2 ［印刷］ダイアログボックスを表示する

［東京都顧客レポート］が印刷プレビューで表示された

［印刷］をクリック

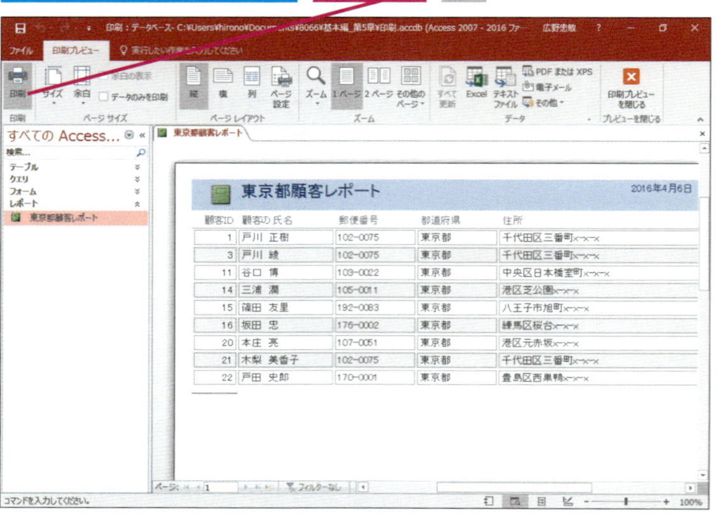

▶キーワード

印刷プレビュー	p.418
クエリ	p.419
テーブル	p.420
レコード	p.422
レポート	p.422

レッスンで使う練習用ファイル
印刷.accdb

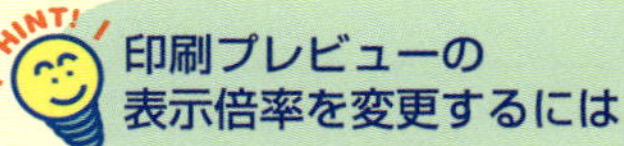

Ctrl + P ………… ［印刷］ダイアログボックスの表示

HINT! 印刷プレビューの表示倍率を変更するには

［印刷プレビューの倍率］ボタン（ ）をクリックすれば、印刷プレビューの表示倍率を一覧から変更できます。画面やレポートの大きさに応じて表示倍率を変更しましょう。なお、画面右下の［縮小］ボタン（－）や［拡大］ボタン（＋）をクリックすると、10パーセントずつ表示を拡大・縮小できます。

HINT! A3の用紙などに印刷できないの？

Accessでは、用紙のサイズを変更しても、レポートが自動的に拡大されたり縮小されたりすることはありません。出力用紙サイズと印刷倍率が指定できるプリンターなら、A3の用紙いっぱいにレポートを印刷できます。手順3で［プロパティ］ボタンをクリックし、［（プリンター名）のプロパティ］ダイアログボックスで設定を行いましょう。なお、出力用紙サイズや印刷倍率の設定はプリンターによって異なるので、プリンターの取扱説明書などを確認してください。

3 印刷を実行する

［印刷］ダイアログボックスが表示された

A4の用紙をプリンターにセットしておく

❶使用中のプリンター名が表示されていることを確認

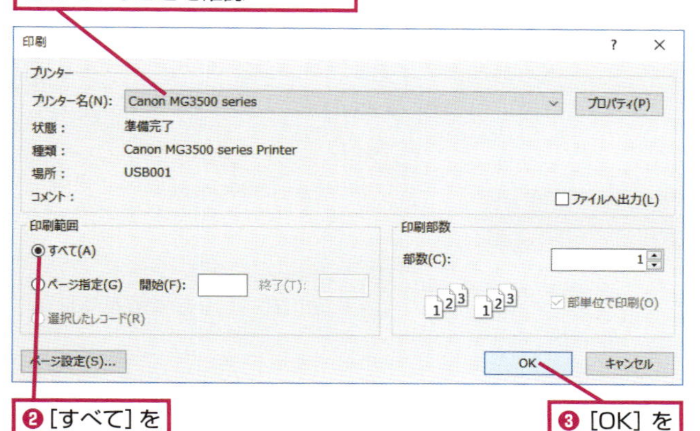

❷［すべて］をクリック

❸［OK］をクリック

4 印刷が実行された

レポートがA4の用紙に印刷された

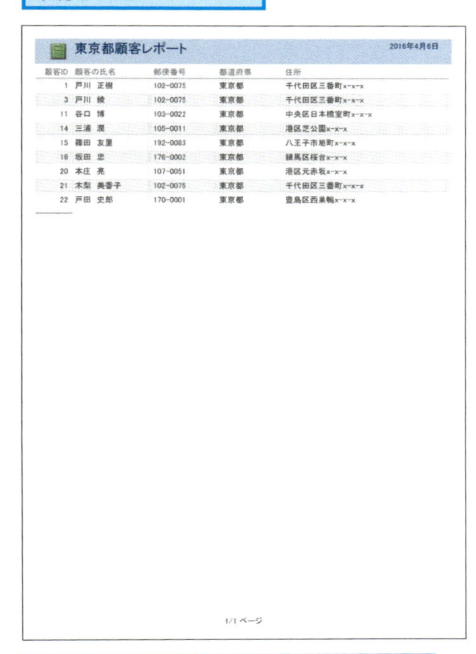

東京都顧客レポート 2016年4月6日

顧客ID	顧客の氏名	郵便番号	都道府県	住所
1	戸川 正樹	102-0075	東京都	千代田区三番町x-x-x
3	戸川 綾	102-0075	東京都	千代田区三番町x-x-x
11	谷口 博	103-0022	東京都	中央区日本橋室町x-x-x
14	三浦 潤	105-0011	東京都	港区芝公園x-x-x
15	篠田 友里	192-0083	東京都	八王子市旭町x-x-x
16	坂田 忠	176-0002	東京都	練馬区桜台x-x-x
20	本庄 亮	107-0051	東京都	港区元赤坂x-x-x
21	木梨 美香子	102-0075	東京都	千代田区三番町x-x-x
22	戸田 史郎	170-0001	東京都	豊島区西巣鴨x-x-x

1/1 ページ

印刷が終了したら、基本編のレッスン㊺を参考にレポートを閉じておく

HINT! 余白を変更するには

余白のサイズを変更するには、レポートを印刷プレビューで表示して、［余白］ボタンをクリックします。一覧から［標準］［広い］［狭い］などを選べば余白を変更できます。また、任意の余白サイズを設定するには、手順3で［ページ設定］ボタンをクリックします。［ページ設定］ダイアログボックスの［印刷オプション］タブで任意の余白サイズを入力して、［OK］ボタンをクリックしましょう。ただし、余白を変更するとフォームが1ページに収まらなくなる場合もあります。特に理由がなければ余白の設定は変更しない方がいいでしょう。

間違った場合は？

手順1で［レイアウトビュー］を選んでしまったときは、再度［表示］ボタンから［印刷プレビュー］を選び直しましょう。

Point 常に最新のデータを印刷できる

レポートは、テーブルやクエリを印刷するための「枠組み」と考えるといいでしょう。レポートに表示される内容はテーブルやクエリの実行結果です。したがってレポートの作成後にテーブルのデータを変更したり、レコードを追加したりしてもすぐにレポートに反映できます。レポートに設定したレイアウトや書式はそのままなので、データの変更によってレポートを作り直す必要はありません。このレッスンの例では、［顧客テーブル］のレコードを修正していったん閉じ、［東京都顧客レポート］を開き直せば、テーブルの修正がレポートに反映されます。

基本編

レッスン 48 レポートをPDF形式で保存するには

PDFまたはXPS

Access 2016は、特別なファイルをインストールしなくてもレポートをPDF形式で保存できます。汎用性の高いPDF形式でレポートを保存してみましょう。

▶キーワード

PDF	p.418
レポート	p.422

レッスンで使う練習用ファイル

PDFまたはXPS.accdb

1 PDF形式で保存するレポートを選択する

[東京都顧客レポート]をPDF形式で保存する

[東京都顧客レポート]をクリック

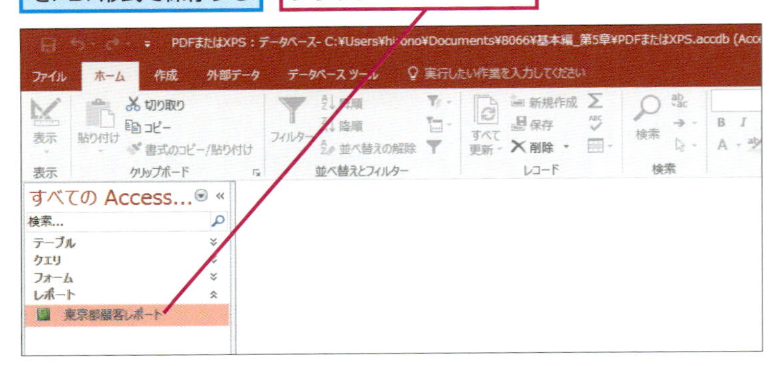

2 [PDFまたはXPS形式で発行]ダイアログボックスを表示する

❶[外部データ]タブをクリック

❷[PDFまたはXPS]をクリック

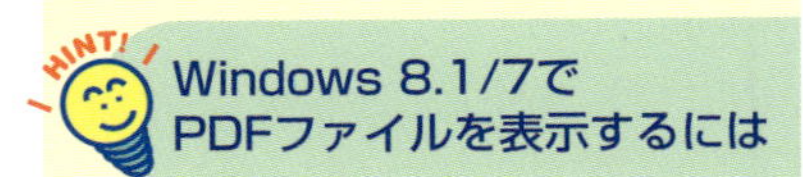

Windows 8.1/7でPDFファイルを表示するには

Windows 8.1では、OSに標準で用意されている[リーダー]アプリを使えば、PDF形式のファイルを表示できます。Windows 7では、標準でPDF形式のファイルを表示するソフトウェアがインストールされていないため、Adobe Acrobat Reader DCなどのPDF閲覧ソフトをインストールしておく必要があります。

▼Adobe Acrobat Reader DC
https://get.adobe.com/jp/reader/

[今すぐインストール]をクリックするとAdobe Readerをダウンロードできる

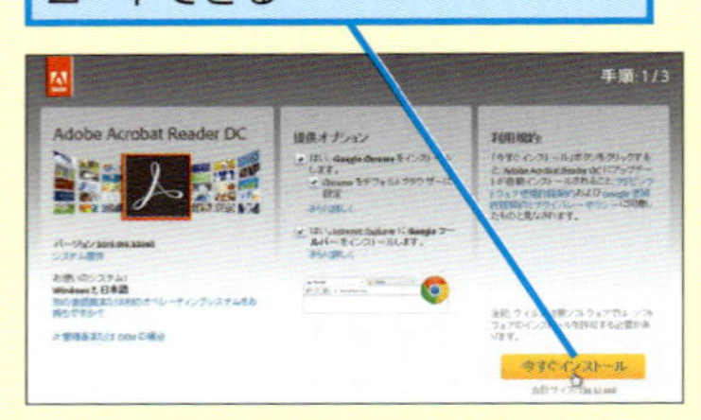

間違った場合は?

手順2で［PDFまたはXPS］以外のボタンをクリックしてしまったときは、［キャンセル］ボタンをクリックしてダイアログボックスを閉じてから、もう一度やり直します。

基本編 第5章 レポートで情報をまとめる

3 レポートをPDF形式で保存する

[PDFまたはXPS形式で発行] ダイアログボックスが表示された

Windows 7でPDF形式のファイルを閲覧できるソフトウェアがインストールされていないときは、[発行後にファイルを開く]が選択できない

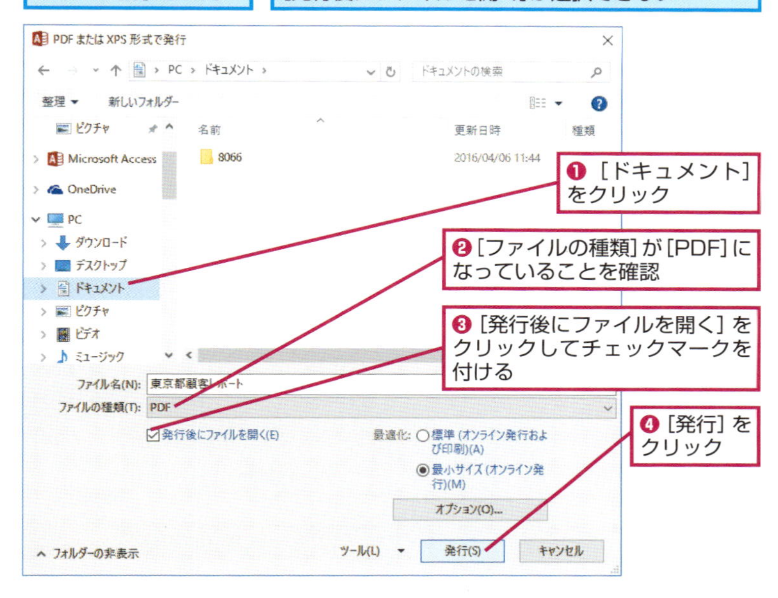

❶ [ドキュメント] をクリック

❷ [ファイルの種類] が [PDF] になっていることを確認

❸ [発行後にファイルを開く] をクリックしてチェックマークを付ける

❹ [発行] をクリック

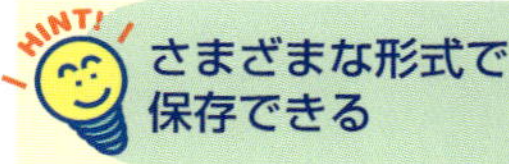

HINT! さまざまな形式で保存できる

レポートに表示されている内容は、PDFだけではなくさまざまな形式で保存できます。リボンに表示されている[Excel]ボタンをクリックするとレポートの内容をExcelの表としてファイルに保存できます。さらに、レポートの内容をテキストやXMLなどの形式でも保存できます。

[Excel] をクリックすると、Excelにエクスポートできる

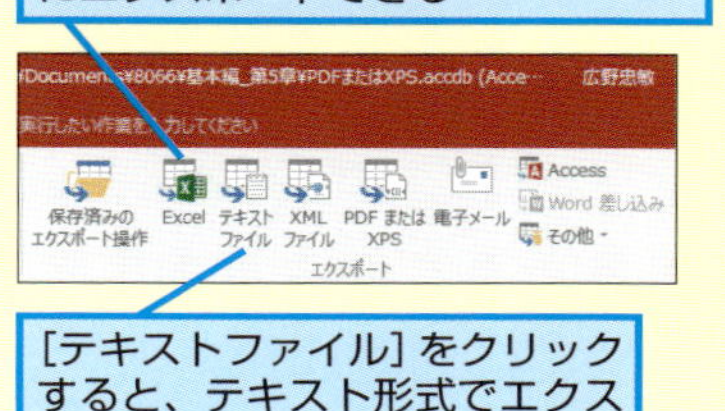

[テキストファイル] をクリックすると、テキスト形式でエクスポートできる

4 作成したPDFファイルが表示された

Windows 10の標準設定では、Microsoft Edgeに [東京都顧客レポート]が表示される

Windows 8.1の標準設定では、[リーダー] アプリに表示される

Microsoft Edgeを終了しておく

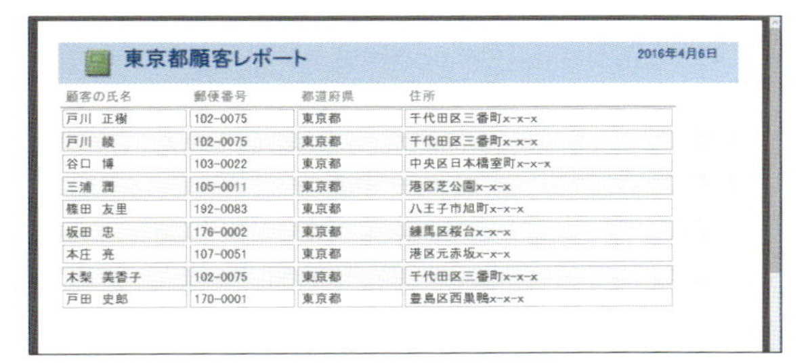

東京都顧客レポート　2016年4月6日

顧客の氏名	郵便番号	都道府県	住所
戸川 正樹	102-0075	東京都	千代田区三番町x-x-x
戸川 綾	102-0075	東京都	千代田区三番町x-x-x
谷口 博	103-0022	東京都	中央区日本橋室町x-x-x
三浦 潤	105-0011	東京都	港区芝公園x-x-x
篠田 友里	192-0083	東京都	八王子市旭町x-x-x
坂田 忠	176-0002	東京都	練馬区桜台x-x-x
本庄 亮	107-0051	東京都	港区元赤坂x-x-x
木梨 美香子	102-0075	東京都	千代田区三番町x-x-x
戸田 史郎	170-0001	東京都	豊島区西巣鴨x-x-x

[エクスポート操作の保存] ダイアログボックスが表示されたら、[閉じる]をクリックしておく

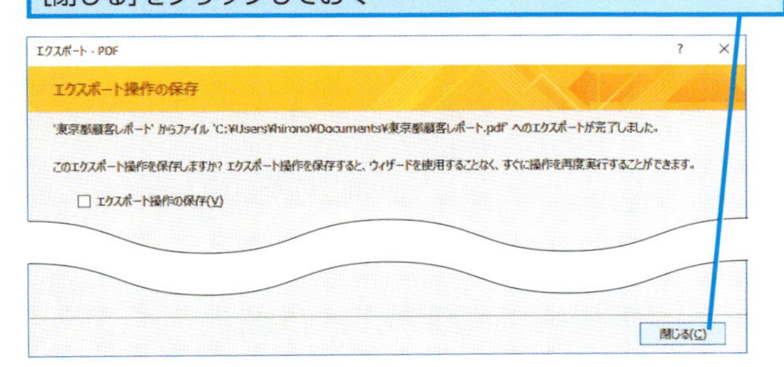

Point 汎用性の高い形式でレポートを保存できる

このレッスンで紹介したように、レポートをPDF形式で保存すれば、Accessがインストールされていないパソコンでもレポートの内容を確認できます。PDFファイルは、データそのものの編集はできませんが、OSや機器を問わず、さまざまな環境で閲覧できるのが特長です。レポートの内容をメールで送信するときや、Accessがインストールされていないパソコンでレポートの内容を確認するときは、このレッスンの方法でレポートをPDF形式で保存しましょう。なお、Access 2016では、PDF形式でファイルを保存するときに特別なソフトウェアをインストールする必要はありません。

基本編

レッスン 49

あて名ラベルを作るには

宛名ラベルウィザード

クエリの実行結果やテーブルからあて名ラベルを印刷できます。大量の印刷物を郵送するようなときは、[宛名ラベルウィザード] であて名ラベルを作りましょう。

1 [宛名ラベルウィザード] を起動する

クエリが表示されていないときは[クエリ]をクリックしておく

❶ [作成] タブをクリック

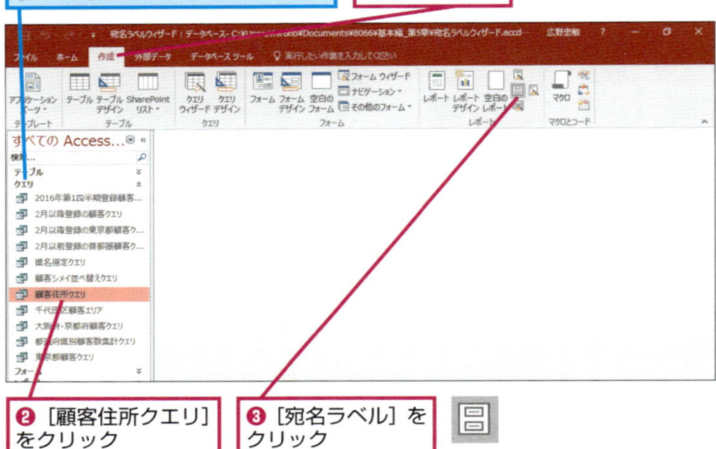

❷ [顧客住所クエリ] をクリック

❸ [宛名ラベル] をクリック

2 印刷に使用するラベルのメーカーと種類を選択する

[宛名ラベルウィザード] が表示された

ラベルのメーカーと種類を選択する

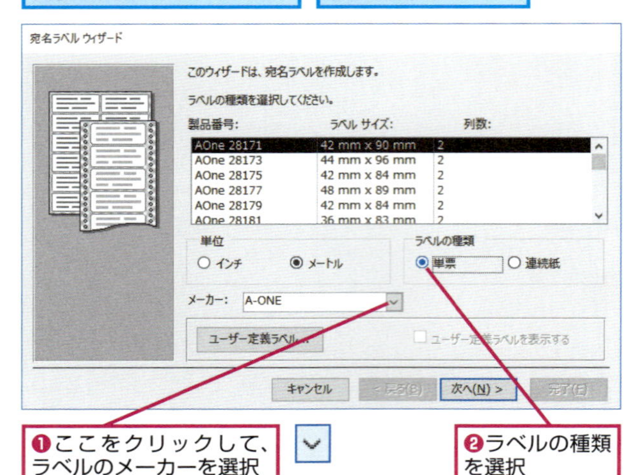

❶ここをクリックして、ラベルのメーカーを選択

❷ラベルの種類を選択

▶キーワード

印刷プレビュー	p.418
ウィザード	p.418
オブジェクト	p.419
クエリ	p.419
テキストボックス	p.421
ナビゲーションウィンドウ	p.421
フィールド	p.421
ラベル	p.422
レポート	p.422

レッスンで使う練習用ファイル

宛名ラベルウィザード.accdb

ショートカットキー

Ctrl + P ………… [印刷] ダイアログボックスの表示

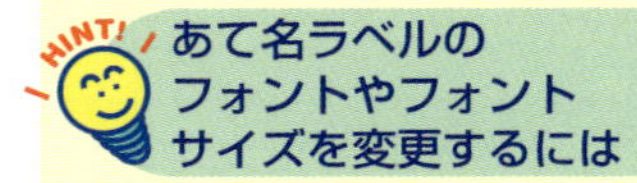

HINT! あて名ラベルのフォントやフォントサイズを変更するには

このレッスンでは特に変更しませんが、手順4であて名ラベルに印刷するフォントやフォントサイズを変更できます。ただし、フォントサイズを大きくしすぎてしまうと、住所などがあて名ラベルに収まらなくなってしまうことがあるので注意してください。

フォントの種類やサイズを変更できる

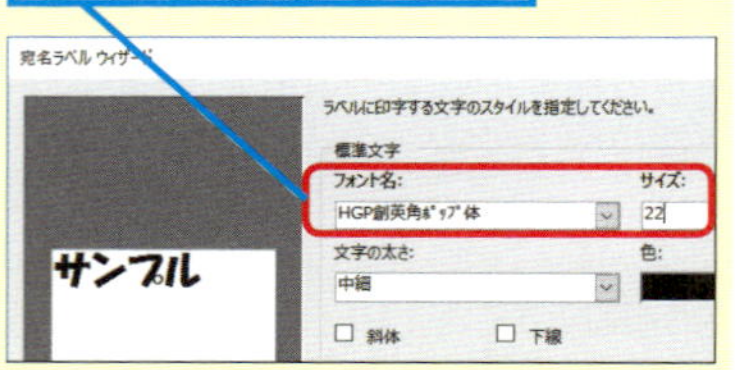

間違った場合は?

手順3で別の製品番号を選択してしまったときは、もう一度目的の製品番号を選択し直します。

3 印刷に使用するラベルの製品番号を選択する

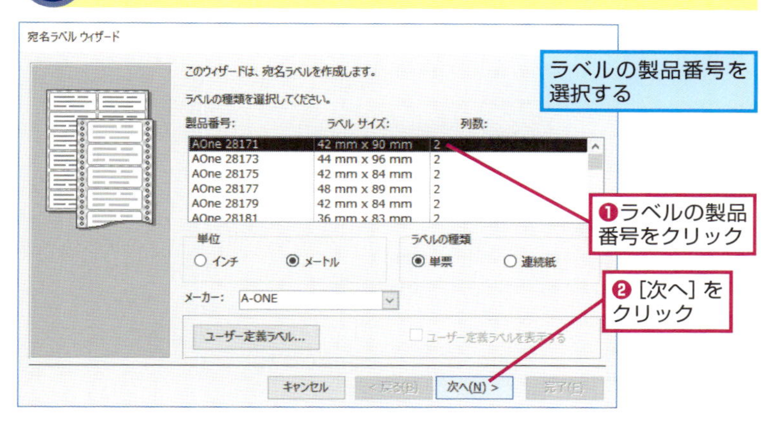

4 ラベルのフォントやフォントサイズを確認する

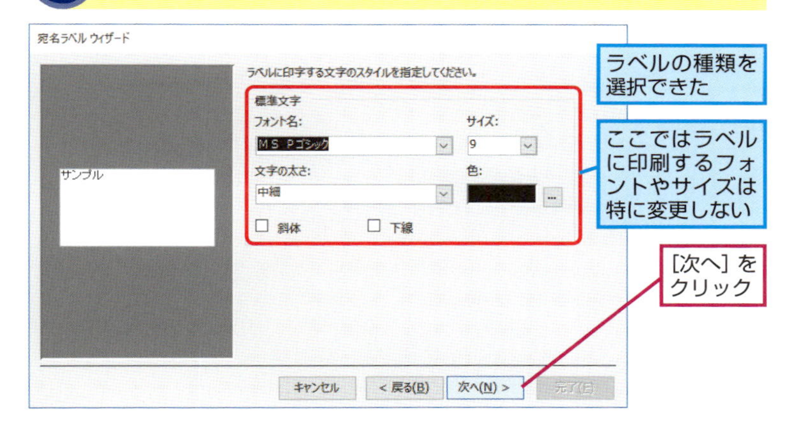

5 [郵便番号] フィールドをラベルに追加する

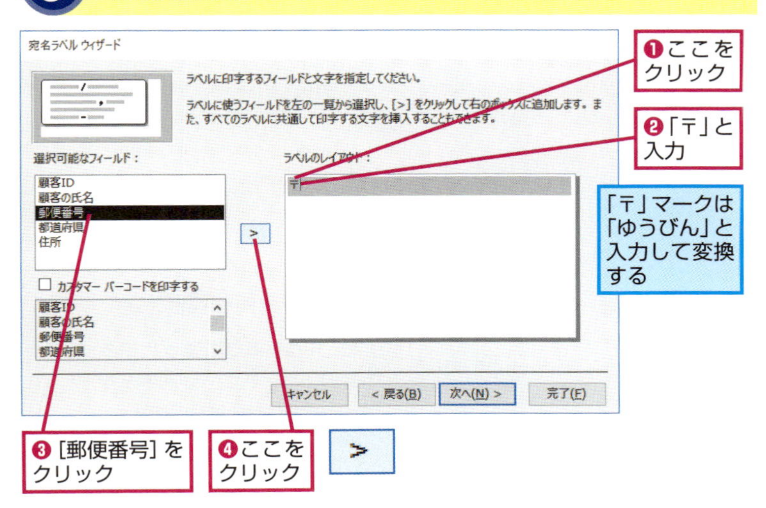

HINT! オリジナルのラベルを作るには

[宛名ラベルウィザード]に利用したいラベルの製品番号がないときは、以下の手順でオリジナルのラベルを登録します。事前にラベルの製品パッケージやラベルなどをよく確認し、用紙サイズや上下左右の余白、ラベルの大きさ、ラベルの間隔などのサイズを調べておきましょう。サイズの登録後に手順3の画面で[ユーザー定義ラベルを表示する]にチェックマークが付いていることを確認し、登録したラベルを選択して操作を進めます。

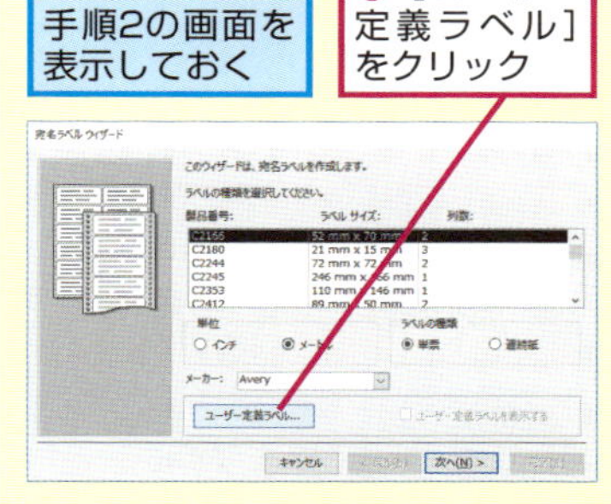

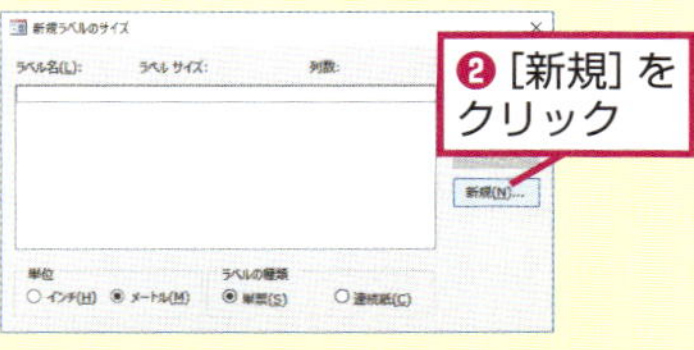

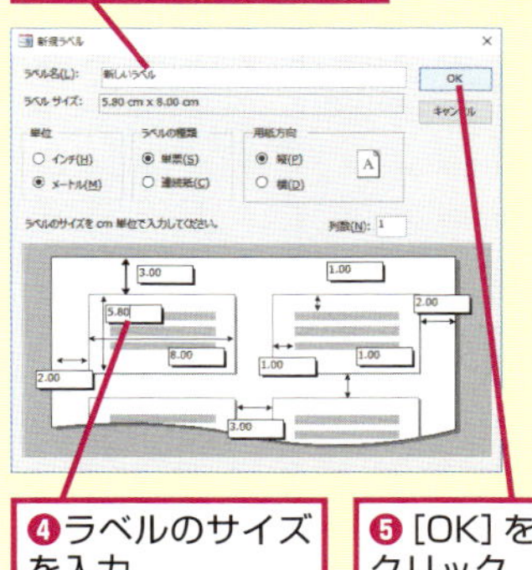

[新規ラベルのサイズ] ダイアログボックスの[閉じる]をクリックして、手順3から設定を進める

次のページに続く

[都道府県] フィールドをラベルに追加する

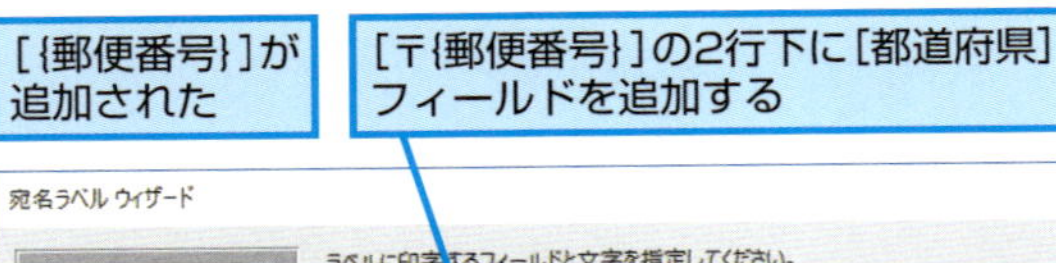

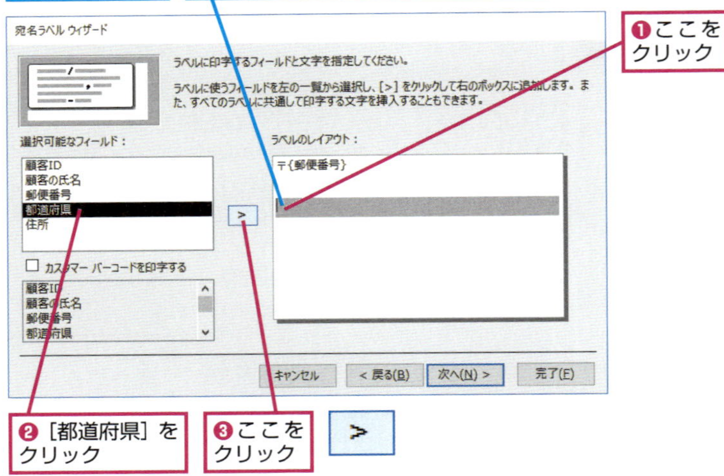

[住所] フィールドをラベルに追加する

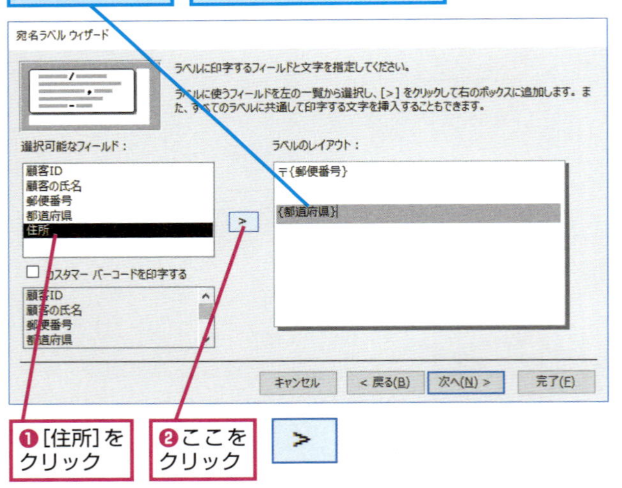

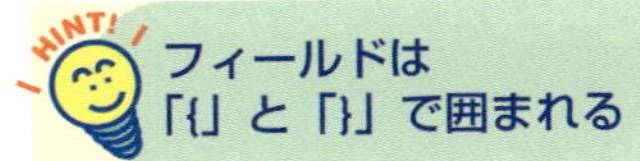

フィールドは「{」と「}」で囲まれる

[宛名ラベルウィザード] でラベルに追加するフィールドは、文字列と区別するためにフィールド名が「{」と「}」で囲まれています。[宛名ラベルウィザード] の [ラベルのレイアウト] では表示されませんが、印刷プレビューを表示すると「{」と「}」で囲まれた部分にフィールドの内容が埋め込まれて表示されます。なお、手順5や手順9ではフィールド以外に「〒」や「様」などの文字列を追加します。特に敬称は入力し忘れないようにしましょう。

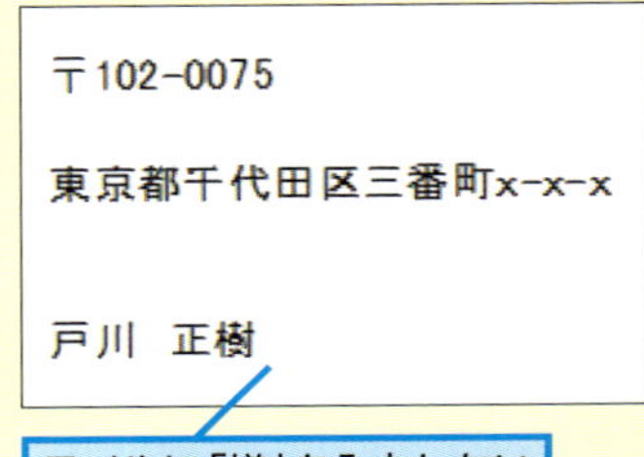

間違った場合は?

手順5～手順8で間違ったフィールドを追加したときは、Delete キーを押してフィールドを削除してから、正しいフィールドを追加し直しましょう。

基本編 第5章 レポートで情報をまとめる

8 ［顧客の氏名］フィールドをラベルに追加する

［{住所}］が追加された

［{都道府県}{住所}］の3行下に［顧客の氏名］フィールドを追加する

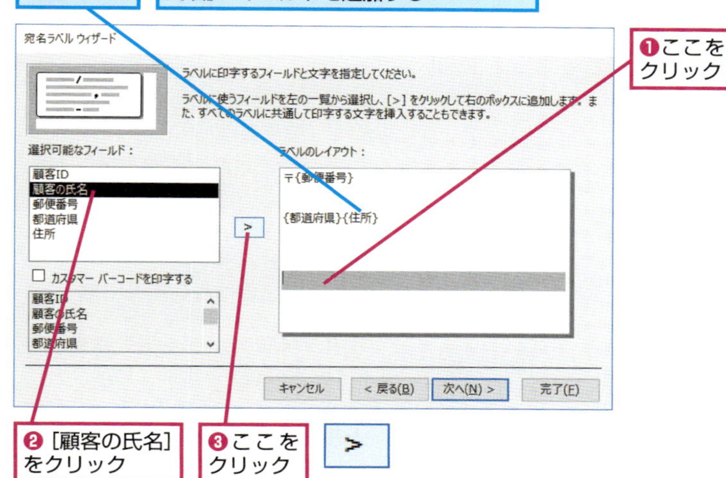

❶ここをクリック

❷［顧客の氏名］をクリック

❸ここをクリック

9 敬称を追加する

［{顧客の氏名}］が追加された

追加された［{顧客の氏名}］に敬称を付ける

❶全角の空白を入力

❷「様」と入力

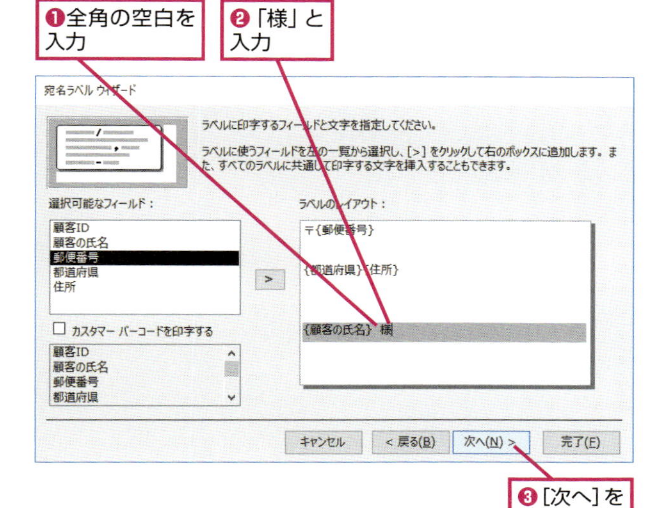

❸［次へ］をクリック

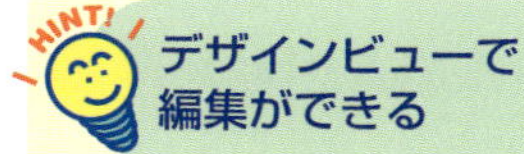

HINT! デザインビューで編集ができる

［宛名ラベルウィザード］で作成したラベルは、デザインビューで自由に変更できます。あて名ラベルをデザインビューで表示すると、テキストボックスに「=Trim([都道府県] & [住所])」などの数式が表示されます。これは、「[都道府県]フィールドと[住所]フィールドを結合し、前後の空白を削除して表示する」という意味です。テキストボックスの追加や移動などもできますが、デザインビューであて名ラベルを編集するときは、［宛名ラベルウィザード］で作成された数式を変更しないように気を付けましょう。

デザインビューで編集するときは、自動的に入力された数式を変更しないように注意する

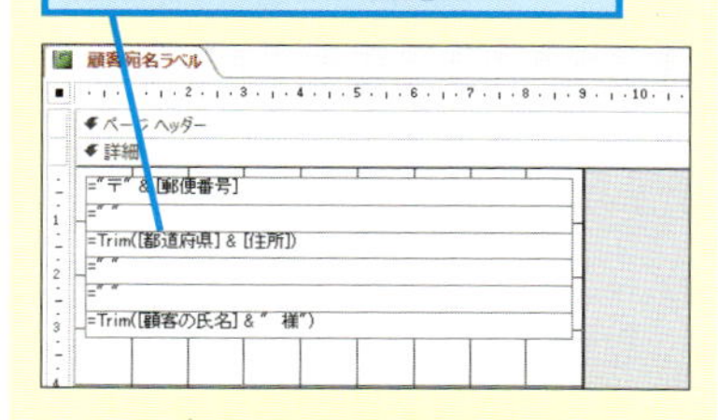

HINT! 警告が表示されることもある

印刷プレビューや印刷の実行時に、［一部のデータが表示されません］という警告のダイアログボックスが表示されることがあります。このダイアログボックスは、プリンターで印刷可能な範囲を超えたときに表示されます。［キャンセル］ボタンをクリックした後、［印刷プレビュー］タブの［ページ設定］ボタンをクリックしてページの余白を設定し、印刷範囲が正しくページ内に収まるように調整しましょう。

次のページに続く

10 ラベルの並べ替え順序を確認する

[顧客の氏名] フィールドに敬称が追加された

ここでは、特にラベルを並べ替えない

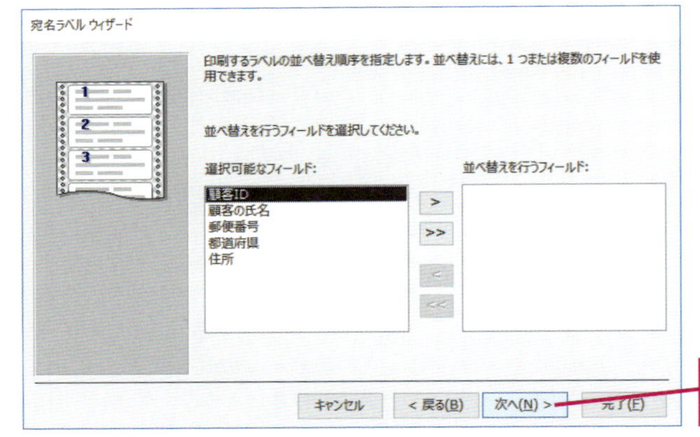

[次へ] をクリック

11 レポート名を入力する

作成したレポートの名前を変更する

❶「顧客宛名ラベル」と入力

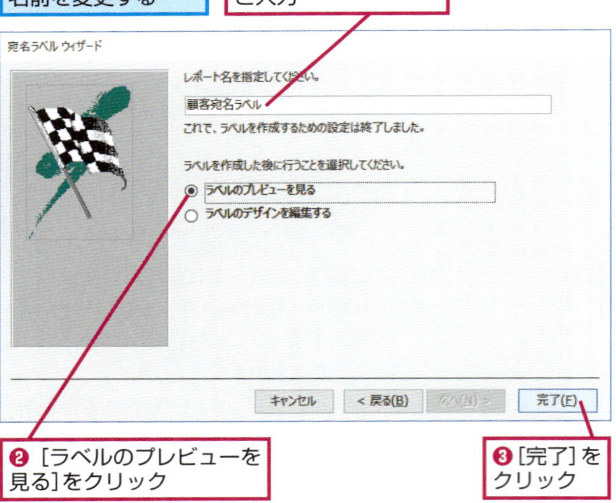

❷ [ラベルのプレビューを見る] をクリック

❸ [完了] をクリック

ラベルの並べ替えを指定できる

通常、ラベルはレコードの順番に印刷されますが、手順10で並べ替えを指定することもできます。順番を並べ替えるときは、並べ替えたいフィールドを選択して > をクリックしましょう。例えば、[郵便番号] を設定すると、郵便番号の小さい順（昇順）であて名ラベルが作成されます。

ウィザードで作成したあて名ラベルを開くには

[宛名ラベルウィザード] で作成したあて名ラベルを再度開くには、ナビゲーションウィンドウでレポートをダブルクリックします。ナビゲーションウィンドウに [レポート] が表示されていないときは、ナビゲーションウィンドウ上部のをクリックして、[すべてのAccessオブジェクト] をクリックしてからレポートを選択しましょう。なお、作成したあて名ラベルはデザインビューで編集できますが、ラベルの内容を変更するときは、[宛名ラベルウィザード] を利用して、最初から作り直した方が簡単です。

[顧客宛名ラベル] をダブルクリック

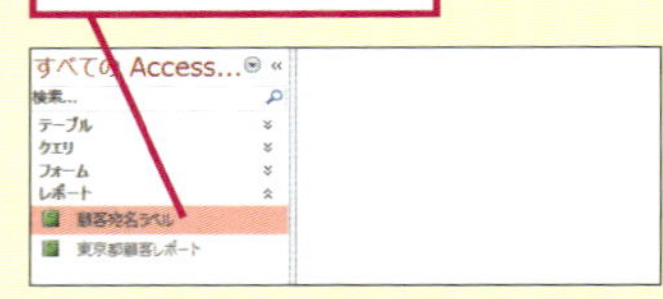

間違った場合は?

手順12と異なったあて名ラベルが表示されたときや、手順13で1ページしか表示されないときは、手順1で間違ったオブジェクトを選択している場合があります。もう一度手順1からやり直しましょう。

12 印刷プレビューの表示を切り替える

印刷プレビューが表示された

複数のページで表示する

[2ページ] をクリック

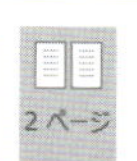

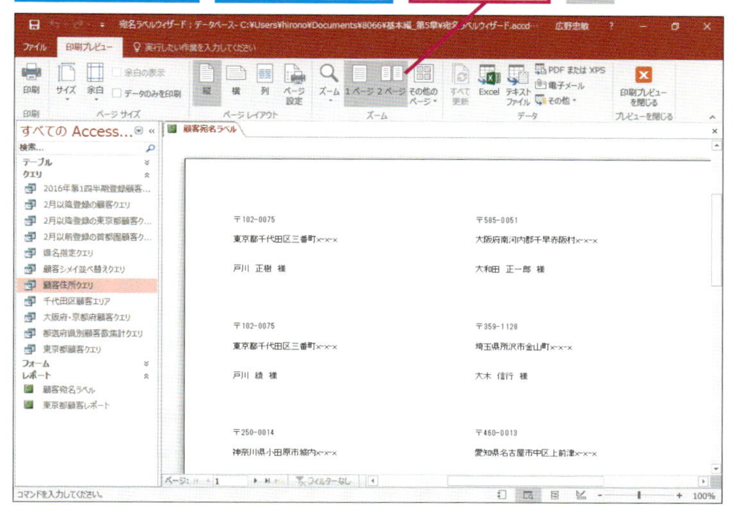

13 あて名ラベルが2ページで表示された

2ページで表示された

印刷するときは基本編のレッスン㊼を参考に操作する

['顧客宛名ラベル'を閉じる]をクリック

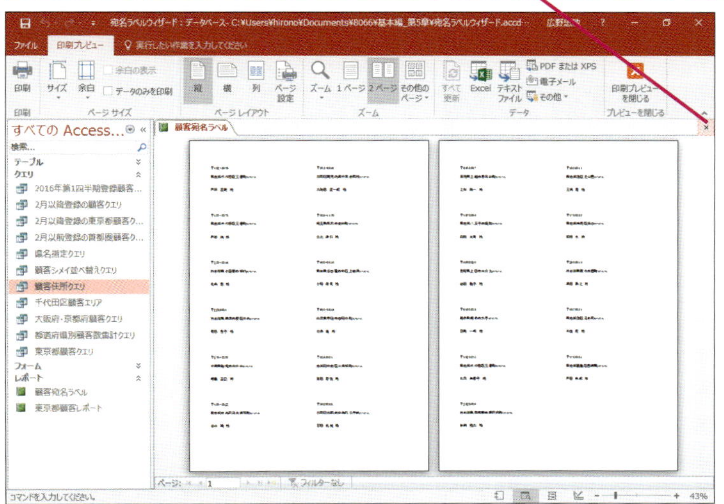

HINT! 印刷プレビューであて名ラベルを確認する

このレッスンの方法で［宛名ラベルウィザード］を操作すると、手順12で自動的に印刷プレビューが表示され、ラベルの「{」と「}」で囲まれた部分にフィールドの内容が埋め込まれて表示されます。このレッスンで作成する［顧客宛名ラベル］を閉じた後に、ナビゲーションウィンドウから［顧客宛名ラベル］を開くと、レポートビューで表示されます。再度印刷プレビューで表示するには、以下のように操作しましょう。

[顧客宛名ラベル]を開いておく

❶[ホーム]タブをクリック

❷[表示]をクリック

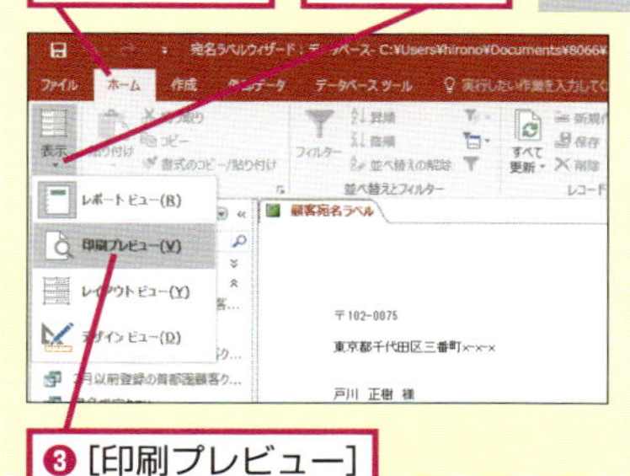

❸[印刷プレビュー]をクリック

Point さまざまなデータをラベルに印刷できる

あて名ラベルを作成するポイントは、印刷に利用するあて名ラベルを正しく選択することです。印刷するあて名ラベルと［宛名ラベルウィザード］の設定が違っていると、住所がはみ出してしまい、正しく印刷できません。利用するあて名ラベルの製品番号が［宛名ラベルウィザード］に登録されていないときは、161ページのHINT!を参考にオリジナルのラベルを登録しましょう。なお、このレッスンでは［顧客住所クエリ］を使ってあて名ラベルを作成しました。あて名ラベルに印刷するためのテーブルやクエリをあらかじめ作成しておき、必要なフィールドをラベルに追加するようにしましょう。

レポートを自由にデザインするには

レポートデザイン

このレッスン以降では、デザインビューを使って新しいレポートを作成します。まずは、ページの向きや用紙のサイズ、レポートの幅を設定しましょう。

1 新しいレポートを作成する

❶［作成］タブをクリック

❷［レポートデザイン］をクリック

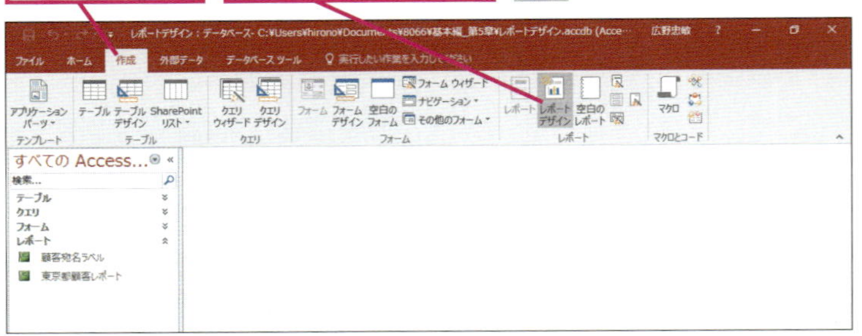

2 ページの向きを設定する

新しいレポートがデザインビューで表示された

ここでは、A4縦のレポートを作成する

❶［レポートデザインツール］の［ページ設定］タブをクリック

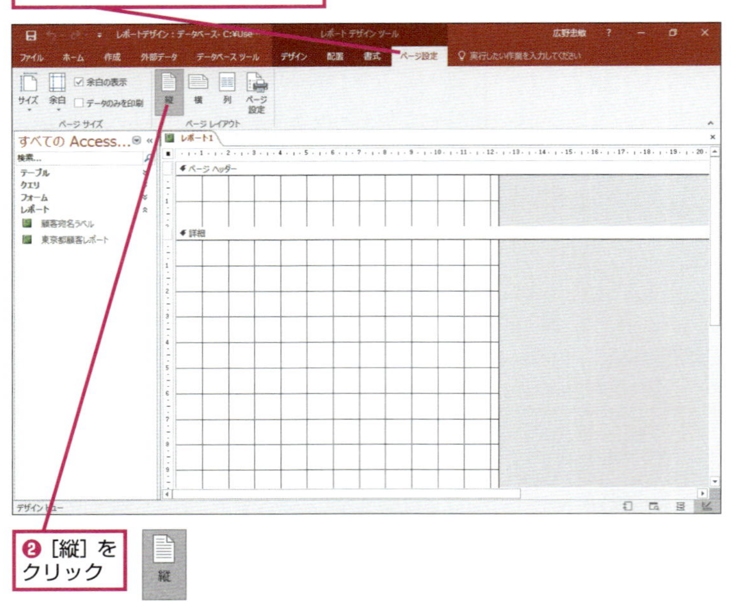

❷［縦］をクリック

▶キーワード

デザインビュー	p.421
レポート	p.422

レッスンで使う練習用ファイル

レポートデザイン.accdb

HINT!

もっと詳細な設定を行うには

［ページ設定］ダイアログボックスを使うと、ページの余白の調整や、プリンターの給紙方法など、印刷についての細かい設定ができます。［ページ設定］ダイアログボックスを表示するには［レポートデザインツール］の［ページ設定］タブにある［ページ設定］ボタンをクリックしましょう。

❶［レポートデザインツール］の［ページ設定］タブをクリック

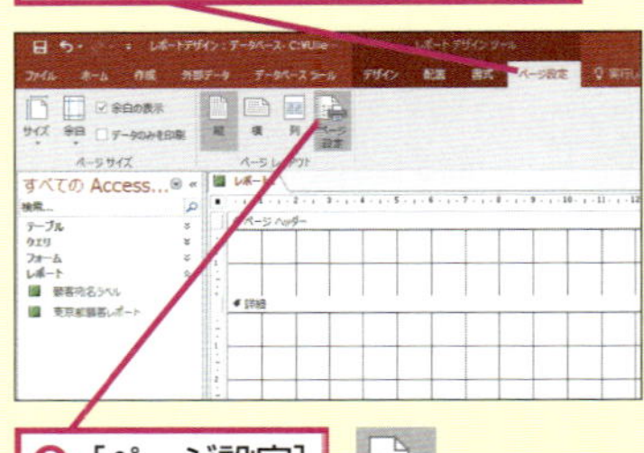

❷［ページ設定］をクリック

［ページ設定］ダイアログボックスが表示された

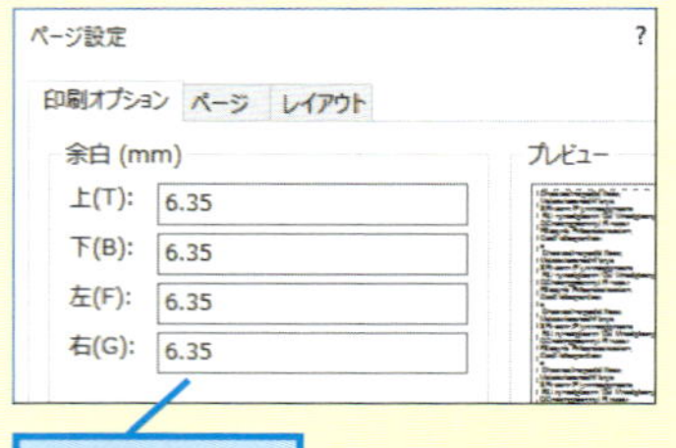

詳細な設定ができる

3 用紙サイズを設定する

ページの向きを設定できた

❶［サイズ］をクリック

❷［A4］をクリック

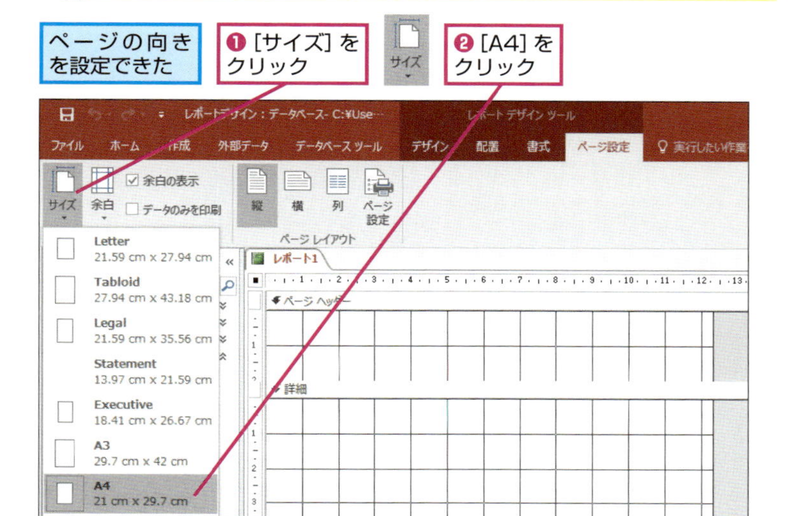

4 レポートの幅を広げる

A4サイズに合わせてレポートの幅を広げる

❶ここにマウスポインターを合わせる

マウスポインターの形が変わった

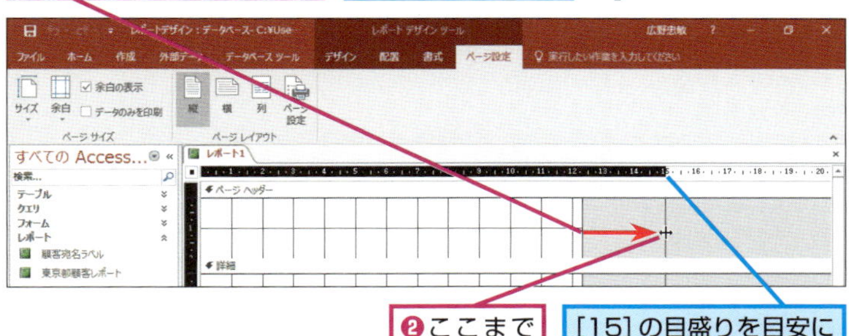

❷ここまでドラッグ

［15］の目盛りを目安にレポートの幅を広げる

5 レポートの幅が広がった

レポートの幅が広くなった

このままレポートを開いておく

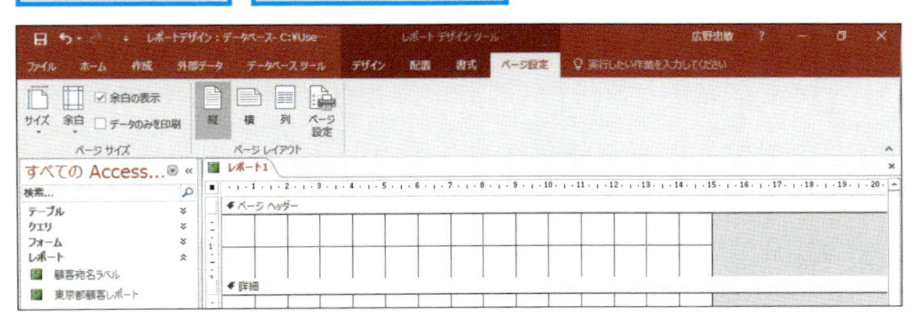

HINT! 用紙が横向きのレポートを作成するには

レポートに配置するフィールドが多いときは、用紙を横方向に設定しましょう。用紙を横方向に設定すると、1行にたくさんのフィールドを印刷できます。用紙を横向きにするには、以下の手順を実行しましょう。

❶［レポートデザインツール］の［ページ設定］タブをクリック

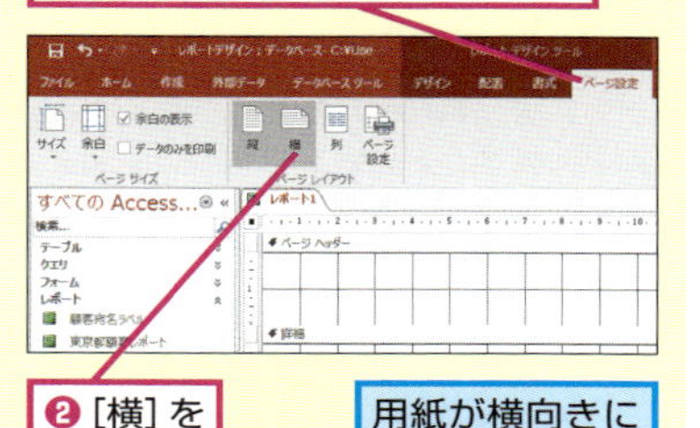

❷［横］をクリック

用紙が横向きに設定される

手順4と同様に［27］の目盛りを目安にして、レポートの幅を広げる

間違った場合は？

手順2～手順3で用紙の種類や向きを間違えたときは、もう一度正しく設定し直します。

Point だいたいのイメージを固めてからデザインしよう

レポートを作り始めるときは、大まかでいいので、あらかじめどんなレポートにするのかを考えておきましょう。まずは、レポートを印刷する用紙のサイズや用紙の向きを決めておきます。印刷するフィールドの数が少ないときは、このレッスンのように用紙の向きを［縦］に設定しましょう。また、印刷するフィールドがたくさんあると、すべてのフィールドが1ページに収まらないこともあります。そのようなときは、上のHINT!を参考に用紙の向きを［横］に設定すれば、1ページにレイアウトできるフィールドの数が増えるので覚えておきましょう。

レポートを保存するには

レポートの保存

デザインビューで編集したレポートは、保存を行わないと、編集内容がデータベースファイルに反映されません。レポートを編集したら、必ず保存しましょう。

1 レポートに名前を付けて保存する

基本編のレッスン㊿で作成したレポートを保存する

❶［上書き保存］をクリック

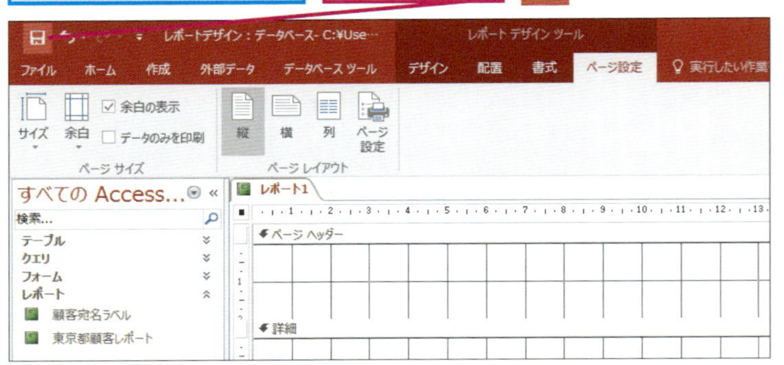

［名前を付けて保存］ダイアログボックスが表示された

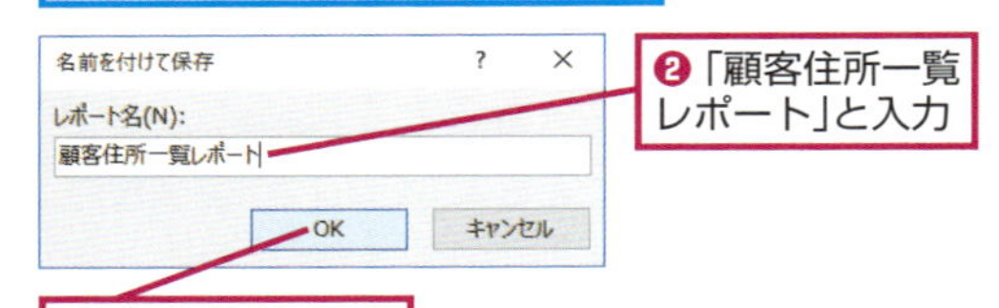

❷「顧客住所一覧レポート」と入力

❸［OK］をクリック

2 レポートを閉じる

レポートが保存された

レポートが保存されたことを確認するため、いったんレポートを閉じる

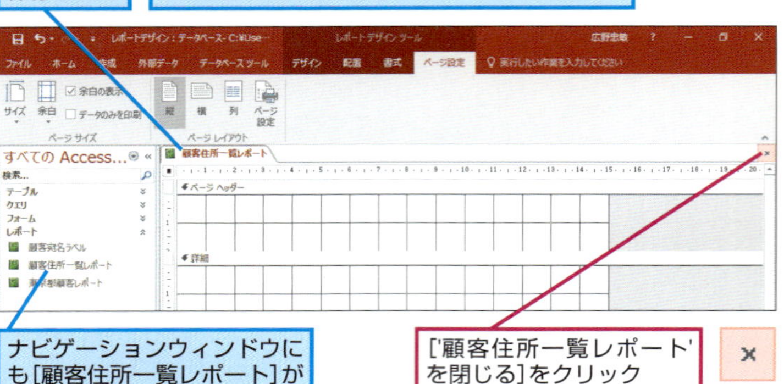

ナビゲーションウィンドウにも［顧客住所一覧レポート］が表示される

［'顧客住所一覧レポート'を閉じる］をクリック

▶キーワード

ショートカットキー

Ctrl ＋ S ………… 上書き保存

HINT!
レポートには分かりやすい名前を付けよう

レポートに名前を付けるときは、どういう種類のレポートなのか、名前を見ただけで分かるようにしましょう。例えば、「レポート1」という名前では、開くまでレポートの内容が分かりません。「顧客住所一覧レポート」のように、どんな内容か分かる名前を付けておけば、たくさんのレポートを作っても、目的のレポートをすぐに探せます。

間違った場合は？

手順1で間違った名前で保存してしまったときは、一度レポートを閉じます。次に、ナビゲーションウィンドウで間違えた名前のレポートを右クリックし、［名前の変更］をクリックしてから名前を入力し直します。

[顧客住所一覧レポート] を表示する

レポートが閉じた

ナビゲーションウィンドウから[顧客住所一覧レポート]を開く

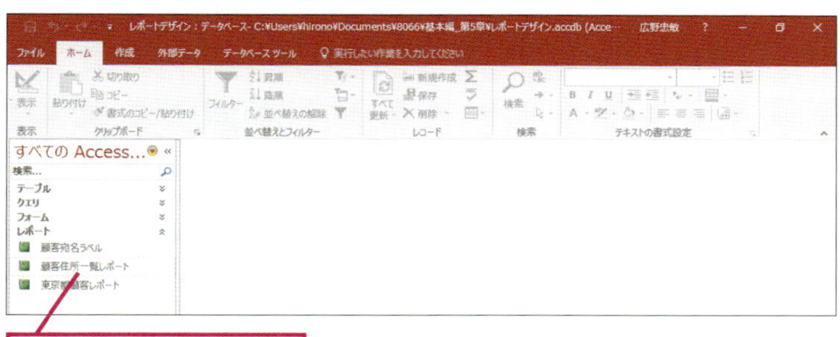

[顧客住所一覧レポート]をダブルクリック

[顧客住所一覧レポート] が表示された

[顧客住所一覧レポート] がレポートビューで表示された

まだフィールドを配置していないのでデータは表示されない

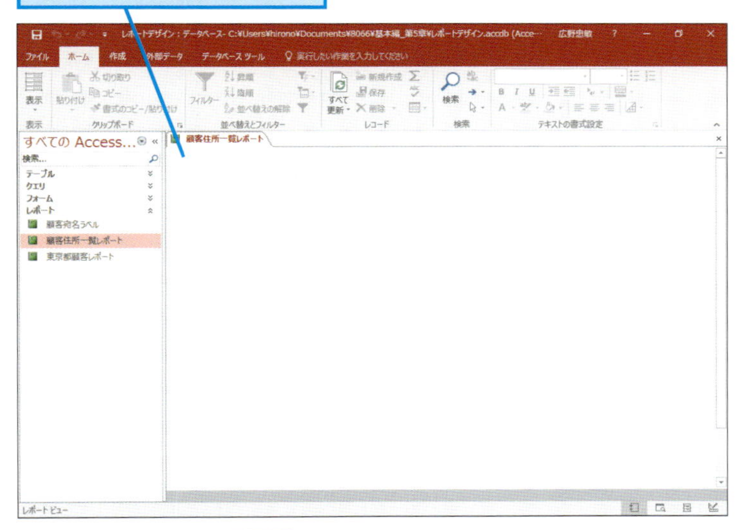

[顧客住所一覧レポート] を閉じておく

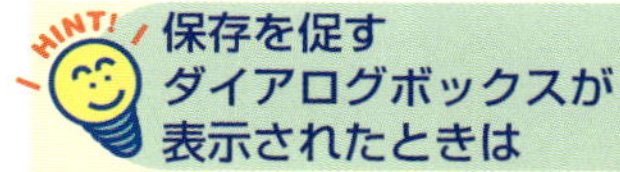

保存を促すダイアログボックスが表示されたときは

編集中にレポートを閉じたり、Accessを終了しようとすると「'○○'レポートの変更を保存しますか?」という確認のダイアログボックスが表示されます。このダイアログボックスが表示されたときは、レポートはまだ保存されていません。ダイアログボックスの[はい] ボタンをクリックすると、編集中のレポートを保存できます。[キャンセル] ボタンをクリックすると、レポートの編集を継続できます。[いいえ] ボタンをクリックすると変更が保存されずにウィンドウが閉じられるので、必ず [はい] ボタンか [キャンセル] ボタンをクリックしましょう。

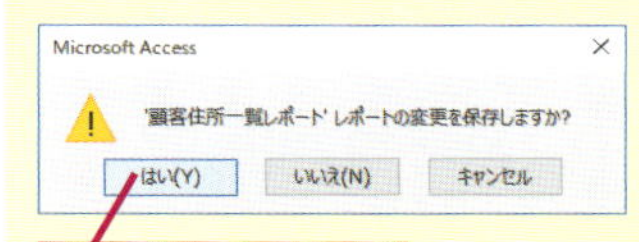

[はい]をクリック

レポートの変更内容を保存してから閉じる

Point
レポートの編集中はこまめに保存しよう

レポートの編集中は、編集の操作がいつでもデータベースファイルに反映されるわけではありません。保存を実行して、初めて編集内容がデータベースファイルに保存されるのです。つまり、レポートの編集において保存は最も大切な操作だといえます。編集が終わったときだけでなく、編集の途中でこまめに保存しましょう。WindowsやAccessのトラブルなど、何らかの原因で編集作業を継続できない状況になったとしても、被害を最小限にとどめられます。

印刷したいフィールドを配置するには

レコードソースの指定

レポートで利用するクエリを選択してから、フィールドを配置します。レポートの印刷時には、配置されたフィールドのテキストボックスにクエリの実行結果が入ります。

1 デザインビューを表示する

基本編のレッスン51を参考に［顧客住所一覧レポート］を表示しておく

レポートにフィールドを追加するので、フォームをデザインビューで表示する

❶［ホーム］タブをクリック

❷［表示］をクリック

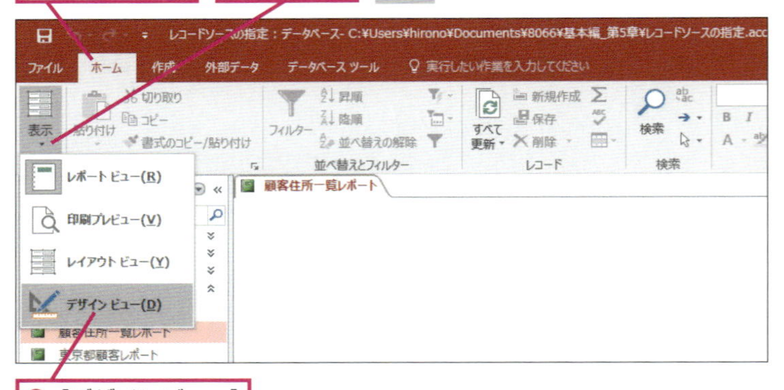

❸［デザインビュー］をクリック

2 ［プロパティシート］を表示する

［顧客住所一覧レポート］がデザインビューで表示された

レポートに追加するフィールドを選択するために［プロパティシート］を表示する

❶［レポートデザインツール］の［デザイン］タブをクリック

❷［プロパティシート］をクリック

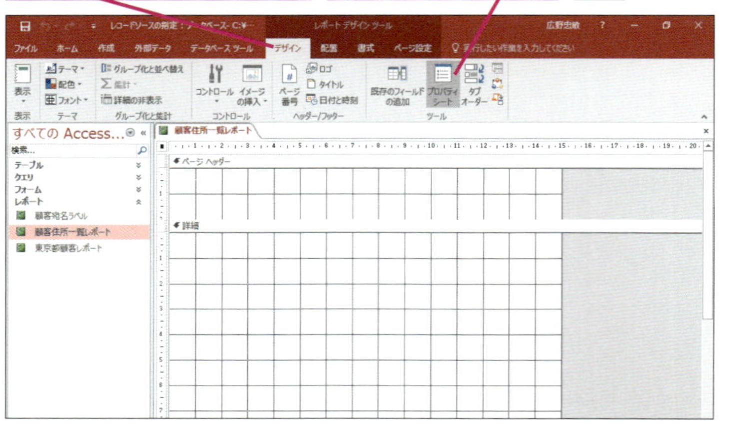

▶キーワード

印刷プレビュー	p.418
クエリ	p.419
セクション	p.420
フィールド	p.421
プロパティシート	p.421
レイアウトビュー	p.422
レコード	p.422
レコードソース	p.422
レポート	p.422

レッスンで使う練習用ファイル
レコードソースの指定.accdb

HINT! プロパティって何？

プロパティとは「属性」という意味を持つ言葉です。プロパティを変更することで細かい設定ができるようになっています。レポートの代表的なプロパティには「レコードソース」があります。レコードソースのプロパティを設定すると、どのテーブルやクエリを元にしてレポートを作るのかを決められます。

HINT! レポートを作るときはデザインビューに切り替える

レポートには「レポートビュー」「レイアウトビュー」「印刷プレビュー」「デザインビュー」の4つのビューがあります。これらのビューのうちレポートを編集できるのは「レイアウトビュー」と「デザインビュー」の2つです。レイアウトビューは、レポートの体裁をごく簡単に整えられますが、細かい修正や設定には向いていません。白紙の状態からレポートを作るときは、必ずデザインビューを利用しましょう。

3 フィールドを追加するクエリを選択する

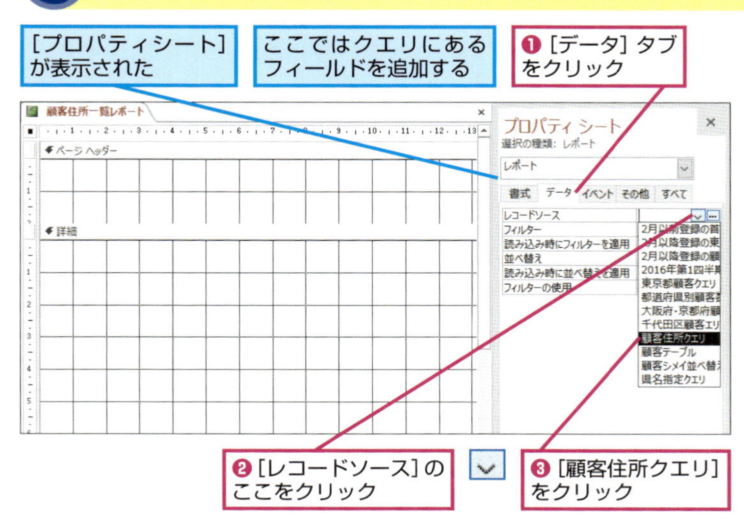

4 フィールドの一覧を表示する

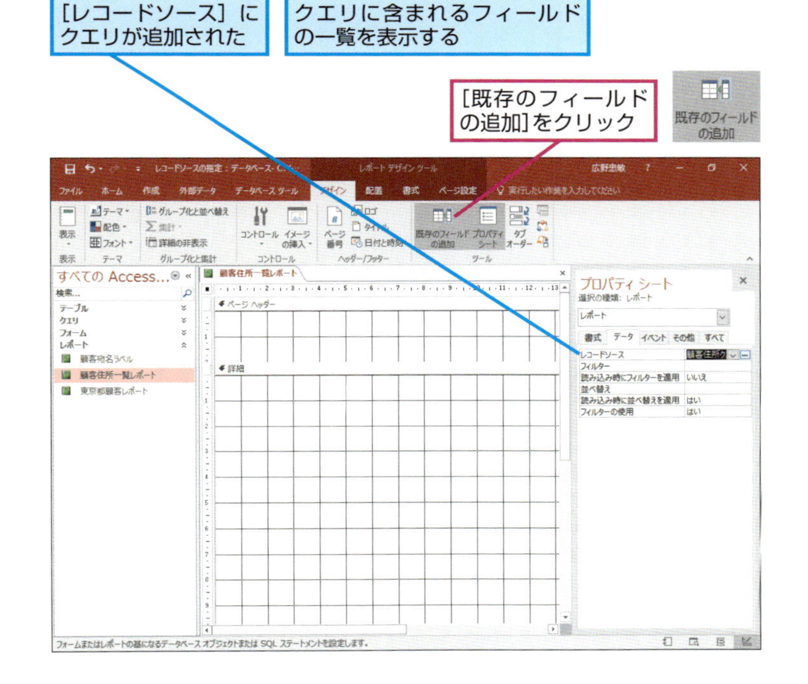

HINT! レポートのプロパティシートが表示されないときは

手順3でレポートのプロパティシートが表示されないことがあります。レポートのプロパティシートが表示されず、[詳細]や[ページヘッダー][ページフッター]などほかのセクションのプロパティシートが表示されたときは、プロパティシートの[セクション]から[レポート]を選択するとレポートのプロパティシートを表示できます。

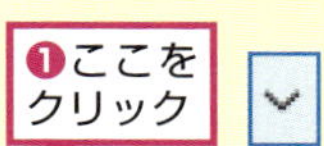

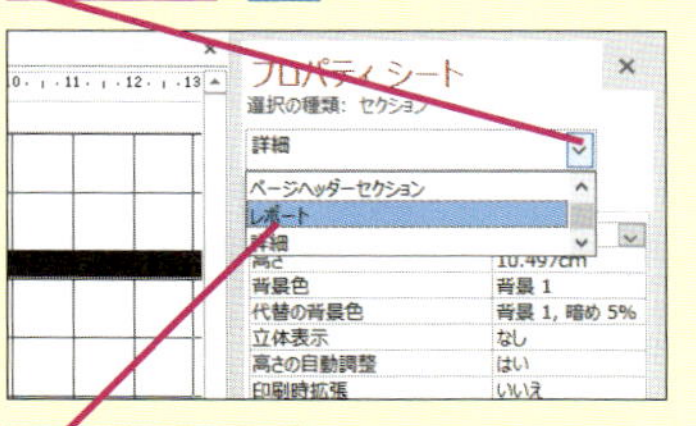

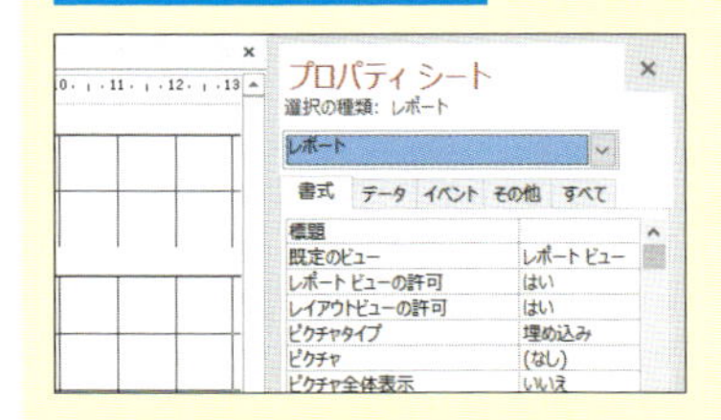

間違った場合は?

手順2でデザインビュー以外の画面が表示されたときは、手順1を参考にもう一度デザインビューを表示します。

次のページに続く

5 [顧客の氏名] フィールドを追加する

クエリに含まれるフィールドの一覧が表示された

[顧客の氏名] [郵便番号] [都道府県] [住所] フィールドを追加する

[顧客の氏名] をダブルクリック

6 [郵便番号] フィールドを追加する

[顧客の氏名] フィールドのラベルとテキストボックスが追加された

[郵便番号] をダブルクリック

7 [都道府県] フィールドを追加する

[郵便番号] フィールドのラベルとテキストボックスが追加された

[都道府県] をダブルクリック

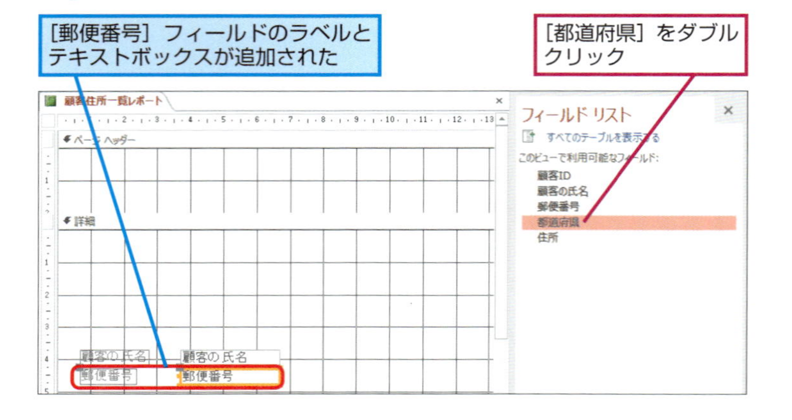

HINT! フィールドリストの内容を必ず確認する

フィールドリストの [このビューで利用可能なフィールド] に、[顧客テーブル] など手順5 ～手順8で指定したレコードソース以外のフィールドが表示されることがあります。そのままフィールドを追加すると、クエリのフィールドではなくテーブルのフィールドが追加されてしまいます。テーブルのフィールドをレポートに追加してしまうと、レポートの印刷結果が違ってしまうので注意しましょう。クエリのフィールドのみをフィールドリストに表示したいときは、[現在のレコードソースのフィールドのみを表示する] をクリックします。

[顧客住所クエリ] 以外のフィールドリストが表示されたときは、[現在のレコードソースのフィールドのみを表示する]をクリックする

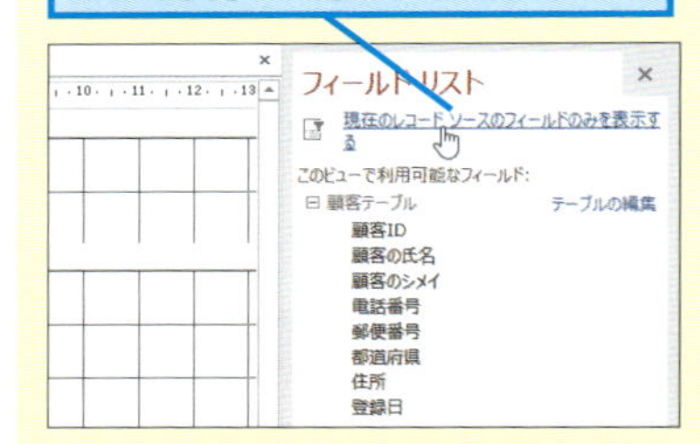

間違った場合は?

手順5 ～手順8で間違ったフィールドを追加してしまったときは、フィールドをクリックして選択してから Delete キーを押して削除し、もう一度フィールドを追加し直します。

8 ［住所］フィールドを追加する

［都道府県］フィールドのラベルとテキストボックスが追加された

❶［住所］をダブルクリック

必要なフィールドが追加できた

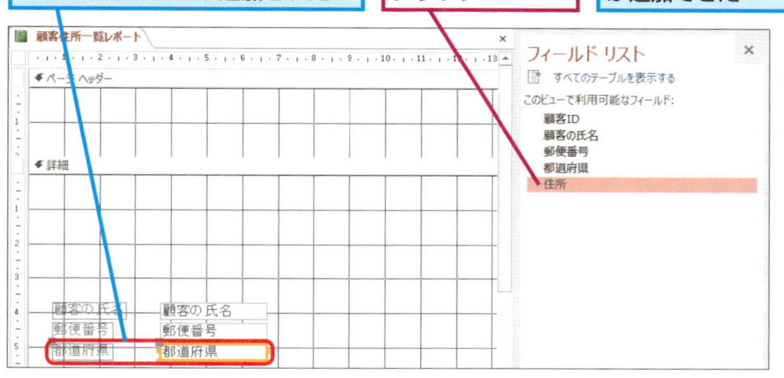

❷［上書き保存］をクリック

9 印刷プレビューを表示する

［顧客住所一覧レポート］を印刷プレビューで表示する

❶［表示］をクリック

❷［印刷プレビュー］をクリック

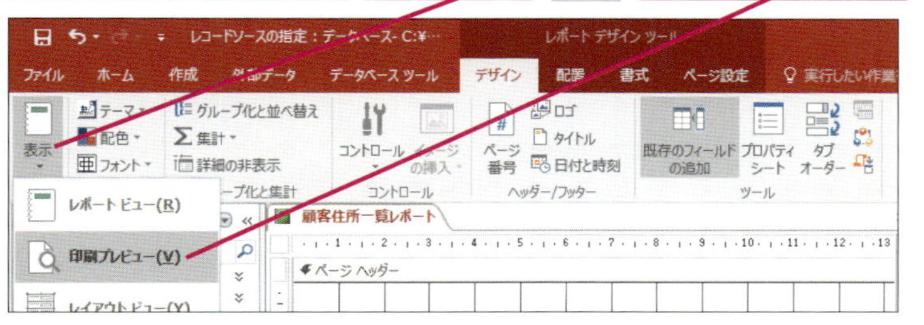

10 印刷プレビューが表示された

［顧客住所一覧レポート］が印刷プレビューで表示された

ここを下にドラッグしてほかのレコードも確認しておく

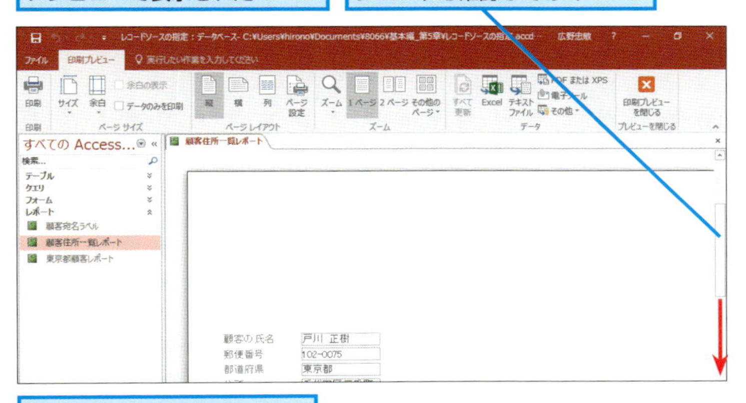

基本編のレッスン㊺を参考にレポートを閉じておく

HINT! ドラッグでもフィールドを追加できる

フィールドはドラッグの操作でもレポートに追加できます。フィールドリストから追加したいフィールドをクリックしてから、レポートの［詳細］セクションにドラッグしましょう。

フィールドをドラッグして追加できる

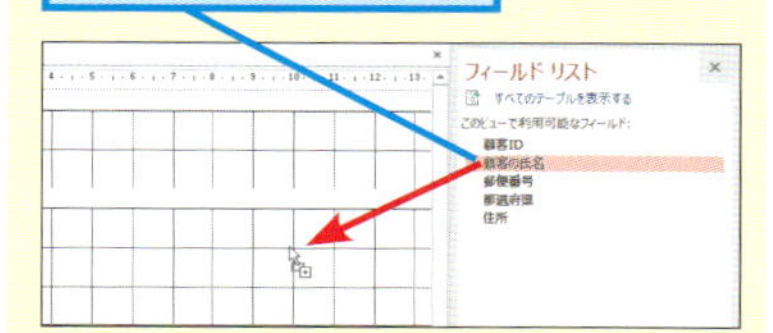

Point レポートはクエリから作る

レポートで使うクエリのことを「レコードソース」といいます。レコードソースにクエリを指定することによって、さまざまな条件で抽出したりデータを並べ替えたりするレポートを作れます。例えば、名前の読みで並べ替えられたクエリを使うと、レポートも名前の読みで並べ替えられて印刷されます。また、［都道府県］フィールドのデータが「東京都」であるレコードを抽出するクエリを使うと、「東京都」のレコードだけをレポートで印刷できます。

フィールドのラベルを削除するには

ラベルの削除

レポートにフィールドを配置すると、フィールドのラベルも同時に追加されます。レポートを一覧表の体裁に整えるために、フィールドのラベルを削除しましょう。

1 ラベルを選択する

基本編のレッスン㊾を参考に［顧客住所一覧レポート］をデザインビューで表示しておく

基本編のレッスン㊾で追加したラベルを削除する

❶ここをクリック

❷ここまでドラッグ

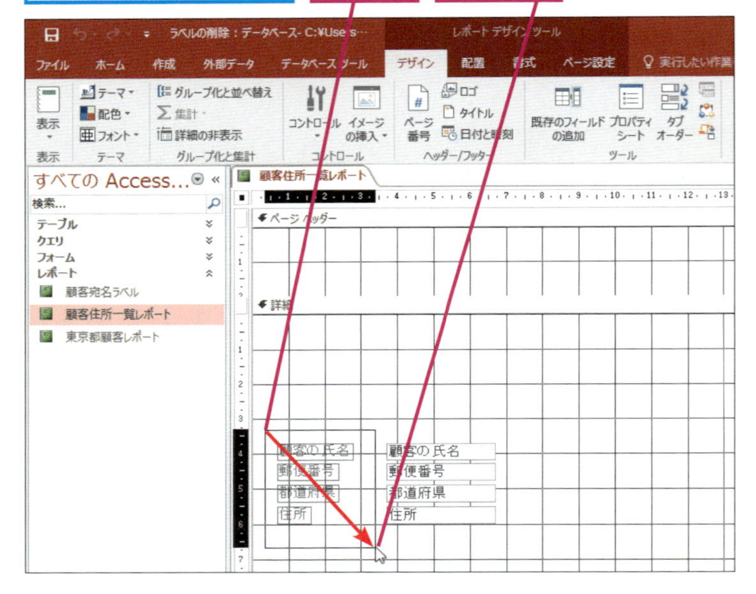

2 ラベルを削除する

ラベルが選択できた

Delete キーを押す

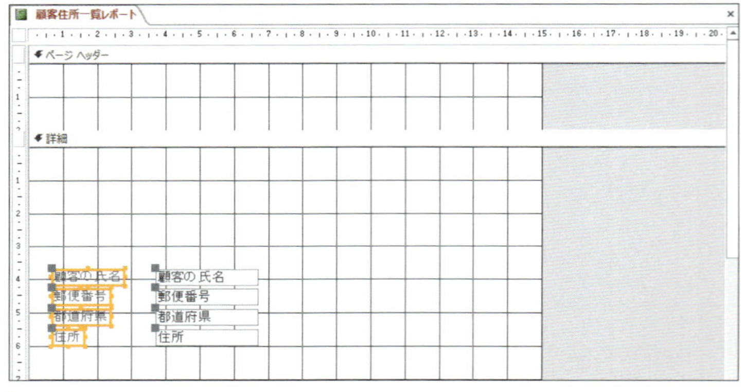

▶キーワード

印刷プレビュー	p.418
テキストボックス	p.421
フィールド	p.421
プロパティシート	p.421
ラベル	p.422
レポート	p.422

レッスンで使う練習用ファイル

ラベルの削除.accdb

HINT! 必要がないときはプロパティシートを閉じておこう

レポートを編集するときは、画面が広い方がレイアウトがしやすくなります。プロパティシートを閉じておきましょう。プロパティシートを閉じるには、［閉じる］ボタン（×）をクリックします。

［閉じる］をクリック

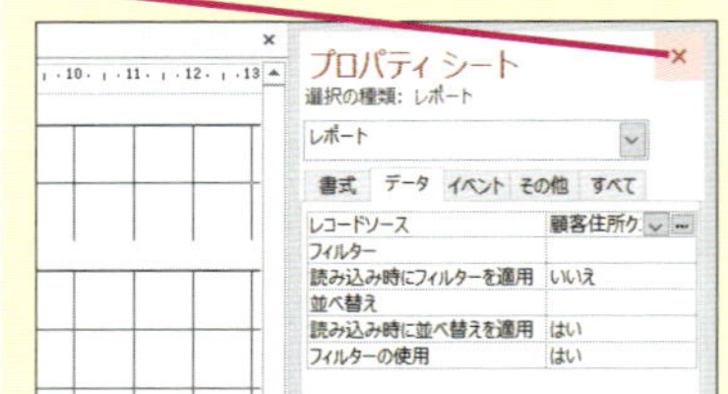

プロパティシートが非表示になった

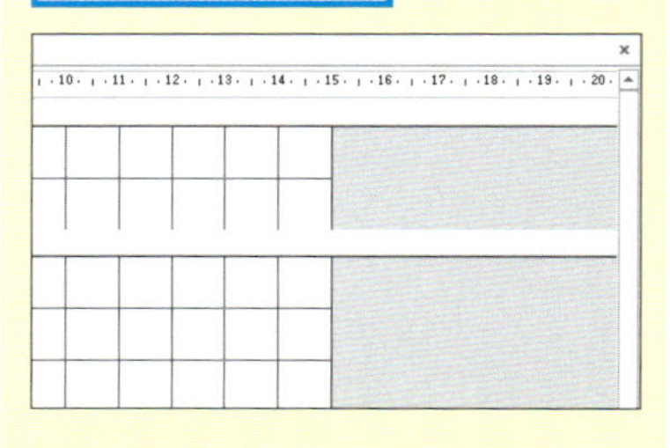

3 ラベルが削除された

すべてのラベルが削除された

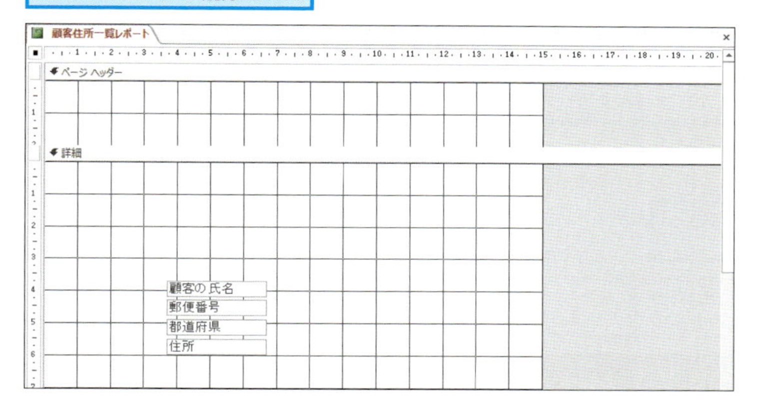

4 印刷プレビューを表示する

[顧客住所一覧レポート]を印刷プレビューで表示する

❶[レポートデザインツール]の[デザイン]タブをクリック

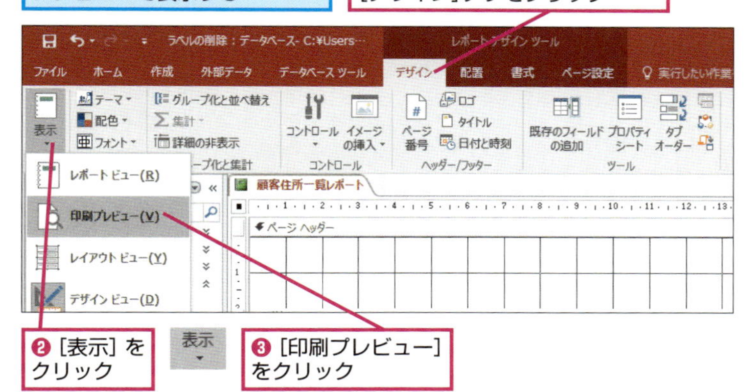

❷[表示]をクリック

❸[印刷プレビュー]をクリック

5 印刷プレビューが表示された

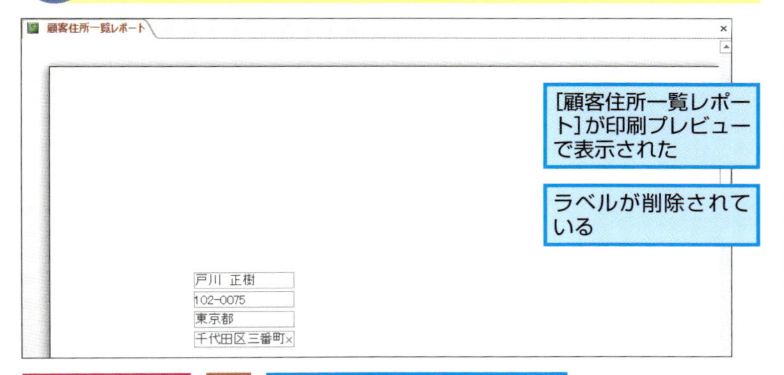

[顧客住所一覧レポート]が印刷プレビューで表示された

ラベルが削除されている

[上書き保存]をクリック

基本編のレッスン㊺を参考にレポートを閉じておく

HINT! 複数のラベルをまとめて削除するには

複数のラベルを一度に削除するには、削除するラベルを手順1のようにドラッグして選択するか、Shiftキーを押しながら選択して、Deleteキーを押します。1つずつラベルを選択して削除するより効率的です。

❶Shiftキーを押しながらラベルを選択

❷Deleteキーを押す

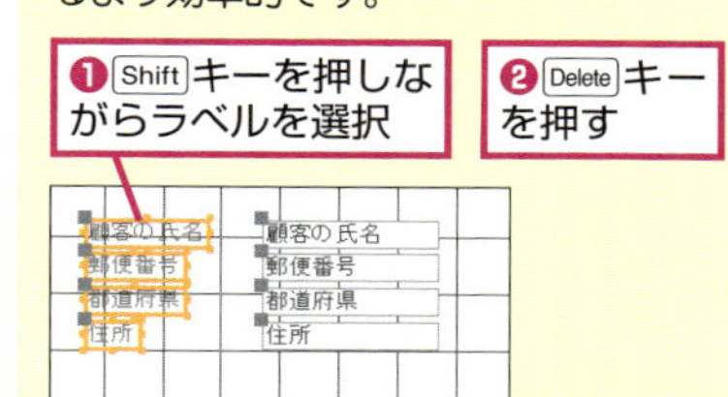

複数のラベルが削除される

間違った場合は？

手順1～手順3で間違ってフィールドまで削除してしまったときは、クイックアクセスツールバーの［元に戻す］ボタン（ ）をクリックして元に戻してから、操作をやり直します。

Point 不要なラベルを削除しよう

レポートにフィールドを配置すると、テキストボックスと一緒にラベルも配置され、そのまま印刷されます。基本編のレッスン㊿から作成している［顧客住所一覧レポート］は一覧表の体裁にするので、不要なラベルを削除します。ラベルを削除することで、すっきりと体裁の整ったレポートを作成できることを覚えておきましょう。

基本編 レッスン 54

テキストボックスの幅を変えるには

テキストボックスのサイズ調整

［住所］のテキストボックスは幅が短いため、内容がすべて印刷されません。テキストボックスの幅を調整して、内容が正しく印刷されるようにしましょう。

1 ［顧客住所一覧レポート］を開く

基本編のレッスン㊷を参考に［顧客住所一覧レポート］をデザインビューで表示しておく

［郵便番号］のテキストボックスの幅を縮める

❶［郵便番号］のテキストボックスをクリック

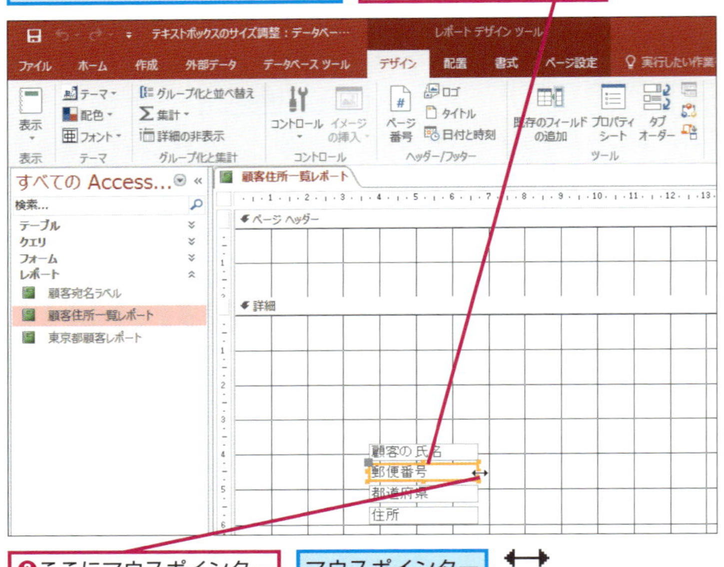

❷ここにマウスポインターを合わせる

マウスポインターの形が変わった

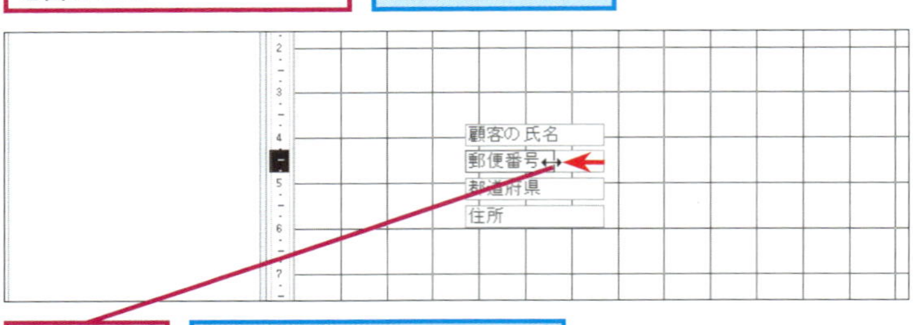

❸ここまでドラッグ

「郵便番号」の文字が隠れない程度に調整する

▶キーワード

印刷プレビュー	p.418
テキストボックス	p.421
フィールド	p.421
レコード	p.422
レポート	p.422

レッスンで使う練習用ファイル

テキストボックスのサイズ調整.accdb

HINT!

複数のテキストボックスの幅をそろえるには

複数のテキストボックスを選択し、以下のように操作すれば、高さはそのままで、幅をすべて同じ大きさにそろえられます。なお、テキストボックスの高さをそろえる方法は、基本編のレッスン㊴を参考にしてください。

複数のテキストボックスを選択しておく

❶［レポートデザインツール］の［配置］タブをクリック

❷［サイズ/間隔］をクリック

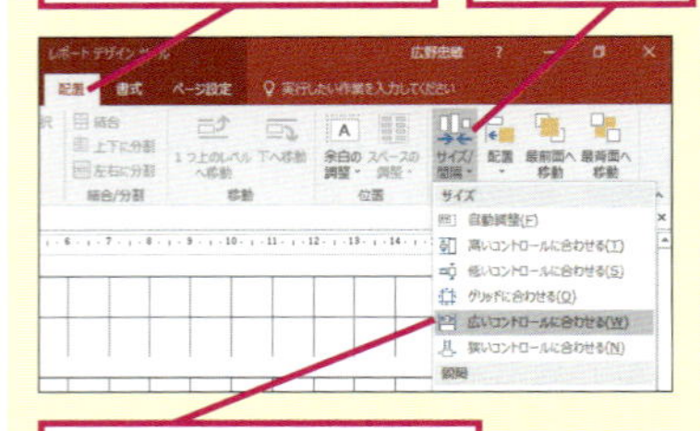

❸［広いコントロールに合わせる］をクリック

テキストボックスが同じ幅にそろう

間違った場合は？

手順1～手順2でテキストボックスの幅を間違えて調整したときは、再度ドラッグして幅を変更します。

2 [都道府県] と [住所] の テキストボックスを調整する

[都道府県] のテキストボックスの幅を [郵便番号] のテキストボックスと同じにする

❶ [都道府県] のテキストボックスの幅を変更

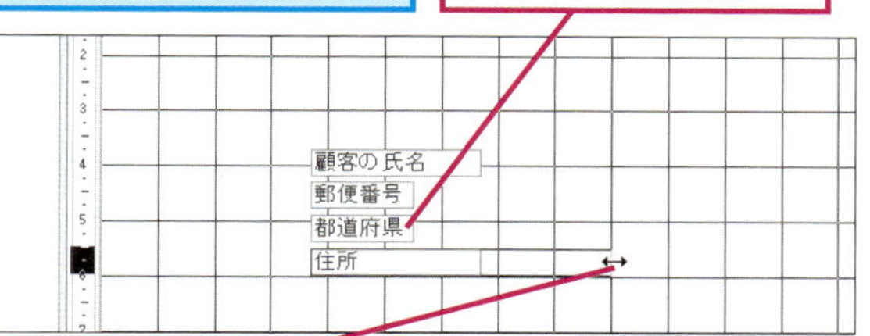

[住所] のテキストボックスの幅を広げる

❷ [住所] のテキストボックスのハンドルをここまでドラッグ

❸ [上書き保存] をクリック

3 印刷プレビューを表示する

[顧客住所一覧レポート] を印刷プレビューで表示する

❶ [表示] をクリック

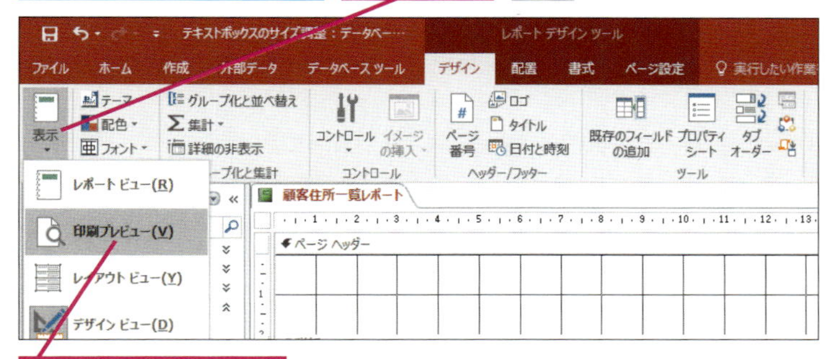

❷ [印刷プレビュー] をクリック

4 印刷プレビューが表示された

印刷プレビューが表示された

テキストボックスのサイズが調整された

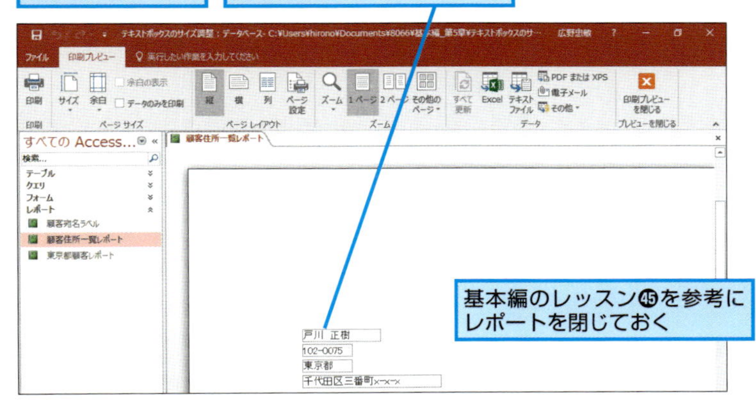

基本編のレッスン㊺を参考にレポートを閉じておく

HINT! テキストボックスの幅をセンチ単位でそろえるには

プロパティシートでテキストボックスの幅や高さを数値で変更できます。テキストボックスの幅や高さを数値でそろえたいというときに利用するといいでしょう。ただし、下記のように [幅] に「3.5」などと入力しても設定数値は「3.501cm」となります。

テキストボックスを選択しておく

基本編のレッスン㊷の手順2を参考に、[プロパティシート] を表示しておく

❶ [書式] タブをクリック

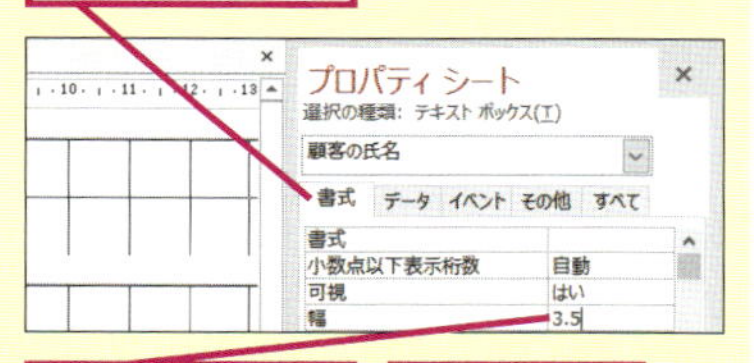

❷ [幅] に「3.5」と入力

❸ Enter キーを押す

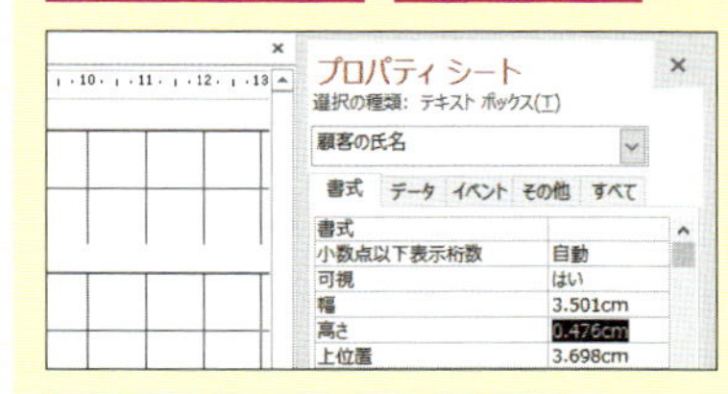

テキストボックスの幅が「3.501cm」に設定された

Point ビューを切り替えて幅を調整しよう

このレッスンで利用する [顧客住所レポート] を印刷プレビューで表示すると、テキストボックスには [顧客住所クエリ] のレコードが表示されます。テキストボックスの幅を変更するときは、それぞれのフィールドの内容がきちんと表示されているかをよく確認しましょう。特に [住所] フィールドには長い文字列が入るので、印刷プレビューとデザインビューでレポートを交互に表示し、テキストボックスの幅を適切に設定しましょう。

テキストボックスを並べ替えるには

テキストボックスの移動

レポートを一覧表の形式にするために、テキストボックスを移動しましょう。テキストボックスを横一列に配置すると、一覧表形式のレポートができます。

1 [フィールドリスト]を閉じる

基本編のレッスン52を参考に[顧客住所一覧レポート]をデザインビューで表示しておく

フィールドの移動時に[フィールドリスト]が邪魔になるので、閉じる

❶[レポートデザインツール]の[デザイン]タブをクリック

❷[既存のフィールドの追加]をクリック

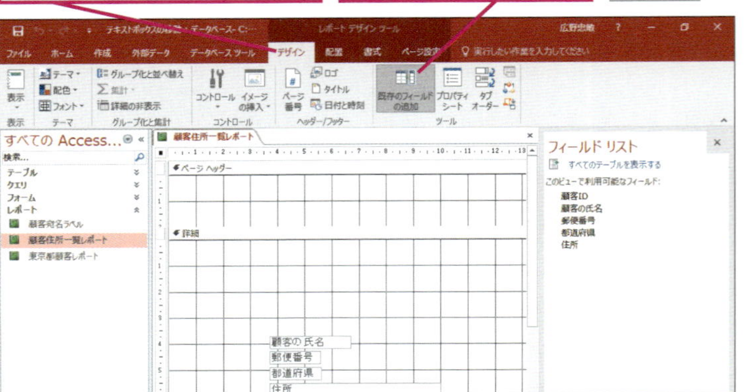

[フィールドリスト]が閉じた

[フィールドリスト]が非表示のときは、手順2に進む

2 [顧客の氏名]のテキストボックスを選択する

[顧客の氏名]のテキストボックスを選択する

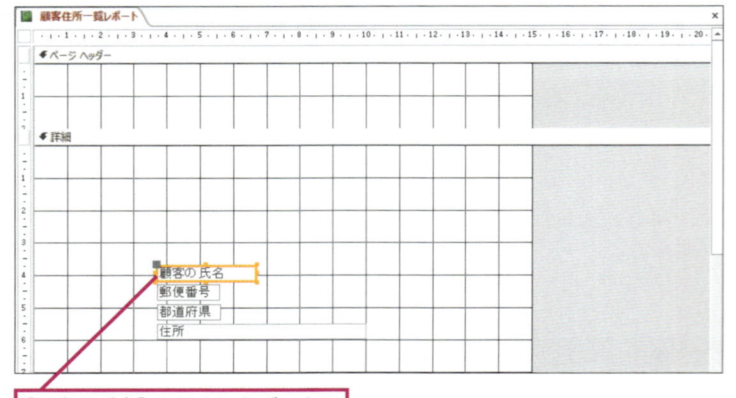

[顧客の氏名]のテキストボックスをクリック

▶キーワード

レッスンで使う練習用ファイル
テキストボックスの移動.accdb

HINT! 方向キーでも移動できる

テキストボックスを選択し、方向キー(←→↑↓キー)を押してもテキストボックスを移動できます。方向キーを1回押すごとに、約1ミリずつ上下左右に動かせます。また、方向キーを押し続けると、キーを押した分だけテキストボックスが移動します。方向キーを使えば、マウスを使ったドラッグ操作よりも細かく移動できることを覚えておきましょう。

間違った場合は?

手順3～手順4でテキストボックスを[ページヘッダー]セクションに移動してしまったときは、正しい位置に移動し直します。

3 ［顧客の氏名］のテキストボックスを移動する

［顧客の氏名］のテキストボックスを選択できた

❶ここにマウスポインターを合わせる

マウスポインターの形が変わった

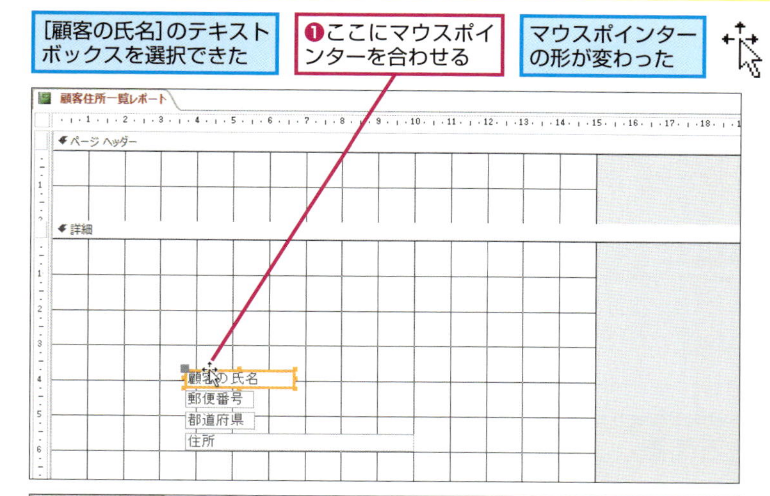

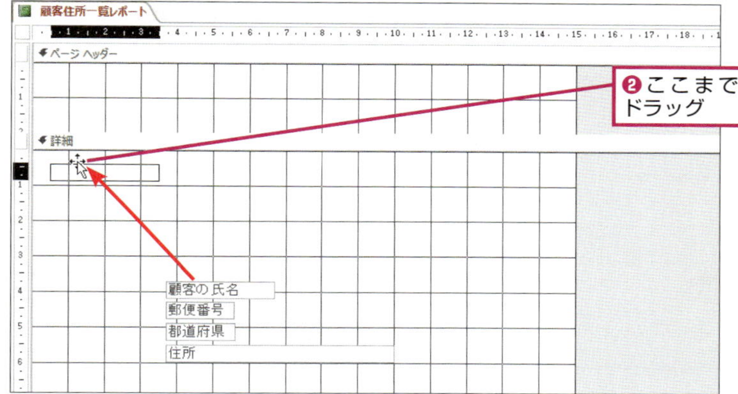

❷ここまでドラッグ

4 ［都道府県］のテキストボックスを移動する

［顧客の氏名］のテキストボックスが移動した

手順3と同様に［郵便番号］［都道府県］［住所］の順にテキストボックスを［顧客の氏名］の右側に移動

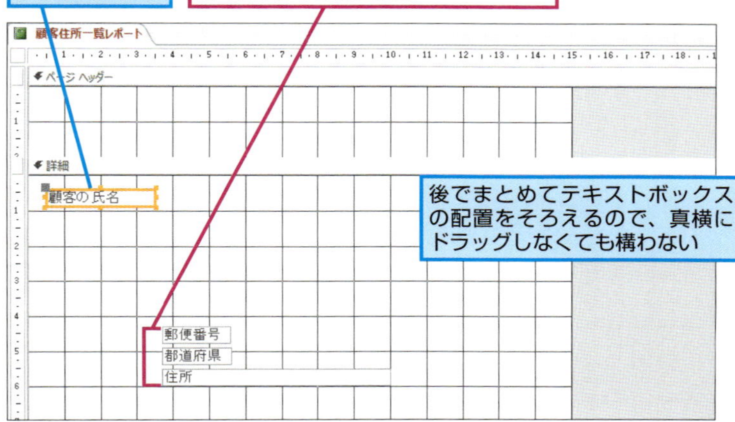

後でまとめてテキストボックスの配置をそろえるので、真横にドラッグしなくても構わない

HINT! ラベルやテキストボックスを左端や右端にそろえるには

132ページのHINT!でも解説していますが、複数のテキストボックスを選択して、［レポートデザインツール］の［配置］タブにある［配置］ボタンの項目を選べば、ラベルやテキストボックスの左端や右端をそろえられます。

［配置］の［左揃え］や［右揃え］をクリックすれば、ラベルやテキストボックスの左端や右端をそろえられる

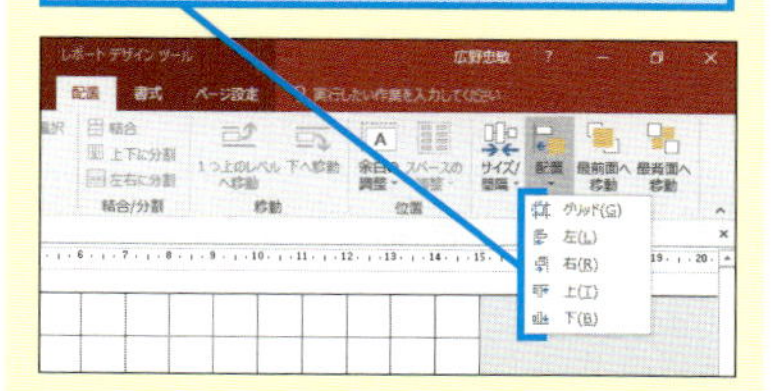

HINT! プロパティシートで配置を変更するには

プロパティシートを利用すれば、テキストボックスの位置を数値で指定できます。［書式］タブの［上位置］や［左位置］に数値を入力して Enter キーを押すと、［詳細］セクションの左上から指定した位置にテキストボックスが移動します。

テキストボックスを選択しておく

基本編のレッスン52の手順2を参考に、［プロパティシート］を表示しておく

❶［書式］タブをクリック

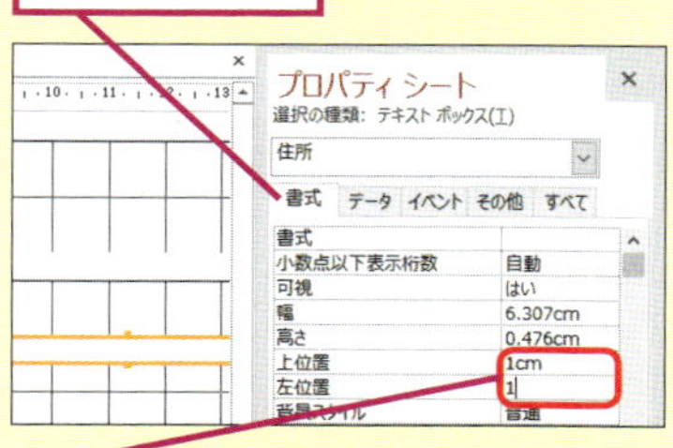

❷［上位置］と［左位置］に数値を入力

❸ Enter キーを押す

テキストボックスの配置が変更される

次のページに続く

5 テキストボックスが移動された

すべてのテキストボックスを配置できた

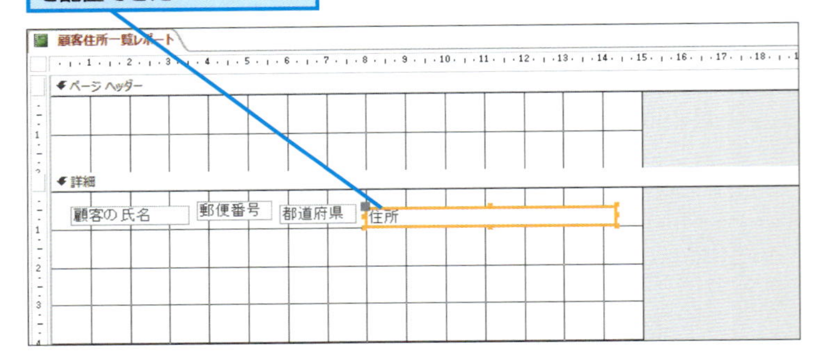

6 テキストボックスの上端をそろえる

上端をそろえるためにすべてのテキストボックスを選択する

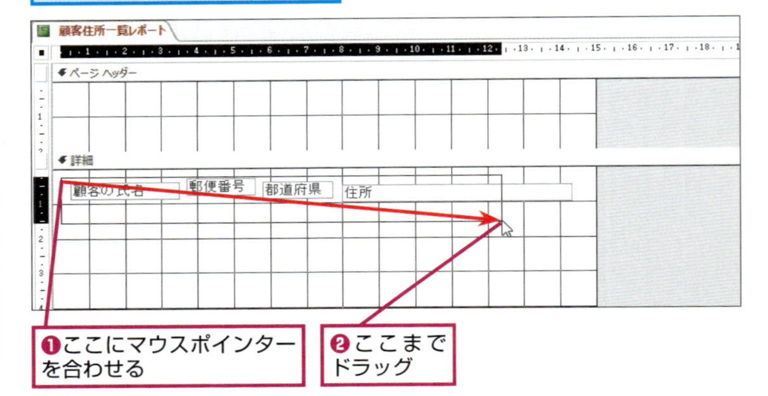

❶ここにマウスポインターを合わせる

❷ここまでドラッグ

すべてのテキストボックスを選択できた

❸［レポートデザインツール］の［配置］タブをクリック

❹［配置］をクリック

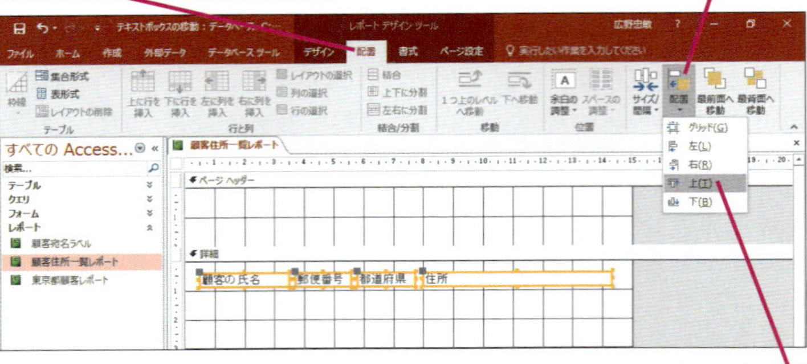

❺［上］をクリック

HINT! セクションの幅が広がってしまったときは

手順3～手順5でテキストボックスをセクションの外側に移動すると、テキストボックスがセクション内に収まるように自動的にセクションの幅が広がります。このレッスンで作成しているレポートは、あらかじめセクションの幅をA4縦の用紙に収まるように設定しているので、セクションの幅が広がると、印刷したときに用紙からはみ出てしまいます。セクションが広がってしまったときは、クイックアクセスツールバーの［元に戻す］ボタン（）をクリックして、テキストボックスの位置を戻しておきましょう。

［住所］のテキストボックスをセクションの外側にドラッグしたら、セクションの幅が広がった

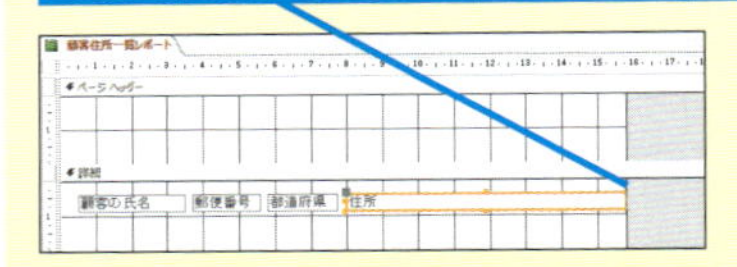

［元に戻す］をクリック

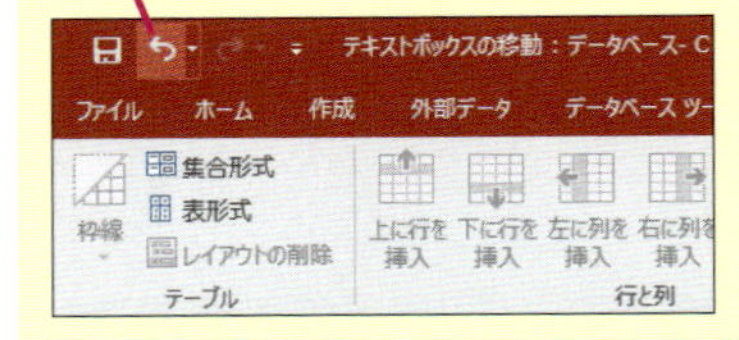

［住所］のテキストボックスの位置とセクションの幅が元に戻った

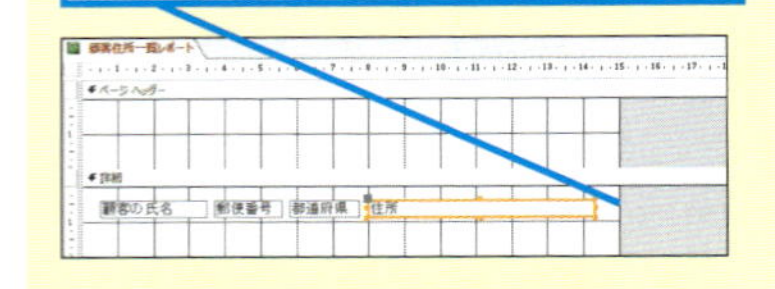

間違った場合は？

手順3～手順7で、間違ってフィールドのサイズを変更してしまった場合は、クイックアクセスツールバーの［元に戻す］ボタン（↶）をクリックしてサイズを元に戻します。

7 テキストボックスの枠線を透明にする

テキストボックスの上端がそろった

❶［レポートデザインツール］の［書式］タブをクリック

❷［図形の枠線］をクリック

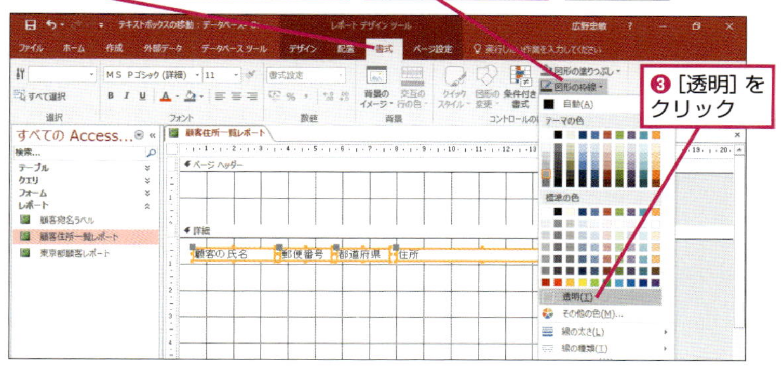

❸［透明］をクリック

テキストボックスの枠線が消える

❹［上書き保存］をクリック

8 印刷プレビューを確認する

基本編のレッスン㊼を参考に印刷プレビューを表示しておく

［顧客の氏名］［郵便番号］［都道府県］［住所］フィールドのレコードが横一列に表示された

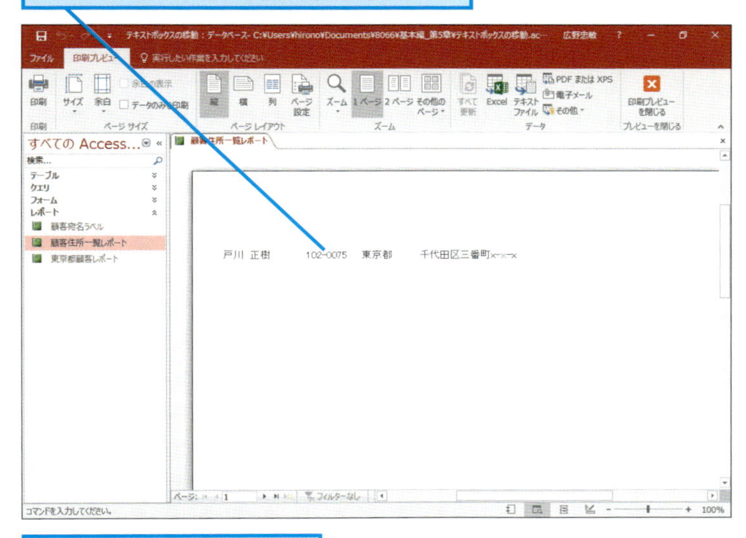

基本編のレッスン㊺を参考にレポートを閉じておく

HINT! 左右の間隔を均等にするには

左右の間隔をそろえるには、そろえたいテキストボックスやラベルを選択してから、［レポートデザインツール］の［配置］タブにある［サイズ/間隔］ボタンをクリックして［左右の間隔を均等にする］を選びます。

複数のテキストボックスを選択しておく

❶［レポートデザインツール］の［配置］タブをクリック

❷［サイズ/間隔］をクリック

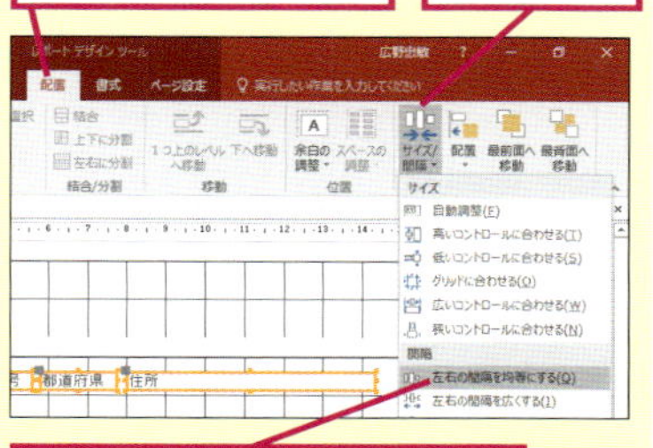

❸［左右の間隔を均等にする］をクリック

テキストボックスの左右の間隔がそろう

Point 体裁の整ったレポートを作ろう

テキストボックスの大きさを決めたら、次はテキストボックスの位置を調整しましょう。このレッスンのように、すべてのテキストボックスを横一列に並べると、1つのレコードが1行に印刷される一覧表形式のレポートを作れます。テキストボックスの位置合わせは、体裁が整ったきれいなレポートを作るための重要な作業です。配置されているテキストボックスの数が多いときは、特に配置に気を配ったレポートを作るように心がけましょう。

セクションの間隔を変えるには

セクションの調整

このレッスンのレポートは、1ページに2件分のレコードしか印刷されません。多くのレコードが印刷されるように［詳細］セクションの高さを変更しましょう。

▶キーワード

レッスンで使う練習用ファイル
セクションの調整.accdb

1 ［ページフッター］セクションを表示する

基本編のレッスン㊷を参考に［顧客住所一覧レポート］をデザインビューで表示しておく

［詳細］セクションの高さを縮めるので、［ページフッター］セクションを表示する

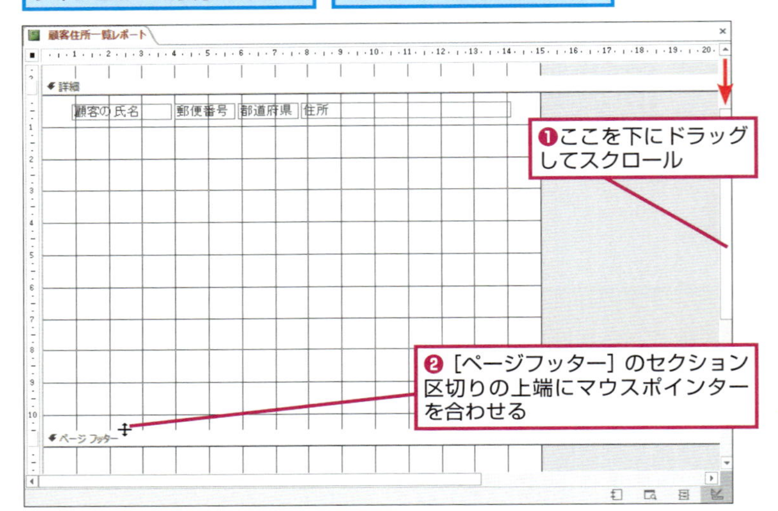

2 ［詳細］セクションの高さを縮める

マウスポインターの形が変わった

ここまでドラッグ

［1］の目盛りを目安にドラッグする

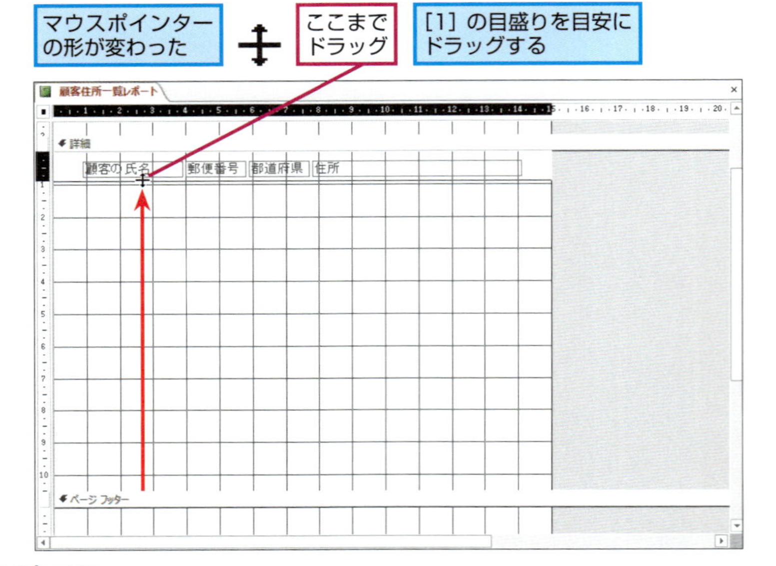

HINT! デザインビューでテーマを変更するには

基本編のレッスン㊻のHINT!でも紹介しましたが、テーマを変更するとレポートの見ためを簡単に変更できます。レポートをデザインビューで表示しているときは、［テーマ］ボタンをクリックして一覧からテーマを選びましょう。ただし、このレッスンで利用している［顧客住所一覧レポート］では、テキストボックスのフォント以外、テーマの違いがよく分かりません。基本編のレッスン㊾やレッスン㊿で解説するように、ラベルや罫線、図を挿入してからテーマを変更してもいいでしょう。

3 ［詳細セクション］の高さが縮まった

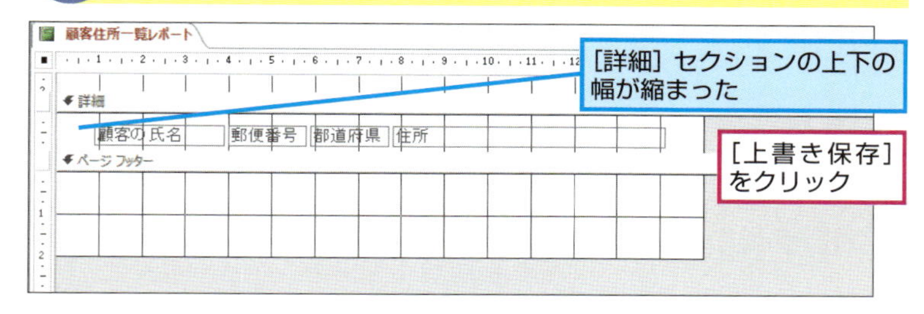

4 印刷プレビューを表示する

［顧客一覧レポート］を印刷プレビューで表示する

❶［レポートデザインツール］の［デザイン］タブをクリック

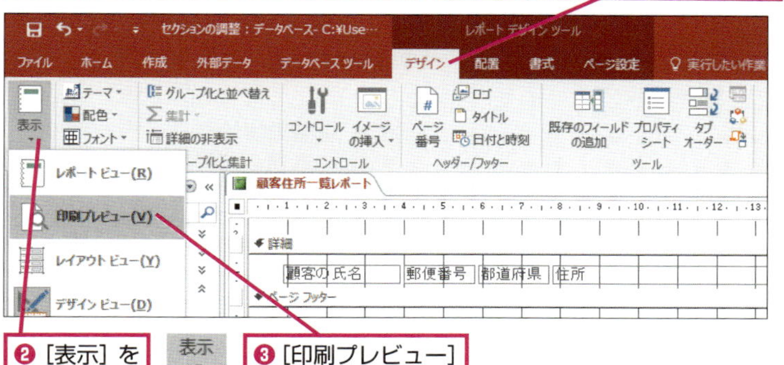

❷［表示］をクリック

❸［印刷プレビュー］をクリック

5 印刷プレビューが表示された

［顧客一覧レポート］が印刷プレビューで表示された

レコード1件ごとの間隔が縮まった

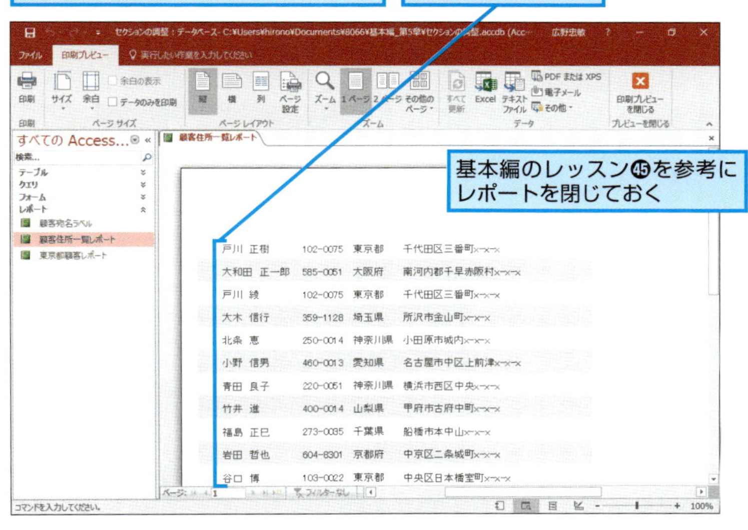

基本編のレッスン㊺を参考にレポートを閉じておく

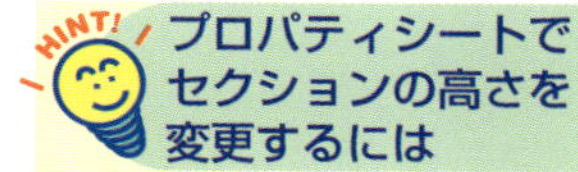

HINT! プロパティシートでセクションの高さを変更するには

プロパティシートで［詳細］を選び、［高さ］に数値を入力するとセクションの高さを変更できます。

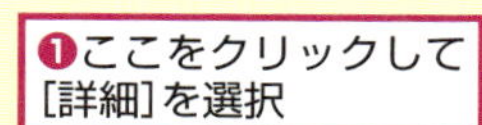

❶ここをクリックして［詳細］を選択

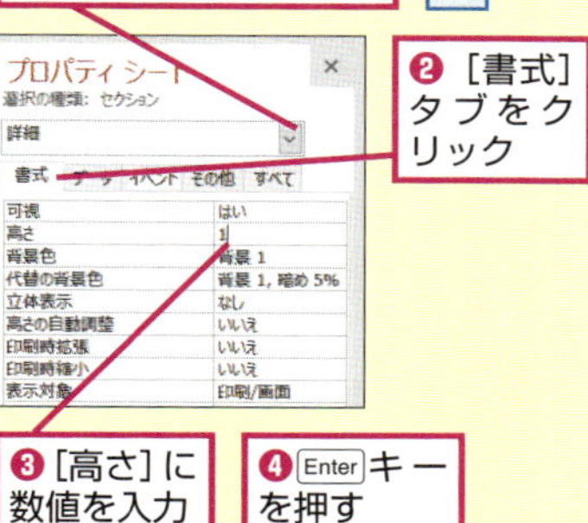

❷［書式］タブをクリック

❸［高さ］に数値を入力

❹ Enter キーを押す

セクションの高さが変更される

間違った場合は？

印刷プレビューの表示で1件1件の間隔が広すぎるときは、デザインビューに切り替えてから、もう一度［詳細］セクションの高さを調整し直します。

Point ［詳細］セクションの内容は繰り返し印刷される

［詳細］セクションに配置したフィールドのテキストボックスには、クエリの実行結果が埋め込まれ、レコードの内容が繰り返し印刷されます。したがって、一覧表といっても、［詳細］セクションに件数分のフィールドを配置するわけではありません。なお、［詳細］セクションで設定する高さは、「1レコード分の繰り返しの高さ」の意味があります。レポートを一覧表形式で作成するときは、このレッスンのように［詳細］セクションの高さを縮めましょう。

ページヘッダーにラベルを追加するには

[ページヘッダー] セクション

[顧客の氏名] や [住所] など、フィールドの内容を表す表題を追加しましょう。このレッスンでは、ラベルを [ページヘッダー] セクションに追加します。

1 [ページヘッダー] セクションにラベルを追加する

基本編のレッスン㊽を参考に [顧客住所一覧レポート] をデザインビューで表示しておく

❶[レポートデザインツール]の[デザイン]タブをクリック

❷ [コントロール] をクリック

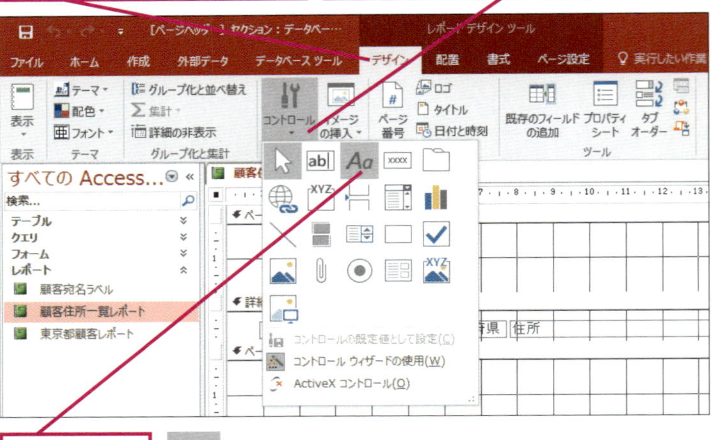

❸ [ラベル] をクリック

マウスポインターの形が変わった

❹ここにマウスポインターを合わせる

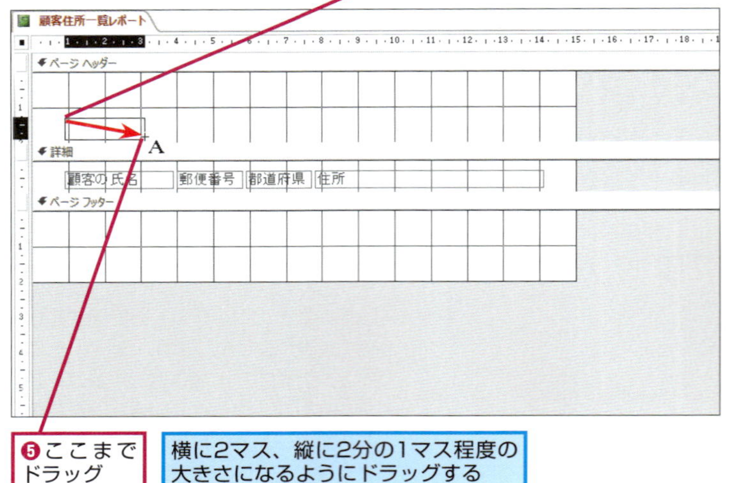

❺ここまでドラッグ

横に2マス、縦に2分の1マス程度の大きさになるようにドラッグする

▶キーワード

コントロール	p.419
セクション	p.420
フィールド	p.421
ヘッダー	p.421
ラベル	p.422
リボン	p.422

レッスンで使う練習用ファイル

[ページヘッダー] セクション.accdb

HINT!

画面の解像度でリボンの内容が変化する

リボンに表示されるボタンの内容は、画面の解像度やウィンドウの横幅で変化します。画面の解像度が低いときは、手順1の画面のようにリボンに [コントロール] ボタンだけが表示され、クリックするとコントロールの一覧が表示されます。画面の解像度が高ければ、ボタンの一部が表示され、[その他] ボタン (▼) をクリックすると、表示されていないコントロールが一覧から選択できるようになります。

画面の解像度が高い場合は、最初からいくつかのコントロールが表示されている

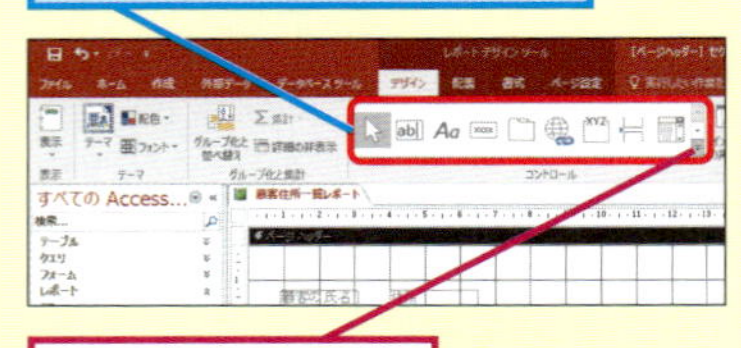

[その他]をクリック

すべてのコントロールが一覧表示された

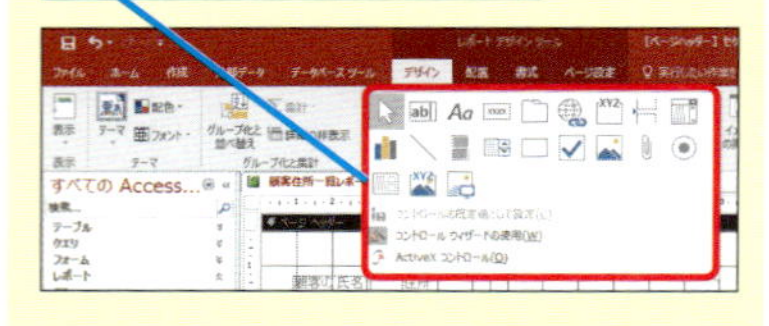

2 ラベルに文字を入力する

ラベルが追加された

❶「顧客の氏名」と入力

❷ Enter キーを押す

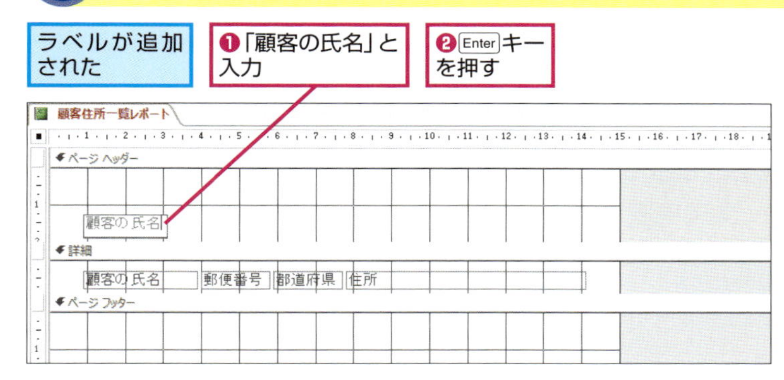

3 続けて［住所］のラベルを追加する

続けて手順1～手順2を参考にラベルを追加する

❶ラベルを追加

❷「住所」と入力

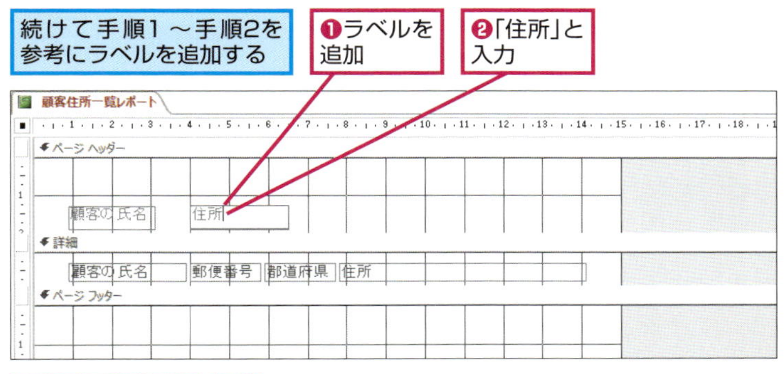

❸［上書き保存］をクリック

4 印刷プレビューを確認する

基本編のレッスン㊼を参考に印刷プレビューを表示しておく

一覧の上に「顧客の氏名」と「住所」の項目名が表示された

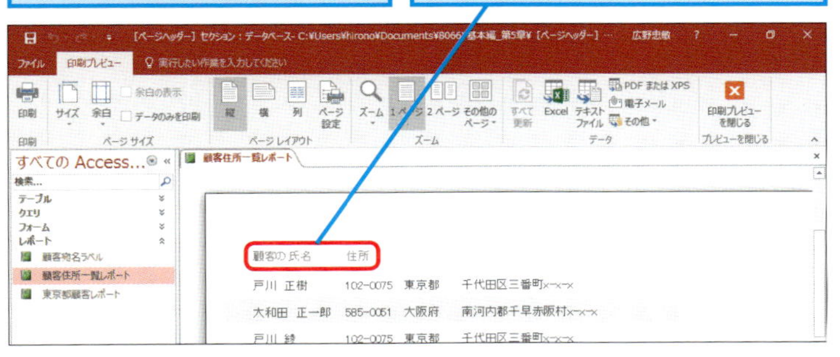

基本編のレッスン㊺を参考にレポートを閉じておく

ラベルの大きさを自動調整するには

ラベルに含まれた文字がちょうど収まるように、ラベルの大きさを自動調整できます。文字を入力したラベルをクリックして選択してから、［レポートデザインツール］の［配置］タブにある［サイズ/間隔］ボタンをクリックして［自動調整］を選択しましょう。

ラベルを選択しておく

❶［レポートデザインツール］の［配置］タブをクリック

❷［サイズ/間隔］をクリック

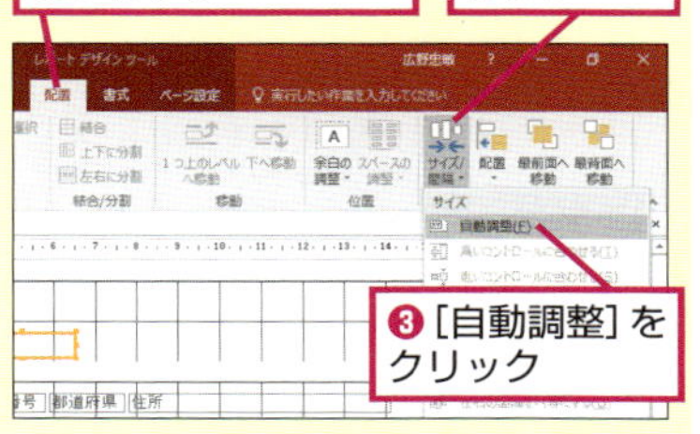

❸［自動調整］をクリック

入力されている文字に合わせて、ラベルの幅と高さが自動的に調整される

間違った場合は？

手順4で表示されたラベルの位置がずれているときは、デザインビューに切り替えてから、ラベルを適切な位置に移動します。

Point

すべてのページの先頭に印刷される

基本編のレッスン㊻で解説したように、［詳細］セクションの内容は1つのページに繰り返し印刷されます。しかし、［ページヘッダー］セクションの内容は、すべてのページの先頭に印刷されます。この2つの違いを覚えておきましょう。このレッスンでは、［顧客の氏名］と［住所］というラベルを追加しました。レポート名や会社名、文書番号などの情報を複数ページに印刷するときは、［ページヘッダー］セクションにラベルを追加しましょう。

レポートにページ番号を挿入するには

ページ番号の挿入

レポートが複数のページにわたるときに役立つのがページ番号です。このレッスンでは、[ページフッター] セクションにページ番号を追加してみましょう。

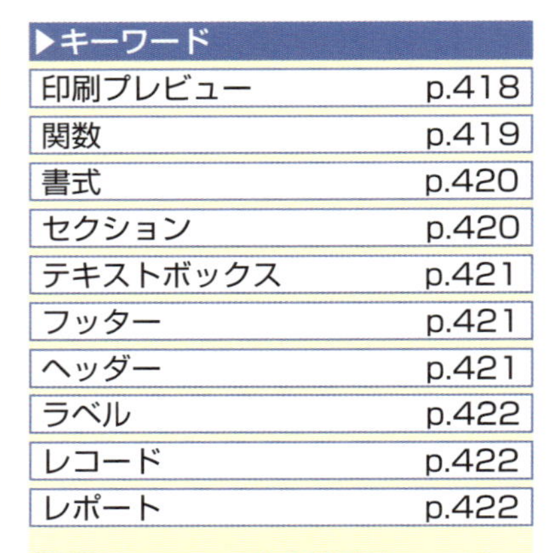

▶キーワード

レッスンで使う練習用ファイル
ページ番号の挿入.accdb

1 [ページ番号] ダイアログボックスを表示する

基本編のレッスン㊾を参考に [顧客住所一覧レポート] をデザインビューで表示しておく

❶[レポートデザインツール]の[デザイン]タブをクリック

❷ [ページ番号の追加] をクリック

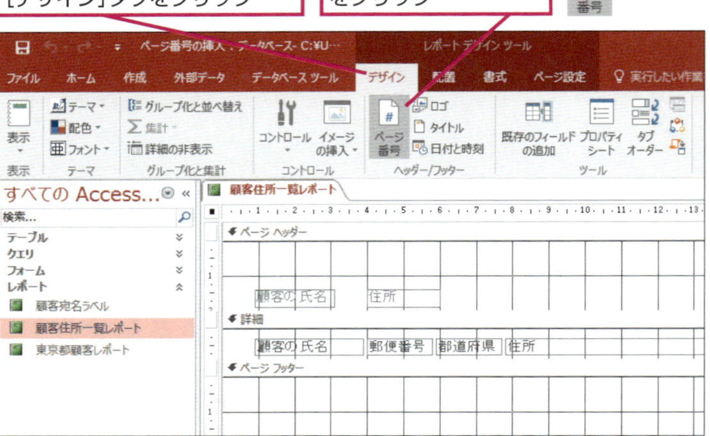

2 ページ番号の書式と位置を設定する

[ページ番号] ダイアログボックスが表示された

「(現在のページ) / (合計のページ)」という書式のページ番号を追加する

❶ [現在/合計ページ] をクリック

❷ [下(フッター)] をクリック

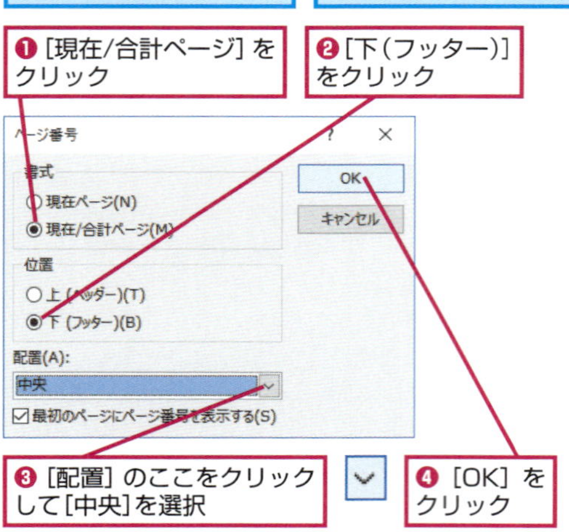

❸ [配置] のここをクリックして[中央]を選択

❹ [OK] をクリック

HINT! レコードの件数を表示するには

ページヘッダーやページフッターではなく、レポートヘッダーやレポートフッターを使うと、レポートの最初や最後だけに全体のレコード件数を表示できます。レコード件数を表示したいときは、まずレポートヘッダーとレポートフッターを表示してから、レポートフッターにテキストボックスを追加して、テキストボックスに「=Count(*)」と入力しましょう。

3 ページ番号のテキストボックスが追加された

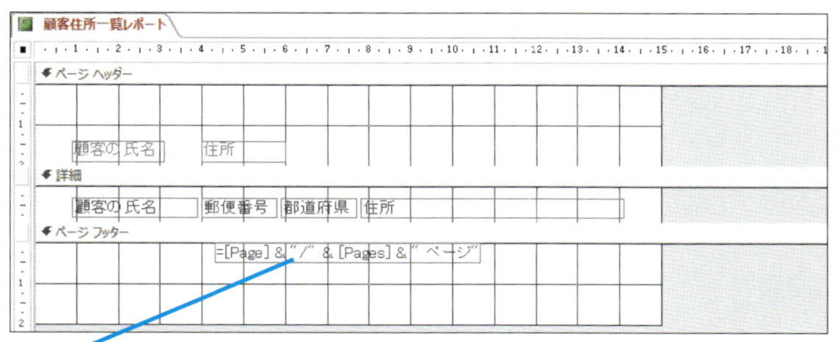

[ページフッター] セクションにページ番号のテキストボックスが追加された

[上書き保存] をクリック

4 印刷プレビューを確認する

基本編のレッスン㊼を参考に印刷プレビューを表示しておく

印刷プレビューでページ番号を確認する

ここを下にドラッグしてスクロール

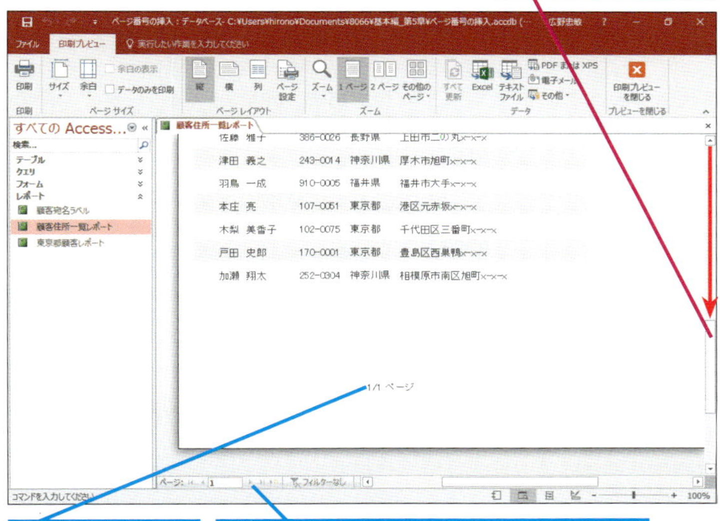

ページ番号が表示されている

複数のページがあるときは、[次のページ] をクリックして2ページ目を表示できる

基本編のレッスン㊺を参考にレポートを閉じておく

ページ番号をヘッダーに表示するには

手順2の [ページ番号] ダイアログボックスで以下のように設定すれば、1ページごとのページ番号をレポートの右上に表示できます。

[ページ番号] ダイアログボックスを表示しておく

❶ [現在ページ] をクリック

❷ [上（ヘッダー）] をクリック

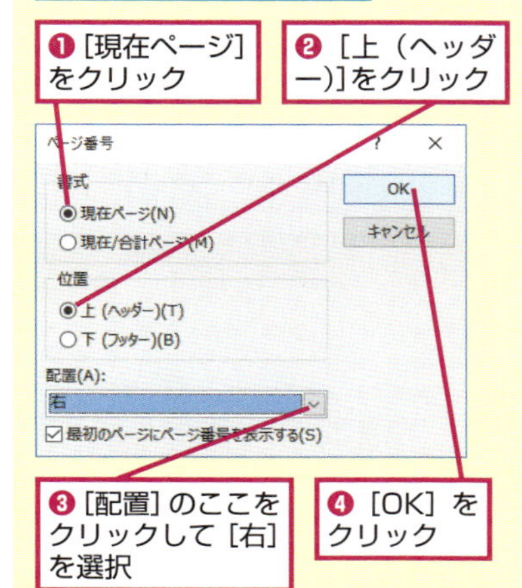

❸ [配置] のここをクリックして [右] を選択

❹ [OK] をクリック

間違った場合は?

ページ番号を [ページヘッダー] セクションに追加してしまったときは、ページ番号のテキストボックスをクリックし、Delete キーを押して削除します。再度手順1から操作をやり直しましょう。

Point

ボタン1つでページ番号を挿入できる

[ページフッター] セクションにテキストボックスを追加すると、レポートの下部に文字を印刷できます。複数ページに同じ内容が印刷される点は [ページヘッダー] セクションと一緒ですが、印刷されるページの上下位置が違うことを覚えておきましょう。このレッスンで紹介した [ページ番号の挿入] ボタンを利用すれば、関数や数式を入力しなくても簡単にページ番号を挿入できます。レポートの内容が複数ページになるときは、[ページフッター] セクションにページ番号のテキストボックスを忘れずに追加しておきましょう。

レポートの表題となるラベルを挿入するには

ラベルの装飾

レポートの内容がひと目で分かるような表題を追加しましょう。[ページヘッダー] セクションにラベルを追加すれば、すべてのページに印刷されます。

1 ラベルを追加する

基本編のレッスン㉜を参考に [顧客住所一覧レポート] をデザインビューで表示しておく

[ページヘッダー] セクションにラベルを追加する

❶[レポートデザインツール]の[デザイン]タブをクリック

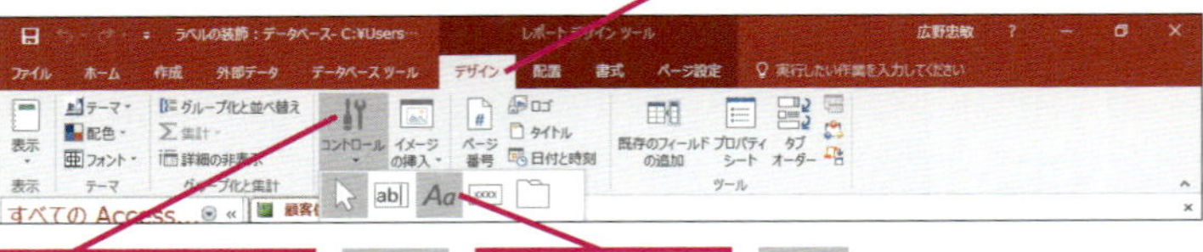

❷[コントロール]をクリック

❸[ラベル]をクリック

マウスポインターの形が変わった

❹ここにマウスポインターを合わせる

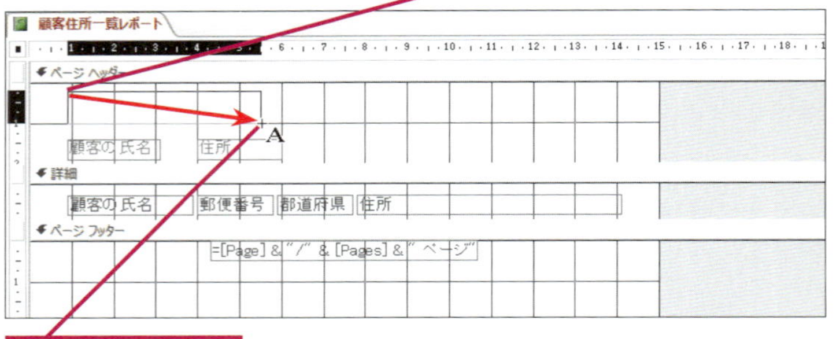

❺ここまでドラッグ

2 ラベルに文字を入力する

[ページヘッダー] セクションにラベルが追加された

❶「顧客住所一覧表」と入力

❷Enterキーを押す

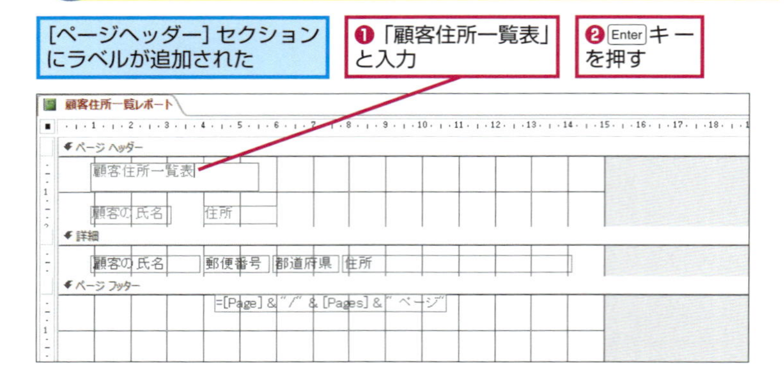

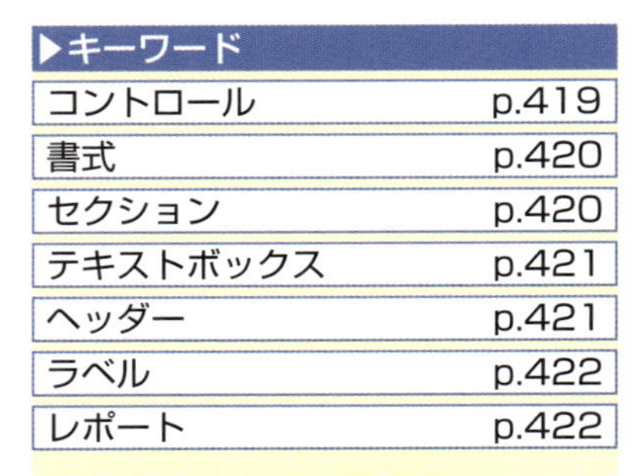

▶キーワード

レッスンで使う練習用ファイル

ラベルの装飾.accdb

HINT! ラベルのフォントを変更するには

基本編のレッスン㊷でも紹介していますが、ラベルのフォントは以下の手順で簡単に変更できます。ただし、設定対象のラベルが選択されていないと、フォントを正しく設定できません。また、1つのラベルに複数のフォントを混在して設定することはできません。

ラベルを選択しておく

❶[レポートデザインツール]の[書式]タブをクリック

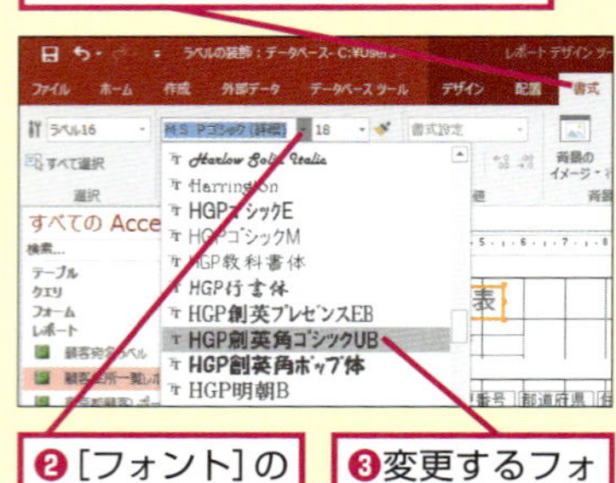

❷[フォント]のここをクリック

❸変更するフォント名を選択

基本編 第5章 レポートで情報をまとめる

③ 文字のサイズを大きくする

ラベルに文字を入力できた

❶[レポートデザインツール]の[書式]タブをクリック

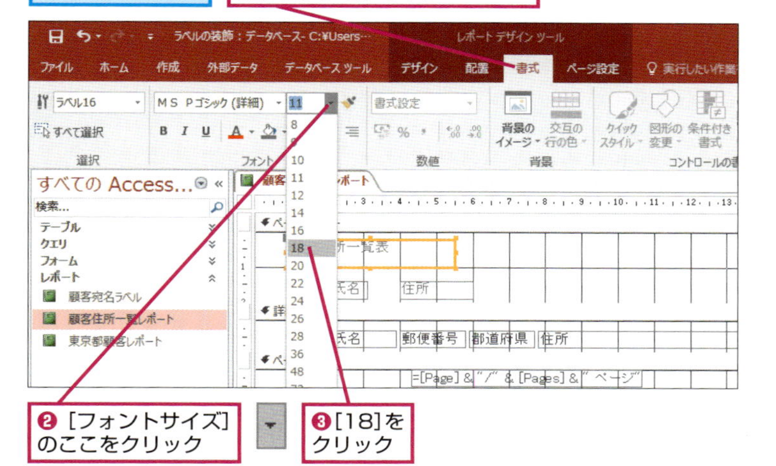

❷[フォントサイズ]のここをクリック

❸[18]をクリック

ラベルの文字が大きくなった

❹[上書き保存]をクリック

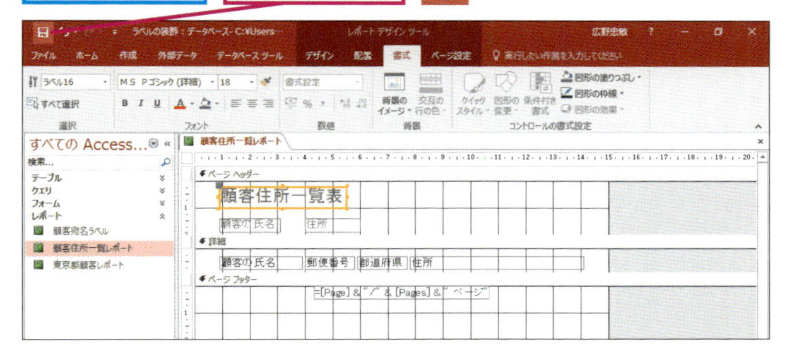

④ 印刷プレビューを確認する

基本編のレッスン㊼を参考に印刷プレビューを表示しておく

タイトルが表示された

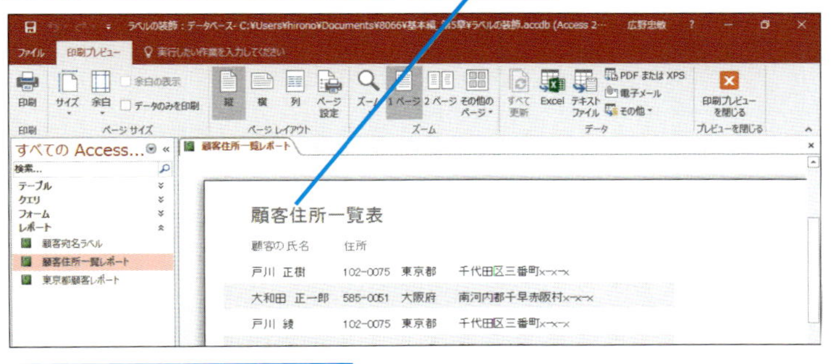

基本編のレッスン㊺を参考にレポートを閉じておく

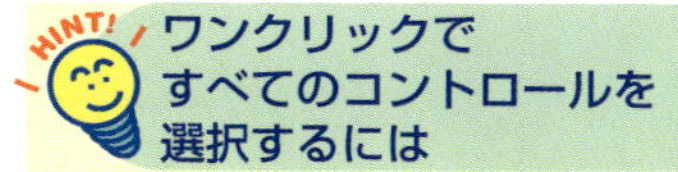

ワンクリックですべてのコントロールを選択するには

すべてのラベルとテキストボックスの書式を変更したいときは、1つ1つを選択して設定するのではなく、すべてのラベルとテキストボックスを選択してから書式を設定しましょう。以下の手順でラベルやテキストボックスを一括で選択できます。ただし、画像が配置されているときは画像も選択されてしまうので、ラベルとテキストボックス以外の選択を解除してから書式を設定しましょう。

❶[レポートデザインツール]の[書式]タブをクリック

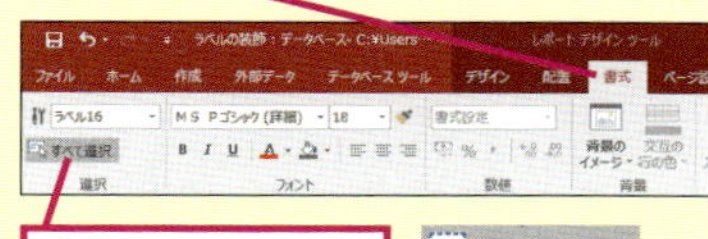

❷[すべて選択]をクリック

ラベルとテキストボックスなど、すべてのコントロールが選択される

間違った場合は?

手順3で文字がラベルに入りきらないときは、ラベルの右上か右下のハンドルをドラッグして、ラベルの大きさを調整します。

Point

タイトルを付けて、分かりやすいレポートにしよう

住所の一覧のレポートを作っても、それがどのようなものなのかは、レポートを見ただけでは分かりません。レポートには必ずタイトルを付けておきましょう。ここでは顧客住所の一覧だと分かるタイトルを付けました。レポートにタイトルを付けるときは、タイトルのためのラベルを[ページヘッダー]セクションに追加します。このときに、タイトルがレポートのほかの部分よりも目立つように、フォントサイズを大きくしたり、色を付けたりして、工夫してみましょう。

レポートに罫線と画像を挿入するには

直線、イメージ

レポートには罫線や画像を追加できます。[ページヘッダー]セクションに罫線や会社のロゴを追加して、レポートを見やすくしてみましょう。

罫線を挿入する

1 [コントロール]の一覧を表示する

基本編のレッスン㊷を参考に[顧客住所一覧レポート]をデザインビューで表示しておく

❶[レポートデザインツール]の[デザイン]をクリック

❷[コントロール]をクリック

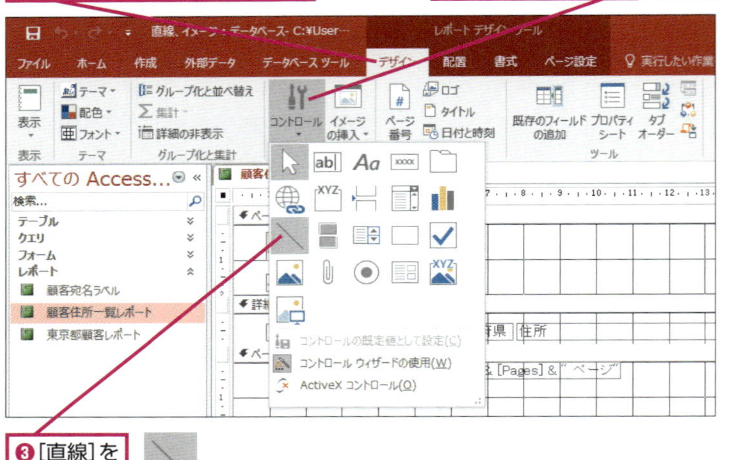

❸[直線]をクリック

2 [ページヘッダー]セクションに罫線を引く

マウスポインターの形が変わった

カーソルを真っすぐ横にドラッグして罫線を引く

❶ここにマウスポインターを合わせる

❷ここまでドラッグ

[15]の目盛りの少し手前までドラッグする

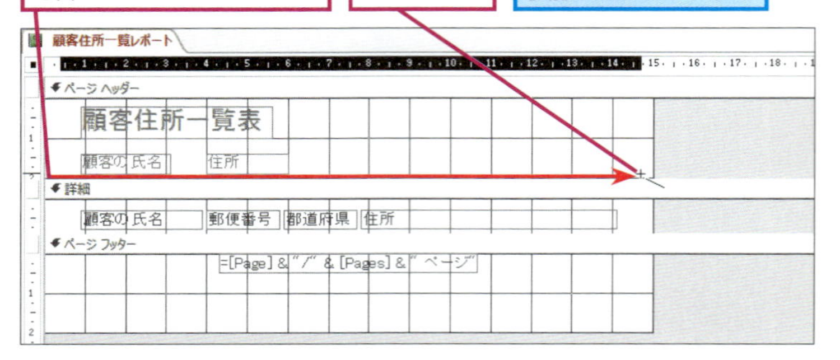

▶キーワード

コントロール	p.419
フッター	p.421
ヘッダー	p.421
レポート	p.422

HINT! 縦や横に真っすぐな線を引くには

手順2で縦や横に真っすぐな線を引くには、Shiftキーを押しながら線の始点にマウスポインターを合わせ、Shiftキーを押したまま終点までドラッグします。

HINT! 線の色や太さを変更するには

線の色や太さを変更するには、線が選択されている状態で、[レポートデザインツール]の[書式]タブにある[図形の枠線]ボタンをクリックしましょう。[図形の枠線]ボタンの[テーマの色]や[標準の色]の一覧から色を選択すれば、線の色を変更できます。139ページのHINT!でも解説していますが、[テーマの色]にある色は、設定したテーマによって自動的に変更されます。[標準の色]にある色は、テーマによって色が変更されません。また、線の太さを変更するには、[図形の枠線]ボタンの[線の太さ]をクリックして、表示される一覧から太さを選びましょう。

間違った場合は?

手順3で罫線が斜めになってしまったときは、罫線をクリックして選択します。次に、Deleteキーを押して罫線を削除して、手順1からもう一度やり直しましょう。

③ 罫線が挿入された

[ページヘッダー] セクションに罫線が挿入された

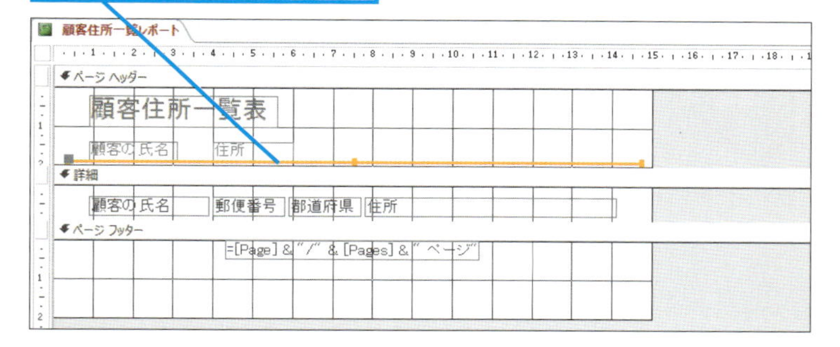

画像を挿入する

④ [コントロール] の一覧を表示する

[ページヘッダー] セクションに画像を挿入する

❶ [コントロール] をクリック

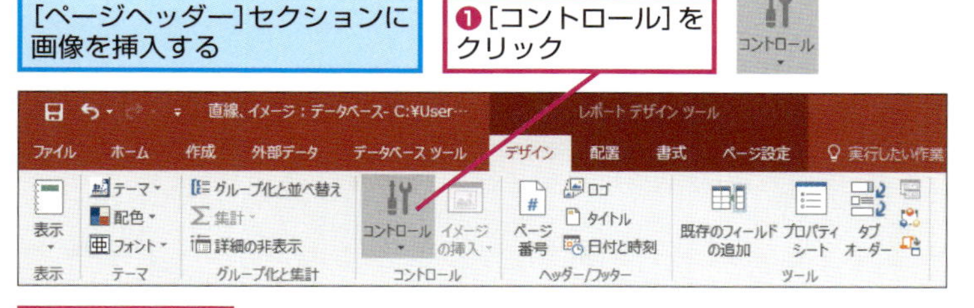

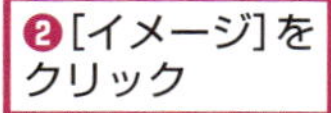

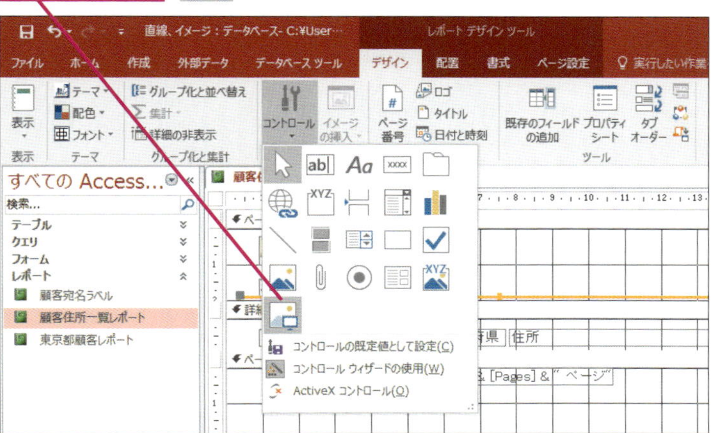

HINT! レポートに挿入できる画像形式とは

レポートには、ビットマップ形式 (*.bmp)、メタファイル形式 (*.wmf/*.emf)、GIF形式 (*.gif)、JPEG形式 (*.jpg/*.jpeg)、PNG形式 (*.png) などの画像を追加できます。これらの形式以外の画像を挿入したいときは、画像編集ソフトなどを使って形式を変換しておきましょう。

HINT! [イメージの挿入] ボタンと何が違うの？

[コントロール] ボタンの右にある [イメージの挿入] ボタンをクリックしても画像をレポートに挿入できます。手順4の [イメージ] ボタンと大きな機能の違いはありませんが、[イメージの挿入] ボタンをクリックすると表示される [参照] を選ぶと [図の挿入] ダイアログボックスが表示されます。つまり「レポートに挿入する画像を選択してからドラッグするか、ドラッグしてから画像を選択するか」が異なります。また [イメージの挿入] ボタンを利用した場合、以前に利用した画像がサムネイルで表示され、同じ画像をすぐにレポートに挿入できます。

[イメージの挿入] を利用して画像を挿入すると、以前に利用した画像がサムネイルで表示される

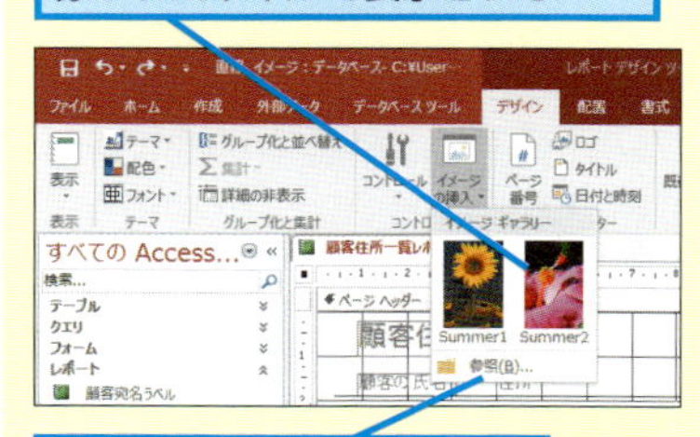

[参照] をクリックすると、[図の挿入] ダイアログボックスが表示される

次のページに続く

5 ドラッグして画像の大きさを決める

マウスポインターの形が変わった

❶ここにマウスポインターを合わせる

❷ここまでドラッグ

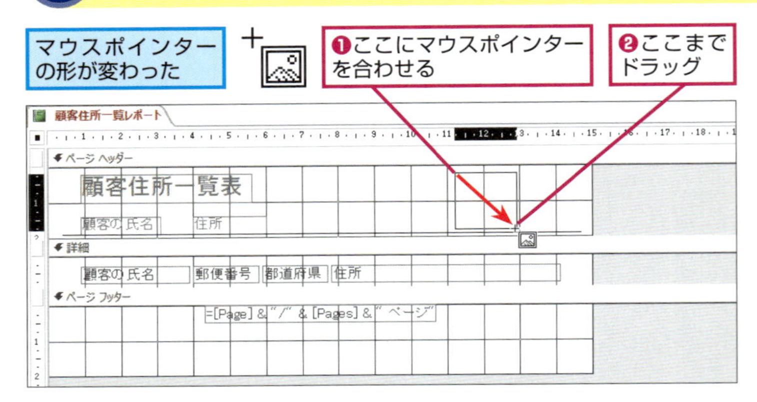

6 画像を挿入する

[図の挿入] ダイアログボックスが表示された

❶ [ドキュメント] をクリック

❷画像ファイルをクリックして選択

❸ [OK] をクリック

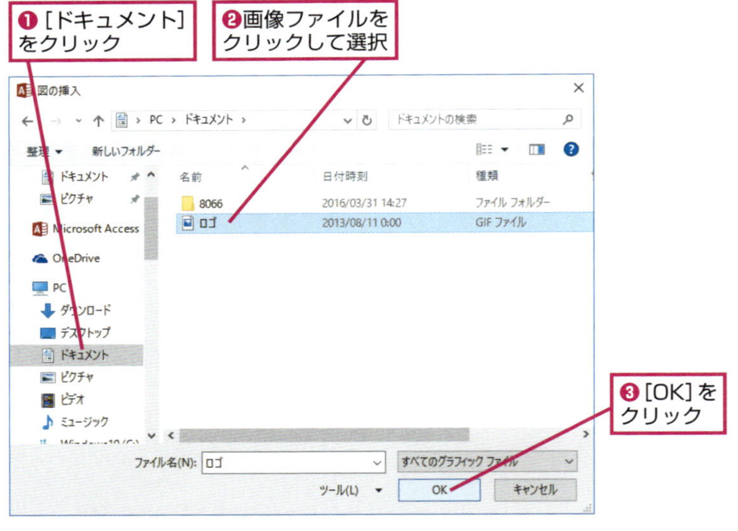

画像が挿入された

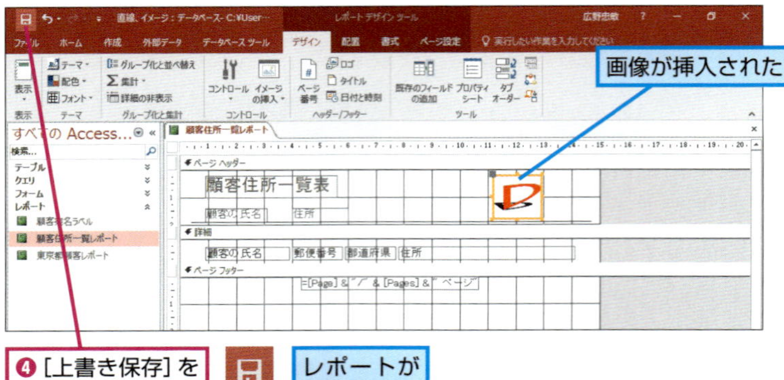

❹ [上書き保存] をクリック

レポートが保存される

HINT! レイアウトから画像がはみ出してしまうときは

画像のサイズが大きいときは、オレンジ色のボックスからはみ出てしまうことがあります。その場合は、以下の手順でプロパティシートにある［OLEサイズ］の設定を変更しましょう。［クリップ］は標準で設定されていて、画像を拡大・縮小せずにそのまま表示します。［ストレッチ］は、レイアウトの枠に合わせて画像が拡大・縮小されますが、画像の縦横比は無視されます。［ズーム］を選ぶと、画像の縦横比を保ったまま、レイアウトの枠に合わせて画像が拡大・縮小されます。

画像を挿入したレイアウトを選択し、基本編のレッスン㊷の方法で［プロパティシート］を表示しておく

❶ [すべて] タブをクリック

❷ [OLEサイズ] のここをクリック

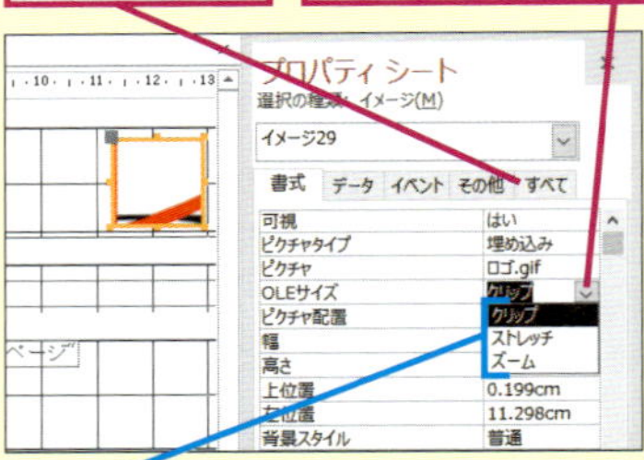

ここをクリックして画像の表示方法を変更できる

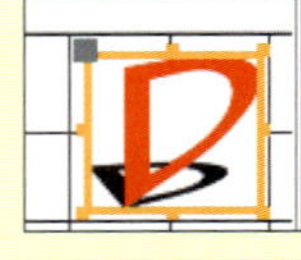

◆ストレッチ
縦横比を無視して画像を拡大・縮小する

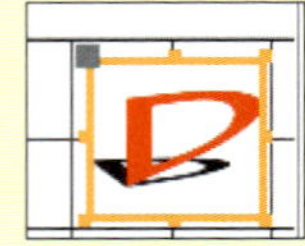

◆ズーム
縦横比を保ったまま画像を拡大・縮小する

間違った場合は？

手順6で違う画像を挿入してしまったときは、画像をクリックして選択します。次に Delete キーを押して画像を削除して、もう一度手順4から操作をやり直してください。

[顧客住所一覧レポート] を印刷する

7 [印刷] ダイアログボックスを表示する

基本編のレッスン㊼を参考に印刷プレビューを表示しておく

[顧客住所一覧レポート]を印刷する

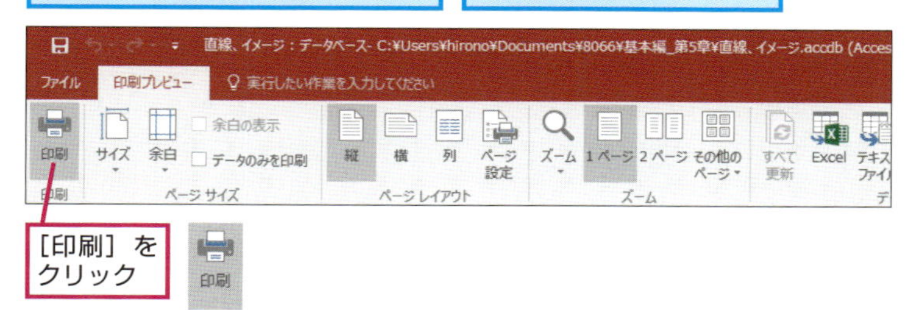

[印刷] をクリック

8 印刷を実行する

[印刷] ダイアログボックスが表示された

A4の用紙をプリンターにセットしておく

❶使用中のプリンターが表示されていることを確認

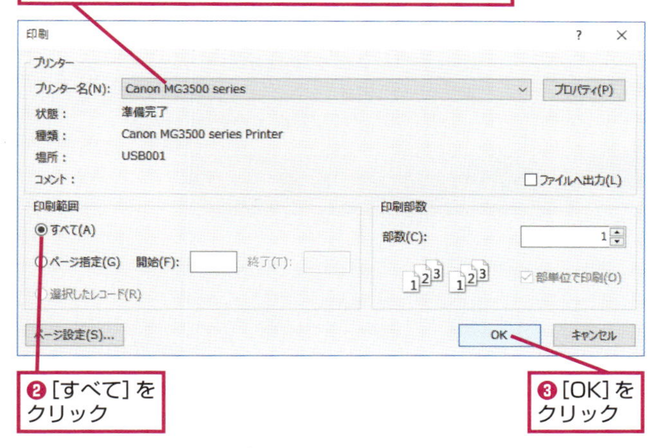

❷[すべて]をクリック

❸[OK]をクリック

9 レポートが印刷された

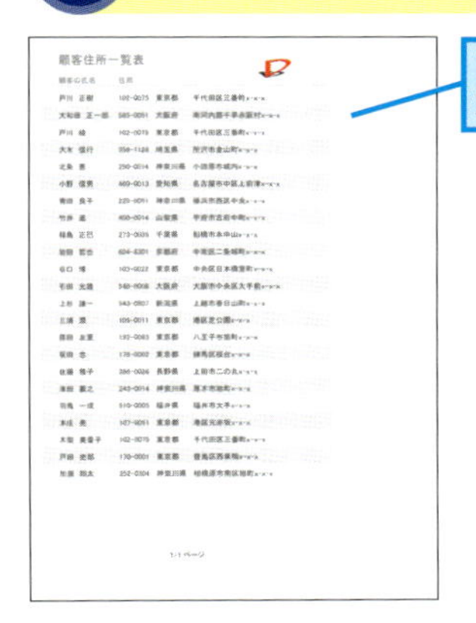

[顧客住所一覧レポート]が印刷された

HINT! 別のプリンターでレポートを印刷するには

別のプリンターでレポートを印刷するときは、あらかじめプリンターをパソコンから利用できるようにしておきます。手順8の[印刷]ダイアログボックスで[プリンター名]をクリックすれば、一覧から利用できるプリンターを選べます。

HINT! プロパティシートを素早く表示できる

このレッスンで挿入した画像などを細かく設定するときは、プロパティシートを利用します。プロパティシートは画像などを右クリックして[プロパティ]をクリックしても表示できます。リボンを切り替える必要がないので、素早くプロパティシートを表示できて便利です。

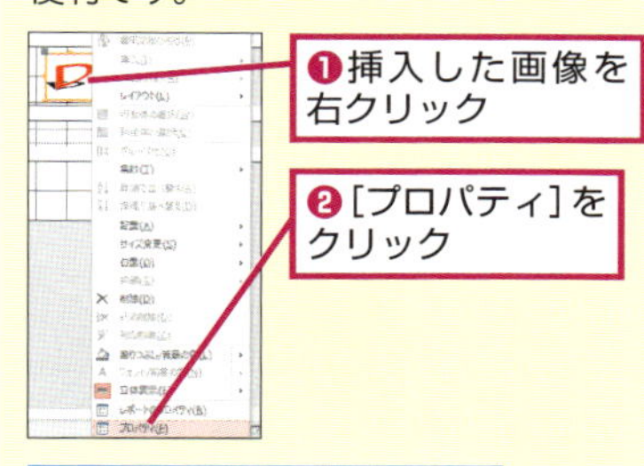

❶挿入した画像を右クリック

❷[プロパティ]をクリック

[プロパティシート]が表示される

Point

ロゴでレポートを飾ろう

レポートに会社のロゴマークを入れると、公式な印象を人に与え、レポートを目立たせることができます。このレッスンで紹介したように[ページヘッダー]セクションに画像や罫線を追加すると、複数のページに印刷できます。ただし、レポートの主役はテーブルの内容やクエリの実行結果です。画像ばかりが目立ってしまうと、肝心のレポートの内容に集中できなくなってしまうことがあります。画像は「ワンポイント」として控えめに利用するようにしましょう。

この章のまとめ

●いろいろなレポートを作ってみよう

レポートを使えば、さまざまな情報を加工して表示したり印刷したりできます。例えば、テーブルに入力されたすべてのデータを一覧に表示したり、クエリの実行結果を印刷したりすることができます。レポートを使う上で、一番利用価値の高い方法は、クエリの実行結果をレポートにする方法です。テーブル内の特定の条件に合うレコードだけを印刷したいときに、クエリと組み合わせることで簡単に目的のレコードだけを印刷できます。また、本章のレッスン㊿以降で紹介しているようにレポートをデザインビューで表示すれば、自由な書式で思い通りのレポートを作れます。Accessのレポート機能を活用すれば、単純な一覧表だけではなく、あて名ラベル、請求書や納品書、決算報告書などの作成もお手の物です。いろいろなレポートを工夫して作ってみましょう。

レポートのデザインビュー

クエリで抽出したデータから、目的に合わせて自由にデザインしたレポートを作成できる

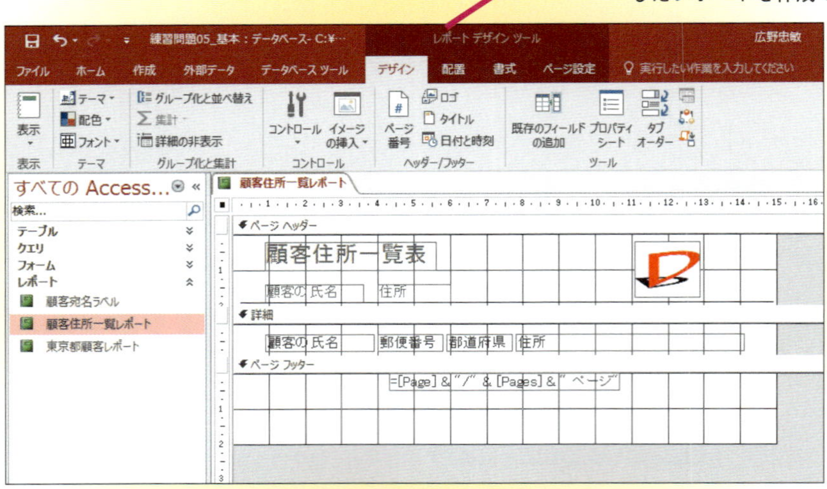

練習問題

1

練習用ファイルの［練習問題05_基本.accdb］を開き、［顧客住所一覧レポート］の右上に、レポートの作成日を追加してみましょう。

●ヒント　作成日を表示するには、ページヘッダーにラベルを追加します。

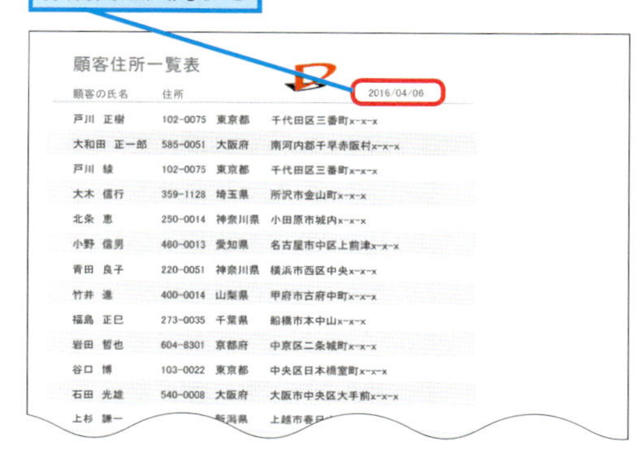

2

練習問題1で利用した［顧客住所一覧レポート］の、［顧客の氏名］と［住所］の表題の文字の大きさを［14］にしてみましょう。

●ヒント　文字の大きさは［レポートデザインツール］の［書式］タブにある［フォントサイズ］で変更します。

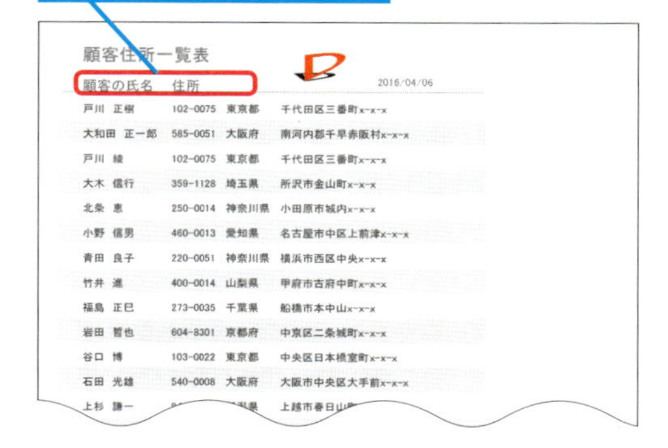

答えは次のページ

この章のまとめ・練習問題

解　答

基本編のレッスン㊷を参考に［顧客住所一覧レポート］をデザインビューで表示しておく

❶［レポートデザインツール］の［デザイン］タブをクリック

❷［コントロール］をクリック

❸［ラベル］をクリック

❹ページヘッダーのラベルを追加する場所をドラッグ

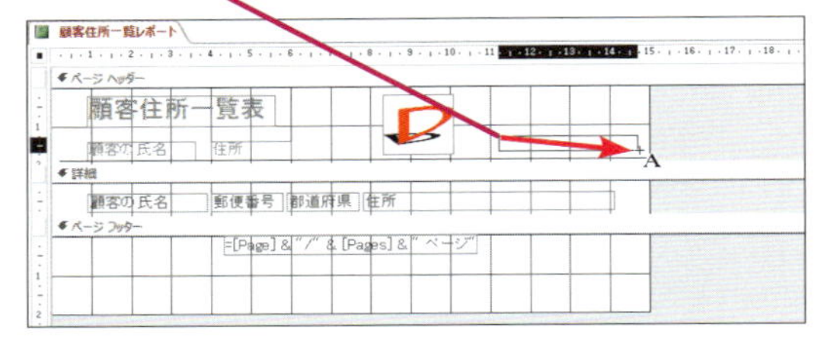

レポートに作成日を追加するには、まず［顧客住所一覧レポート］をデザインビューで表示しましょう。［レポートデザインツール］の［デザイン］タブにある［コントロール］ボタンから［ラベル］をクリックし、［ページヘッダー］セクションで作成日を配置したい場所をドラッグして、レポートの作成日を入力します。

❺作成日を入力

❻ Enter キーを押す

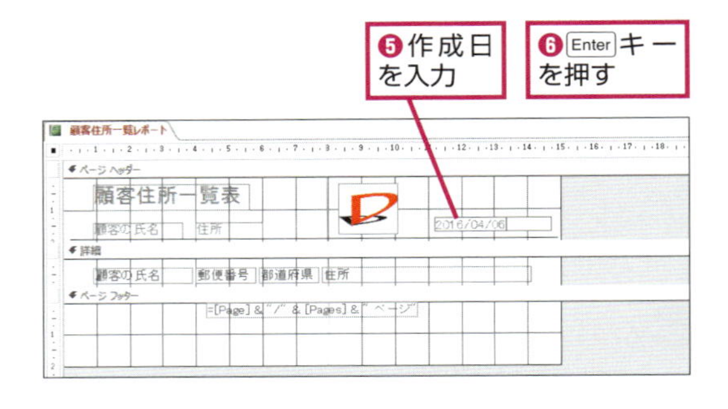

［顧客の氏名］と［住所］のラベルを選択しておく

❶［レポートデザインツール］の［書式］タブをクリック

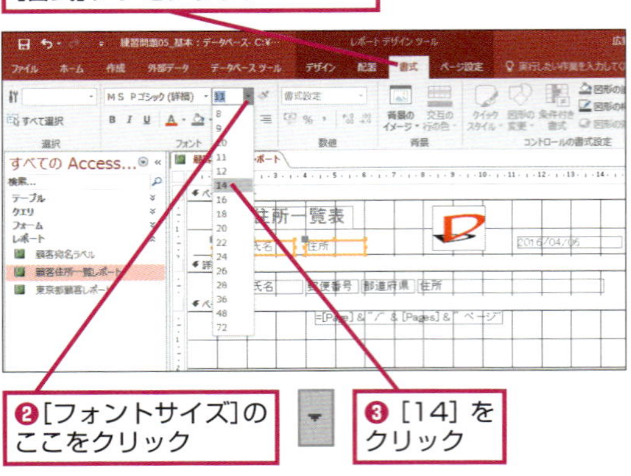

❷［フォントサイズ］のここをクリック

❸［14］をクリック

［顧客の氏名］と［住所］の文字を大きくするには、まず［顧客住所一覧レポート］をデザインビューで表示します。次に、［顧客の氏名］と［住所］のラベルを選択し、［レポートデザインツール］の［書式］タブにある［フォントサイズ］の一覧から［14］を選択します。このとき、文字がラベルよりも大きくなってしまったら、［レポートデザインツール］の［配置］タブにある［サイズ/間隔］ボタンをクリックして、一覧から［自動調整］を選択し、ラベルの大きさを自動調整しましょう。

活用編
第1章

リレーショナル データベースを作成する

活用編では、Accessのリレーショナルデータベースとしての機能を中心に紹介していきます。この章ではリレーショナルデータベースとは一体どのようなものなのか、リレーショナルデータベースを使うとどんなことができるのかについて説明します。

●この章の内容

活用編

レッスン1 リレーショナルデータベースとは

リレーショナルデータベースの基本

ここからの活用編では、Accessをリレーショナルデータベースとして使う方法を説明します。はじめに、リレーショナルデータベースの基本を覚えておきましょう。

▶キーワード

カード型データベース	p.419
データベース	p.420
テーブル	p.420
フォーム	p.421
リレーショナルデータベース	p.422

データベースの種類

一般にデータベースには、テーブルを1つしか使わない「カード型データベース」と、複数のテーブルを関連付けて使える「リレーショナルデータベース」があります。2つのデータベースの違いを見てみましょう。

●カード型データベースの特長

カード型データベースはテーブルを1つだけ使って、データを蓄えるデータベースのことです。住所録と請求書を管理するためには、データベースをそれぞれ作る必要があります。基本編で作成したデータベースはカード型データベースです。

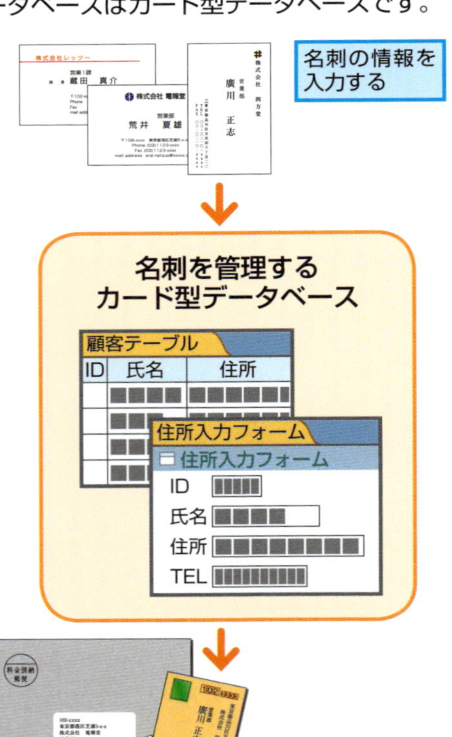

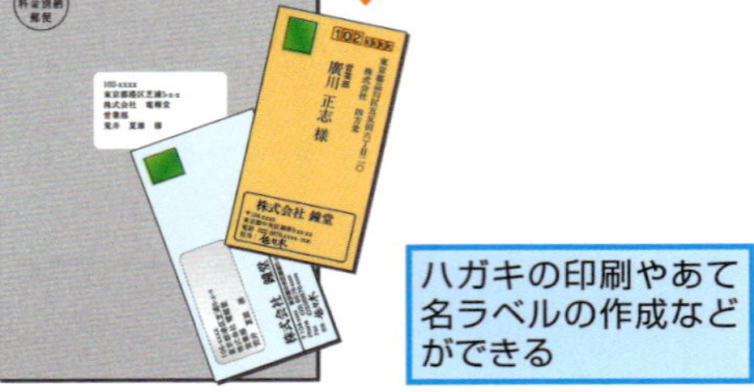

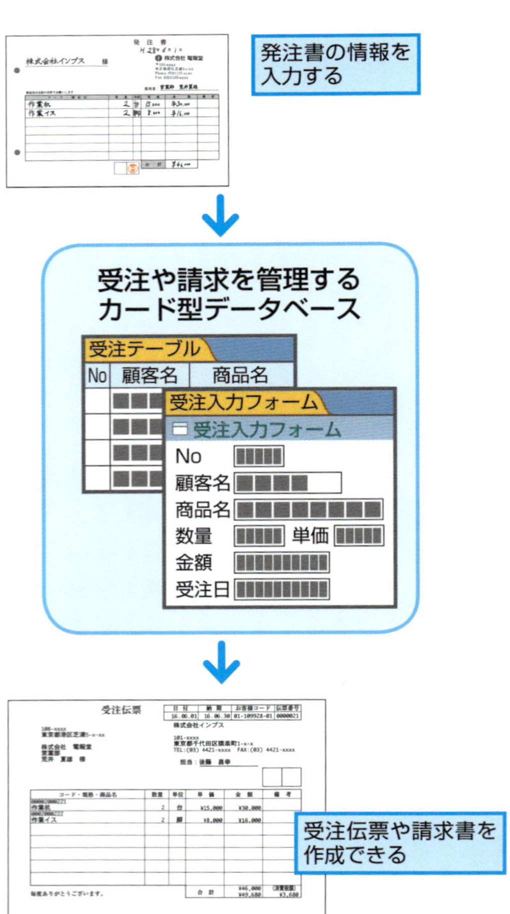

●リレーショナルデータベースの特長

リレーショナルデータベースは、カード型データベースと同様の機能を利用できるのに加えて、テーブル同士の関連付けができます。住所録と請求データをお互いに関連付けすることによって、1つのデータベースで住所録と請求書といった複数の情報を扱えます。このレッスン以降の活用編では、リレーショナルデータベースの作り方を紹介します。

蓄えたデータを最大限に活用できる

データベースに入力したデータを最大限に活用できるのが、リレーショナルデータベースの最も大きなメリットです。リレーショナルデータベースを使わないと、1つのデータは1つの役割しか持ちません。リレーショナルデータベースはデータを相互に関連付けできるようになっています。つまり、1つのデータを別のデータとして再利用できるのです。例えば、リレーショナルデータベースなら顧客データと請求データを関連付けて、双方のデータが含まれた帳票を簡単に印刷できます。

名刺の情報と発注書の情報を1つのデータベースに入力する

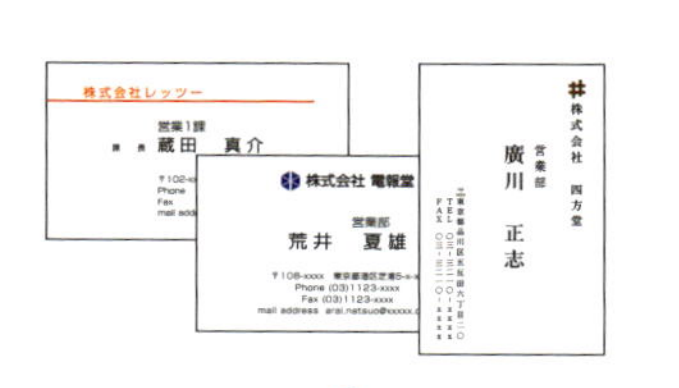

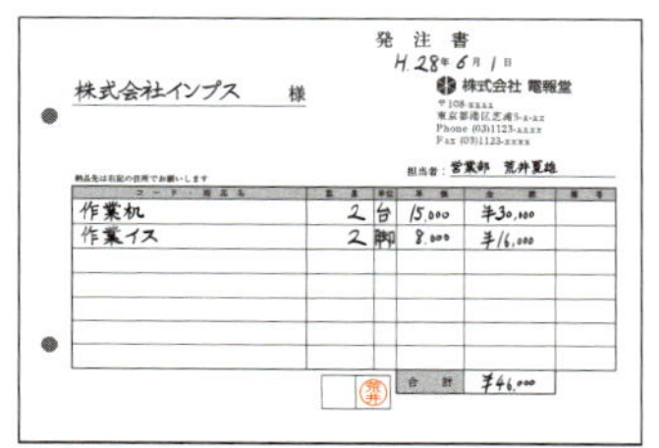
発注書
H28年6月1日
株式会社インプス 様
株式会社 電報堂
担当者：営業部 荒井夏雄

品名	数量	単位	単価	金額
作業机	2	台	15,000	¥30,000
作業イス	2	脚	8,000	¥16,000
合計				¥46,000

名刺や受注請求を一括して管理する
リレーショナルデータベース

顧客テーブル

ID	氏名	住所

受注テーブル

No	商品名	数量	単価

請求入力フォーム

請求入力フォーム
氏名
住所
TEL
請求日

No	商品名	数量	単価	金額

あて名書きから顧客ごとの伝票の印刷までが、1つのデータベースで行える

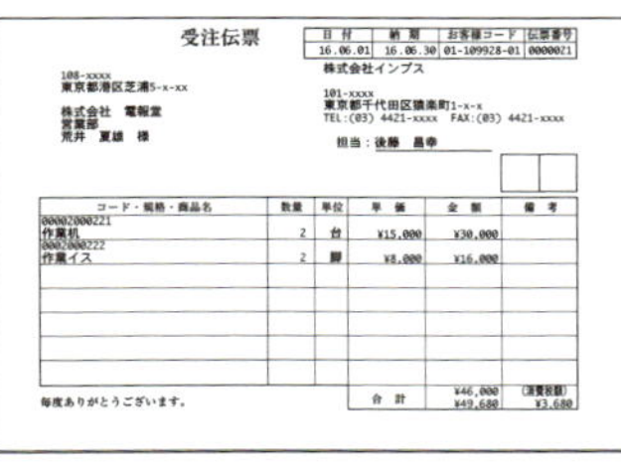
受注伝票
株式会社インプス

コード・規格・商品名	数量	単位	単価	金額
作業机	2	台	¥15,000	¥30,000
作業イス	2	脚	¥8,000	¥16,000

毎度ありがとうございます。

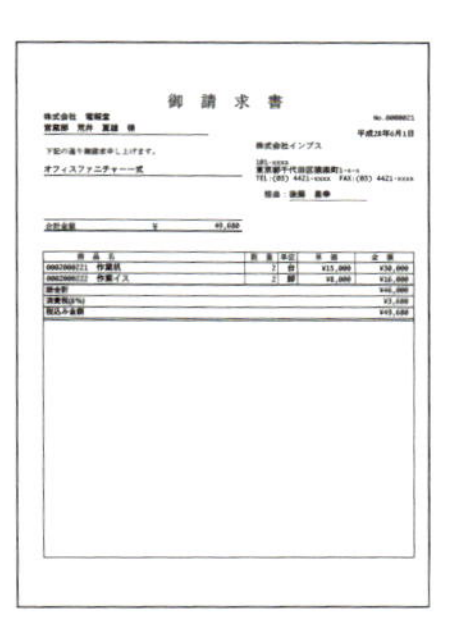
御請求書

活用編

レッスン 2 リレーションシップとは

リレーションシップの仕組み

「リレーションシップ」とは「関連付け」という意味で、テーブル間を関連付けることを指します。テーブルを関連付けると、何ができるのか見てみましょう。

リレーションシップを使わない場合と使った場合の違い

▶キーワード

テーブル p.420
リレーショナルデータベース p.422
リレーションシップ p.422

複雑なテーブルを作りたいときは、リレーションシップを使います。入力ミスを減らせるだけではなく、テーブルを効率よく管理できます。

●リレーションシップを設定していない請求管理のテーブル

請求日付	会社名	担当者名	商品1	数量1	単位1	単価1	商品2	数量2	単位2	単価2	商品3
2016/03/01	天邦食品株式会社	阿佐田　幸一	作業机	2	台	¥15,000	作業椅子	2	脚	¥8,000	食器棚
2016/03/05	有限会社　井上フーヅ	井上　啓	簡易ベッド	3	台	¥20,000		0		¥0	
2016/03/10	天邦食品歌舞しｋ会社	阿佐田　幸一	木目調棚	4	セット	¥30,000	テーブル	1	台	¥24,000	
2016/03/15	有限会社　井上Foods	井上　啓	作業机	1	台	¥15,000		0		¥0	
2016/03/15	レストラン　ハッピー	望月　弘訓	テーブル	5	台	¥24,000	丸椅子	0	脚	¥10,000	
2016/03/20	有限会社　井上フーヅ	井上　啓	食器棚	3	式	¥28,000		0		¥0	

フィールドが多すぎるとデータの誤入力が増え、管理もしにくい（左の画面では会社名に入力ミスが多い）

●テーブルを［請求］と［顧客］に分けてリレーションシップを設定

請求日付	顧客ID	商品1	数量1	単位1	単価1	商品2	数量2	単位2	単価2	商品3	数量3
2016/03/01	1	作業机	2	台	¥15,000	作業椅子	2	脚	¥8,000	食器棚	1
2016/03/10	1	木目調棚	4	セット	¥30,000	テーブル	1	台	¥24,000		0
2016/03/05	2	簡易ベッド	3	台	¥20,000		0		¥0		0
2016/03/15	2	作業机	1	台	¥15,000		0		¥0		0
2016/03/20	2	食器棚	3	式	¥28,000		0		¥0		0
2016/03/15	3	テーブル	5	台	¥24,000	丸椅子	20	脚	¥10,000		0

テーブルを請求と顧客情報に分ければ、入力するフィールドが減り、ミスを減らせる

顧客ID	会社名	担当者名	郵便番号	都道府県
1	天邦食品株式会社	阿佐田　幸一	102-0075	東京都
2	有限会社　井上フーヅ	井上　啓	250-0014	神奈川県
3	レストラン　ハッピー	望月　弘訓	170-0001	東京都

［顧客ID］フィールドの数字で2つのテーブルを関連付ける

●テーブルを［請求］と［顧客］と［請求明細］に分けてリレーションシップを設定

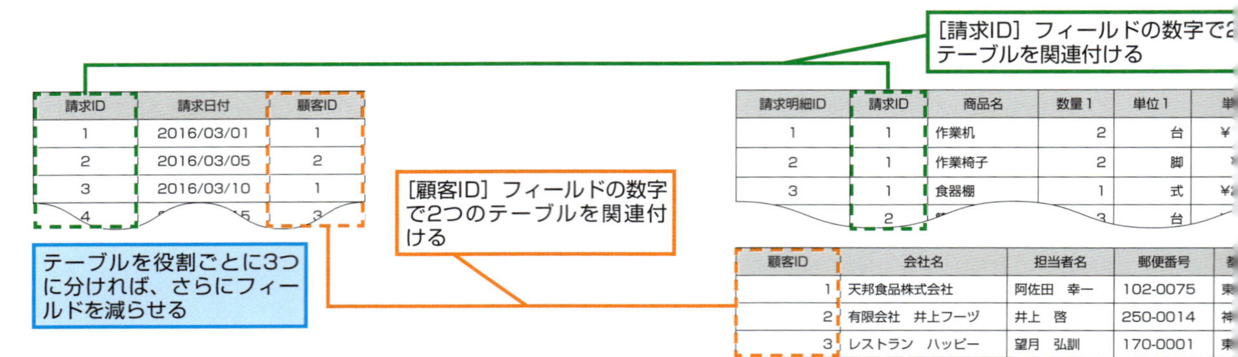

リレーションシップを使ってテーブルを関連付ける

リレーショナルデータベースでは、「リレーションシップ」という機能を使ってテーブル同士の関連付けができます。テーブルの1つのレコードに対して、別のテーブルの複数のレコードを関連付けることで、1つのテーブルだけでは実現できない複雑なデータベースを作ることができるのです。活用編では、基本編で作成した顧客テーブルに加えて、新たに請求テーブルと請求明細テーブルを追加して、請求書を管理するデータベースを作成します。

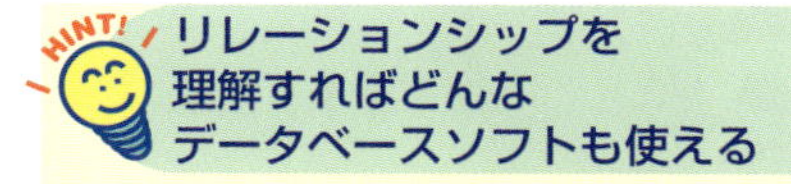

リレーションシップを理解すればどんなデータベースソフトも使える

テーブルの関連付け（リレーションシップ）は、Accessに代表されるリレーショナルデータベースの最も基本となる考え方です。どのようにテーブルをデザインして、どういったリレーションシップを設定するのかを考えられるようになれば、Access以外のデータベースソフトもAccessと同じように使いこなせます。

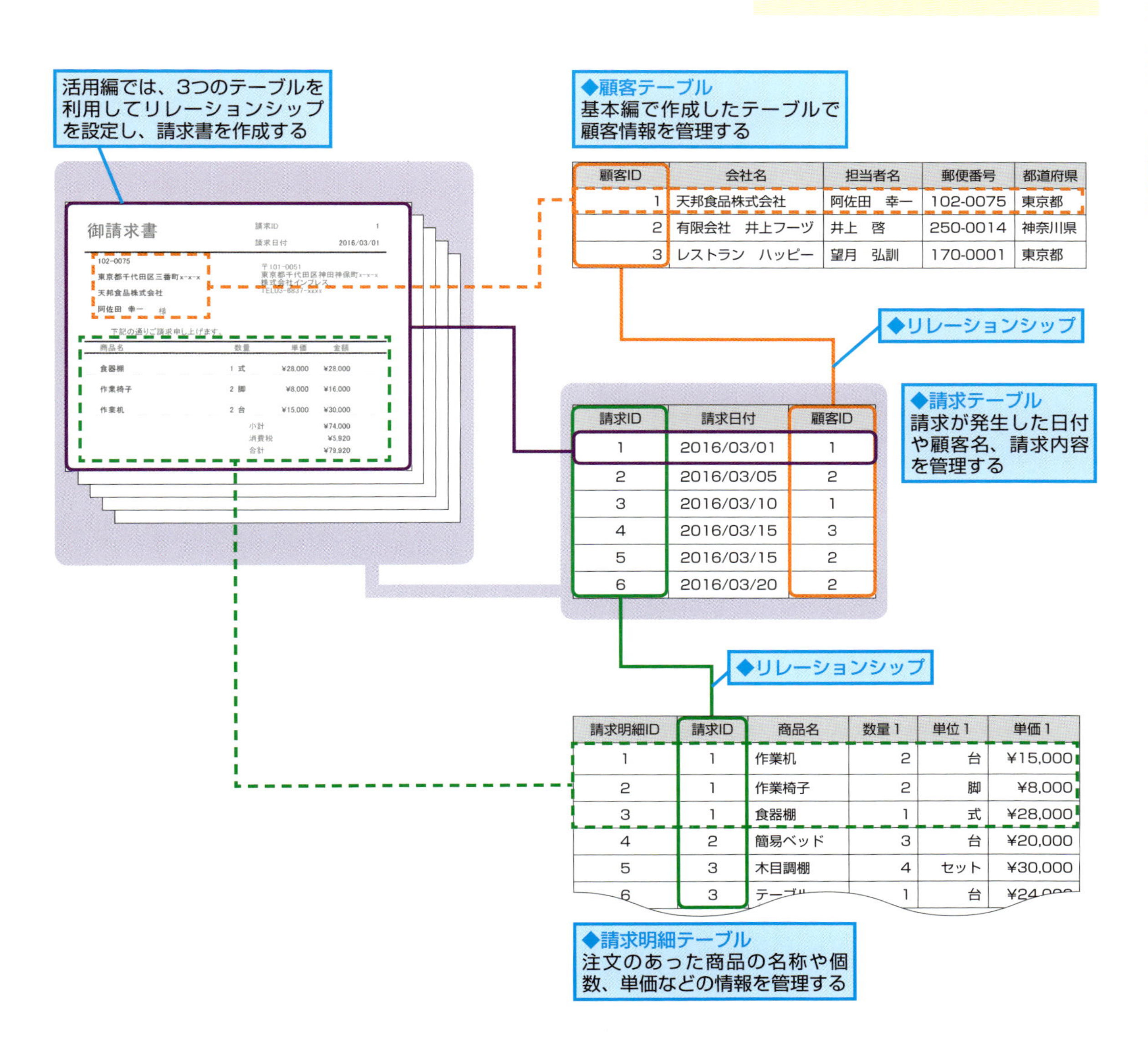

顧客ID	会社名	担当者名	郵便番号	都道府県
1	天邦食品株式会社	阿佐田　幸一	102-0075	東京都
2	有限会社　井上フーヅ	井上　啓	250-0014	神奈川県
3	レストラン　ハッピー	望月　弘訓	170-0001	東京都

請求ID	請求日付	顧客ID
1	2016/03/01	1
2	2016/03/05	2
3	2016/03/10	1
4	2016/03/15	3
5	2016/03/15	2
6	2016/03/20	2

請求明細ID	請求ID	商品名	数量1	単位1	単価1
1	1	作業机	2	台	¥15,000
2	1	作業椅子	2	脚	¥8,000
3	1	食器棚	1	式	¥28,000
4	2	簡易ベッド	3	台	¥20,000
5	3	木目調棚	4	セット	¥30,000
6	3	テーブ[illegible]	1	台	¥24,[illegible]

リレーショナルデータベースを作るには

リレーショナルデータベース

活用編では請求管理データベースを作って、実務に即したAccessの機能を紹介します。リレーショナルデータベースでできることと、作成の流れを見てみましょう。

▶キーワード

リレーショナルデータベースでできること

Accessはさまざまなデータを管理できますが、本書の活用編では、請求を管理するデータベースの作成方法を紹介します。このデータベースを通して、以下のようなことができます。

◆請求を管理するデータベース
複数のテーブルを関連付けて請求業務に必要なデータを管理できる

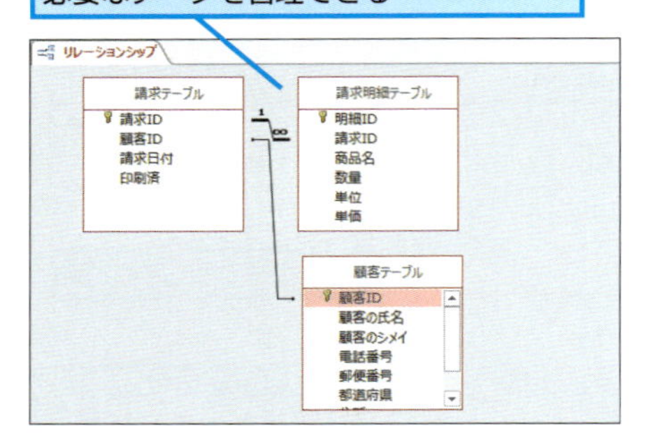

請求書に必要なデータを入力できる

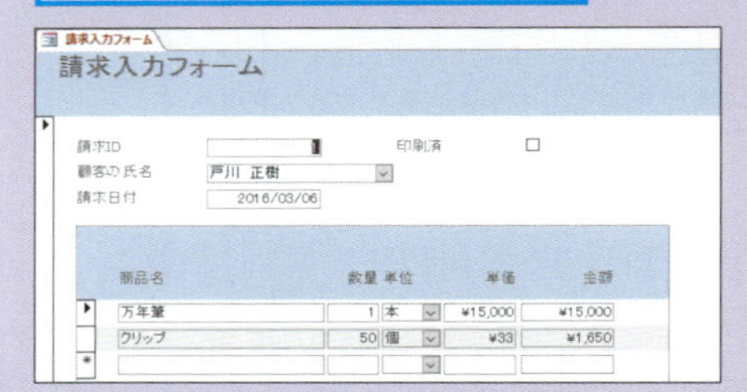

マクロを利用して、データベースをまとめて管理するメニューを作成できる

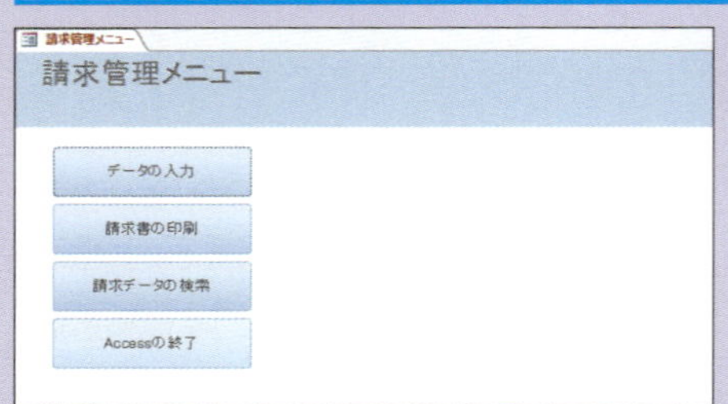

抽出したデータからグラフを作成し、印刷できる

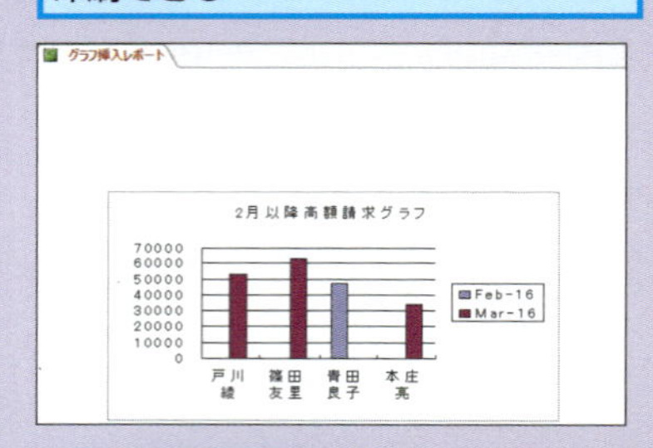

指定したデータを検索できる

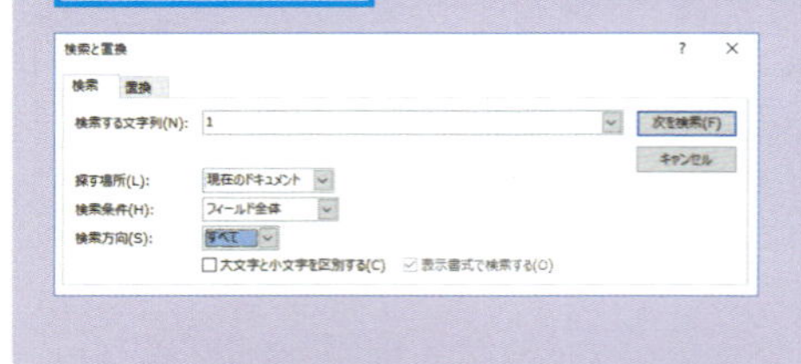

請求書を印刷できる

請求書

請求ID 1
請求日付 2016/03/06

102-0075
東京都
千代田区三番町x-x-x

〒101-0051
東京都千代田区神田神保町x-x-x
株式会社インプレス
TEL03-6837-xxxx

戸川 正樹 様
下記の通りご請求申し上げます。

商品名	数量	単価	金額
クリップ	50 個	¥30	¥1,485
万年筆	1 本	¥13,500	¥13,500
	小計		¥14,985
	消費税		¥1,198
	合計		¥16,183

どんなデータベースも作るときの考え方は同じ

この後のレッスンでは、請求を管理して最終的に請求書を印刷するためのデータベースを作っていきます。そのほかのデータベースも、これから作っていく請求管理データベースと同じ考え方で作成できます。例えば、見積もりや発注を管理するデータベースも、このレッスンで紹介している流れで作成できます。

活用編のデータベース作成の流れ

活用編では、複数のテーブルで関連付けを設定し、複数のテーブルにデータを入力できるフォームを作成します。さらに、条件に合ったレコードの削除や更新を行う方法を紹介します。また、活用編の第4章では、顧客情報や請求情報、請求明細のテーブルを利用して、請求書を作成します。最後に、ボタン1つでデータ入力や請求書印刷の画面を表示するメニュー画面を作成します。請求管理データベースの作成を通じて、リレーショナルデータベースを使いこなすテクニックを1つずつ覚えていきましょう。

必要なテーブルを作成し、リレーションシップを設定

請求を管理するために必要な複数のテーブルを作成し、「リレーションシップ」を作成して、それぞれのテーブルを関連付ける

→活用編 第1章

複数のテーブルにデータを入力するフォームを作成

1枚の請求書に対して複数の明細を入力するために、メインフォームとサブフォームの機能を使う

→活用編 第2章

応用的なクエリでデータを抽出

蓄積した請求データを活用し、クエリを使って必要なデータを抽出する

→活用編 第3章

伝票を印刷するためのレポートを作成

1枚の伝票に複数の請求明細をまとめて表示できるレポートを作成する

→活用編 第4章

データベースを管理するメニュー用のフォームを作成

「マクロ」の機能を使ってメニューを作成する

→活用編 第5章

活用編 レッスン 4

関連付けするテーブルを作成するには

主キー

請求管理に必要なテーブルを作りましょう。基本編で作った［顧客テーブル］に加えて、新しく［請求テーブル］と［請求明細テーブル］の2つを作ります。

このレッスンの目的

このレッスンでは、請求管理に必要となる［請求テーブル］と［請求明細テーブル］の2つを作成します。テーブルの作成は基本編の第2章で解説していますが、ここではデザインビューを利用してフィールドの入力とデータ型を設定しましょう。なお、［顧客テーブル］は基本編で作成したテーブルをそのまま使います。

◆請求テーブル
1件1件の請求を管理する

フィールド名	データ型
請求ID	オートナンバー型
顧客ID	数値型
請求日付	日付/時刻型
印刷済	Yes/No型

◆請求明細テーブル
請求の商品や数量、金額など、内訳を管理する

フィールド名	データ型
明細ID	オートナンバー型
請求ID	数値型
商品名	短いテキスト
数量	数値型
単位	短いテキスト
単価	通貨型

◆顧客テーブル
顧客の氏名や住所などを管理する

基本編で作成したものを利用する

フィールド名	データ型
顧客ID	オートナンバー型
顧客の氏名	短いテキスト
顧客のシメイ	短いテキスト
電話番号	短いテキスト
郵便番号	短いテキスト
都道府県	短いテキスト

［請求テーブル］を作成する

［請求テーブル］を新規作成する

基本編のレッスン❽を参考に［主キー.accdb］を開いておく

ここではデザインビューでフィールドを追加するので、［テーブルデザイン］をクリックする

❶［作成］タブをクリック

❷［テーブルデザイン］をクリック

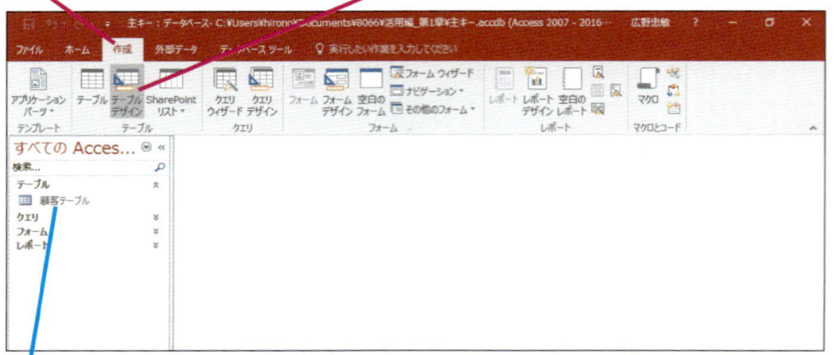

練習用ファイルでは、［顧客テーブル］が作成済みの状態になっている

▶キーワード

レッスンで使う練習用ファイル

主キー.accdb

間違った場合は?

手順2～手順5でフィールドのデータ型の設定を間違えた場合は、もう一度操作をやり直して正しいデータ型を選択しましょう。

[請求ID] フィールドを追加する

[テーブル1] がデザインビューで表示された

以下のフィールドを追加する

フィールド名	データ型
請求ID	オートナンバー型
顧客ID	数値型
請求日付	日付/時刻型
印刷済	Yes/No型

請求の1件1件を個々に識別するために [請求ID] というフィールドを作成する

データ型を [オートナンバー型] に設定して、自動的に固有の番号が割り当てられるようにする

❶「請求ID」と入力

❷ここをクリックして [オートナンバー型] を選択

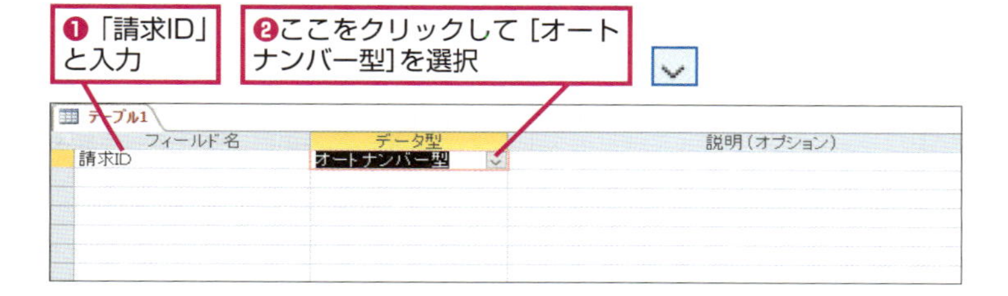

3 [顧客ID] フィールドを追加する

[顧客テーブル] と関連付けを行うための [顧客ID] フィールドを追加する

[顧客テーブル] で [オートナンバー型] に設定されているフィールドと関連付けを行うので、[数値型] のデータ型を設定する

❶「顧客ID」と入力

❷ここをクリックして [数値型] を選択

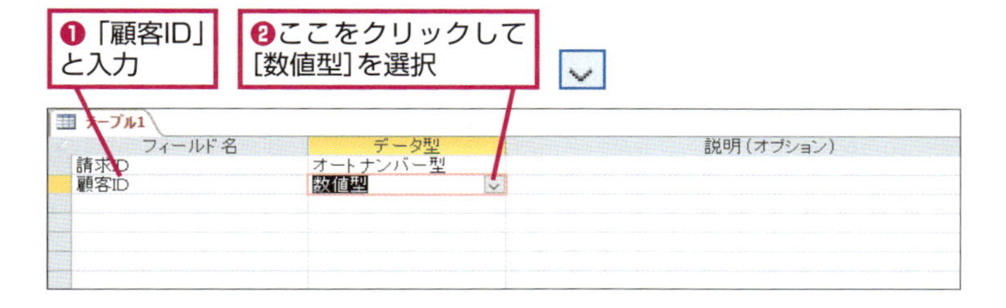

4 [請求日付] フィールドを追加する

請求日を管理するための [請求日付] フィールドを追加する

日付を入力するフィールドなので [日付/時刻型] のデータ型を設定する

❶「請求日付」と入力

❷ここをクリックして [日付/時刻型] を選択

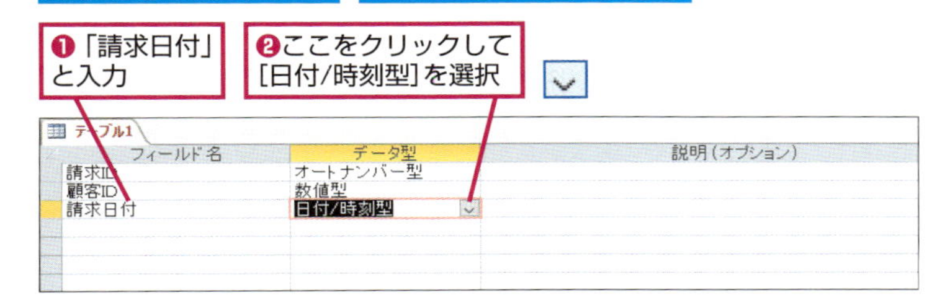

HINT! フィールドに画像を格納したいときは

テーブルに画像を格納したいときは、フィールドのデータ型に [OLEオブジェクト型] か [添付ファイル] を設定します。[OLEオブジェクト型] を設定すると、テーブルに画像そのものを格納できるようになります。ただし、テーブルに多くの画像を格納すると、データベースファイルのサイズの上限である2GBを超えてしまう可能性があるので注意しましょう。もう一方の[添付ファイル] を設定すると、テーブルには画像のファイル名のみ格納され、外部にある画像ファイルが参照されます。データベースファイルの容量を節約できるメリットがありますが、単なるファイル参照なので、レコードの削除をしたときに参照されているファイルは削除されず、手作業で削除する必要があります。

HINT! 関連付けを考慮してデータ型を設定しよう

このレッスンでは、[顧客テーブル] で [オートナンバー型] に設定されているフィールドと [請求テーブル] の [顧客ID] フィールドの関連付けを行います。ほかのテーブルと関連付けを行うときは、このレッスンを参考にして適切なデータ型を設定するようにしましょう。

HINT! フィールド名には分かりやすい名前を付けよう

複数のテーブルと関連付けを行うときは、分かりやすい名前をフィールド名に設定しましょう。手順4のように、単なる [日付] でなく [請求日付] と名前を付けると、どんなフィールドか後で迷いません。また、テーブル間を関連付けるフィールドの場合は、[顧客ID] などのように「ID」を付けた名前にするといいでしょう。

次のページに続く

5 [印刷済] フィールドを作成する

請求書を印刷したかどうかを判別するために、[印刷済]フィールドを追加する

2つのうちからどちらを選べるようにするので[Yes/No型]を設定する

❶「印刷済」と入力

❷ここをクリックして[Yes/No型]を選択

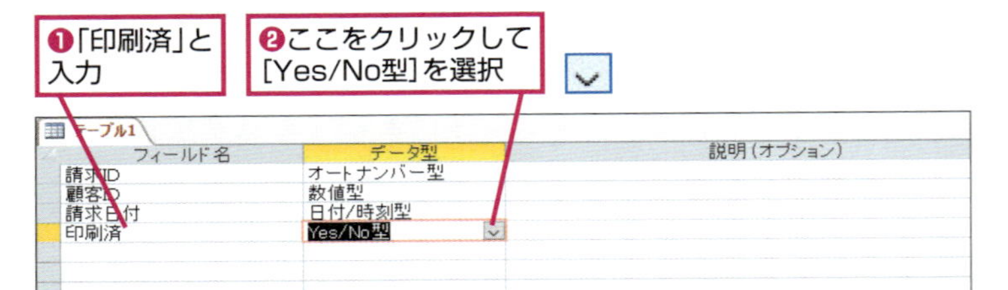

6 [請求ID] フィールドに主キーを設定する

ほかのテーブルからデータを参照させるために、[請求ID]フィールドに主キーを設定する

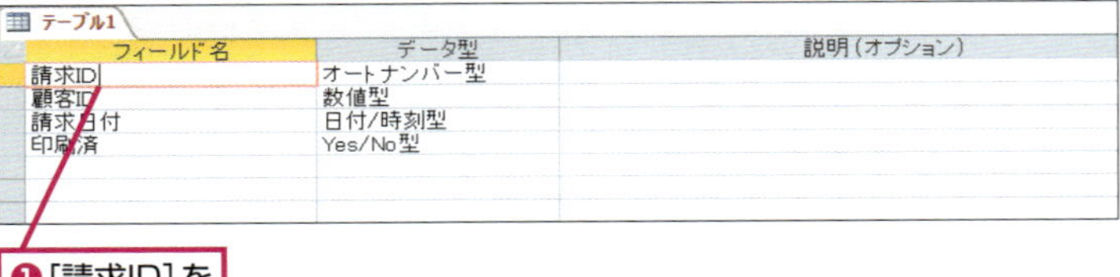

❶[請求ID]をクリック

❷[テーブルツール]の[デザイン]タブをクリック

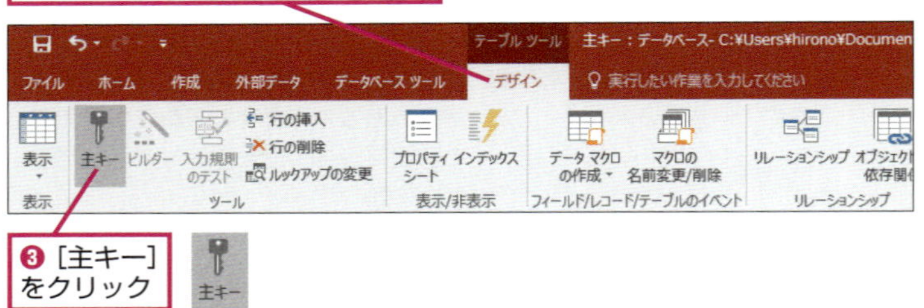

❸[主キー]をクリック

7 [主キー] が設定された

[請求ID]フィールドに主キーが設定された

[請求ID]に鍵のマークが付いたことを確認

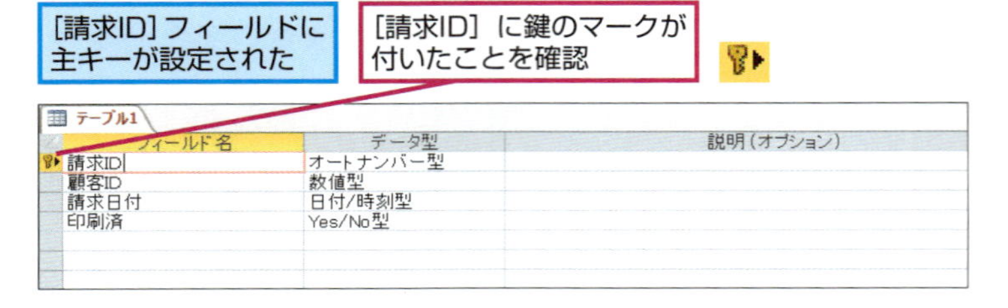

HINT! [Yes/No型] って何?

手順5で設定している[Yes/No型]とは、「Yes」(True)か「No」(False)の2つの値のどちらかを選択できるデータ型で、いわゆる二者択一のフィールドに設定して利用します。例えば、活用編で作成するデータベースのように「請求書を印刷した」か「請求書を印刷していない」などを区別するときに利用するといいでしょう。[Yes/No型]のデータ型を設定すると、テーブルにチェックボックスが表示され、チェックの有無で「Yes」か「No」かを判定できます。チェックボックスがクリックされていれば「Yes」となり、チェックボックスがクリックされていなければ「No」となります。

[Yes/No型]のデータ型を設定すると、チェックボックスで二者択一の処理ができる

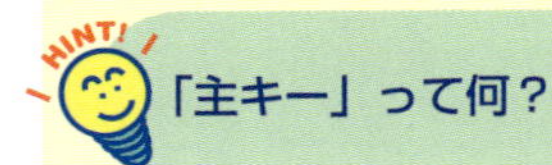

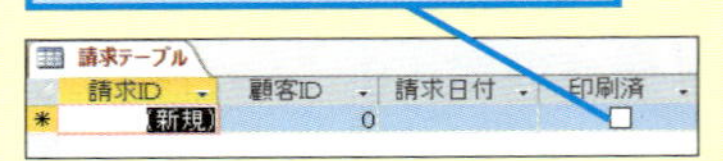

HINT! 「主キー」って何?

「主キー」とは、レコードを素早く整列して、並べ替えができるようにするためのデータベース上の設定です。テーブルにあるレコードを識別し、素早く目的のデータを探し出すために、「ほかのレコードと重複しないこと」と「データが必ず入力されること」を条件としたフィールドに主キーの設定を行います。[オートナンバー型]に設定したフィールドは、必ず連番のデータが自動的に入力され、ほかのデータと重複しません。そのため、手順6では[請求ID]フィールドに主キーを設定します。

間違った場合は?

手順6で違うフィールドに主キーを設定したときは、もう一度正しいフィールドをクリックしてから[主キー]ボタンをクリックし、正しいフィールドに主キーを設定し直します。

8 テーブルを保存する

ここまでの作業を保存するために
[上書き保存]を実行する

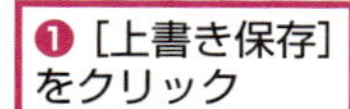

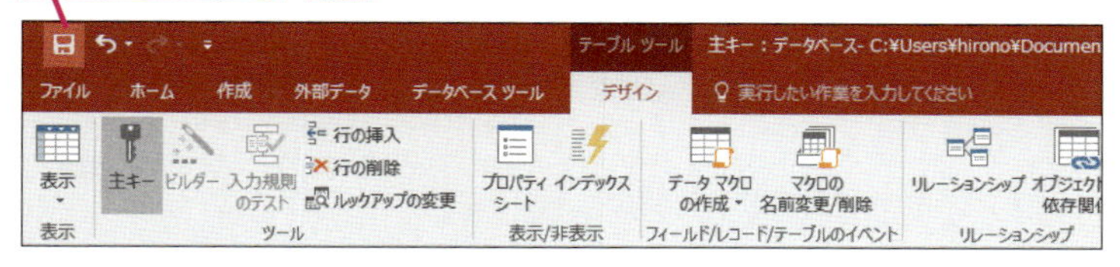

[名前を付けて保存] ダイアログ
ボックスが表示された

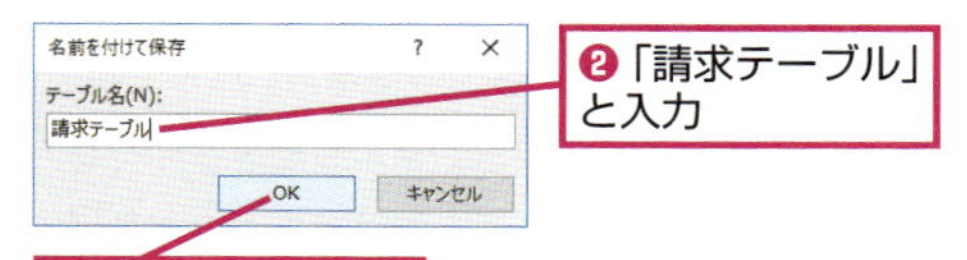

9 [請求テーブル] を閉じる

[請求テーブル]
を作成できた

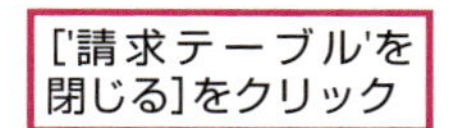

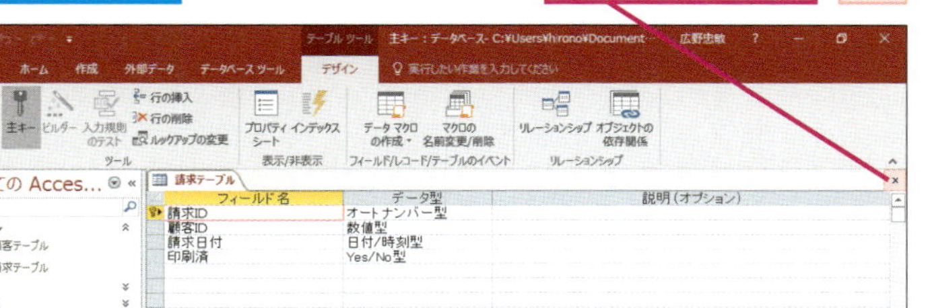

[請求明細テーブル] を作成する

10 [請求明細テーブル] を新規作成する

商品の請求明細を管理するための
[請求明細テーブル]を作成する

❶[作成] タブ
をクリック

❷[テーブルデザイン]
をクリック

HINT! 関連付けするフィールドを主キーにする

テーブル同士で関連付けを行うときは、ほかのテーブルを参照するフィールドに主キーを設定しましょう。このレッスンの手順8までで作成した［請求テーブル］は、手順10以降で作成する［請求明細テーブル］を参照します。ここでは、［請求テーブル］の［請求ID］フィールドで参照するので、［請求テーブル］の［請求ID］フィールドを主キーに設定します。

◆請求テーブル

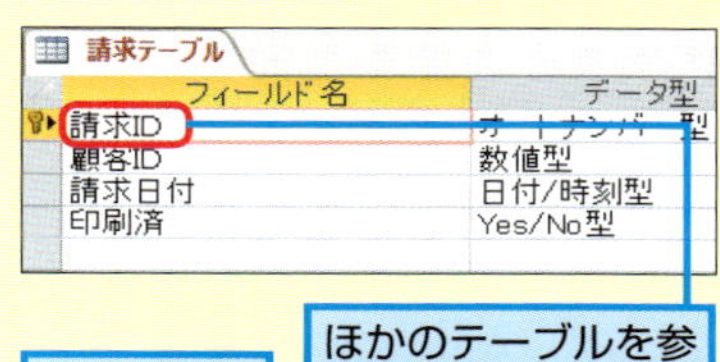

◆請求明細テーブル

ほかのテーブルを参照するフィールドを主キーに設定する

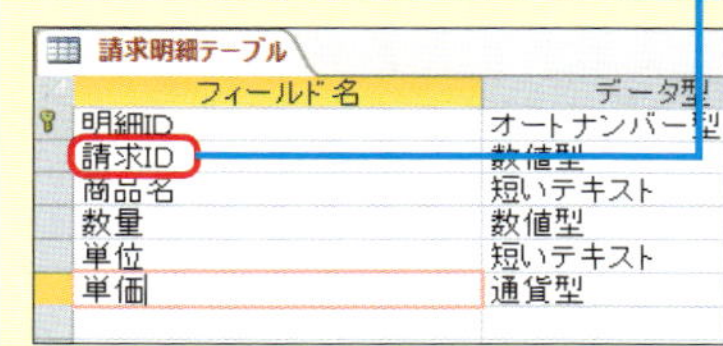

次のページに続く

11 続けてフィールドを追加する

[テーブル1] がデザインビューで表示された

以下のフィールドを追加する

フィールド名	データ型	フィールドサイズ
明細ID	オートナンバー型	−
請求ID	数値型	−
商品名	短いテキスト	40
数量	数値型	−
単位	短いテキスト	10
単価	通貨型	−

❶手順2 ～ 5を参考にフィールドを追加

フィールド名	データ型	説明(オプション)
明細ID	オートナンバー型	
請求ID	数値型	
商品名	短いテキスト	
数量	数値型	
単位	短いテキスト	
単価	通貨型	

❷手順6を参考に [明細ID] を主キーに設定

12 [商品名] のフィールドサイズを設定する

ここでは、[商品名] フィールドに40文字まで入力できるように設定する

❶[商品名]をクリック

❷[フィールドサイズ] をクリックして、「40」と入力

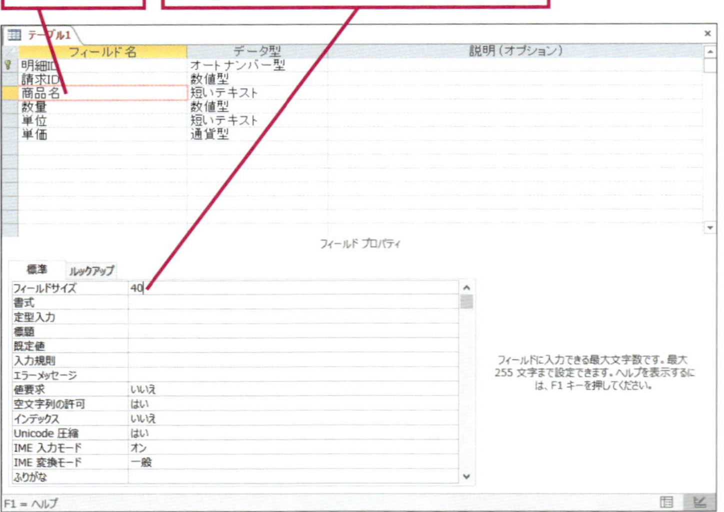

ハイパーリンク型というデータ型もある

このレッスンでは紹介していませんが、[ハイパーリンク型] というデータ型もあります。ハイパーリンク型は、テキスト型と同様に文字を入力できます。[ハイパーリンク型] ではURLを入力して、クリックしたURLのWebページをMicrosoft EdgeやInternet ExplorerなどのWebブラウザーで表示できます。

間違った場合は?

手順11で間違ったデータ型を選んでしまったときは、正しいデータ型を選択し直します。

集計フィールドを作ることもできる

データ型には「集計」という項目があります。集計はレコード内の1つ以上のフィールドを使ってレコード内で集計したり、テキスト型フィールドの見せ方を変えたりするためのフィールドです。例えば、[顧客テーブル] に新たに [集計] フィールドとして [表示用住所] という名前のフィールドを作成し、集計の式に「[都道府県] + [住所]」と入力します。すると、[都道府県] フィールドの内容と [住所フィールド] の内容が連結された値が [表示用住所] フィールドに表示されます。

13 ［単位］のフィールドサイズを設定する

ここでは、［単位］フィールドに10文字まで入力できるように設定する

❶［単位］フィールドをクリック

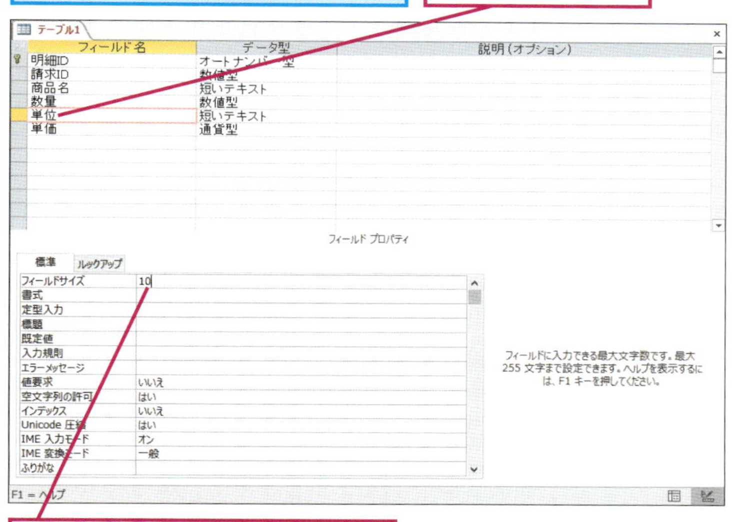

❷［フィールドサイズ］をクリックして、「10」と入力

14 テーブルを保存する

ここまでの作業を保存するために［上書き保存］を実行する

❶［上書き保存］をクリック

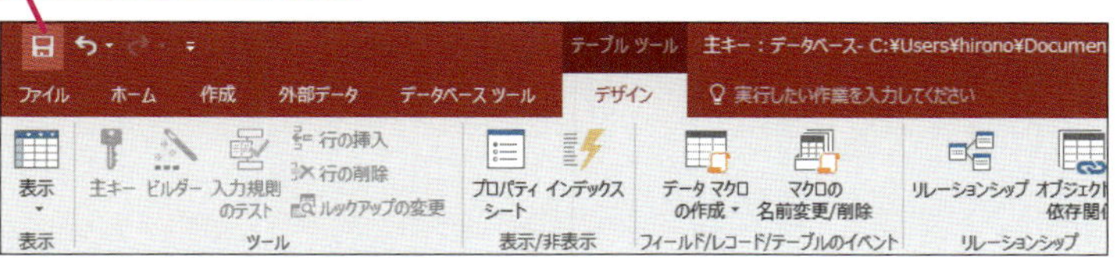

［名前を付けて保存］ダイアログボックスが表示された

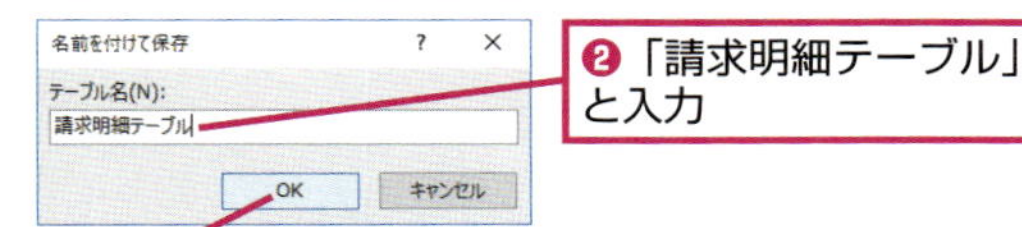

❷「請求明細テーブル」と入力

❸［OK］をクリック

必要なテーブルを作成できた

❹手順9を参考に［請求明細テーブル］を閉じる

データシートビューで作成する場合との違い

このレッスンでは、［テーブルデザイン］ボタンをクリックして、データシートビューを表示してからテーブルにフィールドを追加しています。基本編のレッスン❾で紹介したように、データシートビューでもフィールドの追加は可能です。しかし、データシートビューでは、テーブルの属性をすべて設定できません。このレッスンで作成したテーブルのように、フィールドの属性を細かく設定するときは、データシートビューでなく、デザインビューを利用しましょう。

Point どのように関連付けるかを考えてテーブルを作成しよう

関連付けを行う複数のテーブルを作成するときは、各テーブルの目的と役割を始めに整理しておきましょう。テーブルで管理したい項目をあらかじめ整理してから、それぞれのテーブルに必要なフィールドを追加します。また、どのフィールドでほかのテーブルとの関連付けを行うかを考えてデータ型を設定しましょう。このレッスンでは、1件1件の請求を管理する［請求テーブル］と、商品や数量、金額などの内訳を管理する［請求明細テーブル］を作成しました。詳しい操作は次のレッスンで行いますが、2つのテーブルの［請求ID］フィールドで関連付けを行います。レッスンを参考に、適切なテーブルを作成できるようにしましょう。

テーブル同士を関連付けるには

リレーションシップ

「リレーションシップ」とは、テーブル同士を関連付けることをいいます。リレーションシップウィンドウで[請求テーブル]と[請求明細テーブル]を関連付けましょう。

このレッスンの目的

[リレーションシップ]の機能を使って[請求テーブル]と[請求明細テーブル]を[請求ID]フィールドで関連付けます。

● [請求テーブル]

請求ID	顧客ID	請求日付	印刷済
1	戸川　正樹	2016/03/06	
2	大和田　正一郎	2016/03/06	

● [請求明細テーブル]

明細ID	請求ID	商品名	数量	単位	単価
1	1	万年筆	1	本	¥15,000
2	1	クリップ	50	個	¥33
3	2	ボールペン	2	本	¥1,000

[請求テーブル]のレコード1つに対して[請求明細テーブル]のレコードを複数保存できるように関連付ける

[請求ID]フィールドで関連付けを行う

1 リレーションシップウィンドウを表示する

テーブル同士の関連付けを設定するためのリレーションシップウィンドウを表示する

❶[データベースツール]タブをクリック

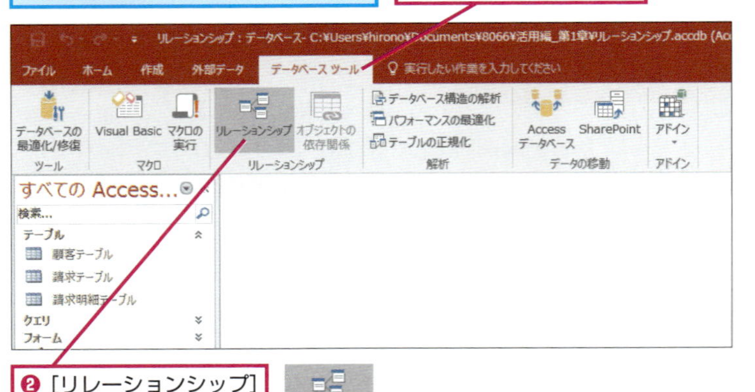

❷[リレーションシップ]をクリック

リレーションシップ

▶キーワード

レッスンで使う練習用ファイル

リレーションシップ.accdb

間違った場合は?

手順2で違うテーブルを追加したときは、[閉じる]ボタンをクリックして[テーブルの表示]ダイアログボックスを閉じます。さらに、間違って追加したテーブルをクリックしてから Delete キーを押して削除し、手順1から操作をやり直します。

2 [請求テーブル] を追加する

[テーブルの表示] ダイアログボックスが表示された

関連付けを行うテーブルを選択して追加する

❶ [テーブル] タブをクリック

❷ [請求テーブル] をクリック

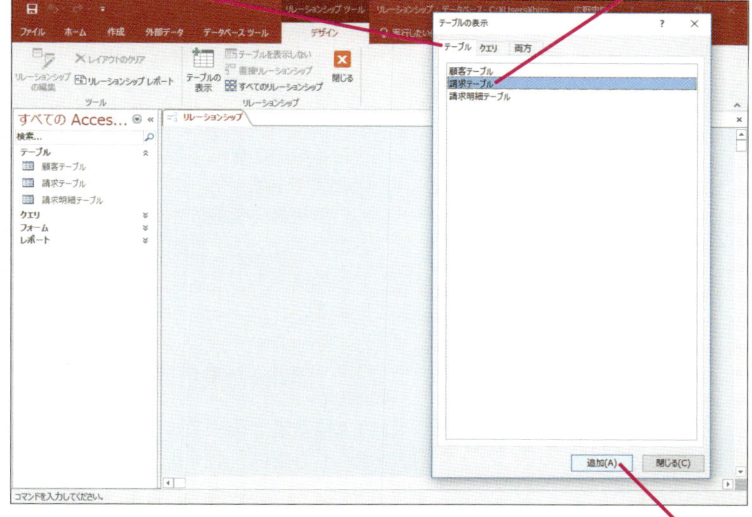

❸ [追加] をクリック

3 [請求テーブル] が追加された

リレーションシップウィンドウに [請求テーブル] が追加された

◆リレーションシップウィンドウ

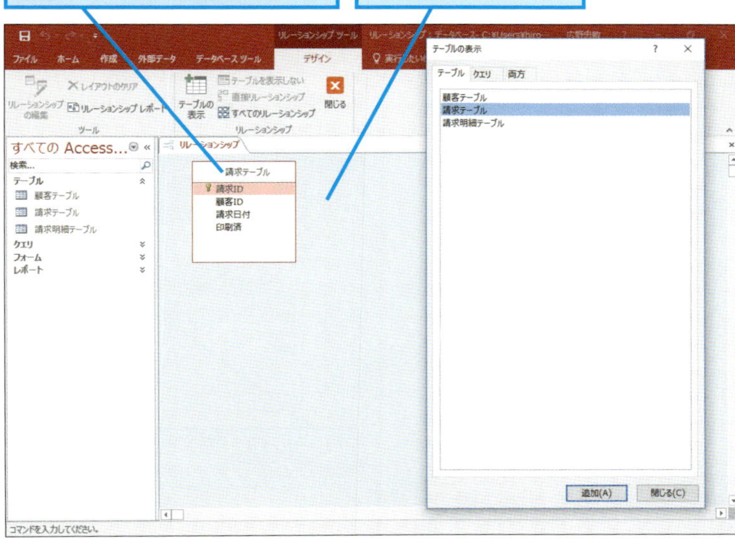

HINT! [テーブルの表示] ダイアログボックスを表示するには

手順2で [テーブルの表示] ダイアログボックスが表示されなかったときは、[リレーションシップツール] の [デザイン] タブにある [テーブルの表示] ボタンをクリックします。

❶ [リレーションシップツール] の [デザイン] タブをクリック

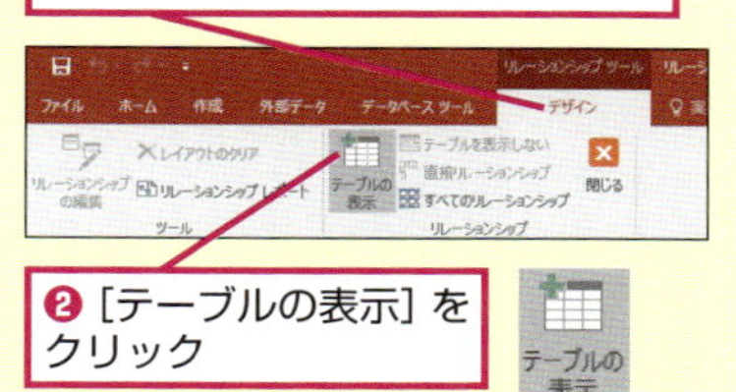

❷ [テーブルの表示] をクリック

HINT! リレーションシップは同じデータ型同士で設定する

リレーションシップを設定するフィールドは、同じデータ型にする必要があります。例えば、[数値型] と [テキスト型] に設定したフィールド間ではリレーションシップを設定できません。ただし、[オートナンバー型] のフィールドは、実際は長整数(-約2億から+約2億の数値を納められる)と同じなので、[数値型] のフィールドとリレーションシップを設定できます。なお、リレーションシップを設定するときに、[短いテキスト] や [長いテキスト] はほとんど使われません。通常は、主キーを設定した [オートナンバー型] のフィールドと [数値型] のフィールドにリレーションシップを設定します。

次のページに続く

[請求明細テーブル] を追加する

続いて[請求明細テーブル]を追加する

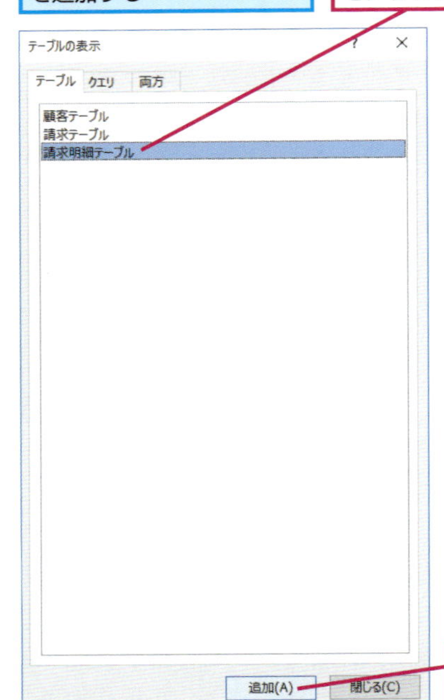

[テーブルの表示] ダイアログボックスを閉じる

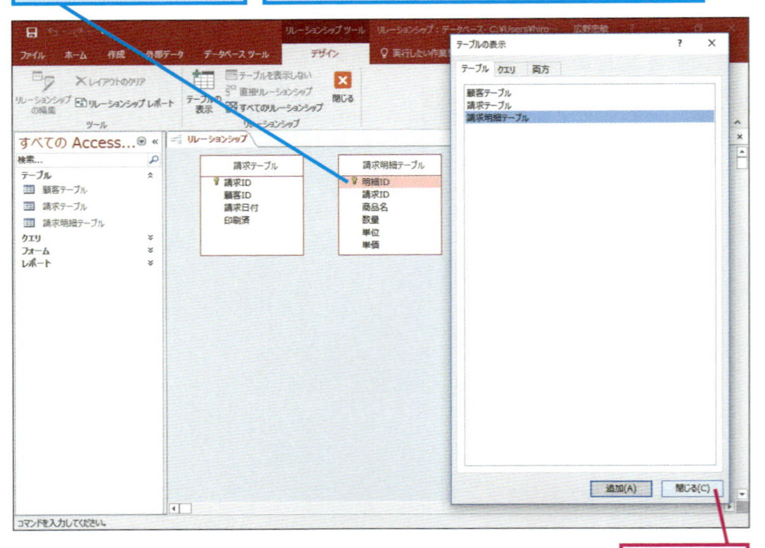

「参照整合性」って何？

参照整合性とは、2つのテーブル間で結び付けられたフィールドの内容に矛盾が起きないようにする機能です。「1対多」リレーションシップで参照整合性を設定できます。参照整合性を設定しておくと、「1」側のレコードを削除できなくなります。単独で削除ができるのは「多」側のレコードだけです。また、対応する「1」側のレコードが存在しないときに「多」側のレコードは入力できません。これは、「明細を持つ請求書の明細以外を単独で削除できない」ことと、「請求書が存在しない明細は入力できない」ことを表しています。

間違った場合は?

手順4で違うテーブルを追加してしまったときは、クイックアクセスツールバーの［元に戻す］ボタン（）をクリックしてから、もう一度テーブルを追加し直します。

「1対多」って何？

「1対多」とは、リレーションシップの種類を表す言葉です。オートナンバー型と長整数型同士でのリレーションシップを設定すると、テーブル内にオートナンバー型を含むレコードが必ず1つあり、長整数型のレコードが複数（多数）あることから「1対多」と呼ばれます。

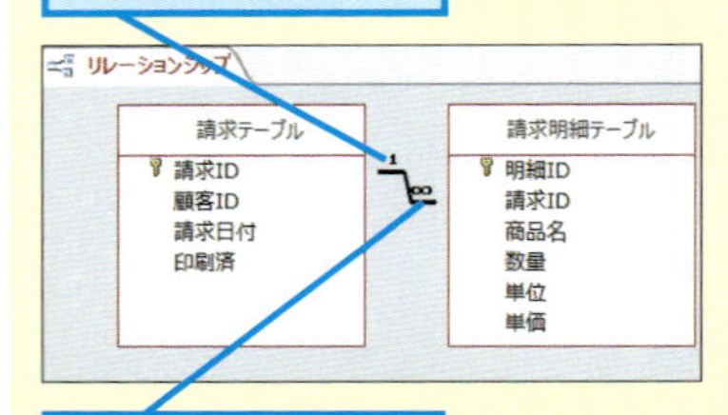

6 2つのテーブルを関連付ける

[請求テーブル] の [請求ID] フィールドと [請求明細テーブル] の [請求ID] フィールドにリレーションシップを設定して、2つのテーブルを関連付ける

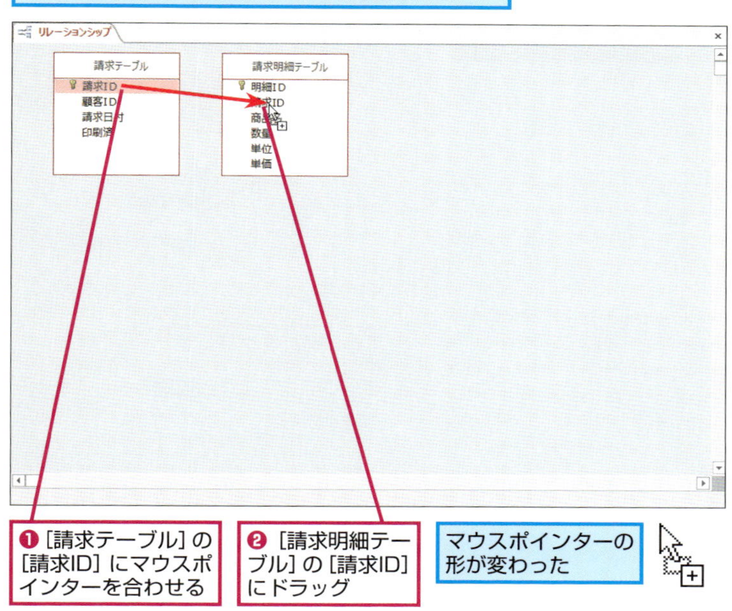

❶ [請求テーブル] の [請求ID] にマウスポインターを合わせる

❷ [請求明細テーブル] の [請求ID] にドラッグ

マウスポインターの形が変わった

7 リレーションシップを設定する

[リレーションシップ] ダイアログボックスが表示された

[テーブルクエリ] と [リレーションテーブル/クエリ] に [請求ID] が表示されていることを確認する

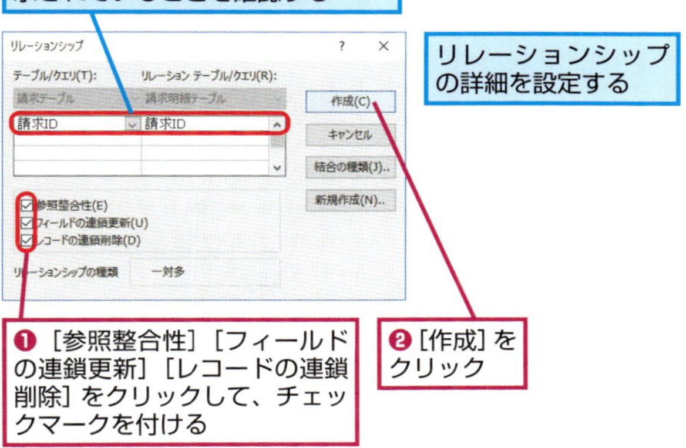

リレーションシップの詳細を設定する

❶ [参照整合性] [フィールドの連鎖更新] [レコードの連鎖削除] をクリックして、チェックマークを付ける

❷ [作成] をクリック

「フィールドの連鎖更新」って何？

参照整合性が設定されたリレーションシップには [フィールドの連鎖更新] を設定できます。[フィールドの連鎖更新] とは、一方のテーブルでフィールドの内容を変更すると、もう一方のフィールドの内容をすべて同じ値に変更する仕組みです。例えば、伝票の伝票番号を変更すると、関連付けられた明細の伝票番号もすべて変更されます。215ページでフィールドの連鎖更新について詳しく解説します。

[レコードの連鎖削除] って何？

「1対多」リレーションシップが設定されたテーブルに [レコードの連鎖削除] を設定して「1」側のテーブルのレコードを削除すると、自動的に関連付けされた「多」側のレコードが削除されます。このレッスンの例では、[請求テーブル] のレコードを削除すると、同じ内容の [請求ID] が含まれている [請求明細テーブル] のレコードも削除されます。つまり、請求書を削除したときに請求書の明細も同時に削除されるようになるのです。レコードの連鎖削除を設定しておけば「1」側のレコードを削除したときに「多」側に不要なレコードが残ってしまうことを避けられます。

間違った場合は?

手順6で [請求テーブル] の [請求ID] フィールドを [請求明細テーブル] の [商品名] フィールドにドラッグしてしまったときは、[リレーションシップ] ダイアログボックスの [リレーションテーブル/クエリ] に [商品名] が表示されます。[キャンセル] ボタンをクリックして、再度手順6の操作をやり直しましょう。

次のページに続く

8 設定したリレーションシップを保存する

2つのテーブルが［請求ID］フィールドによって関連付けられた

リレーションシップウィンドウのレイアウトを保存する

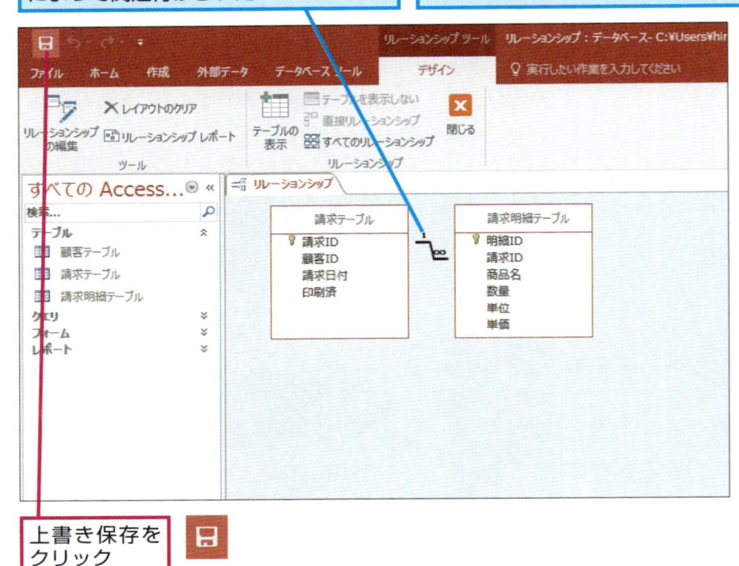

上書き保存をクリック

9 リレーションシップウィンドウを閉じる

［閉じる］をクリック

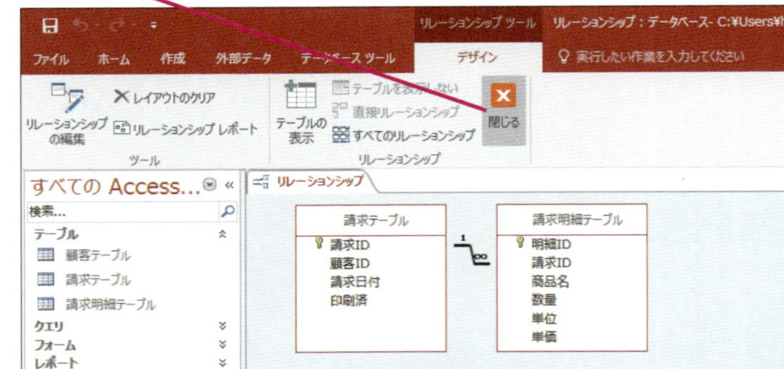

リレーションシップウィンドウのレイアウトが保存された

HINT! リレーションシップを削除するには

設定したリレーションシップを削除するには、フィールド同士を結び付けている結合線を右クリックしてから、［削除］をクリックします。

❶フィールド同士を結び付けている結合線を右クリック

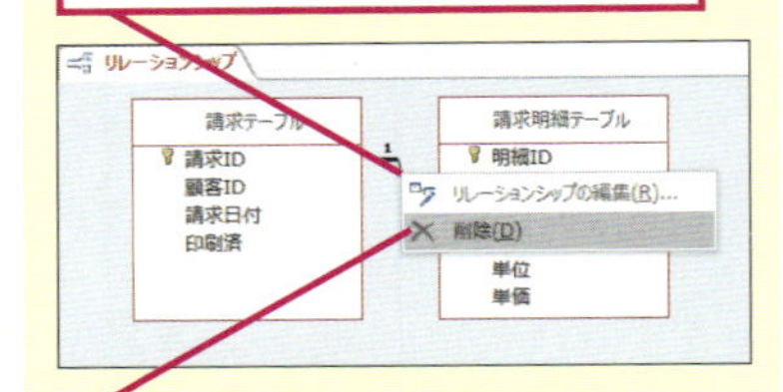

❷［削除］をクリック

確認のメッセージが表示された

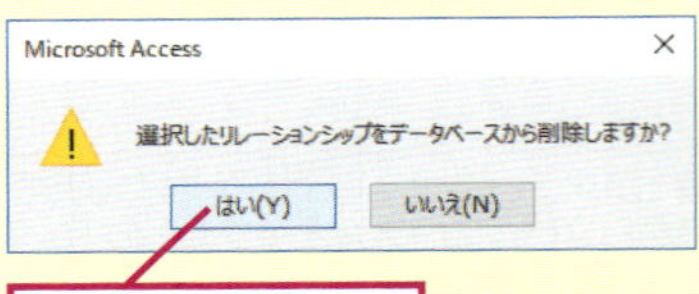

❸［はい］をクリック

リレーションシップが削除される

Point 最も使われるのは「1対多」リレーションシップ

テーブルの関連付けで最も使われるのは「1対多」リレーションシップです。このレッスンのようにテーブルを「1対多」で設計すると、1枚の請求書に複数の明細が入力できるようになります。このときは、請求書が「1」側、明細が「多」側のリレーションシップを設定します。また、複数の請求書から1つの取引先を参照したいときは、請求書が「多」側、取引先が「1」側になります。リレーションシップを設定するときは、どちらが「多」側でどちらが「1」側になるのかを考えておきましょう。

活用例 ［フィールドの連鎖更新］でIDを管理する

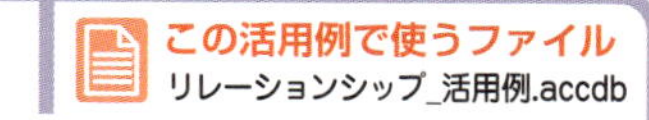

このレッスンでは［オートナンバー型］と［数値型］のフィールド同士を関連付けてリレーションシップを設定しましたが、実際のデータベースでは［数値型］のフィールド同士を関連付けてリレーションシップを設定することもあります。例えば、商品コードや商品を購入した会社のコードなどを使ってテーブルを作成するときに、あらかじめ決まった商品コードや会社のコードを使わなければいけないことがあります。このようなときは、［オートナンバー型］ではなく、［数値型］のフィールド同士を関連付けることになります。［オートナンバー型］以外のフィールド同士を関連付けするときは、必ず［フィールドの連鎖更新］を設定しましょう。［フィールドの連鎖更新］を設定しておくと、関連付けされた一方のテーブルのフィールド内容を変更したときに、他方のテーブルのフィールド内容が自動的に同じ値に更新されます。そのため、フィールドに入力したデータの矛盾を防げます。

1 ［T_購入元］の主キーのデータ型を変更する

基本編のレッスン⑬を参考に、［リレーションシップ_活用例.accdb］の［T_購入元］をデザインビューで表示しておく

❶ここをクリック

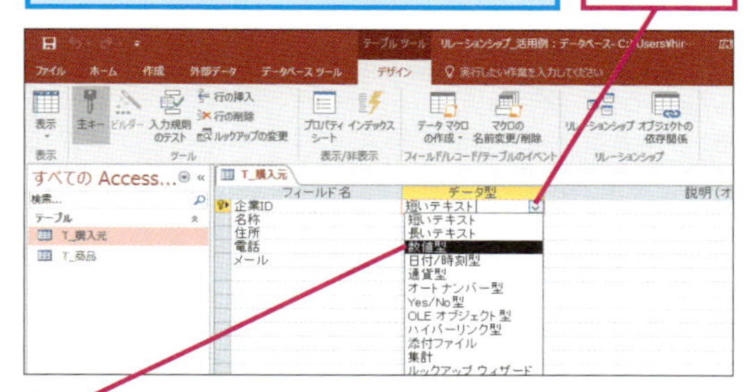

❷［数値型］をクリック

基本編のレッスン⑫を参考に［T_購入元］を閉じておく

2 リレーションシップウィンドウを表示する

テーブル同士の関連付けを設定するためのリレーションシップウィンドウを表示する

❶［データベースツール］タブをクリック

❷［リレーションシップ］をクリック

3 2つのテーブルを関連付ける

活用編のレッスン❺の手順2～5を参考に、［T_購入元］と［T_商品］を追加しておく

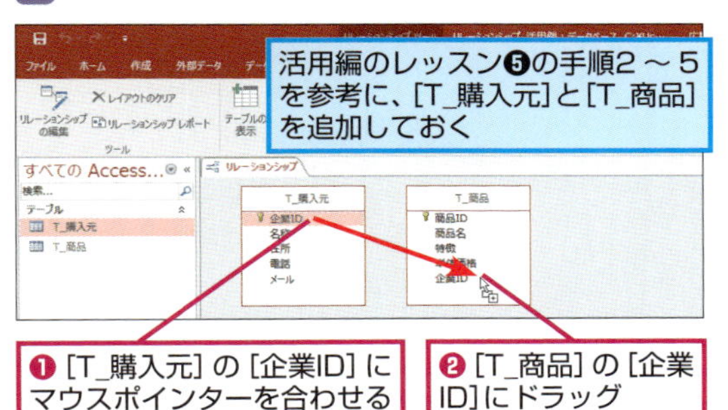

❶［T_購入元］の［企業ID］にマウスポインターを合わせる

❷［T_商品］の［企業ID］にドラッグ

4 リレーションシップを設定する

［リレーションシップ］ダイアログボックスが表示された

❶［参照整合性］［フィールドの連鎖更新］［レコードの連鎖削除］をクリックしてチェックマークを付ける

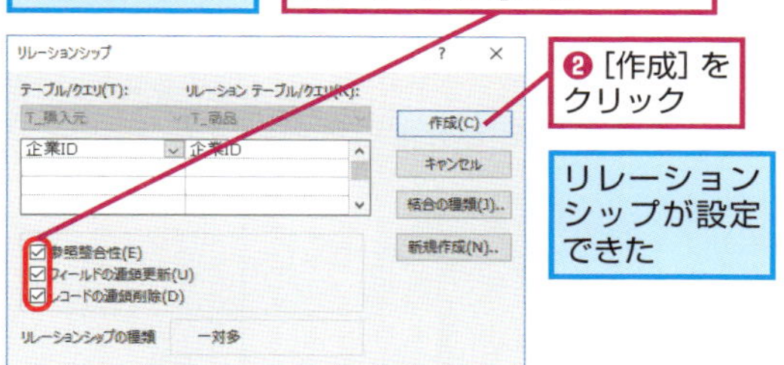

❷［作成］をクリック

リレーションシップが設定できた

5 ［T_購入元］の［企業ID］を修正する

［フィールドの連鎖更新］の設定を確認するために、［企業ID］フィールドを修正する

［T_購入元］をクリックして表示しておく

❶ここをクリック

❷「1001」と入力

❸ Tab キーを押す

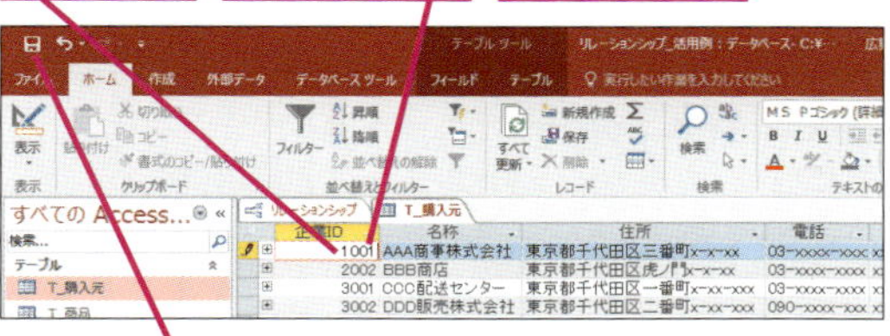

❹上書き保存をクリック

6 ［T_商品］の［企業ID］が自動的に修正された

［T_商品］をダブルクリック

［フィールドの連鎖更新］の設定で［企業ID］が自動的に修正された

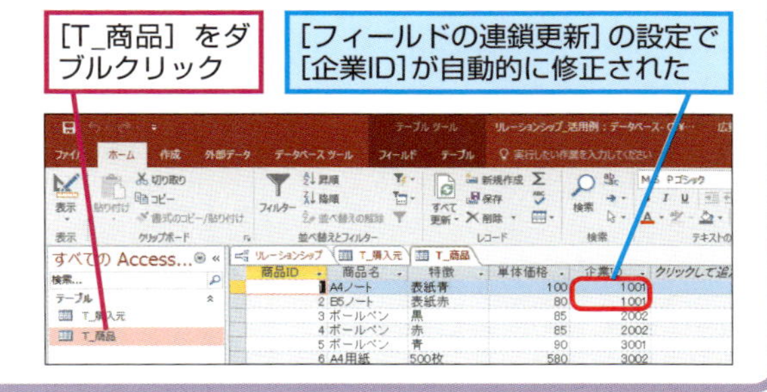

5 リレーションシップ

ほかのテーブルにあるデータを参照するには

ルックアップウィザード

データの入力時にほかのテーブルの内容が一覧で表示される設定を「ルックアップ」といいます。［請求テーブル］の［顧客ID］にルックアップを設定しましょう。

このレッスンの目的

［顧客テーブル］にある顧客名を参照して、［請求テーブル］の［顧客の氏名］フィールドにデータを入力できるように設定します。

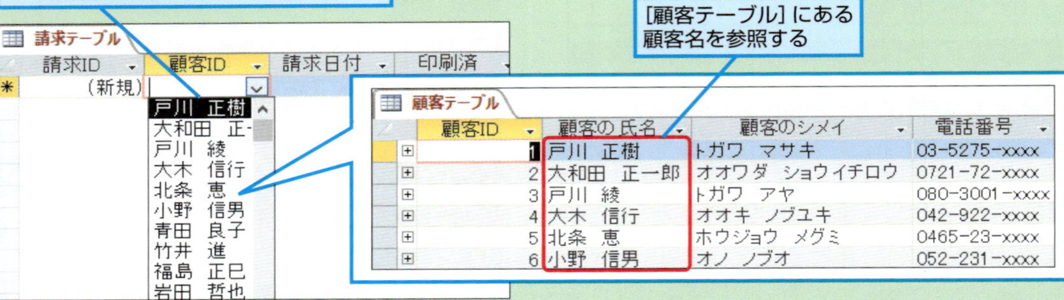

1 ［ルックアップウィザード］を表示する

基本編のレッスン⓭を参考に［請求テーブル］をデザインビューで表示しておく

［顧客ID］に入力する値を参照するため［ルックアップウィザード］を起動する

❶［顧客ID］のデータ型をクリック

❷ここをクリック 

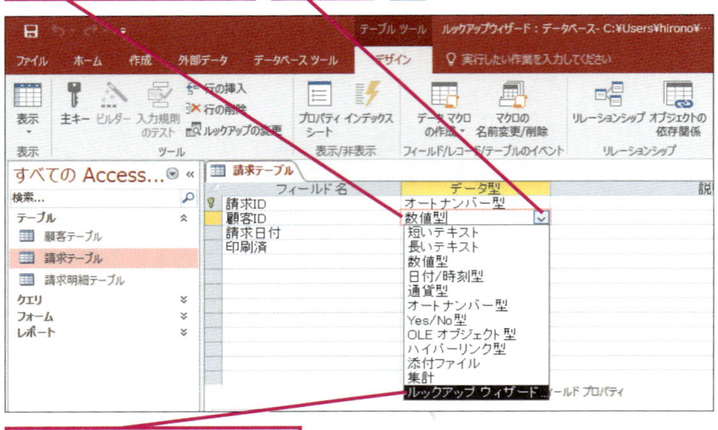

❸［ルックアップウィザード］をクリック

▶キーワード

レッスンで使う練習用ファイル

ルックアップウィザード.accdb

間違った場合は？

手順1で間違ったデータ型を選んでしまったときは、正しいデータ型を選択し直します。

2 ［顧客ID］フィールドに表示する値の種類を選択する

［ルックアップウィザード］が表示された

ほかのテーブルにある値を参照できるようにする

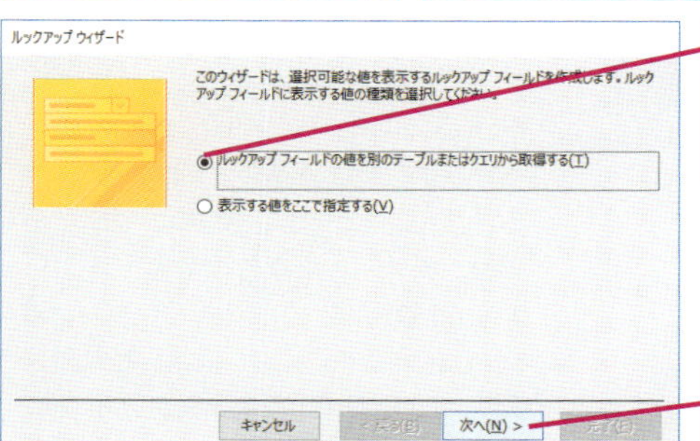

❶［ルックアップフィールドの値を別のテーブルまたはクエリから取得する］をクリック

❷［次へ］をクリック

3 参照するテーブルを選択する

ここでは［顧客テーブル］を選択する

❶［テーブル］をクリック

❷［テーブル:顧客テーブル］をクリック

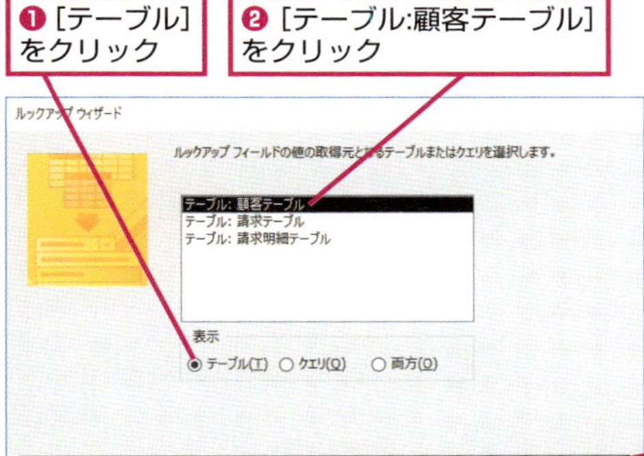

❸［次へ］をクリック

4 値の参照元となるフィールドを選択する

リレーションシップを設定した［顧客ID］フィールドと、画面に表示する［顧客の氏名］フィールドを追加する

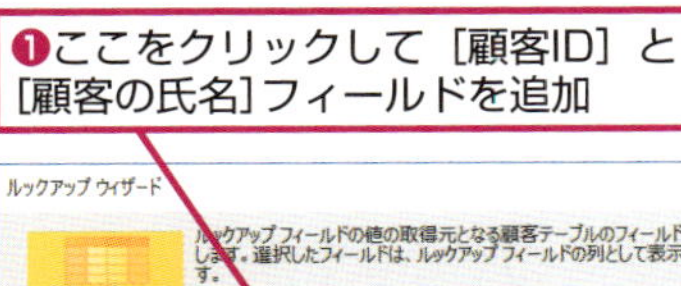

❶ここをクリックして［顧客ID］と［顧客の氏名］フィールドを追加

>

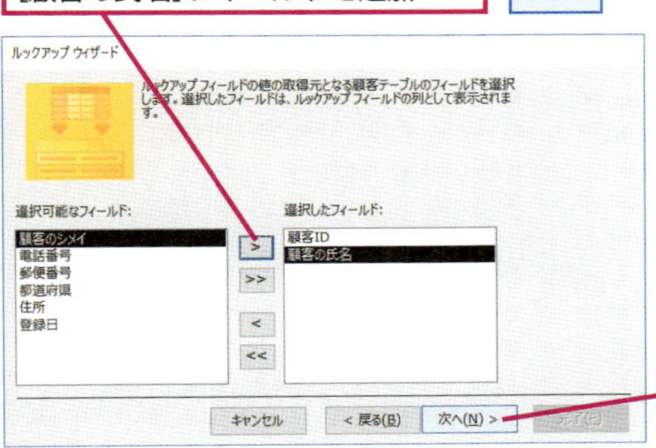

❷［次へ］をクリック

HINT! クエリの実行結果にもルックアップを設定できる

このレッスンでは、［請求テーブル］の［顧客ID］フィールドに、［顧客テーブル］の顧客名を表示するように設定します。ルックアップウィザードでは、テーブルだけではなく、クエリの実行結果にもルックアップを設定できます。例えば、住所に「東京都」が含まれる顧客を抽出するクエリを作り、そのクエリをルックアップウィザードで設定すると、住所が東京都の顧客名を一覧に表示できます。レコード数が多く「特定の条件で抽出した一覧からすぐにデータを入力したい」というときは、クエリを参照するといいでしょう。

HINT! 値の取得元となるフィールドって何？

ルックアップウィザードでは、データシートビューなどでデータを入力するときに、ルックアップされるテーブルに実際に入力するフィールドと、表示するフィールドを設定します。手順4のように設定すると、データシートビューなどでは［顧客テーブル］の［顧客の氏名］フィールドの値が表示されますが、実際にテーブルに入力されている値は［顧客ID］フィールドの値になります。

間違った場合は？

手順4で、［選択可能なフィールド］に表示される内容が違うときは、別のテーブルを選んでしまっています。［戻る］ボタンをクリックし、手順3で正しいテーブルを選び直しましょう。

次のページに続く

5 フィールドの表示順を確認する

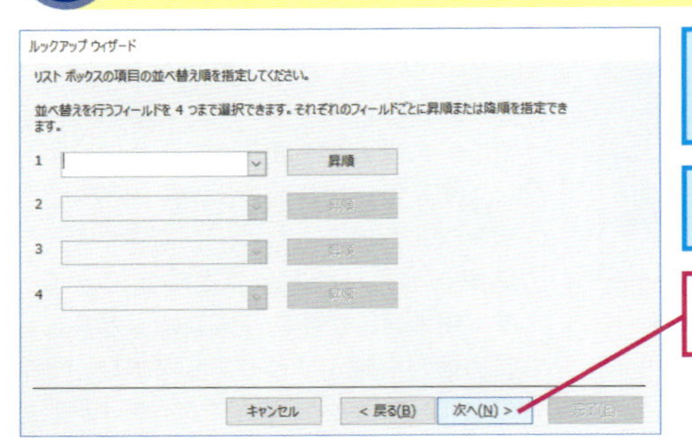

手順4で選択した複数のフィールドで表示順を設定できる

ここでは特に表示順を設定しない

[次へ]をクリック

6 列の幅を指定する

表示される一覧の列の幅を調整できる

ここでは十分に幅があるので特に変更しない

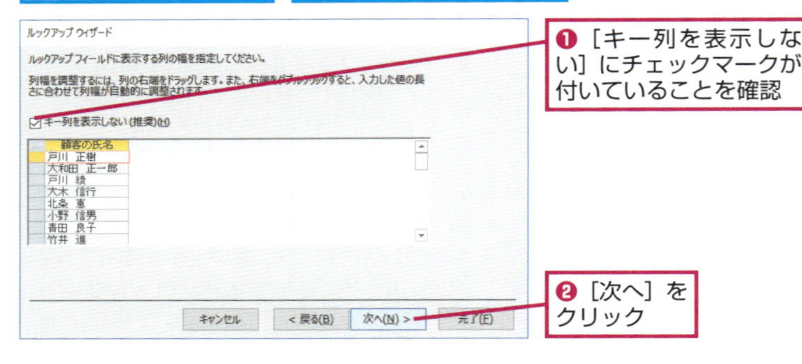

❶[キー列を表示しない]にチェックマークが付いていることを確認

❷[次へ]をクリック

7 フィールドのラベルを指定する

ルックアップを設定したフィールド名を変更できる

ここではフィールド名を変更しない

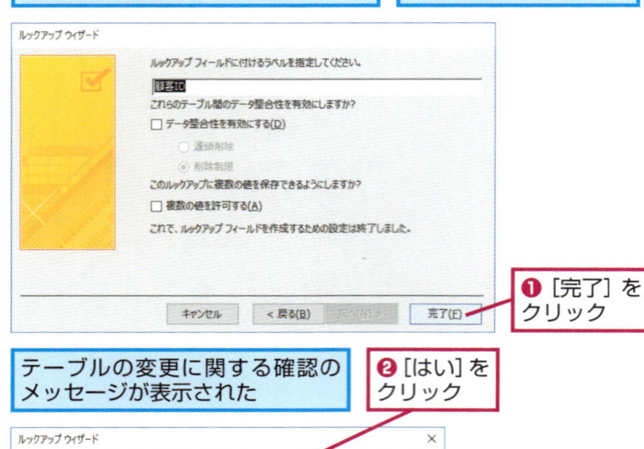

❶[完了]をクリック

テーブルの変更に関する確認のメッセージが表示された

❷[はい]をクリック

一覧の幅を後で調整するには

ルックアップを設定した参照先を表示する一覧の幅は後で調整できます。幅の調整をするにはテーブルをデザインビューで開き、ルックアップを設定したフィールドをクリックします。[ルックアップ]タブの[列幅]には、フィールドごとに「;」(セミコロン)で区切ってセンチメートル単位で数値を入力します。[顧客ID]のルックアップの幅を3センチにするには「0;3」と入力します。始めの「0」はルックアップに追加した[顧客ID]フィールドの幅を意味します。このフィールドは表示しないため「0」と入力します。変更したルックアップの列幅は、テーブルのデータシートビューで確認できます。

[請求テーブル]をデザインビューで表示しておく

❶[顧客ID]フィールドをクリック

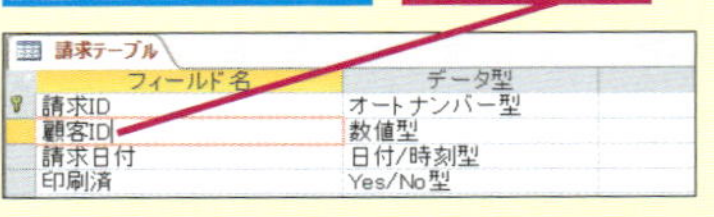

❷[ルックアップ]タブをクリック

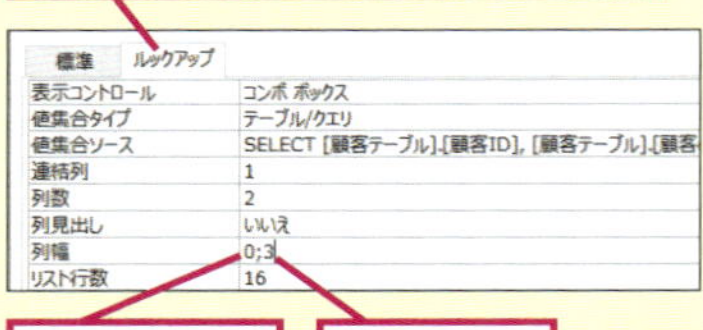

❸[列幅]をクリック

❹[0;3]と入力

複数の列の幅は「;」で区切って指定する

ルックアップで設定されるリレーションシップ

テーブルにルックアップを設定すると、テーブル同士にリレーションシップが自動的に設定されます。このレッスンでは、多くの[顧客ID]が含まれる[請求テーブル]に、[顧客ID]1つに対して1つの顧客名が入力されている[顧客テーブル]を参照するルックアップを作成するので、「多対1」のリレーションシップが設定されます。

8 ［請求テーブル］を閉じる

ルックアップの設定が完了したので［請求テーブル］を閉じる

['請求テーブル'を閉じる］をクリック

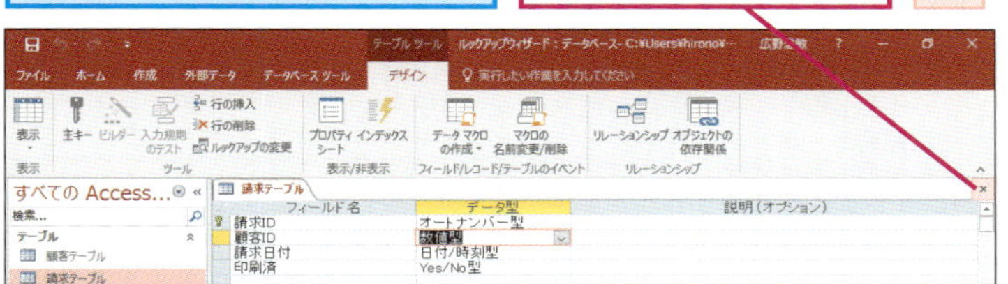

［請求テーブル］から［顧客テーブル］のデータを参照できるようになった

9 リレーションシップウィンドウを表示する

設定したルックアップを確認するために、リレーションシップウィンドウを表示する

❶［データベースツール］タブをクリック

❷［リレーションシップ］をクリック

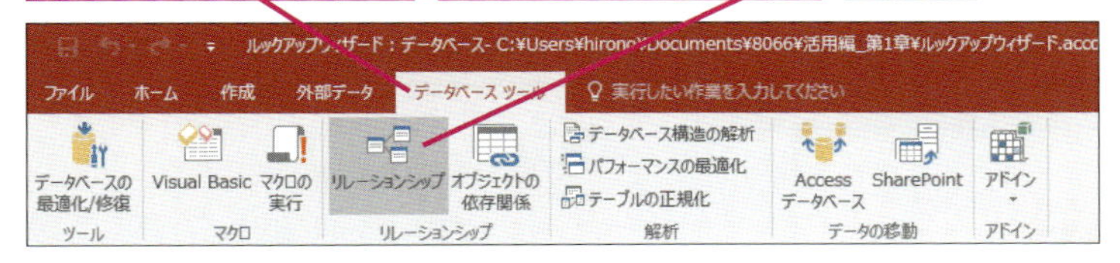

リレーションシップウィンドウが表示された

❸［すべてのリレーションシップ］をクリック

ルックアップを設定したので、自動的にテーブルの関連付けが作成されている

ウィンドウをドラッグしてテーブルの位置を調整しておく

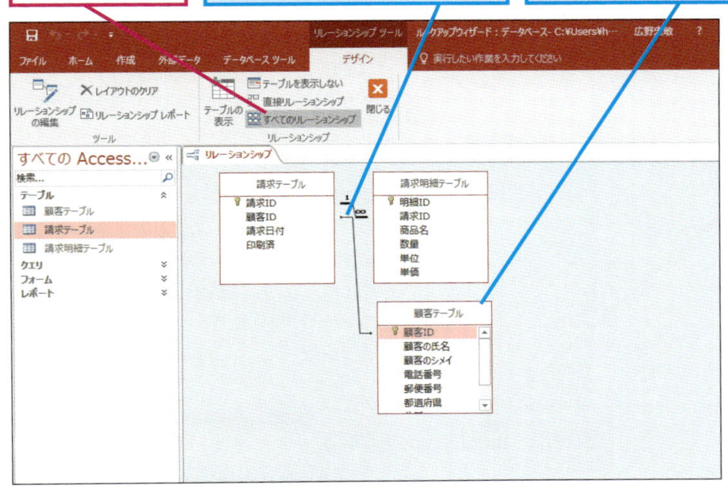

活用編のレッスン❺を参考にリレーションシップを保存して、閉じておく

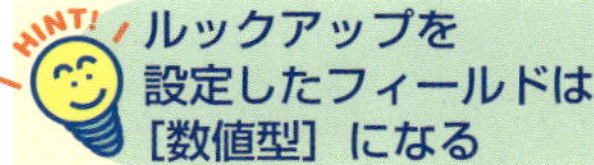

ルックアップを設定したフィールドは［数値型］になる

ルックアップを設定したフィールドには、データの入力時にリストの一覧が表示されます。このため、［短いテキスト］と混同しがちですが、フィールドのデータ型は［短いテキスト］ではなく［数値型］になります。なぜなら、ルックアップを設定したフィールドには、一覧に表示された内容ではなく、選択したレコードの主キーの内容が自動的に入力されるからです。

リレーションシップウィンドウに顧客テーブルが表示されないときは

手順9のようにリレーションシップウィンドウに［顧客テーブル］が表示されないときは、［デザイン］タブの［テーブルの表示］ボタンをクリックして［顧客テーブル］を表示しましょう。［顧客テーブル］を表示すると、［顧客テーブル］と［請求テーブル］同士でリレーションシップが設定されていることを画面で確認できます。

間違った場合は？

手順6で［顧客の氏名］の一覧が表示されていないときは、ルックアップの設定が間違っています。［戻る］ボタンをクリックして、手順4からやり直しましょう。

Point ルックアップもリレーションシップの1つ

フィールドにルックアップを設定すると、入力時に参照先のテーブルの内容が一覧として表示され、そこから内容を選べるようになります。これは、ルックアップを設定すると自動的にテーブル同士が関連付けられるためです。テーブルにルックアップを設定すると、HINT!でも説明しているように、多対1のリレーションシップが自動的に設定されます。顧客名のように、一覧からほかのテーブルの内容を入力したいときにはルックアップを使いましょう。

関連付けされたテーブルからデータを入力するには

サブデータシート

テーブルにデータを入力してみましょう。「サブデータシート」を使えば、リレーションシップが設定された別のテーブルにもデータを入力できます。

このレッスンの目的

サブデータシートを使えば、[請求明細] テーブルを表示しなくても、データを入力できる。

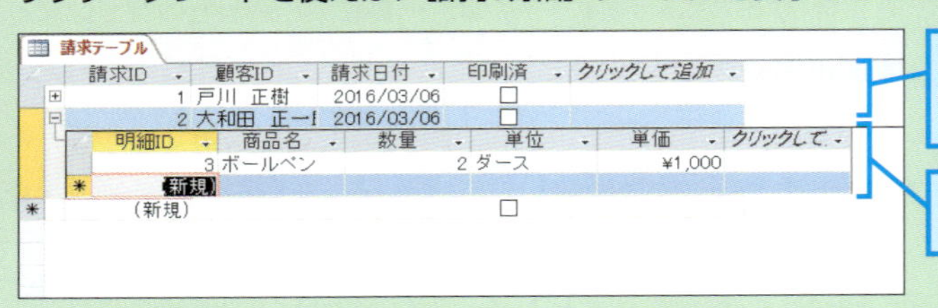

[請求テーブル] とリレーションシップが設定された [請求明細] テーブルが、[サブデータシート] として表示される

サブデータシートにデータを入力すると、[請求明細] テーブルにデータを入力できる

1 顧客の氏名を一覧から選択する

基本編のレッスン⑩を参考に [請求テーブル] をデータシートビューで表示しておく

テーブルの関連付けと参照が正しく設定されていることを確認するため、以下のデータを入力する

[請求テーブル] に入力するデータ

顧客ID	戸川　正樹（[顧客テーブル] から参照）
請求日付	2016/03/06

❶ [顧客ID] フィールドをクリック

❷ここをクリック

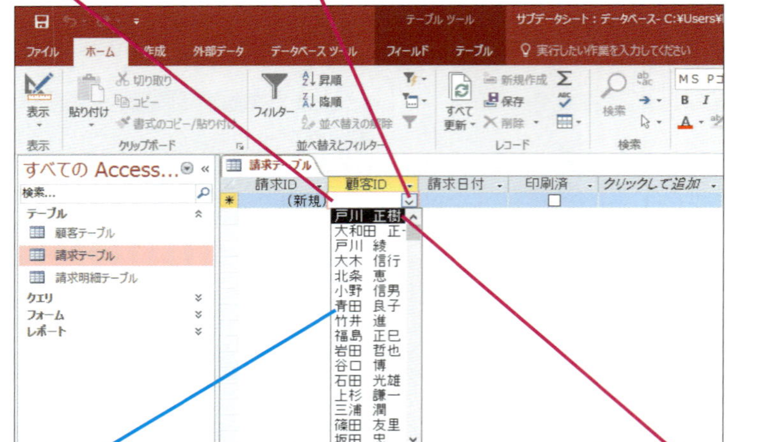

ルックアップが設定されているので [顧客テーブル] の [顧客の氏名] フィールドのデータが参照され、一覧で表示された

❸ [戸川　正樹] をクリック

▶キーワード

レッスンで使う練習用ファイル

サブデータシート.accdb

HINT! 新しい顧客の氏名を追加するには

手順1のようにルックアップを設定したフィールドでは、ルックアップで設定した参照先のテーブルの内容が一覧で表示されます。この一覧からデータを入力できますが、ここで表示されるのは参照先のテーブルに存在するレコードのみです。一覧にない新しい顧客名を入力するには、参照先の [顧客テーブル] にデータを追加しましょう。[顧客テーブル] に新しい顧客名を入力しておけば、[請求テーブル] のデータシートの [顧客ID] フィールドから選択できるようになります。

間違った場合は?

手順1で顧客の氏名の選択を間違えたときは、もう一度正しい顧客の氏名を選択し直します。

2 請求日を入力する

［戸川　正樹］が選択された

❶「2016/03/06」と入力

❷ Tab キーを2回押す

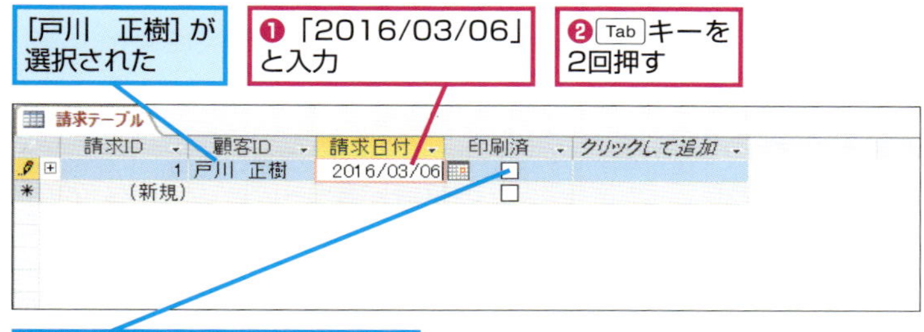

［印刷済］のチェックマークは、はずしたままにしておく

3 サブデータシートを表示する

入力したレコードが確定し、リレーションシップを設定したテーブルがあることを示す⊞が表示された

ここをクリック ⊞

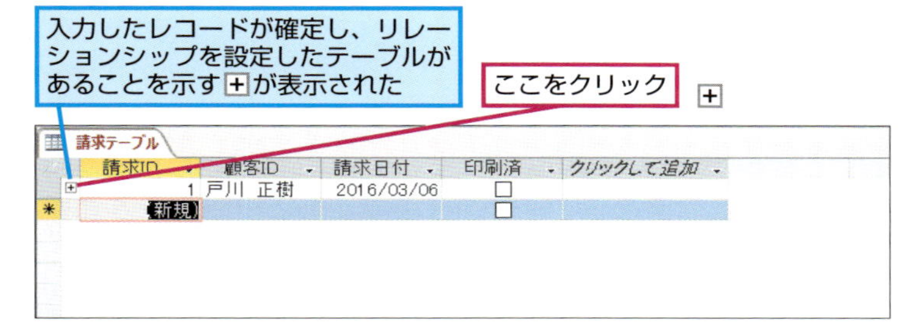

［請求テーブル］に関連付けられた［請求明細テーブル］が表示された

4 サブデータシートが表示された

サブデータシートを表示すると⊟に変わる

［請求ID］の「1」に対する請求の明細を入力できる

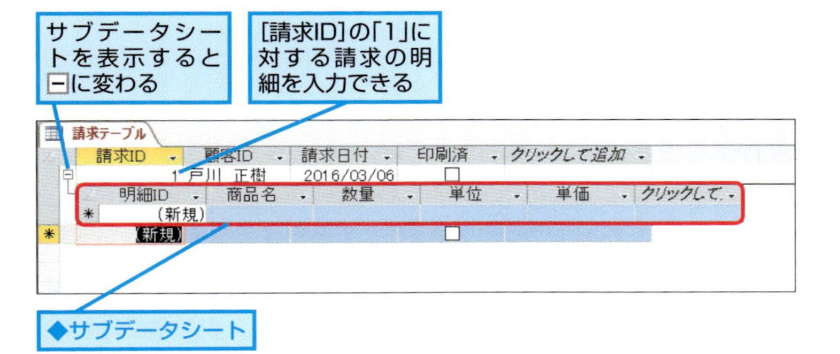

◆サブデータシート

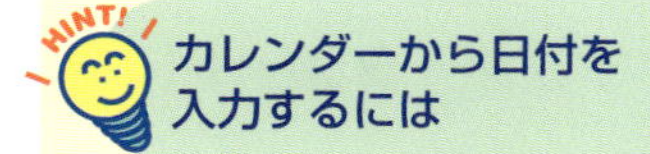

HINT! カレンダーから日付を入力するには

基本編のレッスン⓰でも紹介していますが、［日付/時刻型］に設定しているフィールドをクリックするとカレンダーのアイコンが表示されます。日付をマウスで選びたいときや曜日を確認したいときに利用するといいでしょう。なお、［今日］ボタンをクリックすると現在の日付を入力できます。

ここをクリック

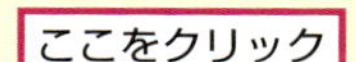

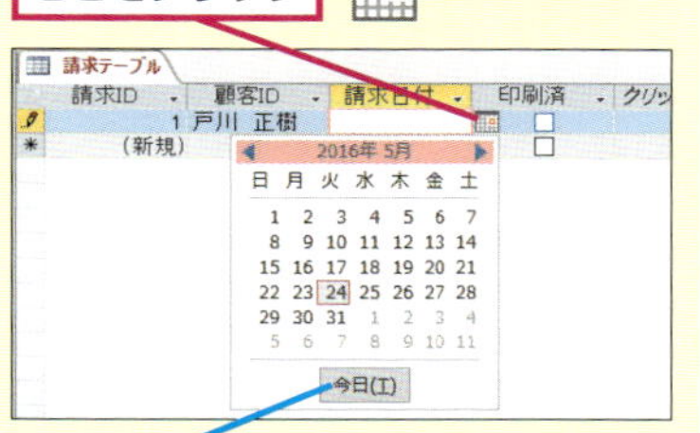

［今日］をクリックすると、今日の日付が表示される

HINT! 検索したデータを入力できる

ルックアップが設定されたフィールドは、データを入力するときに一覧から選択できるだけではなく、データを検索して入力できます。例えば、手順1で［顧客ID］にデータを入力するときに「戸川」を入力すると「戸川」で始まるデータをルックアップ先のテーブルから探して自動的に入力されるようになっています。ルックアップ先のテーブルに大量のデータが入力されていて一覧からの選択が難しいときや、何度も同じデータを入力するときに使うと便利な機能なので活用してみましょう。

「戸川」と入力

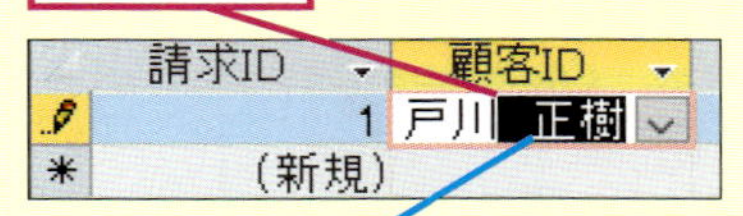

「戸川　正樹」が表示される

次のページに続く

サブデータシートに請求明細データを入力する

[請求明細] テーブルには以下のデータを入力する

[請求明細テーブル] に入力するデータ

商品名	数量	単位	単価
万年筆	1	本	¥15,000
クリップ	50	個	¥33

❶「万年筆」と入力　❷「1」と入力　❸「本」と入力　❹「15000」と入力

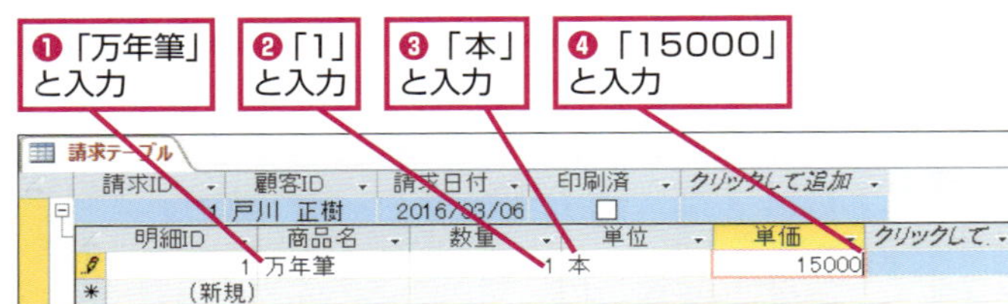

❺ Tab キーを2回押す

6 続けて残りの請求明細データを入力する

[請求明細テーブル] 内の次のレコードにカーソルが移動した

残りのデータをサブデータシートに入力する

❶「クリップ」と入力　❷「50」と入力　❸「個」と入力　❹「33」と入力　❺ Tab キーを押す

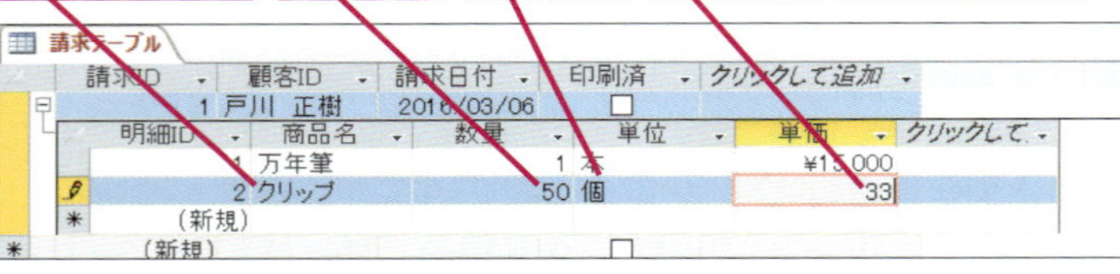

7 サブデータシートを閉じる

サブデータシートにデータを入力できた

⊟をクリックしてサブデータシートを閉じる

ここをクリック ⊟

サブデータシートが閉じ、表示が⊞に戻った

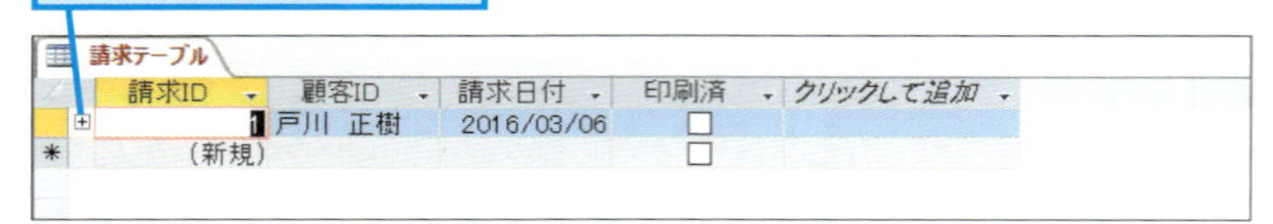

HINT! データはいつでも修正できる

このレッスンでは顧客名を選択し、請求の明細データを入力していますが、データシートやサブデータシートからでも、入力済のデータを修正できます。データを修正するには、修正したいフィールドをクリックしてから、新しい内容を入力しましょう。

HINT! 関連付けされているフィールドはサブデータシートに表示されない

サブデータシートには、リレーションシップで関連付けを行ったフィールドが表示されません。手順5のサブデータシートを見てください。サブデータシートに表示されている［請求明細テーブル］には、本来［請求ID］フィールドがあるはずですが、画面には表示されていません。このレッスンの例では、［請求明細テーブル］の［請求ID］フィールドには、［請求テーブル］の［請求ID］フィールドの値が自動的に入力されます。

間違った場合は？

手順6でフィールドに入力する内容を間違えたときは、間違えたフィールドをクリックして、正しい内容を入力し直します。

HINT! 「多」側のデータシートを開くとどうなるの？

［請求明細］テーブルのように「1対多」のリレーションシップを設定したテーブルの「多」側のデータシートを開いても、「多」側のテーブル（［請求明細］テーブル）のデータシートのみが表示され、「1」側テーブルのデータを参照できないので、あまり意味がありません。リレーションシップが設定されているテーブルをデータシートビューで開くときは、特別な理由がない限りは「1」側のテーブルを開きます。

8 2件目の請求データを入力する

続いて2件目の請求データとして以下のデータを入力する

[請求テーブル] に入力するデータ

顧客ID	大和田　正一郎（[顧客テーブル] から参照）
請求日付	2016/03/06

[請求明細テーブル] に入力するデータ

商品名	数量	単位	単価
ボールペン	2	ダース	￥1,000

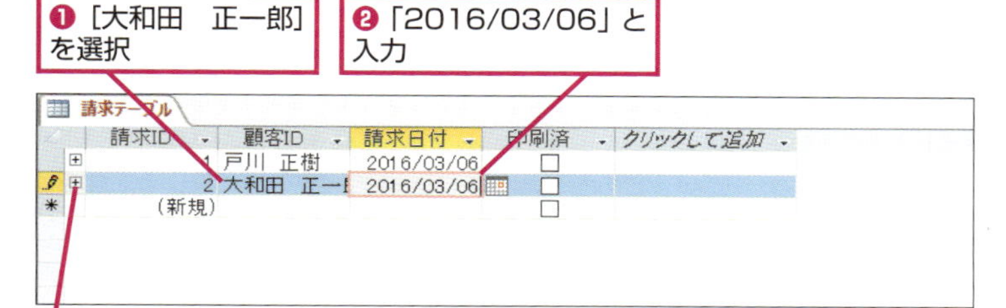

❸ここをクリック

2レコード目のサブデータシートが表示された

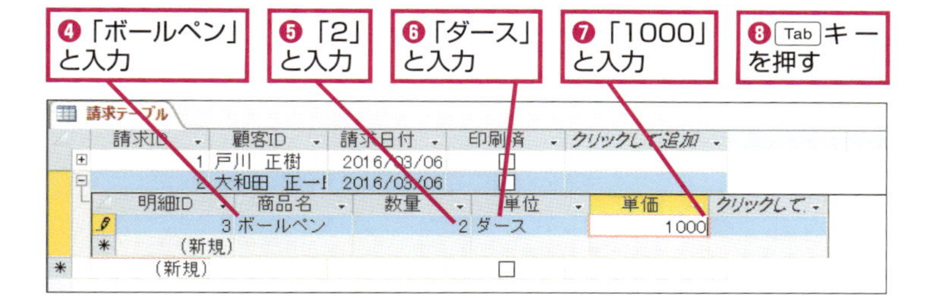

9 [請求テーブル] を閉じる

請求とその明細のデータを入力できた

['請求テーブル'を閉じる] をクリック

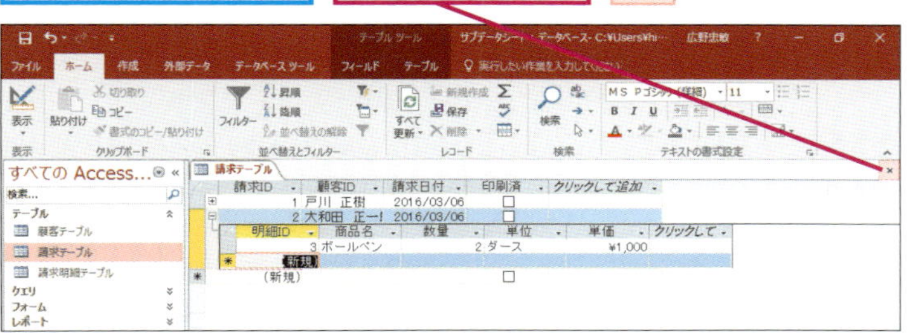

サブデータシートで入力すると矛盾が起きない

リレーションシップで参照整合性が設定されているときは、相互に関連付けされているフィールドで矛盾が起きる修正ができません。[明細テーブル] の [請求ID] には、[請求テーブル] に存在する値だけを入力できます。単独で [請求明細テーブル] を開いてから存在しない [請求ID] を入力しようとするとエラーメッセージが表示されます。ただし、これは参照整合性が設定されているときだけで、参照整合性が設定されていないときは、矛盾が起きるデータを入力できてしまいます。しかし、サブデータシートで入力すれば参照整合性の設定にかかわらず、矛盾のないデータを入力できます。

矛盾するデータを入力しようとするとメッセージが表示される

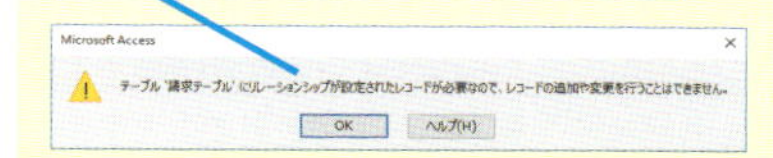

Point

サブデータシートでは「1」側のテーブルを開いて入力する

「1対多」リレーションシップが設定されているテーブルをデータシートビューで開くときは、特に理由がない限り「1」側のテーブルを開きます。このレッスンでは「1」側の [請求テーブル] をデータシートビューで表示し、サブデータシートで [請求明細テーブル] を入力しました。「1」側のテーブルをデータシートビューで表示すると「多」側のテーブルがサブデータシートとして表示されます。そのため、請求と明細を一度に入力できて便利です。

活用編 レッスン 8

入力できる値を制限するには

入力規則

入力規則を使うと、フィールドに入力できる値を制限できます。［請求明細テーブル］の［数量］フィールドに0以下の数値を入力できないように設定しましょう。

このレッスンの目的

フィールドに入力規則を設定すると、条件に合ったデータだけを入力できるように設定できる。

「0以上」の入力規則を設定したフィールドにマイナスの値を入力する

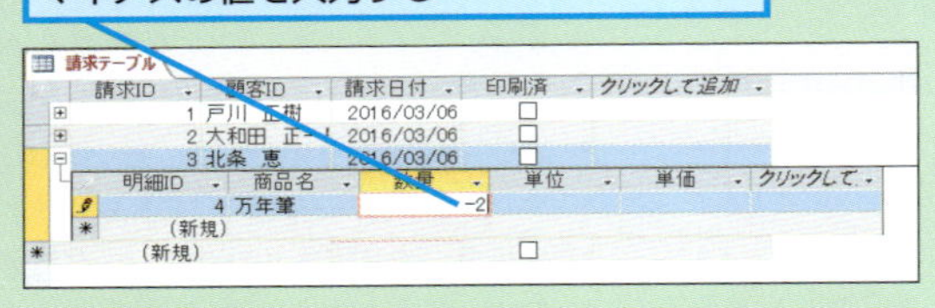

設定したエラーメッセージが表示される

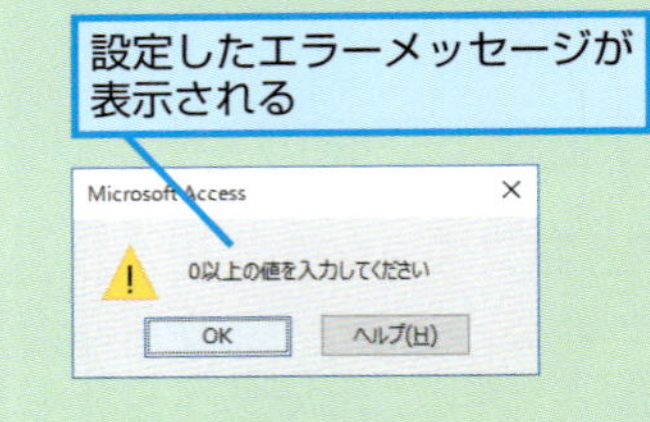

［請求明細テーブル］に入力規則を設定する

1 ［数量］フィールドの［入力規則］を設定する

基本編のレッスン⓭を参考に［請求明細テーブル］をデザインビューで表示しておく

［数量］フィールドに0より小さい値を入力できないように設定する

❶［数量］をクリック

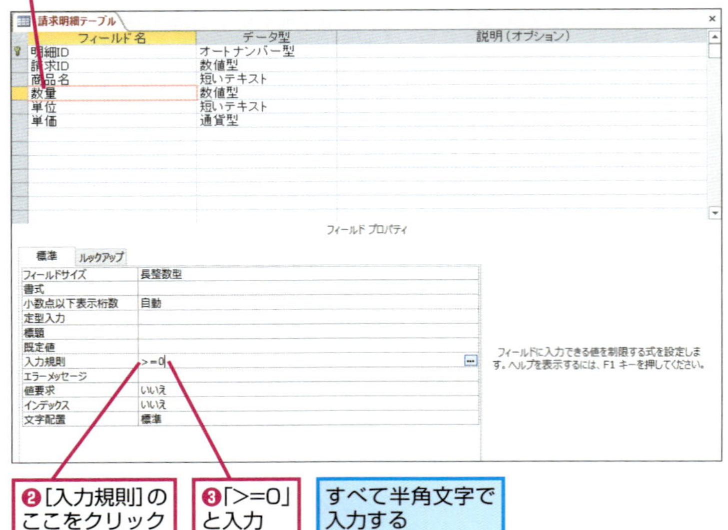

❷［入力規則］のここをクリック

❸「>=0」と入力

すべて半角文字で入力する

▶キーワード

レッスンで使う練習用ファイル
入力規則.accdb

HINT!
さまざまな条件を比較演算子で設定できる

手順1で入力している「>=」以外にも、入力規則にはさまざまな記号を利用できます。「>」や「=」の記号は「比較演算子」と呼ばれます。

●入力値と入力規則の例

入力値	入力規則
>0	0より大きい数値を入力できる
>=0	0以上の数値を入力できる
<0	0より小さい数値を入力できる
<=0	0以下の数値を入力できる
=1	1だけを入力できる
<>1	1以外を入力できる

2 [数量] フィールドの [エラーメッセージ] を設定する

入力規則を設定できた

入力規則に合わない値が入力されたときに表示するエラーメッセージを入力する

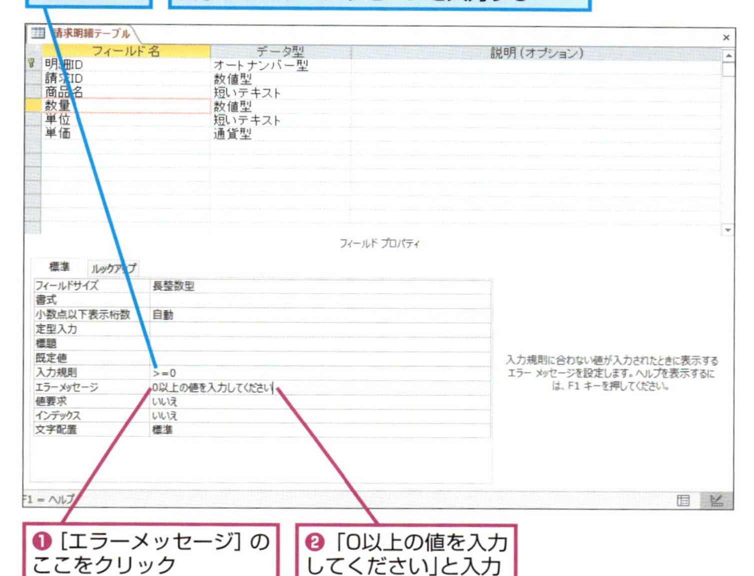

❶[エラーメッセージ]のここをクリック

❷「0以上の値を入力してください」と入力

3 テーブルの上書き保存を実行する

[請求明細テーブル]を上書き保存する

❶[上書き保存]をクリック

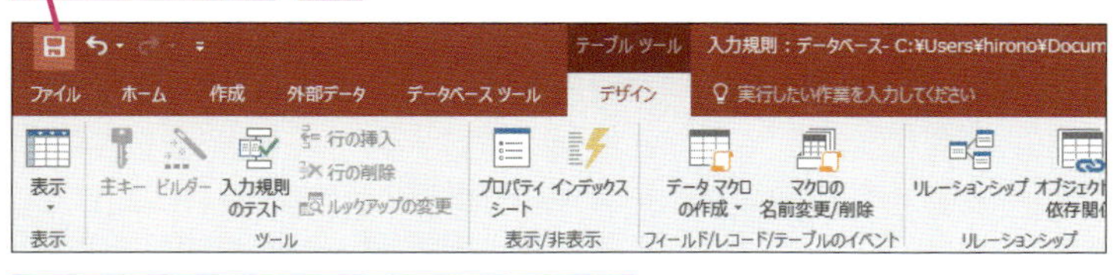

すでに入力されているデータが入力規則に沿っているか、既存のフィールドを検査するメッセージが表示された

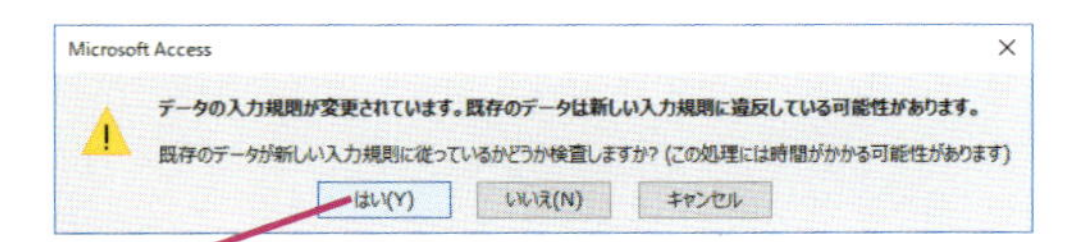

❷[はい]をクリック

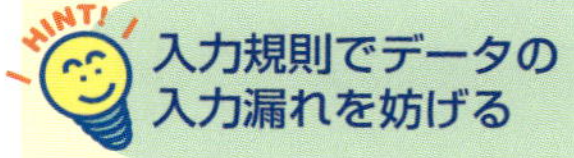

入力規則でデータの入力漏れを妨げる

テーブルのフィールドにデータが入力されていないと、データベースとしての意味がありません。例えば、この章で利用している[請求明細テーブル]で商品名が入力されていないと、明細として意味がなくなってしまいます。フィールドの入力漏れを防ぐには、[入力規則]に「is not null」と入力するといいでしょう。フィールドに何もデータが入力されていないと、エラーが表示されます。

入力規則に沿っていないデータは修正しよう

手順3でテーブルの上書き保存を実行したときに、フィールドに入力済みのデータが入力規則に沿っていないときは、「既存のデータは'○○'フィールドの'入力規則'プロパティの新しい設定に違反しています。」というエラーメッセージが表示されます。このメッセージが表示されたときは[はい]ボタンをクリックして、間違っているデータを修正しましょう。

AndやOr条件も設定できる

And演算子やOr演算子を使って、「～かつ～」や「～または～」といった入力規則を設定できます。ただし、AndやOrを使うときは、数式にフィールド名を記述します。例えば[単価]フィールドに「10以上でかつ100以下」の数値を入力するときは[単価]フィールドの[入力規則]に「[単価] >=10 and [単価] <=100」と入力しましょう。

間違った場合は?

手順1で入力規則の内容を間違ったときは Back space キーを押して入力規則を削除してから、もう一度入力し直します。

次のページに続く

4 [請求明細テーブル]を閉じる

すでに入力されているデータを検査できた

['請求明細テーブル'を閉じる]をクリック

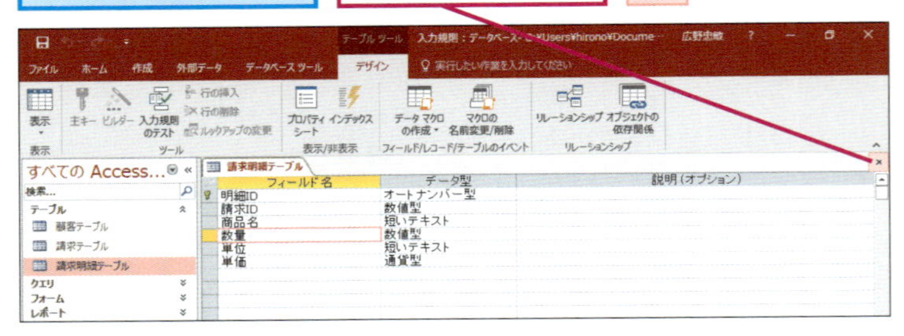

請求データを入力する

5 [請求テーブル]を開く

ナビゲーションウィンドウから[請求テーブル]を開く

[請求テーブル]をダブルクリック

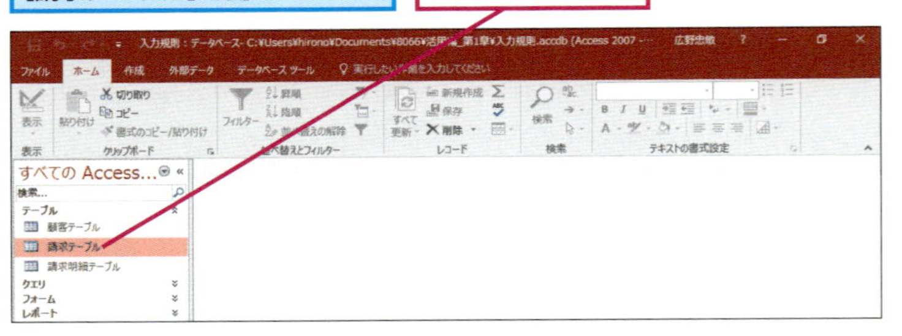

6 データを入力する

3件目の請求データとして以下のデータを入力する

[請求テーブル]に入力するデータ

顧客ID	北条　恵([顧客テーブル]から参照)
請求日付	2016/03/06

[請求明細テーブル]に入力するデータ

商品名	数量	単位	単価
万年筆	2	本	¥15,000

❶[北条　恵]を選択

❷「2016/03/06」と入力

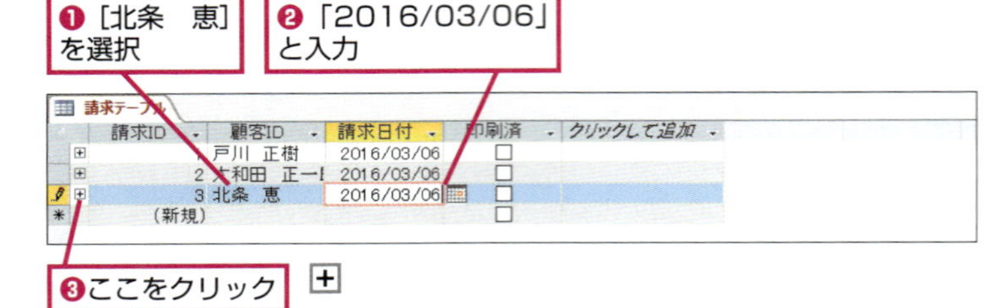

❸ここをクリック

空白を入力させないようにするには

「[短いテキスト]に設定したフィールドに空白文字列を入力させたくない」というときは、入力規則に「trim([フィールド名])<>""」と入力すれば、空白文字列だけの入力を禁止できます。例えば、[単位]フィールドで設定するときは以下のように入力しましょう。

手順1を参考に[単位]フィールドを選択しておく

❶[入力規則]に「trim([単位])<>""」と入力

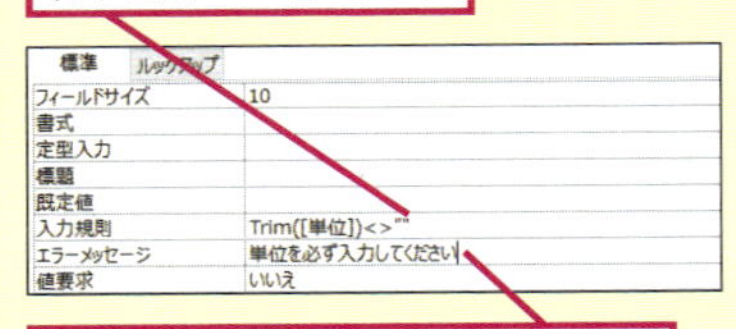

❷[エラーメッセージ]に「単位を必ず入力してください」と入力

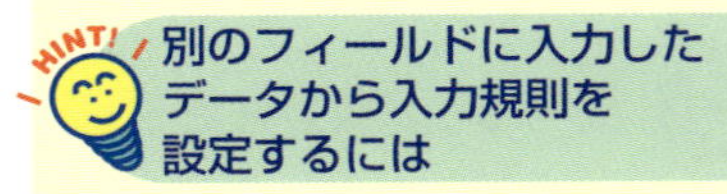

別のフィールドに入力したデータから入力規則を設定するには

テーブルに「注文日」と「発送日」の2つの日付型フィールドがあり、「発送日」は必ず「注文日」以降の日付を入力しなければならないとします。このような、フィールドに入力されたデータを使って入力を制限する場合は、フィールドではなく、レコードに対して入力規則を設定します。上の例では、レコードの入力規則に「[発送日]>[注文日]」と入力しておけば、[発送日]に[注文日]より前の日付を入力してレコードを保存しようとするとエラーが表示されます。レコードに入力規則を設定するには、テーブルのデザインビューで[プロパティシート]ボタンをクリックして、テーブルのプロパティシートで[入力規則]を設定します。

7 エラーメッセージを確認する

入力規則が正しく設定されているか確認するために、[数量]フィールドにマイナスの値を入力する

❶商品名を入力

❷「-2」と入力

❸ Tab キーを押す

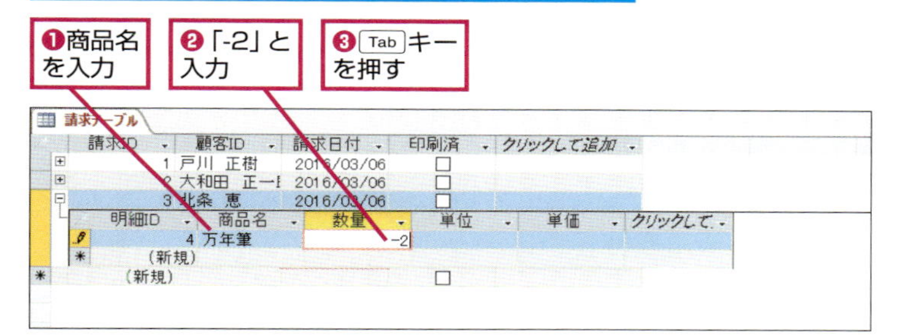

[数量] フィールドに入力規則に沿っていないマイナスの値を入力したので、エラーメッセージが表示された

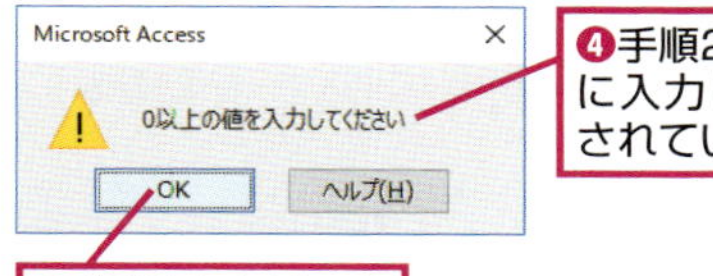

❹手順2で [エラーメッセージ] に入力したメッセージが表示されていることを確認

❺[OK]をクリック

8 正しい数値を入力する

❶「2」と入力

❷「本」と入力

❸「15000」と入力

❹ Tab キーを押す

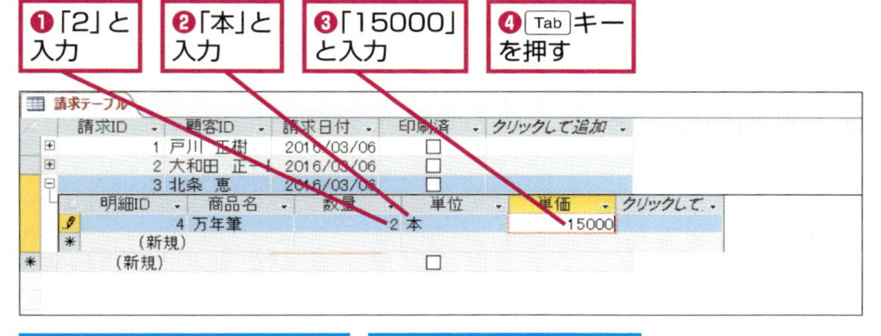

入力規則に沿ったデータを入力したので、エラーメッセージは表示されない

活用編のレッスン❼を参考に [請求テーブル] を閉じておく

特定の文字列に対する入力規則を設定できる

「<>」(不等号) や「=」(等号) などの比較演算子やLike句を使って、文字列の入力を制限できます。例えば「谷川」という文字列を入力したときにエラーメッセージを表示するには、入力規則に「<>"谷川"」と入力します。また、「大山」で始まる文字列だけを入力できるようにするには「like□"大山*"」と入力します。比較演算子やLike句を使うと、さまざまな入力規則を設定できるので試してみましょう。

間違った場合は?

手順7で [数量] フィールドに「−2」と入力してもエラーが表示されないときは、入力規則が間違っています。Esc キーを押して入力をキャンセルしてからテーブルを閉じ、もう一度手順1から操作をやり直しましょう。

Point
入力規則に合わせてエラーメッセージを設定しよう

入力規則は、条件に合ったデータだけを入力できるようにするための機能です。条件に「>=0」と入力すると0以上の数値だけを入力できます。条件に合っていないデータを入力すると [エラーメッセージ] に入力した内容がダイアログボックスに表示されます。[エラーメッセージ] は入力規則に合わせて設定しましょう。例えば、「入力が間違っています」では、どのような値を入力すればいいのかが分かりません。「0以上の数値を入力してください」など、具体的なメッセージを入力しておきましょう。

入力したデータを削除するには

レコードの削除

［請求テーブル］のレコードをデータシートビューから削除します。リレーションシップが設定されていると、［請求明細テーブル］のレコードも一度に削除できます。

1 削除するレコードを選択する

基本編のレッスン⑩を参考に［請求テーブル］をデータシートビューで表示しておく

ここでは［請求ID］が［2］のレコードを削除する

◆レコードセレクタ

❶削除するレコードのレコードセレクタにマウスポインターを合わせる

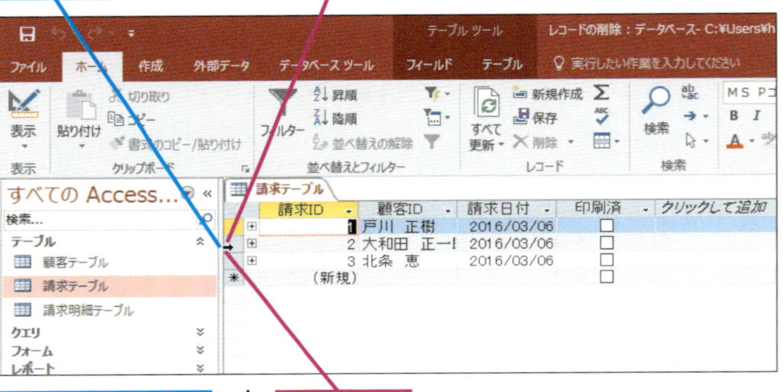

マウスポインターの形が変わった

❷そのままクリック

2 レコードを削除する

レコードを選択できた

❶［ホーム］タブをクリック

❷［削除］をクリック

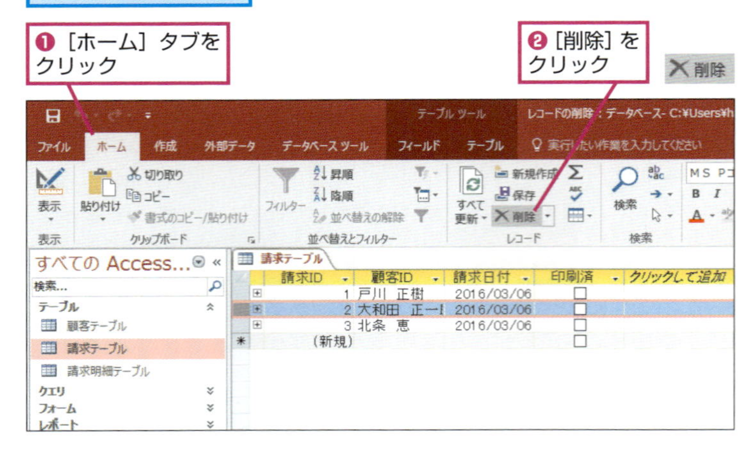

▶キーワード

テーブル	p.420
リレーションシップ	p.422
レコード	p.422
レコードセレクタ	p.422

レッスンで使う練習用ファイル

レコードの削除.accdb

ショートカットキー

Delete ……………… レコードの削除

HINT! ルックアップでは削除が反映されない

リレーションシップに連鎖削除が設定されていないときは、「1対多」リレーションを持つテーブルの「1」側のレコードを削除しても、「多」側のレコードは自動的に削除されません。例えば、ルックアップでリレーションシップを設定した顧客のレコードを削除しても、伝票は削除されません。

HINT! 請求明細だけを削除するには

請求明細だけを削除するには、サブデータシートを使います。［請求テーブル］のサブデータシートを開いてから、削除したいレコードを選択して、［ホーム］タブの［レコード］グループにある［削除］ボタンをクリックします。

間違った場合は？

手順1で間違ったレコードを選択してしまった場合は、もう一度正しいレコードを選択し直します。

3 レコードを削除できたことを確認する

レコードを削除していいか、確認のメッセージが表示された

❶［はい］をクリック

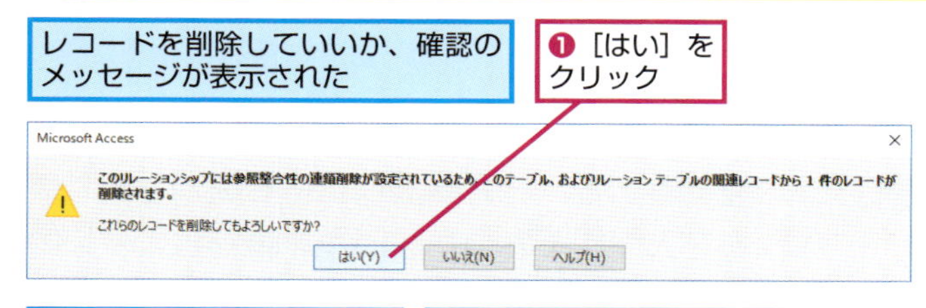

［請求ID］が［2］のデータを削除できた

活用編のレッスン❼を参考に［請求テーブル］を閉じておく

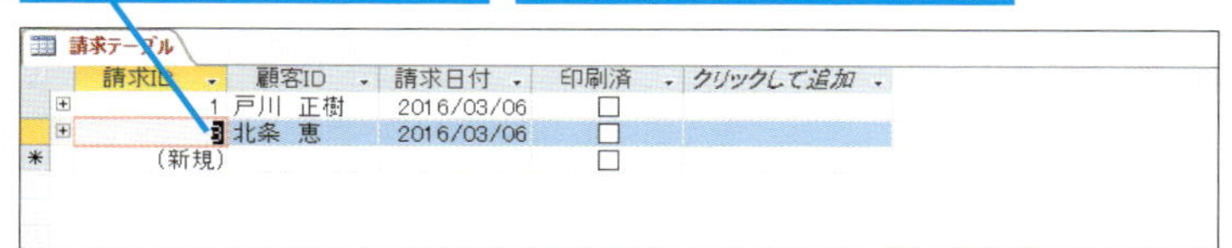

4 ［請求明細テーブル］を開く

［請求テーブル］のレコードが削除されたことによって、関連付けられた［請求明細テーブル］のレコードが同時に削除されたことを確認する

［請求明細テーブル］をダブルクリック

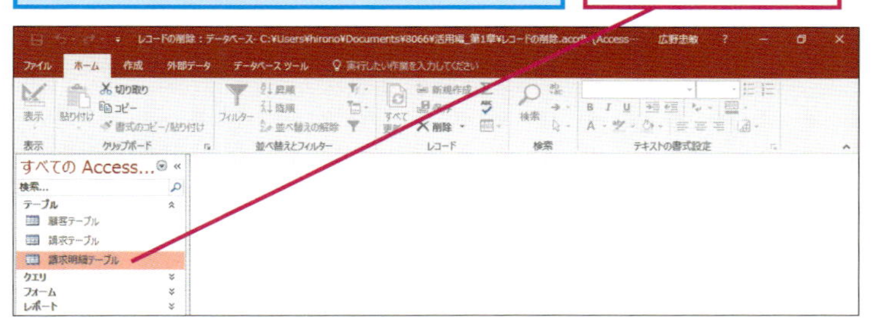

5 ［請求明細テーブル］のレコードが削除された

［請求明細テーブル］が表示された

［請求ID］の値が［2］のレコードが削除されている

活用編のレッスン❼を参考に［請求明細テーブル］を閉じておく

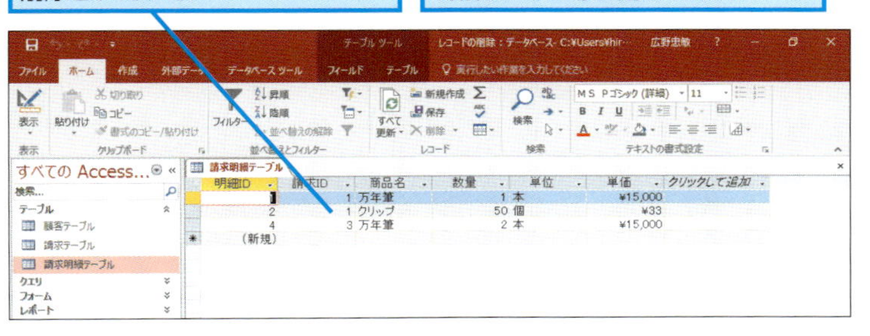

HINT! ［レコードの連鎖削除］の設定を確認するには

［レコードの連鎖削除］は、リレーションシップウィンドウで設定できます。［データベースツール］タブの［リレーションシップ］ボタンをクリックしてリレーションシップウィンドウを表示しましょう。次に連鎖削除を設定したいリレーションシップの結合線をダブルクリックします。［リレーションシップ］ダイアログボックスの［参照整合性］と［レコードの連鎖削除］にチェックマークが付いていれば、関連するレコードを削除できます。

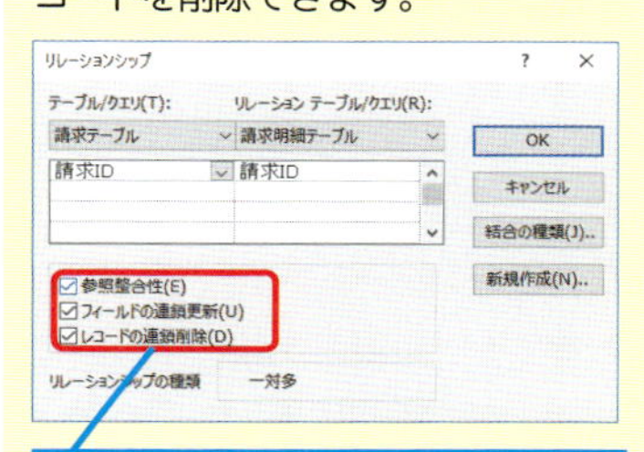

［参照整合性］と［レコードの連鎖削除］にチェックマークが付いていることを確認する

間違った場合は?

手順3で［いいえ］ボタンをクリックすると、レコードは削除されません。もう一度手順1からやり直します。

Point 連鎖削除で関連するレコードを一度に削除できる

リレーションシップに「レコードの連鎖削除」が設定されていると、削除するレコードに関連付けられているレコードを一度に削除できます。［レコードの連鎖削除］で自動削除されるのは、「1対多」リレーションシップのときに、「1」側のテーブルのレコードを削除しようとしたときだけです。このときに、対応する「多」側のテーブルの関連するレコードが一度に削除されます。このレッスンで操作したように、［請求テーブル］のレコードを削除すると、［請求明細テーブル］のレコードも同時に削除されます。

この章のまとめ

●リレーションシップの設定をマスターしよう

リレーショナルデータベースを使う上で最も重要なことは何でしょうか？ それはリレーションシップの設定です。テーブルを設計するときは、最初に元になるテーブルを考えます。例えば、請求管理のデータベースの場合、元になるデータは請求書なので、請求書をどのようなテーブルにするのかを考えます。このとき、テーブルの列方向（フィールド）に繰り返し入力しなければいけない情報があるときは、その部分を別のテーブルにして「1対多」のリレーションシップを設定します。請求書では、明細が繰り返されるので、明細を別のテーブルにして「1対多」のリレーションシップを設定するようにします。
さらに、こうして作られたすべてのテーブルを見渡して、行方向（レコード間）で同じ情報を入力するものがないかを確認します。同じ情報を繰り返し入力する必要があるときはその部分を別のテーブルにして「多対1」のリレーションシップを設定しましょう。また、この章では紹介していませんが、明細のように商品の情報が複数のレコードに繰り返し入力されるときは、商品のテーブルを別に作り、「多対1」のリレーションシップを設定すると便利です。
このように、テーブルの内容とリレーションシップとを順序立てて考えれば、複雑なリレーションシップでも分かりやすく設定できるのです。

リレーションシップの設定

リレーションシップウィンドウでテーブル同士の関連付け（リレーションシップ）の設定や修正、確認ができる

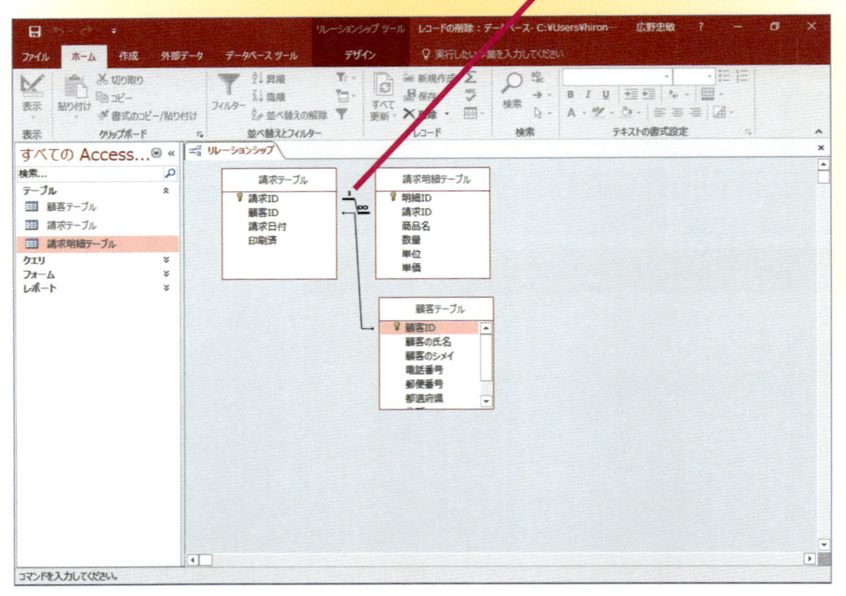

練習問題

1

練習用ファイルの［練習問題01_活用.accdb］にある［顧客テーブル］に［業種名］というフィールドを作成して、データを一覧から入力できるように設定してみましょう。

●ヒント　ルックアップウィザードを使って［業種テーブル］フィールドを参照します。

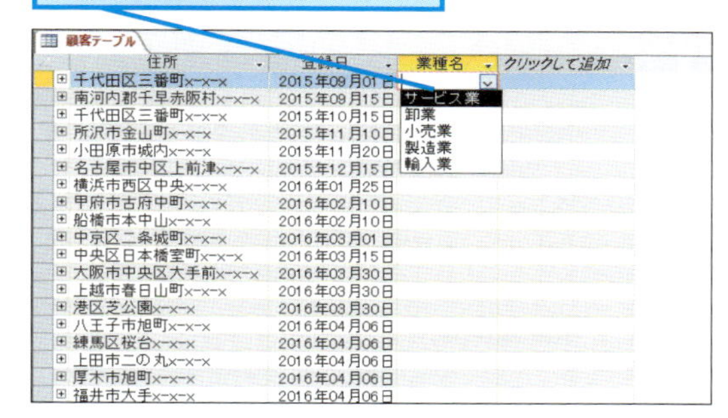

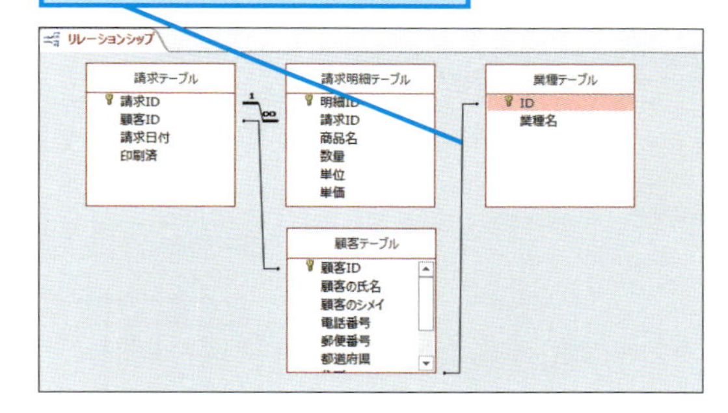

答えは次のページ

解　答

1

[業種テーブル] にあるデータを [顧客テーブル] から参照するには、[ルックアップウィザード] を使用します。[顧客テーブル] をデザインビューで開いて、[業種名] フィールドを新たに追加します。続いて [データ型] に [ルックアップウィザード] を指定して操作しましょう。

基本編のレッスン⓭を参考に [顧客テーブル] をデザインビューで表示し、[業種名]フィールドを追加しておく

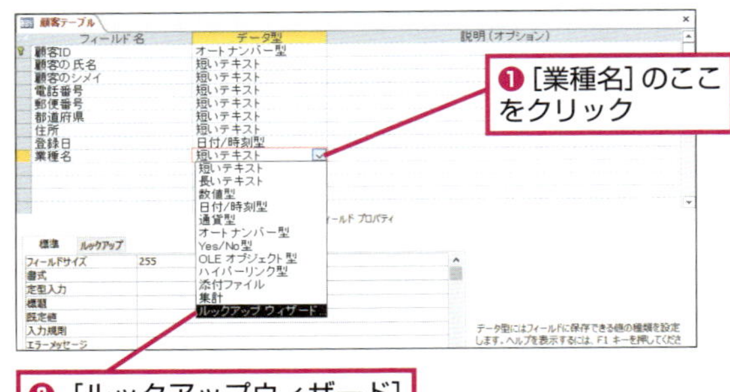

[ルックアップウィザード] が表示された

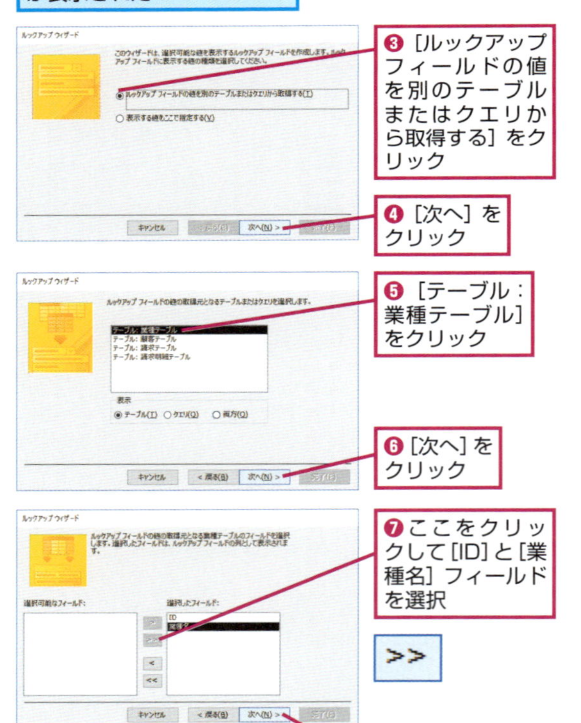

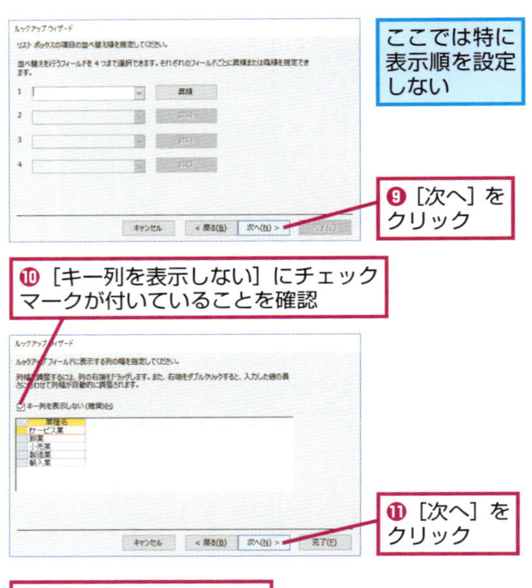

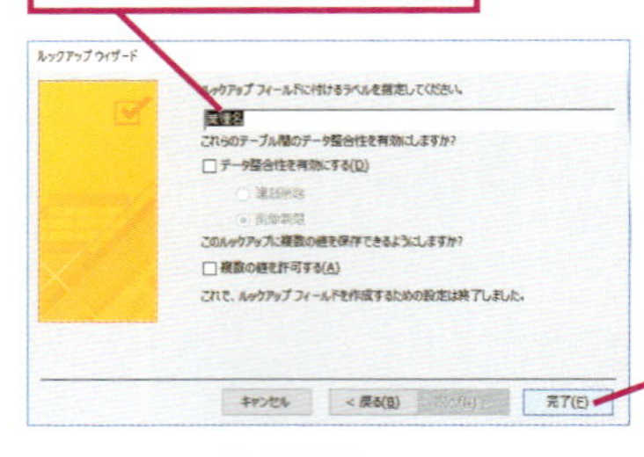

「保存してもよろしいですか？」というメッセージが表示された

活用編
第2章 入力効率がいいフォームを作成する

この章では、活用編の第1章で作成したテーブルにデータを入力するためのフォームを作ります。サブフォームを使って、関連付けされたテーブルにデータを入力する方法やテキストボックスで計算する方法などを説明します。

●この章の内容

リレーショナルデータベース向けのフォームとは

メインフォーム、サブフォーム

関連付けられた2つのテーブルへ一度に入力するフォームを作成できます。この章では［請求テーブル］と［請求明細テーブル］へ入力するフォームの作り方を学びます。

リレーションシップが設定されたテーブルからフォームを作成する

関連付けられた2つのテーブルからフォームを作成すると、「メインフォーム」と「サブフォーム」という2つのフォームが作成されます。2つのフォームを1つのフォームであるかのように扱え、それぞれのテーブルのデータを一度に入力できます。

▶キーワード

キーワード	ページ
移動ボタン	p.418
サブフォーム	p.420
テーブル	p.420
フォーム	p.421
メインフォーム	p.422
リレーションシップ	p.422

◆リレーションシップが設定されたテーブル
フォームから入力されたデータが各テーブルに保存される

◆関連付けられた2つのテーブルを元にしたフォーム
2つのテーブルにデータを一度に入力できるほか、入力済みのデータを確認できる

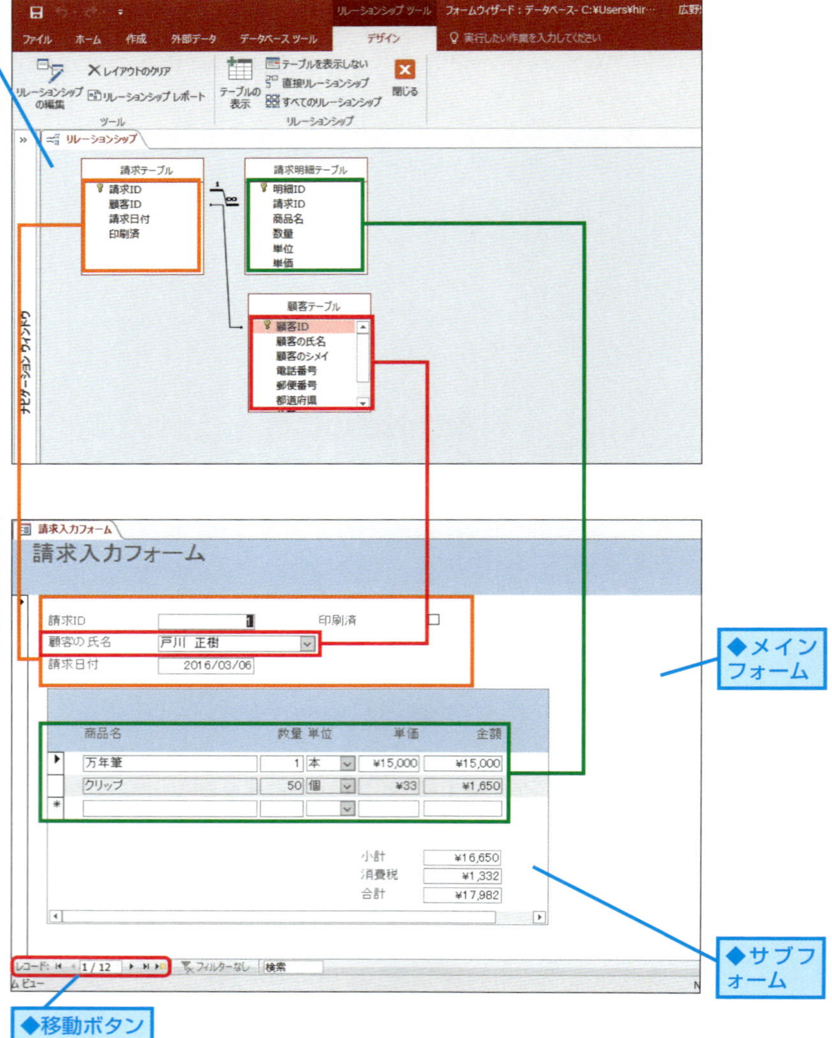

業務で使っている帳票を元にデザインしよう

活用編の第1章で作成した複数のテーブルからフォームを作成した後、使いやすくするためにカスタマイズを行います。フォームは実際に業務で使っている帳票を参考にしてデザインしましょう。実際に使っている帳票と同じ位置にテキストボックスを配置して、項目名を帳票とそろえれば、データを迷わず入力できます。

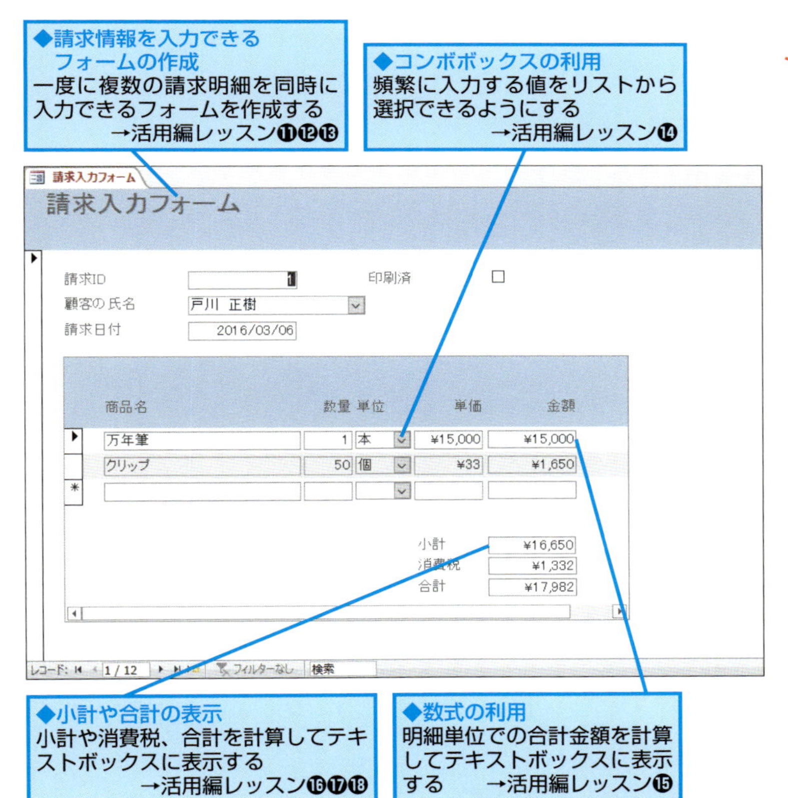

データシートから入力したときとの違い

基本編の第4章でもフォームについて解説しましたが、データシートからテーブルへデータを入力するよりも、フォームを使った方が、データの入力がしやすくなります。特にリレーションシップを設定したテーブルでは、開くテーブルによってデータシートの表示方法が違ってくるので、フォームを作ってデータを入力するようにしましょう。

メインフォームとサブフォームの違いとは

2つのフォームの違いは、請求書に例えるとメインフォームは単票形式、サブフォームは帳票形式となっていることです。異なった2つのフォームを1つのフォームにすることで、リレーションシップが設定された複数のテーブルに一度にデータの入力ができるため、効率よくデータを入力できます。通常、サブフォームはメインフォームに連結されるように作成するため、サブフォーム単体で使うことはほとんどありません。ここでは、サブフォームはメインフォームに含まれるフォームということだけを覚えておきましょう。

複数のテーブルに同時に入力できるフォームを作るには

フォームウィザード

メインフォームとサブフォームを使うと、関連付けられた2つのテーブルにデータを入力できます。請求書にデータを入力するためのフォームを作ってみましょう。

このレッスンの目的

「1対多」のリレーションシップが設定された2つのテーブルへ、一括してデータを入力するためのフォームを作成します。あらかじめフォームを作っておけば、データの入力が簡単にできます。

Before

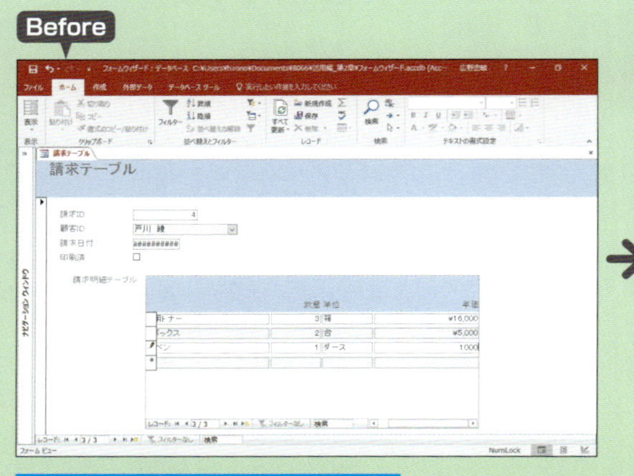

メインフォームとサブフォームを作成してデータを2つのテーブルに一括でデータを入力する

After

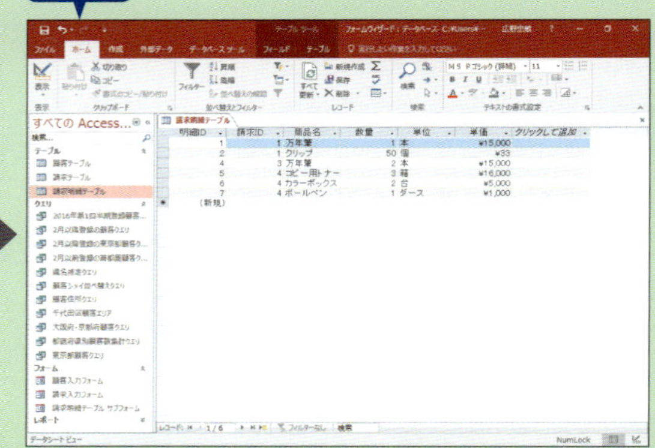

サブフォームに設定したテーブルにもデータを入力できる

フォームを作成する

フォームウィザードを表示する

基本編のレッスン❽を参考に［フォームウィザード.accdb］を開いておく

❶［作成］タブをクリック

❷［フォームウィザード］をクリック

フォーム ウィザード

ファイル　ホーム　作成　外部データ　データベース ツール

アプリケーションパーツ　テーブル　テーブルデザイン　SharePointリスト　クエリウィザード　クエリデザイン　フォーム　フォームデザイン　空白のフォーム　フォーム ウィザード　ナビゲーション　その他のフォーム　レポート　レポートデザイン　空白のレポート

テンプレート　テーブル　クエリ　フォーム　レポート

▶キーワード

移動ボタン	p.418
ウィザード	p.418
サブフォーム	p.420
データシートビュー	p.420
テーブル	p.420
ナビゲーションウィンドウ	p.421
フィールド	p.421
フォーム	p.421
メインフォーム	p.422
リレーションシップ	p.422

2 [請求テーブル] のフィールドを追加する

[フォームウィザード] が表示された

[請求テーブル] のフィールドをすべて追加する

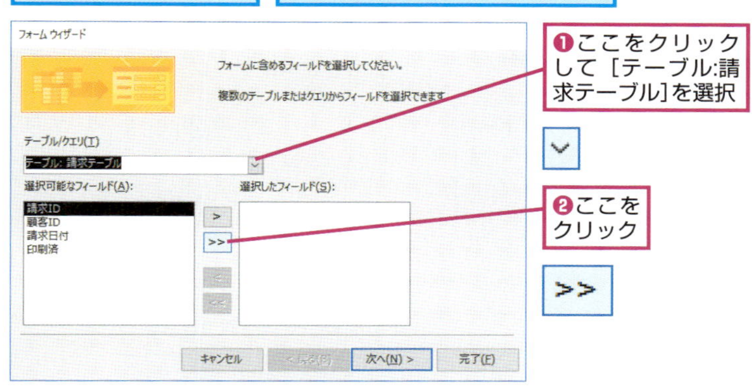

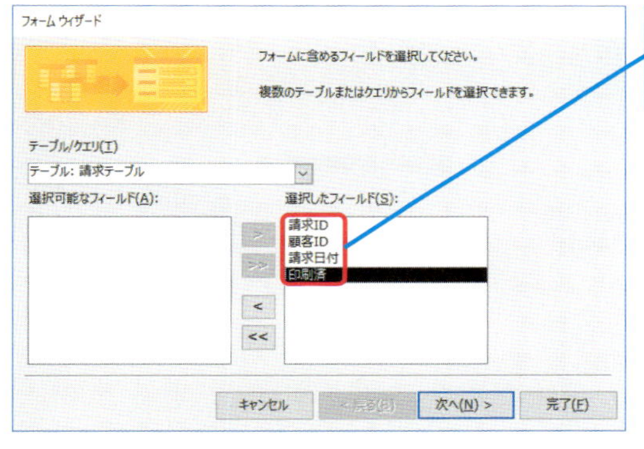

[請求テーブル] のフィールドがすべて追加された

3 [請求明細テーブル] のフィールドを追加する

[請求明細テーブル] から [商品名] [数量] [単位] [単価] フィールドをそれぞれ追加する

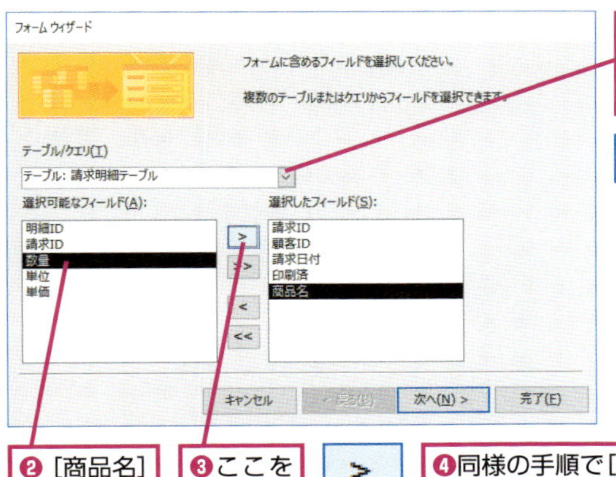

❶ここをクリックして [テーブル:請求明細テーブル] を選択

❷ [商品名] をクリック

❸ここをクリック

>

❹同様の手順で [数量] [単位] [単価] フィールドを追加

2つのテーブルで1つのフォームが作られる

「1対多」リレーションシップが設定された複数のテーブルへ入力するフォームを作るときは、「1」側のテーブルへ入力するフォームを単票形式で作り、「多」側のテーブルへ入力するフォームは帳票形式で作ります。2つのフォームを関連付けることで、テーブルへのデータ入力が楽になります。

手順2で追加した [請求テーブル] はメインフォームに表示される

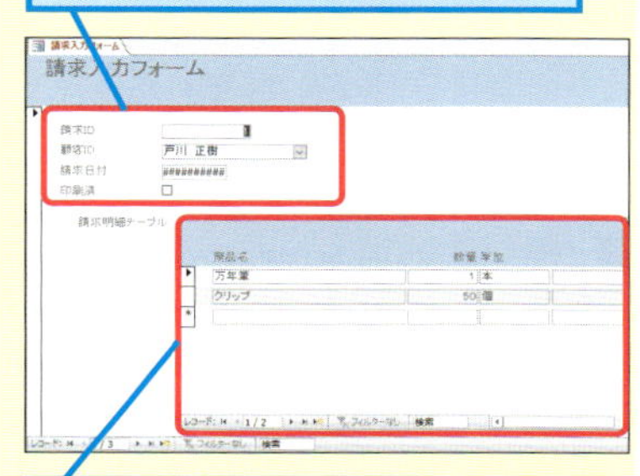

手順3で追加する [請求明細テーブル] はサブフォームに表示される

関連付けされたフィールドは追加しない

[フォームウィザード] で、リレーションシップが設定されたテーブルに入力するフォームを作るときは、入力に必要なフィールドだけを選びましょう。手順2では、[請求明細テーブル] の [明細ID] と [請求ID] フィールドはフォームに追加しません。[オートナンバー型] が設定された [明細ID] フィールドには入力が不要なためです。[請求ID] フィールドにはリレーションシップが設定されているので、そもそもデータ入力が不要です。

間違った場合は?

手順3で間違って違うフィールドを追加してしまったときは、追加したフィールドをクリックして選択してから < をクリックして、もう一度やり直します。

次のページに続く

4 フィールドが追加された

[商品名] [数量] [単位] [単価] フィールドが追加された

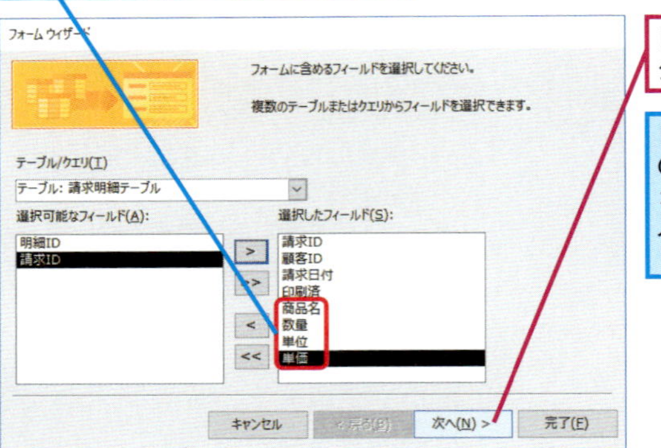

[次へ] をクリック

[明細ID] [請求ID] のフィールドは、フォームからデータを入力しないので追加しない

5 データの表示方法を指定する

ここでは1件の請求書の中で複数の請求明細を管理するので、[請求テーブル]を元にデータを表示するようにする

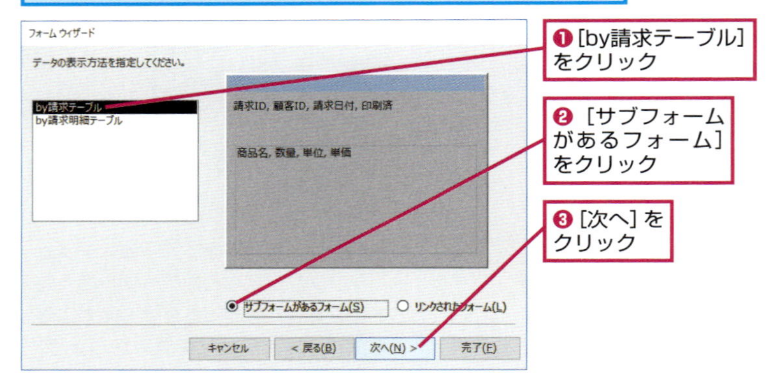

❶ [by請求テーブル] をクリック

❷ [サブフォームがあるフォーム] をクリック

❸ [次へ] をクリック

6 サブフォームのレイアウトを指定する

請求明細を入力するフォームの見え方を指定する

ここでは [表形式] でフォームを表示する

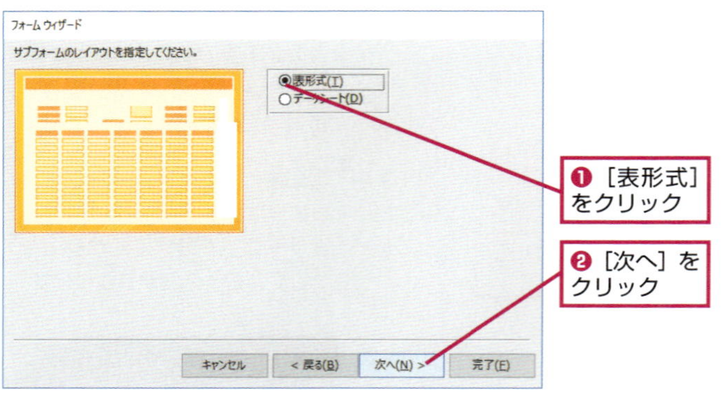

❶ [表形式] をクリック

❷ [次へ] をクリック

「by ～」って何？

手順5の「by ～」とは、どのテーブルを基準にフォームを作るのかを選ぶものです。「1対多」リレーションシップが設定されたテーブルのときは、「by ～」で「1」側のテーブルを選ぶと、メインフォームには「1」側のテーブルのフィールドが、サブフォームには「多」側のテーブルのフィールドが配置されたフォームになります。「by ～」で「多」側のフォームを選ぶとサブフォームは作られず、単票のフォームになるので気を付けましょう。

[by請求明細テーブル]を選ぶと、単票形式になる

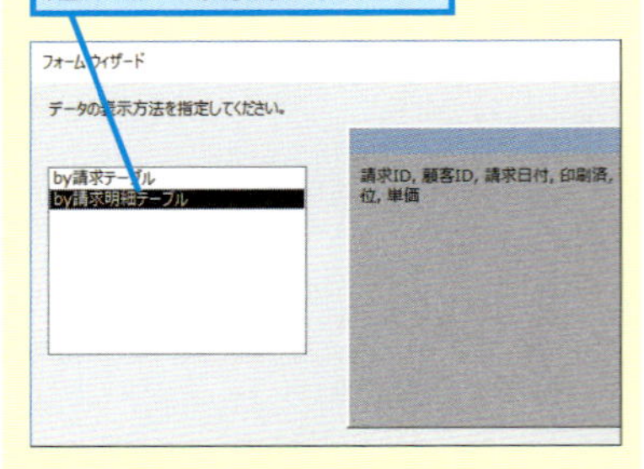

フォームの表題となる名前を入力しよう

手順7で入力するフォーム名は、[ナビゲーションウインドウ] やフォームの左上に表示されます。後で見たときに分かりやすい名前を付けましょう。このレッスンでは、請求データの入力フォームを作るので [請求入力フォーム] という名前を付けます。複数のフォームを作るときでも、フォームに分かりやすい名前を付けておけば、後から見つけやすくなります。

間違った場合は?

手順5で [by請求明細テーブル] をクリックすると、サブフォームは作成されません。手順6の画面で [戻る] ボタンをクリックして、手順5から操作をやり直します。

7 フォーム名を入力する

フォームのスタイルを選択できた

❶「請求入力フォーム」と入力

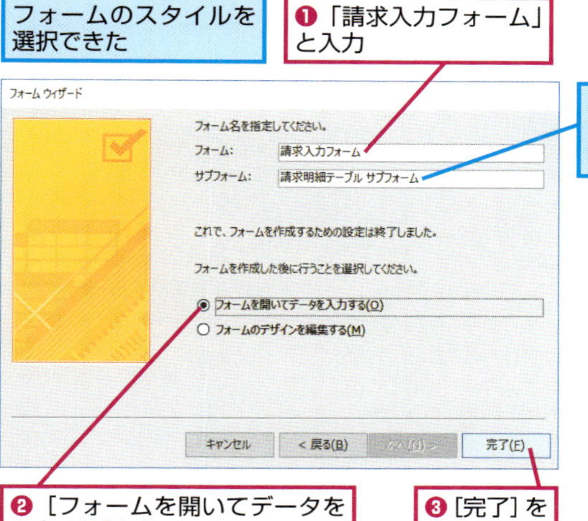

[サブフォーム]のフォーム名はこのままでいい

❷[フォームを開いてデータを入力する]をクリック

❸[完了]をクリック

データを入力する

8 新しいレコードを作成する

[請求テーブル]と[請求明細テーブル]フィールドを含んだフォームが作成できた

作成されたフォームを使ってデータを入力するために新しいレコードを作成する

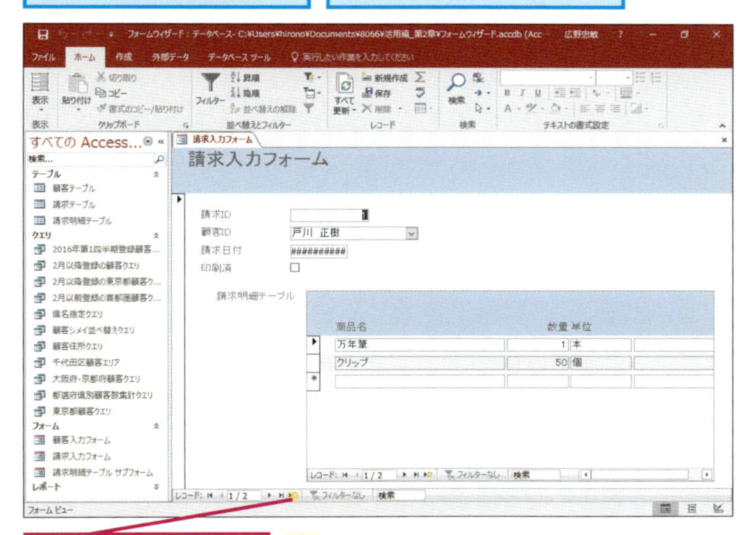

[新しい(空の)レコード]をクリック

HINT! 移動ボタンの役割を覚えよう

メインおよびサブフォームには、移動ボタンが2つ作られます。メインフォームの移動ボタンは、メインフォームのレコード移動、サブフォームの移動ボタンはサブフォーム内のレコードを移動するボタンです。例えば、このレッスンで作った請求入力フォームの場合は、メインフォームの移動ボタンをクリックすると、別の請求書を表示できます。また、サブフォームの移動ボタンをクリックしたときは、「同じ請求書に含まれているどの明細を表示するか」という意味になります。それぞれの移動ボタンをクリックしたときの意味が違うので覚えておきましょう。

この移動ボタンは[請求明細テーブル]のレコードを移動する

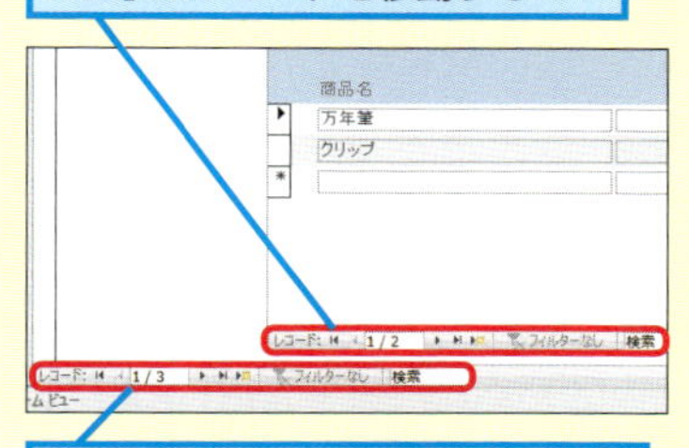

この移動ボタンは[請求テーブル]のレコードを移動する

間違った場合は?

手順8でフォーム名の間違いに気付いたときは、基本編のレッスン㉟を参考にフォームをデザインビューで表示してラベルの内容を変更しましょう。ラベルの内容を変えてもナビゲーションウィンドウの表示名は変わらないので、53ページのHINT!を参考に名前を変更します。

次のページに続く

9 メインフォームのフィールドにデータを入力する

以下の請求データをメインフォームから入力する

顧客ID	戸川　綾（[顧客テーブル]から参照）
請求日付	2016/03/07

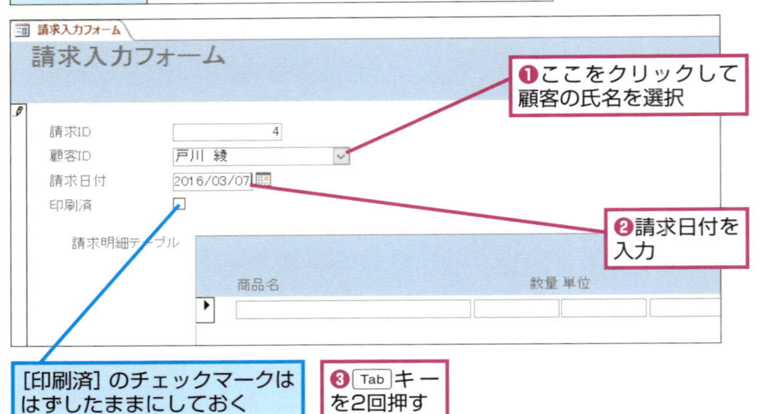

[印刷済]のチェックマークははずしたままにしておく

❸ Tab キーを2回押す

10 サブフォームのフィールドにデータを入力する

カーソルがサブフォームに移動した

以下の請求明細のデータをサブフォームから入力する

商品名	数量	単位	単価
コピー用トナー	3	箱	¥16,000
カラーボックス	2	台	¥5,000
ボールペン	1	ダース	¥1,000

❶「コピー用トナー」「3」「箱」「¥16,000」と入力

❷ Tab キーを押す

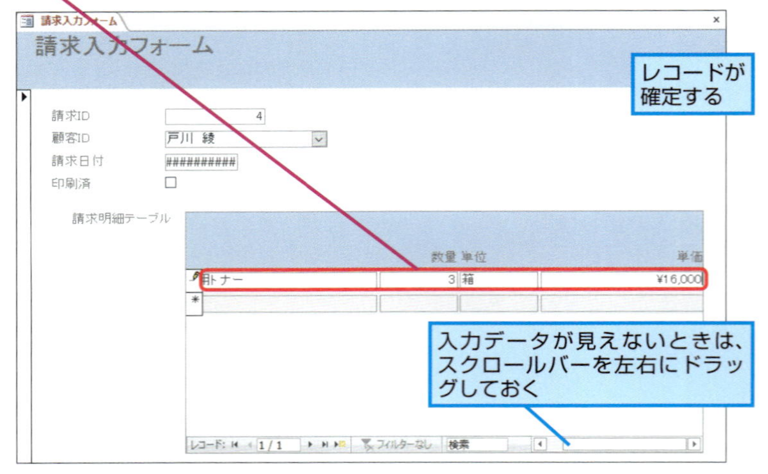

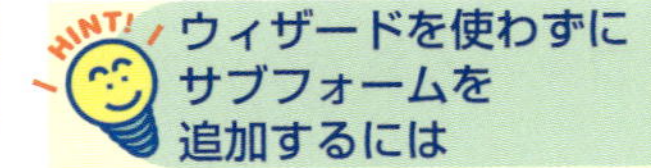

ウィザードを使わずにサブフォームを追加するには

すでに作ったフォームに、新しいサブフォームを追加したいときは、以下のように操作します。

サブフォーム用に「多」側のテーブルのフォームを表形式で作成しておく

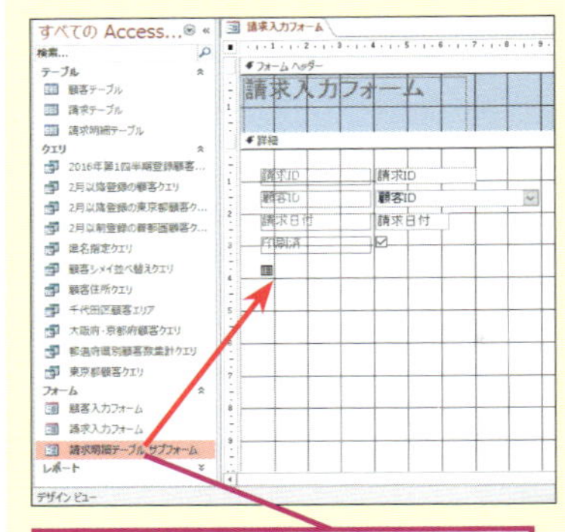

ナビゲーションウィンドウにあるサブフォームをメインフォームにドラッグ

選択したフォームがサブフォームとして追加された

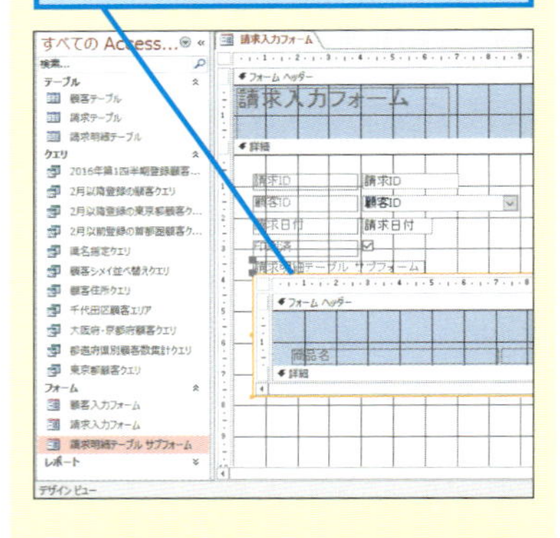

間違った場合は？

手順10～手順11で入力するデータを間違ってしまったときは、そのフィールドをクリックし、Back space キーを押して間違ったデータを削除してから、もう一度入力し直します。

活用編 第2章 入力効率がいいフォームを作成する

11 続けて残りのデータを入力する

1つ目の請求明細データを入力できた

❶手順10の表を参考に2つ目、3つ目の請求明細データを入力

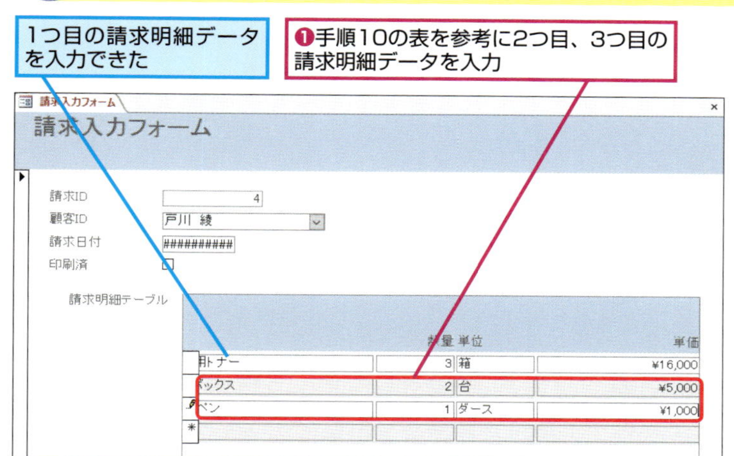

すべてのデータを入力できた

❷[上書き保存]をクリック

基本編のレッスン㉞を参考に[請求入力フォーム]を閉じておく

入力されたデータを確認する

12 [請求明細テーブル]を開く

[請求明細テーブル]を表示して、フォームから入力した商品などを確認する

[請求明細テーブル]をダブルクリック

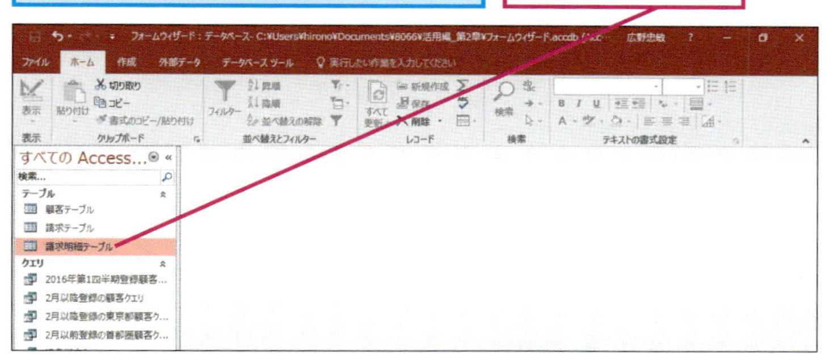

手順10～手順11で入力したデータがテーブルに反映されている

[請求明細テーブル]を閉じておく

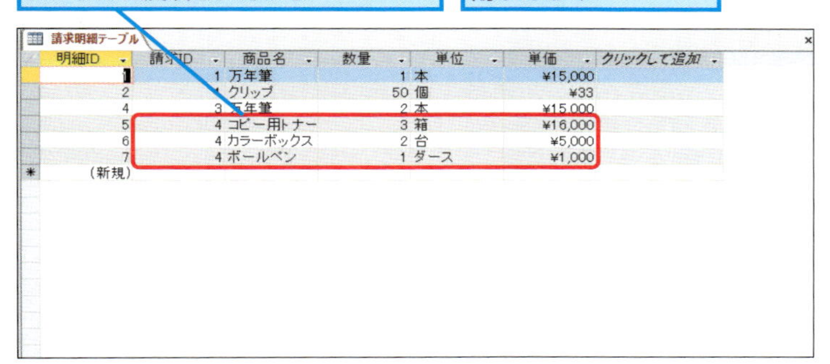

明細ID	請求ID	商品名	数量	単位	単価	クリックして追加
1	1	万年筆	1	本	¥15,000	
2	1	クリップ	50	個	¥33	
4	3	万年筆	2	本	¥15,000	
5	4	コピー用トナー	3	箱	¥16,000	
6	4	カラーボックス	2	台	¥5,000	
7	4	ボールペン	1	ダース	¥1,000	
(新規)						

HINT! [請求明細テーブル]の[請求ID]と[明細ID]は自動的に入力される

237ページのHINT!でも解説しましたが、[請求明細テーブル]から作成したサブフォームには[請求ID]と[明細ID]フィールドを追加していません。なぜなら、この2つのフィールドには値が自動的に入力されるからです。[請求明細テーブル]の[請求ID]フィールドはリレーションシップが設定されたフィールドです。このフィールドにはメインフォームに表示された[請求テーブル]の[請求ID]フィールドの値が自動的に入力されます。そのため、サブフォームに入力した明細レコードとメインフォームに入力した伝票レコードが自動的に[請求ID]によって関連付けされます。[請求明細テーブル]の[明細ID]は、[オートナンバー型]が設定されているので、フィールドの値は自動的に入力されるようになっています。

Point 関連付けられた2つのテーブルに一度に入力できる

メインフォームとサブフォームを使うと、「1対多」リレーションシップで関連付けられたテーブルへデータを入力できるほか、すでに入力されたデータを1つのウィンドウで一度に確認できます。サブフォームに入力するレコードのリレーションシップが設定されたフィールドには、メインフォームの該当するフィールドの値が自動的に入力されるため、レコード間をそれぞれ関連付けしながら矛盾なくデータを入力できるのです。「1対多」のテーブルにデータを入力したいときは、このレッスンを参考にして、メインフォームとサブフォームを作りましょう。

フォームのレイアウトを整えるには

フォームの編集

フォームはデータを入力するために、なくてはならない機能の1つです。ウィザードで作ったフォームを編集して、請求データなどを入力しやすくしてみましょう。

このレッスンの目的

テキストボックスの幅やラベルの位置、サブフォームの位置を変更して、見やすく入力しやすいようにフォームのレイアウトを整えます。

Before

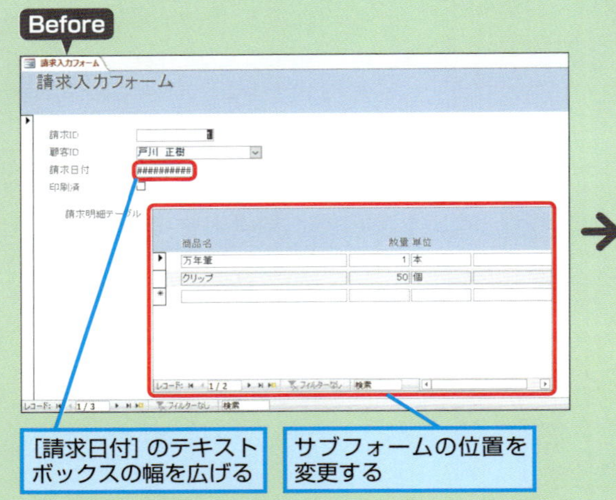

[請求日付] のテキストボックスの幅を広げる

サブフォームの位置を変更する

After

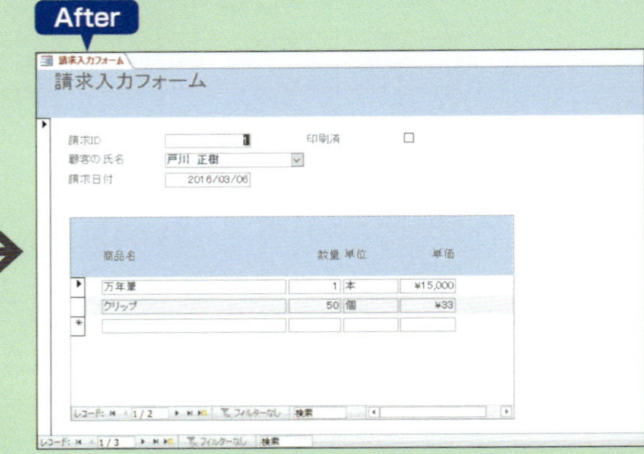

データが入力しやすいようにフォームのレイアウトを整えられた

メインフォームを調整する

1 [ナビゲーションウィンドウ] を閉じる

基本編のレッスン㉟を参考に[請求入力フォーム] をデザインビューで表示しておく

レイアウトを調整するために[ナビゲーションウィンドウ]を閉じて、作業スペースを広げる

[シャッターバーを開く/閉じるボタン]をクリック

▶キーワード

レッスンで使う練習用ファイル

フォームの編集.accdb

2 [請求日付] のテキストボックスの幅を調整する

[ナビゲーションウィンドウ]が閉じた

❶[請求日付]のテキストボックスをクリック

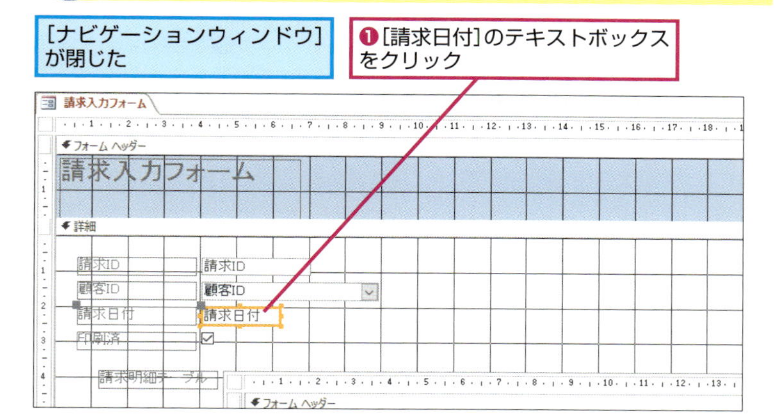

❷ここにマウスポインターを合わせる

マウスポインターの形が変わった

❸ここまでドラッグ

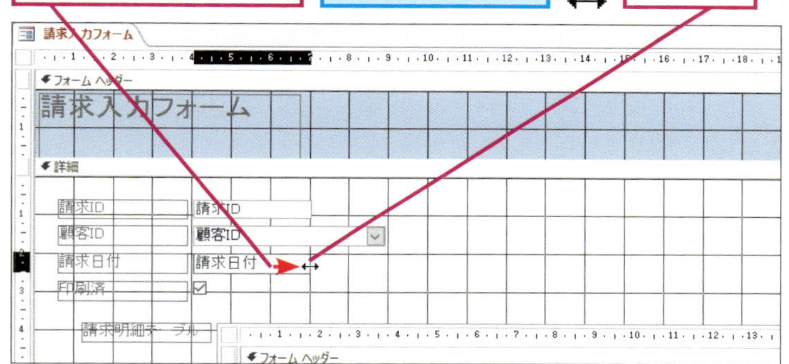

3 [印刷済] のラベルの位置を変更する

[請求日付]のテキストボックスの幅が広がった

[請求ID]のテキストボックスの横に[印刷済]のラベルを移動する

❶[印刷済]のラベルにマウスポインターを合わせる

マウスポインターの形が変わった

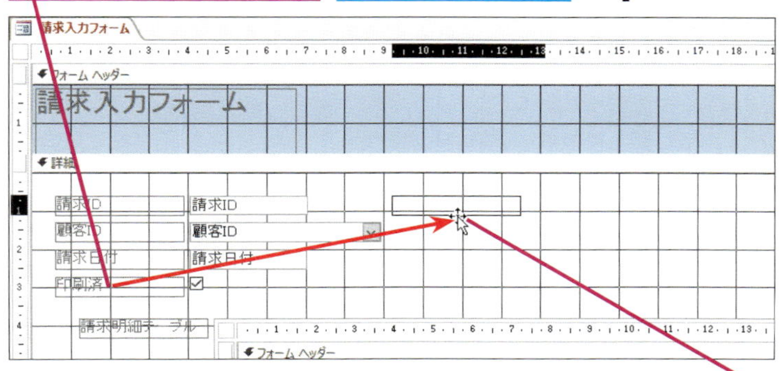

❷ここまでドラッグ

[ナビゲーションウィンドウ]は必要に応じて閉じる

このレッスンのように、フォームのレイアウトを編集するときは、手順1のようにナビゲーションウィンドウを閉じるといいでしょう。ナビゲーションウィンドウを閉じれば、Accessのオブジェクトを非表示にできるので、画面を広く使えます。再度、[シャッターバーを開く/閉じるボタン] をクリックすれば、ナビゲーションウィンドウを表示できます。

サブフォームが表示されないときは

サブフォームが含まれたフォームをデザインビューで編集するときに、サブフォームが表示されないことがあります。このようなときは、一度フォームを閉じてからフォームをデザインビューで開き直すと、サブフォームが正しく表示されます。

[詳細] セクションに表示されるレコードとは

フォームの [詳細] セクションには、そのフォームの元になっているテーブルのレコードが1レコードずつ表示されます。このレッスンで編集している [請求入力フォーム] は、[請求テーブル] が元になっているため、[請求テーブル] のレコードが1レコードずつ表示されます。

間違った場合は?

手順3で違うラベルを移動してしまったときは、クイックアクセスツールバーの [元に戻す] ボタン (↶) をクリックしてから、もう一度操作をやり直します。

次のページに続く

[顧客ID] のラベルを変更する

[印刷済] のラベルが移動した

[顧客ID] のラベルの文字を「顧客の氏名」に変更する

❶ [顧客ID] のラベルをクリック

❷ F2 キーを押す

❸「顧客の氏名」と入力

❹ Enter キーを押す

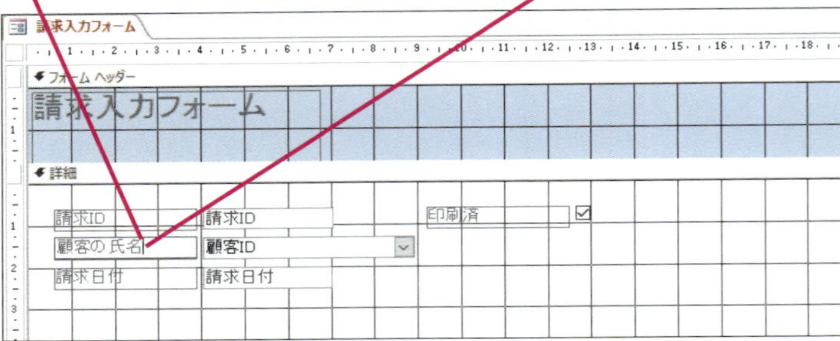

サブフォームを調整する

5 サブフォームのラベルを削除する

ラベルの文字を修正できた

❶ [請求明細テーブル] のラベルをクリック

❷ Delete キーを押す

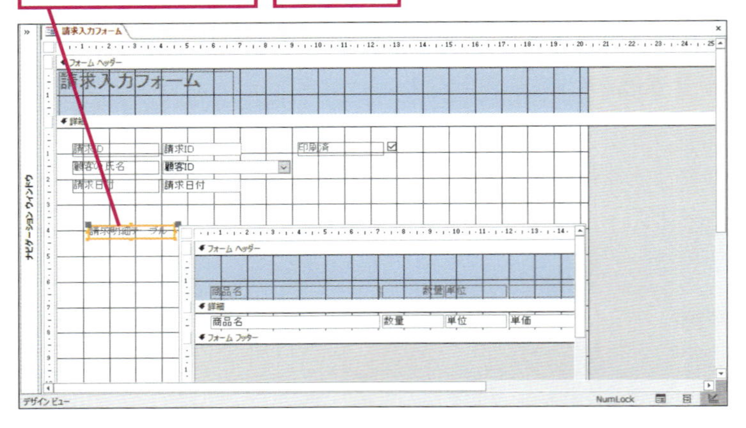

ラベルやテキストボックスのフォントを変更するには

基本編のレッスン㊷でも紹介していますが、以下の手順でラベルやテキストボックスのフォントを変更できます。

ラベルやテキストボックスを選択しておく

❶ [フォームデザイン] の [書式] タブをクリック

❷ [フォント] のここをクリック

❸フォントを選択

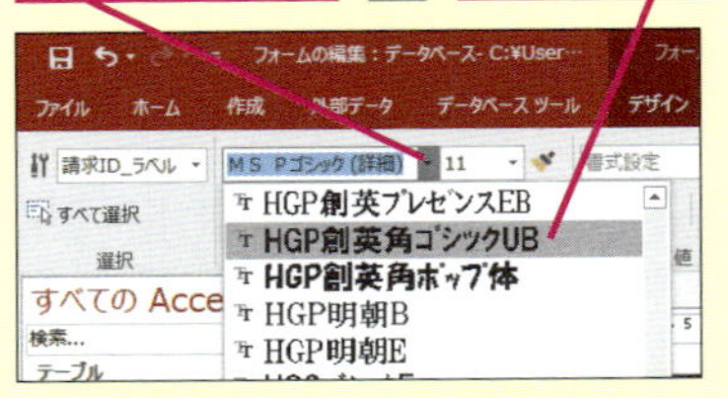

[ホーム] タブからも書式を設定できる

[フォームデザインツール] の [書式] タブと同様に、[ホーム] タブの [テキストの書式設定] からも、書式を設定できます。

[ホーム] タブにも同様のボタンが配置されている

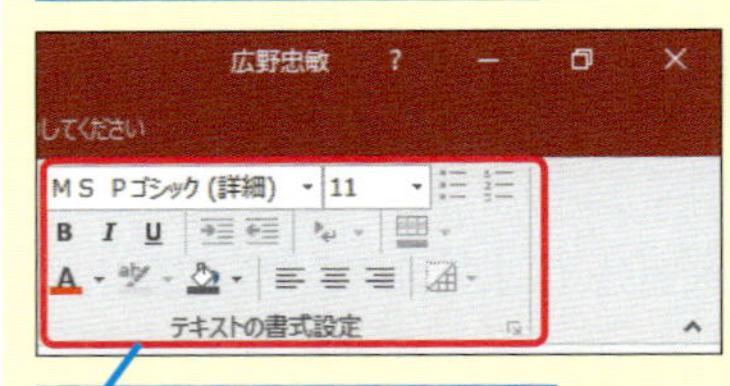

◆ [テキストの書式設定] グループ

間違った場合は?

手順5でラベル以外のコントロールを削除してしまったときは、クイックアクセスツールバーの [元に戻す] ボタン (↶) をクリックしてから、もう一度操作をやり直します。

6 サブフォームの位置を調整する

サブフォームのラベルを削除できた

❶サブフォームをクリック

❷サブフォームのここにマウスポインターを合わせる

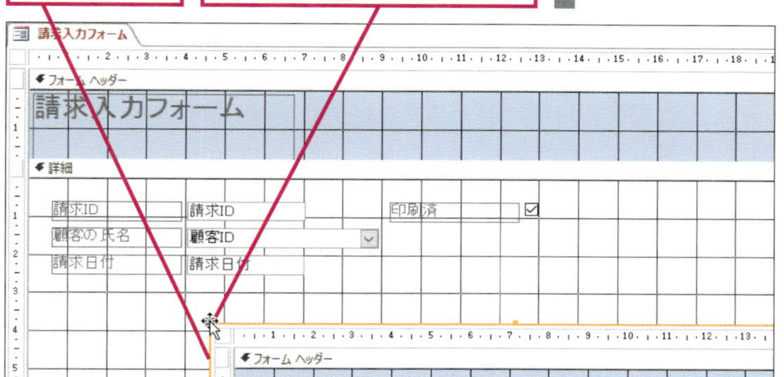

マウスポインターの形が変わった

❸ここまでドラッグ

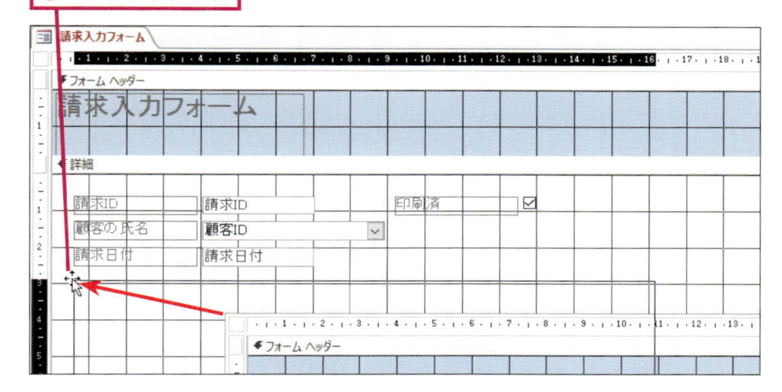

7 サブフォームのラベルとテキストボックスのサイズを変更する

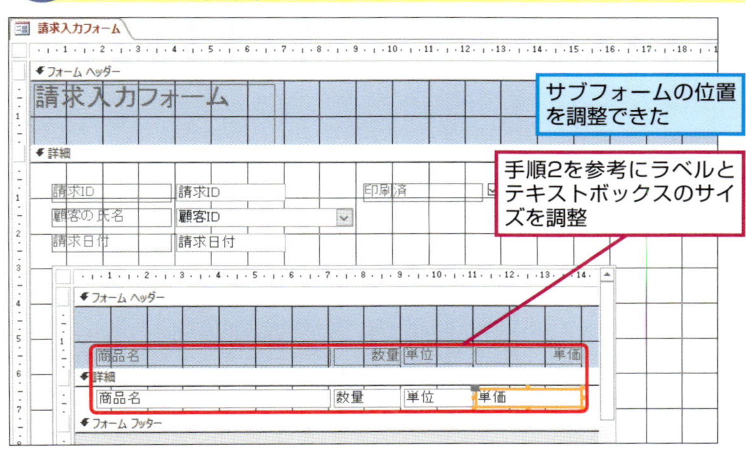

サブフォームの位置を調整できた

手順2を参考にラベルとテキストボックスのサイズを調整

HINT! サブフォームの表示方法を変更するには

サブフォームの部分だけを立体的に表示することができます。サブフォームの表示を変更するには、サブフォームを右クリックしてから［立体表示］をクリックします。立体表示は、サブフォームに影を付けて表示するものやサブフォーム全体をくぼませるものなど6種類の中から選択できます。

❶サブフォームを右クリック

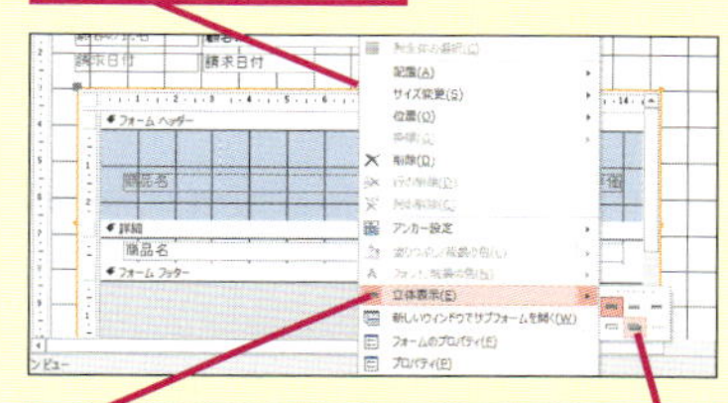

❷［立体表示］にマウスポインターを合わせる

❸立体表示の種類を選択

サブフォームの表示が変更される

間違った場合は？

手順7で［単価］フィールドのラベルやテキストボックスの幅を狭めるとき、サブフォームをドラッグしてしまったときは、クイックアクセスツールバーの［元に戻す］ボタン（↶）をクリックします。ラベルやテキストボックスの選択後にマウスポインターの形が↔になっていることをよく確認してから幅を変更しましょう。

次のページに続く

8 サブフォームの［フォームヘッダー］セクションの高さを変更する

［フォームヘッダー］セクションのラベルと［詳細］セクションのテキストボックスの間を広げる

❶ここにマウスポインターを合わせる

マウスポインターの形が変わった

❷ここまでドラッグ

1目盛り分ドラッグする

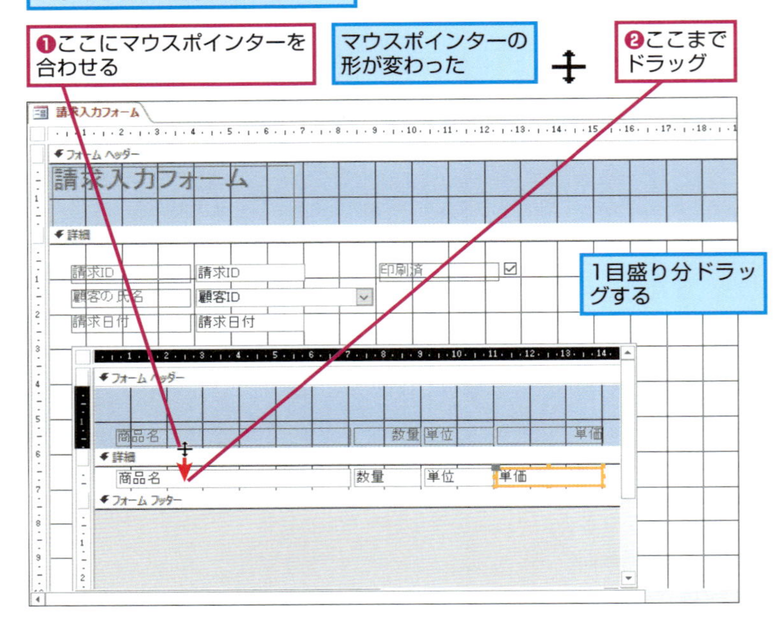

9 ［フォームヘッダー］の高さが変更された

サブフォームの［フォームヘッダー］セクションの高さが広がった

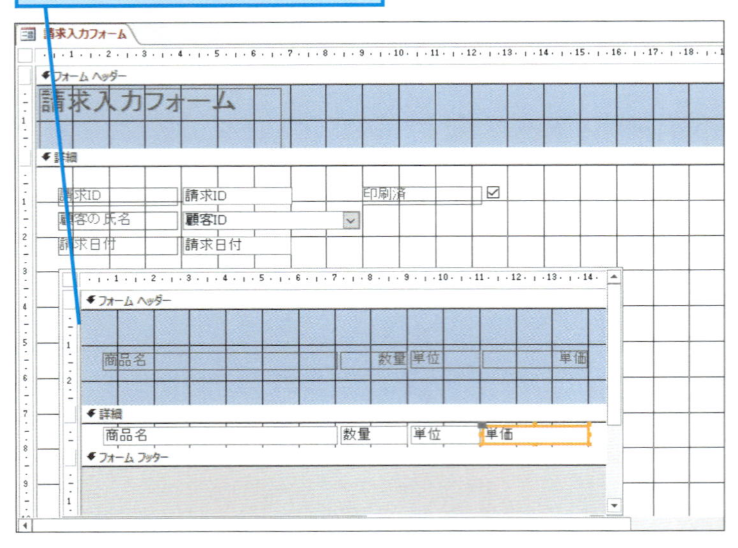

HINT! フォームビューでレイアウトを確認しよう

ラベルやテキストボックス、セクションを調整した後は必ずフォームビューでフォームを確認しましょう。データが入りきらないコントロールがあるときは、フォームを再度デザインビューで表示して、コントロールの大きさを調整し直します。

HINT! サブフォームの移動ボタンを非表示にするには

表形式のサブフォームは、スクロールバーでレコードの移動ができるため、必ずしもレコードの移動ボタンは必要ありません。以下の手順でレコードの移動ボタンを非表示にできます。なお、移動ボタンの有無については、フォームビューで確認しましょう。

140ページのテクニックを参考にプロパティシートを表示しておく

❶ここをクリック

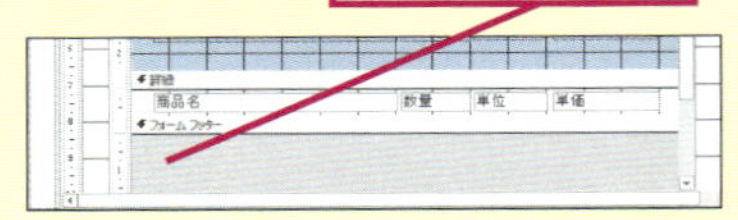

サブフォームのプロパティシートが表示された

❷［書式］タブをクリック

❸［移動ボタン］のここをクリック

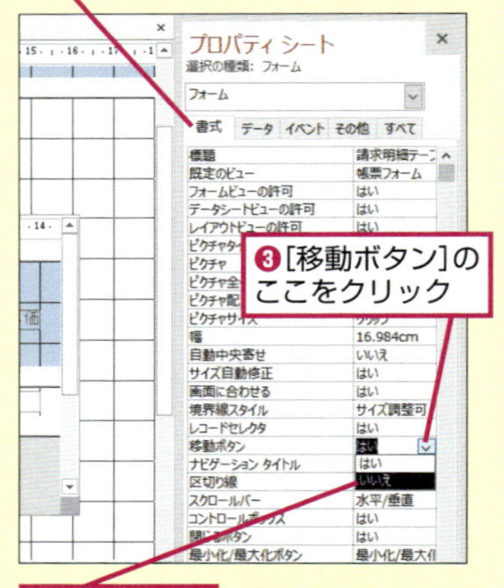

❹［いいえ］をクリック

変更されたフォームを確認する

10 フォームビューを表示する

[請求入力フォーム]をフォームビューで表示する

❶[フォームデザインツール]の[デザイン]タブをクリック

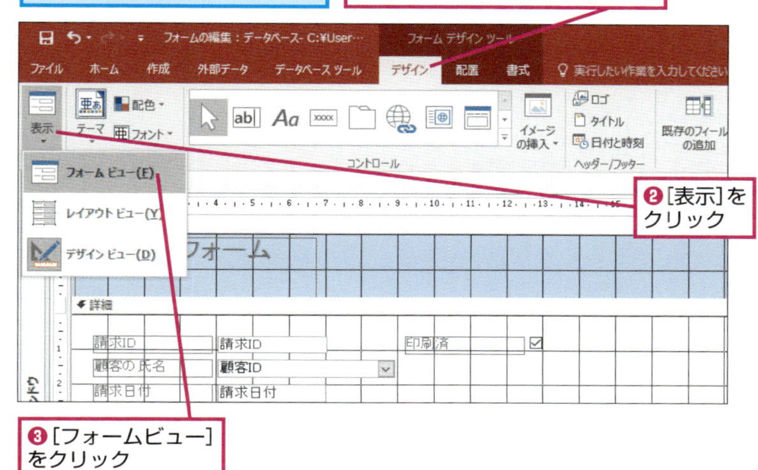

❷[表示]をクリック

❸[フォームビュー]をクリック

11 フォームビューが表示された

[請求入力フォーム]がフォームビューで表示された

テキストボックスの幅やラベル、サブフォームの位置を確認する

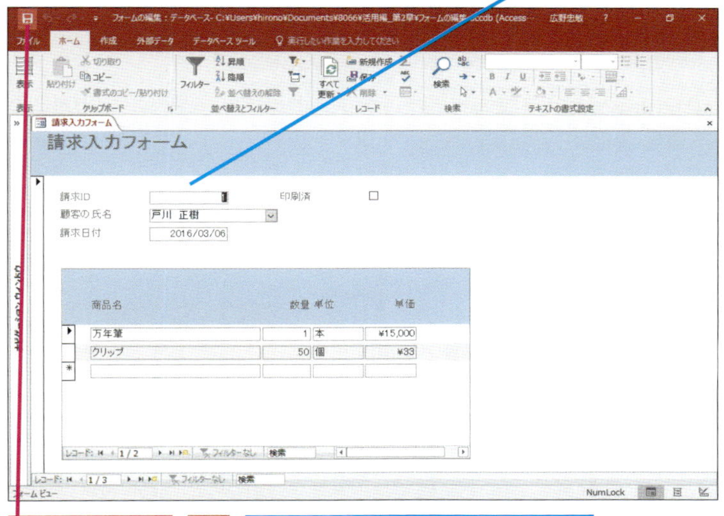

[上書き保存]をクリック

基本編のレッスン㉞を参考に[請求入力フォーム]を閉じておく

HINT! ヒントテキストを設定して入力しやすいフォームにできる

フォームビューでフィールドにマウスポインターを合わせたときに、ヒントテキストと呼ばれるメッセージを表示できます。以下の手順を実行すれば、フィールドに何を入力したらいいかを表示できます。

140ページのテクニックを参考にプロパティシートを表示しておく

❶[請求日付]のテキストボックスをクリック

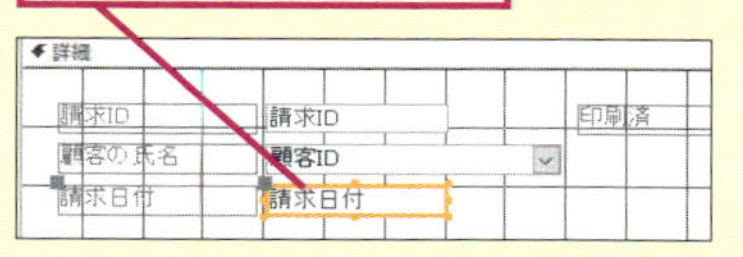

❷[その他]タブをクリック

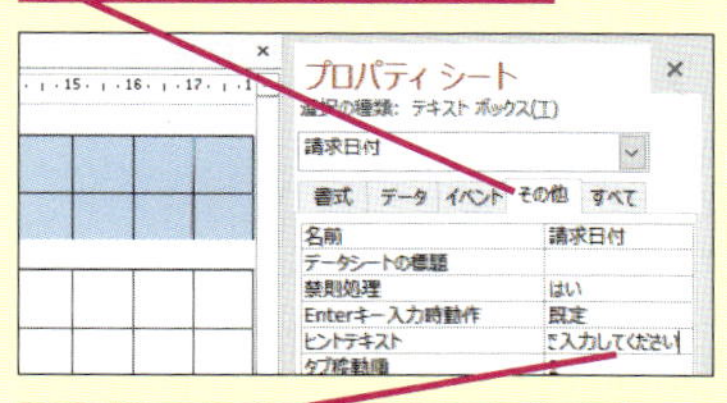

❸[ヒントテキスト]に[西暦で入力してください]と入力

データ入力時にフィールドにマウスポインターを合わせると、ヒントテキストが表示される

Point レイアウトを整えて入力しやすくしよう

ウィザードで作ったフォームが、必ずしも入力しやすいフォームになるとは限りません。フォームは、ラベルやテキストボックスの大きさや位置、セクションの大きさなどを編集して後から自由に調整できます。このレッスンのように、メインフォームとサブフォームがそれぞれ使いやすくなるように工夫しましょう。

カーソルの移動順を変えるには

タブオーダー

フォームでデータを入力するときに[Tab]キーを押すと、カーソルが次のフィールドに移動します。この移動順序をタブオーダーといいます。

このレッスンの目的

フィールドへのデータ入力時に、[Tab]キーを押して移動するフィールドの順番を変更します。

Before

ここで[Tab]キーを押す

請求入力フォーム
請求ID
顧客の氏名 戸川 正樹
請求日付 2016/03/06
印刷済

カーソルが[顧客の氏名]に移動する

After

ここで[Tab]キーを押す

請求入力フォーム
請求ID 1
顧客の氏名 戸川 正樹
請求日付 2016/03/06
印刷済

[印刷済]が選択された状態になる

タブオーダーを設定する

1 [タブオーダー] ダイアログボックスを表示する

基本編のレッスン㉞を参考に[請求入力フォーム]をデザインビューで表示しておく

246ページのHINT!を参考にサブフォームの移動ボタンを非表示にしておく

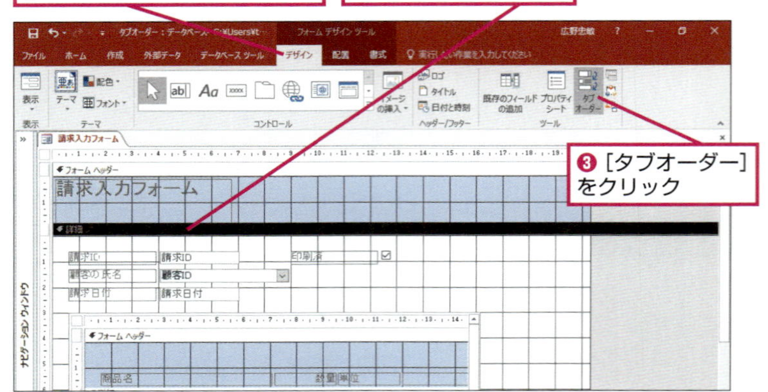

▶キーワード

タブオーダー	p.420
タブストップ	p.420
フィールド	p.421
フォーム	p.421

レッスンで使う練習用ファイル
タブオーダー .accdb

ショートカットキー
[Tab] ……………… 次のフィールドに移動

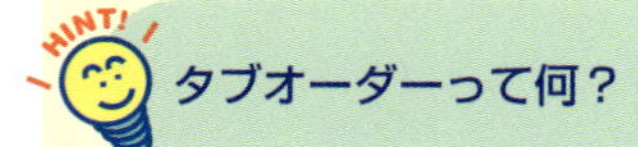

HINT! タブオーダーって何?

フォームをフォームビューで表示し、フィールドで[Tab]キーを押すと、カーソルは次のフィールドに移動します。タブオーダーとは、[Tab]キーを押したときに、どのフィールドに移動するのかという順番を決める機能です。

2 カーソルの移動順序を変更する

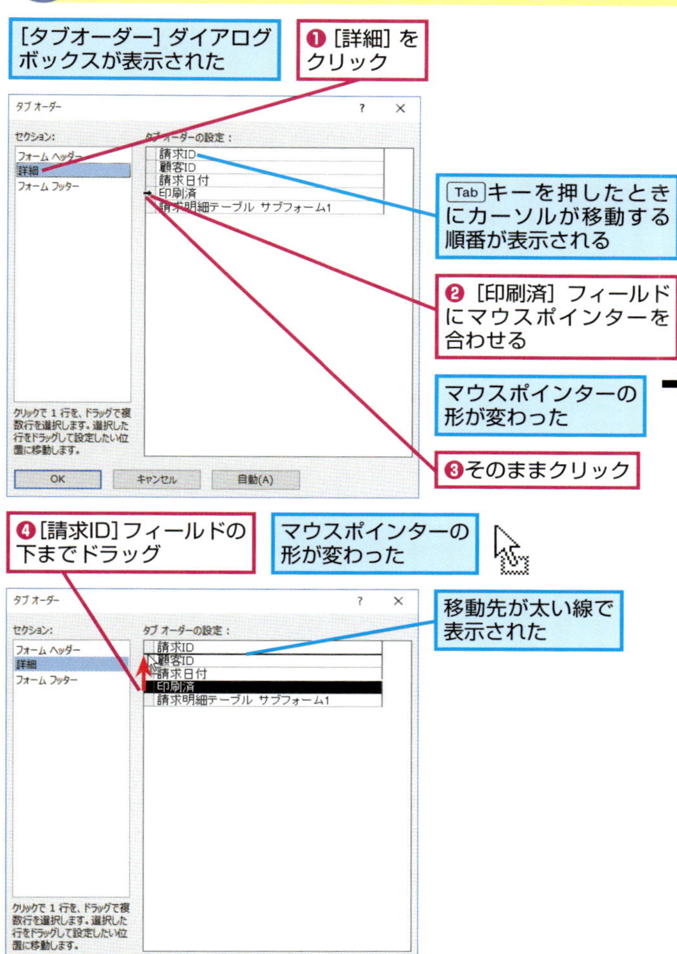

3 タブオーダーの設定を完了する

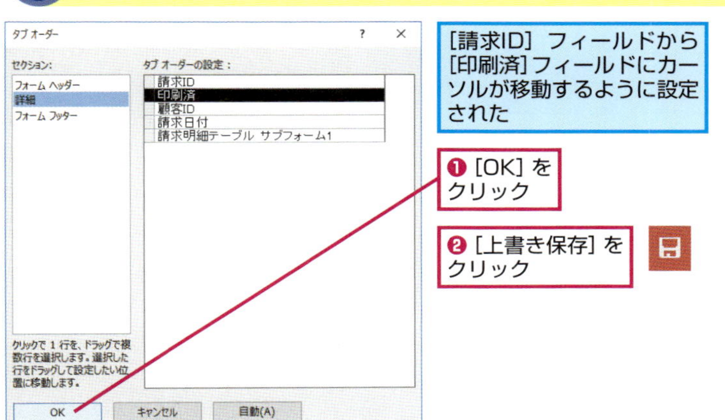

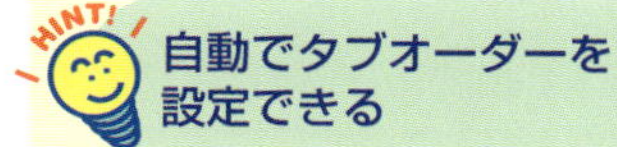

自動でタブオーダーを設定できる

[タブオーダー] ダイアログボックスで [自動] ボタンをクリックするとフォームに配置されているフィールドの順番通りにタブオーダーを設定できます。初期設定に戻したいときなどに利用するといいでしょう。

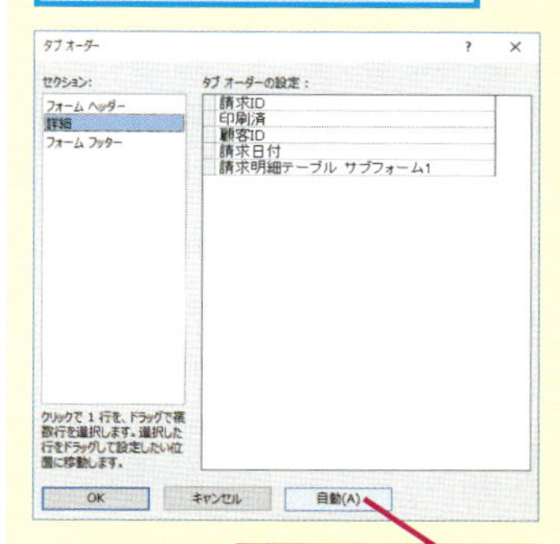

フォームヘッダーやフッターのタブも設定できる

フォームヘッダーやフォームフッターにテキストボックスなどの入力フィールドがあるときは、タブオーダーを設定しておくと便利です。フォームヘッダーのテキストボックスなどにタブオーダーを設定するには、[タブオーダー] ダイアログボックスの [セクション] にある、[フォームヘッダー] か [フォームフッター] をクリックしましょう。

間違った場合は?

手順2で [タブオーダー] ダイアログボックスの [タブオーダーの設定] に何もフィールドが表示されないときは、[セクション] の [詳細] をクリックし直します。

次のページに続く

タブオーダーの設定を確認する

4 フォームビューを表示する

[請求入力フォーム] をフォームビューで表示する

❶[フォームデザインツール]の[デザイン]タブをクリック

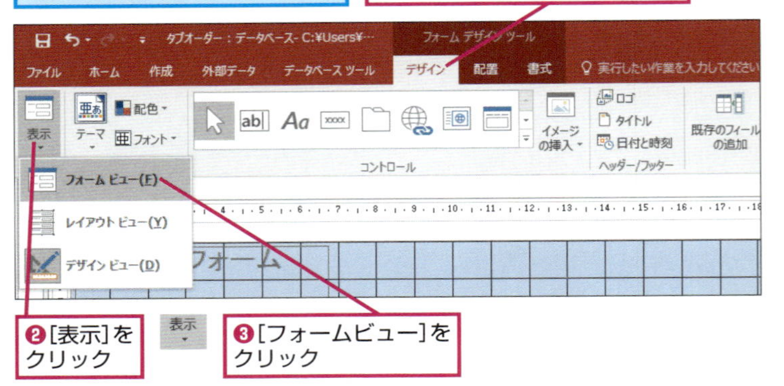

❷[表示]をクリック

表示

❸[フォームビュー]をクリック

5 新しいレコードを作成する

新しいレコードを表示して、タブオーダーの設定を確認する

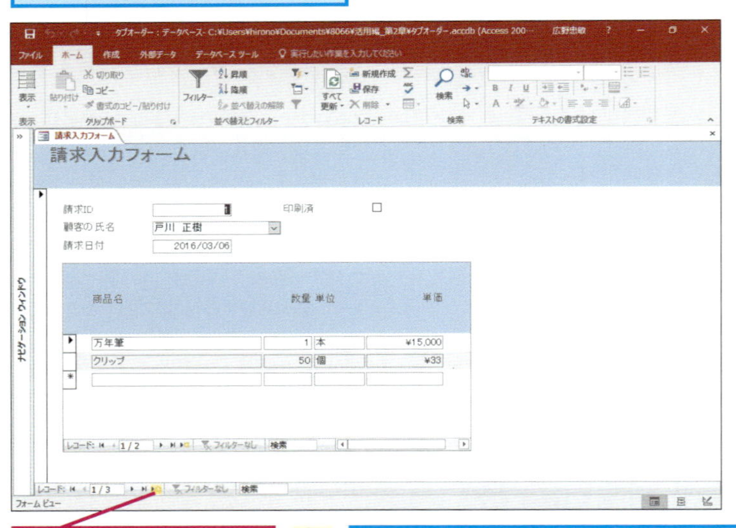

[新しい(空の)レコード]をクリック

サブフォームでなく、メインフォームの[新しい(空の)レコード]をクリックする

HINT! Shift + Tab キーの操作を覚えよう

フォームでデータを入力するときに Tab キーを押すと、タブオーダーで設定されている次のフィールドにカーソルが移動します。また、Shift キーを押しながら Tab キーを押すと前のフィールドにカーソルが移動します。Tab キーと Shift + Tab キーを使えば、マウスを使わずに目的のフィールドに移動してデータを入力できるので覚えておきましょう。

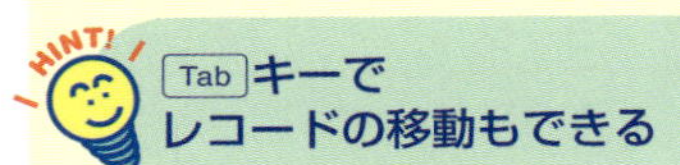

HINT! Tab キーでレコードの移動もできる

フォームからデータを入力するときに、最後のフィールドで Tab キーを押すと、フォームには次のレコードが表示されます。最後のレコードが表示されているときは、自動的に新しいレコードを入力できます。また、先頭のフィールドで Shift + Tab キーを押すと、前のレコードが表示されます。

6 [請求ID] フィールドでTabキーを押す

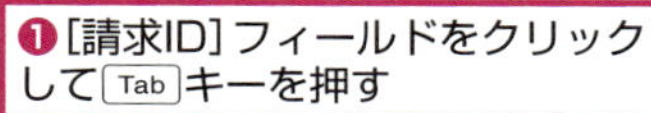

❶[請求ID] フィールドをクリックしてTabキーを押す

[印刷済] フィールドが選択され、点線枠が表示された

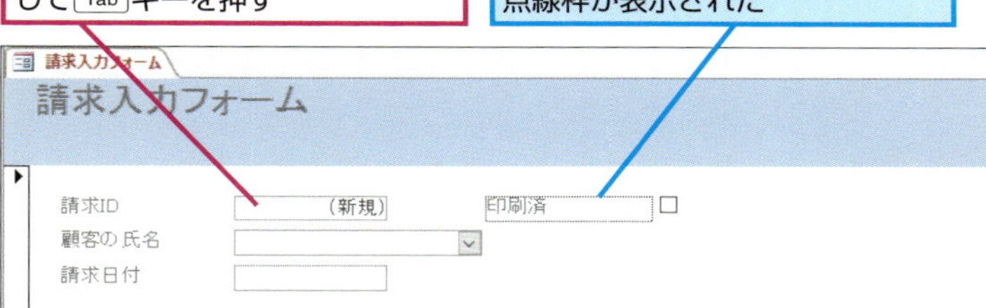

❷ [印刷済] のチェックボックスはクリックせず、Tabキーを押す

7 続けて残りのデータを入力する

カーソルが [顧客の氏名] フィールドに移動した

以下のデータを入力

メインフォームに入力するデータ

顧客の氏名	大木　信行
請求日付	2016/03/07

サブフォームに入力するデータ

商品名	数量	単位	単価
ボールペン	3	ダース	￥1,000

データを入力してTabキーを押すと、次のフィールドに移動する

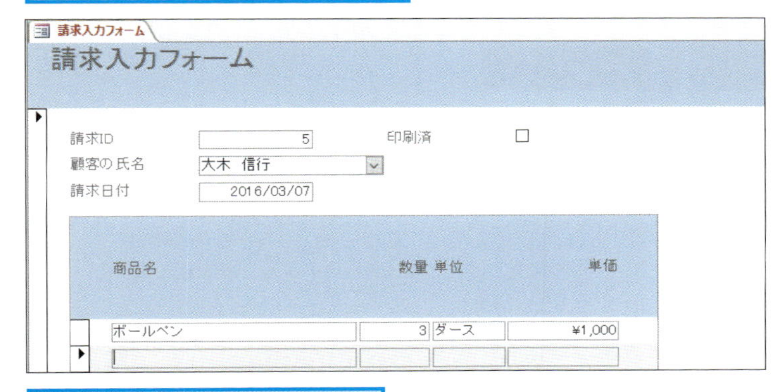

基本編のレッスン㉞を参考に [請求入力フォーム] を閉じておく

方向キーでもフィールドを移動できる

Tabキーと同じ働きをするキーに、方向キーがあります。↓キーと→キーはTabキーと同じ働きをし、次のフィールドへ移動します。↑キーと←キーはShift+Tabキーと同じで、前のフィールドへ移動します。ただし、フィールドに文字を入力している途中で→キーや←キーを押すと、カーソルはフィールド内を移動します。

間違った場合は？

Tabキーを押したときに意図通りのフィールドに移動しないときはタブオーダーが間違っています。手順2を参考にタブオーダーを修正しましょう。

Point
タブオーダーを正しく設定しよう

フォームからデータを入力するときにTabキーを押すと、次のフィールドにカーソルが移動します。Tabキーを押したときに、どのような順番で次のフィールドに移動させるのを決めるのが「タブオーダー」です。活用編のレッスン⓫のようにウィザードを使ってフォームを作ると、タブオーダーも正しく設定されます。しかし、デザインビューでフィールドのテキストボックスを移動すると、Tabキーを押したときにカーソルが移動するフィールドの順番が変わってしまうことがあります。このようなときは、このレッスンの方法でタブオーダーを正しい順番に設定しましょう。

入力する内容を一覧から選べるようにするには

値集合タイプ、値集合ソース

［単位］フィールドには「個」や「冊」「本」など、決まった文字列を入力します。コンボボックスを使って、文字列を一覧から入力できるようにしてみましょう。

このレッスンの目的

［請求入力フォーム］の［単位］フィールドで値の一覧からデータを選択できるようにして、入力の手間を減らします。

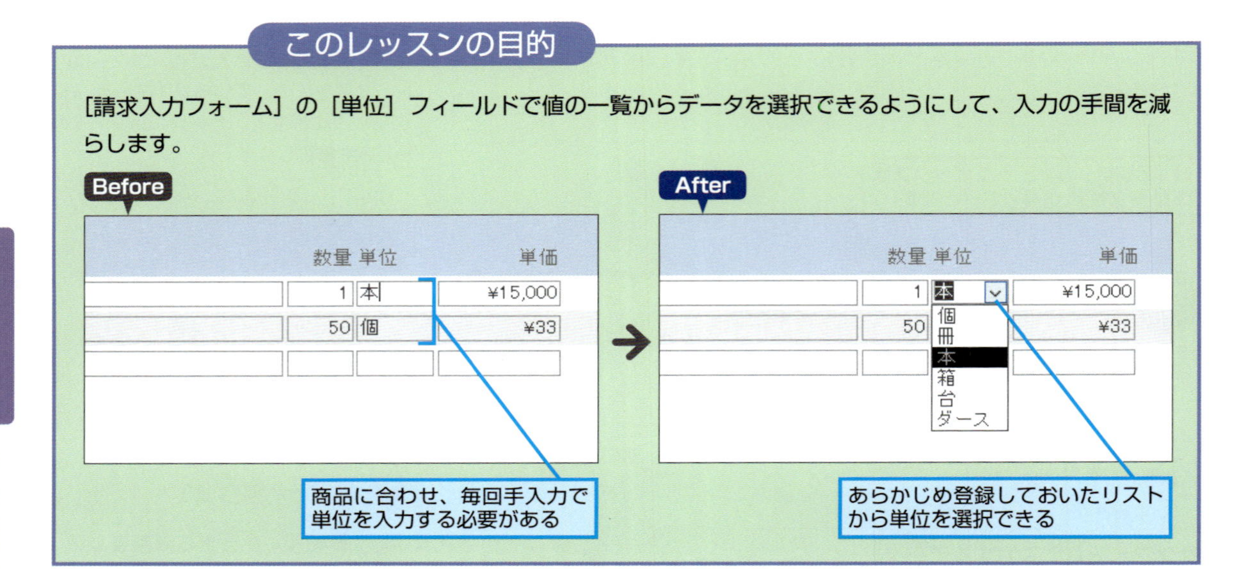

1 ［プロパティシート］を表示する

基本編のレッスン㊱を参考に［請求入力フォーム］をデザインビューで表示しておく

［プロパティシート］をクリック

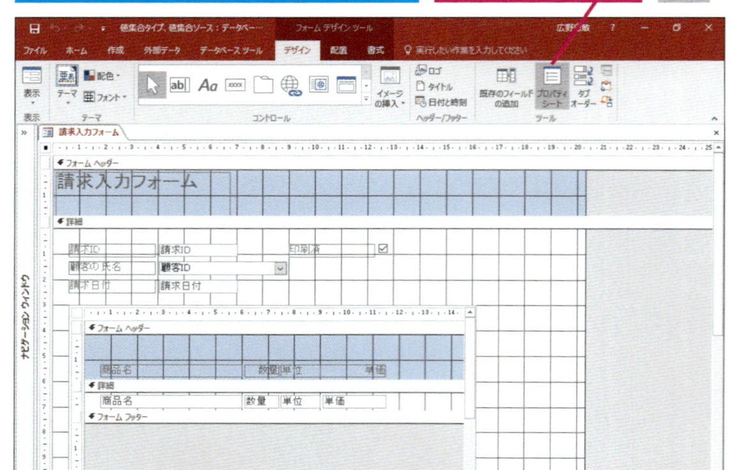

▶キーワード

レッスンで使うサンプルファイル
値集合タイプ、値集合ソース.accdb

2 [単位] のコントロールの種類を変更する

[単位] のコントロールの種類を選択する

❶[詳細]セクションの[単位]のテキストボックスを右クリック

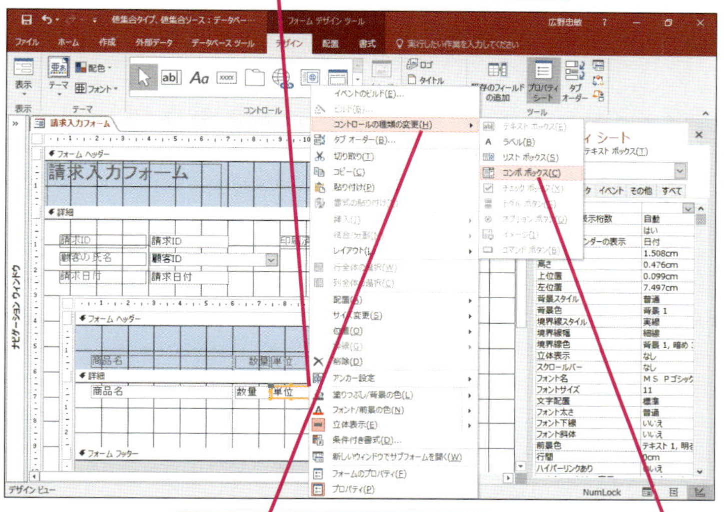

❷[コントロールの種類の変更]にマウスポインターを合わせる

❸[コンボボックス]をクリック

3 [値集合タイプ] を選択する

[単位]が選択された状態でプロパティシートが表示された

❶[データ]タブをクリック

❷[値集合タイプ]をクリック

❸ここをクリック

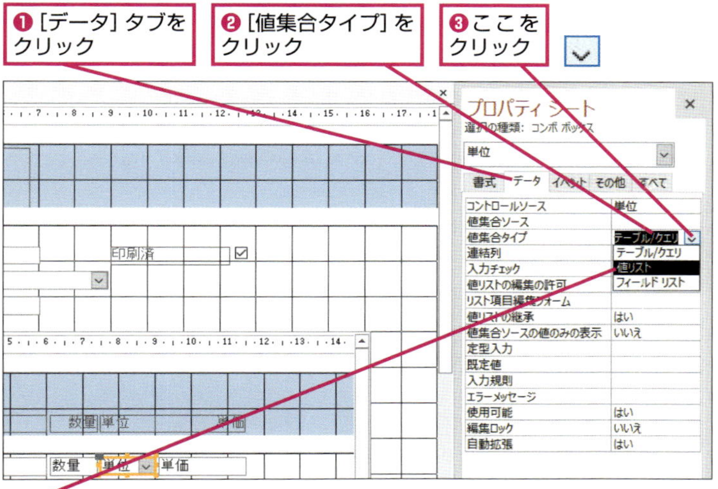

❹[値リスト]をクリック

HINT! コンボボックスとリストボックスを使い分けよう

手順2では［コンボボックス］のほか、［リストボックス］も選べます。コンボボックスでは、一覧から値を選択できるほか、一覧にないデータも入力できます。一方、リストボックスは一覧に表示される値しか入力できません。入力値を制限するときは、リストボックスを使いましょう。

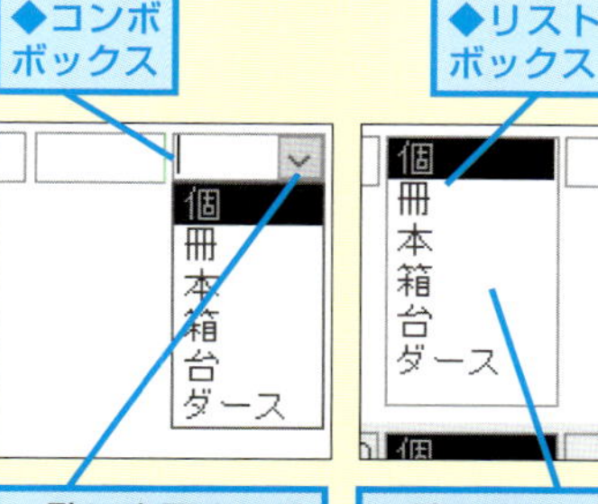

HINT! 「値集合タイプ」とは

「値集合タイプ」とは、コンボボックスのドロップダウンリストやリストボックスに表示される値の種類を設定するためのものです。手順3では［値リスト］を選択して［単位］フィールドの一覧から値を選択できるように設定します。そのほかに［値集合タイプ］には［テーブル/クエリ］や［フィールドリスト］を設定できます。［テーブル/クエリ］を設定すると、テーブルやクエリの内容を一覧に表示できます。

間違った場合は?

手順2で［コンボボックス］以外のコントロールを選んでしまったときは、もう一度［単位］のテキストボックスを右クリックしてから［コントロールの種類の変更］の［コンボボックス］をクリックして選び直します。

次のページに続く

4 [値集合ソース] を設定する

ここに[単位]フィールドで使用する文字を入力する

❶[値集合ソース]をクリック

❷ここをクリック

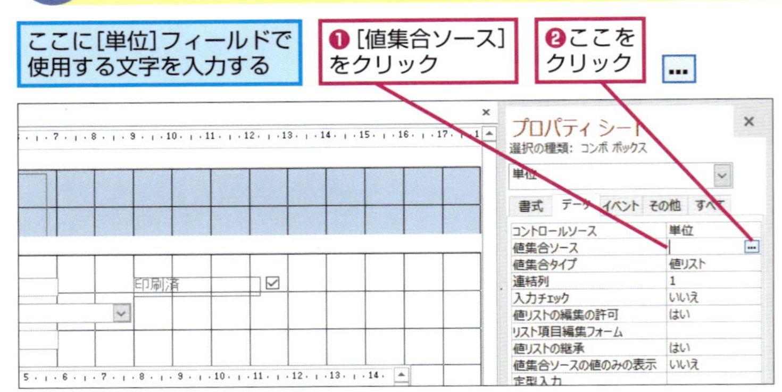

5 リストの項目を入力する

[リスト項目の編集] ダイアログボックスが表示された

ここでは「個」「冊」「本」「箱」「台」「ダース」という単位を入力する

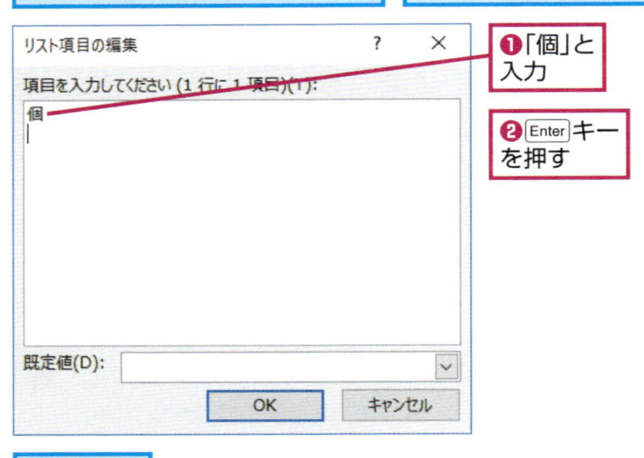

❶「個」と入力

❷Enterキーを押す

改行された

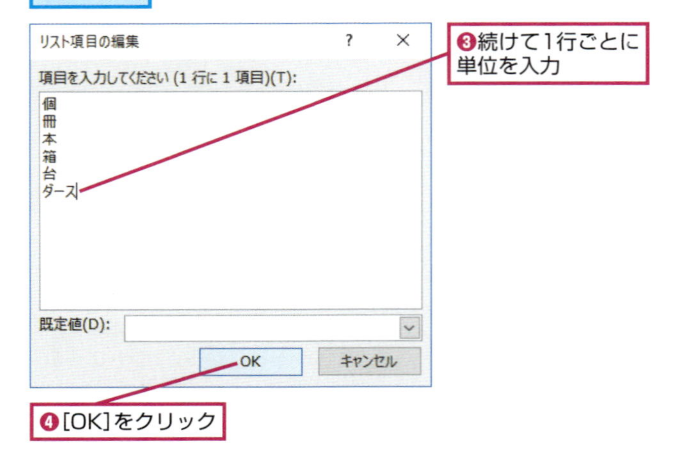

❸続けて1行ごとに単位を入力

❹[OK]をクリック

「値集合ソース」とは

「値集合ソース」とは、コンボボックスのドロップダウンリストやリストボックスに表示項目をどんな値にするかを決めるものです。手順3のように、[値集合タイプ] を [値リスト] に設定すると、コンボボックスのドロップダウンリストやリストボックスに表示される一覧をダイアログボックスで自由に設定できます。また、[値集合タイプ] を [テーブル/クエリ] に設定すれば、テーブルの内容やクエリの結果を一覧に表示できます。

コンボボックスに見出しを表示するには

手順4で [書式] タブにある [列見出し] を [はい] に設定すると、[値集合ソース] に設定した1番目の要素が、値一覧の見出しになります。フィールドに入力する内容が分かりにくいときは、[リスト項目の編集] ダイアログボックスで1行目に見出しとなる文字列を入力しましょう。

[列見出し] を [はい] に設定すると、コンボボックスに見出しを表示できる

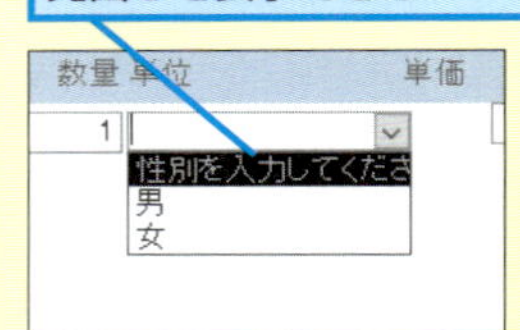

間違った場合は?

手順7でコンボボックスに表示された値の一覧が違うときは、手順5で [リスト項目の編集] ダイアログボックスに入力した内容が間違っています。プロパティシートを表示して、リストの項目を正しく入力し直しましょう。

6 フォームビューを表示する

[値集合ソース]に「"個";"冊";"本";"箱";"台";"ダース"」と入力された

プロパティシートを非表示にしておく

[請求入力フォーム]をフォームビューで表示する

❶[フォームデザインツール]の[デザイン]タブをクリック

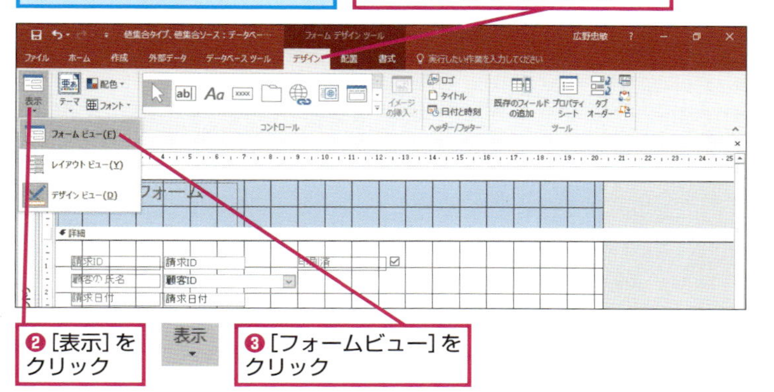

❷[表示]をクリック

❸[フォームビュー]をクリック

7 追加されたコンボボックスを確認する

[単位]フィールドのコンボボックスを確認する

❶ここをクリック

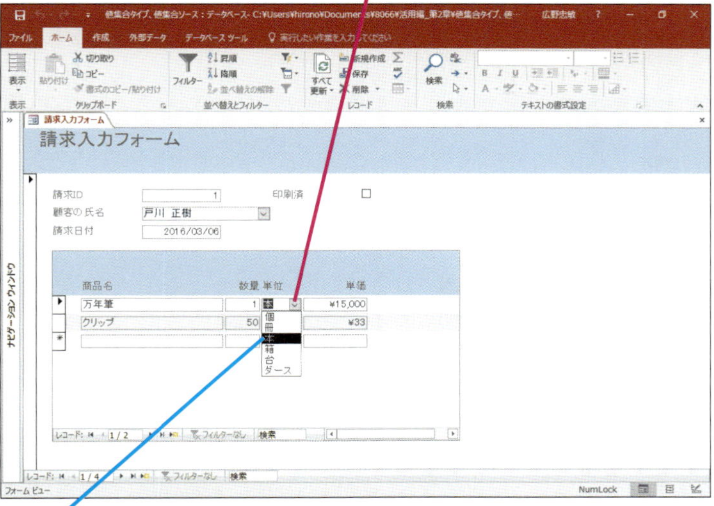

[単位]に入力する値を一覧から選択できるようになった

❷[上書き保存]をクリック

基本編のレッスン㉞を参考に[請求入力フォーム]を閉じておく

データの入力中にリスト項目を編集できる

プロパティシートの[値リストの編集の許可]が[はい]になっているときは、フォームでデータを入力しているときに、リストの項目を編集できます。リストの項目を編集するには、コンボボックスの一覧を表示してから、一覧の右下に表示される[リスト項目の編集]ボタンをクリックします。また、[値リストの編集]プロパティが[いいえ]のときは、データの入力中には値リストを編集できません。入力中に値リストを編集させたくないときは、[値リストの編集]プロパティを[いいえ]に設定しましょう。

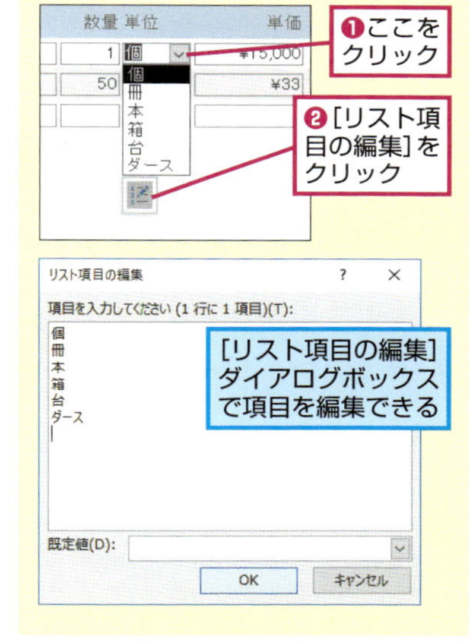

❶ここをクリック

❷[リスト項目の編集]をクリック

[リスト項目の編集]ダイアログボックスで項目を編集できる

Point

コンボボックスで入力の手間を省ける

コンボボックスを使うと、フィールドに直接文字を入力できるだけではなく、値の一覧から内容を選択できるようになります。このレッスンの[単位]フィールドのように、あらかじめ決まっている値を入力しなければならないときは、コンボボックスを利用しましょう。コンボボックスを使って一覧から選択できるようにしておけば、入力の手間を省けるだけでなく、フィールドへの入力ミスも防げます。

活用編 レッスン 15

商品ごとの金額を計算するには

数式の入力

数式を利用すればフォームで計算ができます。[請求明細テーブル]の[数量]と[単価]の値から、請求金額を自動計算するテキストボックスを追加しましょう。

このレッスンの目的

サブフォームにテキストボックスを追加し、レコード単位での請求金額の合計を表示します。
請求合計金額は、「数量×単価」の数式で求めます。

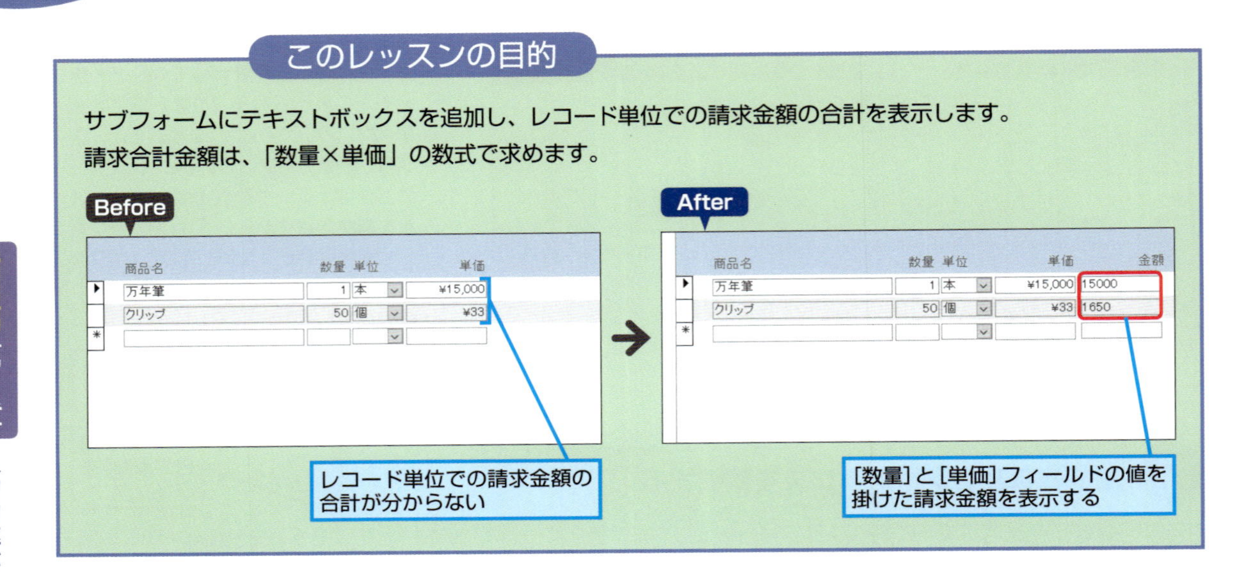

1 [コントロールウィザード] を無効にする

基本編のレッスン㊱を参考に [請求入力フォーム] をデザインビューで表示しておく

活用編のレッスン⑭を参考にプロパティシートを表示しておく

❶ [フォームデザインツール] の [デザイン]タブをクリック

❷ [その他] をクリック

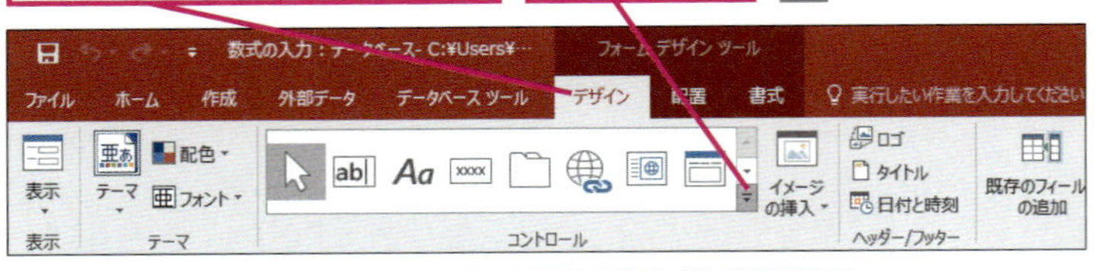

テキストボックスの作成時にウィザードが起動しないようにする

❸ [コントロールウィザードの使用] をクリックして、オフにする

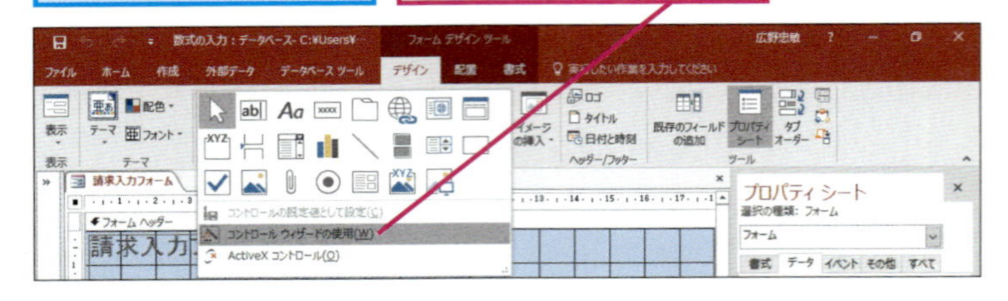

▶キーワード

ウィザード	p.418
演算子	p.418
コントロール	p.419
サブフォーム	p.420
式ビルダー	p.420
セクション	p.420
テーブル	p.420
テキストボックス	p.421
フィールド	p.421
フォーム	p.421
ラベル	p.422
レコード	p.422

レッスンで使うサンプルファイル

数式の入力.accdb

2 ［詳細］セクションにテキストボックスを追加する

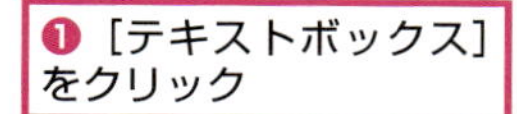

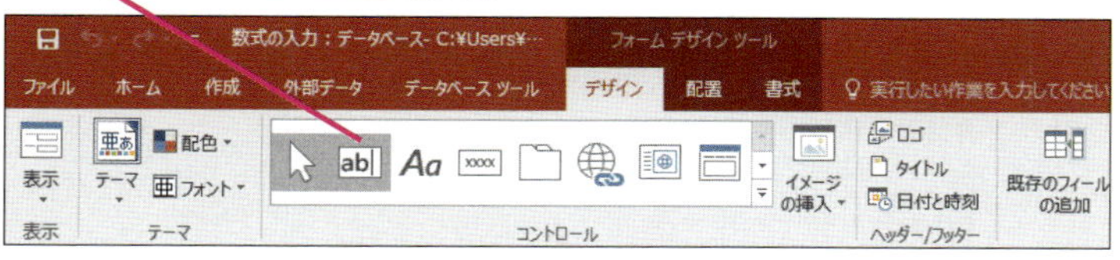

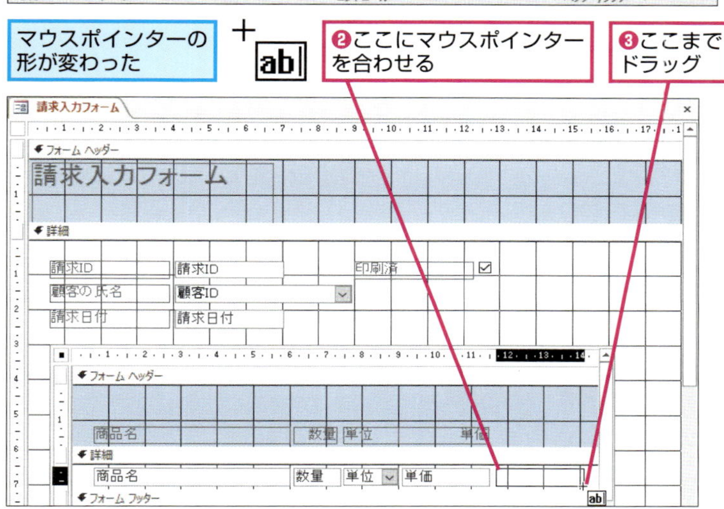

3 ラベルを削除する

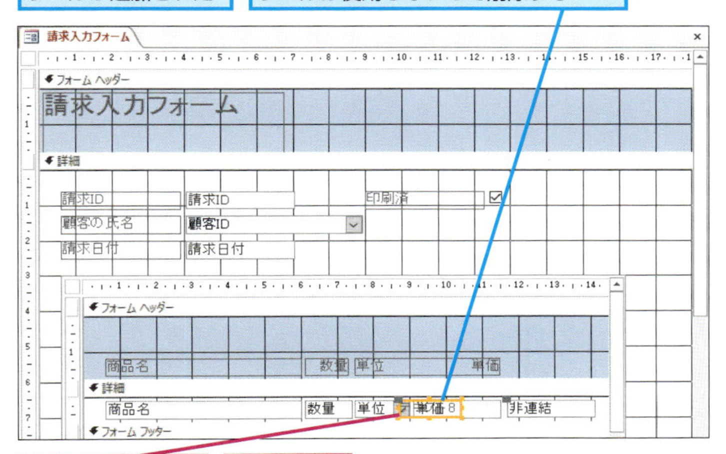

注意 ラベルの表題が異なる場合がありますが、操作内容に特に問題はないので、そのまま操作を続けてください

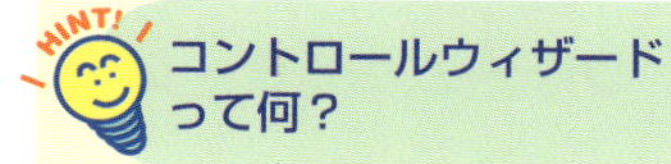

HINT! コントロールウィザードって何？

コントロールウィザードとは、コントロールの設定や書式など設定するウィザードのことです。手順1で［コントロールウィザードの使用］をオフにしますが、オンにしてテキストボックスなどのコントロールを配置すると自動的にウィザードが起動します。ウィザードはコントロールの簡単な設定はできますが、自由な設定はできません。そのため、ここでは［コントロールウィザードの利用］をオフに設定します。

HINT! テキストボックスは計算結果の表示に使える

テキストボックスは、テーブルのフィールドに値を入力するための部品としてだけでなく、数式の結果を表示するための部品としても利用できます。数式の結果をテキストボックスに表示すると、そのテキストボックスには値を入力できなくなります。

間違った場合は？

手順2で［テキストボックスウィザード］が表示されたときは、［キャンセル］ボタンか［完了］ボタンをクリックすれば、手順3以降から操作を続けられます。

次のページに続く

フォームヘッダーに［金額］のラベルを追加する

テキストボックスと同時に追加されたラベルを削除できた

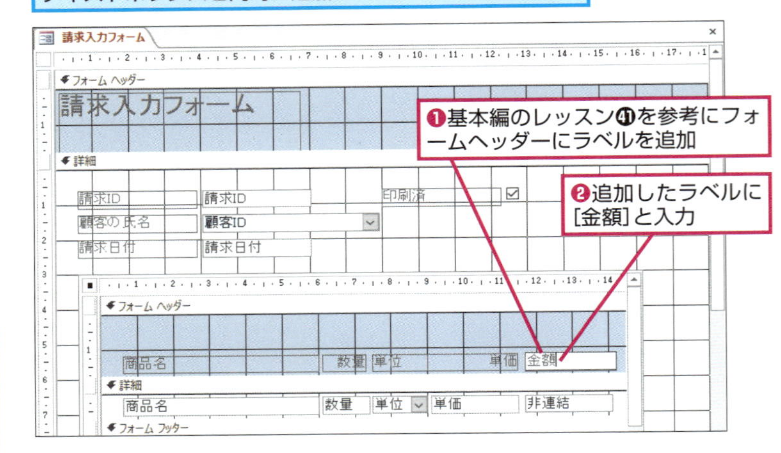

❶基本編のレッスン㊶を参考にフォームヘッダーにラベルを追加

❷追加したラベルに［金額］と入力

ラベルの書式をコピーする

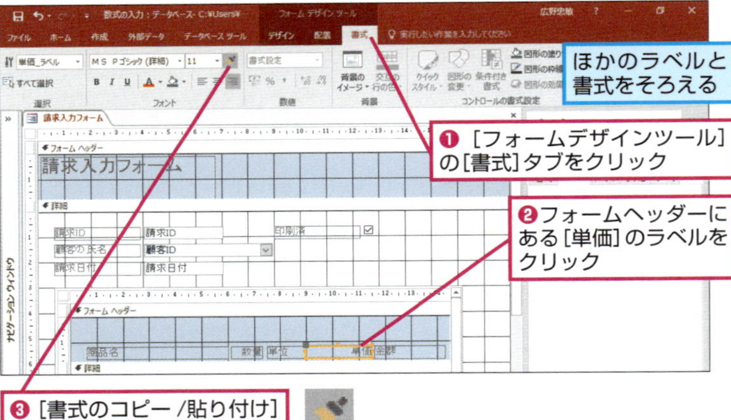

ほかのラベルと書式をそろえる

❶［フォームデザインツール］の［書式］タブをクリック

❷フォームヘッダーにある［単価］のラベルをクリック

❸［書式のコピー/貼り付け］をクリック

マウスポインターの形が変わった

❹［金額］のラベルをクリック

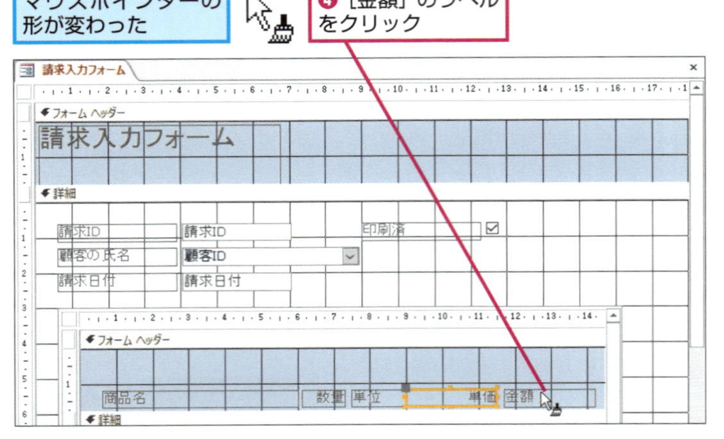

HINT! ［式ビルダー］ダイアログボックスで数式を入力しよう

［式ビルダー］ダイアログボックスを利用すれば、フォームで利用しているリストやテキストボックスの名前を一覧から選択できます。フィールド同士の計算をするときは、以下の手順を実行して、目的のフィールド名を正確に入力しましょう。

数式を入力するテキストボックスを選択しておく

❶［データ］タブをクリック

❷［コントロールソース］のここをクリック

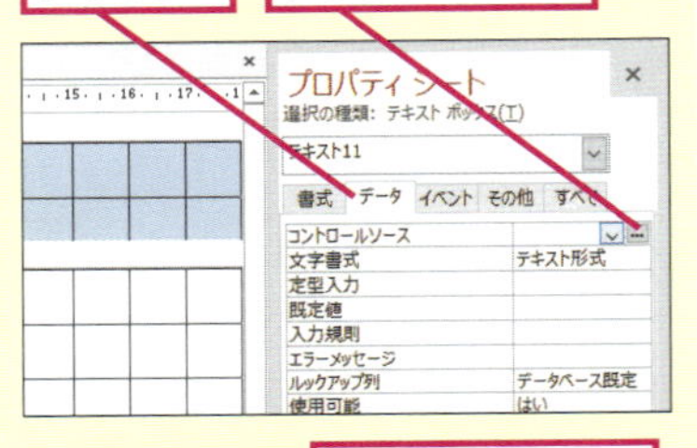

❸「=」と入力

❹［数量］をダブルクリック

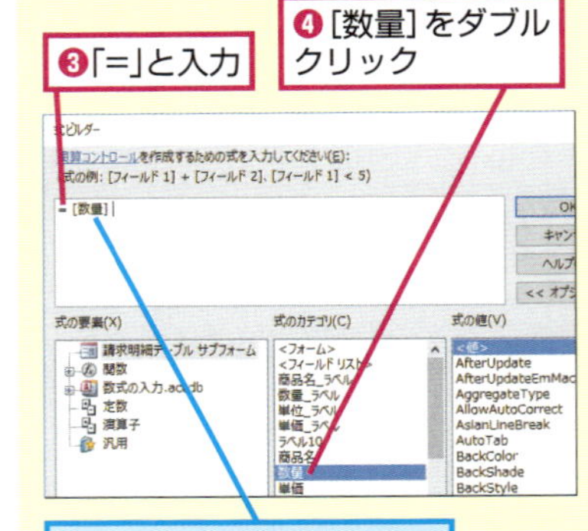

フィールド名が入力された

HINT! 四則演算の演算子に気を付けよう

数式を使って計算するときは、四則演算の演算子の書き方に注意します。「+」（加算）や「-」（減算）は四則演算の演算子をそのまま使えますが、乗算や除算は演算子が違うので注意してください。乗算を計算したいときは「×」ではなく「*」を、除算は「÷」ではなく「/」を使います。なお、演算子は必ず半角文字で入力します。全角文字で入力すると正しく計算できないので注意しましょう。

6 [コントロールソース] に数式を入力する

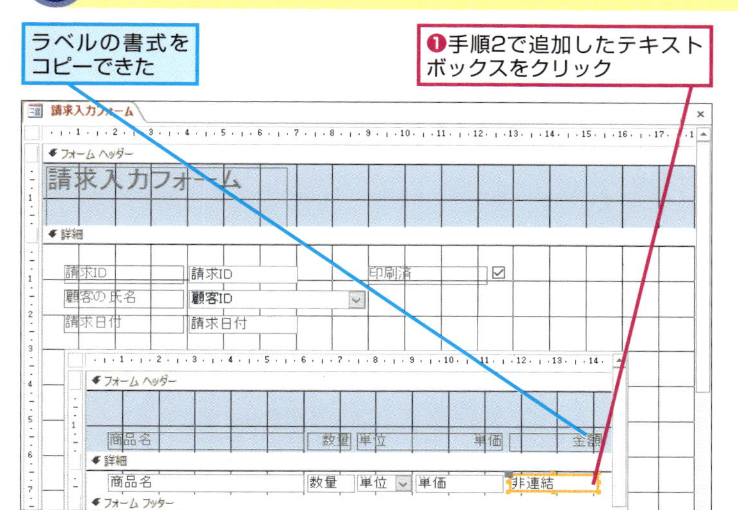

[コントロールソース] に数式を入力して明細ごとの合計金額を計算する

❷[データ] タブをクリック

❸[コントロールソース] に「=[数量]*[単価]」と入力

フィールド名以外、すべて半角文字で入力する

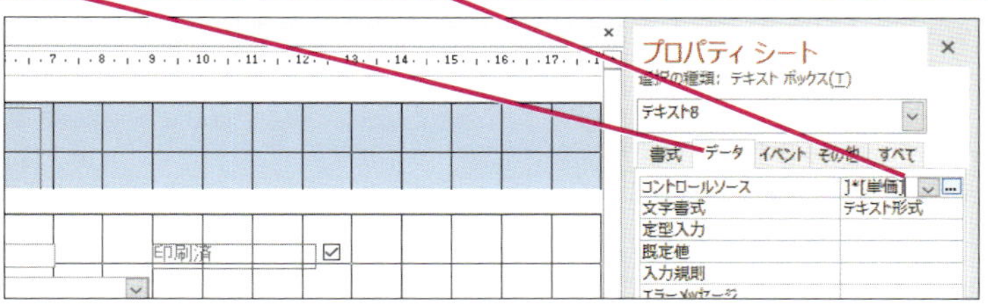

❹Enterキーを押す　❺上書き保存をクリック

7 計算結果を確認する

設定がフォームに反映されているかを確認するため、フォームビューを表示しておく

レコードごとの合計金額が表示された

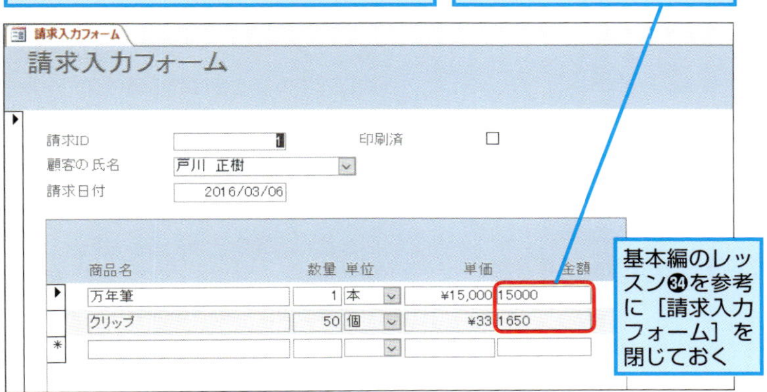

基本編のレッスン㉞を参考に [請求入力フォーム] を閉じておく

フィールド名は「[」と「]」で囲む

数式でフィールドの内容を参照するときは、必ずフィールド名を半角文字の「[」と「]」で囲みます。「[」や「]」がないと、エラーメッセージが表示されるほか、フィールドの内容を使った計算ができないので注意しましょう。

数式の先頭は必ず「=」(イコール)を入力する

手順6で [コントロールソース] に数式を入力するときは、必ず半角文字の「=」(イコール) を入力します。全角文字の「=」を入力したり、「=」がなかったりすると計算結果が表示されないので気を付けましょう。

間違った場合は?

手順7で金額に「#Name?」と表示されたときは、入力した数式の内容が間違っています。フォームをデザインビューで表示してから手順6を参考に、正しい数式を入力し直しましょう。

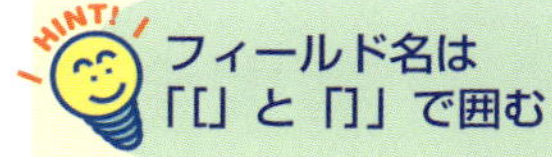

Point

レコード単位で計算できる

このレッスンで紹介したように、テキストボックスに数式を入力すると、計算結果を表示できます。このときの計算の単位は、テキストボックスを配置したセクションによって違います。[詳細] セクションに配置したテキストボックスでは、レコード単位で計算が行なわれます。このレッスンのように[数量] フィールドと [単価] フィールドを使うと、レコードごとに[数量]×[単価]が計算されて、計算結果がテキストボックスに表示されます。なお、テキストボックスを [詳細] セクション以外に配置すると正しい結果にならないので注意しましょう。

請求金額の小計を計算するには

Sum関数

フォームにはフィールドに入力された値の集計結果を表示できます。テキストボックスと関数を利用して、請求書ごとの合計金額を計算してみましょう。

このレッスンの目的

サブフォームにテキストボックスを追加し、請求明細の合計を表示させます。
ここでは、関数を利用して、[数量] フィールドと [単価] フィールドを掛け合わせた金額を合計します。

関数	= Sum(サム)(数値)

Before

請求明細の合計金額が分からない

商品名	数量	単位	単価	金額
万年筆	1	本	¥15,000	15000
クリップ	50	個	¥33	1650

After

[小計] というラベルが付けられた請求明細の合計金額を表示するテキストボックスを作成する

商品名	数量	単位	単価	金額
万年筆	1	本	¥15,000	15000
クリップ	50	個	¥33	1650

小計 16650

1 サブフォームのフッターの上下のサイズを広げる

基本編のレッスン㊱を参考に [請求入力フォーム] をデザインビューで表示しておく

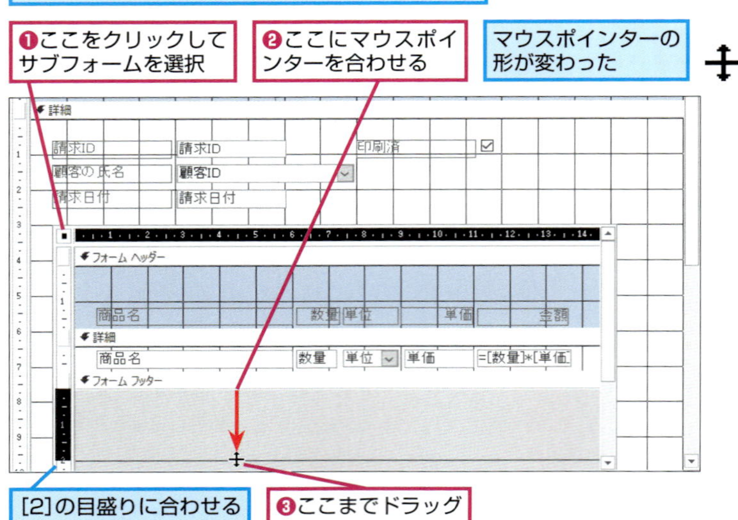

▶キーワード

レッスンで使う練習用ファイル

Sum関数.accdb

「組み込み関数」って何？

組み込み関数とは、さまざまな計算を実行するためのものです。組み込み関数に「引数」と呼ばれる値やフィールドを指定すると、計算結果が求められます。「関数」というと複雑に考えがちですが、働きとしては四則演算を行うための「演算子」と何ら変わりはありません。演算子は左辺と右辺とで四則演算をした結果を返しますが、組み込み関数はその組み込み関数で定義されている演算の結果を返します。

2 ［フォームフッター］セクションにテキストボックスを追加する

サブフォームに請求明細の小計を表示するためのテキストボックスを追加する

❶［フォームデザインツール］の［デザイン］タブをクリック

活用編のレッスン⓯を参考に［コントロールウィザードの使用］をオフにしておく

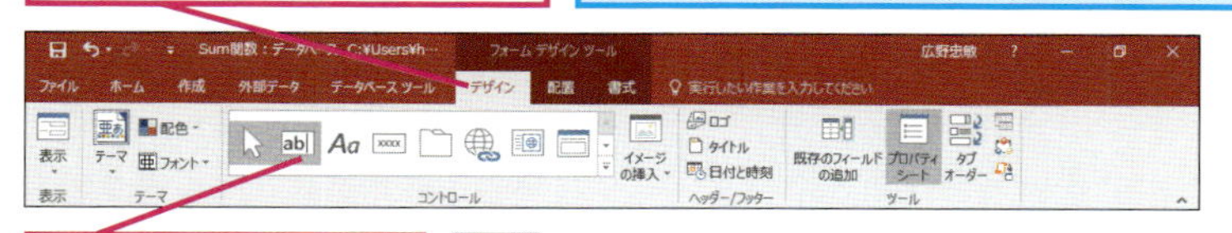

❷［テキストボックス］をクリック

❸活用編のレッスン⓯を参考にテキストボックスを追加

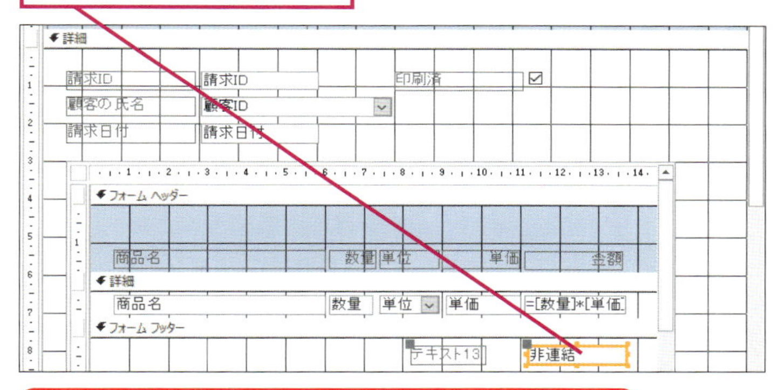

注意 ラベルの表題が異なる場合がありますが、操作内容に特に問題はないので、そのまま操作を続けてください

3 ラベルの文字を修正する

❶ラベルに「小計」と入力

❷ Enter キーを押す

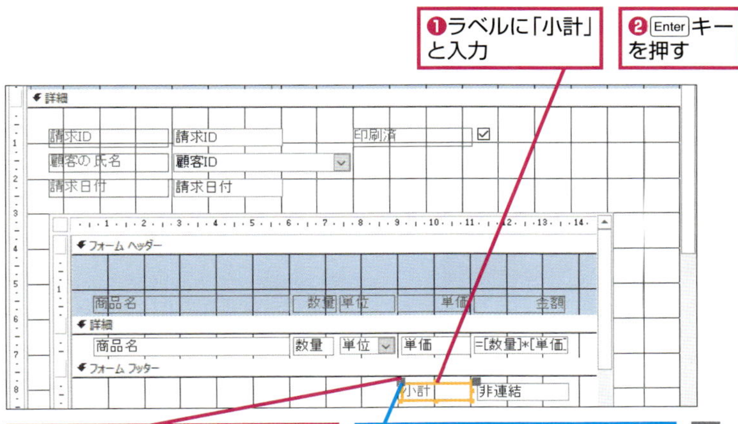

❸ハンドルをドラッグして［詳細］セクションにある［単価］のテキストボックスと左端をそろえる

ラベルやテキストボックス左上のハンドルをドラッグすると、個別に移動できる

HINT! ［フォームヘッダー］セクションでも集計ができる

［フォームフッター］セクションと同様に、［フォームヘッダー］セクションでも集計ができます。［フォームヘッダー］セクションで集計するときも、このレッスンで紹介する手順を実行しましょう。

HINT! 複数レコードのフィールドを集計するには

フォームの［詳細］セクションでは、レコード単位での集計はできますが、複数レコードのフィールドは集計できません。複数レコードのフィールドを集計するには、このレッスンで紹介しているように［フォームフッター］セクションか［フォームヘッダー］セクションにテキストボックスを追加して数式を設定します。

間違った場合は？

手順2で［テキストボックスウィザード］が表示されたときは、［キャンセル］ボタンか［完了］ボタンをクリックしましょう。続けて手順3以降の操作ができます。

次のページに続く

テキストボックスのプロパティシートを表示する

ラベルの文字を修正できた

プロパティシートが表示されていないときは[プロパティシート]をクリックする

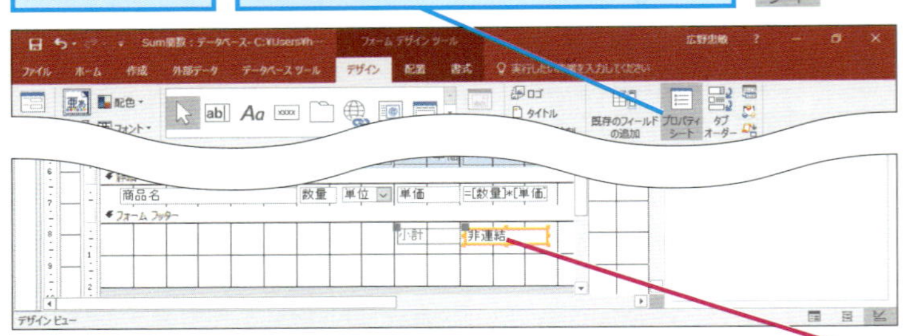

追加したテキストボックスをクリック

5 [コントロールソース] に関数を入力する

Sum関数を使って小計の金額を求める

❶ [データ] タブをクリック

❷ [コントロールソース] をクリック

❸「=sum ([数量]*[単価])」と入力

フィールド名以外、すべて半角文字で入力する

❹ Enter キーを押す

❺上書き保存をクリック

フォームビューを表示する

テキストボックスにSum関数が入力された

設定を確認するため、[請求入力フォーム] をフォームビューで表示する

❶ [フォームデザインツール] の [デザイン] タブをクリック

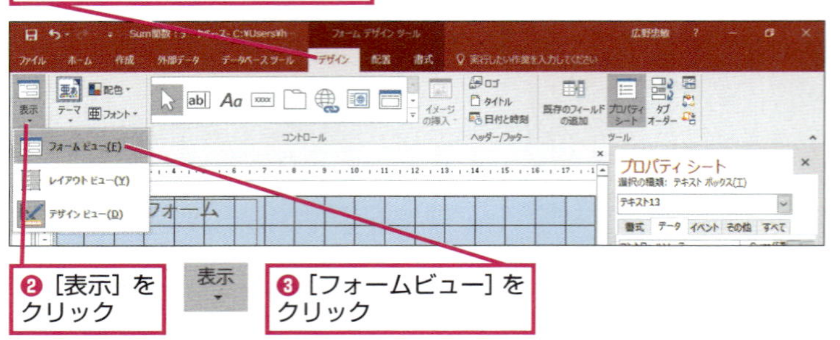

❷ [表示] をクリック

表示

❸ [フォームビュー] をクリック

Sum関数を使って どんな計算ができるの？

Sum関数は合計を計算するための組み込み関数で、引数に指定したフィールドの合計を計算します。引数に数式を入力したときは、その数式の計算結果をすべて合計した値が得られます。このレッスンでは［数量］フィールドの内容と［単価］フィールドの内容をかけた値の合計が計算されるように、Sum関数の引数に、「[数量]*[単価]」と入力します。

Accessで利用できる 関数を知りたい

Accessには、Sum関数以外にもさまざまな組み込み関数が用意されています。代表的な組み込み関数は以下の通りです。なお、403ページの付録5でも関数の使用例を紹介しているので、参考にしてください。

入力例	解説
Avg ([金額])	[金額] フィールドの平均を求める
Count (*)	レコードの件数を求める
Max ([売上実績])	[売上実績] フィールドの最大値を求める
Min ([売上実績])	[売上実績] フィールドの最小値を求める
StDev([成績])	[成績] フィールドの標準偏差を求める
StDevP ([成績])	[成績] フィールドを母集団とした標準偏差を求める
Var ([販売件数])	[販売件数] フィールドの分散値を求める
VarP ([販売件数])	[販売件数] フィールドを母集団とした分散値を求める

間違った場合は?

手順7で金額に「#Name?」というエラーが表示されたときは、手順5で入力した数式が間違っています。フォームをデザインビューで表示し、手順5～手順6を参照して正しい数式を入力し直しましょう。

活用例 関数で平均や最大値を求める

請求書や売り上げ一覧などを入力するためのフォームを作るときは、フォームに入力中のデータを集計した結果を表示しておくという方法もあります。集計結果を表示しておけば、入力しているデータの傾向が分かるため、入力ミスが起きにくくなります。ここではAvg関数を使って売り上げの平均を求める方法と、Max関数を使って売り上げの最大値を求める方法を紹介します。いろいろな関数を使って、入力しやすいフォームを作りましょう。

1 プロパティシートを表示する

基本編のレッスン㊱を参考に［F_売上一覧］をデザインビューで表示しておく

テキストボックスのプロパティシートを表示する

❶［フォームデザインツール］の［デザイン］タブをクリック

❷［プロパティシート］をクリック

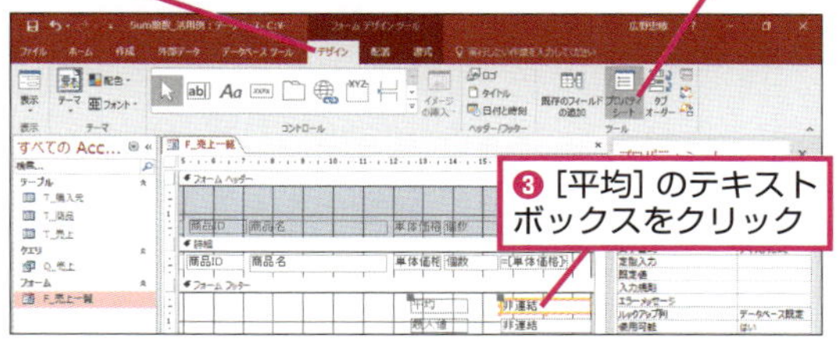

❸［平均］のテキストボックスをクリック

2 Avg 関数を入力する

Avg関数を使って平均の金額を求める

❶［データ］タブをクリック

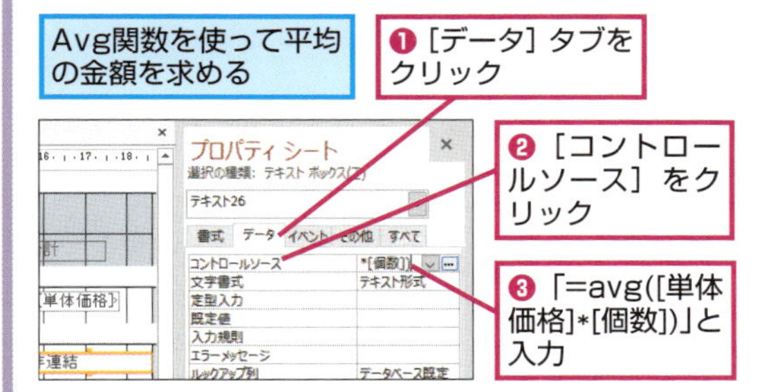

❷［コントロールソース］をクリック

❸「=avg([単体価格]*[個数])」と入力

3 Max 関数を入力する

Max関数を使って最大の金額を求める

❶［最大値］のテキストボックスをクリック

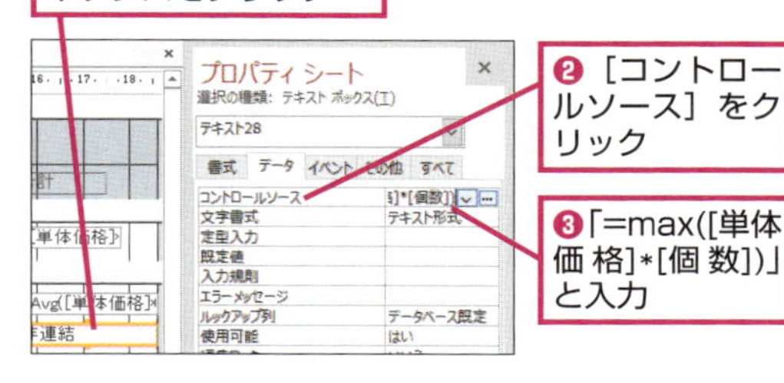

❷［コントロールソース］をクリック

❸「=max([単体価格]*[個数])」と入力

4 フォームビューを表示する

前ページの手順6を参考に［F_売上一覧］をフォームビューで表示しておく

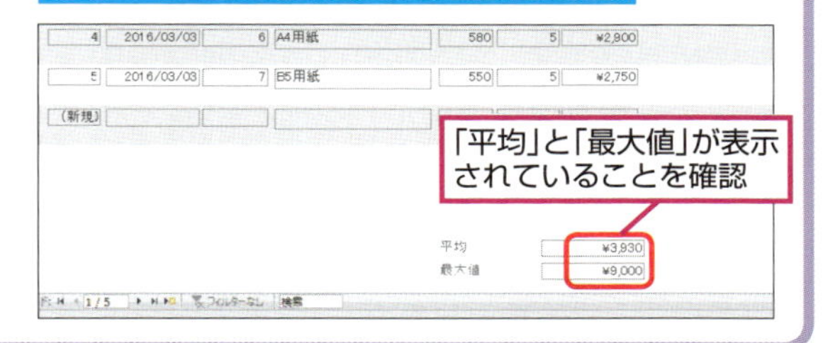

「平均」と「最大値」が表示されていることを確認

7 テキストボックスに集計結果が表示された

［請求入力フォーム］がフォームビューで表示された

請求明細の合計金額が表示された

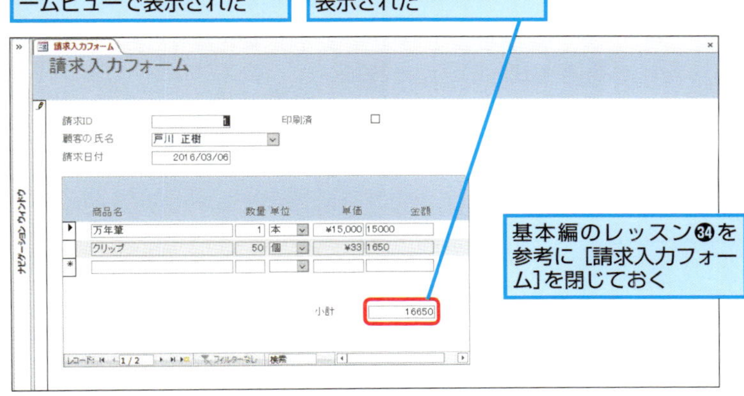

基本編のレッスン㉞を参考に［請求入力フォーム］を閉じておく

Point 表示対象のレコードで集計される

フォームの［フォームヘッダー］セクションや［フォームフッター］セクションで集計できる対象は、フォームに表示されたレコードです。このレッスンでは［請求明細テーブル］で集計を行いますが、サブフォームに表示されているのは、同じ［請求ID］の値を持つレコードです。つまり、同じ伝票内の明細だけが集計対象となります。集計にSum関数を使うと、フィールドに入力した値の合計結果を求められることを覚えておきましょう。

活用編 レッスン 17 消費税を計算するには

Int関数

明細の金額を合計したら、次に8%の消費税を計上してみましょう。このレッスンで利用するInt関数を使うと、小数点以下の数値を切り捨てた結果を求められます。

このレッスンの目的

テキストボックスを追加して、請求金額の消費税と小計に消費税を加算した合計額を求めます。また、Int関数を使って小数点以下の数値を切り捨てます。

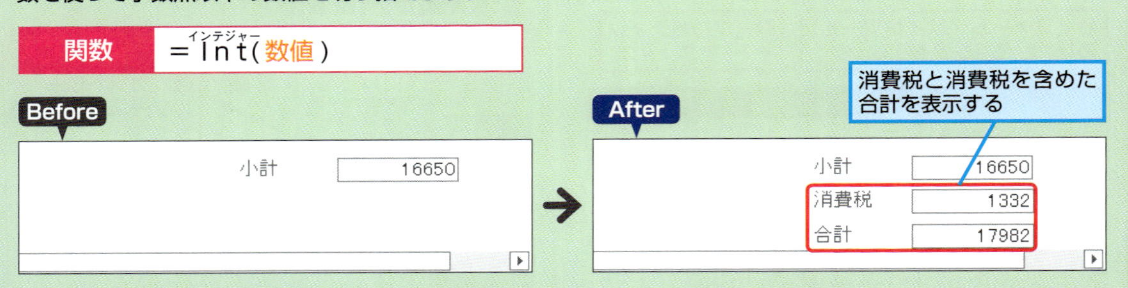

1 [フォームフッター] セクションにテキストボックスを追加する

基本編のレッスン㊱を参考に[請求入力フォーム] をデザインビューで表示しておく

活用編のレッスン⑯を参考にサブフォームの [フォームフッター] セクションにテキストボックスを2つ追加する

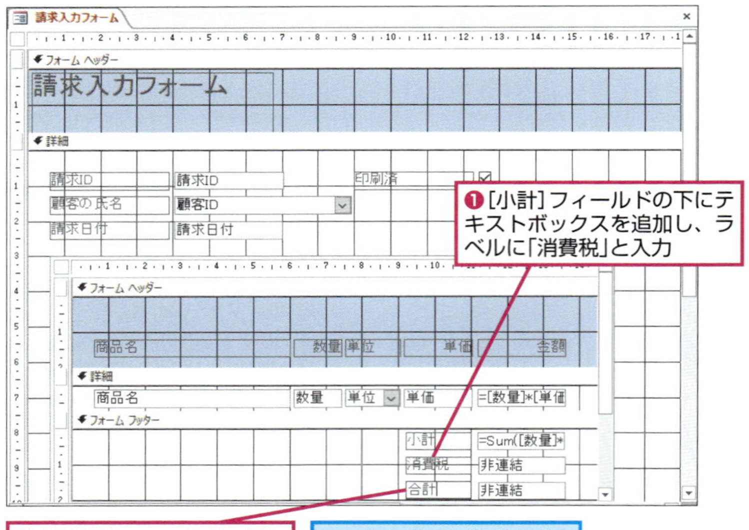

❷[消費税]フィールドの下にテキストボックスを追加し、ラベルに「合計」と入力

ラベルとテキストボックスの位置と大きさをそろえておく

▶キーワード

レッスンで使う練習用ファイル

Int関数.accdb

2 [消費税] のテキストボックスのプロパティシートを表示する

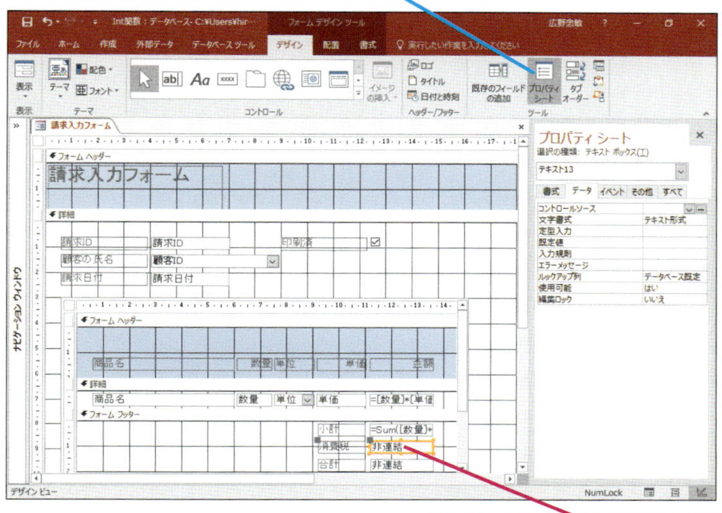

3 [消費税] の [コントロールソース] に数式を入力する

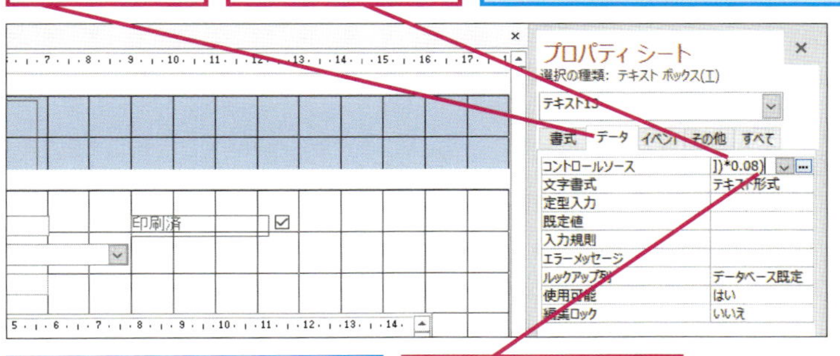

「Int関数」とは

「Int関数」は、引数で指定した値や式の計算結果を小数点以下で切り捨てた結果を返す関数です。例えば、「Int(1.3)」や「Int (1)」の結果は「1」になります。ただし、引数で指定した値や式が負の値になるときは、切り捨てではなく切り上げになるので注意しましょう。「Int (-1.3)」の結果は「-1」ではなく「-2」になります。

テキストボックスに数式を直接入力できる

数式は、プロパティシートの [コントロールソース] を表示しなくてもテキストボックスに直接入力できます。簡単な数式を入力するときや数式を入力するテキストボックスが少ないときは、プロパティシートを表示する手間が省けるので便利です。

間違った場合は?

手順3でテキストボックス以外のプロパティシートが表示されたときは、手順2で選択したコントロールが間違っています。もう一度 [消費税] のテキストボックスをクリックし直します。

次のページに続く

[合計] のテキストボックスのプロパティシートを表示する

[消費税] のコントロールソースに数式を入力できた

[合計] のテキストボックスをクリック

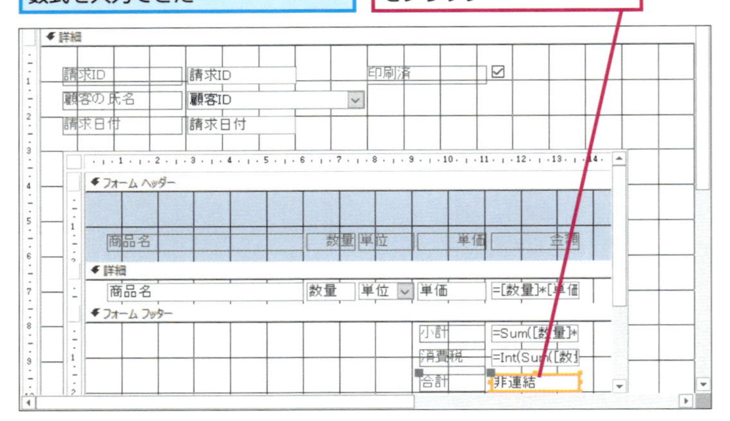

[合計] のコントロールソースに数式を入力する

[合計]のテキストボックスのプロパティシートに切り替わった

[合計] の金額は [小計] と [消費税] の金額を足して求める

❶ [データ] タブをクリック

❷ [コントロールソース] をクリック

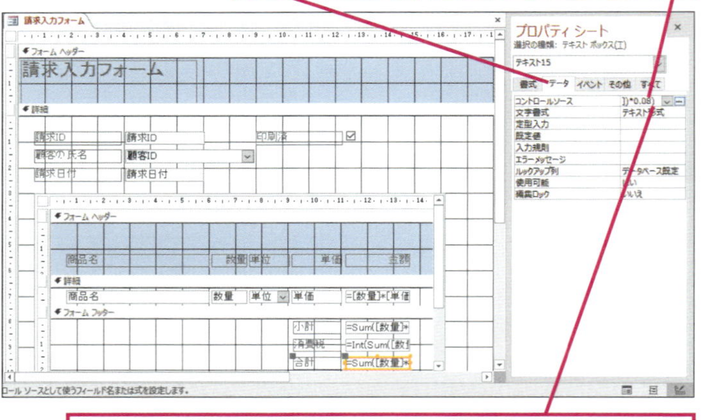

❸「=sum([数量]*[単価])+int(sum([数量]*[単価])*0.08)」と入力

フィールド名以外、すべて半角文字で入力する

❹ Enter キーを押す

❺上書き保存をクリック

小数点で切り上げるには

Int関数を使うと、小数点以下を切り捨てるだけでなく、切り上げることもできます。切り上げをするには引数を負の値にしてから、結果全体を負にします。例えば、消費税を求める数式「[数量]*[単価]*0.08」の結果の値を小数点で切り上げるには、以下のように入力します。

●消費税の結果を小数点で切り上げる

−int(−([数量]*[単価]*0.08))

四捨五入するには

小数点以下で四捨五入した金額を表示したいときも、Int関数を使います。小数点以下で四捨五入をするときは、0.5を加えた値をInt関数の引数として指定します。例えば、「[数量]*[単価]*0.08」の結果の値を四捨五入したいときは、以下のように入力しましょう。

●消費税の結果を四捨五入する

int([数量]*[単価]*0.08+0.5)

消費税率が変わったときは

消費税率が変わったときなど、8%以外で計上したいときは数式を変更します。例えば、消費税率が10%になったときは、以下の数式を入力します。

●消費税率が10%になった場合

=int(sum([数量]*[単価]*0.1))

6 フォームビューを表示する

設定を確認するため、[請求入力フォーム]をフォームビューで表示する

❶［フォームデザインツール］の［デザイン］タブをクリック

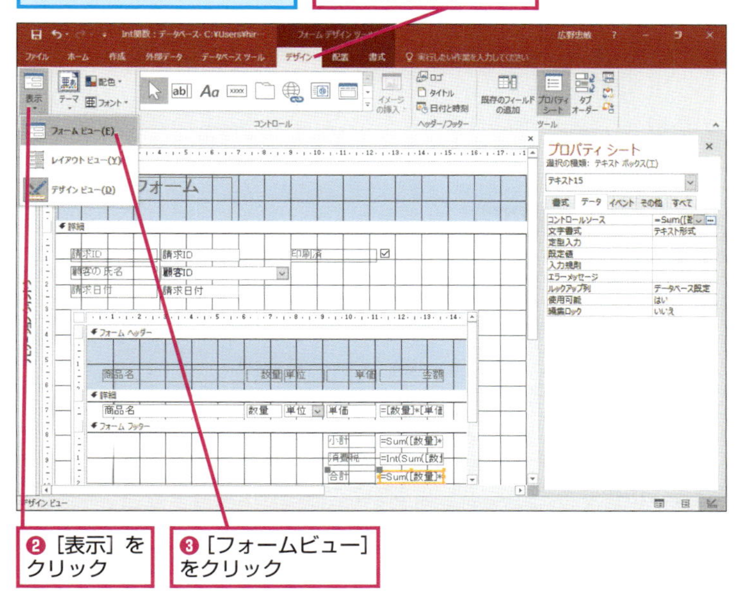

❷［表示］をクリック

❸［フォームビュー］をクリック

7 消費税と合計金額が表示された

消費税の小数点以下の数字が切り捨てられた

消費税と消費税を含めた合計金額が表示された

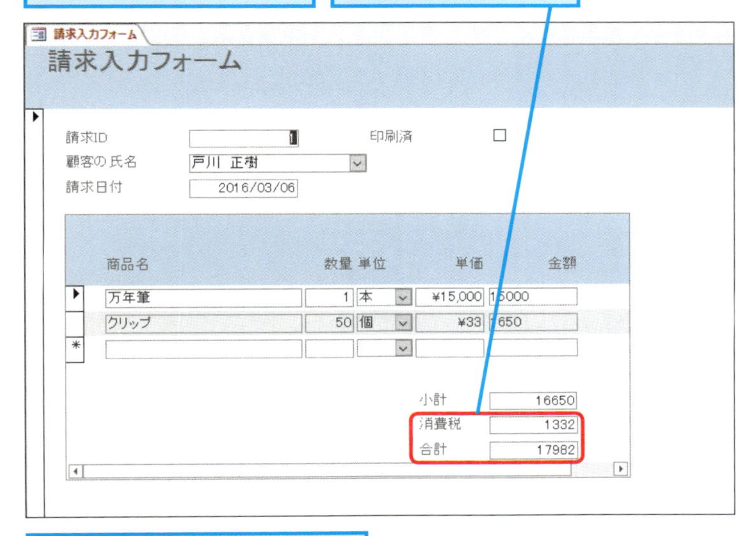

基本編のレッスン㉞を参考に［請求入力フォーム］を閉じておく

消費税を計上したくないときは

内税表示のときなど、請求書に消費税を計上したくないことがあります。消費税を計上しないときは、消費税と合計のテキストボックスを追加せずに［小計］のラベルを［合計(税込)］という名前に変更するといいでしょう。

間違った場合は？

手順7で違う計算結果が表示されたときは、数式が間違っています。フォームをデザインビューに切り替え、手順2～手順5を参考にして、もう一度数式を入力し直します。

Point

組み込み関数を使っていろいろな計算をしよう

計算というとまず思い浮かぶのは四則演算（加算、減算、乗算、除算）でしょう。ところが、このレッスンのように「8%の消費税を計上した後に小数点以下を切り捨てる」という計算は四則演算だけではできません。四則演算では求められないさまざまな計算を行うには、「組み込み関数」を活用しましょう。小数点以下を切り捨てたいときや四捨五入をしたいときは、Int関数を使うというように、計算の目的に合わせて関数を選びましょう。

レッスン 18 金額の書式を整えるには

テキストボックスの書式設定

数式を入力したテキストボックスは「¥」や「,」などの書式が設定されていません。テキストボックスに書式を設定して、数値のけた数がひと目で分かるようにします。

合計金額を表すテキストボックスに書式を設定して、数字の前に「¥」のマークを付け、3けたごとに「,」（カンマ）で区切った形式で表示します。

Before

	数量	単位	単価	金額
	1	本	¥15,000	15000
	50	個	¥33	1650

金額に何も書式が設定されていない

After

	数量	単位	単価	金額
	1	本	¥15,000	¥15,000
	50	個	¥33	¥1,650

数値に「¥」のマークを付けて、3けたごとに区切った形式で表示する

1 テキストボックスのプロパティシートを表示する

基本編のレッスン㊱を参考に［請求入力フォーム］をデザインビューで表示しておく

❶ここをクリックしてサブフォームを選択

活用編のレッスン⓮を参考にプロパティシートを表示しておく

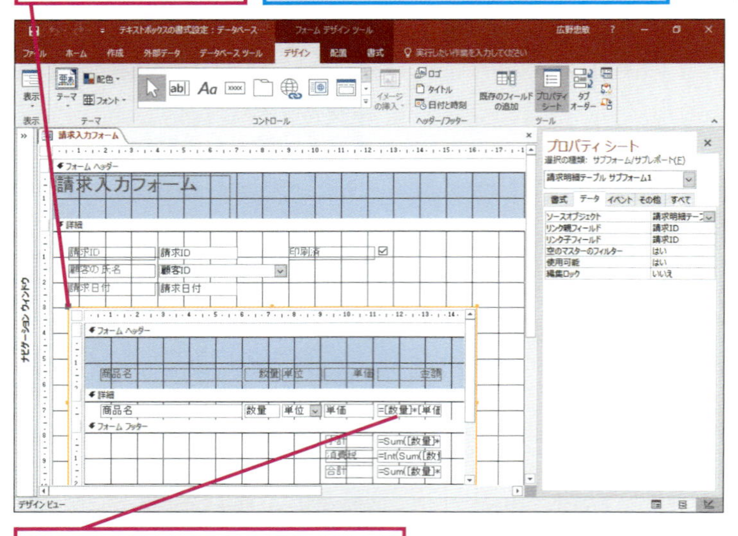

❷［金額］のテキストボックスをクリック

▶キーワード

レッスンで使う練習用ファイル

テキストボックスの書式設定.accdb

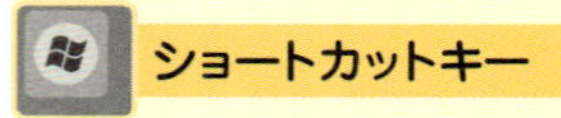

ショートカットキー

Alt + Enter ……………… プロパティシートの表示

間違った場合は？

手順2で［通貨］以外の書式を選択してしまったときは、もう一度［通貨］を選択し直します。

2 [金額] のテキストボックスに書式を設定する

テキストボックスのプロパティシートが表示された

❶[書式] タブをクリック

❷[書式]のここをクリック

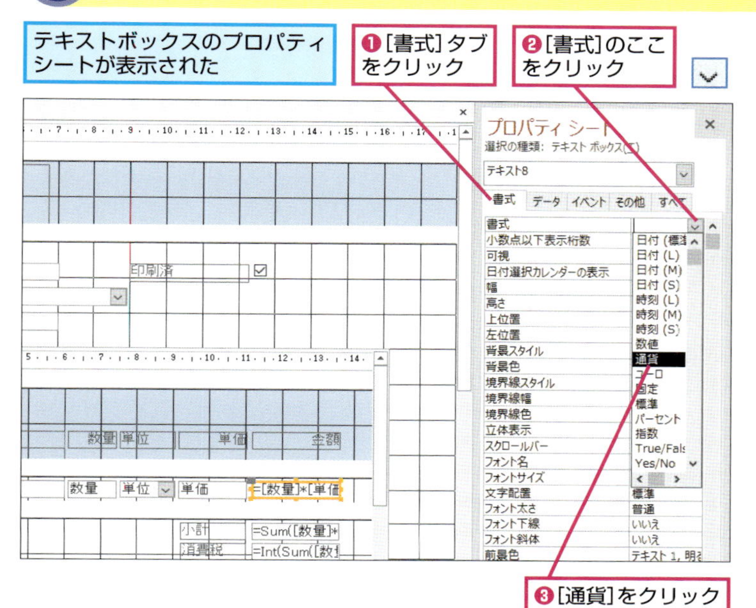

❸[通貨]をクリック

3 [小計] [消費税] [合計] のテキストボックスの書式を設定する

[金額] の書式が通貨の形式に設定された

❶手順2を参考にテキストボックスの書式を[通貨]に設定

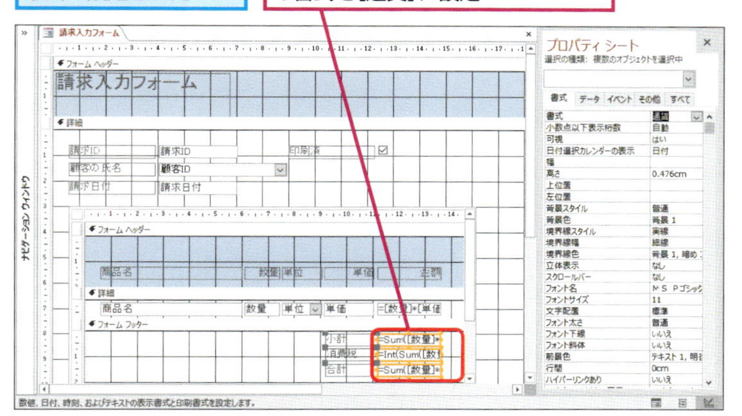

❷[上書き保存] をクリック

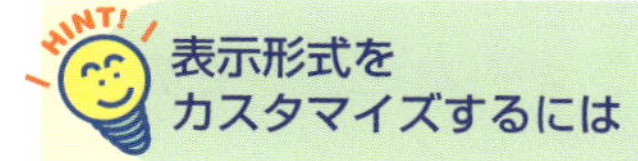

表示形式をカスタマイズするには

このレッスンでは、[書式] に [通貨] を設定していますが、[書式] に以下のような文字列を入力すればフィールドの値をさまざまな形式で表示できます。

●書式文字列の例

書式の例	フィールドの値	表示される値
0	1000	1000
000000	500	000500
0.00	3421	3421.00
#,##0	1000312	1,000,312
#,##0.00	1232.1	1,232.10
"￥"#,##0	12323	￥12,323
*#,##0 "円也"	1234	****1,234円也（空白が*で埋められる）
" ￥"**#,##0".-"	1232	￥*******1,232（空白が*で埋められる）

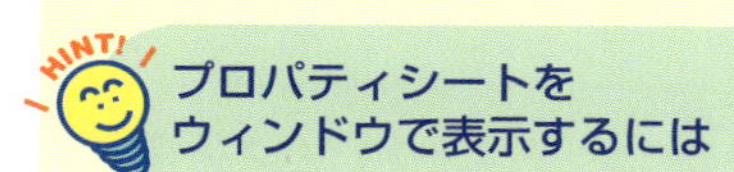

プロパティシートをウィンドウで表示するには

プロパティシートはウィンドウで表示して邪魔にならない位置に移動ができます。横幅が広いフォームを作るときは、フォーム全体を確認しながらプロパティの設定ができるので便利です。また、画面に収まらないフィールドがあるときもフォーム全体を表示して作業しましょう。プロパティシートをウィンドウで表示するには、プロパティシートのタイトルバーを作業領域にドラッグします。プロパティシートを元に戻したいときは、プロパティシートのタイトルバーを画面の右端にドラッグしましょう。

タイトルバーにマウスポインターを合わせてドラッグすれば、プロパティシートをウィンドウで表示できる

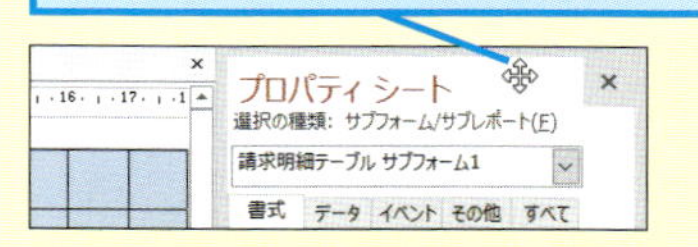

次のページに続く

4 フォームビューを表示する

設定を確認するため［請求入力フォーム］をフォームビューで表示する

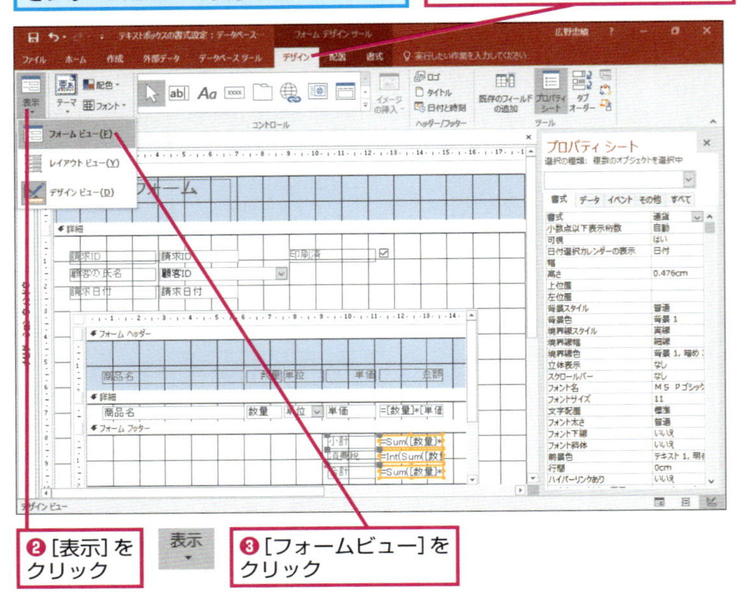

5 テキストボックスの書式が変更された

［請求入力フォーム］がフォームビューで表示された

テキストボックスに［通貨］の書式が設定され、「¥」と「,」が付いた

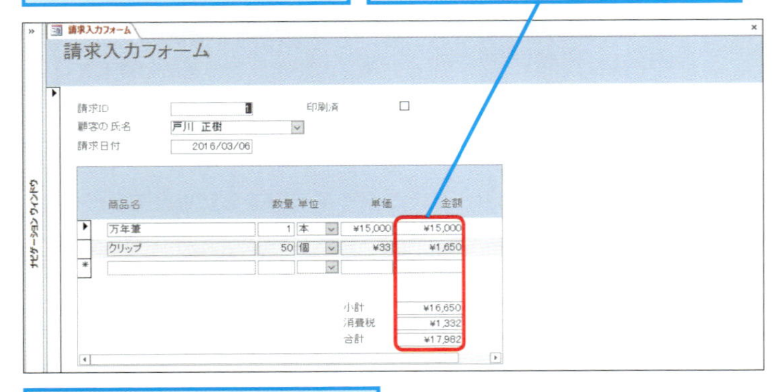

基本編のレッスン㉞を参考に［請求入力フォーム］を閉じておく

書式を設定したら正しく表示されるかを確認しよう

書式を設定すると、フォームのテキストボックスの内容は設定された書式にしたがって表示されます。そのため、間違った書式を設定してしまうと、テキストボックスに意図しない値が表示されてしまいます。テキストボックスに書式を設定したときは、必ずフォームビューで実際のデータを表示して、書式が正しく設定されたかをよく確認しましょう。

間違った場合は？

手順5で金額が正しく表示されないときは、書式の設定が間違っています。フォームをデザインビューで表示してから手順1～手順3を参考に、書式をもう一度設定し直しましょう。

Point

値はそのままで、表示方法だけを変更できる

書式は、フィールドに入力されたデータの内容を変えずに、見ためだけを変えるものです。このレッスンのように、金額の先頭に「¥」を付けたり、3けたごとに「,」を挿入したりする使い方が一般的です。テキストボックスの［書式］プロパティには、あらかじめ代表的な書式が用意されていますが、書式文字列と呼ばれる記号を使えば、書式を細かく設定できます。前ページのHINT!や次ページの活用例を参考に、さまざまな書式を設定してみましょう。

テクニック フィールドの値によって書式を変えられる

フィールドの値が正（+）、負（−）、ゼロ（0）、何も入力していない（Null）の場合で書式を変えると便利です。書式は「;」（セミコロン）で区切って4つまで指定できます。1つ目は値が正のときの書式、2つ目は値が負のときの書式、3つ目は値がゼロのときの書式、最後は値がNullのときの書式になります。

[金額]のテキストボックスを選択しておく

❶[書式]タブをクリック

❷[書式]をクリック

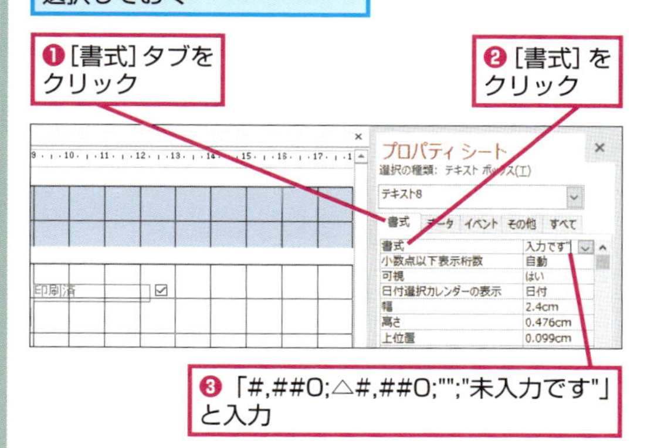

❸「#,##0;△#,##0;"";"未入力です"」と入力

● 「#,##0;△#,##0;"";"未入力です"」の書式の設定例

[単価] のテキストボックスに「15000」が入力されているとき

¥15,000	15,000

[単価] のテキストボックスに「-3300」が入力されているとき

−¥3,300	△3,300

[単価] のテキストボックスに「0」が入力されているとき

¥0	

[単価] のテキストボックスに何も入力されていないとき

	未入力です

活用例 フィールドの値によって色を変えよう

活用例で使うファイル
テキストボックスの書式設定.accdb

以下の手順でフィールドにこの活用例のように条件付き書式を利用すれば、値が負のときに数値を赤色で表示できます。

❶[金額]のテキストボックスを右クリック

❷[条件付き書式]をクリック

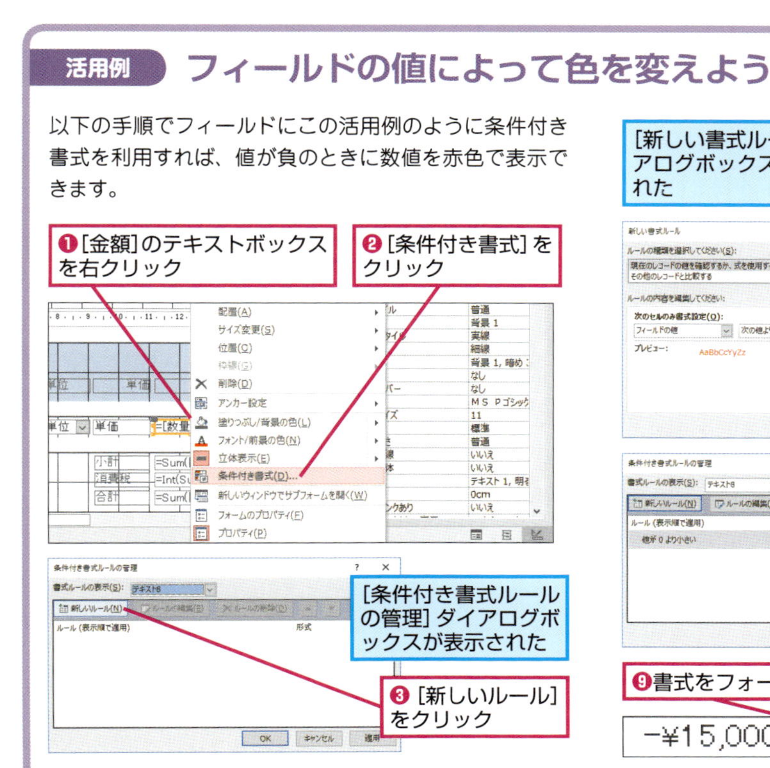

[条件付き書式ルールの管理] ダイアログボックスが表示された

❸[新しいルール]をクリック

[新しい書式ルール] ダイアログボックスが表示された

❹ここをクリックして［次の値より小さい］を選択

❺「0」と入力

❻[フォントの色]をクリックして赤を選択

❼[OK]をクリック

❽[OK]をクリック

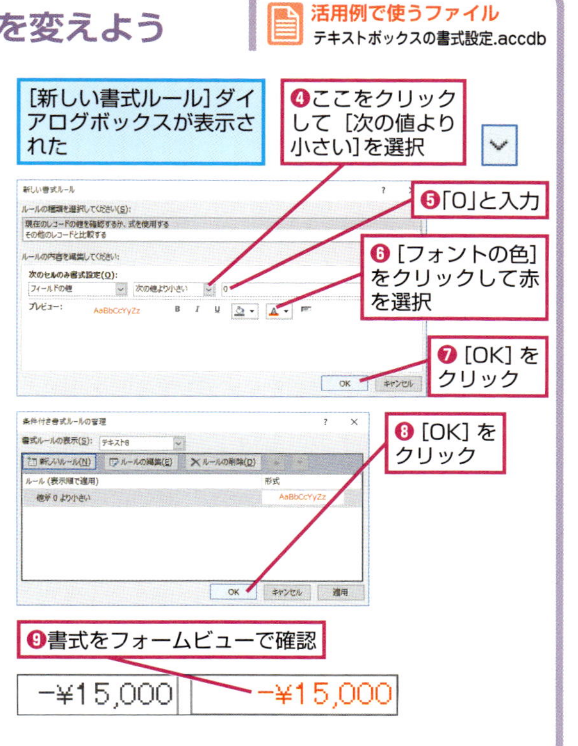

❾書式をフォームビューで確認

−¥15,000	−¥15,000

特定のフィールドへカーソルを移動しないようにするには

タブストップ

フォームでTabキーを押すと、カーソルが次のフィールドに移動します。データを入力しない計算結果のフィールドにはカーソルが移動しないように設定しましょう。

1 テキストボックスのプロパティシートを表示する

基本編のレッスン㊱を参考に［請求入力フォーム］をデザインビューで表示しておく

❶ここをクリックしてサブフォームを選択

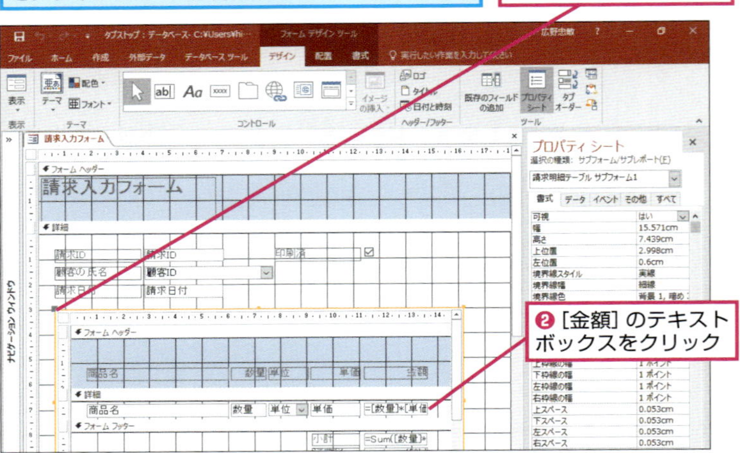

❷［金額］のテキストボックスをクリック

2 ［タブストップ］を設定する

プロパティシートの表示が切り替わった

❶［その他］タブをクリック

❷［タブストップ］のここをクリック

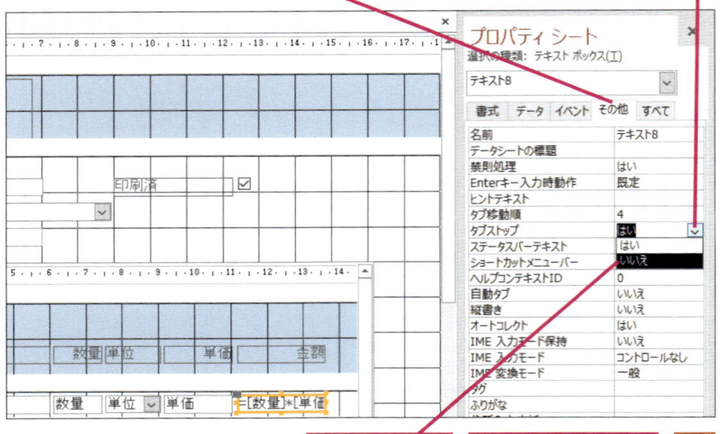

❸［いいえ］をクリック

❹［上書き保存］をクリック

レッスンで使う練習用ファイル
タブストップ.accdb

HINT! タブストップとは

フィールドにカーソルがあるときにTabキーを押すと、次のフィールドにカーソルが移動します。タブストップとは、Tabキーでカーソルが移動できるかどうかを決めるプロパティで、フィールドに対して設定します。

HINT! プロパティシートが表示されていないときは

手順1でプロパティシートが表示されていないときは、［フォームデザインツール］の［デザイン］タブにある［プロパティシート］ボタンをクリックしましょう。また、テキストボックスを選択してからAlt＋Enterキーを押してもプロパティシートを表示できます。

3 フォームビューを表示する

設定を確認するため、[請求入力フォーム]をフォームビューで表示できる

❶[ホーム]タブをクリック

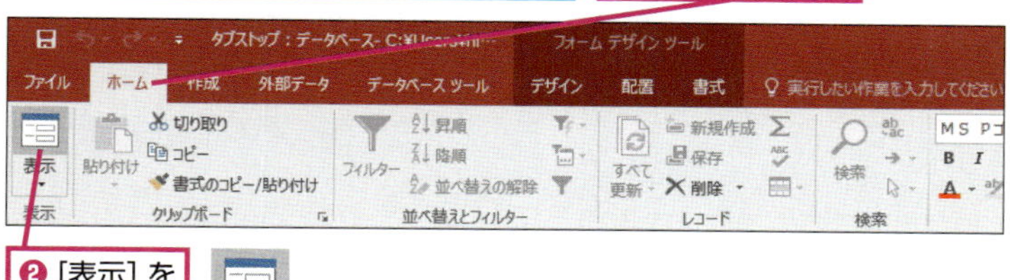

❷[表示]をクリック

4 [単価] フィールドでTabキーを押す

[請求入力フォーム] がフォームビューで表示された

❶[単価] フィールドをクリック

❷Tabキーを押す

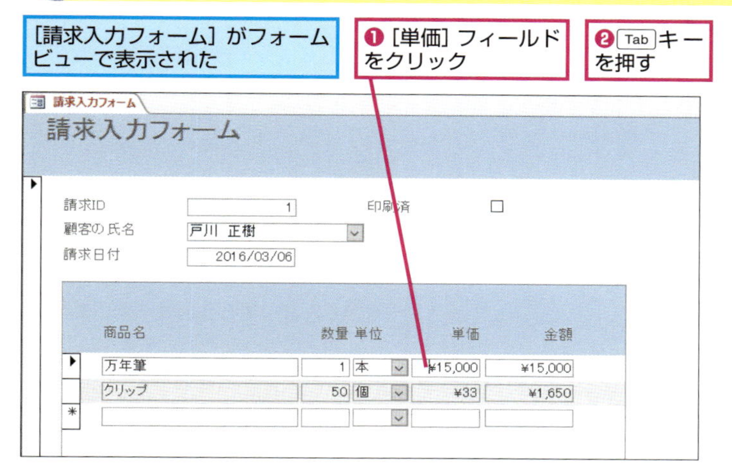

5 カーソルが [商品名] フィールドに移動した

[商品名] フィールドにカーソルが移動した

Tabキーを押してもカーソルが [金額] フィールドに移動しなくなった

基本編のレッスン㉞を参考に[請求入力フォーム]を閉じておく

HINT! 値の入力や編集を禁止するには

テキストボックスなどのプロパティシートの [データ] タブにある [編集ロック] を [はい] に設定すると、値の入力や修正といった編集操作を禁止できます。値を参照したいが、変更はされたくないテキストボックスは、[編集ロック] を設定して、編集できないようにしましょう。

編集をロックするテキストボックスを選択しておく

❶[データ]タブをクリック

❷[編集ロック] のここをクリック

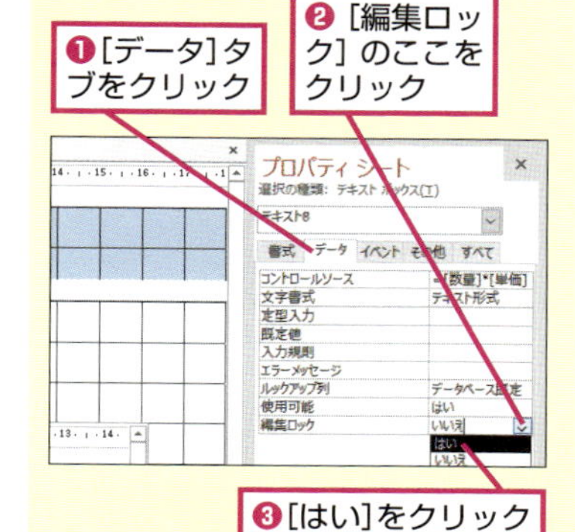

❸[はい]をクリック

間違った場合は?

手順4でTabキーを押すとカーソルが [金額] フィールドに移動してしまうときはタブストップが設定されていません。もう一度手順1から操作をやり直します。

Point タブストップでカーソルの移動を制御できる

マウスでフィールドをクリックしてから入力するよりも、Tabキーでカーソルを移動した方が、キーボードから手を離さずに素早くデータを入力できます。ところが、計算結果を表示するテキストボックスなど、入力をする必要がないコントロールにカーソルが移動すると、もう一度Tabキーを押さなければいけないので面倒です。[タブストップ] を [いいえ] に設定して、入力しないテキストボックスにカーソルが移動しないように設定しましょう。

フォームから入力したデータを抽出するには

フォームフィルター

フォームフィルターを使えば、フォームを使って特定の値を検索できます。このレッスンでは、フォームを使ったデータ入力と特定の値を検索する方法を説明します。

▶キーワード

移動ボタン	p.418
演算子	p.418
フォーム	p.421
メインフォーム	p.422
リレーションシップ	p.422
レコード	p.422
レコードセレクタ	p.422

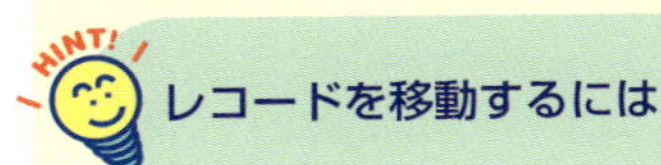

フォームから請求データを入力する

1 新しいレコードを作成する

[請求入力フォーム] をフォームビューで表示しておく

最初のレコードの内容が表示されている

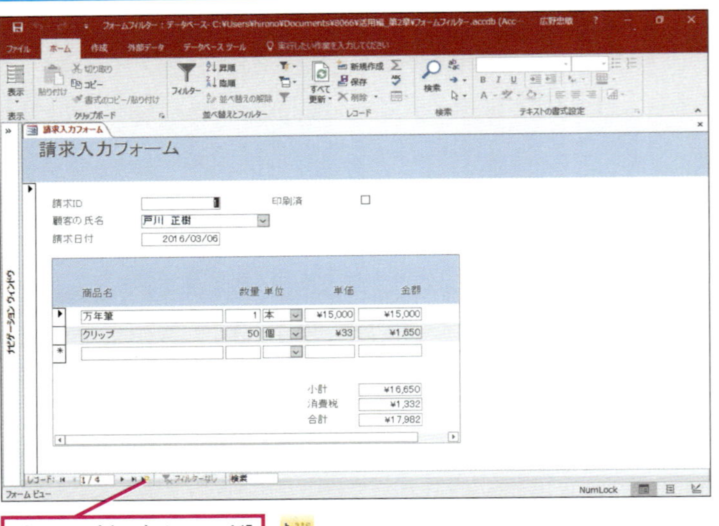

[新しい（空の）レコード] をクリック

2 レコードにデータを入力する

新しいレコードが表示された

以下のデータを入力する

顧客の氏名	福島　正巳	請求日付	2016/01/10
商品名	数量	単位	単価
万年筆	3	本	¥15,000

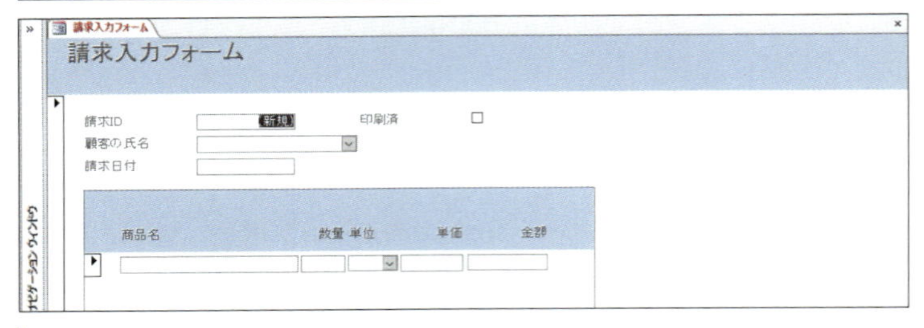

HINT!

レコードを移動するには

別のレコードを表示したいときは、移動ボタンを利用します。移動ボタンを使うと、さながら請求書をめくるように、請求データを確認できます。サブフォームの明細が画面上にすべて収まらないときは、スクロールバーを使って明細をスクロールさせましょう。

明細が見えないときは、ここを下にドラッグする

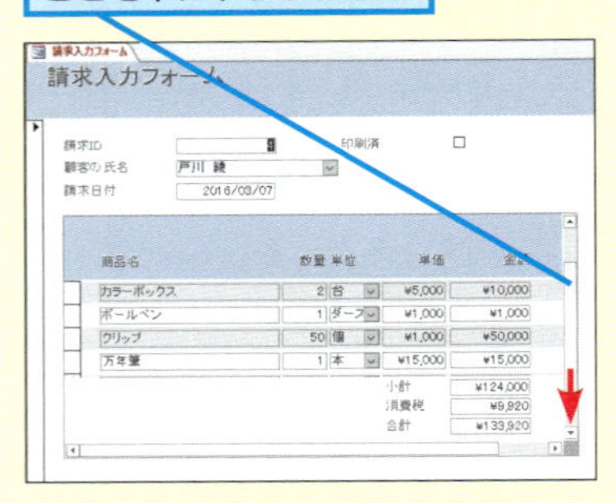

3 続けてデータを入力する

手順1 〜手順2を参考に以下のデータを入力する

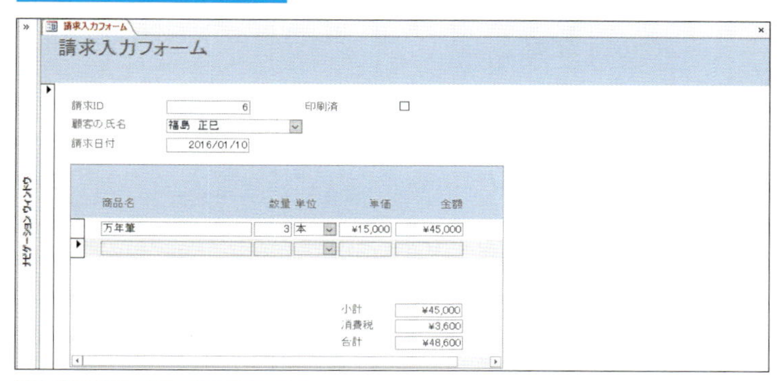

顧客の氏名	大和田　正一郎	請求日付	2016/02/10
商品名	数量	単位	単価
コピー用トナー	1	箱	￥16,000
大学ノート	30	冊	￥150

顧客の氏名	小野　信男	請求日付	2016/02/15
商品名	数量	単位	単価
カラーボックス	2	台	￥5,000

顧客の氏名	青田　良子	請求日付	2016/02/20
商品名	数量	単位	単価
万年筆	3	本	￥15,000
ボールペン	2	ダース	￥1,000

顧客の氏名	竹井　進	請求日付	2016/02/25
商品名	数量	単位	単価
FAX用トナー	3	箱	￥3,000
ボールペン	3	ダース	￥1,000

顧客の氏名	篠田　友里	請求日付	2016/03/01
商品名	数量	単位	単価
カラーボックス	2	台	￥5,000
万年筆	4	本	￥15,000

顧客の氏名	佐藤　雅子	請求日付	2016/03/05
商品名	数量	単位	単価
小型パンチ	2	個	￥500
大学ノート	30	冊	￥150

顧客の氏名	本庄　亮	請求日付	2016/03/07
商品名	数量	単位	単価
FAX用トナー	10	箱	￥3,000
ボールペン	8	ダース	￥1,000

請求データを削除するには

［請求入力フォーム］のメインフォームにあるレコードセレクタをクリックし、［ホーム］タブの［削除］ボタンをクリックすると、請求書のデータを削除できます。このとき、メインフォームのレコードと、サブフォームに表示されているレコードすべてが削除されます。このように関連付けられている一連のレコードが一緒に削除されるのは、リレーションシップで［レコードの連鎖削除］を設定しているためです。

❶レコードセレクタをクリック

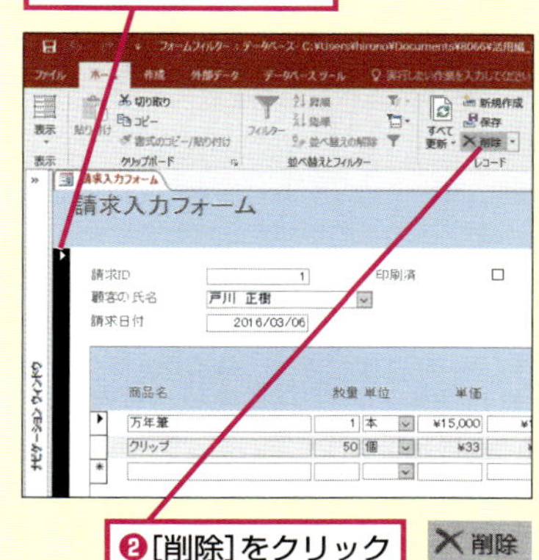

❷［削除］をクリック　削除

請求書と関連付けられている明細のすべてが削除される

間違った場合は？

手順2 〜手順3で入力を間違えたときは、Back space キーを押して文字を削除してから、もう一度入力し直します。

20 フォームフィルター

次のページに続く

4 請求データが入力された

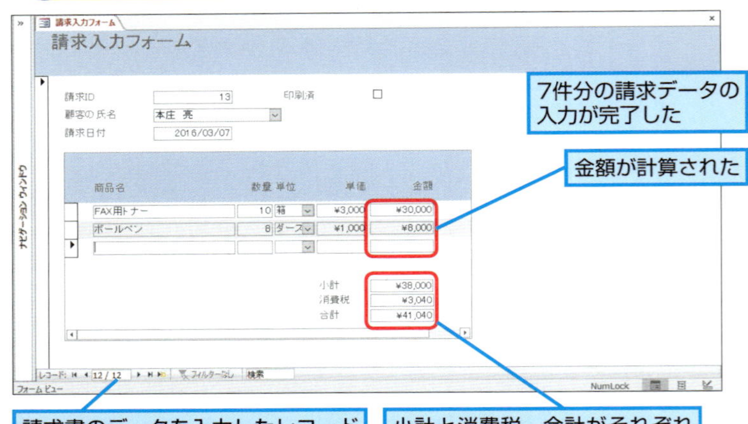

フォームフィルターでデータを抽出する

5 フォームフィルターを表示する

❶[ホーム]タブをクリック

❷[高度なフィルターオプション]をクリック

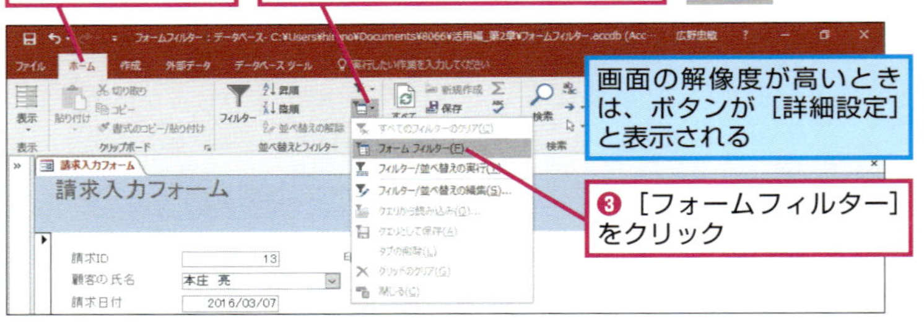

6 データの抽出を実行する

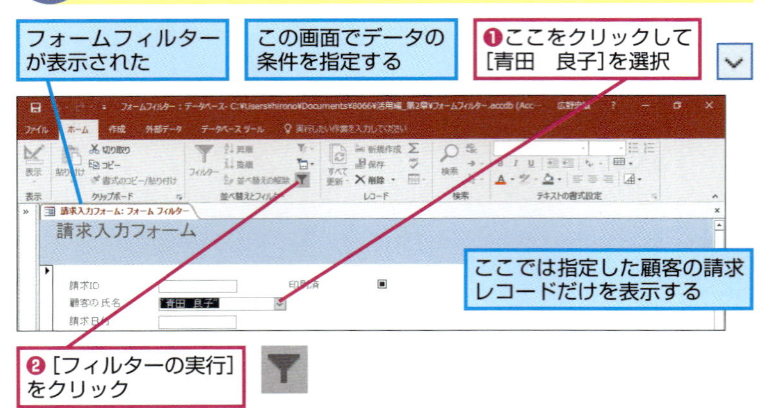

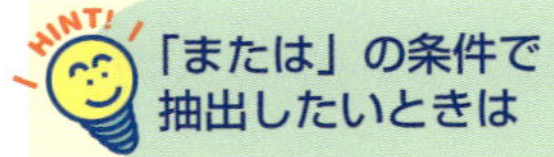

HINT! 「または」の条件で抽出したいときは

「顧客の氏名が『青田』または『竹井』のデータを抽出する」といったように、「または」を使った条件で抽出するときは、フォームフィルターを表示して[または]タブを使いましょう。抽出条件のフォームに「青田*」と入力した後に[または]タブをクリックしてから「竹井*」を入力すれば、「～または～」の条件でデータを抽出できます。

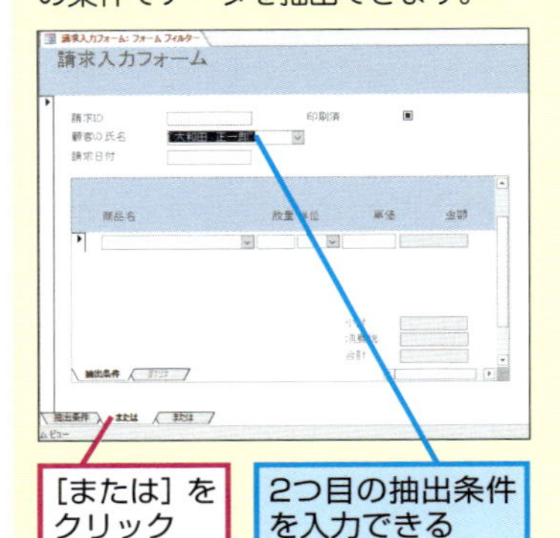

HINT! 「かつ」の条件で抽出したいときは

フォームフィルター上の複数のフィールドに値を入力したときは、それらのフィールドのすべての条件が一致するレコードだけを抽出できます。例えば、[請求日付]に「>2016/03/01」、[顧客の氏名]に「本庄*」と入力すると、請求日が2016年3月1日以降で、なおかつ顧客の氏名が「本庄」で始まるレコードのみを抽出できます。

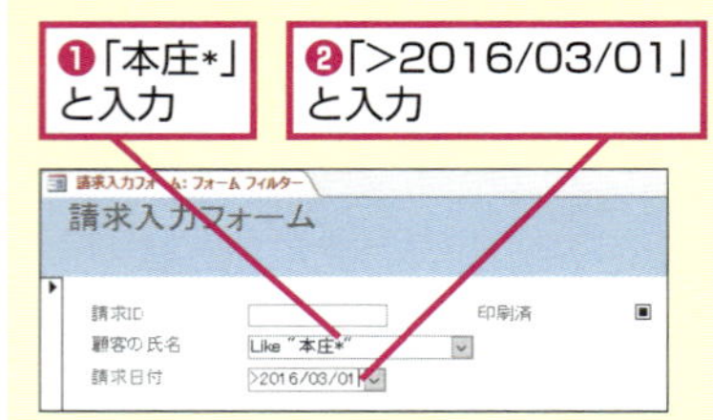

活用例 フォームで一時的にデータを抽出する

活用例で使うファイル
フォームフィルター_活用例.accdb

フォームフィルターを使うと、フォームに一時的に特定の値で抽出したレコードのみを表示したり、フォームに表示されるレコードの順番を変更したりすることができます。[フィルター/並べ替えの編集] を使うと、クエリと同様な操作でレコードの抽出や並べ替えができます。便利な機能なので活用しましょう。

[F_売上一覧] をフォームビューで表示しておく

ここでは、[商品名] に「A4」が含まれているデータを、[商品ID] の降順で表示する

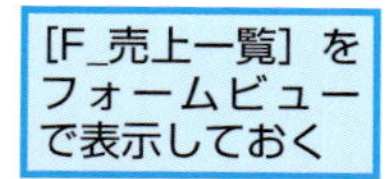

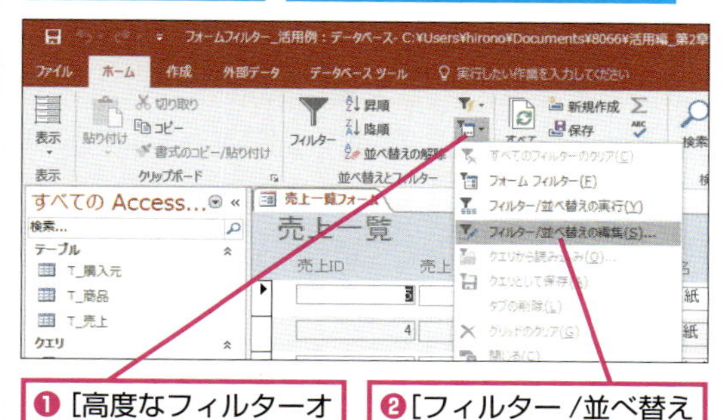

❶ [高度なフィルターオプション] をクリック

❷ [フィルター/並べ替えの編集] をクリック

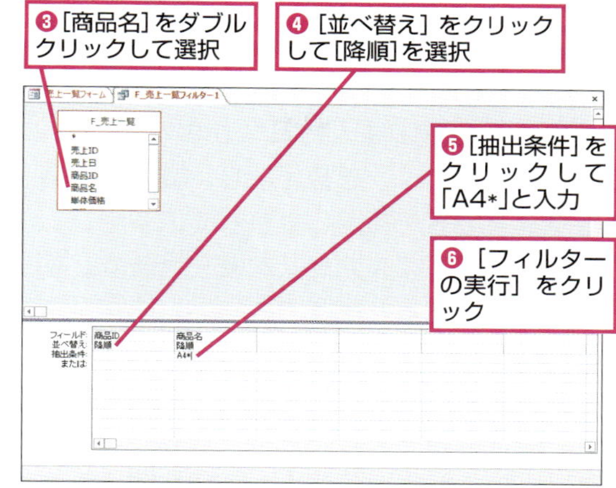

❸ [商品名] をダブルクリックして選択

❹ [並べ替え] をクリックして [降順] を選択

❺ [抽出条件] をクリックして「A4*」と入力

❻ [フィルターの実行] をクリック

[商品名] に「A4」が含まれているデータを、[商品ID] の降順で表示できた

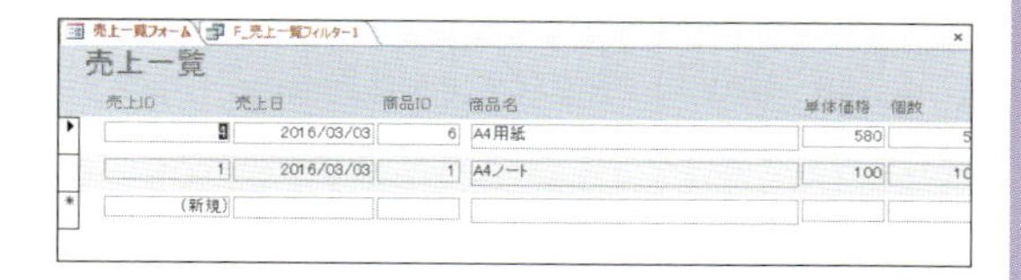

7 フォームフィルターを解除する

抽出結果が表示された

[顧客の氏名] が [青田　良子] の請求データが抽出された

[フィルターの解除] をクリック

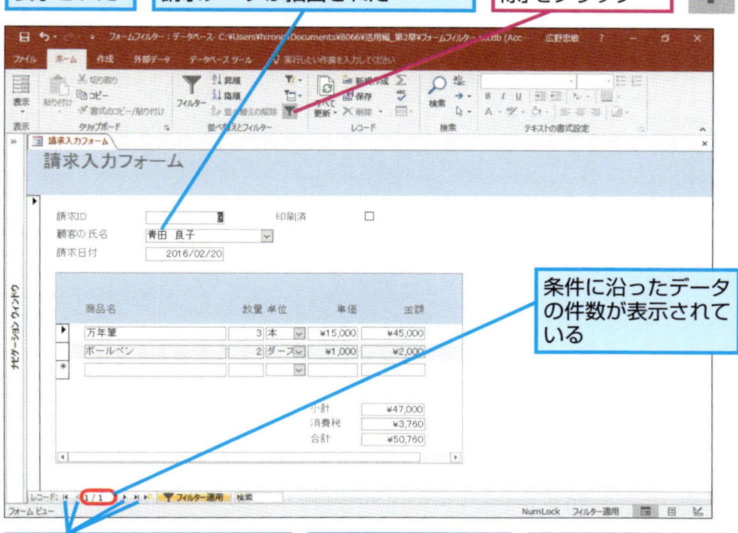

条件に沿ったデータの件数が表示されている

複数のデータが抽出されたときは、ここをクリックしてほかのレコードを確認できる

フィルターが解除されて、すべてのデータが表示される

基本編のレッスン㉞を参考に [請求入力フォーム] を閉じておく

Point
いろいろな条件でレコードを抽出してみよう

「フィルター」とは、文字通りフォームに表示されるレコードをフィルターを通して抽出するためのものです。フィルターを使えば、いろいろな条件でレコードを抽出できます。レコードを抽出するときは、単純に値を入力して抽出するだけではなく、あいまいな条件や比較演算子を使った数値の大小関係での抽出、「～または～」や「～かつ～」のような複数の条件を使った高度な抽出も行えます。フォームで目的のデータを抽出できるようになれば、さらにデータベースを活用できます。

この章のまとめ

●入力ミスを減らすフォームを設計しよう

データの入力時には入力ミスが付き物です。フォームのデザインを整えたり、数式で計算するフィールドを利用したりして、フォームをひと工夫すれば入力ミスを減らせます。例えば、帳票があるときは、フォームの体裁をその帳票に合わせましょう。帳票とフォームの見ためが同じなら、迷わず入力ができます。また、合計金額や消費税など、計算で表示できるフィールドは手作業で入力するのではなく、数式を使って計算するようにしましょう。自動で計算結果を表示すれば、入力する必要がなくなるばかりではなく、計算ミスも減らせます。コンボボックスも入力ミスを防ぐための大切なコントロールといえるでしょう。決まった値を一覧から選べるようにすることで、入力を簡略化できます。さらに、ラベルやヒントテキストなどを活用して、ひと目見ただけで何を入力すればいいのかが分かるようにしましょう。この章では、メインフォームとサブフォームで請求情報を入力するフォームを作りました。この章のテクニックを上手に活用して、分かりやすく入力しやすいフォームを設計してください。

フォームのデザイン

データを入力する人が戸惑わないようにフィールドをレイアウトし、入力間違いを起こさないような工夫を凝らす

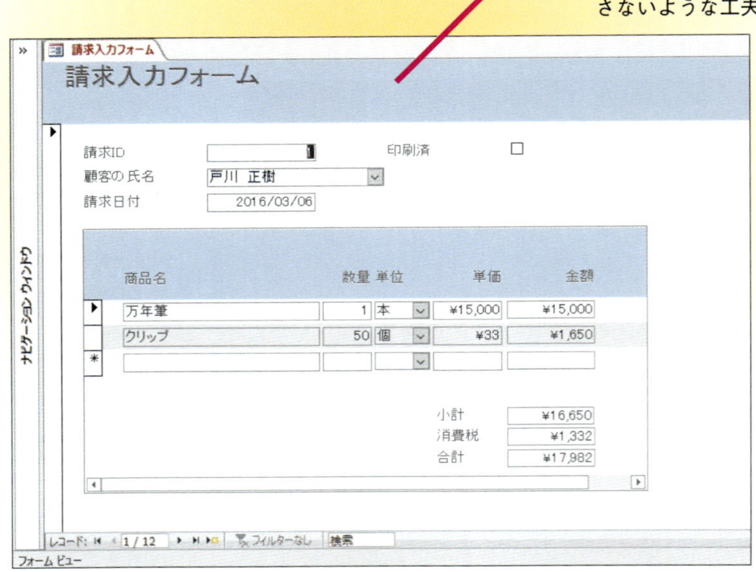

練習問題

1

練習用ファイルの［練習問題02_活用.accdb］にある［請求入力フォーム］を開きます。［消費税］と［合計］のテキストボックスに表示される金額を、小数点以下の値の切り捨てではなく、四捨五入されるようにしてみましょう。

●ヒント　Int関数を使います。

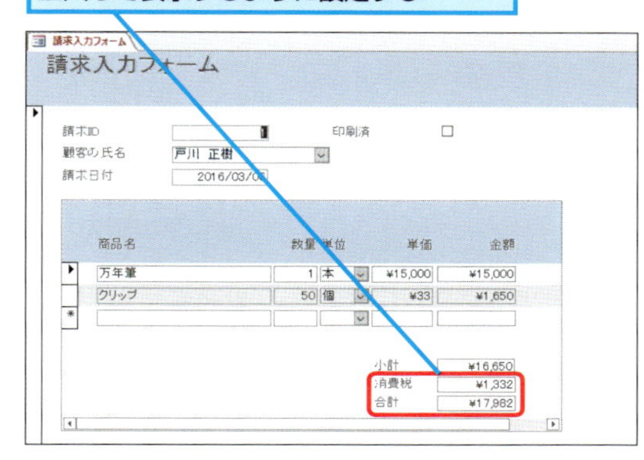

2

練習問題1で利用した［請求入力フォーム］で、顧客名が「竹井　進」の請求データを検索してみましょう。

●ヒント　［フォームフィルター］を使います。

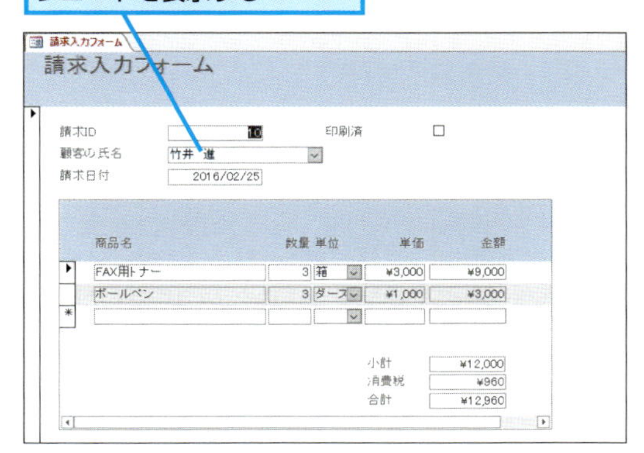

答えは次のページ

解　答

[消費税] や [合計] のテキストボックスに表示される計算結果を変更するには、テキストボックスをクリックしてから、[フォームデザインツール] の [デザイン] タブにある [プロパティシート] ボタンをクリックしましょう。プロパティシートの [コントロールソース] に設定されている数値に「+0.5」を追加で入力します。修正後の数式は [消費税] が「=Int(Sum([数量]*[単価])*0.08+0.5)」、[合計] が「=Sum([数量]*[単価])+Int(Sum([数量]*[単価])*0.08+0.5)」となります。こうすることによって、小数点以下の数字が四捨五入された値を求められます。

[請求入力フォーム] をデザインビューで表示しておく

活用編のレッスン⓮を参考にプロパティシートを表示しておく

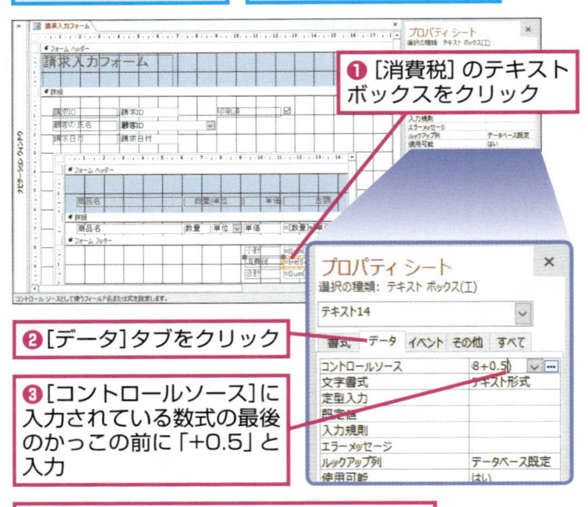

❷[データ]タブをクリック

❸[コントロールソース]に入力されている数式の最後のかっこの前に「+0.5」と入力

❹手順1 ～ 3と同様に [合計] のテキストボックスにも数式を追加する

フォーム上でレコードを検索するには、[フォームフィルター] の機能を使います。[請求入力フォーム] をフォームビューで開いた後、[ホーム] タブの [高度なフィルターオプション] ボタンから [フォームフィルター] をクリックします。続いて [顧客の氏名] に「竹井　進」を選択してから [ホーム] タブの [フィルターの実行] ボタンをクリックすると、検索条件に合ったレコードがフォームに表示されます。

❶[ホーム]タブをクリック

❷[高度なフィルターオプション]をクリック

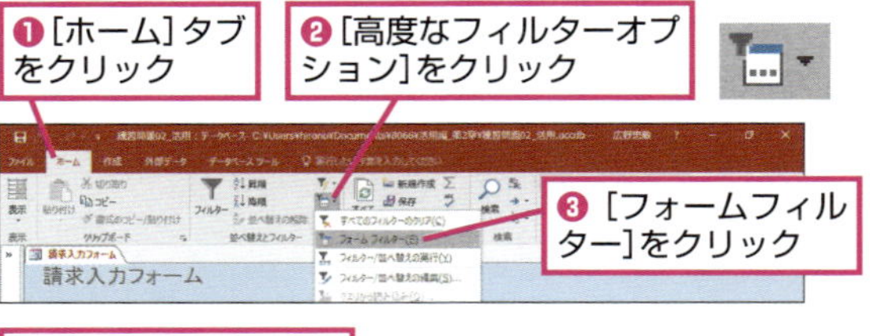

❹ここをクリックして[竹井　進]を選択

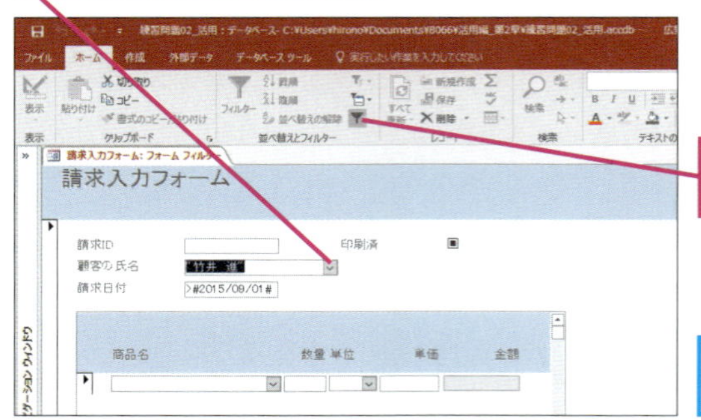

❺[フィルターの実行]をクリック

[顧客の氏名] が「竹井　進」のレコードが抽出される

活用編

第3章 クエリで複雑な条件を指定する

この章では、クエリを使ってテーブルから複数の条件でデータを抽出する方法のほか、アクションクエリを使ったレコードの一括追加や一括修正の方法などを解説します。

●この章の内容

クエリの種類を知ろう

クエリの種類

クエリにはデータを選択する「選択クエリ」と、テーブルやレコードを修正する「アクションクエリ」があります。クエリの種類や仕組みを覚えましょう。

データの抽出や集計ができる選択クエリ

基本編のレッスン⑳で紹介したように選択クエリを使うと、テーブルから必要なフィールドだけを抽出したり、指定した条件に合うデータを抽出したりすることができます。この章では、複数のテーブルから、[顧客の氏名] や [請求日付] などのフィールドを追加してデータを集計します。

▶キーワード

[顧客テーブル] にある [顧客の氏名] フィールドを利用する

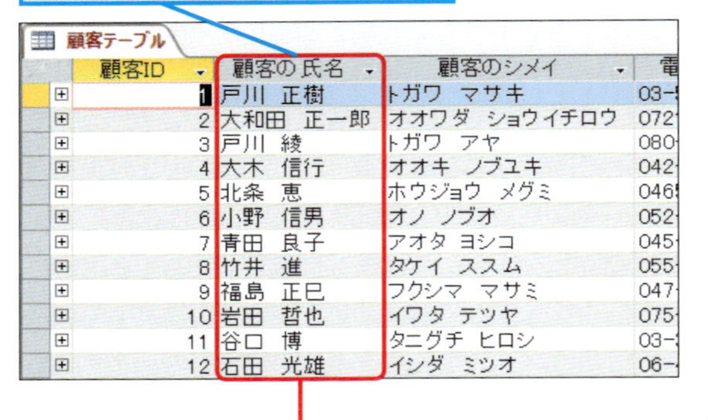
顧客テーブル

顧客ID	顧客の氏名	顧客のシメイ	電
1	戸川 正樹	トガワ マサキ	03-
2	大和田 正一郎	オオワダ ショウイチロウ	072
3	戸川 綾	トガワ アヤ	080
4	大木 信行	オオキ ノブユキ	042
5	北条 恵	ホウジョウ メグミ	046
6	小野 信男	オノ ノブオ	052
7	青田 良子	アオタ ヨシコ	045
8	竹井 進	タケイ ススム	055
9	福島 正巳	フクシマ マサミ	047
10	岩田 哲也	イワタ テツヤ	075
11	谷口 博	タニグチ ヒロシ	03-
12	石田 光雄	イシダ ミツオ	06-

[請求テーブル] にある [請求日付] フィールドを利用する

請求テーブル

請求ID	顧客ID	請求日付	印刷済	ク
1	戸川 正樹	2016/03/06	☐	
3	北条 恵	2016/03/06	☐	
4	戸川 綾	2016/03/07	☐	
5	大木 信行	2016/03/07	☐	
6	福島 正巳	2016/01/10	☐	
7	大和田 正一	2016/02/10	☐	
8	小野 信男	2016/02/15	☐	
9	青田 良子	2016/02/20	☐	
10	竹井 進	2016/02/25	☐	
11	篠田 友里	2016/03/01	☐	
12	佐藤 雅子	2016/03/05	☐	
13	本庄 亮	2016/03/07	☐	

◆選択クエリ
複数のテーブルにあるフィールドを選択して、データを集計できる

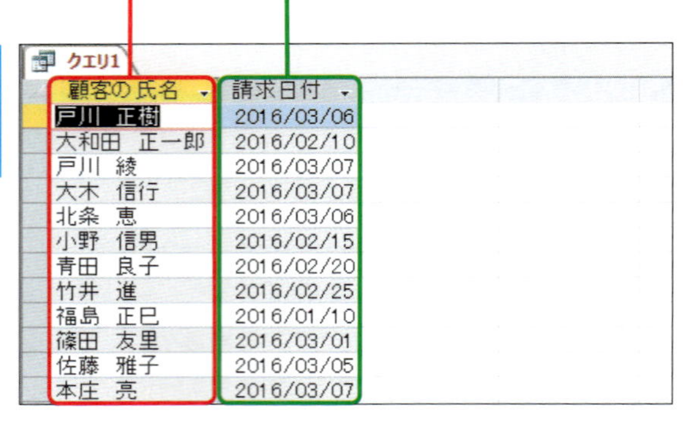
クエリ1

顧客の氏名	請求日付
戸川 正樹	2016/03/06
大和田 正一郎	2016/02/10
戸川 綾	2016/03/07
大木 信行	2016/03/07
北条 恵	2016/03/06
小野 信男	2016/02/15
青田 良子	2016/02/20
竹井 進	2016/02/25
福島 正巳	2016/01/10
篠田 友里	2016/03/01
佐藤 雅子	2016/03/05
本庄 亮	2016/03/07

データの変更や削除ができるアクションクエリ

アクションクエリを使えば、テーブルから条件にあったデータを含むレコードだけを削除できるほか、条件に合うデータの更新も可能です。

●更新クエリ

◆更新クエリ
テーブルに対して、指定した条件に一致するデータを更新できる

ある月以降の請求金額を1割引きにできる

請求日付	商品名	数量	単位	単価	金額
2016/03/06	万年筆	1	本	¥15,000	¥15,000
2016/03/06	クリップ	50	個	¥33	¥1,650
2016/03/06	万年筆	2	本	¥15,000	¥30,000
2016/03/07	コピー用トナー	3	箱	¥16,000	¥48,000
2016/03/07	カラーボックス	2	台	¥5,000	¥10,000
2016/03/07	ボールペン	1	ダース	¥1,000	¥1,000
2016/03/07	ボールペン	3	ダース	¥1,000	¥3,000

請求日付	商品名	数量	単位	単価	金額
2016/03/06	万年筆	1	本	¥13,500	¥13,500
2016/03/06	クリップ	50	個	¥30	¥1,485
2016/03/06	万年筆	2	本	¥13,500	¥27,000
2016/03/07	コピー用トナー	3	箱	¥14,400	¥43,200
2016/03/07	カラーボックス	2	台	¥4,500	¥9,000
2016/03/07	ボールペン	1	ダース	¥900	¥900
2016/03/07	ボールペン	3	ダース	¥900	¥2,700

●削除クエリ

◆削除クエリ
テーブルに対して、指定した条件に一致するデータを削除できる

請求一覧クエリ

顧客の氏名	請求日付	商品名	数量	単位	単価	金額
戸川 正樹	2016/03/06	万年筆	1	本	¥13,500	¥13,500
戸川 正樹	2016/03/06	クリップ	50	個	¥30	¥1,485
北条 恵	2016/03/06	万年筆	2	本	¥13,500	¥27,000
戸川 綾	2016/03/07	コピー用トナー	3	箱	¥14,400	¥43,200
戸川 綾	2016/03/07	カラーボックス	2	台	¥4,500	¥9,000
戸川 綾	2016/03/07	ボールペン	1	ダース	¥900	¥900
大木 信行	2016/03/07	ボールペン	3	ダース	¥900	¥2,700
福島 正巳	2016/01/10	万年筆	3	本	¥15,000	¥45,000
大和田 正一郎	2016/02/10	コピー用トナー	1	箱	¥16,000	¥16,000

請求一覧クエリ

顧客の氏名	請求日付	商品名	数量	単位	単価	金額
戸川 正樹	2016/03/06	万年筆	1	本	¥13,500	¥13,500
戸川 正樹	2016/03/06	クリップ	50	個	¥30	¥1,485
北条 恵	2016/03/06	万年筆	2	本	¥13,500	¥27,000
戸川 綾	2016/03/07	コピー用トナー	3	箱	¥14,400	¥43,200
戸川 綾	2016/03/07	カラーボックス	2	台	¥4,500	¥9,000
戸川 綾	2016/03/07	ボールペン	1	ダース	¥900	¥900
大木 信行	2016/03/07	ボールペン	3	ダース	¥900	¥2,700
大和田 正一郎	2016/02/10	コピー用トナー	1	箱	¥16,000	¥16,000
大和田 正一郎	2016/02/10	大学ノート	30	冊	¥150	¥4,500

特定の日より前の明細をまとめて削除できる

そのほかのアクションクエリ

テーブルやフィールドに変更を加えるアクションクエリには「テーブル作成クエリ」「更新クエリ」「削除クエリ」「追加クエリ」の4つがあります。「テーブル作成クエリ」は、抽出したレコードから別のテーブルを作成できます。また、「更新クエリ」は抽出したフィールドを一括更新する機能、「削除クエリ」は抽出したレコードを一括で削除する機能、「追加クエリ」は抽出したフィールドを使ってテーブルにレコードを一括で追加する機能です。本書ではアクションクエリのうち、最もよく使われる「更新クエリ」と「削除クエリ」について紹介します。

●主なアクションクエリ

名称	機能
テーブル作成クエリ	テーブルからレコードを抽出し、新しくテーブルを作成できる
更新クエリ	テーブルから抽出したレコードをまとめて変更できる
削除クエリ	テーブルから抽出したレコードを削除できる
追加クエリ	テーブルから抽出したフィールドを使い、レコードを追加できる

複数のテーブルから必要なデータを表示するには

選択クエリ

選択クエリを使うと、関連付けられた複数のテーブルを結合して一度に表示できます。活用編の第2章で作成したテーブルを選択クエリで表示してみましょう。

このレッスンの目的

3つのテーブルからフィールドを選び、請求明細の一覧が表示できるクエリを作成します。

●顧客テーブル

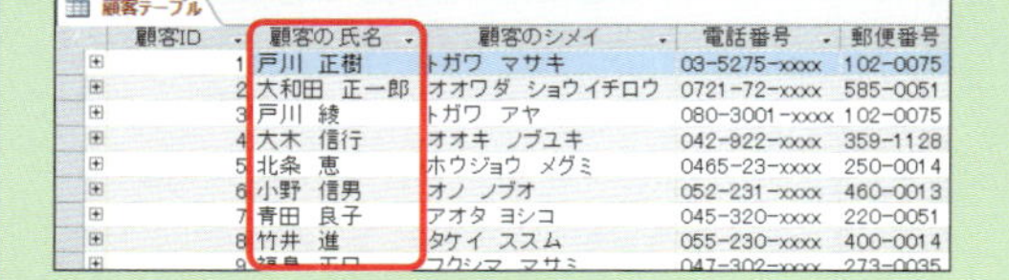

顧客テーブル

顧客ID	顧客の氏名	顧客のシメイ	電話番号	郵便番号
1	戸川 正樹	トガワ マサキ	03-5275-xxxx	102-0075
2	大和田 正一郎	オオワダ ショウイチロウ	0721-72-xxxx	585-0051
3	戸川 綾	トガワ アヤ	080-3001-xxxx	102-0075
4	大木 信行	オオキ ノブユキ	042-922-xxxx	359-1128
5	北条 恵	ホウジョウ メグミ	0465-23-xxxx	250-0014
6	小野 信男	オノ ノブオ	052-231-xxxx	460-0013
7	青田 良子	アオタ ヨシコ	045-320-xxxx	220-0051
8	竹井 進	タケイ ススム	055-230-xxxx	400-0014

●請求テーブル

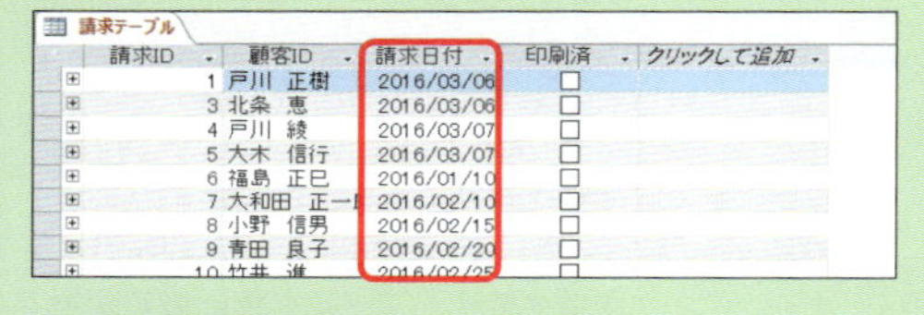

請求テーブル

請求ID	顧客ID	請求日付	印刷済	クリックして追加
1	戸川 正樹	2016/03/06	☐	
3	北条 恵	2016/03/06	☐	
4	戸川 綾	2016/03/07	☐	
5	大木 信行	2016/03/07	☐	
6	福島 正巳	2016/01/10	☐	
7	大和田 正一郎	2016/02/10	☐	
8	小野 信男	2016/02/15	☐	
9	青田 良子	2016/02/20	☐	

●請求明細テーブル

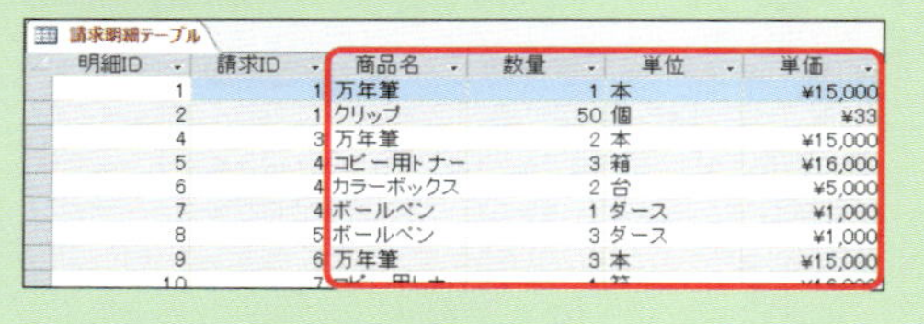

請求明細テーブル

明細ID	請求ID	商品名	数量	単位	単価
1	1	万年筆	1	本	¥15,000
2	1	クリップ	50	個	¥33
4	3	万年筆	2	本	¥15,000
5	4	コピー用トナー	3	箱	¥16,000
6	4	カラーボックス	2	台	¥5,000
7	4	ボールペン	1	ダース	¥1,000
8	5	ボールペン	3	ダース	¥1,000
9	6	万年筆	3	本	¥15,000

[顧客テーブル][請求テーブル][請求明細テーブル]にあるフィールドを選んでデータを抽出する

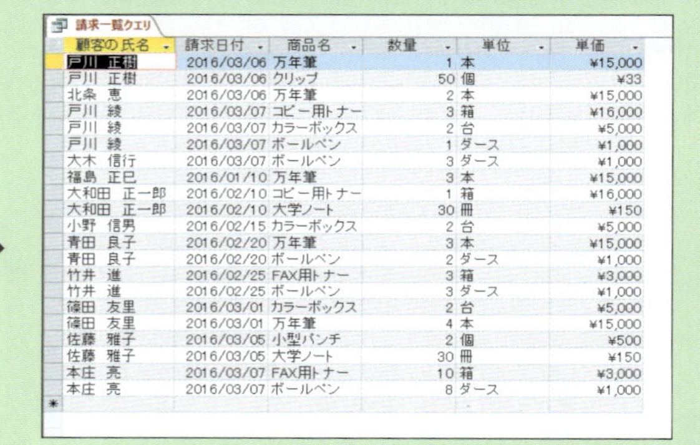

請求一覧クエリ

顧客の氏名	請求日付	商品名	数量	単位	単価
戸川 正樹	2016/03/06	万年筆	1	本	¥15,000
戸川 正樹	2016/03/06	クリップ	50	個	¥33
北条 恵	2016/03/06	万年筆	2	本	¥15,000
戸川 綾	2016/03/07	コピー用トナー	3	箱	¥16,000
戸川 綾	2016/03/07	カラーボックス	2	台	¥5,000
戸川 綾	2016/03/07	ボールペン	1	ダース	¥1,000
大木 信行	2016/03/07	ボールペン	3	ダース	¥1,000
福島 正巳	2016/01/10	万年筆	3	本	¥15,000
大和田 正一郎	2016/02/10	コピー用トナー	1	箱	¥16,000
大和田 正一郎	2016/02/10	大学ノート	30	冊	¥150
小野 信男	2016/02/15	カラーボックス	2	台	¥5,000
青田 良子	2016/02/20	万年筆	3	本	¥15,000
青田 良子	2016/02/20	ボールペン	2	ダース	¥1,000
竹井 進	2016/02/25	FAX用トナー	3	箱	¥3,000
竹井 進	2016/02/25	ボールペン	3	ダース	¥1,000
篠田 友里	2016/03/01	カラーボックス	2	台	¥5,000
篠田 友里	2016/03/01	万年筆	4	本	¥15,000
佐藤 雅子	2016/03/05	小型パンチ	2	個	¥500
佐藤 雅子	2016/03/05	大学ノート	30	冊	¥150
本庄 亮	2016/03/07	FAX用トナー	10	箱	¥3,000
本庄 亮	2016/03/07	ボールペン	8	ダース	¥1,000

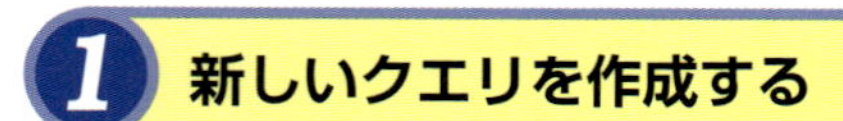

1 新しいクエリを作成する

基本編のレッスン❽を参考に[選択クエリ.accdb]を開いておく

❶[作成]タブをクリック

❷[クエリデザイン]をクリック

▶キーワード

クエリ	p.419
データ型	p.420
テーブル	p.420
デザインビュー	p.421
並べ替え	p.421
フィールド	p.421
プロパティシート	p.421
リレーションシップ	p.422

レッスンで使う練習用ファイル

選択クエリ.accdb

2 クエリに［顧客テーブル］を追加する

新しいクエリが作成され、デザインビューで表示された

［テーブルの表示］ダイアログボックスが表示された

［テーブルの表示］ダイアログボックスで、フィールドを追加したいテーブルを選択する

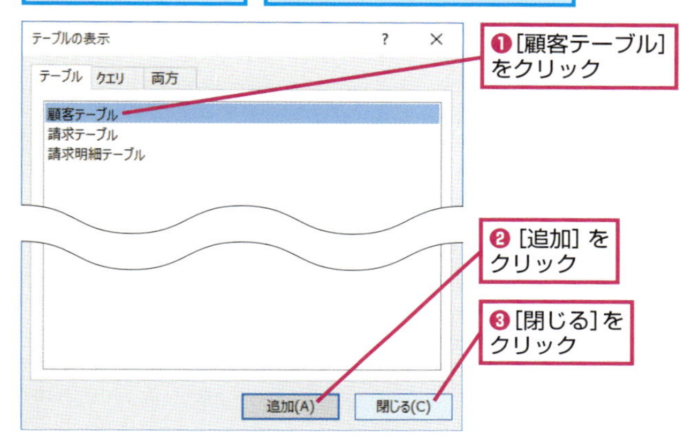

❶［顧客テーブル］をクリック

❷［追加］をクリック

❸［閉じる］をクリック

3 クエリに［顧客の氏名］フィールドを追加する

［顧客テーブル］が追加された

［顧客の氏名］をダブルクリック

［顧客テーブル］の［顧客の氏名］フィールドが追加された

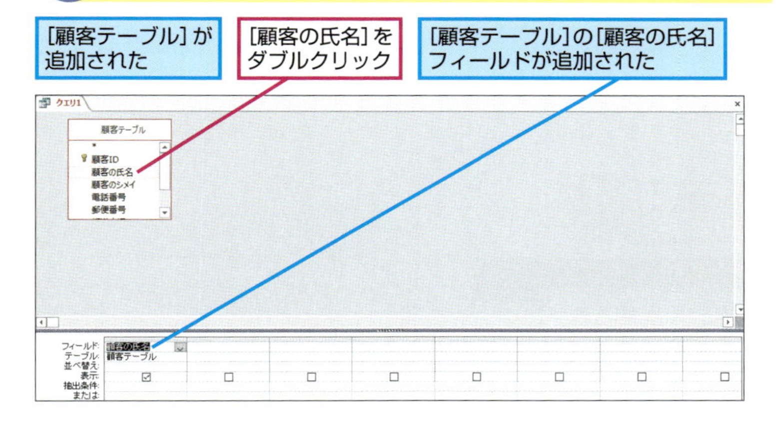

4 クエリを実行する

追加したフィールドが正しく表示されるかどうかを確認する

❶［クエリツール］の［デザイン］タブをクリック

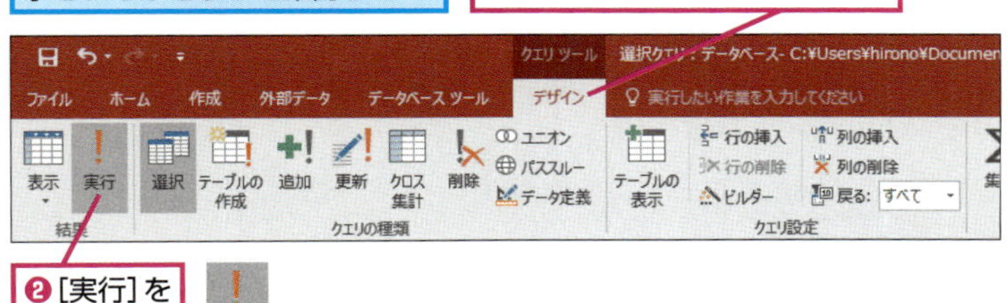

❷［実行］をクリック

HINT! 間違いのないクエリの作り方とは

複数のテーブルからデータを抽出するクエリを作るときは、テーブルとフィールドを一度に追加するのではなく、このレッスンのように1つのテーブルを追加した後にクエリを実行し、どのような値が表示されるのかを確認しましょう。それから、関連付けされているテーブルをクエリに追加します。このようにテーブルごとにクエリの実行結果を確認すれば、目的のクエリを確実に作成できます。

HINT! プロパティシートを閉じておく

プロパティシートを使わないときは、以下のように操作して画面の表示領域を広くしましょう。

❶［クエリツール］の［デザイン］タブをクリック

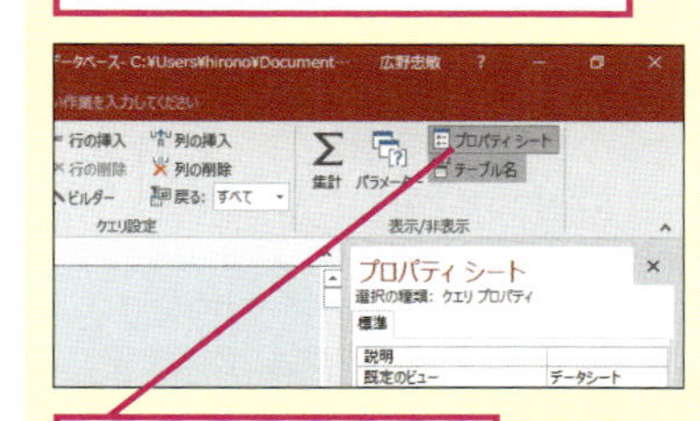

❷［プロパティシート］をクリック

プロパティシートが非表示になる

間違った場合は？

手順3で違うフィールドをクエリに追加してしまったときは、フィールドをクリックしてから［クエリツール］の［デザイン］タブにある［列の削除］ボタンをクリックします。フィールドを削除してから、もう一度フィールドを追加し直しましょう。

次のページに続く

5 クエリの実行結果が表示された

[顧客テーブル] の [顧客の氏名] フィールドのデータが表示された

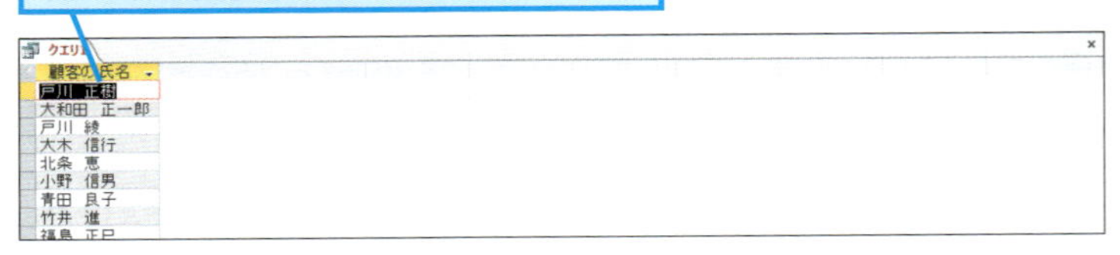

6 デザインビューを表示する

クエリにフィールドを追加するので、デザインビューを表示する

ここでは [表示] をクリックする

❶ [ホーム] タブをクリック

❷ [表示] をクリック

7 クエリに [請求テーブル] と [請求明細テーブル] を追加する

[クエリ1] がデザインビューで表示された

❶ [クエリツール] の [デザイン] タブをクリック

❷ [テーブルの表示] をクリック

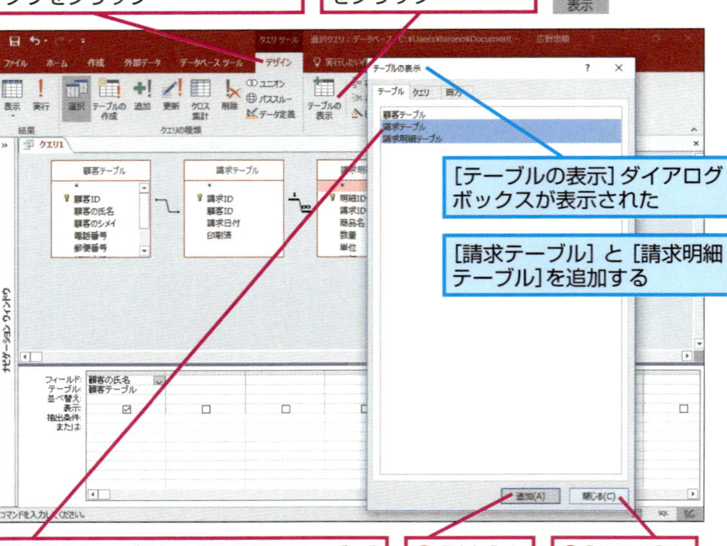

[テーブルの表示] ダイアログボックスが表示された

[請求テーブル] と [請求明細テーブル] を追加する

❸ [請求テーブル] と [請求明細テーブル] を Shift キーを押しながらクリック

❹ [追加] をクリック

❺ [閉じる] をクリック

HINT! クエリに追加したテーブルを削除するには

クエリに追加したテーブルを削除するときは、削除したいテーブルを右クリックして [テーブルの削除] をクリックします。なお、テーブルを削除しても、クエリのウィンドウから削除されるだけで、テーブルに入力されたデータが削除されたり、テーブル自体が削除されたりするわけではありません。

❶テーブルを右クリック

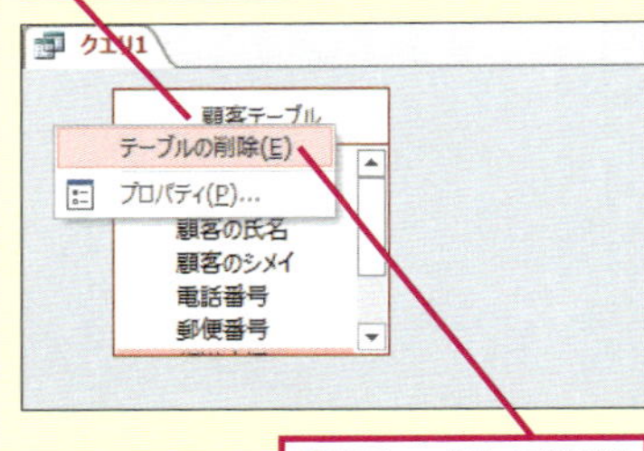

❷ [テーブルの削除] をクリック

クエリに追加したテーブルが削除された

間違った場合は?

手順2や手順7で違うテーブルを追加してしまったときは、テーブルをクリックして選択してから Delete キーを押してテーブルを削除して、もう一度正しいテーブルを追加し直します。

8 クエリに［請求日付］フィールドを追加する

［請求テーブル］と［請求明細テーブル］が追加された

活用編のレッスン❻でルックアップを設定したので、テーブルの関連付けを表す結合線が表示された

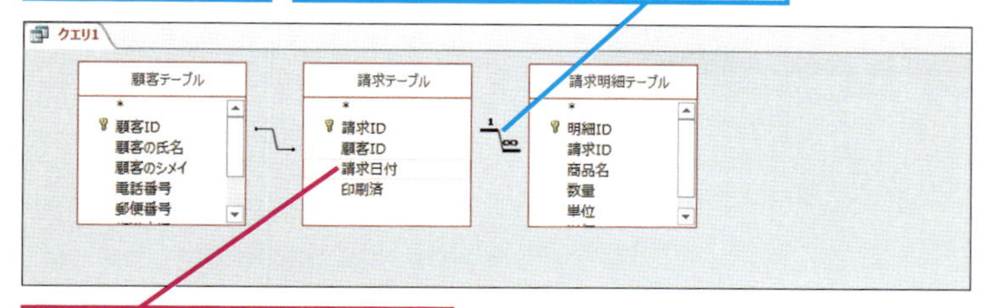

［請求テーブル］の［請求日付］をダブルクリック

9 ［請求明細テーブル］のフィールドをクエリに追加する

［請求テーブル］の［請求日付］フィールドがクエリに追加された

請求明細の情報をクエリに表示するために、［請求明細テーブル］のフィールドを追加する

❶［請求明細テーブル］の［商品名］をクリック

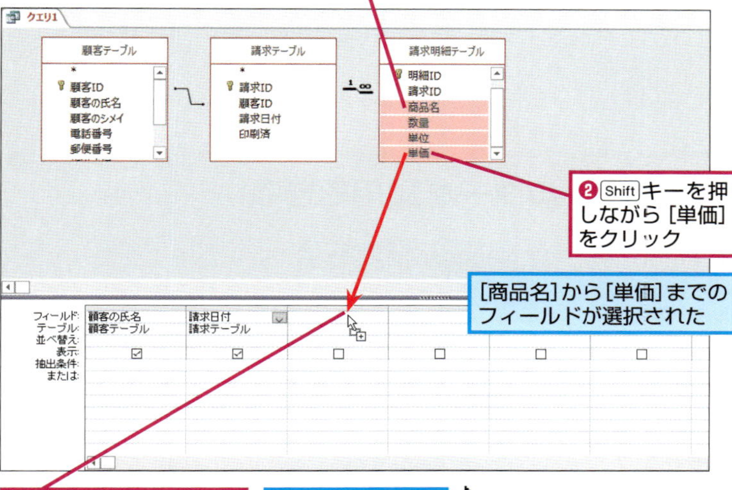

❷ Shift キーを押しながら［単価］をクリック

［商品名］から［単価］までのフィールドが選択された

❸選択したフィールドをここまでドラッグ

マウスポインターの形が変わった

［請求明細テーブル］の［商品名］［数量］［単位］［単価］フィールドがクエリに追加された

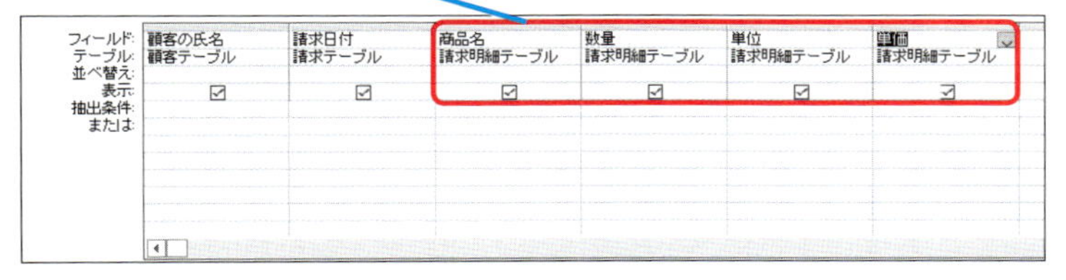

HINT! リレーションシップでクエリの操作が変わる

リレーションシップが設定されたテーブルは、テーブル単体で意味を持つものと、複数のテーブルを組み合わせて使わないと意味を持たないものがあります。［顧客テーブル］は、顧客の情報が格納されたテーブルで単体で意味を持ちます。しかし、［請求テーブル］は［顧客テーブル］と［請求明細テーブル］を関連付けさせる目的のテーブルなので、単体で扱うことはありません。このように関連付け（リレーションシップ）が行われていることで意味を持つテーブルは、テーブル単体で操作するのではなく、選択クエリを使って操作するのが一般的です。

HINT! リレーションシップの設定を確認できる

クエリにテーブルを追加すると、クエリのデザインビューにはテーブルのフィールドリストが表示されます。リレーションシップが設定されているテーブルを追加すると、フィールド同士の結合線が表示されるので、どのようなリレーションシップが設定されているかを確認できます。

HINT! フィールドに設定した書式が引き継がれる

クエリの結果は、テーブルで設定したフィールドの書式がそのまま引き継がれて表示されます。例えば、データ型が［通貨型］で［通貨］の書式を設定したフィールドをクエリに追加すると、クエリの結果は［通貨］の書式で表示されます。

次のページに続く

10 クエリを実行する

追加したフィールドが正しく表示されるかどうかを確認する

❶[クエリツール]の[デザイン]タブをクリック

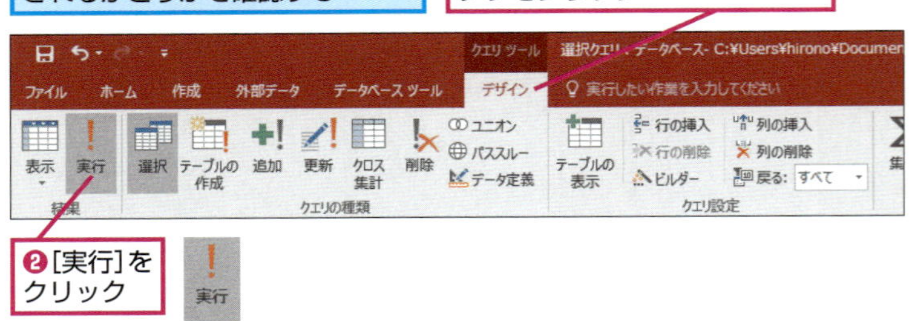

❷[実行]をクリック

11 クエリの実行結果が表示された

[請求テーブル]と[請求明細テーブル]から選択したフィールドのレコードが表示された

クエリ1

顧客の氏名	請求日付	商品名	数量	単位	単価
戸川 正樹	2016/03/06	万年筆	1	本	¥15,000
戸川 正樹	2016/03/06	クリップ	50	個	¥33
北条 恵	2016/03/06	万年筆	2	本	¥15,000
戸川 綾	2016/03/07	コピー用トナー	3	箱	¥16,000
戸川 綾	2016/03/07	カラーボックス	2	台	¥5,000
戸川 綾	2016/03/07	ボールペン	1	ダース	¥1,000
大木 信行	2016/03/07	ボールペン	3	ダース	¥1,000
福島 正巳	2016/01/10	万年筆	3	本	¥15,000
大和田 正一郎	2016/02/10	コピー用トナー	1	箱	¥16,000
大和田 正一郎	2016/02/10	大学ノート	30	冊	¥150
小野 信男	2016/02/15	カラーボックス	2	台	¥5,000
青田 良子	2016/02/20	万年筆	3	本	¥15,000
青田 良子	2016/02/20	ボールペン	2	ダース	¥1,000
竹井 進	2016/02/25	FAX用トナー	3	箱	¥3,000
竹井 進	2016/02/25	ボールペン	3	ダース	¥1,000
篠田 友里	2016/03/01	カラーボックス	2	台	¥5,000
篠田 友里	2016/03/01	万年筆	4	本	¥15,000

HINT! フィールドリストのテーブルの位置は自由に変更できる

クエリのフィールドリストに表示されるテーブルは好きな位置に移動できます。テーブルの配置を変更するには、テーブルのタイトルバーをクリックしてから移動させたい位置までドラッグしましょう。複数のリレーションシップが設定されたテーブルをクエリに追加するときは、テーブルの配置を変えるとテーブルの関係が確認しやすくなります。

タイトルバーをドラッグしてテーブルを移動できる

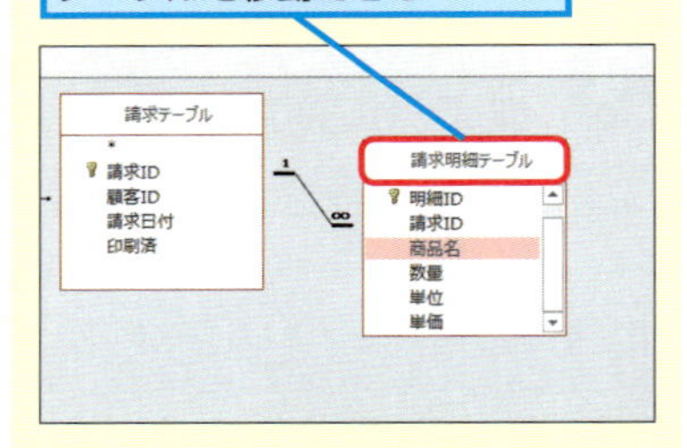

テクニック クエリの実行結果にフィルターを適用できる

クエリの実行結果でフィルターを利用すれば、以下の例のように2月の請求日だけを抽出するといったことも可能です。フィルターを解除するときは、[フィルターの実行]ボタンをクリックしましょう。

❶[請求日付]のここをクリック

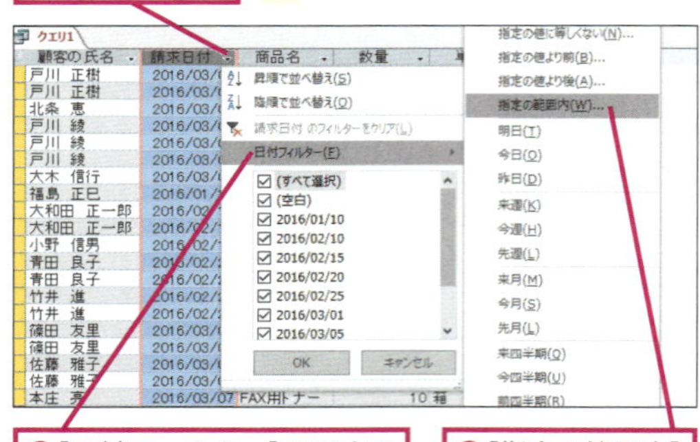

❷[日付フィルター]にマウスポインターを合わせる

❸[指定の範囲内]をクリック

[日付の範囲]ダイアログボックスが表示された

❹「2016/02/01」と入力

❺「2016/02/29」と入力

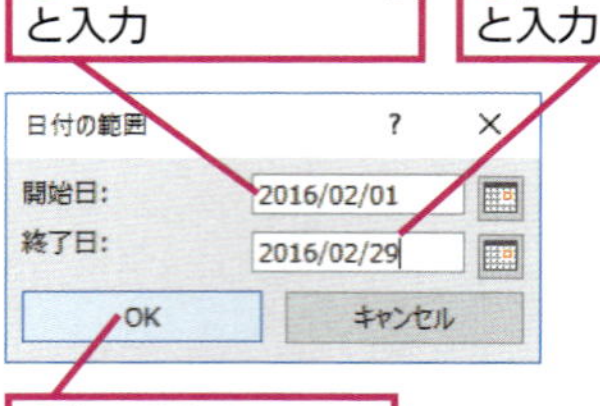

❻[OK]をクリック

2月の請求日付だけが表示された

クエリ1

顧客の氏名	請求日付	商品名	数量	単位	単価
大和田 正一郎	2016/02/10	コピー用トナー	1	箱	¥16,000
大和田 正一郎	2016/02/10	大学ノート	30	冊	¥150
小野 信男	2016/02/15	カラーボックス	2	台	¥5,000
青田 良子	2016/02/20	万年筆	3	本	¥15,000
青田 良子	2016/02/20	ボールペン	2	ダース	¥1,000
竹井 進	2016/02/25	FAX用トナー	3	箱	¥3,000
竹井 進	2016/02/25	ボールペン	3	ダース	¥1,000

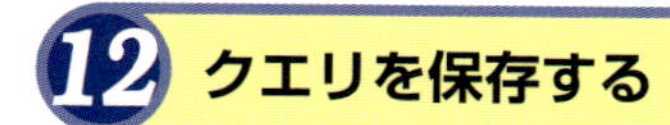

クエリを保存する

作成したクエリが正しく表示されたので、このクエリに名前を付けて保存する

❶［上書き保存］をクリック

［名前を付けて保存］ダイアログボックスが表示された

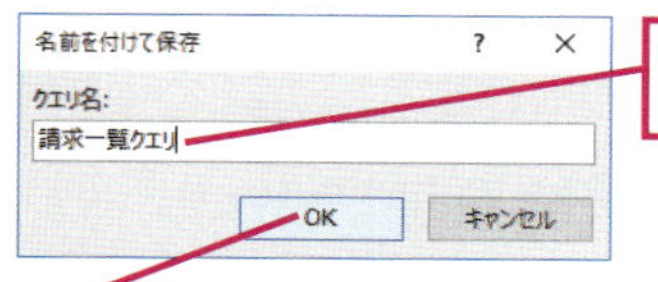

❷「請求一覧クエリ」と入力

❸［OK］をクリック

［請求一覧クエリ］を閉じる

クエリを保存できた

［請求一覧クエリを閉じる］をクリック

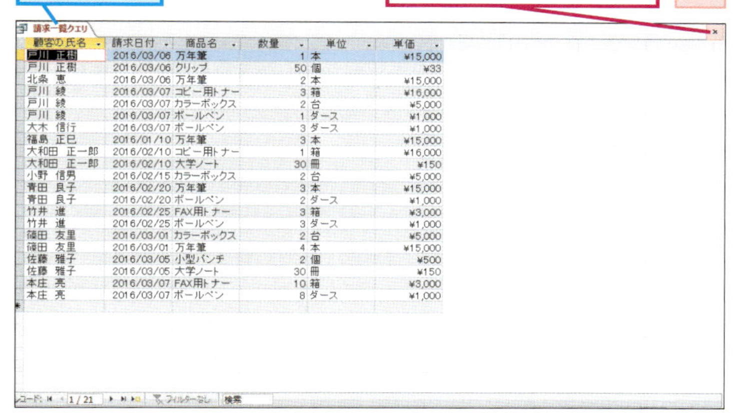

請求一覧クエリ

顧客の氏名	請求日付	商品名	数量	単位	単価
戸川 正樹	2016/03/06	万年筆	1	本	¥15,000
戸川 正樹	2016/03/06	クリップ	50	個	¥33
北条 恵	2016/03/06	万年筆	2	本	¥15,000
戸川 綾	2016/03/07	コピー用トナー	3	箱	¥16,000
戸川 綾	2016/03/07	カラーボックス	2	台	¥5,000
戸川 綾	2016/03/07	ボールペン	1	ダース	¥1,000
大木 信行	2016/03/07	ボールペン	3	ダース	¥1,000
福島 正巳	2016/01/10	万年筆	3	本	¥15,000
大和田 正一郎	2016/02/10	コピー用トナー	1	箱	¥16,000
大和田 正一郎	2016/02/10	大学ノート	30	冊	¥150
小野 信男	2016/02/15	カラーボックス	2	台	¥5,000
青田 良子	2016/02/20	万年筆	3	本	¥15,000
青田 良子	2016/02/20	ボールペン	2	ダース	¥1,000
竹井 進	2016/02/25	FAX用トナー	3	箱	¥3,000
竹井 進	2016/02/25	ボールペン	3	ダース	¥1,000
篠田 友里	2016/03/01	カラーボックス	2	台	¥5,000
篠田 友里	2016/03/01	万年筆	4	本	¥15,000
佐藤 雅子	2016/03/05	小型パンチ	2	個	¥500
佐藤 雅子	2016/03/05	大学ノート	30	冊	¥150
本庄 亮	2016/03/07	FAX用トナー	10	箱	¥3,000
本庄 亮	2016/03/07	ボールペン	8	ダース	¥1,000

請求日でフィールドを並べ替えるには

このレッスンで作成した［請求一覧クエリ］で並べ替えを実行するには、以下の操作を実行しましょう。［並べ替え］で［昇順］を選べば、日付の古い順からレコードが表示されます。

活用編のレッスン㉒を参考に［請求一覧クエリ］をデザインビューで表示しておく

❶［請求日付］の［並べ替え］をクリック

❷ここをクリック

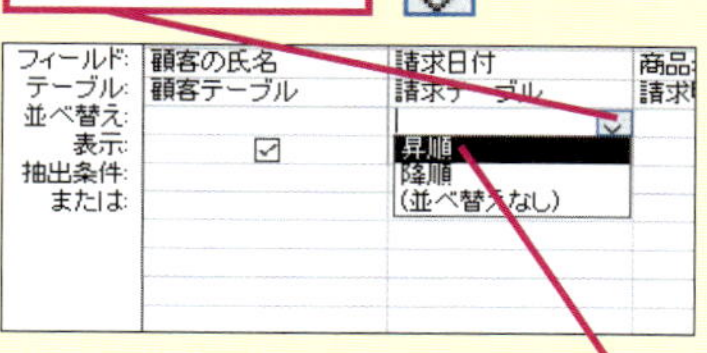

❸［昇順］をクリック

間違った場合は？

手順12で名前の入力を間違ったときは、Back spaceキーを押して文字を削除してから、もう一度入力し直します。

Point

関連付けられたテーブルを一度に表示できる

選択クエリを使うと、リレーションシップを設定した複数のテーブルの内容を一度に表示できます。「1対多」リレーションシップを設定したテーブルの「1」側のフィールドをクエリに追加して実行すると、「多」側から参照されている数だけ同じ値が繰り返し表示されます。このレッスンのような明細の一覧を表示するクエリの場合、同じ顧客を参照している明細の［顧客の氏名］フィールドには、すべて同じ値が表示されます。このように、選択クエリを使えば、複数のテーブルのレコードを、あたかも1つのテーブルのように扱えるため、集計やレポートなど、いろいろな場面で簡単に活用できるのです。

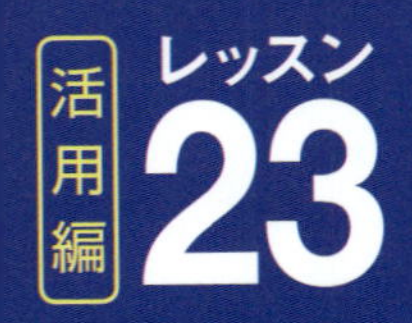

複数の条件でデータを抽出するには

複数テーブルからの抽出

関連付けされた複数のテーブルを使ったクエリでも、特定の条件でレコードを抽出できます。このレッスンでは、請求日と商品名でレコードを抽出してみましょう。

1 新しいクエリを作成する

ここでは、請求日と商品名でレコードを抽出するクエリを作成する

❶［作成］タブをクリック

❷［クエリデザイン］をクリック

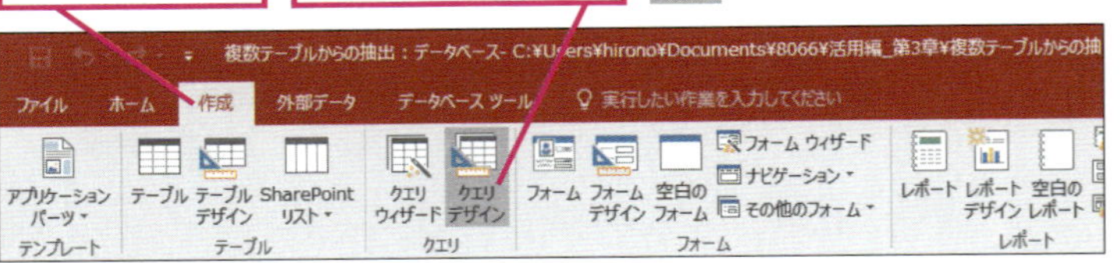

2 クエリにフィールドを追加する

活用編のレッスン㉒を参考に［顧客テーブル］［請求テーブル］［請求明細テーブル］の順にテーブルを追加しておく

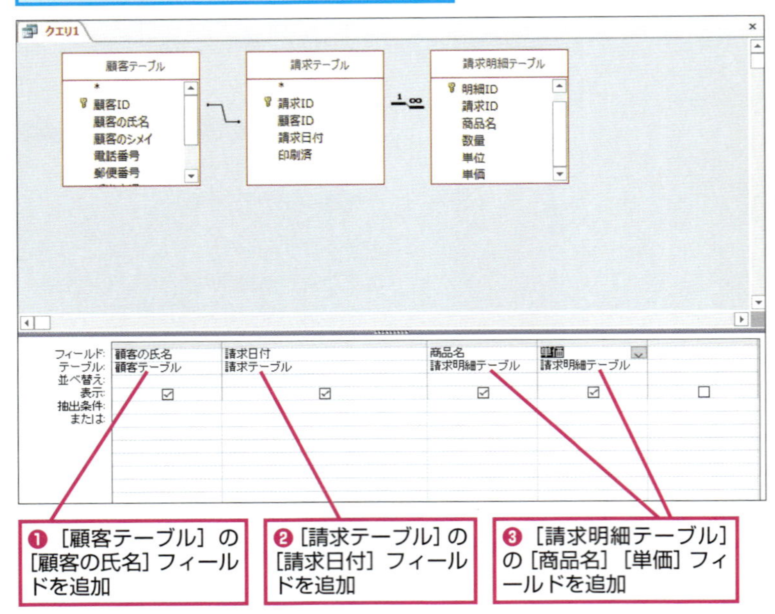

❶［顧客テーブル］の［顧客の氏名］フィールドを追加

❷［請求テーブル］の［請求日付］フィールドを追加

❸［請求明細テーブル］の［商品名］［単価］フィールドを追加

［請求日付］フィールドの幅を広げておく

▶キーワード

レッスンで使う練習用ファイル

複数テーブルからの抽出.accdb

HINT! 関連付けされていれば、どのフィールドでも表示できる

リレーションシップの設定がされているときは、テーブルのどのようなフィールドをクエリに追加しても矛盾なくフィールドの値を表示できます。関連付けされていない複数のテーブルをクエリで表示させることもできますが、特別な理由がない限り、使う必要はありません。

HINT! 選択クエリの結果は修正できる

選択クエリの結果を修正すると、テーブルにあるフィールドに入力された値も同時に更新されます。このレッスンの場合は、手順5の実行結果で「ボールペン」から「サインペン」に修正すると、［請求明細テーブル］に含まれるフィールドも同時に「サインペン」に更新されます。このように、テーブルを修正できるクエリは「ダイナセット」と呼ばれています。「ダイナセット」とは、動的（ダイナミック）な集まり（セット）という意味で、クエリを使った変更は即座（動的）にテーブルへ反映されます。

3 抽出条件を設定する

[請求日付] と [商品名] フィールドに抽出条件を設定する

❶ [請求日付] フィールドの [抽出条件] をクリックして「>=2016/02/01 and <=2016/02/29」と入力

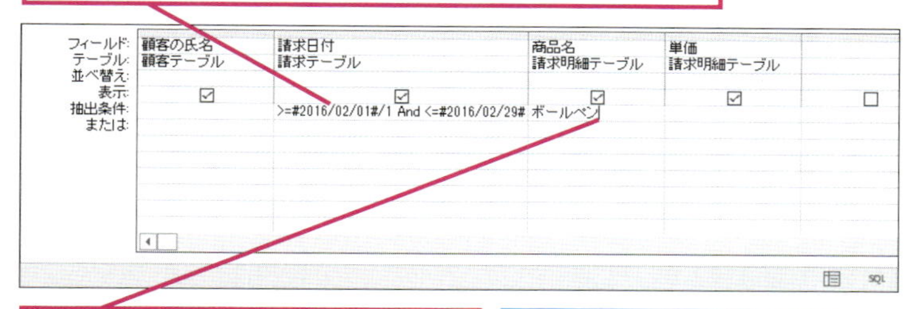

❷ [商品名] フィールドの [抽出条件] をクリックして「ボールペン」と入力

「ボールペン」以外、すべて半角文字で入力する

4 クエリを実行する

設定した条件で正しくレコードが抽出されるかどうかを確認する

❶ [クエリツール] の [デザイン] タブをクリック

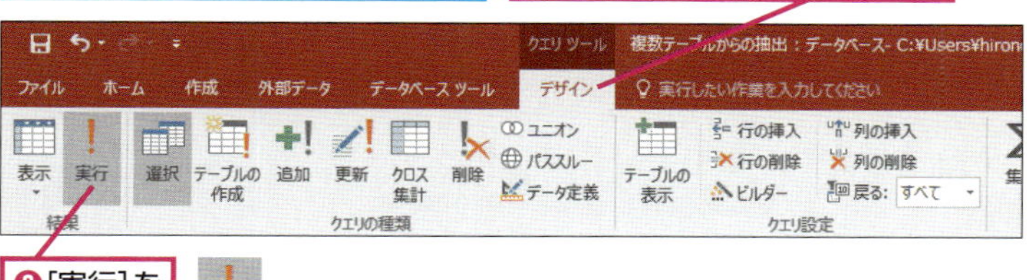

❷ [実行] をクリック

5 クエリの実行結果が表示された

請求日が2016年2月中で、[商品名] フィールドに「ボールペン」と入力されているレコードが表示された

「2月度ボールペン注文客リスト」という名前でクエリを保存

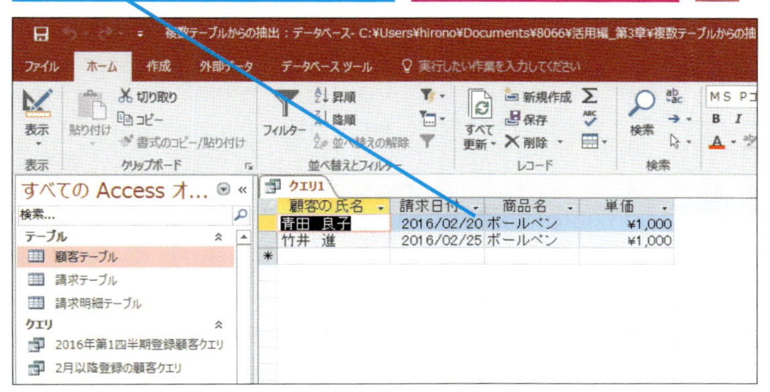

活用編のレッスン㉒を参考にクエリを閉じておく

HINT! 抽出条件の記号などは必ず半角で入力する

手順3で抽出条件を設定するときは「ボールペン」という文字列以外、すべて半角文字で入力してください。「And」「Or」「>=」などの演算子や記号を全角で入力してしまうと文字列の抽出と見なされてしまい、正しく抽出ができません。また、日付を表す数字は全角または半角のどちらかに統一して入力する必要があります。なお、["]「#」などの記号は、入力しなくても自動的に補われますが、これらの記号を後で修正するときに全角文字にしてしまうとエラーになります。無用なトラブルを避けるためにも記号や数字はすべて半角で入力しましょう。

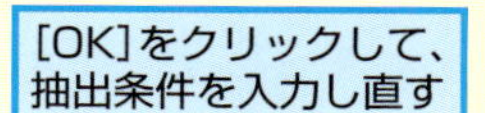

[OK] をクリックして、抽出条件を入力し直す

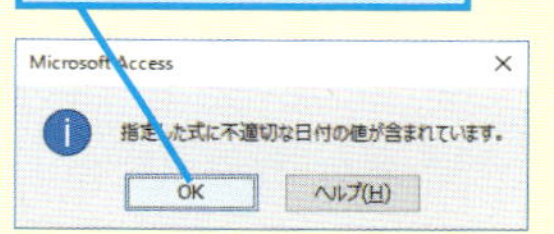

間違った場合は？

手順5で何もレコードが表示されなかったときは、抽出条件が間違っている可能性があります。デザインビューに切り替えて抽出条件を入力し直しましょう。

Point いろいろな条件で抽出ができる

このレッスンでは、請求日と商品名という複数の条件を指定してレコードを表示しました。基本編のレッスン㉘でも解説していますが、「2014年5月中」かつ「ボールペン」という条件は、And条件による抽出方法と同じです。選択クエリの結果からAnd条件で抽出を行うメリットは、何といっても関連付けされた複数のテーブルを一度に扱えることです。条件を指定したいフィールドが複数のテーブルにまたがっていたとしても、簡単に目的のレコードを抽出できます。

抽出したデータを使って金額を計算するには

フィールドを使った計算

クエリでは、フィールド同士で計算ができます。[数量] フィールドと [単価] フィールドを使って、[金額] フィールドにレコードごとの合計金額を求めてみましょう。

このレッスンの目的

テーブルから特定のフィールドを選び、請求明細の一覧が表示できるクエリを作成します。

Before

数量	単位	単価
1	本	¥15,000
50	個	¥33
2	本	¥15,000
3	箱	¥16,000
2	台	¥5,000
1	ダース	¥1,000
3	ダース	¥1,000
3	本	¥15,000
1	箱	¥16,000
30	冊	¥150
2	台	¥5,000
3	本	¥15,000
2	ダース	¥1,000
3	箱	¥3,000
3	ダース	¥1,000
2	台	¥5,000
4	本	¥15,000
2	個	¥500
30	冊	¥150
10	箱	¥3,000
8	ダース	¥1,000

請求金額の合計が分からない

After

数量	単位	単価	金額
1	本	¥15,000	¥15,000
50	個	¥33	¥1,650
2	本	¥15,000	¥30,000
3	箱	¥16,000	¥48,000
2	台	¥5,000	¥10,000
1	ダース	¥1,000	¥1,000
3	ダース	¥1,000	¥3,000
3	本	¥15,000	¥45,000
1	箱	¥16,000	¥16,000
30	冊	¥150	¥4,500
2	台	¥5,000	¥10,000
3	本	¥15,000	¥45,000
2	ダース	¥1,000	¥2,000
3	箱	¥3,000	¥9,000
3	ダース	¥1,000	¥3,000
2	台	¥5,000	¥10,000
4	本	¥15,000	¥60,000
2	個	¥500	¥1,000
30	冊	¥150	¥4,500
10	箱	¥3,000	¥30,000
8	ダース	¥1,000	¥8,000

クエリで数式を設定し、請求金額の合計を求める

1 フィールドの名前を入力する

活用編のレッスン㉒を参考に[請求一覧クエリ]をデザインビューで表示しておく

[金額] というフィールドを作成する

❶空白の列の [フィールド]をクリック

❷「金額:」と入力

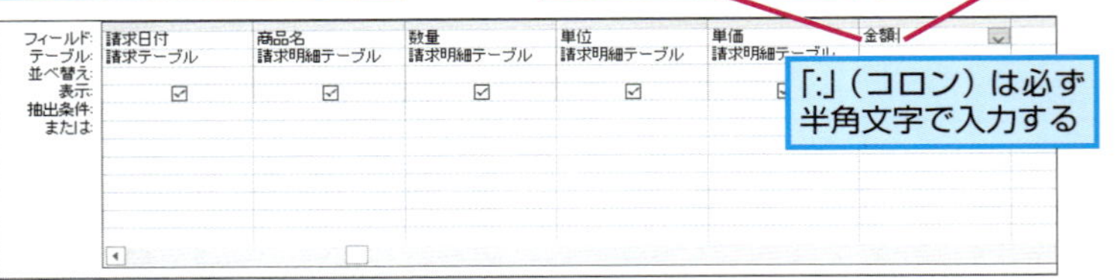

「:」(コロン) は必ず半角文字で入力する

「:」の前までに入力した文字がフィールド名として、クエリの実行時に表示される

2 数式を入力する

[請求一覧クエリ]の[単価]フィールドの値を[数量]の値に掛ける

❶「金額:」に続けて「[数量]*[単価]」と入力

フィールド:	請求日付	商品名	数量	単位	単価	数量]*[単価]
テーブル:	請求テーブル	請求明細テーブル	請求明細テーブル	請求明細テーブル	請求明細テーブル	
並べ替え:						
表示:	☑	☑	☑	☑	☑	
抽出条件:						
または:						

記号は必ず半角文字で入力する

❷ Enter キーを押す

▶キーワード

クエリ	p.419
フィールド	p.421
レコード	p.422

レッスンで使う練習用ファイル

フィールドを使った計算.accdb

HINT! 「金額:」と入力するのはなぜ?

手順1や手順2で [フィールド] に数式だけを入力すると、[式1] のような名前が付けられます。しかし、フィールド名が [式1] [式2] だと内容が分かりません。そこで、手順1では数式の前に「金額:」と入力してフィールド名に「金額」と表示されるようにします。

[フィールド] に名前を入力しないと、「式1」などのフィールド名になる

単位	単価	式1
	¥15,000	¥15,000
	¥33	¥1,650
	¥15,000	¥30,000

活用例 掛け算以外の四則演算を使って計算する

この活用例で使うファイル
フィールドを使った計算_活用例.accdb

クエリのフィールド同士で計算をすると、テーブルのデータからさまざまな分析ができます。例えば、仕入れと出荷の数が含まれているテーブルを使って「在庫数」を知りたいときは、「仕入れ数」から「出荷数」を減算します。

このように、計算で求められるフィールドは、わざわざテーブルに作成する必要はありません。クエリで計算をすれば計算ミスがなくなり、余分なデータを入力せずに済みます。

活用編のレッスン㉒を参考に［Q_仕入出荷状況］をデザインビューで表示しておく

❶ここをクリック

❷「在庫数:[仕入数]-[出荷数]」と入力

❸［実行］をクリック

［在庫数］フィールドが作成され、［仕入数］フィールドから［出荷数］フィールドを引いた値が表示された

3 クエリを実行する

レコードごとの合計金額が正しく表示されるかどうかを確認する

❶［クエリツール］の［デザイン］タブをクリック

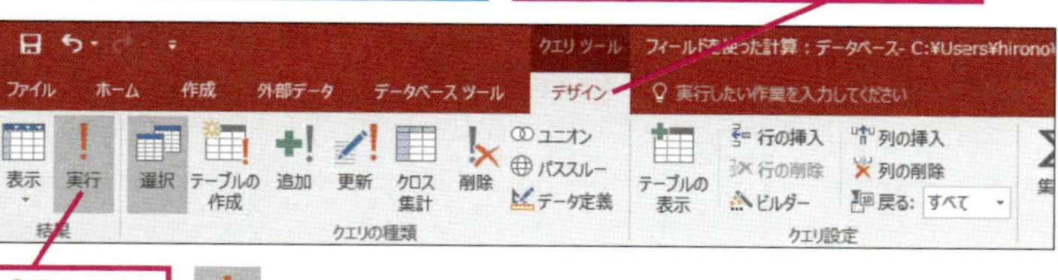

❷［実行］をクリック

4 クエリの実行結果が表示された

［金額］フィールドに、［数量］と［単価］フィールドの数値を掛けた値が表示された

［請求一覧クエリ］を上書き保存

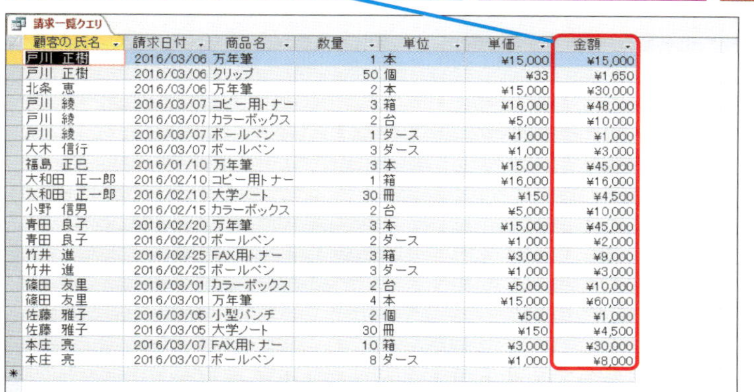

請求一覧クエリ

顧客の氏名	請求日付	商品名	数量	単位	単価	金額
戸川 正樹	2016/03/06	万年筆	1	本	¥15,000	¥15,000
戸川 正樹	2016/03/06	クリップ	50	個	¥33	¥1,650
北条 恵	2016/03/06	万年筆	2	本	¥15,000	¥30,000
戸川 綾	2016/03/07	コピー用トナー	3	箱	¥16,000	¥48,000
戸川 綾	2016/03/07	カラーボックス	2	台	¥5,000	¥10,000
戸川 綾	2016/03/07	ボールペン	1	ダース	¥1,000	¥1,000
大木 信行	2016/03/07	ボールペン	3	ダース	¥1,000	¥3,000
福島 正巳	2016/01/10	万年筆	3	本	¥15,000	¥45,000
大和田 正一郎	2016/02/10	コピー用トナー	1	箱	¥16,000	¥16,000
大和田 正一郎	2016/02/10	大学ノート	30	冊	¥150	¥4,500
小野 信男	2016/02/15	カラーボックス	2	台	¥5,000	¥10,000
青田 良子	2016/02/20	万年筆	3	本	¥15,000	¥45,000
青田 良子	2016/02/20	ボールペン	2	ダース	¥1,000	¥2,000
竹井 進	2016/02/25	FAX用トナー	3	箱	¥3,000	¥9,000
竹井 進	2016/02/25	ボールペン	3	ダース	¥1,000	¥3,000
篠田 友里	2016/03/01	カラーボックス	2	台	¥5,000	¥10,000
篠田 友里	2016/03/01	万年筆	4	本	¥15,000	¥60,000
佐藤 雅子	2016/03/05	小型パンチ	2	個	¥500	¥1,000
佐藤 雅子	2016/03/05	大学ノート	30	冊	¥150	¥4,500
本庄 亮	2016/03/07	FAX用トナー	10	箱	¥3,000	¥30,000
本庄 亮	2016/03/07	ボールペン	8	ダース	¥1,000	¥8,000

活用編のレッスン㉒を参考にクエリを閉じておく

HINT! 計算結果は修正できない

クエリの結果を修正すると、テーブルのフィールドにあるデータも修正されます。ただし、計算結果のフィールドは修正できません。このレッスンの場合は、［数量］フィールドや［単価］フィールドの金額は修正できますが、計算結果の［金額］フィールドは修正できません。

Point 数式の入力方法を覚えよう

クエリでは、フィールドを使って計算を行い、その計算結果を別のフィールドに表示できます。このレッスンでは、［請求明細テーブル］の［単価］フィールドと［数量］フィールドを掛けて、金額の合計を［金額］フィールドに表示しました。このときの計算はレコード（行）単位で実行されます。つまり、明細ごとに金額を計算できるわけです。このように、テーブルのフィールドに入力された値を使った計算は、利用する機会が多いので、数式の入力方法を覚えておきましょう。

活用編 レッスン 25

作成済みのクエリから新しいクエリを作るには

クエリの再利用

作成済みのクエリから新しいクエリを作成してみましょう。このレッスンでは、［請求一覧クエリ］に新しいフィールドを追加してクエリを作る方法を紹介します。

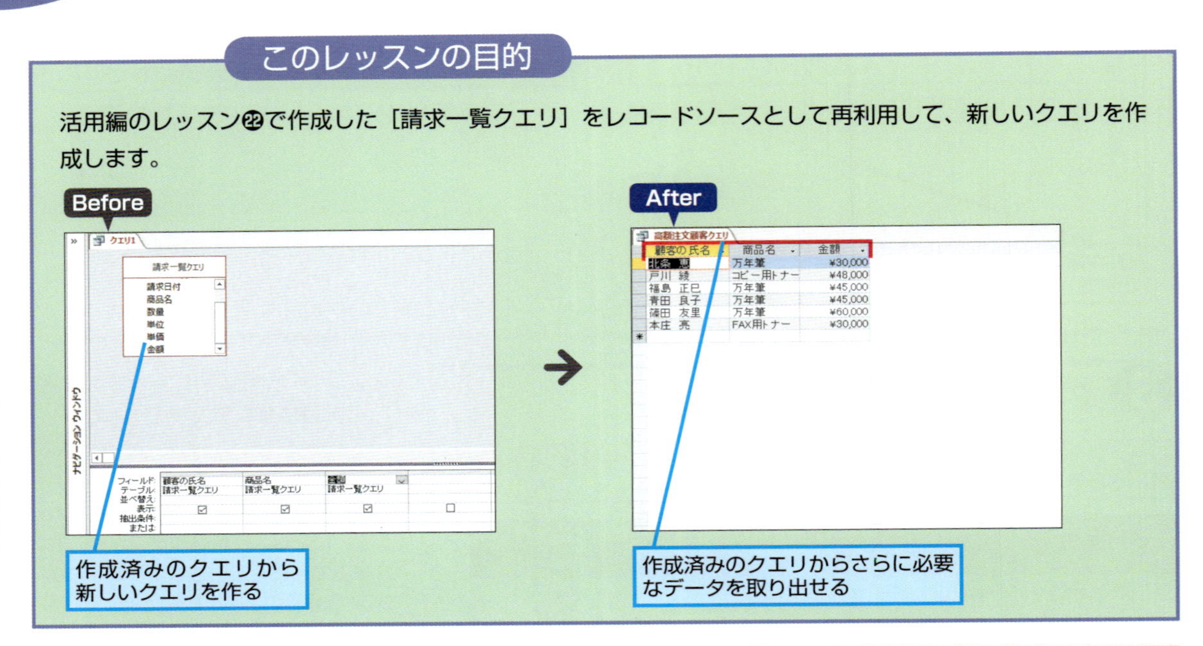

1 新しいクエリを作成する

ここでは、新しいクエリを作成し、作成済みのクエリを選択する

❶［作成］タブをクリック

❷［クエリデザイン］をクリック

▶キーワード

クエリ	p.419
テーブル	p.420
デザインビュー	p.421
フィールド	p.421
フォーム	p.421
プロパティシート	p.421
リレーションシップ	p.422
レコードソース	p.422
レポート	p.422

レッスンで使う練習用ファイル

クエリの再利用.accdb

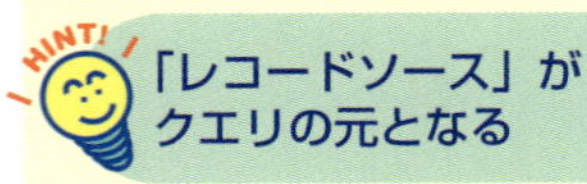

「レコードソース」とは、フォームやクエリ、レポートで表示するデータの元になるものを指します。クエリ、フォーム、レポートではレコードソースとしてクエリやテーブルを指定できます。

2 再利用するクエリを追加する

[請求一覧クエリ]を追加する

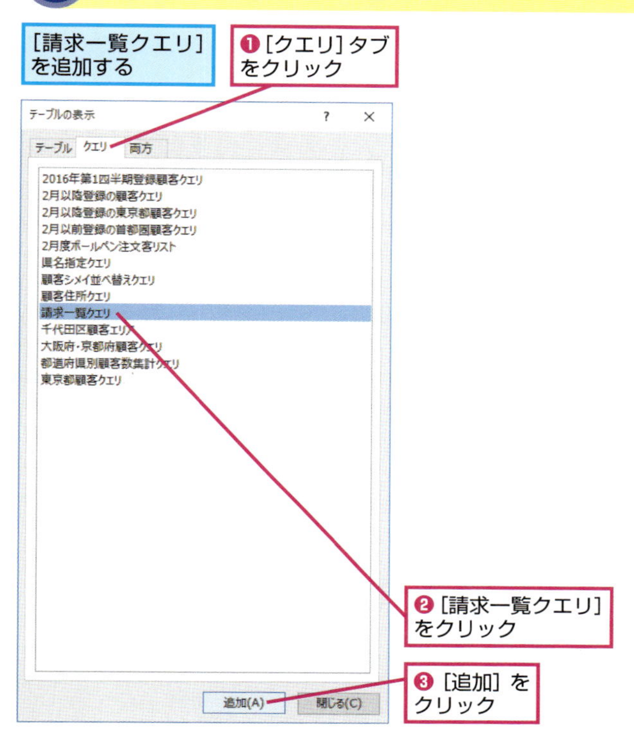

3 クエリが追加された

クエリのデザインビューに[請求一覧クエリ]が追加された

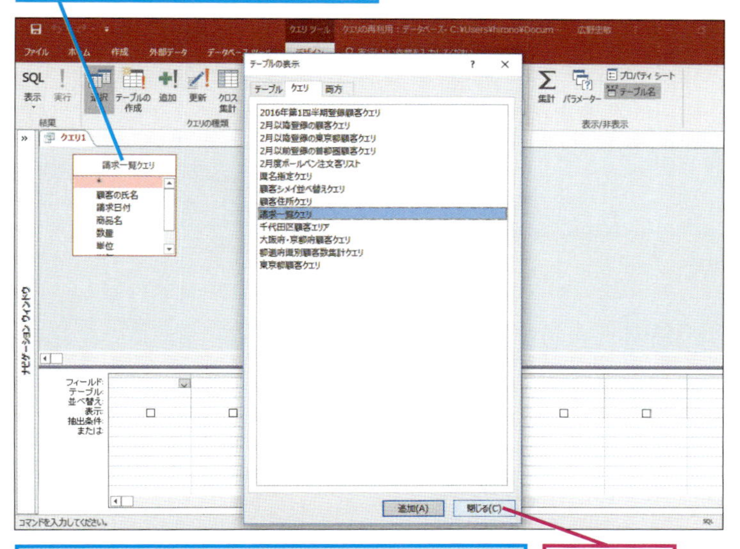

クエリのレコードソースを追加できたので[テーブルの表示]ダイアログボックスを閉じる

[閉じる]をクリック

HINT! クエリの結果に書式を設定するには

クエリの実行結果は、テーブルのフィールドに設定されている書式がそのまま反映されますが、別の書式も設定できます。クエリのフィールドの書式を変更するには、クエリをデザインビューで表示し、書式を設定するフィールドを選択してからプロパティシートを表示しましょう。以下の手順を参考に一覧から書式を選ぶか、書式文字列を入力して書式を変更します。

❶フィールドをクリックして選択

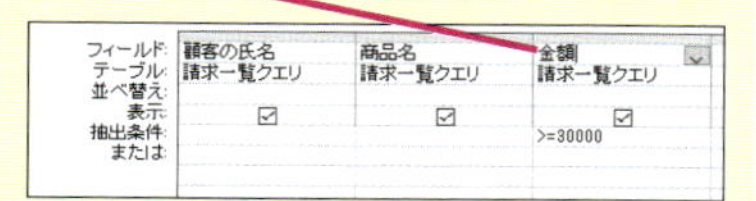

❷[クエリツール]の[デザイン]タブをクリック

❸[プロパティシート]をクリック

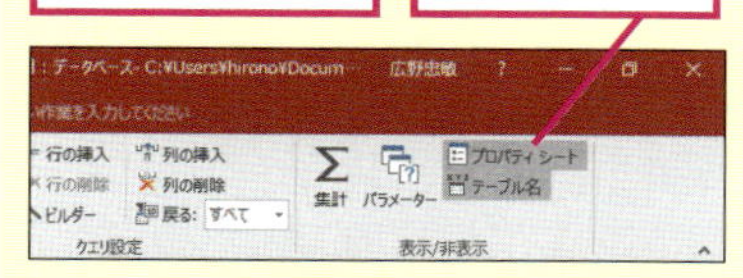

❹[標準]タブをクリック

❺[書式]のここをクリック

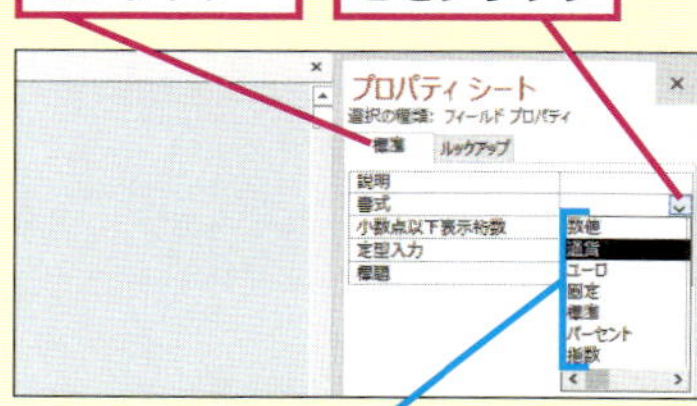

選択した書式がクエリの結果に設定される

間違った場合は?

手順3で間違ったクエリを追加したときは、追加したクエリをクリックしてから Delete キーを押して削除し、もう一度手順2の操作をやり直します。

次のページに続く

4 クエリにフィールドを追加する

[テーブルの表示] ダイアログボックスが閉じた

[請求一覧クエリ]のフィールドを新しいクエリに追加する

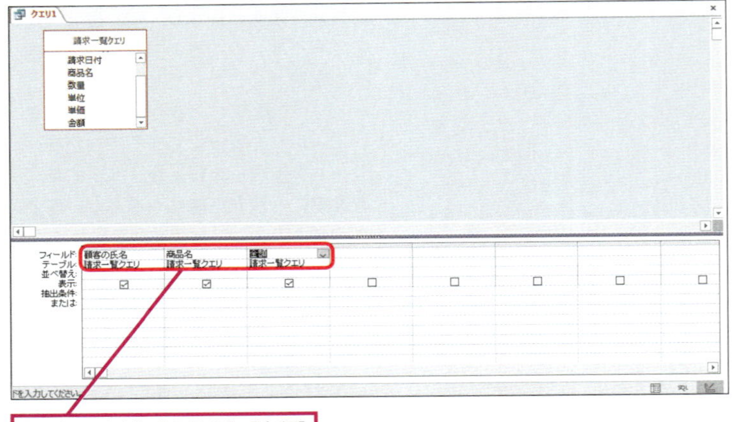

[顧客の氏名] [商品名] [金額]の順にフィールドを追加

5 クエリを実行する

追加したフィールドが正しく表示されるかどうかを確認する

❶[クエリツール]の[デザイン]タブをクリック

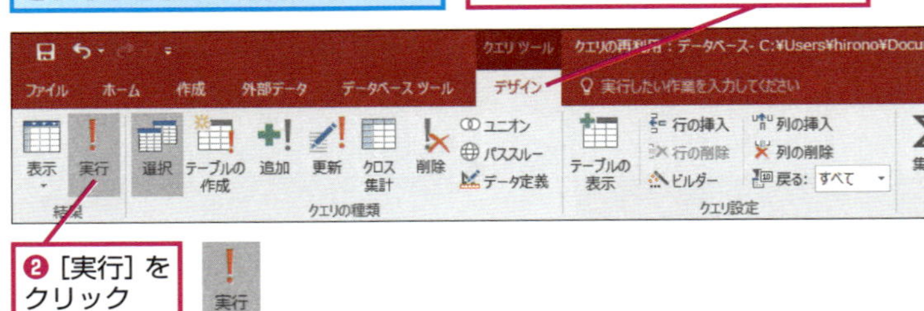

❷[実行]をクリック

実行

6 クエリの実行結果が表示された

[請求一覧クエリ] から選択した [顧客の氏名] [商品名] [金額] フィールドのレコードが表示された

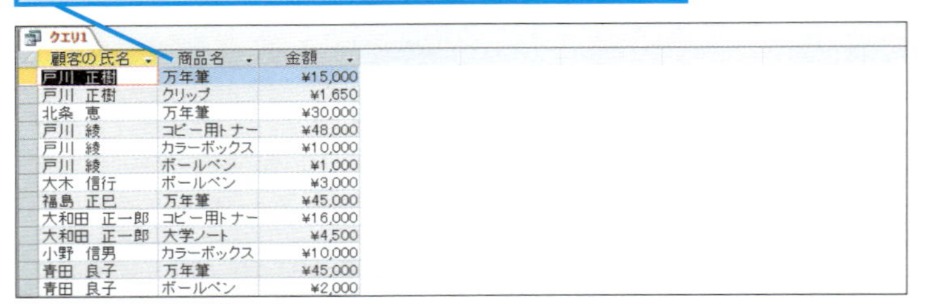

顧客の氏名	商品名	金額
戸川 正樹	万年筆	¥15,000
戸川 正樹	クリップ	¥1,650
北条 恵	万年筆	¥30,000
戸川 綾	コピー用トナー	¥48,000
戸川 綾	カラーボックス	¥10,000
戸川 綾	ボールペン	¥1,000
大木 信行	ボールペン	¥3,000
福島 正巳	万年筆	¥45,000
大和田 正一郎	コピー用トナー	¥16,000
大和田 正一郎	大学ノート	¥4,500
小野 信男	カラーボックス	¥10,000
青田 良子	万年筆	¥45,000
青田 良子	ボールペン	¥2,000

HINT! クエリからフィールドの内容を変更できないようにするには

クエリで表示されたフィールドを修正すると、通常はテーブルにあるフィールドの値も同様に修正されます。クエリのレコードセットを「スナップショット」にすると、値の変更が元のテーブルとは結び付かなくなり、クエリで表示されたフィールドの値を変更できないように設定できます。フィールドの内容を変更されたくないクエリは、必ずレコードセットをスナップショットにしておきましょう。

295ページのHINT!を参考にプロパティシートを表示しておく

❶ここをクリック

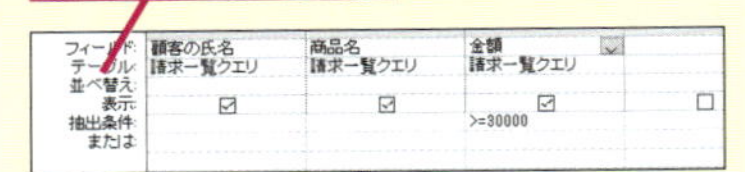

クエリのプロパティシートが表示された

❷[レコードセット]のここをクリック

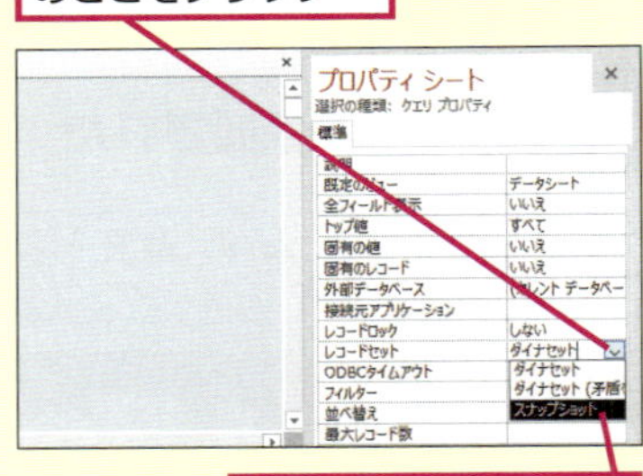

❸[スナップショット]をクリック

クエリで表示されたフィールドの値を変更できなくなる

7 デザインビューを表示する

クエリに抽出条件を追加するためにデザインビューを表示する

❶［ホーム］タブをクリック

❷［表示］をクリック

8 抽出条件を設定する

［クエリ1］がデザインビューで表示された

❶［金額］フィールドの［抽出条件］をクリック

❷「>=30000」と入力

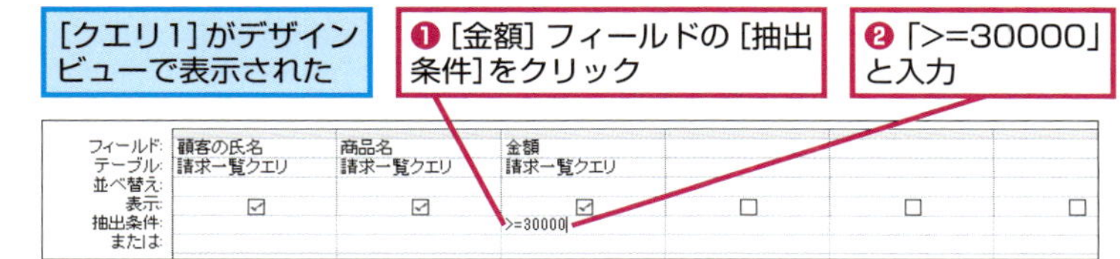

数式はすべて半角文字で入力する

❸ Enter キーを押す

9 再度クエリを実行する

設定した条件で正しくレコードが抽出されるかどうかを確認する

❶［クエリツール］の［デザイン］タブをクリック

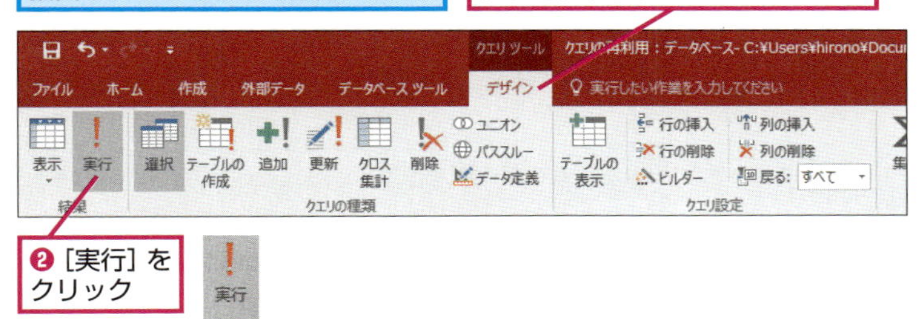

❷［実行］をクリック

10 クエリを保存する

請求金額が30,000円以上のレコードが表示された

「高額注文顧客クエリ」という名前でクエリを保存

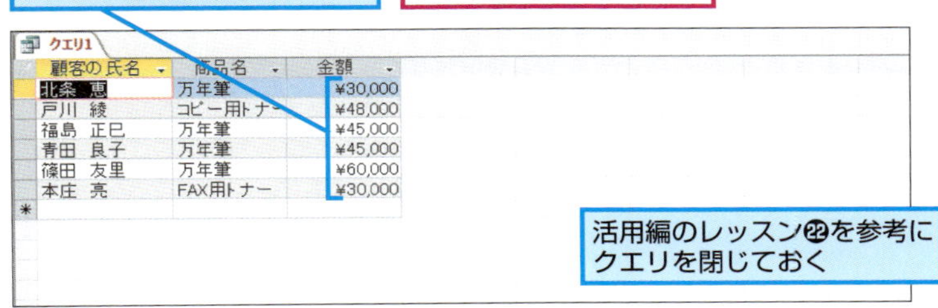

顧客の氏名	商品名	金額
北条 恵	万年筆	¥30,000
戸川 綾	コピー用トナー	¥48,000
福島 正巳	万年筆	¥45,000
青田 良子	万年筆	¥45,000
篠田 友里	万年筆	¥60,000
本庄 亮	FAX用トナー	¥30,000

活用編のレッスン㉒を参考にクエリを閉じておく

HINT! レコードの並び順は新しく作ったクエリに従う

クエリにレコードの並び順が設定されているときは、元のクエリの並び順ではなく、新しく作成したクエリの並び順でレコードが表示されます。例えば、元のクエリの［顧客の氏名］フィールドが［昇順］になっているときに、新しいクエリで［顧客の氏名］フィールドを［降順］に設定すると、［顧客の氏名］フィールドのレコードの並び順は［降順］で表示されます。

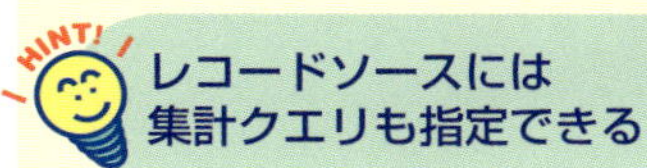

HINT! レコードソースには集計クエリも指定できる

クエリのレコードソースには、選択クエリだけではなく集計クエリも指定できます。集計クエリをレコードソースに指定すると、集計結果から新しいクエリを作れます。例えば「顧客別の売上金額を集計する」集計クエリがあったとしましょう。このクエリを使って特定の年度でデータを抽出するときは、新しいクエリを作ってレコードソースに「顧客別の売上金額を集計する」クエリを指定します。新しいクエリで抽出条件を設定すれば、元のクエリの内容を編集することなく、特定年度の顧客別売上金額を集計できます。

Point 再利用してクエリを効率よく作ろう

クエリのレコードソースにはテーブルだけではなく、別のクエリを指定できます。クエリをレコードソースに設定すると、クエリの実行結果から新しいクエリを作れます。例えば、クエリで決まった計算をしなければいけないときは、クエリにその都度数式を入力して作るのではなく、あらかじめ計算用のクエリを作っておいてから、別のクエリでそのクエリの結果を利用しましょう。こうすれば、毎回数式を入力する手間も省けるほか、入力ミスによる間違いを減らせます。

活用編 レッスン 26

顧客別の請求金額を月別に集計するには

Format関数

日ごとの請求明細を集計したクエリから新しいクエリを作り、顧客別の請求金額を月ごとに集計しましょう。それには、Format関数で日付の値を取り出します。

このレッスンの目的

[請求一覧クエリ] を利用して新しいクエリを作成し、[請求日付] フィールドの年月を取り出して顧客別の請求金額を月ごとに集計します。

関数	Format(値, 書式)（フォーマット）

用途▶指定した書式に合わせて値の表示形式を変更する

Before

請求一覧クエリ

顧客の氏名	請求日付	商品名	数量	単位	単価	金
戸川 正樹	2016/03/06	万年筆	1	本	¥15,000	
戸川 正樹	2016/03/06	クリップ	50	個	¥33	
北条 恵	2016/03/06	万年筆	2	本	¥15,000	
戸川 綾	2016/03/07	コピー用トナー	3	箱	¥16,000	
戸川 綾	2016/03/07	カラーボックス	2	台	¥5,000	
戸川 綾	2016/03/07	ボールペン	1	ダース	¥1,000	
大木 信行	2016/03/07	ボールペン	3	ダース	¥1,000	
福島 正巳	2016/01/10	万年筆	3	本	¥15,000	
大和田 正一郎	2016/02/10	コピー用トナー	1	箱	¥16,000	
大和田 正一郎	2016/02/10	大学ノート	30	冊	¥150	
小野 信男	2016/02/15	カラーボックス	2	台	¥5,000	

After

月別顧客別合計金額クエリ

年月	顧客の氏名	月別顧客別
2016/01	福島 正巳	¥45,000
2016/02	小野 信男	¥10,000
2016/02	青田 良子	¥47,000
2016/02	大和田 正一郎	¥20,500
2016/02	竹井 進	¥12,000
2016/03	戸川 綾	¥59,000
2016/03	戸川 正樹	¥16,650
2016/03	佐藤 雅子	¥5,500
2016/03	篠田 友里	¥70,000
2016/03	大木 信行	¥3,000
2016/03	北条 恵	¥30,000

顧客別の請求金額を月ごとに集計できる

Format関数を入力する

活用編のレッスン㉒を参考に新しいクエリを作成しておく

活用編のレッスン㉕を参考に、[請求一覧クエリ]をクエリのデザインビューに追加しておく

Format関数を入力して[請求日付]フィールドから「年」と「月」の部分だけを取り出す

ここをドラッグしてフィールドの幅を広げておく

❶「年月:format([請求日付],"yyyy/mm")」と入力

フィールド: 年月:format([請求日付],"yyyy/mm")
テーブル:
並べ替え:
表示:
抽出条件:
または:

フィールド名以外は、すべて半角文字で入力する

❷ Tab キーを押す

▶キーワード

レッスンで使う練習用ファイル

Format関数.accdb

「Format関数」とは

Format関数は、指定された値を指定された書式で置き換える関数です。このレッスンでは、Format関数を使って、[日付/時刻型] に設定されている [請求日付] フィールドに入力された値のうち、年と月だけを取り出し「yyyy/mm」という書式で表示します。

2 クエリにフィールドを追加する

[請求一覧クエリ]の[顧客の氏名]フィールドを新しいクエリに追加する

❶[顧客の氏名]をダブルクリック

[顧客の氏名]フィールドがクエリに追加された

❷Tabキーを押す

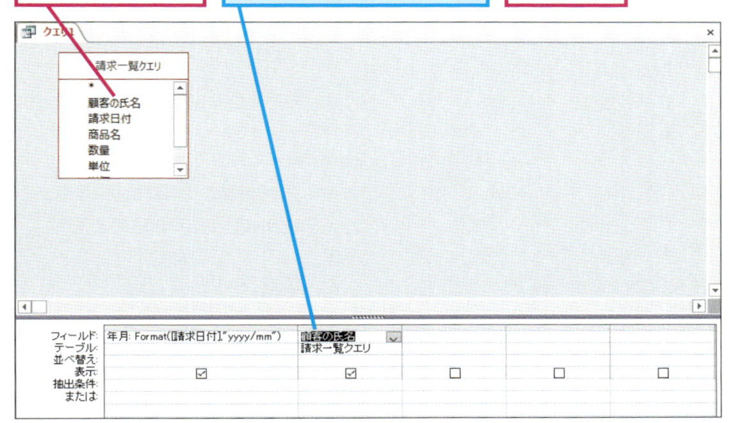

3 フィールドに数式を入力する

合計金額を計算するためのフィールドを追加する

ここをドラッグしてフィールドの幅を広げておく

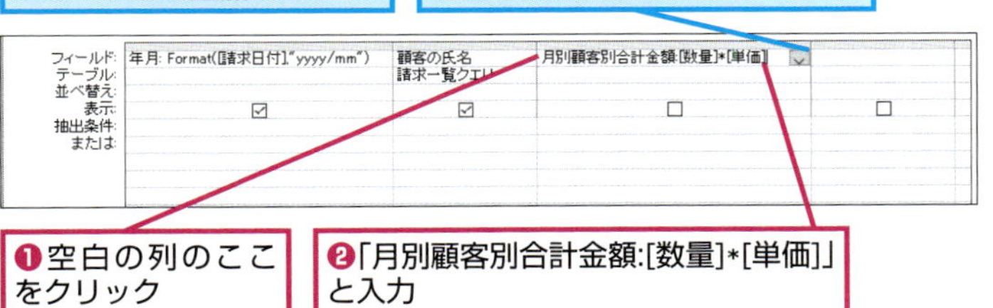

❶空白の列のここをクリック

❷「月別顧客別合計金額:[数量]*[単価]」と入力

フィールド名以外は、すべて半角文字で入力する

❸Enterキーを押す

4 クエリを実行する

追加した数式が正しく表示されるかどうか確認する

❶[クエリツール]の[デザイン]タブをクリック

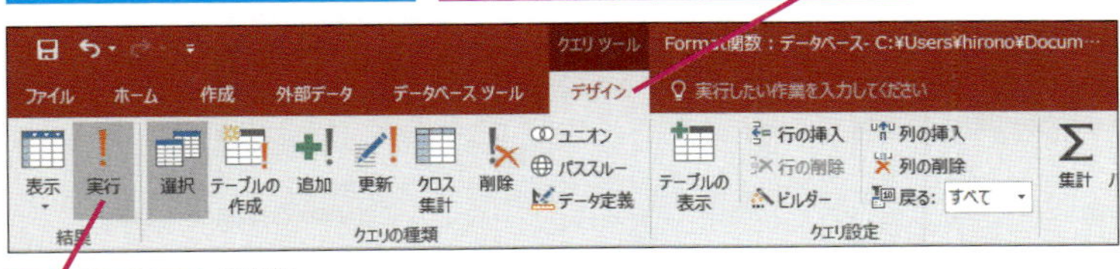

❷[実行]をクリック

HINT! 2つのフィールドの内容を連結するには

[都道府県]フィールドの内容と[住所]フィールドの内容を続けて表示するなど、2つのフィールドを連結して1つのフィールドとして表示したいことがあります。そのようなときは、[フィールド]に「連結住所:trim([都道府県])&trim([住所])」と入力します。「&」は2つのフィールド同士を連結するという演算子で、Trim関数は指定された文字列の前後の空白を取り除くという意味があります。つまり、「連結住所:trim([都道府県])&trim([住所])」は、[都道府県]フィールドと[住所]フィールドに入力された値の前後の空白を取り除き、連結した結果を[連結住所]フィールドに表示するという意味になります。

「連結住所:trim([都道府県])&trim([住所])」と入力

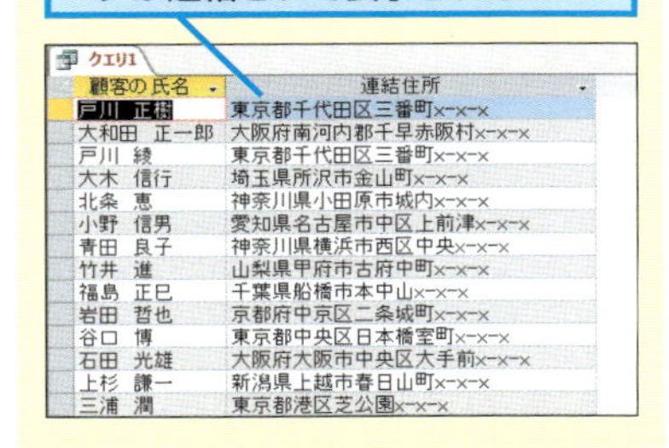

クエリを実行すると、[連結住所]フィールドに都道府県と住所のデータが連結されて表示される

クエリ1

顧客の氏名	連結住所
戸川 正樹	東京都千代田区三番町x-x-x
大和田 正一郎	大阪府南河内郡千早赤阪村x-x-x
戸川 綾	東京都千代田区三番町x-x-x
大木 信行	埼玉県所沢市金山町x-x-x
北条 恵	神奈川県小田原市城内x-x-x
小野 信男	愛知県名古屋市中区上前津x-x-x
青田 良子	神奈川県横浜市西区中央x-x-x
竹井 進	山梨県甲府市古府中町x-x-x
福島 正巳	千葉県船橋市本中山x-x-x
岩田 哲也	京都府中京区二条城町x-x-x
谷口 博	東京都中央区日本橋室町x-x-x
石田 光雄	大阪府大阪市中央区大手前x-x-x
上杉 謙一	新潟県上越市春日山町x-x-x
三浦 潤	東京都港区芝公園x-x-x

間違った場合は？

手順5で表示された結果が違うときは、入力した数式が間違っています。デザインビューを表示して、手順1や手順3を参考に正しい数式を入力し直しましょう。

次のページに続く

5 クエリの実行結果が表示された

Format関数で［請求日付］フィールドの「年」と「月」だけが取り出された

［数量］と［単価］フィールドを掛けた値が表示された

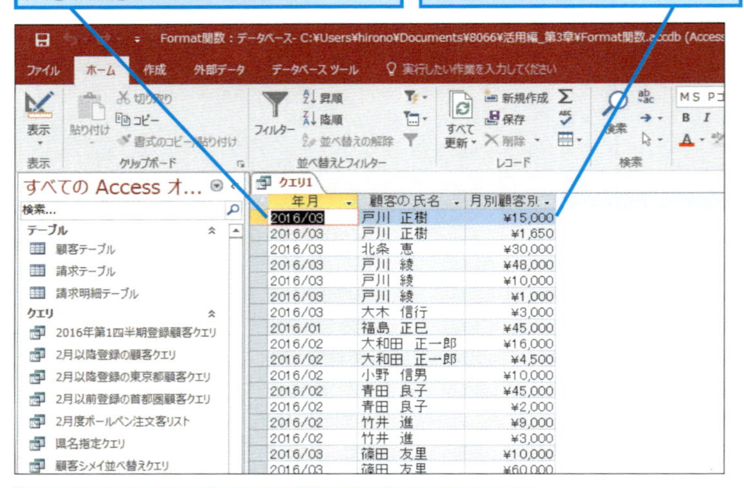

活用編のレッスン㉒を参考に、クエリの実行結果からデザインビューを表示しておく

6 集計行を表示する

クエリのデザインビューが表示された

❶［クエリツール］の［デザイン］タブをクリック

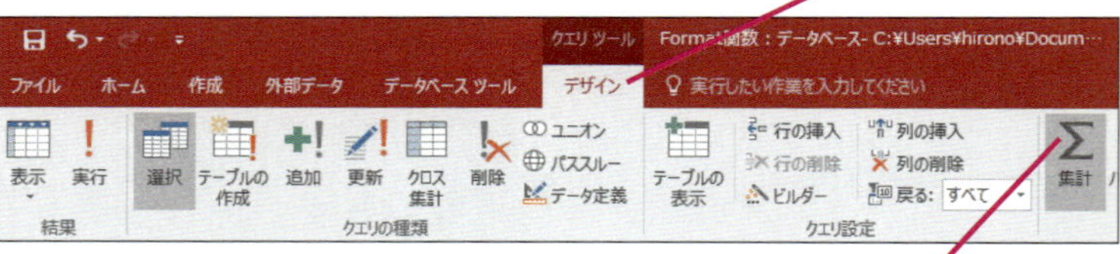

❷［集計］をクリック

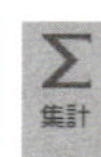

7 顧客ごとの請求金額を合計する

［集計］が表示された

［グループ化］と表示された

❶［月別顧客別合計金額］の［集計］のここをクリック

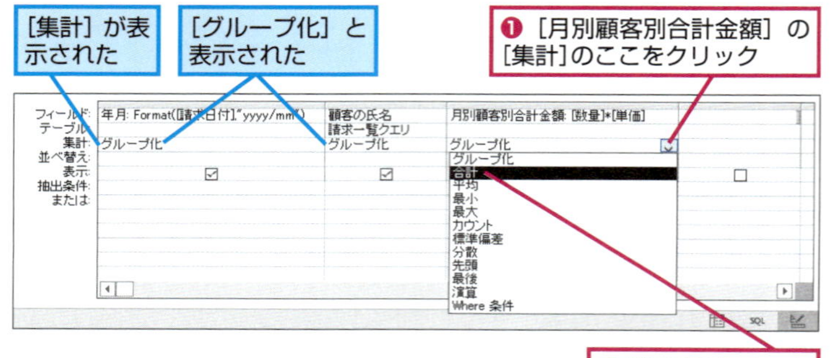

❷［合計］をクリック

HINT! 年や週、四半期などの期間で集計するには

このレッスンで入力したFormat関数の「"yyyy/mm"」の部分を変更すれば、さまざまな期間で集計ができます。以下の表を参考に設定してみましょう。

●Format関数に利用できる書式と意味

書式	意味
"yyyy年"	年のみ
"ggge年"	年のみ（和暦）
"yyyy年第q四半期"	年単位の四半期
"yyyy年第ww週"	年単位の週番号
"aaaa"	曜日
"yyyy/mm/dd"	年月日

HINT! 抽出したレコードで集計したいときは

「昨年のレコードは除外して、今年のレコードだけを集計したい」というときは［抽出条件］を利用しましょう。例えば、「2016年」のレコードのみを集計するには、手順7で［年月］フィールドの［抽出条件］に「"2016*"」と入力します。こうすることで、2016年のレコードのみが集計対象となり、2016年より前や後のレコードを集計対象から除外できます。

HINT! 合計以外の金額を集計するときは

合計以外の集計をしたいときは、手順7で［合計］以外を選択しましょう。［平均］はグループ内の平均、［最大］はグループ内で最も大きい値、［最小］はグループ内で最も小さな値、［カウント］はグループ内のレコード件数、［標準偏差］と［分散］はグループ内の標準偏差と分散を求められます。

集計方法を選択できる

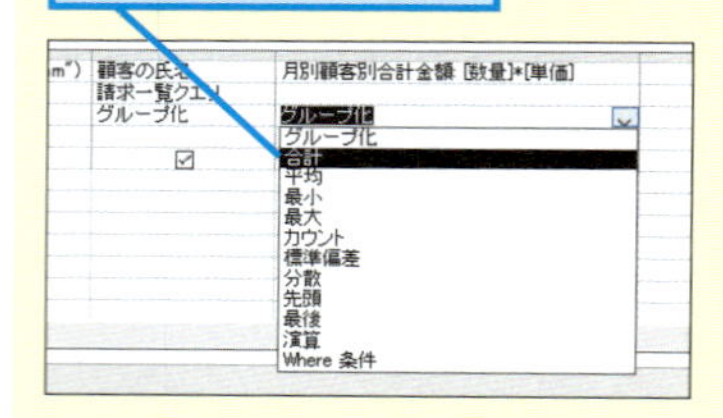

活用例　関数で文字列から特定の文字を抜き出せる

この活用例で使うファイル
Format関数_活用例.accdb

文字列操作関数を使うと、フィールドに入力された文字列の一部だけを抜き出して表示できます。文字列の操作にはLeft、Mid、Rightなどの関数がありますが、ここではLeft関数を使った文字列の操作方法を紹介しましょう。Left関数は文字列の先頭（左）から何文字かを抜き出す関数で、郵便番号のはじめの3けただけを抜き出したり、先頭に決まったけた数のコードが付いている会社名から、コードだけを抜き出したりするときに使用します。なお、そのほかの文字列操作関数の使い方については、付録5を参照してください。

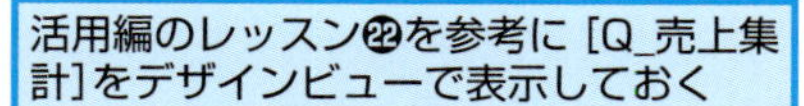

❶ここをクリック

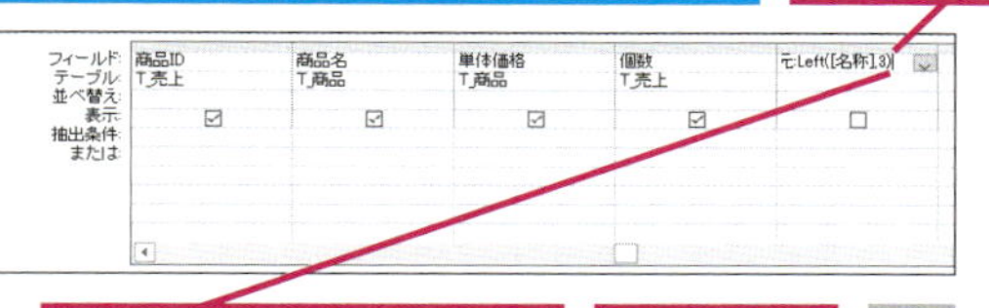

❷「購入元:Left([名称],3)」と入力

❸［実行］をクリック

実行

［購入元］フィールドが作成され、［T_購入元］の［名称］フィールドの左から3文字を取り出した文字列が表示された

Q_売上集計

売上ID	売上日	商品ID	商品名	単体価格	個数	購入元
1	2016/03/03	1	A4ノート	¥100	10	AAA
2	2016/03/03	2	B5ノート	¥80	50	AAA
3	2016/03/03	5	ボールペン	¥90	100	BBB
4	2016/03/03	6	A4用紙	¥580	5	CCC
5	2016/03/03	7	B5用紙	¥550	5	CCC
6	2016/03/04	1	A4ノート	¥100	20	AAA
7	2016/03/04	2	B5ノート	¥80	30	AAA
8	2016/03/05	5	ボールペン	¥90	150	BBB
9	2016/03/06	6	A4用紙	¥580	10	CCC
10	2016/03/06	1	A4ノート	¥100	100	AAA
(新規)						

8 クエリを実行する

追加したフィールドが正しく表示されるかどうかを確認する

❶［クエリツール］の［デザイン］タブをクリック

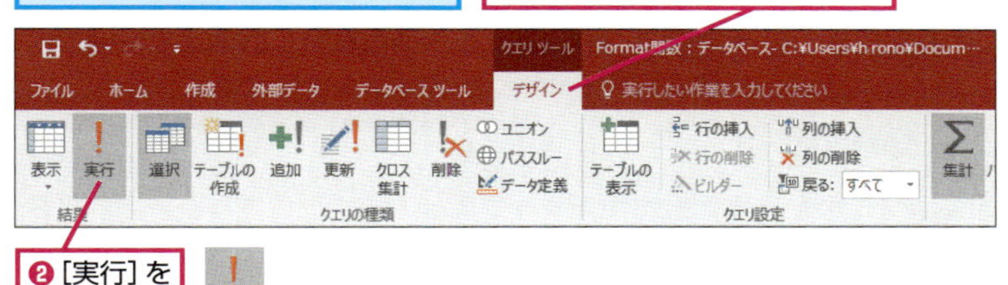

❷［実行］をクリック

実行

9 クエリの実行結果が表示された

顧客別の請求金額が月ごとに集計された

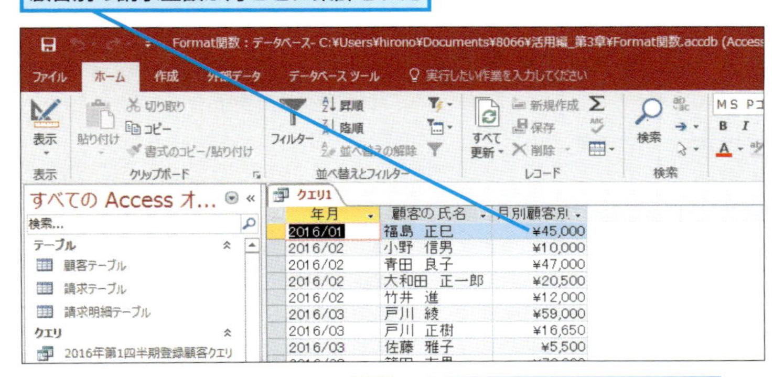

年月	顧客の氏名	月別顧客別
2016/01	福島 正巳	¥45,000
2016/02	小野 信男	¥10,000
2016/02	青田 良子	¥47,000
2016/02	大和田 正一郎	¥20,500
2016/02	竹井 進	¥12,000
2016/03	戸川 綾	¥59,000
2016/03	戸川 正樹	¥16,650
2016/03	佐藤 雅子	¥5,500

「月別顧客別合計金額クエリ」という名前でクエリを保存

活用編のレッスン㉒を参考にクエリを閉じておく

HINT! グループ化するとレコードの表示順が変わる

集計のためにレコードをグループ化すると、クエリを実行したときに表示されるレコードは、元のクエリやテーブルのレコードではなく、グループ化の単位で集計されたレコードのみが表示されます。そのため、レコードの内容や表示される順番は元のクエリやテーブルとは異なります。

Point　データを加工してグループ化できる

クエリでは、データを集計するグループの単位をフィールドの内容そのままではなく、関数や計算の結果にできます。このレッスンではFormat関数を使って日付から「年」と「月」を取り出し、年月の単位で集計しました。このように集計の単位に関数や計算の結果を使えば、目的に応じた内容を集計できるようになります。Format関数を使うと、さまざまな期間を集計の単位にできるのが便利です。前ページのHINT!を参考に集計範囲を設定してみましょう。

活用編 レッスン 27

締め日以降の請求を翌月分で計上するには

IIf関数

活用編のレッスン㉖で解説した集計方法では「25日締め」など月の途中の締め日に対応できません。ここでは、締め日以降を次月分として集計する方法を紹介します。

このレッスンの目的

このレッスンでは3つの関数を利用して、以下の条件で請求金額を集計するクエリを作成します。

・毎月25日を締め日にする
・請求日付が26日以降の請求を翌月の集計に含む
・顧客別で、月ごとに集計する

入力する式

請求月 :IIf(Format([請求日付],"dd")>25, Format(DateAdd("d",7, [請求日付]),"yyyy/mm"), Format([請求日付],"yyyy/mm"))

●このレッスンで使う関数

関数	IIf（アイイフ）(条件式、真の場合、偽の場合)	用途▶特定の条件を満たしているどうかを判定する
関数	DateAdd（デイトアッド）(時間の間隔、追加する日時、元の日付)	用途▶元の日付に特定の日時を追加して、1週間後や1カ月後の日付を求める
関数	Format（フォーマット）(値、書式)	用途▶指定した書式に合わせて値の表示形式を変更する

1 ［ズーム］ダイアログボックスを表示する

活用編のレッスン㉒を参考に新しいクエリを作成しておく

活用編のレッスン㉕を参考に［請求一覧クエリ］をクエリのデザインビューに追加しておく

一番左のフィールドの幅を広げておく

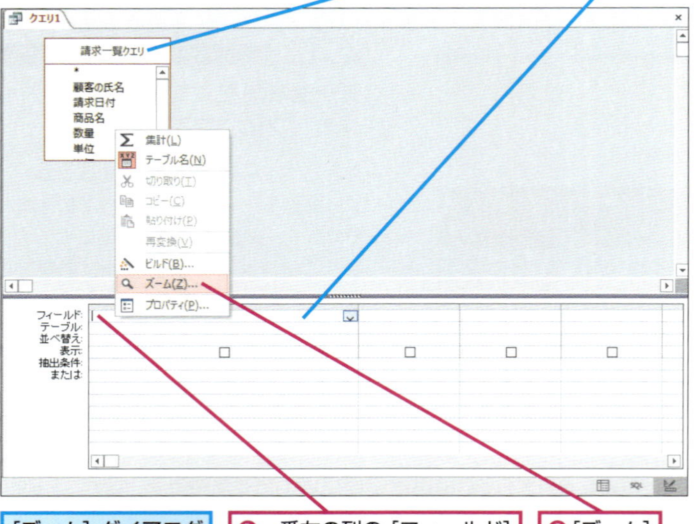

［ズーム］ダイアログボックスを表示する

❶一番左の列の［フィールド］を右クリック

❷［ズーム］をクリック

▶キーワード

レッスンで使う練習用ファイル

IIf関数.accdb

ショートカットキー

Shift + F2 ……… ［ズーム］ダイアログボックスを表示

間違った場合は?

手順2で［ズーム］ダイアログボックスが表示されないときは、もう一度手順1の操作をやり直します。

2 フィールドの名前を入力する

[ズーム] ダイアログボックスが表示された

クエリの実行時に表示されるフィールド名を入力する

「請求月:」と入力

「:」は必ず半角文字で入力する

3 IIf関数を入力する

IIf関数で、[請求日付] フィールドに入力されている日付を判断し、判断の結果によってそれぞれ別の処理を行う

「iif(」と入力

関数名とかっこは、すべて半角文字で入力する

4 条件式を入力する

続いて数式を入力する

[請求日付] フィールドに入力されている日の値が「25より大きい」という条件を設定する

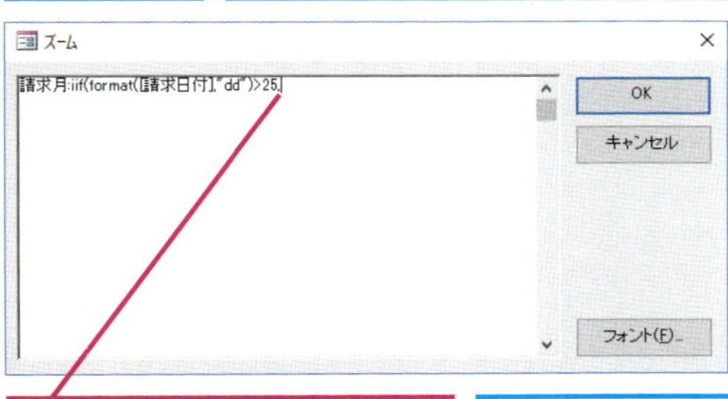

「format([請求日付],"dd")>25,」と入力

フィールド名以外は、すべて半角文字で入力する

HINT! 内容を確認して関数を入力するには

活用編のレッスン⑮でも紹介していますが、[式ビルダー] ダイアログボックスで関数の種類や内容を確認できます。関数名をダブルクリックして、目的の関数を入力しましょう。このレッスンでは、日付に関する関数を利用しますが、[式のカテゴリ] で [日付/時刻] をクリックすると、日付に関連する関数が表示されます。「似たような名前が多く、どの関数を使えばいいのか分からない」というときは、[式ビルダー] ダイアログボックスの左下に表示される関数の説明を参考にしましょう。

活用編のレッスン⑮のHINT!を参考に、[式ビルダー] ダイアログボックスを表示しておく

❶[関数] をダブルクリック

❷[組み込み関数] をクリック

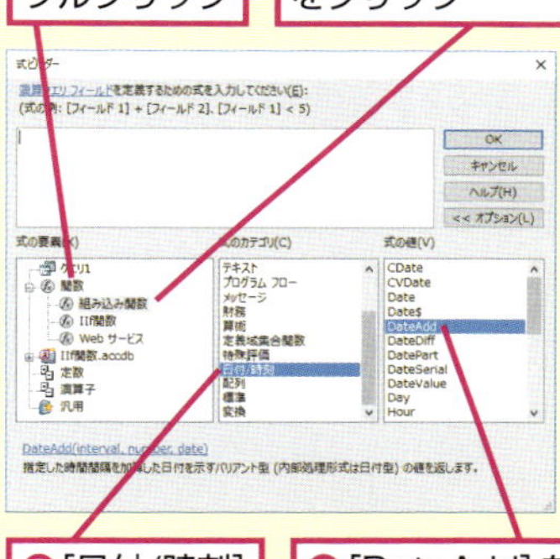

❸[日付/時刻] をクリック

❹[DateAdd] をダブルクリック

関数が自動的に入力された

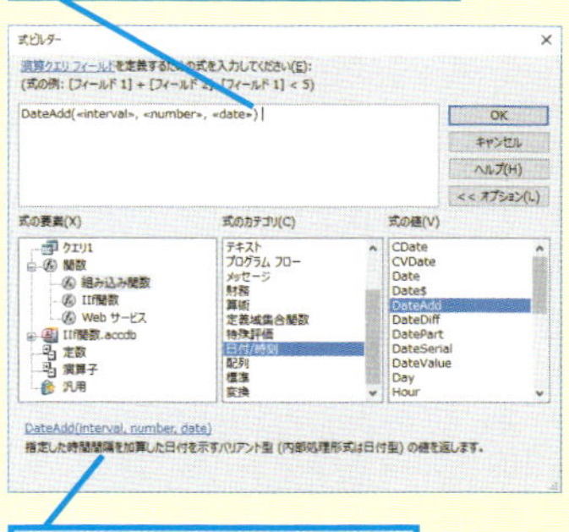

DateAdd関数の説明が表示された

次のページに続く

5 条件式に当てはまる場合の処理を入力する

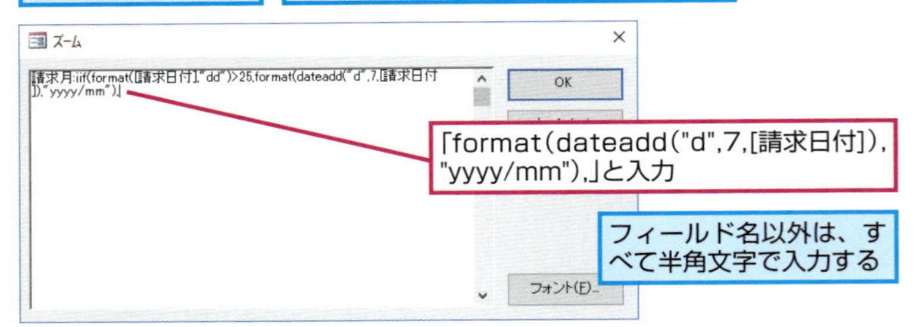

「［請求日付］フィールドの日が［25］より大きい」ときは、日の値に7を足すと同時に、クエリに表示する日付を［XXXX年XX月］という形式に変更する

6 条件式に当てはまらない場合の処理を入力する

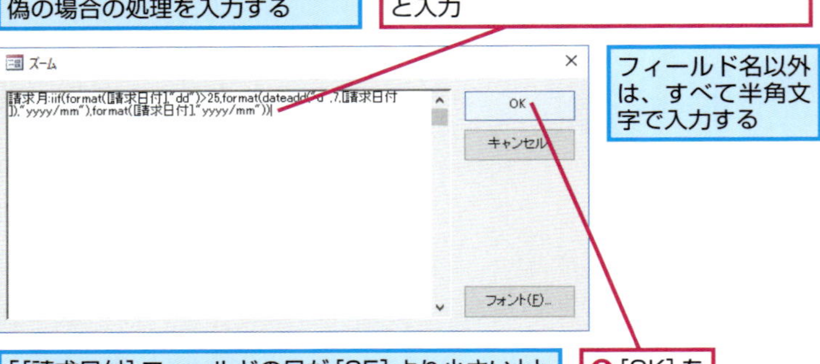

「［請求日付］フィールドの日が［25］より小さい」ときは、日の値はそのままで、クエリに表示する日付を［XXXX年XX月］という形式に変更する

7 クエリにフィールドを追加する

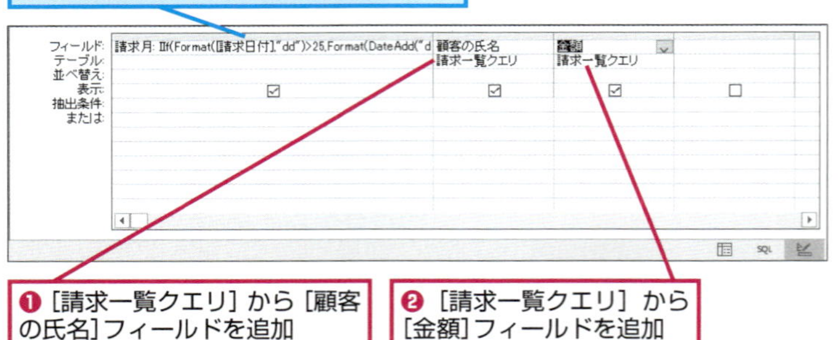

「IIf関数」で複数の結果を求められる

IIf関数は、条件によって違う値を求めたいときに使います。1つ目の引数に条件式を書き、2つ目の引数は条件が真のときに計算したい数式や値を、3つ目の引数には条件が偽のときに計算したい数式や値を書きます。手順4で条件式に「format（[請求日付］,"dd")>25」と書くことで、請求日付が26日以降のときは2つ目の引数、25日以前のときは3つ目の引数の計算結果を求められます。

「DateAdd関数」とは

手順5で利用するDateAdd関数は、日付に一定の日時を加えるための関数です。このレッスンのように「DateAdd("d",7,［請求日付］)」と入力すると、［請求日付］フィールドの日の値に7日分の日付を足す処理ができます。なお、日時には「"d"」（日）だけでなく、「"y"」（年）、「"q"」（四半期）、「"m"」（月）、「"h"」（時）、「"n"」（分）、「"s"」（秒）なども指定できます。

間違った場合は？

手順6で［OK］ボタンをクリックした後に「指定した式で、ドット（.）、！演算子、かっこ()の使い方が正しくありません」などのメッセージが表示されたときは、閉じかっこ「)」を入力し忘れているか、「,」の代わりに「.」を入力してしまっています。［OK］ボタンをクリックしてから手順1の方法で［ズーム］ダイアログボックスを表示し、数式を入力し直してください。

活用例 条件に応じて文字列を表示する

この活用例で使うファイル
IIf関数_活用例.accdb

特定の条件に当てはまるか確認するためにiif関数を使う方法もAccessでは広く利用されています。例えば、在庫が一定数よりも少ないとき、クエリの結果に「要発注」と表示させて注意を促すことも簡単です。また、Yes/No型のフィールドをチェックボックスではなく、具体的な意味を持つ文字列にも変換できます。テーブルに数値データを格納しておき、それを人間が見たときに分かりやすく変換できるのもデータベースの特長の1つです。

活用編のレッスン㉒を参考に［Q_仕入出荷状況］をデザインビューで表示しておく

❶空白の列のここをクリック

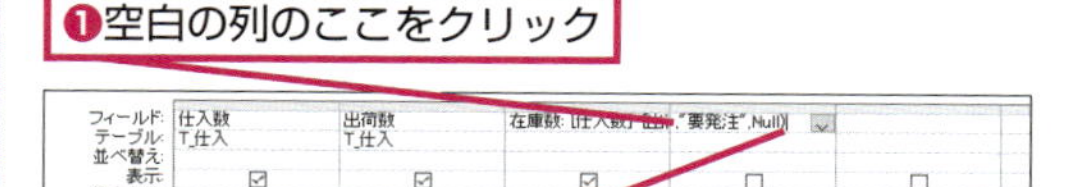

❷「在庫チェック:iif([仕入数]-[出荷数]<50,"要発注",null)」と入力

❸［実行］をクリック

実行

［在庫チェック］フィールドが作成され、在庫数が50より少ないレコードに「要発注」と表示された

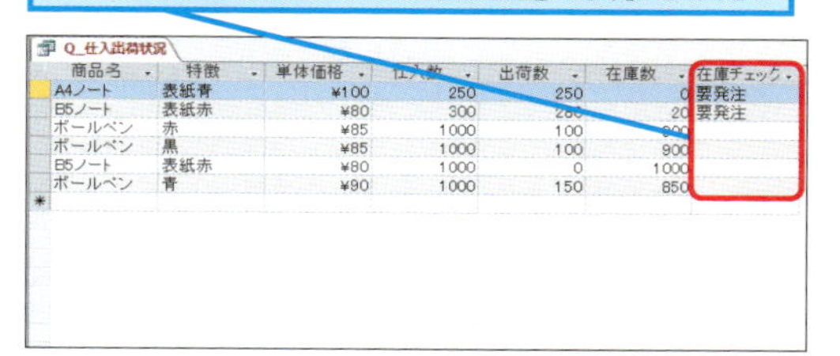

8 集計行を表示する

❶［クエリツール］の［デザイン］タブをクリック

❷［集計］をクリック

集計

❸［金額］のここをクリック

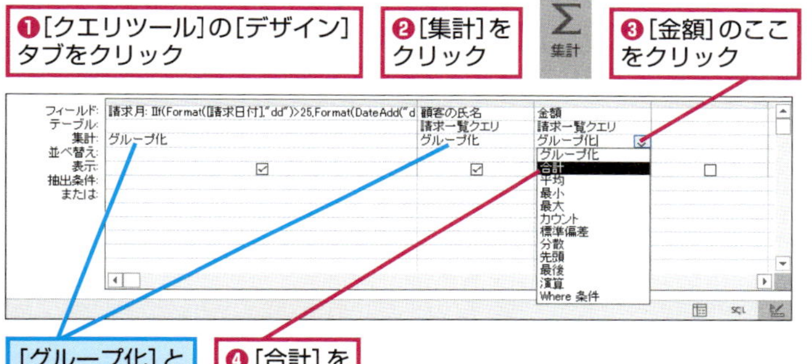

［グループ化］と表示された

❹［合計］をクリック

9 クエリの実行結果を確認する

活用編のレッスン㉒を参考にクエリを実行しておく

顧客別で月ごとの請求合計が表示された

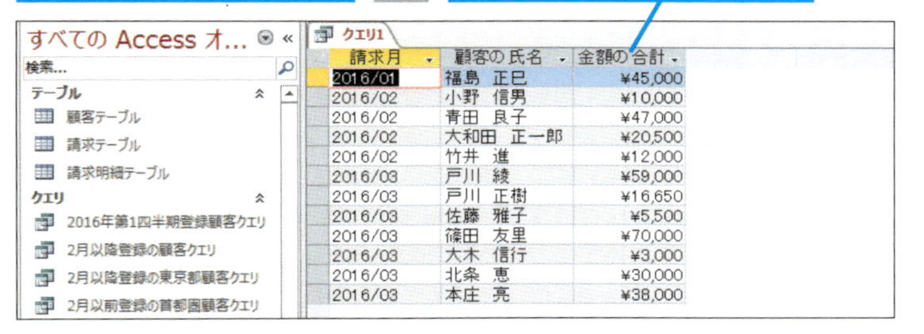

「25日締め請求集計クエリ」という名前でクエリを保存

活用編のレッスン㉒を参考にクエリを閉じておく

HINT! ［パラメーターの入力］ダイアログボックスが表示されたときは

存在しないフィールド名を入力してクエリを実行すると、［パラメーターの入力］ダイアログボックスが表示されることがあります。［パラメーターの入力］ダイアログボックスが表示されたときは、クエリの内容が間違っている可能性があります。参照するフィールド名を正しく修正してから、もう一度クエリを実行してみましょう。

Point 組み込み関数を組み合わせると高度な集計ができる

フィールドで組み込み関数を使うと、条件によって結果を変更できます。このレッスンでは、IIf関数、DateAdd関数、Format関数の3つを組み合わせました。IIf関数で日付が25日の締め日を越えたかどうかを判断して、越えたときはDateAdd関数で日付に7日分の日付を足し、次月として表示します。また、日付が締め日以前のときは当月として表示されるようにFormat関数で表示を整えています。このように、関数を組み合わせることで、高度な集計が可能になるのです。

テーブルのデータをまとめて変えるには

更新クエリ

更新クエリを使うと、テーブルに入力してあるデータを一度に修正できます。更新クエリで単価に「0.9」を掛けて、金額が1割引きになるように更新してみましょう。

このレッスンの目的

条件に合ったレコードの値を、一括で更新するクエリを作成します。

Before

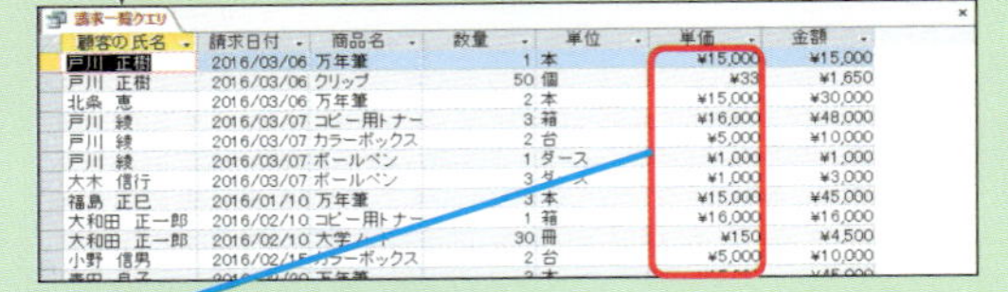

請求一覧クエリ

顧客の氏名	請求日付	商品名	数量	単位	単価	金額
戸川 正樹	2016/03/06	万年筆	1	本	¥15,000	¥15,000
戸川 正樹	2016/03/06	クリップ	50	個	¥33	¥1,650
北条 恵	2016/03/06	万年筆	2	本	¥15,000	¥30,000
戸川 綾	2016/03/07	コピー用トナー	3	箱	¥16,000	¥48,000
戸川 綾	2016/03/07	カラーボックス	2	台	¥5,000	¥10,000
戸川 綾	2016/03/07	ボールペン	1	ダース	¥1,000	¥1,000
大木 信行	2016/03/07	ボールペン	3	ダース	¥1,000	¥3,000
福島 正巳	2016/01/10	万年筆	3	本	¥15,000	¥45,000
大和田 正一郎	2016/02/10	コピー用トナー	1	箱	¥16,000	¥16,000
大和田 正一郎	2016/02/10	大学ノート	30	冊	¥150	¥4,500
小野 信男	2016/02/15	カラーボックス	2	台	¥5,000	¥10,000

特定の請求日以降の単価を一律で10%割り引く

After

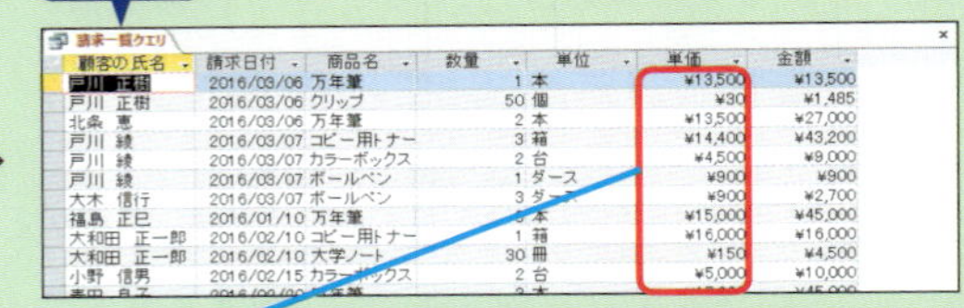

請求一覧クエリ

顧客の氏名	請求日付	商品名	数量	単位	単価	金額
戸川 正樹	2016/03/06	万年筆	1	本	¥13,500	¥13,500
戸川 正樹	2016/03/06	クリップ	50	個	¥30	¥1,485
北条 恵	2016/03/06	万年筆	2	本	¥13,500	¥27,000
戸川 綾	2016/03/07	コピー用トナー	3	箱	¥14,400	¥43,200
戸川 綾	2016/03/07	カラーボックス	2	台	¥4,500	¥9,000
戸川 綾	2016/03/07	ボールペン	1	ダース	¥900	¥900
大木 信行	2016/03/07	ボールペン	3	ダース	¥900	¥2,700
福島 正巳	2016/01/10	万年筆	3	本	¥15,000	¥45,000
大和田 正一郎	2016/02/10	コピー用トナー	1	箱	¥16,000	¥16,000
大和田 正一郎	2016/02/10	大学ノート	30	冊	¥150	¥4,500
小野 信男	2016/02/15	カラーボックス	2	台	¥5,000	¥10,000

更新クエリを作成して実行すると、テーブルのデータを一括で更新できる

1 クエリにフィールドを追加する

ここでは、2016年3月1日以降の請求日分について、単価を一律で10%割り引くクエリを作成する

活用編のレッスン㉒を参考に、新しいクエリを作成し、[顧客テーブル][請求テーブル][請求明細テーブル]をクエリに追加しておく

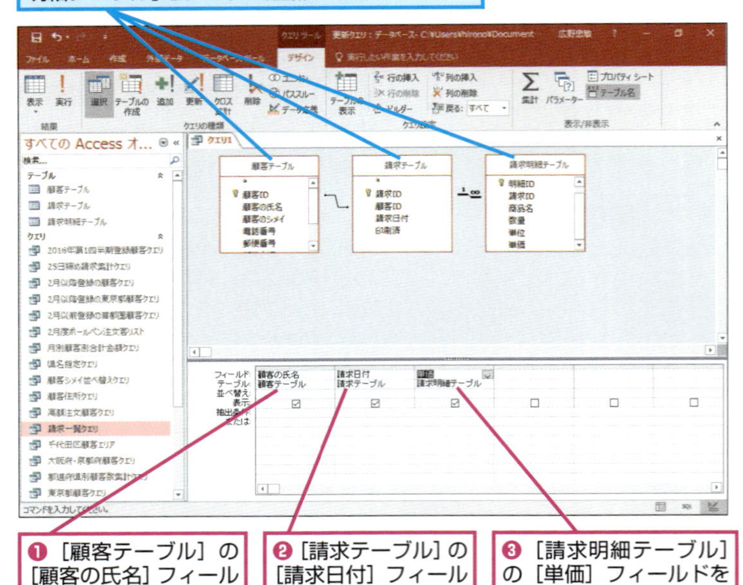

❶[顧客テーブル]の[顧客の氏名]フィールドを追加

❷[請求テーブル]の[請求日付]フィールドを追加

❸[請求明細テーブル]の[単価]フィールドを追加

▶キーワード

SQL	p.418
クエリ	p.419
通貨型	p.420
テーブル	p.420
デザインビュー	p.421
フィールド	p.421
レコード	p.422

レッスンで使う練習用ファイル

更新クエリ.accdb

HINT! 「更新クエリ」とは

このレッスンでは、「2016年3月1日以降」に該当するレコードの[単価]フィールドの値をクエリで変更します。このように複数レコードのフィールドを一度に更新するクエリを「更新クエリ」と呼びます。更新クエリは特定の条件でフィールドの値を変更できるほか、テーブルに作った新しいフィールドに一括でデータを入力できます。

2 抽出条件を設定する

必要なテーブルが追加できた

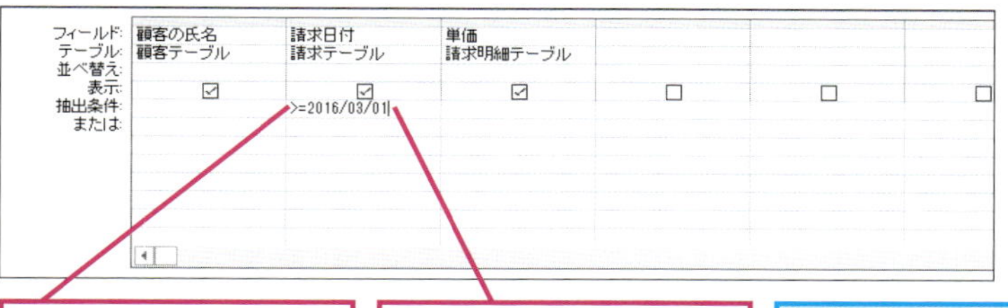

❶［請求日付］フィールドの［抽出条件］をクリック

❷「>=2016/03/01」と入力

数式は、すべて半角文字で入力する

3 クエリを実行する

設定した条件で正しくレコードが抽出されるかどうかを確認する

❶［クエリツール］の［デザイン］タブをクリック

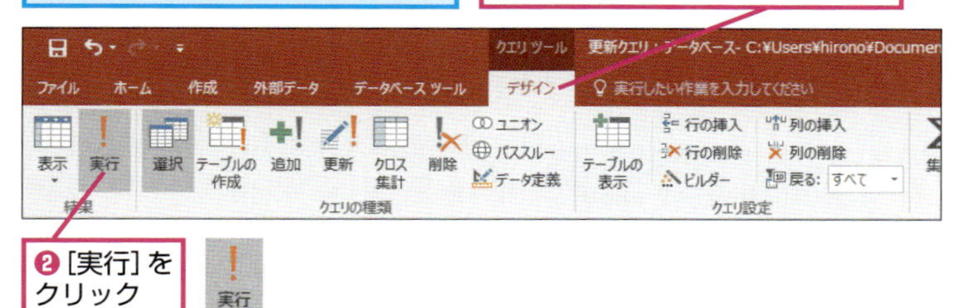

❷［実行］をクリック

4 クエリの実行結果が表示された

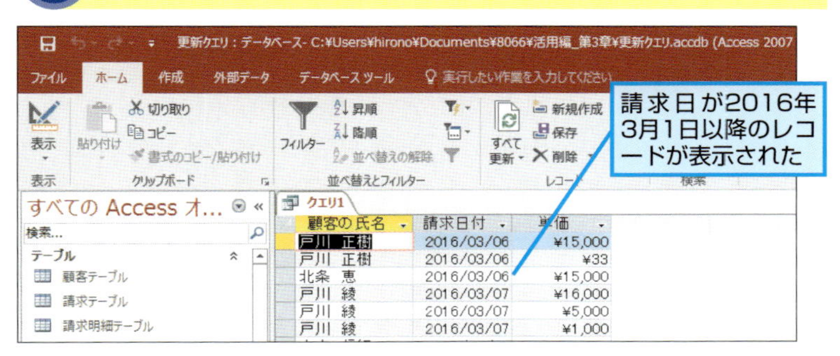

請求日が2016年3月1日以降のレコードが表示された

5 デザインビューを表示する

［クエリ1］をデザインビューで表示する

❶［ホーム］タブをクリック

❷［表示］をクリック

クエリはSQLで書かれている

クエリはSQL（Structured Query Language）と呼ばれる言語で書かれています。クエリをSQLビューで表示すると、クエリのSQL文を確認できます。代表的なSQLには「SELECT」（選択クエリ）、「UPDATE」（更新クエリ）、「DELETE」（削除クエリ）などがあります。Accessでは、SQLビューに直接SQLを記述することで、クエリのデザインビューでは作ることができない複雑なクエリを作成できます。

間違った場合は？

手順4でレコードが1件も表示されないときは、抽出条件が間違っています。クエリをデザインビューで表示してから、手順2を参考に抽出条件を設定し直しましょう。

次のページに続く

6 クエリの種類を変更する

クエリの種類を[更新クエリ]に変更する

❶[クエリツール]の[デザイン]タブをクリック

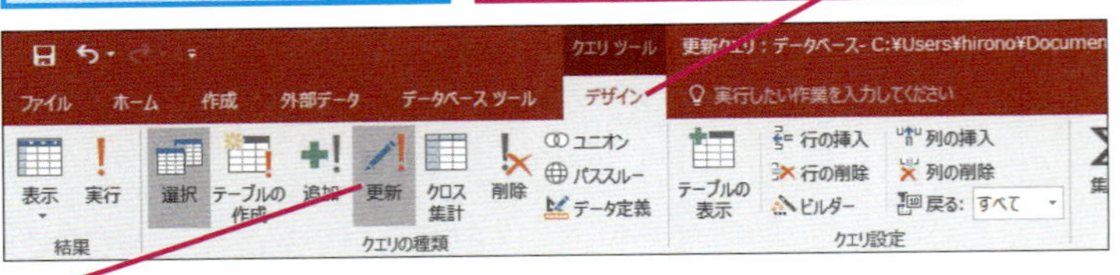

❷[更新]をクリック

7 数式を入力する

[並べ替え]と[表示]がなくなり、[レコードの更新]が表示された

[請求明細テーブル]の[単価]フィールドに0.9という数値を掛ける

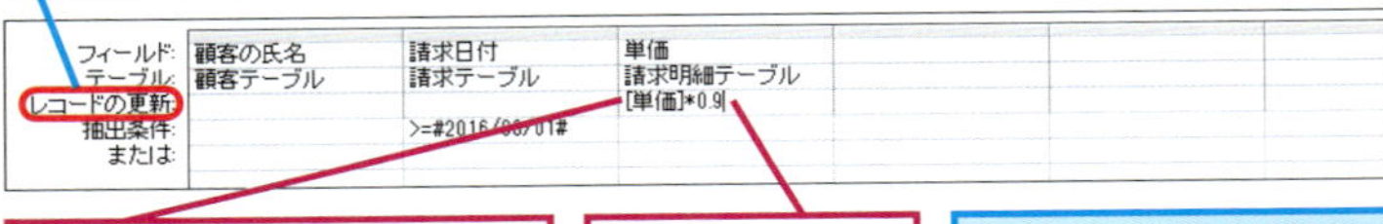

フィールド:	顧客の氏名	請求日付	単価
テーブル:	顧客テーブル	請求テーブル	請求明細テーブル
レコードの更新:			[単価]*0.9
抽出条件:		>=#2016/03/01#	
または:			

❶[単価]フィールドの[レコードの更新]をクリック

❷「[単価]*0.9」と入力

フィールド名以外は、すべて半角文字で入力する

8 クエリを実行する

入力した数式でレコードを更新する

❶[クエリツール]の[デザイン]タブをクリック

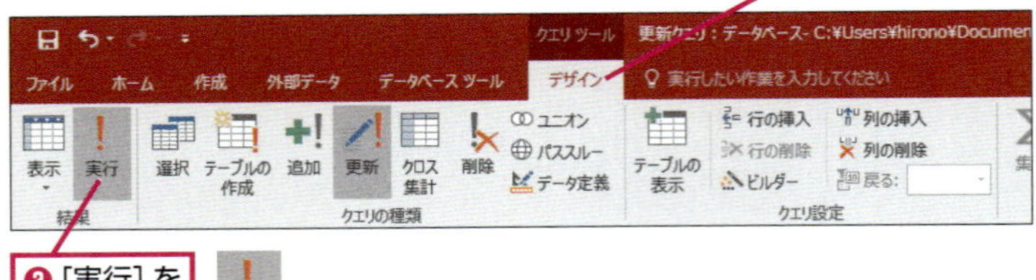

❷[実行]をクリック

レコードの更新を確認するメッセージが表示された

更新されるレコードの件数が表示される

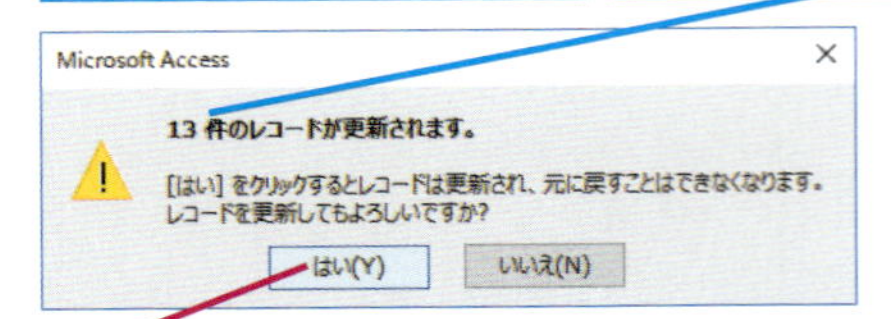

❸[はい]をクリック

クエリが実行された

更新クエリを実行しても、クエリのデザインビューでは特に表示は変わらない

❹「値引クエリ」という名前でクエリを保存

活用編のレッスン㉒を参考にクエリを閉じておく

HINT! 更新するレコードの一覧を事前に確認しよう

手順6では、選択クエリから更新クエリに変更します。手順8で更新クエリを実行すると、フィールドの値を一括で更新できますが、まずは手順2～手順4のように、選択クエリを作ってクエリを実行しましょう。なぜなら、更新クエリで変更したフィールドの値は元に戻せないためです。このレッスンでは、2016年3月以降の請求日を対象としますが、選択クエリを作り、更新するレコードの内容を確認してから更新クエリを実行しています。

HINT! すべてのレコードを更新するには

すべてのレコードを対象にして、特定のフィールドを一度に更新することもできます。[抽出条件]行や[または]行を空白にしておくと、条件がなくなるので、すべてのレコードが更新対象になります。

条件を空白にすると、すべてのレコードが更新される

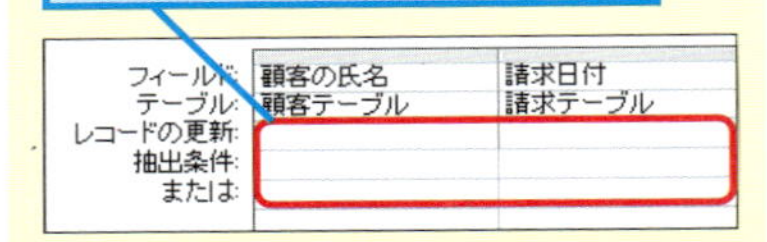

フィールド:	顧客の氏名	請求日付
テーブル:	顧客テーブル	請求テーブル
レコードの更新:		
抽出条件:		
または:		

HINT! 更新クエリを実行する前にバックアップしておこう

更新クエリを実行すると、テーブルに加えた変更は元に戻せません。更新クエリを実行するときは、あらかじめデータベースファイルを別の名前でコピーするなどして、バックアップを取っておけば安心です。

間違った場合は?

手順8で更新されるレコード件数が違うときは、抽出条件が間違っています。[いいえ]ボタンをクリックしてから、クエリをデザインビューで表示して、手順2を参考に抽出条件を設定し直しましょう。

9 [請求一覧クエリ] を開く

[値引クエリ] は更新クエリとして保存され、選択クエリとはアイコンの形が異なる

更新クエリの実行結果を確認するために[請求一覧クエリ]を開く

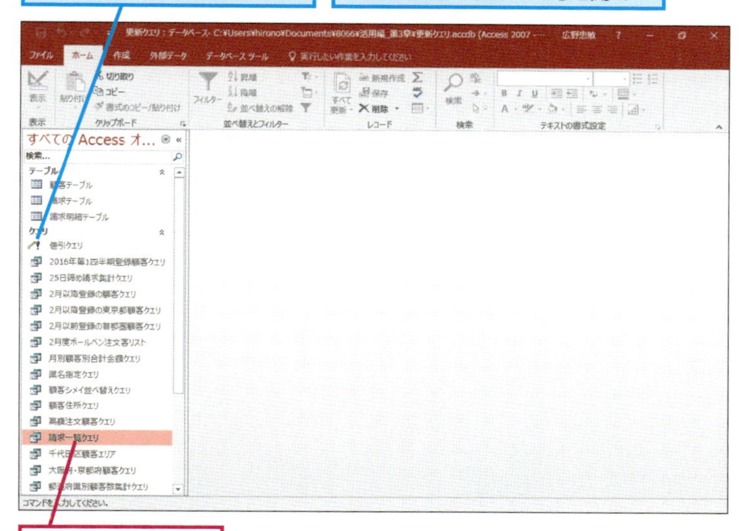

[請求一覧クエリ]をダブルクリック

[単価] フィールドの値を確認する

[請求一覧クエリ] が表示された

請求一覧クエリ

顧客の氏名	請求日付	商品名	数量	単位	単価	金額
戸川 正樹	2016/03/06	万年筆	1	本	¥13,500	¥13,500
戸川 正樹	2016/03/06	クリップ	50	個	¥30	¥1,485
北条 恵	2016/03/06	万年筆	2	本	¥13,500	¥27,000
戸川 綾	2016/03/07	コピー用トナー	3	箱	¥14,400	¥43,200
戸川 綾	2016/03/07	カラーボックス	2	台	¥4,500	¥9,000
戸川 綾	2016/03/07	ボールペン	1	ダース	¥900	¥900
大木 信行	2016/03/07	ボールペン	3	ダース	¥900	¥2,700
福島 正巳	2016/01/10	万年筆	3	本	¥15,000	¥45,000
大和田 正一郎	2016/02/10	コピー用トナー	1	箱	¥16,000	¥16,000
大和田 正一郎	2016/02/10	大学ノート	30	冊	¥150	¥4,500
小野 信男	2016/02/15	カラーボックス	2	台	¥5,000	¥10,000
青田 良子	2016/02/20	万年筆	3	本	¥15,000	¥45,000
青田 良子	2016/02/20	ボールペン	2	ダース	¥1,000	¥2,000
竹井 進	2016/02/25	FAX用トナー	3	箱	¥3,000	¥9,000
竹井 進	2016/02/25	ボールペン	3	ダース	¥1,000	¥3,000
篠田 友里	2016/03/01	カラーボックス	2	台	¥4,500	¥9,000
篠田 友里	2016/03/01	万年筆	4	本	¥13,500	¥54,000
佐藤 雅子	2016/03/05	小型パンチ	2	個	¥450	¥900
佐藤 雅子	2016/03/05	大学ノート	30	冊	¥135	¥4,050
本庄 亮	2016/03/07	FAX用トナー	10	箱	¥2,700	¥27,000
本庄 亮	2016/03/07	ボールペン	8	ダース	¥900	¥7,200

2016年3月1日以降の請求日分について、単価が10%割り引かれた

2行目のレコードの[単価]フィールドには、「29.7」が四捨五入された「30」が表示される

単価の変更を確認したらクエリを閉じておく

値を指定してレコードを更新するには

手順7で［レコードの更新］に直接値を入力すると、条件に一致するレコードの値を直接変更できます。例えば、［単価］フィールドの［レコードの更新］に「1000」と入力すると、条件に一致したレコードの［単価］フィールドの内容がすべて「1000」に更新されます。

四捨五入された数値が表示されることがある

手順10では、2行目のレコードの[単価]フィールドに「¥30」と表示されます。ここでは、33円×0.9とするので、29.7円が1割引の単価となるはずです。しかし［通貨型］のデータ型を利用した場合、「¥29.7」が四捨五入された「¥30」が表示されます。ただし、あくまで表示が「¥30」なだけで、Access内部では「¥29.7」で正しく計算が行われます。四捨五入された単価が請求書に印刷されると困る場合は、基本編のレッスン⓭を参考に［請求明細テーブル］をデザインビューで開きます。続けて[単価]フィールドをクリックし、［標準］タブの［小数点以下表示桁数］を［自動］から［1］に変更しましょう。

Point

データは一括で更新できる

このレッスンでは、請求日が「2016年3月1日以降」のレコードを対象に、[単価]フィールドの値に「0.9」を掛けたものを［単価］フィールドの新しい値として一括で更新しました。更新クエリを使うと、もともと入力されていた値を元にして、一括で値を変更できます。更新クエリを使って住所や電話番号などの変更を一括で行えば、1件ずつデータを修正するのに比べ、データの更新作業を効率よく進められるでしょう。

期間を指定して明細を削除するには

削除クエリ

テーブルに含まれた特定の条件に該当するレコードを削除したいことがあります。ここでは削除クエリを使って、1月31日以前の明細を一括で削除してみましょう。

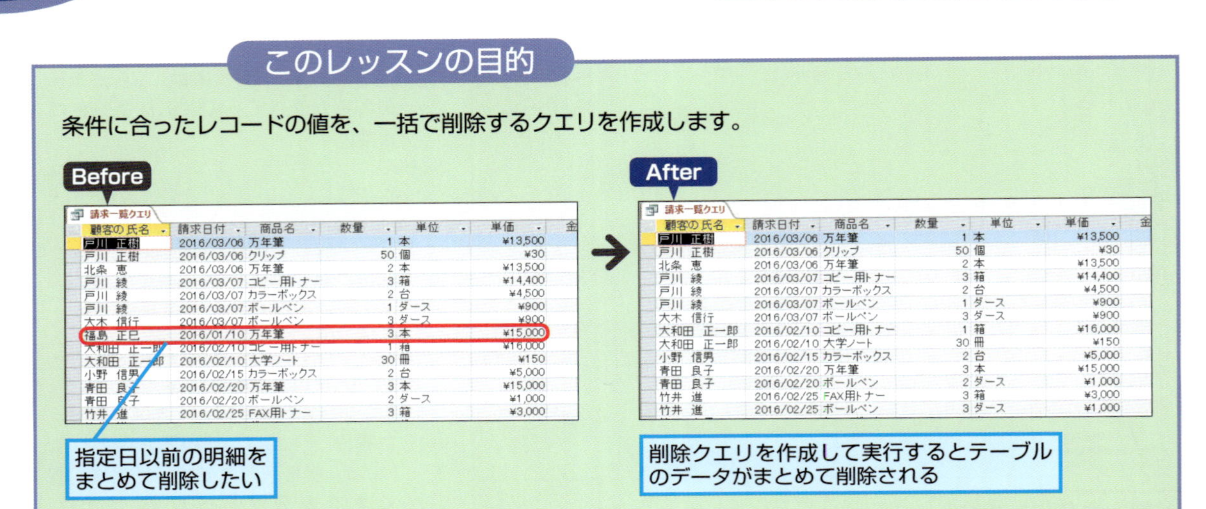

Before（請求一覧クエリ）

顧客の氏名	請求日付	商品名	数量	単位	単価
戸川 正樹	2016/03/06	万年筆	1	本	¥13,500
戸川 正樹	2016/03/06	クリップ	50	個	¥30
北条 恵	2016/03/06	万年筆	2	本	¥13,500
戸川 綾	2016/03/07	コピー用トナー	3	箱	¥14,400
戸川 綾	2016/03/07	カラーボックス	2	台	¥4,500
戸川 綾	2016/03/07	ボールペン	1	ダース	¥900
大木 信行	2016/03/07	ボールペン	3	ダース	¥900
福島 正巳	2016/01/10	万年筆	3	本	¥15,000
大和田 正一郎	2016/02/10	コピー用トナー	1	箱	¥16,000
大和田 正一郎	2016/02/10	大学ノート	30	冊	¥150
小野 信男	2016/02/15	カラーボックス	2	台	¥5,000
青田 良子	2016/02/20	万年筆	3	本	¥15,000
青田 良子	2016/02/20	ボールペン	2	ダース	¥1,000
竹井 進	2016/02/25	FAX用トナー	3	箱	¥3,000

After（請求一覧クエリ）

顧客の氏名	請求日付	商品名	数量	単位	単価
戸川 正樹	2016/03/06	万年筆	1	本	¥13,500
戸川 正樹	2016/03/06	クリップ	50	個	¥30
北条 恵	2016/03/06	万年筆	2	本	¥13,500
戸川 綾	2016/03/07	コピー用トナー	3	箱	¥14,400
戸川 綾	2016/03/07	カラーボックス	2	台	¥4,500
戸川 綾	2016/03/07	ボールペン	1	ダース	¥900
大木 信行	2016/03/07	ボールペン	3	ダース	¥900
大和田 正一郎	2016/02/10	コピー用トナー	1	箱	¥16,000
大和田 正一郎	2016/02/10	大学ノート	30	冊	¥150
小野 信男	2016/02/15	カラーボックス	2	台	¥5,000
青田 良子	2016/02/20	万年筆	3	本	¥15,000
青田 良子	2016/02/20	ボールペン	2	ダース	¥1,000
竹井 進	2016/02/25	FAX用トナー	3	箱	¥3,000
竹井 進	2016/02/25	ボールペン	3	ダース	¥1,000

1 クエリにフィールドを追加する

ここでは、請求日が「2016年1月31日以前」のレコードを一括で削除するクエリを作成する

活用編のレッスン㉒を参考に新しいクエリを作成しておく

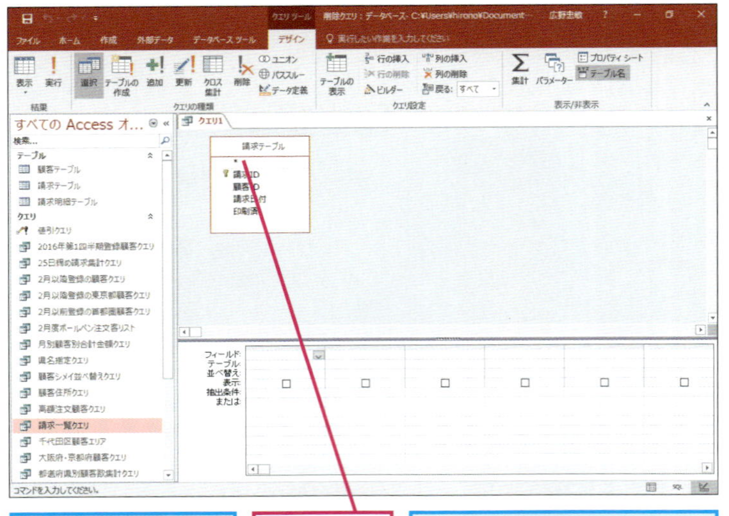

活用編のレッスン㉒を参考に[請求テーブル]を追加しておく

[*] をダブルクリック

[*] をダブルクリックすると、テーブルに含まれるすべてのフィールドがクエリに追加される

▶キーワード

クエリ	p.419
テーブル	p.420
デザインビュー	p.421
フィールド	p.421
レコード	p.422

レッスンで使う練習用ファイル
削除クエリ.accdb

「削除クエリ」とは

削除クエリとは、レコードを一括削除するためのクエリです。通常、削除クエリは抽出条件に合ったレコードのみを削除するために使います。例えば、日付が古いレコードのみを削除するのに、手作業で削除すると非常に時間と手間がかかります。このようなときは、このレッスンのように日付を指定した抽出条件で削除クエリを作れば、手間と時間をかけずに日付が古いレコードだけを削除できます。

2 [請求日付] フィールドを追加する

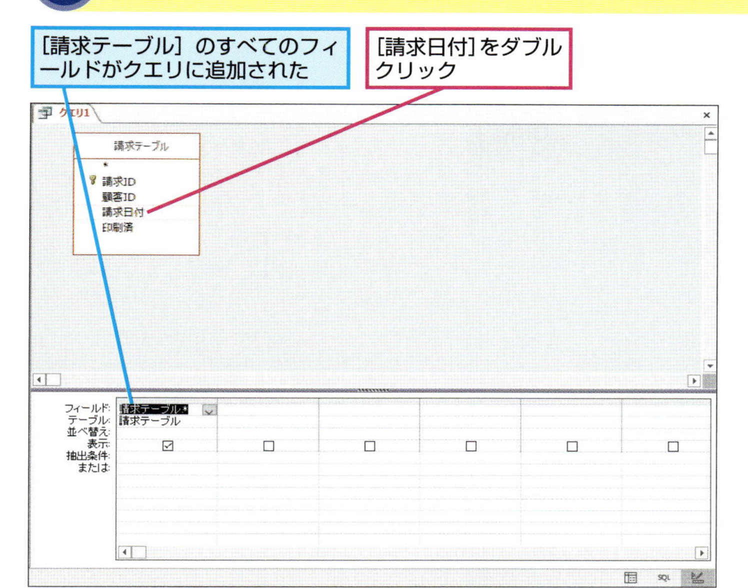

3 抽出条件を設定する

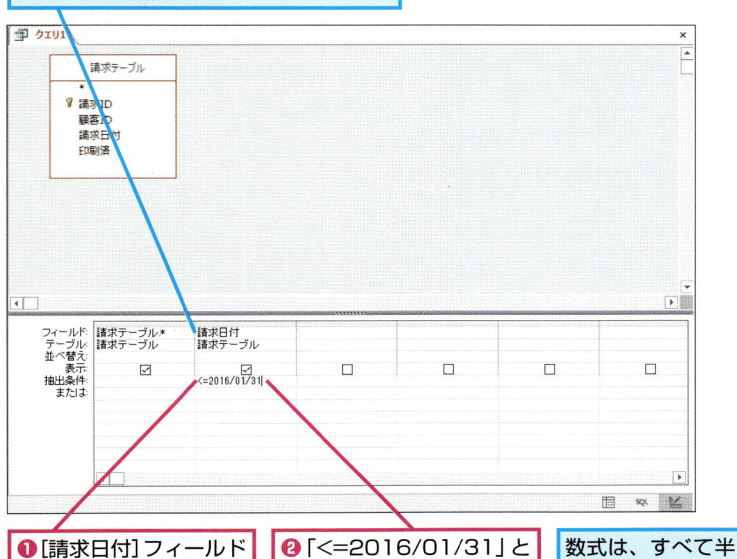

HINT! 複雑な条件で抽出したレコードを削除できる

抽出条件を工夫すれば、目的のレコードだけを指定して削除できます。例えば、ワイルドカードを使えば、「東京都」で始まる顧客のレコードだけを削除できるほか、特定の期間の請求だけを削除することも可能です。さまざまな条件で削除クエリを作ってみましょう。

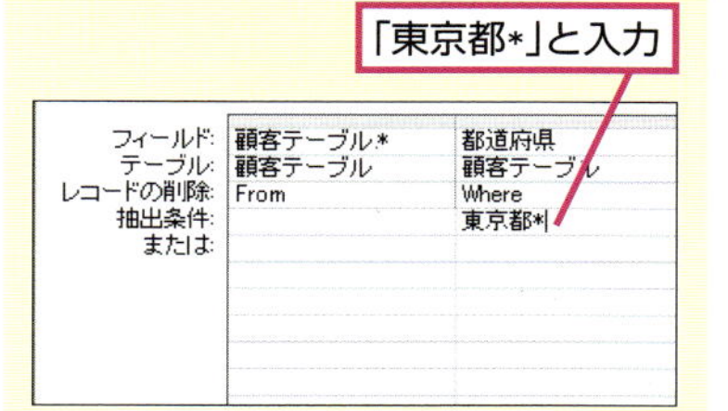

東京都で始まるレコードが削除される

間違った場合は?

手順2で違うフィールドを追加してしまったときは、もう一度正しいフィールドを追加し直します。

次のページに続く

4 クエリを実行する

設定した条件で正しくレコードが抽出されるかどうかを確認する

❶ [クエリツール] の [デザイン] タブをクリック

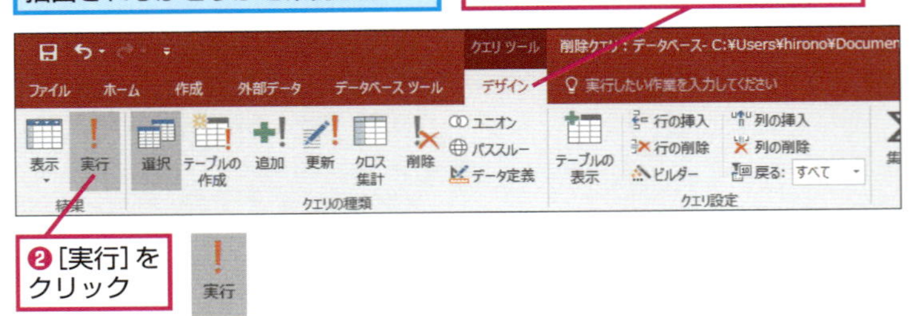

❷ [実行] をクリック

5 クエリの実行結果が表示された

請求日が「2016年1月31日以前」の請求レコードが表示されたことを確認する

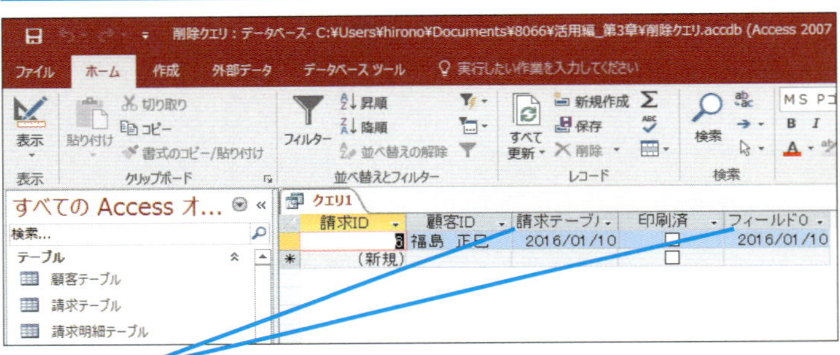

フィールド名が同じ名前で表示されないように自動的に変更されている

削除するデータが確認できたので、[表示] をクリックして [クエリ1] をデザインビューで表示しておく

6 クエリの種類を変更する

クエリの種類を [削除クエリ] に変更する

❶ [クエリツール] の [デザイン] タブをクリック

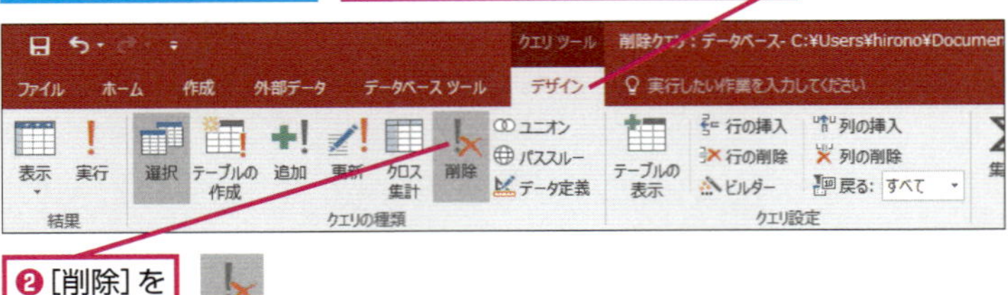

❷ [削除] をクリック

HINT! 削除対象のレコードを必ず確認する

削除クエリを実行してレコードを一括削除すると、削除結果が間違っていたとしても、レコードを元に戻すことはできません。削除クエリを作るときは、手順5のように、選択クエリを使って削除するレコードの一覧を確認しておきましょう。削除したいレコードの一覧を確認すれば、間違ってレコードを削除することを防げます。

HINT! 削除クエリを実行する前にバックアップしておこう

削除クエリを実行すると、削除されたレコードを元に戻せなくなります。削除クエリの実行前には、あらかじめデータベースファイルを別の名前でコピーするなどして、バックアップを取ってきましょう。

間違った場合は?

手順5でレコードが1件も表示されないときは、抽出条件が間違っています。クエリをデザインビューで表示してから、手順3を参考に抽出条件を設定し直しましょう。

7 クエリの種類を変更できた

[並べ替え] と [表示] がなくなり、[レコードの削除] が表示された

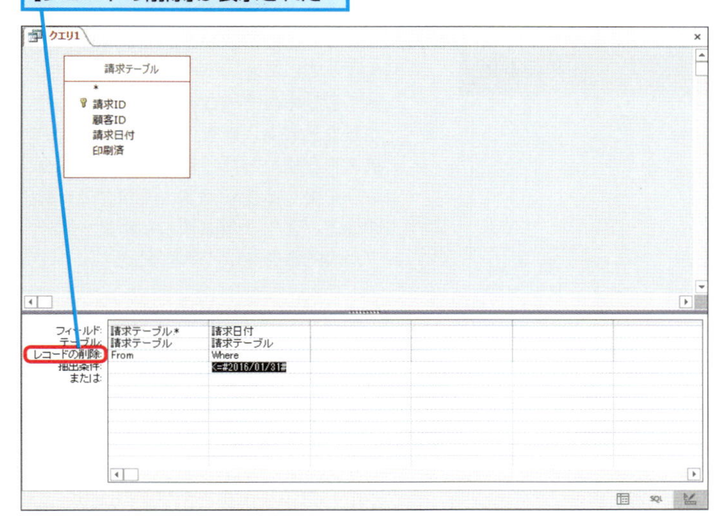

8 クエリを実行する

指定した条件でレコードを削除する

❶[クエリツール]の[デザイン]タブをクリック

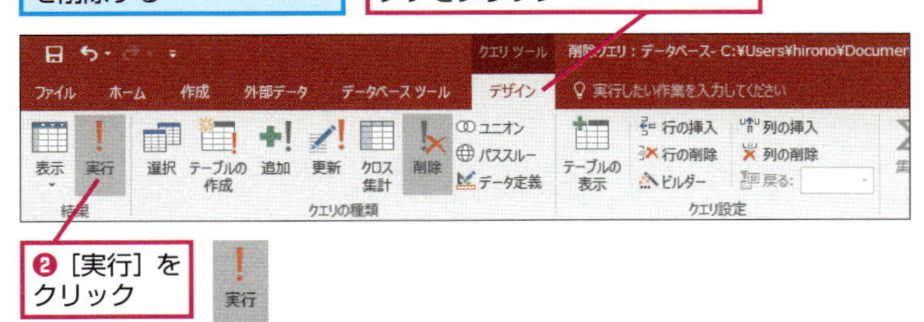

❷[実行]をクリック

レコードの削除を確認するメッセージが表示された

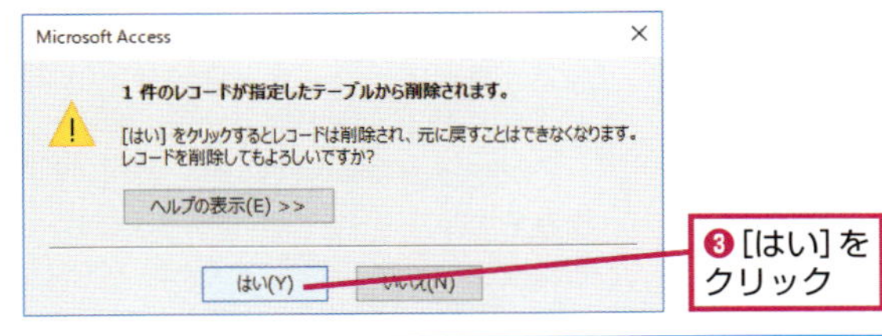

❸[はい]をクリック

クエリが実行された

削除クエリを実行しても、クエリのデザインビューでは特に表示は変わらない

❹「過去データ削除クエリ」という名前でクエリを保存

活用編のレッスン㉒を参考にクエリを閉じておく

「From」と「Where」って何?

削除クエリは、手順7の画面のように「From」と「Where」が[レコードの削除]に表示されます。「From」は削除対象のレコードが格納されているテーブルまたはクエリを表しています。「どのテーブルまたはクエリから」レコードを削除するのかを[テーブル]に指定します。「Where」は「どのような条件」のレコードを削除するのかを表しています。削除する条件は[抽出条件]に指定します。削除クエリをSQLビューで表示すると「DELETE … FROM …WHERE …」という内容のSQLが表示されます。「From」と「Where」はこのSQLに対応するもので、意味だけを覚えておけば特に気にする必要はありません。

間違った場合は?

手順7で[レコードの削除]が表示されていないときは、手順6で変更したクエリの種類が間違っています。もう一度[削除]ボタンをクリックし直しましょう。

抽出条件は必ず指定する

手順7の画面で[抽出条件]や[または]に何も記述しないと、指定したテーブルに含まれたすべてのレコードが削除されてしまいます。一括ですべてのレコードを削除したいとき以外は、必ず抽出条件を指定しておきましょう。

次のページに続く

9 [請求一覧クエリ]を開く

「過去データ削除クエリ」は削除クエリとして保存され、選択クエリとはアイコンで区別できる

削除クエリの実行結果を確認するために[請求一覧クエリ]を開く

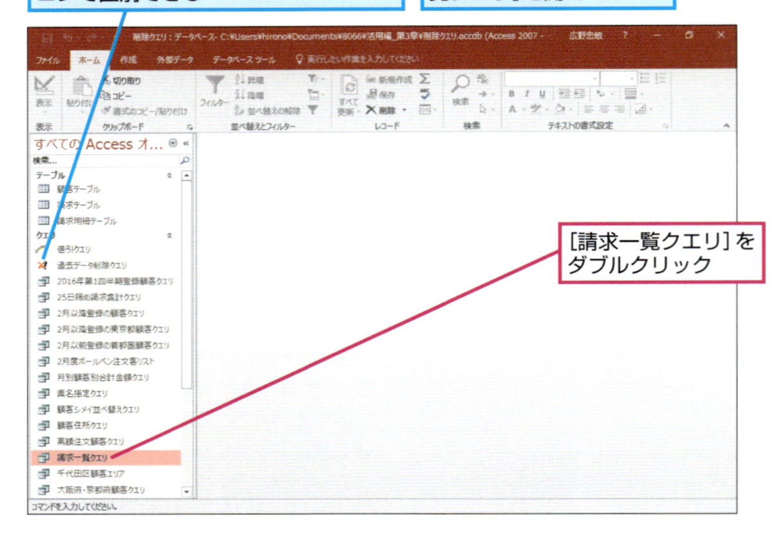

10 レコードを確認する

[請求書一覧クエリ]が表示された

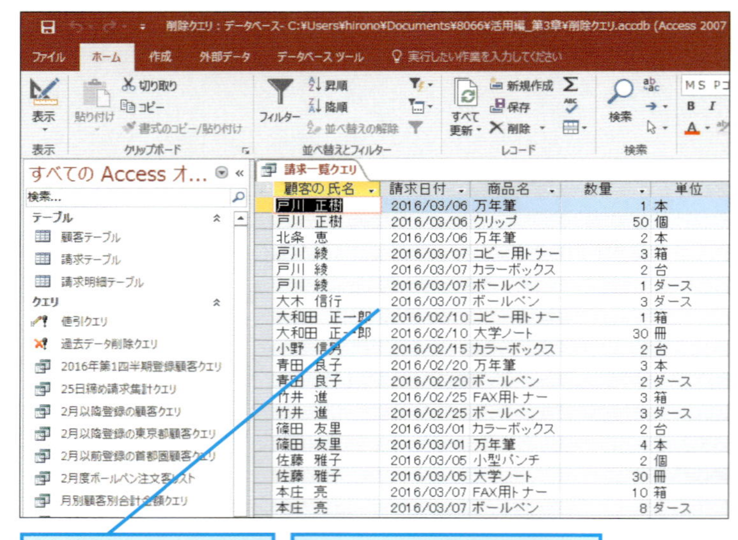

「2016年1月31日以前」のレコードが削除された

レコードの削除を確認できたらクエリを閉じておく

HINT! すべてのレコードを一括で削除するには

抽出条件を指定しない削除クエリを実行すると、対象のテーブルのレコードがすべて削除されます。データベースを作っていると、データベースをテストするためのデータをテーブルに入力することがあります。データベースのテストが終わったときなどは、削除クエリを使うと便利です。削除クエリを使うと、テーブルは残したまま、テーブルの内容を空にできます。

HINT! クエリの種類はアイコンで確認できる

クエリの種類は、ナビゲーションウィンドウに表示されるアイコンで確認することができます。クエリの種類を表すアイコンには次のようなものがあります。

●クエリの種類を表すアイコン

アイコン	クエリの種類
	選択クエリ
	削除クエリ
	更新クエリ
	追加クエリ

Point 特定の条件でレコードを一括削除できる

「商品の取り扱いが終了したなどの理由で、特定のレコードを削除したい」というときは、このレッスンを参考にして削除クエリを作成しましょう。手作業で1レコードずつ削除するよりも、削除クエリを使ってレコードを一括削除した方が効率よくデータベースを管理できます。削除クエリを使ってレコードを削除するときは、抽出条件の指定が重要です。必要なレコードまで削除されないように、正しい抽出条件を設定しましょう。

活用例 クエリでテーブルを作成する

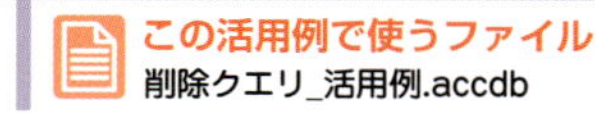

アクションクエリには、削除クエリ以外にもさまざまなクエリがあります。ここではアクションクエリの中でもよく使われる「テーブル作成クエリ」を紹介します。テーブル作成クエリは、文字通りテーブルを作成するためのクエリで、デザインビューに追加されているフィールドを持つテーブルを新しく作成できます。[抽出条件] を指定すると、その条件にあったレコードがあらかじめ格納された状態でテーブルが作成されます。作成するテーブルのフィールドプロパティは、元のクエリやテーブルから引き継がれます。テーブル作成クエリは、あるテーブルと似たような別のテーブルを作りたいときや、テーブル内のすべてのレコードや一部のレコードのみをバックアップしたいときに、便利に使うことができるので覚えておきましょう。

1 クエリの種類を変更する

[Q_要発注テーブル追加] の選択クエリを、[在庫チェック] フィールドにデータが入力されたレコードだけを抽出するテーブル作成クエリに変更する

活用編のレッスン㉒を参考に [Q_要発注テーブル追加クエリ]をデザインビューで表示しておく

❶ここを右にドラッグしてスクロール

❷[在庫チェック]の[抽出条件]に「Is Not Null」と入力

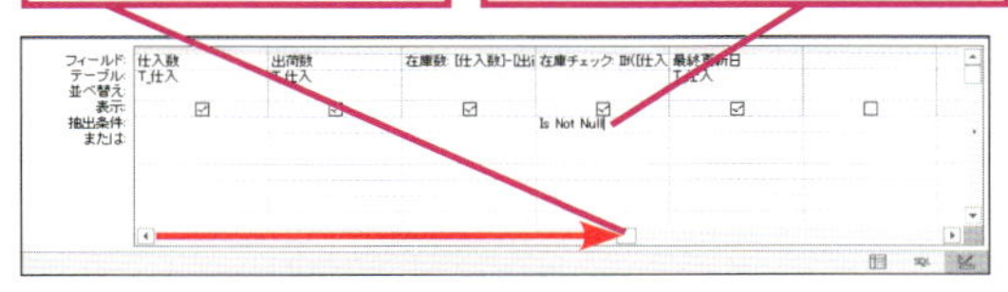

❸[クエリツール] の [デザイン] タブをクリック

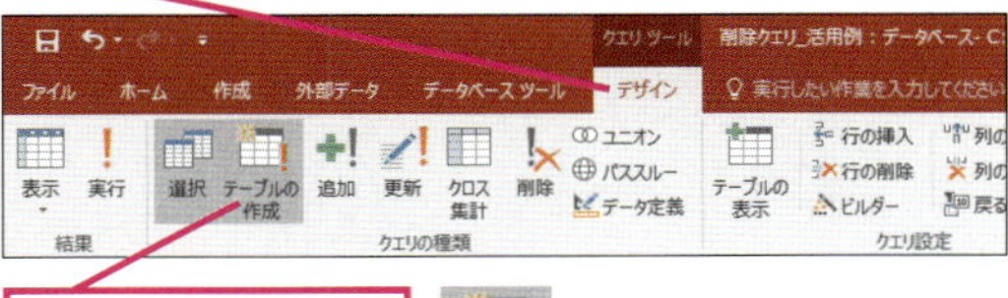

❹[テーブルの作成] をクリック

2 作成するテーブル名を入力する

[テーブルの作成] ダイアログボックスが表示された

❶テーブル名に「T_要発注」と入力

❷[OK] をクリック

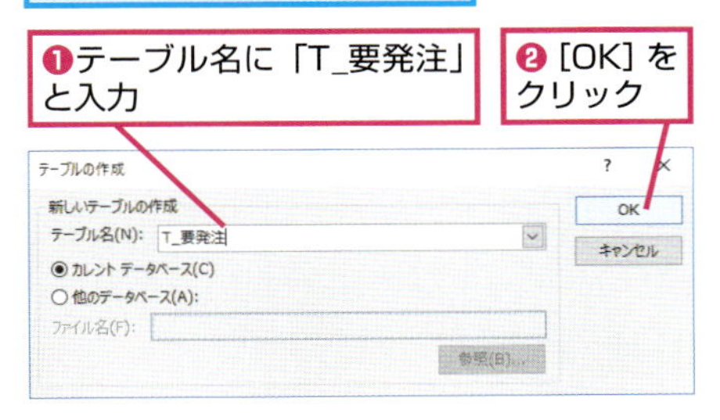

3 クエリを実行する

テーブル作成クエリを実行する

[実行] をクリック

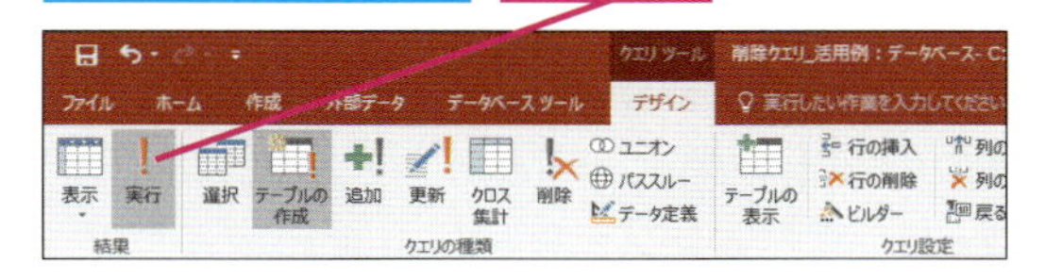

4 確認のメッセージが表示される

新規テーブルにレコードがコピーされることを確認するメッセージが表示された

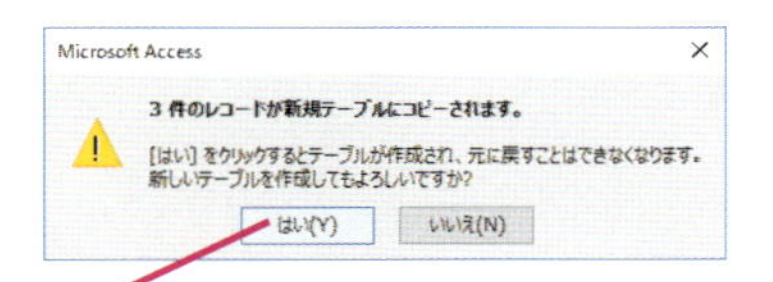

[はい]をクリック

5 作成されたテーブルを確認する

基本編のレッスン⑩を参考に作成された [T_要発注] をデータシートビューで表示しておく

[Q_要発注テーブル追加] クエリの [在庫チェック] フィールドにデータが入力されたレコードだけが抽出されていることを確認

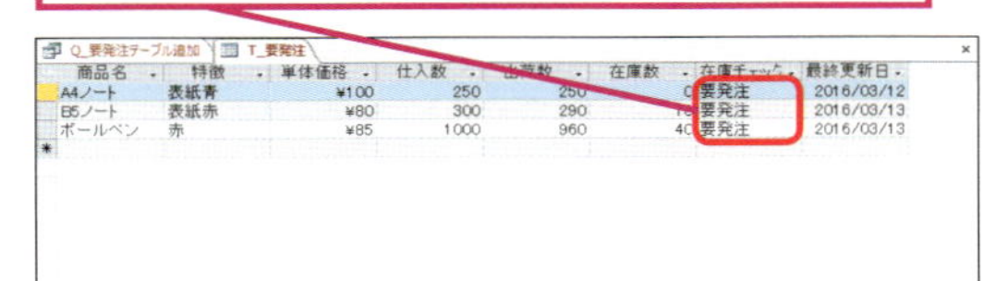

この章のまとめ

●クエリはリレーショナルデータベースに不可欠な機能

クエリの知識は、リレーショナルデータベースを上手に活用するためには不可欠なものです。クエリはデータの表示、抽出、集計、変更、削除といった、データベースの中核を担ういろいろな機能を持っています。すべてのクエリの基本になるのが「選択クエリ」と「集計クエリ」です。たとえ複数のテーブルを作成してそれぞれにクエリを作ったとしても、思い通りの抽出や集計はできません。ところが、リレーションシップを設定したテーブル同士を使ってクエリを作成すると、複数のテーブルを1つのテーブルとして扱うことができるようになります。その中から必要な情報だけを取り出して、思い通りにデータを抽出したり、データを集計してさまざまな角度からデータを分析したりすることもできます。

さらにクエリには「アクションクエリ」という便利な機能があります。アクションクエリは、テーブルやレコードに対して、変更や削除などのアクションを実行するためのクエリです。アクションクエリを使うと、抽出したレコードの特定のフィールドだけに一括で変更を加えたり、特定の条件に合ったレコードだけを一括で削除することも簡単です。クエリを活用して、リレーショナルデータベースを思い通りに使いこなしてみましょう。

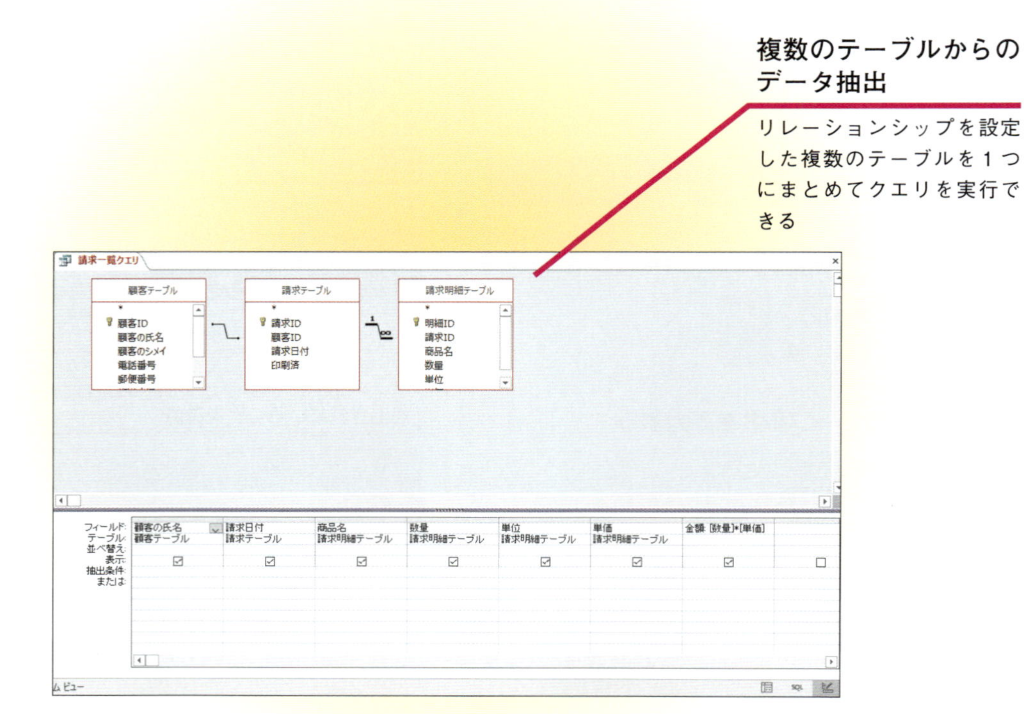

練習問題

1

練習用ファイルの［練習問題03_活用.accdb］を開き、新しいクエリを作成して商品ごとの合計金額を昇順で表示させてみましょう。

●ヒント　新しいクエリに活用編のレッスン㉒で作成した［請求一覧クエリ］の［商品名］と［金額］フィールドを追加して、［集計］の機能を使ってグループ化しましょう。

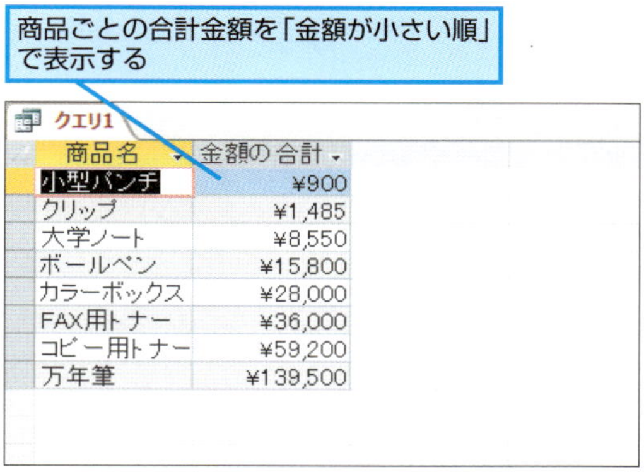

商品ごとの合計金額を「金額が小さい順」で表示する

クエリ1

商品名	金額の合計
小型パンチ	¥900
クリップ	¥1,485
大学ノート	¥8,550
ボールペン	¥15,800
カラーボックス	¥28,000
FAX用トナー	¥36,000
コピー用トナー	¥59,200
万年筆	¥139,500

答えは次のページ

解　答

まず、［作成］タブの［クエリデザイン］ボタンをクリックして新しいクエリを作ります。次に、［テーブルの表示］ダイアログボックスから［請求一覧クエリ］をクエリに追加し、［商品名］と［金額］フィールドをクエリに追加します。続いて［クエリツール］の［デザイン］タブにある［集計］ボタンをクリックし、［商品名］フィールドの［集計］から［グループ化］、［金額］フィールドの［集計］から［合計］を選択します。次に、［金額］フィールドの［並べ替え］から［昇順］を選択します。最後にクエリを実行して、実行結果を確認しましょう。

活用編のレッスン㉒を参考に新しいクエリを作成しておく

❶［請求一覧クエリ］をクリック

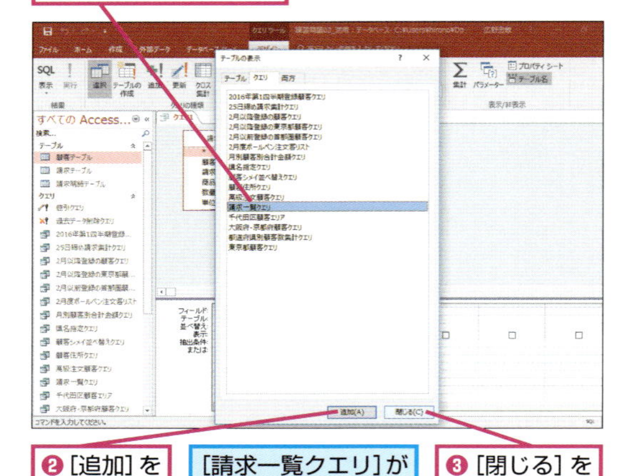

❷［追加］をクリック

［請求一覧クエリ］が追加された

❸［閉じる］をクリック

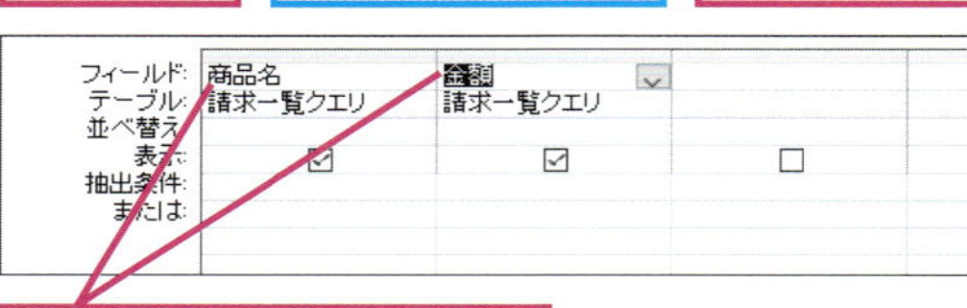

❹クエリに［商品名］と［金額］のフィールドを追加

❺［クエリツール］の［デザイン］タブをクリック

❻［集計］をクリック

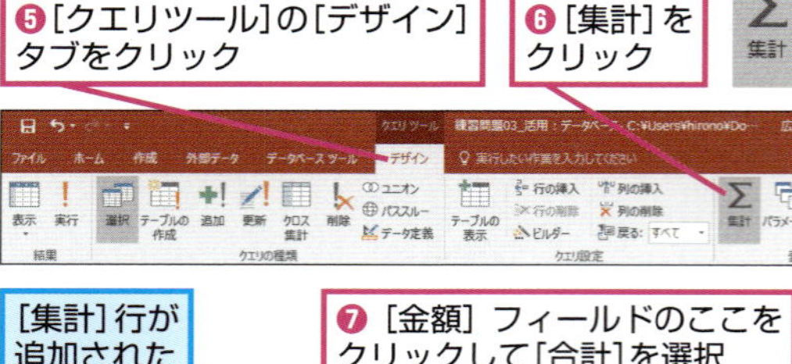

［集計］行が追加された

❼［金額］フィールドのここをクリックして［合計］を選択

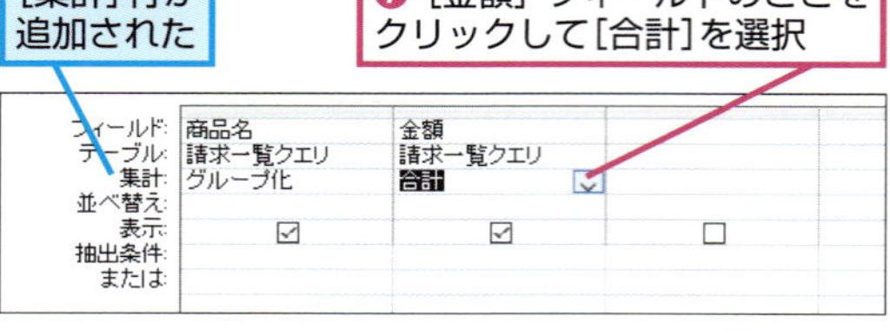

❽［金額］フィールドのここをクリックして［昇順］を選択

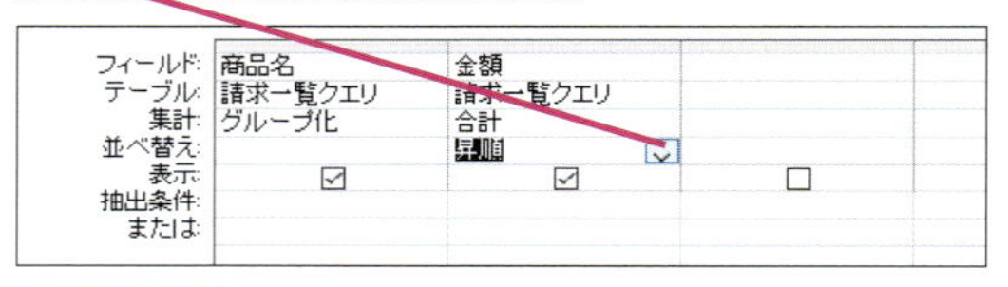

クエリを実行する

❾［クエリツール］の［デザイン］タブをクリック

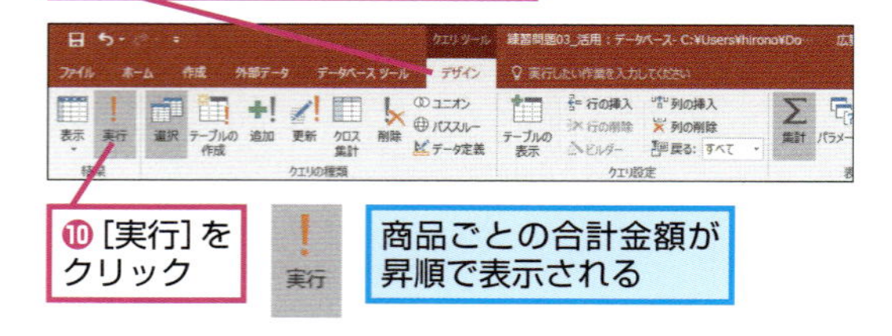

❿［実行］をクリック

商品ごとの合計金額が昇順で表示される

活用編

第4章 レポートを自由にレイアウトする

この章では、これまでに作成したテーブルやクエリを使って請求書を作ります。請求書を作るにはレポートの機能を使います。レポートの仕組みや使い方を覚えて、いろいろなデータを印刷してみましょう。

●この章の内容

請求書を印刷する仕組みを知ろう

複数テーブルからのレポート作成

レポートを使うと、クエリの実行結果から自由にレイアウトした帳票を印刷できます。この章では、関連付けされた3つのテーブルから請求書を作ります。

リレーションシップが設定されたテーブルから作成する

請求書は、リレーションシップが設定された3つのテーブルを元に作成します。下の図で、各テーブルのフィールドをレポートのどのセクションに配置するかを確認してください。レポートには［グループヘッダー］セクション、［詳細］セクション、［グループフッター］セクションの3つの領域があります。それぞれのセクションに適切なフィールドを設定して請求書を作成しましょう。

▶キーワード

印刷プレビュー	p.418
セクション	p.420
テーブル	p.420
デザインビュー	p.421
フィールド	p.421
ヘッダー	p.421
リレーションシップ	p.422
レポート	p.422

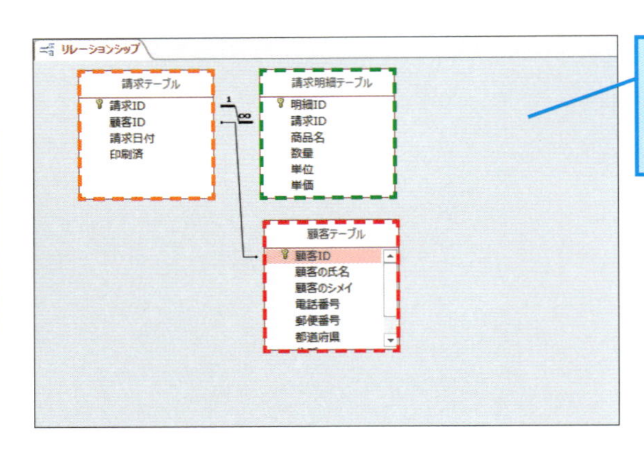

◆リレーションシップが設定されたテーブル
各テーブルに保存されているデータからクエリを作成してレポートにする

◆レポートのデザインビュー
リレーションシップが設定された3つのテーブルからフィールドをレポートに配置する

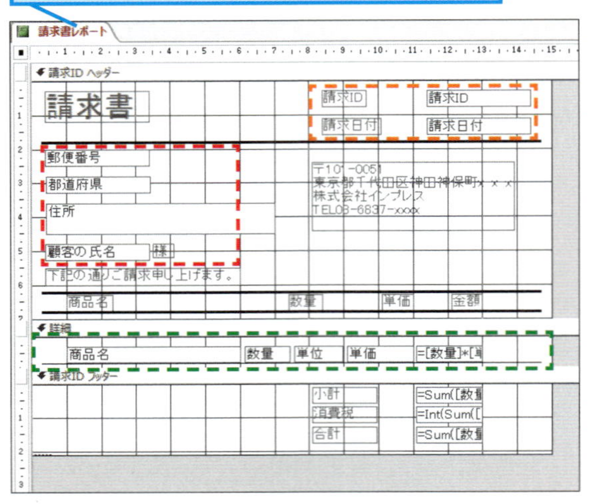

◆レポートの印刷プレビュー
請求書の印刷イメージを確認する

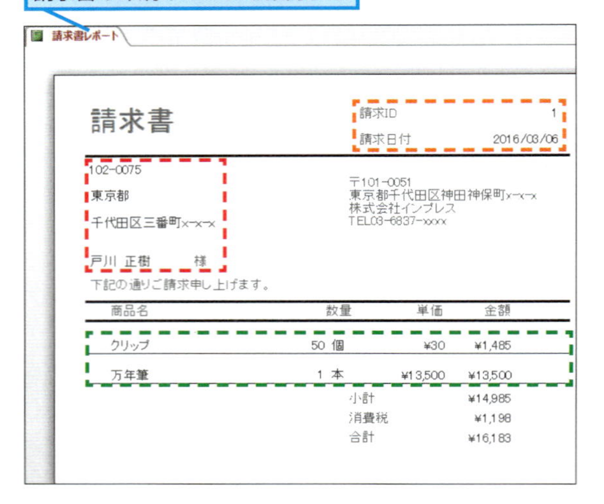

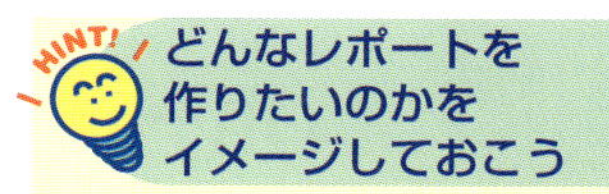

レポートを作るときは、行き当たりばったりではなく、どんなレポートを作りたいのかを最初にイメージしておきましょう。行き当たりばったりでレポートを作成すると、後で矛盾が生じてしまい、結果的にレポートの作成を最初からやり直すことになりがちです。レポートを作成するときは、大まかで構わないので、どのようなレポートにするのかを考えておきましょう。

この章で作成する請求書のレポート

レポートは、テーブルの内容やクエリの実行結果を印刷する機能ですが、印刷する内容や体裁などを自由にデザインできるのが特長です。この章では、複数のテーブルが含まれたクエリの実行結果からレポートを作成します。顧客名や請求日付は［グループヘッダー］セクション、請求書の明細は［詳細］セクション、小計や合計金額などは［グループフッター］セクション……、というように、セクションごとにデザインしながら請求書のレポートを完成させます。

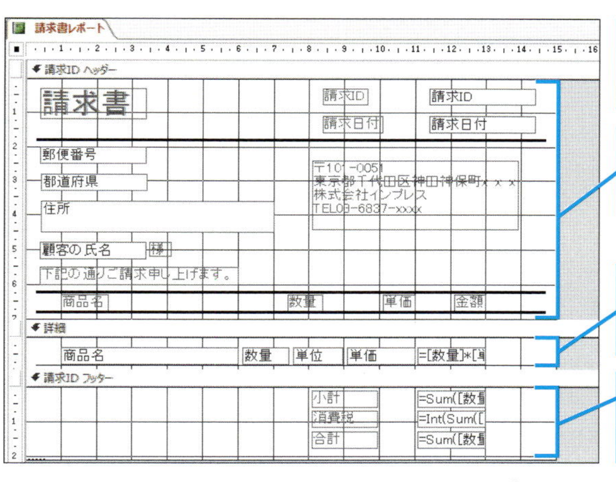

請求書に印刷する顧客情報や金額などをセクションごとにデザインする

◆［グループヘッダー］セクション
請求日や顧客のあて名などをレイアウトする

◆［詳細］セクション
請求明細と合計金額をレイアウトする

◆［グループフッター］セクション
明細の小計と消費税、小計と消費税の合計をレイアウトする

請求書　請求ID 1
請求日付 2016/03/06

102-0075
東京都
千代田区三番町x-x-x

〒101-0051
東京都千代田区神田神保町x-x-x
株式会社インプレス
TEL03-6837-xxxx

戸川　正樹　様
下記の通りご請求申し上げます。

商品名	数量	単価	金額
クリップ	50 個	¥30	¥1,485
万年筆	1 本	¥13,500	¥13,500
	小計		¥14,985
	消費税		¥1,198
	合計		¥16,183

請求書　請求ID 3
請求日付 2016/03/06

250-0014
神奈川県
小田原市城内x-x-x

〒101-0051
東京都千代田区神田神保町x-x-x
株式会社インプレス
TEL03-6837-xxxx

北条　恵　様
下記の通りご請求申し上げます。

商品名	数量	単価	金額
万年筆	2 本	¥13,500	¥27,000
	小計		¥27,000
	消費税		¥2,160
	合計		¥29,160

顧客の情報に基づいた請求書を個別に印刷できる

レポート作成用のデータを用意するには

レポートのレコードソース

レポートの機能を利用して請求書を作成します。レポートをデザインする前に、請求書の印刷に必要なフィールドが含まれた選択クエリを作成しましょう。

レポートで使うクエリを作成する

1 新しいクエリを作成する

基本編のレッスン❽を参考に［レポートのレコードソース.accdb］を開いておく

レポート作成用のクエリを新しく作成する

❶［作成］タブをクリック

❷［クエリデザイン］をクリック

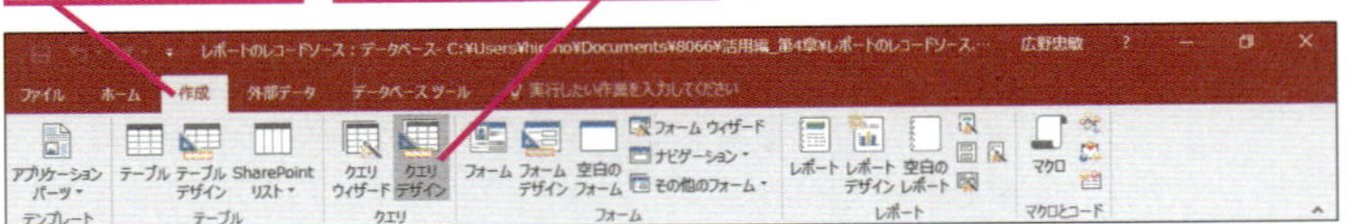

2 クエリにテーブルを追加する

新しいクエリが作成され、デザインビューで表示された

活用編のレッスン㉒を参考に［顧客テーブル］［請求テーブル］［請求明細テーブル］を追加しておく

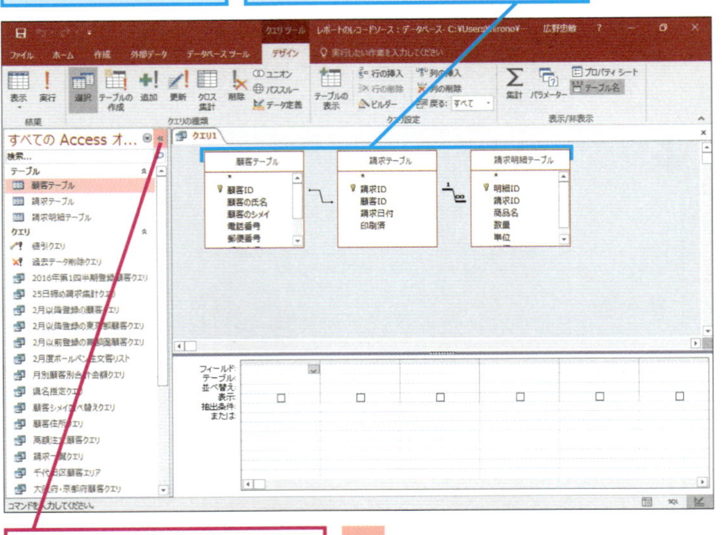

［シャッターバーを開く/閉じるボタン］をクリック

«

▶キーワード

ウィザード	p.418
クエリ	p.419
テーブル	p.420
デザインビュー	p.421
ナビゲーションウィンドウ	p.421
フィールド	p.421
プロパティシート	p.421
リレーションシップ	p.422
レコードソース	p.422
レポート	p.422

テーブルの追加時にリレーションシップを確認できる

複数のテーブルをクエリに追加すると、テーブルのフィールド同士が結合線で結ばれていることがあります。これは、テーブル同士にリレーションシップが設定されていることを意味しています。また、フィールド同士が結合線で結ばれていないテーブルが表示されるときは、それらのテーブルにはリレーションシップが設定されていないことを意味します。リレーションシップについては、活用編のレッスン❺を参照してください。

3 クエリにフィールドを追加する

レポートに必要なフィールドを追加する

3つのテーブルから、以下のフィールドを表の左上から順番に追加

テーブル	追加するフィールド
請求テーブル	［請求ID］［請求日付］［印刷済］
顧客テーブル	［顧客の氏名］［郵便番号］［都道府県］［住所］
請求明細テーブル	［商品名］［数量］［単位］［単価］

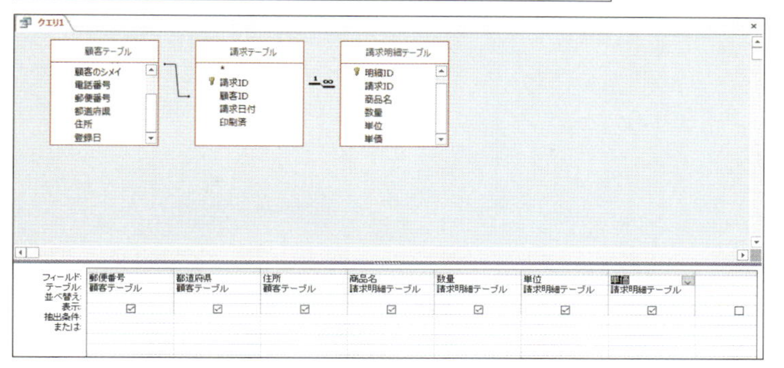

4 クエリを実行する

手順3で追加したフィールドが正しく表示されているかどうかを確認する

❶［クエリツール］の［デザイン］タブをクリック

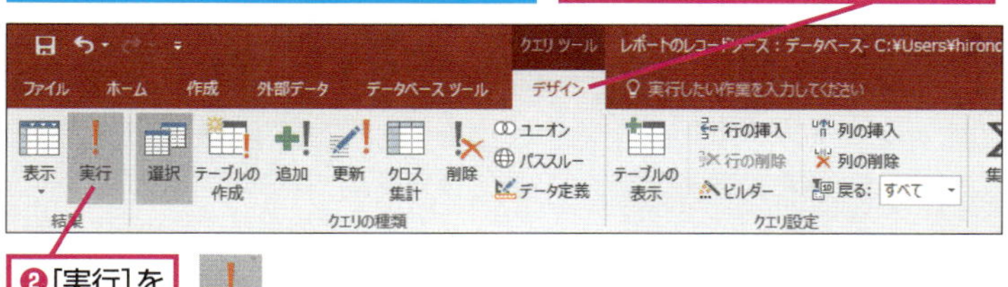

❷［実行］をクリック

実行

追加したフィールドのレコードが表示された

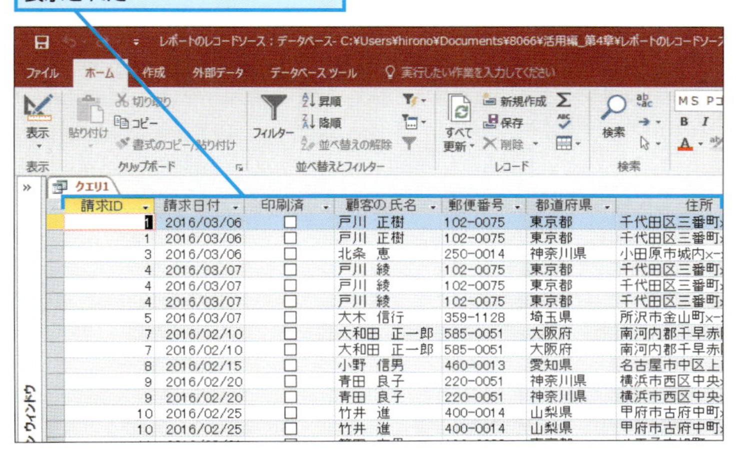

HINT! 必要なフィールドをクエリに追加する

レポートの元になる選択クエリを作るときは、レポートにどのようなフィールドが必要になるのかを事前に考えておきましょう。何も考えずに選択クエリを作ってしまうと、レポートに必要なフィールドが含まれないことがあります。その結果、後で選択クエリを編集しなければならないため、作業効率が落ちてしまいます。レポートを作るときは、「どんなレポートにするのか、作成するレポートにはどのテーブルのどのフィールドが必要なのか」をしっかり考えておきましょう。

間違った場合は？

手順4で異なるクエリの実行結果が表示されたときは、手順3で追加したフィールドが間違っています。クエリを閉じて、もう一度手順1から操作をやり直します。

次のページに続く

5 クエリを保存する

クエリに名前を付けて保存する

❶[上書き保存]をクリック

[名前を付けて保存]ダイアログボックスが表示された

❷「レポート用クエリ」と入力

❸[OK]をクリック

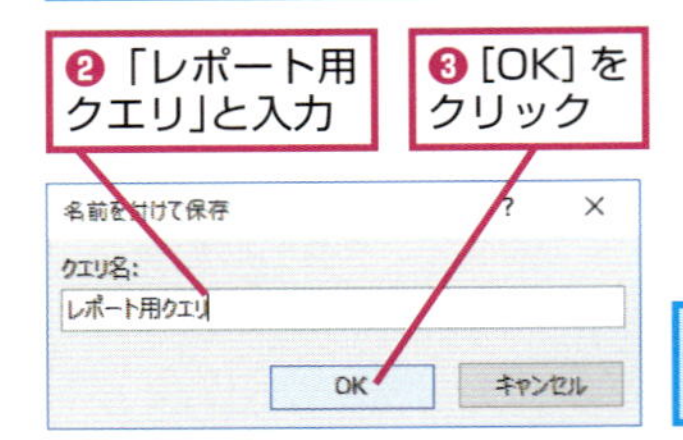

活用編のレッスン㉒を参考にクエリを閉じておく

レポートを新規作成してレコードソースを指定する

6 新しいレポートを作成する

請求書を印刷するためのレポートを新規に作成する

❶[作成]タブをクリック

❷[レポートデザイン]をクリック

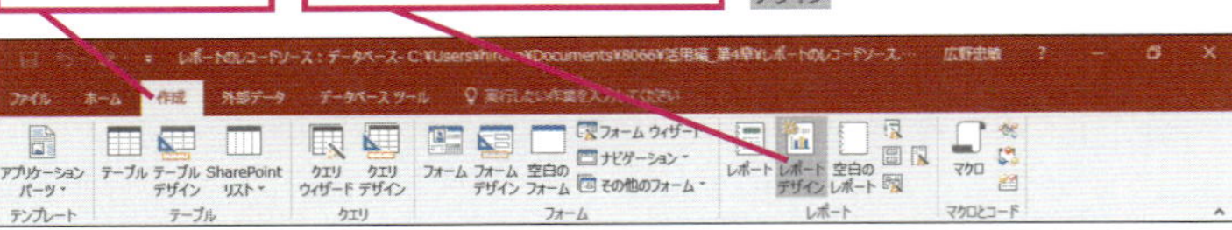

7 プロパティシートを表示する

レポートが作成され、デザインビューで表示された

❶[レポートデザインツール]の[デザイン]タブをクリック

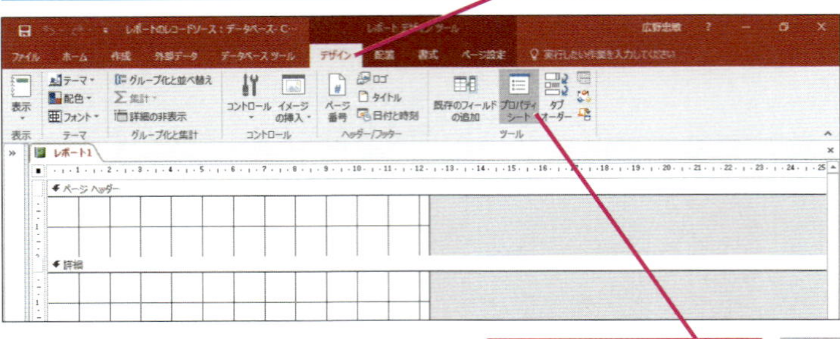

❷[プロパティシート]をクリック

HINT! クエリは分かりやすい名前で保存しよう

クエリを保存するときは、手順5のように分かりやすい名前にしておきましょう。以降のレッスンでは、手順1～手順3で作成したクエリからレポートを作成します。そのため「レポート用クエリ」という名前でクエリを保存します。このように、どういうクエリなのか、そのクエリは何に使われるのかが分かるような名前を付けて、後でクエリを見たときに用途がひと目で分かるようにしましょう。

間違った場合は?

手順5で間違った名前を付けてクエリを保存したときは、ナビゲーションウィンドウを表示して保存したクエリを右クリックします。表示されたメニューから[名前の変更]をクリックして、正しい名前を入力し直しましょう。

HINT! ウィザードを利用してレポートを作成できる

一覧表などの比較的単純なレポートを作りたいときは[レポートウィザード]を使うと便利です。[レポートウィザード]を使うと、表示される内容にしたがって操作を進めるだけでレポートを作成できます。[レポートウィザード]を利用するには、[作成]タブの[レポートウィザード]ボタン(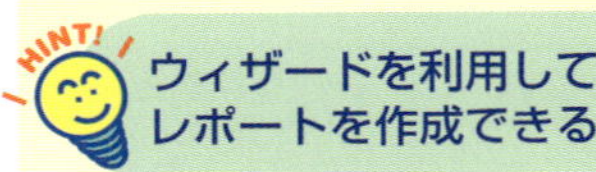)をクリックします。

[レポートウィザード]をクリックすると、[レポートウィザード]が表示される

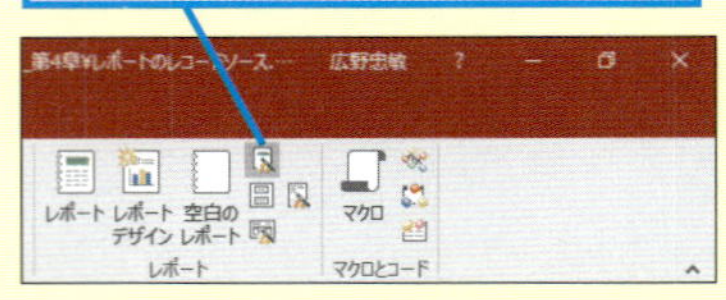

8 フィールドを追加するクエリを選択する

プロパティシートが表示された

手順1～手順3で作成したクエリを選択する

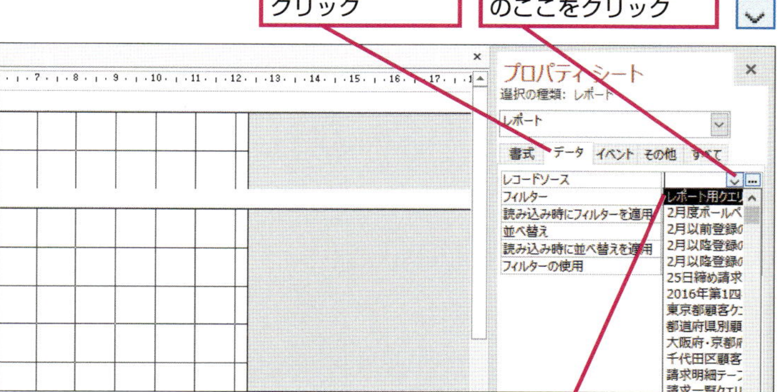

9 レポートを保存する

レポートに名前を付けて保存する

❶[上書き保存]をクリック

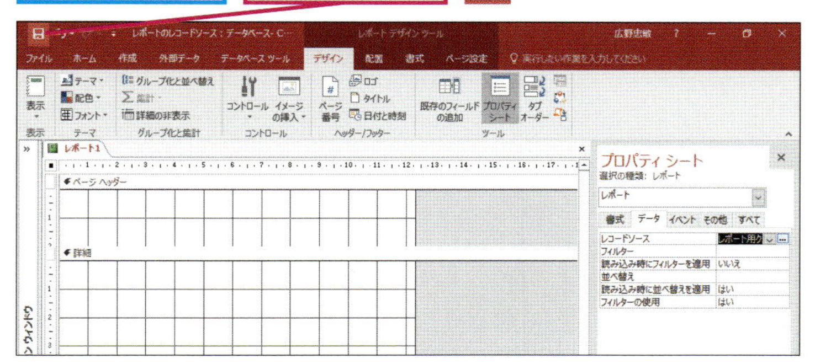

[名前を付けて保存］ダイアログボックスが表示された

❷「請求書レポート」と入力

❸［OK］をクリック

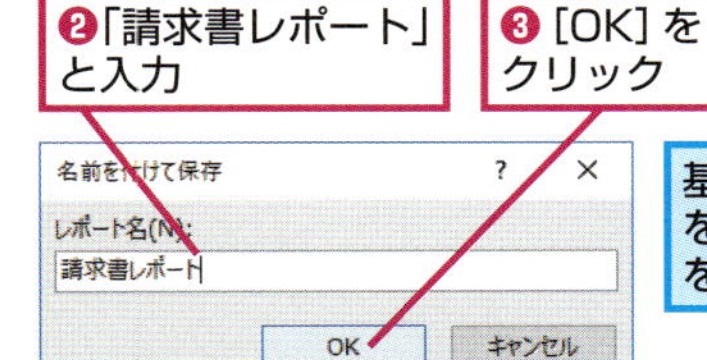

基本編のレッスン53のHINT!を参考に、プロパティシートを閉じておく

基本編のレッスン45を参考にレポートを閉じておく

HINT! 「レコードソース」とは

手順8ではレコードソースを指定しています。基本編のレッスン52でも解説していますが、レコードソースは、レポートの元になるデータをどのテーブルやクエリにするのかを指定する機能です。レコードソースにテーブルを指定すると、テーブルのデータをレポートにできます。また、レコードソースにクエリを指定すると、クエリの実行結果をレポートにできます。このレッスンでは、手順1～手順3で作成したクエリをレコードソースに指定します。

HINT! 計算や抽出もできる

レポートのレコードソースに設定するクエリに抽出条件を設定しておけば、その抽出条件に合ったレコードだけでレポートを作成できます。また、クエリのフィールドに数式を記述しておけば、テーブルの値で計算した結果をレポートに表示できます。複数の抽出条件や合計金額を求める数式を記述する方法については、活用編のレッスン23やレッスン24を参考にしてください。

Point 最初に選択クエリを作成する

この章で作る請求書のレポートのように、リレーションシップが設定された複数のテーブルからはレポートを直接作れません。このようなときは、選択クエリを作ることから始めます。レポートを新しく作成する前にどんなレポートが作りたいのか、そのためにはどのフィールドが必要かをしっかりと考えて選択クエリを作りましょう。

活用編 レッスン 32

請求ごとに明細を印刷できるようにするには

グループ化と並べ替え

グループ化の機能を利用すれば、請求データを顧客ごとや商品ごとに印刷できます。このレッスンでは、[顧客ID] ごとに請求書が印刷されるように設定します。

▶キーワード

セクション	p.420
フッター	p.421
ヘッダー	p.421
レポート	p.422

レッスンで使う練習用ファイル
グループ化と並べ替え.accdb

1 グループ化ダイアログボックスを表示する

基本編のレッスン㊻を参考に [請求書レポート] をデザインビューで表示しておく

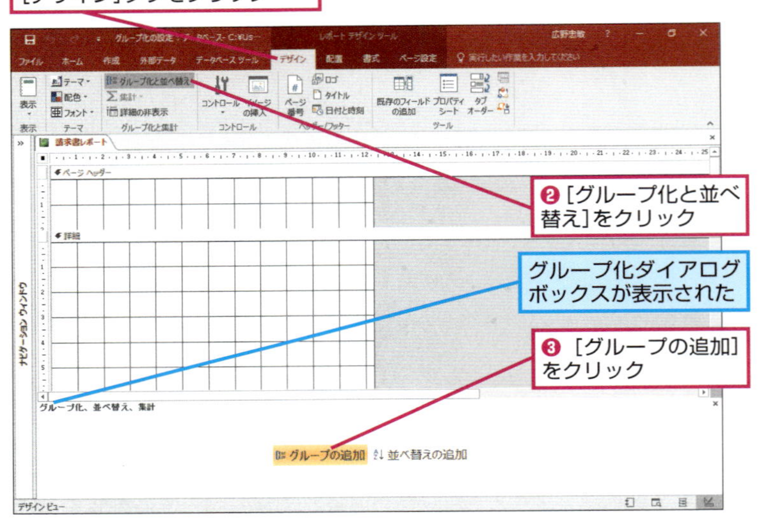

2 グループ化するフィールドを設定する

請求書は[請求テーブル]で管理されているため、ここでは[請求テーブル]の主キーである[請求ID]フィールドでグループ化する

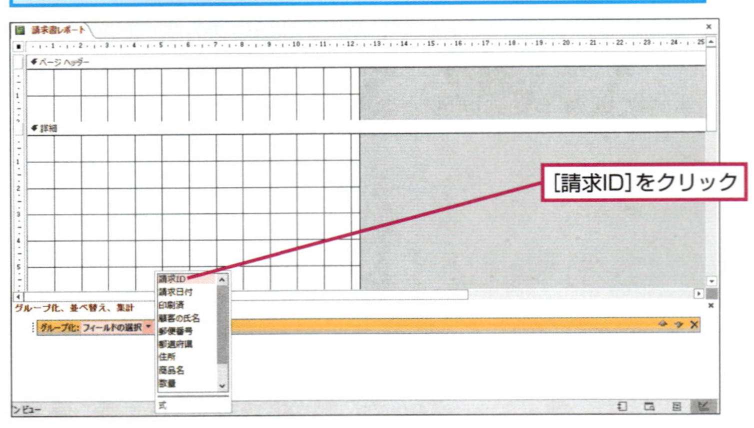

HINT!

レポートで並べ替えを設定するには

以下のように設定すれば、特定のフィールドを基準にしてレポートに表示するレコードを並べ替えられます。例えば、[請求日付] フィールドを並べ替えの基準に設定すると、登録順ではなく、請求日の順番でレコードが表示されます。

間違った場合は?

手順2で違うフィールドをグループ化してしまったときは、[グループ化] の右端にある[削除]ボタン()をクリックして、間違って設定したグループを削除し、もう一度手順1から操作をやり直します。

3 オプションを設定する

[請求IDヘッダー] セクションが表示された

[その他のオプション] をクリック

4 [フッター] セクションを追加する

オプションが表示された

[フッター] セクションを使えるように設定する

❶ [フッターセクションなし]のここをクリック

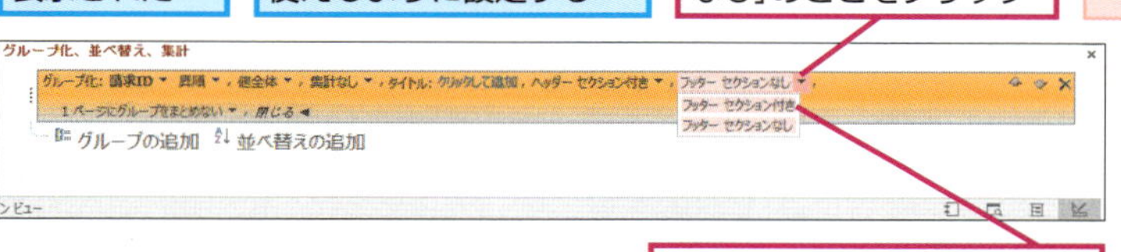

❷ [フッターセクション付き] をクリック

5 セクションを削除する

[フッター]セクションが追加された

ここでは、[ページヘッダー] セクションと[ページフッター]セクションを削除する

❶ページヘッダーを右クリック

❷ [ページヘッダー/フッター] をクリック

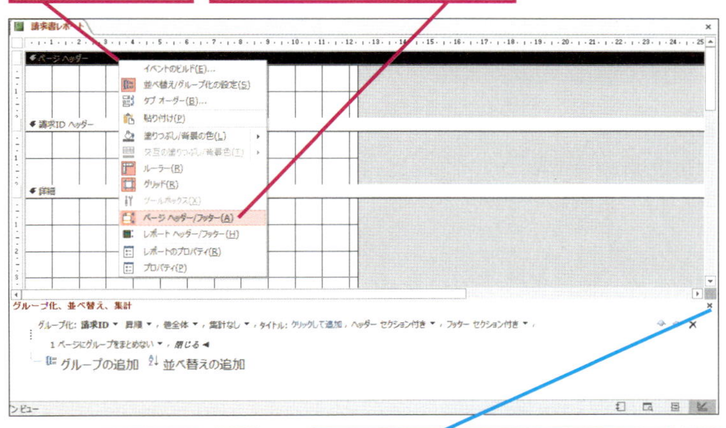

❸ [上書き保存] をクリックしてレポートを保存

[グループ化ダイアログボックスを閉じる] をクリックしてグループ化ダイアログボックスを閉じておく

基本編のレッスン㊺を参考にレポートを閉じておく

HINT! セクションの意味を覚えよう

[ページヘッダー] [ページフッター] のセクションはページごとに印刷されます。一方、[グループヘッダー] [詳細] [グループフッター] セクションはグループ化の単位で印刷されます。このレッスンのように [請求ID] フィールドをグループ化すると、[請求ID] フィールドの値が同じ複数のレコードが1つのグループとして扱われます。[請求ID] フィールドの値は1枚の請求書に対応しているため、[請求ID] フィールドのレコードの数だけ [グループヘッダー] [詳細] [グループフッター] セクションが繰り返し印刷されます。

●1グループ

◆[グループヘッダー] セクション

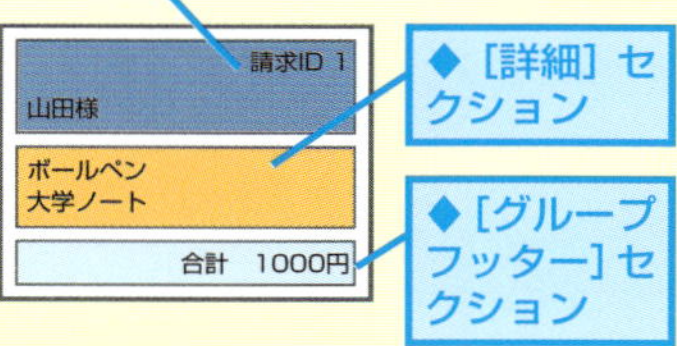

◆[詳細] セクション

◆[グループフッター] セクション

●2グループ

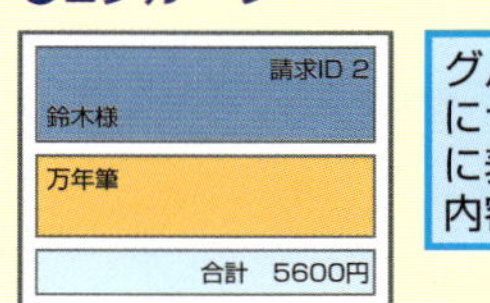

グループごとにセクションに表示される内容が変わる

Point グループ化でレポートの印刷単位を決める

グループ化を設定しないレポートは、[詳細] セクションに配置したフィールドの数だけ繰り返し表示されます。ところが、そのままでは請求書のように「請求ごとに明細を印刷する」といったことはできません。レポートをどのような単位で印刷するのかを決めるのがグループ化の設定です。グループ化を設定すると、設定したフィールドの内容が同じものを1枚のレポートにまとめて印刷できます。どのような単位で印刷したいのかを考えてグループ化するフィールドを決めましょう。

活用編 レッスン 33

顧客ごとの請求データを表示するには

［グループヘッダー］セクション

［グループヘッダー］セクションには、そのグループすべてに共通する内容を表示します。伝票の名称や取引先の情報など、伝票に共通の内容を設定しましょう。

このレッスンの目的

［請求IDヘッダー］にラベルを追加し、すべての請求書に共通する内容を表示する。

自社情報や見出しなど、共通の情報をレポートに表示する

請求日や顧客のあて名のフィールドを配置する

請求書
請求ID 1
請求日付 2016/03/06
102-0075
東京都
千代田区三番町x
戸川 正樹 様
〒101-0051
東京都千代田区神田神保町x-x-x
株式会社インプレス
TEL03-6837-xxxx
商品名 数量 単価 金額

1 レポートの幅を広げる

基本編のレッスン㊻を参考に［請求書レポート］をデザインビューで表示しておく

A4サイズに合わせてレポートの幅を広げる

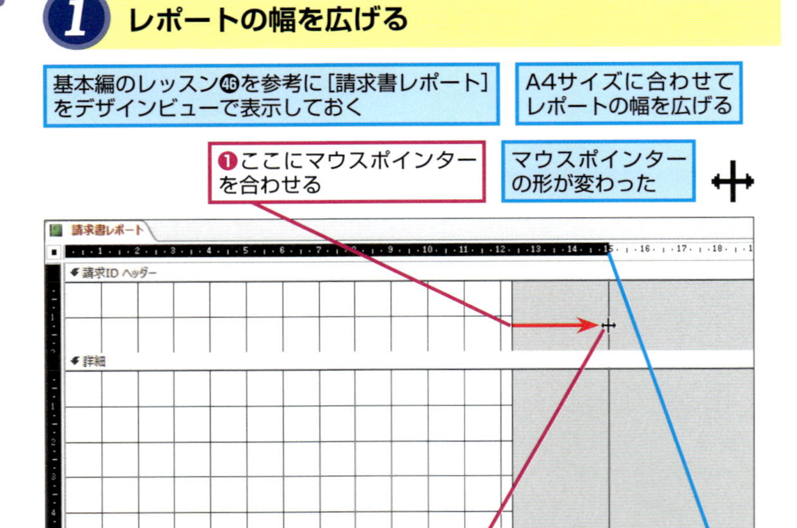

▶キーワード

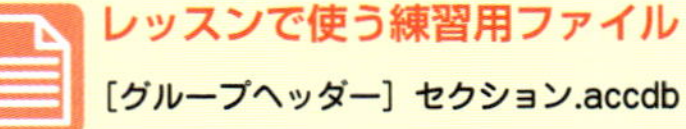

レッスンで使う練習用ファイル
［グループヘッダー］セクション.accdb

2 ラベルを追加する

レポートの幅が広がった

レポートの表題を表示するためのラベルを追加する

❶［レポートデザインツール］の［デザイン］タブをクリック

❷［コントロール］をクリック

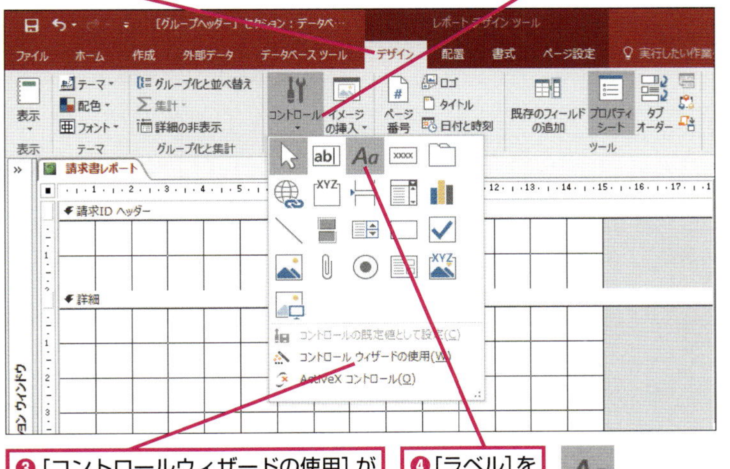

❸［コントロールウィザードの使用］がオフになっていることを確認

❹［ラベル］をクリック

3 ［請求IDヘッダー］セクションにラベルを追加する

❶ここにマウスポインターを合わせる

マウスポインターの形が変わった

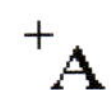

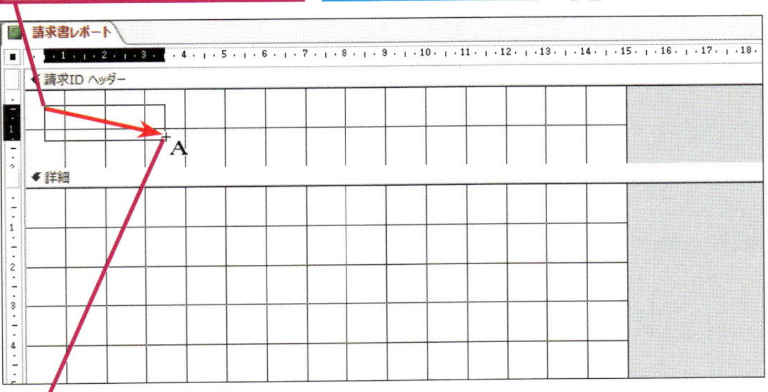

❷ここまでドラッグ

縦1マス、横3マスほどの大きさにする

HINT! 複数のテキストボックスやラベルの大きさを整えたいときは

基本編のレッスン㊴やレッスン㊺でも解説していますが、ボタンの一覧からテキストボックスやラベルの大きさをそろえられます。複数のテキストボックスやラベルを選択して［レポートデザインツール］の［配置］タブにある［サイズ/間隔］ボタンをクリックし、以下の表を参考に項目を選びましょう。

項目名	効果
自動調整	フォントの大きさに合わせて自動的に調節される
高いコントロールに合わせる	選択したもののうち、一番高いサイズに高さが調節される
低いコントロールに合わせる	選択したもののうち、一番低いサイズに高さが調節される
グリッドに合わせる	広いコントロールに合わせてマス目が調節される
広いコントロールに合わせる	選択したもののうち、一番幅が広いサイズに調節される
狭いコントロールに合わせる	選択したもののうち、一番幅が狭いサイズに調節される

HINT! 文字列を入力しないとラベルが削除される

ラベルを追加したときは、すぐに文字列を入力しましょう。ラベルを追加した直後に文字列を入力しないと、追加したラベルが自動的に削除されてしまいます。

間違った場合は？

手順3でテキストボックス以外のコントロールを追加してしまったときは、クイックアクセスツールバーの［元に戻す］ボタン（ ）をクリックして元に戻してから、もう一度やり直します。

次のページに続く

4 ラベルにテキストを入力する

ラベルが追加された

ここでは「請求書」という名前の表題を付ける

❶「請求書」と入力

❷ Enter キーを押す

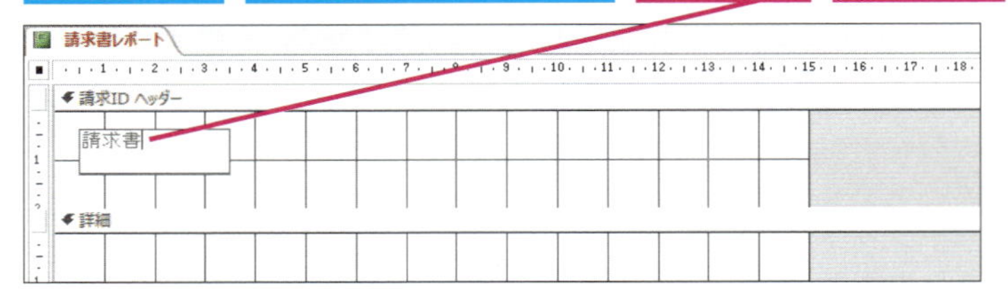

5 文字のサイズを大きくする

タイトルの文字を入力できた

❶［請求書］のラベルをクリック

❷［レポートデザインツール］の［書式］タブをクリック

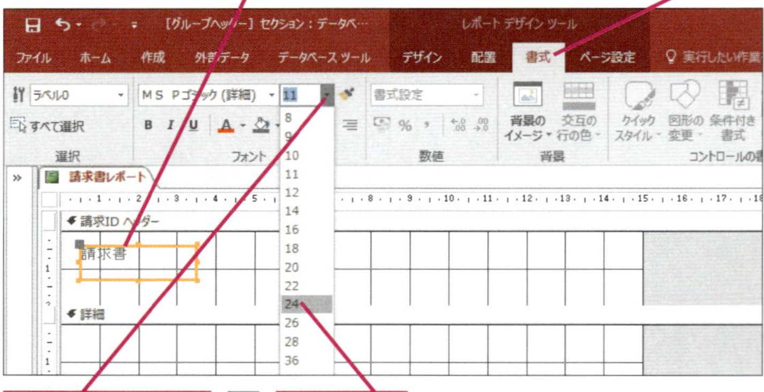

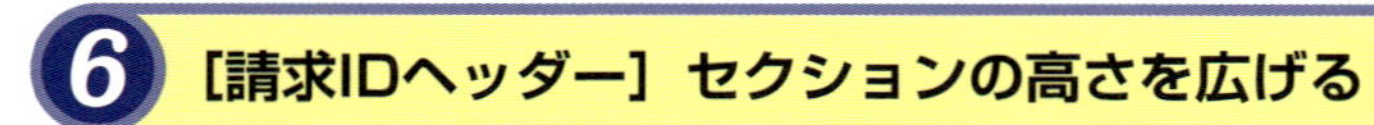

❸フォントサイズのここをクリック

❹［24］をクリック

6 ［請求IDヘッダー］セクションの高さを広げる

ラベルの文字が大きくなった

❶ここにマウスポインターを合わせる

マウスポインターの形が変わった

［4］と［5］の目盛りの間に合わせる

❷ここまでドラッグ

間違った場合は？

テキストボックスを間違って追加したときは、手順4でテキストボックスを選択してから Delete キーを押してテキストボックスを削除し、ラベルを追加し直します。

HINT! 追加したラベルに表示される緑色の三角形は何？

137ページのHINT!でも紹介しましたが、レポートにラベルを追加すると、ラベルの左上に緑色のマーク（◤）が表示されることがあります。このマークは「エラーインジケーター」と呼ばれるもので、エラーと見なされたときに表示されます。これは新しく追加したラベルがテキストボックスなどのほかのコントロールと関連付けされていないためです。このレッスンでは［請求書］のラベルに関連付けを設定しないので、気にする必要はありません。以下のように操作すれば、エラーインジケーターが表示されなくなります。

❶エラーインジケーターが表示されたラベルをクリック

❷ここをクリック

❸［エラーを無視する］をクリック

エラーインジケーターが非表示になる

HINT! フィールドリストにテーブルが表示されているときは

手順8でフィールドリストにテーブルが表示されていると、意図したフィールドが挿入できないことがあります。［現在のレコードソースのみを表示する］をクリックして、レコードソースに指定したクエリのフィールドだけが表示されるようにしましょう。

7 フィールドリストを表示する

[請求IDヘッダー] セクションの高さが広がった

レポートに追加するフィールドの一覧を表示する

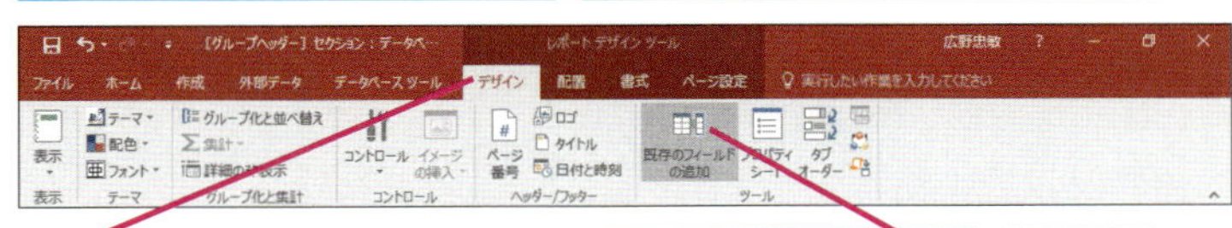

❶ [レポートデザインツール] の[デザイン]タブをクリック

❷ [既存のフィールドの追加]をクリック

8 [請求IDヘッダー] セクションにフィールドを配置する

フィールドリストが表示された

基本編のレッスン㊷を参考に [請求ID] [請求日付] [郵便番号] [都道府県] [住所] [顧客の氏名] フィールドを配置

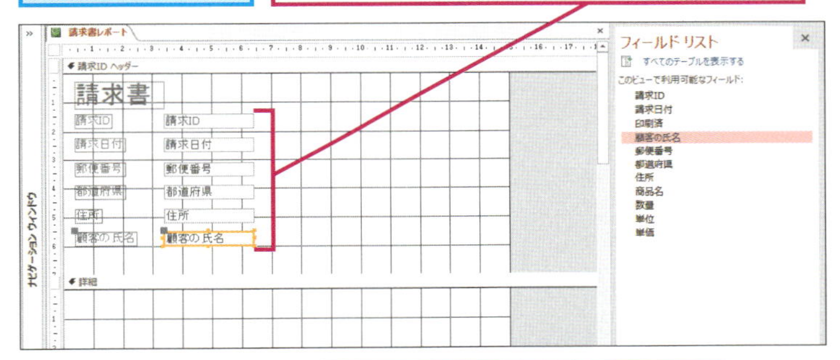

配置する位置はおおよそで構わない

ラベルやテキストボックスを個別に移動するときは、左上にある灰色のハンドルをドラッグする

9 ラベルを削除する

住所に関するラベルを削除する

❶[郵便番号] [都道府県] [住所] [顧客の氏名] のラベルをドラッグして選択

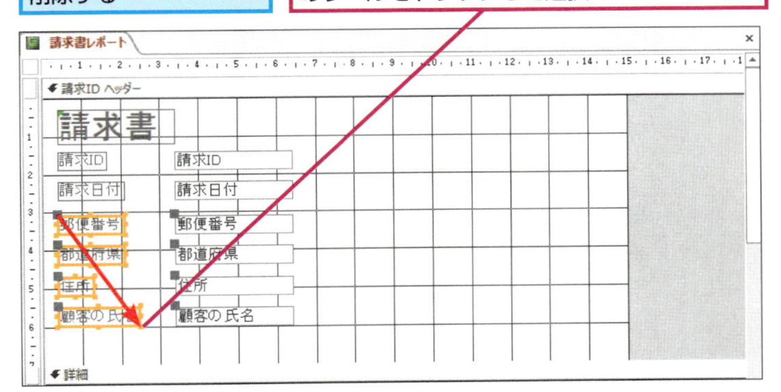

❷ Delete キーを押す

不要なラベルが削除される

HINT! 追加したラベルにエラーインジケーターが表示されないようにするには

前ページのHINT!でも解説しましたが新しく追加されたラベルは、テキストボックスなどのほかのコントロールと関連付けされていないため、エラーインジケーター（◤）が表示されます。ラベルとほかのコントロールの関連付けに関するエラーインジケーターを表示しないようにするには、以下の手順で操作しましょう。このようにAccessの設定を変更すると、新しいラベルを追加してもエラーインジケーターは表示されません。

❶ここをクリック

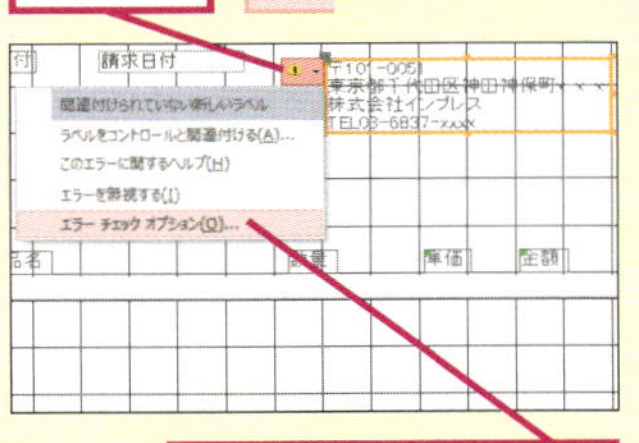

❷ [エラーチェックオプション]をクリック

❸[オブジェクトデザイナー]をクリック

❹ここをクリックしてチェックマークをはずす

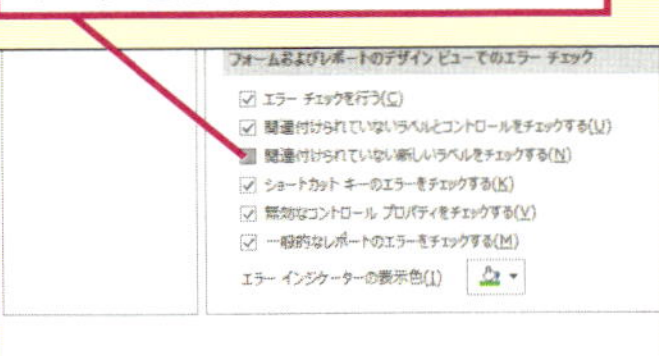

❺[OK]をクリック

間違った場合は？

手順9で必要なラベルやテキストボックスを削除してしまったときは、クイックアクセスツールバーの [元に戻す] ボタン（↶）をクリックして元に戻してから、もう一度やり直します。

次のページに続く

10 敬称のラベルを追加する

敬称を表示するためのラベルを作成する

手順2 ～手順3を参考に［顧客の氏名］の右側にラベルを追加し、「様」と入力

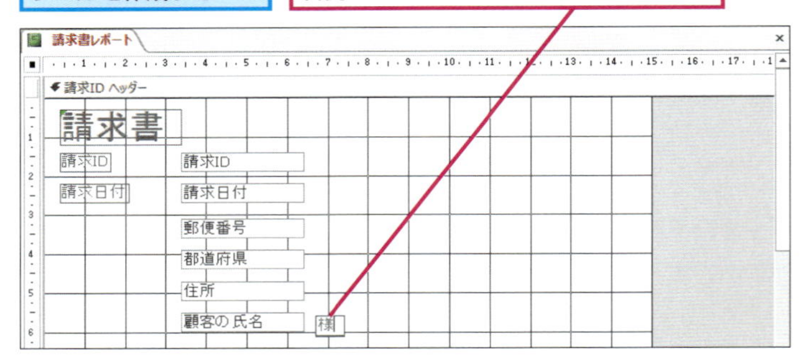

11 自社情報のラベルを追加する

自社情報を表示するためのラベルを作成する

手順2 ～手順3を参考に［請求日付］の右側にラベルを追加し、自社情報を入力

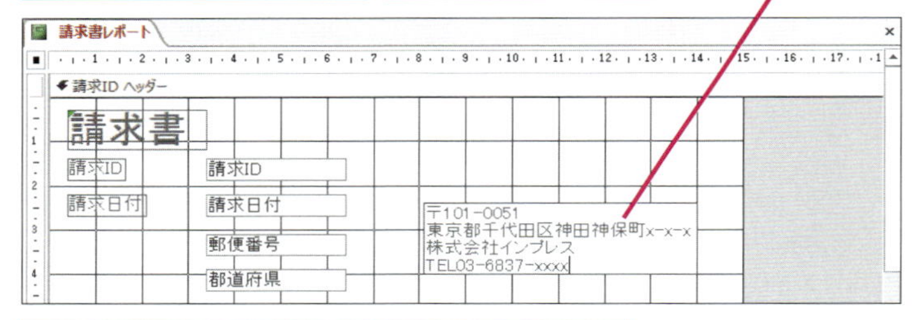

ラベルの中で改行するにはShift＋Enterキーを押す

12 項目名のラベルを追加する

項目名を表示するためのラベルを作成する

❶手順2 ～手順3を参考に［顧客の氏名］の下側にラベルを追加し、「商品名」「数量」「単価」「金額」と入力

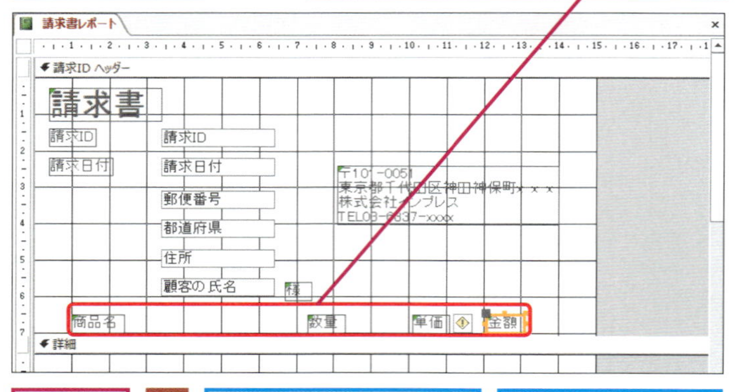

❷［上書き保存］をクリック

基本編のレッスン㊼を参考に印刷プレビューを表示して請求書を確認しておく

基本編のレッスン㊺を参考にレポートを閉じておく

HINT! ラベルの中で改行するには

手順11のようにラベルの中に住所などの複数の行を入力するときは、「0075」と入力した後にShift＋Enterキーを押します。135ページのHINT!でも紹介していますが、Shift＋Enterキーを押せば自由な位置で改行できます。

HINT! ラベルをコピーしてもいい

手順12で「商品名」や「数量」などと入力するラベルは、コピーと貼り付けの機能を利用して配置しても構いません。左上からドラッグする手間を省けるほか、ラベルの高さや幅をそろえられます。

Point 請求書ごとにヘッダーが繰り返される

グループヘッダー（［請求IDヘッダー］）には、グループ化で設定したフィールドの内容ごとに繰り返して内容が表示されます。ここでは、［請求ID］フィールドでグループ化しているので、［請求ID］フィールドの値ごとにヘッダーが印刷されます。例えば、［請求ID］の内容が「1」と「2」の2種類のときは、まずヘッダーには［請求ID］フィールドが「1」のレコードのデータが表示され、次のヘッダーには［請求ID］フィールドが「2」のレコードのデータが表示されます。それぞれのヘッダーに続いて［詳細］セクションに明細が表示されるので、ヘッダーには請求書ごとに共通のフィールドを配置します。

活用例 グループヘッダーにハイパーリンクを挿入する

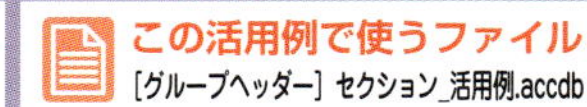

レポートにはハイパーリンクを設定できます。ハイパーリンクを設定したレポートをレポートビューで表示して、ハイパーリンクを設定した文字列をクリックすると、ほかのオブジェクトを表示したり、Microsoft EdgeやInternet ExplorerなどのWebブラウザーでWebページを表示したりできます。ただし、ハイパーリンクが有効なのはレポートビューだけです。印刷プレビューでは文字列をクリックできないので注意しましょう。

1 グループヘッダーにハイパーリンクを挿入する

[R_売上集計] をデザインビューで表示しておく

❶[購入元ヘッダー]をクリックして選択

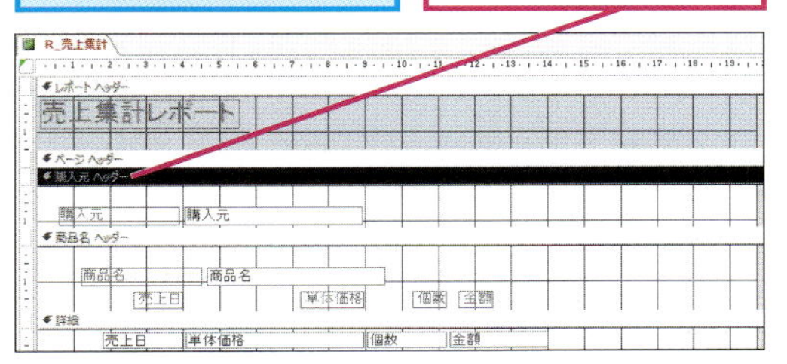

❷ [レポートデザインツール] の[デザイン]タブをクリック

❸[コントロール]をクリック

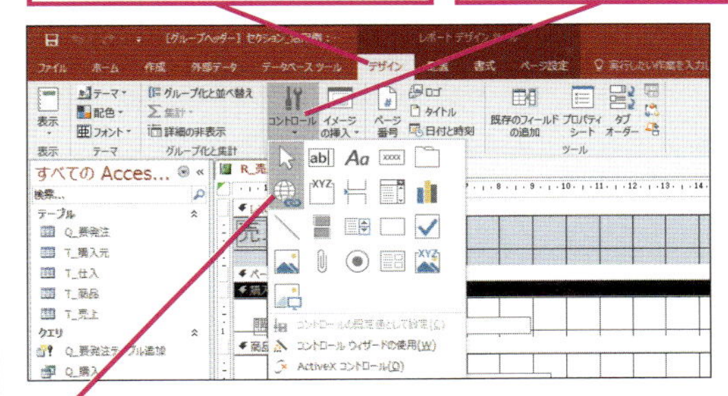

❹[ハイパーリンク]をクリック

2 ハイパーリンクを設定する

[ハイパーリンクの挿入] ダイアログボックスが表示された

❶ [このデータベース内] をクリック

❷ [テーブル] のここをクリック

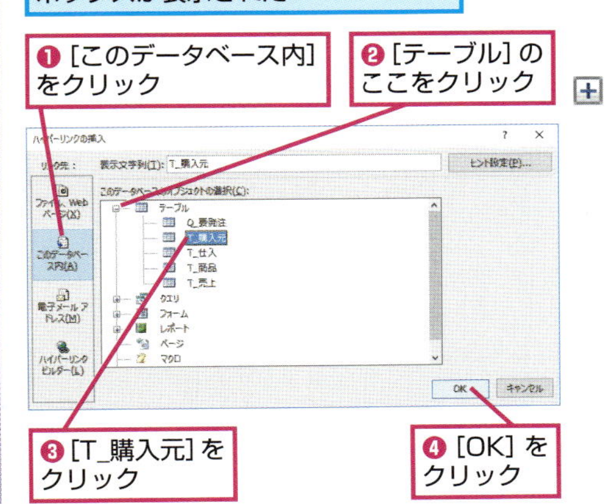

❸ [T_購入元] をクリック

❹ [OK] をクリック

3 挿入したハイパーリンクを移動する

[T_購入元] へのハイパーリンクが挿入された

[購入元] のテキストボックスの横に [T_購入元] へのハイパーリンクを移動する

❶[T_購入元]のテキストボックスにマウスポインターを合わせる

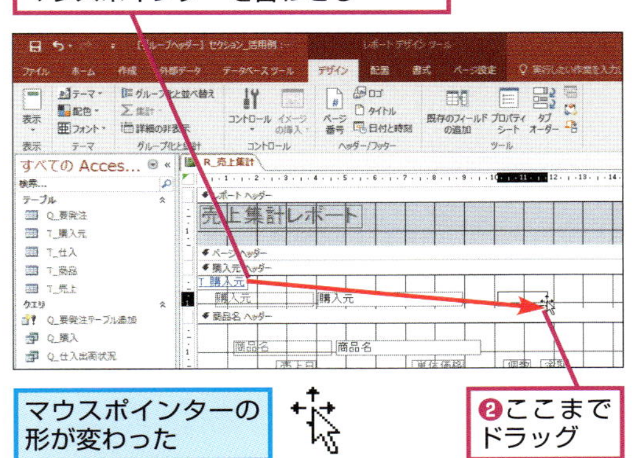

マウスポインターの形が変わった

❷ここまでドラッグ

4 レポートビューで確認する

[R_売上集計] をレポートビューで表示しておく

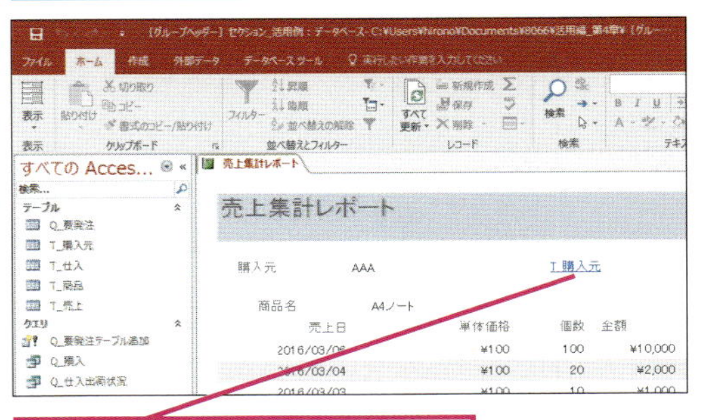

[T_購入元] へのハイパーリンクが挿入されたことを確認

活用編 レッスン 34

請求データの詳細を表示するには

[詳細] セクション

レポートの［詳細］セクションは、グループに属するレコードが繰り返し印刷されます。［詳細］セクションを使って伝票の明細行を表示してみましょう。

このレッスンの目的

フィールドリストからフィールドを［詳細］セクションに追加し、請求明細に関する情報をレポートに表示します。

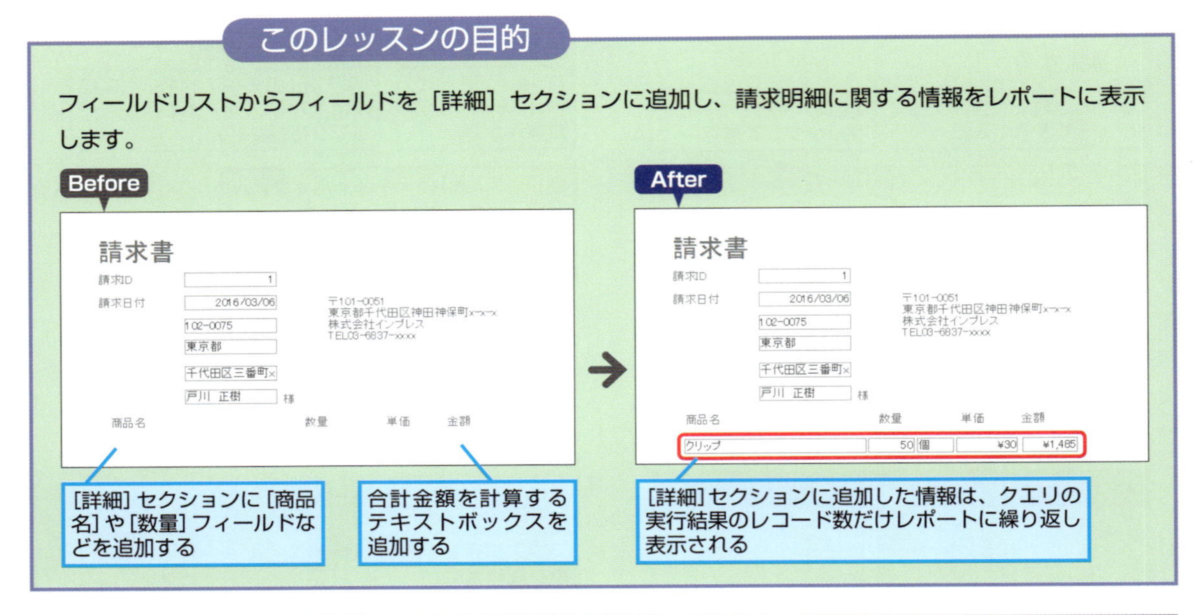

1 [詳細] セクションにフィールドを配置する

基本編のレッスン㊻を参考に［請求書レポート］をデザインビューで表示しておく

基本編のレッスン㊾を参考に、フィールドリストから［商品名］［数量］［単位］［単価］フィールドを［詳細］セクションに配置

配置する位置はおおよそで構わない

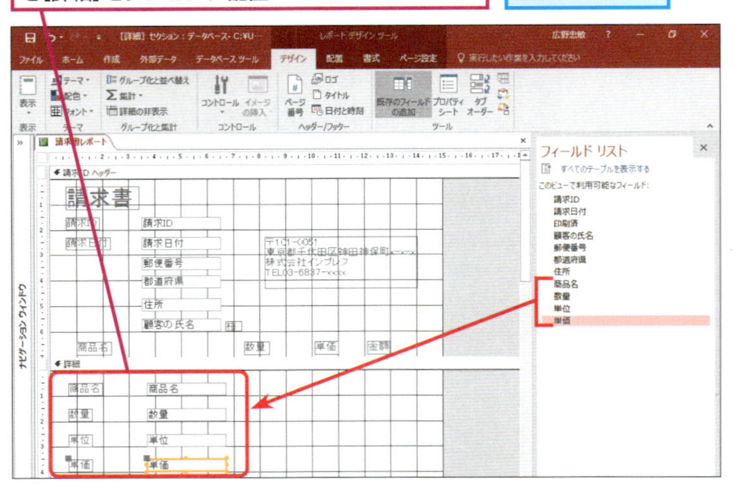

▶キーワード

クエリ	p.419
コントロール	p.419
セクション	p.420
テキストボックス	p.421
フィールド	p.421
プロパティシート	p.421
ラベル	p.422
レポート	p.422

レッスンで使う練習用ファイル

［詳細］セクション.accdb

間違った場合は?

手順1でフィールドを間違って追加したときは、配置されたテキストボックスをクリックして選択してから Delete キーを押してテキストボックスを削除し、正しいフィールドを追加し直しましょう。

2 ラベルを削除する

[商品名] [数量] [単位] [単価]のラベルを削除する

❶[商品名] [数量] [単位] [単価]のラベルをドラッグして選択

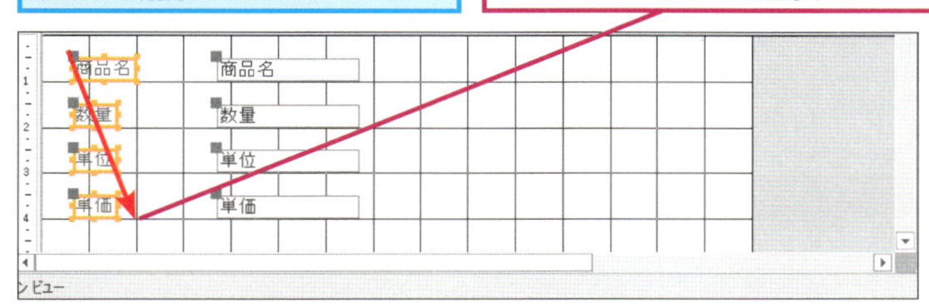

❷Deleteキーを押す

3 テキストボックスを移動する

ラベルが削除された

❶[商品名]のテキストボックスをクリック

マウスポインターの形が変わった

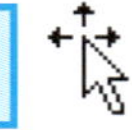

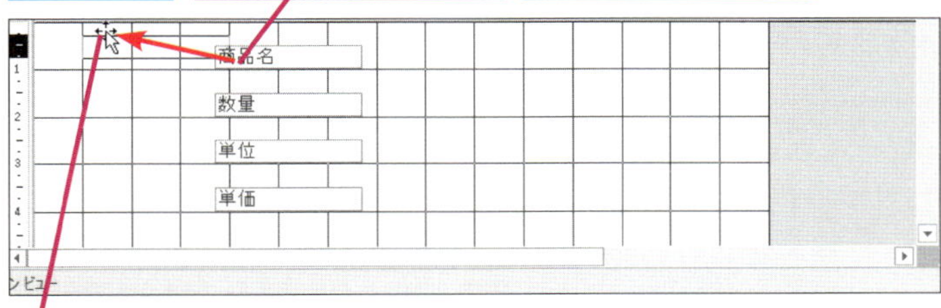

❷ここまでドラッグ

[商品名] のテキストボックスが移動した

❸同様にして、ほかのテキストボックスも[商品名]の横に並べる

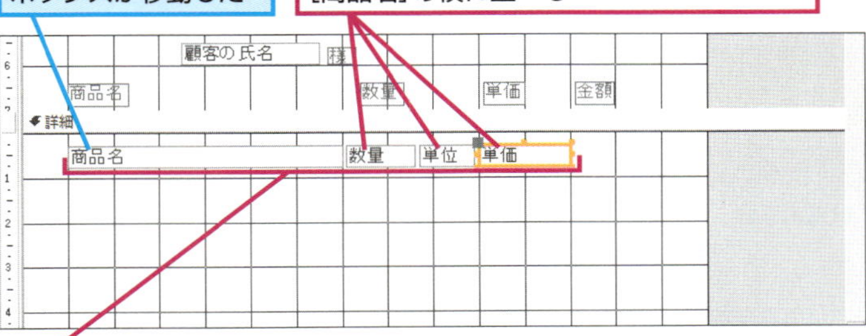

❹テキストボックスの幅を調節

[商品名] のテキストボックスは横6マス、[数量] [単位] のテキストボックスは横1.5マス、[単価] のテキストボックスは横2マスを目安にする

HINT! 位置をそろえたいときは

複数のラベルやテキストボックスの位置は、以下の手順でそろえられます。

複数のテキストボックスを選択しておく

❶[レポートデザインツール] の [配置] タブをクリック

❷[配置] をクリック

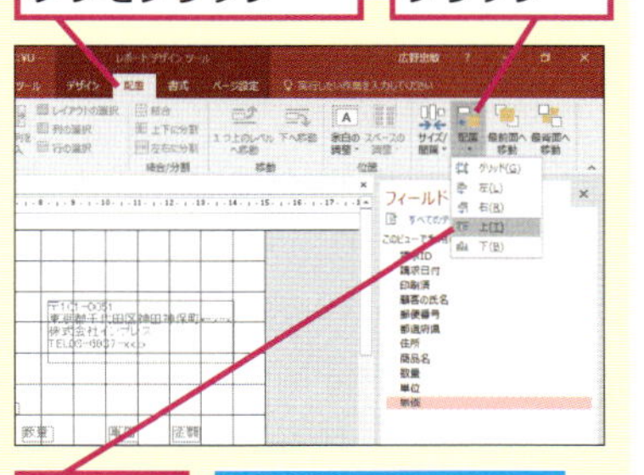

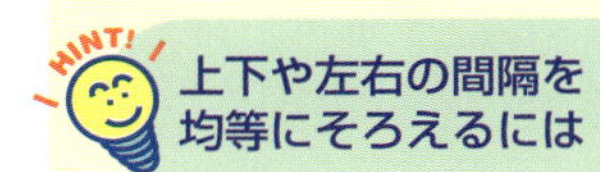

❸[上]をクリック

テキストボックスの上端がそろう

HINT! 上下や左右の間隔を均等にそろえるには

テキストボックスやラベルの間隔を均等にそろえられます。均等にそろえたいテキストボックスやラベルをShiftキーを押しながら複数選択し、以下の手順で操作しましょう。

複数のテキストボックスを選択しておく

❶[レポートデザインツール] の [配置] タブをクリック

❷[サイズ/間隔] をクリック

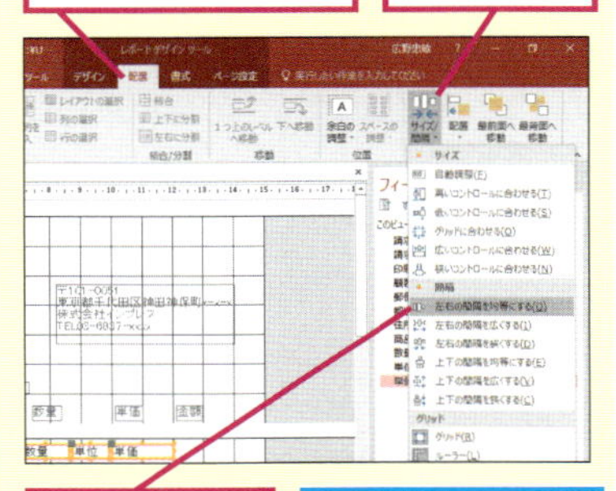

❸[左右の間隔を均等にする] をクリック

テキストボックスの左右の間隔が均等になる

次のページに続く

4 ［詳細］セクションにテキストボックスを追加する

請求明細金額の合計を表示するためのテキストボックスを追加する

活用編のレッスン㉝を参考に［コントロールウィザードの使用］がオフになっていることを確認しておく

❶［レポートデザインツール］の［デザイン］タブをクリック

❷［コントロール］をクリック

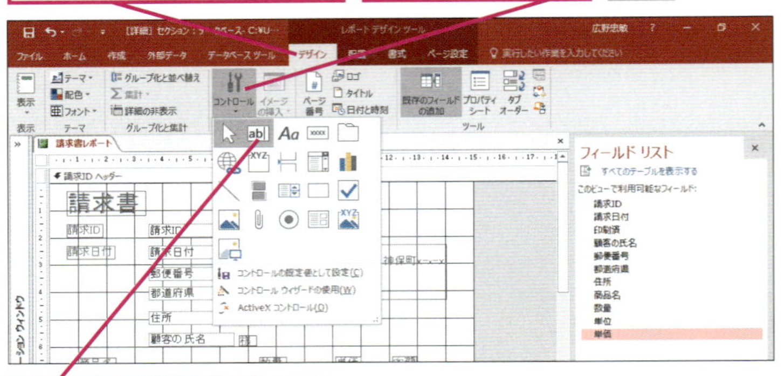

❸［テキストボックス］をクリック

マウスポインターの形が変わった

❹ここにマウスポインターを合わせる

❺ここまでドラッグ

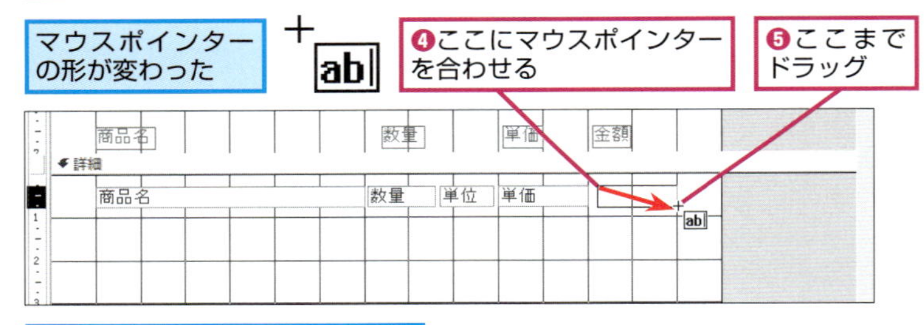

だいたい横2マス、縦0.5マスを大きさの目安にする

5 ラベルを削除する

テキストボックスとラベルが追加された

テキストボックスと同時に追加されたラベルを削除する

❶追加されたラベルをクリック

❷Deleteキーを押す

ラベルが削除される

HINT! 2つのフィールドの内容を連結して印刷したいときは

299ページのHINT!でも解説しましたが、レポートでもTrim関数を使えば2つのフィールドを連結できます。例えば、［都道府県］フィールドと［住所］フィールドの内容を連結して印刷したいときは、新しいテキストボックスを追加します。テキストボックスのコントロールソースに「=trim（[都道府県]）&trim（[住所]）」と入力すれば、都道府県と住所を連結できます。また、［顧客の氏名］フィールドと「様」を連結したいときは、以下の手順で操作しましょう。

テキストボックスを追加しておく

❶プロパティシートの［データ］タブをクリック

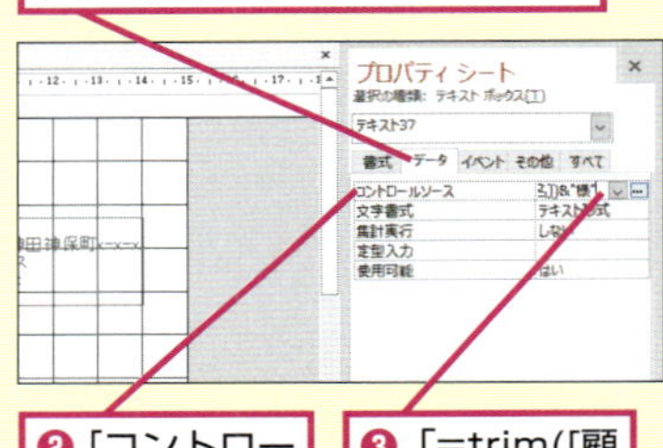

❷［コントロールソース］をクリック

❸「=trim([顧客の氏名])&"様"」と入力

［顧客の氏名］フィールドと「様」が連結される

間違った場合は？

手順5で間違ってテキストボックスを削除してしまったときは、クイックアクセスツールバーの［元に戻す］ボタン（↶）をクリックして元に戻してから、もう一度操作し直します。

6 テキストボックスのプロパティシートを表示する

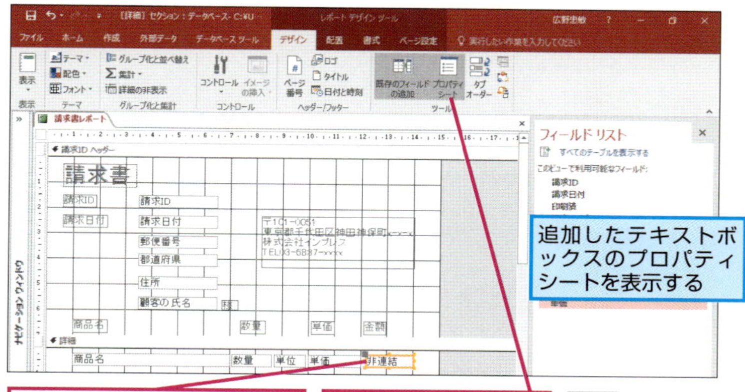

追加したテキストボックスのプロパティシートを表示する

❶追加したテキストボックスをクリック

❷［プロパティシート］をクリック

7 ［コントロールソース］に数式を入力する

テキストボックスのプロパティシートが表示された

請求明細金額の合計を表示するための数式を入力する

❶［データ］タブをクリック

❷［コントロールソース］をクリック

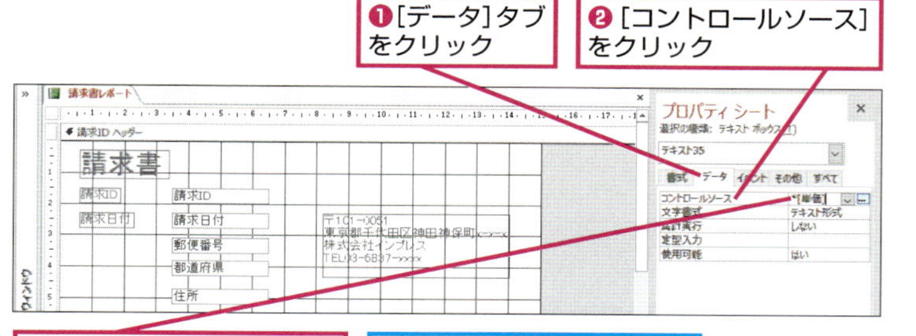

❸［コントロールソース］に「=[数量]*[単価]」と入力

フィールド名以外、すべて半角文字で入力する

8 合計金額のテキストボックスに書式を設定する

テキストボックスに金額を表示するための書式を設定する

❶［書式］タブをクリック

❷［書式］のここをクリックして［通貨］を選択

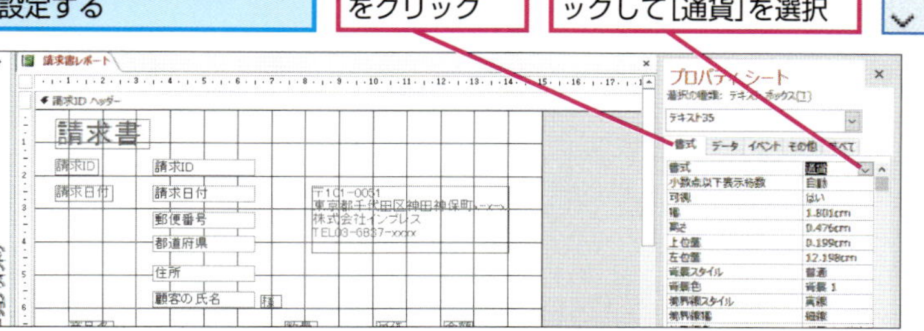

基本編のレッスン㊼を参考に印刷プレビューを表示して請求書を確認しておく

❸［上書き保存］をクリック

HINT! レポートに計算結果を表示できる

加算や減算、除算や乗算といった四則演算を使った計算結果を表示したいときは、活用編のレッスン⑮と同様に「+」「-」「*」「/」の記号を使って数式を入力しましょう。さらに「(」や「)」などの記号も数式に利用できます。例えば、「([単価] - [値引き]) * [数量]」と入力すると、［単価］から［値引き］を引いた結果に［数量］を掛けた値を表示できます。

Point ［詳細］セクションはレコードが繰り返し表示される

レポートがグループ化されていないときは、［詳細］セクションにはすべてのレコードが印刷されます。活用編のレッスン㉜の手順でグループ化を設定していると、［詳細］セクションに表示されるレコードは、そのグループに属するレコードだけになります。ここで作成しているレポートのように、［請求ID］フィールドでグループ化したときは、［詳細］セクションに［グループヘッダー］セクションの［請求ID］フィールドが同じ値のレコードだけが表示されます。［請求ID］フィールドは1請求ごとに固有の値を持つので、［詳細］セクションには1枚の請求書のすべての明細を表示できるのです。

活用編 レッスン 35

合計金額や消費税を表示するには

［グループフッター］セクション

明細の合計金額や消費税を関数を使って印刷できるようにしましょう。［グループフッター］セクションを使うと、グループごとに値を集計して小計や合計を求められます。

このレッスンの目的

明細の小計と消費税、小計と消費税を加算した合計金額を表示するテキストボックスをレポートに追加します。

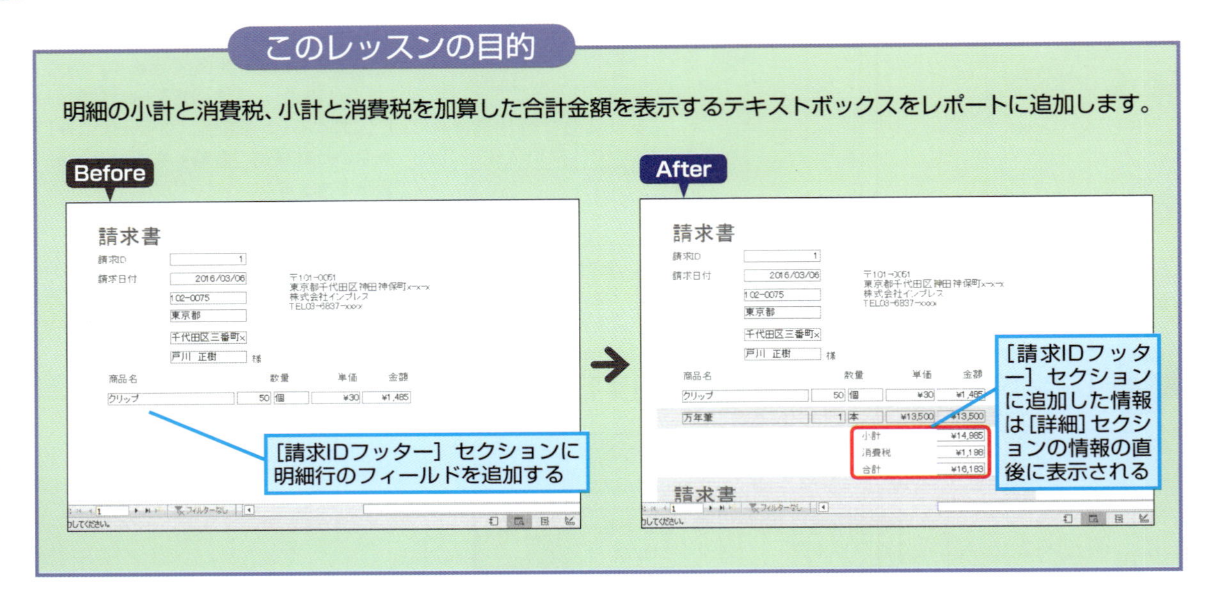

1 ［詳細］セクションの幅を縮める

基本編のレッスン㊻を参考に［請求書レポート］をデザインビューで表示しておく

［詳細］セクションの一番下を表示する

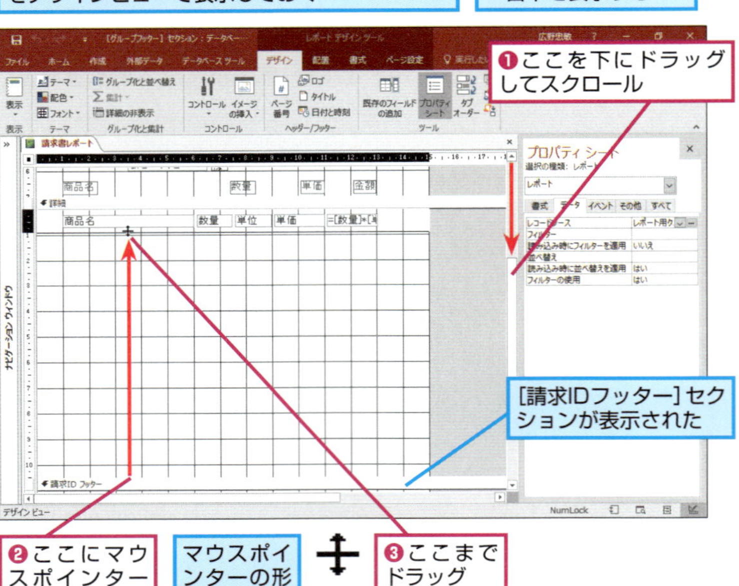

▶キーワード

関数	p.419
コントロール	p.419
セクション	p.420
テキストボックス	p.421
フィールド	p.421
フッター	p.421
ラベル	p.422
レポート	p.422

レッスンで使う練習用ファイル

［グループフッター］セクション.accdb

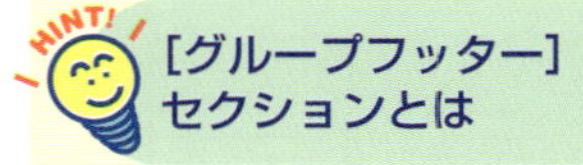

HINT! ［グループフッター］セクションとは

［グループフッター］セクションは、グループ化した内容が印刷された後に印刷されるセクションのことです。このレッスンでは、［請求IDフッター］セクションが［グループフッター］セクションになります。

2 ［請求IDフッター］セクションに テキストボックスを追加する

［詳細］セクションの高さが縮まった

活用編のレッスン㉝を参考に［コントロールウィザードの使用］がオフになっていることを確認しておく

❶［レポートデザインツール］の［デザイン］タブをクリック

❷［コントロール］をクリック

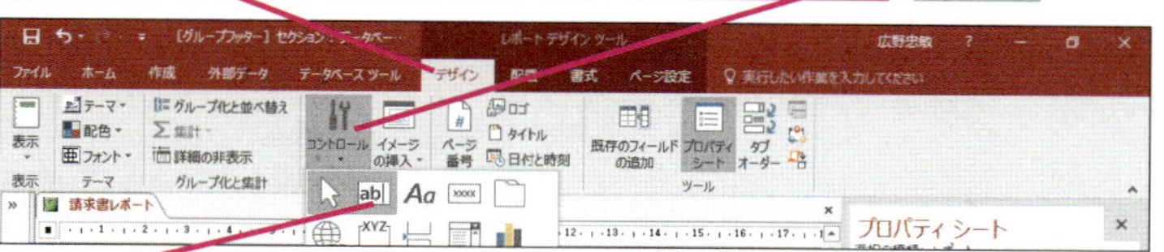

❸［テキストボックス］をクリック

マウスポインターの形が変わった

❹ここにマウスポインターを合わせる

❺ここまでドラッグ

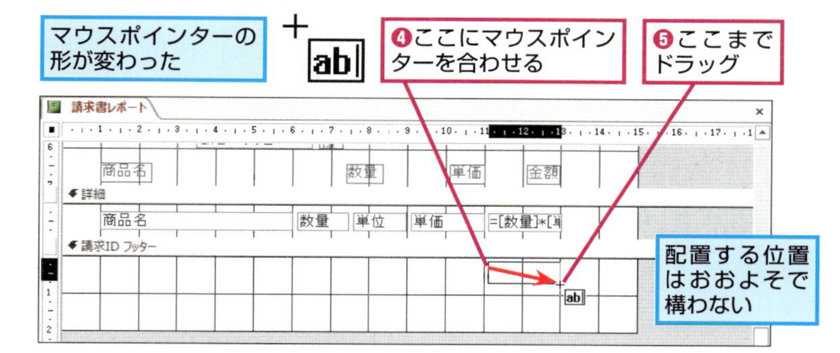

配置する位置はおおよそで構わない

3 続けて残りのテキストボックスを追加する

［請求IDフッター］セクションにテキストボックスが追加された

❶手順2を参考にテキストボックスを2つ追加

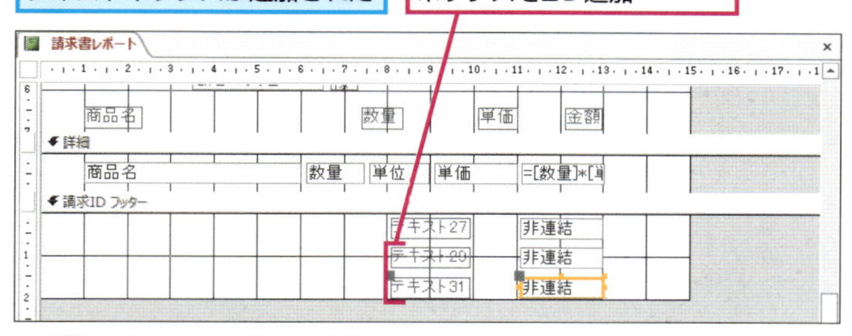

❷上から順にラベルに「小計」「消費税」「合計」と入力

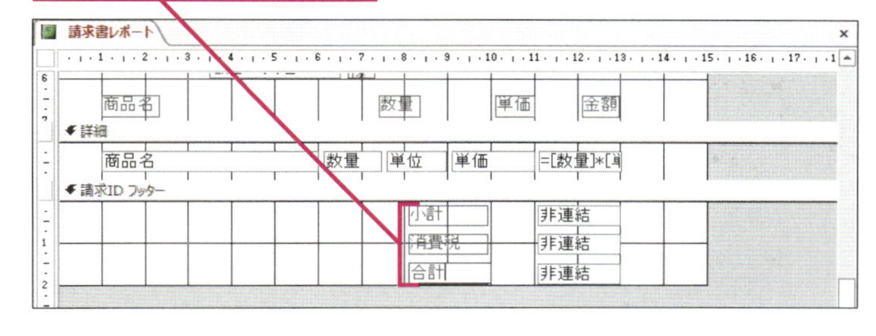

HINT! セクションごとに決まった役割がある

［グループヘッダー］と［グループフッター］セクションは、グループ化したフィールドの値ごとに、先頭と末尾に印刷されるセクションです。［詳細］セクションには、グループ化したフィールドと同じ値のレコードが繰り返し印刷されます。この章では［請求ID］フィールドがグループ化されているので、請求書ごとに［グループヘッダー］と［グループフッター］が印刷されます。また、［詳細］セクションには、請求テーブルの［請求ID］フィールドと同じ値を持つ情報が請求書の明細として印刷されます。それぞれのセクションの役割を覚えておきましょう。

［請求IDヘッダー］や［請求IDフッター］には、請求IDごとの顧客情報や合計金額などが表示される

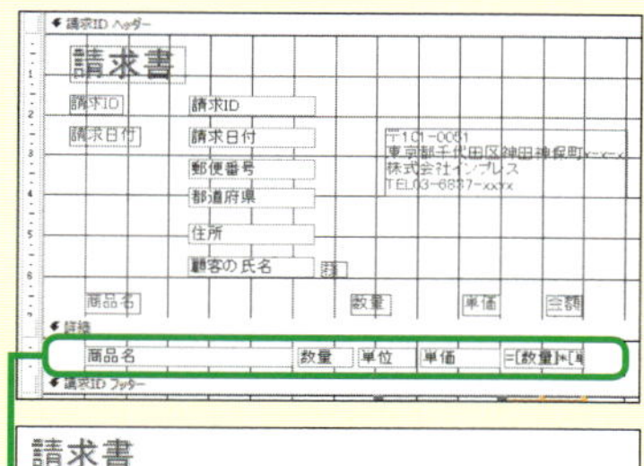

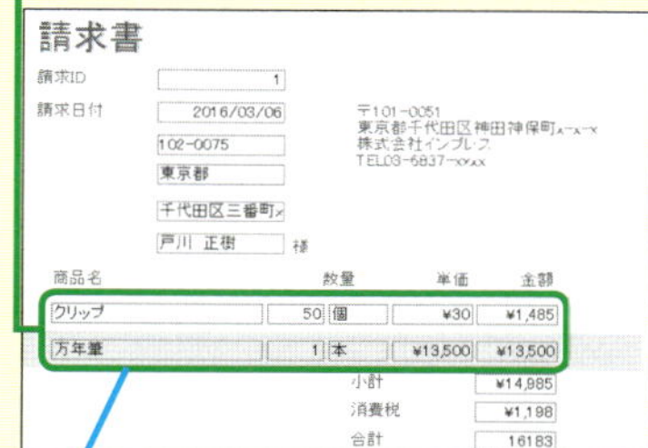

［詳細］セクションには同じ請求IDを持つ情報が繰り返し表示される

間違った場合は？

手順2～手順3でテキストボックス以外のコントロールを追加してしまったときは、クイックアクセスツールバーの［元に戻す］ボタン（↶）をクリックしてから、もう一度操作をやり直します。

次のページに続く

4 小計を計算する数式を入力する

小計を表示するための数式を入力する

❶［小計］のテキストボックスをクリック

❷［データ］タブをクリック

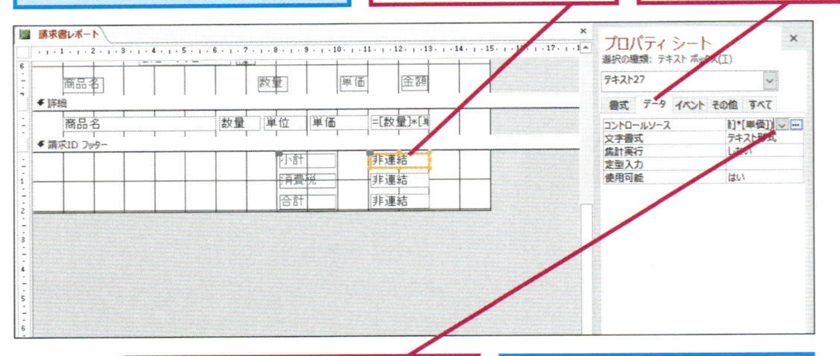

❸［コントロースソース］に「=sum([数量]*[単価])」と入力

フィールド名以外、すべて半角文字で入力する

5 消費税を計算する数式を入力する

請求書の消費税を表示するための数式を入力する

❶［消費税］のテキストボックスをクリック

❷［データ］タブをクリック

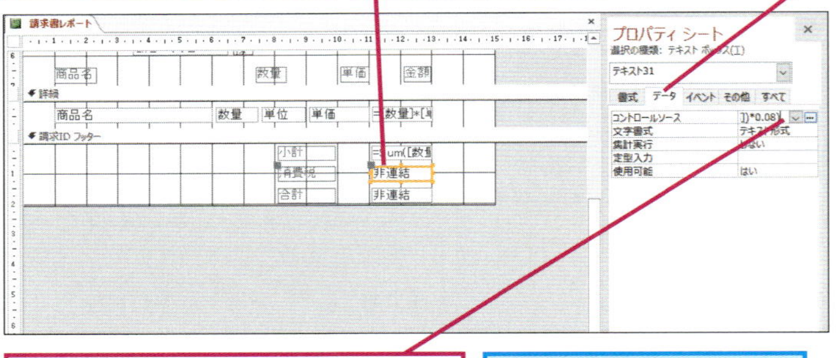

❸［コントロールソース］に「=int(sum([数量]*[単価])*0.08)」と入力

フィールド名以外、すべて半角文字で入力する

6 合計を計算する数式を入力する

請求書の金額の合計を表示するための数式を入力する

❶［合計］のテキストボックスをクリック

❷［データ］タブをクリック

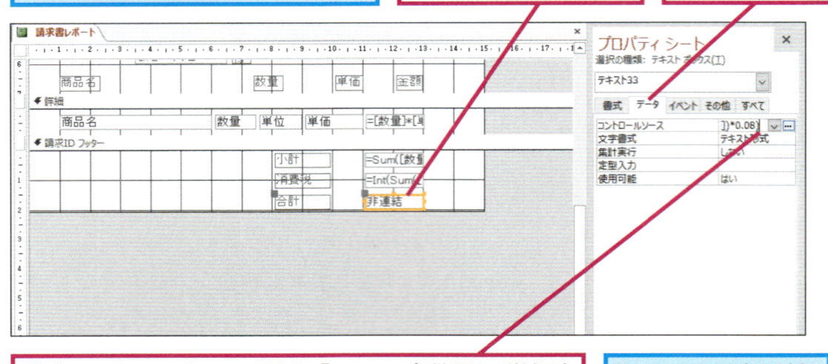

❸［コントロールソース］に「=sum([数量]*[単価])+int(sum([数量]*[単価])*0.08)」と入力

フィールド名以外、すべて半角文字で入力する

「Int関数」とは

活用編のレッスン⓱でも解説していますが、Int関数は、引数で指定した値や式の計算結果の小数点以下の数値を切り捨てる関数です。例えば、「Int (1.3)」や「Int (1)」の結果は「1」になります。ただし、引数で指定した値や式の結果が負の値になるときは、切り捨てではなく切り上げになるので注意しましょう。「Int (-1.3)」は「-1」ではなく「-2」になります。

小数点以下を四捨五入するには

小数点以下で四捨五入した金額を表示したいときもInt関数を使います。小数点以下で四捨五入をするときは、0.5を加えた値をInt関数の引数として指定します。例えば、「[数量]*[単価]」を四捨五入したいときは、以下のように入力します。

●小数点以下での四捨五入
int([数量]＊[単価]＊0.08+0.5)

小数点で切り上げをするには

Int関数を使うと、小数点以下を切り上げられます。切り上げをするには、引数を負の値にしてから、結果全体を負にします。例えば、「[数量]*[単価]*0.08」で計算した消費税を小数点で切り上げるには、以下のように入力します。

●小数点の切り上げ
−int(−([数]＊[単価]＊0.08))

7 書式を設定する

テキストボックスに金額を表示するための書式を設定する

❶［書式］タブをクリック

❷［書式］のここをクリック

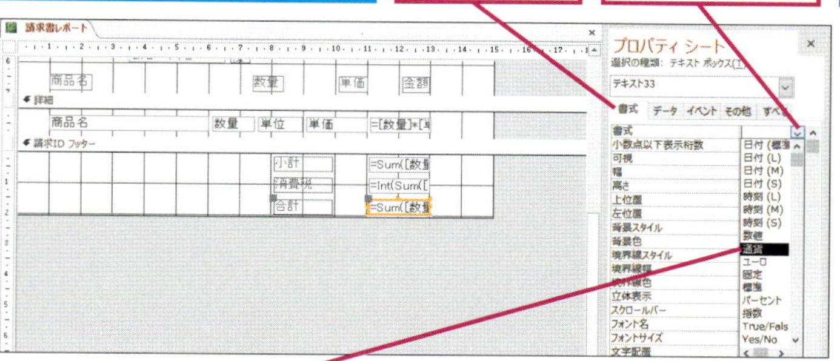

❸［通貨］をクリック

❹同様にして、ほかの2つのテキストボックスの書式も［通貨］に設定

8 テキストボックスの集計結果が表示された

項目が追加されたことを確認するため、基本編のレッスン㊼を参考に印刷プレビューを表示しておく

請求ごとの合計金額が表示できるようになった

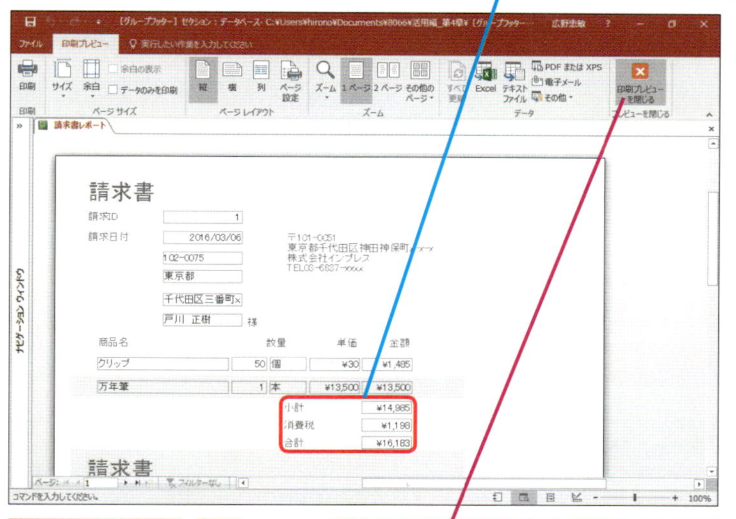

❶［上書き保存］をクリック

❷［印刷プレビューを閉じる］をクリック

デザインビューが表示されるので、基本編のレッスン㊺を参考にレポートを閉じておく

HINT! 書式文字列で書式を設定できる

［コントロールソース］にはフォームのテキストボックスと同様に、「*」「#」「0」「,」「.」などの書式文字列を入力して書式を設定できます。金額などで利用する代表的な通貨には、以下のような書式があります。書式文字列については、269ページのHINT!も参照してください。

● ［コントロールソース］に入力できる書式の例

入力する書式	表示される文字列
#,##0"円"	3,234円
"金"#,##0"円也"	金3,234円也
"金"**#,##0"円也"	金****3,234円也（空白は*で埋められる）
#,##0"円"; "△"#,##0"円";	△1,235円 （マイナスのとき）

間違った場合は？

手順8で計算結果が正しく表示されないときは、手順4～手順6で入力した数式が間違っています。［請求書レポート］をデザインビューで表示してから、手順4～手順6を参考にして数式を入力し直しましょう。

Point グループ単位で集計できる

グループフッターでは、［詳細］セクションに表示されたレコードを対象にして、関数で結果を集計できます。このレッスンでは、［請求ID］でグループ化されているレコードに対して集計しているので、［請求ID］フィールドの値が同じレコードだけが集計対象となります。つまり、同じ請求書に含まれている明細の内容を集計できるのです。このレッスンではSum関数を使って、1枚の請求書に含まれる明細の合計金額や消費税額を計算しています。

伝票ごとにページを分けて印刷するには

改ページの挿入

請求書が連続して印刷されないように、請求書ごとに改ページを設定しましょう。グループフッターに［改ページ］を追加すれば、請求書ごとに改ページできます。

このレッスンの目的

請求書1件につき、1ページの用紙に印刷されるように設定します。

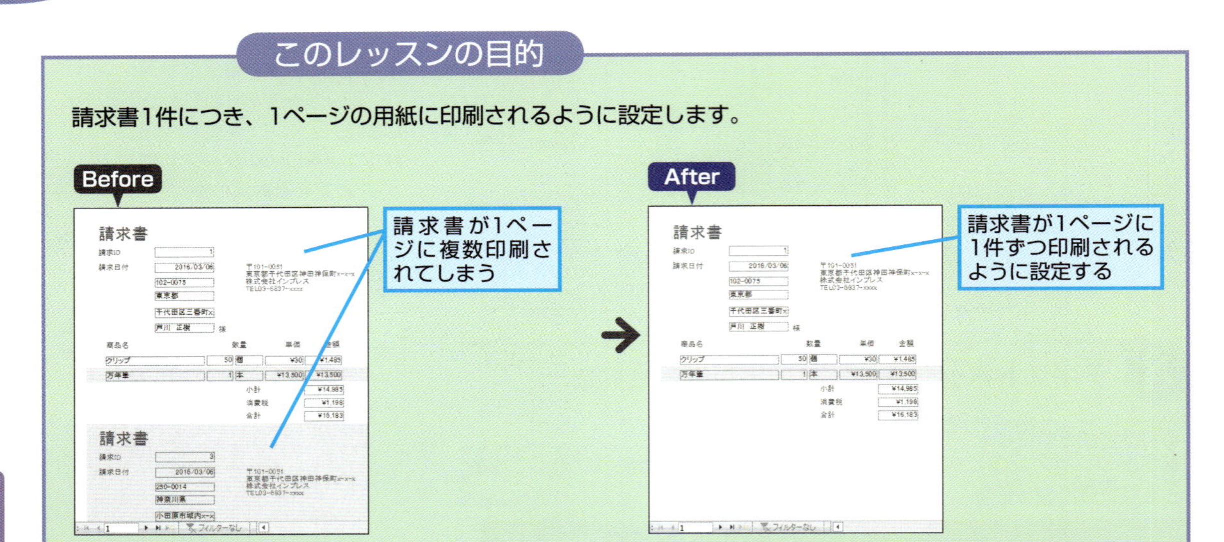

1 ［請求IDフッター］セクションに改ページを設定する

基本編のレッスン㊻を参考に［請求書レポート］をデザインビューで表示しておく

グループフッターに改ページを設定する

❶［レポートデザインツール］の［デザイン］タブをクリック

❷［コントロール］をクリック

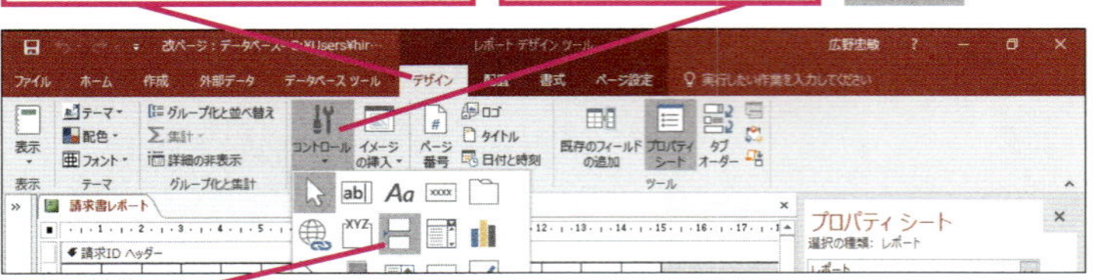

❸［改ページの挿入］をクリック

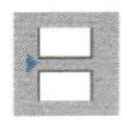

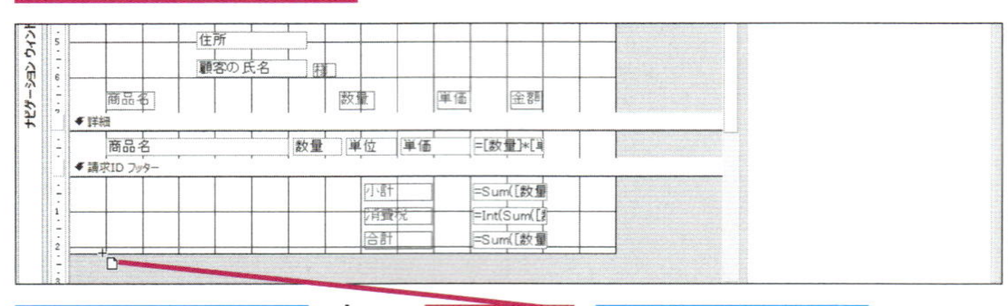

マウスポインターの形が変わった

❹ここをクリック

［2］の目盛りより少し下に合わせる

▶キーワード

印刷プレビュー	p.418
セクション	p.420
デザインビュー	p.421
フッター	p.421
ヘッダー	p.421
レコード	p.422
レポート	p.422

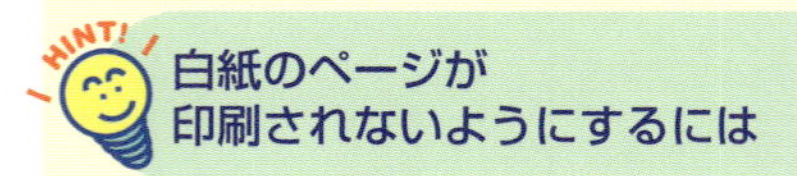

レッスンで使う練習用ファイル
改ページの挿入.accdb

HINT! 白紙のページが印刷されないようにするには

改ページがレポートの最下端に配置されていないと、レポートを印刷プレビューで表示したときに白紙のページが表示されます。白紙のページが表示されたときは、手順2を参考にして改ページがレポートの最下端に配置されているかどうかを確認しましょう。

2 改ページが設定された

改ページを表す記号が表示された

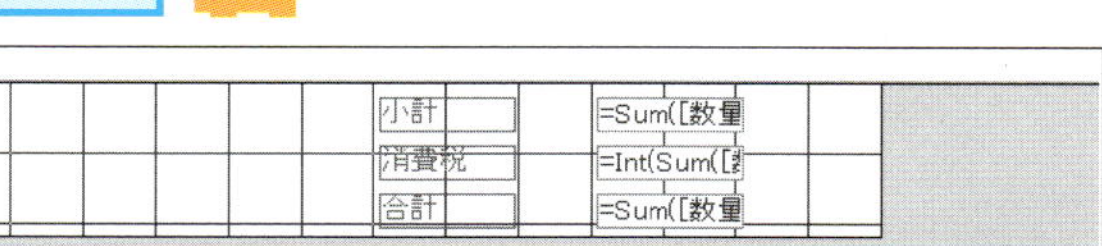

3 印刷プレビューを表示する

改ページの設定を印刷プレビューで確認する

❶［レポートデザインツール］の［デザイン］タブをクリック

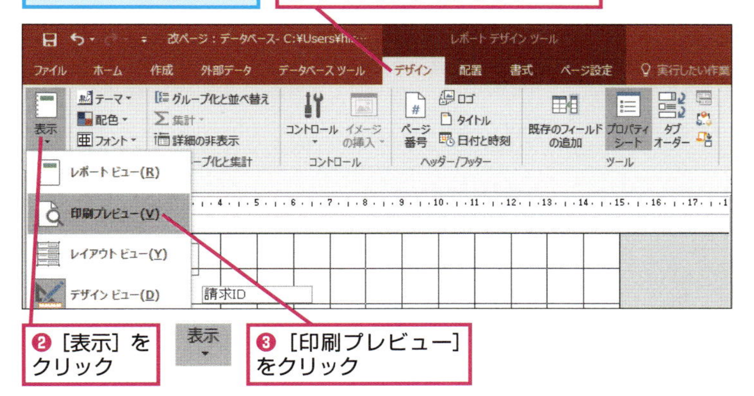

❷［表示］をクリック

❸［印刷プレビュー］をクリック

4 印刷プレビューを確認する

印刷プレビューが表示された

請求書が1ページに1枚ずつ印刷できるようになった

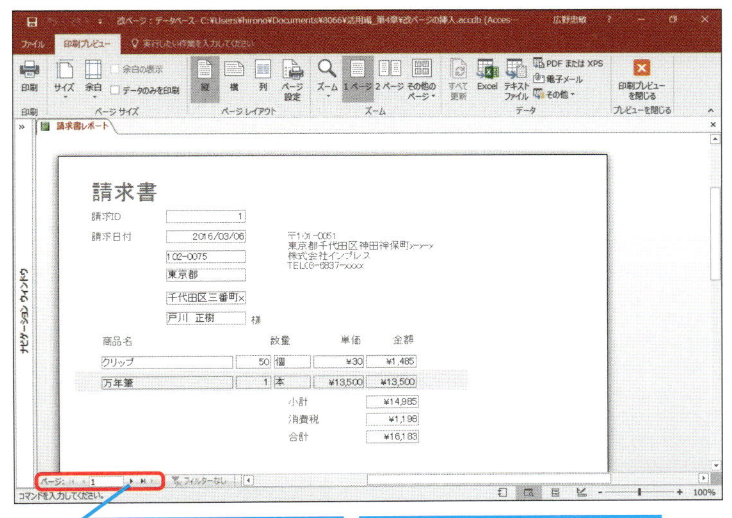

ここをクリックすると伝票ごとに印刷プレビューを表示できる

基本編のレッスン㊺を参考にレポートを閉じておく

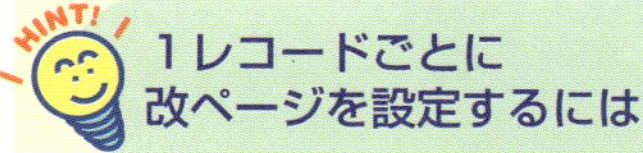

1レコードごとに改ページを設定するには

［詳細］セクションの最後に改ページを挿入すると、1レコードごとに改ページが設定されます。単票のレポートを作成するときなどに使いましょう。

間違った場合は？

［請求IDフッター］セクション以外のセクションに改ページを追加すると、請求書ごとに改ページされません。Deleteキーで改ページを削除して、正しい位置に改ページを追加し直します。

プロパティシートで改ページを設定できる

［詳細］セクションや［グループヘッダー］セクションには、プロパティシートから［改ページ］を設定できます。例えば、［グループヘッダー］セクションの［改ページ］を［カレントセクションの前］に設定すると、異なるグループが印刷されるときに自動的に改ページされます。また、［詳細］セクションの［改ページ］プロパティを使えば、［詳細］セクションの1レコードごとに改ページを指定できます。なお、コントロールとプロパティの［改ページ］を同時に使うと、後で編集するときに改ページの位置が把握しにくくなるので、注意しましょう。

Point

好きな位置で改ページできる

レポートでは、印刷される行数が用紙の行数を超えたときに自動的に改ページされ、次のページに印刷されます。請求書ごとに1ページで印刷するときや、まとまった情報を1ページで印刷するときは、レポートに改ページを挿入しましょう。レポートに改ページを挿入すると、その部分を印刷しようとするときに、同じ用紙の次の行に印刷されるのではなく、次の用紙に印刷されます。レポートに改ページを挿入して、見やすいレポートを作りましょう。

セクションの背景色を変えるには

境界線スタイル、代替の背景色

このまま印刷すると、テキストボックスの黒い枠線とセクションの背景色が1レコードごとに灰色で表示されます。境界線と背景色を変更して見ためをよくしましょう。

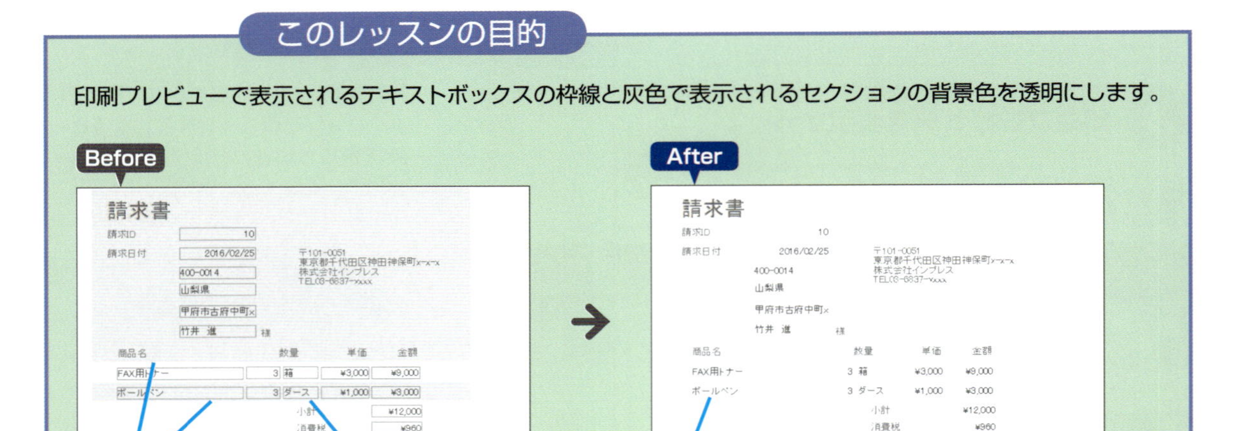

1 ［請求IDヘッダー］のコントロールをすべて選択する

基本編のレッスン㊻を参考に［請求書レポート］をデザインビューで表示しておく

テキストボックスとラベルをすべて選択する

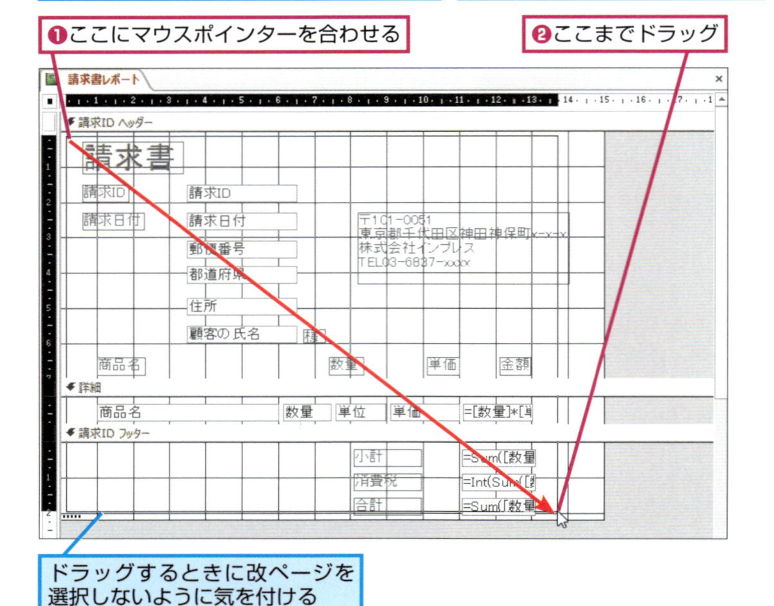

▶キーワード

レッスンで使う練習用ファイル

境界線スタイル、代替の背景色.accdb

間違った場合は？

手順2の［書式］タブをクリックしても、［境界線スタイル］が表示されないときは、ラベルとテキストボックス以外のものを選択しています。選択を解除して、もう一度ラベルとテキストボックスを選択し直しましょう。

② フィールドの境界線を削除する

フィールドの境界線を削除する

基本編のレッスン㊽を参考に［プロパティシート］を表示しておく

❶［書式］タブをクリック

❷［境界線スタイル］のここをクリック

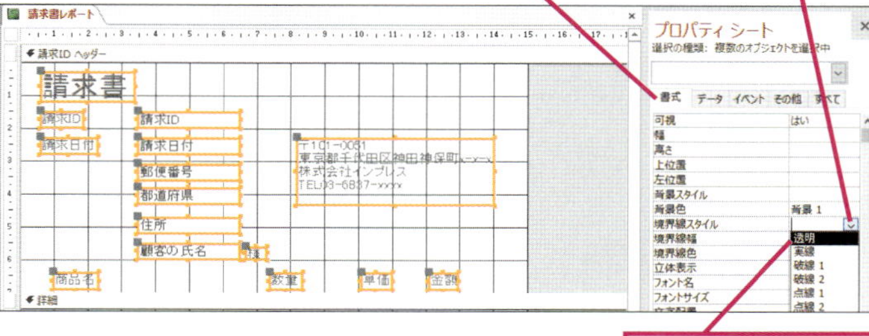

❸［透明］をクリック

③ 背景色の書式を設定する

［請求IDヘッダー］セクションの背景色を［白、背景1］に変更する

❶［請求IDヘッダー］セクションをクリック

❷［書式］タブをクリック

❸［代替の背景色］のここをクリック

❹［白、背景1］を選択

［詳細セクション］の背景色を［白、背景1］に変更する

❺［詳細］セクションをクリック

❻［代替の背景色］のここをクリックして［白、背景1］を選択

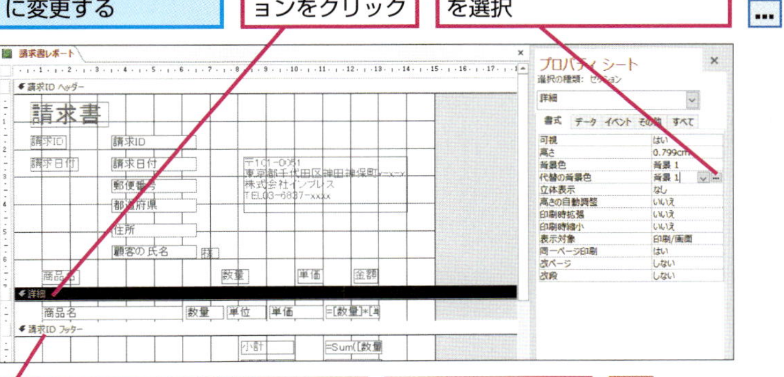

❼同様に［請求IDフッター］セクションの背景色を［白、背景1］に変更

❽［上書き保存］をクリック

活用編のレッスン㊱を参考に印刷プレビューを表示して請求書の背景色が白になったことを確認しておく

HINT! Officeテーマ以外の背景色に変更するには

セクションの背景色を変更するには［背景色］プロパティと［代替の背景色］プロパティの…をクリックしてから色を選択します。［標準の色］か［その他の色］にある色を使えば、テーマによって色が変わりません。

背景色のここをクリック

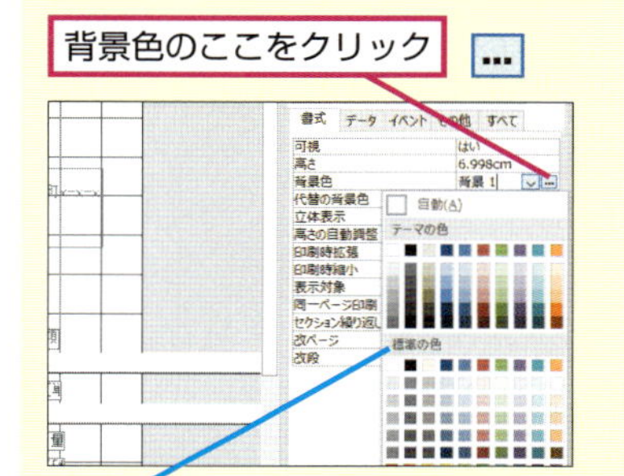

一覧から色を選択できる

HINT! はじめから色が設定されているのはなぜ？

レポートを作成するとセクションの書式にはテーマの背景色が設定されます。書式を変更せずに印刷プレビューを表示すると、セクションの背景が灰色になるのはそのためです。背景色が必要ないときは、このレッスンを参考に自分で背景色を設定しましょう。

Point 背景色を確認して、必要に応じて修正しよう

新しくレポートを作成すると、セクションには背景色が設定されます。背景色には［背景色］と［代替の背景色］の2つのプロパティがあり、奇数番目のレコードの背景色には［背景色］、偶数番目のレコードの背景色には［代替の背景色］が表示されます。このままの状態でレポートを印刷すると、1レコードごとに背景色が灰色になります。請求書のようにレコードごとに背景色が設定されてしまうと困るときは、［背景色］と［代替の背景色］を同じ色に変更しておきましょう。

活用編

レッスン38 レポートの体裁を整えるには

直線とラベルの追加

請求書に配置したテキストボックスの配置や大きさを調整して見ためを整えましょう。このレッスンでは直線やラベルを追加して、請求書を完成させます。

このレッスンの目的

ラベルや直線を追加して、見やすくなるようにレポートのレイアウトを整えます。

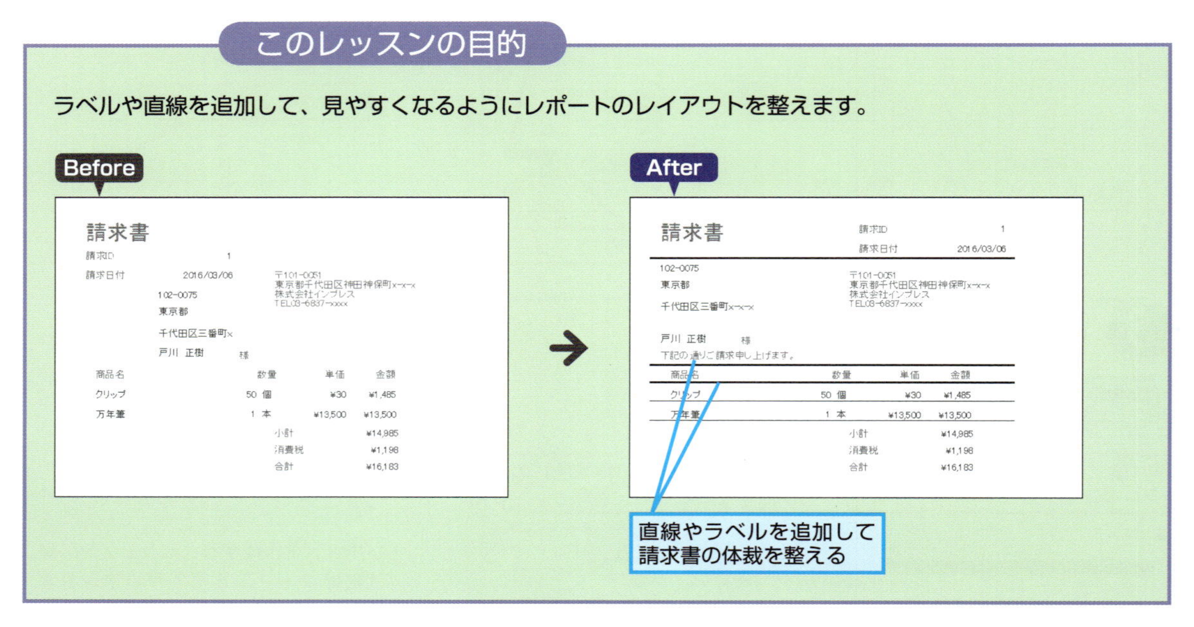

① [請求ID] と [請求日付] のテキストボックスを移動する

基本編のレッスン㊻を参考に [請求書レポート] をデザインビューで表示しておく

❶[請求ID]と[請求日付]のテキストボックスをShiftキーを押しながらクリック

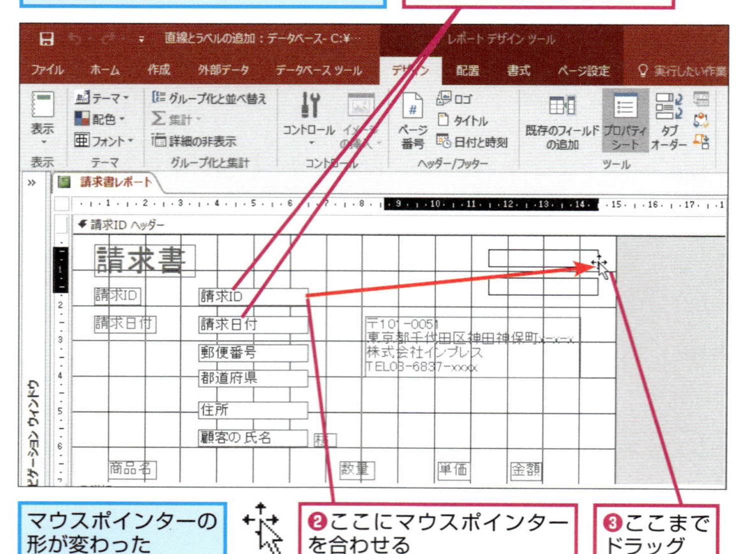

マウスポインターの形が変わった

❷ここにマウスポインターを合わせる

❸ここまでドラッグ

▶キーワード

印刷プレビュー	p.418
コントロール	p.419
セクション	p.420
テキストボックス	p.421
フィールド	p.421
プロパティシート	p.421
ラベル	p.422
レポート	p.422

レッスンで使う練習用ファイル

直線とラベルの追加.accdb

間違った場合は?

手順1でテキストボックスを移動する位置を間違えたときは、もう一度正しい位置に配置し直します。

2 続けてテキストボックスを移動する

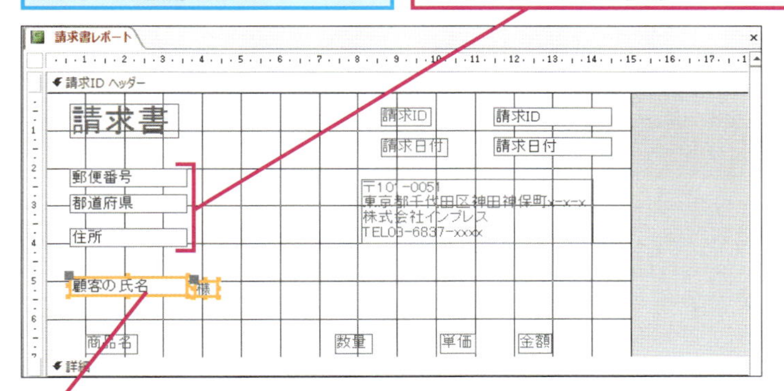

3 [住所]のテキストボックスのサイズを大きくする

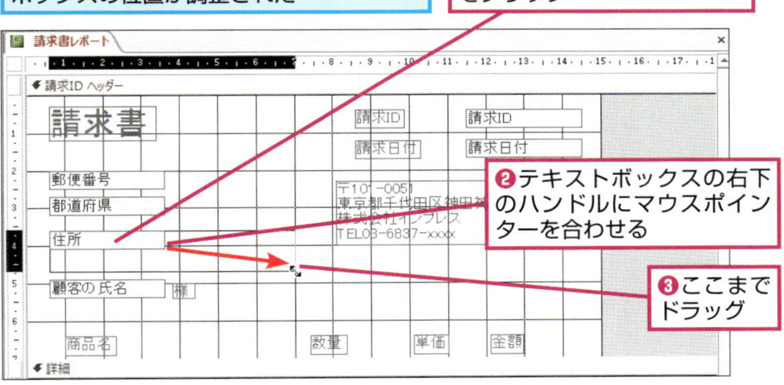

4 ラベルを追加する

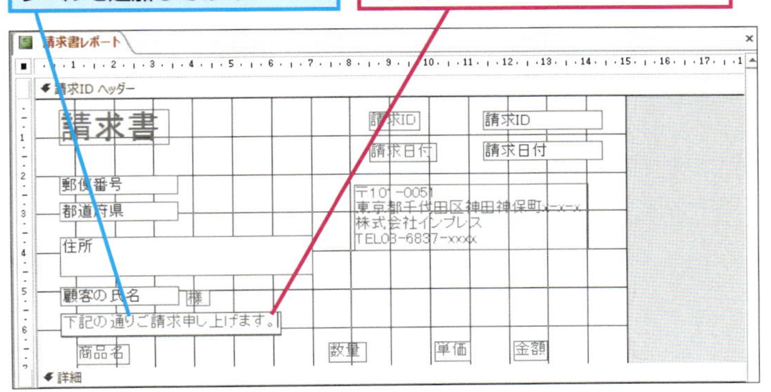

Tabキーでコントロールを選択できる

レポートに配置されているテキストボックスやラベルなどのコントロールが選択されているときにTabキーを押すと、次々と別のコントロールを選択できます。直線など、マウスで選択しにくいコントロールを選択するときに便利です。

❶Tabキーを押す

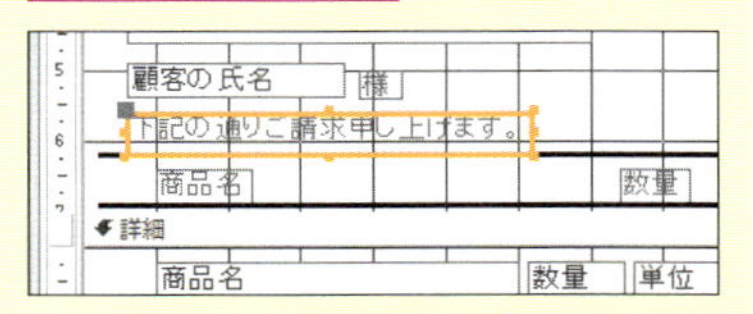

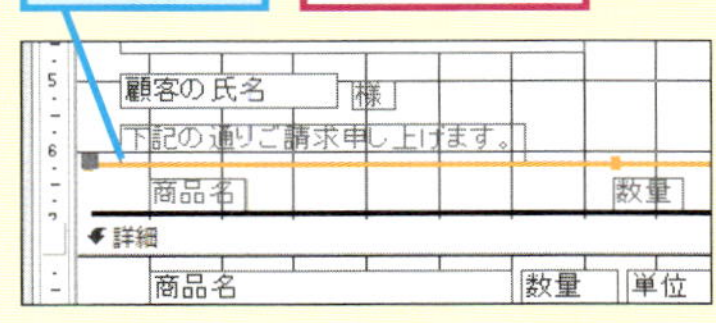

ラベルの大きさは自動的に変わる

ラベルを追加するとき、入力する文字の長さを意識する必要はありません。ラベルは入力する文字の長さやフォントの大きさに応じて、高さが自動で変わります。そのため、文字を入力してから幅を変更した方が効率的です。

次のページに続く

5 直線を追加する

表題と取引先名、項目名と明細などを区切る線を引く

❶［レポートデザインツール］の［デザイン］タブをクリック

❷［コントロール］をクリック

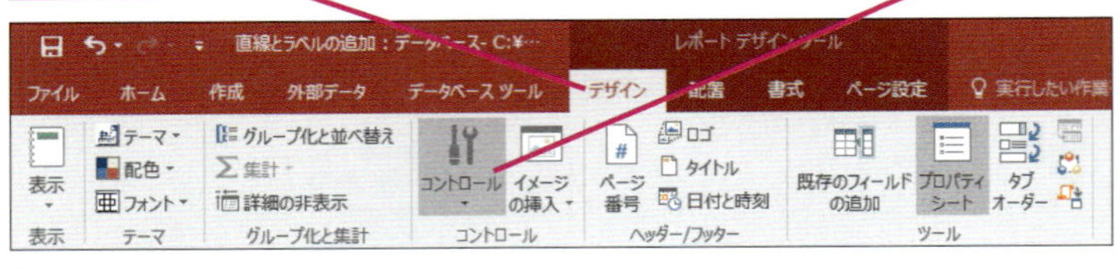

❸［直線］をクリック

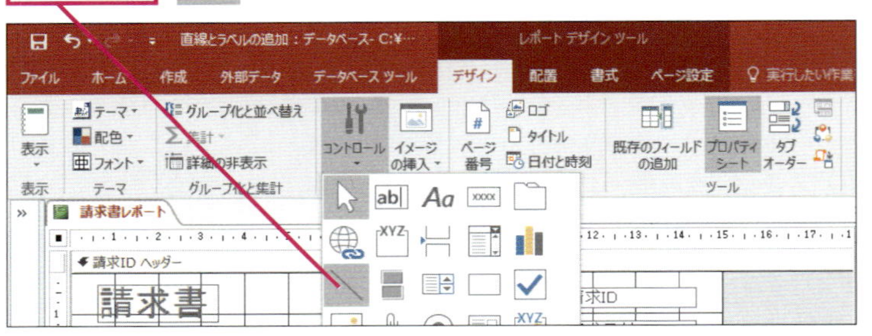

6 直線を引く

❶ここにマウスポインターを合わせる

マウスポインターの形が変わった

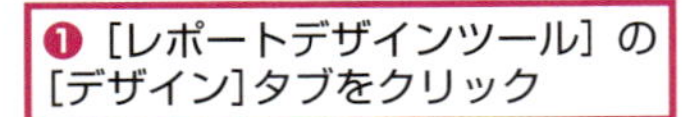

❷Shiftキーを押したままここまでドラッグ

❸同様に、［請求IDヘッダー］セクションのこの位置に同じ長さの直線を2本追加

［商品名］などのラベルの上下にも直線を追加する

❹同様にして［詳細］セクションの最後に同じ長さの直線を追加

HINT! テキストボックスやラベルの色を変えられる

テキストボックスやラベルを目立たせたいときは、色を変更しましょう。［フォントの色］を変更すると、テキストボックスやラベルに表示される文字の色を、［背景色］を変更するとテキストボックスやラベルの背景色をそれぞれ変更できます。

［書式］タブの［フォントの色］のここをクリックするとフォントの色を選択できる

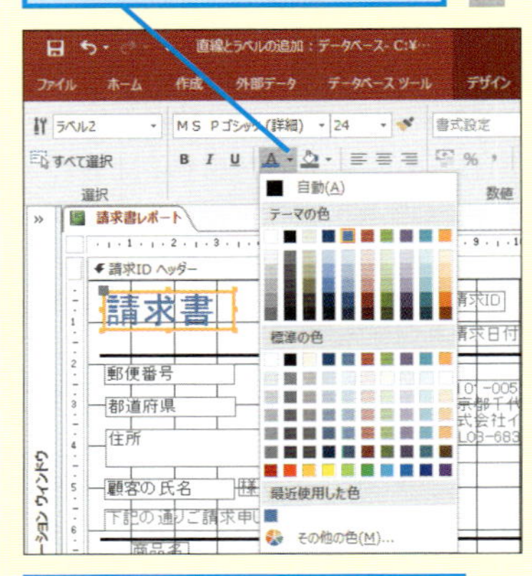

［背景色］のここをクリックするとラベルやテキストボックスの背景色を選択できる

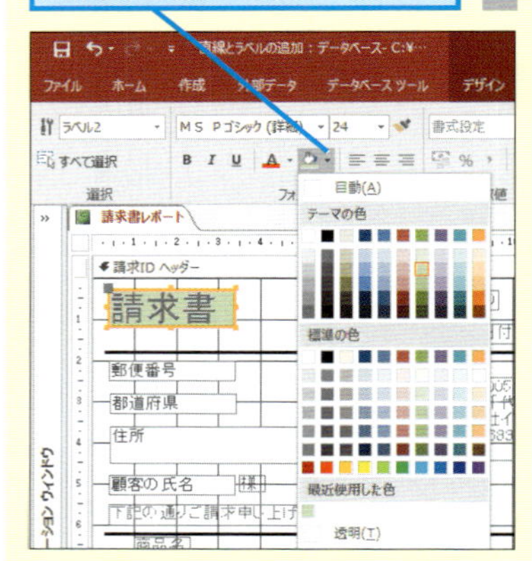

間違った場合は？

手順6で直線を引く位置を間違えたときは、Deleteキーを押して直線を削除してから、もう一度正しい位置に配置し直します。

活用編 第4章 レポートを自由にレイアウトする

7 直線の太さを変更する

直線のコントロールを選択する

レポートを見やすくするために直線の太さを変更する

❶一番上の直線をクリック

❷Shiftキーを押しながら上から2番目と3番目の直線をクリック

❸［書式］タブをクリック

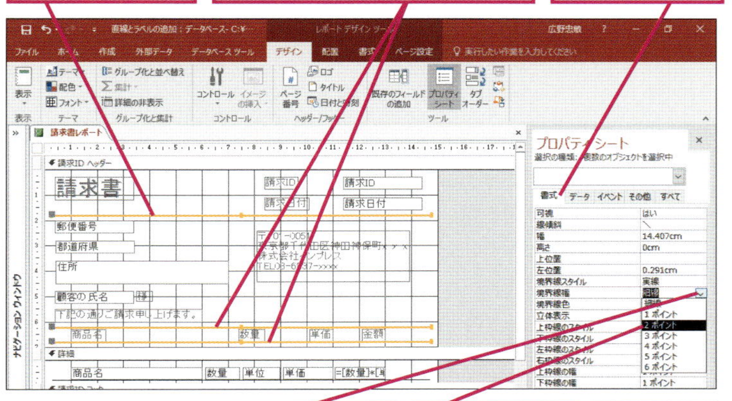

❹［境界線幅］のここをクリック

❺［2ポイント］をクリック

直線が太くなる

8 レポートのレイアウトを確認する

活用編のレッスン㊱を参考に［請求書レポート］を印刷プレビューで表示しておく

調整したラベルやテキストボックス、直線の位置を確認する

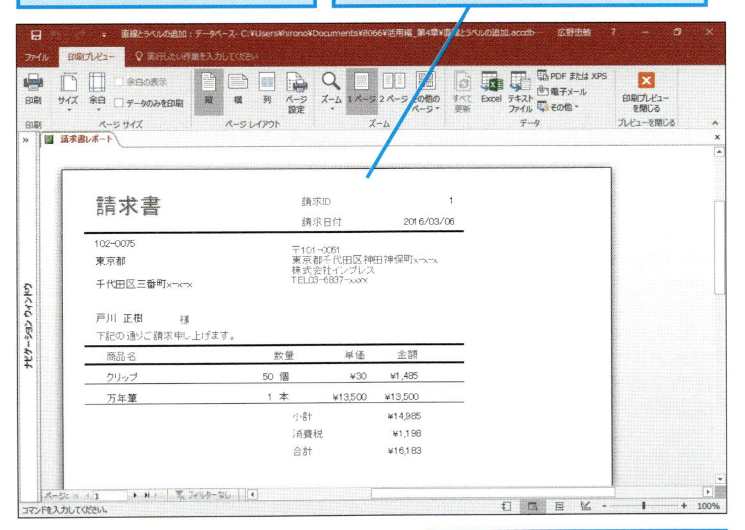

［上書き保存］をクリック

基本編のレッスン㊺を参考にレポートを閉じておく

HINT! 印刷プレビューでテキストボックスがはみ出すときは

テキストボックスの幅に収まらないデータは印刷されません。印刷や印刷プレビューを実行したときに、内容がはみ出してしまうときは、テキストボックスのプロパティシートで［印刷時拡張］を［はい］に設定します。［印刷時拡張］を設定すると、フィールドの内容に応じてテキストボックスの高さが下方向に拡張され、フィールドの内容をすべて印刷できます。

テキストボックスを選択しておく

❶［書式］タブをクリック

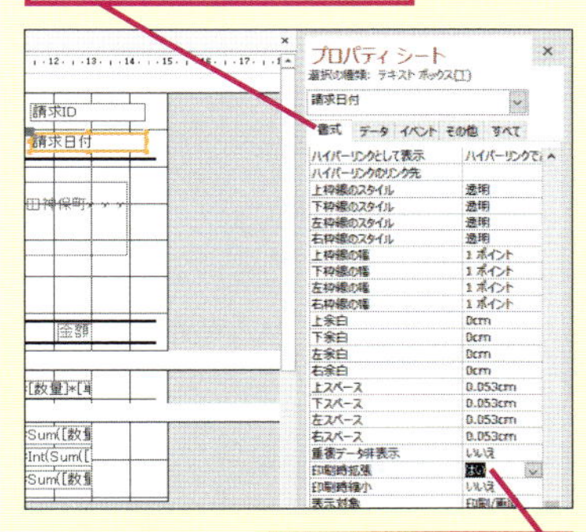

❷［印刷時拡張］で［はい］を選択

Point 印刷プレビューで確認しながら編集しよう

レポートに印刷するフィールドを配置したときは、レポートが見やすくなるようにテキストボックスやラベルなどを調整しましょう。請求書のようにセクションで分かれているレポートの体裁を整えるときに、デザインビューではページ全体のイメージを確認できません。見やすいレイアウトのレポートを作るときは、必ず印刷プレビューでページ全体を確認しながら、テキストボックスやラベルの位置や大きさを調整しましょう。

活用編 レッスン 39

同じ請求書を印刷しないようにするには

抽出条件の応用

クエリの抽出条件を使うと抽出したレコードのみを印刷できます。［印刷済］フィールドを使って、一度印刷した請求書が印刷されないようにしましょう。

このレッスンの目的

このままの設定では、レポートの印刷を行うたびにすべての請求書が印刷の対象になります。このレッスンでは、すでに印刷が完了している請求書の［印刷済］フィールドにチェックマークを付け、一度印刷した請求書が二度印刷されないように設定します。

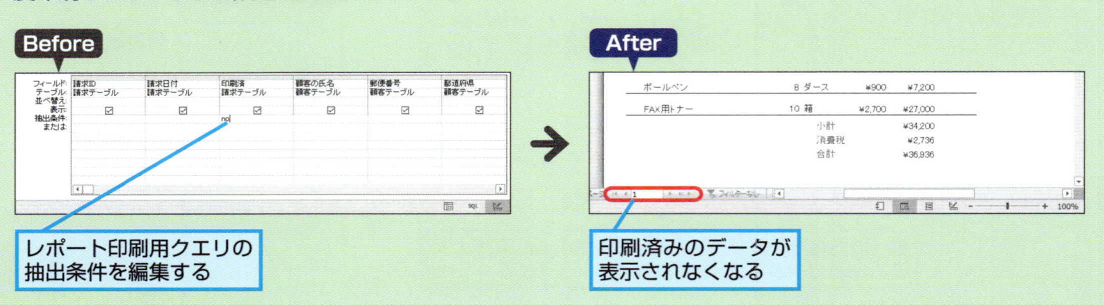

1 ［印刷済］フィールドに抽出条件を設定する

活用編のレッスン㉛で作成した［レポート用クエリ］をデザインビューで表示しておく

ここでは［印刷済］フィールドにチェックマークが付いていないレコードだけをクエリの結果に含めるように設定する

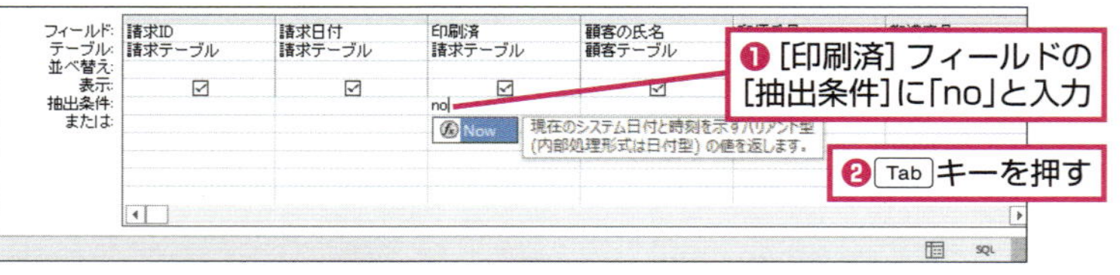

抽出条件を設定できた

❸［上書き保存］をクリック

活用編のレッスン㉒を参考にクエリを閉じておく

2 ［請求テーブル］を表示する

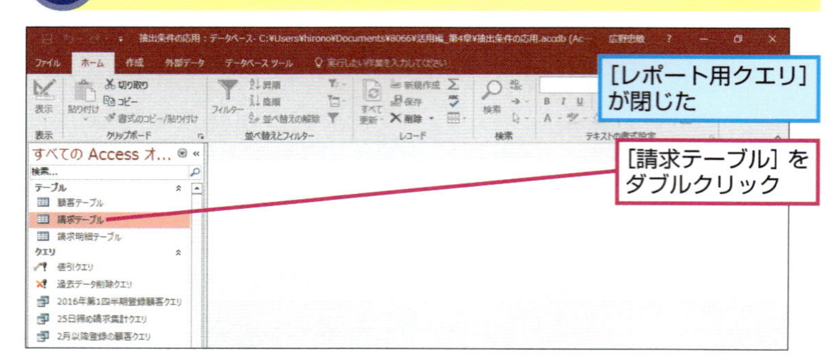

▶キーワード

レッスンで使う練習用ファイル

抽出条件の応用.accdb

HINT! 数式オートコンプリートの機能をスキップする

手順1で［印刷済］フィールドの［抽出条件］に「no」と入力すると、数式オートコンプリートの機能によってドロップダウンリストにNow関数の項目が表示されます。操作2のように Tab キーを押せば、数式オートコンプリートの機能をスキップし、「no」を素早く入力できます。

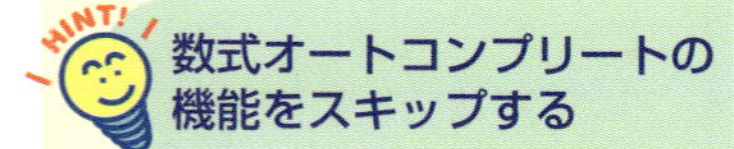

活用編 第4章 レポートを自由にレイアウトする

[印刷済] フィールドのチェックボックスにチェックマークを付ける

[請求テーブル] がデータシートビューで表示された

[レポート用クエリ] の変更を確認するために [請求テーブル] の [印刷済] フィールドにチェックマークを付ける

一番下のレコード以外の [印刷済] をクリックしてチェックマークを付ける

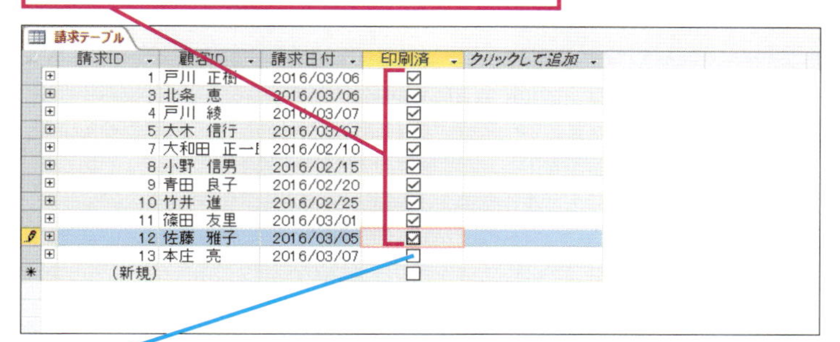

1番下の「本庄　亮」のレコードはチェックマークをはずしたままにしておく

活用編のレッスン❹を参考にテーブルを閉じておく

[請求書レポート] を表示する

手順3でチェックマークを付けたデータが印刷されないことを確認する

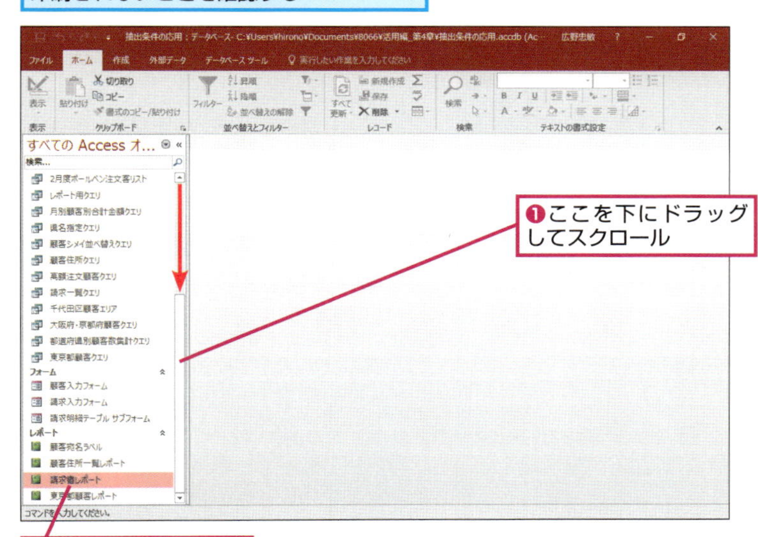

❶ここを下にドラッグしてスクロール

❷[請求書レポート] をダブルクリック

なぜ「no」と入力するの？

[請求テーブル] の [印刷済] フィールドには [Yes/No型] のデータ型を設定します。[Yes/No型] は、YesかNoの値を設定でき、データシートビューやフォームでは、チェックボックスが表示されます。チェックマークが付いているとYes、チェックマークが付いていないとNoになります。チェックマークが付いていないレコードをクエリで抽出するので、手順1で [抽出条件] に「no」と入力します。

レポートのクエリを変更するとレポートの結果も変わる

レポートはレコードソースで指定したクエリの実行結果を元に印刷されます。そのため、クエリを編集してから再度レポートを印刷すると、編集後のクエリの実行結果を元に印刷されます。このレッスンのように抽出条件だけを変更したときは、レポートに印刷されるフィールドには影響はありません。しかし、レポートで使われているフィールドをクエリから削除してしまうと、削除したフィールドはレポートに印刷されないので注意しましょう。また、クエリに新しいフィールドを追加するときも注意が必要です。クエリに新しく追加したフィールドは、そのままではレポートには印刷されません。クエリに追加したフィールドをレポートとして印刷したいときは、クエリに追加したフィールドをレポートにも追加しておきましょう。

チェックマークを自動的に付けるには

[Yes/No型] のフィールドに値を設定して自動的にチェックマークを付けるには更新クエリを使います。更新クエリでチェックマークを付ける方法は、353ページのテクニックで詳しく説明します。

次のページに続く

5 印刷プレビューを表示する

[請求書レポート] がレポートビューで表示された

❶ [ホーム] タブをクリック

❷ [表示] をクリック

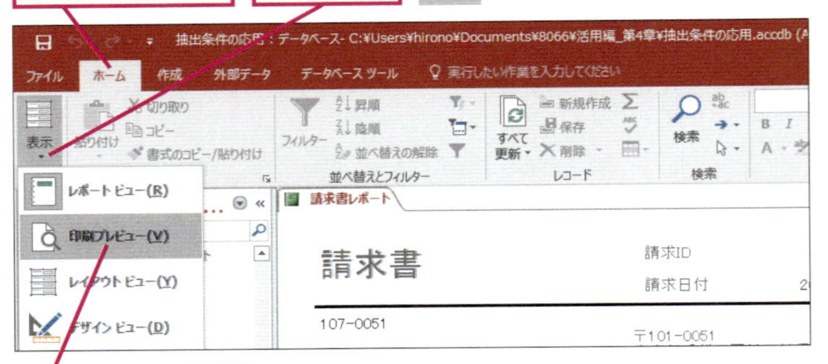

❸ [印刷プレビュー] をクリック

6 抽出されたレポートが表示された

[本庄　亮] のレコードがレポートに表示された

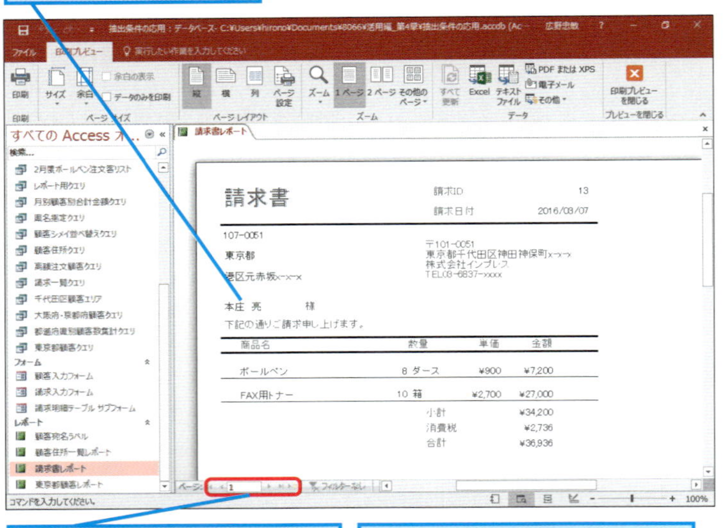

請求書が1枚だけ印刷されるので、移動ボタンの左右でボタンの操作ができなくなる

手順2 ～手順3を参考にして [請求テーブル] の [印刷済] のチェックマークをすべてはずしておく

基本編のレッスン㊺を参考にレポートを閉じておく

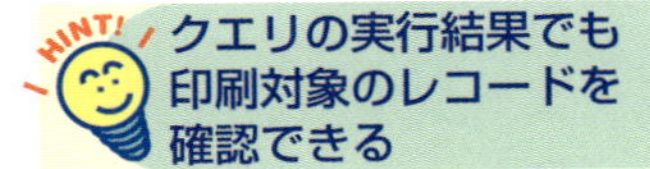

HINT! クエリの実行結果でも印刷対象のレコードを確認できる

この章で作成したレポートのように、レコードソースにクエリが指定されている場合、クエリをデータシートビューで表示しても印刷していないレコードを確認できます。

[請求テーブル] の [印刷済] フィールドにチェックマークを付けておく

[レポート用クエリ] をデータシートビューで表示

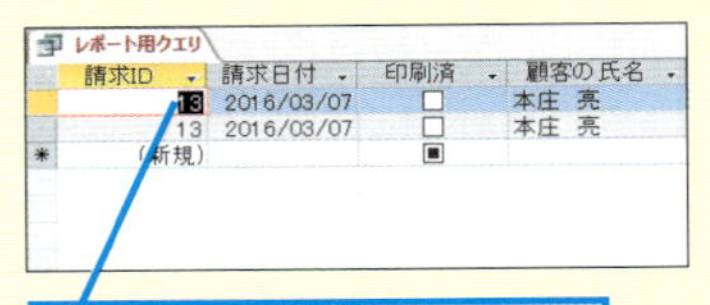

印刷されていないレコードが表示された

[請求書レポート] を実行すると、このクエリに表示されたレコードが印刷される

間違った場合は？

手順6で [本庄　亮] のレコードが表示されないときは、手順1から操作をやり直します。

Point 条件に合ったクエリの結果を印刷する

このレッスンでは、[請求テーブル] の [印刷済] フィールドにチェックマークが付いていないレコードだけを印刷するように設定しました。このように、レポートのレコードソースとして指定したクエリに抽出条件を設定すると、条件に合ったレコードだけを印刷できます。請求書の印刷が終わったら、印刷した請求書の [印刷済] フィールドにチェックマークを付けておけば、一度印刷した請求書は次からは印刷されなくなります。このようにして印刷を制御すれば、請求書の二重発行といったミスを防げます。

テクニック 印刷済みデータに一括でチェックマークを付ける

一度印刷した請求書を、次回からは印刷しないように一括して設定できます。印刷を実行したレコードの[印刷済]フィールドに、更新クエリでチェックマークを付けてみましょう。

1 更新クエリを作成する

印刷の終了後に［請求テーブル］の［印刷済］フィールドに一括でチェックマークを付けるためのクエリを作成する

❶活用編のレッスン㉒を参考に新しいクエリを作成し、［請求テーブル］をクエリに追加

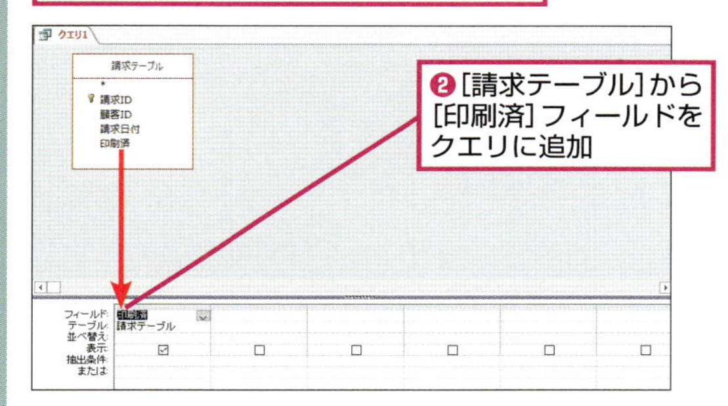

❷［請求テーブル］から［印刷済］フィールドをクエリに追加

2 更新クエリを設定する

❶［クエリツール］の［デザイン］タブをクリック

❷［更新］をクリック

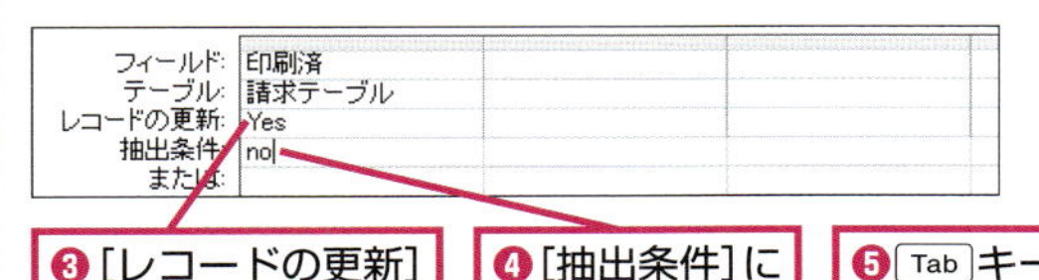

❸［レコードの更新］に「yes」と入力

❹［抽出条件］に「no」と入力

❺ Tab キーを押す

3 更新クエリを保存する

［印刷済］フィールドが［No］のレコードを［Yes］に更新する

必ず半角文字で入力する

［上書き保存］をクリックして［印刷済み更新クエリ］として保存

クエリを閉じておく

4 ［請求書レポート］を印刷する

［請求書レポート］を印刷プレビューで表示しておく

［印刷］をクリック

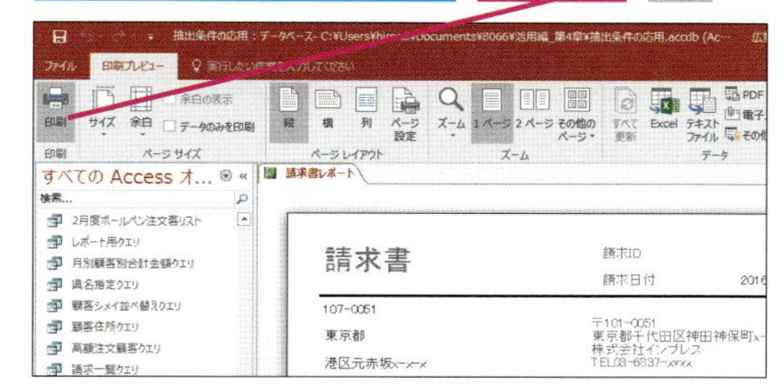

請求書が印刷される

印刷できたらレポートを閉じておく

5 ［印刷済み更新クエリ］を実行する

印刷が終了したので、現在の［請求テーブル］のレコードの［印刷済］フィールドすべてにチェックマークを付ける

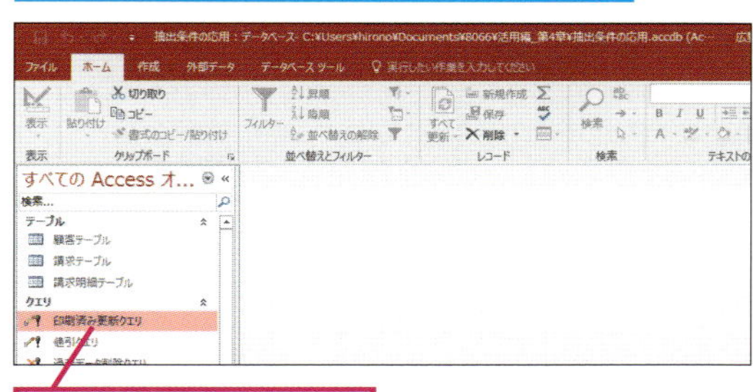

❶［印刷済み更新クエリ］をダブルクリック

更新クエリの実行を確認するためのダイアログボックスが表示された

❷［はい］をクリック

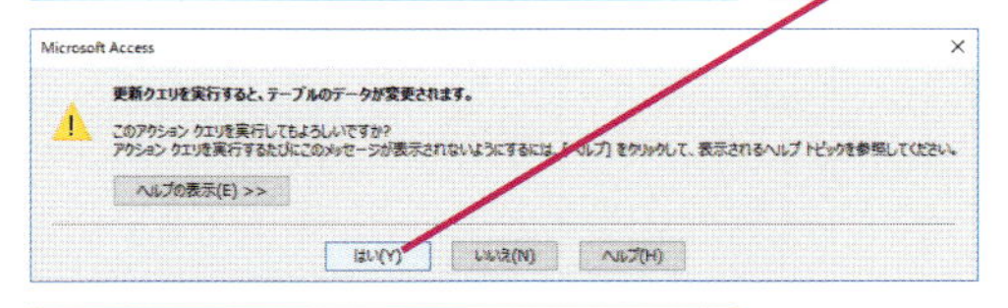

更新されるデータの件数を表示するダイアログボックスが表示された

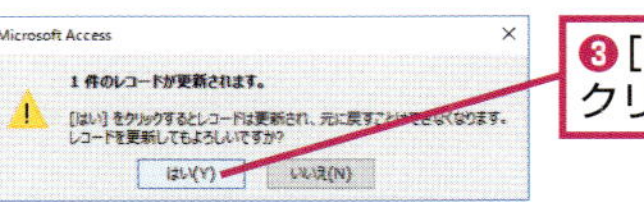

❸［はい］をクリック

印刷済みの請求書が［請求書レポート］の印刷プレビューで表示されなくなる

レポートにグラフを追加するには

グラフウィザード

テーブルのデータやクエリの実行結果をグラフ化してレポートなどに挿入できます。［グラフウィザード］を使ってクエリの実行結果からグラフを作ってみましょう。

このレッスンの目的

レポートにはグラフを挿入できます。テーブルやクエリの実行結果をグラフ化したいときは、グラフウィザードを使ってグラフを作成します。

Before

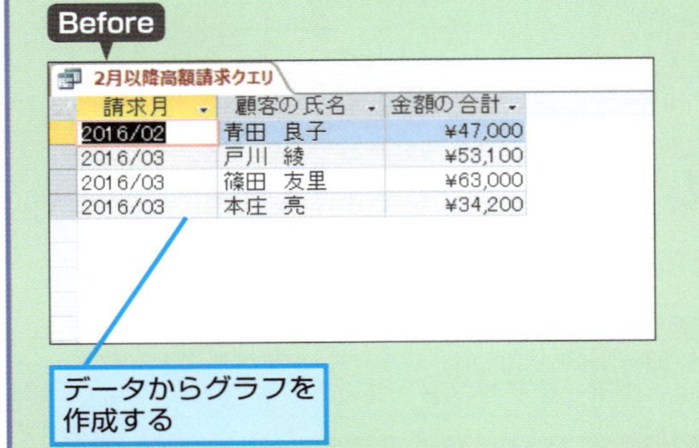

請求月	顧客の氏名	金額の合計
2016/02	青田 良子	¥47,000
2016/03	戸川 綾	¥53,100
2016/03	篠田 友里	¥63,000
2016/03	本庄 亮	¥34,200

データからグラフを作成する

After

［グラフウィザード］でグラフを作成できる

1 セクションの幅と高さを調整する

活用編のレッスン㉛の手順6を参考にレポートを新規作成しておく

ナビゲーションウィンドウを閉じておく

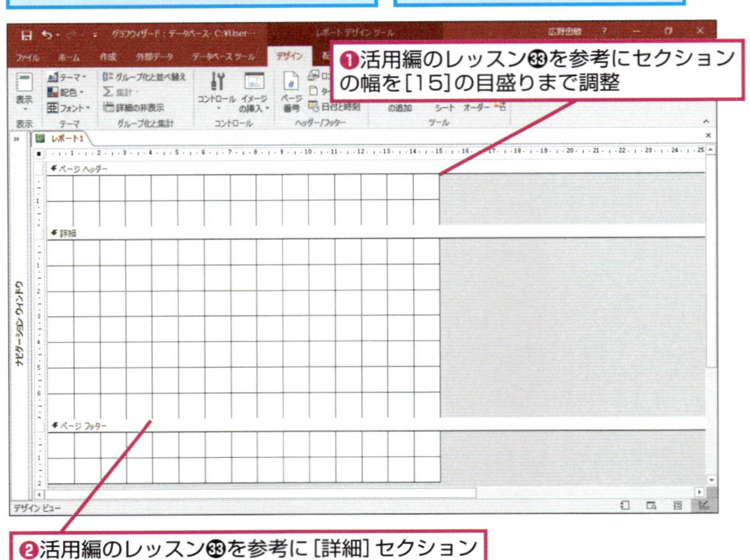

❶活用編のレッスン㉝を参考にセクションの幅を［15］の目盛りまで調整

❷活用編のレッスン㉝を参考に［詳細］セクションの高さを［7］の目盛りまで調整

▶キーワード

レッスンで使う練習用ファイル

グラフウィザード.accdb

② グラフを挿入する

セクションの幅と高さを調整できた

❶[レポートデザインツール]の[デザイン]タブをクリック

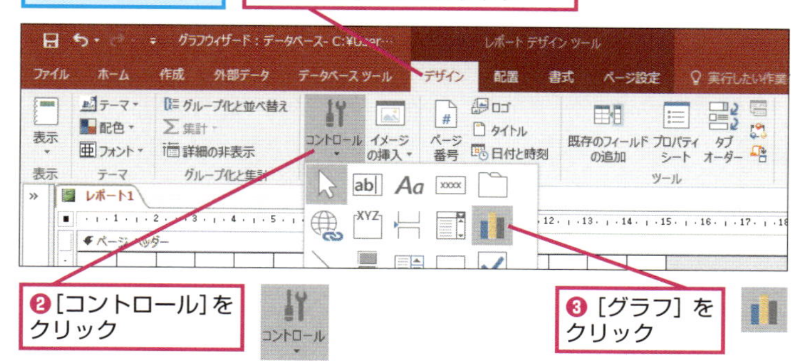

❷[コントロール]をクリック

❸[グラフ]をクリック

③ グラフを追加する位置を指定する

❶ここにマウスポインターを合わせる

マウスポインターの形が変わった

❷ここまでドラッグ

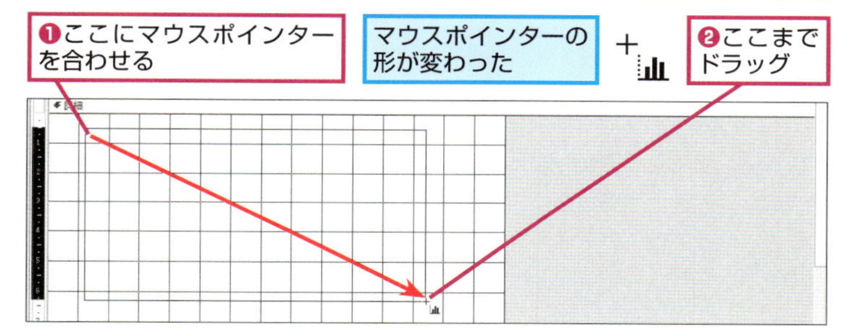

④ グラフにするクエリを選択する

[グラフウィザード]が表示された

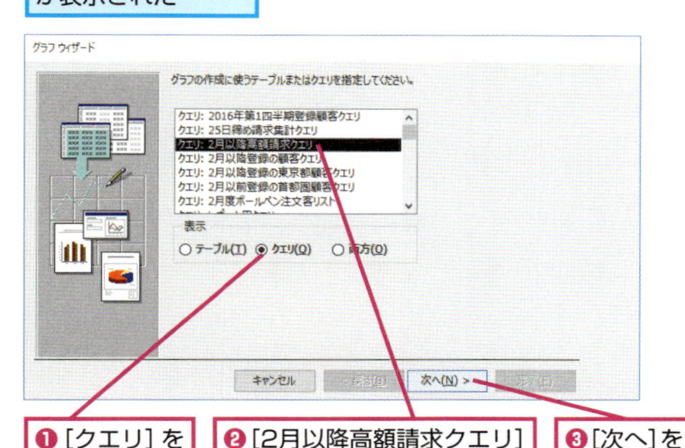

❶[クエリ]をクリック

❷[2月以降高額請求クエリ]をクリック

❸[次へ]をクリック

注意 [2月以降高額請求クエリ]は[グラフウィザード.accdb]にあるクエリです。前のレッスンから続けて操作している場合は、[グラフウィザード]を開いて操作し直してください

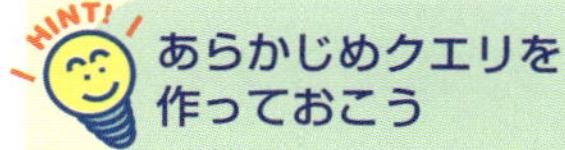

HINT! あらかじめクエリを作っておこう

このレッスンで利用する［グラフウィザード］では、1つのテーブルまたはクエリの実行結果をグラフにできます。2つ以上のテーブルやクエリの実行結果はグラフにできないので注意しましょう。例えば、リレーションシップが設定された複数のテーブルの内容をグラフにしたいときは、複数のテーブルを使ったクエリを作成してから、［グラフウィザード］でそのクエリを選択します。あらかじめクエリを作成しておけば、2つ以上のテーブルのデータをグラフにできます。

HINT! グラフを作るための3つの要素を知ろう

［グラフウィザード］では、グラフを作るために「軸」「系列」「データ」の3つの要素を使います。「軸」や「系列」は作成するグラフの種類によって違いますが、棒グラフや折れ線グラフのときは、軸はグラフの横軸、系列はグラフの系列（棒グラフのときは1つの軸に表示する要素の数、折れ線グラフのときはグラフの折れ線の要素の数）を指定します。［データ］には［軸］や［系列］でどのフィールドの値をどう集計するのかを指定できます。

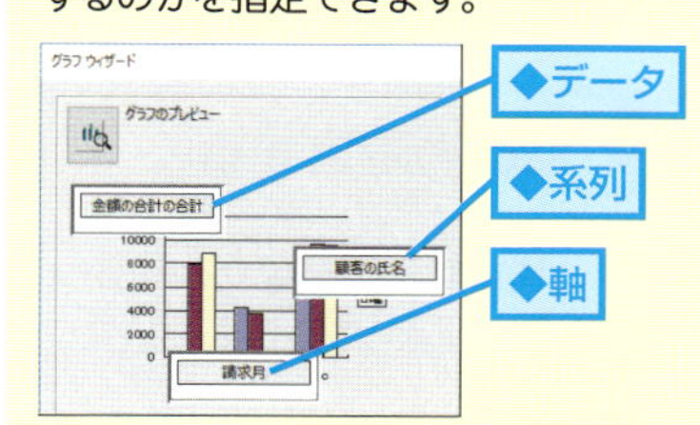

間違った場合は？

手順3でグラフを追加する場所を間違えてしまった場合は、手順4で表示される［グラフウィザード］の［キャンセル］ボタンをクリックし、手順2から操作をやり直します。

次のページに続く

5 グラフに使うフィールドを選択する

グラフに必要なフィールドを選択する

❶ここをクリックしてすべてのフィールドを追加

>>

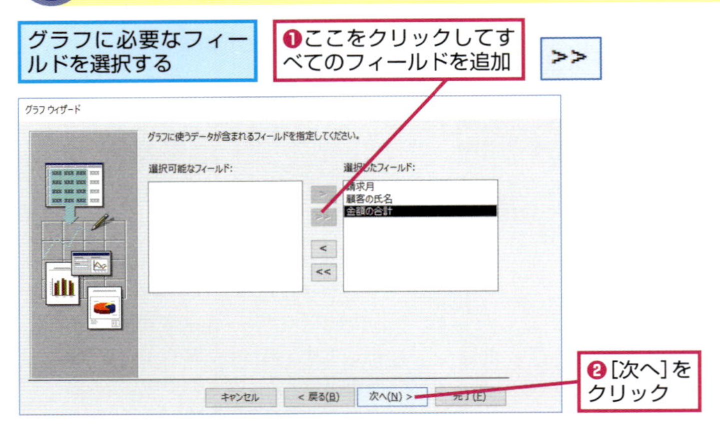

❷[次へ]をクリック

6 グラフの種類を選択する

フィールドを選択できた

❶[縦棒グラフ]をクリック

ここにグラフの説明が表示される

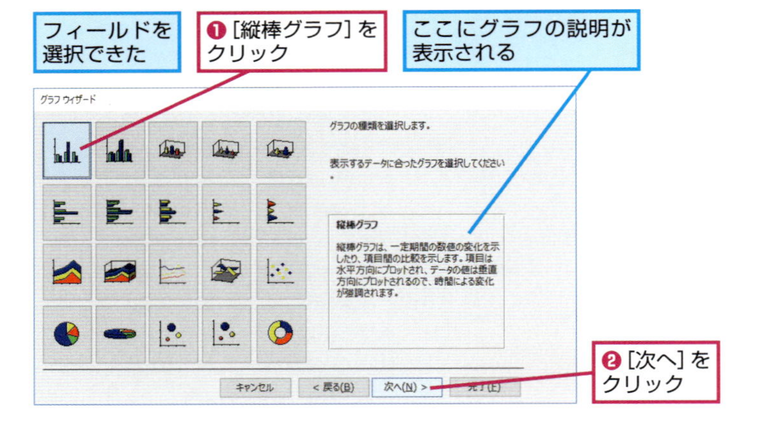

❷[次へ]をクリック

7 横軸を設定する

グラフの種類を選択できた

[顧客の氏名]がグラフの横軸に表示されるようにする

❶[顧客の氏名]にマウスポインターを合わせる

マウスポインターの形が変わった

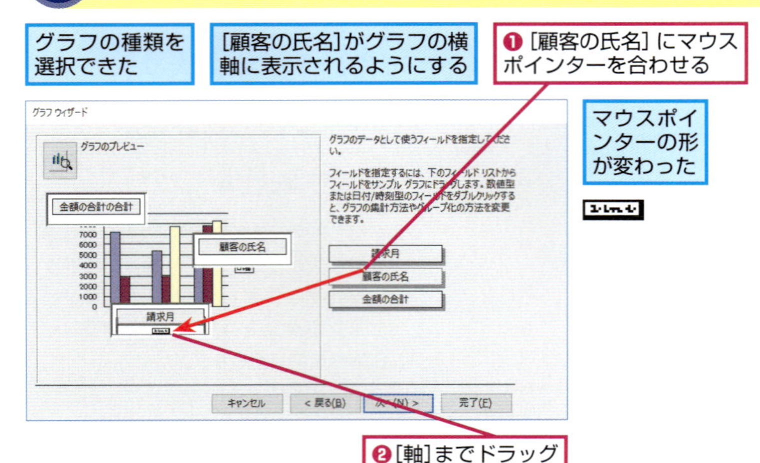

❷[軸]までドラッグ

HINT! 設定したフィールドを削除するには

手順7でフィールドを間違えて設定したときは、ドラッグ操作で削除します。[軸][系列][データ]に設定したフィールドを削除するには、フィールドをクリックしてから[軸][系列][データ]の範囲外までドラッグしましょう。

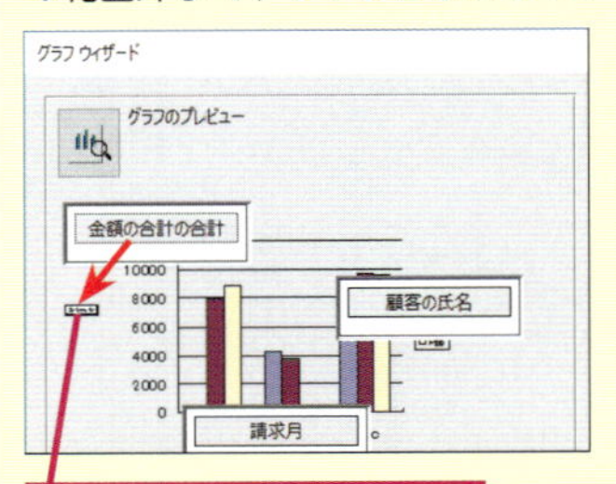

HINT! グラフのプレビューで結果を確認しよう

手順7の[グラフウィザード]にある[グラフのプレビュー]ボタンをクリックするとグラフの作成結果を確認できます。軸や系列を設定するときに確認しましょう。

[グラフのプレビュー]をクリック

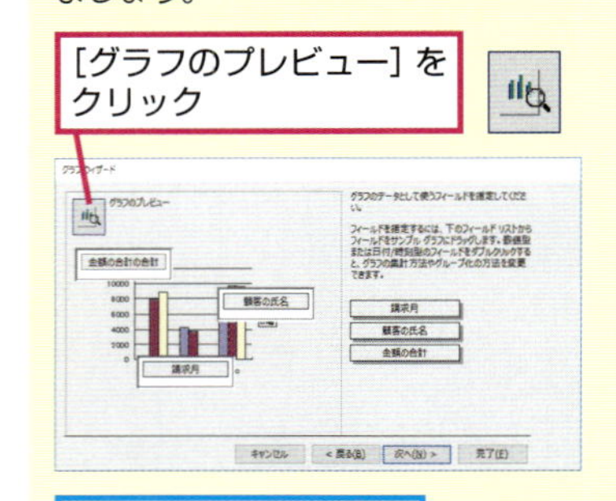

グラフのプレビューが表示される

間違った場合は?

手順7で間違った種類のグラフが選択されているときは、[戻る]ボタンをクリックします。手順6の画面が表示されるので、もう一度正しいグラフを選択し直しましょう。

8 系列を設定する

同様にして［請求月］を系列に表示されるようにする

❶［請求月］にマウスポインターを合わせる

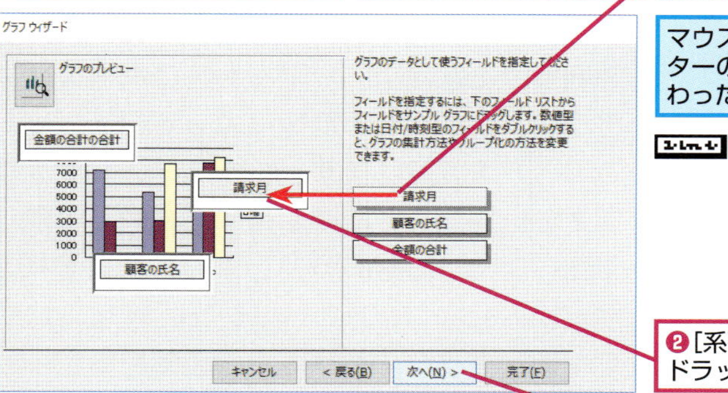

マウスポインターの形が変わった

❷［系列］までドラッグ

系列を設定できた

❸［次へ］をクリック

9 ［グラフウィザード］を完了する

項目を確認できた

❶［2月以降高額請求グラフ］と入力

❷［表示する］をクリック

❸［完了］をクリック

10 サンプルのグラフがレポートに挿入された

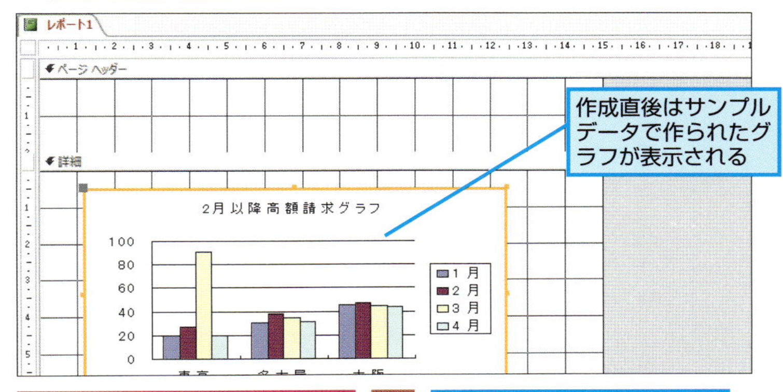

作成直後はサンプルデータで作られたグラフが表示される

［上書き保存］をクリックし、［グラフ挿入レポート］という名前でレポートを保存

活用編のレッスン㉛を参考にレポートを保存しておく

HINT! 集計方法を変更するには

手順7で［グラフウィザード］に表示される［データ］には、どのフィールドの値をどのように集計するのかを設定します。文字型のフィールドを［データ］に設定すると［カウント］に、数値型のフィールドを［データ］に設定すると［合計］になります。この集計方法は自由に設定できます。集計方法を設定するには、［データ］に表示されるフィールドをダブルクリックしてから、集計したい集計方法をクリックして［OK］ボタンを選びます。

［金額の合計の合計］をダブルクリック

［集計方法の指定］ダイアログボックスが表示された

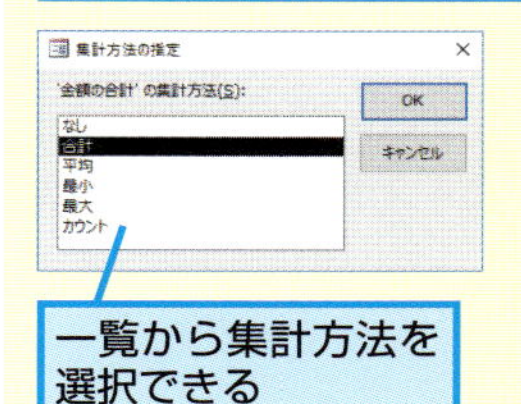

一覧から集計方法を選択できる

Point 一度作っておけば何度でも利用できる

テーブルのデータやクエリの結果をグラフにすれば、データの傾向がひと目で分かるので便利です。グラフには、そのときのテーブルの内容やクエリの結果が表示されます。グラフを挿入したレポートやフォームを保存しておけば、テーブルにデータを追加したり、データを修正したりした後でも、レポートやフォームを開いたときに、その時点でのデータがグラフに反映されます。つまり、一度作ったグラフは何度でも活用できるのです。

この章のまとめ

●グループ化とセクションで思い通りのレポートを作れる

この章ではグループ化とセクションを使って請求書を作りました。グループ化とセクションを使った印刷は、請求書だけではなく「1対多」リレーションシップが設定されたテーブルの印刷方法として、最も一般的な方法です。例えば、請求先テーブルと請求明細テーブル、社員テーブルと給与明細テーブル、口座テーブルと入出金履歴テーブルなどのように「1対多」リレーションシップが設定されているテーブルならば、どのようなテーブルでも請求書を作るときとまったく同じ考え方でいろいろな種類のレポートを作れます。もちろん、レポートの種類によってフィールドの配置方法は違います。レポートの明細を表形式の一覧として印刷したいときや、単票で印刷したいこともあるでしょう。それぞれの［セクション］にフィールドを配置してからテキストボックスやラベルの位置を調整するほか、改ページを設定するなどして体裁を整えましょう。そうすれば、思い通りのレポートを作ることができるのです。

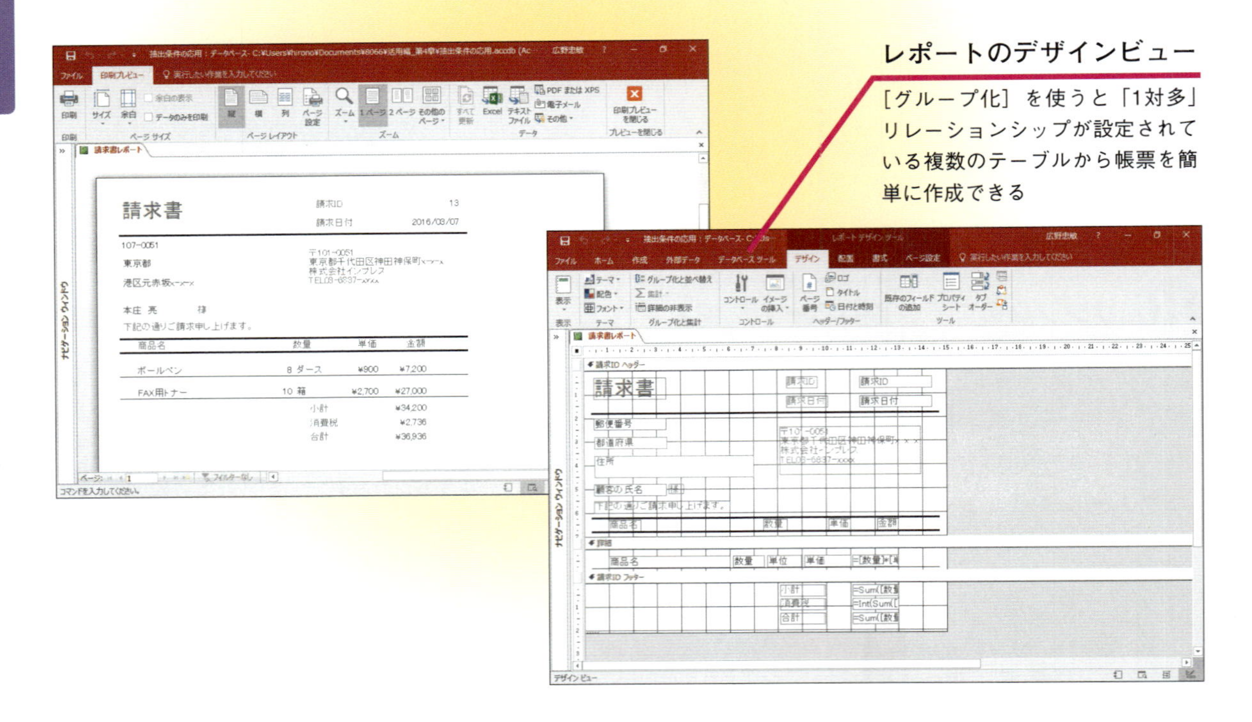

練習問題

1

練習用ファイルの［練習問題04_活用.accdb］にある［請求書レポート］の［都道府県］と［住所］のフィールドが続けて表示されるようにしてみましょう。

●ヒント　Trim関数と「&」演算子を使って［都道府県］と［住所］のフィールドの内容を連結します。

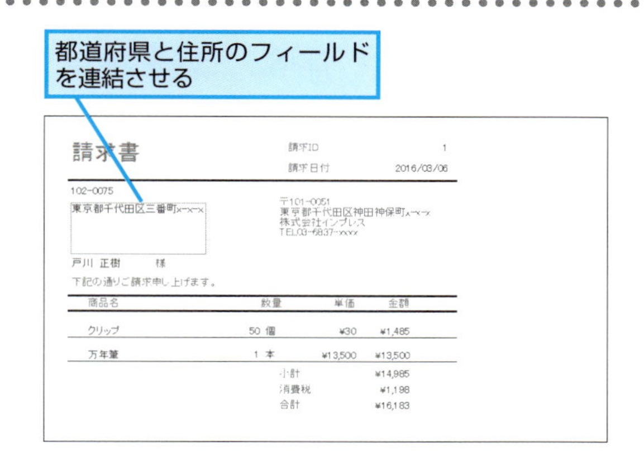

2

練習問題1で利用した金額のフィールドが「○,○○○円」という書式で表示されるようにしてみましょう。

●ヒント　書式はテキストボックスのプロパティシートで設定します。

答えは次のページ

解答

[請求書レポート]をデザインビューで表示しておく

❶[レポートデザインツール]の[デザイン]タブをクリック

❷[コントロール]をクリック

❸[テキストボックス]をクリック

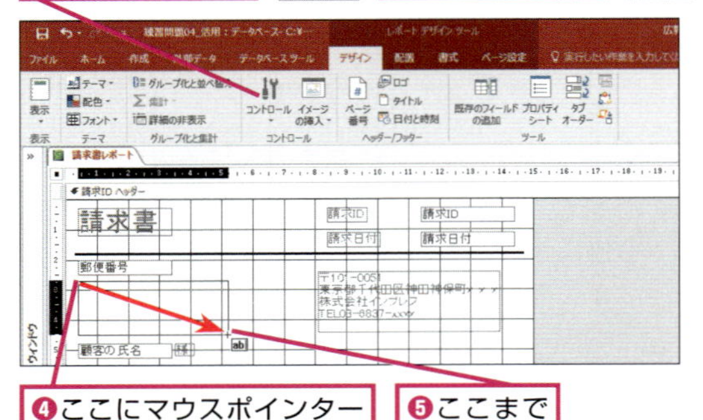

❹ここにマウスポインターを合わせる

❺ここまでドラッグ

テキストボックスが追加された

❻ラベルをクリック

❼Deleteキーを押す

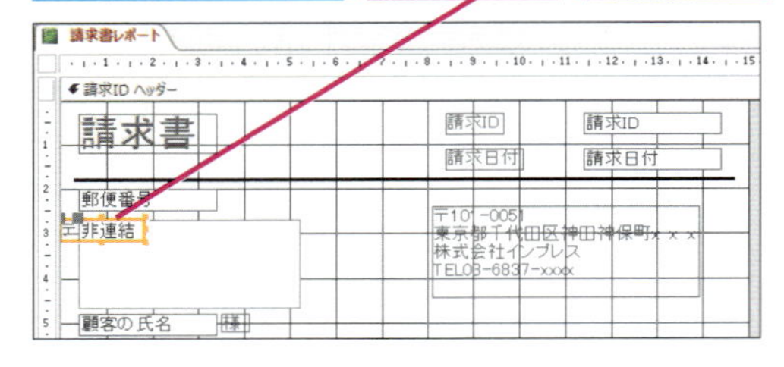

都道府県と住所の情報が合わせて表示されるフィールドを作るには、まずレポートのデザインビューで［請求IDヘッダー］セクションに新しくテキストボックスを追加します。続いて追加したテキストボックスのプロパティシートを表示して［データ］タブをクリックし、［コントロールソース］をクリックして、「=trim([都道府県])&trim([住所])」と入力しましょう。

ラベルが削除された

❽追加したテキストボックスをクリック

❾[データ]タブをクリック

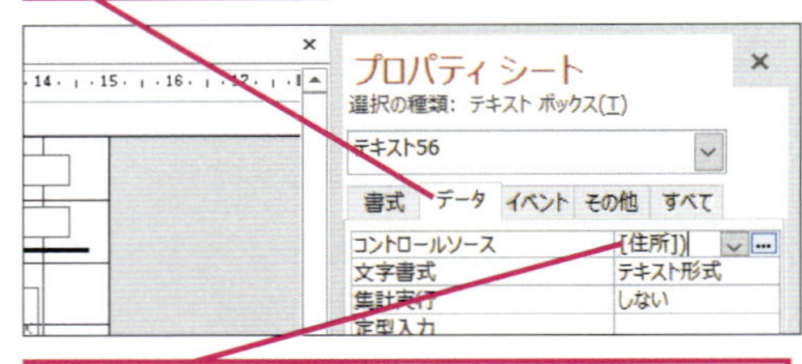

❿[コントロールソース]に「=trim([都道府県]) & trim([住所])」と入力

フィールド名以外、すべて半角文字で入力する

都道府県と住所が続けて表示される

❶[詳細]セクションの[単価]のテキストボックスをクリック

❷[書式]タブをクリック

❸[書式]に「#,##0円」と入力

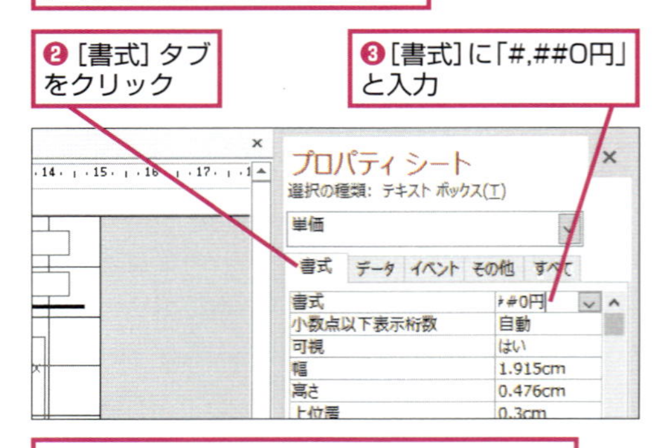

❹同様にして[金額][小計][消費税][合計]のテキストボックスにも書式を設定

［単価］フィールドの書式を変更するには、レポートをデザインビューで表示し、書式を変更したいテキストボックスを選択しましょう。次にテキストボックスを選択した状態でプロパティシートを表示します。続いて［書式］タブをクリックして［書式］に入力されている書式をすべて削除しましょう。それから、「#,##0円」と入力すると、金額が「○,○○○円」と表示されます。

活用編

第5章 マクロを使って メニューを作成する

これまでに作ったフォームやレポートを使うための「メニュー画面」を作ってみましょう。メニュー画面を用意すれば、Accessで作ったデータベースを業務用アプリケーションのように誰もが利用できるようになります。

●この章の内容

活用編 レッスン 41

データベースのためのメニューを知ろう

メニュー用フォームの役割と作成

誰でも簡単にデータベースを使えるようなメニュー画面を作ってみましょう。メニュー画面からデータの入力や請求書の印刷などの機能を利用できるようにします。

ボタンに処理を割り当てる

下の図にあるようなメニューを使えば、頻繁に利用する処理や、いくつかの手順を踏まなければならない処理などを簡単に自動化できます。メニューのボタンに、ボタンが押されたときにどのような動作（アクション）を発生させるかをあらかじめ設定しましょう。この章では、「入力」「印刷」「検索」「終了」などの機能を実行するボタンをフォームに設定して、請求管理メニューを作成します。

▶キーワード

印刷プレビュー	p.418
コマンドボタン	p.419
フォーム	p.421
マクロ	p.421
リレーショナルデータベース	p.422
レポート	p.422

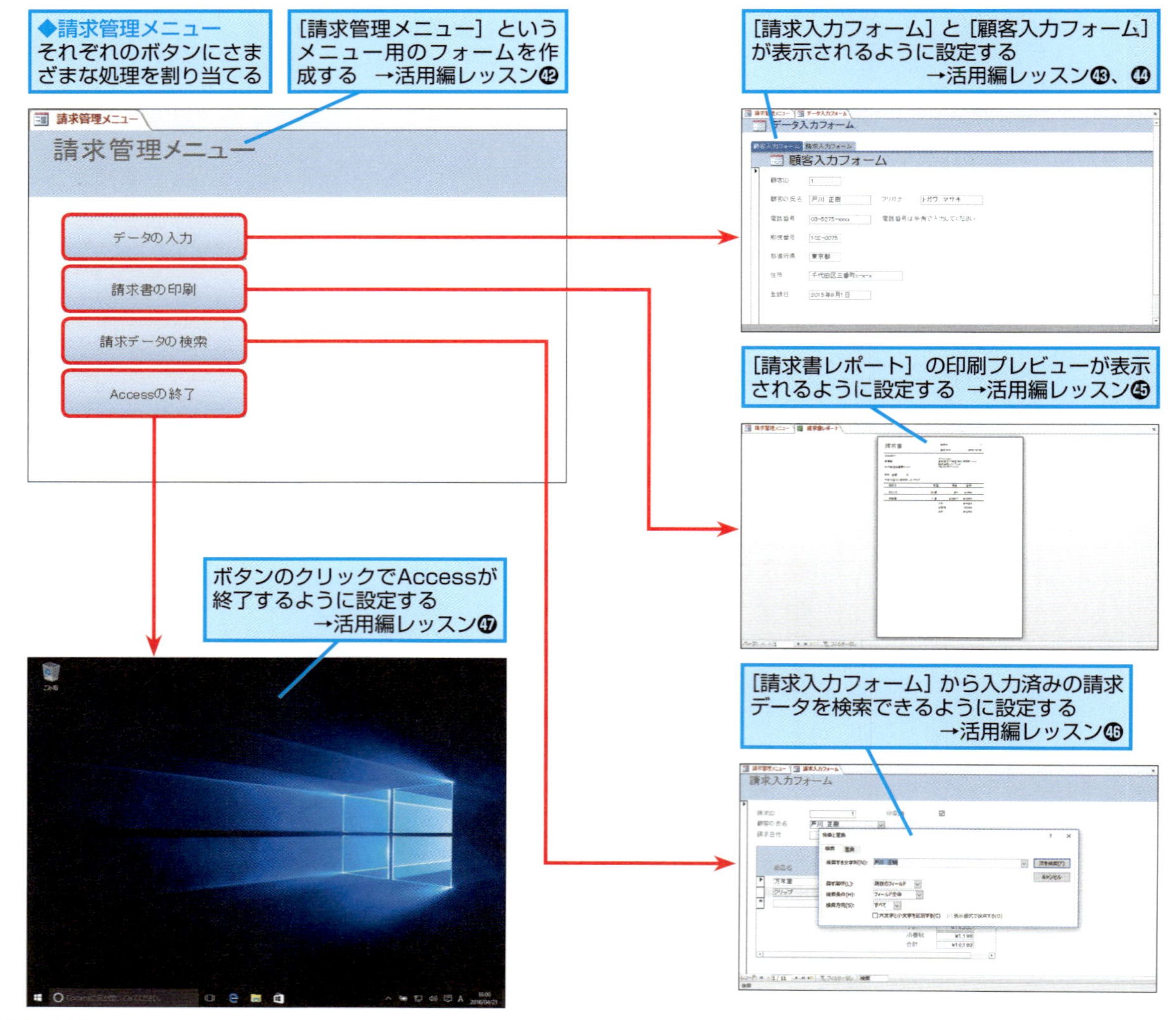

メニューでデータベースが使いやすくなる

データを入力するテーブルやフォームの構造はデータベースを作った人にしか分かりません。しかし、データベースは作った人だけが使うわけではありません。例えば、本書の活用編で作った請求管理のようなデータベースは、通常は経理部に所属する何人もの人たちが使います。このようなときに、誰でもデータベースを使えるようにするために活用したいのが「メニュー画面」です。以下のフォームの作成の流れを確認して、データベースの知識がない人でも使えるメニュー画面を作っていきましょう。

メニュー画面で誰もが利用しやすくなる

「メニュー画面」とは、データベースを利用するときに最初に表示される画面のことです。メニュー画面は、データベースの構造やどのようなフォームがあるのかといったことを知らないユーザーがデータベースを簡単に使えるようになる「ガイド」をイメージするといいでしょう。メニュー画面にはボタンを配置し、「クリックすることでフォームの表示やレポートの印刷を実行する」といった処理をできるようにするのが一般的です。

メニュー用フォームの作成
フォームをデザインビューで表示して、メニュー画面に必要なコントロールを配置する

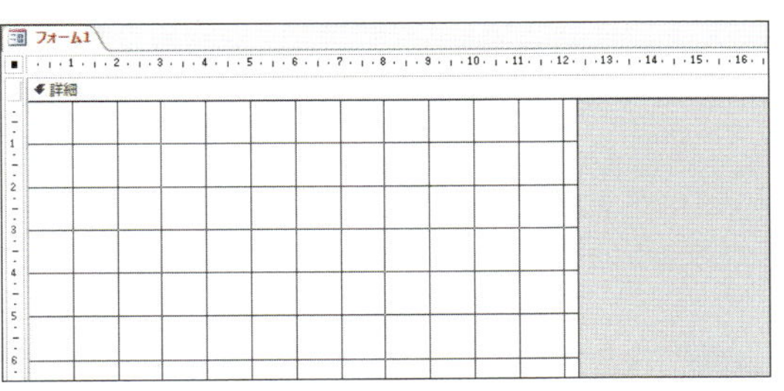

コマンドボタンの作成
処理を割り当てるコマンドボタンを配置する

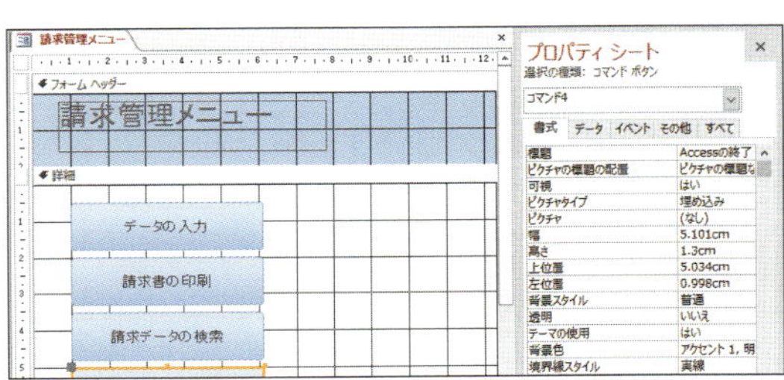

コマンドボタンへの処理の割り当て
コマンドボタンのプロパティシートからマクロビルダーを起動して、処理を割り当てる

コマンドボタンの動作確認
コマンドボタンをクリックして、実際の動きを確認する

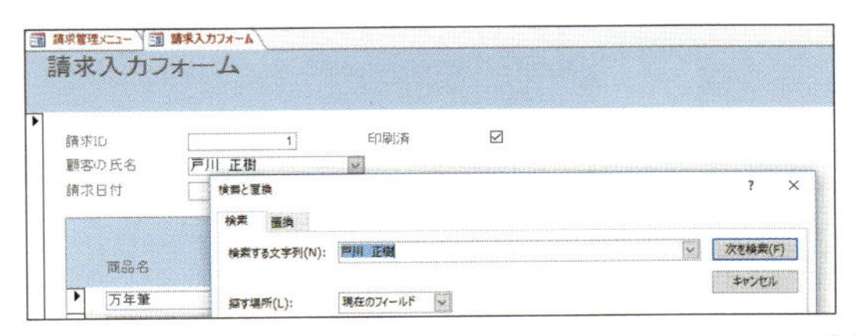

活用編 レッスン 42

メニュー画面を作るには

コマンドボタン

メニュー画面はフォームを使って作ります。フォームに機能を呼び出すためのコマンドボタンを配置して、メニュー画面を設計してみましょう。

このレッスンの目的

新しいフォームを作成して、[請求管理メニュー] という名前を付けます。このフォームに、いろいろな機能を呼び出すための「コマンドボタン」を追加します。

[請求管理メニュー]のフォームを作成する

機能を呼び出すためのコマンドボタンを作成する

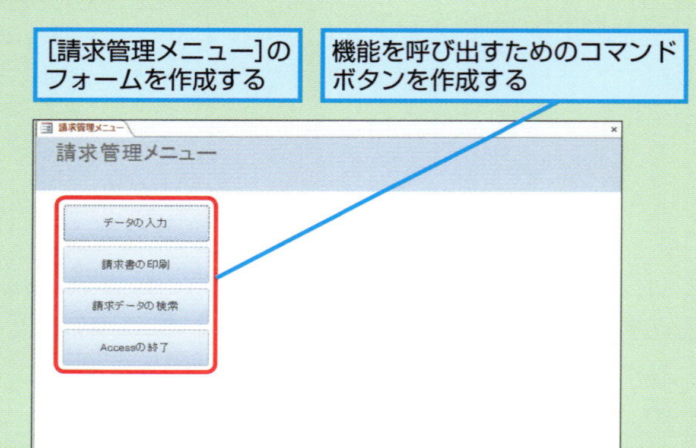

1 新しいフォームを作成する

基本編のレッスン❽を参考に [コマンドボタン.accdb] を開いておく

❶[作成]タブをクリック

❷[フォームデザイン]をクリック

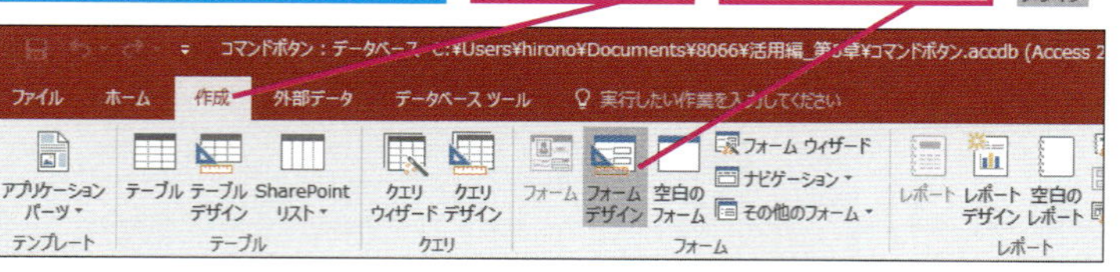

2 フォームのプロパティシートを表示する

新しいフォームがデザインビューで表示された

[プロパティシート]をクリック

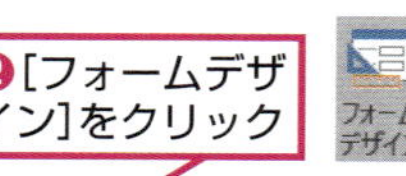

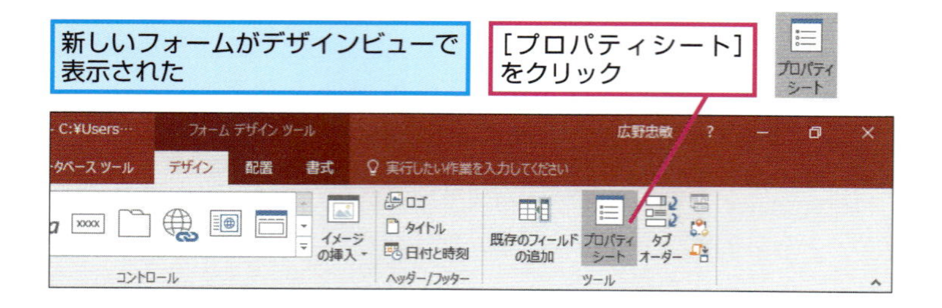

▶キーワード

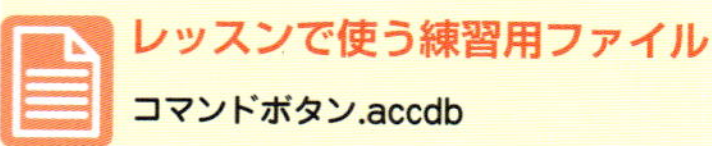

コマンドボタン.accdb

3 フォームの標題を設定する

フォームのプロパティシートが表示された

❶［フォーム］が選択されていることを確認

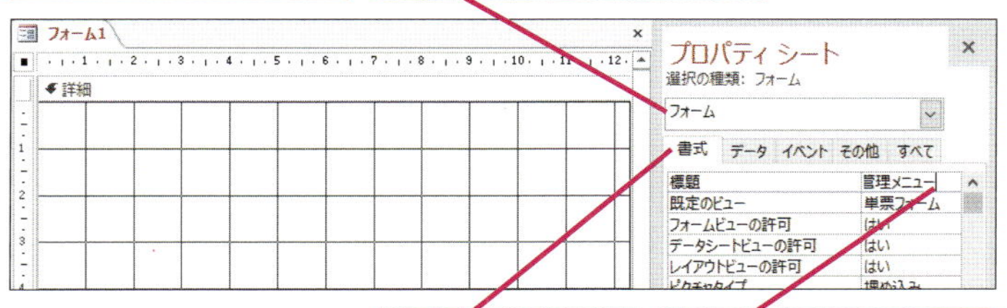

❷［書式］タブをクリック

❸［標題］に「請求管理メニュー」と入力

4 フォームの設定を変更する

フォームの標題を設定できた

フォームに必要のない機能を無効にする

❶［レコードセレクタ］をクリックして［いいえ］を選択

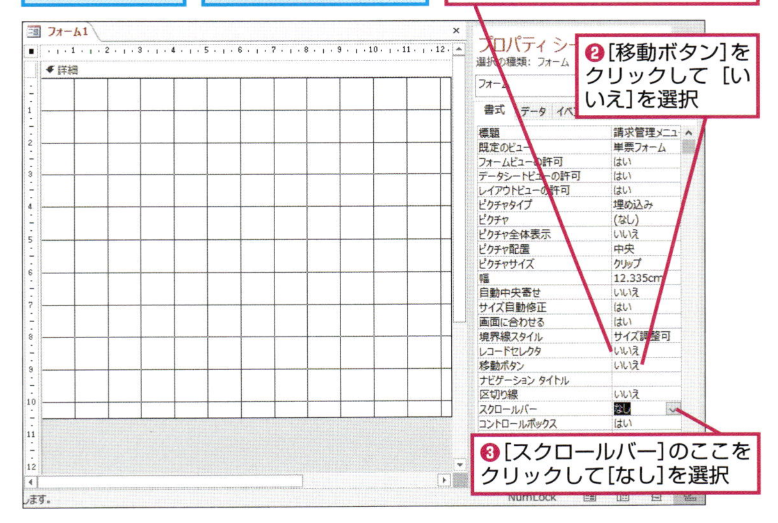

❷［移動ボタン］をクリックして［いいえ］を選択

❸［スクロールバー］のここをクリックして［なし］を選択

5 ［フォームヘッダー］と［フォームフッター］セクションを表示する

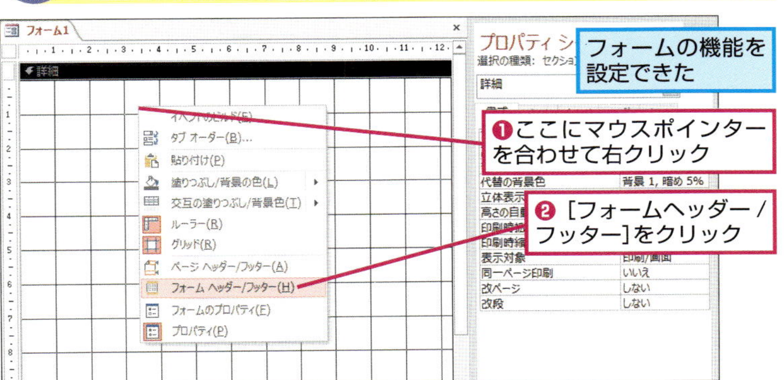

フォームの機能を設定できた

❶ここにマウスポインターを合わせて右クリック

❷［フォームヘッダー／フッター］をクリック

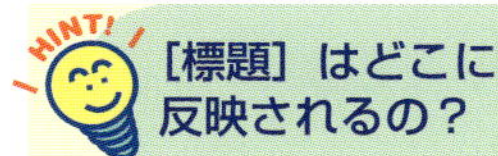

［標題］はどこに反映されるの？

手順3で設定している［標題］がフォーム名となります。手順11でフォームを保存するときに表示されるので覚えておきましょう。

間違った場合は？

手順3で［標題］に入力する文字を間違えたときは、Back space キーを押して文字をすべて削除してから、もう一度正しい文字を入力し直します。

メニュー画面には移動ボタンやレコードセレクタは必要ない

移動ボタンやレコードセレクタは、フォームにテーブルやクエリのレコードが表示されるときにだけ意味を持つものです。メニュー画面のようにレコードを表示しないフォームのときは、移動ボタンやレコードセレクタは必要ありません。必要のないものは手順4のように無効にしておきましょう。

メニュー画面はフォームで作る

データベースのメニュー画面はフォームを使って作るのが一般的です。フォームにコマンドボタンを配置して、コマンドボタンがクリックされたときに、データベースの機能を呼び出すメニューを作っていきます。

次のページに続く

6 ラベルを追加する

[フォームヘッダー]と[フォームフッター]セクションが表示された

フォームの標題を表示するためのラベルを追加する

❶[フォームデザインツール]の[デザイン]タブをクリック

❷[ラベル]をクリック

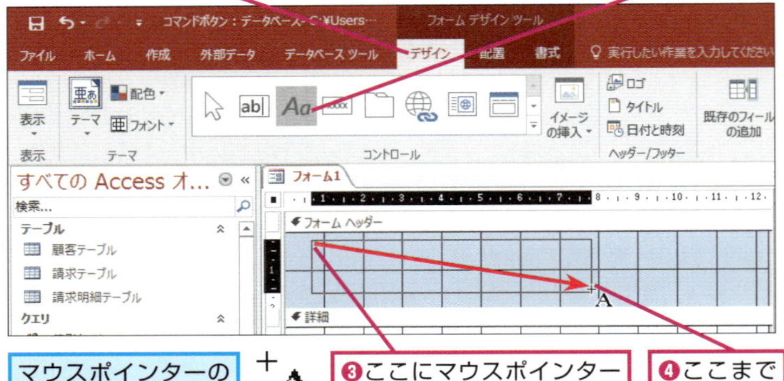

マウスポインターの形が変わった

❸ここにマウスポインターを合わせる

❹ここまでドラッグ

ラベルが追加された

❺「請求管理メニュー」と入力

❻Enterキーを押す

7 文字のサイズを大きくする

[請求管理メニュー]の文字のサイズを大きくする

❶[請求管理メニュー]のラベルをクリック

❷[フォームデザインツール]の[書式]タブをクリック

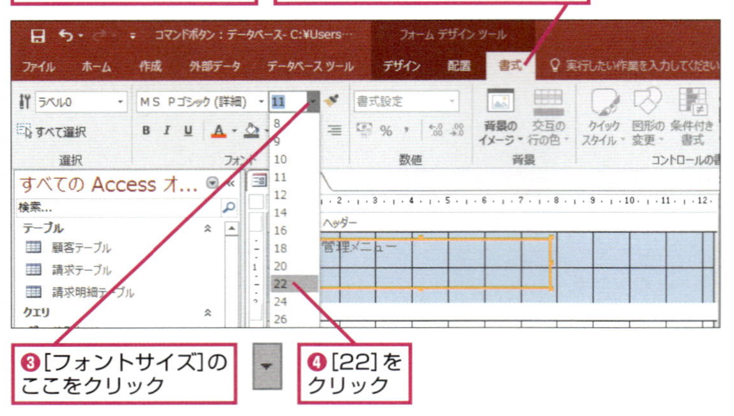

❸[フォントサイズ]のここをクリック

❹[22]をクリック

HINT! 「コマンドボタン」とは

「コマンドボタン」とは、テキストボックスやラベルのようにフォームに配置できるコントロールの1つです。このレッスンでコマンドボタンを配置しただけでは何も起きませんが、後のレッスンでコマンドボタンをクリックしたときに、さまざまな機能が実行されるように設定します。

間違った場合は？

手順6でラベルのサイズを大きくしすぎたときは、ラベルのハンドルをドラッグしてサイズを調整し直します。

HINT! テーマで全体の色を変えられる

テーマの機能を使えば、コマンドボタンの色やフォームヘッダーの背景色のテーマの色をまとめて変更できます。配色を変えるには、[フォームデザインツール]の[デザイン]タブにある[配色]ボタンをクリックして一覧から配色を選びます。

❶[フォームデザインツール]の[デザイン]タブをクリック

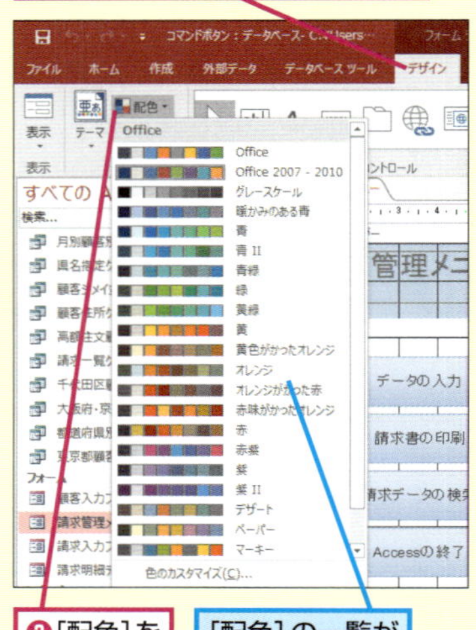

❷[配色]をクリック

[配色]の一覧が表示された

8 コマンドボタンを追加する

機能を呼び出すためのコマンドボタンを追加する

❶［フォームデザインツール］の［デザイン］タブをクリック

❷［その他］をクリック

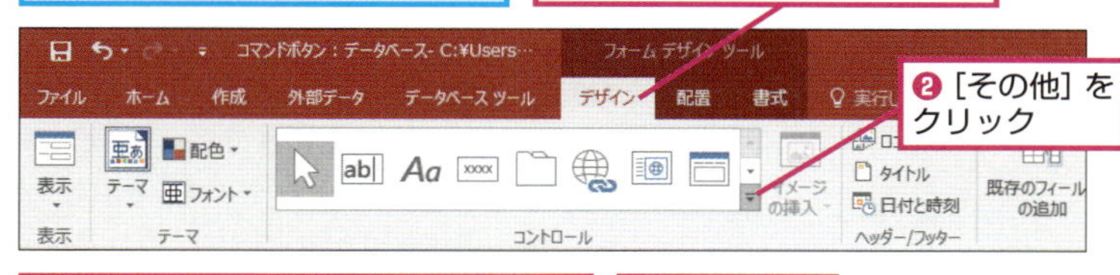

❸［コントロールウィザードの使用］がオフになっていることを確認

❹［ボタン］をクリック

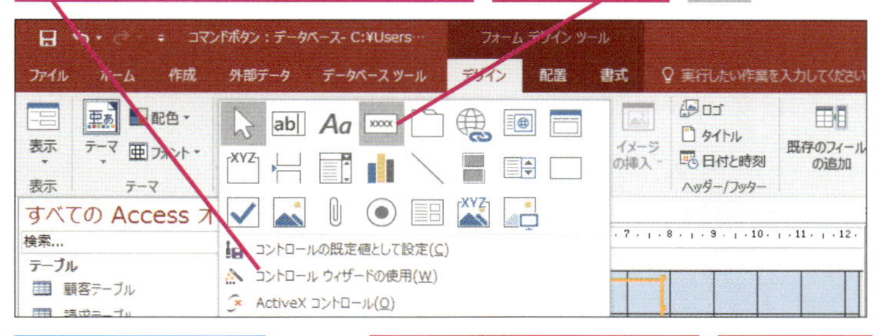

マウスポインターの形が変わった

❺ここにマウスポインターを合わせる

❻ここまでドラッグ

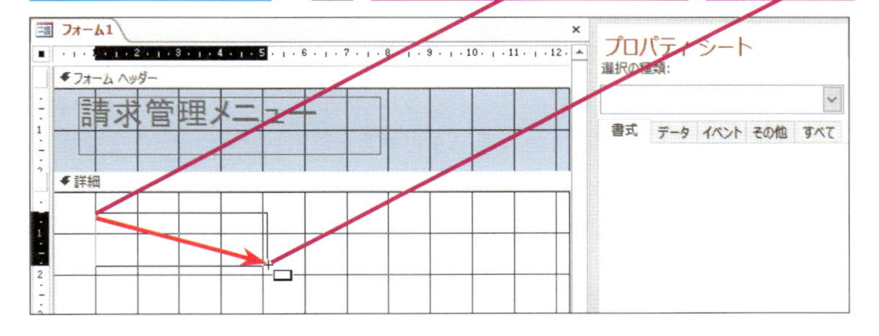

9 コマンドボタンの標題を変更する

コマンドボタンが追加された

コマンドボタンの標題を入力する

❶［書式］タブをクリック

❷［標題］に「データの入力」と入力

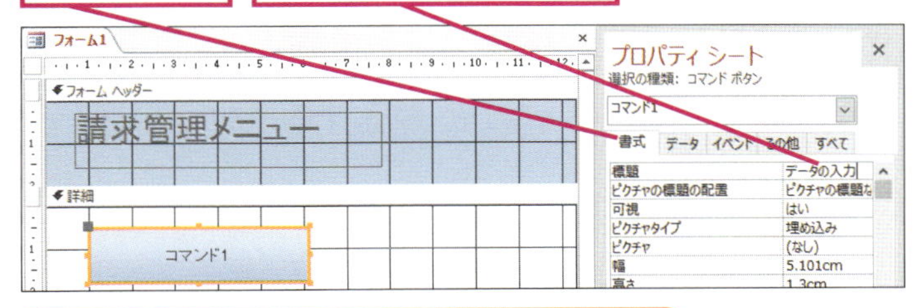

注意 追加したコマンドボタンの数字が画面と異なる場合がありますが、操作には特に問題ありません。そのまま操作を進めてください

［標題］には分かりやすい内容を入力する

手順9のコマンドボタンの表題は、なるべく分かりやすい内容を入力しましょう。例えば、請求書の情報を入力するためのコマンドボタンに「請求」と表示されていても、何ができるのかが分かりません。コマンドボタンをクリックしたときに何が起きるのかが分かるような内容を表題にしましょう。

間違った場合は？

手順8で［コマンドボタンウィザード］が表示されたときは、［キャンセル］ボタンをクリックします。［コントロールウィザードの使用］をクリックして機能をオフにしておきましょう。

コマンドボタンのフォントは変更できる

コマンドボタンに入力した文字に応じてフォントや大きさを変更しておきましょう。フォントは［フォームデザインツール］の［書式］タブの［フォント］、大きさは［フォントサイズ］で、それぞれ変更できます。表題のフォントや大きさを調整して見やすいコマンドボタンにしてみましょう。

コマンドボタンを選択しておく

［フォームデザインツール］の［書式］タブをクリック

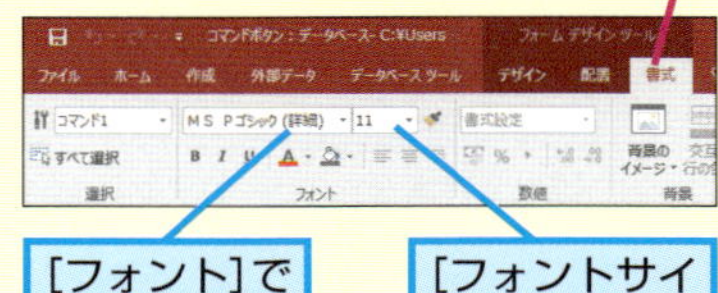

［フォント］でフォントを変更できる

［フォントサイズ］でサイズを変更できる

次のページに続く

10 続けて残りのコマンドボタンを作成する

[データの入力] というコマンドボタンを作成できた

手順8～手順9を参考に、3つのコマンドボタンを追加する

❶[請求書の印刷] というコマンドボタンを作成

❷[請求データの検索] というコマンドボタンを作成

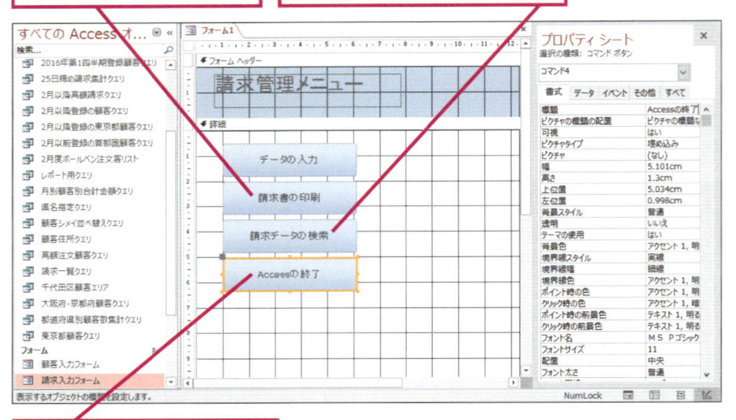

❸[Accessの終了] というコマンドボタンを作成

11 フォームを保存する

ラベルやコマンドボタンを追加できたので、フォームを保存しておく

❶[上書き保存] をクリック

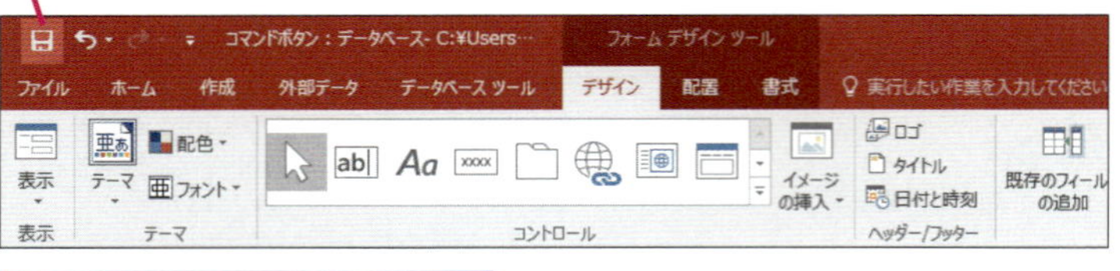

[名前を付けて保存] ダイアログボックスが表示された

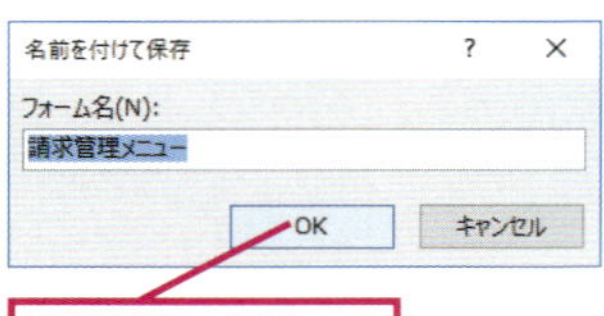

ここでは手順3で [標題] に入力した名前をそのままフォーム名として使用する

❷[OK]をクリック

コマンドボタンの位置をそろえるには

132ページのHINT!でも解説していますが、[フォームデザインツール] の [配置] タブにある [サイズ/間隔] ボタンの項目を使うと、複数のコマンドボタンの位置を調整したり、サイズをそろえたりすることができます。例えば、[高いコントロールに合わせる] または [低いコントロールに合わせる] をクリックしてから、もう一度 [広いコントロールに合わせる] または [狭いコントロールに合わせる] をクリックすると、複数のコマンドボタンの高さと幅を同じ大きさに調整できます。

コマンドボタンの色を細かく設定したいときは

コマンドボタンはテーマの色が設定されていますが、クリック時の色やカーソルが重なったときの色など、細かく色を設定できます。コマンドボタンの色を変えたいときは、コマンドボタンをクリックしてプロパティシートを表示します。プロパティシートの [書式] タブにある [背景色] [境界線色] [ポイント時の色] [クリック時の色] [ポイント時の前景色] [クリック時の背景色] で細かい色の設定ができます。

コマンドボタンを選択しておく

❶[書式] タブをクリック

❷[クリック時の前景色] のここをクリック

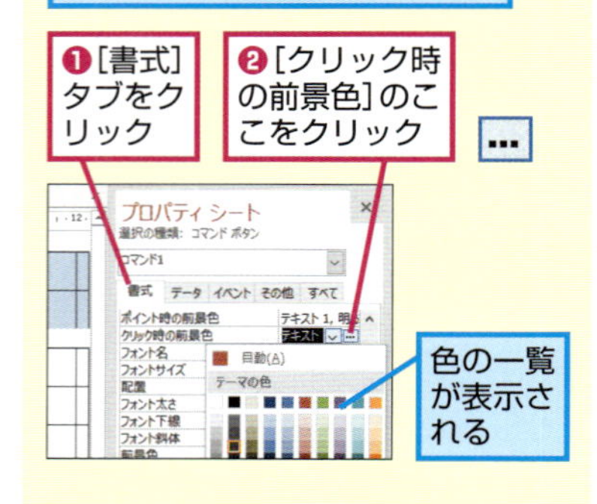

色の一覧が表示される

間違った場合は?

手順9や手順10で [標題] の入力を間違えたときは、Back space キーを押して文字をすべて削除してから、もう一度正しい文字を入力し直します。

活用編 第5章 マクロを使ってメニューを作成する

12 フォームビューを表示する

フォームを保存できた

[請求管理メニュー]をフォームビューで表示する

❶[フォームデザインツール]の[デザイン]タブをクリック

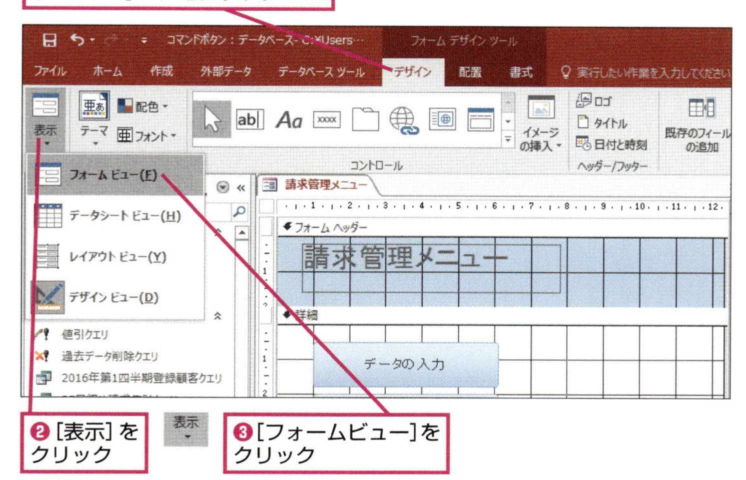

❷[表示]をクリック

❸[フォームビュー]をクリック

13 作成したコマンドボタンが表示された

[請求管理メニュー]がフォームビューで表示された

手順8～手順10で追加したコマンドボタンが表示された

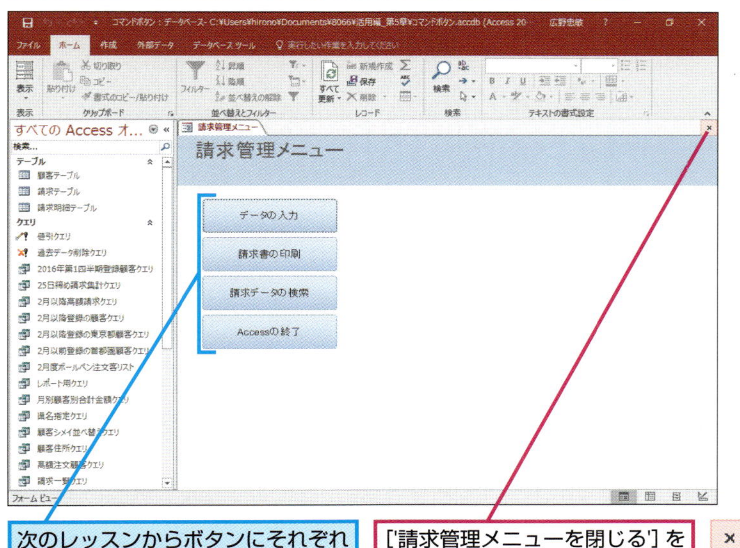

次のレッスンからボタンにそれぞれの処理を行う機能を追加していく

['請求管理メニューを閉じる']をクリックしてフォームを閉じる

HINT! フォームヘッダーの背景色を変更するには

フォームヘッダーの背景色は自由に変更できます。フォームヘッダーの背景色を変更したいときは、以下の手順で変更しましょう。

❶[フォームヘッダー]をクリック

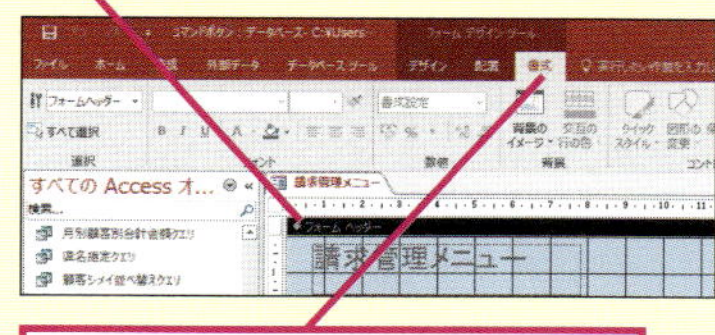

❷[フォームデザインツール]の[書式]タブをクリック

❸[背景色]のここをクリック

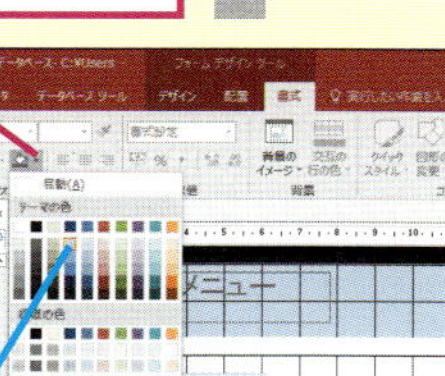

一覧から背景色を変更できる

Point 使いやすいメニュー画面を作ろう

メニュー画面は、後でデータベースファイルを使う人のことを考えて作らなければいけません。そのためには、メニュー画面で何ができるのかといったことや、どういう種類のものなのかをひと目見ただけで分かるようにします。これには、メニュー画面のタイトルを大きく配置したり、ラベルを配置してメニュー画面の使い方を明記したりすることが効果的です。また、コマンドボタンを並べるときは、利用するときの順番で並べると、メニュー画面がより使いやすくなります。

活用編

レッスン 43 複数のフォームをタブで1つのフォームに表示するには

ナビゲーション

ナビゲーションフォームは複数のフォームをタブで切り替えられる1つのフォームにまとめる機能です。顧客と請求データを1つのフォームで入力できるようにします。

1 新しいナビゲーションフォームを作成する

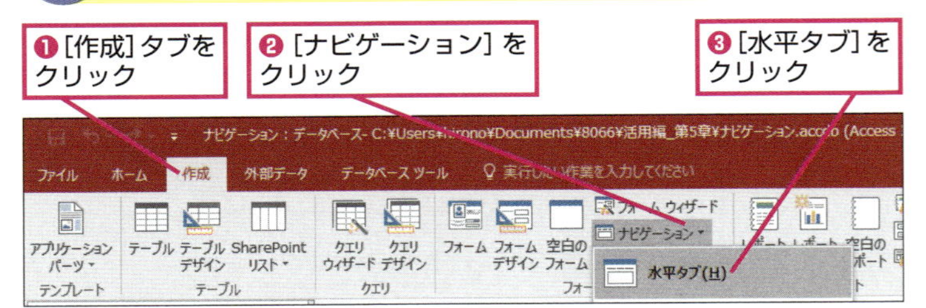

2 [顧客入力フォーム]を追加する

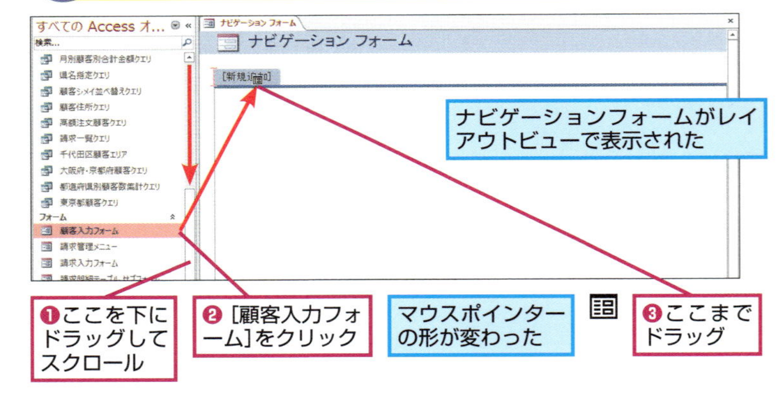

3 [請求入力フォーム]を追加する

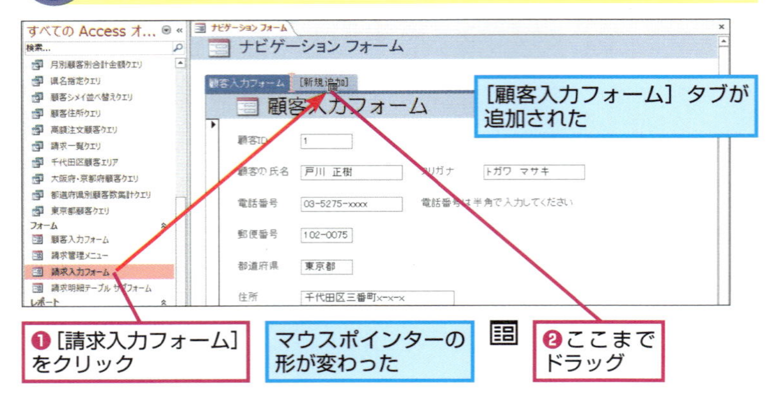

▶キーワード

フォーム	p.421

レッスンで使う練習用ファイル
ナビゲーション.accdb

HINT! そのほかのナビゲーションフォーム

ナビゲーションフォームには、このレッスンで紹介している［水平タブ］だけではなく［垂直タブ］や［水平タブと垂直タブ］など、いろいろな種類のフォームが用意されています。どのフォームを選んでも作成方法は同じです。目的や用途に応じて使い分けてみましょう。

●垂直タブ（左）

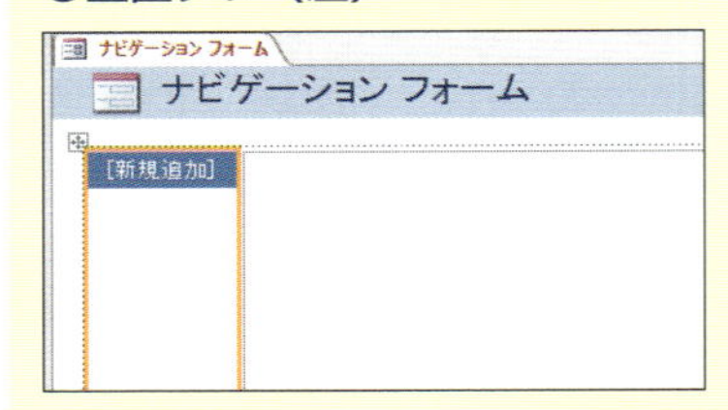

タブが垂直に表示される

●水平タブと垂直タブ（左）

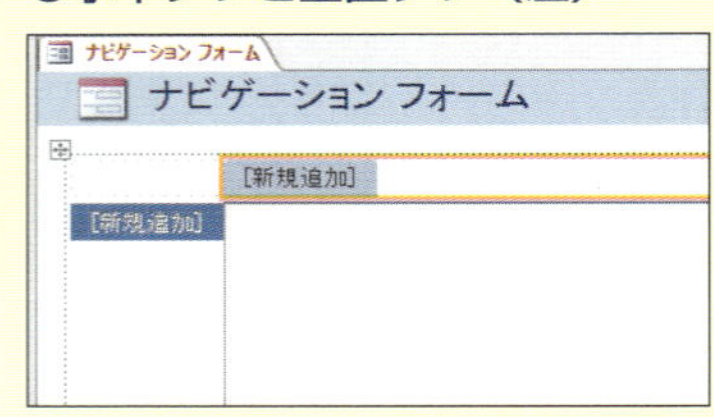

タブが水平と垂直に表示される

間違った場合は?

手順2で間違ったフォームを追加してしまったときはクイックアクセスツールバーの［元に戻す］ボタン（↶）をクリックして、もう一度やり直します。

4 フォームのタイトルを入力する

［請求入力フォーム］タブが追加された

❶ここをクリック

❷「データ入力フォーム」と入力

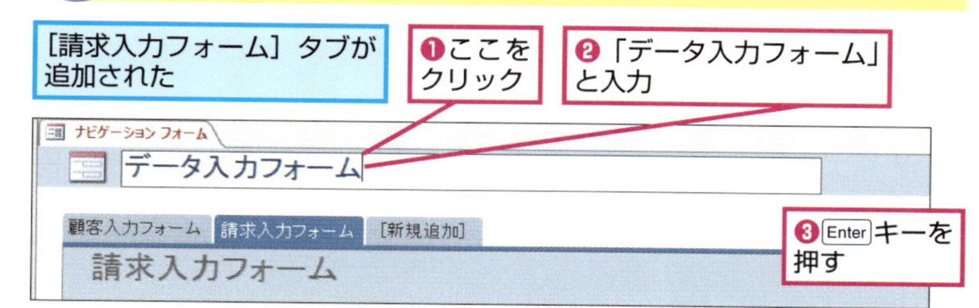

❸ Enter キーを押す

5 フォームビューを表示する

［ナビゲーションフォーム］をフォームビューで表示する

❶［フォームレイアウトツール］の［デザイン］タブをクリック

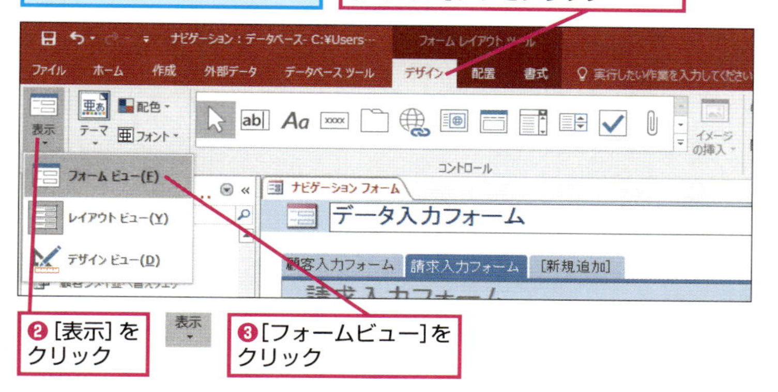

❷［表示］をクリック

表示

❸［フォームビュー］をクリック

6 入力フォームを切り替える

［請求入力フォーム］がフォームビューで表示された

❶［顧客入力フォーム］タブをクリック

ナビゲーション フォーム
データ入力フォーム
顧客入力フォーム　請求入力フォーム
請求入力フォーム
請求ID　1　印刷済
顧客の氏名　戸川 正樹

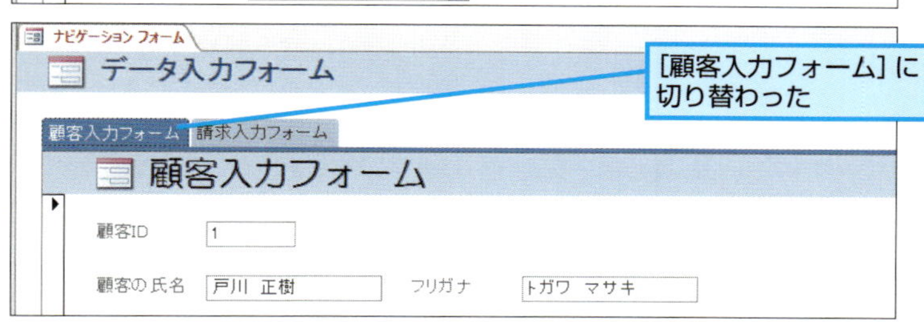

［顧客入力フォーム］に切り替わった

❷活用編のレッスン㊷を参考に「データ入力フォーム」と名前を付けて保存

活用編のレッスン㉞を参考にフォームを閉じておく

タブを削除するには

ナビゲーションフォームに配置したタブを削除したいときは、まず削除したいタブを右クリックしてから［削除］をクリックしましょう。

デザインビューを表示しておく

ここでは、［顧客入力フォーム］のタブを削除する

❶タブを右クリック

❷［削除］をクリック

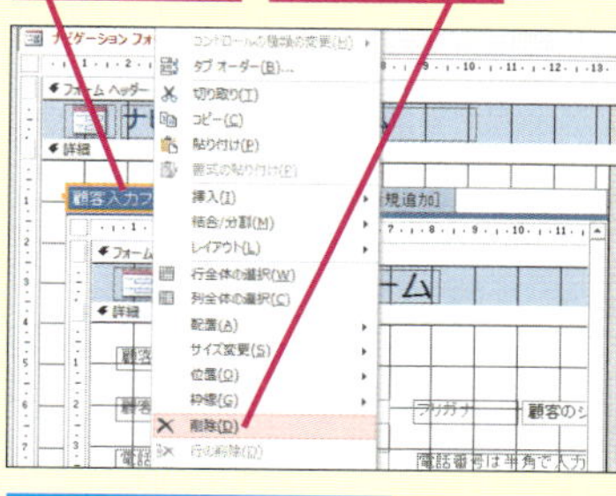

［顧客入力フォーム］のタブが削除された

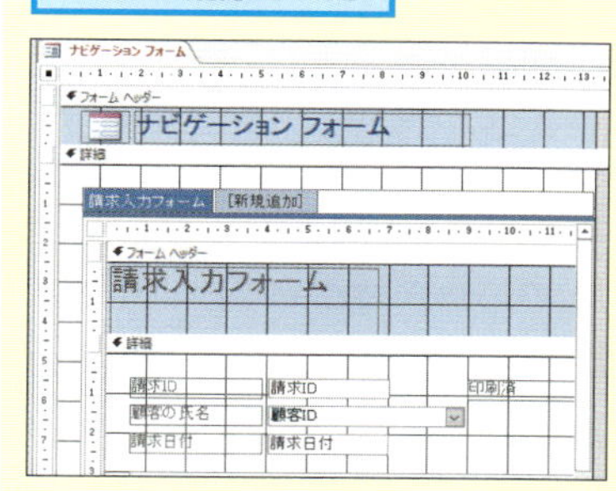

Point

ナビゲーションを使って効率がいい入力フォームを作ろう

ナビゲーションフォームは1つのフォームに複数のフォームを配置するための機能です。ナビゲーションフォームを使うと、フォームを切り替える「タブ」が追加されたフォームを簡単に作れます。このレッスンでは、［顧客入力フォーム］と［請求入力フォーム］の2つのフォームをナビゲーションフォームに配置しました。このように入力フォームを1つにまとめると、フォームを使いやすくできるので覚えておきましょう。

データ入力フォームを開くボタンを設定するには

［フォームを開く］アクション

コマンドボタンをクリックしたときに、活用編のレッスン㊸で作成した［データ入力フォーム］を開くようにします。コマンドボタンにマクロを設定しましょう。

このレッスンの目的

コマンドボタンをクリックするとデータ入力フォームが自動的に開くように、マクロを設定する。

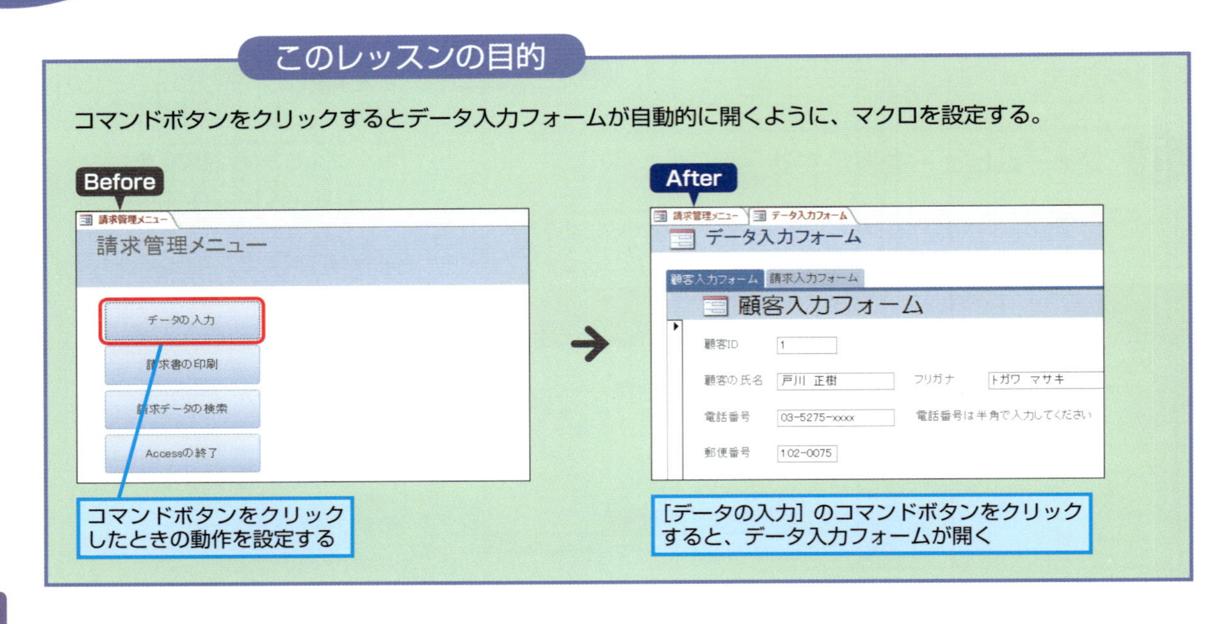

このレッスンは動画で見られます **操作を動画でチェック！▶▶** ※詳しくは2ページへ

▶キーワード

レッスンで使う練習用ファイル
［フォームを開く］アクション.accdb

1 コマンドボタンをクリックしたときの動作を設定する

基本編のレッスン㉟を参考に［請求管理メニュー］をデザインビューで表示しておく

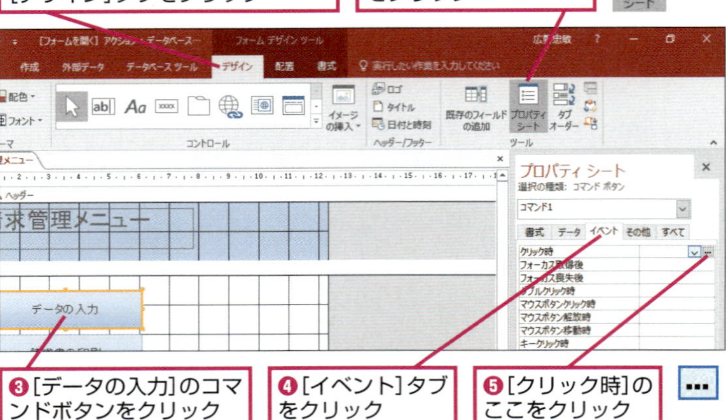

HINT! 「マクロ」って何？

データベースで行う作業を自動化するために使うのが「マクロ」と呼ばれる機能です。マクロを作るときは、「アクション」と呼ばれる特別な命令を使います。例えば、「フォームを開く」というアクションが含まれたマクロを実行すれば、自動的にフォームを開けるので操作の手間が省け、作業の効率がアップします。

2 マクロビルダーを起動する

[ビルダーの選択]ダイアログボックスが表示された

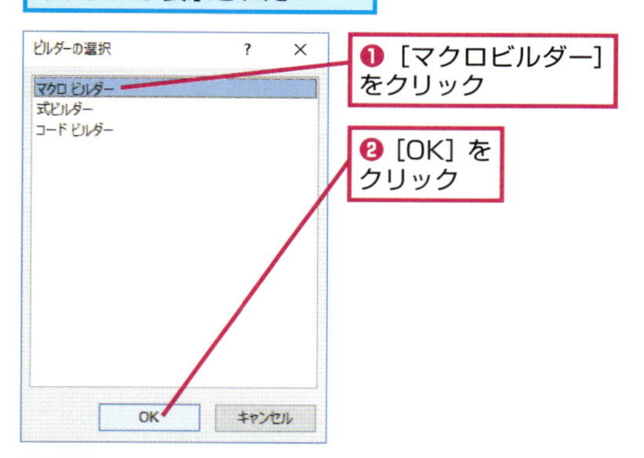

マクロビルダーが表示された

◆マクロビルダー

◆アクションカタログ

3 設定するアクションを選択する

ここにコマンドボタンのクリック時に実行する操作を設定する

❶ここをクリック

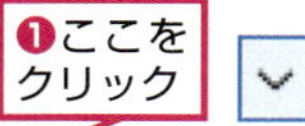

❸［フォームを開く］をクリック

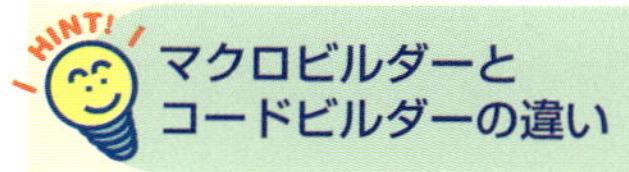

マクロビルダーとコードビルダーの違い

マクロビルダーは「マクロ」を使ってデータベースの処理を作成できます。マクロは複雑な処理には向きませんが、簡単に作成できるのが特長です。手順3の［ビルダーの選択］ダイアログボックスに表示される「コードビルダー」は、VBA（Visual Basic for Applications）を使ってデータベースの処理を作成するものです。VBAを利用すれば、複雑な処理を実行できますが、作成にはVBAの知識が必要です。このレッスン以降では「マクロ」を使ってデータベースにさまざまな機能を追加していきます。

間違った場合は？

手順2で間違って［コードビルダー］をクリックしてしまったときは、［Microsoft Visual Basic for Applications］の［閉じる］ボタンをクリックしてVBAのウィンドウを閉じます。さらに［クリック時］の「[イベントプロシージャ]」の文字列を削除して、手順1からやり直しましょう。

HINT! 「アクション」とは

「アクション」とは、「マクロに設定する命令」と覚えておくといいでしょう。アクションには［フォームを開く］［クエリを開く］［レポートを開く］といったAccessのオブジェクトに関するものや、［最大化］［最小化］といったウィンドウの制御に関するものなど、さまざまな種類があります。マクロにアクションを設定すると、そのマクロを実行したときに、アクションが自動的に実行されます。手順3のように「フォームを開くためのマクロ」に［フォームを開く］アクションを設定することで、マクロの実行時に自動的に指定したフォームが表示されます。

次のページに続く

4 アクションの詳細を設定する

アクションを選択できた

[フォームを開く]にフォームを開く条件などを入力する欄が表示された

❶[フォーム名]のここをクリック

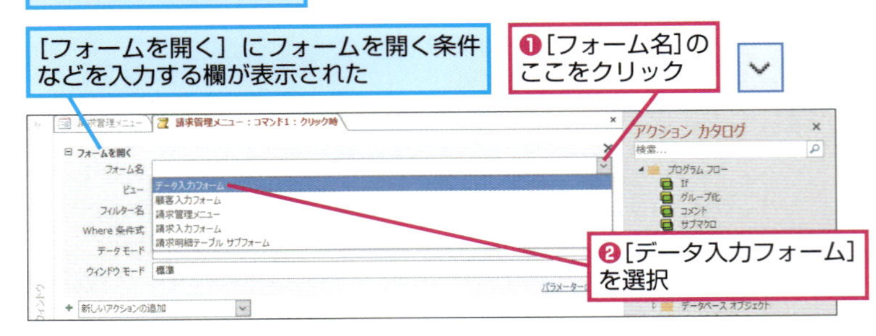

❷[データ入力フォーム]を選択

5 マクロを保存する

マクロの設定を保存する

❶[閉じる]をクリック

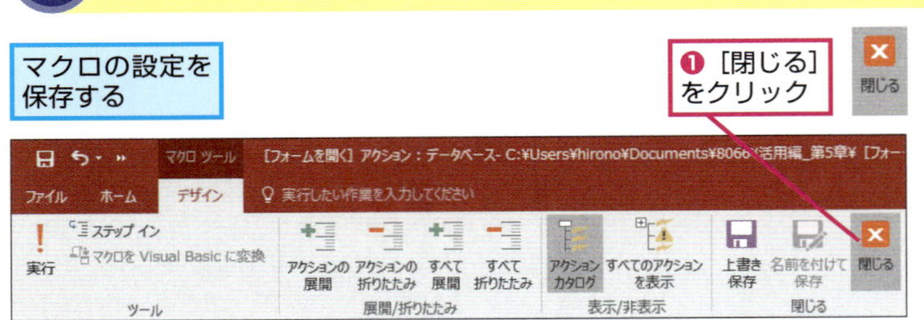

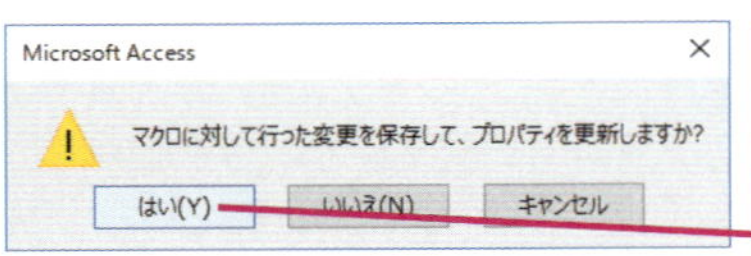

変更を保存するかどうかを確認するメッセージが表示された

❷[はい]をクリック

6 フォームビューを表示する

マクロが保存された

マクロが正しく動作することを確認するためにフォームビューを表示する

❶[フォームデザインツール]の[デザイン]タブをクリック

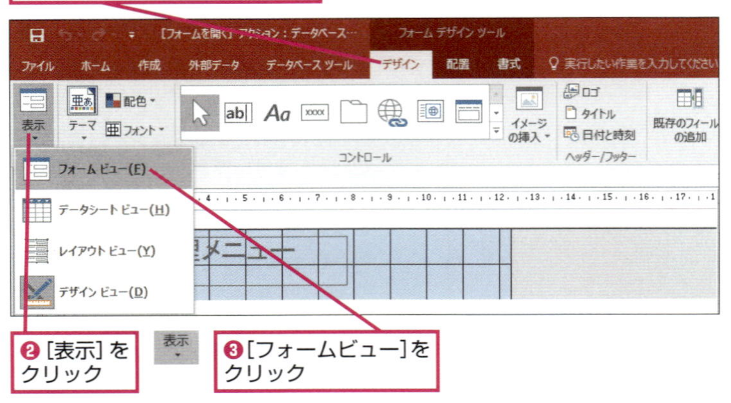

❷[表示]をクリック

❸[フォームビュー]をクリック

間違った場合は?

手順4で違うフォームを選択してしまったときは、もう一度正しいフォームを選択し直します。

HINT! 「イベント」って何?

「イベント」とは、どんなときにマクロが実行されるのかを表すものです。フォームに配置したコマンドボタンがクリックされると、コマンドボタンの[クリック時]イベントが発生します。このイベントにマクロを割り当てることで、コマンドボタンがクリックされたときにマクロを実行できます。どのようなイベントが発生するのかはコントロールによって違いますが、以下の表のようなイベントがあることを覚えておきましょう。

●主なイベント

イベントの名前	意味
クリック時	コマンドボタンがクリックされたとき
ダブルクリック時	コマンドボタンがダブルクリックされたとき
フォーカス取得後	コマンドボタンにフォーカスが移動したとき
フォーカス喪失後	別のコマンドボタンにフォーカスが移動したとき
フォーカス取得時	コマンドボタンにフォーカスが移動しようとしているとき
フォーカス喪失時	別のコマンドボタンにフォーカスが移動しようとしているとき

7 コマンドボタンの動作を確認する

［請求管理メニュー］がフォームビューで表示された

設定したマクロが正しく動作することを確認する

［データの入力］のコマンドボタンをクリック

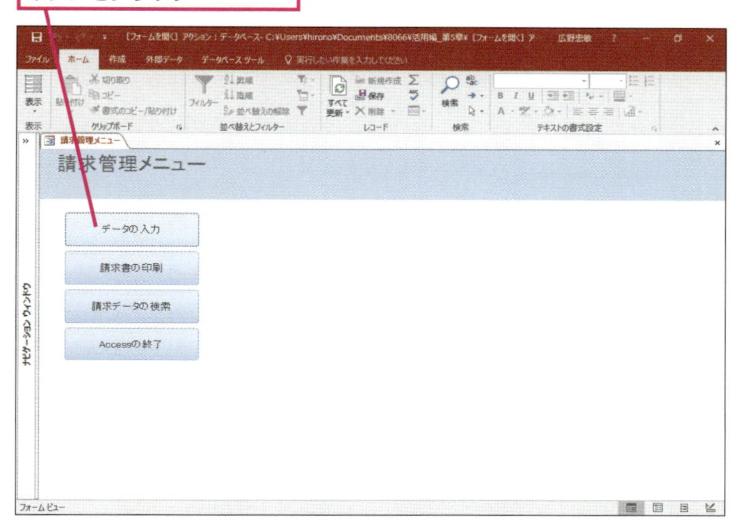

8 ［データ入力フォーム］が表示されたことを確認する

［データ入力フォーム］が新しいタブで表示された

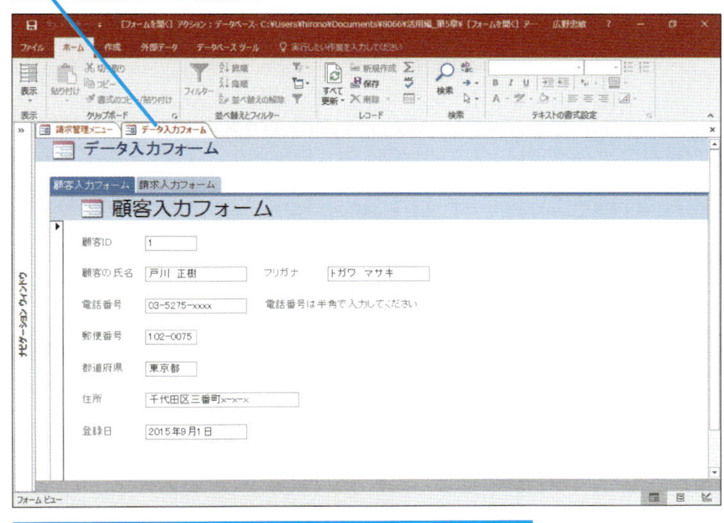

活用編のレッスン㊷を参考に［データ入力フォーム］と［請求管理メニュー］を閉じておく

ショートカットキーでコマンドボタンを動作するには

コマンドボタンのプロパティシートの［標題］に「&」と半角文字のアルファベットや数字を入力すると、コマンドボタンに下線付きのアルファベットや数字が表示されます。フォームを表示したときに Alt キーを押しながら対応するアルファベットや数字のキーを押すと、そのコマンドボタンがクリックされます。

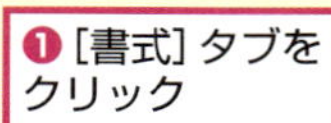

❶［書式］タブをクリック

❷［標題］に「&A」と入力

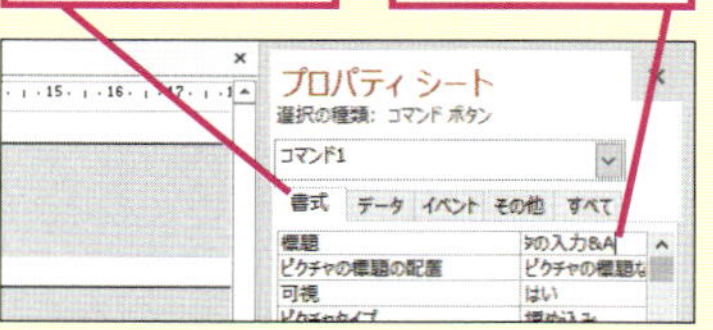

Alt ＋ A のショートカットキーが設定される

間違った場合は？

手順7で［データの入力］以外のコマンドボタンをクリックしても、何も表示されません。もう一度［データの入力］をクリックし直しましょう。

Point

コマンドボタンに機能を割り当てる

コマンドボタンがクリックされたときに何かの機能を実行するのは、イベントとマクロの最も基本的な使い方の1つです。コマンドボタンに機能を割り当てるときは、デザインビューでコマンドボタンのイベントにマクロを設定します。フォームビューで表示されたコマンドボタンがクリックされると、［クリック時］のイベントに割り当てられたマクロが実行されます。例えば、［クリック時］のイベントに「データ入力フォームを開く」ためのマクロを設定すると、コマンドボタンをクリックしたときに［データ入力フォーム］を開けます。

活用編 レッスン 45

請求書を印刷するボタンを設定するには

［レポートを開く］アクション

このレッスンではマクロを利用して、コマンドボタンをクリックしたときに、［請求書レポート］が印刷プレビューで表示されるようにしてみましょう。

1 コマンドボタンをクリックしたときの動作を設定する

基本編のレッスン㊱を参考に［請求管理メニュー］をデザインビューで表示しておく

❶［請求書の印刷］のコマンドボタンをクリック

❷［イベント］タブをクリック

❸［クリック時］のここをクリック

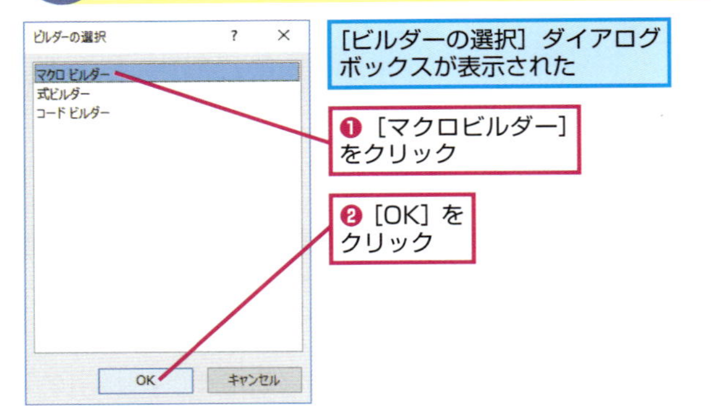

2 マクロビルダーを起動する

［ビルダーの選択］ダイアログボックスが表示された

❶［マクロビルダー］をクリック

❷［OK］をクリック

3 設定するアクションを選択する

マクロビルダーが表示された

❶ここをクリック

❷［レポートを開く］をクリック

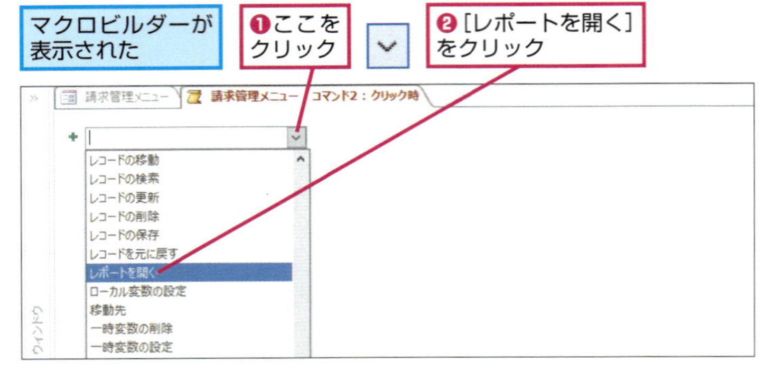

▶キーワード

印刷プレビュー	p.418
コマンドボタン	p.419
マクロ	p.421
レポート	p.422

レッスンで使う練習用ファイル

［レポートを開く］アクション.accdb

HINT! コマンドボタンに画像を表示できる

コマンドボタンに画像を表示するには、プロパティシートの［書式］タブの［ピクチャ］の横にあるをクリックします。［ピクチャビルダー］ダイアログボックスで、コマンドボタンに表示する画像を選べます。

画像を挿入するコマンドボタンを選択しておく

❶［書式］タブをクリック

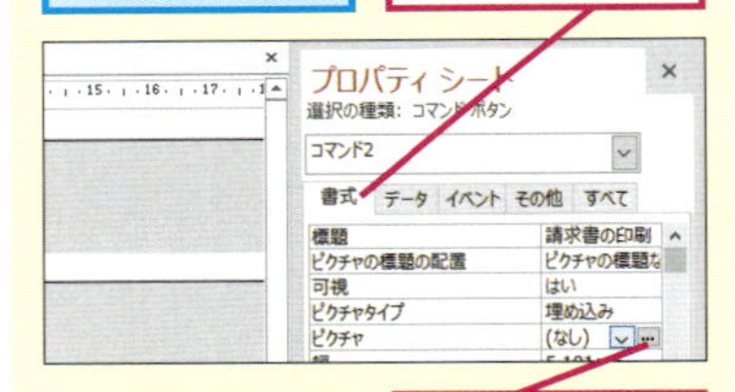

❷［ピクチャ］のここをクリック

一覧から選択するか、［参照］をクリックして、画像を選択できる

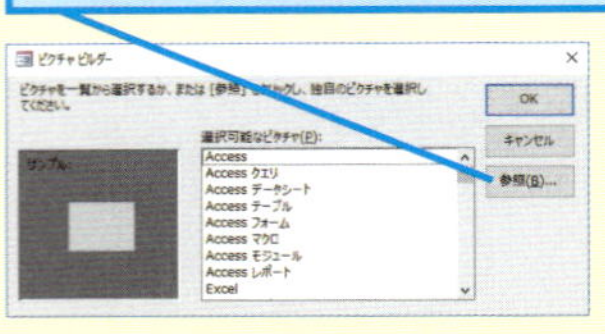

間違った場合は？

手順3で違うアクションを選択してしまったときはクイックアクセスツールバーの［元に戻す］ボタン（）をクリックして、もう一度やり直します。

4 レポート名を表示するビューを設定する

レポートを開くアクションが設定された

❶[レポート名]のここをクリックして[請求書レポート]を選択

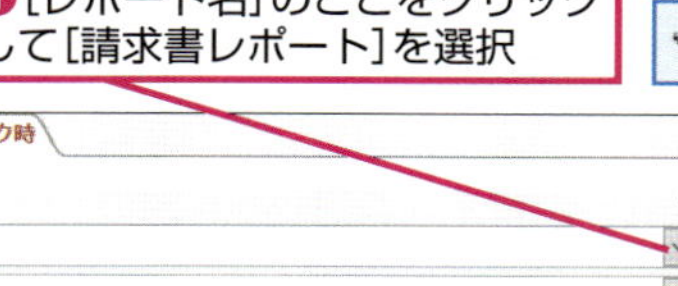

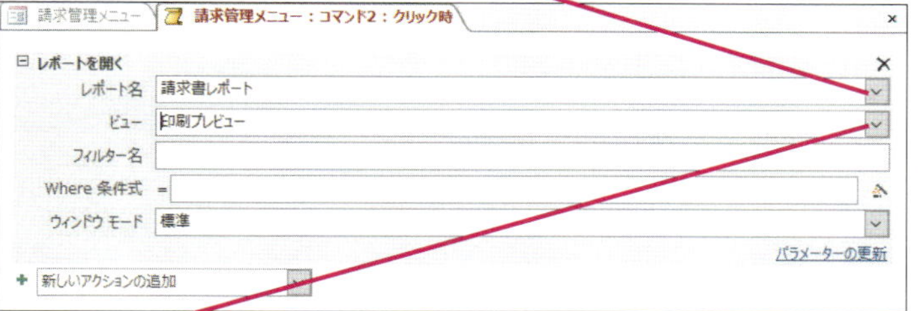

❷[ビュー]のここをクリックして[印刷プレビュー]を選択

活用編のレッスン㊹を参考に[閉じる]をクリックしてマクロを保存しておく

5 コマンドボタンの動作を確認する

マクロが正しく動作することを確認するためにフォームビューを表示しておく

[請求書の印刷]のコマンドボタンをクリック

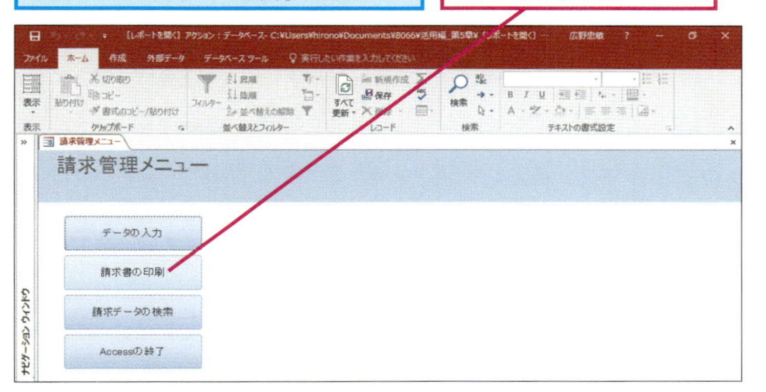

6 印刷プレビューが表示された

[請求書レポート]が印刷プレビューで表示された

印刷するときは[印刷]をクリックする

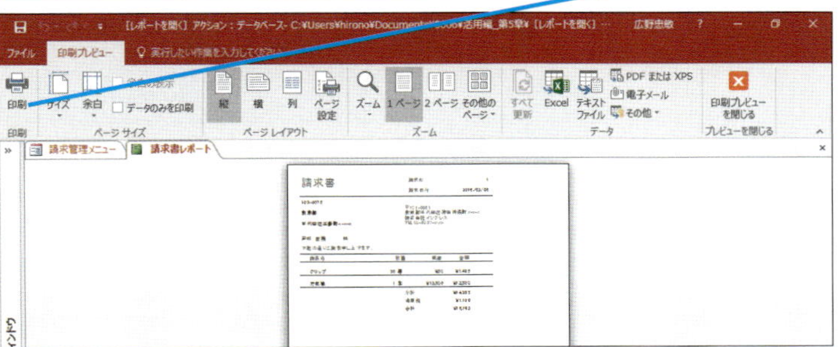

[請求書レポート]と[請求管理メニュー]を閉じておく

HINT! アクションカタログを活用しよう

マクロには「アクションカタログ」と呼ばれるヘルプ機能が用意されています。アクションカタログはAccessで使えるすべてのマクロをカテゴリー別に表示できるほか、マクロの簡単な確認や検索ができます。また、アクションカタログからマクロを追加できるので試してみましょう。アクションカタログを表示するには［マクロツール］の［デザイン］タブにある［アクションカタログ］ボタンをクリックします。

手順2を参考にマクロビルダーを起動しておく

◆アクションカタログ

「印刷」と入力

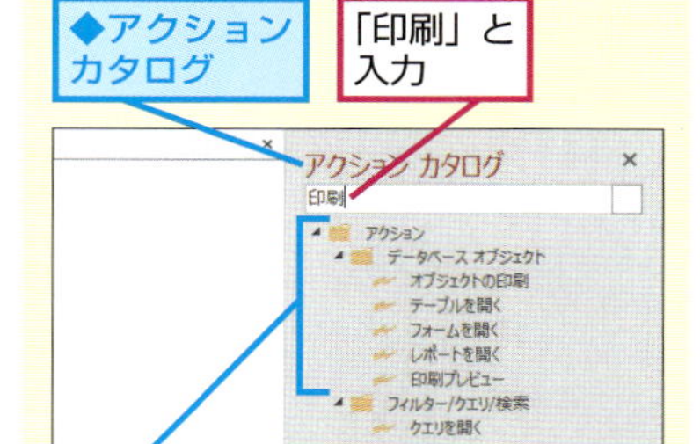

印刷に関連するアクションが表示された

Point ビューを指定すればすぐに印刷できる

手順3で設定したようにマクロの［レポートを開く］アクションを使えば、特定のレポートをすぐに表示できます。レポートを開くときには、どのビューで表示するかを一緒に設定しましょう。手順4では［ビュー］に［印刷プレビュー］を指定したので、レポートの印刷プレビューが画面に表示されます。また、［ビュー］に［印刷］を指定すると、印刷プレビューを表示せずに、レポートを印刷できます。内容や用途に合わせてビューの設定をするといいでしょう。

活用編 レッスン 46

データを検索するボタンを設定するには

複数のアクションの設定

マクロは、複数のアクションを連続して実行できます。「フォームを開いてから特定のフィールドで検索する」という一連の動作を実行するマクロを作ってみましょう。

1 コマンドボタンをクリックしたときの動作を設定する

基本編のレッスン㊱を参考に［請求管理メニュー］をデザインビューで表示しておく

❶［請求データの検索］のコマンドボタンをクリック

❷［イベント］タブをクリック

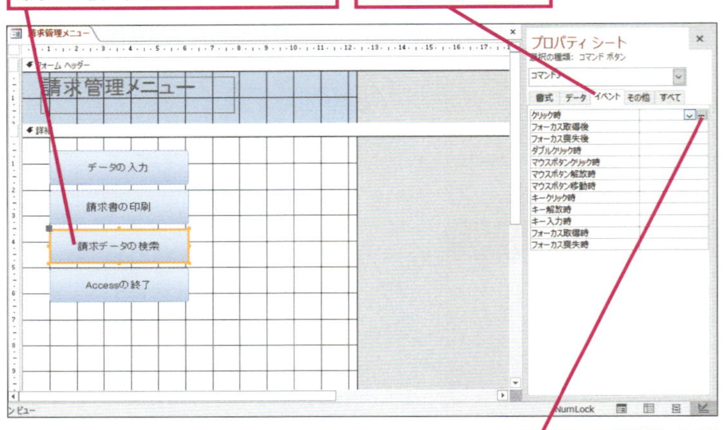

❸［クリック時］のここをクリック

2 マクロビルダーを起動する

［ビルダーの選択］ダイアログボックスが表示された

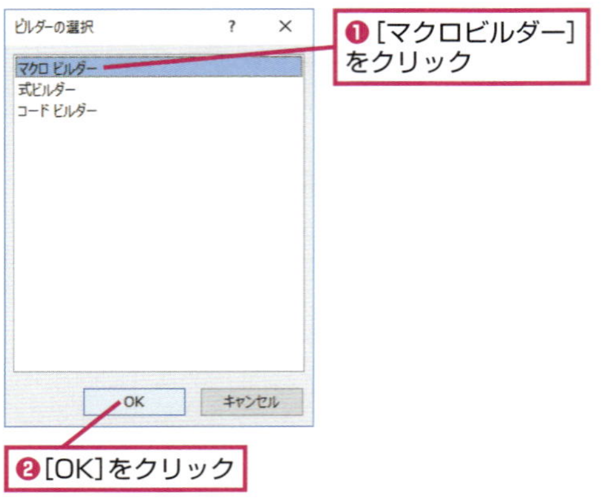

❶［マクロビルダー］をクリック

❷［OK］をクリック

▶キーワード

コマンドボタン	p.419
フォーム	p.421
マクロ	p.421

レッスンで使う練習用ファイル
複数のアクションの設定.accdb

HINT! フォームに表示するレコードを絞り込むには

手順3で表示される［フォームを開く］アクションの［Where条件式］は引数の1つで、条件に一致するレコードだけを表示したいときに指定します。また、『[請求日付] = [請求日付を入力してください]』というように、存在しないフィールド名を入力すると、パラメータークエリのように「請求日付を入力してください」というメッセージをダイアログボックスで表示できます。ダイアログボックスにキーワードを入力してフォームのレコードを抽出しましょう。ただし、ナビゲーションフォームではこの機能は使えません。

［Where条件式］に「[請求日付]<=#2016/03/01#」と入力

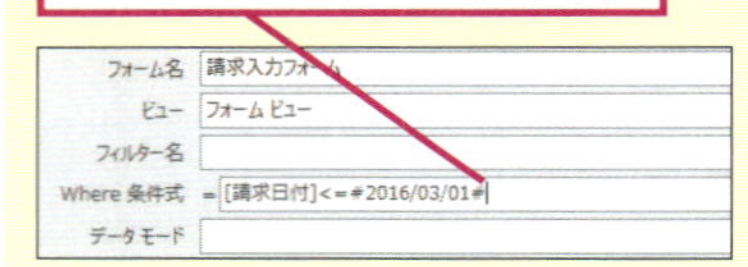

マクロを実行すると、［請求日付］が2016年3月1日以前のレコードだけがフォームに表示される

間違った場合は？

手順2で［式ビルダー］を選択してしまったときは、［キャンセル］ボタンをクリックして、もう一度手順2から操作をやり直します。

3 1つ目のアクションを設定する

[請求入力フォーム］を表示するアクションを設定する

❶［アクション］のここをクリック

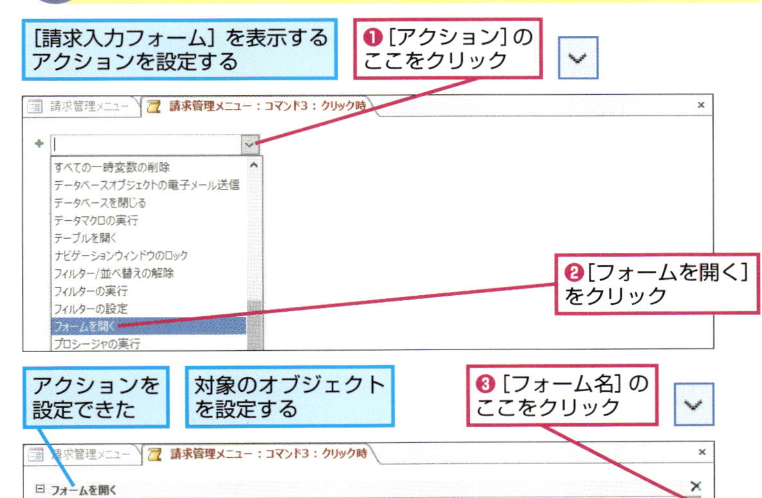

❷［フォームを開く］をクリック

アクションを設定できた

対象のオブジェクトを設定する

❸［フォーム名］のここをクリック

❹［請求入力フォーム］をクリック

4 2つ目のアクションを指定する

検索するフィールドにあらかじめカーソルを移動させるアクションを指定する

❶［新しいアクションの追加］のここをクリック

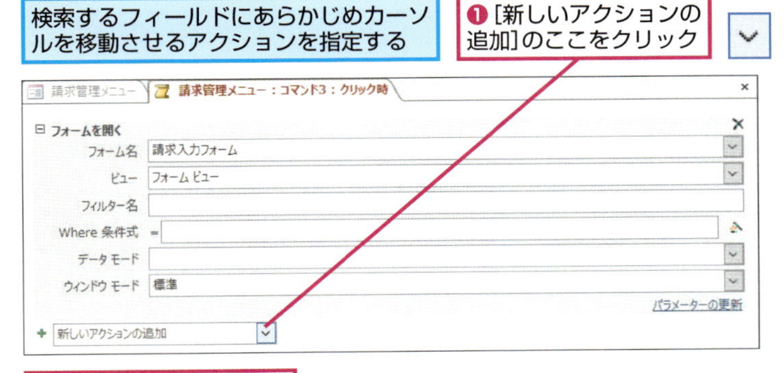

❷［コントロールの移動］をクリック

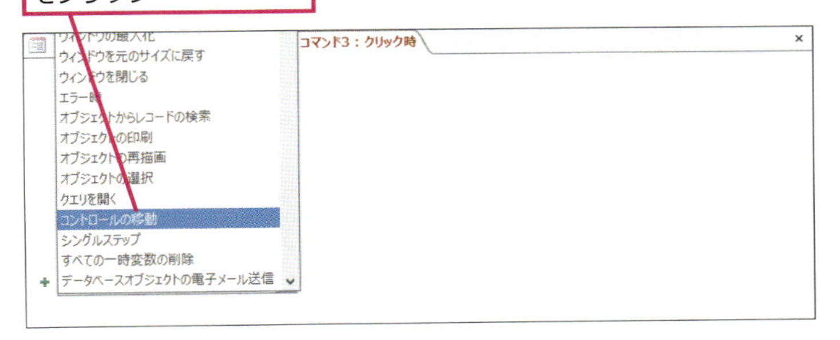

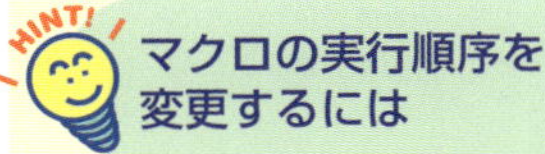

HINT! マクロの実行順序を変更するには

マクロを実行する順番は後から変更できます。マクロの実行順を変更するには、アクションを選択してから、実行させたい場所にドラッグしましょう。また、アクションの右上にある［上へ移動］ボタン（⇧）や［下へ移動］ボタン（⇩）をクリックしてもマクロの実行順を変更できます。

❶［メニューコマンドの実行］アクションをクリック

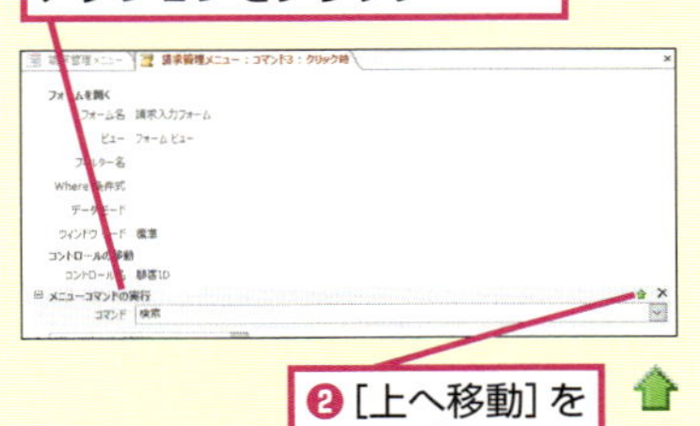

❷［上へ移動］をクリック

マクロの実行順序が変更された

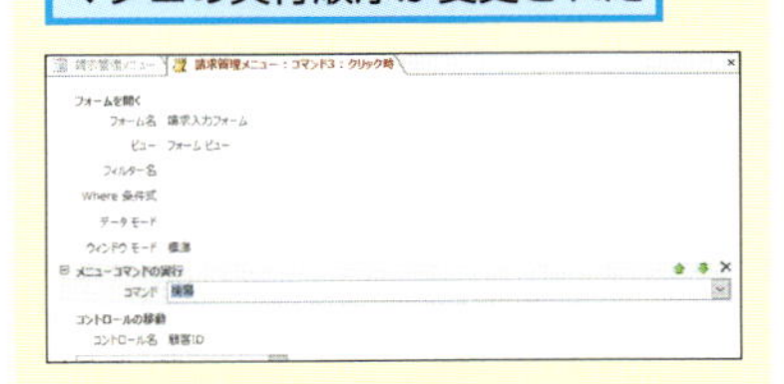

HINT! コマンドボタンの形を変えるには

コマンドボタンの形はあらかじめ８種類用意されていて、その中から形を選べます。以下の手順で、コマンドボタンの形を選んでみましょう。

❶［フォームデザインツール］の［書式］タブをクリック

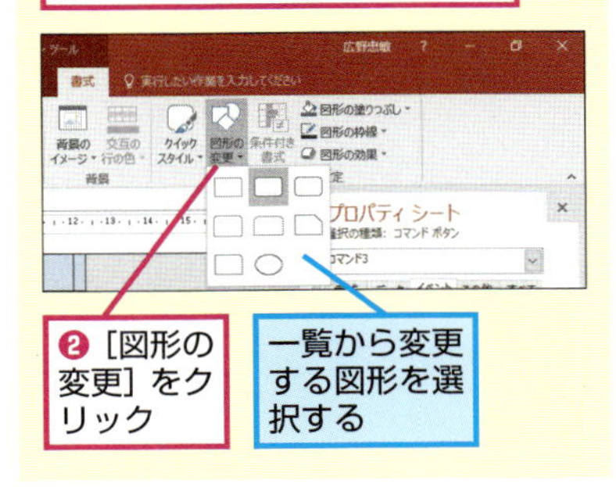

❷［図形の変更］をクリック

一覧から変更する図形を選択する

次のページに続く

5 カーソルが移動するフィールドを指定する

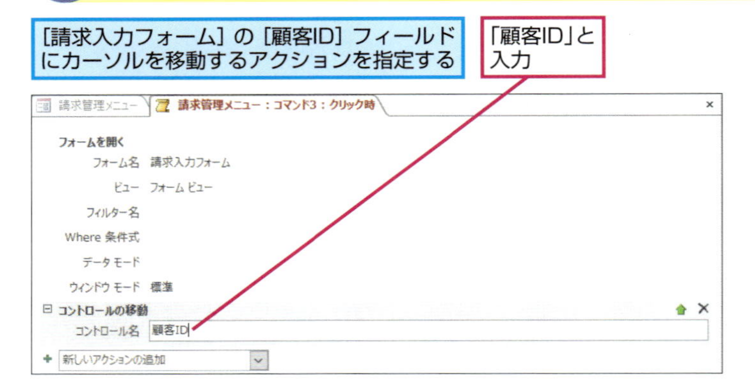

6 3つ目のアクションを指定する

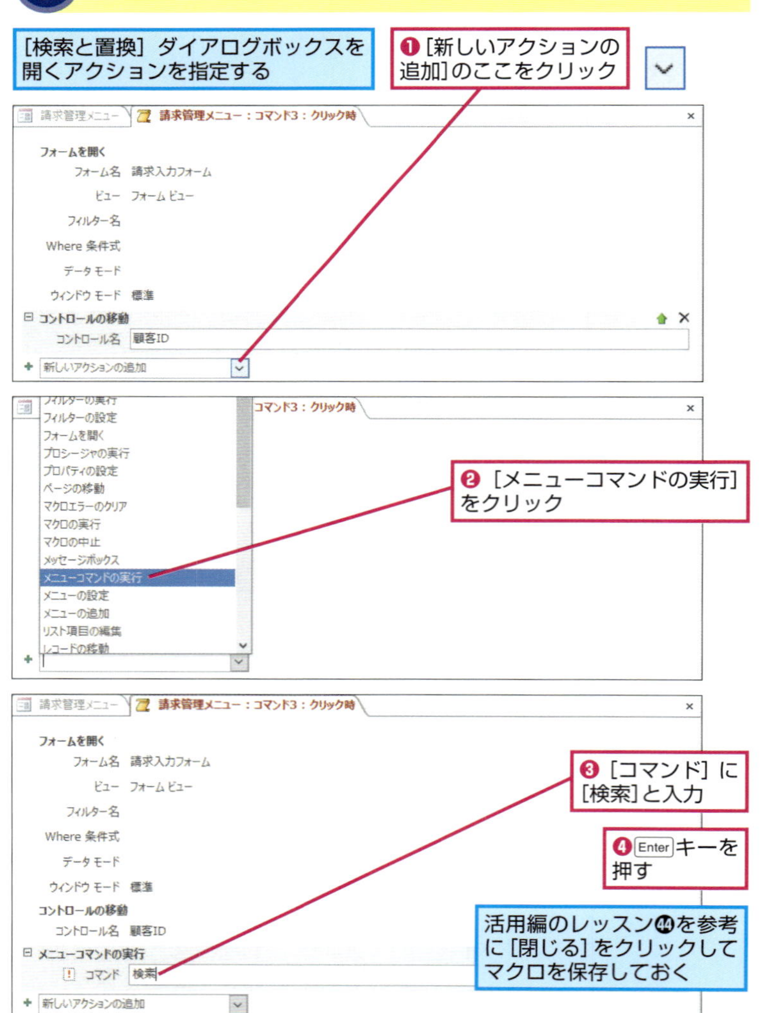

マクロが正しく動作するかをテストするには

複数のアクションが設定されているマクロが動作しないときに、どこに原因があるかを見つけるにはステップインの機能を使いましょう。ステップインは、アクションを1つずつ実行する機能です。ステップインが有効のときはアクションを1つ実行するとマクロが一時停止して、[マクロのシングルステップ]ダイアログボックスが表示されます。アクションを1つずつ確認しながら実行することでマクロのバグ(間違い)を発見できます。マクロの間違いを修正したら[ステップイン]ボタンをクリックして、ステップインの機能を解除しましょう。

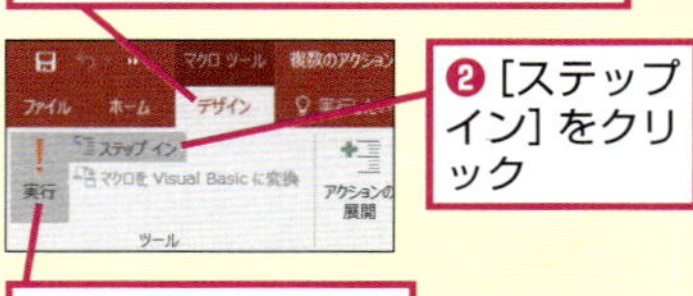

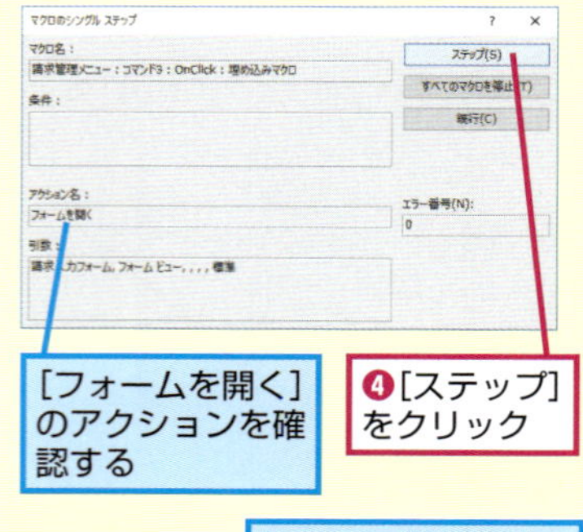

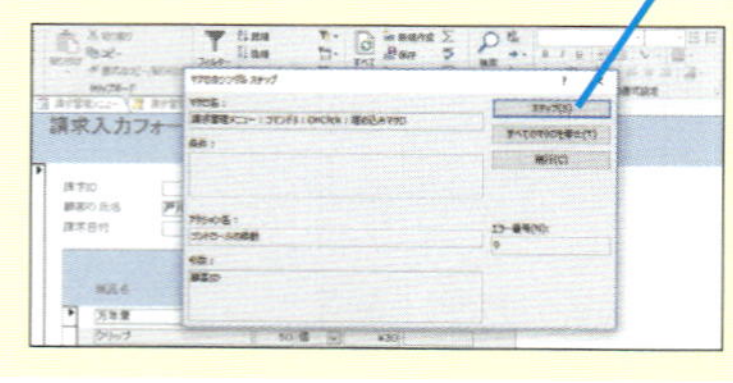

コマンドボタンの動作を確認する

マクロが正しく動作することを確認するためにフォームビューを表示しておく

［請求データの検索］のコマンドボタンをクリック

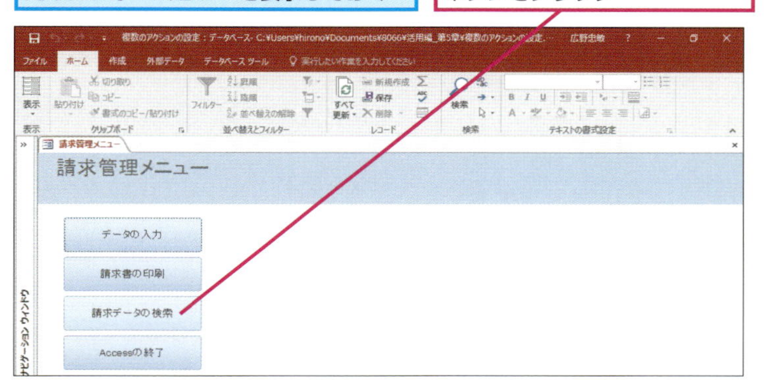

コマンドボタンに設定された複数のアクションが実行された

［請求入力フォーム］がフォームビューで表示された

［検索と置換］ダイアログボックスが表示された

❶「佐藤」と入力

❷ここをクリックして［現在のフィールド］を選択

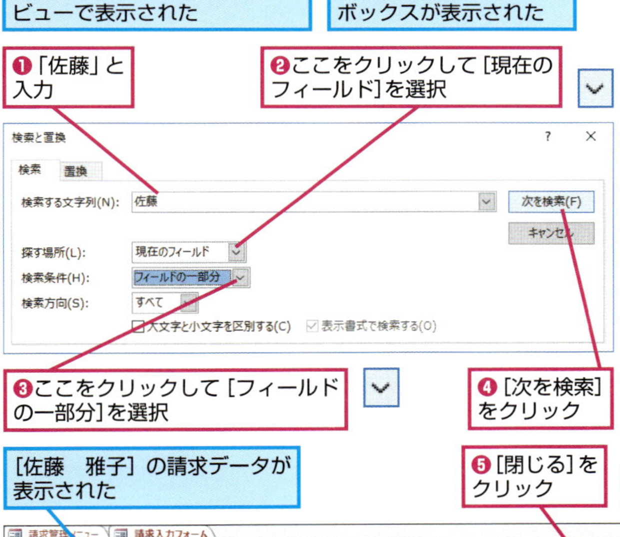

❸ここをクリックして［フィールドの一部分］を選択

❹［次を検索］をクリック

［佐藤　雅子］の請求データが表示された

❺［閉じる］をクリック

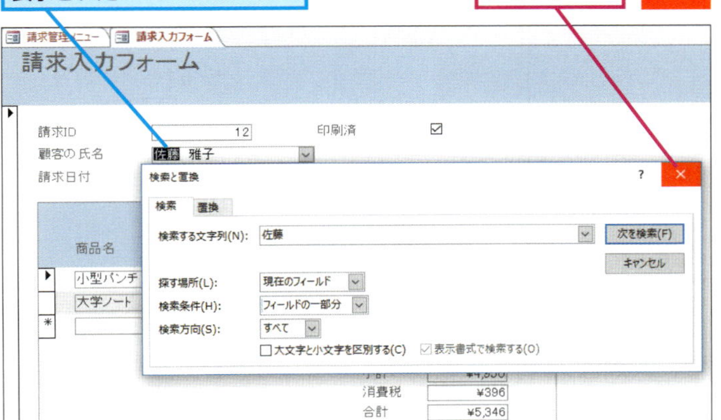

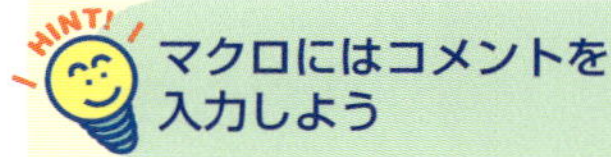

マクロにはコメントを入力しよう

マクロにはコメント（注釈）を好きな位置に入力できます。マクロにコメントを入力するには、［新しいアクションの追加］で［コメント］を選びます。コメントはアクションの実行には影響しないので、自由な内容を入力できます。どのような意図でどういう動作をするマクロなのかをコメントとして入力しておけば、後でマクロを見返すときに便利です。特に複数のアクションでマクロを作るときは、必ずコメントを入力しておきましょう。

マクロの内容についてコメントを入力できる

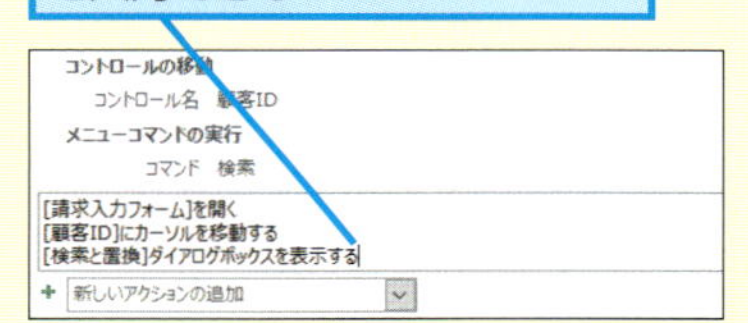

間違った場合は？

手順8で検索ができないときは、マクロが間違っています。手順1からもう一度操作をやり直してください。

Point

複数のアクションで処理を自動化しよう

マクロに複数のアクションを記述すると、それらのアクションは上から順番に実行されます。このレッスンでは［フォームを開く］［コントロールの移動］［コマンドの実行］の3つのアクションを使って一連の処理を自動的に実行するように設定していますが、ほかにもいろいろな使い方ができます。フォームを表示する前にアクションクエリを実行したいときや、更新クエリで更新した結果をレポートとして印刷したいときなど、マクロで自動化すれば手作業より簡単でミスも起きないので試してみましょう。

Accessを終了するボタンを設定するには

［Accessの終了］アクション

マクロにはAccessの実行や終了に関するアクションもあります。使いやすいメニューにするために、ワンクリックでAccessを終了できるように設定しましょう。

1 アクションを設定する

基本編のレッスン㊱を参考に［請求管理メニュー］をデザインビューで表示しておく

活用編のレッスン㊹の手順1を参考に［Accessの終了］のコマンドボタンを選択し、マクロビルダーを起動しておく

❶［アクション］のここをクリック

❷［Accessの終了］をクリック

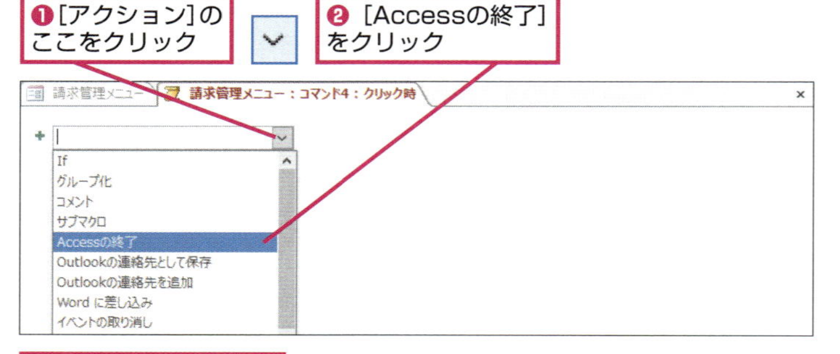

❸ここをクリックして［すべて保存］を選択

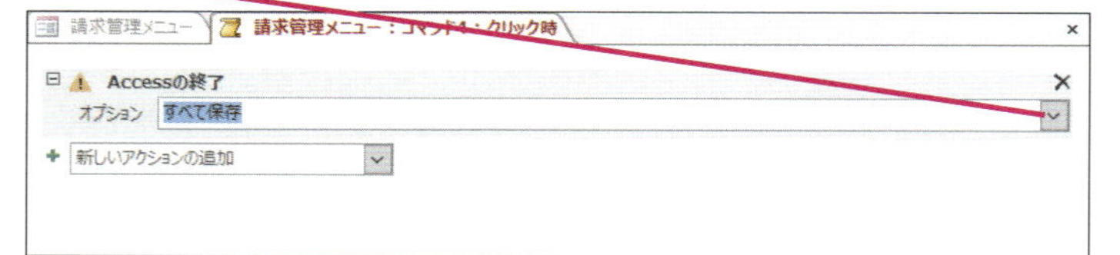

2 マクロを保存する

マクロの設定を保存する

❶［マクロツール］の［デザイン］タブをクリック

❷［閉じる］をクリック

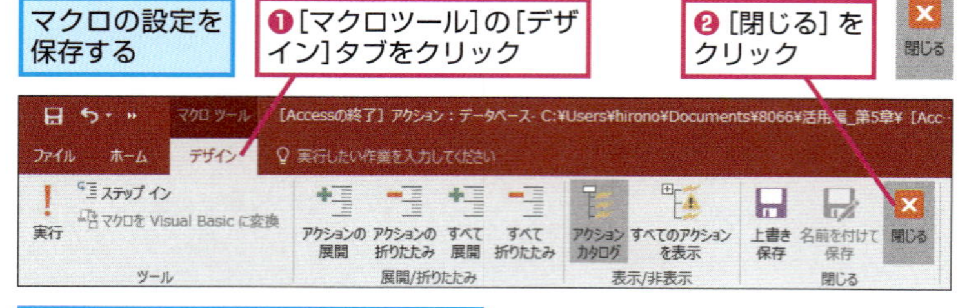

変更を保存するかどうかを確認するメッセージが表示された

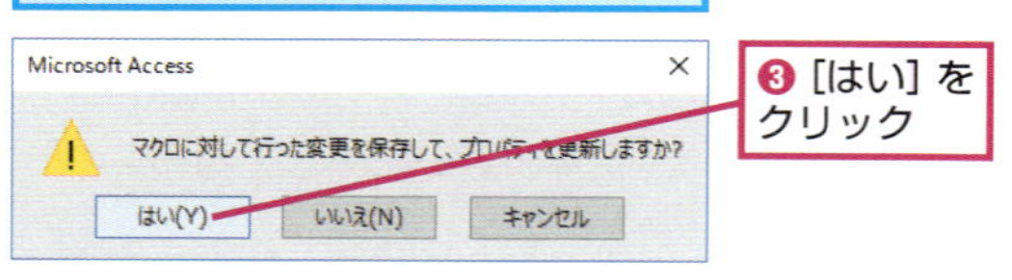

❸［はい］をクリック

▶キーワード

HINT! ヒントテキストやステータスバーを活用しよう

コマンドボタンには、ヒントテキストやステータスバーテキストを設定できます。ヒントテキストやステータスバーテキストに、コマンドボタンが押されたときにどのような処理が実行されるのかを説明するテキストを設定することで、メニュー画面をさらに分かりやすくできます。なお、ステータスバーテキストに入力した内容は、イベントの発生時にステータスバーに表示されます。

コマンドボタンを選択しておく

❶［その他］タブをクリック

❷ヒントテキストを入力

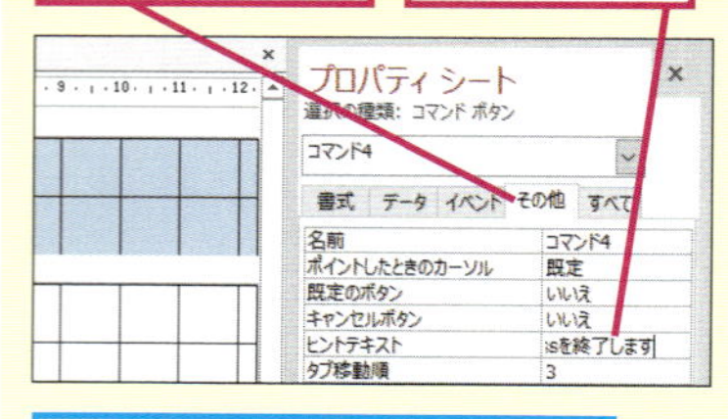

コマンドボタンにマウスポインターを合わせると、ヒントテキストが表示される

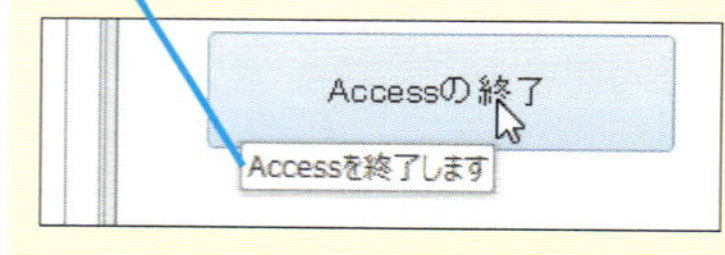

3 フォームビューを表示する

作成したマクロが正しく動作するかどうかを確認するためにフォームビューに切り替える

❶[フォームデザインツール]の[デザイン]タブをクリック

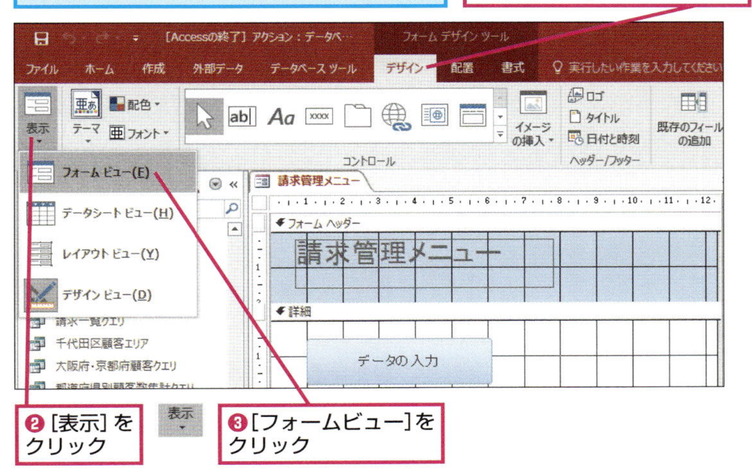

❷[表示]を クリック

❸[フォームビュー]を クリック

4 コマンドボタンの動作を確認する

[請求管理メニュー] がフォームビューで表示された

設定したマクロが正しく動作することを確認する

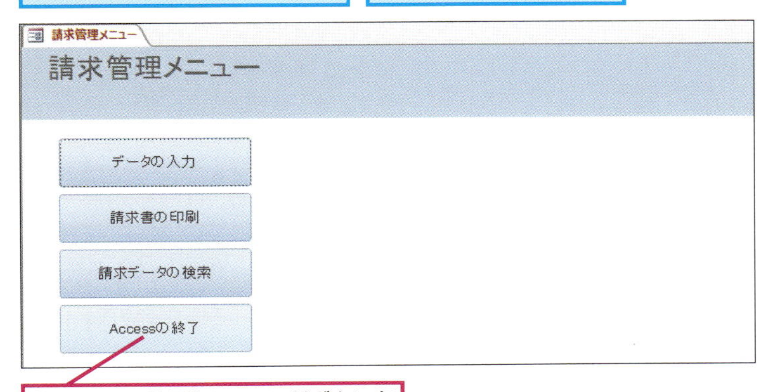

[Accessの終了]のコマンドボタンをクリック

Accessが終了して、デスクトップが表示される

フォームを閉じるボタンを追加するには

請求入力フォームや活用編のレッスン㊸で作成したデータ入力フォームに「フォームを閉じる」役割のボタンを作成しておくと、同じ［データ入力フォーム］が何回も表示されないので、より一層フォームを便利に使えます。閉じるボタンをフォームに追加するには、フォームをデザインビューで表示してから、活用編のレッスン㊷を参考に、［フォームヘッダー］セクションなどにコマンドボタンを配置します。次に活用編のレッスン㊹を参考にコマンドボタンを選択してマクロビルダーを起動します。表示されたマクロビルダーで［新しいアクションの追加］から［ウインドウを閉じる］を選択しましょう。

間違った場合は?

手順4を実行してもAccessが終了しないときは、マクロが間違っています。もう一度手順1から操作をやり直しましょう。

Point

いろいろなAccessの機能をマクロで実行しよう

マクロのアクションには、Accessの実行に関するいろいろな機能が用意されています。［終了］アクションもそうした機能の1つで、このアクションを実行すると、Accessをすぐに終了できます。そのほかにも［コマンドの実行］アクションを使うと、リボンや［ファイル］タブにある機能を、マクロから実行できます。また、［最大化］や［最小化］などを使えば、ウィンドウの大きさもマクロで制御可能です。適切なアクションを使って、思い通りのマクロを作ってみましょう。

メニュー用のフォームを自動的に表示するには

データベースの起動設定

データベースファイルを開いたときに、メニュー画面を自動的に表示するように設定しましょう。［Accessのオプション］ダイアログボックスから設定します。

このレッスンは動画で見られます 操作を動画でチェック！ ※詳しくは2ページへ

1 ［Accessのオプション］ダイアログボックスを表示する

データベースファイルを開いたときに［請求管理メニュー］が自動で表示されるようにする

❶［ファイル］タブをクリック

❷［オプション］をクリック

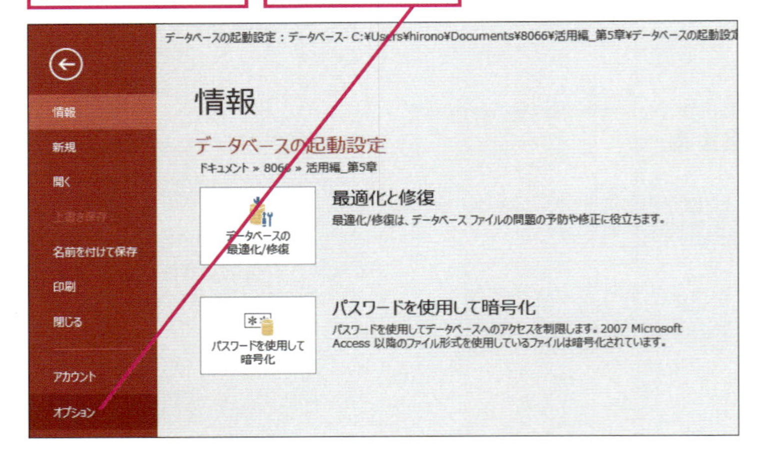

2 起動時に［請求管理メニュー］が表示されるように設定する

［Accessのオプション］ダイアログボックスが表示された

❶［現在のデータベース］をクリック

❷［フォームの表示］のここをクリック

❸［請求管理メニュー］をクリック

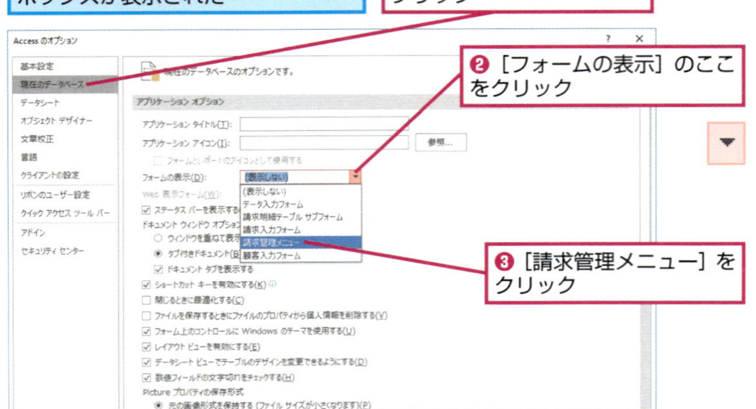

▶キーワード

データベース	p.420
ナビゲーションウィンドウ	p.421
リボン	p.422

レッスンで使う練習用ファイル
データベースの起動設定.accdb

ショートカットキー

Alt ＋ F4 ……… Accessの終了

HINT! 複数のウィンドウが重なるように設定するには

複数のウィンドウが重なるようなユーザーインターフェースは、マルチ・ドキュメント・インターフェース（MDI）と呼ばれ、古いバージョンのAccessで作成したデータベースで使われています。タブを使ったユーザーインターフェースではなく、マルチ・ドキュメント・インターフェースにデータベースを設定するには、［ドキュメントウィンドウオプション］の［ウィンドウを重ねて表示する］をクリックします。

手順1を参考に［Accessのオプション］ダイアログボックスを表示しておく

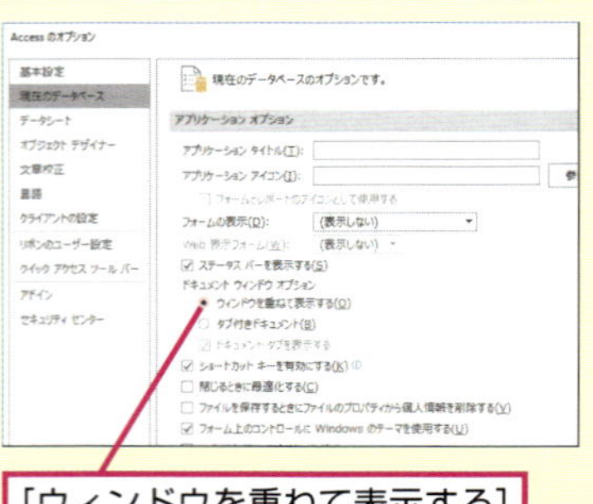

［ウィンドウを重ねて表示する］をクリック

3 起動時の設定を変更する

起動時にナビゲーションウィンドウとリボンが表示されないように設定する

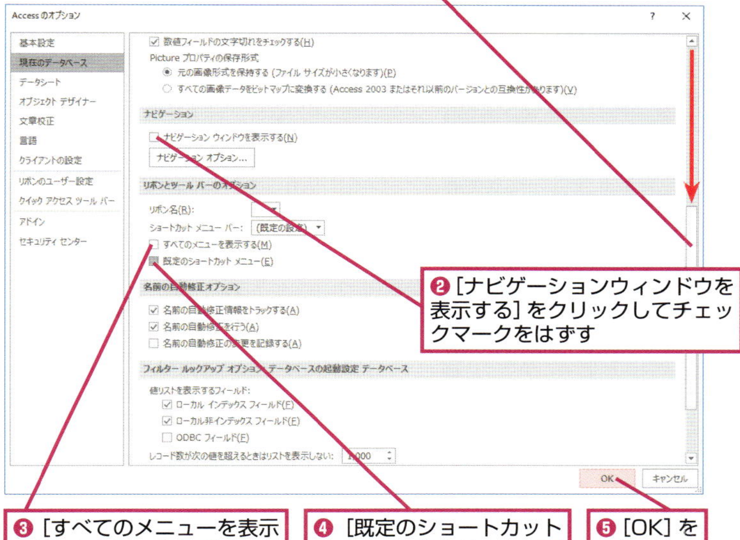

設定を有効にするには、データベースファイルを開き直す必要がある旨のメッセージが表示された

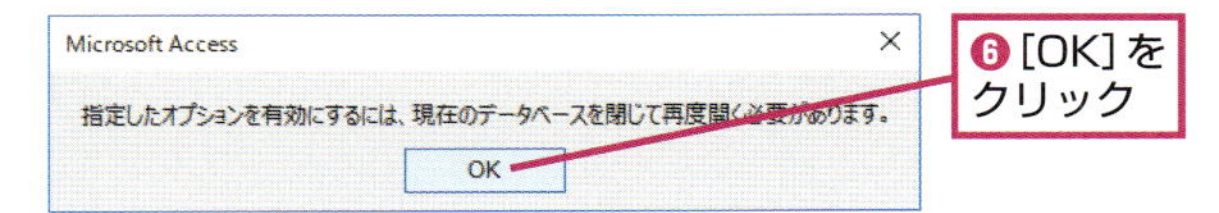

❻［OK］をクリック

4 Accessを終了する

設定が完了し、Accessの画面に戻った

一度、Accessを終了する

［閉じる］をクリック

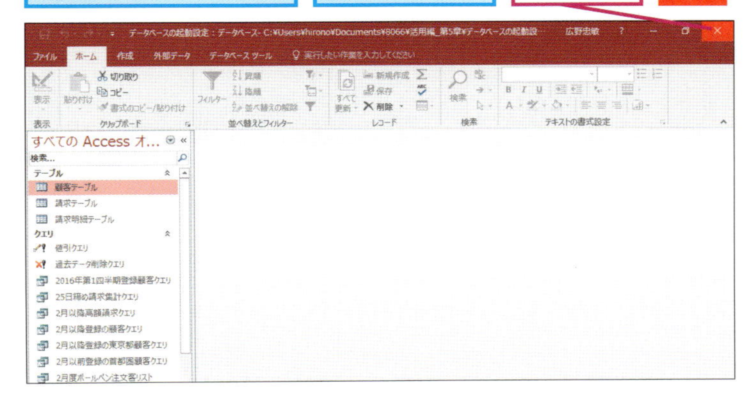

タイトルバーの内容を設定できる

Accessのタイトルバーには、通常「Microsoft Access」と表示されます。以下の手順を実行すれば、特定の団体名や会社名をタイトルバーに表示できます。

❶［現在のデータベース］をクリック

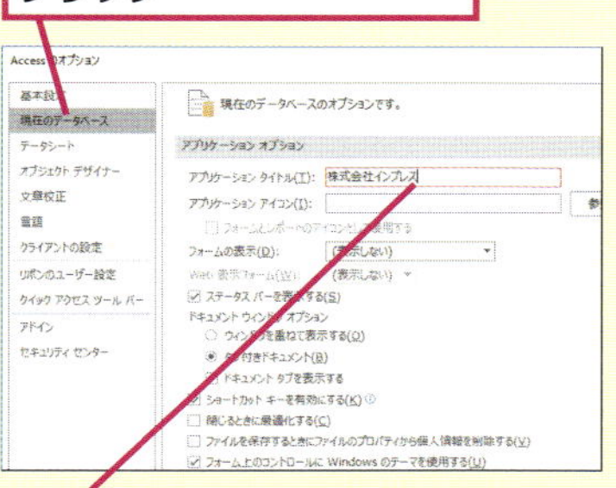

❷［アプリケーションタイトル］をクリックして表示する内容を入力

❸［OK］をクリック

タイトルバーの内容が変更された

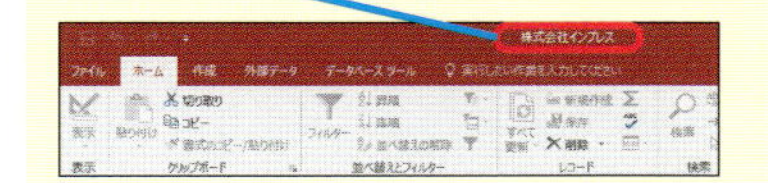

間違った場合は？

手順3でチェックマークを付けたまま［OK］ボタンをクリックしたときは、手順1からやり直しましょう。

［現在のデータベース］の設定はそのデータベースファイルだけ有効になる

［現在のデータベース］で設定できる内容は、Access全体には反映されません。設定したデータベースファイルのみ設定が有効になります。ほかのデータベースファイルを開くときは、そのデータベースファイルで設定した内容が有効になります。

次のページに続く

5 Accessが終了した

Accessが終了して、デスクトップが表示された

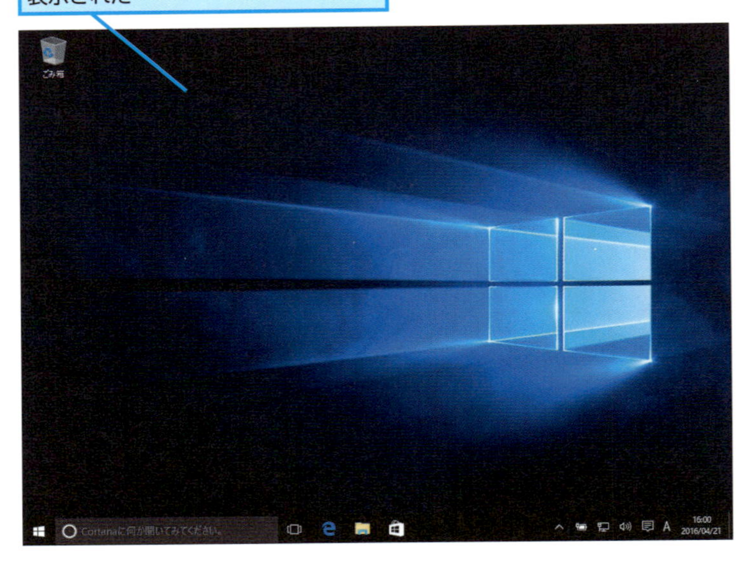

6 起動時の設定を確認する

基本編のレッスン❽を参考に［データベースの起動設定.accdb］を開く

自動的に［請求管理メニュー］が表示された

［ホーム］タブ以外が表示されていないことを確認する

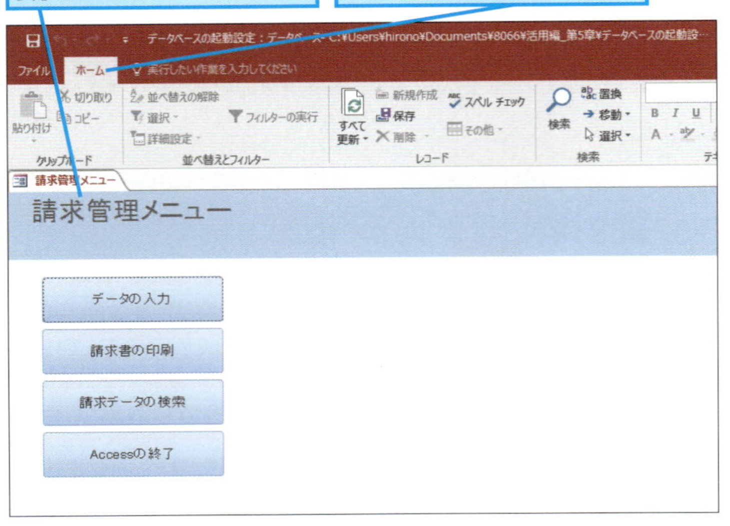

ナビゲーションウィンドウが表示されていないことを確認する

起動時の設定を変更できた

起動時の設定を元に戻すには

起動時の設定を行うと、通常の起動方法では設定を変更できなくなります。次ページのテクニックを参考に起動時の設定を無効にしてデータベースファイルを開いてから、［Accessのオプション］ダイアログボックスで設定を元に戻しましょう。

間違った場合は？

手順6でナビゲーションウィンドウやリボンが表示されるときは、起動時の設定が間違っています。手順1から操作をやり直してください。

Point

アプリケーションとしての完成度を高めよう

完成したデータベースは、必ずしもAccessの知識がある人だけが使うわけではありません。Accessを起動したときに自動的にメニュー画面が表示される方が利用しやすいデータベースといえます。さらに、ナビゲーションウィンドウや［ホーム］タブ以外のリボンを非表示にすれば、目的以外のオブジェクトを利用者が参照することがなくなるため、不要な操作をさせないようにできます。このレッスンで紹介しているように、起動時の設定をカスタマイズすることで、「データベースアプリケーション」としての完成度を高めることができるのです。

テクニック 起動時の設定を無視してファイルを開ける

このレッスンの設定を行ったデータベースファイルは、そのままでは編集ができません。ここでは、データベースを編集するために、起動時の設定を無視して開く方法を紹介します。

[データベースの起動設定] をShiftキーを押しながらダブルクリック

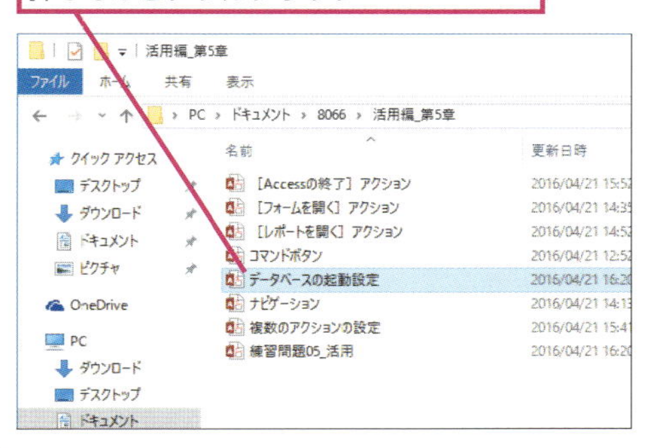

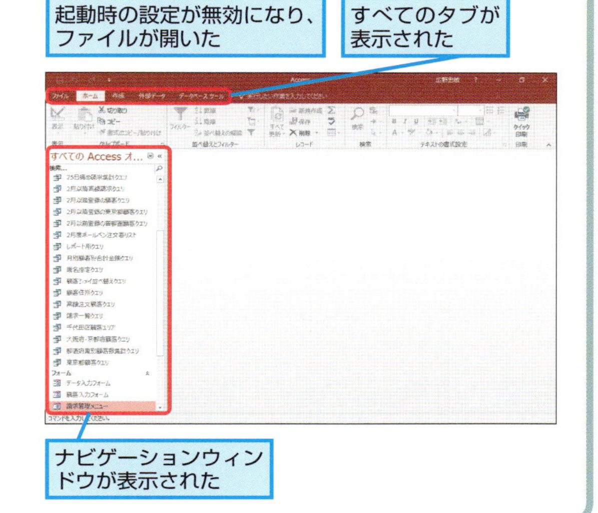

テクニック リボンのカスタマイズでデータベースを使いやすくしよう

このレッスンの操作を行うとリボンに［ファイル］タブと［ホーム］タブしか表示されなくなります。しかし、あらかじめ必要な操作を［ホーム］タブに追加しておけば、データベースをより使いやすくできます。

[Accessのオプション] ダイアログボックスを表示しておく

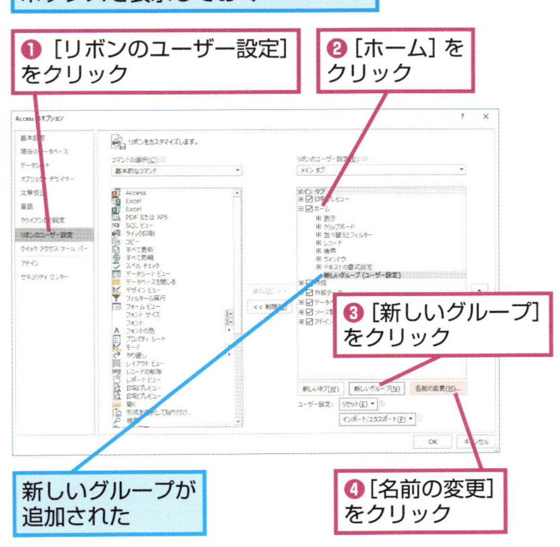

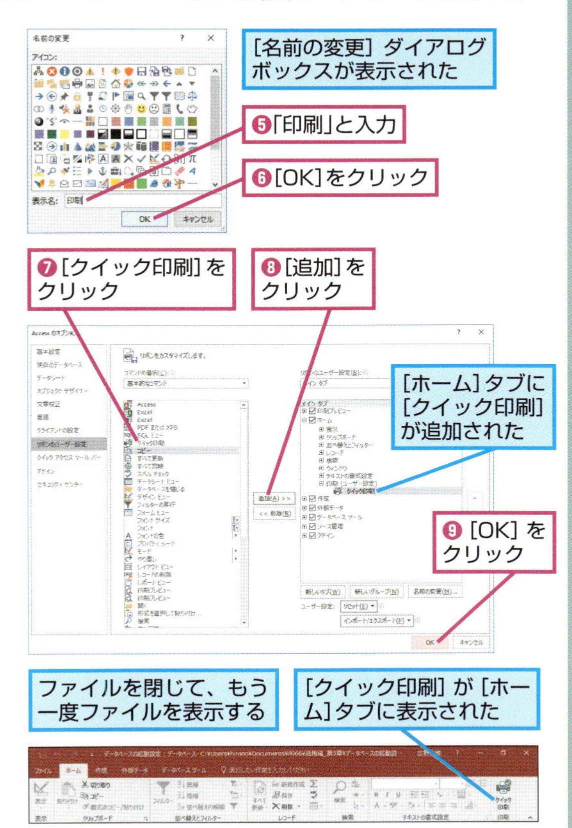

この章のまとめ

●データベースアプリケーションを作ろう

テーブルやフォーム、クエリ、レポートを作っただけではデータベースファイルの完成とはいえません。「データベースファイルにどのようなテーブルがあり、情報をどこに入力すればいいのか」といった、データベースファイルの構造やAccessの操作が分からなければ、多くの利用者に使ってもらえないからです。データベースファイルは必ずしも作った人が使うとは限りません。誰もがデータベースファイルを使えるようにするために「メニュー画面」と「マクロ」を使いましょう。これらの機能を使えば、日々の定型業務の入力、伝票や週報、月報といった集計帳票の印刷、日次処理や月次処理といった更新処理などを、メニュー画面から簡単に利用できるようになります。また、いくつかのアクションを組み合わせれば、一連の処理を自動化できます。例えば、あらかじめ更新処理が必要なレポートを印刷するときに、マクロにしておけばワンクリックで実行できます。Accessの機能やコマンドを知らなくても、メニュー画面や入力フォームからデータベースファイルを使うこともできます。それが、データベースファイルの完成形であり、そのようなデータベースファイルはオリジナルの「データベースアプリケーション」と呼ぶにふさわしいものになるでしょう。

メニュー画面を作成する

メニュー画面に作成したコマンドボタンにマクロを設定することで一連の処理を自動化できる

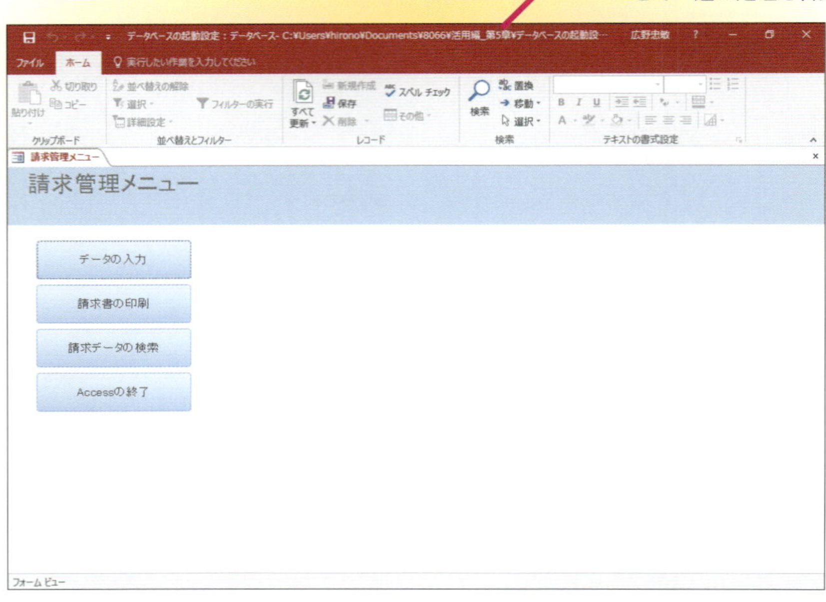

練習問題

1

練習用ファイルの［練習問題05_活用.accdb］を開き、［請求管理メニュー］のフォームに［顧客テーブル］をデータシートビューで開くためのコマンドボタンを追加してみましょう。

●ヒント　フォームにコマンドボタンを追加して、コマンドボタンのプロパティシートから「顧客テーブルを開くマクロ」を作成します。

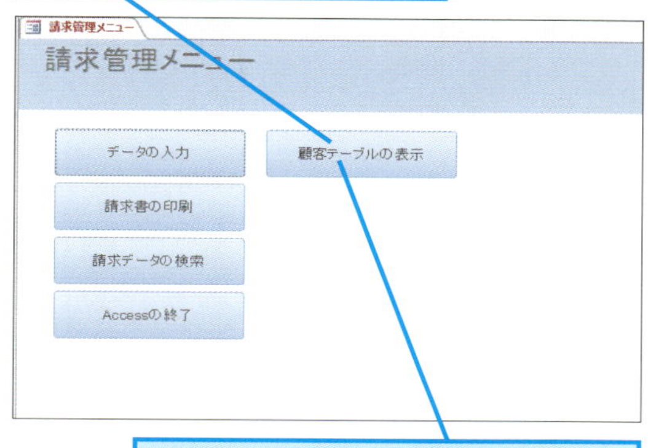

答えは次のページ

解　答

1

［顧客テーブル］を開くボタンを作成するには、フォームをデザインビューで表示し、コマンドボタンを追加します。ここでは［請求管理メニュー］のフォームを利用します。コマンドボタンに表題を入力したら、マクロビルダーの設定を行いましょう。操作5～操作6で［テーブルを開く］のアクションを選び、操作7で目的のテーブルを選びます。このとき、選択した［顧客テーブル］をどのビューで表示するかを忘れずに設定しましょう。最後に［請求管理メニュー］をフォームビューで表示し、コマンドボタンの動作を確認してください。

［請求管理メニュー］をデザインビューで表示しておく

活用編レッスン㊷を参考にコマンドボタンを作成し、［顧客テーブルの表示］という標題を設定しておく

❶［イベント］タブをクリック

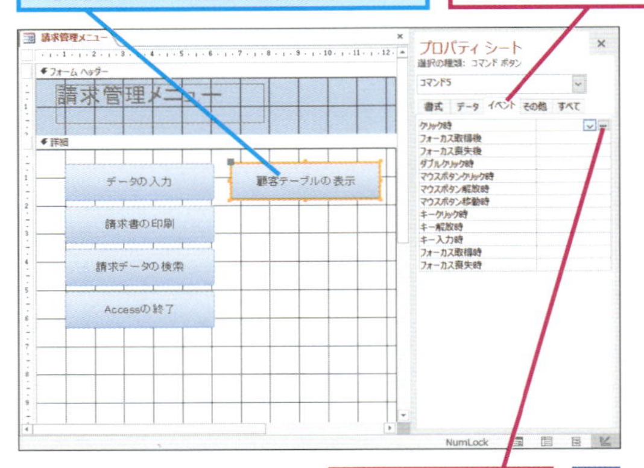

❷［クリック時］のここをクリック

［ビルダーの選択］ダイアログボックスが表示された

❸［マクロビルダー］をクリック

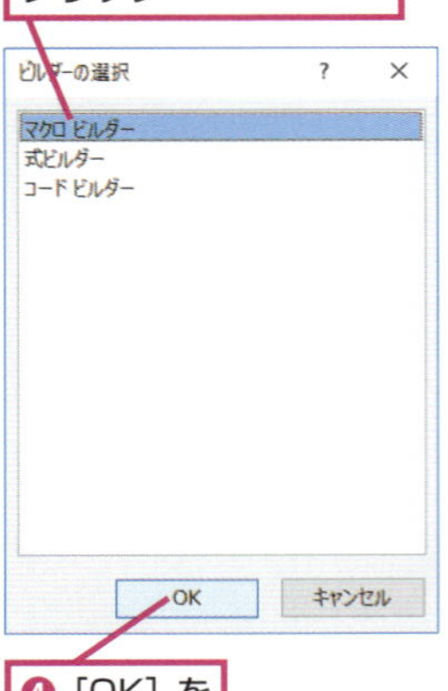

❹［OK］をクリック

❺［アクション］のここをクリック

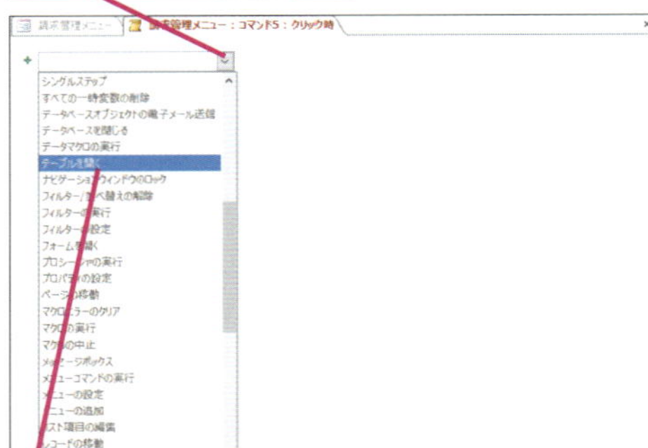

❻［テーブルを開く］をクリック

❼［テーブル名］のここをクリックして［顧客テーブル］を選択

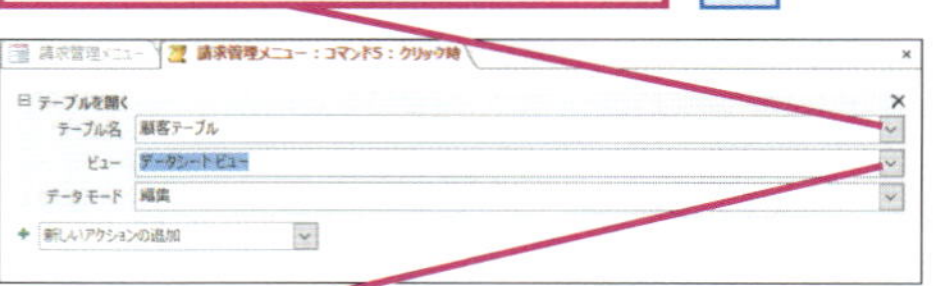

❽［ビュー］のここをクリックして［データシートビュー］を選択

活用編のレッスン㊹を参考にマクロを保存しておく

付録1　データベース入力サンプル

本書の基本編第2章と第4章、活用編第1章と第2章で入力するデータの内容です。操作によって［顧客ID］の番号がずれる場合もありますが、本書の手順を読み進める上で特に問題はありません。なお、本書で利用する練習用ファイルは、以下のURLからダウンロードできます。

▼練習用ファイルのダウンロードページ
http://book.impress.co.jp/books/1115101161

●基本編の第2章で入力するサンプルデータ

顧客ID	顧客の氏名	顧客のシメイ	電話番号	郵便番号
1	戸川　正樹	トガワ　マサキ	03−5275−xxxx	102-0075
都道府県	住所		登録日	
東京都	千代田区三番町x-x-x		2015年09月01日	

顧客ID	顧客の氏名	顧客のシメイ	電話番号	郵便番号
2	大和田　正一郎	オオワダ　ショウイチロウ	0721−72−xxxx	585-0051
都道府県	住所		登録日	
大阪府	南河内郡千早赤阪村x-x-x		2015年09月15日	

顧客ID	顧客の氏名	顧客のシメイ	電話番号	郵便番号
3	戸川　綾	トガワ　アヤ	03−5275−xxxx	102-0075
都道府県	住所		登録日	
東京都	千代田区三番町x-x-x		2015年10月15日	

顧客ID	顧客の氏名	顧客のシメイ	電話番号	郵便番号
4	大木　信行	オオキ　ノブユキ	042−922−xxxx	359-1128
都道府県	住所		登録日	
埼玉県	所沢市金山町x-x-x		2015年11月10日	

顧客ID	顧客の氏名	顧客のシメイ	電話番号	郵便番号
5	北条　恵	ホウジョウ　メグミ	0465−23−xxxx	250-0014
都道府県	住所		登録日	
神奈川県	小田原市城内x-x-x		2015年11月20日	

顧客ID	顧客の氏名	顧客のシメイ	電話番号	郵便番号
6	小野　信男	オノ　ノブオ	052−231−xxxx	460-0013
都道府県	住所		登録日	
愛知県	名古屋市中区上前津x-x-x		2015年12月15日	

顧客ID	顧客の氏名	顧客のシメイ	電話番号	郵便番号
7	青田　良子	アオタ　ヨシコ	045-320-xxxx	220-0051
都道府県	住所		登録日	
神奈川県	横浜市西区中央x-x-x		2016年01月25日	

顧客ID	顧客の氏名	顧客のシメイ	電話番号	郵便番号
8	竹井　進	タケイ　ススム	055-230-xxxx	400-0014
都道府県	住所		登録日	
山梨県	甲府市古府中町x-x-x		2016年02月10日	

顧客ID	顧客の氏名	顧客のシメイ	電話番号	郵便番号
9	福島　正巳	フクシマ　マサミ	047-302-xxxx	273-0035
都道府県	住所		登録日	
千葉県	船橋市本中山x-x-x		2016年02月10日	

顧客ID	顧客の氏名	顧客のシメイ	電話番号	郵便番号
10	岩田　哲也	イワタ　テツヤ	075-212-xxxx	604-8301
都道府県	住所		登録日	
京都府	中京区二条城町x-x-x		2016年03月01日	

顧客ID	顧客の氏名	顧客のシメイ	電話番号	郵便番号
11	谷口　博	タニグチ　ヒロシ	03-3241-xxxx	103-0022
都道府県	住所		登録日	
東京都	中央区日本橋室町x-x-x		2016年03月15日	

顧客ID	顧客の氏名	顧客のシメイ	電話番号	郵便番号
12	石田　光雄	イシダ　ミツオ	06-4791-xxxx	540-0008
都道府県	住所		登録日	
大阪府	大阪市中央区大手前x-x-x		2016年03月30日	

顧客ID	顧客の氏名	顧客のシメイ	電話番号	郵便番号
13	上杉　謙一	ウエスギ　ケンイチ	0255-24-xxxx	943-0807
都道府県	住所		登録日	
新潟県	上越市春日山町x-x-x		※	

顧客ID	顧客の氏名	顧客のシメイ	電話番号	郵便番号
14	三浦　潤	ミウラ　ジュン	03-3433-xxxx	105-0011
都道府県	住所		登録日	
東京都	港区芝公園x-x-x		※	

※登録日は自動的に入力されます。

●基本編の第4章で入力するサンプルデータ

顧客ID	顧客の氏名	顧客のシメイ	電話番号	郵便番号
15	篠田　友里	シノダ　ユリ	042-643-xxxx	192-0083
都道府県	住所		登録日	
東京都	八王子市旭町x-x-x		※	

顧客ID	顧客の氏名	顧客のシメイ	電話番号	郵便番号
16	坂田　忠	サカタ　タダシ	03-3557-xxxx	176-0002
都道府県	住所		登録日	
東京都	練馬区桜台x-x-x		※	

顧客ID	顧客の氏名	顧客のシメイ	電話番号	郵便番号
17	佐藤　雅子	サトウ　マサコ	0268-22-xxxx	386-0026
都道府県	住所		登録日	
長野県	上田市二の丸x-x-x		※	

顧客ID	顧客の氏名	顧客のシメイ	電話番号	郵便番号
18	津田　義之	ツダ　ヨシユキ	046-229-xxxx	243-0014
都道府県	住所		登録日	
神奈川県	厚木市旭町x-x-x		※	

顧客ID	顧客の氏名	顧客のシメイ	電話番号	郵便番号
19	羽鳥　一成	ハトリ　カズナリ	0776-27-xxxx	910-0005
都道府県	住所		登録日	
福井県	福井市大手x-x-x		※	

顧客ID	顧客の氏名	顧客のシメイ	電話番号	郵便番号
20	本庄　亮	ホンジョウ　リョウ	03-3403-xxxx	107-0051
都道府県	住所		登録日	
東京都	港区元赤坂x-x-x		※	

顧客ID	顧客の氏名	顧客のシメイ	電話番号	郵便番号
21	木梨　美香子	キナシ　ミカコ	03-5275-xxxx	102-0075
都道府県	住所		登録日	
東京都	千代田区三番町x-x-x		※	

顧客ID	顧客の氏名	顧客のシメイ	電話番号	郵便番号
22	戸田　史郎	トダ　シロウ	03-3576-xxxx	170-0001
都道府県	住所		登録日	
東京都	豊島区西巣鴨x-x-x		※	

顧客ID	顧客の氏名	顧客のシメイ	電話番号	郵便番号
23	加瀬　翔太	カセ　ショウタ	080-3001-xxxx	252-0304
都道府県	住所		登録日	
神奈川県	相模原市南区旭町x-x-x		※	

※登録日は自動的に入力されます。

●活用編第1章のレッスン❼で入力する売り上げサンプル

顧客の氏名	戸川　正樹	請求日付	2016/03/06
商品名	数量	単位	単価
万年筆	1	本	￥15,000
クリップ	50	個	￥33

顧客の氏名	大和田　正一郎	請求日付	2016/03/06
商品名	数量	単位	単価
ボールペン	2	本	￥1,000

●活用編第1章のレッスン❽で入力する売り上げサンプル

顧客の氏名	北条　恵	請求日付	2016/03/06
商品名	数量	単位	単価
万年筆	2	本	￥15,000

●活用編第2章のレッスン⓫で入力する売り上げサンプル

顧客の氏名	戸川　綾	請求日付	2016/03/07
商品名	数量	単位	単価
コピー用トナー	3	箱	￥16,000
カラーボックス	2	台	￥5,000
ボールペン	1	ダース	￥1,000

●活用編第2章のレッスン⓭で入力する売り上げサンプル

顧客の氏名	大木　信行	請求日付	2016/03/07
商品名	数量	単位	単価
ボールペン	3	ダース	￥1,000

●活用編第2章のレッスン⓴で入力する売り上げサンプル

顧客の氏名	福島　正巳	請求日付	2016/01/10
商品名	数量	単位	単価
万年筆	3	本	￥15,000

顧客の氏名	大和田　正一郎	請求日付	2016/02/10
商品名	数量	単位	単価
コピー用トナー	1	箱	￥16,000
大学ノート	30	冊	￥150

顧客の氏名	小野　信男	請求日付	2016/02/15
商品名	数量	単位	単価
カラーボックス	2	台	￥5,000

顧客の氏名	青田　良子	請求日付	2016/02/20
商品名	数量	単位	単価
万年筆	3	本	￥15,000
ボールペン	2	ダース	￥1,000

顧客の氏名	竹井　進	請求日付	2016/02/25
商品名	数量	単位	単価
FAX用トナー	3	箱	￥3,000
ボールペン	3	ダース	￥1,000

顧客の氏名	篠田　友里	請求日付	2016/03/01
商品名	数量	単位	単価
カラーボックス	2	台	￥5,000
万年筆	4	本	￥15,000

顧客の氏名	佐藤　雅子	請求日付	2016/03/05
商品名	数量	単位	単価
小型パンチ	2	個	￥500
大学ノート	30	冊	￥150

顧客の氏名	本庄　亮	請求日付	2016/03/07
商品名	数量	単位	単価
FAX用トナー	10	箱	￥3,000
ボールペン	8	ダース	￥1,000

付録2　Officeにサインインするには

Officeにサインインしたり、作成したデータベースファイルをOneDriveに保存したりするには、Microsoftアカウントが必要です。Microsoftアカウントは無料で取得でき、マイクロソフトが提供するさまざまなサービスを利用できます。ここでは、Microsoftアカウントを取得してOfficeにサインインする方法を説明します。

1 ［サインイン］の画面を表示する

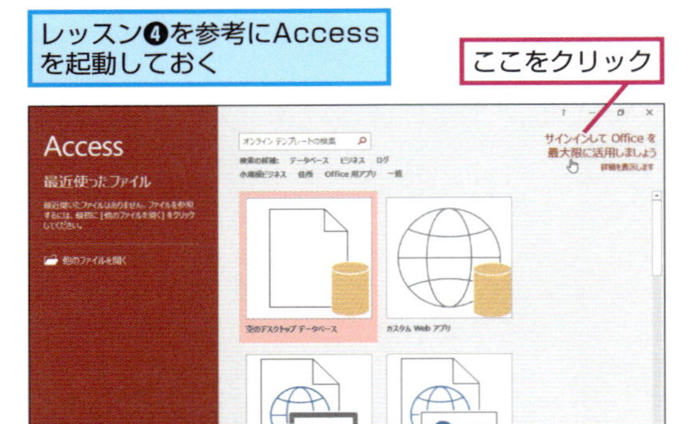

HINT! Microsoftアカウントを持っているときは

HotmailやXbox LIVEを利用しているときは、手順2で所得済みのメールアドレスを入力します。以下の画面が表示されたら、パスワードを入力してサインインを実行しましょう。Microsoftアカウントを取得した時期によって、メールアドレスの「@」以下は下記の表のような種類になっています。ただし、一定期間使用していなかったときは、アカウントが抹消されている場合があるので、注意してください。

●主なMicrosoftアカウントの種類

○△×@hotmail.co.jp ／ hotmail.com
○△×@live.jp ／ live.com
○△×@outlook.jp ／ outlook.com
○△×@msn.com

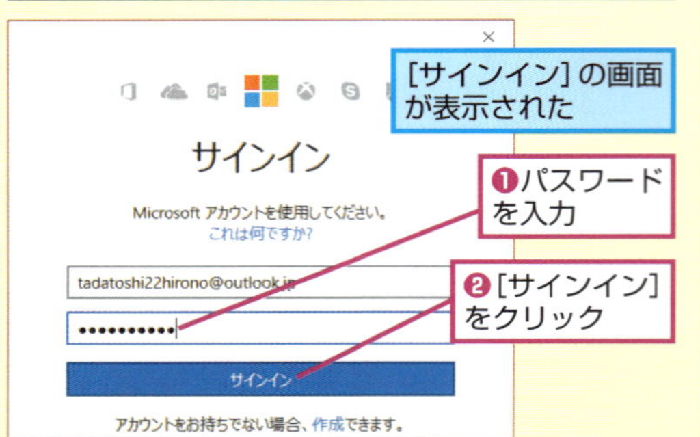

2 仮のメールアドレスを入力する

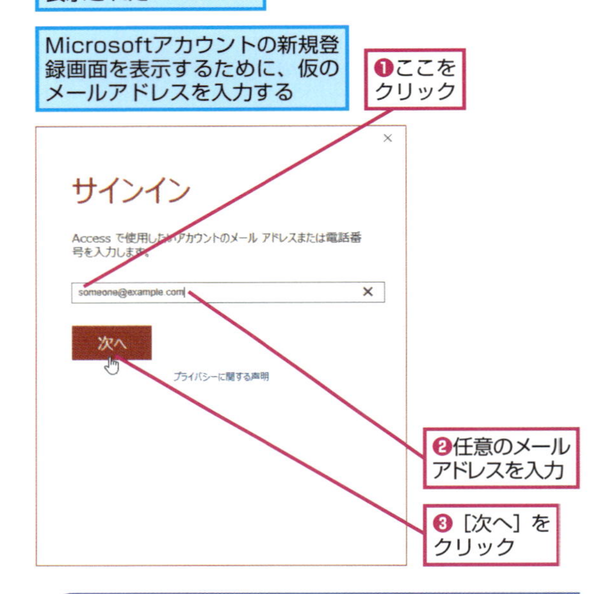

3 Microsoftアカウントを新規登録する

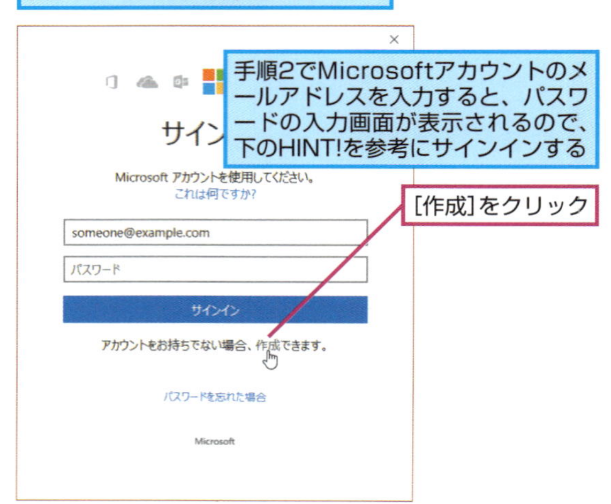

メールアドレスがすでに取得されているときは

手順4で入力したメールアドレスがほかの人に使われているときは、同じメールアドレスを指定できません。手順4の操作3でドメイン（「@」の右側の文字）を変更するか、操作2で入力したアドレスに数字などを組み合わせて、再度登録してみましょう。

電話番号や連絡用のメールアドレスは何に使うの？

手順5で入力する［電話番号］と［連絡用メールアドレス］は、パスワードを忘れてしまったときに、パスワードを再設定するために必要な情報です。どちらかを設定しましょう。

4 メールアドレスを作成する

Microsoftアカウントのメールアドレスを作成する

❶［新しいメールアドレスを作る］をクリック

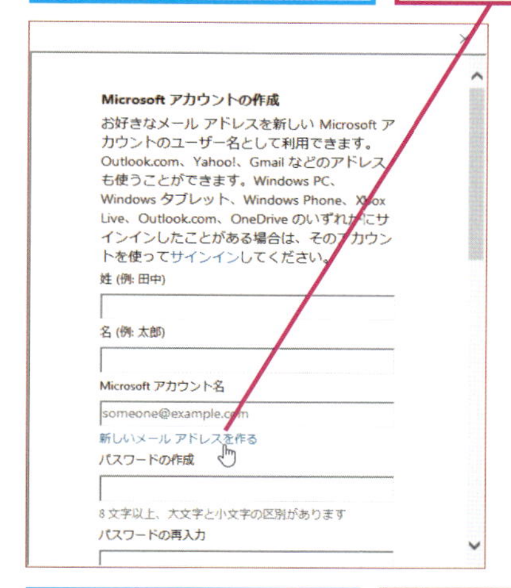

取得するメールアドレスを入力する

❷「姓」と「名」を入力

❸「@」（アットマーク）の左側の文字を入力

❹ここに表示されるボタンをクリック

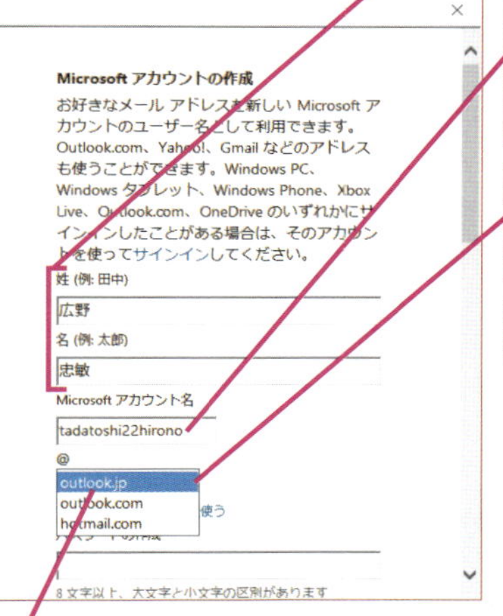

❺「@」の右側の文字（ドメイン）を選択

5 必要な情報を入力する

続けて必要な情報を入力する

❶パスワードを2回入力

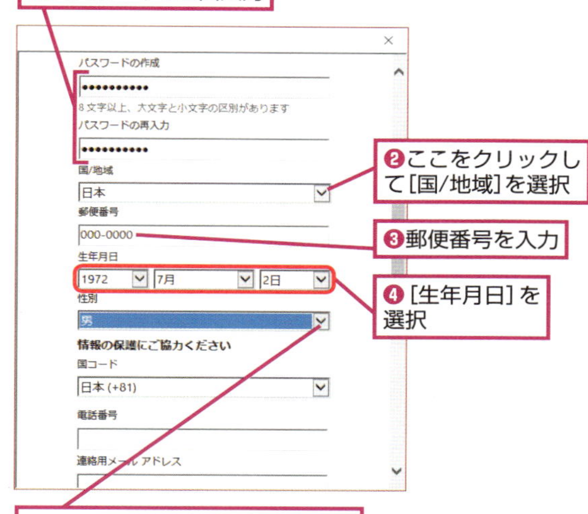

❷ここをクリックして［国/地域］を選択

❸郵便番号を入力

❹［生年月日］を選択

❺ここをクリックして性別を選択

ここでは電話番号とメールアドレスを登録する

❻［電話番号］と［連絡用メールアドレス］を入力

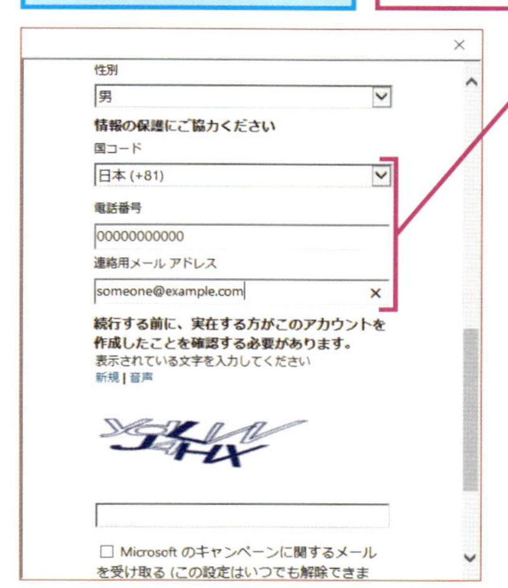

次のページに続く

付録

6 画像に表示されている文字を入力する

大文字や小文字、数字を組み合わせた文字が画像で表示された

大文字や小文字の違いに注意して画像の文字を入力する

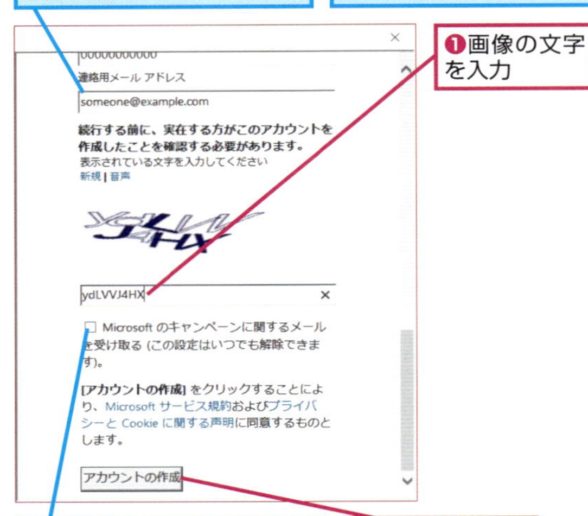

❶画像の文字を入力

❷［アカウントの作成］をクリック

ここをクリックしてチェックマークをはずすと、マイクロソフトからのキャンペーンメールが届かなくなる

7 サインインが完了した

Microsoftアカウントの取得とOfficeへのサインインが完了した

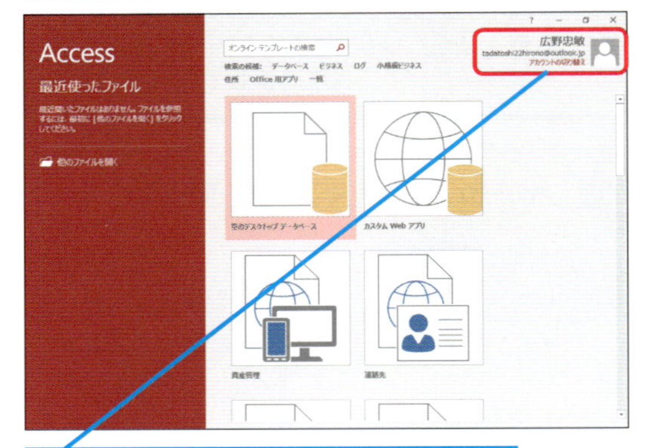

Officeへのサインインが完了すると、画面の右側にアカウント名が表示される

HINT! 人間の操作を確認するために画像の文字を入力する

手順6では、画像に表示された文字を入力します。表示される画像には、ゆがんだ文字や数字がランダムに並んでいます。これを文字と識別することで、コンピューターによる自動操作ではなく、人間がMicrosoftアカウントを取得している操作であることを確認しています。操作をしているのがコンピューターではないことを確認するために使われる、画像を利用した認証方式を「CAPTCHA」（キャプチャ）と呼びます。

HINT! 画像の文字が読み取りにくいときは

手順6で画像の文字が読み取りにくいときは、［新規］をクリックして別の画像に切り替えます。［新規］は何度クリックしても大丈夫なので、分かりやすい画像が表示されるまで繰り返し変更しましょう。それでも文字が読み取りにくいときは、［音声］をクリックして音声で読み上げられる画像の文字を確認するといいでしょう。

［新規］をクリックすると、別の文字が表示される

［音声］をクリックすると、文字が音声で読み上げられる

付録

付録3　ExcelのデータをAccessに取り込むには

インポートという取り込み操作を行えば、ExcelのデータからAccessのテーブルを作成できます。ただし、テーブルとして利用できるデータにはいくつかの条件があります。修正前のワークシートの例のように空白行や空白列があり、複数に分かれている表は、データベースとして正しく機能しません。また、セルの中でデータの表記方法をそろえておかないと、並べ替えや検索が正しくできない原因となります。修正後のワークシートを参考にして、インポートを実行する前に表を整えておきましょう。

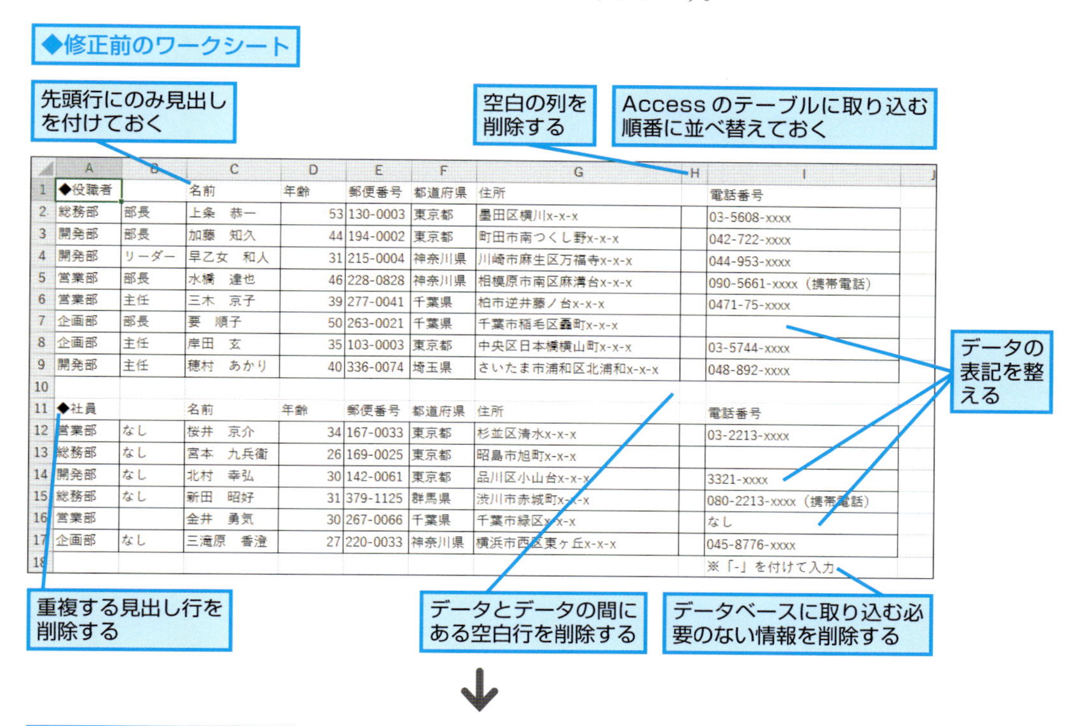

	A	B	C	D	E	F	G	H	I
1	◆役職者		名前	年齢	郵便番号	都道府県	住所		電話番号
2	総務部	部長	上条　恭一	53	130-0003	東京都	墨田区横川x-x-x		03-5608-xxxx
3	開発部	部長	加藤　知久	44	194-0002	東京都	町田市南つくし野x-x-x		042-722-xxxx
4	開発部	リーダー	早乙女　和人	31	215-0004	神奈川県	川崎市麻生区万福寺x-x-x		044-953-xxxx
5	営業部	部長	水橋　達也	46	228-0828	神奈川県	相模原市南区麻溝台x-x-x		090-5661-xxxx（携帯電話）
6	営業部	主任	三木　京子	39	277-0041	千葉県	柏市逆井藤ノ台x-x-x		0471-75-xxxx
7	企画部	部長	要　順子	50	263-0021	千葉県	千葉市稲毛区轟町x-x-x		
8	企画部	主任	岸田　玄	35	103-0003	東京都	中央区日本橋横山町x-x-x		03-5744-xxxx
9	開発部	主任	穂村　あかり	40	336-0074	埼玉県	さいたま市浦和区北浦和x-x-x		048-892-xxxx
10									
11	◆社員		名前	年齢	郵便番号	都道府県	住所		電話番号
12	営業部	なし	桜井　京介	34	167-0033	東京都	杉並区清水x-x-x		03-2213-xxxx
13	総務部	なし	宮本　九兵衛	26	169-0025	東京都	昭島市旭町x-x-x		
14	開発部	なし	北村　幸弘	30	142-0061	東京都	品川区小山台x-x-x		3321-xxxx
15	総務部	なし	新田　昭好	31	379-1125	群馬県	渋川市赤城町x-x-x		080-2213-xxxx（携帯電話）
16	営業部		金井　勇気	30	267-0066	千葉県	千葉市緑区x-x-x		なし
17	企画部	なし	三滝原　香澄	27	220-0033	神奈川県	横浜市西区東ヶ丘x-x-x		045-8776-xxxx
18									※「-」を付けて入力

◆修正後のワークシート

	A	B	C	D	E	F	G	H
1	所属	役職者	名前	年齢	郵便番号	都道府県	住所	電話番号
2	総務部	部長	上条　恭一	53	130-0003	東京都	墨田区横川x-x-x	03-5608-xxxx
3	総務部	なし	宮本　九兵衛	26	169-0025	東京都	昭島市旭町x-x-x	なし
4	総務部	なし	新田　昭好	31	379-1125	群馬県	渋川市赤城町x-x-x	080-2213-xxxx
5	企画部	部長	要　順子	50	263-0021	千葉県	千葉市稲毛区轟町x-x-x	なし
6	企画部	主任	岸田　玄	35	103-0003	東京都	中央区日本橋横山町x-x-x	03-5744-xxxx
7	企画部	なし	三滝原　香澄	27	220-0033	神奈川県	横浜市西区東ヶ丘x-x-x	045-8776-xxxx
8	開発部	部長	加藤　知久	44	194-0002	東京都	町田市南つくし野x-x-x	042-722-xxxx
9	開発部	リーダー	早乙女　和人	31	215-0004	神奈川県	川崎市麻生区万福寺x-x-x	044-953-xxxx
10	開発部	主任	穂村　あかり	40	336-0074	埼玉県	さいたま市浦和区北浦和x-x-x	048-892-xxxx
11	開発部	なし	北村　幸弘	30	142-0061	東京都	品川区小山台x-x-x	03-3321-xxxx
12	営業部	部長	水橋　達也	46	228-0828	神奈川県	相模原市南区麻溝台x-x-x	090-5661-xxxx
13	営業部	主任	三木　京子	39	277-0041	千葉県	柏市逆井藤ノ台x-x-x	0471-75-xxxx
14	営業部	なし	桜井　京介	34	167-0033	東京都	杉並区清水x-x-x	03-2213-xxxx
15	営業部	なし	金井　勇気	30	267-0066	千葉県	千葉市緑区x-x-x	なし
16								
17								

注意　Excelの表をデータベースとして利用する方法については、『できるExcelデータベース 大量データのビジネス活用に役立つ本 2016/2013/2010/2007対応』を参考にしてください。また、Excelの操作については、『できるExcel 2016 Windows 10/8.1/7対応』を参照ください

次のページに続く

[外部データの取り込み] ダイアログボックスを表示する

基本編のレッスン❺を参考に空のデータベースを開いておく

❶ [外部データ] タブをクリック

❷ [Excelスプレッドシートのインポート]をクリック

2 インポートするファイルを選択する

[外部データの取り込み]ダイアログボックスが表示された

❶[参照]をクリック

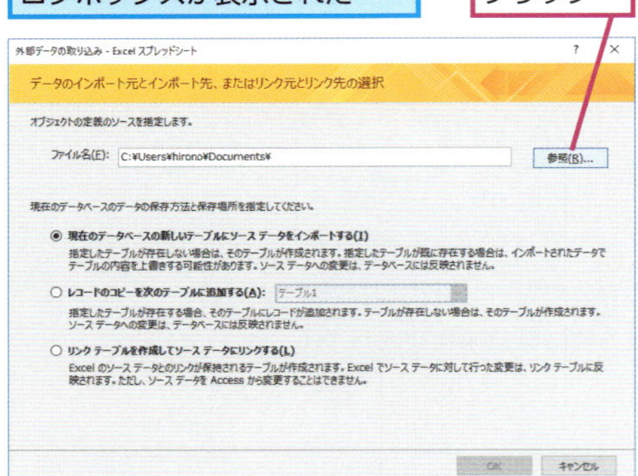

[ファイルを開く] ダイアログボックスが表示された

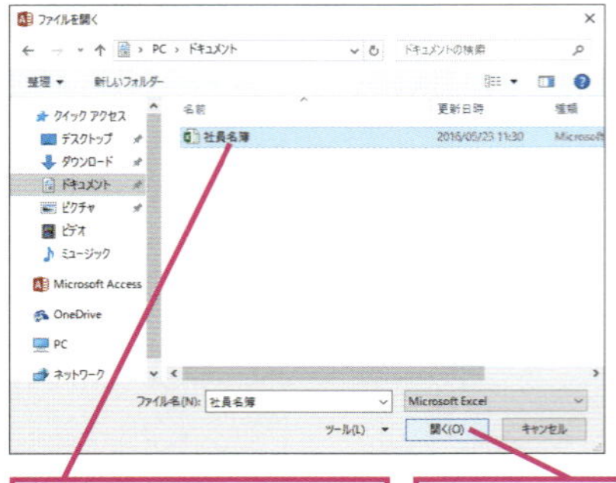

❷取り込み元のブックをクリックして選択

❸ [開く] をクリック

3 取り込み元のブックを確認する

取り込み元のブックが選択された

❶ファイル名を確認

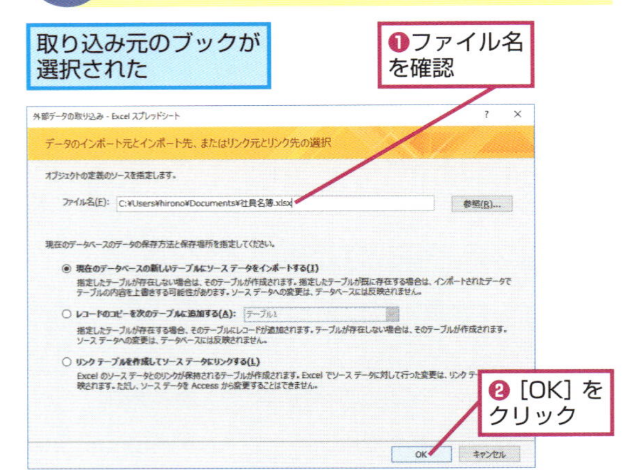

❷ [OK] をクリック

取り込み元のワークシートを確認する

[スプレッドシートインポートウィザード]が表示された

取り込み元のデータがどのワークシートにあるのかを指定する

ここでは [Sheet1] シートからデータを取り込む

❶[Sheet1]をクリック

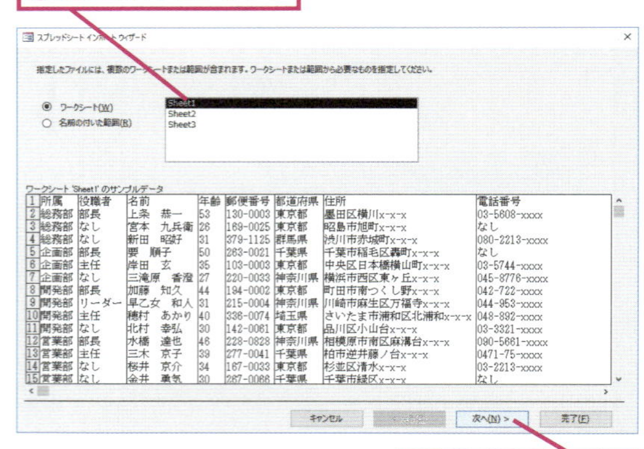

❷[次へ]をクリック

間違った場合は?

Excelでワークシートの形式を整えないと、Accessにデータを正しくインポートできません。前ページの説明を参考にして、Excelのワークシートを修正してください。

5 先頭行をフィールド名に指定する

ここでは、Excelにあるデータの先頭行をフィールド名として取り込む

❶［先頭行をフィールド名として使う］をクリックしてチェックマークを付ける

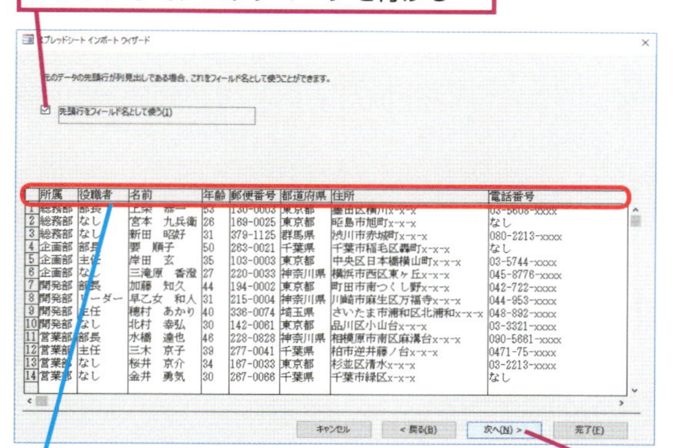

先頭行がフィールド名に設定された

❷［次へ］をクリック

6 ［フィールドのオプション］を指定する

各フィールドにデータ型やインデックスを設定する画面が表示された

ここでは設定を変更せずに操作を進める

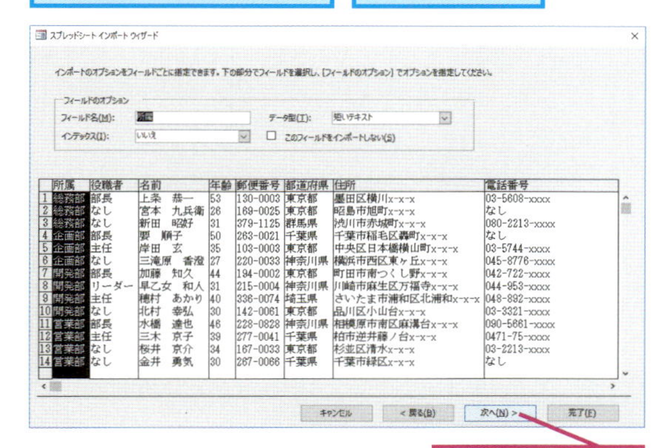

［次へ］をクリック

間違った場合は？

手順8でテーブルの名前を付け間違えたときは、ナビゲーションウィンドウでテーブルの名前を変更します。間違えて付けた名前のテーブルをクリックしてから F2 キーを押して、正しい名前を入力してください。

取り込むフィールドを選択できる

取り込む必要のない列は、手順6でフィールドを選択してから［このフィールドをインポートしない］をクリックしてチェックマークを付けます。

7 主キーを設定するフィールドを選択する

新しいテーブルの中で主キーを付けるフィールドを設定する

ここでは主キーを自動的に設定する

❶［主キーを自動的に設定する］をクリック

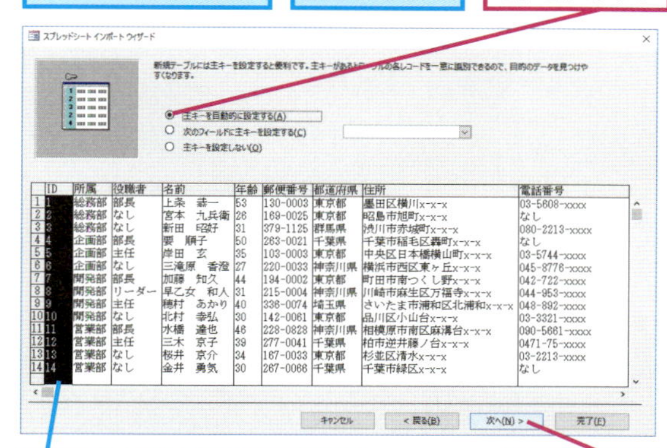

主キー用の［ID］フィールドが自動的に追加された

❷［次へ］をクリック

8 インポート先のテーブルに名前を付ける

❶テーブルの名前を入力

❷［完了］をクリック

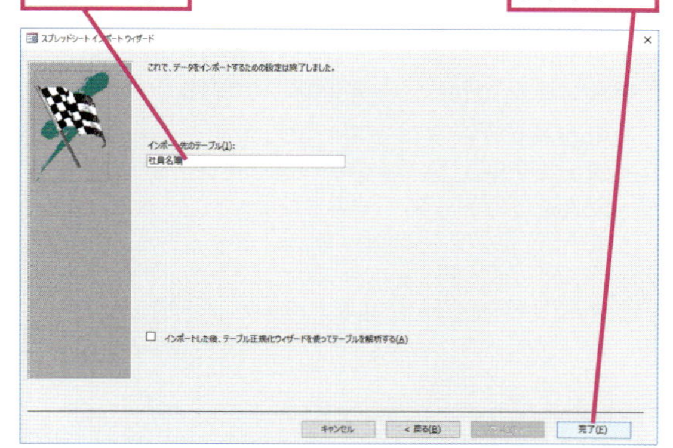

インポート作業が完了するまでしばらく待つ

次のページに続く

付録

9 インポートが完了した

データの取り込みが完了し、[インポート操作の保存]の画面が表示された

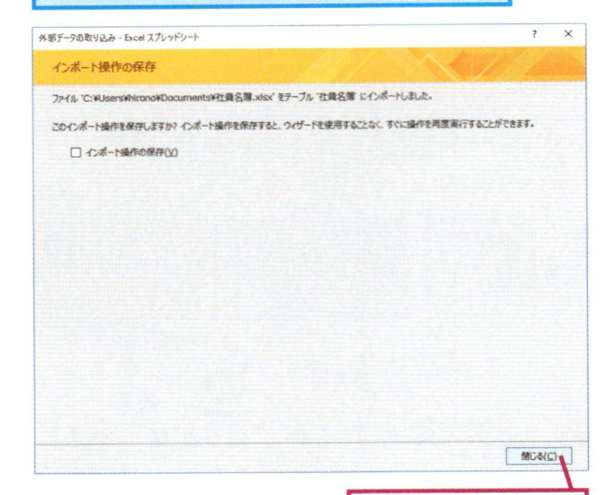

[閉じる]をクリック

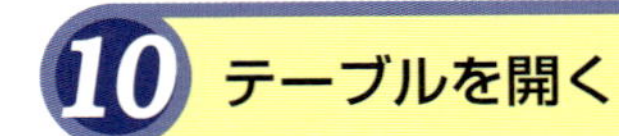

10 テーブルを開く

Excelのデータが正しく取り込まれたことを確認するため、テーブルを開く

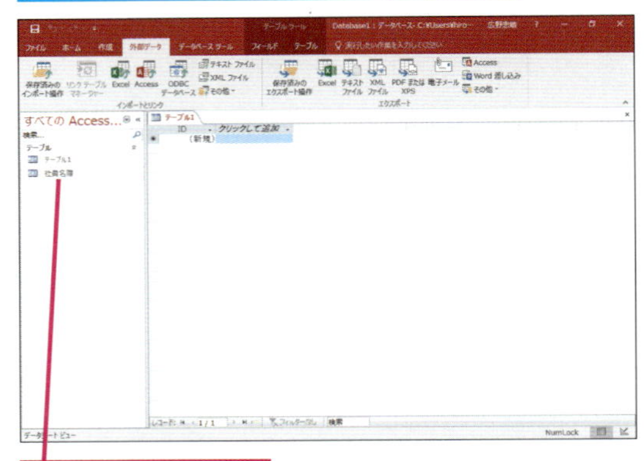

取り込んだテーブルをダブルクリック

11 取り込んだデータを確認する

テーブルが表示された

Excelで入力したデータが正しく表示されていることを確認

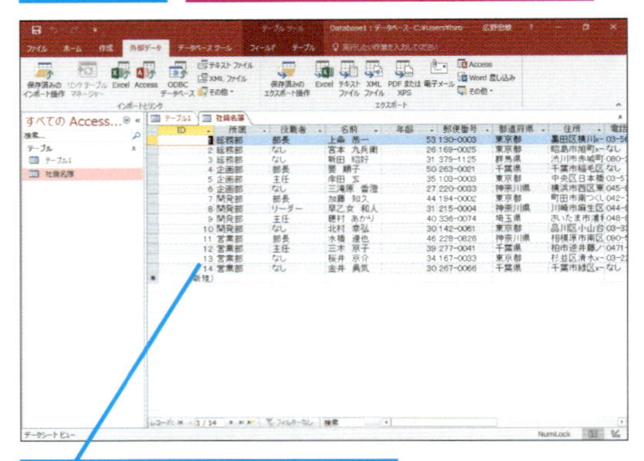

手順7で[主キーを自動的に設定する]を選んだため、自動的に通し番号が付けられている

HINT!

いろいろなソフトウェアのデータを取り込める

Accessは、Excelだけではなくさまざまなソフトウェアのデータを取り込めます。

●Accessで取り込み可能なファイル

- Accessのデータベース
- OracleやSQL Serverのデータベース
- dBASE5のデータベース
- dBASE Ⅲのデータベース
- dBASE Ⅳのデータベース
- MySQLやPostgreSQLなどサーバー上のデータベース
- Outlookの住所録
- Paradoxのデータベース
- SharePointリスト
- HTMLファイル
- XMLファイル
- テキストファイル（カンマやタブで区切られたもの、または固定長のファイル）

付録

付録4　AccessのデータをExcelに取り込むには

Accessのデータを、Excelに取り込むことができます。ここでは「エクスポート」という作業を行い、クエリの結果をExcelのワークシートに取り込みます。

Excelに取り込みたいオブジェクトを選択する

取り込みたいオブジェクトのデータベースファイルを開いておく

ここではAccessで作成したクエリをExcelに取り込む

[月別顧客別合計金額クエリ]をクリック

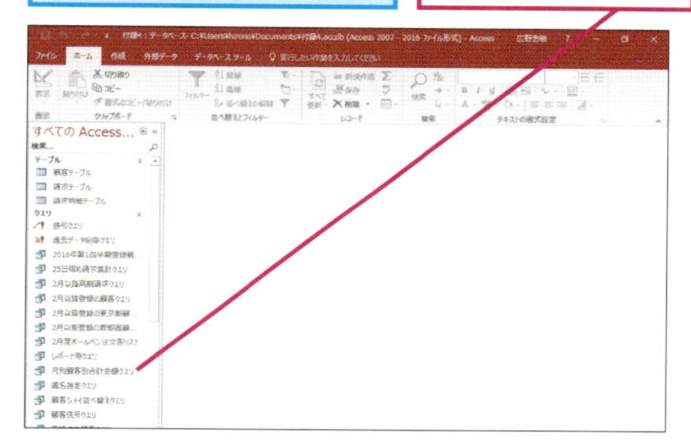

HINT! 書式やレイアウトをExcelに取り込むには

Accessで設定した書式やレイアウトもExcelに取り込めます。手順3の［エクスポート - Excelスプレッドシート］ダイアログボックスで、［書式設定とレイアウトを保持したままデータをエクスポートする］をクリックしてチェックマークを付けましょう。取り込んだExcelのワークシートで書式やレイアウトを設定する手間が減ります。

ここをクリックしてチェックマークを付ける

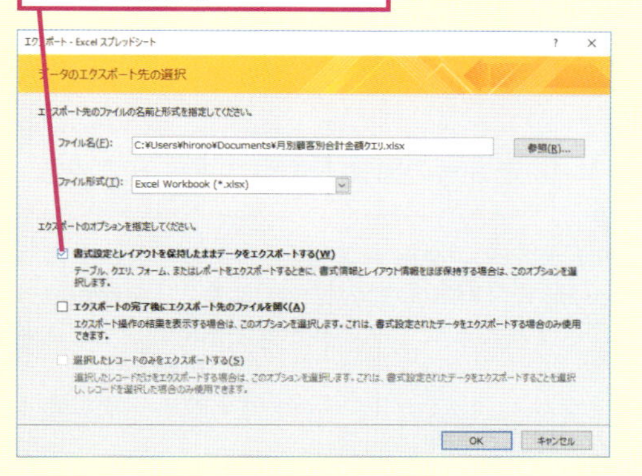

2 ［エクスポート］ダイアログボックスを表示する

❶［外部データ］タブをクリック

❷［Excelスプレッドシートにエクスポート］をクリック

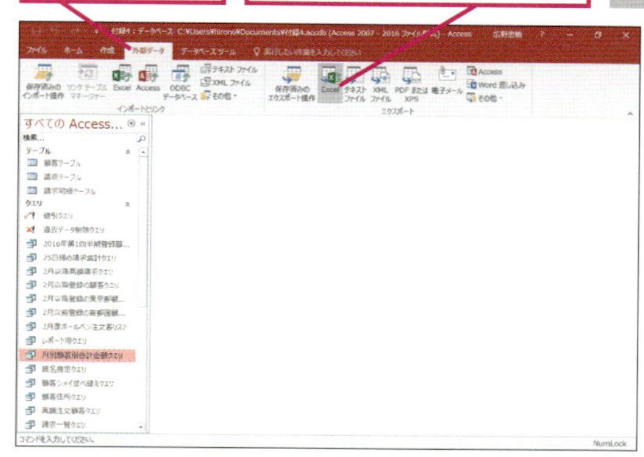

3 エクスポートするファイルを確認する

［エクスポート - Excelスプレッドシート］ダイアログボックスが表示された

ファイル名にはオブジェクト名が自動的に入力される

保存先とファイル名を確認する

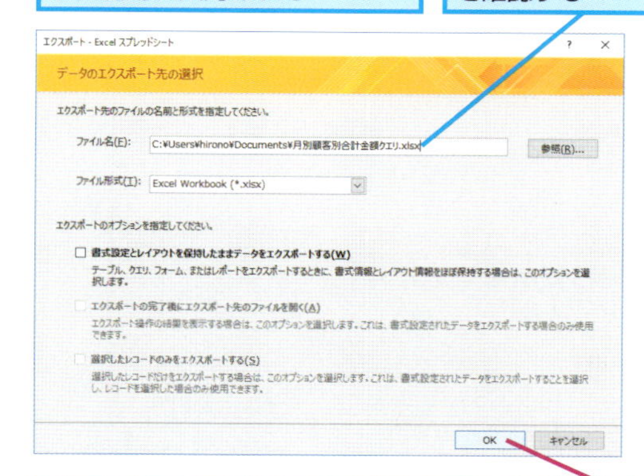

ここでは［ドキュメント］フォルダーに［月別顧客別合計金額クエリ.xlsx］というブックが保存される

［OK］をクリック

次のページに続く

4 エクスポートが完了した

ファイルのエクスポートが完了し、[エクスポート操作の保存]の画面が表示された

[閉じる]をクリック

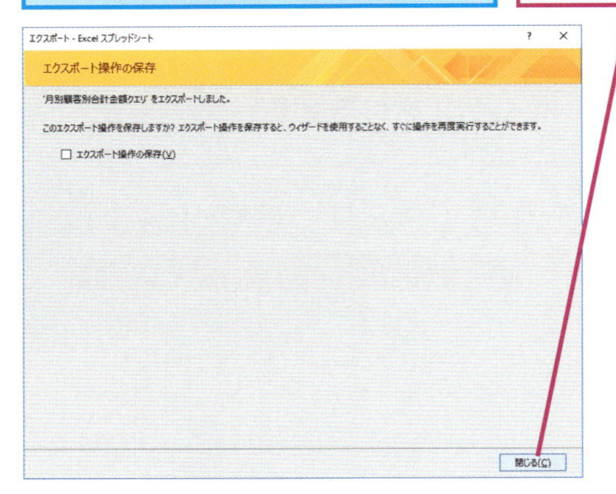

5 ブックを開く

[ドキュメント]フォルダーを開いておく

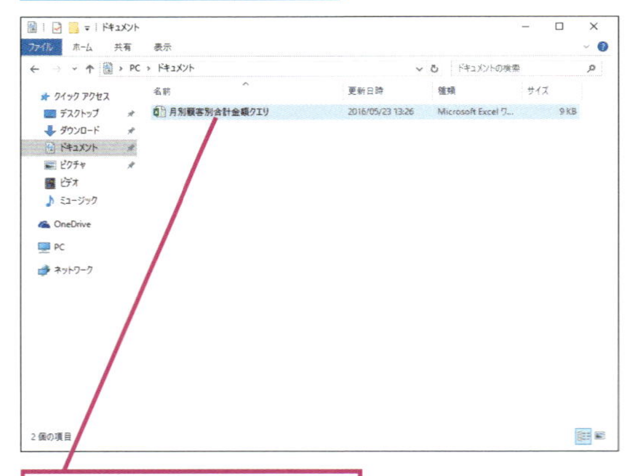

[月別顧客別合計金額クエリ]をダブルクリック

6 データを確認する

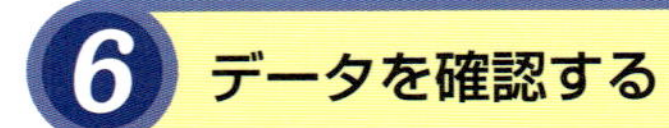

Excelのワークシートに[月別顧客別合計金額クエリ]の結果が表示された

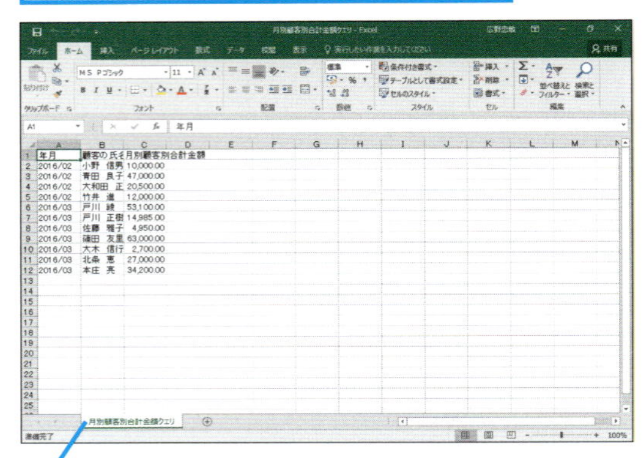

シート名はAccessのオブジェクト名になっている

間違った場合は?

手順5でExcelのファイル名が違うときは、手順1で選択したオブジェクトが間違っています。もう一度、手順1から操作をやり直しましょう。

HINT! その他の形式でエクスポートできる

Accessのデータベースは、テキストファイルやWord形式、XML形式のファイルなど、Excel以外のファイル形式でエクスポートできます。そのほかの形式でエクスポートするには、[外部データ]タブをクリックして[エクスポート]グループにあるボタンを選びます。

付録5　Accessで関数を利用するには

Accessにはさまざまな関数が用意されています。クエリやレポート、フォームで関数を使うと複雑な条件で抽出したり、データを整形して表示したりできます。この付録では、特に有用な文字列操作関数や日付関数などの使い方を紹介しましょう。

Accessで関数を利用する

Accessでは、クエリやフォーム、レポートなどで関数を利用できます。関数を含んだ数式を入力する場所はクエリやフォーム、レポートなど、それぞれのオブジェクトによって異なります。ここでは、あらかじめテーブルに入力されたデータを基に、クエリで関数の結果を表示する方法を紹介します。

◆クエリでの記述場所
[フィールド]行に記述する

フィールド:	年月: Format([請求日付],"yyyy/mm")	顧客の氏名	月別顧客別合計金額: Sum([数量]*[単価])
テーブル:		請求一覧クエリ	
集計:	グループ化	グループ化	演算
並べ替え:			
表示:	☑	☑	☑
抽出条件:			
または:			

◆フォームでの記述場所
[コントロールソース]に記述する

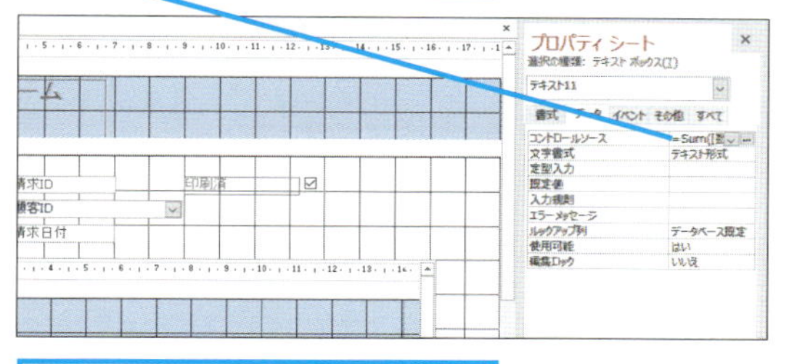

◆レポートでの記述場所
[コントロールソース]に記述する

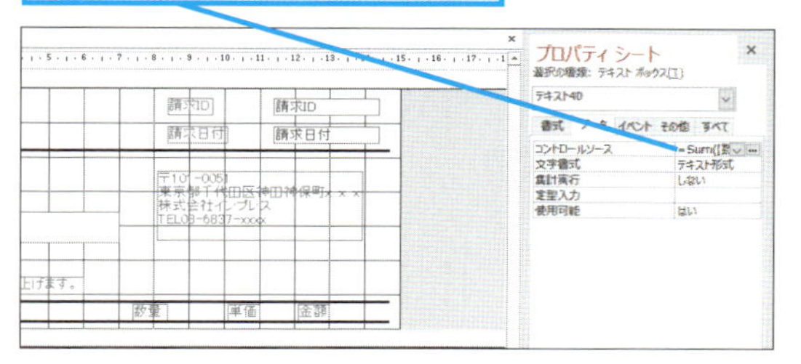

クエリで関数を記述する場所

クエリを使って関数の結果を確認するには、クエリをデザインビューで表示して、[フィールド]行に関数や数式を記述します。ただし、クエリで関数を利用する場合、目的によって記述する位置が異なるので注意しましょう。関数を含む数式は、長くなることが多いため、[ズーム]ダイアログボックスを利用して関数や数式を記述するといいでしょう。

[ズーム]ダイアログボックスを利用すれば、長い数式も記述しやすい

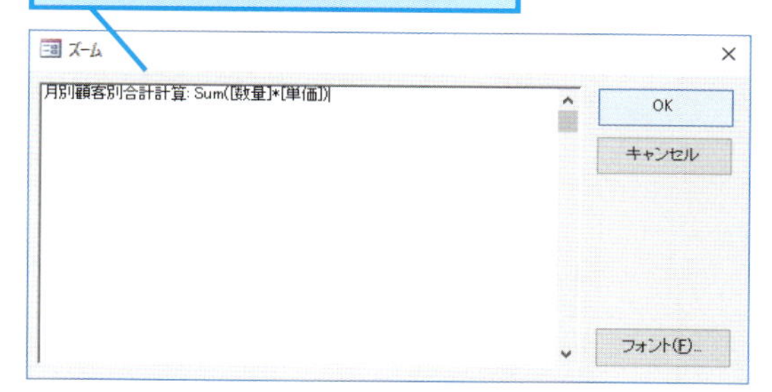

関数の引数にはフィールド名を入力できる

クエリで使う関数の引数にはフィールド名を入力できます。関数の引数にフィールド名を入力すると、そのフィールドに格納されている値を使って関数が実行され、結果が表示されます。クエリで関数を使うと、抽出対象となるすべてのレコードで関数が実行されて、レコード数と同じ数だけ関数の実行結果が返されます。例えば、「Format([生年月日],"mm")」という関数をクエリに記述すると、[生年月日]フィールドの値から誕生月だけを取り出した値が抽出対象となるレコードすべてでそれぞれ実行され、クエリの実行結果に表示されます。

次のページに続く

文字列からいくつかの文字を抜き出す<Mid関数>

文字列の抽出や変換、文字の位置や数を調べる関数は、「文字列操作関数」と呼ばれ、文字列を取り扱うための基本となります。ここでは、Mid関数を使って、文字列を抜き出してみましょう。

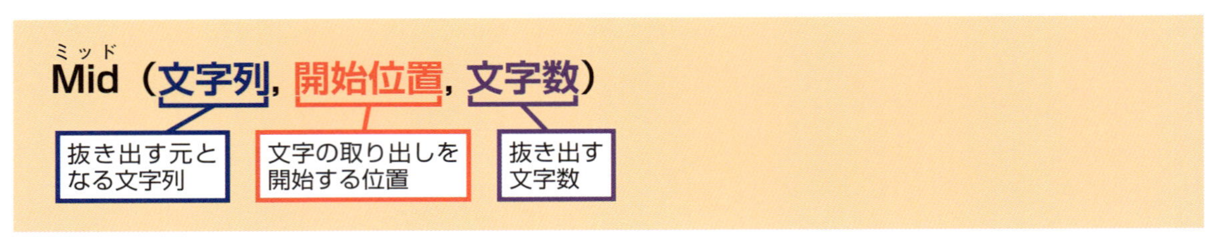

付録

Mid関数は、指定した開始位置から指定した数だけ文字を抜き出す関数です。**文字列**には抜き出したい文字が含まれている文字列を指定します。**開始位置**で左から数えて何文字目から文字を抜き出して、**文字数**でいくつの文字を抜き出すのかを、それぞれ数値で指定します。**文字数**を省略すると、開始位置以降のすべての文字を抜き出します。

▶入力例

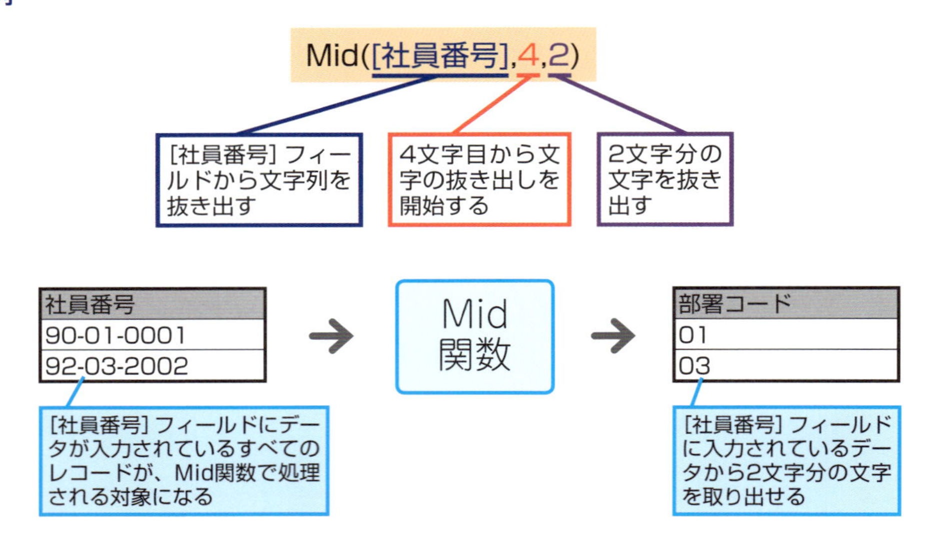

▶こんなときに使おう！

商品コードの枝番部分を抜き出す

Mid([商品コード],9)

「0000001-11」「0000001-123」のような、けたが違う商品コードで枝番の数字を抜き出したい場合、[文字数] を省略することで [開始位置] 以降の文字をすべて抜き出せます。

郵便番号の上3けたを抜き出す

Mid([郵便番号],1,3)

郵便番号の上3けたを抜き出す場合、[開始位置] を「1」にすることで、先頭から [文字数] 分の文字を抜き出せます。

特定の文字列を別の文字列に置き換える<Replace関数>

市町村の合併や分割などによって、特定の市町村名を別の名前に変えたいことがあります。特定の文字列を別の文字列に変えたいときは、Replace関数を使います。

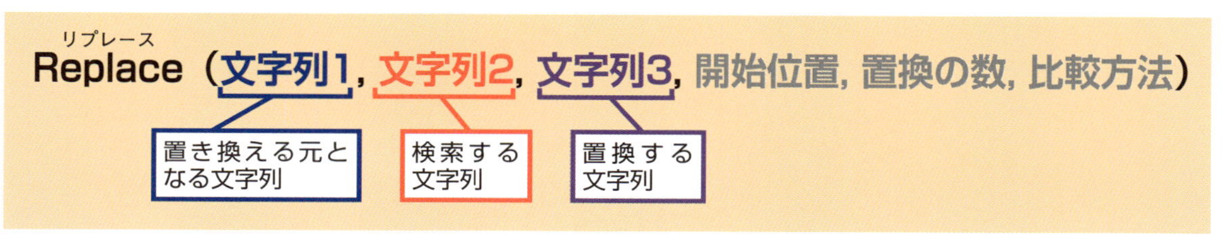

付録

Replace関数は、**文字列1**の中に**文字列2**があるかどうかを調べ、あれば**文字列2**の文字を**文字列3**の文字に置き換える関数です。**文字列1**で置き換える元となる文字が含まれる文字列を、**文字列2**で置き換える対象となる文字列を、**文字列3**で置き換え後の文字列を指定します。開始位置や置換の数、比較方法は省略可能です。

▶入力例

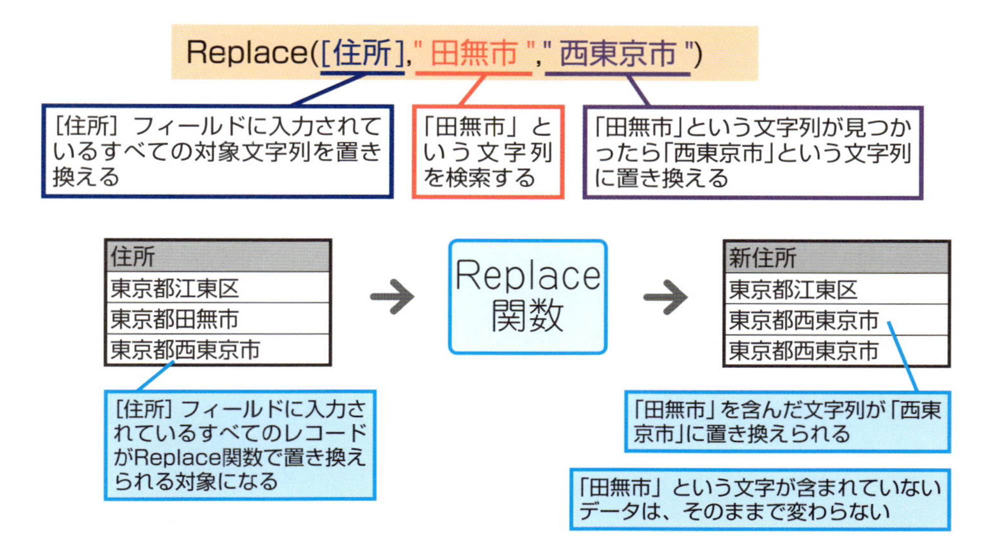

▶こんなときに使おう！

商品名の表記をそろえる

Replace([商品名],"アクセス","Access")

同じ商品にもかかわらず「アクセス」と「Access」などのように表記が混在しているデータがあり、表記をそろえたい場合に利用できます。

顧客名の敬称を一斉に削除する

Replace([顧客名],"殿","")

「○○殿」というデータから、敬称だけを削除したい場合に利用できます。ただし、「殿村」など、氏名に「殿」を含むデータがある場合には使えません。

特定の文字列の位置を調べる<InStr関数>

InStr関数は、文字列を検索する関数です。InStr関数で空白の位置を探してみましょう。InStr関数とMid関数を組み合わせれば、［社員名］フィールドの中から名前だけを取り出せます。

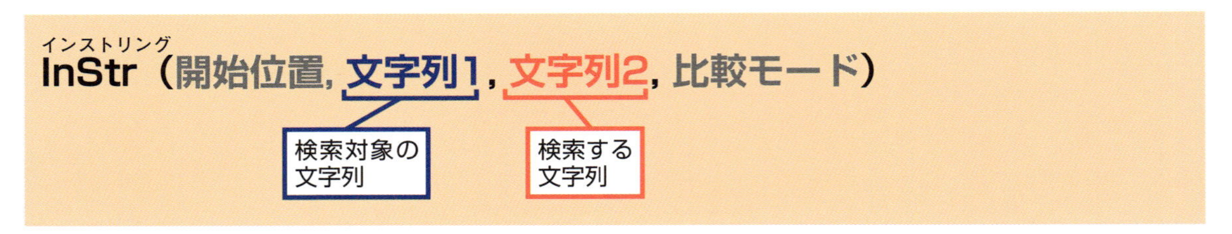

InStr関数は、**文字列1**の中から**文字列2**を検索して、最初に見つかった文字位置の数を返す関数です。**文字列1**には検索対象の文字列を、**文字列2**には検索する文字列を指定します。開始位置、比較モードは省略可能です。

▶入力例

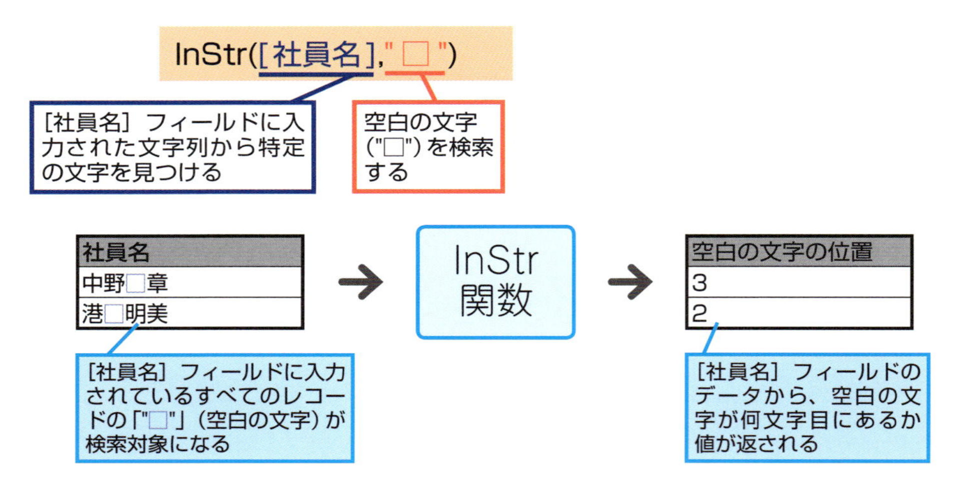

▶こんなときに使おう！

社員名の名字だけを抜き出す

Mid([社員名],1,InStr([社員名],"□") -1)

InStr関数で求められた「"□"」の位置から1を引いた数値を［開始位置］ではなく［抜き出す数］に指定するところが例と異なります。「"□"」直前の文字までを抜き出せます。

電話番号から市外局番だけを抜き出す

Mid([電話番号],1,InStr([電話番号],"-") -1)

「-」（ハイフン）で区切られた電話番号の、最初の「-」の文字位置から1文字分を引いた位置（電話番号の最後のけた）を求め、Mid関数で文字数分の番号を取り出します。

文字列の前後に含まれる空白を取り除く<Trim関数>

文字列の前後に空白が含まれていると、抽出や表示がうまくいかないことがあります。Trim関数を使って、前後に含まれている空白を取り除いてみましょう。

Trim関数は、元となる文字列の前後に空白の文字があるかどうかを検査し、空白の文字があった場合にはこれを取り除いた文字列を返す関数です。**文字列**には、前後に空白があった場合に空白を取り除きたい文字列を指定します。

▶入力例

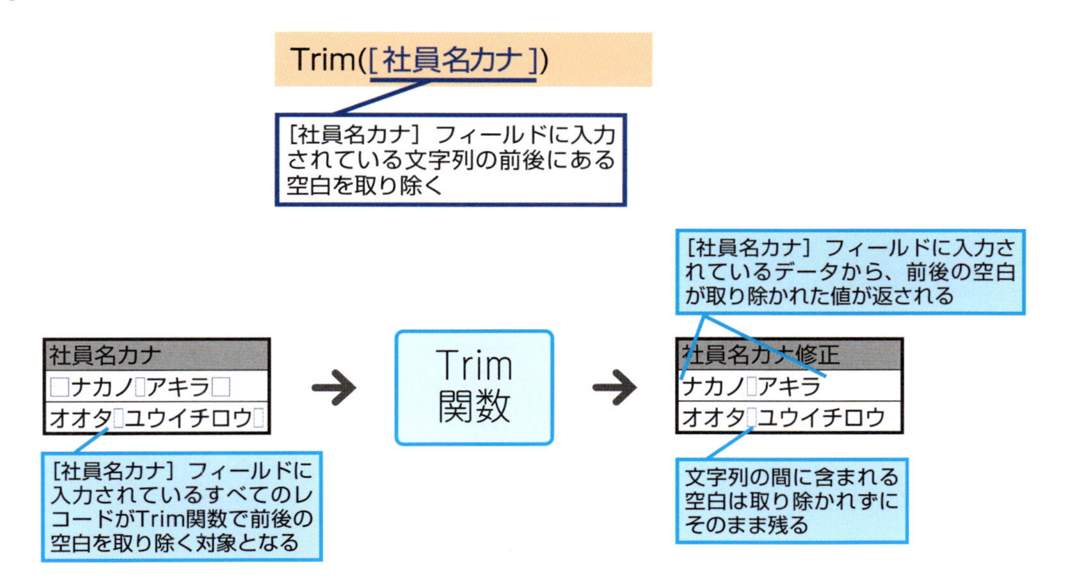

▶こんなときに使おう！

[都道府県] のデータの前後の空白を取り除く

Trim([都道府県])

[都道府県] フィールドに入力された文字列の前後に空白の文字があった場合に、それを取り除きます。

データを印刷する前に、余分な空白を取り除く

Trim([都道府県])& Trim([住所])

[都道府県] フィールドと [住所] フィールドを印刷時に連結して表示させたい場合に、Trim関数を使って余分な空白が入らないようにします。

付録

半角文字が混ざった文字列を全角に統一する<StrConv関数>

フィールドの文字を全角や半角に変換するにはStrConv関数を使います。StrConv関数を更新クエリで使えば、全角と半角のフリガナが混在しているフィールドをすべて全角文字に統一できます。

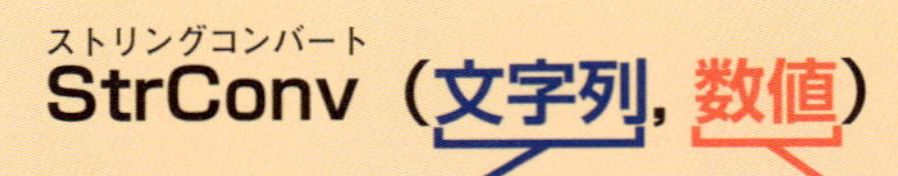

変換元となる文字列

文字列の変換方法を別表の数値で指定する

StrConv関数は、文字列を指定した変換方法に基づいて変換する関数です。**文字列**には変換の元となる文字列を、**数値**には**文字列**で指定した文字列をどのように変換するのかを表す数値を入力します。

▶入力例

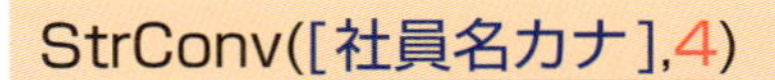

[社員名カナ] フィールドに入力されている文字列を変換する

「半角文字を全角文字にする」という変換の種類を表す数値

社員名カナ
ﾅｶﾉ ｱｷﾗ
オオタ ﾕｳｲﾁﾛｳ
マチダ リエ

StrConv関数

社員名カナ修正
ナカノ アキラ
オオタ ユウイチロウ
マチダ リエ

[社員名カナ] フィールドにデータが入力されているすべてのレコードがStrConv関数の変換対象になる

[社員名カナ] フィールドに入力されているデータから全角カナに統一された値が返される

▶変換方法の設定値

数値	変換方法
1	アルファベットを大文字に変換する
2	アルファベットを小文字に変換する
3	各単語の一番前の文字を大文字に変換する

数値	変換方法
4	半角文字を全角文字に変換する
8	全角文字を半角文字に変換する
16	ひらがなを全角カタカナに変換する
32	全角カタカナをひらがなに変換する

▶こんなときに使おう！

名前のフリガナを全角カタカナで統一する

StrConv([フリガナ],16)

特定のフィールドにひらがなやカタカナ、全角文字や半角文字が混じっていると目的のデータが抽出できないことがあります。[フリガナ] フィールドのデータを全角カタカナで統一すれば、抽出の間違いが起こりません。

住所の地番や記号などを全角文字で統一する

StrConv([住所],4)

[住所] フィールドの内容が半角文字のときに全角文字に変換します。マンション名などが半角文字になっているときや、表記を統一したいときに利用しましょう。

入力漏れがないかどうかを調べる<IsNull関数>

IsNull関数を使うと、フィールドに値が入力されているかどうかを調べられます。クエリを使って、値が入力されていないフィールドを抽出しましょう。

IsNull関数は、指定した**値**がNull値（データが何も入力されていない状態）であるかどうかを調べ、結果を表す数値を返します。**値**には、Null値が含まれているかどうかを調べる元となる値を入力します。IsNull関数は、単独で利用されることはごくまれで、一般的にはIIf関数など、ほかの関数と組み合わせて使用することがほとんどです。

▶入力例

[住所］フィールドに入力されているすべてのデータを調べ、Null値であるかどうかを検査する

氏名	住所
中野□章	東京都江東区青梅
日野□武	
港□明美	埼玉県さいたま市

→ IsNull関数 →

氏名	住所
日野□武	

[住所] フィールドにデータが入力されていると、0以外の値が結果になるため、「0」と比較して、[住所] フィールドにデータが入力されているかどうかが分かる

[住所] フィールドに何もデータが入力されていないフィールドのみが返される

▶IsNull関数で返される結果

Null値かどうか	結果
Nullである	-1（True、真） 真を数値で表した値が返される
Nullではない	0（False、偽） 偽を数値で表した値が返される

▶こんなときに使おう！

性別欄に入力漏れがないかチェックする

IsNull([性別])

性別や既婚かどうかなど、データ型が［Yes/No型］に設定されている場合でも、「どちらかが必ず選ばれているか」をチェックできます。

要望を入力した顧客データを抽出する

Not IsNull([ご要望])

アンケートなどで「ご要望」欄に記入のあった顧客データのみを抽出できます。

付録

日付のデータから特定の要素を抜き出す<Year関数、Month関数、Day関数>

値が入力されている［日付/時刻型］のフィールドから年や月、日だけを抜き出すのは日付操作の基本です。Year関数とMonth関数、Day関数を使って、必要に応じて年や月などを抜き出しましょう。

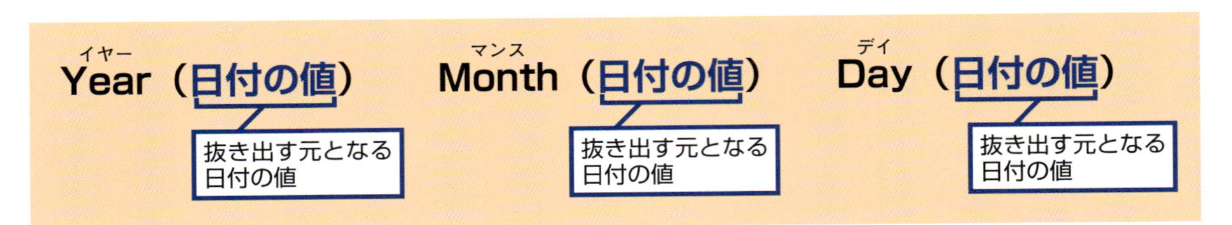

Year関数、Month関数、Day関数は、**日付の値**からそれぞれ「年」「月」「日」を取り出した値を返す関数です。**日付の値**には必ず日付/時刻型の値を指定します。

▶入力例

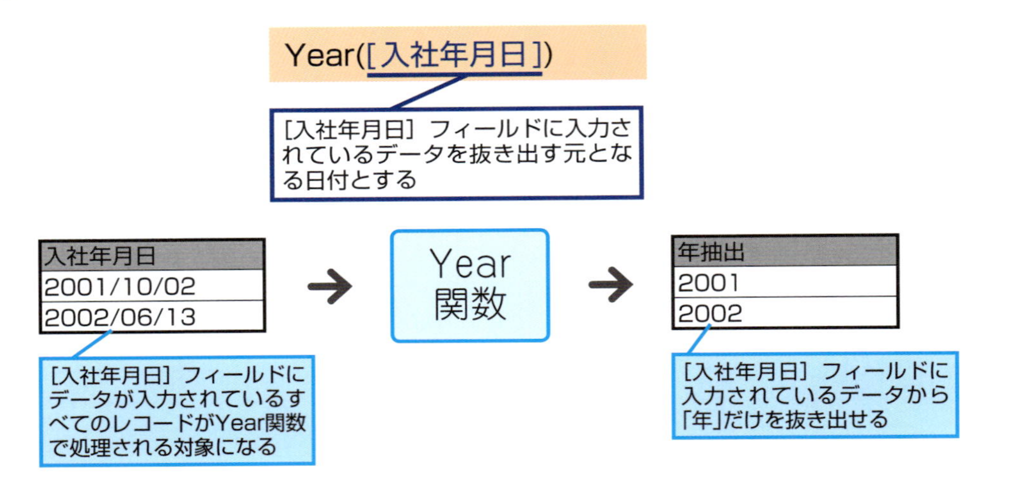

▶こんなときに使おう！

月別の売り上げデータを表示する

Month([売上日付])

［売上金額］や［売上日付］のフィールドがある［売上テーブル］から、Month関数を使って「月」の値のみを抜き出すクエリを作成します。その後、基本編のレッスン㉜で紹介している［集計］機能を利用して、「月」をグループ化して［売上金額］を合計し、金額を集計します。

数値を日付形式のデータに変換する<DateSerial関数>

日付関数を組み合わせるといろいろな操作ができます。DateSerial関数は、年や月、日の値を日付/時刻型のデータに変換できます。値には、Year、Month、Dayといった関数も指定できます。

デイトシリアル
DateSerial（年を表す値, 月を表す値, 日を表す値）

- 年を表す値：日付の値を作成する元となる「年」の値
- 月を表す値：日付の値を作成する元となる「月」の値
- 日を表す値：日付の値を作成する元となる「日」の値

DateSerial関数は、指定された年、月、日の値を元にして日付/時刻型のデータに変換した結果を返す関数です。**年を表す値、月を表す値、日を表す値**には、それぞれ日付の値を作成する元となる「年」「月」「日」の値を指定します。**年を表す値、月を表す値、日を表す値**のいずれかに、日付として不適当なアルファベットなどが指定されていたり、値が空白だった場合には、「#エラー」という文字が返されます。

▶入力例

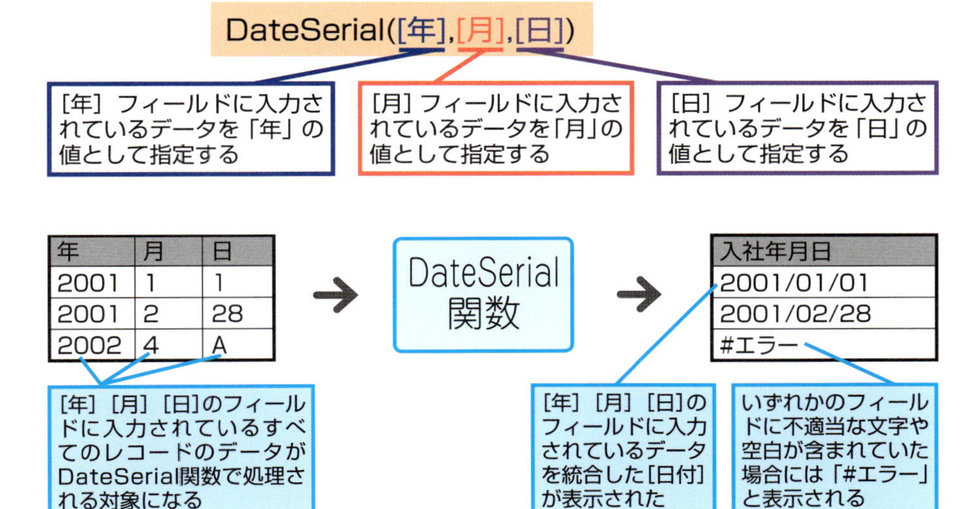

▶こんなときに使おう！

翌月払いのために請求の翌月1日を求める

DateSerial(Year([請求日付]),Month([請求日付])+1,1)

[請求日付] フィールドの翌月1日を求める場合、[月を表す値] に「Month([請求日付])+1」を指定します。

手形サイトに基づいて支払期日を求める

DateSerial(Year([振出日]),Month([振出日]),Day([振出日])+120)

手形の [振出日] フィールドから支払期日を求める場合、[日を表す値] に期日までの日数を加えます。

日付から曜日を求める<DatePart関数>

入力された日付が何曜日なのかを知りたいことがあります。DatePart関数を使って、日付が何曜日になるのかを確認してみましょう。

DatePart関数は、日付の値を元に、**単位**で指定した部分の値を返す関数です。**単位**には日付の値をどのように抜き出すのかを表す単位の文字を、**日付の値**には抜き出す元となる日付の値をそれぞれ指定します。**単位**は必ず半角文字の「""」で囲って入力します。週の最初の曜日、年の最初の週は省略可能です。

▶入力例

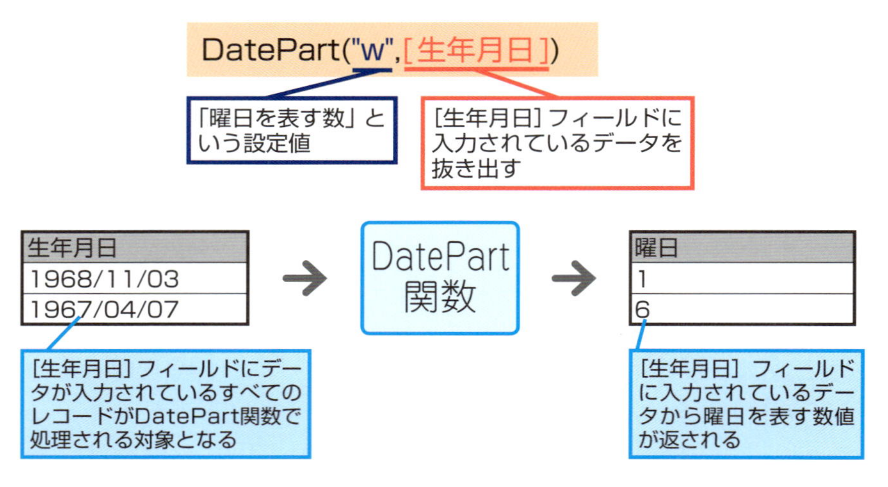

▶［単位］の設定値

設定値	設定内容
yyyy	年
q	四半期
m	月
y	年間通算日
d	日

設定値	設定内容
w	曜日を表す数
ww	年間第何週目かを表す数
h	時
n	分
s	秒

▶こんなときに使おう！

出荷日の四半期を調べる

DatePart("q",[出荷日])

［出荷日］フィールドから四半期を表す値を求めます。四半期ごとに集計をしたいときなどに利用できます。

入金日が第何週かを調べる

DatePart("ww",[入金日])

［入金日］フィールドから何週目かを表す値を求めます。週ごとに集計して昨年のデータと比較するといった使い方ができます。

付録6　Accessでアプリを作成するには

Access 2016には、データベースをインターネットやイントラネットに公開して共有できる「Accessアプリ」と呼ばれるWebアプリケーションを作成できます。ここではAccessアプリを作成する方法を紹介します。なお、Accessアプリを作成するにはSharePointサーバーまたはOffice 365のアカウントが必要です。

アプリを新しく作成する

1 ［サインイン］の画面を表示する

ここでは、Office 365を導入し、Office 365が利用できるアカウントでサインインする

［サインイン］の画面を表示する

ここをクリック

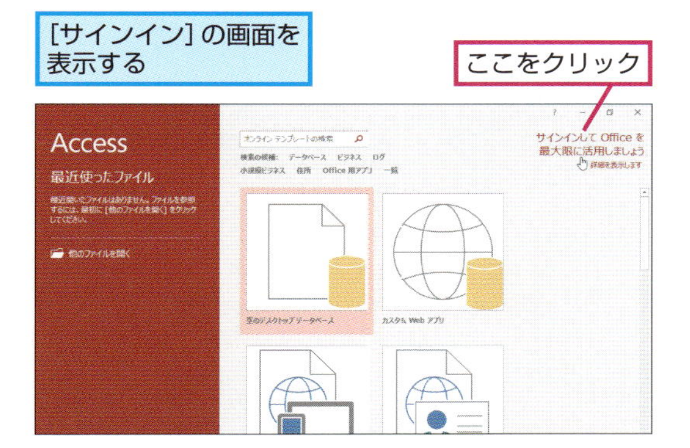

Office 365が利用できるアカウントでサインインしているときは手順4に進む

2 サインインを実行する

［サインイン］の画面が表示された

❶メールアドレスを入力

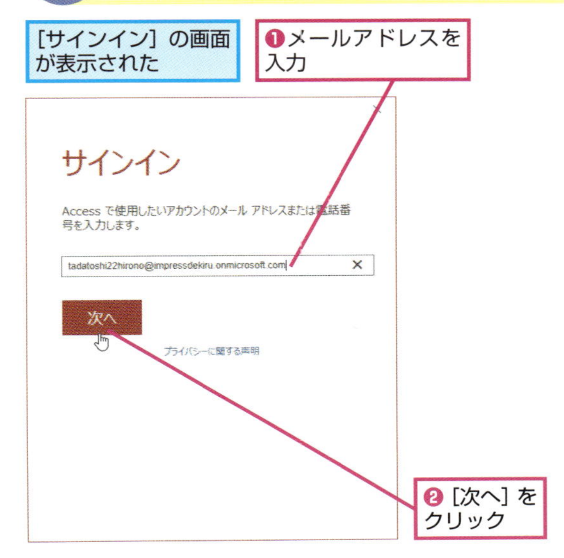

❷［次へ］をクリック

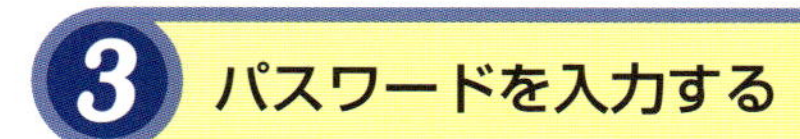

3 パスワードを入力する

❶パスワードを入力

❷［サインイン］をクリック

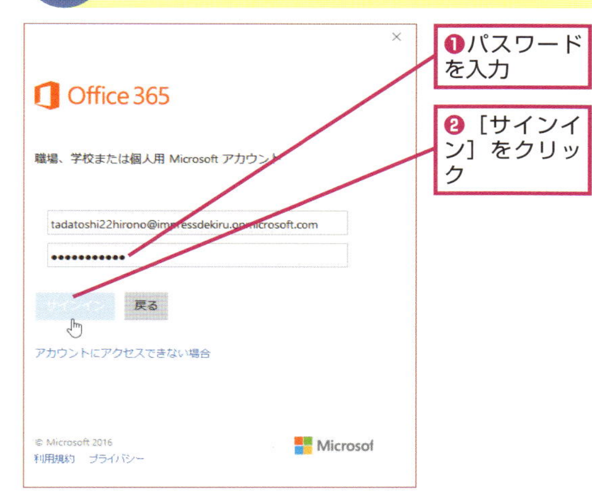

4 アプリの作成画面を表示する

Office 365のアカウントでサインインできた

アプリの作成画面を表示する

［カスタムWebアプリ］をクリック

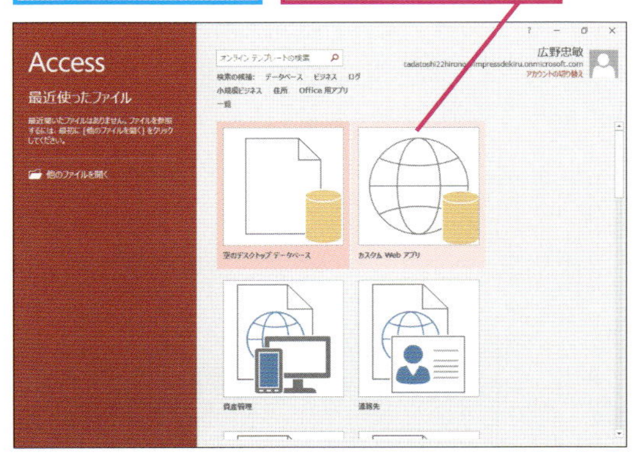

次のページに続く

5 アプリの作成画面が表示された

❶ここにアプリ名を入力

❷アプリの公開場所をクリック

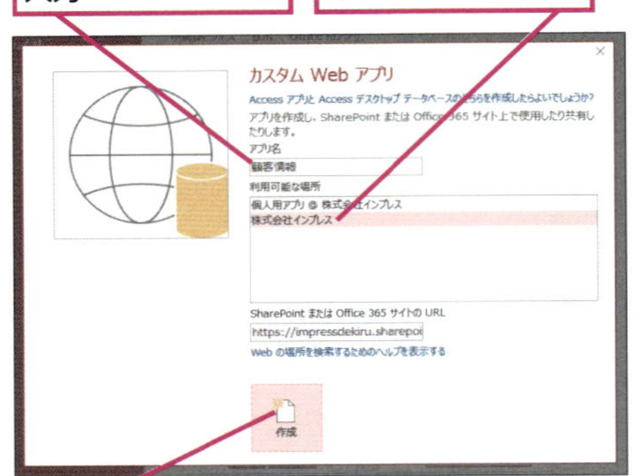

❸[作成]をクリック

Accessアプリが作成される

データベースファイルをインポートする

6 [外部データの取り込み]ダイアログボックスを表示する

作成したAccessアプリにデータベースファイルをインポートする

[Access]をクリック

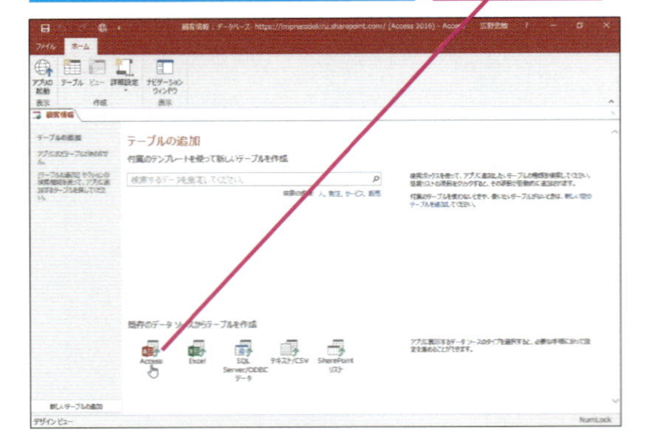

7 インポートするファイルを選択する

[外部データの取り込み]ダイアログボックスが表示された

❶[参照]をクリック

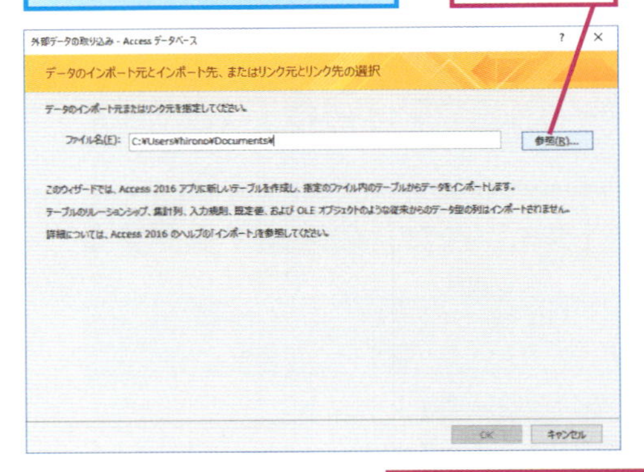

[ファイルを開く]ダイアログボックスが表示された

❷取り込み元のデータベースファイルをクリックして選択

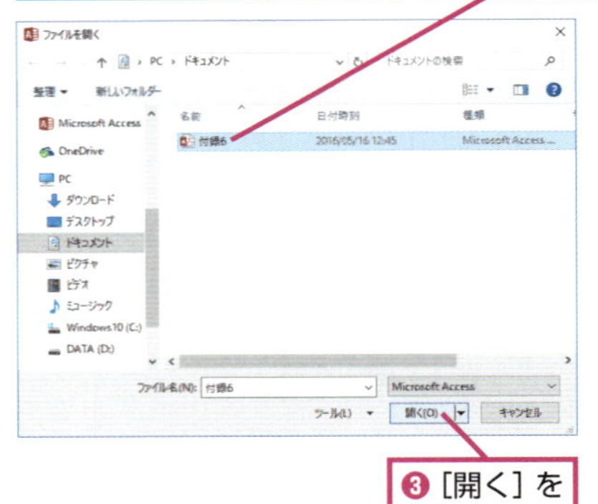

❸[開く]をクリック

8 取り込み元のファイルを確認する

取り込み元のデータベースファイルが選択された

❶ファイル名を確認

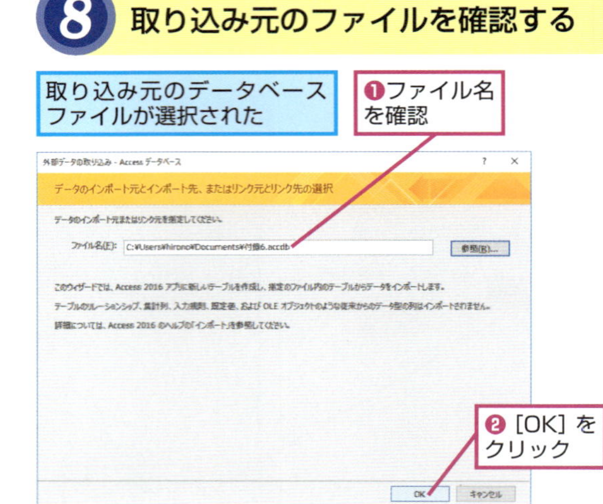

❷[OK]をクリック

HINT! テンプレートからアプリを作成できる

あらかじめ用意されているテンプレートからAccessアプリの作成もできます。[テーブルの追加]ダイアログボックスの検索ボックスにキーワードを入力すると、そのキーワードに関連した内容のテンプレートが表示されます。

取り込むテーブルを選択する

[オブジェクトのインポート] ダイアログボックスが表示された

アプリに取り込むテーブルを選択できる

ここでは[顧客テーブル]を選択する

❶[顧客テーブル]をクリック

❷ [OK] をクリック

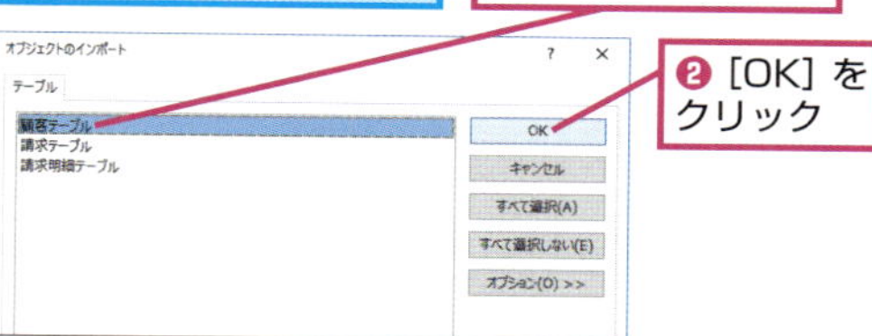

10 ファイルのインポートが完了した

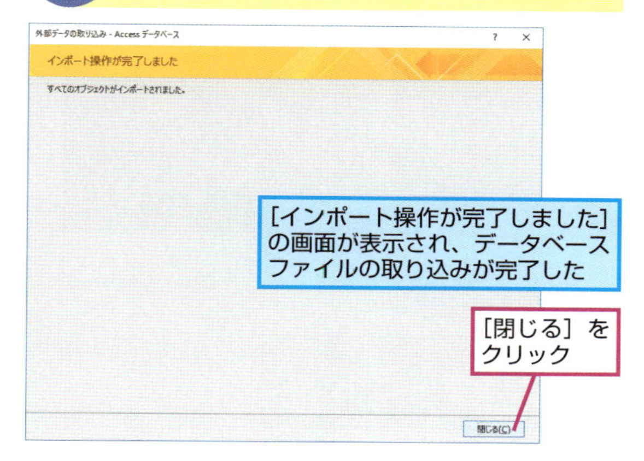

[インポート操作が完了しました] の画面が表示され、データベースファイルの取り込みが完了した

[閉じる] をクリック

Accessアプリを共有する

作成したAccessアプリを起動する

作成したAccessアプリをほかのユーザーと共有する

共有する画面を表示するために、アプリを起動してOffice 365のWebページに移動する

[アプリの起動]をクリック

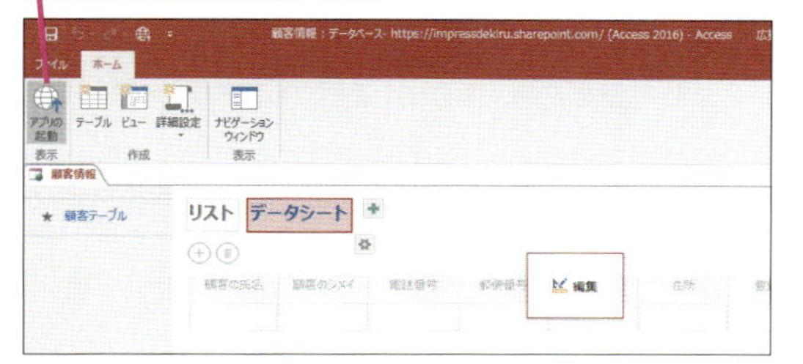

12 サインインを実行する

Microsoft Edgeが起動し、Office 365のサインイン画面が表示された

❶メールアドレスを入力

❷パスワードを入力

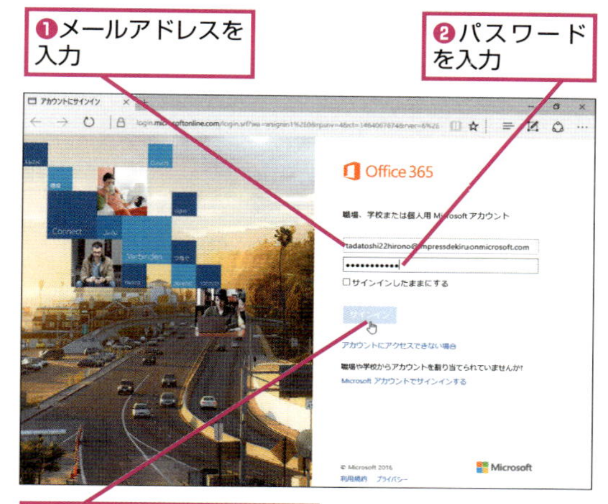

❸[サインイン]をクリック

13 [チームサイト] の画面を表示する

Webブラウザー上でアプリが起動した

[サイトに戻る]をクリック

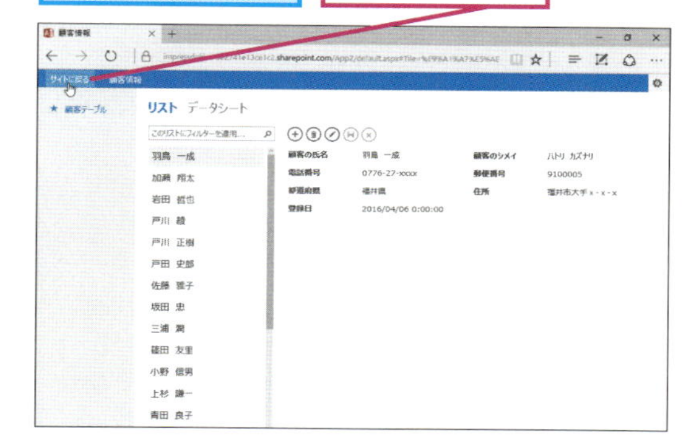

次のページに続く

14 Accessアプリを共有する

[チームサイト]の画面が表示された

この画面からAccessアプリの共有を設定できる

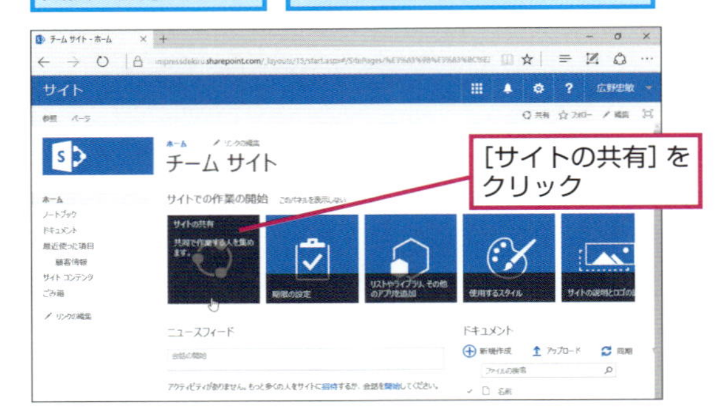

15 共有の通知メールを送信する

['チームサイト'の共有]の画面が表示された

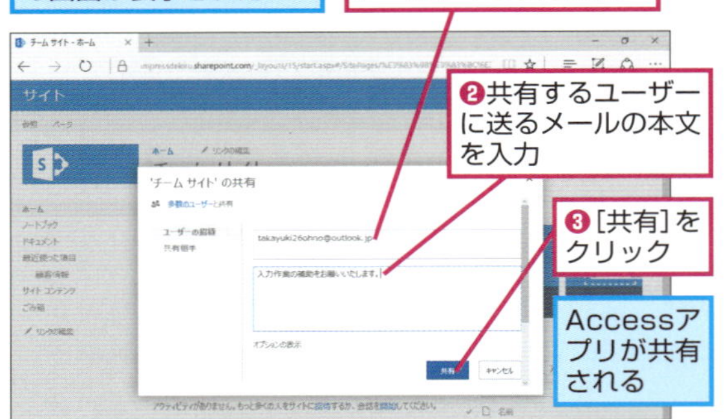

Accessアプリが共有される

HINT! Accessアプリを編集するには

サーバー上に公開、共有したAccessアプリはいつでも編集できます。Webブラウザーでアプリを使っていて、Accessアプリを変更したいときは、次ページの手順19で右上にある[設定]ボタン(⚙)をクリックして[Accessでカスタマイズ]をクリックします。Accessが起動し、Access上にアプリが表示され、編集できるようになります。

Access上でアプリの編集ができる

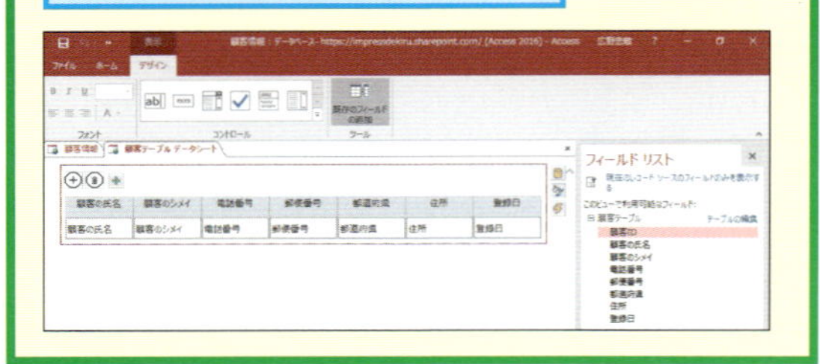

共有されたAccessアプリを編集する

16 チームサイトを表示する

ここでは、共有されたユーザーがAccessアプリを編集する操作を解説する

ここでは[メール]アプリを利用しているが、自分が利用しているメールアプリを使っても構わない

共有の通知メールを確認する

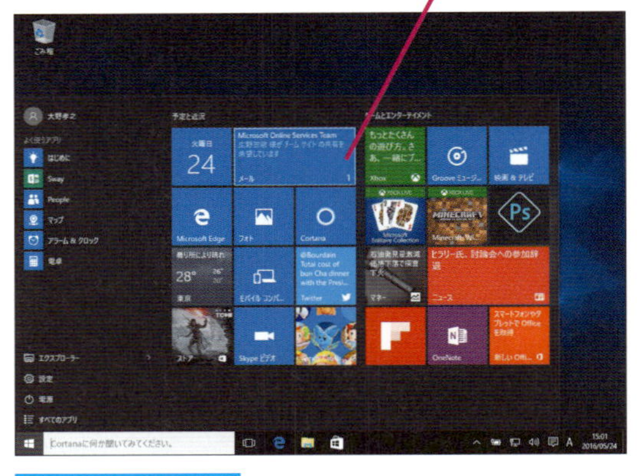

[メール]アプリが起動した

通知メールに表示されているリンクをクリックして、共有されたAccessアプリを表示する

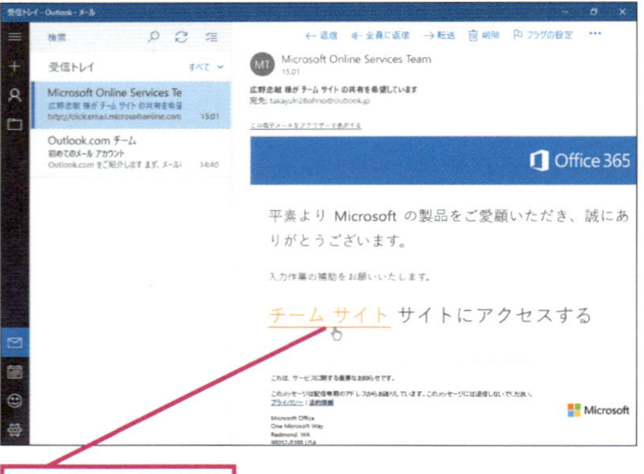

17 サイトを表示するアカウントを選択する

Microsoft Edgeが起動し、Office 365のWebページが表示された

ここではMicrosoftアカウントでサインインする

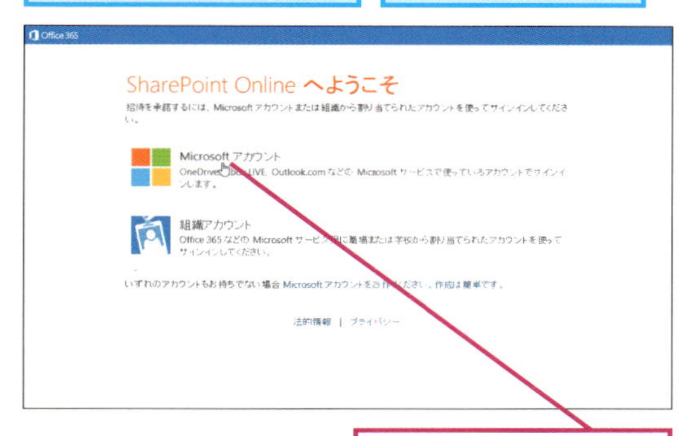

[Microsoftアカウント]をクリック

18 共有されたアプリを開く

共有されたAccessアプリが表示された

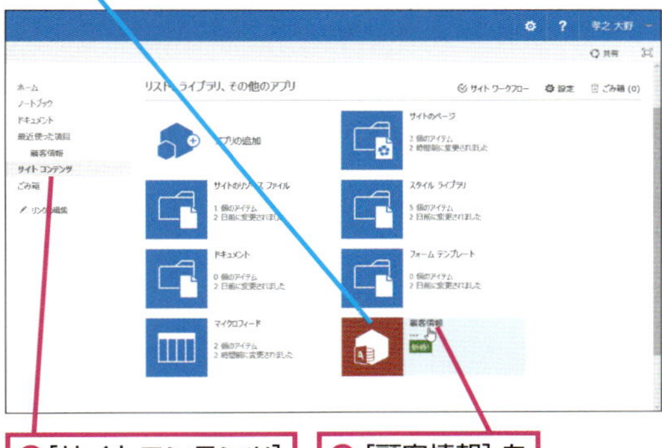

❶[サイトコンテンツ]をクリック

❷[顧客情報]をクリック

19 共有されたAccessアプリを編集する

ここではAccessアプリに新しいレコードを追加する

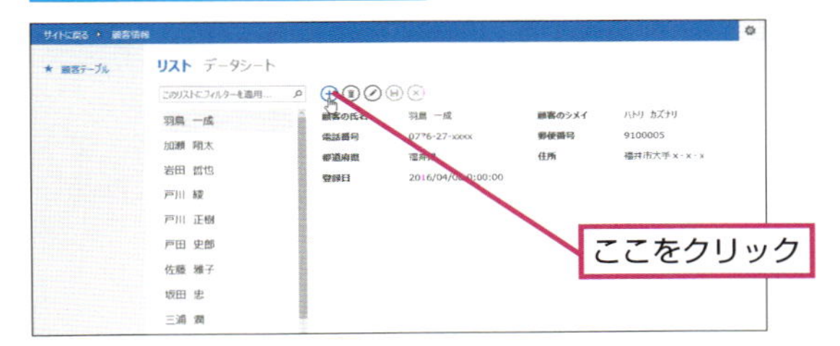

ここをクリック

HINT! ビューの表示は変更できる

Accessアプリのテーブルは、ビューを変更していろいろな表示方法で表示できます。ビューには1件のレコードを1画面で表示する［リストビュー］、複数のレコードを一覧表示する［データシートビュー］、グループでデータを抽出して表示する［グループビュー］などがあります。

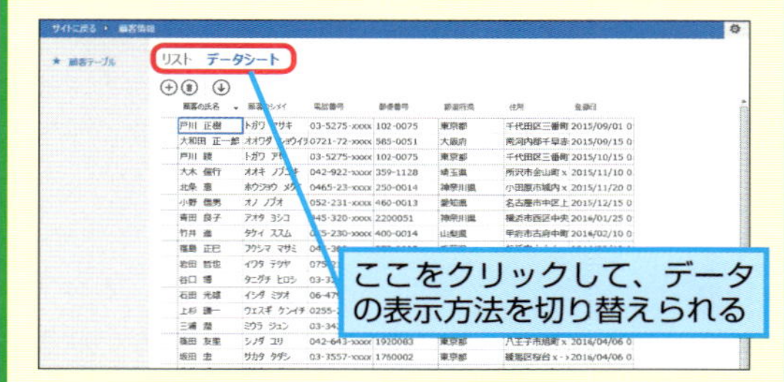

ここをクリックして、データの表示方法を切り替えられる

20 新しいレコードを保存する

新しいレコードが追加された

❶顧客情報を入力

❷ここをクリック

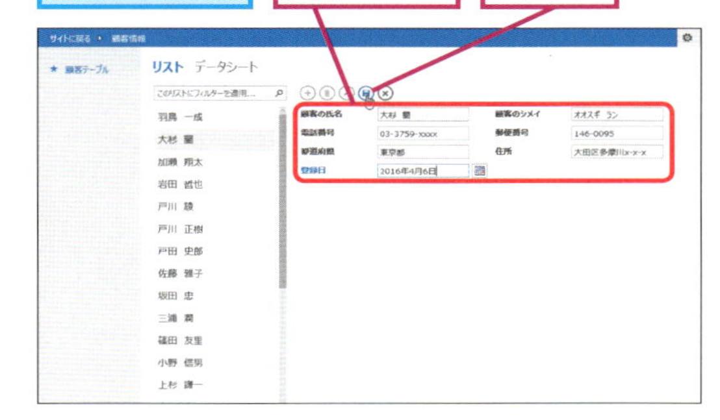

21 レコードが保存された

新しいレコードが追加された

アプリの変更が保存される

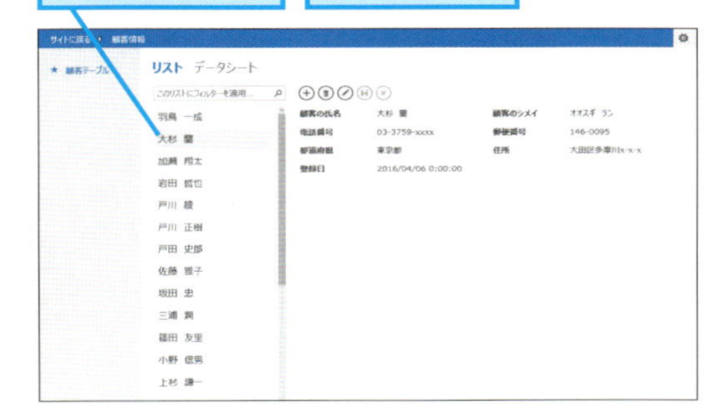

付録

用語集

用語集

Accessアプリ（アクセスアプリ）
Access 2016で作成できるWebブラウザーベースのデータベース。AccessアプリはSharePoint 2016やSQLサーバー、Windows Azure SQLなどで実行される。

Microsoftアカウント（マイクロソフトアカウント）
OneDriveなど、マイクロソフトが提供するさまざまなクラウドサービスを利用するためのアカウント。Windows 10/8.1へのサインインにも利用できる。
→OneDrive

Null値（ヌルチ）
空の値のこと。フィールドにデータが入ってない状態。
→フィールド

OneDrive（ワンドライブ）
マイクロソフトが提供しているオンラインストレージサービス。Officeのドキュメントや写真など、さまざまなデータの保存や共有ができる。

PDF（ピーディーエフ）
Portable Document Formatの略称。アドビシステムズによって開発された文書フォーマットのこと。パソコンだけではなく、さまざまな機器で表示や印刷ができるのが特徴。

SQL（エスキューエル）
リレーショナルデータベースを操作するためのプログラミング言語のこと。Accessでデータベースを操作すると、対応するSQLが自動的に作成される。Accessの内部でそのSQLが実行されることにより、データベースに対応する操作が行われる。
→データベース、リレーショナルデータベース

Yes/No型（イエスノーガタ）
データ型の1つ。「Yes」と「No」のどちらかの値を表す。「Yes」は「条件が成り立つ」という意味で「True」ともいう。また「No」は「条件が成り立たない」という意味で「False」ともいう。
→データ型

アクションクエリ
1つの操作でテーブルに格納してある複数のレコードを変更するクエリのこと。アクションクエリには、[削除][更新][追加][テーブル作成]の4つの種類がある。
→クエリ、テーブル、レコード

値集合ソース
リストボックスやコンボボックスで使用するデータ要素のこと。テーブルまたはクエリのデータ、「;」（セミコロン）で文字列を区切って設定できる。
→クエリ、コンボボックス、テーブル、リストボックス

値集合タイプ
リストボックスやコンボボックスで使用するデータ要素の保存形態のこと。テーブルやクエリのデータ、またはユーザーが設定する値リストなどを設定する。
→クエリ、コンボボックス、テーブル、リストボックス

移動ボタン
フォームに現在表示されているレコードとは別のレコードを表示させるボタンのこと。
→フォーム、レコード

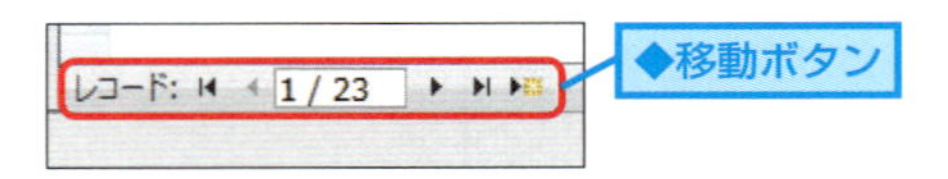

印刷プレビュー
紙を使わない試し印刷のようなもので、印刷の前に仕上がりイメージを画面に表示する機能。

ウィザード
表示される画面の選択肢を選ぶだけで、複雑な設定やインストール作業などを簡単に行ってくれる機能。Accessではフォームやテーブル、クエリ、レポートを作るときなどにウィザードを利用できる。
→クエリ、テーブル、フォーム、レポート

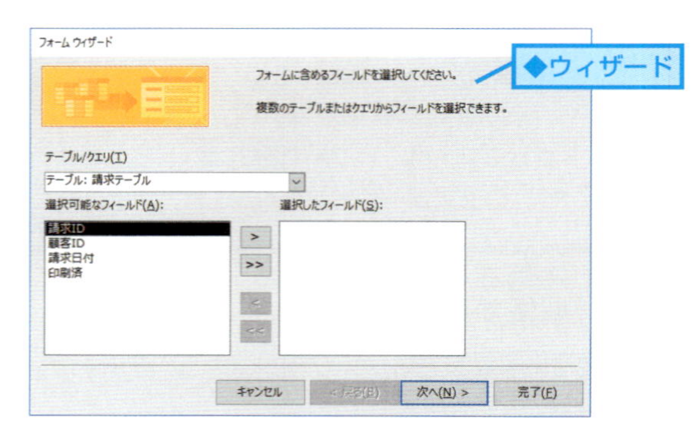

演算子
数式の要素に対して実行する計算の種類を指定するための記号。数式を入力するときに使用する算術演算子（+や*）、データを比較するときに使用する比較演算子（<や=）のほか、データを参照するときに使用する参照演算子（:や;）などがある。

オートナンバー型

フィールドに設定するデータ型の1つ。データが重複しないようにするために使う。オートナンバー型を設定するとレコードに連番が自動的に入力される。

→データ型、フィールド、レコード

オブジェクト

Accessで操作の対象となるすべてのこと。代表的なオブジェクトには、「テーブル」「クエリ」「フォーム」「レポート」などがある。

→クエリ、テーブル、ナビゲーションウィンドウ、フォーム、レポート

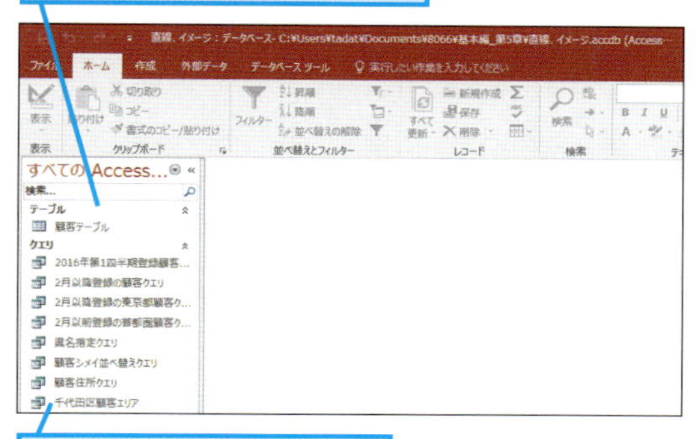

カード型データベース

1つのレコードに情報が集約されたテーブルのみで構成されたデータベースのこと。複数のテーブル間でレコード同士が関連付けされたデータベースは、リレーショナルデータベースと呼ばれる。

→テーブル、データベース、リレーショナルデータベース、レコード

関数

複雑な計算を数式を使うことで簡単に求められるようにしたもの。現在の日付や時刻などを簡単に表示できる関数もある。

クイックアクセスツールバー

タスクバーの左端にある小さなツールバー。初期設定では、[上書き保存]や[元に戻す]など、よく使うボタンが配置されている。

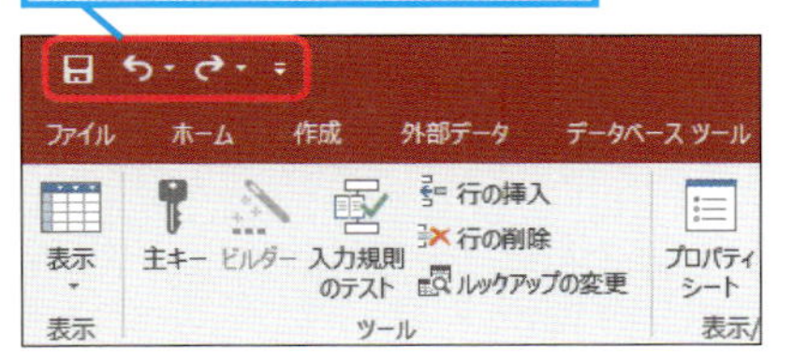

クエリ

条件に一致するデータをテーブルから抽出したり、複数のテーブルを関連付けたりする機能。テーブルからフィールドを選択して組み合わせる「選択クエリ」、テーブルのデータに対し、まとめて追加や更新の操作を行う「アクションクエリ」などがある。

→アクションクエリ、テーブル、フィールド

コマンドボタン

イベントに対応して特定の操作を実行するために、フォームに配置するボタンのこと。

→フォーム

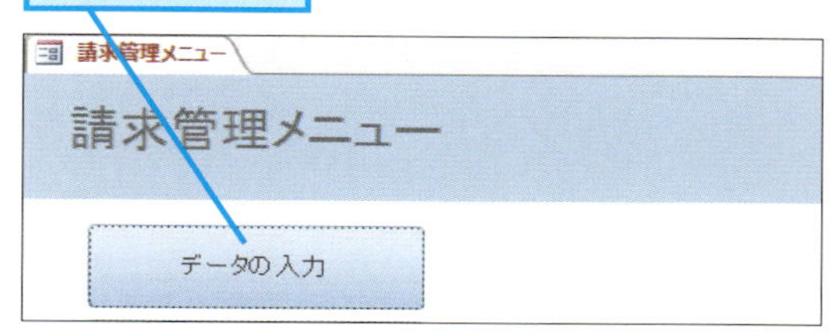

コントロール

フォームやレポート上に配置する部品。データの入力などに使う。コントロールには「ラベル」「テキストボックス」「チェックボックス」「リストボックス」「コンボボックス」「コマンドボタン」などがある。

→コマンドボタン、コンボボックス、テキストボックス、チェックボックス、フォーム、ラベル、リストボックス、レポート

コンボボックス

コントロールの1つ。テキストボックスとリストボックスが合体した形のもの。あらかじめ登録されているリストから値を選択したり、値を直接入力したりすることができる。

→コントロール、テキストボックス、リストボックス

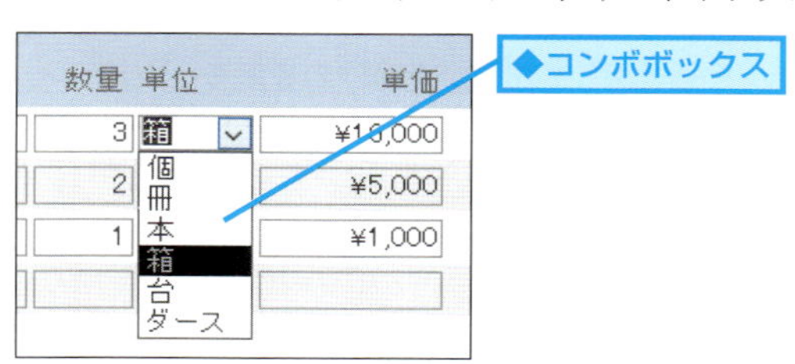

サブデータシート

データシートビューにおいてデータシートに関連付けられているか、または結合されているデータを格納するデータシート。レコードの先頭に表示されたボタンをクリックすると、サブデータシートの展開や折り畳みができる。

→データシートビュー、レコード

サブフォーム
関連付けされたテーブルにデータを入力するためのフォームのこと。サブフォームを使うと、テーブルの関連付けを意識せずにリレーションシップが設定されたテーブルのデータを入力できる。
→テーブル、フォーム、リレーションシップ

式ビルダー
数式や関数の入力を支援するためのウィンドウのこと。式ビルダーには、関数の名前や種類、役割が表示されるので、数式を簡単に作成できる。
→関数

主キー
データベースソフトで、テーブルにあるレコードを識別するための目印。
→テーブル、レコード

書式
テーブルやフォーム、レポートの見ためを設定できる項目。フォントや罫線、幅、色などはすべて「書式」。
→テーブル、フォーム、レポート

ステータスバー
アプリケーションの状態などを表示するための領域。Accessでは、ウインドウに表示されているビューの種類が表示されるほか、ステータスバーからビューの切り替えができるようになっている。

セクション
レポートやフォームでそれぞれの役割を持った表示領域のこと。データを表示する［詳細］セクションや複数のページに定型データを表示できる［ヘッダー］セクション、［フッター］セクションなどに分けられている。これらのセクションは、デザインビューで表示できる。
→デザインビュー、フォーム、レポート

タッチモード
タッチモードとは、タブレット向けの表示モードのこと。Accessをタッチモードにするとリボンのボタンが大きくなり、タッチスクリーンを使って操作しやすくなる。
→リボン

タブオーダー
フォーム上で Tab キーを押したときに、カーソルがコントロール間を移動する順序を指定する設定。
→コントロール、フォーム

タブストップ
フォームをフォームビューで表示しているとき、コントロールにカーソルを移動すること。カーソルの固定や、移動の順番を設定できる。
→コントロール、フォーム

チェックボックス
Yes/No型で定義されたデータを保存するコントロール。チェックマークが付いているときはオンとなり、テーブルには「Yes」（True）のデータが保存される。オフの場合は「No」（False）が保存される。
→Yes/No型、コントロール、テーブル

通貨型
テーブルで、金額のデータを格納するフィールドに定義するデータ型。小数点以上は15けた、小数点以下は4けたの精度を持つ。
→データ型、テーブル、フィールド

データ型
フィールドに格納できる値を決めるもの。データ型には「テキスト型」「メモ型」「数値型」「日付/時刻型」「オートナンバー型」「Yes/No型」などがある。
→Yes/No型、オートナンバー型、通貨型、
日付/時刻型、フィールド

データシートビュー
テーブル、クエリ、フォームのデータを表形式で表示する画面。データシートビュー上でデータの追加や編集もできる。
→クエリ、テーブル、フォーム

データベース
データベースとは、大量のデータを保存して、それらのデータを簡単に利用するための仕組みのこと。データベースを作成するためのソフトウェアをデータベースソフトと呼び、Accessは代表的なデータベースソフトの1つ。

テーブル
表形式でデータを格納するための機能。レコードとフィールドで構成されている。
→フィールド、レコード

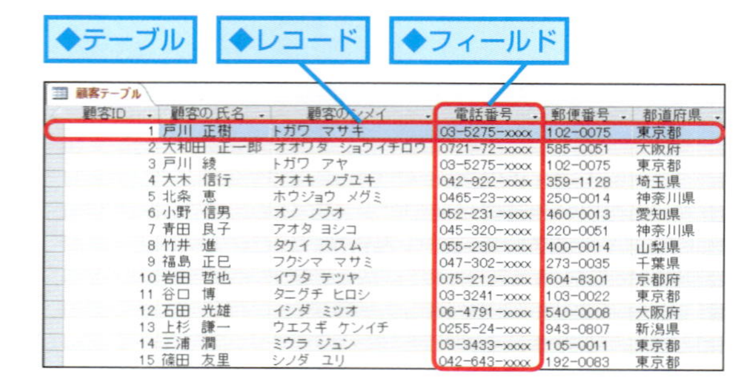

顧客ID	顧客の氏名	顧客のシメイ	電話番号	郵便番号	都道府県
1	戸川 正樹	トガワ マサキ	03-5275-xxxx	102-0075	東京都
2	大和田 正一郎	オオワダ ショウイチロウ	0721-72-xxxx	585-0051	大阪府
3	戸川 綾	トガワ アヤ	03-5275-xxxx	102-0075	東京都
4	大木 信行	オオキ ノブユキ	042-922-xxxx	359-1128	埼玉県
5	北条 恵	ホウジョウ メグミ	0465-23-xxxx	250-0014	神奈川県
6	小野 信男	オノ ノブオ	052-231-xxxx	460-0013	愛知県
7	青田 良子	アオタ ヨシコ	045-320-xxxx	220-0051	神奈川県
8	竹井 進	タケイ ススム	055-230-xxxx	400-0014	山梨県
9	福島 正巳	フクシマ マサミ	047-302-xxxx	273-0035	千葉県
10	岩田 哲也	イワタ テツヤ	075-212-xxxx	604-8301	京都府
11	谷口 博	タニグチ ヒロシ	03-3241-xxxx	103-0022	東京都
12	石田 光雄	イシダ ミツオ	06-4791-xxxx	540-0008	大阪府
13	上杉 謙一	ウエスギ ケンイチ	0255-24-xxxx	943-0807	新潟県
14	三浦 潤	ミウラ ジュン	03-3433-xxxx	105-0011	東京都
15	篠田 友里	シノダ ユリ	042-643-xxxx	192-0083	東京都

定型入力
郵便番号や電話番号などの文字列を特定の条件に合わせて入力するための規則。定型入力の形式は、「¥」や「""」（ダブルクォーテーション）などで囲んだ文字列で構成される。

テキストボックス
コントロールの1つ。フォームでは入力欄、レポートではフィールドのデータを表示する欄となる。
→コントロール、フィールド、フォーム、レポート

デザインビュー
テーブル、クエリ、フォーム、レポートを作成するために、データベースの設計を行う画面。
→クエリ、データベース、テーブル、フォーム、レポート

ドロップダウンリスト
入力値をリスト一覧から選択するように設定したときに、フィールドに表示されるリストのこと。
→フィールド

ナビゲーションウィンドウ
テーブルやクエリ、フォーム、レポートなどのオブジェクトが表示されるウィンドウのこと。
→オブジェクト、クエリ、テーブル、フォーム、レポート

並べ替え
レコードの表示順序を、特定のフィールドで値や条件によって変更すること。
→フィールド、レコード

パラメータークエリ
クエリの作成時に抽出する値を指定せずに、クエリの実行時に抽出する値を入力するクエリのこと。
→クエリ

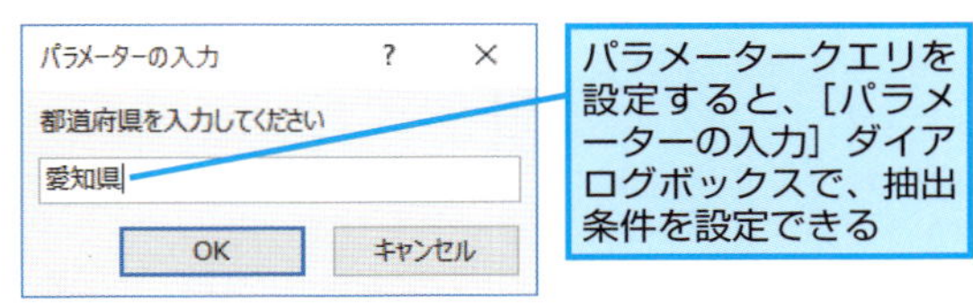

ハンドル
ラベルやテキストボックスなどを選択したときに、周囲に表示される点。位置を調整するためのハンドルと、サイズを調整するためのハンドルの2種類がある。
→テキストボックス、ラベル

日付/時刻型
テーブルで、日付や時刻のデータを格納するフィールドに定義するデータ型。
→データ型、テーブル、フィールド

フィールド
データを蓄積する最小の単位。テーブルの項目で、表の列のこと。フィールドにはそれぞれ名前を付け、入力する値の種類に合わせてデータ型を設定して、データを蓄積する。
→データ型、テーブル

フォーム
テーブルやクエリのレコードを見栄えがするようにレイアウトし、データの入力や検索、参照を行うための機能。
→クエリ、テーブル、レコード

フッター
フォームやレポートの最下部にある領域のこと。日付やページ数などを各ページに印刷できる。
→フォーム、レポート

プロパティシート
フィールドやコントロールに入力するデータや表示形式を設定するためのウィンドウ。
→コントロール、フィールド

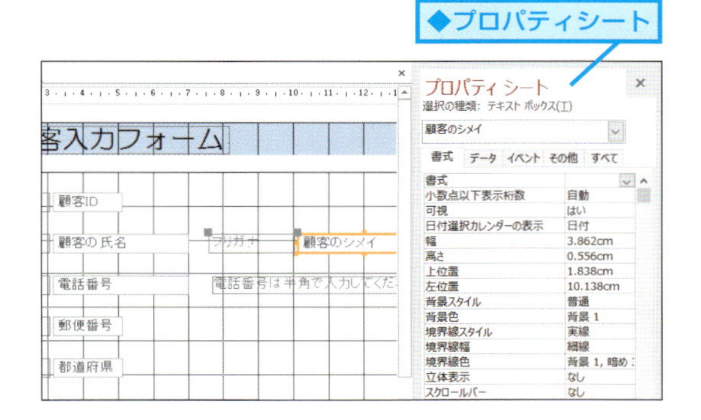

ヘッダー
フォームやレポートの最上部にある領域のこと。日付やページ数などを各ページに印刷できる。
→フォーム、レポート

マクロ
指定した動作を繰り返し実行できる機能。フォームを開いたり、レポートを印刷したりするなど、一連の操作を一度で実行できる。
→フォーム、レポート

メインフォーム
1件の「1」側のレコードに対応する複数の「多」側のレコードを1つの画面で表示するフォームのこと。「1」側のテーブルから作成したフォームを「メインフォーム」と呼び、そのフォームの中に「多」側のテーブルから作成したサブフォームをデータシートや帳票形式などで表示する。
→サブフォーム、テーブル、フォーム、レコード

ラベル
コントロールの1つ。フォームやレポート、各フィールドの表題を文字列で表示できる。
→コントロール、フィールド、フォーム、レポート

リストボックス
コントロールの1つ。あらかじめ登録されているリストから値を選択して入力する。
→コントロール

リボン
Access 2007以降に搭載されているユーザーインターフェース。用途に合わせてタブが表示され、状況に応じたメニュー項目がリボンに表示されるので、適切な操作ができる。

リレーショナルデータベース
別々のテーブル同士を特定のIDなどで関連付けて組み合わせ、さまざまな角度からデータを利用できるようにしたデータベースのこと。
→データベース、テーブル

リレーションシップ
テーブル間の関連付けのこと。フォームやクエリ、レポートなどで複数のテーブルを組み合わせて利用するには、この関連付けが必要。
→クエリ、テーブル、フォーム、レポート

◆リレーションシップ

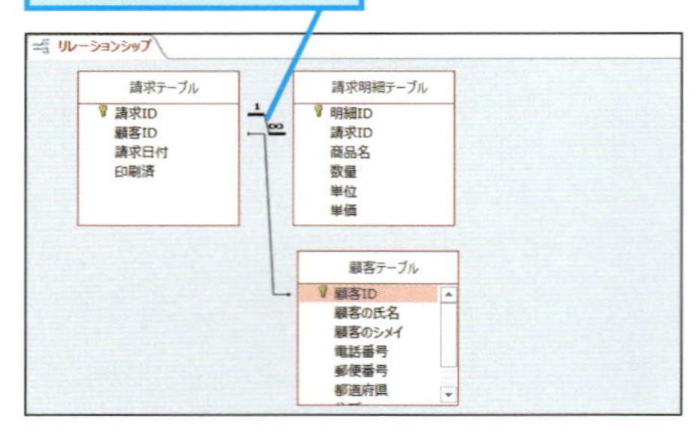

リレーションシップウィンドウ
テーブルとクエリの間のリレーションシップを定義したり、編集・表示したりするときに使用する画面のこと。
→クエリ、テーブル、リレーションシップ

ルックアップ
ほかのテーブルやクエリのデータを参照できる機能のこと。ほかのテーブルやクエリにある値の一覧からデータを選択して入力できるようになる。
→クエリ、テーブル

レイアウトビュー
フォームやレポートを表示できるビューの1つ。レイアウトビューでは、レコードの内容を表示させながら、フォームやレポートのレイアウトを変更できるが、細かい修正には向いていない。
→フォーム、レコード、レポート

レコード
1件分のフィールド項目を集めたデータで、表の行のこと。データの更新・削除・検索を行う最小の単位。
→フィールド

レコードセレクタ
レコードの左側にあるボックスのこと。クリックしてレコードを選択できる。編集中のレコードは✎が表示され、空のレコードには✳が表示される。
→レコード

◆レコードセレクタ

顧客テーブル

顧客ID	顧客の氏名	顧客のシメイ
1	戸川 正樹	トガワ マサキ
2	大和田 正一郎	オオワダ ショウイチロウ
3	戸川 綾	トガワ アヤ
4	大木 信行	オオキ ノブユキ
5	北条 恵	ホウジョウ メグミ
6	小野 信男	オノ ノブオ

レコードソース
フォームやレポートの基になるデータを提供するもの。主に、テーブルやクエリの実行結果をレコードソースとして使用する。
→クエリ、テーブル、フォーム、レコード、レポート

レポート
テーブルやクエリのレコードをレイアウトし、印刷するための機能。レポートウィザードを利用すると、あて名ラベルのほか、さまざまな種類のレポートを作成できる。
→ウィザード、クエリ、テーブル、レコード

ワイルドカード
ワイルドカードとは、クエリなどで利用できる特殊な記号のこと。クエリでは「千代田区*」などと指定して「千代田区」に該当する住所を抽出できる。「*」は任意の文字列という意味で、こうした文字列を表す記号のことをワイルドカードという。
→クエリ

索 引

索引

サ

タ

ナ

ハ

索引

ワ

できるサポートのご案内

できるシリーズの書籍の記載内容に関する質問を下記の方法で受け付けております。

電話 | FAX | インターネット | 封書によるお問い合わせ

質問の際は以下の情報をお知らせください

①書籍名、ページ
②書籍の裏表紙にある**書籍サポート番号**
③お名前 ④電話番号
⑤質問内容（なるべく詳細に）
⑥ご使用のパソコンメーカー、機種名、使用OS
⑦ご住所 ⑧FAX番号 ⑨メールアドレス

※電話での質問の際は①から⑤までをお聞きします。
電話以外の質問の際にお伺いする情報については
下記の各サポートの欄をご覧ください。

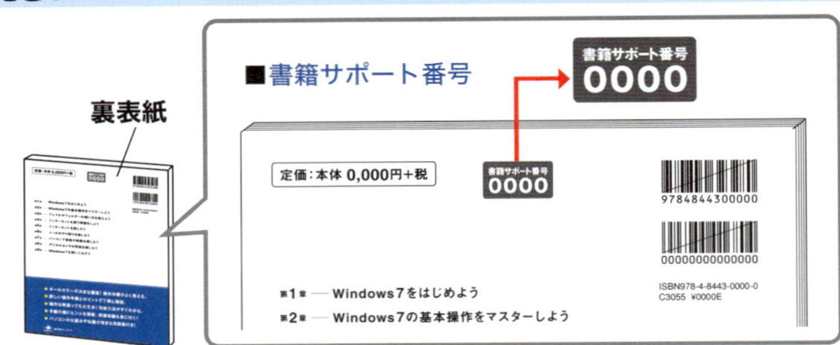

※上記の場所にサポート番号が記載されていない書籍はサポート対象外です。ご了承ください。

質問内容について

サポートはお手持ちの書籍の記載内容の範囲内となります。下記のような質問にはお答えしかねますのであらかじめご了承ください。

- ●書籍の記載内容の範囲を超える質問
  書籍に記載されている手順以外のご質問にはお答えできない場合があります。
- ●対象外となっている書籍に対する質問
- ●ハードウェアやソフトウェア自体の不具合に対する質問
  書籍に記載されている動作環境と異なる場合、適切なサポートができない場合があります。
- ●インターネットの接続設定、メールの設定に対する質問
  直接、入会されているプロバイダーまでお問い合わせください。

サービスの範囲と内容の変更について

- ●本サービスは、該当書籍の奥付に記載されている最新発行年月日から5年を経過した場合、もしくは該当書籍が解説する製品またはサービスの提供会社が、製品またはサービスのサポートを終了した場合は、ご質問にお答えしかねる場合があります。
- ●本サービスは、都合によりサービス内容・サポート受付時間などを変更させていただく場合があります。あらかじめご了承ください。

電話サポート 0570-000-078（東京）/ 0570-005-678（大阪）
（月～金 10:00～18:00、土・日・祝休み）

- サポートセンターでは質問内容の確認のため、最初に**書籍名、書籍サポート番号、ページ数、レッスン番号**をお伺いします。
  そのため、ご利用の際には**必ず対象書籍をお手元にご用意ください。**
- サポートセンターでは確認のため、お名前・電話番号をお伺いします。
- 多くの方からの質問を受け付けられるよう、1回の質問受付時間をおよそ15分までとさせていただきます。
- 質問内容によってはその場で答えられない場合があります。あらかじめご了承ください。
  ※本サービスは、東京・大阪での受け付けとなります。**東京・大阪までの通話料はお客様負担となります**ので、あらかじめご了承ください。
  ※海外からの国際電話、PHS・携帯電話、一部のIP電話などではご利用いただけません。

FAXサポート 0570-000-079（24時間受付、回答は2営業日以内）

- 必ず上記、①から⑧までの情報をご記入ください。（※メールアドレスをお持ちの方は⑨まで）
  ○A4用紙推奨。記入漏れがあると、お答えしかねる場合がございますのでご注意ください。
- 質問の内容が分かりにくい場合はこちらからお問い合わせする場合もございます。ご了承ください。
  ※インターネットからFAX用質問フォームをダウンロードできます。 http://book.impress.co.jp/support/dekiru/
  ※海外からの国際電話、PHS・携帯電話、一部のIP電話などではご利用いただけません。

インターネットサポート http://book.impress.co.jp/support/dekiru/（24時間受付、回答は2営業日以内）

- インターネットでの受付はホームページ上の専用フォームからお送りください。

封書によるお問い合わせ
（回答には郵便事情により数日かかる場合があります）

〒101-0051
東京都千代田区神田神保町一丁目105番地
株式会社インプレス できるサポート質問受付係

- 必ず上記、①から⑦までの情報をご記入ください。（※FAX、メールアドレスをお持ちの方は⑧または⑨まで）
  ○記入漏れがあると、お答えしかねる場合がございますのでご注意ください。
- 質問の内容が分かりにくい場合はこちらからお問い合わせする場合もございます。ご了承ください。
  ※アンケートはがきによる質問には応じておりません。ご了承ください。

本書を読み終えた方へ
できるシリーズのご案内

※1：当社調べ　※2：大手書店チェーン調べ

Excel 関連書籍

できるExcel 2016

Windows 10/8.1/7対応

小舘由典＆
できるシリーズ編集部
定価：本体1,140円＋税

レッスンを読み進めていくだけで、思い通りの表が作れるようになる！ 関数や数式を使った表計算やグラフ作成、データベースとして使う方法もすぐに分かる。

できるExcelグラフ

魅せる＆伝わる資料作成に役立つ本

2016/2013/2010対応

きたみあきこ＆
できるシリーズ編集部
定価：本体1,980円＋税

「正確に伝える」「興味を引き寄せる」「正しく分析する」などグラフ活用のノウハウが満載！ 作りたいグラフがすぐに見つかる「グラフ早引き一覧」付き。

できるExcel データベース

大量データのビジネス活用に役立つ本

2016/2013/2010/2007対応

早坂清志＆
できるシリーズ編集部
定価：本体1,980円＋税

Excelをデータベースのように使いこなして、大量に蓄積されたデータを有効活用しよう！ データ収集や分析に役立つ方法も分かる。

できるExcel マクロ&VBA

作業の効率化＆スピードアップに役立つ本

2016/2013/2010/2007対応

小舘由典＆
できるシリーズ編集部
定価：本体1,580円＋税

マクロとVBAを駆使すれば、毎日のように行っている作業を自動化できる！ 仕事をスピードアップできるだけでなく、VBAプログラミングの基本も身に付きます。

できるExcel ピボットテーブル

データ集計・分析に役立つ本

2016/2013/2010対応

門脇香奈子＆
できるシリーズ編集部
定価：本体2,300円＋税

大量のデータをあっという間に集計・分析できる「ピボットテーブル」を身に付けよう！「準備編」「基本編」「応用編」の3ステップ解説だから分かりやすい！

できるExcel パーフェクトブック

困った！＆便利ワザ大全

2016/2013/2010/2007対応

きたみあきこ＆
できるシリーズ編集部
定価：本体1,680円＋税

仕事で使える実践的なワザを約800本収録。データの入力や計算から関数、グラフ作成、データ分析、印刷のコツなど、幅広い応用力が身に付く。

Windows 関連書籍

できるWindows 10

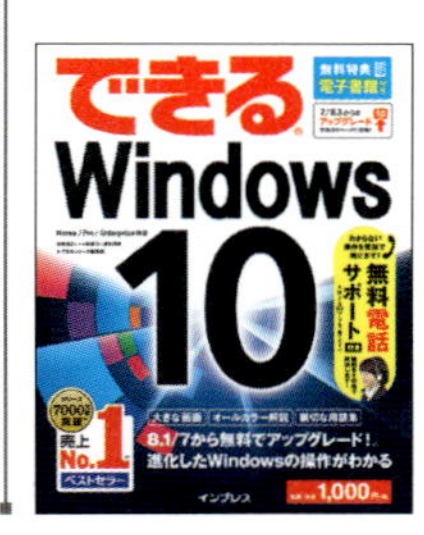

法林岳之・一ヶ谷兼乃・清水理史＆
できるシリーズ編集部
定価：本体1,000円＋税

できるWindows 10 活用編

清水理史＆
できるシリーズ編集部
定価：本体1,480円＋税

できるWindows 10 パーフェクトブック

困った！＆便利ワザ大全

広野忠敏＆
できるシリーズ編集部
定価：本体1,480円＋税

読者アンケートにご協力ください！

http://book.impress.co.jp/books/1115101161

このたびは「できるシリーズ」をご購入いただき、ありがとうございます。
本書はWebサイトにおいて皆さまのご意見・ご感想を承っております。
気になったことやお気に召さなかった点、役に立った点など、
皆さまからのご意見・ご感想をお聞かせいただき、
今後の商品企画・制作に生かしていきたいと考えています。
お手数ですが以下の方法で読者アンケートにご回答ください。
ご協力いただいた方には抽選で毎月プレゼントをお送りします！

※プレゼントの内容については、「CLUB Impress」のWebサイト（http://book.impress.co.jp/）をご確認ください。

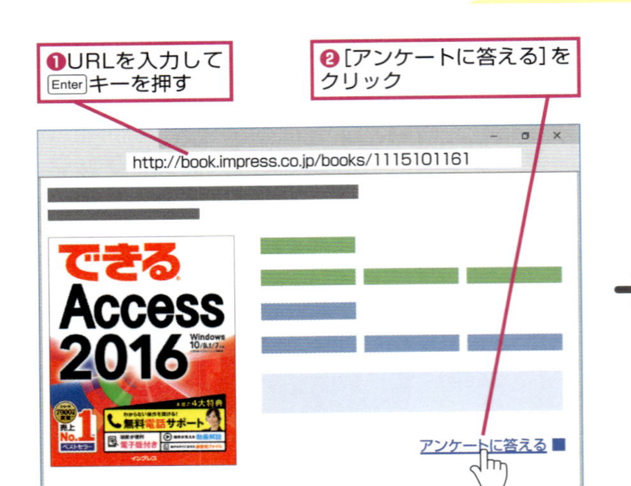

※Webサイトのデザインやレイアウトは変更になる場合があります。

アンケートに初めてお答えいただく際は、「CLUB Impress」（クラブインプレス）にご登録いただく必要があります。読者アンケートに回答いただいた方より、毎月抽選でVISAギフトカード（1万円分）や図書カード（1,000円分）などをプレゼントいたします。なお、当選者の発表は賞品の発送をもって代えさせていただきます。

本書の内容に関するお問い合わせは、無料電話サポートサービス「できるサポート」をご利用ください。詳しくは428ページをご覧ください。

■著者

広野忠敏（ひろの ただとし）

1962年新潟県新潟市生まれ。千葉県船橋市在住。フリーのテクニカルライター、プログラマー。東京ディズニーリゾートの年間パスポートを10年以上所有、地の利を生かしてリゾートに通うディズニー好き。すきを見ては週1で映画館に通っている。これまでパソコンやインターネット関連の記事を多数執筆。主な著書は『Windows 10 お悩み解決BOOK（できる for Woman）』『できるホームページ・ビルダー 20』『できる Windows 10 パーフェクトブック 困った！＆便利ワザ大全 Home/Pro/Enterprise対応』『できるVisual Studio 2015 Windows/Android/iOSアプリ対応』（以上、インプレス）など多数。

STAFF

本文オリジナルデザイン　川戸明子
シリーズロゴデザイン　山岡デザイン事務所<yamaoka@mail.yama.co.jp>
カバーデザイン　ドリームデザイングループ 株式会社ボンド
カバーモデル写真　©taka - Fotolia.com
本文イメージイラスト　廣島　潤
本文イラスト　松原ふみこ・福地祐子
DTP制作　株式会社トップスタジオ
　町田有美・田中麻衣子

編集協力　荻上　徹
デザイン制作室　今津幸弘<imazu@impress.co.jp>
　鈴木　薫<suzu-kao@impress.co.jp>
制作担当デスク　柏倉真理子<kasiwa-m@impress.co.jp>

編集　株式会社トップスタジオ（小川真帆・加島聖也・森下洋子）
デスク　小野孝行<ono-t@impress.co.jp>
編集長　大塚雷太<raita@impress.co.jp>

オリジナルコンセプト　山下憲治

本書は、Access 2016を使ったパソコンの操作方法について2016年5月時点での情報を掲載しています。紹介しているハードウェアやソフトウェア、各種サービスの使用方法は用途の一例であり、すべての製品やサービスが本書の手順と同様に動作することを保証するものではありません。
本書の内容に関するご質問は、428ページに記載しております「できるサポートのご案内」をよくお読みのうえ、お問い合わせください。なお、本書発行後に仕様が変更されたハードウェアやソフトウェア、各種サービスの内容等に関するご質問にはお答えできない場合があります。また、以下のご質問にはお答えできませんのでご了承ください。
・書籍に掲載している操作以外のご質問
・書籍で取り上げているハードウェア、ソフトウェア、各種サービス以外のご質問
・ハードウェアやソフトウェア、各種サービス自体の不具合に関するご質問
本書の利用によって生じる直接的、または間接的な被害について、著者ならびに弊社では一切の責任を負いかねます。あらかじめご了承ください。

●落丁・乱丁本はお手数ですがインプレスカスタマーセンターまでお送りください。送料弊社負担にてお取り替えさせていただきます。但し、古書店で購入されたものについてはお取り替えできません。

■読者の窓口
インプレスカスタマーセンター
〒101-0051　東京都千代田区神田神保町一丁目105番地
TEL　03-6837-5016 ／ FAX　03-6837-5023
info@impress.co.jp

■書店／販売店のご注文窓口
株式会社インプレス 受注センター
TEL　048-449-8040 ／ FAX　048-449-8041

できるAccess 2016 Windows 10/8.1/7対応

2016年6月11日　初版発行

著　者　広野忠敏＆できるシリーズ編集部
発行人　土田米一
編集人　高橋隆志
発行所　株式会社インプレス
〒101-0051　東京都千代田区神田神保町一丁目105番地
TEL　03-6837-4635（出版営業統括部）
ホームページ　http://book.impress.co.jp/

印刷所　株式会社廣済堂
ISBN978-4-8443-8066-5 C3055

Printed in Japan